Cálculo

I) Fórmulas básicas de diferenciação

1 $D_x u^n = n u^{n-1} D_x u$

2 $D_x(u+v) = D_x u + D_x v$

3 $D_x(uv) = u D_x v + v D_x u$

4 $D_x\left(\dfrac{u}{v}\right) = \dfrac{v D_x u - u D_x v}{v^2}$

5 $D_x \operatorname{sen} u = \cos u \, D_x u$

6 $D_x \cos u = -\operatorname{sen} u \, D_x u$

7 $D_x \tan u = \sec^2 u \, D_x u$

8 $D_x \cot u = -\csc^2 u \, D_x u$

9 $D_x \sec u = \sec u \tan u \, D_x u$

10 $D_x \csc u = -\csc u \cot u \, D_x u$

11 $D_x \operatorname{sen}^{-1} u = \dfrac{D_x u}{\sqrt{1-u^2}}$

12 $D_x \cos^{-1} u = \dfrac{-D_x u}{\sqrt{1-u^2}}$

13 $D_x \tan^{-1} u = \dfrac{D_x u}{1+u^2}$

14 $D_x \cot^{-1} u = \dfrac{-D_x u}{1+u^2}$

15 $D_x \sec^{-1} u = \dfrac{D_x u}{|u|\sqrt{u^2-1}}$

16 $D_x \csc^{-1} u = \dfrac{-D_x u}{|u|\sqrt{u^2-1}}$

17 $D_x \displaystyle\int_a^u f(t)\,dt = f(u) D_x u$

18 $D_x \ln u = \dfrac{D_x u}{u}$

19 $D_x e^u = e^u D_x u$

20 $D_x a^u = a^u \ln a \, D_x u$

21 $D_x \log_a u = \dfrac{D_x u}{u \ln a}$

22 $D_x \operatorname{senh} u = \cosh u \, D_x u$

23 $D_x \cosh u = \operatorname{senh} u \, D_x u$

24 $D_x \tanh u = \operatorname{sech}^2 u \, D_x u$

25 $D_x \coth u = -\operatorname{csch}^2 u \, D_x u$

26 $D_x \operatorname{sech} u = -\operatorname{sech} u \tanh u \, D_x u$

27 $D_x \operatorname{csch} u = -\operatorname{csch} u \coth u \, D_x u$

J) Fórmulas básicas da integração

1 $\displaystyle\int u^n \, du = \dfrac{u^{n+1}}{n+1} + C \quad (n \neq -1)$

2 $\displaystyle\int \dfrac{du}{u} = \ln|u| + C$

3 $\displaystyle\int \operatorname{sen} u \, du = -\cos u + C$

4 $\displaystyle\int \cos u \, du = \operatorname{sen} u + C$

5 $\displaystyle\int \sec^2 u \, du = \tan u + C$

6 $\displaystyle\int \csc^2 u \, du = -\cot u + C$

7 $\displaystyle\int \sec u \tan u \, du = \sec u + C$

8 $\displaystyle\int \csc u \cot u \, du = -\csc u + C$

9 $\displaystyle\int \tan u \, du = -\ln|\cos u| + C$

10 $\displaystyle\int \cot u \, du = \ln|\operatorname{sen} u| + C$

11 $\displaystyle\int \sec u \, du = \ln|\sec u + \tan u| + C$

12 $\displaystyle\int \csc u \, du = \ln|\csc u - \cot u| + C$

13 $\displaystyle\int \operatorname{sen}^2 u \, du = \tfrac{1}{2}u - \tfrac{1}{4}\operatorname{sen} 2u + C$

14 $\displaystyle\int \cos^2 u \, du = \tfrac{1}{2}u + \tfrac{1}{4}\operatorname{sen} 2u + C$

15 $\displaystyle\int \dfrac{du}{\sqrt{a^2-u^2}} = \operatorname{sen}^{-1}\dfrac{u}{a} + C$

16 $\displaystyle\int \dfrac{du}{a^2+u^2} = \dfrac{1}{a}\tan^{-1}\dfrac{u}{a} + C$

17 $\displaystyle\int \dfrac{du}{u\sqrt{u^2-a^2}} = \dfrac{1}{a}\sec^{-1}\left|\dfrac{u}{a}\right| + C$

18 $\displaystyle\int \operatorname{senh} u \, du = \cosh u + C$

19 $\displaystyle\int \cosh u \, du = \operatorname{senh} u + C$

20 $\displaystyle\int \operatorname{sech}^2 u \, du = \tanh u + C$

21 $\displaystyle\int \operatorname{csch}^2 u \, du = -\coth u + C$

22 $\displaystyle\int \operatorname{sech} u \tanh u \, du = -\operatorname{sech} u + C$

23 $\displaystyle\int \operatorname{csch} u \coth u \, du = -\operatorname{csch} u + C$

24 $\displaystyle\int u \, dv = uv - \int v \, du + C$

25 $\displaystyle\int e^u \, du = e^u + C$

26 $\displaystyle\int a^u \, du = \dfrac{a^u}{\ln a} + C$

Cálculo

O GEN | Grupo Editorial Nacional, a maior plataforma editorial no segmento CTP (científico, técnico e profissional), publica nas áreas de saúde, ciências exatas, jurídicas, sociais aplicadas, humanas e de concursos, além de prover serviços direcionados a educação, capacitação médica continuada e preparação para concursos. Conheça nosso catálogo, composto por mais de cinco mil obras e três mil e-books, em www.grupogen.com.br.

As editoras que integram o GEN, respeitadas no mercado editorial, construíram catálogos inigualáveis, com obras decisivas na formação acadêmica e no aperfeiçoamento de várias gerações de profissionais e de estudantes de Administração, Direito, Engenharia, Enfermagem, Fisioterapia, Medicina, Odontologia, Educação Física e muitas outras ciências, tendo se tornado sinônimo de seriedade e respeito.

Nossa missão é prover o melhor conteúdo científico e distribuí-lo de maneira flexível e conveniente, a preços justos, gerando benefícios e servindo a autores, docentes, livreiros, funcionários, colaboradores e acionistas.

Nosso comportamento ético incondicional e nossa responsabilidade social e ambiental são reforçados pela natureza educacional de nossa atividade, sem comprometer o crescimento contínuo e a rentabilidade do grupo.

CÁLCULO

Mustafa A. Munem
Macomb County Community College

David J. Foulis
University of Massachusetts

Traduzido por
André Lima Cordeiro
André Vidal Pessoa
Evandro Henrique Magalhães de Almeida Filho
José Miranda Formigli Filho

Sob a supervisão de
Mario Ferreira Sobrinho

Todos do Instituto Militar de Engenharia

Volume 2

Calculus
with Analytic Geometry
Copyright © 1978 by
Worth Publishers, Inc.
444 Park Avenue South
New York, New York 100016 — USA

Direitos exclusivos para a língua portuguesa
Copyright © 1982 by
LTC — Livros Técnicos e Científicos Editora Ltda.
Uma editora integrante do GEN | Grupo Editorial Nacional

Travessa do Ouvidor, 11
Rio de Janeiro, RJ — CEP 20040-040
Tels.: 21-3543-0770 / 11-5080-0770
Fax: 21-3543-0896
ltc@grupogen.com.br
www.ltceditora.com.br

CIP-BRASIL. CATALOGAÇÃO-NA-FONTE
SINDICATO NACIONAL DOS EDITORES DE LIVROS, RJ.

M982c
v.2

Munem, Mustafa A.
Cálculo, volume 2 / Mustafa A. Munem, David J. Foulis ; traduzido por André Lima Cordeiro... [et al.], sob a supervisão de Mario Ferreira Sobrinho. - [Reimpr.]. - Rio de Janeiro : LTC, 2015.
476p.

Tradução de: Calculus with analytic geometry
Apêndice
Inclui bibliografia e índice
ISBN 978-85-216-1093-9

1. Cálculo. 2. Geometria analítica. I. Foulis, David J., 1930-. II. Título.

08-1804.	CDD: 515	
	CDU: 517	

PREFÁCIO

Este livro-texto destina-se aos cursos de graduação normais em cálculo, e oferece o fundamento indispensável em cálculo e geometria analítica para os estudantes de matemática, engenharia, física, química, economia e ciências biológicas.

Os estudantes usuários deste livro devem ter conhecimento dos princípios básicos de álgebra, de geometria e de trigonometria apresentados nos cursos usuais de formação em matemática. Não é necessário o estudo prévio de geometria analítica, que é introduzida, à medida do conveniente, durante o curso.

O livro foi escrito tendo em vista dois objetivos principais: primeiro, o de expor todas as explicações com a clareza e acessibilidade apropriadas, de modo que os alunos não tivessem qualquer dificuldade na leitura e no aprendizado do livro; segundo, o de possibilitar que os estudantes aplicassem os princípios apreendidos à resolução de problemas práticos, graças à facilidade adquirida mediante o estudo do livro. Para conseguir estes objetivos, foram introduzidos novos tópicos, em linguagem informal e quotidiana, com ilustrações de exemplos simples e familiares. As definições formais e os teoremas técnicos foram introduzidos somente depois de os alunos terem tido a oportunidade de compreender os novos conceitos e apreciar a respectiva utilidade. Alguns teoremas são provados rigorosamente, mas a razoabilidade de outros aparece mediante apelo à intuição geométrica. Algumas definições, teoremas e provas formais, que se julgam estar dentro do alcance dos estudantes motivados, mas que podem desencaminhar ou confundir o aluno, são introduzidas em subseções separadas, no final de cada seção, ou então são relegadas a uma seção separada, no término do capítulo. Com esta disposição, o professor pode introduzir ou omitir certas demonstrações, sem interromper o fluxo da matéria que é crítico em cada capítulo.

São especialmente relevantes as seguintes características do livro:
1. A matéria é desenvolvida sistematicamente por intermédio de exemplos resolvidos e questões geométricas, seguidos por definições cla-

ras, por demonstrações seqüenciadas, pelo enunciado preciso dos teoremas e pelas demonstrações gerais. O livro tem cerca de 950 exemplos resolvidos e mais de 850 figuras e gráficos. Os procedimentos detalhados das demonstrações ajudam o aluno a compreender técnicas importantes que causam, com freqüência, bastante dificuldade (por exemplo, traçado de gráficos, mudança de variáveis e integração por partes).

2. Em virtude de o aprendizado de boa parte do cálculo se fazer por intermédio da resolução de problemas, dedicou-se especial atenção aos conjuntos de problemas no final de cada seção e aos conjuntos de problemas de revisão no final de cada capítulo. Existem para mais de 6.300 problemas, incluindo aplicações a uma grande diversidade de campos e que estão cuidadosamente organizados, de modo que o aluno possa avançar dos problemas mais simples para os problemas mais dificultosos. Os problemas de número ímpar são, em geral, do tipo "repetição" e visam a consolidar o nível de entendimento desejado pela maior parte dos usuários. Os problemas resolvidos no texto são semelhantes aos problemas ímpares, e as respostas a estes problemas aparecem no final do livro. Alguns dos problemas pares, especialmente os que estão no final dos conjuntos de problemas, exigem compreensão consideravelmente maior e constituem material suficiente para atender às exigências dos professores mais dedicados e dos estudantes com a maior motivação. Com esta disposição do conjunto de problemas fica simplificada a tarefa de se organizarem listas de exercícios.

Os conjuntos de problemas de revisão, no final de cada capítulo, focalizam o material essencial do capítulo. Estes problemas adicionais ajudam o aluno a conquistar confiança sobre a compreensão da matéria exposta e indicam-lhe as áreas onde talvez seja preciso um estudo adicional.

3. O poder e a elegância do cálculo são amplamente demonstrados pelas aplicações abundantes, não apenas da geometria, da engenharia, da física e da química, mas também da economia, de finanças, de biologia, ecologia, sociologia e medicina.

4. Os conceitos e os instrumentos necessários aos estudantes de engenharia e de ciência — de derivadas, de integrais e as equações diferenciais — são desenvolvidos no início da exposição do texto.

5. *Não é* um pré-requisito para o estudo o acesso a uma calculadora manual. No entanto, se este acesso for viável, é possível resolver e verificar, com maior facilidade, muitos exemplos e problemas numéricos.

6. Para realçar diferenças, usa-se cor diferente — para acentuar definições, teoremas, propriedades, regras, procedimentos práticos, enunciados importantes e partes de figuras.

7. A fim de oferecer comodidade aos estudantes, as fórmulas da álgebra, da geometria, da trigonometria e do cálculo estão listadas nas contracapas do livro.

8. Todo o manuscrito foi usado em classe, diversas vezes, durante um período de dois anos, pelo autor ou por alguns colegas.

CONTEÚDO

O livro é apresentado em um volume único ou dividido em duas partes: a parte 1 vai do Capítulo 0 até o 13, e a parte 2 do Capítulo 12 ao 17.*

Embora o Índice dê indicação adequada da ordem em que o material é apresentado, os seguintes comentários podem ser úteis para o usuário potencial do livro.

O Capítulo 0 fornece uma revisão da matemática básica que precede o cálculo, incluindo desigualdades, coordenadas cartesianas, trigonometria e funções. O material sobre as funções compostas e as funções inversas está no final do Capítulo 0, para facilitar as referências.

O cálculo propriamente dito principia no Capítulo 1, com os limites e a

---

*Nesta edição brasileira optou-se pela divisão da obra em dois volumes. O volume 1 compõe-se dos capítulos 0 a 12; o volume 2, dos capítulos 13 a 17. Procedeu-se assim com o intuito de melhor atender ao conteúdo programático dos diversos cursos da disciplina nas universidades brasileiras.

continuidade de funções. As fórmulas de diferenciação, para as funções trigonométricas, são introduzidas informalmente no Capítulo 2, de modo a serem acessíveis ao aluno que não vai seguir todo o curso de cálculo, e para facilitar o estudo dos alunos de engenharia e de física, que precisam destas fórmulas tão cedo quanto possível. Os professores que preferirem um tratamento *formal* antecipado da derivação das funções trigonométricas podem abordar as Seções 1 e 2 do Capítulo 8 imediatamente depois da Seção 4 do Capítulo 2 e depois retornar à Seção 5 do Capítulo 2, sem perda de continuidade. As aproximações lineares aparecem no Capítulo 2 são usadas para se ter uma prova rigorosa da regra da cadeia.

O Capítulo 4 apresenta uma exposição resumida, mas razoavelmente completa, sobre as seções cônicas e respectivas propriedades — no Capítulo 11 aparece mais matéria sobre as cônicas (formas polares e rotação de eixos).

As equações diferenciais simples constituem o tema principal do Capítulo 5. Inicialmente trata-se do problema de determinar a área sob uma curva como um problema de armar e resolver uma equação diferencial. Com esta abordagem não só se mostra como as equações diferenciais podem aparecer em conexão com a resolução de problemas práticos, mas também se tem uma primeira visão informal sobre as integrais definidas e sobre o teorema fundamental do cálculo. No Capítulo 6 aparece a definição corrente da integral definida como um limite de somas de Riemann.

Durante todo o decorrer do livro, o leitor é estimulado continuamente a visualizar as relações analíticas em forma geométrica. Nos Capítulos 14 e 15 a formulação geométrica direta dos diversos problemas é realçada pela introdução de vetores. Todos os conceitos que envolvem vetores são introduzidos, inicialmente, de *forma geométrica*. Depois, deduz-se o tratamento "analítico" dos vetores em termos dos componentes escalares a partir de considerações geométricas simples. O Capítulo 14 aborda somente os vetores no plano, de modo que o aluno pode familiarizar-se sem maior dificuldade com as configurações planas, mais fáceis de visualizar, antes de estudar os vetores no espaço tridimensional, o que aparece no Capítulo 15.

O Capítulo 17 inclui três seções (9, 10 e 11) sobre integrais de linha, integrais de superfície, teorema de Green, teorema da divergência, de Gauss, e teorema de Stokes. Esta matéria deve ser especialmente benéfica para os alunos que não estudarão tópicos mais avançados de cálculo e de análise nos cursos subseqüentes.

Também há um capítulo sobre equações diferenciais. Neste capítulo suplementar os autores cobrem as técnicas de resolução de equações diferenciais homogêneas, exatas, lineares de primeira e de segunda ordem e equações de Bernoulli. Também se expõe sucintamente o emprego de séries de potências para resolver equações diferenciais.

ANDAMENTO DO CURSO

O andamento do curso, e também a escolha dos tópicos a abordar ou a realçar, serão diferentes de escola para escola, de acordo com as exigências do currículo, com o calendário acadêmico e com as predileções individuais dos professores. Com estudantes adequadamente preparados, o livro todo pode ser abordado em três semestres ou em cinco quadrimestres.

Em geral, os Capítulos de 0 até 5 incluem material suficiente para um curso de primeiro semestre, os Capítulos de 6 até 13 são apropriados para o segundo semestre e os capítulos restantes podem ser cobertos no terceiro semestre. Os professores que desejarem relegar os Capítulos 12 e 13 para o terceiro semestre podem substituí-los pelo Capítulo 14.

O livro está escrito, deliberadamente, para ter a máxima flexibilidade; existem muitas formas de dispor coerentemente a matéria para acomodar-se a uma ampla variedade de situações possíveis.

AGRADECIMENTOS   Desejamos agradecer às seguintes pessoas, que revisaram o manuscrito e contribuíram com muitas sugestões valiosas:

Professores Gerald L. Bradley, *Claremont Men's College*

Richard Dahlke, *University of Michigan,* Dearborn

Garret J. Etgen, *University of Houston*

Frank D. Farmer, *Arizona State University*

Brauch Fugate, *University of Kentucky*

Douglas W. Hall, *Michigan State University*

Franz X. Hiergeist, *West Virginia University*

Frank E. Higginbotham, *University of Puerto Rico*

Laurence D. Hoffman, *Claremont Men's College*

George W. Johnson, *University of South Carolina.*

Kenneth Kalmanson, *Montclair State College*

Joseph F. Krebs, *Boston College*

Lynn C. Kurtz, *Arizona State University*

Stanley M. Lukawecki, *Clemson University*

George E. Mitchell, *University of Alabama*

Barbara Price, *Wayne State University*

Russell J. Rowlett, *University of Tennessee,* Knoxville

David Ryeburn, *Simon Fraser University*

Nevin Savage, *Arizona State University*

David A. Schedler, *Virginia Commonwealth University*

Jerry Silver, *Ohio State University*

Harold T. Slaby, Wayne State *University*

Gilbert Steiner, *Fairleigh Dickinson University,* Teaneck

Donald G. Stewart, *Arizona State University*

Neil A. Weiss, *Arizona State University*

Desejamos também exprimir o nosso reconhecimento aos professores Donald Catlin, Thurlow Cook, Charles Randall e Karen Zak, da Universidade de Massachusetts pela especial ajuda que nos deram.

Desejamos, especialmente, agradecer aos alunos que usaram versões preliminares deste livro. Cada idéia didática que aparece neste livro justifica-se por ter funcionado em classe. Algumas idéias, à primeira vista, pareciam boas, mas foram abandonadas, pois não ajudavam aos alunos. Somos gratos aos nossos alunos por nos assinalarem cada frustração e por concordarem em experimentar novas idéias.

Devem-se agradecimentos especiais ao professor Steve Fasbinder, da Universidade Estadual de Wayne, pela revisão do manuscrito, pela leitura das provas de página e pela resolução de muitos problemas. Também somos devedores de Hyla Gold Foulis pela revisão do manuscrito, pela leitura das provas de página e pela resolução de todos os problemas do livro. Finalmente, desejamos exprimir nosso sincero agradecimento a Paula Fasulo pela hábil datilografia de todo o manuscrito, e ao corpo editorial da Worth Publishers pela ajuda e encorajamento constantes.

Mustafa A. Munem
David J. Foulis

ÍNDICE

Volume 1

Volume 2

Cálculo

13 SÉRIES INFINITAS

Na Seção 5 do Cap. 12 nós discutimos o uso dos polinômios de Taylor para aproximar o valor de várias funções e observamos que muitas vezes tal aproximação fica tão mais precisa quanto maior é o grau do polinômio de Taylor. Por exemplo, a aproximação

$$e^x \approx 1 + \frac{x}{1!} + \frac{x^2}{2!} + \frac{x^3}{3!} + \cdots + \frac{x^n}{n!}$$

se torna cada vez melhor à medida que o número de termos vai aumentando. Isso sugere que, dentro de um sentido apropriado, e^x seria dado exatamente pela ''soma infinita'' de todos os termos da forma $x^k/k!$; isto é,

$$e^x = 1 + \frac{x}{1!} + \frac{x^2}{2!} + \frac{x^3}{3!} + \cdots + \frac{x^n}{n!} + \frac{x^{n+1}}{(n+1)!} + \cdots.$$

Tais ''somas infinitas'', que são chamadas *séries infinitas,* são estudadas neste capítulo. A maioria das funções importantes tratadas no cálculo podem ser representadas como uma ''soma'' de uma série infinita, na qual os termos envolvem potências de variáveis independentes; tais séries são chamadas *séries de potências.*

Neste capítulo nós consideraremos as seguintes perguntas: Primeiro, como definiremos o significado da ''soma'' de uma série infinita? Segundo, como podemos dizer se uma dada série tem tal ''soma'' (isto é, se ela é *convergente*)? Terceiro, quando e como podemos representar uma função por uma série de potências? Quarto, quando e como podemos diferenciar e integrar funções representadas por séries de potências?

Para responder essas perguntas e desenvolver uma teoria de séries infinitas, começaremos estudando um assunto bastante relacionado com este, qual seja o de *seqüências infinitas.*

1 Seqüências

A palavra seqüência é usada em linguagem corrente para significar uma sucessão de coisas dispostas numa ordem definida. Aqui, nós estamos interessados em seqüências de números como

$$1, \quad 3, \quad 5, \quad 7, \quad 9 \quad \text{ou como}$$

$$0, \quad 1, \quad 4, \quad 9, \quad 16, \quad 25, \quad 36, \quad 49, \quad 64, \quad \ldots.$$

Cada número em separado que aparece na seqüência é chamado de *termo* da seqüência. Uma seqüência tendo apenas um número finito de termos (assim como a seqüência 1, 3, 5, 7, 9) é chamada de seqüência finita. Observe que a seqüência 0, 1, 4, 9, 16, 25, 36, 49, 64, . . .(cujos termos são os ''quadrados perfeitos'' dispostos em ordem crescente) envolve um infinito número de termos e é portanto uma *seqüência infinita*. E claro, não podemos listar *todos* os termos de uma seqüência infinita; por isso, nós lançamos mão da convenção de escrever uns poucos primeiros termos e então colocamos os três pontos para significar "e assim por diante".

Aqui, nosso interesse é com seqüências infinitas somente. Tais seqüências podem ser indicadas por

$$a_1, a_2, a_3, \ldots, a_n, \ldots,$$

onde a_1 e o primeiro termo, a_2 é o segundo termo, a_3 é o terceiro termo, e assim por diante. O "termo geral", ou o n-ésimo termo, é aqui designado a_n. A fim de especificar a seqüência, é suficiente fornecer uma regra ou fórmula para o n-ésimo termo a_n. Por exemplo, a seqüência, cujo n-ésimo termo é dado pela fórmula $a_n = 3n - 1$, tem primeiro termo $a_1 = 3(1) - 1 = 2$; segundo termo $a_2 = 3(2) - 1 = 5$; e assim sucessivamente. A seqüência resultante é

$$2, 5, 8, 11, 14, 17, 20, \ldots, 3n - 1, \ldots.$$

É importante perceber que uma seqüência é mais que uma mera coleção de números; de fato, os números numa seqüência *aparecem dentro de uma ordem definida* e também *repetições desses números são permitidas.* Por exemplo, as seguintes seqüências são perfeitamente legítimas:

$$1, -1, 1, -1, 1, -1, \ldots, (-1)^{n+1}, \ldots$$

e

$$0, 0, 0, 0, 0, 0, 0, \ldots, 0, \ldots.$$

Às vezes uma listagem de uns poucos termos de uma seqüência indica sem deixar qualquer dúvida a regra ou fórmula que determina o termo geral. São exemplos:

$$1, 2, 3, 4, 5, 6, \ldots \qquad (a_n = n)$$

$$2, 4, 6, 8, 10, 12, \ldots \qquad (a_n = 2n)$$

$$1, \frac{1}{2}, \frac{1}{3}, \frac{1}{4}, \frac{1}{5}, \frac{1}{6}, \ldots \qquad \left(a_n = \frac{1}{n}\right)$$

$$-1, \frac{1}{3}, -\frac{1}{5}, \frac{1}{7}, -\frac{1}{9}, \frac{1}{11}, \ldots \qquad \left(a_n = (-1)^n \frac{1}{2n-1}\right).$$

Entretanto, muitas vezes pode tornar-se muito difícil — se não impossível — determinar a regra geral desejada através de um exame do exemplo numérico formado por alguns termos. Quando existe uma leve dúvida, a solução é especificar explicitamente o termo geral. (Em relação com isso, veja o problema 40.)

Dentro de um tratamento matemático rigoroso, uma *seqüência é definida como uma fixação f cujo domínio é o conjunto dos inteiros positivos. Então f(1) é chamado de primeiro termo, f(2) o segundo termo, e em geral f(n) é chamado de n-ésimo termo* da seqüência f. Desse ponto de vista, a seqüência

$$3, \frac{21}{4}, \frac{17}{3}, \frac{93}{16}, \ldots, 6 - \frac{3}{n^2}, \ldots$$

seria identificada através da função f cujo domínio são os inteiros positivos e é definida por $f(n) = 6 - (3/n^2)$.

A definição de uma seqüência como uma função não tem apenas a vantagem da precisão técnica, mas também permite a aplicação de muitas das idéias previamente desenvolvidas para funções diretamente nas seqüências. O leitor que assim deseje está encorajado a tratar seqüências como sendo funções; entretanto, neste livro nós tratamos com seqüências mais informalmente.

Nós usamos a notação $\{a_n\}$ como simbologia para seqüência cujo n-ésimo termo é a_n.

Por exemplo, $\left\{\dfrac{n}{3n+1}\right\}$ representa a seqüência

$$\frac{1}{4}, \frac{2}{7}, \frac{3}{10}, \frac{4}{13}, \ldots, \frac{n}{3n+1}, \ldots$$

Já que $\dfrac{n}{3n+1} = \dfrac{1}{3+(1/n)}$ e enquanto n vai aumentando $1/n$ vai diminuindo,

fica claro que, quanto mais longe formos na seqüência, os termos ficarão mais e mais perto do valor $1/3$. Assim, escrevemos

$$\lim_{n \to +\infty} \frac{n}{3n+1} = \frac{1}{3}$$

e dizemos que a seqüência $\left\{\dfrac{n}{3n+1}\right\}$ *converge para o limite* $1/3$.

Mais geralmente, nós dizemos que a seqüência $\{a_n\}$ *converge para o limite L* no caso $\lim\limits_{n \to +\infty} a_n = L$ no sentido de que a diferença entre a_n e L pode ser

feita tão pequena quanto nos agrade em valor absoluto, desde que n seja feito suficientemente grande. A definição seguinte expressa a idéia de convergência de uma seqüência mais formalmente.

DEFINIÇÃO 1   **Convergência e divergência de uma seqüência**

Nós escrevemos $\lim\limits_{n \to +\infty} a_n = L$ e dizemos que a seqüência $\{a_n\}$ *converge para o limite L* desde que, para cada número positivo ε, existe um inteiro positivo N (possivelmente dependendo de ε) tal que

$$|a_n - L| < \varepsilon \qquad \text{sempre que} \geq N.$$

Uma seqüência que converge para um limite é chamada seqüência *convergente,* enquanto uma seqüência que não converge é dita *divergente.*

Quando se trata de uma seqüência não-familiar, é uma boa idéia escrever uns poucos termos explicitamente para se ter alguma compreensão sobre seu comportamento geral. Entretanto, é preciso cuidado, desde que é o ''final da cauda'' e não os primeiros termos que determinam a convergência ou divergência de uma seqüência.

EXEMPLOS   Determine se a seqüência dada converge ou diverge. Se converge, calcule seu limite.

1 $\{10^{1-n}\}$

SOLUÇÃO
Aqui a seqüência é

$$1, \frac{1}{10}, \frac{1}{100}, \frac{1}{1000}, \frac{1}{10{,}000}, \ldots, \frac{1}{10^{n-1}}, \ldots$$

e está claro que os termos estão se tornando cada vez menores. Por escolha de n suficientemente grande, nós podemos fazer $|1/10^{n-1} - 0| = 1/10^{n-1}$ tão pequeno quanto nos agrade; daí, pela definição 1, a seqüência converge para o limite 0.

2 $\{(-1)^n\}$

SOLUÇÃO
Esta seqüência,

$$-1, \ 1, \ -1, \ 1, \ -1, \ldots, (-1)^n, \ldots,$$

simplesmente pula de um valor para outro sempre entre -1 e 1; daí não se aproxima de um limite e é portanto divergente.

1.1 Propriedades dos limites de seqüências

O cálculo de limites de seqüências convergentes é realizado de maneira muito semelhante à do cálculo de limites de funções. De fato, os dois processos estão muito relacionados, como é visto pelo teorema seguinte:

TEOREMA 1   **Convergência de seqüências e funções**

Seja a função f definida no intervalo $[1, \infty)$ e define-se a seqüência $\{a_n\}$ por $a_n = f(n)$ para cada inteiro positivo n. Então, se $\lim\limits_{x \to +\infty} f(x) = L$, segue-se que

$$\lim_{n \to +\infty} a_n = L.$$

A prova do Teorema 1 é deixada como exercício (problema 42).

EXEMPLO   Mostre que a seqüência $\left\{ \dfrac{\ln n}{n} \right\}$ converge e encontre seu limite.

SOLUÇÃO

A função $\dfrac{\ln x}{x}$ é uma indeterminação da forma ∞/∞ em $+\infty$. Assim, nós podemos aplicar a regra de L'Hôpital para obter

$$\lim_{x \to +\infty} \frac{\ln x}{x} = \lim_{x \to +\infty} \frac{1/x}{1} = 0.$$

Pelo Teorema 1, $\lim\limits_{n \to +\infty} \left(\dfrac{\ln n}{n} \right) = 0$; isto é, a seqüência $\left\{ \dfrac{\ln n}{n} \right\}$ converge para o limite 0.

As seguintes propriedades para limites de seqüências são análogas às propriedades de limites de funções (veja Cap. 1, Seção 2); portanto, nós admitiremos tais propriedades e ilustraremos seus usos através de exemplos.

Propriedades dos limites de seqüências

Suponha que as seqüências $\{a_n\}$ e $\{b_n\}$ convergem para os limites A e B, respectivamente, e que c é uma constante. Então,

1   $\lim\limits_{n \to +\infty} c = c.$

2   $\lim\limits_{n \to +\infty} ca_n = c \lim\limits_{n \to +\infty} a_n = cA.$

3   $\lim\limits_{n \to +\infty} (a_n + b_n) = \left(\lim\limits_{n \to +\infty} a_n \right) + \left(\lim\limits_{n \to +\infty} b_n \right) = A + B$

$$\lim_{n \to +\infty} (a_n - b_n) = \left(\lim_{n \to +\infty} a_n \right) - \left(\lim_{n \to +\infty} b_n \right) = A - B.$$

4   $\lim\limits_{n \to +\infty} (a_n b_n) = \left(\lim\limits_{n \to +\infty} a_n \right)\left(\lim\limits_{n \to +\infty} b_n \right) = AB.$

5 Se $b_n \neq 0$ para todos inteiros positivos n e $B \neq 0$, então

$$\lim_{n \to +\infty} \frac{a_n}{b_n} = \frac{\lim\limits_{n \to +\infty} a_n}{\lim\limits_{n \to +\infty} b_n} = \frac{A}{B}.$$

6 $\lim\limits_{n \to +\infty} \dfrac{c}{n^k} = 0$, se k é uma constante positiva.

7 Se $|a| < 1$, então $\lim\limits_{n \to +\infty} a^n = 0$. Se $|a| > 1$, então $\{a^n\}$ diverge.

EXEMPLOS Use o Teorema 1 e as propriedades 1 a 7 para determinar o limite da seqüência dada (desde que ela seja convergente).

1 $\left| \dfrac{3n^2 + 7n + 11}{8n^2 - 5n + 3} \right|$

SOLUÇÃO
Dividindo o numerador e o denominador da fração dada por n^2 e aplicando as Propriedades 1 a 6, obtemos

$$\lim_{n \to +\infty} \frac{3n^2 + 7n + 11}{8n^2 - 5n + 3} = \lim_{n \to +\infty} \frac{3 + \dfrac{7}{n} + \dfrac{11}{n^2}}{8 - \dfrac{5}{n} + \dfrac{3}{n^2}} = \frac{\lim\limits_{n \to +\infty} \left(3 + \dfrac{7}{n} + \dfrac{11}{n^2}\right)}{\lim\limits_{n \to +\infty} \left(8 - \dfrac{5}{n} + \dfrac{3}{n^2}\right)}$$

$$= \frac{\lim\limits_{n \to +\infty} 3 + \lim\limits_{n \to +\infty} \dfrac{7}{n} + \lim\limits_{n \to +\infty} \dfrac{11}{n^2}}{\lim\limits_{n \to +\infty} 8 - \lim\limits_{n \to +\infty} \dfrac{5}{n} + \lim\limits_{n \to +\infty} \dfrac{3}{n^2}}$$

$$= \frac{3 + 0 + 0}{8 - 0 + 0} = \frac{3}{8}.$$

2 $\left| \dfrac{2^n}{3^{n+1}} \right|$

SOLUÇÃO

$$\lim_{n \to +\infty} \frac{2^n}{3^{n+1}} = \lim_{n \to +\infty} \frac{1}{3} \left(\frac{2}{3}\right)^n = \frac{1}{3} \lim_{n \to +\infty} \left(\frac{2}{3}\right)^n = \frac{1}{3}(0) = 0.$$

Usamos a Propriedade 7 para concluir que $\lim\limits_{n \to +\infty} \left(\dfrac{2}{3}\right)^n = 0$.

3 $\left\{ n \operatorname{sen} \dfrac{\pi}{2n} \right\}$

SOLUÇÃO

$$\lim_{x \to +\infty} x \operatorname{sen} \frac{\pi}{2x} = \lim_{x \to +\infty} \frac{\pi}{2} \cdot \frac{\operatorname{sen}(\pi/2x)}{\pi/2x} = \frac{\pi}{2} \cdot \lim_{x \to +\infty} \frac{\operatorname{sen}(\pi/2x)}{\pi/2x}$$

$$= \frac{\pi}{2} \lim_{t \to 0^+} \frac{\operatorname{sen} t}{t} = \frac{\pi}{2}(1) = \frac{\pi}{2},$$

onde colocamos $t = \pi/2x$ e observamos que $t \to 0^+$ quando $x \to +\infty$. Portanto, pelo Teorema 1,

$$\lim_{n \to +\infty} n \operatorname{sen} \frac{\pi}{2n} = \frac{\pi}{2}.$$

4 $\left|\dfrac{n^3 + 5n}{7n^2 + 1}\right|$

SOLUÇÃO
Aqui

$$\frac{n^3 + 5n}{7n^2 + 1} = \frac{\dfrac{1}{n^2}(n^3 + 5n)}{\dfrac{1}{n^2}(7n^2 + 1)} = \frac{n + \dfrac{5}{n}}{7 + \dfrac{1}{n^2}}.$$

Quando n vai se tornando maior, o numerador $n + (5/n)$ também vai aumentando, enquanto o denominador $7 + (1/n^2)$ se aproxima de 7. Portanto, a fração vai aumentando sem limite quando $n \to +\infty$; daí, a seqüência diverge.

1.2 Seqüências monótonas e limitadas

Considere a seqüência $\left|\dfrac{2n}{5n + 3}\right|$, e observe que seus termos

$$\frac{2}{8}, \frac{4}{13}, \frac{6}{18}, \frac{8}{23}, \frac{10}{28}, \ldots, \frac{2n}{5n + 3}, \ldots$$

estão se tornando maiores uniformemente. Isso pode ser visto algebricamente escrevendo-se $\dfrac{2n}{5n + 3} = \dfrac{2}{5 + (3/n)}$ e observando que quando n cresce, $3/n$ decresce. Sendo assim, a fração aumenta.

De um modo geral, nós apresentamos a seguinte definição:

DEFINIÇÃO 2 **Seqüências crescentes e decrescentes**
Uma seqüência $\{a_n\}$ é dita *crescente* (respectivamente, *decrescente*) se $a_n \leq a_{n+1}$ (respectivamente, $a_n \geq a_{n+1}$ se verifica para todo inteiro positivo n.
Uma seqüência que seja crescente ou decrescente é dita *monótona*; caso contrário, é dita *não-monótona*.

EXEMPLOS Determine se a seqüência dada é crescente, decrescente ou não-monótona.

1. $\left|\dfrac{2n + 1}{3n - 2}\right|$

SOLUÇÃO

Aqui, $a_n = \dfrac{2n + 1}{3n - 2}$ e $a_{n+1} = \dfrac{2(n + 1) + 1}{3(n + 1) - 2} = \dfrac{2n + 3}{3n + 1}$; daí, qualquer que seja n,

$$a_{n+1} - a_n = \frac{2n + 3}{3n + 1} - \frac{2n + 1}{3n - 2} = \frac{(3n - 2)(2n + 3) - (2n + 1)(3n + 1)}{(3n + 1)(3n - 2)}$$

$$= \frac{(6n^2 + 5n - 6) - (6n^2 + 5n + 1)}{(3n + 1)(3n - 2)} = \frac{-7}{(3n + 1)(3n - 2)}.$$

Se n é um inteiro positivo, então $3n + 1 > 0$ e $3n - 2 > 0$, assim temos que $a_{n+1} - a_n < 0$; ou seja, $a_n > a_{n+1}$. Portanto, a seqüência dada é decrescente.

2 $\left|\text{sen}\dfrac{n\pi}{2}\right|$

Solução
A seqüência é

$$1, 0, -1, 0, 1, 0, -1, 0, \ldots, \operatorname{sen}\frac{n\pi}{2}, \ldots$$

e repete sempre o ciclo 1,0 − 1,0, daí; é não-monótona.

3 $\left\{\dfrac{n+5}{n^2+6n+4}\right\}$

Solução

Tome a função $f(x) = \dfrac{x+5}{x^2+6x+4}$ e observe que

$$f'(x) = -\frac{x^2+10x+26}{(x^2+6x+4)^2} = -\frac{(x+5)^2+1}{(x^2+6x+4)^2} < 0 \quad \text{para } x \geq 1;$$

daí, f é uma função decrescente no intervalo $[1,\infty)$. Em particular, $f(n) > f(n+1)$ se verifica para todo inteiro positivo n, ou seja, a seqüência dada é decrescente.

Considere a seqüência

$$\frac{1}{2}, \frac{2}{3}, \frac{3}{4}, \frac{4}{5}, \ldots, \frac{n}{n+1}, \ldots$$

e observe que todo termo é menor ou igual a 1. Sendo assim, dizemos que 1 é uma *cota superior* para a seqüência $\left\{\dfrac{n}{n+1}\right\}$. Do mesmo modo, todo termo da seqüência $\left\{\dfrac{n}{n+1}\right\}$ é maior ou igual a zero, assim dizemos que 0 é uma *cota inferior* para a seqüência. De um modo geral, apresentamos a seguinte definição:

DEFINIÇÃO 3   **Seqüências limitadas**

Um número C (respectivamente, um número D) é chamado de *cota inferior* (respectivamente, de *cota superior*) de uma seqüência $\{a_n\}$ se $C \leq a_n$ (respectivamente, $a_n \leq D$) se verifica para todo inteiro positivo n.

Se a seqüência $\{a_n\}$ tem uma cota inferior (respectivamente, uma cota superior), diz-se que é *limitada inferiormente* (respectivamente, *limitada superiormente*). Uma seqüência é dita limitada se é tanto limitada inferiormente quanto superiormente.

É fácil mostrar que uma seqüência $\{a_n\}$ é limitada se e somente se existe uma constante positiva M tal que $|a_n| < M$ se verifica para todo inteiro positivo n (problema 48). Se uma seqüência converge, ela é limitada (problema 46); entretanto, uma seqüência limitada não converge necessariamente (problema 47).

EXEMPLOS   Determine se a seqüência dada é limitada superiormente ou inferiormente.

1 $\left\{(-1)^n \dfrac{2n}{3n+1}\right\}$

Solução

Já que $0 \leq \dfrac{2n}{3n+1} = \dfrac{2}{3+(1/n)} < \dfrac{2}{3}$, então $-\dfrac{2}{3} \leq (-1)^n \dfrac{2n}{3n+1} \leq \dfrac{2}{3}$ e a seqüência é limitada tanto superiormente quanto inferiormente.

2 $\left\{\dfrac{n!}{2^n}\right\}$

Solução
Já que todos os termos da seqüência

$$\frac{1}{2}, \frac{2}{4}, \frac{6}{8}, \frac{24}{16}, \frac{120}{32}, \ldots, \frac{n!}{2^n}, \ldots$$

são positivos, 0 é uma cota inferior para $\{n!/2^n\}$. Devemos então determinar se a seqüência tem uma cota superior. Usando a tabela de fatoriais e calculando alguns termos da seqüência dada, concluímos que os termos parecem, antes de tudo, estar aumentando, mesmo para valores razoavelmente pequenos de n; por exemplo, o $10.^o$ termo é 3543,75, enquanto o $15.^o$ vale aproximadamente 40.000.000. Isso nos leva a *supor* que a seqüência pode ser ilimitada superiormente.

Para confirmar que a seqüência $\{n!/2^n\}$ não tem cota superior, nós devemos mostrar que dado qualquer número positivo K — não interessa o quanto grande seja — existe um termo $n!/2''$ grande o suficiente para podermos escrever $n!/2^n > K$; isto é

$$\frac{1}{2} \cdot \frac{2}{2} \cdot \frac{3}{2} \cdot \frac{4}{2} \cdot \frac{5}{2} \cdot \frac{6}{2} \cdot \cdots \cdot \frac{n}{2} > K.$$

No produto da esquerda da desigualdade desejada, todos os fatores depois dos três primeiros são maiores ou iguais a 2, e temos $n - 3$ fatores dessa forma; daí,

$$\frac{n!}{2^n} = \left(\frac{1}{2} \cdot \frac{2}{2} \cdot \frac{3}{2}\right) \cdot \left(\frac{4}{2} \cdot \frac{5}{2} \cdot \frac{6}{2} \cdot \cdots \cdot \frac{n}{2}\right) \geq \left(\frac{3}{4}\right)(2^{n-3}).$$

Portanto, $\dfrac{n!}{2^n} > K$ certamente se verifica se $\left(\dfrac{3}{4}\right)(2^{n-3}) > K$; isto é, se $2^{n-3} > \dfrac{4K}{3}$, ou $(n-3)\ln 2 > \ln(4K/3)$. Assim, escolhendo o inteiro positivo n tal que $n > 3 + \dfrac{\ln(4K/3)}{\ln 2}$, podemos estar certos que $\dfrac{n!}{2^n} > K$. Daí, a seqüência $\left\{\dfrac{n!}{2^n}\right\}$ não tem cota superior.

Imagine uma seqüência $a_1 a_2, a_3, \ldots, a_n$, cujos termos estão constantemente crescendo, mas que tem uma cota superior D. Assim,

$$a_1 \leq a_2 \leq a_3 \leq \cdots \leq a_n \leq a_{n+1} \leq \cdots \leq D.$$

Se nós pensarmos nos termos desta seqüência como sendo pontos da reta real (Fig. 1), então nós veremos um inevitável "empilhar" desses pontos à

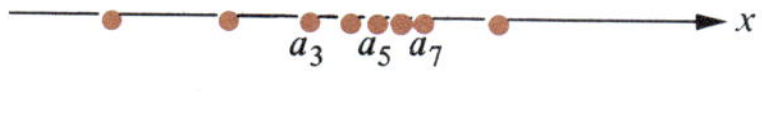

Fig. 1

esquerda do ponto correspondente a D, e, assim, facilmente persuadimos a nós mesmos de que a seqüência deve estar convergindo para um limite em algum lugar dentro do intervalo $[a_1, D]$. Nesse exemplo nossa intuição geométrica é justificada pelo teorema que se segue, cuja prova, infelizmente, está fora do escopo desse livro.

TEOREMA 2 **Convergência de seqüências monótonas e limitadas**
Toda seqüência crescente limitada superiormente é convergente. Analogamente, toda seqüência decrescente limitada inferiormente é convergente.

Use o teorema 2 para mostrar que a seqüência dada é convergente.

1 $\left\{\dfrac{n}{e^n}\right\}$

SOLUÇÃO

Considere a função $f(x) = \dfrac{x}{e^x}$ e observe que $f'(x) = \dfrac{e^x - xe^x}{(e^x)^2} = \dfrac{1 - x}{e^x} < 0$ para $x > 1$; daí f é decrescente em $[1,\infty)$. Segue-se que $f(n) > f(n + 1)$ para todo inteiro positivo n; isto é, a seqüência $\{n/e^n\}$ é decrescente. Já que todos os termos da seqüência são positivos, segue-se que ela é limitada inferiormente pelo número 0. Daí, pelo Teorema 2, a seqüência converge.

2 $\left\{\dfrac{5^n}{3^n n!}\right\}$

SOLUÇÃO

Os primeiros quatro termos desta seqüência (com aproximação de três casas decimais) são 1,667, 1,389, 0,772, 0,322, ...Assim, a seqüência deve ser decrescente. Para provar que ela é decrescente, devemos mostrar que

$$\frac{5^n}{3^n n!} \geq \frac{5^{n+1}}{3^{n+1}(n+1)!};$$

ou seja,

$$\frac{(n+1)!}{n!} \geq \frac{(5^{n+1})(3^n)}{(5^n)(3^{n+1})} \quad \text{ou} \quad n + 1 \geq \frac{5}{3}.$$

A última desigualdade é obviamente verdadeira para qualquer inteiro positivo; assim, a seqüência é de fato decrescente. Todos os termos da seqüência são positivos; daí, 0 é uma cota inferior. Já que a seqüência é decrescente e limitada inferiormente, ela converge, pelo Teorema 2.

Encerraremos essa seção mostrando como a Definição 1 é usada para fazer provas formais de teoremas sobre limites de seqüências. Para esse objetivo, o teorema seguinte (que é intuitivo) serve como um exemplo típico.

TEOREMA 3 **Seqüências monótonas convergentes**

O limite de uma seqüência crescente (respectivamente, decrescente) convergente é uma cota superior (respectivamente, uma cota inferior) para a seqüência.

PROVA

Provemos somente a parte do teorema relativo a seqüências crescentes, já que prova para seqüências decrescentes é completamente análoga e requer somente a inversão de algumas desigualdades (problema 52). Assim, suponhamos que $\{a_n\}$ é monótona crescente e que $\lim\limits_{n \to +\infty} a_n = L$. Devemos provar que todos os termos da seqüência são menores ou iguais a L. Se não fosse assim, haveria pelo menos um termo, digamos a_q, com $L < a_q$. Assim, seja $\varepsilon = a_q - L$, tal que $\varepsilon > 0$. Pela Definição 1, existe um inteiro positivo N tal que $|a_n - L| < \varepsilon$ se verifica sempre que $n \geq N$.

Agora, escolhamos o inteiro n maior que q e N. Já que $q < n$, segue-se que $a_q \leq a_n$, assim como $L < a_q \leq a_n$ e $a_n - L > 0$. Conseqüentemente,

$$a_n - L = |a_n - L| < \varepsilon = a_q - L,$$

do que segue-se que $a_n < a_q$, contrariando o fato que $a_q \leq a_n$. Portanto, a suposição de que existe um termo a_q com $L < a_q$ leva a uma contradição. Segue-se que nenhum termo como a_q pode existir, logo L é uma cota superior para a seqüência e o teorema está provado.

Conjunto de Problemas 1

Nos problemas 1 a 4, calcule os primeiros seis termos de cada seqüência. Calcule também o 100.º.

1 $\{n^2 + 1\}$

2 $\left\{\dfrac{(-1)^{n+1}}{n+1}\right\}$

3 $\left\{\dfrac{n}{n^2 + 5}\right\}$

4 $\left\{2 + \dfrac{1}{n}\right\}$

Nos problemas 5 a 8, encontre a expressão do termo geral (n-ésimo termo) de cada seqüência.

5 $1, \dfrac{3}{2}, 2, \dfrac{5}{2}, 3, \dfrac{7}{2}, \dots$

6 $1, 0, 1, 0, 1, 0, \dots$

7 $\dfrac{1}{2}, \dfrac{1}{3}, \dfrac{1}{4}, \dfrac{1}{5}, \dfrac{1}{6}, \dots$

8 $1, 9, 25, 49, 81, 121, \dots$

Nos problemas 9 a 26, determine se cada seqüência converge ou diverge. Se convergir, calcule seu limite.

9 $\left\{\dfrac{100}{n}\right\}$

10 $\left\{\dfrac{n^2}{5n^2 + 1}\right\}$

11 $\left\{\dfrac{n^3 - 5n}{7n^3 + 2n}\right\}$

12 $\left\{\dfrac{2n^2 + 1}{9n^2 + 5}\right\}$

13 $\left\{\dfrac{5n^2}{3n + 1}\right\}$

14 $\left\{\dfrac{(-1)^n}{10^n}\right\}.$

15 $\left\{\dfrac{2n^2 + n}{n+1} \operatorname{sen} \dfrac{\pi}{2n}\right\}$

16 $\left\{\dfrac{e^n + e^{-n}}{e^n - e^{-n}}\right\}$

17 $\left\{\dfrac{\ln(n+1)}{n+1}\right\}$

18 $\{1 + (\tfrac{1}{3})^n - (\tfrac{3}{4})^n\}$

19 $\left\{\dfrac{\ln(1/n)}{\ln(n+4)}\right\}$

20 $\{\ln(e^n + 2) - \ln(e^n + 1)\}$

21 $\left\{\dfrac{1}{\sqrt{n^2 + 1} - n}\right\}$

22 $\{\ln(e^n + 2) - n\}$

23 $\{n^{1/\sqrt{n}}\}$

24 $\{n^{1/n^2}\}$

25 $\left\{\left(1 + \dfrac{1}{n}\right)^n\right\}$

26 $\left\{\left(1 + \dfrac{5}{n}\right)^n\right\}$

Nos problemas 27 a 38, diga se cada seqüência é crescente, decrescente ou não-monótona e também se é limitada superiormente ou inferiormente. Indique se a seqüência é convergente ou divergente.

27 $\left\{\dfrac{2n+1}{3n+2}\right\}$

28 $\{\operatorname{sen} n\pi\}$

29 $\{3^n - n\}$

30 $\left\{\dfrac{3^n}{1 + 3^n}\right\}$

31 $\{(-1)^{n^2}\}$

32 $\left\{\dfrac{3n^4}{n + 3^n}\right\}$

33 $\left\{\dfrac{(-1)^n n}{n+1}\right\}$

34 $\{\sqrt{n+4} - \sqrt{n+3}\}$

35 $\left\{1 - \dfrac{2^n}{n}\right\}$

36 $\left\{\dfrac{n^n}{n!}\right\}$

37 $\left\{\dfrac{\operatorname{sen}(n\pi/4)}{n}\right\}$

38 $\left\{\dfrac{1 \cdot 3 \cdot 5 \cdot 7 \cdots (2n-1)}{n!}\right\}$

39 Dê um exemplo para mostrar que a soma $\{a_n + b_n\}$ de duas seqüências não-limitadas $\{a_n\}$ e $\{b_n\}$ pode ser uma seqüência limitada.

40 (a) Calcule os primeiros seis termos da seqüência

$$\{n + (n-1)(n-2)(n-3)(n-4)(n-5)(n-6)\}.$$

(b) **Qual** é o sétimo termo da seqüência na parte (a)?

(c) O que você pode concluir sobre a determinação do termo geral da seqüência através de um exame de uns primeiros poucos termos?

41 Conclua sobre a convergência ou divergência da seqüência $\{a^n\}$ nos seguintes casos:

(a) $a < -1$ (b) $a = -1$ (c) $-1 < a < 1$

(d) $a = 1$ (e) $a > 1$

42 Prove o Teorema 1 da Seção 1.1.

43 Suponha que a e b são constantes com $a > 1$ e $b > 0$. Mostre que a seqüência $\{n^b/a^n\}$ converge para o limite 0.

44 Suponha que $\{a_n\}$ e $\{b_n\}$ são duas seqüências cujos termos correspondentes concordam a partir de um certo pónto, ou seja, suponha que existe um inteiro positivo k tal que $a_n = b_n$ se verifica para todo $n \geq k$. Se $\lim\limits_{n \to +\infty} a_n = L$, prove que $\lim\limits_{n \to +\infty} b_n = L$, também.

45 Suponha que a seqüência $\{a_n\}$ tenha a propriedade de que $a_{n+1} = \frac{1}{2}(a_n + a_{n-1})$ para $n \geq 2$ e que $a_1 = 1$ enquanto $a_2 = 3$.

(a) Calcule os 8 primeiros termos da seqüência $\{a_n\}$.

(b) Use indução para provar que $a_n = \dfrac{7}{3} + \dfrac{(-1)^n}{3 \cdot 2^{n-3}}$.

(c) Encontre $\lim\limits_{n \to +\infty} a_n$.

46 Suponha que a seqüência $\{a_n\}$ é convergente. Mostre que $\{a_n\}$ é limitada.

47 Através de um exemplo apropriado, mostre que uma seqüência limitada não precisa ser convergente.

48 Mostre que uma seqüência $\{a_n\}$ é limitada se e somente se existe uma constante positiva M tal que $|a_n| \leq M$ se verifica para todo inteiro positivo n.

49 Suponha que a seqüência $\{a_n\}$ seja convergente e satisfaça a condição de $a_{n+1} = A + Ba_n$ para todo inteiro positivo n, onde A e B são constantes $B \neq 1$. Encontre $\lim\limits_{n \to +\infty} a_n$. (*Sugestão:* Tome o limite quando $n \to +\infty$ em ambos os lados da equação $a_{n+1} = A + Ba_n$.)

50 No cálculo avançado, prova-se a relação de Stirling:

$$\sqrt{2n\pi}\left(\frac{n}{e}\right)^n < n! < \sqrt{2n\pi}\left(\frac{n}{e}\right)^n\left(1 + \frac{1}{12n - 1}\right).$$

Use a relação de Stirling para provar que a seqüência $\left\{\dfrac{n^n}{e^n n!}\right\}$ tem uma cota superior.

51 Seja $|a| < 1$. Mostre que

(a) $\{na^n\}$ converge para o limite 0.

(b) $\{n^2 a^n\}$ converge para o limite 0.

52 Prove a parte do Teorema 3 pertinente a seqüências decrescentes.

2   Séries Infinitas

Uma soma indicada, de todos os termos de uma seqüência infinita $\{a_n\}$, tal como

$$a_1 + a_2 + a_3 + \cdots + a_n + \cdots,$$

é chamada de *série infinita,* ou simplesmente de *série*. Usando o símbolo de somatório introduzido na Seção 1 do Cap. 6, podemos escrever mais compactamente como $\sum\limits_{k=1}^{\infty} a_k$. (A notação $\sum\limits_{k=1}^{+\infty} a_k$ seria talvez preferível, mas a maioria dos livros abandona o sinal de $+\infty$ nesse caso.) Os números a_1, a_2, a_3 e assim por diante são chamados de *termos* da série, e a_n é chamado *n-ésimo termo* ou *termo geral* da série.

Embora não possamos literalmente somar um número infinito de termos, algumas vezes é vantajoso atribuir um valor numérico para uma série infinita através de uma definição especial e se referir a esse valor como sendo a "soma" da série. Isso é completado pelo uso das "somas parciais" da série.

A soma s_n dos primeiros n termos de uma série $\sum\limits_{k=1}^{\infty} a_k$ é chamada de *n-ésima soma parcial* da série; assim,

$$s_n = a_1 + a_2 + a_3 + \cdots + a_n = \sum_{k=1}^{n} a_k.$$

A seqüência $\{s_n\}$ é tratada como a *seqüência das somas parciais* da série. Observe que, para cada inteiro positivo n,

$$s_{n+1} = s_n + a_{n+1}. \qquad \text{(Por que?)}$$

Por exemplo, os primeiros termos da série infinita

$$1 + \frac{1}{2} + \frac{1}{4} + \frac{1}{8} + \frac{1}{16} + \cdots + \frac{1}{2^{n-1}} + \cdots$$

são os seguintes:

Primeira soma parcial $= s_1 = 1.$

Segunda soma parcial $= s_2 = 1 + \frac{1}{2} = 1{,}5.$

Terceira soma parcial $= s_3 = 1 + \frac{1}{2} + \frac{1}{4} = 1{,}75.$

Quarta soma parcial $= s_4 = 1 + \frac{1}{2} + \frac{1}{4} + \frac{1}{8} = 1{,}875.$

Quinta soma parcial $= s_5 = 1 + \frac{1}{2} + \frac{1}{4} + \frac{1}{8} + \frac{1}{16} = 1{,}9375.$

Podemos continuar nesse caminho tanto quanto desejamos. Neste caso, encontraremos que a seqüência s_n das somas parciais

$$1, \quad 1{,}5, \quad 1{,}75, \quad 1{,}875, \quad 1{,}9375, \dots$$

parece se aproximar de 2 como um limite; por exemplo, a 25.º soma parcial é

$$s_{25} = 1 + \frac{1}{2} + \frac{1}{4} + \frac{1}{8} + \frac{1}{16} + \cdots + \frac{1}{2^{24}} \approx 1{,}99999998.$$

Aqui não é difícil verificar que a seqüência das somas parciais realmente converge para o limite 2 (veja Seção 2.1); daí, parece natural *definir* a "soma" da série como sendo 2 e escrever

$$2 = 1 + \frac{1}{2} + \frac{1}{4} + \frac{1}{8} + \frac{1}{16} + \cdots + \frac{1}{2^{n-1}} + \cdots.$$

De um modo geral, utilizamos a seguinte definição:

DEFINIÇÃO 1   **Convergência de uma série infinita**

Se a seqüência $\{s_n\}$ das somas parciais da série infinita $\sum_{k=1}^{\infty} a_k$ converge

para um limite $S = \lim_{n \to +\infty} s_n$, dizemos que a série infinita $\sum_{k=1}^{\infty} a_k$ *converge* e sua

soma é S.

Se a série infinita $\sum_{k=1}^{\infty}$ converge e sua soma é S, escrevemos

$$S = \sum_{k=1}^{\infty} a_k.$$

É claro que, quando uma série infinita não converge, dizemos que ela *diverge*.

EXEMPLOS   Calcule os cinco primeiros termos da série dada e então calcule os cinco primeiros termos da seqüência das somas parciais da série. Encontre uma fórmula para a n-ésima soma parcial da série, determine se a série converge ou diverge e, se convergir, encontre sua soma S.

1 $\displaystyle\sum_{k=1}^{\infty} \frac{1}{k(k+1)}$

SOLUÇÃO
Aqui,

$$\sum_{k=1}^{\infty} \frac{1}{k(k+1)} = \frac{1}{2} + \frac{1}{6} + \frac{1}{12} + \frac{1}{20} + \frac{1}{30} + \cdots.$$

As cinco primeiras somas parciais são conseqüentemente dadas por

$$s_1 = a_1 \qquad = \frac{1}{2}$$

$$s_2 = s_1 + a_2 = \frac{1}{2} + \frac{1}{6} = \frac{2}{3}$$

$$s_3 = s_2 + a_3 = \frac{2}{3} + \frac{1}{12} = \frac{3}{4}$$

$$s_4 = s_3 + a_4 = \frac{3}{4} + \frac{1}{20} = \frac{4}{5}$$

$$s_5 = s_4 + a_5 = \frac{4}{5} + \frac{1}{30} = \frac{5}{6}.$$

Estas cinco primeiras somas parciais *sugerem* que a n-ésima seria dada pela fórmula.

$$s_n = s_{n-1} + a_n = \frac{n}{n+1}.$$

Esse resultado pode ser confirmado por indução matemática sobre n, mas aqui apresentamos uma outra justificativa. Por frações parciais

$$a_k = \frac{1}{k(k+1)} = \frac{1}{k} - \frac{1}{k+1};$$

daí,

$$s_n = \sum_{k=1}^{n} a_k = \sum_{k=1}^{n} \left(\frac{1}{k} - \frac{1}{k+1} \right)$$

$$= \left(\frac{1}{1} - \frac{1}{2} \right) + \left(\frac{1}{2} - \frac{1}{3} \right) + \left(\frac{1}{3} - \frac{1}{4} \right) + \cdots + \left(\frac{1}{n} - \frac{1}{n+1} \right)$$

$$= 1 - \frac{1}{2} + \frac{1}{2} - \frac{1}{3} + \frac{1}{3} - \frac{1}{4} + \cdots + \frac{1}{n} - \frac{1}{n+1}$$

$$= 1 - \frac{1}{n+1} = \frac{n}{n+1}.$$

Portanto, temos

$$S = \lim_{n \to +\infty} s_n = \lim_{n \to +\infty} \frac{n}{n+1} = \lim_{n \to +\infty} \frac{1}{1 + (1/n)} = 1;$$

daí a série converge e $\qquad \sum_{k=1}^{\infty} \frac{1}{k(k+1)} = 1.$

2 $\sum_{k=1}^{\infty} k(k-1)$

SOLUÇÃO
Aqui,

$$\sum_{k=1}^{\infty} k(k-1) = 0 + 2 + 6 + 12 + 20 + \cdots.$$

As primeiras cinco somas parciais são portanto dadas por

$$
\begin{aligned}
s_1 &= a_1 && = 0 \\
s_2 &= s_1 + a_2 = 0 &&+ 2 &&= 2 \\
s_3 &= s_2 + a_3 = 2 &&+ 6 &&= 8 \\
s_4 &= s_3 + a_4 = 8 &&+ 12 &&= 20 \\
s_5 &= s_4 + a_5 = 20 &&+ 20 &&= 40.
\end{aligned}
$$

Utilizando as fórmulas para soma de inteiros sucessivos e para quadrados perfeitos sucessivos da Seção 1 do Cap. 6, encontramos que

$$s_n = \sum_{k=1}^{n} k(k-1) = \sum_{k=1}^{n} (k^2 - k) = \sum_{k=1}^{n} k^2 - \sum_{k=1}^{n} k$$

$$= \frac{n(n+1)(2n+1)}{6} - \frac{n(n+1)}{2} = \frac{n(n^2-1)}{3}.$$

Portanto, temos

$$\lim_{n \to +\infty} s_n = \lim_{n \to +\infty} \frac{n(n^2-1)}{3} = +\infty.$$

Assim, a seqüência de somas parciais — daí também a série dada — diverge.

A série $\sum_{k=1}^{\infty} \frac{1}{k(k+1)}$ do Exemplo 1, quando reescrita na forma

$\sum_{k=1}^{\infty} \left(\frac{1}{k} - \frac{1}{k+1} \right)$, é chamada de *série de encaixe* por causa do cancelamento que ocorre no cálculo de suas somas parciais. De um modo geral, se $\{b_n\}$ é uma seqüência, então uma série da forma $\sum_{k=1}^{\infty} (b_k - b_{k+1})$ é chamada de *série de encaixe*. A n-ésima soma parcial é dada por

$$s_n = \sum_{k=1}^{n} (b_k - b_{k+1}) = (b_1 - b_2) + (b_2 - b_3) + \cdots + (b_n - b_{n+1})$$

$$= b_1 - \not{b_2} + \not{b_2} - \not{b_3} + \cdots + \not{b_n} - b_{n+1}$$

$$= b_1 - b_{n+1}.$$

Portanto, se $\lim\limits_{n\to+\infty} b_{n+1}$ existe, digamos $\lim\limits_{n\to+\infty} b_{n+1} = L$, então temos

$$\sum_{k=1}^{\infty} (b_k - b_{k+1}) = \lim_{n\to+\infty} s_n = \lim_{n\to+\infty} (b_1 - b_{n+1}) = b_1 - L.$$

EXEMPLO Mostre que a série $\sum\limits_{k=1}^{\infty} \dfrac{3}{9k^2 + 3k - 2}$ converge e encontre sua soma.

SOLUÇÃO
Por frações parciais,

$$\frac{3}{9k^2 + 3k - 2} = \frac{3}{(3k-1)(3k+2)} = \frac{1}{3k-1} - \frac{1}{3k+2} = \frac{1}{3k-1} - \frac{1}{3(k+1)-1};$$

daí,

$$\sum_{k=1}^{\infty} \frac{3}{9k^2 + 3k - 2} = \sum_{k=1}^{\infty} \left[\frac{1}{3k-1} - \frac{1}{3(k+1)-1} \right] = \frac{1}{3(1)-1} - \lim_{n\to+\infty} \frac{1}{3(n+1)-1}$$

$$= \frac{1}{2} - 0 = \frac{1}{2}.$$

No estudo de séries infinitas, algumas vezes é vantajoso construir uma série $\sum\limits_{n=1}^{\infty} a_n$ através de uma seqüência pré-designada $\{s_n\}$ de somas parciais. Em relação a isso, a equação

$$a_n = s_n - s_{n-1},$$

que deve ser verificada para todo valor inteiro de n maior que 1, junto com o fato que $a_1 = s_1$, nos leva à desejada série.

EXEMPLO Encontre a série infinita cuja seqüência de somas parciais é $\left\{ \dfrac{3n}{2n+1} \right\}$, determine se esta série converge e, se convergir, encontre sua soma.

SOLUÇÃO
Aqui temos

$$s_n = \frac{3n}{2n+1} \quad \text{e} \quad s_{n-1} = \frac{3(n-1)}{2(n-1)+1} = \frac{3n-3}{2n-1};$$

isto é,

$$a_n = s_n - s_{n-1} = \frac{3n}{2n+1} - \frac{3n-3}{2n-1} = \frac{(2n-1)(3n) - (3n-3)(2n+1)}{(2n+1)(2n-1)} = \frac{3}{4n^2 - 1}$$

que se verifica para $n > 1$. Aqui,

$$\sum_{k=1}^{\infty} a_k = \sum_{k=1}^{\infty} \frac{3}{4k^2 - 1}.$$

o qual é o mesmo valor de $\dfrac{3}{4n^2 - 1}$ quando $n = 1$. Assim, a série desejada é dada por

$$a_1 = s_1 = \frac{3(1)}{2(1)+1} = 1,$$

Já que a n-ésima soma parcial da série s_n, segue-se que

$$\sum_{k=1}^{\infty} \frac{3}{4k^2-1} = \lim_{n \to +\infty} s_n = \lim_{n \to +\infty} \frac{3n}{2n+1} = \lim_{n \to +\infty} \frac{3}{2+(1/n)} = \frac{3}{2}.$$

2.1 Séries geométricas

Por definição, uma *série geométrica* é uma série da forma

$$\sum_{k=1}^{\infty} ar^{k-1} = a + ar + ar^2 + ar^3 + \cdots + ar^{n-1} + \cdots,$$

onde cada termo após o primeiro é obtido pela multiplicação de seu predecessor imediato por uma constante multiplicativa r. Já que r é a razão entre qualquer termo (depois do primeiro) e seu predecessor imediato, nos referiremos à série como série geométrica de *razão* r.

Observe que uma série geométrica fica completamente especificada através de seu primeiro termo a e sua razão r. Por exemplo, a série geométrica de termo inicial $a = 1$ e razão $r =$

$$1 + \frac{1}{2} + \frac{1}{4} + \frac{1}{8} + \frac{1}{16} + \cdots + \frac{1}{2^{n-1}} + \cdots.$$

Uma razão negativa r produz uma alternância de sinais algébricos; por exemplo, a série geométrica

$$\frac{2}{3} - \frac{1}{2} + \frac{3}{8} - \frac{9}{32} + \frac{27}{128} - \frac{81}{512} + \cdots$$

tem primeiro termo $a = {}^2/_3$ e razão $r = -{}^3/_4$.

Através de um hábil artifício, é possível obter uma fórmula simples para a n-ésima soma parcial s_n de uma série geométrica $\sum_{k=1}^{\infty} ar^{k-1}$. De fato, começando com

(i) $$s_n = a + ar + ar^2 + \cdots + ar^{n-1},$$

e multiplicando por r, obtemos

(ii) $$s_n r = ar + ar^2 + ar^3 + \cdots + ar^n.$$

Subtraindo a equação (ii) da equação (i), temos

$$s_n - s_n r = a - ar^n \quad \text{ou} \quad s_n(1-r) = a(1-r^n).$$

Portanto,

$$s_n = a\left(\frac{1-r^n}{1-r}\right) \quad \text{se } r \neq 1.$$

Pela Propriedade 7 da Seção 1, se $|r| < 1$, então $\lim_{n \to +\infty} r^n = 0$; daí,

$$\lim_{n \to +\infty} s_n = \lim_{n \to +\infty} a\left(\frac{1-r^n}{1-r}\right) = \frac{a}{1-r} \quad \text{se } |r| < 1.$$

Por outro lado, se $|r| > 1$, então a seqüência $\{r^n\}$ diverge, e segue-se que a seqüência $\{s_n\}$ também diverge. No caso restante em que $|r| = 1$, ou seja, $r = 1$

ou $r = -1$, é fácil ver que a seqüência das somas parciais diverge (a menos que $a = s$). Assim, nós temos o seguinte teorema.

TEOREMA 1   **Séries geométricas**

A série geométrica $\sum\limits_{k=1}^{\infty} ar^{k-1}$ com termo inicial a $a \neq 0$ e razão r converge se e somente se $|r| < 1$. Se $|r| < 1$, então

$$\sum_{k=1}^{\infty} ar^{k-1} = \frac{a}{1-r}.$$

EXEMPLOS   Determine se a série geométrica dada converge ou diverge e, se convergir, ache sua soma.

1 $\sum\limits_{k=1}^{\infty} \dfrac{2}{3^{k-1}}$

SOLUÇÃO

Já que $\sum\limits_{k=1}^{\infty} \dfrac{2}{3^{k-1}} = \sum\limits_{k=1}^{\infty} 2\left(\dfrac{1}{3}\right)^{k-1}$, a série é de fato geométrica com razão $r = \frac{1}{3}$ e termo inicial $a = 2$. Como $|r| = \frac{1}{3} < 1$, a série converge e sua soma é dada por

$$\sum_{k=1}^{\infty} \frac{2}{3^{k-1}} = \frac{a}{1-r} = \frac{2}{1-\frac{1}{3}} = 3.$$

2 $-1 + \dfrac{2}{3} - \dfrac{4}{9} + \dfrac{8}{27} - \dfrac{16}{81} + \cdots$

SOLUÇÃO

Aqui $a = -1$ e a razão $r = -\frac{2}{3}$. (Por exemplo, a razão do quarto pelo terceiro termo é $(\frac{8}{27}) \div (-\frac{4}{9}) = -\frac{2}{3}$.) Já que $|r| = \frac{2}{3} < 1$, a série é convergente e

$$-1 + \frac{2}{3} - \frac{4}{9} + \frac{8}{27} - \frac{16}{81} + \cdots = \frac{a}{1-r} = \frac{-1}{1 - (-\frac{2}{3})} = -\frac{3}{5}.$$

3 $\sum\limits_{k=1}^{\infty} \left(\dfrac{3}{2}\right)^{k}$

SOLUÇÃO

A série é geométrica com termo inicial $a = \frac{3}{2}$ e razão $r = \frac{3}{2}$. Já que $|r| = \frac{3}{2} > 1$, a série é divergente.

2.2 Aplicações das séries geométricas

Séries geométricas aparecem naturalmente em muitos ramos da matemática, como os exemplos ilustram:

EXEMPLOS 1   A probabilidade de fazer o ponto "8" no jogo de dados — ou seja, a probabilidade de conseguir um 8 duas jogadas antes de conseguir um 7 — é dada por

$$\tfrac{5}{36} + \left(\tfrac{5}{36}\right)\left(\tfrac{25}{36}\right) + \left(\tfrac{5}{36}\right)\left(\tfrac{25}{36}\right)^{2} + \left(\tfrac{5}{36}\right)\left(\tfrac{25}{36}\right)^{3} + \cdots.$$

Encontre essa probabilidade.

Solução

A série exposta é geométrica com termo inicial $a = {}^5/_{36}$ e razão $r = {}^{25}/_{36}$. Essa soma é conseqüentemente dada por

$$\frac{a}{1-r} = \frac{\frac{5}{36}}{1-\frac{25}{36}} = \frac{5}{11}.$$

Portanto, a probabilidade de fazer o ponto "8" é $^5/_{11}$.

2 Uma bomba de ar comum está evacuando um recipiente de volume V. O cilindro da bomba, com o pistão em cima, tem volume v e a massa total de ar no recipiente no princípio é M. Na n-ésima bombeada, a massa de ar removida do recipiente é

$$\frac{Mv}{V+v}\left(\frac{V}{V+v}\right)^{n-1}.$$

Supondo que a bomba opere "para sempre", qual é a massa total de ar removida do recipiente?

Solução

A massa total é dada pela soma da série infinita

$$\frac{Mv}{V+v} + \frac{Mv}{V+v}\left(\frac{V}{V+v}\right) + \frac{Mv}{V+v}\left(\frac{V}{V+v}\right)^2 + \cdots + \frac{Mv}{V+v}\left(\frac{V}{V+v}\right)^{n-1} + \cdots$$

com termo inicial $a = \dfrac{Mv}{V+v}$ e razão $r = \dfrac{V}{V+v}$. Sua soma é

$$\frac{a}{1-r} = \frac{\dfrac{Mv}{V+v}}{1-\left(\dfrac{V}{V+v}\right)} = M.$$

Assim, todo ar é removido se a bomba operar "para sempre". (É claro, nenhuma bomba é perfeita — furos na válvula, escapamento de ar em volta do pistão, e assim por diante — assim sua resposta é de apenas interesse teórico.)

3 Expresse a dízima periódica 1,2676767 . . . como razão de números inteiros.

Solução

$$1{,}267676767\ldots = 1{,}2 + 0{,}067 + 0{,}00067 + 0{,}0000067 + \cdots$$

$$= \frac{12}{10} + \left(\frac{67}{1000} + \frac{67}{100.000} + \frac{67}{10.000.000} + \cdots\right).$$

A série geométrica entre parênteses tem termo inicial $a = {}^{67}/_{1.000}$ e razão $r = {}^1/_{100}$; daí converge, e sua soma é dada por

$$\frac{a}{1-r} = \frac{\frac{67}{1000}}{1-\frac{1}{100}} = \frac{67}{990}.$$

Portanto,

$$1{,}267676767\ldots = \tfrac{12}{10} + \tfrac{67}{990} = \tfrac{251}{198}.$$

Conjunto de Problemas 2

Nos problemas 1 a 6, calcule os primeiros cinco termos de cada série, e então calcule os cinco primeiros termos da seqüência $\{s_n\}$ de suas somas parciais. Encontre uma fórmula "simples" para n-ésima soma parcial s_n em função de n, determine se a série converge ou diverge e, se convergir, encontre sua soma $S = \lim\limits_{n \to +\infty} s_n$.

1 $\displaystyle\sum_{k=1}^{\infty} \frac{1}{(2k-1)(2k+1)}$ **2** $\displaystyle\sum_{k=1}^{\infty} \ln\left(1 - \frac{2}{2k+3}\right)$ **3** $\displaystyle\sum_{k=1}^{\infty} k(k+1)$

4 $\displaystyle\sum_{k=1}^{\infty} \frac{1}{k^2 + 2k}$ **5** $\displaystyle\sum_{k=1}^{\infty} \frac{2k+1}{k^2(k+1)^2}$ **6** $\displaystyle\sum_{k=1}^{\infty} \frac{3^{k-1}}{5^k}$

Nos problemas 7 a 12, encontre a série infinita com a seqüência de somas parciais dada, determine se a série converge ou diverge e, se convergir, encontre sua soma.

7 $\{s_n\} = \left\{\dfrac{n}{n+1}\right\}$ **8** $\{s_n\} = \left\{\dfrac{2n}{n+5}\right\}$ **9** $\{s_n\} = \left\{\dfrac{2n^2}{3n+5}\right\}$

10 $\{s_n\} = \{n\}$ **11** $\{s_n\} = \{1 - (-1)^n\}$ **12** $\{s_n\} = \left\{2 - \dfrac{1}{2^{n-1}}\right\}$

Nos problemas 13 a 21, encontre o termo inicial a e a razão r de cada série geométrica, determine se a série converge e, se convergir, encontre sua soma.

13 $1 + \dfrac{2}{7} + \dfrac{4}{49} + \dfrac{8}{343} + \cdots$ **14** $\displaystyle\sum_{k=1}^{\infty} \left(\frac{9}{10}\right)^{k+1}$

15 $\displaystyle\sum_{k=1}^{\infty} \left(\frac{7}{6}\right)^{k}$ **16** $-\dfrac{5}{8} + \dfrac{25}{64} - \dfrac{125}{512} + \dfrac{625}{4096} - \cdots$

17 $1 - 1 + 1 - 1 + 1 - 1 + 1 - 1 + \cdots$ **18** $\displaystyle\sum_{k=1}^{\infty} e^{1-k}$

19 $\displaystyle\sum_{k=1}^{\infty} \frac{3^{k-1}}{4^{k+1}}$ **20** $0{,}9 + 0{,}09 + 0{,}009 + 0{,}0009 + \cdots$

21 $\displaystyle\sum_{k=1}^{\infty} 5^{-k}$

22 A série $1 - 1 + 1 - 1 + 1 - 1 + \ldots + (-1)^{n-1} + \ldots$ é geométrica com razão $r = -1$; daí, diverge. Assim, o cálculo $1 - 1 + 1 - 1 + 1 - 1 + \ldots + (-1)^{n-1} + \ldots = (1 - 1) + (1 - 1) + (1 - 1) + \ldots = 0 + 0 + 0 + \ldots = 0$ deve estar errado. O que há de errado nesse cálculo?

Nos problemas 23 a 26, expresse cada dízima periódica como razão de números inteiros pelo uso de séries geométricas apropriadas.

23 $0{,}33333\ldots$ **24** $1{,}11111\ldots$ **25** $4{,}717171\ldots$ **26** $15{,}712712712\ldots$

27 É verdade que $\displaystyle\lim_{n \to +\infty} \sum_{k=1}^{n} a_k = \sum_{k=1}^{\infty} a_k$? Explique.

28 Encontre $\displaystyle\lim_{n \to +\infty} \left(1 + \frac{1}{3^2} + \frac{1}{3^4} + \frac{1}{3^6} + \cdots + \frac{1}{3^{2n}}\right)$.

29 No jogo de dados, a probabilidade de que o lançador vença (isto é, consiga 7 ou 11 na primeira jogada ou consiga um número diferente de 2, 3 ou 12, então, numa jogada sucessiva, consiga esse número antes conseguindo um 7) é dada pela dízima periódica $0{,}4929292929\ldots$ Expresse essa probabilidade como a razão de dois números inteiros.

30 Um recipiente contém originalmente 10 gramas de sal dissolvidos em 1000 centímetros cúbicos de água. O seguinte procedimento é feito repetidamente: 250 centímetros cúbicos de água salgada são derramados, substituídos por 250 centímetros cúbicos de água pura, e a solução é inteiramente agitada.

(a) Depois de se repetir esse procedimento n vezes, quantos gramas de sal foram removidos do recipiente?

(b) Se esse procedimento for repetido "infinitamente", quanto de sal permanecerá no recipiente?

31 Uma bola de borracha atinge 60 por cento da altura a que foi largada, após quicar no chão. Se ela for larga de uma altura de 2 metros, que distância percorrerá ela até parar?

32 Maria começa a caminhar em direção a uma parede de tijolos d metros à frente com uma velocidade constante de v metros por segundo. No mesmo instante, uma mosca sai da testa de Maria voando em direção à parede de tijolos com uma velocidade constante de V metros por segundo, onde $V > v$. Assim que chega à parede de tijolos, a mosca imediatamente faz a volta e voa de volta para a testa de Maria e até a parede, desse modo até Maria finalmente alcançar a parede.

(a) Mostre que, na n-ésima viagem da testa de Maria para a parede, ida e volta, a mosca percorre a distância de $\dfrac{2Vd}{V+v}\left(\dfrac{V-v}{V+v}\right)^{n-1}$ metros.

(b) Mostre que a mosca gasta $\dfrac{2d}{V+v}\left(\dfrac{V-v}{V+v}\right)^{n-1}$ segundos para a n-ésima viagem.

(c) Através da parte (a), a distância total voada pela mosca é dada por $\displaystyle\sum_{n=1}^{\infty}\dfrac{2Vd}{V+v}\left(\dfrac{V-v}{V+v}\right)^{n-1}$ metros. Encontre essa distância através da soma da série.

(d) Usando a parte (b), monte e some uma série para o tempo total gasto por Maria para alcançar a parede.

(e) Determine a distância total voada pela mosca sem usar soma de séries infinitas.

33 Seja $\displaystyle\sum_{k=1}^{\infty} a_k$ uma série infinita dada e seja $\{s_n\}$ sua seqüência de somas parciais. Define-se a seqüência $\{b_n\}$ por

$$b_n = \begin{cases} 0 & \text{se } n = 1 \\ -s_{n-1} & \text{se } n > 1 \end{cases}$$

para cada inteiro $n \geq 1$. Mostre que a série $\displaystyle\sum_{k=1}^{\infty} a_k$ é termo a termo exatamente a mesma que a série de encaixe $\displaystyle\sum_{k=1}^{\infty} (b_k - b_{k+1})$. Assim concluímos que uma série infinita pode ser reescrita como uma série de encaixe.

34 Mostre que

$$\sum_{k=1}^{n} (b_k - b_{k+2}) = (b_1 + b_2) - (b_{n+1} + b_{n+2}).$$

(*Sugestão:* $b_k - b_{k+2} = (b_k - b_{k+1}) + (b_{k+1} - b_{k+2})$.)

35 Usando o problema 34, mostre que se $\{b_n\}$ é uma seqüência convergente com $\displaystyle\lim_{n \to +\infty} b_n = L$, então a série $\displaystyle\sum_{k=1}^{\infty} (b_k - b_{k+2})$ é convergente e $\displaystyle\sum_{k=1}^{\infty} (b_k - b_{k+2}) = b_1 + b_2 - 2L$.

3 Propriedades de Séries Infinitas

Na Seção 2 nós nos capacitamos a encontrar a soma de certas séries infinitas através de fórmulas "agradáveis" para suas somas parciais. Por exemplo, a n-ésima soma parcial da série de encaixe $\displaystyle\sum_{k=1}^{\infty}(b_k - b_{k+1})$ é simplesmente $b_1 - b_{n+1}$, enquanto a n-ésima soma parcial da série geométrica $\displaystyle\sum_{k=1}^{\infty} ar^{k-1}$ é somente $a\left(\dfrac{1-r^n}{1-r}\right)$. Infelizmente, não é sempre fácil encontrar fórmulas "limpas" para n-ésima soma parcial; daí, é importante desenvolver métodos alternativos para determinar se uma dada seqüência converge ou diverge e para analisar se sua soma realmente converge. Alguns desses métodos são conseqüências das propriedades gerais das séries infinitas que desenvolvemos nessa seção.

O teorema seguinte dá uma importante propriedade de uma série convergente.

TEOREMA 1   **Condição necessária de convergência**

Se uma série infinita $\sum\limits_{k=1}^{\infty} a_k$ converge, então $\lim\limits_{n \to +\infty} a_n = 0$.

PROVA

Seja $\{s_n\}$ a seqüência das somas parciais da série $\sum\limits_{k=1}^{\infty} a_k$. Se $\sum\limits_{k=1}^{\infty} a_k$ converge,

então, por definição, a seqüência $\{s_n\}$ converge e $\lim\limits_{n \to +\infty} s_n = S = \sum\limits_{k=1}^{\infty} a_k$.

Quando $n \to +\infty$, então também $n - 1 \to +\infty$, assim $\lim\limits_{n \to +\infty} s_{n-1} = S$. Observe que $a_n = s_n - s_{n-1}$; daí,

$$\lim\limits_{n \to +\infty} a_n = \lim\limits_{n \to +\infty} (s_n - s_{n-1}) = \lim\limits_{n \to +\infty} s_n - \lim\limits_{n \to +\infty} s_{n-1} = S - S = 0.$$

EXEMPLO   Sabendo-se que $\sum\limits_{k=1}^{\infty} \dfrac{2^k}{k!}$ converge, encontre $\lim\limits_{n \to +\infty} \dfrac{2^n}{n!}$.

SOLUÇÃO

Pelo Teorema 1, como $\sum\limits_{k=1}^{\infty} \dfrac{2^k}{k!}$ converge, $\lim\limits_{n \to +\infty} \dfrac{2^n}{n!} = 0$.

O Teorema 1 pode ser usado para mostrar que certas séries divergem. De fato, uma conseqüência imediata do Teorema 1 é que, se não ocorrer $\lim\limits_{n \to +\infty} a_n = 0$, então $\sum\limits_{k=1}^{\infty} a_k$ não pode convergir. Nós registraremos esse fato para uso futuro.

TEOREMA 2   **Condição suficiente para divergência**

Se $\lim\limits_{n \to +\infty} a_n$ não existe, ou se $\lim\limits_{n \to +\infty} a_n$ existe mas é diferente de zero, então a série $\sum\limits_{k=1}^{\infty} a_k$ é divergente.

EXEMPLOS   Use o Teorema 2 para mostrar que a série dada diverge.

1 $\sum\limits_{k=1}^{\infty} \dfrac{k + 1}{k}$

SOLUÇÃO

Já que $\lim\limits_{n \to +\infty} \dfrac{n + 1}{n} = \lim\limits_{n \to +\infty} \left(1 + \dfrac{1}{n}\right) = 1 \neq 0$, segue-se que $\sum\limits_{k=1}^{\infty} \dfrac{k + 1}{k}$ diverge, pelo Teorema 2.

2 $\sum\limits_{k=1}^{\infty} (-1)^k$

SOLUÇÃO

Aqui, $\lim\limits_{n \to +\infty} (-1)^n$ não existe. Pelo Teorema 2, $\sum\limits_{k=1}^{\infty} (-1)^k$ diverge.

(Cuidado: Não interprete erradamente o Teorema 1. Ele diz que o termo geral de uma série convergente tem limite zero, mas isso não implica a situação inversa. *Existem muitas séries divergentes cujo termo geral tem limite zero.)*

EXEMPLO Considere a série $\sum_{k=1}^{\infty} \ln \frac{k}{k+1}$, e observe que

$$\lim_{n \to +\infty} \ln \frac{n}{n+1} = \ln \left(\lim_{n \to +\infty} \frac{n}{n+1} \right) = \ln 1 = 0.$$

Então, podemos concluir que a série $\sum_{k=1}^{\infty} \ln \frac{k}{k+1}$ converge?

SOLUÇÃO Não! Somente porque o termo geral tem limite zero não há garantias de que a série irá convergir. De fato, $\sum_{k=1}^{\infty} \ln \frac{k}{k+1}$ pode ser reescrito como $\sum_{k=1}^{\infty} [\ln k - \ln (k + 1)]$, e a última série de encaixe diverge, já que $\lim_{n \to +\infty} \ln (n + 1) = +\infty$.

Muitas propriedades de séries infinitas são análogas às propriedades correspondentes de seqüências. Por exemplo, temos o seguinte teorema:

TEOREMA 3 **Propriedades lineares das séries**

(i) Se $\sum_{k=1}^{\infty} a_k$ e $\sum_{k=1}^{\infty} b_k$ são séries convergentes, então $\sum_{k=1}^{\infty} (a_k + b_k)$ e $\sum_{k=1}^{\infty} (a_k - b_k)$ são também convergentes e

$$\sum_{k=1}^{\infty} (a_k + b_k) = \sum_{k=1}^{\infty} a_k + \sum_{k=1}^{\infty} b_k,$$

enquanto

$$\sum_{k=1}^{\infty} (a_k - b_k) = \sum_{k=1}^{\infty} a_k - \sum_{k=1}^{\infty} b_k.$$

(ii) Se $\sum_{k=1}^{\infty} a_k$ é uma série convergente e c uma constante, então $\sum_{k=1}^{\infty} ca_k$ é também convergente e $\sum_{k=1}^{\infty} ca_k = c \sum_{k=1}^{\infty} a_k$. Se $\sum_{k=1}^{\infty} ca_k$ é uma série divergente e c é constante não-nula, então $\sum_{k=1}^{\infty} ca_k$ é também divergente.

PROVA
Provemos a parte (i) e deixemos a parte (ii) como exercício (problema 37). Assim, sejam $s_n = \sum_{k=1}^{n} a_k$ e $t_n = \sum_{k=1}^{n} b_k$ as n-ésimas somas parciais das duas séries dadas. Então,

$$s_n + t_n = \sum_{k=1}^{n} a_k + \sum_{k=1}^{n} b_k = \sum_{k=1}^{n} (a_k + b_k)$$

é a n-ésima soma parcial da série $\sum_{k=1}^{\infty} (a_k + b_k)$. Já que

$$\lim_{n \to +\infty} (s_n + t_n) = \lim_{n \to +\infty} s_n + \lim_{n \to +\infty} t_n = \sum_{k=1}^{\infty} a_k + \sum_{k=1}^{\infty} b_k,$$

$$\sum_{k=1}^{\infty} (a_k + b_k) \text{ converge e sua soma é dada por } \sum_{k=1}^{\infty} (b_k + b_k) = \sum_{k=1}^{\infty} a_k + \sum_{k=1}^{\infty} b_k.$$

Por um argumento similar (problema 35), $\sum_{k=1}^{\infty} (a_k - b_k) = \sum_{k=1}^{\infty} a_k - \sum_{k=1}^{\infty} b_k.$

EXEMPLO Encontre a soma da série $\sum_{k=1}^{\infty} \left(\dfrac{5}{2^{k-1}} + \dfrac{1}{3^{k-1}} \right).$

SOLUÇÃO

Observe que $\sum_{k=1}^{\infty} \dfrac{5}{2^{k-1}}$ é uma série geométrica com termo inicial $a = 5$ e razão $r = {}^1\!/_2$; daí converge e

$$\sum_{k=1}^{\infty} \frac{5}{2^{k-1}} = \frac{a}{1 - r} = \frac{5}{1 - \frac{1}{2}} = 10.$$

Da mesma forma, $\sum_{k=1}^{\infty} \dfrac{1}{3^{k-1}}$ converge e

$$\sum_{k=1}^{\infty} \frac{1}{3^{k-1}} = \frac{1}{1 - \frac{1}{3}} = \frac{3}{2}.$$

Segue-se da parte (i) do Teorema 3 que $\sum_{k=1}^{\infty} \left(\dfrac{5}{2^{k-1}} + \dfrac{1}{3^{k-1}} \right)$ converge e

$$\sum_{k=1}^{\infty} \left(\frac{5}{2^{k-1}} + \frac{1}{3^{k-1}} \right) = 10 + \frac{3}{2} = \frac{23}{2}.$$

O próximo teorema é uma conseqüência imediata da parte (i) do Teorema 3.

TEOREMA 4 **Divergência de uma série de somas**

Se a série $\sum_{k=1}^{\infty} a_k$ converge e a série $\sum_{k=1}^{\infty} b_k$ diverge, então a série $\sum_{k=1}^{\infty} (a_k + b_k)$ diverge.

PROVA

Suponhamos o contrário; ou seja, suponhamos que $\sum_{k=1}^{\infty} (b_k + b_k)$ converge. Já que $\sum_{k=1}^{\infty} a_k$ converge, $\sum_{k=1}^{\infty} ((a_k + b_k) - a_k) = \sum_{k=1}^{\infty} b_k$ também converge, pela parte (i) do Teorema 3, contradizendo a hipótese de que $\sum_{k=1}^{\infty} b_k$ diverge. Daí a suposição de que $\sum_{k=1}^{\infty} (a_k + b_k)$ converge é falsa; ou seja, $\sum_{k=1}^{\infty} (a_k + b_k)$ diverge.

EXEMPLOS Determine se a série $\sum_{k=1}^{\infty} \left(\ln \dfrac{k}{k+1} - \dfrac{1}{3^k} \right)$ converge ou diverge.

SOLUÇÃO

A série $\sum_{k=1}^{\infty} \ln \dfrac{k}{k+1}$ diverge. (Por quê?) Contudo, a série $\sum_{k=1}^{\infty} \dfrac{-1}{3^k}$ é uma série geométrica com termo inicial $a = -\frac{1}{3}$ e razão $r = \frac{1}{3}$; daí, converge. Portanto, pelo Teorema 4, a série

$$\sum_{k=1}^{\infty} \left(\ln \frac{k}{k+1} - \frac{1}{3^k} \right) = \sum_{k=1}^{\infty} \left(\frac{-1}{3^k} + \ln \frac{k}{k+1} \right)$$

diverge.

Observe que mesmo sendo *ambas* as séries $\sum_{k=1}^{\infty} a_k$ e $\sum_{k=1}^{\infty} b_k$ divergentes, a série $\sum_{k=1}^{\infty} (a_k + b_k)$ *pode ser convergente*. Por exemplo, seja $a_n = n$ e $b_n = -n$ para todo inteiro positivo n.

Cálculos envolvendo séries infinitas são freqüentemente simplificados através de várias manipulações envolvendo o índice do somatório. Por exemplo, não é necessário começar uma série com $k = 1$. Assim podemos escrever

$$\sum_{k=0}^{\infty} \frac{1}{2^k} = 1 + \frac{1}{2} + \frac{1}{4} + \frac{1}{8} + \cdots,$$

$$\sum_{k=2}^{\infty} \ln \frac{k-1}{k} = \ln \frac{1}{2} + \ln \frac{2}{3} + \ln \frac{3}{4} + \cdots,$$

e assim por diante. Também, não existe uma razão particular de usar o símbolo k para o índice do somatório. De fato, é possível, e freqüentemente desejável, mudar o índice do somatório numa série infinita da mesma forma com que mudamos variáveis numa integral. Por exemplo, na série $\sum_{k=1}^{\infty} \frac{1}{2^{k-1}}$, seja $j = k - 1$, observando que $j = 0$ quando $k = 1$. Então obtemos

$$\sum_{k=1}^{\infty} \frac{1}{2^{k-1}} = \sum_{j=0}^{\infty} \frac{1}{2^j}.$$

Como o teorema seguinte mostra, os primeiros termos de uma série infinita não têm efeito na convergência ou divergência da série — é somente o "final da cauda" da série que comanda a convergência ou divergência.

TEOREMA 5   **Remoção dos primeiros M termos de uma série**

Se M é um inteiro positivo fixado, então a série $\sum_{k=1}^{\infty} a_k$ converge se e somente se a série $\sum_{k=M+1}^{\infty} a_k$ converge. Além disso, se estas séries convergem, então

$$\sum_{k=1}^{\infty} a_k = \sum_{k=1}^{M} a_k + \sum_{k=M+1}^{\infty} a_k.$$

PROVA
Para $n > M$, temos

$$\sum_{k=1}^{n} a_k = \sum_{k=1}^{M} a_k + \sum_{k=M+1}^{n} a_k.$$

Já que $\sum_{k=1}^{M} a_k$ é constante, segue-se que $\lim_{n \to +\infty} \sum_{k=1}^{n} a_k$ existe se e somente se $\lim_{n \to +\infty} \sum_{k=M+1}^{n} a_k$ existe; isso é, $\sum_{k=1}^{\infty} a_k$ converge se e somente se $\sum_{k=M+1}^{\infty} a_k$ converge. Supondo que esses limites realmente existam, e tomando o limite em ambos os lados da equação acima quando $n \to +\infty$, obtemos

$$\sum_{k=1}^{\infty} a_k = \sum_{k=1}^{M} a_k + \sum_{k=M+1}^{\infty} a_k.$$

Vamos ilustrar o Teorema 5 usando a série geométrica $\sum_{k=1}^{\infty} ar^{k-1}$ com $|r| < 1$. Observe que

$$\sum_{k=M+1}^{\infty} ar^{k-1} = ar^M + ar^{M+1} + ar^{M+2} + \cdots$$

é também uma série geométrica com termo inicial ar^M, razão r, e soma igual $\dfrac{ar^M}{1-r}$. Também, $\sum_{k=1}^{M} ar^{k-1}$ é a M-ésima soma parcial de $\sum_{k=1}^{\infty} ar^{k-1}$; conseqüentemente, $\sum_{k=1}^{M} ar^{k-1} = a\left(\dfrac{1-r^M}{1-r}\right)$. Assim, a equação do Teorema 5 fica

$$\sum_{k=1}^{\infty} ar^{k-1} = \sum_{k=1}^{M} ar^{k-1} + \sum_{k=M+1}^{\infty} ar^{k-1}$$

ou

$$\frac{a}{1-r} = a\left(\frac{1-r^M}{1-r}\right) + \frac{ar^M}{1-r},$$

uma identidade algébrica óbvia.

Pelo Teorema 2 da Seção 1.2, se a seqüência $\{s_n\}$ das somas parciais da série $\sum_{k=1}^{\infty} a_k$ é monótona e limitada, então a seqüência $\{s_n\}$ — daí também a série $\sum_{k=1}^{\infty} a_k$ — é convergente. Em particular, temos o seguinte teorema:

TEOREMA 6   **Convergência de uma série de termos não-negativos cujas somas parciais são limitadas**

Seja $\sum_{k=1}^{\infty} a_k$ uma série infinita cujos termos são todos não-negativos (isto é, $a \geq 0$ para todo k). Se a seqüência $\{s_n\}$ das n-ésimas somas parciais de $\sum_{k=1}^{\infty} a_k$ é limitada superiormente (isto é, $s_n \leq M$ para todo n, onde M é uma constante), então a série $\sum_{k=1}^{\infty} a_k$ é convergente.

PROVA
Já que $s_{n+1} = s_n + a_{n+1}$ (por quê?) e $a_{n+1} \geq 0$, então $s_{n+1} \geq s_n$ se verifica para todo inteiro $n \geq 1$. Assim, s_n é uma seqüência crescente que é limitada superiormente. Segue-se que s_n é convergente; daí a série $\sum_{k=1}^{\infty} a_k$ é convergente.

EXEMPLO   Use o teorema 6 para mostrar que a série $\sum_{k=1}^{\infty} \dfrac{k-1}{k \cdot 2^k}$ converge.

SOLUÇÃO
Claramente, cada termo da série dada é não-negativo. Pelo Teorema 6, a

série converge se a seqüência $\{s_n\}$ das somas parciais $s_n = \sum_{k=1}^{n} \dfrac{k-1}{k \cdot 2^k}$ for limitada. Observe que $\dfrac{k-1}{k} < 1$, assim

$$\frac{k-1}{k \cdot 2^k} = \frac{k-1}{k} \left(\frac{1}{2}\right)^k < \left(\frac{1}{2}\right)^k.$$

Portanto,

$$s_n = \sum_{k=1}^{n} \frac{k-1}{k \cdot 2^k} < \sum_{k=1}^{n} \left(\frac{1}{2}\right)^k = \frac{1}{2} \cdot \frac{1 - (\frac{1}{2})^n}{1 - \frac{1}{2}} < \frac{1}{2} \cdot \frac{1}{1 - \frac{1}{2}} = 1,$$

logo $\{s_n\}$ é limitada superiormente por $M = 1$ e $\sum_{k=1}^{\infty} \dfrac{k-1}{k \cdot 2^k}$ converge.

Conjunto de Problemas 3

Nos problemas 1 a 8, mostre que cada série diverge mostrando que o termo geral não tem limite zero.

1 $\displaystyle\sum_{k=1}^{\infty} \frac{k}{5k + 7}$

2 $\displaystyle\sum_{k=1}^{\infty} \ln\left(\frac{5k}{12k + 5}\right)$

3 $\displaystyle\sum_{k=1}^{\infty} \frac{3k^2 + 5k}{7k^2 + 13k + 2}$

4 $\displaystyle\sum_{k=1}^{\infty} \frac{e^k}{3e^k + 7}$

5 $\displaystyle\sum_{k=1}^{\infty} \operatorname{sen} \frac{\pi k}{4}$

6 $\displaystyle\sum_{k=1}^{\infty} \frac{k}{\cos k}$

7 $\displaystyle\sum_{k=1}^{\infty} k \operatorname{sen} \frac{1}{k}$

8 $\displaystyle\sum_{k=1}^{\infty} \frac{k!}{2^k}$

Nos problemas 9 a 14, use as propriedades lineares das séries para calcular a soma de cada uma.

9 $\displaystyle\sum_{k=1}^{\infty} \left[\left(\frac{1}{3}\right)^k + \left(\frac{1}{4}\right)^k\right]$

10 $\displaystyle\sum_{k=1}^{\infty} \left[\left(\frac{1}{2}\right)^{k-1} - \left(-\frac{1}{3}\right)^{k+1}\right]$

11 $\displaystyle\sum_{k=1}^{\infty} \left[\frac{1}{k(k+1)} - \left(\frac{3}{4}\right)^{k-1}\right]$

12 $\displaystyle\sum_{k=0}^{\infty} \left[2\left(\frac{1}{3}\right)^k - 3\left(-\frac{1}{5}\right)^{k+1}\right]$

13 $\displaystyle\sum_{k=1}^{\infty} \left(\frac{2^k + 3^k}{6^k} - \frac{1}{7^{k+1}}\right)$

14 $\displaystyle\sum_{k=1}^{\infty} \left(\operatorname{sen}\frac{1}{k} + 2^{-k} - \operatorname{sen}\frac{1}{k+1}\right)$

15 O fato de $\lim\limits_{n \to +\infty} \dfrac{1}{n} = 0$ garante a convergência da série $\displaystyle\sum_{k=1}^{\infty} \frac{1}{k}$?

16 Sabendo que $\displaystyle\sum_{k=1}^{\infty} \frac{c^k}{k!}$ converge para cada valor da constante c, calcule $\lim\limits_{n \to +\infty} \dfrac{c^n}{n!}$.

17 Sabendo que $1 - \frac{1}{2} + \frac{1}{3} - \frac{1}{4} + \frac{1}{5} - \frac{1}{6} + \cdots = \ln 2$, calcule a soma da série

$$-2 + 1 - \frac{2}{3} + \frac{2}{4} - \frac{2}{5} + \frac{2}{6} - \frac{2}{7} + \cdots.$$

18 Faça a crítica do seguinte cálculo: seja $\displaystyle\sum_{k=1}^{\infty} (b_k - b_{k+1})$ uma série de encaixe convergente. Então

$$\sum_{k=1}^{\infty} (b_k - b_{k+1}) = \sum_{k=1}^{\infty} b_k - \sum_{k=1}^{\infty} b_{k+1}$$
$$= (b_1 + b_2 + b_3 + \cdots) - (b_2 + b_3 + \cdots) = b_1?$$

19 Mostre que a série $\displaystyle\sum_{k=1}^{\infty}\left[\frac{1}{k(k+1)}-\ln\frac{k}{k+1}\right]$ diverge.

Nos problemas 20 a 23, reescreva cada série mudando o índice do somatório de k para j como indicado.

20 $\displaystyle\sum_{k=1}^{\infty} ar^{k-1}; j = k-1$

21 $\displaystyle\sum_{k=2}^{\infty}\frac{1}{k(k-1)}; j = k-1$

22 $\displaystyle\sum_{k=M}^{\infty} a_k; j = k-M+1$

23 $\displaystyle\sum_{k=1}^{\infty} a_k; j = k+M-1$

24 Suponha que $\displaystyle\sum_{k=1}^{\infty}(b_k - b_{k+1})$ é uma série de encaixe convergente. Pelo Teorema 5,

$$\sum_{k=1}^{\infty}(b_k - b_{k+1}) = \sum_{k=1}^{M}(b_k - b_{k+1}) + \sum_{k=M+1}^{\infty}(b_k - b_{k+1});$$

Isto é

$$b_1 - \lim_{n\to+\infty} b_n = b_1 - b_{M+1} + \sum_{k=M+1}^{\infty}(b_k - b_{k+1}), \text{ ou } \sum_{k=M+1}^{\infty}(b_k - b_{k+1}) = b_{M+1} - \lim_{n\to+\infty} b_n.$$

Verifique a última equação diretamente sem usar o Teorema 5.

25 Use o fato de $\displaystyle\sum_{k=1}^{\infty}\frac{1}{k(k+1)} = 1$ e o fato de $\displaystyle\sum_{k=1}^{M}\frac{1}{k(k+1)} = 1 - \frac{1}{M+1}$ para encontrar a soma de $\displaystyle\sum_{k=M+1}^{\infty}\frac{1}{k(k+1)}$.

26 (a) Use o Teorema 5 para mostrar que se duas séries concordam, termo a termo, exceto possivelmente pelos primeiros M termos, então ou ambas convergem ou ambas divergem.
 (b) Mostre que mudar, atrasar ou somar um único termo não afeta a convergência ou divergência de uma série.

27 Sabendo que $e = \displaystyle\sum_{k=1}^{\infty}\frac{1}{(k-1)!}$, encontre a soma da série $1 + \frac{1}{2!} + \frac{1}{3!} + \frac{1}{4!} + \cdots$.

28 Se $\displaystyle\sum_{k=1}^{\infty} a_k$ é uma série convergente cujos termos são todos não-negativos, mostre que $\displaystyle\sum_{k=1}^{M} a_k \le \sum_{k=1}^{\infty} a_k$ se verifica para todo inteiro positivo M. (Sugestão: Use o teorema 3 da seção 1.)

Nos problemas 29 a 34, todas as séries têm termos não-negativos. Em cada caso, estabeleça a convergência da série provando diretamente que a seqüência das somas parciais é limitada superiormente.

29 $\displaystyle\sum_{k=1}^{\infty}\frac{k}{(k+1)\cdot 3^k}$

30 $\displaystyle\sum_{k=1}^{\infty}\frac{(k-1)\ln 3}{4^{k-1}}$

31 $\displaystyle\sum_{k=0}^{\infty}\frac{4^{-k}k}{k^2+1}$

32 $\displaystyle\sum_{k=0}^{\infty}\frac{k}{5^k}$

33 $\displaystyle\sum_{k=1}^{\infty}\frac{1}{k^2}\left[Sugestão: \frac{1}{k^2} \le \frac{1}{(k-1)k} \text{ para } k \ge 2.\right]$

34 $\displaystyle\sum_{k=1}^{\infty}\frac{1}{k!}$

35 Complete a prova do Teorema 3 mostrando que se $\displaystyle\sum_{k=1}^{\infty} a_k$ e $\displaystyle\sum_{k=1}^{\infty} b_k$ são convergentes, então também é $\displaystyle\sum_{k=1}^{\infty}(a_k - b_k)$ e

$$\sum_{k=1}^{\infty} (a_k - b_k) = \sum_{k=1}^{\infty} a_k - \sum_{k=1}^{\infty} b_k.$$

36 Prove que, se uma série de termos não-negativos converge, então sua seqüência de somas parciais deve ser limitada.

37 Prove a parte (ii) do Teorema 3.

4 Séries de Termos Não-Negativos

No Teorema 6 da Seção 3 nós mostramos que uma série de termos não-negativos converge se sua seqüência das somas parciais é limitada. Nessa seção apresentamos o *teste da integral* e os *testes de comparação* para convergência ou divergência de séries cujos termos são não-negativos. Começamos com o teste da integral, que usa a convergência ou divergência de uma integral imprópria como um critério de convergência ou divergência da série.

4.1 O teste da integral

O teste da integral é baseado na comparação das somas parciais de uma série da forma $\sum_{k=1}^{\infty} f(k)$ e certas áreas embaixo do gráfico da função f. Geometricamente, a idéia básica é muito simples e é ilustrada na Fig. 1. Na Fig. 1a, a área sob o gráfico de uma função contínua, decrescente, não-negativa entre $x = 1$ e $x = n + 1$ é majorada pela soma $f(1) + f(2) + f(3) + \ldots + f(n)$ das áreas dos retângulos sombreados, isto é,

$$\int_{1}^{n+1} f(x)\, dx \le f(1) + f(2) + f(3) + \cdots + f(n).$$

De forma análoga, na Fig. 1b, a área sob o gráfico da mesma função f entre $x = 1$ e $x = n$ é minorada pela soma $f(2) + f(3) + f(4) + \ldots + f(n)$ dos retângulos sombreados; isto é

$$f(2) + f(3) + f(4) + \cdots + f(n) \le \int_{1}^{n} f(x)\, dx.$$

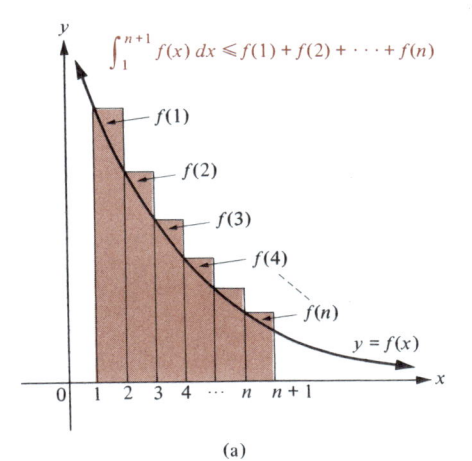

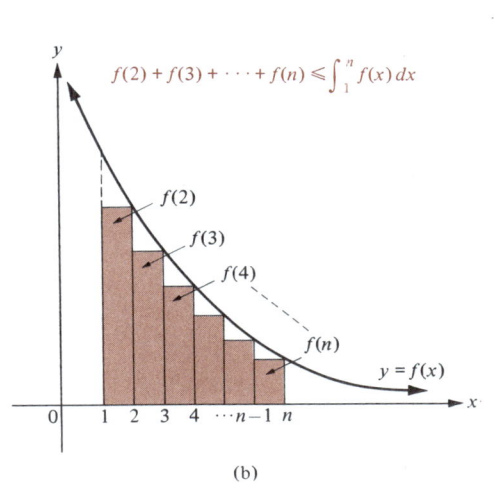

Fig. 1   (a)   (b)

Somando $f(1)$ a ambos os lados da última desigualdade, obtemos

$$f(1) + f(2) + f(3) + \cdots + f(n) \leq f(1) + \int_1^n f(x)\, dx.$$

Resumindo, temos o seguinte resultado: Se f é uma função contínua, decrescente, não-negativa definida pelo menos no intervalo fechado $[1, n+1]$ onde n é um inteiro positivo, então

$$\int_1^{n+1} f(x)\, dx \leq f(1) + f(2) + f(3) + \cdots + f(n) \leq f(1) + \int_1^n f(x)\, dx.$$

(Veja os Problemas 41 e 42 para uma dedução analítica das desigualdades acima.)

Essas desigualdades são usadas para provar o seguinte teorema:

TEOREMA 1 **O teste da integral**

Suponha que a função f é contínua, decrescente, e não-negativa no intervalo $[1, \infty)$.

(i) Se a integral imprópria $\displaystyle\int_1^\infty f(x)\, dx$ converge, então a série infinita $\displaystyle\sum_{k=1}^\infty f(k)$ converge.

(ii) Se a integral imprópria $\displaystyle\int_1^\infty f(x)\, dx$ diverge, então a série infinita $\displaystyle\sum_{k=1}^\infty f(k)$ diverge.

PROVA

(i)   Nós vimos que a n-ésima soma parcial $s_n = f(1) + f(2) + \ldots + f(n)$ da série infinita $\displaystyle\sum_{k=1}^\infty f(k)$ satisfaz $\displaystyle\int_1^{n+1} f(x)\, dx \leq s_n \leq f(1) + \int_1^n f(x)\, dx$. Se $\displaystyle\int_1^\infty f(x)\, dx$ converge, então $s_n \leq f(1) + \displaystyle\int_1^n f(x)\, dx \leq f(1) + \int_1^\infty f(x)\, dx$, e assim $\{s_n\}$ tem uma cota superior $M = f(1) + \displaystyle\int_1^\infty f(x)\, dx$ e, conseqüentemente, $\displaystyle\sum_{k=1}^\infty f(k)$ converge pelo Teorema 6 da Seção 3.

(ii) Se $\displaystyle\int_1^\infty f(x)\, dx$ diverge, então $\displaystyle\int_1^{n+1} f(x)\, dx$ cresce sem limite quando $n \to \infty$; daí, já que $\displaystyle\int_1^{n+1} f(x)\, dx \leq s_n$, então s_n também cresce sem limite quando $n \to +\infty$; Segue-se que nesse caso $\{s_n\}$ diverge, e assim $\displaystyle\sum_{k=1}^\infty f(x)$ diverge.

No teste da integral, não há necessidade de iniciar a série infinita em $k = 1$. Por exemplo, para testar a convergência ou divergência da série $\displaystyle\sum_{k=2}^\infty f(k)$ usaríamos a integral imprópria $\displaystyle\int_2^\infty f(x)\, dx$

EXEMPLOS   Use o teste da integral para determinar se a série dada converge ou diverge.

1 $\displaystyle\sum_{k=1}^\infty \frac{1}{k^2 + 1}$

SOLUÇÃO

A função f definida por $f(x) = \dfrac{1}{x^2 + 1}$ é contínua, decrescente e não-negativa no intervalo $[1, \infty)$. Também,

$$\int_1^\infty \frac{1}{x^2 + 1}\, dx = \lim_{b \to +\infty} \int_1^b \frac{dx}{x^2 + 1} = \lim_{b \to +\infty} \left[\left(\tan^{-1} x \right) \Big|_1^b \right]$$

$$= \lim_{b \to +\infty} (\tan^{-1} b - \tan^{-1} 1) = \frac{\pi}{2} - \frac{\pi}{4} = \frac{\pi}{4}.$$

Assim, a integral imprópria $\displaystyle\int_1^\infty \frac{1}{x^2 + 1}\, dx$ converge e, conseqüentemente, a série $\displaystyle\sum_{k=1}^\infty \frac{1}{k^2 + 1}$ converge.

2 $\displaystyle\sum_{k=2}^\infty \frac{1}{k(\ln k)^{1/4}}$

SOLUÇÃO

A função f definida por $f(x) = \dfrac{1}{x(\ln x)^{1/4}}$ é contínua, decrescente e não-negativa no intervalo $[2, \infty)$. Pela mudança de variável $u = \ln x$, temos

$$\int \frac{1}{x(\ln x)^{1/4}}\, dx = \int u^{-1/4}\, du = \tfrac{4}{3} u^{3/4} + C = \tfrac{4}{3} (\ln x)^{3/4} + C;$$

assim

$$\lim_{b \to +\infty} \int_2^b \frac{1}{x(\ln x)^{1/4}}\, dx = \lim_{b \to +\infty} \left[\tfrac{4}{3}(\ln b)^{3/4} - \tfrac{4}{3}(\ln 2)^{3/4} \right] = +\infty.$$

Assim, a integral imprópria $\displaystyle\int_2^\infty \frac{1}{x(\ln x)^{1/4}}\, dx$ diverge, e então a série $\displaystyle\sum_{k=2}^\infty \frac{1}{k(\ln k)^{1/4}}$ diverge.

O teste da integral torna bem mais simples o estudo da convergência ou divergência de uma *série p,* a qual é por definição uma série da forma $\displaystyle\sum_{k=1}^\infty \frac{1}{k^p}$, onde p é uma constante. Quando $p = 1$, a série de p torna-se $\displaystyle\sum_{k=1}^\infty \frac{1}{k}$, ou $1 + \dfrac{1}{2} + \dfrac{1}{3} + \dfrac{1}{4} + \dfrac{1}{5} + \cdots$, e é chamada de *série harmônica*.

TEOREMA 2 **Convergência e divergência da série *p***

A série *p*, $\displaystyle\sum_{k=1}^\infty \frac{1}{k^p}$ converge se $p > 1$ e diverge se $p \leq 1$. Em particular a série harmônica $\displaystyle\sum_{k=1}^\infty \frac{1}{k}$ diverge.

PROVA

Se $p < 0$, então $\displaystyle\lim_{n \to +\infty} \frac{1}{n^p} = +\infty$ (por quê?), sendo assim $\displaystyle\sum_{k=1}^\infty \frac{1}{k^p}$ diverge, pelo

Teorema 2 da Seção 3. Assim, podemos supor que $p \geq 0$. A função f definida por $f(x) = 1/x^p$ é contínua, decrescente e não-negativa em $[1,\infty)$ e

$$\int_1^b \frac{1}{x^p}\,dx = \begin{cases} \dfrac{b^{1-p}-1}{1-p} & \text{se } p \neq 1 \\[2mm] \ln b & \text{se } p = 1. \end{cases}$$

Assim, para $p \leq 1$, $\displaystyle\lim_{b\to+\infty}\int_1^b \frac{1}{x^p}\,dx = +\infty$, sendo assim a integral imprópria $\displaystyle\int_1^\infty \frac{1}{x^p}\,dx$ diverge e assim também a série $\displaystyle\sum_{k=1}^\infty \frac{1}{k^p}$. Entretanto, para $p > 1$,

$$\lim_{b\to+\infty}\int_1^b \frac{1}{x^p}\,dx = \lim_{b\to+\infty}\frac{b^{1-p}-1}{1-p} = \frac{1}{p-1},$$

sendo assim $\displaystyle\int_1^\infty \frac{1}{x^p}\,dx$ — daí também $\displaystyle\sum_{k=1}^\infty \frac{1}{k^p}$ — é convergente.

EXEMPLO   Teste a convergência ou divergência:

(a) $\displaystyle\sum_{k=1}^\infty \frac{1}{k^3}$ (b) $\displaystyle\sum_{k=1}^\infty \frac{1}{\sqrt[5]{k}}$

SOLUÇÃO

(a) $\displaystyle\sum_{k=1}^\infty \frac{1}{k^3}$ é uma série p com $p = 3 > 1$; daí, converge.

(b) $\displaystyle\sum_{k=1}^\infty \frac{1}{\sqrt[5]{k}} = \sum_{k=1}^\infty \frac{1}{k^{1/5}}$ é uma série p com $p = \frac{1}{5} < 1$; daí, diverge.

A série harmônica $1 + \frac{1}{2} + \frac{1}{3} + \frac{1}{4} + \dots$ é uma série particularmente intrigante, já que marca o limite entre as séries p convergentes e divergentes. Embora suas somas parciais $s_n = 1 + \frac{1}{2} + \frac{1}{3} + \dots + 1/n$ cresçam sem limite, quando $n \to +\infty$, elas o fazem de modo lento. Para observar isso, considere a função f contínua, decrescente, não-negativa definida por $f(x) = 1/x$ para $x \geq 1$. Para essa função a desigualdade

$$\int_1^{n+1} f(x)\,dx \leq f(1) + f(2) + \dots + f(n) \leq f(1) + \int_1^n f(x)\,dx$$

(Fig. 1) torna-se

$$\ln(n+1) \leq s_n \leq 1 + \ln n.$$

Se colocarmos $n = 1.000.000$, obtemos

$$13,81 \leq s_{1.000.000} \leq 14,82,$$

sendo assim, a soma do primeiro milhão de termos da série harmônica é menor que 15.

Não há nenhuma fórmula "agradável" para a soma da série p $\displaystyle\sum_{k=1}^\infty \frac{1}{k^p}$ com $p > 1$. A função ζ definida em $(1,\infty)$ por $\zeta(p) = \displaystyle\sum_{k=1}^\infty \frac{1}{k^p}$ é chamada de *função zeta de Riemann* e desempenha um importante papel na teoria analítica dos números.

4.2 Testes de comparação

O teste mais prático para convergência ou divergência de séries infinitas é baseado na idéia de comparar uma série dada com uma série que se sabe que converge ou diverge. Séries geométricas e séries p são especialmente úteis em tais testes de comparação.

Começaremos com a seguinte definição:

DEFINIÇÃO 1 **Dominação de séries**

Sejam $\sum_{k=1}^{\infty} a_k$ e $\sum_{k=1}^{\infty} b_k$ duas séries cujos termos são não-negativos. Dizemos que a série $\sum_{k=1}^{\infty} b_k$ *domina* a série $\sum_{k=1}^{\infty} a_k$ se $a_k \leq b_k$ se verifica para todos valores inteiros positivos de k.

De um modo geral se existir um inteiro positivo N tal que $a_k \leq b_k$ se verifica para todo inteiro $k \geq N$, dizemos que a série $\sum_{k=1}^{\infty} b_k$ *domina eventualmente* a série $\sum_{k=1}^{\infty} a_k$.

TEOREMA 3 **Teste da comparação direta**

Sejam $\sum_{k=1}^{\infty} a_k$ e $\sum_{k=1}^{\infty} b_k$ séries cujos termos são todos não-negativos, e suponha que $\sum_{k=1}^{\infty} b_k$ domina $\sum_{k=1}^{\infty} a_k$ $\left(\text{ou que } \sum_{k=1}^{\infty} b_k \text{ domina eventualmente } \sum_{k=1}^{\infty} a_k\right)$.

(i) Se $\sum_{k=1}^{\infty} b_k$ converge, então $\sum_{k=1}^{\infty} a_k$ converge.

(ii) Se $\sum_{k=1}^{\infty} a_k$ diverge, então $\sum_{k=1}^{\infty} b_k$ diverge.

PROVA

Provemos o teorema com a hipótese de que $\sum_{k=1}^{\infty} b_k$ domina $\sum_{k=1}^{\infty} a_k$. Já que a convergência ou divergência de uma série infinita é controlada pelo seu "final da cauda", as conclusões (i) e (ii) ainda se verificarão se $\sum_{k=1}^{\infty} b_k$ dominar eventualmente $\sum_{k=1}^{\infty} a_k$ (problema 46).

(i) Suponha que $\sum_{k=1}^{\infty} b_k$ converge para a soma B. Então, para todo inteiro positivo n, $\sum_{k=1}^{n} b_k \leq \sum_{k=1}^{\infty} b_k = B$ (veja o problema 28 do Conjunto de Problemas 3). Já que $a_k \leq b_k$ se verifica para todo valor inteiro positivo k, $\sum_{k=1}^{n} a_k \leq \sum_{k=1}^{n} b_k \leq \sum_{k=1}^{\infty} b_k = B$, daí, a seqüência das somas parciais de $\sum_{k=1}^{\infty} a_k$ é limitada superiormente por B. Segue-se do Teorema 6 da Seção 3 que $\sum_{k=1}^{\infty} a_k$ é convergente.

(ii) Suponha que $\sum_{k=1}^{\infty} a_k$ é divergente. Então, a soma parcial $\sum_{k=1}^{n} a_k$ cresce sem limite quando $n \to +\infty$ (veja problema 47). Já que $\sum_{k=1}^{n} a_k \leq \sum_{k=1}^{n} b_k$, segue-se que a soma parcial $\sum_{k=1}^{n} b_k$ cresce sem limite quando $n \to +\infty$; daí, a série $\sum_{k=1}^{\infty} b_k$ não pode convergir.

EXEMPLOS Use o teste da comparação direta para determinar a convergência ou divergência da série dada.

1 $\sum_{k=1}^{\infty} \frac{1}{7k^2 + 1}$

SOLUÇÃO

Comparando o k-ésimo termo da série dada com o k-ésimo termo da série p $\sum_{k=1}^{\infty} \frac{1}{k^2}$, temos $\frac{1}{7k^2 + 1} \leq \frac{1}{k^2}$, já que $7k^2 + 1 \geq 7k^2 \geq k^2$ para todo inteiro positivo k. Portanto, a série p convergente $\sum_{k=1}^{\infty} \frac{1}{k^2}$ domina a série $\sum_{k=1}^{\infty} \frac{1}{7k^2 + 1}$, forçando esta última série a convergir.

2 $\sum_{k=1}^{\infty} \frac{1}{\operatorname{sen} k + 5^k}$

SOLUÇÃO

Vamos mostrar que a série $\sum_{k=1}^{\infty} \frac{1}{\operatorname{sen} k + 5^k}$ é dominada pela série geométrica convergente $\sum_{k=1}^{\infty} \frac{1}{5^{k-1}}$ mostrando que $\frac{1}{\operatorname{sen} k + 5^k} \leq \frac{1}{5^{k-1}}$ se verifica para $k \geq 1$.

A desigualdade desejada é equivalente a $5^{k-1} \leq \operatorname{sen} k + 5^k$; isto é

$$-\operatorname{sen} k \leq 5^k - 5^{k-1} = 5^{k-1}(5 - 1) = 5^{k-1} \cdot 4.$$

A última desigualdade é verdadeira já que

$$-\operatorname{sen} k \leq 1 \leq 4 \leq 5^{k-1} \cdot 4.$$

Daí, a série dada converge.

3 $\sum_{k=1}^{\infty} \frac{1}{\sqrt{k + 2}}$

SOLUÇÃO

Vamos mostrar que a série dada domina a série $\sum_{k=1}^{\infty} \frac{1}{2} \cdot \frac{1}{\sqrt{k}}$, a qual diverge porque a série p $\sum_{k=1}^{\infty} \frac{1}{\sqrt{k}}$ diverge.

Assim, desejamos provar que $\frac{1}{2} \cdot \frac{1}{\sqrt{k}} \leq \frac{1}{\sqrt{k + 2}}$; isto é, $\frac{1}{4k} \leq \frac{1}{k + 2}$ ou $k + 2 \leq 4k$ para $k \geq 1$.

Já que $k + 2 \leq 4k$ é equivalente a $^2/_3 \leq k$, segue-se que $\dfrac{1}{2} \cdot \dfrac{1}{\sqrt{k}} \leq \dfrac{1}{\sqrt{k + 2}}$ que se verifica para $k \geq 1$, e a série dada diverge.

4 $\displaystyle\sum_{k=2}^{\infty} \dfrac{1}{\ln k}$

SOLUÇÃO

Porque $0 < \ln k < k$ para $k \geq 2$, temos $1/k < 1/\ln k$, assim a série $\displaystyle\sum_{k=2}^{\infty} \dfrac{1}{\ln k}$ domina a série $\displaystyle\sum_{k=2}^{\infty} \dfrac{1}{k}$. Já que a série harmônica $\displaystyle\sum_{k=1}^{\infty} \dfrac{1}{k}$ diverge, também o faz a série $\displaystyle\sum_{k=2}^{\infty} \dfrac{1}{k}$, pelo Teorema 5 da Seção 3. Segue-se que a série dada diverge.

A escolha de uma série apropriada para comparar com uma série dada nem sempre é óbvia e pode exigir algumas tentativas e erros; entretanto, uma série geométrica ou uma múltipla constante de uma série p cuja forma é semelhante à série dada freqüentemente funciona.

O teste seguinte é essencialmente outra versão do teste da comparação direta, mas é algumas vezes mais simples de se usar.

TEOREMA 4   **Teste de comparação no limite**

Seja $\displaystyle\sum_{k=1}^{\infty} a_k$ uma série de termos não-negativos e suponha que $\displaystyle\sum_{k=1}^{\infty} b_k$ é uma série de termos positivos tal que $\displaystyle\lim_{n \to +\infty} \dfrac{a_n}{b_n} = c$, onde $c > 0$. Então, ou ambas as séries convergem ou ambas divergem.

PROVA

Já que $\displaystyle\lim_{n \to +\infty} \dfrac{a_n}{b_n} = c$, segue-se que, dado qualquer número positivo ε, existe um inteiro positivo N tal que

$$\left| \dfrac{a_n}{b_n} - c \right| < \varepsilon \text{ se verifica sempre que } n \geq N.$$

A condição $\left| \dfrac{a_n}{b_n} - c \right| < \varepsilon$ pode ser reescrita como $-\varepsilon < \dfrac{a_n}{b_n} - c < \varepsilon$, ou como $c - \varepsilon < \dfrac{a_n}{b_n} < c + \varepsilon$. Pondo $\varepsilon = \dfrac{c}{2}$, vemos que $\dfrac{c}{2} < \dfrac{a_n}{b_n} < \dfrac{3c}{2}$ se verifica para todo inteiro $n \geq N$. Portanto, se $n \geq N$, segue-se que $\dfrac{c}{2} b_n < a_n < \dfrac{3c}{2} b_n$; daí, a série $\displaystyle\sum_{k=1}^{\infty} a_k$ domina eventualmente a série $\displaystyle\sum_{k=1}^{\infty} \dfrac{c}{2} b_k$, enquanto a série $\displaystyle\sum_{k=1}^{\infty} \dfrac{3c}{2} b_k$ domina eventualmente a série $\displaystyle\sum_{k=1}^{\infty} a_k$. Conseqüentemente, se a série $\displaystyle\sum_{k=1}^{\infty} b_k$ converge, então a série $\displaystyle\sum_{k=2}^{\infty} \dfrac{3c}{2} b_k$ converge (parte (ii) do Teorema 3 na Seção 3), bem como a série $\displaystyle\sum_{k=1}^{\infty} a_k$ pelo teste da comparação direta. Por outro lado, se a série $\displaystyle\sum_{k=1}^{\infty} b_k$ diverge, então a série $\displaystyle\sum_{k=1}^{\infty} \dfrac{c}{2} b_k$ diverge (parte (ii) do

Teorema 3 na Seção 3 novamente), e assim a série $\sum_{k=1}^{\infty} a_k$ diverge, pelo teste da comparação direta.

EXEMPLOS Use o teste da comparação no limite para determinar se a série dada converge ou diverge.

1 $\sum_{k=1}^{\infty} \dfrac{1}{\sqrt[4]{k^3 + 1}}$

SOLUÇÃO

Usemos a série p divergente $\sum_{k=1}^{\infty} \dfrac{1}{\sqrt[4]{k^3}}$ para o teste da comparação no limite. Seja a_n o n-ésimo termo da série dada e seja b_n o n-ésimo termo da série $\sum_{k=1}^{\infty} \dfrac{1}{\sqrt[4]{k^3}}$. Então,

$$\lim_{n \to +\infty} \frac{a_n}{b_n} = \lim_{n \to +\infty} \frac{1/\sqrt[4]{n^3 + 1}}{1/\sqrt[4]{n^3}} = \lim_{n \to +\infty} \frac{\sqrt[4]{n^3}}{\sqrt[4]{n^3 + 1}} = \lim_{n \to +\infty} \sqrt[4]{\frac{n^3}{n^3 + 1}}$$

$$= \lim_{n \to +\infty} \sqrt[4]{\frac{1}{1 + (1/n)^3}} = 1.$$

Segue-se do teste da comparação no limite que a série dada diverge.

2 $\sum_{k=1}^{\infty} \dfrac{7k + 3}{(5k + 1) \cdot 3^k}$

SOLUÇÃO

Usemos a série geométrica convergente $\sum_{k=1}^{\infty} \dfrac{1}{3^k}$ para o teste da comparação no limite. Assim, se a_n é o n-ésimo termo da série dada e b_n é o n-ésimo termo da série $\sum_{k=1}^{\infty} \dfrac{1}{3^k}$, então

$$\lim_{n \to +\infty} \frac{a_n}{b_n} = \lim_{n \to +\infty} \frac{\left[\dfrac{7n + 3}{(5n + 1) \cdot 3^n} \right]}{1/3^n} = \lim_{n \to +\infty} \frac{7n + 3}{5n + 1} = \lim_{n \to +\infty} \frac{7 + (3/n)}{5 + (1/n)} = \frac{7}{5},$$

e assim a série dada converge pelo Teorema 4.

O teorema seguinte pode ser facilmente provado através de uma pequena modificação na prova do Teorema 4. Essa prova é deixada como exercício (problema 48).

TEOREMA 5 **Teste adaptado da comparação no limite**

Seja $\sum_{k=1}^{\infty} a_k$ uma série de termos não-negativos e suponha que $\sum_{k=1}^{\infty} b_k$ seja uma série de termos positivos.

(i) Se $\lim_{n \to +\infty} \dfrac{a_n}{b_n} = 0$ e $\sum_{k=1}^{\infty} b_k$ converge, então $\sum_{k=1}^{\infty} a_k$ converge.

(ii) Se $\lim_{n \to +\infty} \dfrac{a_n}{b_n} = +\infty$ e $\sum_{k=1}^{\infty} b_k$ diverge, então $\sum_{k=1}^{\infty} a_k$ diverge.

EXEMPLOS Determine se a série dada converge ou diverge usando o teste adaptado da comparação no limite.

1 $\displaystyle\sum_{k=1}^{\infty} \frac{\ln k}{k^4}$

SOLUÇÃO

Usemos a série p convergente $\displaystyle\sum_{k=1}^{\infty} \frac{1}{k^3}$ para o teste adaptado da comparação no limite. Se a_n é o n-ésimo termo da série dada e b_n é o n-ésimo termo da série $\displaystyle\sum_{k=1}^{\infty} \frac{1}{k^3}$, então

$$\lim_{n\to+\infty} \frac{a_n}{b_n} = \lim_{n\to+\infty} \frac{(\ln n)/n^4}{1/n^3} = \lim_{n\to+\infty} \frac{\ln n}{n} = \lim_{x\to+\infty} \frac{\ln x}{x}$$

$$= \lim_{x\to+\infty} \frac{1/x}{1} = \lim_{x\to+\infty} \frac{1}{x} = 0,$$

onde usamos o Teorema 1 da Seção 1.1 e a regra de L'Hôpital para calcular o limite. Pela parte (i) do Teorema 5, a série dada converge.

2 $\displaystyle\sum_{k=1}^{\infty} \frac{1}{\sqrt{2k+1}}$

SOLUÇÃO

Usemos a série harmônica divergente $\displaystyle\sum_{k=1}^{\infty} \frac{1}{k}$ para o teste adaptado da razão no limite. Se a_n é o n-ésimo termo da série dada e b_n e o n-ésimo termo da série $\displaystyle\sum_{k=1}^{\infty} \frac{1}{k}$, então

$$\lim_{n\to+\infty} \frac{a_n}{b_n} = \lim_{n\to+\infty} \frac{1/\sqrt{2n+1}}{1/n} = \lim_{n\to+\infty} \frac{n}{\sqrt{2n+1}}$$

$$= \lim_{n\to+\infty} \sqrt{n}\sqrt{\frac{n}{2n+1}} = \lim_{n\to+\infty} \sqrt{n}\sqrt{\frac{1}{2+(1/n)}} = +\infty.$$

Pela parte (ii) do Teorema 5, a série dada diverge.

Conjunto de Problemas 4

Nos problemas 1 a 16, use o teste da integral para determinar se cada série converge ou diverge.

1 $\displaystyle\sum_{k=1}^{\infty} \frac{1}{k\sqrt[3]{k}}$

2 $\displaystyle\sum_{k=1}^{\infty} \frac{1}{k^2+4}$

3 $\displaystyle\sum_{k=1}^{\infty} \frac{3k^2}{k^3+16}$

4 $\displaystyle\sum_{k=1}^{\infty} \frac{1}{1+\sqrt{k}}$

5 $\displaystyle\sum_{n=1}^{\infty} \left(\frac{1000}{n}\right)^2$

6 $\displaystyle\sum_{m=1}^{\infty} e^{-m}$

7 $\displaystyle\sum_{k=2}^{\infty} \frac{\ln k}{k}$

8 $\displaystyle\sum_{k=2}^{\infty} \frac{1}{k \ln k}$

9 $\displaystyle\sum_{j=1}^{\infty} je^{-j}$

10 $\displaystyle\sum_{n=1}^{\infty} \coth n$

11 $\displaystyle\sum_{k=2}^{\infty} \frac{1}{k\sqrt{\ln k}}$

12 $\displaystyle\sum_{k=3}^{\infty} \frac{1}{k \ln k \ln (\ln k)}$

13 $\displaystyle\sum_{m=1}^{\infty} \frac{\tan^{-1} m}{1 + m^2}$ **14** $\displaystyle\sum_{r=1}^{\infty} \frac{r}{2^r}$ **15** $\displaystyle\sum_{k=1}^{\infty} \frac{1}{(2k + 1)(3k + 1)}$ **16** $\displaystyle\sum_{n=1}^{\infty} \frac{1}{n(n + 1)(n + 2)}$

Nos problemas 17 a 30, use o teste da comparação direta ou com uma série p ou com uma série geométrica para determinar se cada série converge ou diverge.

17 $\displaystyle\sum_{k=1}^{\infty} \frac{k^2}{k^4 + 3k + 1}$ **18** $\displaystyle\sum_{k=1}^{\infty} \frac{k}{k^3 + 2k + 7}$ **19** $\displaystyle\sum_{k=1}^{\infty} \frac{1}{k \cdot 5^k}$ **20** $\displaystyle\sum_{n=1}^{\infty} \frac{5}{(n + 1)3^n}$

21 $\displaystyle\sum_{j=1}^{\infty} \frac{j + 1}{(j + 2) \cdot 7^j}$ **22** $\displaystyle\sum_{r=1}^{\infty} \frac{5r}{\sqrt[3]{r^7 + 3}}$ **23** $\displaystyle\sum_{k=1}^{\infty} \frac{8}{\sqrt[3]{k + 1}}$ **24** $\displaystyle\sum_{k=1}^{\infty} \frac{1}{4k + 6}$

25 $\displaystyle\sum_{j=1}^{\infty} \frac{j^2}{j^3 + 4j + 3}$ **26** $\displaystyle\sum_{k=2}^{\infty} \frac{\ln k}{k}$ **27** $\displaystyle\sum_{q=1}^{\infty} \frac{\sqrt{q}}{q + 2}$ **28** $\displaystyle\sum_{j=1}^{\infty} \frac{1 + e^{-j}}{e^j}$

29 $\displaystyle\sum_{k=1}^{\infty} \frac{k + 3}{k!}$ **30** $\displaystyle\sum_{n=1}^{\infty} \frac{8}{3^n + n^2}$

Nos problemas 31 a 40, use o teste da comparação no limite com uma série p ou com uma série geométrica para determinar se cada série converge ou diverge.

31 $\displaystyle\sum_{k=1}^{\infty} \frac{1}{\sqrt[3]{k^2 + 5}}$ **32** $\displaystyle\sum_{k=1}^{\infty} \frac{1}{3 \cdot 2^k + 2}$ **33** $\displaystyle\sum_{k=1}^{\infty} \frac{5k^2}{(k + 1)(k + 2)(k + 3)(k + 4)}$

34 $\displaystyle\sum_{j=1}^{\infty} \frac{1 + e^j}{j + 5^j}$ **35** $\displaystyle\sum_{k=1}^{\infty} \frac{k^2}{1 + k^3}$ **36** $\displaystyle\sum_{j=1}^{\infty} \frac{1}{j\sqrt{2j^3 + 5}}$

37 $\displaystyle\sum_{j=1}^{\infty} \frac{1}{7^j - \cos j}$ **38** $\displaystyle\sum_{k=2}^{\infty} \frac{\ln k}{k^2 + 4}$

39 $\displaystyle\sum_{k=1}^{\infty} \frac{\ln k}{k^2}$ **40** $\displaystyle\sum_{j=1}^{\infty} \frac{j!}{(2j)!}$

41 Suponha que f é uma função contínua e decrescente no intervalo $[k - 1, k]$.
   (a) Use o teorema do valor médio para integrais (Teorema 9 da Seção 3 do Cap. 6) para mostrar que existe um número c com $k - 1 \leq c \leq k$ tal que

$$\int_{k-1}^{k} f(x)\, dx = f(c).$$

   (b) Explique por que $f(k) \leq f(c) \leq f(k - 1)$.
   (c) Conclua que $f(k) \leq \displaystyle\int_{k-1}^{k} f(x)\, dx \leq f(k - 1)$.

42 Suponha que a função f é uma função contínua e decrescente no intervalo $[1, n + 1]$ onde n é um inteiro positivo.

   (a) Use a parte (c) do problema 41 para mostrar que $\displaystyle\sum_{k=2}^{n} f(k) \leq \int_{1}^{n} f(x)\, dx$.

   (b) Use a parte (c) do problema 41 para mostrar que $\displaystyle\int_{1}^{n+1} f(x)\, dx \leq \sum_{k=2}^{n+1} f(k - 1)$.

   (c) Conclua que $\displaystyle\int_{1}^{n+1} f(x)\, dx \leq \sum_{k=1}^{n} f(k) \leq f(1) + \int_{1}^{n} f(x)\, dx$.

43 Suponha que a função f é contínua, decrescente e não-negativa no intervalo $[1, \infty)$ e que a integral imprópria $\displaystyle\int_{1}^{\infty} f(x)\, dx$ converge. Pelo teste da integral $\displaystyle\sum_{k=1}^{\infty} f(k)$ converge. Usando a parte (c) do problema 42, mostre que

$$\int_{1}^{\infty} f(x)\, dx \leq \sum_{k=1}^{\infty} f(k) \leq f(1) + \int_{1}^{\infty} f(x)\, dx.$$

44 Use o resultado do problema 43 para provar que

$$\frac{\pi}{4} \le \sum_{k=1}^{\infty} \frac{1}{k^2 + 1} \le \frac{\pi}{4} + \frac{1}{2}.$$

45 Dê um exemplo para mostrar que a série $\sum\limits_{k=1}^{\infty} a_k$ com termos positivos pode ser convergente e a série $\sum\limits_{k=1}^{\infty} \sqrt{a_k}$ ser divergente.

46 Mostre que as conclusões do teste da comparação direta (Teorema 3 da Seção 4.2) ainda se verificam se $\sum\limits_{k=1}^{\infty} b_k$ dominar eventualmente $\sum\limits_{k=1}^{\infty} a_k$.

47 Suponha que a série $\sum\limits_{k=1}^{\infty} a_k$ diverge e que seus termos são não-negativos. Prove que a soma parcial $s_n = \sum\limits_{k=1}^{n} a_k$ cresce sem limite quando $n \to +\infty$.

48 Prove o teste adaptado da comparação no limite (Teorema 5).

49 Suponha que f é uma função contínua, decrescente, não-negativa no intervalo $[m,M]$ onde m e M são inteiros positivos e $m < M$. Prove que

$$f(M) + \int_{m}^{M} f(x)\, dx \le \sum_{k=m}^{M} f(k) \le f(m) + \int_{m}^{M} f(x)\, dx.$$

5 Séries Cujos Termos Trocam de Sinal

Os testes desenvolvidos na Seção 4 nos permitem manejar séries cujos termos não mudam de sinal. (Se todos os termos são não-positivos, nós apenas multiplicamos por -1 para converter para uma série cujos termos são todos não-negativos). Nessa seção consideraremos séries cujos termos mudam de sinal. A mais simples dessas séries é uma *série alternada* cujos termos trocam de sinal, por exemplo a série

$$\sum_{k=1}^{\infty} (-1)^{k+1} \frac{1}{k} = 1 - \frac{1}{2} + \frac{1}{3} - \frac{1}{4} + \cdots + (-1)^{n+1} \frac{1}{n} + \cdots,$$

a qual é chamada de *série harmônica alternada.* Observe que uma série geométrica com razão negativa r, tal como

$$\sum_{k=1}^{\infty} (-1)\left(-\frac{1}{2}\right)^{k-1} = -1 + \frac{1}{2} - \frac{1}{4} + \frac{1}{8} - \cdots + (-1)\left(\frac{-1}{2}\right)^{n-1} + \cdots,$$

é uma série alternada.

O teorema seguinte, que exibe uma importante característica de uma série alternada cujos termos decresçam em valor absoluto, será usado para provar um teste para convergência de tais séries.

TEOREMA 1 **Série alternada cujos termos decrescem em valor absoluto**

Seja $\{a_n\}$ uma seqüência de termos positivos. Então a soma parcial s_n da série alternada

$$a_1 - a_2 + a_3 - a_4 + \cdots + (-1)^{n+1} a_n + \cdots$$

satisfaz às seguintes condições:

(i) $0 \leq s_2 \leq s_4 \leq s_6 \leq s_8 \leq \cdots$.

(ii) $s_1 \geq s_3 \geq s_5 \geq s_7 \geq s_9 \geq \cdots$.

(iii) Se n é um inteiro positivo par, então $s_{n+1} - s_n = a_{n+1}$.

(iv) Se n é um inteiro positivo par, então $0 \leq s_n \leq s_{n+1} \leq s_1$.

PROVA

(i) Se n é um inteiro positivo par, então podemos formar a soma parcial $s_n = a_1 - a_2 + a_3 - a_4 + \ldots + a_{n-1} - a_n$ e grupar os termos em pares para obter

$$s_n = (a_1 - a_2) + (a_3 - a_4) + \cdots + (a_{n-1} - a_n).$$

Já que $a_1 \geq a_2 \geq a_3 \geq a_4 \geq \ldots$, segue-se que cada quantidade dentro dos parênteses é não-negativa. O próximo inteiro par depois de n é $n + 2$, e temos $s_{n+2} = s_n + (a_{n+1} - a_{n+2}) \geq s_n$. Segue-se que

$$0 \leq s_2 \leq s_4 \leq s_6 \leq s_8 \leq \cdots.$$

(ii) Analogamente se m é inteiro positivo *ímpar*, podemos escrever

$$s_m = a_1 - a_2 + a_3 - a_4 + \cdots - a_{m-1} + a_m$$
$$= a_1 - (a_2 - a_3) - (a_4 - a_5) - \cdots - (a_{m-1} - a_m),$$

onde, novamente, cada quantidade entre parênteses é não-negativa. O próximo inteiro *ímpar* depois de m é $m + 2$, e temos

$$s_{m+2} = s_m - a_{m+1} + a_{m+2} = s_m - (a_{m+1} - a_{m+2}) \leq s_m;$$

Daí,

$$s_1 \geq s_3 \geq s_5 \geq s_7 \geq s_9 \geq \cdots.$$

(iii) Se n é par, então $n + 1$ é ímpar e $s_{n+1} = s_n + a_{n+1}$. Portanto,

$$s_{n+1} - s_n = a_{n+1}.$$

(iv) Novamente, se n é par, então por (iii), $s_{n+1} - s_n = a_{n+1} \geq 0$; daí, $s_n \leq s_{n+1}$. Por (i), $0 \leq s_n$, e por (ii) $s_{n+1} \leq s_1$, assim

$$0 \leq s_n \leq s_{n+1} \leq s_1.$$

No Teorema 1, se $\{a_n\}$ é uma seqüência estritamente decrescente, temos $a_1 > a_2 > a_3 > \ldots$, então todas as desigualdades aparecendo na prova e nas conclusões podem ser estritas.

O Teorema seguinte, descoberto por Leibniz, nos fornece um teste útil para convergência de séries alternadas.

TEOREMA 2 **Teste de Leibniz para séries alternadas**

Se $\{a_n\}$ é uma seqüência decrescente de termos positivos com $\displaystyle\lim_{n \to +\infty} a_n = 0$, então a série alternada

$$a_1 - a_2 + a_3 - a_4 + \cdots + (-1)^{n+1} a_n + \cdots$$

é convergente. Além disso, se S é sua soma e se s_n é sua n-ésima soma parcial, então

$$0 \leq (-1)^n (S - s_n) \leq a_{n+1}.$$

PROVA

Colocando $n = 2j$ na parte (iv) do Teorema 1, vemos que $0 \leq s_{2j} \leq s_{2j+1} < s_1$ se verifica para todo inteiro positivo j. Através das partes (i) e (ii) do Teorema 1, $\{s_{2j}\}$ é uma seqüência crescente limitada superiormente por s_1 enquanto $\{s_{2j+1}\}$ é uma seqüência decrescente limitada inferiormente por 0. Pelo Teorema 2 da Seção 1.2, segue-se que ambas as seqüências $\{s_{2j}\}$ e $\{s_{2j+1}\}$ convergem. Pela parte (iii) do Teorema 1, $s_{2j+1} - s_{2j} = a_{2j+1}$; daí

$$0 = \lim_{j \to +\infty} a_{2j+1} = \lim_{j \to +\infty} (s_{2j+1} - s_{2j}) = \lim_{j \to +\infty} s_{2j+1} - \lim_{j \to +\infty} s_{2j},$$

e segue-se que $\lim_{j \to +\infty} s_{2j+1} = \lim_{j \to +\infty} s_{2j}$. Já que os termos na seqüência $\{s_n\}$ cujos índices são pares e também os termos da seqüência cujos índices são ímpares convergem para o mesmo limite, digamos S, é fácil ver (problema 43) que a seqüência toda $\{s_n\}$ converge para S. Portanto, $\sum_{k=1}^{\infty} (-1)^{k+1} a_k$ converge, e sua soma é S.

Para provar a segunda parte do teorema, observe que a seqüência s_2, s_4, s_6, s_8, ...é crescente e converge para S; daí $s_n \leq S$ se verifica para todo inteiro positivo par n pelo Teorema 3 da Seção 1.2. Da mesma forma, já que a seqüência s_1, s_3, s_5, s_7... é decrescente e converge para S, então $S \leq s_m$ se verifica para todo inteiro positivo ímpar m. Se n é par, então $n + 1$ é ímpar e assim $s_n \leq S \leq s_{n+1}$. Subtraindo s_n e observando que $s_{n+1} - s_n = a_{n+1}$, temos $0 \leq S - s_n \leq a_{n+1}$ quando n é par. Se m é ímpar, então $m + 1$ é par e $s_{m+1} \leq S \leq s_m$. Subtraindo s_m e observando que $s_{m+1} - s_m = -a_{m+1}$, temos $-a_{m+1} \leq S - s_m \leq 0$ quando m é ímpar. Segue-se que $0 \leq (-1)^n(S - s_n) \leq a_{n+1}$ se verifica para todo inteiro positivo n, ímpar ou par, e a prova está completa.

No Teorema 2, se $\{a_n\}$ é estritamente decrescente, ou seja, $a_1 > a_2 > a_3$ ..., então a conclusão $0 \leq (-1)^n(S - s_n) \leq a_{n+1}$ se torna mais forte, $0 < (-1)^n(S - s_n) < a_{n+1}$.

Observe que $S - s_n$ é o erro envolvido quando se estima a soma $S = \sum_{k=1}^{\infty} (-1)^{k+1} a_k$ pela n-ésima soma parcial $s_n = \sum_{k=1}^{\infty} (-1)^{k+1} a_k$. Se n é par, então

$$0 \leq (-1)^n(S - s_n) = S - s_n,$$

Assim s_n aproxima S por baixo. Se n é ímpar, então $0 \leq (-1)^n(S - s_n) = -(S - s_n)$, assim s_n aproxima S por cima. Em qualquer caso, $|S - s_n| \leq a_{n+1}$; daí, *o valor absoluto do erro de aproximação não excede o valor absoluto do primeiro termo abandonado.*

Por exemplo, embora a série harmônica $1 + \frac{1}{2} + \frac{1}{3} + \frac{1}{4} + \ldots$ seja divergente, conclui-se do teorema de Leibniz que a série harmônica alternante $1 - \frac{1}{2} + \frac{1}{3} - \frac{1}{4} + \ldots$ converge. De fato, pode ser mostrado que $1 - \frac{1}{2} + \frac{1}{3} - \frac{1}{4} + \ldots = \ln 2$. Se desejarmos estimar $\ln 2$ por uma soma parcial da série harmônica alternada, então o erro não excede em valor absoluto o primeiro termo abandonado. Por exemplo, $\ln 2 \approx 1 - \frac{1}{2} + \frac{1}{3} - \frac{1}{4} + \frac{1}{5} - \frac{1}{6} + \frac{1}{7} - \frac{1}{8} + \frac{1}{9}$ com um erro não maior que $\frac{1}{10}$. Além disso, já que temos um número ímpar de termos na aproximação, aproximamos $\ln 2$ por cima, assim $\ln 2$ é menor que $1 - \frac{1}{2} + \frac{1}{3} - \frac{1}{4} + \frac{1}{5} - \frac{1}{6} + \frac{1}{7} - \frac{1}{8} + \frac{1}{9} = 0{,}7456\ldots$ (Realmente, $\ln 2 = 0{,}6931\ldots$).

EXEMPLO (a) Mostre que a série dada é convergente, (b) encontre a soma parcial s_4 de seus primeiros quatro termos e (c) encontre um limite para o valor absoluto do erro envolvido na aproximação da soma por s_4.

$$\textbf{1} \quad \sum_{k=1}^{\infty} (-1)^{k+1} \frac{(k + 3)}{k(k + 2)}$$

SOLUÇÃO

(a) Seja f a função definida por $f(x) = \dfrac{x + 3}{x(x + 2)}$. Então,

$$f'(x) = -\frac{x^2 + 6x + 6}{x^2(x+2)^2} < 0 \quad \text{para } x \geq 1;$$

daí, a função f é decrescente em $[1,\infty)$. Segue-se que a seqüência $\{f(n)\}$ —

ou seja a seqüência $\left|\dfrac{n+3}{n(n+2)}\right|$ — é decrescente. Já que $\lim\limits_{n \to +\infty} \dfrac{n+3}{n(n+2)} = 0$

(Por quê?) e $\dfrac{n+3}{n(n+2)} \geq 0$, a série alternante dada converge, pelo Te-

orema 2.

(b)　$s_4 = \dfrac{4}{3} - \dfrac{5}{8} + \dfrac{6}{15} - \dfrac{7}{24} = \dfrac{49}{60}$.

(c)　O valor absoluto do erro da aproximação

$$s_4 = \frac{49}{60} \approx \sum_{k=1}^{\infty} (-1)^{k+1} \frac{k+3}{k(k+2)}$$

não excede o quinto termo, $\dfrac{5+3}{5(5+2)} = \dfrac{8}{35}$. Aqui s_4 envolve um número

par de termos, assim $\dfrac{49}{60}$ aproxima $\sum\limits_{k=1}^{\infty} (-1)^{k+1} \dfrac{k+3}{k(k+2)}$ *por baixo*.

2　$\sum\limits_{k=1}^{\infty} \dfrac{(-1)^k}{k!}$

SOLUÇÃO

(a) Essa série começa com um termo negativo, $-1/1!$, enquanto o teorema de Leibniz, como foi mostrado acima, trata de séries alternadas que come-çam com um termo positivo. De qualquer maneira, podemos escrever

$$\sum_{k=1}^{\infty} \frac{(-1)^k}{k!} = -\sum_{k=1}^{\infty} \frac{(-1)^{k+1}}{k!}$$

e aplicar o teorema de Leibniz na série $\sum\limits_{k=1}^{\infty} \dfrac{(-1)^{k+1}}{k!}$. Aqui, $\left|\dfrac{1}{n!}\right|$ é uma

seqüência decrescente de termos não-negativos e $\lim\limits_{n \to +\infty} \dfrac{1}{n!} = 0$, assim

$\sum\limits_{k=1}^{\infty} \dfrac{(-1)^{k+1}}{k!}$; daí também $\sum\limits_{k=1}^{\infty} \dfrac{(-1)^k}{k!}$ converge.

(b) e (c) $1 - \dfrac{1}{2} + \dfrac{1}{6} - \dfrac{1}{24} = \dfrac{15}{24}$ aproxima por baixo $\sum\limits_{k=1}^{\infty} \dfrac{(-1)^{k+1}}{k!}$ com um

erro não maior que $\dfrac{1}{5!} = \dfrac{1}{120}$, e, portanto, $-\dfrac{15}{24}$ aproxima *por cima*

$$-\sum_{k=1}^{\infty} \frac{(-1)^{k+1}}{k!} = \sum_{k=1}^{\infty} \frac{(-1)^k}{k!}$$

com um erro cujo valor absoluto não excede $1/120$.

5.1 Convergência absoluta e condicional

Considere a série geométrica alternada $1 - 1/2 + 1/4 - 1/8 + 1/16 - 1/32$

+ ...com razão $r = -\frac{1}{2}$. Não somente essa série converge, como a série correspondente $|1| + |-\frac{1}{2}| + |\frac{1}{4}| + |-\frac{1}{8}| + |\frac{1}{16}| + |-\frac{1}{32}| + \ldots$ de valores absolutos; ou seja a série geométrica $1 + \frac{1}{2} + \frac{1}{4} + \frac{1}{8} + \frac{1}{16} + \frac{1}{32} + \ldots$é também convergente. Essas séries são chamadas *absolutamente convergentes*.

Por outro lado, considere a série harmônica alternada

$$1 - \tfrac{1}{2} + \tfrac{1}{3} - \tfrac{1}{4} + \tfrac{1}{5} - \tfrac{1}{6} + \cdots,$$

que converge pelo teorema de Leibniz. A série correspondente de valores absolutos é a série harmônica $1 + \frac{1}{2} + \frac{1}{3} + \frac{1}{4} + \frac{1}{5} + \frac{1}{6} + \ldots$que diverge. Assim, a convergência de uma série harmônica alternada realmente depende do fato de seus termos trocarem de sinal. Séries desse tipo são chamadas *condicionalmente convergentes*. De uma maneira geral, temos a seguinte definição:

DEFINIÇÃO 1 **Convergência absoluta e condicional**

(i) Se a série $\sum\limits_{k=1}^{\infty} |a_k|$ converge, dizemos que a série $\sum\limits_{k=1}^{\infty} a_k$ é *absolutamente convergente*.

(ii) Se a série $\sum\limits_{k=1}^{\infty} a_k$ é convergente. mas a série $\sum\limits_{k=1}^{\infty} |a_k|$ é divergente, dizemos que a série $\sum\limits_{k=1}^{\infty} a_k$ é *condicionalmente convergente*.

EXEMPLOS Determine se a série dada é divergente, condicionalmente ou absolutamente convergente.

1 $\sum\limits_{k=1}^{\infty} \dfrac{(-1)^k}{k^2 + 1}$

SOLUÇÃO
Já que a série

$$\sum_{k=1}^{\infty} \left| \frac{(-1)^k}{k^2 + 1} \right| = \sum_{k=1}^{\infty} \frac{1}{k^2 + 1}$$

converge pela comparação com a série p convergente $\sum\limits_{k=1}^{\infty} \dfrac{1}{k^2}$, segue-se que $\sum\limits_{k=1}^{\infty} \dfrac{(-1)^k}{k^2 + 1}$ é absolutamente convergente.

2 $\sum\limits_{k=1}^{\infty} (-1)^{k+1} \dfrac{k+1}{k+2}$

SOLUÇÃO

Já que $\lim\limits_{n \to +\infty} (-1)^{n+1} \dfrac{n+1}{n+2}$ não existe (por quê?), a série dada é divergente (Seção 3, Teorema 2).

3 $\sum\limits_{k=2}^{\infty} \dfrac{(-1)^k}{\ln k}$

SOLUÇÃO
A série dada converge, pelo teorema de Leibniz. Entretanto

$$\sum_{k=2}^{\infty} \left| \frac{(-1)^k}{\ln k} \right| = \sum_{k=2}^{\infty} \frac{1}{\ln k} \text{ diverge para que } \frac{1}{\ln k} \geq \frac{1}{k} \text{ se verifica para } k \geq 2 \text{ e}$$

$$\sum_{k=2}^{\infty} \frac{1}{k} \text{ diverge. Daí } \sum_{k=2}^{\infty} \frac{(-1)^k}{\ln k} \text{ é condicionalmente convergente.}$$

TEOREMA 3

Convergência absoluta implica convergência

Se uma série $\sum_{k=1}^{\infty} a_k$ é absolutamente convergente, então é convergente.

PROVA

Suponha que $\sum_{k=1}^{\infty} |a_k|$ é convergente. As desigualdades $-|a_k| \leq a_k \leq |a_k|$

podem ser reescritas como $0 \leq a_k + |a_k| \leq 2|a_k|$. Agora $\sum_{k=1}^{\infty} 2|a_k|$ converge,

já que $\sum_{k=1}^{\infty} |a_k|$ converge (parte (ii) do Teorema 3 da Seção 3); daí, pelo teste da

comparação, $\sum_{k=1}^{\infty} (a_k + |a_k|)$ converge. Portanto, $\sum_{k=1}^{\infty} [(a_k + |a_k|) - |a_k|] = \sum_{k=1}^{\infty} a_k$

converge [parte (i) do Teorema 3 da Seção 3].

EXEMPLO

Determine se a série $\sum_{k=1}^{\infty} \frac{\operatorname{sen} k}{k^3 + 4}$ converge ou diverge.

SOLUÇÃO

Embora a série dada contenha termos positivos e negativos, *não* é uma série alternada (por quê?). De qualquer maneira, temos

$$\left| \frac{\operatorname{sen} k}{k^3 + 4} \right| = \frac{|\operatorname{sen} k|}{k^3 + 4} \leq \frac{1}{k^3}$$

para todo inteiro positivo k, assim, $\sum_{k=1}^{\infty} \left| \frac{\operatorname{sen} k}{k^3 + 4} \right|$ é dominada pela série p

convergente $\sum_{k=1}^{\infty} \frac{1}{k^3}$. Portanto, a série dada é absolutamente convergente e

daí convergente pelo Teorema 3.

O teorema seguinte proporciona um dos mais práticos testes para convergência absoluta.

TEOREMA 4

O teste da razão

Seja $\sum_{k=1}^{\infty} a_k$ uma série dada de termos não-nulos.

(i) Se $\lim_{n \to +\infty} \left| \frac{a_{n+1}}{a_n} \right| < 1$, então a série converge absolutamente.

(ii) Se $\lim_{n \to +\infty} \left| \frac{a_{n+1}}{a_n} \right| > 1$, ou se $\lim_{n \to +\infty} \left| \frac{a_{n+1}}{a_n} \right| = +\infty$, então a série diverge.

(iii) se $\lim_{n \to +\infty} \left| \frac{a_{n+1}}{a_n} \right| = 1$, então o teste nada conclui.

PROVA

(i) Suponha que $\lim\limits_{n \to +\infty} \left| \dfrac{a_{n+1}}{a_n} \right| = L < 1$. Escolhamos e fixemos um número r com $L < r < 1$ $\left(\text{por exemplo, } r = \dfrac{L+1}{2} \right)$. Seja $\varepsilon = r - L$, observando que $\varepsilon > 0$. Já que $\lim\limits_{n \to +\infty} |a_{n+1}/a_n| = L$, existe um inteiro positivo N tal que

$$\left| \left| \dfrac{a_{n+1}}{a_n} \right| - L \right| < \varepsilon$$

para todo inteiro $n \geq N$; isto é, $-\varepsilon < \left| \dfrac{a_{n+1}}{a_n} \right| - L < \varepsilon$, ou

$$L - \varepsilon < \left| \dfrac{a_{n+1}}{a_n} \right| < L + \varepsilon$$

para todo $n \geq N$. Já que $L + \varepsilon = L + (r - L) = r$, então $|a_{n+1}/a_n| < r$, ou $|a_{n+1}| < |a_n|\, r$ se verifica para $n \geq N$. Portanto,

$$|a_{N+1}| < |a_N|r,$$
$$|a_{N+2}| < |a_{N+1}|r < |a_N|r^2,$$
$$|a_{N+3}| < |a_{N+2}|r < |a_N|r^3,$$

e assim por diante. De fato,

$$|a_{N+j}| < |a_N|r^j$$

se verifica para todo inteiro positivo j. (Para uma prova indutiva, veja o problema 44.) Portanto, a série geométrica $\sum\limits_{j=1}^{\infty} |a_N|\, r^j$ domina a série

Já que $0 < r < 1$, a série geométrica converge; daí,

$$\sum_{j=1}^{\infty} |a_{N+j}| = \sum_{k=N+1}^{\infty} |a_k|$$

converge pelo teste da comparação direta. Portanto, pelo Teorema 5 da Seção 3, $\sum\limits_{k=1}^{\infty} |a_k|$ converge, isto é $\sum\limits_{k=1}^{\infty} a_k$ é absolutamente convergente.

(ii) Suponha que $\lim\limits_{n \to +\infty} \left| \dfrac{a_{n+1}}{a_n} \right| = L > 1$. Escolhamos e fixemos um número r com $1 < r < L$ e coloquemos $\varepsilon = L - r$. Assim, existe um inteiro positivo N tal que $L - \varepsilon < \left| \dfrac{a_{n+1}}{a_n} \right| < L + \varepsilon$ se verifica para $n \geq N$.

Daí, $1 < r = L - \varepsilon < \left| \dfrac{a_{n+1}}{a_n} \right| = \dfrac{|a_{n+1}|}{|a_n|}$, isto é $|a_n| < |a_{n+1}|$ se verifica para $n \geq N$. Portanto,

$$|a_N| < |a_{N+1}| < |a_{N+2}| < |a_{N+3}| < \cdots,$$

assim, $0 < |a_N| < |a_n|$ se verifica para todo $n \geq N$. Isso mostra que a condição $\lim\limits_{n \to +\infty} a_n = 0$ não se verifica; daí, $\sum\limits_{k=1}^{\infty} a_k$ é divergente (Teorema 2 da Seção 3).

Da mesma forma, se $\lim\limits_{n \to +\infty} \left| \dfrac{a_{n+1}}{a_n} \right| = +\infty$, então existe um inteiro positivo N tal que $1 < \left| \dfrac{a_{n+1}}{a_n} \right|$ se verifica para todo $n \geq N$ e podemos completar o argumento acima, e concluir que $\sum\limits_{k=1}^{\infty} a_k$ diverge.

(iii) Para ver que o teste é realmente não-inclusivo se $\lim\limits_{n \to +\infty} |a_{n+1}/a_n| = 1$, considere as duas seguintes séries: (a) $\sum\limits_{k=1}^{\infty} 1/k^2$ e (b) $\sum\limits_{k=1}^{\infty} 1/k$. A série (a) é convergente, mas

$$\lim_{n \to +\infty} \frac{1/(n+1)^2}{1/n^2} = \lim_{n \to +\infty} \frac{n^2}{n^2 + 2n + 1} = 1.$$

A série (b) é divergente, mas

$$\lim_{n \to +\infty} \frac{1/(n+1)}{1/n} = \lim_{n \to +\infty} \frac{n}{n+1} = 1.$$

EXEMPLOS Use o teste da razão para determinar a convergência ou divergência da série dada.

1 $\sum\limits_{k=1}^{\infty} \dfrac{2^k}{7^k(k+1)}$

SOLUÇÃO

Aqui, $a_n = \dfrac{2^n}{7^n(n+1)}$ e $a_{n+1} = \dfrac{2^{n+1}}{7^{n+1}(n+2)}$. Portanto,

$$\lim_{n \to +\infty} \left| \frac{a_{n+1}}{a_n} \right| = \lim_{n \to +\infty} \left(\frac{2^{n+1}}{7^{n+1}(n+2)} \cdot \frac{7^n(n+1)}{2^n} \right) = \lim_{n \to +\infty} \frac{2(n+1)}{7(n+2)}$$

$$= \lim_{n \to +\infty} \frac{2(1 + 1/n)}{7(1 + 2/n)} = \frac{2}{7} < 1,$$

assim a série converge absolutamente pelo teste da razão.

2 $\sum\limits_{k=0}^{\infty} \dfrac{(-1)^{k+1} 5^k}{k!}$

SOLUÇÃO

Aqui, $a_n = \dfrac{(-1)^{n+1} 5^n}{n!}$ e $a_{n+1} = \dfrac{(-1)^{n+2} 5^{n+1}}{(n+1)!}$. Portanto,

$$\lim_{n \to +\infty} \left| \frac{a_{n+1}}{a_n} \right| = \lim_{n \to +\infty} \left(\frac{5^{n+1}}{(n+1)!} \cdot \frac{n!}{5^n} \right) = \lim_{n \to +\infty} \frac{5}{n+1} = 0 < 1,$$

assim a série converge absolutamente.

3 $\displaystyle\sum_{k=0}^{\infty} (-1)^k \frac{(4k)!}{(k!)^2}$

SOLUÇÃO

Aqui, $a_n = \dfrac{(-1)^n (4n)!}{(n!)^2}$ e $a_{n+1} = \dfrac{(-1)^{n+1}[4(n+1)]!}{[(n+1)!]^2}$. Portanto,

$$\lim_{n \to +\infty} \left| \frac{a_{n+1}}{a_n} \right| = \lim_{n \to +\infty} \frac{n! \, n! \, (4n+4)!}{(n+1)! \, (n+1)! \, (4n)!}$$

$$= \lim_{n \to +\infty} \frac{(4n+4)(4n+3)(4n+2)(4n+1)}{(n+1)(n+1)} = +\infty;$$

daí, a série dada diverge.

4 $\displaystyle\sum_{k=1}^{\infty} \frac{1 \cdot 3 \cdot 5 \cdots (2k-1)}{k!}$

SOLUÇÃO
Aqui,

$$a_n = \frac{1 \cdot 3 \cdot 5 \cdots (2n-1)}{n!} \qquad \text{e} \qquad a_{n+1} = \frac{1 \cdot 3 \cdot 5 \cdots (2n-1)(2n+1)}{(n+1)!}.$$

Portanto,

$$\lim_{n \to +\infty} \left| \frac{a_{n+1}}{a_n} \right| = \lim_{n \to +\infty} \frac{(2n+1)n!}{(n+1)!} = \lim_{n \to +\infty} \frac{2n+1}{n+1} = 2 > 1,$$

assim a série dada diverge.

Outro teste útil para convergência absoluta é dado pelo seguinte teorema:

TEOREMA 5   **O teste da raiz**

Seja $\displaystyle\sum_{k=1}^{\infty} a_k$ uma série dada.

(i) Se $\displaystyle\lim_{n \to +\infty} \sqrt[n]{|a_n|} < 1$, então a série converge absolutamente.

(ii) Se $\displaystyle\lim_{n \to +\infty} \sqrt[n]{|a_n|} > 1$, ou se $\displaystyle\lim_{n \to +\infty} \sqrt[n]{|a_n|} = +\infty$, então a série diverge.

(iii) Se $\displaystyle\lim_{n \to +\infty} \sqrt[n]{|a_n|} = 1$, então o teste nada conclui.

PROVA
A prova é muito semelhante à prova do teste da razão, assim nós apenas a esboçaremos aqui e deixaremos os detalhes como um exercício (problema 46). Se $\displaystyle\lim_{n \to +\infty} \sqrt[n]{|a_n|} = L < 1$, escolhemos r com $L < r < 1$. Então, para valores suficientemente grandes de n, $\sqrt[n]{|a_n|} < r$, ou $|a_n| < r^n$; daí, $\displaystyle\sum_{k=1}^{\infty} |a_n|$ converge por comparação com $\displaystyle\sum_{k=1}^{\infty} r^k$. Se a hipótese de (ii) se verifica, então $\sqrt[n]{|a_n|} > 1$ se verifica para valores suficientemente grandes de n, assim $\displaystyle\lim_{n \to +\infty} a_n = 0$ não pode se verificar. Para (iii), os mesmos exemplos usados na prova de teste da razão servem.

EXEMPLOS   Use o teste da raiz para decidir se a série $\displaystyle\sum_{k=1}^{\infty} \frac{(-1)^k}{[\ln(k+1)]^k}$ converge ou diverge.

Solução

Aqui $a_n = \dfrac{(-1)^n}{[\ln(n+1)]^n}$. Portanto,

$$\lim_{n \to +\infty} \sqrt[n]{|a_n|} = \lim_{n \to +\infty} \sqrt[n]{\left|\dfrac{(-1)^n}{[\ln(n+1)]^n}\right|} = \lim_{n \to +\infty} \dfrac{1}{\ln(n+1)} = 0 < 1,$$

assim a série dada converge absolutamente pelo teste da razão e, daí, converge.

Conjunto de Problemas 5

Nos problemas 1 a 14, determine se a série dada converge ou diverge. Use o teste de Leibniz para séries alternadas para estabelecer a convergência sempre que este se aplicar.

1 $\displaystyle\sum_{k=1}^{\infty} \dfrac{(-1)^{k+1}}{k^2}$
  2 $\displaystyle\sum_{k=1}^{\infty} \dfrac{(-1)^{k+1}}{(2k)!}$
  3 $\displaystyle\sum_{k=1}^{\infty} \dfrac{(-1)^{k+1}k}{k^3+2}$
  4 $\displaystyle\sum_{k=1}^{\infty} \dfrac{-\cos k\pi}{k^3}$

5 $\displaystyle\sum_{k=1}^{\infty} \dfrac{(-1)^k k}{\sqrt{k^5+7}}$ $\left[\text{\textit{Sugestão:} Primeiro considere } \displaystyle\sum_{k=1}^{\infty} \dfrac{(-1)^{k+1}k}{\sqrt{k^5+7}}.\right]$

6 $\displaystyle\sum_{k=1}^{\infty} \dfrac{(-1)^{k+1}}{k^2-10k+26}$ $\left[\text{\textit{Sugestão:} Primeiro considere } \displaystyle\sum_{k=5}^{\infty} \dfrac{(-1)^{k+1}}{k^2-10k+26}.\right]$

7 $\displaystyle\sum_{k=1}^{\infty} \dfrac{(-1)^k \sqrt{k}}{k+3}$ $\left[\text{\textit{Sugestão:} Primeiro considere } \displaystyle\sum_{k=3}^{\infty} \dfrac{(-1)^k \sqrt{k}}{k+3}.\right]$

8 $\displaystyle\sum_{k=1}^{\infty} \ln k \cos k\pi$
  9 $\displaystyle\sum_{k=1}^{\infty} (-1)^{k+1} \dfrac{k+1}{k+7}$
  10 $\displaystyle\sum_{k=1}^{\infty} (-1)^k \dfrac{3k^2}{4k^2+1}$
  11 $\displaystyle\sum_{k=0}^{\infty} \dfrac{(-1)^k}{\ln(k+2)}$

12 $\displaystyle\sum_{k=1}^{\infty} (-1)^{k+1} \dfrac{\ln(k+1)}{k\sqrt{k}}$
  13 $\displaystyle\sum_{k=1}^{\infty} (-1)^{k+1} \operatorname{sen}\dfrac{\pi}{k}$
  14 $\displaystyle\sum_{k=2}^{\infty} (-1)^{k+1} \dfrac{k}{\ln k}$

Nos problemas 15 a 20, aproxime a soma de cada série encontrando a soma parcial dos seus primeiros n termos para o valor indicado de n. Também, dê um limite em valor absoluto para o erro envolvido nessa aproximação e determine se a aproximação é por cima ou por baixo.

15 $\displaystyle\sum_{k=1}^{\infty} \dfrac{(-1)^{k+1}}{3k-1},\ n=5$
  16 $\displaystyle\sum_{k=1}^{\infty} \dfrac{(-1)^{k+1}}{2^k},\ n=100$
  17 $\displaystyle\sum_{k=1}^{\infty} \dfrac{(-1)^{k+1}}{k^2},\ n=4$

18 $\displaystyle\sum_{k=1}^{\infty} \dfrac{(-1)^k}{k^3+1},\ n=4$
  19 $\displaystyle\sum_{k=1}^{\infty} \dfrac{(-1)^k}{k \cdot 5^k},\ n=3$
  20 $\displaystyle\sum_{k=1}^{\infty} \dfrac{\operatorname{sen}(k+\frac{1}{2})\pi}{2k!},\ n=3$

Nos problemas 21 e 22, encontre a soma de cada série com um erro não maior que 5 $\times 10^{-4}$ em valor absoluto e escreva sua resposta com três casas decimais.

21 $\displaystyle\sum_{k=1}^{\infty} \dfrac{(-1)^{k+1}}{k \cdot 2^k}$
  22 $\displaystyle\sum_{k=1}^{\infty} \dfrac{(-1)^k k}{(2k)!}$

Nos problemas 23 a 28, aplique o teste da razão para determinar se cada série converge absolutamente ou diverge.

23 $\displaystyle\sum_{k=1}^{\infty} \dfrac{(-1)^{k+1}5^k}{k \cdot 4^k}$
  24 $\displaystyle\sum_{k=1}^{\infty} \dfrac{(-1)^{k+1}(k^3+1)}{k!}$
  25 $\displaystyle\sum_{k=1}^{\infty} (-1)^{k+1} \dfrac{7^k}{(3k)!}$

26 $\displaystyle\sum_{k=1}^{\infty} \dfrac{(-1)^k(2k-1)!}{e^k}$
  27 $\displaystyle\sum_{k=1}^{\infty} \dfrac{(-1)^{k+1}k^4}{(1,02)^k}$
  28 $\displaystyle\sum_{k=1}^{\infty} (-1)^k \dfrac{1+e^k}{2^k}$

Nos problemas 29 a 32, aplique o teste da raiz para determinar se cada série converge ou diverge.

29 $\displaystyle\sum_{k=1}^{\infty} (-1)^{k+1}\left(\frac{k}{3k+1}\right)^k$ **30** $\displaystyle\sum_{k=2}^{\infty} \frac{(-1)^k k^k}{(\ln k)^k}$ **31** $\displaystyle\sum_{k=1}^{\infty} (\sqrt[k]{k}-1)^k$ **32** $\displaystyle\sum_{k=1}^{\infty} \frac{k^k}{(2k+1/k)^k}$

Nos problemas 33 a 42, determine se cada série é divergente, condicionalmente convergente ou absolutamente convergente. Use qualquer teste ou teorema que pareça mais apropriado para justificar sua resposta.

33 $\displaystyle\sum_{k=1}^{\infty} (-1)^k \frac{3^k}{k!}$ **34** $\displaystyle\sum_{k=1}^{\infty} k\left(\frac{3}{5}\right)^k$ **35** $\displaystyle\sum_{k=1}^{\infty} \frac{(-1)^{k+1}}{\ln(k+1)}$ **36** $\displaystyle\sum_{k=1}^{\infty} \frac{(-1)^{k+1}k^2}{k^3+10}$

37 $\displaystyle\sum_{n=1}^{\infty} \frac{(-1)^{n+1}\ln n}{n}$ **38** $\displaystyle\sum_{k=1}^{\infty} (-1)^k \frac{k!}{(2k+1)!}$ **39** $\displaystyle\sum_{j=1}^{\infty} \frac{(-1)^j}{j^2+1}$ **40** $\displaystyle\sum_{k=1}^{\infty} \frac{2\cdot4\cdot6\cdots(2k)}{1\cdot4\cdot7\cdots(3k-2)}$

41 $\displaystyle\sum_{k=1}^{\infty} \frac{k^k}{k!}$ **42** $\displaystyle\sum_{k=1}^{\infty} \frac{(k!)^2}{(2k)!}$

43 Suponha que a seqüência $s_2, s_4, s_6, s_8, \ldots$ converge para o limite S e que a seqüência $s_1, s_3, s_5, s_7, \ldots$ converge para o mesmo limite S. Prove: A seqüência $s_1, s_2, s_3, s_4, s_5, s_6, \ldots$ converge para o limite S.

44 (a) Se $|a_{n+1}| < |a_n|\, r$ se verifica para todo inteiro $n \geq N$, onde r é uma constante positiva, prove que $|a_{N+j}| < |a_N| r^j$ se verifica para todo inteiro positivo j. (Use indução matemática.)
(b) Se $|a_n|\, r < |a_{n+1}|$ se verifica para todo inteiro $n \geq N$, onde r é uma constante positiva, prove que $|a_N| r^j < |a_{N+j}|$ se verifica para todo inteiro positivo j.

45 É verdade que se a série $\displaystyle\sum_{k=1}^{\infty} a_k$ converge absolutamente, então a série $\displaystyle\sum_{k=1}^{\infty} \frac{a_k^2}{1+a_k^2}$ também converge? Por quê?

46 Refaça em detalhes a prova do teste da raiz (Teorema 5).

47 Se a série $\displaystyle\sum_{k=1}^{\infty} a_k$ converge absolutamente, mostre que $\left|\displaystyle\sum_{k=1}^{\infty} a_k\right| \leq \displaystyle\sum_{k=1}^{\infty} |a_k|$.

6 Séries de Potências

Uma série infinita da forma

$$\sum_{k=0}^{\infty} c_k(x-a)^k = c_0 + c_1(x-a) + c_2(x-a)^2 + c_3(x-a)^3 + \cdots$$

é chamada uma *série de potências em x* ou simplesmente *série de potências*. As constantes $c_0, c_1, c_2, c_3, \ldots$ são chamadas de *coeficientes* da série de potências e a constante a é chamada de seu *centro*. Uma série de potências em x com centro $a = 0$ toma a forma

$$\sum_{k=0}^{\infty} c_k x^k = c_0 + c_1 x + c_2 x^2 + c_3 x^3 + \cdots$$

e assim generaliza a idéia de um polinômio em x.

Na série de potências $\displaystyle\sum_{k=0}^{\infty} c_k(x-a)^k$ nós usualmente vemos x como uma quantidade que pode ser variada à vontade. A série pode convergir para alguns valores de x mas divergir para outros. Naturalmente, quando $x = a$ nós vemos que a série converge e sua soma é c_0. Os três exemplos seguintes mostram que o teste da razão (Teorema 4 da Seção 5) pode ser muito útil para se determinar os valores de x para os quais a série de potências converge.

EXEMPLO Encontre os valores de x para os quais a série de potências dada converge.

1 $\displaystyle\sum_{k=0}^{\infty} (-1)^k \frac{k}{3^k} x^k = 0 - \frac{1}{3}x + \frac{2}{9}x^2 - \frac{3}{27}x^3 + \cdots$

SOLUÇÃO
É claro, a série converge para $x = 0$. Para $x \neq 0$, usemos o teste da razão com

$$a_n = \frac{(-1)^n n x^n}{3^n} \quad \text{e} \quad a_{n+1} = \frac{(-1)^{n+1}(n+1)x^{n+1}}{3^{n+1}}.$$

Aqui,

$$\lim_{n \to +\infty} \left| \frac{a_{n+1}}{a_n} \right| = \lim_{n \to +\infty} \left| \frac{(-1)^{n+1}(n+1)x^{n+1}}{3^{n+1}} \cdot \frac{3^n}{(-1)^n n x^n} \right| = \lim_{n \to +\infty} \frac{n+1}{3n} |x|$$

$$= |x| \lim_{n \to +\infty} \frac{n+1}{3n} = \frac{|x|}{3},$$

assim a série converge para $|x|/3 < 1$, ou seja, para $-3 < x < 3$. Se $x < -3$ ou se $x > 3$, então $|x|/3 > 1$ e a série diverge. Quando $|x| = 3$, temos $|a_n| = \left| (-1)^n \frac{n}{3^n} x^n \right| = \frac{n}{3^n} |x|^n = \frac{n}{3^n} 3^n = n$, assim como $\lim_{n \to +\infty} a_n \neq 0$, e a série diverge. Portanto, a série converge para valores de x no intervalo aberto $(-3, 3)$ e somente para tais valores de x.

2 $\displaystyle\sum_{k=0}^{\infty} \frac{(x-5)^{2k}}{k!} = 1 + (x-5)^2 + \frac{1}{2}(x-5)^4 + \frac{1}{6}(x-5)^6 + \frac{1}{24}(x-5)^8 + \cdots$

SOLUÇÃO
A série converge para $x = 5$. Para $x \neq 5$, usemos o teste da razão com

$$a_n = \frac{(x-5)^{2n}}{n!} \quad \text{e} \quad a_{n+1} = \frac{(x-5)^{2(n+1)}}{(n+1)!} = \frac{(x-5)^{2n+2}}{(n+1)!}.$$

Assim,

$$\lim_{n \to +\infty} \left| \frac{a_{n+1}}{a_n} \right| = \lim_{n \to +\infty} \left| \frac{(x-5)^{2n+2}}{(n+1)!} \cdot \frac{n!}{(x-5)^{2n}} \right| = \lim_{n \to +\infty} \frac{(x-5)^2}{n+1} = 0 < 1$$

para todos os valores de x; daí, a série converge para todos os valores de x.

3 $\displaystyle\sum_{k=0}^{\infty} (k!)(x+2)^k = 1 + (x+2) + 2(x+2)^2 + 6(x+2)^3 + 24(x+2)^4 + \cdots.$

SOLUÇÃO
Temos $a_n = (n!)(x+2)^n$ e $a_{n+1} = [(n+1)!](x+2)^{n+1}$. Para $x \neq -2$, o teste da razão dá

$$\lim_{n \to +\infty} \left| \frac{a_{n+1}}{a_n} \right| = \lim_{n \to +\infty} \left| \frac{[(n+1)!](x+2)^{n+1}}{(n!)(x+2)^n} \right| = \lim_{n \to +\infty} (n+1)|x+2| = +\infty;$$

daí, a série diverge. É claro, a série converge para $x = -2$, e assim só converge quando $x = -2$.

O conjunto I de todos os números x para os quais uma série de potências $\sum_{k=0}^{\infty} c_k(x - a)^k$ converge é chamado de *intervalo de convergência.* No exemplo 1, $I = (-3,3)$; no Exemplo 2, $I = (-\infty,\infty)$; e no Exemplo 3, I é o ''intervalo'' contendo unicamente o número -2.

Para qualquer série de potências $\sum_{k=0}^{\infty} c_k(x - a)^k$, o intervalo de convergência I sempre tem uma das seguintes formas:

Caso 1 I é um intervalo limitado com centro a e pontos extremos $a - R$ e $a + R$ onde R é um número real positivo.
Caso 2 $I = (-\infty,\infty)$.
Caso 3 I consiste em um único número a.

No Caso 1, nós chamamos o número real R de *raio de convergência* da série de potência e, no Caso 2, é infinito e escreve-se $R = +\infty$. Naturalmente, no Caso 3, dizemos que a série de potência tem raio de convergência zero e escrevemos $R = 0$. Os Exemplos 1 a 3 acima ilustram estas três possibilidades.

No Caso 1, os pontos extremos $a - R$ e $a + R$ do intervalo de convergência I podem ou não pertencer a I. No Exemplo 1, nenhum dos pontos extremos pertence a I, assim I é um intervalo aberto. Em geral, qualquer coisa pode acontecer — a série pode divergir, convergir condicionalmente ou

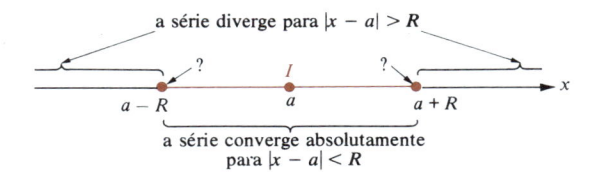

Fig. 1

convergir absolutamente num ponto extremo de I. Assim, no Caso 1, o intervalo de convergência pode ser um dos quatro conjuntos $I = [a - R,a + R]$, $I = [a - R,a + R)$, $I = (a - R,a + R]$ ou $I = (a - R,a + R)$ (Fig. 1). A série de potências sempre converge *absolutamente* no intervalo $(a - R,a + R)$.

O teorema abaixo oferece um eficiente meio para achar o raio de convergência de uma série de potências.

TEOREMA 1   **Raio de convergência de uma série de potências**

Seja $\sum_{k=0}^{\infty} c_k(x - a)^k$ uma série de potências com raio de convergência R. Suponha que $\lim_{n \to +\infty} \left| \dfrac{c_{n+1}}{c_n} \right| = L$, onde L é ou um número real não-negativo ou $L = +\infty$.

(i) Se L é um número real positivo, então $R = 1/L$.
(ii) Se $L = 0$, então $R = +\infty$.
(iii) Se $L = +\infty$, então $R = 0$.

PROVA
Cuidaremos aqui da parte (i). Partes (ii) e (iii), que são tratadas de modo análogo, são deixadas como exercício (problema 30). Assim, suponha que $\lim_{n \to +\infty} \left| \dfrac{c_{n+1}}{c_n} \right| = L$, onde L é um número real positivo. Apliquemos o teste da razão para a série infinita $\sum_{k=0}^{\infty} c_k(x - a)^k$. Aqui $a_n = c_n(x - a)^n$ e $a_{n+1} = c_{n+1}(x - a)^{n-1}$, assim

$$\lim_{n \to +\infty} \left| \frac{a_{n+1}}{a_n} \right| = \lim_{n \to +\infty} \left| \frac{c_{n+1}(x - a)^{n+1}}{c_n(x - a)^n} \right| = \lim_{n \to +\infty} \left| \frac{c_{n+1}}{c_n} \right| \cdot |x - a| = L|x - a|.$$

Pelo teste da razão, a série converge absolutamente para $L|x - a| < 1$ e diverge para $L|x - a| > 1$; ou seja, converge para $|x - a| < 1/L$ e diverge para $|x - a| > 1/L$. Assim, $1/L = R$, será o raio de convergência da série de potência.

Alguns comentários importantes precisam ser feitos em **acréscimo** ao Teorema 1:

1 Observe que a razão c_{n+1}/c_n é a razão entre os *coeficientes* — não entre os termos — da série de potências. Não confunda o Teorema 1 com o teste da razão original (Teorema 4 da Seção 5), que envolve os *termos* de uma série.

2 O Teorema 1 é fácil de ser lembrado se, *para fins deste teorema somente*, concordarmos que $1/L = +\infty$ quando $L = 0$ e que $1/L = 0$ quando $L = +\infty$. Então, o teorema simplesmente diz que $R = 1/L$ em qualquer caso.

3 O Teorema 1 pode não se aplicar em certos casos pela possibilidade de a seqüência $|c_{n+1}/c_n|$ não ter um número real como limite e não tender a $+\infty$ quando $n \to +\infty$. Nesse caso, a série de potência ainda tem um raio de convergência R, mas métodos fora do escopo desse livro são necessários para encontrá-lo.

4 O Teorema 1 *não* se aplica à série de potência da forma

$$\sum_{k=0}^{\infty} c_k(x - a)^{kp} = c_0 + c_1(x - a)^p + c_2(x - a)^{2p} + c_3(x - a)^{3p} + \cdots,$$

onde p é uma constante inteira maior que 1, já que c_k não é o coeficiente da k-ésima potência de $x - a$. Neste caso, o raio de convergência pode freqüentemente ser achado aplicando-se o teste da razão original (Teorema 4 da Seção 5) diretamente aos *termos* da série como no Exemplo 2 Seção 6.

5 O Teorema 1 nada diz, de uma maneira ou de outra, sobre se a série de potências converge nos *pontos extremos* de seu intervalo de convergência. Isso tem que ser verificado pela substituição de $x = a - R$ e $x = a + R$ na série de potências e usando os testes normais para convergência de séries.

6 O Teorema 1 é ainda válido para uma série de potências com $\sum_{k=M}^{\infty} c_k(x - a)^k$, onde M é um inteiro positivo e a soma começa em $k = M$ em vez de em $k = 0$. (Por quê?)

EXEMPLOS Encontre o centro a, o raio de convergência R e o intervalo de convergência I da série de potências dada. Confira também a divergência, convergência absoluta ou convergência condicional da série de potências nos pontos extremos de I.

1 $\displaystyle\sum_{k=1}^{\infty} \frac{1}{k} x^k$

SOLUÇÃO
Aqui o centro é $a = 0$ e $c_k = 1/k$. No Teorema 1, coloquemos $c_n = 1/n$ e $c_{n+1} = 1/(n + 1)$, assim

$$\lim_{n \to +\infty} \left| \frac{c_{n+1}}{c_n} \right| = \lim_{n \to +\infty} \left| \frac{1/(n + 1)}{1/n} \right| = \lim_{n \to +\infty} \frac{n}{n + 1} = 1 = L;$$

daí, $R = 1/L = 1$. Portanto, a série converge absolutamente para valores de x no intervalo aberto $(a - R, a + R) = (0 - 1, 0 + 1) = (-1, 1)$ e diverge para valores de x fora do intervalo fechado $[-, 1]$. Substituindo $x = 1$ na série, obtemos a série harmônica $\displaystyle\sum_{k=1}^{\infty} \frac{1}{k}$, que diverge. Para $x = 1$, a série torna-se a série harmônia alternada $\displaystyle\sum_{k=1}^{\infty} \frac{1}{k}(-1)^k, -(-1)^k$, que converge pelo teste de Leibniz. Daí temos divergência no ponto extremo 1 e convergência condicional no ponto extremo -1. O intervalo de convergência é $I = [-1,1)$.

2 $\displaystyle\sum_{k=0}^{\infty} \frac{(x+3)^k}{3^k}$

SOLUÇÃO

A série de potências é centrada em $a = -3$. Temos $c_n - 1/3^n$ e $c_{n+1} = 1/3^{n+1}$; assim

$$\lim_{n \to +\infty} \left| \frac{c_{n+1}}{c_n} \right| = \lim_{n \to +\infty} \left| \frac{1/3^{n+1}}{1/3^n} \right| = \lim_{n \to +\infty} \frac{1}{3} = \frac{1}{3} = L;$$

daí, $R = 1/L = 3$ pelo Teorema 1. Portanto, a série converge absolutamente no intervalo aberto $(a - R, a + R) = (-3 - 3, -3 + 3) = (-6,0)$. Quando $x = -6$, a série torna-se

$$\sum_{k=0}^{\infty} \frac{(-3)^k}{3^k} = 1 - 1 + 1 - 1 + \cdots,$$

que diverge porque o termo geral não tende a zero. Quando $x = 0$, a série torna-se

$$\sum_{k=0}^{\infty} \frac{3^k}{3^k} = 1 + 1 + 1 + \cdots,$$

que também diverge. Portanto $I = (-6,0)$.

3 $\displaystyle\sum_{k=0}^{\infty} \frac{(-1)^k}{k!}(x-17)^k$

SOLUÇÃO

A série de potências é centrada em $a = 17$. Temos

$$c_n = \frac{(-1)^n}{n!} \quad \text{e} \quad c_{n+1} = \frac{(-1)^{n+1}}{(n+1)!},$$

assim

$$\lim_{n \to +\infty} \left| \frac{c_{n+1}}{c_n} \right| = \lim_{n \to +\infty} \left| \frac{(-1)^{n+1}}{(n+1)!} \cdot \frac{n!}{(-1)^n} \right| = \lim_{n \to +\infty} \frac{1}{n+1} = 0 = L;$$

daí, $R = +\infty$ pela parte (ii) do Teorema 1. Portanto, $I = (-\infty,\infty)$.

4 $\displaystyle\sum_{k=1}^{\infty} k^k x^k$

SOLUÇÃO

A série de potências é centrada em $a = 0$. Temos $c_n = n^n$ e $c_{n+1} = (n+1)^{n+1}$, assim

$$\lim_{n \to +\infty} \left| \frac{c_{n+1}}{c_n} \right| = \lim_{n \to +\infty} \left| \frac{(n+1)^{n+1}}{n^n} \right| = \lim_{n \to +\infty} \left[\left(\frac{n+1}{n} \right)^n (n+1) \right]$$

$$= \left[\lim_{n \to +\infty} \left(1 + \frac{1}{n} \right)^n \right] \cdot \left[\lim_{n \to +\infty} (n+1) \right] = e \left[\lim_{n \to +\infty} (n+1) \right] = +\infty.$$

Assim, $R = 0$ pela parte (iii) do Teorema 1, e assim I consiste no único número 0.

$$5 \quad \sum_{k=1}^{\prime} \frac{3^k(x-4)^{2k}}{k^2}$$

Solução

A série de potência é centrada em $a = 4$. Não podemos usar o Teorema 1, já que $3^k/k^2$ não é o coeficiente da k-ésima potência de $x - 4$. Assim, recorremos ao teste da razão original (Teorema 4, da Seção 5). O n-ésimo *termo* (não o coeficiente!) da série é

$$a_n = \frac{3^n(x-4)^{2n}}{n^2}, \quad \text{assim como} \quad a_{n+1} = \frac{3^{n+1}(x-4)^{2(n+1)}}{(n+1)^2} = \frac{3^{n+1}(x-4)^{2n+2}}{(n+1)^2}$$

Portanto,

$$\lim_{n \to +\infty} \left| \frac{a_{n+1}}{a_n} \right| = \lim_{n \to +\infty} \left| \frac{3^{n+1}(x-4)^{2n+2}}{(n+1)^2} \cdot \frac{n^2}{3^n(x-4)^{2n}} \right|$$

$$= \lim_{n \to +\infty} 3\left(\frac{n}{n+1}\right)^2 |x-4|^2 = 3|x-4|^2.$$

Segue-se que a série converge absolutamente quando $3|x-4|^2 < 1$ ou seja, quando $|x-4| < 1/\sqrt{3}$. Diverge quando $3|x-4|^2 > 1$, ou seja quando $|x-4| > 1/\sqrt{3}$. Portanto $R = 1/\sqrt{3}$. Quando $x = 4 - 1/\sqrt{3}$, a série torna-se $\sum_{k=1}^{\infty} \frac{1}{k^2}$, que converge absolutamente. (Por quê?) Da mesma forma, quando $x = 4 + \frac{1}{\sqrt{3}}$ a série torna-se $\sum_{k=1}^{\infty} \frac{1}{k^2}$, que converge absolutamente. Segue-se que a série converge absolutamente em todo seu intervalo de convergência $I = \left[4 - \frac{1}{\sqrt{3}}, 4 + \frac{1}{\sqrt{3}}\right]$.

Conjunto de Problemas 6

Nos problemas 1 a 25, encontre o centro a, o raio de convergência R e o intervalo de convergência I da série de potências dada. Confira também a divergência, convergência absoluta ou convergência condicional da série de potências nos pontos extremos de I.

$1 \quad \sum_{k=0}^{\infty} 7^k x^k$

$2 \quad \sum_{k=0}^{\infty} \frac{x^{k+1}}{\sqrt{k+1}}$

$3 \quad \sum_{k=0}^{\infty} \frac{x^k}{k!}$

$4 \quad \sum_{k=0}^{\infty} \frac{(-1)^k(x-1)^k}{k+1}$

$5 \quad \sum_{k=1}^{\infty} \frac{(-1)^{k+1}x^{2k-1}}{(2k-1)!}$

$6 \quad \sum_{k=1}^{\infty} \frac{(-1)^{k+1}k(x+3)^{k-1}}{7^{k-1}}$

$7 \quad \sum_{k=1}^{\infty} \frac{(x+2)^{k-1}}{k^2}$

$8 \quad \sum_{k=1}^{\infty} \frac{(x+1)^k}{k\sqrt{k+1}}$

$9 \quad \sum_{k=1}^{\infty} \frac{(x+5)^k}{(2k-1)(2k)}$

$10 \quad \sum_{k=2}^{\infty} \frac{(x-1)^{2k-2}}{(2k-4)!}$

$11 \quad \sum_{j=0}^{\infty} \frac{(-1)^j 2^j x^j}{(j+1)^3}$

$12 \quad \sum_{j=0}^{\infty} \frac{\sqrt{j}\, x^j}{1 \cdot 3 \cdot 5 \cdots (2j+1)}$

$13 \quad \sum_{n=0}^{\infty} \frac{(x-1)^n}{(n+2)!}$

$14 \quad \sum_{k=0}^{\infty} \left[\frac{(-1)^k}{2k+1}\right]\left(\frac{x}{2}\right)^{2k}$

$15 \quad \sum_{k=0}^{\infty} \frac{(1-x)^k}{(k+1) \cdot 3^k}$

$16 \quad \sum_{k=0}^{\infty} \frac{(x+1)^{5k}}{(k+1) \cdot 5^k}$

$17 \quad \sum_{k=1}^{\infty} \frac{1}{k}\left(\frac{x}{4}-1\right)^k$

$18 \quad \sum_{n=0}^{\infty} \frac{1}{3n-1}\left(\frac{x}{3}+\frac{2}{3}\right)^n$

$19 \quad \sum_{j=1}^{\infty} \frac{(3-x)^{j-1}}{\sqrt{j}}$

$20 \quad \sum_{k=1}^{\infty} \frac{(-1)^k 2^k(x-5)^{2k}}{k^3}$

21 $\displaystyle\sum_{k=1}^{\infty} (5^k + 5^{-k})(x+1)^{3k-2}$ **22** $\displaystyle\sum_{k=1}^{\infty} \frac{k!}{k^k} x^k$ **23** $\displaystyle\sum_{k=1}^{\infty} (\tan^{-1} k)(x-1)^k$ **24** $\displaystyle\sum_{k=1}^{\infty} \frac{(x-3)^{4k}}{\sqrt[k]{k}}$

25 $(x-8) + (x-8)^2 + 2!(x-8)^3 + 3!(x-8)^4 + 4!(x-8)^5 + \cdots$.

26 Se R é o raio de convergência da série de potências $\displaystyle\sum_{k=0}^{\infty} c_k(x-a)^k, 0 < R < +\infty$,

e p é um inteiro positivo, mostre que o raio de convergência da série de potênci-

as $\displaystyle\sum_{k=0}^{\infty} c_k(x-a)^{pk}$ é $\sqrt[p]{R}$.

27 Se R é o raio de convergência da série de potências $\displaystyle\sum_{k=0}^{\infty} c_k(x-a)^k$, e p é um inteiro

positivo, ache o raio de convergência da série de potências $\displaystyle\sum_{k=0}^{\infty} c_k(x-a)^{p+k}$.

28 Seja $\displaystyle\sum_{k=0}^{\infty} c_k(x-a)^k$ uma série de potências dada.
  (a) Se $\displaystyle\lim_{n\to+\infty} \sqrt[n]{|c_n|} = +\infty$, prove que o raio de convergência da série de potências é zero.
  (b) Se $\displaystyle\lim_{n\to+\infty} \sqrt[n]{|c_n|} = 0$, prove que a série de potências tem um raio de convergência infinita.
  (c) Se $\displaystyle\lim_{n\to+\infty} \sqrt[n]{|c_n|} = L \neq 0$, prove que o raio de convergência da série de potência é dado por $R = 1/L$.

29 Suponha que b é uma constante maior que 1. Encontre o raio de convergência e o intervalo de convergência da série de potências

30 Complete a prova do Teorema 1 demonstrando as partes (ii) e (iii). $\displaystyle\sum_{k=0}^{\infty} \frac{x^k}{a^k + b^k}$.

31 Se $a > b \geq 0$, encontre o raio de convergência da série de potências

7 Continuidade, Integração e Diferenciação de Séries de Potências

Nessa seção estudamos funções da forma

$$f(x) = \sum_{k=0}^{\infty} c_k(x-a)^k,$$

onde $\displaystyle\sum_{k=0}^{\infty} c_k(x-a)^k$ é uma série de potências dada.

Fica subentendido que o domínio de f é o intervalo de convergência da série de potências.

Já que uma soma finita pode ser diferenciada termo a termo e já que

$$f(x) = c_0 + c_1(x-a) + c_2(x-a)^2 + c_3(x-a)^3 + \cdots,$$

poderíamos suspeitar que a derivada $D_x f(x)$ pode ser obtida pela diferenciação termo a termo; ou seja

$$D_x f(x) = D_x c_0 + D_x c_1(x-a) + D_x c_2(x-a)^2 + D_x c_3(x-a)^3 + \cdots$$
$$= 0 + c_1 + 2c_2(x-a) + 3c_3(x-a)^2 + \cdots.$$

Da mesma forma, poderíamos suspeitar que a integral $\displaystyle\int f(x)\, dx$ pode ser obtida pela integração termo a termo; isto é

$$\int f(x)\,dx = \int c_0\,dx + \int c_1(x-a)\,dx + \int c_2(x-a)^2\,dx + \int c_3(x-a)^3\,dx + \cdots$$

$$= \left[c_0(x-a) + \frac{c_1}{2}(x-a)^2 + \frac{c_2}{3}(x-a)^3 + \frac{c_3}{4}(x-a)^4 + \cdots \right] + C.$$

Mais tarde nesta seção veremos que tais ''cálculos'' são realmente legítimos, contanto que $|x-a| < R$, onde R é o raio de convergência da série de potências.

Observe que a diferenciação ou integração termo a termo de uma série de potências

$$\sum_{k=0}^{\infty} c_k(x-a)^k$$

produz uma nova série de potências

$$\sum_{k=0}^{\infty} D_x[c_k(x-a)^k] = \sum_{k=1}^{\infty} kc_k(x-a)^{k-1}$$

ou

$$\sum_{k=0}^{\infty} \int c_k(x-a)^k\,dx = \sum_{k=0}^{\infty} \frac{c_k}{k+1}(x-a)^{k+1},$$

respectivamente. (Na segunda equação, suprimimos as constantes de integração.)

Se $f(x) = \sum_{k=0}^{\infty} c_k(x-a)^k$, onde a série de potências tem raio de convergência R, estabeleceremos as seguintes propriedades de f e $\sum_{k=0}^{\infty} c_k(x-a)^k$:

Propriedade I A função f é contínua no intervalo aberto $(a-R, a+R)$.

Propriedade II As três séries de potências

$$\sum_{k=0}^{\infty} c_k(x-a)^k,$$

$$\sum_{k=0}^{\infty} D_x[c_k(x-a)^k] = \sum_{k=1}^{\infty} kc_k(x-a)^{k-1},$$

$$\sum_{k=0}^{\infty} \int c_k(x-a)^k\,dx = \sum_{k=0}^{\infty} \frac{c_k}{k+1}(x-a)^{k+1}$$

têm todas o mesmo raio de convergência R.

Propriedade III Para $|x-a| < R$,

$$f'(x) = D_x\left[\sum_{k=0}^{\infty} c_k(x-a)^k \right] = \sum_{k=1}^{\infty} kc_k(x-a)^{k-1}.$$

Propriedade IV Para $|x-a| < R$,

$$\int f(x)\,dx = \int \left[\sum_{k=0}^{\infty} c_k(x-a)^k \right] dx = \sum_{k=0}^{\infty} \frac{c_k}{k+1}(x-a)^{k+1} + C.$$

Propriedade V Para $|b-a| < R$,

$$\int_a^b f(x)\,dx = \int_a^b \left[\sum_{k=0}^{\infty} c_k(x-a)^k\right] dx = \sum_{k=0}^{\infty} \int_a^b c_k(x-a)^k\,dx$$

$$= \sum_{k=0}^{\infty} \frac{c_k}{k+1}(b-a)^{k+1}.$$

As provas das propriedades I a V são um tanto técnicas, assim preferimos retardá-las até a Seção 7.1. Por ora ilustraremos essas propriedades nos exemplos seguintes.

EXEMPLOS   **1** Encontre $D_x(1 + 2x + 3x^2 + 4x^3 + \cdots)$.

SOLUÇÃO
Pelo Teorema 1 da Seção 6, o raio de convergência da série de potências $\sum_{k=0}^{\infty}(k+1)x^k$ é $R = 1$; daí, pelas propriedades II e III,

$$D_x(1 + 2x + 3x^2 + 4x^3 + \cdots) = 0 + 2 + 6x + 12x^2 + \cdots;$$

isto é,

$$D_x\left[\sum_{k=0}^{\infty}(k+1)x^k\right] = \sum_{k=1}^{\infty} k(k+1)x^{k-1} \quad \text{para} |x| < 1.$$

2 Encontre $\int (1 + 2x + 3x^2 + 4x^3 + \cdots)\,dx$ para $|x| < 1$.

SOLUÇÃO
Pela propriedade IV,

$$\int (1 + 2x + 3x^2 + 4x^3 + \cdots)\,dx = (x + x^2 + x^3 + x^4 + \cdots) + C;$$

isto é,

$$\int \left[\sum_{k=0}^{\infty}(k+1)x^k\right] dx = \sum_{k=0}^{\infty} x^{k+1} + C \quad \text{para} |x| < 1.$$

3 Use a fórmula $\sum_{k=0}^{\infty} x^k = \dfrac{1}{1-x}$, que dá a soma da série geométrica $1 + x + x^2 + x^3 + \ldots$ para $|x| < 1$, para escrever a expressão dada como a soma de uma série infinita:

(a) $\dfrac{1}{(1-x)^2}$ (b) $\dfrac{1}{1+x}$ (c) $\ln(1+x)$ (d) $\dfrac{1}{1+x^2}$ (e) $\tan^{-1} x$

(f) $\dfrac{1}{3-x}$ (g) $\dfrac{2}{x^2 - 4x + 3}$

SOLUÇÃO

(a) $\dfrac{1}{(1-x)^2} = D_x\left(\dfrac{1}{1-x}\right) = D_x\left(\sum_{k=0}^{\infty} x^k\right) = \sum_{k=1}^{\infty} kx^{k-1}$

$\qquad = 1 + 2x + 3x^2 + 4x^3 + \cdots \quad \text{para} |x| < 1.$

(b) Substituindo x por $-x$ em $\sum_{k=0}^{\infty} x^k = \dfrac{1}{1-x}$, obtemos

$$\frac{1}{1+x} = \sum_{k=0}^{\infty} (-x)^k = 1 - x + x^2 - x^3 + \cdots$$

para $|-x| < 1$, isto é, para $|x| < 1$.

(c) Usando o resultado de (b) e a propriedade V, temos

$$\ln(1+x) = \int_0^x \frac{dt}{1+t} = \int_0^x (1 - t + t^2 - t^3 + \cdots)\, dt$$

$$= \int_0^x dt - \int_0^x t\, dt + \int_0^x t^2\, dt - \int_0^x t^3\, dt + \cdots$$

$$= x - \frac{x^2}{2} + \frac{x^3}{3} - \frac{x^4}{4} + \cdots$$

$$= \sum_{k=0}^{\infty} (-1)^k \frac{x^{k+1}}{k+1} \quad \text{para } |x| < 1.$$

(d) Substituindo x por $-x^2$ em $\sum_{k=0}^{\infty} x^k = \dfrac{1}{1-x}$, obtemos

$$\frac{1}{1+x^2} = \sum_{k=0}^{\infty} (-x^2)^k = 1 - x^2 + x^4 - x^6 + \cdots \quad \text{para } |x| < 1.$$

(Observe que temos a convergência da série quando $|-x^2| < 1$; entretanto, $|-x^2| = |x^2| = |x|^2$, e $|x|^2 < 1$ se verifica exatamente quando $|x| < 1$.)

(e) Usando o resultado de (d) e a propriedade V, temos

$$\tan^{-1} x = \int_0^x \frac{dt}{1+t^2} = \int_0^x (1 - t^2 + t^4 - t^6 + \cdots)\, dt$$

$$= \int_0^x dt - \int_0^x t^2\, dt + \int_0^x t^4\, dt - \int_0^x t^6\, dt + \cdots$$

$$= x - \frac{x^3}{3} + \frac{x^5}{5} - \frac{x^7}{7} + \cdots$$

$$= \sum_{k=0}^{\infty} (-1)^k \frac{x^{2k+1}}{2k+1} \quad \text{para } |x| < 1.$$

(f) $\dfrac{1}{3-x} = \dfrac{1}{3} \cdot \dfrac{1}{1 - \left(\dfrac{x}{3}\right)} = \dfrac{1}{3} \sum_{k=0}^{\infty} \left(\dfrac{x}{3}\right)^k = \sum_{k=0}^{\infty} \dfrac{1}{3} \cdot \dfrac{x^k}{3^k} = \sum_{k=0}^{\infty} \dfrac{x^k}{3^{k+1}}$

$$\text{para } |x| < 3.$$

(g) $\dfrac{2}{x^2 - 4x + 3} = \dfrac{2}{(x-1)(x-3)} = \dfrac{-1}{x-1} + \dfrac{1}{x-3} = \dfrac{1}{1-x} - \dfrac{1}{3-x}$

por frações parciais. Portanto, usando o resultado de (f), temos

$$\frac{2}{x^2 - 4x + 3} = \frac{1}{1-x} - \frac{1}{3-x} = \sum_{k=0}^{\infty} x^k - \sum_{k=0}^{\infty} \frac{x^k}{3^{k+1}}$$

$$= \sum_{k=0}^{\infty} \left(x^k - \frac{x^k}{3^{k+1}}\right) = \sum_{k=0}^{\infty} \left(\frac{3^{k+1}-1}{3^{k+1}}\right)x^k$$

$$= \frac{2}{3} + \frac{8}{9}x + \frac{26}{27}x^2 + \frac{80}{81}x^3 + \cdots \quad \text{para } |x| < 1.$$

4 Se $f(x) = \displaystyle\sum_{k=1}^{\infty} (-1)^{k+1} \dfrac{(x-2)^k}{\sqrt{k}}$ para $|x-2| < 1$, represente $f'(x)$ como uma série infinita.

SOLUÇÃO
Para $|x - 2| < 1$,

$$f'(x) = \sum_{k=1}^{\infty} (-1)^{k+1} \frac{k}{\sqrt{k}} (x-2)^{k-1} = \sum_{k=1}^{\infty} (-1)^{k+1} \sqrt{k} (x-2)^{k-1}.$$

5 $f(t) = \displaystyle\sum_{k=0}^{\infty} (-1)^k \dfrac{(t+3)^{2k}}{(2k)!}$, represente $\displaystyle\int_{-3}^{x} f(t)\, dt$ como uma série infinita.

SOLUÇÃO

Pelo teste da razão, a série de potências $\displaystyle\sum_{k=0}^{\infty} (-1)^k \dfrac{(t+3)^{2k}}{(2k)!}$ tem raio de convergência $R = +\infty$; daí, $f(t)$ é definida para todos os valores de t. Portanto, para todo valor de x, temos

$$\int_{-3}^{x} f(t)\, dt = \sum_{k=0}^{\infty} \int_{-3}^{x} (-1)^k \frac{(t+3)^{2k}}{(2k)!}\, dt = \sum_{k=0}^{\infty} \frac{(-1)^k (x+3)^{2k+1}}{(2k)!\,(2k+1)}$$

$$= \sum_{k=0}^{\infty} \frac{(-1)^k (x+3)^{2k+1}}{(2k+1)!}$$

7.1 Provas das propriedades das séries de potências

Agora nós estabeleceremos e provaremos os teoremas necessários para justificar as propriedades I a V. Por simplicidade, consideraremos apenas séries de potências com centro $a = 0$. O caso geral em que $a \neq 0$ pode ser tratado simplesmente substituindo x por $x - a$ nos teoremas que se seguem.

Assim, seja $\displaystyle\sum_{k=0}^{\infty} c_k x^k$ uma série de potências com raio de convergência R e define-se a função f por

$$f(x) = \sum_{k=0}^{\infty} c_k x^k.$$

Para cada valor de x no intervalo de convergência de $\displaystyle\sum_{k=0}^{\infty} c_k x^k$ obtemos uma aproximação

$$f(x) \approx \sum_{k=0}^{n} c_k x^k$$

através da n-ésima soma parcial da série. O erro

$$E_n(x) = f(x) - \sum_{k=0}^{n} c_k x^k = \sum_{k=0}^{\infty} c_k x^k - \sum_{k=0}^{n} c_k x^k$$

contudo nessa aproximação pode ser escrito como

$$E_n(x) = \sum_{k=n+1}^{\infty} c_k x^k,$$

pelo Teorema 5 da Seção 3.

O seguinte e importante Teorema mostra que o erro $E_n(x)$ pode ser feito tão pequeno quanto desejarmos para todos os valores de x em um subintervalo fechado de $[-R,R]$ desde que n seja feito suficientemente grande.

TEOREMA 1 **Diminuindo o erro $E_n(x)$**

Seja $E_n(x)$ o erro como definido acima, e fixa-se algum número r com $0 < r < R$. Então, dado qualquer $\varepsilon > 0$, existe um inteiro positivo N tal que $|E_n(x)| < \varepsilon$ desde que $n \geq N$ e $|x| \leq r$.

PROVA

Já que $0 < r < R$, a série $\sum_{k=0}^{\infty} c_k x^k$ converge absolutamente; isto é

$$\lim_{n \to +\infty} \sum_{k=0}^{n} |c_k r^k| = \lim_{n \to +\infty} \sum_{k=0}^{n} |c_k| r^k = \sum_{k=0}^{\infty} |c_k| r^k$$

existe. Segue-se que

$$\lim_{n \to +\infty} \left(\sum_{k=0}^{\infty} |c_k| r^k - \sum_{k=0}^{n} |c_k| r^k \right) = 0;$$

isto é, $\lim_{n \to +\infty} \sum_{k=n+1}^{\infty} |c_k| r^k = 0$; daí, existe um inteiro positivo N tal que $\sum_{k=n+1}^{\infty} |c_k| r^k < \varepsilon$, desde que $n \geq N$.

Agora, suponha que $n \geq N$ e $|x| \leq r$. Então pelo problema 47 do Conjunto de Problemas 5,

$$|E_n(x)| = \left| \sum_{k=n+1}^{\infty} c_k x^k \right| \leq \sum_{k=n+1}^{\infty} |c_k x^k|$$

$$= \sum_{k=n+1}^{\infty} |c_k| \cdot |x|^k \leq \sum_{k=n+1}^{\infty} |c_k| r^k < \varepsilon.$$

TEOREMA 2 **Continuidade de séries de potências**

Se $R > 0$ é o raio de convergência da série de potências $\sum_{k=0}^{\infty} c_k x^k$, então a função f definida por $f(x) = \sum_{k=0}^{\infty} c_k x^k$ é contínua no intervalo aberto $(-R,R)$.

PROVA

Dado um número b em $(-R,R)$ e um número $\varepsilon_0 > 0$, devemos provar que $|f(x) - f(b)| < \varepsilon_0$ se verifica desde que x esteja suficientemente perto de b. Observando que $|b| < R$, escolhemos e fixemos um número r com $0 \leq |b| < r < R$ e fixemos nossa atenção para valores de x perto o suficiente de b para que $|x| < r$. Colocando $\varepsilon = \varepsilon_0/3$ no Teorema 1, encontramos um inteiro positivo N grande o suficiente para que $|E_N(x)| < \varepsilon_0/3$ para todos os valores de x em questão. Em particular, $|E_n(b)| < \varepsilon_0/3$. Já que a função polinomial P definida por $P(x) = \sum_{k=0}^{N} c_k x^k$ é contínua, podemos escolher x perto o bastante de b para que $|P(x) - P(b)| < \varepsilon_0/3$. Então temos

$$|f(x) - f(b)| = \left| \left[\sum_{k=0}^{N} c_k x^k + E_N(x) \right] - \left[\sum_{k=0}^{N} c_k b^k + E_N(b) \right] \right|$$

$$= |P(x) + E_N(x) - P(b) - E_N(b)|$$

$$= |P(x) - P(b) + E_N(x) + (-1)E_N(b)|$$

$$\leq |P(x) - P(b)| + |E_N(x)| + |(-1)E_N(b)|$$

$$< \frac{\varepsilon_0}{3} + \frac{\varepsilon_0}{3} + \frac{\varepsilon_0}{3} = \varepsilon_0,$$

como desejado.

TEOREMA 3 **Integrando o erro**

Seja $E_n(x)$ o erro como foi definido acima e seja b um número fixo com $|b|$ $< R$. Então $\lim\limits_{n \to +\infty} \int_0^b E_n(x)\, dx = 0$.

PROVA

Suponha que $b \geq 0$. (O caso $b < 0$ é tratado de forma análoga.) Para cada inteiro positivo n, define-se a função polinomial P_n por $P_n(x) = \sum\limits_{k=0}^{n} c_k x^k$. Para $|x|$ $< R$, temos $E_n(x) = f(x) - P_n(x)$, onde f é uma função contínua pelo Teorema 2. Já que P_n é contínua, segue-se que a função E_n é contínua, assim a integral suficiente para que $\left| \int_0^b E_n(x)\, dx \right| \leq \varepsilon_0$ desde que $n \geq N$. Já que $\int_0^b E_n(x)\, dx = 0$ $\int_0^b E_n(x)\, dx$ existe. Seja $\varepsilon_0 > 0$ dado. Devemos achar um inteiro N grande o se $b = 0$, podemos supor que $b \neq 0$. Coloquemos $\varepsilon = \varepsilon_0/b$ e $r = b$ no Teorema 1. Então, para todo valor de x entre 0 e b inclusive, $|E_n(x)| < \varepsilon$ se $n \geq N$. Segue-se que, para $n \geq N$,

$$\left| \int_0^b E_n(x)\, dx \right| \leq \int_0^b |E_n(x)|\, dx \leq \int_0^b \varepsilon\, dx = \varepsilon b = \varepsilon_0.$$

TEOREMA 4 **Integração termo a termo de uma série de potências**

Se $R > 0$ é o raio de convergência da série de potências $\sum\limits_{k=0}^{\infty} c_k x^k$ e se $|b| < R$, então

$$\int_0^b \left(\sum_{k=0}^{\infty} c_k x^k \right) dx = \sum_{k=0}^{\infty} \int_0^b c_k x^k\, dx.$$

PROVA

Seja $f(x) = \sum\limits_{k=0}^{\infty} c_k x^k$ e $E_n(x) = f(x) - \sum\limits_{k=0}^{n} c_k x^k$, como vimos anteriormente. Devemos provar que $\lim\limits_{n \to +\infty} \sum\limits_{k=0}^{n} \int_0^b c_k x^k\, dx = \int_0^b f(x)\, dx$. Temos

$$\lim_{n \to +\infty} \sum_{k=0}^{n} \int_0^b c_k x^k\, dx = \lim_{n \to +\infty} \int_0^b \left(\sum_{k=0}^{n} c_k x^k \right) dx = \lim_{n \to +\infty} \int_0^b [f(x) - E_n(x)]\, dx$$

$$= \lim_{n \to +\infty} \left[\int_0^b f(x)\, dx - \int_0^b E_n(x)\, dx \right]$$

$$= \int_0^b f(x)\, dx - \lim_{n \to +\infty} \int_0^b E_n(x)\, dx$$

$$= \int_0^b f(x)\, dx - 0 = \int_0^b f(x)\, dx \qquad \text{(Teorema 3)}.$$

TEOREMA 5 **Antidiferenciação de uma série de potências**

Se $R > 0$ é o raio de convergência da série de potência $\sum\limits_{k=0}^{\infty} c_k x^k$, então a série de potências $\sum\limits_{k=0}^{\infty} \frac{c_k}{k+1} x^{k+1}$ converge pelo menos para $|x| < R$. Além disso, para $|x| < R$,

$$\sum_{k=0}^{\infty} c_k x^k = D_x \sum_{k=0}^{\infty} \frac{c_k}{k+1} x^{k+1}.$$

PROVA
Pelo Teorema 4,

$$\int_0^b \left(\sum_{k=0}^{\infty} c_k x^k \right) dx = \sum_{k=0}^{\infty} \int_0^b c_k x^k \, dx = \sum_{k=0}^{\infty} \frac{c_k}{k+1} b^{k+1} \quad \text{para} |b| < R.$$

Reescrevendo a variável de integração como t em vez de x, temos

$$\int_0^b \left(\sum_{k=0}^{\infty} c_k t^k \right) dt = \sum_{k=0}^{\infty} \frac{c_k}{k+1} b^{k+1} \quad \text{para } |b| < R.$$

Na última equação, troquemos b por x para obter

$$\int_0^x \left(\sum_{k=0}^{\infty} c_k t^k \right) dt = \sum_{k=0}^{\infty} \frac{c_k}{k+1} x^{k+1} \quad \text{para } |x| < R.$$

Segue-se que a série de potências $\sum_{k=0}^{\infty} \frac{c_k}{k+1} x^{k+1}$ converge pelo menos para $|x| < R$. Também pelo teorema fundamental do cálculo,

$$\sum_{k=0}^{\infty} c_k x^k = D_x \int_0^x \left(\sum_{k=0}^{\infty} c_k t^k \right) dt = D_x \left(\sum_{k=0}^{\infty} \frac{c_k}{k+1} x^{k+1} \right) \quad \text{para } |x| < R.$$

TEOREMA 6   **Raio de convergência de uma série de potências antidiferenciada**

Se R é o raio de convergência da série de potências $\sum_{k=0}^{\infty} c_k x^k$, então R é também o raio de convergência da série de potências $\sum_{k=0}^{\infty} \frac{c_k}{k+1} x^{k+1}$.

PROVA

Seja R_1 o raio de convergência de $\sum_{k=0}^{\infty} \frac{c_k}{k+1} x^{k+1}$. Pelo Teorema 5, $\sum_{k=0}^{\infty} \frac{c_k}{k+1} x^{k+1}$ converge pelo menos para $|x| < R$; daí, $R \leq R_1$. Provaremos que $R = R_1$ mostrando que $R < R_1$ nos leva a uma contradição. Assim, suponha que $R < R_1$ e escolha números x_0 e x_1 tais que $R < x_0 < x_1 < R_1$. Já que $0 < x_1 < R_1$, então $\sum_{k=0}^{\infty} \frac{c_k}{k+1} x_1^{k+1}$ converge; daí, colocando em evidência e tirando a constante x_1, encontramos que $\sum_{k=0}^{\infty} \frac{c_k}{k+1} x_1^k$ converge. Segue-se que $\lim_{n \to +\infty} \frac{c_n}{n+1} x_1^n = 0$. Portanto, a seqüência $\left\{ \frac{c_n}{n+1} x_1^n \right\}$ é limitada; isto é, existe uma constante M tal que $\left| \frac{c_n}{n+1} x_1^n \right| \leq M$ para todo n.

Agora, seja $q = x_0/x_1$, e observe que $0 < q < 1$. Pelo teste da razão, a série $\sum_{k=0}^{\infty} M(k+1)q^k$ converge. Para todos valores de n nós temos

$$|c_n x_0^n| = \left| \frac{c_n}{n+1} x_1^n (n+1) \frac{x_0^n}{x_1^n} \right| = \left| \frac{c_n}{n+1} x_1^n \right| \cdot (n+1) \left(\frac{x_0}{x_1} \right)^n \leq M(n+1)q^n.$$

Portanto, a série $\sum_{k=0}^{\infty} |c_k x_0^k|$ converge pelo teste da comparação com a série $\sum_{k=0}^{\infty} M(k+1)q^k$. Daí, $\sum_{k=0}^{\infty} c_k x_0^k$ converge, e assim $-R \le x_0 \le R$, contradizendo o fato de que $R < x_0$ e completando a prova.

TEOREMA 7 **Diferenciação termo a termo de uma série de potências**

Se R é o raio de convergência da série de potências $\sum_{k=0}^{\infty} b_k x^k$, então R é também o raio de convergência da série de potências $\sum_{k=1}^{\infty} k b_k x^{k-1}$ e

$$D_x\left(\sum_{k=0}^{\infty} b_k x^k\right) = \sum_{k=1}^{\infty} k b_k x^{k-1} \quad \text{para } |x| < R.$$

PROVA

Para cada inteiro não-negativo k, defina $c_k = (k+1)b_{k+1}$ e considere a série de potências

$$\sum_{k=0}^{\infty} c_k x^k = c_0 + c_1 x + c_2 x^2 + \cdots$$

$$= b_1 + 2b_2 x + 3b_3 x^2 + \cdots = \sum_{k=0}^{\infty} k b_k x^{k-1}.$$

Pelo Teorema 6, o raio de convergência de $\sum_{k=1}^{\infty} k b_k x^{k-1} = \sum_{k=0}^{\infty} c_k x^k$ é o mesmo raio de convergência de

$$\sum_{k=0}^{\infty} \frac{c_k}{k+1} x^{k+1} = \frac{c_0}{1} x + \frac{c_1}{2} x^2 + \frac{c_2}{3} x^3 + \cdots$$

$$= b_1 x + b_2 x^2 + b_3 x^3 + \cdots = \sum_{k=1}^{\infty} b_k x^k.$$

Portanto, o raio de convergência de $\sum_{k=1}^{\infty} k b_k x^{k-1}$ é o mesmo que o raio de convergência de $\sum_{k=1}^{\infty} b_k x^k$, que, por sua vez, é o mesmo que o raio de convergência R da série de potências $\sum_{k=0}^{\infty} b_k x^k$. Agora, usando o Teorema 5 e as equações acima, temos para $|x| < R$.

$$D_x\left(\sum_{k=0}^{\infty} b_k x^k\right) = D_x\left(b_0 + \sum_{k=1}^{\infty} b_k x^k\right) = 0 + D_x \sum_{k=1}^{\infty} b_k x^k$$

$$= D_x \sum_{k=0}^{\infty} \frac{c_k}{k+1} x^{k+1} = \sum_{k=0}^{\infty} c_k x^k = \sum_{k=1}^{\infty} k b_k x^{k-1}.$$

Conjunto de Problemas 7

Nos problemas 1 a 15, use a fórmula $\sum_{k=0}^{\infty} x^k = \dfrac{1}{1-x}$, $|x| < 1$, da soma da série geométrica para obter uma série infinita que represente cada expressão. Em cada caso especifique os valores de x para os quais a representação é correta.

1 $\dfrac{1}{1 - x^4}$ **2** $\dfrac{x}{1 - x^4}$ **3** $\dfrac{1}{1 - 4x}$ **4** $\dfrac{x^3}{(1 - x^4)^2}$

5 $\dfrac{x}{1 - x^2}$ **6** $\displaystyle\int_0^x \dfrac{t\,dt}{1 - t^2}$ **7** $\dfrac{1}{2 + x}$ **8** $\dfrac{1 + x^2}{(1 - x^2)^2}$

9 $\ln(1 - x)$ **10** $\ln\dfrac{1 + x}{1 - x}$ **11** $\displaystyle\int_0^x \ln(1 - t)\,dt$ **12** $\tanh^{-1} x$

13 $\displaystyle\int_0^x \tanh^{-1} t\,dt$ **14** $\dfrac{1}{6 - x - x^2}$ **15** $\displaystyle\int_0^x \dfrac{dt}{6 - t - t^2}$

16 Encontre a soma da série $\displaystyle\sum_{k=1}^{\infty} \dfrac{k}{2^k}$. (*Sugestão*: Use a expansão da série infinita de $\dfrac{1}{(1 - x)^2}$ obtida no Exemplo 3(a) na Seção 7.)

17 Calcule:

   (a) $D_x\left(x - \dfrac{x^3}{3!} + \dfrac{x^5}{5!} - \dfrac{x^7}{7!} + \dfrac{x^9}{9!} - \dfrac{x^{11}}{11!} + \cdots\right).$

   (b) $D_x^2\left(x - \dfrac{x^3}{3!} + \dfrac{x^5}{5!} - \dfrac{x^7}{7!} + \dfrac{x^9}{9!} - \dfrac{x^{11}}{11!} + \cdots\right).$

18 Em probabilidade é necessário calcular $\displaystyle\sum_{k=1}^{\infty} kp(1 - p)^{k-1}$, onde $0 \leq p \leq 1$, como o objetivo de encontrar o valor médio de uma variável randônica geométrica. Calcule esta soma infinita.

     Nos problemas 19 a 24, seja a função f definida pelas séries de potências dadas. Escreva uma série de potências para $f'(x)$ e encontre seu raio de convergência.

19 $f(x) = \displaystyle\sum_{k=0}^{\infty} k^2 x^k$ **20** $f(x) = \displaystyle\sum_{k=1}^{\infty} (-1)^{k+1} k^2 (x - 2)^k$ **21** $f(x) = \displaystyle\sum_{k=0}^{\infty} \dfrac{x^k}{k!}$

22 $f(x) = \displaystyle\sum_{k=0}^{\infty} \dfrac{(-1)^{k+1} x^{2k+1}}{(2k+1)!}$ **23** $f(x) = \displaystyle\sum_{k=0}^{\infty} 2^{k/2}(x + 1)^{2k}$ **24** $f(x) = \displaystyle\sum_{k=1}^{\infty} \dfrac{(x - 1)^{k^3}}{k^3}$

     Nos problemas 25 a 28, seja a função f definida pelas séries de potências dadas. Escreva uma série de potências para $\displaystyle\int_0^x f(t)\,dt$ e encontre seu raio de convergência.

25 $f(t) = \displaystyle\sum_{k=0}^{\infty} \dfrac{(-1)^k t^{2k}}{(2k)!}$ **26** $f(t) = \displaystyle\sum_{k=0}^{\infty} \dfrac{t^k}{2^{k+1}}$ **27** $f(t) = \displaystyle\sum_{k=0}^{\infty} \dfrac{t^{2k+1}}{(2k+1)!}$ **28** $f(t) = \displaystyle\sum_{k=1}^{\infty} \dfrac{t^k}{k^3}$

29 Dado $f(x) = \displaystyle\sum_{k=0}^{\infty} \dfrac{(-1)^k x^{2k}}{(2k)!}$, encontre

   (a) $f(0)$ (b) $f'(0)$ (c) $f''(0)$ (d) $f'''(0)$

30 Use a identidade $\pi/4 = \tan^{-1} \frac{1}{7} + 2 \tan^{-1} \frac{1}{3}$ e a conhecida expansão em série de potências $\tan^{-1} x = x - x^3/3 + x^5/5 - x^7/7 + \ldots$ do Exemplo 3(e) da Seção 7 para aproximar o valor de π com quatro casas decimais.

8   Séries de Taylor e Maclaurin

Vimos na Seção 7 que uma série de potências $\displaystyle\sum_{k=0}^{\infty} c_k(x - a)^k$ com um raio de convergência R não-nulo define uma função f por $f(x) = \sum\limits_{k=0}^{\infty} c_k(x-a)^k$.

Assim, começando com uma série de potências, obtemos uma função f. Nessa seção, estudamos o procedimento inverso — *começando com uma função f,* nós tentamos encontrar uma série de potências que convirja para ela; isto é, tentamos *expandir f* como uma série de potências. Embora uma expansão em série de potências nem sempre possa ser obtida, a maioria das funções familiares no cálculo pode ser representada como a soma de uma série de potências convergente.

Suponha que f é uma função que pode ser expandida em uma série de potências, ou seja

$$f(x) = \sum_{k=0}^{\infty} c_k(x-a)^k \quad \text{para } a - R < x < a + R.$$

Então, pela Propriedade III da Seção 7, f é diferenciável no intervalo aberto $(a - R, a + R)$ e temos

$$f'(x) = \sum_{k=1}^{\infty} kc_k(x-a)^{k-1} \quad \text{para } a - R < x < a + R.$$

Assim, f não é somente diferenciável, mas a derivada f' de f pode ela mesma ser expandida em uma série de potências. Daí, podemos aplicar a Propriedade III mais uma vez para obter

$$f''(x) = \sum_{k=2}^{\infty} k(k-1)c_k(x-a)^{k-2} \quad \text{para} \quad a - R < x < a + R.$$

Continuando desta forma, temos

$$f'''(x) = \sum_{k=3}^{\infty} k(k-1)(k-2)c_k(x-a)^{k-3},$$

$$f^{(4)}(x) = \sum_{k=4}^{\infty} k(k-1)(k-2)(k-3)c_k(x-a)^{k-4},$$

$$f^{(5)}(x) = \sum_{k=5}^{\infty} k(k-1)(k-2)(k-3)(k-4)c_k(x-a)^{k-5},$$

e assim por diante, para $a - R < x < a + R$. O modelo aqui é óbvio — evidentemente

$$f^{(n)}(x) = \sum_{k=n}^{\infty} k(k-1)(k-2)\cdots(k-n+1)c_k(x-a)^{k-n} \quad \text{para } a - R < x < a + R.$$

(Para uma prova rigorosa, veja o problema 35.)

Colocando $x = a$ na fórmula obtida, encontramos que todos os termos da série infinita se reduzem a zero, exceto o primeiro termo (para o qual $k = n$), já que todos os termos depois do primeiro contêm o fator $(x - a)$. Portanto,

$$f^{(n)}(a) = n(n-1)(n-2)\cdots 3 \cdot 2 \cdot 1 \cdot c_n = (n!)c_n.$$

Segue-se que $c_n = \dfrac{f^{(n)}(a)}{n!};$ daí, os coeficientes da série de potências são

dados pela mesma fórmula que os coeficientes do polinômio de Taylor para f (definição 1, Seção 5, Cap. 12).

Essas considerações nos levam às seguintes definições.

DEFINIÇÃO 1　**Função infinitamente diferenciável**

Uma função f definida em um intervalo aberto J é dita ser *infinitamente diferenciável* em J se f tem derivadas $f^{(n)}$ de todas as ordens $n \geq 1$ em J.

DEFINIÇÃO 2　**Série de Taylor**

Seja a função f infinitamente diferenciável em um intervalo aberto J e seja a um número em J. Então, a *série de Taylor para f em a* é a série de potências.

$$\sum_{k=0}^{\infty} c_k (x-a)^k \quad \text{onde} \quad c_k = \frac{f^{(k)}(a)}{k!} \quad \text{para } k = 0, 1, 2, 3, \ldots.$$

A série de Taylor para f em $a = 0$ é chamada de *série de Maclaurin* para f. Observe que não há implicação na Definição 2 de que a série de Taylor de f realmente convirja para f. Também observe que a distinção entre o n-ésimo *polinômio* de Taylor para f em a,

$$P_n(x) = \sum_{k=0}^{n} \frac{f^{(k)}(a)}{k!} (x-a)^k,$$

e a série de Taylor para f em a,

$$\sum_{k=0}^{\infty} \frac{f^{(k)}(a)}{k!} (x-a)^k.$$

O primeiro é um *polinômio* de grau no máximo n, enquanto o último é uma *série infinita*. De fato, $P_n(x)$ é a n-ésima soma parcial da série de Taylor.

EXEMPLO 1　Encontre a série de Taylor para $f(x) = \operatorname{sen} x$ em $a = \pi/4$.

SOLUÇÃO
Tomaremos a seguinte tabela:

$$f(x) = \operatorname{sen} x, \qquad f\left(\frac{\pi}{4}\right) = \operatorname{sen} \frac{\pi}{4} = \frac{\sqrt{2}}{2},$$

$$f'(x) = \cos x, \qquad f'\left(\frac{\pi}{4}\right) = \cos \frac{\pi}{4} = \frac{\sqrt{2}}{2},$$

$$f''(x) = -\operatorname{sen} x, \qquad f''\left(\frac{\pi}{4}\right) = -\operatorname{sen} \frac{\pi}{4} = -\frac{\sqrt{2}}{2},$$

$$f'''(x) = -\cos x, \qquad f'''\left(\frac{\pi}{4}\right) = -\cos \frac{\pi}{4} = -\frac{\sqrt{2}}{2},$$

$$f^{(4)}(x) = \operatorname{sen} x, \qquad f^{(4)}\left(\frac{\pi}{4}\right) = \operatorname{sen} \frac{\pi}{4} = \frac{\sqrt{2}}{2},$$

e assim por diante. Portanto, os coeficientes da série de Taylor são:

$$c_k = \frac{f^{(k)}(\pi/4)}{k!} = \frac{\pm\sqrt{2}/2}{k!} = \pm\frac{\sqrt{2}}{2 \cdot k!},$$

onde os sinais mais e menos alternam em pares. A série de Taylor $\sum_{k=0}^{\infty} c_k \left(x - \frac{\pi}{4}\right)^k$ para sen x em $a = \pi/4$ é desta forma dada por

$$\frac{\sqrt{2}}{2} + \frac{\sqrt{2}}{2}\left(x - \frac{\pi}{4}\right) - \frac{\sqrt{2}}{2 \cdot 2!}\left(x - \frac{\pi}{4}\right)^2 - \frac{\sqrt{2}}{2 \cdot 3!}\left(x - \frac{\pi}{4}\right)^3 + \frac{\sqrt{2}}{2 \cdot 4!}\left(x - \frac{\pi}{4}\right)^4 + \cdots.$$

2 Encontre a série de Maclaurin para $f(x) = e^x$.

SOLUÇÃO

A série de Maclaurin para e^x é apenas a série de Taylor para e^x em $a = 0$. A questão fica colocada na forma:

$$f(x) = e^x, \qquad f(0) = e^0 = 1,$$
$$f'(x) = e^x, \qquad f'(0) = e^0 = 1,$$
$$f''(x) = e^x, \qquad f''(0) = e^0 = 1,$$
$$f'''(x) = e^x, \qquad f'''(0) = e^0 = 1,$$

e assim por diante. Evidentemente, $f^{(k)}(0) = e^0 = 1$ se verifica para todo $k = 0, 1, 2, 3, \ldots$ Portanto, os coeficientes da série de Maclaurin são dados por

$$c_k = \frac{f^{(k)}(0)}{k!} = \frac{1}{k!}.$$

Daí, a série de Maclaurin $\sum_{k=0}^{\infty} c_k(x - 0)^k = \sum_{k=0}^{\infty} c_k x^k$ para e_x é dada por

$$1 + x + \frac{x^2}{2!} + \frac{x^3}{3!} + \frac{x^4}{4!} + \cdots + \frac{x^n}{n!} + \cdots = \sum_{k=0}^{\infty} \frac{x^k}{k!}.$$

Como nós vimos, se uma função puder ser desenvolvida numa série de potência, então a função deverá ser infinitamente diferenciável e a série de potência será a sua série de Taylor. Entretanto, mesmo se a função for infinitamente diferenciável, não há absolutamente garantia automática de que ela possa ser desenvolvida em uma série de potências! Em outras palavras, embora uma função infinitamente diferenciável tenha uma série de Taylor, essa série de Taylor não precisa convergir para a função. (Veja o problema 34 por exemplo). O Teorema seguinte, que é conseqüência da fórmula de Taylor (Teorema 2, Seção 5, Cap. 12), dá uma condição sob a qual a série de Taylor de uma função realmente converge para a função.

TEOREMA 1   **Expansão de uma função na sua série de Taylor**

Seja a função f infinitamente diferenciável em algum intervalo aberto contendo o número a. Suponha que existe um número positivo r e uma constante positiva M tal que

$$|f^{(n)}(x)| \leq M$$

se verifica para todos os valores de x no intervalo $(a - r, a + r)$ e todos os inteiros positivos n. Então f pode ser desenvolvida numa série de Taylor; isto é,

$$f(x) = \sum_{k=0}^{\infty} \frac{f^{(k)}(a)}{k!}(x - a)^k$$

se verifica para todos os valores de x nos intervalos $(a - r, a + r)$. R_n

PROVA

Seja $P_n(x) = \sum_{k=0}^{n} \frac{f^{(k)}(a)}{k!}(x - a)^k$ o n-ésimo polinômio de Taylor de f em a e seja $R_n(x) = f(x) - P_n(x)$ o resto de Taylor correspondente. Observe que $P_n(x)$

é a n-ésima soma parcial da série de Taylor $\sum_{k=0}^{\infty} \frac{f^{(k)}(a)}{k!}(x-a)^k$; daí, esta série de Taylor converge para $f(x)$ se e somente se $f(x) = \lim_{n \to +\infty} P_n(x)$. A última condição é equivalente a $\lim_{n \to +\infty} [f(x) - P_n(x)] = 0$; isto é, é equivalente a $\lim_{n \to +\infty} R_n(x) = 0$.

Agora suponha que $|f^{(n)}(x)| \leq M$ se verifica para $a - r < x < a + r$ e para todo inteiro positivo n. Pela fórmula de Taylor com resto de Lagrange (Teorema 2, Seção 5, Cap. 12), $R_n(x) = \frac{f^{(n+1)}(c)}{(n+1)!}(x-a)^{n+1}$ se verifica para algum c entre a e x. Daí, para x em $(a - r, a + r)$ temos

$$|R_n(x)| = |f^{(n+1)}(c)| \frac{|x-a|^{n+1}}{(n+1)!} \leq M \frac{|x-a|^{n+1}}{(n+1)!}.$$

A série infinita $\sum_{k=0}^{\infty} \frac{|x-a|^{k+1}}{(k+1)!}$ converge pelo teste da razão, e portanto seu termo geral converge para zero; isto é, $\lim_{n \to +\infty} \frac{|x-a|^{n+1}}{(n+1)!} = 0$. Daí, já que M é constante, a desigualdade $|R_n(x)| \leq M \frac{|x-a|^{n+1}}{(n+1)!}$ mostra que $\lim_{n \to +\infty} R_n(x) = 0$ se verifica para todos os valores de x no intervalo $(a - r, a + r)$. Portanto, a série de Taylor converge para $f(x)$ e a prova está completa.

Os exemplos seguintes não somente ilustram o uso de Teorema 1, mas também mostram séries de potências que são tão importantes e deveriam ser memorizadas para uso futuro.

EXEMPLOS

Justifique as seguintes expansões em séries de potências:

1 $e^x = 1 + x + \frac{x^2}{2!} + \frac{x^3}{3!} + \frac{x^4}{4!} + \cdots$ para todos os valores de x.

SOLUÇÃO
No Teorema 1, coloquemos $f(x) = e^x$ e $a = 0$, observando que f é infinitamente diferenciável em $(-\infty, \infty)$ e que $f^{(n)}(x) = e^x$ se verifica para todos valores de $n \geq 1$. Se r é algum número positivo, então, para x no intervalo $(-r, r)$, temos

$$|f^{(n)}(x)| = |e^x| = e^x \leq e^r,$$

já que $x < r$. Assim, colocando $M = e^r$ no Teorema 1, concluímos que

$$e^x = \sum_{k=0}^{\infty} \frac{f^{(k)}(0)}{k!} x^k = \sum_{k=0}^{\infty} \frac{e^0}{k!} x^k = \sum_{k=0}^{\infty} \frac{x^k}{k!} = 1 + x + \frac{x^2}{2!} + \frac{x^3}{3!} + \cdots$$

se verifica para todo valor de x entre $-r$ e r. Já que podemos escolher r tão grande quanto nos agrade, então $e^x = 1 + x + x^2/2! + x^3/3! + \ldots$ se verifica para todos valores de x.

2 $\operatorname{sen} x = x - \frac{x^3}{3!} + \frac{x^5}{5!} - \frac{x^7}{7!} + \frac{x^9}{9!} - \frac{x^{11}}{11!} + \cdots$ para todos os valores de x.

SOLUÇÃO
Derivadas sucessivas de $\operatorname{sen} x$ nos dão somente $\pm \operatorname{sen} x$ ou $\pm \cos x$. Em qualquer caso, $|D_x^n \operatorname{sen} x| \leq 1$, assim podemos colocar $M = 1$ no Teorema 1 e r pode ser escolhido tão grande quanto nos agrade. Então

$$\text{sen } x = \text{sen } 0 + \frac{\cos 0}{1!} x - \frac{\text{sen}0}{2!} x^2 - \frac{\cos 0}{3!} x^3 + \frac{\text{sen}0}{4!} x^4 + \frac{\cos 0}{5!} x^5 - \cdots;$$

isto é, $\text{sen} x = x - \dfrac{x^3}{3!} + \dfrac{x^5}{5!} - \dfrac{x^7}{7!} + \cdots$ se verifica para todos os valores de x.

3 $\cos x = 1 - \dfrac{x^2}{2!} + \dfrac{x^4}{4!} - \dfrac{x^6}{6!} + \cdots$ para todos os valores de x.

SOLUÇÃO

Esse desenvolvimento pode ser obtido essencialmente da mesma forma como o desenvolvimento de $\text{sen} x$ foi obtido no Exemplo 2. Contudo, é mais interessante obter a série de potências para o co-seno diferenciando a série de potências para o seno como segue:

$$\cos x = D_x \text{sen} x = D_x \left(x - \frac{x^3}{3!} + \frac{x^5}{5!} - \frac{x^7}{7!} + \cdots \right)$$

$$= 1 - \frac{3x^2}{3!} + \frac{5x^4}{5!} - \frac{7x^6}{7!} + \cdots = 1 - \frac{x^2}{2!} + \frac{x^4}{4!} - \frac{x^6}{6!} + \cdots.$$

Algumas conseqüências elementares dos desenvolvimentos obtidos acima são mostradas nos seguintes exemplos.

EXEMPLOS 1 Encontre um desenvolvimento em série de potências para $\dfrac{1 - \cos x}{x}$, $x \neq 0$.

SOLUÇÃO

$$\cos x = 1 - \frac{x^2}{2!} + \frac{x^4}{4!} - \frac{x^6}{6!} + \cdots,$$

assim

$$1 - \cos x = \frac{x^2}{2!} - \frac{x^4}{4!} + \frac{x^6}{6!} - \frac{x^8}{8!} + \cdots \quad \text{para todos valores de } x.$$

Daí, para $x \neq 0$,

$$\frac{1 - \cos x}{x} = \frac{1}{x} \left(\frac{x^2}{2!} - \frac{x^4}{4!} + \frac{x^6}{6!} - \frac{x^8}{8!} + \cdots \right)$$

$$= \frac{x}{2!} - \frac{x^3}{4!} + \frac{x^5}{6!} - \frac{x^7}{8!} + \cdots.$$

2 Encontre um desenvolvimento em série de potências para $\displaystyle\int_0^x e^{t^2} \, dt$.

SOLUÇÃO

Substituamos x por t^2 no desenvolvimento $e^x = \displaystyle\sum_{k=0}^{\infty} \frac{x^k}{k!}$ para obter $e^{t^2} = \displaystyle\sum_{k=0}^{\infty} \frac{t^{2k}}{k!}$. Daí,

$$\int_0^x e^{t^2} \, dt = \int_0^x \left(\sum_{k=0}^{\infty} \frac{t^{2k}}{k!} \right) dt = \sum_{k=0}^{\infty} \int_0^x \frac{t^{2k} \, dt}{k!} = \sum_{k=0}^{\infty} \frac{x^{2k+1}}{(2k+1)k!}.$$

3 Estime $1/e$ com um erro menor de $5/10^4$.

SOLUÇÃO

$$\frac{1}{e} = e^{-1} = \sum_{k=0}^{\infty} \frac{(-1)^k}{k!} = 1 - \frac{1}{1!} + \frac{1}{2!} - \frac{1}{3!} + \frac{1}{4!} - \frac{1}{5!} + \frac{1}{6!} - \frac{1}{7!} + \cdots.$$

Aproximando $1/e$ usando somente os primeiros sete termos, segue-se do Teorema de Leibniz que temos um erro não maior que o valor absoluto do primeiro termo omitido, $\dfrac{1}{7!} = \dfrac{1}{5040} < \dfrac{5}{10^4}$. Daí,

$$\frac{1}{e} \approx 1 - 1 + \frac{1}{2} - \frac{1}{6} + \frac{1}{24} - \frac{1}{120} + \frac{1}{720} = \frac{53}{144} = 0,368\ldots.$$

Agora nós reunimos alguns dos mais importantes desenvolvimentos em séries de potência obtidas nessa e na seção anterior.

1 $\displaystyle e^x = 1 + x + \frac{x^2}{2!} + \frac{x^3}{3!} + \frac{x^4}{4!} + \cdots = \sum_{k=0}^{\infty} \frac{x^k}{k!}$ para x.

2 $\displaystyle \operatorname{sen} x = x - \frac{x^3}{3!} + \frac{x^5}{5!} - \frac{x^7}{7!} + \cdots = \sum_{k=0}^{\infty} \frac{(-1)^k x^{2k+1}}{(2k+1)!}$ para x.

3 $\displaystyle \cos x = 1 - \frac{x^2}{2!} + \frac{x^4}{4!} - \frac{x^6}{6!} + \cdots = \sum_{k=0}^{\infty} \frac{(-1)^k x^{2k}}{(2k)!}$ para x.

4 $\displaystyle \ln(1+x) = x - \frac{x^2}{2} + \frac{x^3}{3} - \frac{x^4}{4} + \cdots = \sum_{k=0}^{\infty} \frac{(-1)^k x^{k+1}}{k+1}$ para $|x| < 1$.

5 $\displaystyle \tan^{-1} x = x - \frac{x^3}{3} + \frac{x^5}{5} - \frac{x^7}{7} + \cdots = \sum_{k=0}^{\infty} \frac{(-1)^k x^{2k+1}}{2k+1}$ para $|x| < 1$.

6 $\displaystyle \frac{1}{1-x} = 1 + x + x^2 + x^3 + x^4 + \cdots = \sum_{k=0}^{\infty} x^k$ para $|x| < 1$.

7 $\displaystyle \frac{1}{1+x} = 1 - x + x^2 - x^3 + x^4 - \cdots = \sum_{k=0}^{\infty} (-1)^k x^k$ para $|x| < 1$.

É claro, desenvolvimentos em séries de potência adicionais podem ser obtidos através dos 7 acima por várias substituições. Por exemplo, se $t \geq 0$, então

$$\cos \sqrt{t} = 1 - \frac{t}{2!} + \frac{t^2}{4!} - \frac{t^3}{6!} + \cdots$$

segue-se pela substituição $x = \sqrt{t}$ na expansão acima em série de potências para $\cos x$.

Conjunto de Problemas 8

Nos problemas 1 a 16, encontre a série de Taylor para cada função f no valor de a indicado. (Em alguns casos pode ser mais fácil desenvolver a série de Taylor começando com uma expansão em série de Taylor conhecida de uma função relacionada.)

1 $f(x) = \operatorname{sen} x$ em $a = \pi/6$.

2 $f(x) = \sqrt{x}$ em $a = 9$.

3 $f(x) = 1/x$ em $a = 2$.

4 $f(x) = \sqrt{x^3}$ em $a = 1$.

5 $f(x) = e^x$ em $a = 4$.

6 $f(x) = \cos x$ em $a = \pi/6$.

7 $f(x) = \sqrt{x - 1}$ em $a = 2$.

8 $f(x) = \cos x$ em $a = \pi/3$.

9 $f(x) = \operatorname{senh} x$ em $a = 0$.

10 $f(x) = \cosh x$ em $a = 0$.

11 $f(x) = e^{-x^2}$ em $a = 0$.

12 $f(x) = \ln \dfrac{1 + x}{1 - x}$ em $a = 0$.

13 $f(x) = \begin{cases} \dfrac{\operatorname{sen} x}{x} & \text{se } x \neq 0 \\ 1 & \text{se } x = 0 \end{cases}$ em $a = 0$.

14 $f(x) = \displaystyle\int_0^x \operatorname{sen} t^2 \, dt$ em $a = 0$.

15 $f(x) = \begin{cases} \dfrac{\tan^{-1} x}{x} & \text{se } x \neq 0 \\ 1 & \text{se } x = 0 \end{cases}$ em $a = 0$.

16 $f(x) = \begin{cases} \ln(1 + x)^{1/x} & \text{se } x \neq 0 \\ 1 & \text{se } x = 0 \end{cases}$ em $a = 0$.

17 Encontre a expansão em série de Maclaurin para $\operatorname{sen}^2 x$. (*Sugestão:* $\operatorname{sen}^2 x = \frac{1}{2}(1 - \cos 2x)$).

18 Encontre a expansão em série de Maclaurin por $\displaystyle\int_0^x e^{-t^2} \, dt$.

19 Ache o valor aproximado de $e^{-0,02}$ com um erro não maior que $5/10^5$.

20 Se f é uma função polinomial de grau n e a é uma constante qualquer, prove que
(a) f pode ser representada na forma

$$f(x) = c_0 + c_1(x - a) + c_2(x - a)^2 + \cdots + c_n(x - a)^n.$$

(b) Os coeficientes $c_0, c_1, \ldots, c_n$ na parte (a) são unicamente determinados pela condição que

$$c_k = \frac{f^{(k)}(a)}{k!} \qquad \text{para } k = 0, 1, 2, \ldots, n.$$

21 Se $f(x) = \tan^{-1} x$, encontre uma fórmula para $f^{(n)}(0)$. (*Sugestão:* Use a conhecida expansão em série de $\tan^{-1} x$.)

22 Suponha que $\displaystyle\sum_{k=0}^{\infty} b_k(x - a)^k$ e $\displaystyle\sum_{k=0}^{\infty} c_k(x - a)^k$ são duas séries com raios de convergência positivos. Se existe $\varepsilon > 0$ tal que

$$\sum_{k=0}^{\infty} b_k(x - a)^k = \sum_{k=0}^{\infty} c_k(x - a)^k$$

se verifica para todos valores de x com $|x - a| < \varepsilon$, prove que $b_k = c_k$ para todo inteiro não-negativo k.

Nos problemas 23 a 28, encontre a expansão em série de Maclaurin para cada função e indique o intervalo de valores de x para os quais a expansão é correta.

23 $f(x) = e^{-x}$

24 $f(x) = \ln(1 + x^2)$

25 $f(x) = \dfrac{1}{4 - x}$

26 $f(x) = \operatorname{senh} x^2$

27 $f(x) = 2^x$

28 $f(x) = x \operatorname{sen} x$

Nos problemas 29 a 33, use a expansão em série de Maclaurin $f(x) = \displaystyle\sum_{k=0}^{\infty} c_k x^k$ e o fato que $c_k = f^{(k)}(0)/k!$ para encontrar o valor de derivada de ordem superior indicada.

29 $f^{(15)}(0)$, onde $f(x) = x \operatorname{sen} x$.

30 $f^{(16)}(0)$, onde $f(x) = \cos x^2$.

31 $f^{(17)}(0)$, onde $f(x) = \displaystyle\int_0^x e^{-t^2} \, dt$.

32 $f^{(19)}(0)$, onde $f(x) = x e^{-x}$.

33 $f^{(20)}(0)$, onde $f(x) = \ln(1 + x^2)$.

34 Seja f a função definida por

$$f(x) = \begin{cases} e^{-1/x^2} & \text{para } x \neq 0 \\ 0 & \text{para } x = 0. \end{cases}$$

(a) Esboce o gráfico de f.

(b) Encontre $f'(x)$, $f''(x)$ e $f'''(x)$ para $x \neq 0$.

(c) Prove por indução que, para todo inteiro positivo n, existe uma função polinomial P (dependendo de n) tal que $f^{(n)}(x) = P(1/x) \cdot f(x)$ se verifica para $x \neq 0$.

(d) Usando (c), prove que $\lim\limits_{n \to +\infty} \dfrac{f^{(n)}(x)}{x} = 0$ para todo inteiro positivo n.

(e) Mostre que f é infinitamente diferenciável em $(-\infty, \infty)$ e que $f^{(n)}(0) = 0$ é para todo inteiro positivo n.

(f) Mostre que f não pode ser expandida como uma série de potências numa vizinhança de 0.

35 Suponha que a série de potências $\displaystyle\sum_{k=0}^{\infty} c_k(x-a)^k$ converge ao menos para x no intervalo $(a-r, a+r)$, onde $r > 0$. Define-se a função f por $f(x) = \displaystyle\sum_{k=0}^{\infty} c_k(x-a)^k$ para $a - r < x < a + r$. Prove por indução que, para todo inteiro positivo n,

$$f^{(n)}(x) = \sum_{k=n}^{\infty} k(k-1)(k-2) \cdots (k-n+1)c_k(x-a)^{k-n},$$

para $a - r < x < a + r$.

9   A Série Binomial

Colocaremos agora o problema de encontrar o desenvolvimento em série de Maclaurin da função f definida por $f(x) = (1+x)^p$, onde p é uma constante e $1 + x > 0$. Já que $f'(x) = p(1+x)^{p-1}$, temos

$$(1+x)f'(x) = pf(x).$$

Suponha que f pode ser desenvolvida numa série de Maclaurin

$$f(x) = c_0 + c_1 x + c_2 x^2 + c_3 x^3 + \cdots.$$

Então,

$$f'(x) = c_1 + 2c_2 x + 3c_3 x^2 + \cdots,$$

assim como

$$
\begin{aligned}
(1+x)f'(x) &= f'(x) + xf'(x) \\
&= (c_1 + 2c_2 x + 3c_3 x^2 + \cdots) + (c_1 x + 2c_2 x^2 + 3c_3 x^3 + \cdots) \\
&= c_1 + (2c_2 + c_1)x + (3c_3 + 2c_2)x^2 + (4c_4 + 3c_3)x^3 + \cdots.
\end{aligned}
$$

A condição $(1+x)f'(x) = pf(x)$ portanto se torna

$$
\begin{aligned}
c_1 + (2c_2 + c_1)x + (3c_3 + 2c_2)x^2 + (4c_4 + 3c_3)x^3 + \cdots \\
= pc_0 + pc_1 x + pc_2 x^2 + pc_3 x^3 + \cdots.
\end{aligned}
$$

Igualando os coeficientes de potências iguais de x nessa equação (veja o problema 22 na Seção 8), temos

$$c_1 = pc_0, \quad 2c_2 + c_1 = pc_1, \quad 3c_3 + 2c_2 = pc_2, \quad 4c_4 + 3c_3 = pc_3,$$

e assim por diante. Evidentemente $(n+1)c_{n+1} + nc_n = pc_n$; isto é,

$$c_{n+1} = \frac{p-n}{n+1} c_n \text{ se verifica para todo } n \geq 0. \text{ Daí,}$$

$$c_1 = pc_0, \quad c_2 = \frac{p-1}{2} c_1 = \frac{(p-1)p}{2} c_0, \quad c_3 = \frac{p-2}{3} c_2 = \frac{(p-2)(p-1)p}{3 \cdot 2} c_0,$$

$$c_4 = \frac{p-3}{4} c_3 = \frac{(p-3)(p-2)(p-1)p}{4 \cdot 3 \cdot 2} c_0,$$

e assim por diante. Já que $f(0) = (1 + 0)^p = 1^p = 1$, segue-se que $c_0 = 1$. O cálculo acima sugere a fórmula geral.

$$c_n = \frac{\overbrace{p(p-1)(p-2) \cdots (p-n+1)}^{n \text{ fatores}}}{n!}$$

para $n \geq 1$, e isto é facilmente confirmado por indução matemática (problema 17). Assim, colocando $c_0 = 1$, obtemos a série de potências

$$\sum_{k=0}^{\infty} c_k x^k = 1 + \sum_{k=1}^{\infty} \frac{p(p-1)(p-2) \cdots (p-k+1)}{k!} x^k,$$

que é conhecida como uma *série binomial.*

O leitor deveria observar que nós realmente não provamos que a equação

$$(1 + x)^p = \sum_{k=0}^{\infty} c_k x^k$$

é verdadeira. O que nós mostramos é que, *se a função f pode ser expandida numa série de potências,* a equação acima se verifica pelo menos para valores de x num intervalo aberto em torno de 0. Contudo, nós podemos agora provar o seguinte teorema:

TEOREMA 1　　**Expansão de uma série binomial**

Seja p uma constante qualquer positiva que não seja zero nem um inteiro positivo. Define-se

$$c_0 = 1 \quad \text{e} \quad c_n = \frac{p(p-1)(p-2) \cdots (p-n+1)}{n!}$$

para cada inteiro positivo n. Então,

(i)　$c_{n+1} = \dfrac{p-n}{n+1} c_n$ para $n \geq 0$.

(ii)　A série binomial $\sum\limits_{k=0}^{\infty} c_k x^k$ tem raio de convergência $R = 1$.

(iii)　Para $|x| < 1$,

$$(1 + x)^p = \sum_{k=0}^{\infty} c_k x^k = 1 + px + \frac{p(p-1)}{2!} x^2 + \frac{p(p-1)(p-2)}{3!} x^3 + \cdots$$

PROVA

(i)　Nenhum dos coeficientes $c_0, c_1, c_2, \ldots$ é igual a zero já que, se $c_n = 0$, um dos fatores $p, p-1, p-2, \ldots, p-n+1$ no numerador da fração que define c_n teria que ser zero, assim p seria um inteiro não-negativo — contradizendo a hipótese. A relação $c_{n+1} = \dfrac{p-n}{n-1} c_n$ certamente se verifica, já que foi usada originalmente para gerar os números $c_0, c_1, c_2, \ldots$ (Veja o problema 18 para uma verificação direta.)

(ii) $\lim\limits_{n \to +\infty} \left| \dfrac{c_{n+1}}{c_n} \right| = \lim\limits_{n \to +\infty} \left| \dfrac{p-n}{n+1} \right| = \lim\limits_{n \to +\infty} \dfrac{\left| \dfrac{p}{n} - 1 \right|}{1 + (1/n)} = 1;$ daí, o raio de

convergência da série de potências é dado por $R = {}^1/_1 = 1$ (Teorema 1 da Seção 6).

(iii) Define-se a função g por $g(x) = \sum\limits_{k=0}^{\infty} c_k x^k$. A série de potências $\sum\limits_{k=0}^{\infty} c_k x^k$ foi

montada em primeiro lugar como sendo

$$(1 + x)D_x \sum_{k=0}^{\infty} c_k x^k = p \sum_{k=0}^{\infty} c_k x^k$$

para $|x| < R$; daí, $(1 + x)g'(x) = pg(x)$ se verifica para $|x| < 1$. (Para entrar em detalhes, veja o problema 8.) Usando o fato de que $(1 + x)g'(x) = pg(x)$ para $|x| < 1$, calculemos como se segue:

$$D_x \frac{g(x)}{(1 + x)^p} = \frac{(1 + x)^p g'(x) - g(x)p(1 + x)^{p-1}}{(1 + x)^{2p}}$$

$$= \frac{(1 + x)^{p-1}}{(1 + x)^{2p}} [(1 + x)g'(x) - pg(x)] = 0$$

para $|x| < 1$. Segue-se que $\dfrac{g(x)}{(1 + x)^p}$ é uma constante, digamos

$\dfrac{g(x)}{(1 + x)^p} = K$, para $|x| < 1$. Colocando $x = 0$, encontramos que

$K = \dfrac{g(0)}{(1 + 0)^p} = g(0) = c_0 = 1.$ Portanto,

$$g(x) = K(1 + x)^p = 1 \cdot (1 + x)^p = (1 + x)^p \quad \text{para } |x| < 1;$$

isto é,

$$(1 + x)^p = g(x) = \sum_{k=0}^{\infty} c_k x^k \text{ se verifica para } |x| < 1.$$

EXEMPLOS 1   Encontre uma expansão em série de potências para $\sqrt[3]{1 + x}$, $|x| < 1$.

SOLUÇÃO
Coloque $p = {}^1/_3$ no Teorema 1. Assim, $c_0 = 1$, $c_1 = {}^1/_3$, $c_2 = -{}^1/_9$, $c_3 = {}^5/_{81}$, em geral,

$$c_n = \frac{\frac{1}{3}(\frac{1}{3} - 1)(\frac{1}{3} - 2) \cdots (\frac{1}{3} - n + 1)}{n!} = \frac{1(1 - 3)(1 - 6) \cdots [1 - 3(n - 1)]}{3^n n!}$$

$$= \frac{(-1)^{n+1} 2 \cdot 5 \cdot 8 \cdot 11 \cdots (3n - 4)}{3^n n!} \quad \text{para } n \geq 2,$$

e portanto

$$\sqrt[3]{1 + x} = 1 + \tfrac{1}{3}x - \tfrac{1}{9}x^2 + \tfrac{5}{81}x^3 - \cdots$$

$$= 1 + \frac{1}{3}x + \sum_{k=2}^{\infty} \frac{(-1)^{k+1} 2 \cdot 5 \cdot 8 \cdot 11 \cdots (3k - 4)}{3^k k!} x^k, \qquad |x| < 1.$$

2 Use os primeiros três termos da expansão obtida no exemplo 1 para aproximar $\sqrt[3]{28}$. Dê um limite para o erro envolvido.

SOLUÇÃO
Naturalmente, desejamos usar o fato de que $\sqrt[3]{27} = 3$. Assim, escrevemos

$$\sqrt[3]{28} = \sqrt[3]{27 + 1} = \sqrt[3]{27(1 + \tfrac{1}{27})} = \sqrt[3]{27}\sqrt[3]{1 + \tfrac{1}{27}} = 3\sqrt[3]{1 + \tfrac{1}{27}}.$$

Colocando $x = \frac{1}{27}$ no Exemplo 1, obtemos

$$\sqrt[3]{1 + \tfrac{1}{27}} \approx 1 + \tfrac{1}{3}(\tfrac{1}{27}) - \tfrac{1}{9}(\tfrac{1}{27})^2 = \tfrac{6641}{6561}$$

com um erro não maior que $\frac{5}{81}(\frac{1}{27})^3$, já que a série (fora o primeiro termo) é alternada e o teorema de Leibniz se aplica. Portanto,

$$\sqrt[3]{28} = 3\sqrt[3]{1 + \tfrac{1}{27}} \approx 3(\tfrac{6641}{6561}) = 3{,}036579\ldots.$$

Essa é uma aproximação *inferior* a $\sqrt[3]{28}$ com um erro não maior que

$$3 \cdot \frac{5}{81}\left(\frac{1}{27}\right)^3 < 0{,}0000095. \text{ (O valor real de } \sqrt[3]{28} \text{ é } 3{,}03658897\ldots.)$$

3 Encontre a expansão em série de Maclaurin para $\dfrac{1}{\sqrt{1 + x}}$ junto com uma cota superior para o valor absoluto do erro envolvido na aproximação de $\dfrac{1}{\sqrt{1 + x}}$ pelos primeiros n termos da série.

SOLUÇÃO
$$\frac{1}{\sqrt{1 + x}} = (1 + x)^{-1/2}, \quad \text{assim } p = -\tfrac{1}{2} \text{ no Teorema 1, e}$$

$$c_n = \frac{1}{n!}\left(-\tfrac{1}{2}\right)\left(-\tfrac{1}{2} - 1\right)\left(-\tfrac{1}{2} - 2\right)\cdots\left(-\tfrac{1}{2} - n + 1\right) = \frac{(-1)^n}{2^n n!} \cdot 1 \cdot 3 \cdot 5 \cdot 7 \cdots (2n - 1).$$

A expansão desejada é

$$\frac{1}{\sqrt{1 + x}} = 1 - \tfrac{1}{2}x + \tfrac{3}{8}x^2 - \tfrac{5}{16}x^3 + \cdots = 1 + \sum_{k=1}^{\infty} (-1)^k \frac{1 \cdot 3 \cdot 5 \cdot 7 \cdots (2k - 1)}{2^k k!} x^k$$

para $|x| < 1$. Se $0 \leq x < 1$, a série é alternada e seus termos decrescem em valor absoluto, daí, pelo teorema de Leibniz,

$$\frac{1}{\sqrt{1 + x}} \approx 1 + \sum_{k=1}^{n-1} (-1)^k \frac{1 \cdot 3 \cdot 5 \cdot 7 \cdots (2k - 1)}{2^k k!} x^k$$

com um erro não maior em valor absoluto que $\dfrac{1 \cdot 3 \cdot 5 \cdot 7 \cdots (2n - 1)}{2^n n!} x^n$, o valor absoluto do primeiro termo omitido. Se $-1 < x < 0$, a série não é mais alternada e o teorema de Leibniz não se aplica. Entretanto, nesse caso podemos usar o teorema de Taylor com resto de Lagrange para concluir que o valor absoluto do erro envolvido na aproximação acima não ultrapassa

$$|R_{n-1}(x)| = \frac{|f^{(n)}(c)|}{n!}|x|^n, \qquad \text{onde } x < c < 0 \quad \text{e} \quad f(x) = (1 + x)^{-1/2}.$$

4 Use os três primeiros termos da expansão obtida no exemplo 3 acima para aproximar $1/\sqrt{15}$. Dê um limite para o erro envolvido.

SOLUÇÃO

$$\frac{1}{\sqrt{15}} = (15)^{-1/2} = (16 \cdot \tfrac{15}{16})^{-1/2} = 16^{-1/2}(\tfrac{15}{16})^{-1/2} = \left(\frac{1}{4}\right)\left(1 - \frac{1}{16}\right)^{-1/2}$$

Pelo Exemplo 3, com $x = -1/16$,

$$\left(1 - \tfrac{1}{16}\right)^{-1/2} \approx 1 - \left(\tfrac{1}{2}\right)\left(-\tfrac{1}{16}\right) + \left(\tfrac{3}{8}\right)\left(-\tfrac{1}{16}\right)^2 = \tfrac{2115}{2048}$$

com um erro que não ultrapassa $\dfrac{|f^{(3)}(c)|}{3!} \cdot \left|-\tfrac{1}{16}\right|^3$, em valor absoluto, onde $-1/16 < c < 0$ e $f(x) = (1 + x)^{-1/2}$. Agora,

$$f'(x) = \left(-\tfrac{1}{2}\right)(1 + x)^{-3/2}, \qquad f''(x) = \tfrac{3}{4}(1 + x)^{-5/2},$$

e

$$f'''(x) = -\tfrac{15}{8}(1 + x)^{-7/2},$$

assim o valor absoluto do erro de nossa aproximação não é menor que

$$\frac{\left|-\tfrac{15}{8}(1 + c)^{-7/2}\right|}{3!} \cdot \left|-\frac{1}{16}\right|^3 = \frac{5}{16^4(1 + c)^{7/2}}.$$

Já que $-1/16 < c < 0$, então $15/16 < 1 + c < 1$, assim como $(15/16)^{7/2} < (1 + c)^{7/2}$, $\dfrac{1}{(1 + c)^{7/2}} < (16/15)^{7/2}$ e o valor absoluto do erro não ultrapassa

$$\frac{5}{16^4(1 + c)^{7/2}} < \frac{5}{16^4}\left(\frac{16}{15}\right)^{7/2} < \frac{5}{16^4}\left(\frac{16}{15}\right)^{8/2} = \frac{5}{15^4}.$$

Portanto,

$$\frac{1}{\sqrt{15}} = \left(\frac{1}{4}\right)\left(1 - \frac{1}{16}\right)^{-1/2} \approx \left(\frac{1}{4}\right)\left(\frac{2115}{2048}\right) = 0,25817\ldots$$

com um erro cujo valor absoluto não excede $(1/4)(5/15^4) < 0,00003$. Aqui todos os termos na série binomial são positivos, logo $0,25817\ldots$ deve ser *menor* que o valor real de $1/\sqrt{15}$. (O valor de $1/\sqrt{15}$ é $0,25819\ldots$.)

5 Estime o valor de $\displaystyle\int_0^{1/2} \sqrt[3]{1 + x^3}\, dx$ e determine um limite para o erro envolvido.

SOLUÇÃO
Pelo Exemplo 1, para $|x| < 1$, temos

$$\sqrt[3]{1 + x} = 1 + \tfrac{1}{3}x - \tfrac{1}{9}x^2 + \tfrac{5}{81}x^3 - \cdots.$$

Substituindo x por x^3, obtemos

$$\sqrt[3]{1 + x^3} = 1 + \tfrac{1}{3}x^3 - \tfrac{1}{9}x^6 + \tfrac{5}{81}x^9 - \cdots.$$

Portanto,

$$\int_0^{1/2} \sqrt[3]{1 + x^3}\, dx = \int_0^{1/2} 1\, dx + \int_0^{1/2} \tfrac{1}{3}x^3\, dx - \int_0^{1/2} \tfrac{1}{9}x^6\, dx + \int_0^{1/2} \tfrac{5}{81}x^9\, dx - \cdots$$

$$= \tfrac{1}{2} + (\tfrac{1}{3})(\tfrac{1}{4})(\tfrac{1}{2})^4 - (\tfrac{1}{9})(\tfrac{1}{7})(\tfrac{1}{2})^7 + (\tfrac{5}{81})(\tfrac{1}{10})(\tfrac{1}{2})^{10} - \cdots.$$

Fora o primeiro termo, esta última série é alternada e os termos decrescem em valor absoluto (veja os Problemas 21 e 22). Daí, o teorema de Leibniz se aplica; assim, usando (digamos) os primeiros três termos da série, temos

$$\int_0^{1/2} \sqrt[3]{1 + x^3}\, dx \approx \tfrac{1}{2} + (\tfrac{1}{3})(\tfrac{1}{4})(\tfrac{1}{2})^4 - (\tfrac{1}{9})(\tfrac{1}{7})(\tfrac{1}{2})^7 = 0{,}505084\ldots$$

com um erro cujo valor absoluto não excede $(\tfrac{5}{81})(\tfrac{1}{10})(\tfrac{1}{2})^{10} < 0{,}000007$.

Portanto, aproximando para quatro casas decimais, temos $\int_0^{1/2} \sqrt[3]{1 + x^3}\, dx$ $\approx 0{,}5051.$

Conjunto de Problemas 9

Nos problemas 1 a 8, use a expansão em série binomial (Teorema 1) para encontrar um desenvolvimento em série de Maclaurin para cada expressão. Especifique o intervalo de valor de x para os quais a expansão é correta.

1 $\dfrac{1}{\sqrt[3]{1 + x}}$
2 $\sqrt{1 + x^2}$
3 $\dfrac{1}{\sqrt[3]{1 - x^2}}$
4 $\sqrt[3]{27 + x}$

5 $\dfrac{1}{\sqrt{1 + x^3}}$
6 $\dfrac{x}{\sqrt[3]{1 - x^2}}$
7 $\dfrac{x}{(1 + 2x)^2}$
8 $(9 + x)^{3/2}$

Nos problemas 9 a 12, use os três primeiros termos de uma série binomial apropriada para estimar cada número. Dê uma cota superior para o valor absoluto do erro.

9 $\sqrt{1{,}03}$
10 $\sqrt[5]{33}$
11 $\sqrt[4]{17}$
12 $\dfrac{1}{\sqrt[3]{100}}$

Nos problemas 13 a 16, estime cada quantidade aproximada para 3 casas decimais. (Considere um número de termos o suficiente para que o valor absoluto do erro não exceda 5×10^{-4}.)

13 $\sqrt{101}$
14 $\sqrt{99}$
15 $\int_0^{2/3} \sqrt{1 + x^3}\, dx$
16 $\int_0^{1/2} \dfrac{dx}{\sqrt{1 + x^3}}$

17 Dada a seqüência $c_0, c_1, c_2, c_3, c_4, \ldots$ tal que $c_0 = 1$ e $c_{n+1} = \dfrac{p - n}{n + 1} c_n$ para $n \geq 0$, onde p é uma constante, prove por indução matemática que

$$c_n = \frac{1}{n!}\, p(p - 1)(p - 2) \cdots (p - n + 1) \quad \text{para } n \geq 1.$$

18 Seja p uma constante dada e defina-se $c_0 = 1$ e

$$c_n = (1/n!)p(p - 1)(p - 2) \cdots (p - n + 1) \quad \text{para } n \geq 1.$$

(a) Prove que $c_{n+1} = \dfrac{p-n}{n+1}\, c_n$ para $n \ge 0$.

(b) Prove que $(1+x)D_x \displaystyle\sum_{k=0}^{\infty} c_k x^k = p \sum_{k=0}^{\infty} c_k x^k$, $|x| < 1$.

19 Compare a expansão da série binomial de $(1+x)^{-1}$ com a expansão da série geométrica da mesma expressão.

20 Se a é uma constante positiva e p é uma constante qualquer, mostre que

$$(a+x)^p = a^p + pa^{p-1}x + \frac{p(p-1)}{2!}\, a^{p-2}x^2 + \frac{p(p-1)(p-2)}{3!}\, a^{p-3}x^3 + \cdots$$

$$= a^p + \sum_{k=1}^{\infty} \frac{p(p-1)\cdots(p-k+1)}{k!}\, a^{p-k}x^k$$

para $|x| < a$.

21 (Seja $(1+x)^p = \displaystyle\sum_{k=0}^{\infty} c_k x^k$ para $|x| < 1$ uma expansão em série binomial. Mostre que, se $0 \le x < 1$ e $n > p$, então $\displaystyle\sum_{k=n+1}^{\infty} c_k x^k$ é uma série alternante. $\left(Sugestão: c_{n+1} = \dfrac{p-n}{n+1}\, c_n. \right)$

22 No problema 21, suponha que $p > -1$ e prove que os termos na série $\displaystyle\sum_{k=n+1}^{\infty} c_k x^k$ são decrescentes em valor absoluto (assim o teorema de Leibniz se aplica).

23 O que acontece na expansão em série binomial quando o expoente p é um inteiro positivo? A expansão ainda está correta? Para que valores de x ela é correta? Por quê?

24 Da expansão em série binomial de $\dfrac{1}{\sqrt{1-x^2}}$ e do fato de sen$^{-1} x = \displaystyle\int_0^x \frac{dt}{\sqrt{1-t^2}}$, encontre uma expansão em série de potências para sen$^{-1} x$.

Conjunto de Problemas de Revisão

Nos problemas 1 a 12, determine se cada seqüência converge ou diverge, se a seqüência convergir, encontre seu limite.

1 $\left\{ \dfrac{n(n+1)}{3n^2 + 7n} \right\}$

2 $\left\{ \dfrac{\mathrm{sen}\,n}{n} \right\}$

3 $\left\{ \dfrac{\sqrt{n+1}}{\sqrt{3n+1}} \right\}$

4 $\left\{ \dfrac{7n^3 + 3n^2 - n^3(\frac{1}{2})^n}{3n^2 + n^2(\frac{3}{4})^n} \right\}$

5 $\left\{ \dfrac{1 + (-1)^n}{n} \right\}$

6 $\left\{ \left(50 + \dfrac{1}{n}\right)^2 \cdot \left(1 + \dfrac{n-1}{n^2}\right)^{50} \right\}$

7 $\left\{ \dfrac{\cos (n\pi/2)}{\sqrt{n}} \right\}$

8 $\{ n[1 + (-1)^n] \}$

9 $\{ n^2 + (-1)^n 2n \}$

10 $\left\{ \dfrac{1}{(n+1) + (-1)^n(1-n)} \right\}$

11 $\left\{ 1 - \dfrac{3^n}{n!} \right\}$

12 $\left\{ \dfrac{2^n n!}{(2n+1)!} \right\}$

Nos problemas 13 a 16, indique se cada seqüência é crescente, decrescente ou não monótona.

13 $\{ 2^n \}$

14 $\left\{ \dfrac{1}{2^n} \right\}$

15 $\left\{ \dfrac{(-1)^n}{n} \right\}$

16 $\{ (-1)^n \}$

17 A seqüência $\left\{ n - \dfrac{2^n}{n} \right\}$ é monótona? Por quê?

18 Para cada inteiro positivo n, seja $a_n = \dfrac{1}{n} + \dfrac{1}{n+1} + \dfrac{1}{n+2} + \cdots + \dfrac{1}{2n}$.

(a) Mostre que $\{a_n\}$ é uma seqüência monótona. É crescente ou decrescente?

(b) $\{a_n\}$ converge ou diverge? Por quê?

19 Indique se a seqüência $\left\{1 - \dfrac{1}{4} + \dfrac{1}{16} - \cdots + \dfrac{(-1)^{n-1}}{4^{n-1}}\right\}$ é limitada ou ilimitada; crescente, decrescente ou não-monótona; convergente ou divergente.

20 Se $\{a_n\}$ e $\{b_n\}$ são seqüências convergentes $a_n \le b_n$ se verifica para todo inteiro positivo n, prove que $\lim\limits_{n \to +\infty} a_n \le \lim\limits_{n \to +\infty} b_n$.

21 Explique cuidadosamente a distinção entre uma *seqüência* e uma *série*.

Nos problemas 22 a 25, encontre a soma de cada série forçando os termos através de somas parciais a formar uma série de encaixe.

22 $\displaystyle\sum_{k=1}^{\infty} \frac{k}{(k+1)(k+2)(k+3)}$

23 $\displaystyle\sum_{k=1}^{\infty} \frac{\sqrt{k+1} - \sqrt{k}}{\sqrt{k^2 + k}}$

24 $\displaystyle\sum_{k=1}^{\infty} \frac{4}{(2k-1)(2k+3)}$

25 $\displaystyle\sum_{k=1}^{\infty} \left(\operatorname{sen}\frac{1}{k} - \operatorname{sen}\frac{1}{k+1}\right)$

26 Se $\{b_n\}$ é uma seqüência dada e p é um inteiro positivo fixado, encontre uma fórmula para a n-ésima soma parcial da série $\displaystyle\sum_{k=1}^{\infty} (b_k - b_{k+p})$. Supondo que $\lim\limits_{n \to +\infty} b_n = L$, encontre uma fórmula para a soma da série $\displaystyle\sum_{k=1}^{\infty} (b_k - b_{k+p})$.

27 Encontre uma série infinita cuja n-ésima soma parcial é dada por $s_n = \dfrac{3n}{2n+5}$.

Determine se a série resultante converge e, em caso afirmativo, encontre sua soma.

Nos problemas 28 a 31, use os resultados envolvendo séries geométricas para encontrar a soma de cada série

28 $\displaystyle\sum_{k=2}^{\infty} \left[5\left(\frac{1}{2}\right)^k + 3\left(\frac{1}{3}\right)^k\right]$

29 $\displaystyle\sum_{k=1}^{\infty} \frac{3}{10^k}$

30 $\displaystyle\sum_{k=1}^{\infty} 2\left(-\frac{1}{3}\right)^{k+7}$

31 $\displaystyle\sum_{k=0}^{\infty} \left[2\left(\frac{1}{4}\right)^k + 7\left(\frac{1}{7}\right)^{k+1}\right]$

32 Suponha que A e B são constantes positivas e que a seqüência $\{a_n\}$ satisfaz $|a_n| \le AB^n$ para todo inteiro positivo n. Prove que a série $\displaystyle\sum_{k=0}^{\infty} a_k x^k$ converge se $|x| < 1/B$.

33 Critique o seguinte argumento: Já que $\lim\limits_{n \to +\infty} \ln\dfrac{2n+1}{2n-1} = 0$, a série $\displaystyle\sum_{k=1}^{\infty} \ln\dfrac{2k+1}{2k-1}$ deve ser convergente.

34 Usando um argumento informal mostre que a série $\displaystyle\sum_{k=1}^{\infty} b_k$ converge e se a seqüência $\{a_n\}$ converge, então a série $\displaystyle\sum_{k=0}^{\infty} a_k b_k$ deve convergir

Nos problemas 35 a 38, use o teste da integral para determinar se cada série converge.

35 $\displaystyle\sum_{k=2}^{\infty} \frac{1}{k(\ln k)^6}$

36 $\displaystyle\sum_{k=1}^{\infty} \frac{k}{10 + k^2}$

37 $\displaystyle\sum_{k=1}^{\infty} \frac{k^2}{e^k}$

38 $\displaystyle\sum_{k=2}^{\infty} \frac{\ln k}{k}$

Nos problemas 39 a 42, use o teste da comparação direta para determinar a convergência de cada série.

39 $\displaystyle\sum_{k=1}^{\infty} \frac{k^2}{k^2 + 2}\left(\frac{1}{3}\right)^k$

40 $\displaystyle\sum_{k=0}^{\infty} \frac{1}{3 + k!}$

41 $\displaystyle\sum_{k=1}^{\infty} \frac{1}{5k + 1}$

42 $\displaystyle\sum_{k=1}^{\infty} \frac{1}{\sqrt{10k}}$

Nos problemas 43 a 52, use algum método apropriado para saber se cada série converge ou diverge. Se convergir, determine se a convergência é absoluta ou condicional.

43 $\displaystyle\sum_{k=1}^{\infty} \frac{(-1)^k \sqrt{k}}{k + 10}$

44 $\displaystyle\sum_{k=2}^{\infty} \frac{(-1)^k}{k^2 + (-1)^k}$

45 $\displaystyle\sum_{k=1}^{\infty} \frac{k}{k+1}\left(\frac{1}{9}\right)^k$

46 $\displaystyle\sum_{k=1}^{\infty} \frac{(-1)^k}{\ln(1 + 1/k)}$

47 $\displaystyle\sum_{k=1}^{\infty} \frac{1 + (-1)^k}{k}$

48 $\displaystyle\sum_{k=1}^{\infty} \frac{(-1)^k}{\ln(e^k + e^{-k})}$

49 $\displaystyle\sum_{k=1}^{\infty} \frac{1 \cdot 3 \cdot 5 \cdots (2k-1)}{3^k k!}$

50 $\displaystyle\sum_{k=1}^{\infty} \left[\frac{2 \cdot 4 \cdot 6 \cdots (2k)}{1 \cdot 3 \cdot 5 \cdots (2k-1)}\right]^2$

51 $\displaystyle\sum_{k=1}^{\infty} (-1)^{k+1} e^{-k^2}$

52 $\displaystyle\sum_{k=2}^{\infty} \operatorname{sen}\left(\pi k + \frac{1}{\ln k}\right)$

53 Estime a soma de série dada com um erro que não ultrapasse 5×10^{-4} em valor absoluto.

(a) $\displaystyle\sum_{k=1}^{\infty} (-1)^{k+1} \frac{1}{k \cdot 2^k}$

(b) $\displaystyle\sum_{k=1}^{\infty} (-1)^{k+1} \frac{1}{(3k)^3}$

54 Dê um exemplo de uma série convergente de termos positivos para a qual

$\displaystyle\lim_{k \to +\infty} \frac{a_{k+1}}{a_k}$ não existe.

Nos problemas 55 a 64, encontre o centro a, o raio R e o intervalo I de convergência das séries de potência dadas.

55 $\displaystyle\sum_{k=1}^{\infty} \frac{(x-1)^{2k}}{k \cdot 5^k}$

56 $\displaystyle\sum_{k=0}^{\infty} \left(\operatorname{sen}\frac{\pi k}{2}\right) x^k$

57 $\displaystyle\sum_{k=0}^{\infty} (\cos \pi k)(x+2)^k$

58 $\displaystyle\sum_{k=1}^{\infty} 1 \cdot 3 \cdot 5 \cdot 7 \cdots (2k-1) x^k$

59 $\displaystyle\sum_{k=1}^{\infty} \frac{1 \cdot 3 \cdot 5 \cdot 7 \cdots (2k-1)}{2^{3k+1}} (x-10)^k$

60 $\displaystyle\sum_{k=0}^{\infty} 2^k (x+4)^k$

61 $\displaystyle\sum_{k=0}^{\infty} (-1)^k \frac{10^k}{k!} (x+\pi)^k$

62 $\displaystyle\sum_{k=1}^{\infty} \frac{1 \cdot 5 \cdot 9 \cdot 13 \cdots (4k-3)}{2 \cdot 4 \cdot 6 \cdot 8 \cdots (2k)} (x+6)^k$

63 $\displaystyle\sum_{k=0}^{\infty} \frac{(-1)^k 2^{2k+1}}{2k+1} (x-3)^{2k}$

64 $\displaystyle\sum_{k=1}^{\infty} (1+2+3+4+\cdots+k) x^{2k-1}$

Nos problemas 65 e 66, encontre a expansão em série de Taylor para cada função em torno do centro indicado a. Dê o intervalo de valores de x para os quais o desenvolvimento é correto.

65 $f(x) = \ln x, a = 1$.

66 $f(x) = \sqrt{x}, a = 4$.

Nos problemas 67 a 72, encontre os primeiros quatro termos da série de Taylor para cada função no valor dado de a.

67 $f(x) = e^x, a = -1$.

68 $f(x) = \tan x, a = \pi/4$.

69 $f(x) = \sqrt{x}, a = 1$.

70 $f(x) = \ln (1/x), a = 2$.

71 $g(x) = \operatorname{sen} 2x, a = \pi/4$.

72 $h(x) = \sec x, a = \pi/6$.

73 Mostre que a série de Taylor do problema 67 realmente converge para todo valor de x por uso direto do Teorema 1 da Seção 8.

74 (a) Seja f a função definida por

$$f(x) = \begin{cases} \dfrac{e^x - 1}{x} & \text{para } x \neq 0 \\ 1 & \text{para } x = 0. \end{cases}$$

Encontre a expansão em série de Maclaurin para $f(x)$ e indique os valores de x para os quais ela representa a função. Mostre que f é contínua.

(b) Encontre a expansão em série de Maclaurin para f'.

(c) Use o resultado da parte (b) para encontrar a soma da série $\displaystyle\sum_{k=1}^{\infty} \frac{k}{(k+1)!}$.

75 Use séries de potências para provar que

$$\int_0^x \tan^{-1} t \, dt = x \tan^{-1} x - \tfrac{1}{2} \ln (1+x^2) \quad \text{para } |x| < 1.$$

Nos problemas 76 a 81, use a série binomial para encontrar um desenvolvimento em série de potências para cada expressão. Em cada caso, especifique o intervalo de valores de x para os quais a expansão é válida.

76 $\displaystyle\int_0^x \sqrt{1+t^2} \, dt$

77 $\dfrac{1}{\sqrt{1+x^2}}$

78 $D_x \sqrt[3]{1+x^2}$

79 $(1 - 2x)^{2/3}$

80 $(16 + x^4)^{1/4}$

81 $\int_0^x \sqrt[3]{1 + t^3}\, dt$

82 Encontre uma função f tal que $f''(x) + af(x) = 0$, onde a é uma constante positiva, $f(0) = 0$ e $f'(0) = \sqrt{a}$. (*Sugestão:* Desenvolva f numa série de Maclaurin com coeficientes desconhecidos. Determine então estes coeficientes.)

Nos problemas 83 a 84, use os três primeiros termos de uma série binomial apropriada para estimar cada número. Dê uma cota superior para o valor absoluto do erro.

83 $\sqrt[5]{30}$

84 $\int_0^{1/2} \sqrt[3]{1 + x^2}\, dx$

85 Encontre a expansão em série de Maclaurin para

(a) $\operatorname{sen} x + \cos x$
(b) $\cos^2 x - \operatorname{sen}^2 x$
(c) $\tan^{-1} x^3$
(d) 10^x

86 Suponha que a série de potências $\sum_{k=0}^{\infty} c_k x^k$ tem um raio de convergência positivo R

e que a função definida por $f(x) = \sum_{k=0}^{\infty} c_k x^k$ para $|x| < R$ é uma função par. Mostre

que $c_k = 0$ para todo inteiro positivo k.

Nos problemas 87 a 92, a função f é definida em termos de uma série de potências. Escreva uma fórmula para f com um número finito de termos.

87 $f(x) = x - \dfrac{x^3}{3!} + \dfrac{x^5}{5!} - \dfrac{x^7}{7!} + \cdots$

88 $f(x) = \sum_{k=0}^{\infty} (-1)^k \dfrac{x^{2k}}{(2k)!}$

89 $f(x) = x - \dfrac{x^2}{3!} + \dfrac{x^4}{5!} - \dfrac{x^6}{7!} + \dfrac{x^8}{9!} - \cdots$

90 $f(x) = 1 + \operatorname{sen} x + \dfrac{\operatorname{sen}^2 x}{2!} + \dfrac{\operatorname{sen}^3 x}{3!} + \dfrac{\operatorname{sen}^4 x}{4!} + \cdots$

91 $f(x) = 1 + x \ln 2 + \dfrac{(\ln 2)^2}{2!} x^2 + \dfrac{(\ln 2)^3}{3!} x^3 + \dfrac{(\ln 2)^4}{4!} x^4 + \cdots$

92 $f(x) = \sum_{k=1}^{\infty} (-1)^k \dfrac{3^k + 1}{2^k k!} x^k$

14 VETORES NO PLANO

Até agora, trabalhamos exclusivamente com quantidades — assim como comprimento, área, volume, ângulo, massa, densidade, velocidade, tempo, temperatura e probabilidade — que podem ser medidas ou representadas por números reais. Como os números reais podem ser representados por pontos em uma escala numérica, tais quantidades são comumente chamadas *escalares*.

Por outro lado, matemáticos e cientistas freqüentemente lidam com quantidades que não podem ser descritas ou representadas por um único número real — quantidades que têm tamanho e direção. Tais quantidades são denominadas *vetores* e incluem força, velocidade, aceleração, deslocamento, momento, campo elétrico, campo magnético, campo gravitacional, velocidade angular e momento angular. (Tratamos previamente algumas dessas quantidades, por exemplo, força, velocidade e aceleração, como se estas fossem escalares — mas somente sobre uma linha reta onde a direção estava implícita.)

Realmente, um vetor é mais do que apenas uma quantidade com tamanho e direção, pois este pode interagir com outros vetores e com escalares de algumas maneiras bem definidas. Os físicos definem vetores como sendo quantidades que transformam de modo particular subgrupos de simetrias, enquanto que os matemáticos usam uma definição ainda mais abstrata de vetor como sendo um elemento de um "espaço linear". Apesar disso, para nossos propósitos uma simples definição geométrica é bastante adequada.

1 Vetores e Adição de Vetores

Por definição, um *vetor* é um segmento orientado, que é em linguagem habitual uma seta. A Fig. 1 mostra alguns vetores. Cada vetor tem uma *origem* (também denominada *ponto inicial*) e uma *extremidade* (também denominada *ponto terminal*), sendo direcionado da sua origem para a sua extremidade. Invertendo a seta obtemos um vetor com direção contrária.

É essencial que se use uma notação especial para os vetores, a fim de que estes possam ser distinguidos dos escalares. Neste livro usamos $\bar{A}$, $\bar{B}$, $\bar{C}$ e assim por diante para denotar vetores.

Se uma partícula é movida do ponto P para o ponto Q, dizemos que a partícula sofreu um *deslocamento* de P para Q (Fig. 2). Tal deslocamento pode ser representado por um vetor $\bar{D}$ cuja origem (ponto inicial) está em P e cuja extremidade (ponto terminal) está em Q. Quando dizemos que a partícula sofreu o deslocamento $\bar{D}$ na Fig. 2, nós simplesmente queremos dizer que este começou em P e acabou em Q — não nos preocupamos em como a partícula vai de P a Q. Por exemplo, ela pode ter ido primeiramente de P a R e então de R a Q como na Fig. 3. Se a partícula é primeiramente deslocada de P a R — chamamos este deslocamento de $\bar{A}$ — e então ela é deslocada de R a Q — chamamos este deslocamento de $\bar{B}$ — então o deslocamento resultante é simplesmente $\bar{D}$ e escrevemos $\bar{A} + \bar{B} = \bar{D}$ (Fig. 3). Isto ilustra a regra da *extremidade à origem,* para somar vetores:

Fig. 1

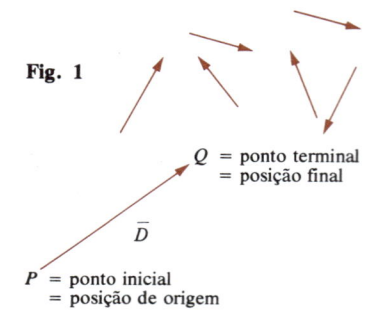

$\bar{D}$

Q = ponto terminal
= posição final

P = ponto inicial
= posição de origem

Fig. 2

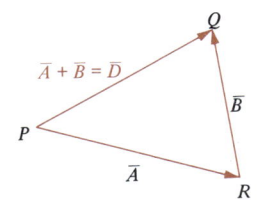

$$\overrightarrow{A} + \overrightarrow{B} = \overrightarrow{D}$$

Fig. 3

Se a extremidade de $\overline{A}$ coincide com a origem de $\overline{B}$, então o vetor $\overline{D}$, cuja origem é a origem de $\overline{A}$ e cuja extremidade é a extremidade de $\overline{B}$, é denominado a *soma* de $\overline{A}$ e $\overline{B}$ e escrito como $\overline{D} = \overline{A} + \overline{B}$.

Um vetor D cuja origem está no ponto P e cuja extremidade está no ponto Q é escrito como $\overline{D} = \overrightarrow{PQ}$. Com esta notação, a regra da extremidade à origem pode ser escrita na forma

$$\overrightarrow{PQ} = \overrightarrow{PR} + \overrightarrow{RQ},$$

que é bastante fácil de ser lembrada.

Se duas partículas, começando por pontos diferentes P_1 e P_2, se deslocam em direção ao norte através de uma mesma distância, é usual se dizer que elas sofreram o *mesmo* deslocamento (Fig. 4). Generalizando, dois vetores que são paralelos, apontam a mesma direção e têm o mesmo comprimento são usualmente considerados como sendo *iguais*. Seguindo esta convenção, os dois vetores da Fig. 4 são considerados iguais, e escrevemos $\overrightarrow{P_1Q_1} = \overrightarrow{P_2Q_2}$.

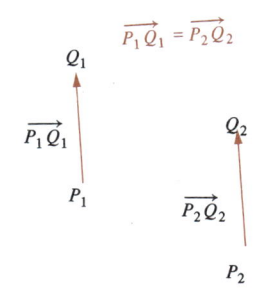

Fig. 4

Realmente, a convenção de igualdade para vetores é extremamente útil, pois ela implica que o vetor possa ser movido livremente sem ser trocado — desde que este seja mantido paralelo ao original e que sua direção e comprimento permaneçam os mesmos. Assim, por exemplo, todas as setas da Fig. 5 representam o mesmo vetor $\overline{A}$.

O fato de os vetores poderem ser deslocados como se especificou acima implica que quaisquer dois vetores $\overline{A}$ e $\overline{B}$ podem ser trazidos para uma posição em que a extremidade de um coincida com a origem do outro (Fig. 6); portanto, quaisquer dois vetores admitem uma soma.

Podemos também deslocar quaisquer dois vetores $\overline{A}$ e $\overline{B}$ de modo que a origem de um coincida com a origem do outro (Fig. 7a), a fim de que eles formem dois lados adjacentes de um paralelogramo (Fig. 7b). Nos referimos a este paralelogramo como o paralelogramo *formado* por $\overline{A}$ e $\overline{B}$.

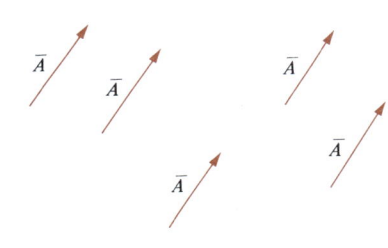

Fig. 5

Note que o vetor diagonal cuja origem coincide com a origem comum de $\overline{A}$ e $\overline{B}$ no paralelogramo formado por $\overline{A}$ e $\overline{B}$ é a soma de $\overline{A}$ e $\overline{B}$, como pode ser visto na metade de cima do paralelogramo da Fig. 8. Olhando na metade inferior deste paralelogramo, vemos que o mesmo vetor diagonal é a soma de $\overline{B}$ e $\overline{A}$, isto é, vemos que

$$\overline{A} + \overline{B} = \overline{B} + \overline{A}.$$

Esta equação expressa a *propriedade comutativa para adição de vetores*. A técnica de achar a soma de dois vetores construindo a diagonal de um paralelogramo é denominada *regra do paralelogramo* para adição de vetores.

Os vetores também satisfazem a *propriedade associativa para adição de vetores*.

$$\overline{A} + (\overline{B} + \overline{C}) = (\overline{A} + \overline{B}) + \overline{C},$$

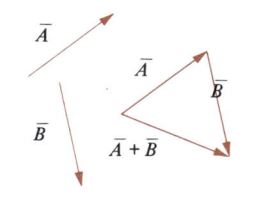

Fig. 6

como pode ser visto examinando a Fig. 9. Devido à propriedade associativa, os parênteses não são obrigatoriamente necessários quando se somam vários vetores, e podemos, simplesmente, escrever $\overline{A} + \overline{B} + \overline{C}, \overline{A} + \overline{B} + \overline{C} + \overline{D}, \overline{A}_1 + \overline{A}_2 + \overline{A}_3 + \ldots + \overline{A}_n$ e assim por diante. Observe que estas somas podem ser obtidas geometricamente por uma extensão óbvia da regra da extremidade à origem (Fig. 10). Por muitas das mesmas razões que fazem com que seja útil se ter o zero escalar, é também conveniente introduzir-se um *vetor nulo*, escrito $\overline{0}$. Intuitivamente, $\overline{0}$ pode ser encarado como uma seta que se reduziu a um único ponto. Alternativamente, ele pode ser encarado como o vetor $\overrightarrow{QQ}$ que começa e termina no mesmo ponto Q. Assim como vetores não-nulos podem ser deslocados de acordo com as condições acima mencionadas, também o vetor nulo pode ser deslocado de um lugar para o outro, e tem-se $\overline{0} = \overrightarrow{QQ} = \overrightarrow{RR} = \overrightarrow{SS} = \ldots$. Obviamente, o vetor nulo é o único vetor cujo comprimento é 0 e é o único vetor cuja direção é indeterminada. Note que $\overrightarrow{PQ} + \overrightarrow{QQ} = \overrightarrow{PQ}$, isto é, temos a propriedade

$$\overline{A} + \overline{0} = \overline{A},$$

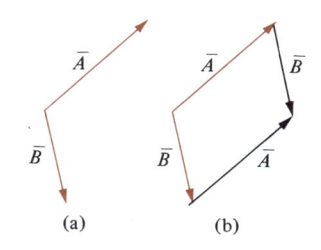

(a)   (b)

Fig. 7

o que, em linguagem algébrica, nos diz que $\overline{0}$ é o *elemento identidade para a adição* de vetores.

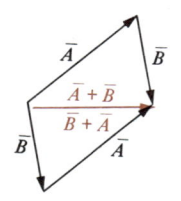

$\overline{A} + \overline{B}$
$\overline{B} + \overline{A}$

Fig. 8

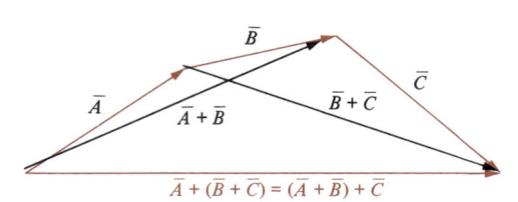

$\overline{A} + (\overline{B} + \overline{C}) = (\overline{A} + \overline{B}) + \overline{C}$

Fig. 9

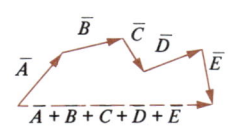

$\overline{A + B + C + D + E}$

Fig. 10

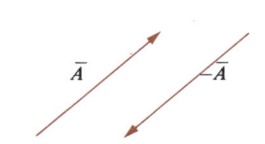

Fig. 11

Se permutarmos num vetor $\overline{A}$, a sua origem e extremidade, obtemos um vetor no sentido contrário chamado de *oposto* ou *simétrico* de $\overline{A}$ e escrito $-\overline{A}$ (Fig. 11). Evidentemente, se $\overline{A} = \overrightarrow{PQ}$, então $-\overline{A} = \overrightarrow{QP}$. Observe que a soma $\overrightarrow{PQ} + \overrightarrow{QP} = \overrightarrow{PP} = \overline{0}$, isto é, temos a propriedade

$$\overline{A} + (-\overline{A}) = \overline{0},$$

que expressa o fato de $-\overline{A}$ ser o *elemento oposto* ou *simétrico* de $\overline{A}$.

Vamos agora definir a operação da subtração de vetores através da equação

$$\overline{A} - \overline{B} = \overline{A} + (-\overline{B}).$$

Observe que $\overline{A} - \overline{B}$ é a solução $\overline{X}$ da equação vetorial $\overline{X} + \overline{B} = \overline{A}$ (problema 19); isto é, $\overline{A} - \overline{B}$ é o vetor que, quando somado a $\overline{B}$, dá $\overline{A}$ (Fig. 12). Mas, se $\overline{A}$ e $\overline{B}$ têm a mesma origem, como na Fig. 12, então $\overline{A} - \overline{B}$ é o vetor que liga suas extremidades e *que aponta na direção da extremidade de $\overline{A}$*. Nos referimos a este método de achar o vetor diferença $\overline{A} - \overline{B}$ geometricamente como a *regra do triângulo para subtração de vetores*.

EXEMPLO   Mostre geometricamente que $-(\overline{A} - \overline{B}) = \overline{B} - \overline{A}$.

SOLUÇÃO
A Fig. 12 mostra o vetor $\overline{A} - \overline{B}$. Seu oposto, $-(\overline{A} - \overline{B})$, é obtido invertendo seu sentido (Fig. 13); apesar disto, a regra do triângulo para subtração nos dá o mesmo vetor para $\overline{B} - \overline{A}$.

Além da identidade $-(\overline{A} - \overline{B}) = \overline{B} - \overline{A}$, temos as identidades $-(-\overline{A}) = \overline{A}$ e $-(\overline{A} + \overline{B}) = -\overline{A} - \overline{B}$, que são facilmente verificáveis geometricamente.

Resumindo para a adição de vetores temos as seguintes propriedades básicas:

1   $\overline{A} + \overline{B} = \overline{B} + \overline{A}$ (propriedade comutativa)

2   $\overline{A} + (\overline{B} + \overline{C}) = (\overline{A} + \overline{B}) + \overline{C}$ (propriedade associativa)

3   $\overline{A} + \overline{0} = \overline{A}$ (propriedade da identidade)

4   $\overline{A} + (-\overline{A}) = \overline{0}$ (propriedade do inverso)

Usando estas quatro propriedades básicas, além da definição de subtração de vetores, $\overline{A} - \overline{B} = \overline{A} + (-\overline{B})$, podemos desenvolver todas as identidades para adição e subtração de vetores por um processo puramente dedutivo; se bem que não pretendemos fazê-lo aqui. Apesar disso, a álgebra dos vetores é muito parecida com a álgebra escalar, e devemos tomar cuidado para não confundir vetores com escalares; por exemplo, uma equação do tipo $\overline{A} = 3$ fica sem significado desde que seu membro esquerdo seja um vetor e o direito um escalar.

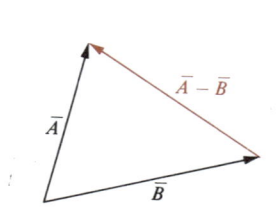

$\overline{A} - \overline{B}$

Fig. 12

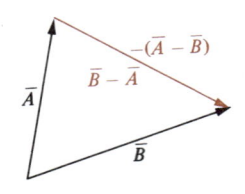

$-(\overline{A} - \overline{B})$
$\overline{B} - \overline{A}$

Fig. 13

Conjunto de Problemas 1

Nos problemas de 1 a 14, copie os vetores apropriados da Fig. 14 sobre umas folhas de papel, então determine cada vetor por meio de uma construção geométrica conveniente.

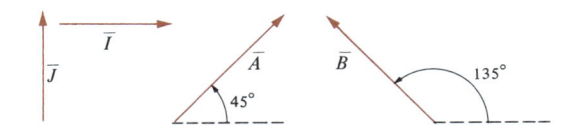

Fig. 14

1 $\bar{A} + \bar{B}$	**2** $\bar{A} + \bar{B} + \bar{I}$	**3** $\bar{I} + \bar{J}$	**4** $\bar{I} + \bar{I}$
5 $-\bar{A}$	**6** $-\bar{J}$	**7** $\bar{A} - \bar{B}$	**8** $\bar{I} - \bar{A}$
9 $\bar{I} - \bar{J}$	**10** $\bar{A} - \bar{B} + \bar{I} - \bar{J}$	**11** $\bar{A} - \bar{I} + \bar{B} - \bar{I}$	**12** $\bar{A} - \bar{B} - (\bar{I} - \bar{J})$
13 $\bar{A} - \bar{I} - (\bar{B} - \bar{I})$	**14** $\bar{A} - \bar{B} - \bar{I} - \bar{J}$		

15 Na Fig. 15, exprima o vetor $\bar{X}$ em função dos vetores $\bar{A}$, $\bar{B}$, $\bar{C}$ e $\bar{D}$.
16 Uma das diagonais do paralelogramo formado por dois vetores $\bar{A}$ e $\bar{B}$ é $\bar{A} + \bar{B}$. Expresse a outra diagonal em função de $\bar{A}$ e $\bar{B}$.

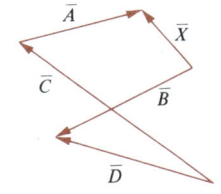

Nos problemas 17 e 18, resolva cada equação para o vetor $\bar{X}$.

17 $\bar{A} + \bar{X} + \bar{B} = \bar{0}$ **18** $(\bar{A} - \bar{X}) - (\bar{B} - \bar{X}) = \bar{C} - \bar{X}$

19 Mostre por um diagrama, ou de um outro modo qualquer, que a lei da transposição funciona para vetores; isto é, $\bar{X} + \bar{B} = \bar{A}$ é válido se e somente se $\bar{X} = \bar{A} - \bar{B}$.

Fig. 15

20 Um carro percorre 30 quilômetros em direção ao este, 40 quilômetros em direção ao norte e 30 quilômetros em direção ao este novamente. Desenhe um diagrama em escala e represente através de vetores os sucessivos deslocamentos do carro em questão. Some estes vetores usando a regra da extremidade à origem e determine então o deslocamento resultante deste carro.
21 Suponha que os quatro pontos distintos P, Q, R e S estejam todos sobre uma mesma reta. Se o vetor $\vec{PQ}$ tem a mesma direção que o vetor $\vec{RS}$, quais são as possíveis ordens para esses pontos de modo que pertençam à reta? (Por exemplo, S, Q, R, P significando primeiramente S, depois Q, R e finalmente P é uma possibilidade).
22 Em todos os nossos exercícios temos desenhado vetores — isto é, setas — como pertencentes a um plano dado. Haveria alguma modificação se as setas passassem a se deslocar no espaço?
23 O que há de errado com as seguintes equações?

(a) $\bar{A} - \bar{B} = 5$ (b) $\bar{A} + 3 = \bar{B}$ (c) $\bar{A} + \bar{B} = 0$

24 Faz sentido dizer que $\bar{A} > \bar{0}$?

2 Multiplicação de Vetores por Escalares

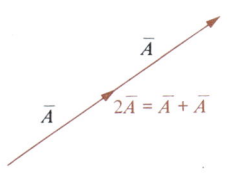

Fig. 1

Se $\bar{A}$ é um vetor, parece razoável nos campos algébricos se definir $2\bar{A}$ pela equação $2\bar{A} = \bar{A} + \bar{A}$. Usando a regra da extremidade à origem para se somar $\bar{A}$ consigo mesmo, achamos $2\bar{A}$, que tem a mesma direção que $\bar{A}$, mas que é duas vezes maior (Fig. 1). Generalizando, usamos as seguintes regras para multiplicar um vetor $\bar{A}$ por um escalar s:

1. Se $s > 0$, então $s\bar{A}$ é o vetor de mesma direção que $\bar{A}$, só que ''s'' vezes maior.
2. Se $s < 0$, então $s\bar{A}$ é o vetor de direção oposta que $\bar{A}$, só que ''$|s|$'' vezes maior.

Naturalmente entendemos que $s\bar{A} = 0$ se $s = 0$ ou $\bar{A} = \bar{0}$ (ou ambos).

A Fig. 2 nos mostra um vetor $\bar{A}$ e alguns de seus múltiplos escalares. Observe que $(-1)\bar{A} = -\bar{A}$. Generalizando,

$$(-s)\bar{A} = s(-\bar{A})$$

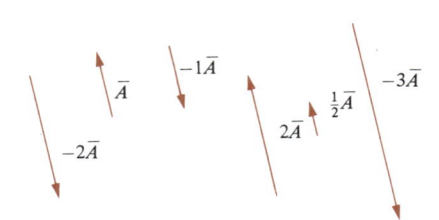

Fig. 2

vale para todo escalar s e todo o vetor $\bar{A}$. (Por quê?)

A multiplicação de um vetor por um escalar $s > 1$ ''amplia'' o vetor de um fator s, enquanto que a multiplicação de um escalar $0 < s < 1$ ''reduz'' o mesmo de um fator s. Se todos os vetores que aparecem em um diagrama (Fig. 3a) são multiplicados pelo mesmo escalar positivo s, $s \neq 1$, então o diagrama resultante é um diagrama ampliado (Fig. 3b) ou reduzido (Fig. 3c) em relação ao diagrama original, de acordo com $s > 1$ ou $s < 1$ respectivamente. Na Fig. 3, observe que $\bar{A} + \bar{B} = \bar{C}$ pela regra da extremidade à origem ou da mesma forma, $s\bar{A} + s\bar{B} = s\bar{C}$. Substituindo da primeira equação para a segunda, obtemos a importante propriedade distributiva $s\bar{A} + s\bar{B} = s(\bar{A} + \bar{B})$, $s > 0$. Agora suponha que $s > 0$ de modo que $-s < 0$. Usando a propriedade distributiva acima. obtemos

$$(-s)\bar{A} + (-s)\bar{B} = s(-\bar{A}) + s(-\bar{B}) = s[(-\bar{A}) + (-\bar{B})] = s[-(\bar{A} + \bar{B})]$$
$$= (-s)(\bar{A} + \bar{B});$$

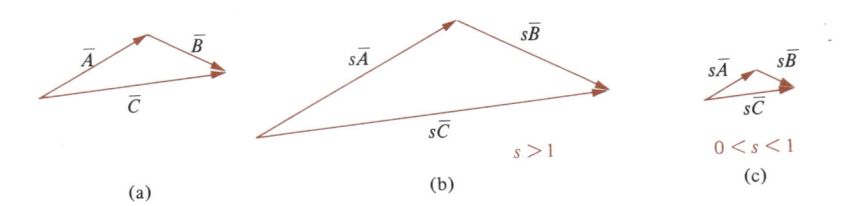

(a)   (b)   (c)

Fig. 3

daí, a propriedade distributiva funciona para escalares negativos do mesmo modo. Como obviamente funciona quando $s = 0$, temos

$$s\bar{A} + s\bar{B} = s(\bar{A} + \bar{B})$$

para escalares s e para todos os vetores $\bar{A}$ e $\bar{B}$.

Existe uma *segunda propriedade distributiva* utilizando-se dois escalares e um vetor

$$s\bar{A} + t\bar{A} = (s + t)\bar{A}.$$

Esta é uma conseqüência óbvia das regras para multiplicação por escalares quando s e t são ambos não-negativos. Se o leitor verificar os outros casos possíveis, ficará claro que a equação vale para todo escalar s e t.

Além das duas propriedades distributivas, temos um tipo de propriedade *associativa* para a multiplicação por um escalar.

$$(st)\overline{A} = s(t\overline{A}),$$

que pode ser confirmada geometricamente por simples consideração dos vários casos possíveis para s e t serem negativos, positivos ou nulos.

As propriedades básicas para multiplicação de um vetor por um escalar podem agora ser resumidas.

1   $(st)\overline{A} = s(t\overline{A})$ (Propriedade associativa)

2   $s(\overline{A} + \overline{B}) = s\overline{A} + s\overline{B}$ (Primeira propriedade da distributividade)

3   $(s + t)\overline{A} = s\overline{A} + t\overline{A}$ (Segunda propriedade da distributividade)

4   $1\overline{A} = \overline{A}$ (Propriedade da identidade multiplicativa)

Estas quatro propriedades, juntamente com as quatro propriedades básicas para adição de vetores (Seção 1), podem ser consideradas como postulados e usadas para dar um desenvolvimento puramente dedutivo da álgebra dos vetores. Se bem que não efetuamos tal desenvolvimento, nós agora comunicamos que não haverá realmente surpresas, e a utilização das regras da álgebra dos vetores vem a ser tão grande como a álgebra comum para os escalares. Algumas das regras importantes estão relacionadas abaixo:

5   $s(-\overline{A}) = (-s)\overline{A} = -(s\overline{A})$

6   $-\overline{A} = (-1)\overline{A}$

7   $0\overline{A} = \overline{0}$

8   $s\overline{0} = \overline{0}$

9   Se $s\overline{A} = \overline{0}$, então $s = 0$ ou $\overline{A} = \overline{0}$ (ou ambos).

10   $s(\overline{A} - \overline{B}) = s\overline{A} - s\overline{B}$

11   $(s - t)\overline{A} = s\overline{A} - t\overline{A}$

Se s é um escalar não-nulo e $\overline{A}$ é um vetor, a expressão $(1/s)\overline{A}$ é freqüentemente escrita como $\overline{A}/s$. Desse modo, quando falarmos em *dividir* o vetor $\overline{A}$ pelo escalar não-nulo s, queremos dizer multiplicar $\overline{A}$ por $1/s$.

EXEMPLO   Sejam P, Q e R três pontos em um plano e seja M o ponto médio do segmento de reta $\overrightarrow{PQ}$. Mostre que $\overrightarrow{RM} = 1/2\ (\overrightarrow{RP} + \overrightarrow{RQ})$ (Fig. 4).

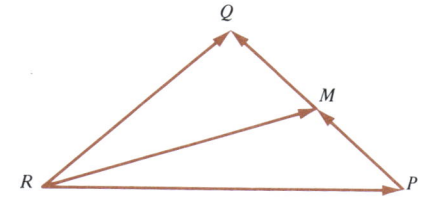

Fig. 4

SOLUÇÃO
Evidentemente, $\overrightarrow{PM} = 1/2\ \overrightarrow{PQ}$ pois M é médio de $\overrightarrow{PQ}$. Por conseguinte,

$$\overrightarrow{RM} = \overrightarrow{RP} + \overrightarrow{PM} \qquad \text{(regra da extremidade à origem)}$$
$$= \overrightarrow{RP} + \tfrac{1}{2}\overrightarrow{PQ} \qquad \text{(substituição de igualdades)}$$
$$= \overrightarrow{RP} + \tfrac{1}{2}(\overrightarrow{RQ} - \overrightarrow{RP}) \qquad \text{(regra do triângulo para subtração)}$$

$$= \overrightarrow{RP} + \tfrac{1}{2}\overrightarrow{RQ} - \tfrac{1}{2}\overrightarrow{RP} \qquad \text{(regra 10)}$$

$$= (1 - \tfrac{1}{2})\overrightarrow{RP} + \tfrac{1}{2}\overrightarrow{RQ} \qquad \text{(regra 11)}$$

$$= \tfrac{1}{2}\overrightarrow{RP} + \tfrac{1}{2}\overrightarrow{RQ} \qquad \text{(aritmética escalar)}$$

$$= \tfrac{1}{2}(\overrightarrow{RP} + \overrightarrow{RQ}) \qquad \text{(primeira propriedade distributiva).}$$

Para mostrarmos que os dois vetores $\bar{A}$ e $\bar{B}$ são *paralelos,* devemos mostrar que um deles (qualquer um) é um múltiplo escalar do outro. Realmente tomaremos isto como nossa definição oficial.

DEFINIÇÃO 1   **Paralelismo de vetores**

Diz-se que os vetores $\bar{A}$ e $\bar{B}$ são *paralelos* se existe um escalar s tal que $\bar{A} = s\bar{B}$ ou se existe um escalar t tal que $\bar{B} = t\bar{A}$. Dois vetores $\bar{A}$ e $\bar{B}$ que não são paralelos são ditos *linearmente independentes*.

Se $\bar{A} = s\bar{B}$, com $s > 0$, dizemos que $\bar{A}$ e $\bar{B}$ não são somente paralelos, mas que têm o *mesmo sentido;* mas se $\bar{A} = s\bar{B}$ com $s < 0$, dizemos que $\bar{A}$ e $\bar{B}$ são paralelos mas têm *sentidos contrários*.

Observemos três conseqüências simples da Definição 1. Primeiramente, qualquer vetor é paralelo a si mesmo. (Por quê?) Segundo, o vetor nulo é paralelo a todos os vetores porque, se $\bar{A}$ é um vetor qualquer, então $\bar{0} = 0\bar{A}$. (Isto é razoável, visto que o vetor nulo tem uma direção indeterminada.) Terceiro, se dois vetores são linearmente independentes, então nenhum dos dois pode ser nulo, visto que o vetor nulo é paralelo a todos os outros vetores.

O teorema seguinte mostra uma importante propriedade de dois vetores linearmente independentes (isto é, não-paralelos).

TEOREMA 1   **Independência linear de dois vetores**

Se $\bar{A}$ e $\bar{B}$ são vetores linearmente independentes, então os únicos escalares tais que $s\bar{A} + t\bar{B} = 0$ são $s = 0$ e $t = 0$.

PROVA

Suponha que $s\bar{A} + t\bar{B} = 0$, mas que pelo menos um destes escalares não seja nulo. Então se $s \neq 0$, temos $\dfrac{1}{s}(s\bar{A}) + \dfrac{1}{s}(t\bar{B}) = \dfrac{1}{s}\bar{0} = \bar{0}$, ou $\bar{A} + \dfrac{t}{s}\bar{B} = \bar{0}$; isto é, $\bar{A} = \left(-\dfrac{t}{s}\right)\bar{B}$.

Analogamente se $t \neq 0$, temos $\bar{B} = (-s/t)\bar{A}$. Em qualquer dos casos, os vetores A e B são paralelos — daí, por definição, não são linearmente independentes. Portanto, se $\bar{A}$ e $\bar{B}$ são linearmente independentes, a equação $s\bar{A} + t\bar{B} = 0$ só vale se $s = t = 0$.

EXEMPLO   Suponha que $\bar{A}$ e $\bar{B}$ sejam linearmente independentes e que

$$(3x - y)\bar{A} + (1 - x)\bar{B} = 7\bar{A} + y\bar{B}.$$

Calcule x e y.

SOLUÇÃO
Da equação dada temos

$$(3x - y)\bar{A} - 7\bar{A} + (1 - x)\bar{B} - y\bar{B} = \bar{0}$$

ou

$$(3x - y - 7)\bar{A} + (1 - x - y)\bar{B} = \bar{0}.$$

Como $\bar{A}$ e $\bar{B}$ são linearmente independentes, o Teorema 1 implica que

$$\begin{cases} 3x - y - 7 = 0 \\ 1 - x - y = 0. \end{cases}$$

Resolvendo este sistema de equações escalares a duas incógnitas, achamos $x = 2$ e $y = -1$.

Uma expressão da forma $s\vec{A} + t\vec{B}$ é denominada *combinação linear* dos vetores $\vec{A}$ e $\vec{B}$ com *coeficientes* s e t. Dizer que $\vec{A}$ e $\vec{B}$ são linearmente independentes é equivalente a dizer que o único modo de se obter $\vec{0}$ como uma combinação linear de $\vec{A}$ e $\vec{B}$ é fazendo ambos os coeficientes iguais a zero (problema 28).

2.1 Vetores da base canônica

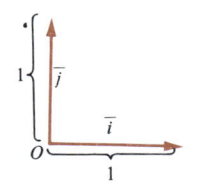

Fig. 5

Lidando com vetores em um plano, é freqüentemente útil escolher-se dois vetores perpendiculares de comprimento unitário e representar todos os outros vetores do plano pela combinação linear destes dois vetores. Os dois vetores escolhidos, denominados *vetores de base* (ou *básicos*), são comumente denotados por $\vec{i}$ e $\vec{j}$ (Fig. 5). Em nossos diagramas, usualmente tomamos $\vec{i}$ como um vetor horizontal apontando para a direita e $\vec{j}$ um vetor vertical apontando para cima. Apesar disso, $\vec{i}$ e $\vec{j}$ podem ser deslocados no plano como todos os vetores, assim sendo, podemos representá-los comumente com a mesma origem O.

Naturalmente, se tivermos um sistema de coordenadas cartesianas ou polares previamente estabelecido no plano, tomamos O para ser a origem ou o pólo. A base $\vec{i}, \vec{j}$ é denominada *base canônica*. Observe que $\vec{i}$ e $\vec{j}$ são linearmente independentes.

Para ver que qualquer vetor $\vec{R}$ do plano pode ser representado por uma combinação linear de $\vec{i}$ e $\vec{j}$, argumentamos da seguinte forma: Faça com que $\vec{i}$ recaia sobre o eixo positivo x e $\vec{j}$ recaia sobre o eixo positivo y. Desloque o vetor $\vec{R}$ dado de modo que sua origem coincida com a origem O e que sua extremidade seja o ponto $P = (x; y)$.

Trace perpendiculares do ponto P aos eixos x e y, encontrando os eixos, respectivamente, nos pontos $S = (x; 0)$ e $T = (0; y)$ (Fig. 6). Se $x > 0$, então $x\vec{i}$ é um vetor de mesma direção que $\vec{i}$, só que x vezes maior; daí $x\vec{i} = \overrightarrow{OS}$ se $x \leq 0$ também teremos $x\vec{i} = \overrightarrow{OS}$. (Por quê?) Analogamente $y\vec{j} = \overrightarrow{OT}$. Pela regra do paralelogramo,

$$\vec{R} = \overrightarrow{OP} = \overrightarrow{OS} + \overrightarrow{OT} = x\vec{i} + y\vec{j};$$

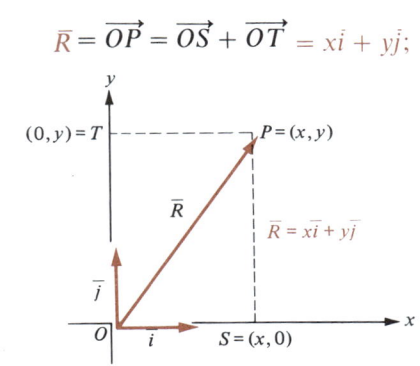

Fig. 6

daí, $\vec{R}$ é expresso como uma combinação linear de $\vec{i}$ e $\vec{j}$. Os números x e y são denominados os *componentes* (escalares) do vetor $\vec{R}$ em relação à base canônica $\vec{i}, \vec{j}$. Observe que estas componentes são simplesmente as coordenadas da extremidade de $\vec{R}$ quando sua origem se encontra na origem dos eixos coordenados.

Agora suponha que $\vec{A} = \overrightarrow{P_1 P_2}$, onde $P_1 = (x_1; y_1)$ e $P_2 = (x_2; y_2)$ (Fig. 7). Então $\overrightarrow{OP_1} = x_1\vec{i} + y_1\vec{j}$ e $\overrightarrow{OP_2} = x_2\vec{i} + y_2\vec{j}$; daí, pela regra do triângulo para subtração,

$$\vec{A} = \overrightarrow{P_1 P_2} = \overrightarrow{OP_2} - \overrightarrow{OP_1}$$
$$= (x_2\vec{i} + y_2\vec{j}) - (x_1\vec{i} + y_1\vec{j})$$
$$= x_2\vec{i} + y_2\vec{j} - x_1\vec{i} - y_1\vec{j}$$
$$= x_2\vec{i} - x_1\vec{i} + y_2\vec{j} - y_1\vec{j}$$
$$= (x_2 - x_1)\vec{i} + (y_2 - y_1)\vec{j}.$$

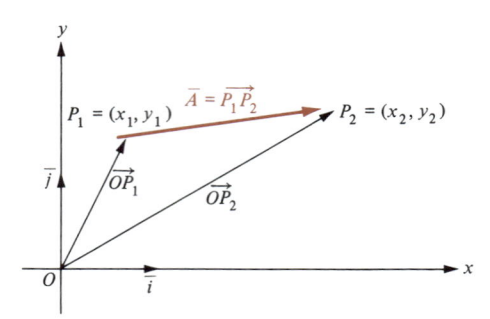

Fig. 7

Em palavras, as componentes escalares do vetor $\overrightarrow{P_1 P_2}$ são as diferenças entre as coordenadas de P_2 e as correspondentes de P_1.

EXEMPLOS 1 Se $P = (-2; 5)$ e $Q = (7; 3)$, represente os vetores $\overrightarrow{OP}$ e $\overrightarrow{PQ}$ em relação à base canônica.

SOLUÇÃO

$$\overrightarrow{OP} = -2i + 5j \quad \text{e} \quad \overrightarrow{PQ} = [7 - (-2)]i + [3 - 5]j = 9i - 2j.$$

2 Use vetores para determinar as coordenadas de um ponto a 3/4 da distância entre $(-5; -9)$ e $(7; 7)$.

SOLUÇÃO
Marque $P = (-5; -9)$ e Q $(7; 7)$. Seja $R(x, y)$ o ponto desejado (Fig. 8), de modo que $\overrightarrow{PR} = 3/4 \overrightarrow{PQ}$. Agora, $\overrightarrow{OR} = \overrightarrow{OP} + \overrightarrow{PR} = \overrightarrow{OP} + 3/4 \overrightarrow{PQ}$. Como

$$\overrightarrow{OR} = xi + yj, \quad \overrightarrow{OP} = -5i - 9j, \quad \text{e}$$
$$\overrightarrow{PQ} = [7 - (-5)]i + [7 - (-9)]j = 12i + 16j,$$

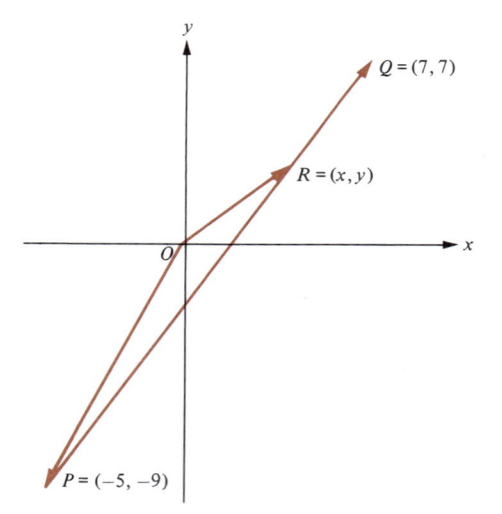

Fig. 8

a equação $\overrightarrow{OR} = \overrightarrow{OP} + 3/4 \overrightarrow{PQ}$ pode ser colocada na forma

$$xi + yj = -5i - 9j + \frac{3}{4}(12i + 16j)$$
$$= -5i - 9j + 9i + 12j$$
$$= 4i + 3j.$$

Então

$$(x - 4)\vec{i} + (y - 3)\vec{j} = \vec{0}.$$

Visto que $\vec{i}$ e $\vec{j}$ são linearmente independentes, a última equação implica que $x - 4 = 0$ e $y - 3 = 0$. Portanto $(x; y) = (4; 3)$.

3 Mostre que, se dois vetores são iguais, então suas componentes também o são.

SOLUÇÃO
Se $x\vec{i} + y\vec{j} = a\vec{i} + b\vec{j}$, então $(x - a)\,\vec{i} + (y - b)\,\vec{j} = \vec{0}$. Visto que $\vec{i}$ e $\vec{j}$ são linearmente independentes, a última equação implica que $x - a = 0$ e $y - b = 0$; isto é, $x = a$ e $y = b$.

Cálculos com vetores dados através das componentes são realmente muito simples, pois os vetores podem ser somados, subtraídos ou multiplicados por escalares apenas somando, subtraindo ou multiplicando por um escalar os componentes respectivos. De fato, se $\vec{A} = a\vec{i} + b\vec{j}$ e $\vec{B} = c\vec{i} + d\vec{j}$, temos

1   $\vec{A} + \vec{B} = (a + c)\vec{i} + (b + d)\vec{j}.$
2   $\vec{A} - \vec{B} = (a - c)\vec{i} + (b - d)\vec{j}.$
3   $t\vec{A} = (ta)\vec{i} + (tb)\vec{j}.$

Estes fatos são facilmente verificáveis usando as identidades de soma e multiplicação de vetores por escalares; por exemplo, para confirmar a segunda equação, calculamos como se segue:

$$\vec{A} - \vec{B} = \vec{A} + (-\vec{B}) = a\vec{i} + b\vec{j} - c\vec{i} - d\vec{j} = a\vec{i} - c\vec{i} + b\vec{j} - d\vec{j}$$
$$= (a - c)\vec{i} + (b - d)\vec{j}.$$

EXEMPLO   Se $\vec{A} = 2\vec{i} + 17\vec{j}$ e $\vec{B} = 13\vec{i} - 3\vec{j}$, ache (a) $\vec{A} + \vec{B}$, (b) $-7\vec{A}$, e (c) $-7\vec{A} - \vec{B}$ em função de suas componentes.

SOLUÇÃO

(a) $\vec{A} + \vec{B} = (2 + 13)\vec{i} + (17 - 3)\vec{j} = 15\vec{i} + 14\vec{j}.$
(b) $-7\vec{A} = -7(2\vec{i} + 17\vec{j}) = -14\vec{i} - 119\vec{j}.$
(c) $-7\vec{A} - \vec{B} = (-14\vec{i} - 119\vec{j}) - (13\vec{i} - 3\vec{j})$
$$= (-14 - 13)\vec{i} + (-119 + 3)\vec{j} = -27\vec{i} - 116\vec{j}.$$

Se fixarmos uma base padrão $\vec{i}, \vec{j}$, então um vetor $\vec{A} = x\vec{i} + y\vec{j}$ ambas determinam e são determinadas por sua componentes escalares x e y. Por esta razão, o vetor $\vec{A} = x\vec{i} + y\vec{j}$ é algumas vezes denotado pelo par ordenado $\langle x, y \rangle$ de suas componentes e escrito $\vec{A} = \langle x, y \rangle$. Assim, no exemplo anterior tínhamos $\vec{A} = \langle 2, 17 \rangle$ e $\vec{B} = \langle 13, -3 \rangle$, daí

$$\vec{A} + \vec{B} = \langle 2 + 13, 17 - 3 \rangle = \langle 15, 14 \rangle, \quad -7\vec{A} = \langle -14, -119 \rangle,$$
$$-7\vec{A} - \vec{B} = \langle -14 - 13, -119 + 3 \rangle = \langle -27, -116 \rangle.$$

O leitor poderá utilizar a notação de par ordenado para vetores sempre que lhe parecer conveniente.

Conjunto de Problemas 2

Nos problemas 1 a 5, utilizando os vetores apropriados da Fig. 9, determine cada vetor através de uma construção geométrica conveniente.

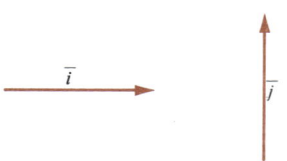
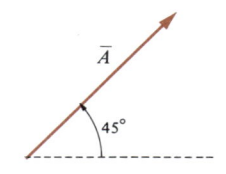
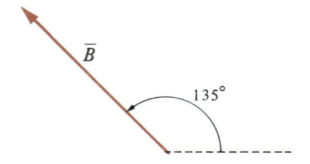

Fig. 9

1 $2i$

2 $2i + 3j$

3 $i - \frac{1}{2}j$

4 $\dfrac{\bar{A} + \bar{B}}{2}$

5 $3(\bar{A} - \bar{B}) - 2i$

6 Na Fig. 10, $PQRS$ é um quadrado e T é o ponto médio de $\overline{SR}$. Expresse $\overrightarrow{PT}$ em função de $\overrightarrow{PQ}$ e $\overrightarrow{QR}$.

7 Sejam $\bar{A} = \overrightarrow{PQ}$; $\bar{B} = \overrightarrow{PR}$ e $\bar{C} = \overrightarrow{PS}$, onde S pertence ao segmento de reta $\overrightarrow{QR}$ e está a 3/8 da distância de Q a R (Fig. 11). Determine $\bar{C}$ em função de $\bar{A}$ e $\bar{B}$.

8 Generalize o problema 7, trocando 3/8 por uma fração qualquer t, $0 < t < 1$.

Nos problemas 9 e 10, seja $\bar{A} = 4\bar{i} + 2\bar{j}$, $\bar{B} = -3\bar{i} + 4\bar{j}$, e $\bar{C} = -5\bar{i} + 7\bar{j}$.

9 Ache (a) $\bar{A} + \bar{B}$; (b) $\bar{A} - \bar{B}$.

10 Ache (a) $2\bar{A} + 3\bar{B}$; (b) $7\bar{A} - 5\bar{C}$.

Nos problemas 11 e 12, seja $\bar{A} = \langle 4, 2 \rangle$, $\bar{B} = \langle -3, 4 \rangle$ e $\bar{C} = \langle -5, 7 \rangle$.

11 Ache (a) $5\bar{B} + 2\bar{C}$; (b) $4\bar{B} - \bar{C}$.

12 Ache (a) $3\bar{A} + 4\bar{C}$; (b) $5\bar{A} - 2\bar{C}$.

Nos problemas de 13 a 19, seja $\bar{A} = 2\bar{i} + 7\bar{j}$, $\bar{B} = \bar{i} - 6\bar{j}$, e $\bar{C} = -5\bar{i} + 10\bar{j}$.

13 Ache:

(a) $\bar{A} + \bar{B}$ (b) $\bar{A} - \bar{B}$ (c) $\dfrac{\bar{A} + \bar{B}}{2} - \dfrac{2}{5}\bar{C}$ (d) $s\bar{A} + t\bar{B} + u\bar{C}$

14 Mostre que $\bar{A}$ e $\bar{B}$ são linearmente independentes.

15 Ache escalares s e t tais que $s\bar{A} + t\bar{B} = \bar{C}$.

16 Mostre que todos os vetores do plano podem ser obtidos como uma combinação linear de $\bar{A}$ e $\bar{B}$.

17 Resolva a equação vetorial $(3x + 4y - 12)\bar{A} + (3x - 8y)\bar{B} = \bar{0}$ para x e y.

18 Ache o escalar s tal que $s\bar{A} + \bar{B}$ seja paralelo a $\bar{C}$.

19 Resolva a equação vetorial $(x - y)\bar{A} = (3x + 2y)\bar{B} - \bar{A}$ para x e y.

20 Na Fig. 12, seja $\bar{A} = \overrightarrow{PQ}$, $\bar{B} = \overrightarrow{PR}$, $\overrightarrow{PS} = 5\bar{A}$, e $\overrightarrow{PT} = 3\bar{B}$. Determine cada um dos seguintes vetores em função de $\bar{A}$ e $\bar{B}$. (a) $\overrightarrow{QR}$ (b) $\overrightarrow{QS}$ (c) $\overrightarrow{ST}$ (d) $\overrightarrow{SR}$ (e) $\overrightarrow{QM}$ (f) $\overrightarrow{MS}$

21 Sejam $O = (0,0)$, $P = (3,6)$, $Q = (-1,3)$, $R = (-7, -1)$, e $S = (3, -6)$ pontos do plano xy. Determine as componentes (escalares) de cada um dos vetores abaixo em relação à base.

(a) $\overrightarrow{OP}$ (b) $\overrightarrow{OQ}$ (c) $\overrightarrow{PQ}$ (d) $\overrightarrow{QP}$ (e) $\overrightarrow{PR}$

(f) $\overrightarrow{RS}$ (g) $\overrightarrow{PQ} + \overrightarrow{RS}$ (h) $3\overrightarrow{QR} - 5\overrightarrow{SP}$

22 Seja $ABCD$ um quadrilátero e sejam P, Q, R e S os pontos médios de $\overline{AB}$; $\overline{BC}$; $\overline{CD}$; $\overline{DA}$, respectivamente. Prove, vetorialmente, que $PQRS$ é um paralelogramo.

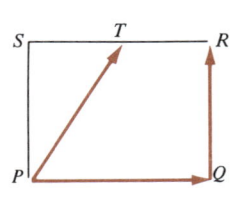

Fig. 10

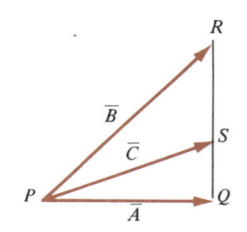

Fig. 11

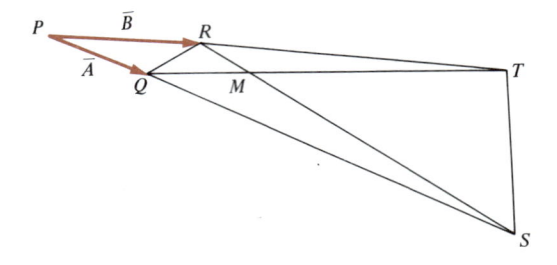

Fig. 12

23 Utilizando métodos vetoriais, prove que as diagonais de um paralelogramo se cortam ao meio.

24 Nesta seção temos tratado com vetores do *plano*. Quais as considerações, se é que existem, que dependem disto de modo essencial.

25 Sejam P e Q dois pontos fixos distintos no plano cartesiano. Se O é a origem e t uma variável escalar, seja R o ponto tal que $\overrightarrow{OR} = \overrightarrow{OP} + t\overrightarrow{PQ}$. Descreva o lugar geométrico do ponto R quando t varia. Esboce um diagrama.

26 Se $\bar{A}$ e $\bar{B}$ são dois vetores fixos linearmente independentes do plano, dê uma construção geométrica para mostrar como se acha escalares s e t tais que $s\bar{A} + t\bar{B} = \bar{C}$, onde $\bar{C}$ é um vetor arbitrário do plano.

27 Se $\bar{A} = u\bar{B}$, onde u é um escalar, mostre que existem escalares s e t ambos não nulos, tais que $s\bar{A} + t\bar{B} = \bar{0}$.

28 Mostre que dois vetores $\bar{A}$ e $\bar{B}$ são linearmente independentes se, e somente se, o único modo de se obter $\bar{0}$ como combinação linear de $\bar{A}$ e $\bar{B}$ é fazer ambos os coeficientes iguais a zero.

3 Produto Escalar, Comprimentos e Ângulos

Nas Seções 1 e 2 vimos que os vetores podem ser somados, subtraídos e multiplicados por escalares. Os vetores também podem multiplicar vetores; de fato, existem vários produtos diferentes definidos para vetores, cada um deles com sua notação particular. Um dos mais úteis é o *"produto escalar"* de dois vetores $\bar{A}$ e $\bar{B}$, que é assim denominado tendo em vista que o resultado da operação é um escalar (e não um vetor) e sua notação é $\bar{A} \cdot \bar{B}$. Nesta seção definiremos e estudaremos o produto escalar (também denominado *produto interno*) e calcularemos o comprimento de vetores, ângulos entre vetores e projeções de vetores sobre outros vetores, usando o produto escalar.

Começaremos com uma definição geométrica de produto escalar.

DEFINIÇÃO 1 **Produto escalar de vetores**

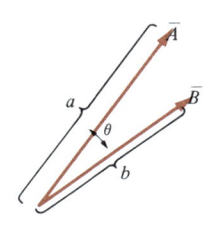

Fig. 1

Sejam $\bar{A}$ e $\bar{B}$ dois vetores com comprimentos (amplitudes) a e b, respectivamente, e seja θ o ângulo entre $\bar{A}$ e $\bar{B}$ (Fig. 1). Então o *produto escalar* de $\bar{A}$ e $\bar{B}$ é definido por

$$\bar{A} \cdot \bar{B} = ab \cos \theta.$$

(Se $\bar{A}$ ou $\bar{B}$ for o vetor nulo, o ângulo θ é indeterminado; mas neste caso $a = 0$ ou $b = 0$ de modo que $\bar{A} \cdot \bar{B} = 0$.)

Observe que o produto escalar de dois vetores é um *escalar* e não um vetor. Para medir o ângulo θ entre os vetores $\bar{A}$ e $\bar{B}$, podemos sempre deslocar $\bar{A}$ e $\bar{B}$, de modo que estes tenham uma origem comum (como na Fig. 1) e então usamos um transferidor como de hábito. Expressamos ângulos em graus ou radianos.

EXEMPLO Se o comprimento de $\bar{A}$ é de 5 unidades de comprimento e o de $\bar{B}$ é de 4, calcule $\dot{A} \cdot \bar{B}$ dado que o ângulo θ entre eles é: (a) $\theta = 0$, (b) $\theta = \dfrac{\pi}{2}$, e (c) $\theta = \dfrac{5\pi}{6}$.

SOLUÇÃO

(a) $\bar{A} \cdot \bar{B} = (5)(4) \cos 0 = (5)(4)(1) = 20.$

(b) $\bar{A} \cdot \bar{B} = (5)(4) \cos (\pi/2) = (5)(4)(0) = 0.$

(c) $\bar{A} \cdot \bar{B} = (5)(4) \cos (5\pi/6) = (5)(4)(-\sqrt{3}/2) = -10\sqrt{3}.$

Agora suponha que $\bar{A}$ seja um vetor não-nulo de comprimento a. Como o ângulo entre $\bar{A}$ e si mesmo é zero, $\bar{A} \cdot \bar{A} = aa \cos 0 = a^2$; logo, $a = \sqrt{\bar{A} \cdot \bar{A}}$. Por outro lado, se $\bar{A} = \bar{0}$, então $\bar{A} \cdot \bar{A} = 0$ e $\sqrt{\bar{A} \cdot \bar{A}}$ ainda dá o comprimento de $\bar{A}$. Usamos o símbolo $|\bar{A}|$ para o *comprimento* ou *norma* do vetor $\bar{A}$; daí termos as fórmulas

$$\bar{A} \cdot \bar{A} = |\bar{A}|^2 \quad \text{e} \quad |\bar{A}| = \sqrt{\bar{A} \cdot \bar{A}}.$$

Usando a notação $|\bar{A}|$ e $|\bar{B}|$ para os comprimentos dos vetores $\bar{A}$ e $\bar{B}$, podemos agora estabelecer a fórmula do produto escalar como

$$\bar{A} \cdot \bar{B} = |\bar{A}| |\bar{B}| \cos \theta, \qquad \text{onde } \theta \text{ é o ângulo entre } \bar{A} \text{ e } \bar{B}.$$

EXEMPLO   Sejam $\bar{i}$ e $\bar{j}$ os vetores de base canônica do plano xy. Ache $\bar{i} \cdot \bar{i}$, $\bar{j} \cdot \bar{j}$ e $\bar{i} \cdot \bar{j}$.

SOLUÇÃO
Como $|\bar{i}| = 1$, segue-se que $\bar{i} \cdot \bar{i} = |\bar{i}|^2 = 1^2 = 1$. De modo análogo, $\bar{j} \cdot \bar{j} = 1$. O ângulo entre $\bar{i}$ e $\bar{j}$ é $\pi/2$ radianos; daí $\bar{i} \cdot \bar{j} = |\bar{i}| |\bar{j}| \cos (\pi/2) = (1)(1)(0) = 0$.

3.1 Propriedades do produto escalar

Sejam $\bar{A}$ e $\bar{D}$ vetores não-nulos que determinam um ângulo agudo θ como na Fig. 2. Então, traçando perpendiculares das extremidades de $\bar{A}$ sobre a linha reta que passa por $\bar{D}$, corte um segmento $\overline{ST}$ de comprimento

$$|\overline{ST}| = |\overline{PQ}| = |\overline{PR}| \cos \theta = |\bar{A}| \cos \theta.$$

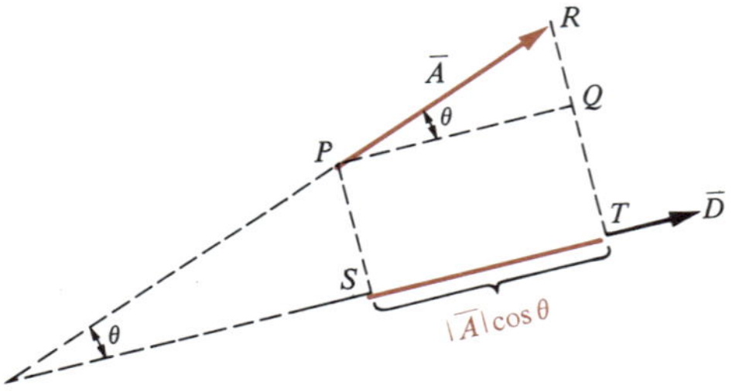

Fig. 2

O número $|\bar{A}| \cos \theta$ é chamado a *componente escalar de $\bar{A}$ sobre $\bar{D}$* ou a *projeção escalar de $\bar{A}$ sobre $\bar{D}$*. Se $\bar{A}$ e $\bar{D}$ fazem um ângulo obtuso θ, então $\pi/2 < \theta < \pi$; cos $\theta < 0$, aí a componente escalar de $\bar{A}$ sobre $\bar{D}$ é negativa. Como $\bar{A} \cdot \bar{D} = |\bar{A}| |\bar{D}| \cos \theta = (|\bar{A}| \cos \theta)|\bar{D}|$, segue-se que o produto escalar de dois vetores é a componente escalar do primeiro vetor sobre o segundo vezes o comprimento do segundo.

Note também que a componente escalar de $\bar{A}$ sobre $\bar{D}$ é dada por

$$\frac{\bar{A} \cdot \bar{D}}{|\bar{D}|}.$$

(Por quê?) Um olhar na Fig. 3 mostra que a soma das componentes escalares de $\bar{A}$ e $\bar{B}$ na direção de $\bar{D}$ é igual à componente escalar de $\bar{A} + \bar{B}$ sobre $\bar{D}$, de modo que

$$\frac{\bar{A} \cdot \bar{D}}{|\bar{D}|} + \frac{\bar{B} \cdot \bar{D}}{|\bar{D}|} = \frac{(\bar{A} + \bar{B}) \cdot \bar{D}}{|\bar{D}|};$$

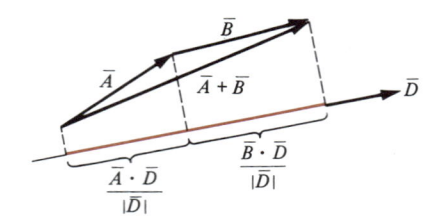

Fig. 3

isto é, componentes escalares são *aditivas* (o leitor poderia verificar diagramas apropriados para ver que componentes escalares são aditivos em todos os casos, mesmo quando alguns dos ângulos forem obtusos). Multiplicando ambos os membros da última equação por $|\bar{D}|$, obtemos a importante *propriedade distributiva* para o produto escalar.

$$(\bar{A} + \bar{B}) \cdot \bar{D} = \bar{A} \cdot \bar{D} + \bar{B} \cdot \bar{D}.$$

Da regra para o produto de um vetor por um escalar, temos $|s\bar{A}| = |s|\,|\bar{A}|$ para todos escalares s e todos vetores $\bar{A}$. Se θ é o ângulo entre $\bar{A}$ e $\bar{B}$ e se s é um escalar positivo, então θ será ainda o ângulo entre $s\bar{A}$ e $\bar{B}$, daí

$$(s\bar{A}) \cdot \bar{B} = |s\bar{A}|\,|\bar{B}| \cos\theta = |s|\,|\bar{A}|\,|\bar{B}| \cos\theta = |s|(\bar{A} \cdot \bar{B}) = s(\bar{A} \cdot \bar{B}).$$

Por outro lado, se s é negativo, então $s\bar{A}$ determina um ângulo $\pi - \theta$ com $\bar{B}$ (Fig. 4) e temos

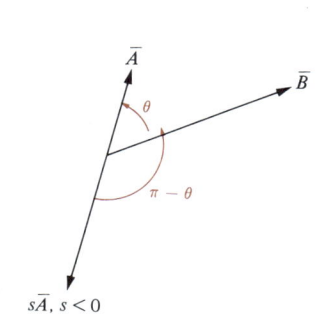

Fig. 4

$$\begin{aligned}
(s\bar{A}) \cdot \bar{B} &= |s\bar{A}|\,|\bar{B}| \cos(\pi - \theta) \\
&= |s|\,|\bar{A}|\,|\bar{B}|(-\cos\theta) \\
&= (-s)|\bar{A}|\,|\bar{B}|(-\cos\theta) \\
&= s|\bar{A}|\,|\bar{B}| \cos\theta \\
&= s(\bar{A} \cdot \bar{B}).
\end{aligned}$$

Conseqüentemente $(s\bar{A}) \cdot \bar{B} = s(\bar{A} \cdot \bar{B})$ vale para $s \neq 0$. Como esta equação também vale quando $s = 0$, temos a *propriedade homogênea* para o produto escalar

$$(s\bar{A}) \cdot \bar{B} = s(\bar{A} \cdot \bar{B}).$$

Como conseqüência desta propriedade podemos simplesmente escrever $s\bar{A} \cdot \bar{B}$, sem parênteses.

Podemos agora apresentar as quatro propriedades básicas que governam o comportamento do produto escalar

1   $\bar{A} \cdot \bar{B} = \bar{B} \cdot \bar{A}$ (propriedade comutativa)

2   $(\bar{A} + \bar{B}) \cdot \bar{D} = \bar{A} \cdot \bar{D} + \bar{B} \cdot \bar{D}$ (propriedade distributiva)

3   $(s\bar{A}) \cdot \bar{B} = s(\bar{A} \cdot \bar{B})$ (propriedade homogênea)

4   $\bar{A} \cdot \bar{A} \geq 0$ e $\bar{A} \cdot \bar{A} = 0$ somente se $\bar{A} = \bar{0}$ (propriedade do definido positivo).

A propriedade comutativa é uma conseqüência de $|\bar{A}|\,|\bar{B}| \cos\theta = |\bar{B}|\,|\bar{A}| \cos\theta$, e a propriedade do definido positivo é uma conseqüência do fato de que $\bar{A} \cdot \bar{A} = |\bar{A}|^2$.

Todas as propriedades do produto escalar e da norma de vetores podem ser deduzidas das quatro propriedades básicas juntamente com as identidades desenvolvidas nas Seções 1 e 2. Algumas dessas propriedades são como se segue

5   $\bar{D} \cdot (\bar{A} + \bar{B}) = \bar{D} \cdot \bar{A} + \bar{D} \cdot \bar{B}$

6   $(\bar{A} - \bar{B}) \cdot \bar{D} = \bar{A} \cdot \bar{D} - \bar{B} \cdot \bar{D}$

7   $\bar{D} \cdot (\bar{A} - \bar{B}) = \bar{D} \cdot \bar{A} - \bar{D} \cdot \bar{B}$

8   $(s\bar{A}) \cdot (t\bar{B}) = st(\bar{A} \cdot \bar{B})$

9   $(-\bar{A}) \cdot \bar{B} = -(\bar{A} \cdot \bar{B}) = \bar{A} \cdot (-\bar{B})$

10   $|\bar{A} \cdot \bar{B}| \leq |\bar{A}|\,|\bar{B}|$ (Desigualdade de Schwartz)

11   $|\bar{A} + \bar{B}| \leq |\bar{A}| + |\bar{B}|$ (Desigualdade do Triângulo)

12   $|\bar{A}| = |-\bar{A}|$

13   $|s\bar{A}| = |s|\,|\bar{A}|$

EXEMPLOS 1 Verifique a identidade $\bar{D} \cdot (\bar{A} - \bar{B}) = \bar{D} \cdot \bar{A} - \bar{D} \cdot \bar{B}$ usando somente as quatro propriedades básicas para o produto escalar e a álgebra vetorial.

SOLUÇÃO

$$\bar{D} \cdot (\bar{A} - \bar{B}) = (\bar{A} - \bar{B}) \cdot \bar{D} \qquad \text{(propriedade comutativa)}$$
$$= [\bar{A} + (-\bar{B})] \cdot \bar{D} \qquad \text{(definição de subtração)}$$
$$= \bar{A} \cdot \bar{D} + (-\bar{B}) \cdot \bar{D} \qquad \text{(propriedade distributiva)}$$
$$= \bar{A} \cdot \bar{D} + [(-1)\bar{B}] \cdot \bar{D} \qquad \text{(álgebra vetorial)}$$
$$= \bar{A} \cdot \bar{D} + (-1)(\bar{B} \cdot \bar{D}) \qquad \text{(propriedade homogênea)}$$
$$= \bar{D} \cdot \bar{A} + (-1)(\bar{D} \cdot \bar{B}) \qquad \text{(propriedade comutativa)}$$
$$= \bar{D} \cdot \bar{A} - \bar{D} \cdot \bar{B} \qquad \text{(aritmética escalar)}$$

2 Dê uma interpretação geométrica para a desigualdade triangular $|\bar{A} + \bar{B}| \leqslant |\bar{A}| + |\bar{B}|$.

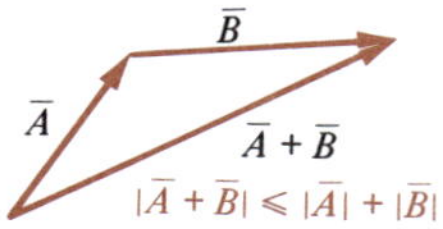

Fig. 5

SOLUÇÃO
Usando a regra da extremidade à origem para adição de vetores, vemos que $\bar{A}, \bar{B}$ e $\bar{A} + \bar{B}$ formam três lados de um triângulo (Fig. 5). Portanto, a regra do triângulo diz que o comprimento $|\bar{A} + \bar{B}|$ de um lado de um triângulo não pode exceder à soma dos comprimentos $|\bar{A}| + |\bar{B}|$ dos outros dois lados.

3.2 Produto escalar de vetores do plano cartesiano

O teorema seguinte estabelece uma fórmula conveniente ao cálculo do produto escalar entre dois vetores dados através das suas componentes.

TEOREMA 1 **Produtos escalares de vetores dados pelas componentes em relação à base canônica do plano**

Se $\bar{A} = ai + bj$ e $\bar{B} = ci + dj$, então $\bar{A} \cdot \bar{B} = ac + bd$.

PROVA
Usando as propriedades distributiva e homogênea, temos:

$$\bar{A} \cdot \bar{B} = (a\bar{i} + b\bar{j}) \cdot \bar{B} = (ai) \cdot \bar{B} + (bj) \cdot \bar{B} = a(\bar{i} \cdot \bar{B}) + b(j \cdot \bar{B}).$$

Para calcular $\bar{i} \cdot \bar{B}$, observe que $\bar{i} \cdot \bar{i} = 1$ e $\bar{i} \cdot \bar{j} = 0$ (Por quê?); daí

$$\bar{i} \cdot \bar{B} = \bar{i} \cdot (c\bar{i} + dj) = \bar{i} \cdot (c\bar{i}) + \bar{i} \cdot (dj) = c(\bar{i} \cdot \bar{i}) + d(\bar{i} \cdot \bar{j}) = c.$$

Analogamente

$$\bar{j} \cdot \bar{B} = \bar{j} \cdot (c\bar{i} + d\bar{j}) = \bar{j} \cdot (c\bar{i}) + \bar{j} \cdot (d\bar{j}) = c(\bar{j} \cdot \bar{i}) + d(\bar{j} \cdot \bar{j}) = d,$$

pois $\bar{j} \cdot \bar{i} = 0$ e $\bar{j} \cdot \bar{j} = 1$ (Por quê?). Segue-se que

$$\bar{A} \cdot \bar{B} = a(\bar{i} \cdot \bar{B}) + b(j \cdot B) = ac + bd.$$

Em palavras, o Teorema 1 estabelece que o produto escalar entre dois vetores é a soma dos produtos de suas componentes escalares correspondentes. Usando a notação de pares ordenados temos

$$\langle a, b \rangle \cdot \langle c, d \rangle = ac + bd.$$

EXEMPLO Seja $\bar{A} = 2\bar{i} + 3\bar{j}$ e $B = 4\bar{i} - 5\bar{j}$. Calcule (a) $\bar{A} \cdot \bar{B}$ e (b) $\bar{A} \cdot (2\bar{A} - 3\bar{B})$.

SOLUÇÃO
Usando o Teorema 1 temos:

(a) $\bar{A} \cdot \bar{B} = (2)(4) + (3)(-5) = -7.$
(b) $\bar{A} \cdot (2\bar{A} - 3\bar{B}) = (2i + 3j) \cdot (-8i + 21j) = (2)(-8) + (3)(21) = 47.$

Uma conseqüência do Teorema 1 é a fórmula

$$|x\vec{i} + y\vec{j}| = \sqrt{x^2 + y^2},$$

que diz que a norma de um vetor é a raiz quadrada da soma dos quadrados de suas componentes escalares. Sem dúvida, se $\vec{A} = x\vec{i} + y\vec{j}$, então pelo Teorema 1, $\vec{A} \cdot \vec{A} = x^2 + y^2$, e então $|\vec{A}| = \sqrt{\vec{A} \cdot \vec{A}} = \sqrt{x^2 + y^2}$. Observe que, se $\vec{A} \neq \vec{0}$, então

$$\left|\frac{\vec{A}}{|\vec{A}|}\right| = \left|\frac{1}{|\vec{A}|}\vec{A}\right| = \left|\frac{1}{|\vec{A}|}\right||\vec{A}| = \frac{1}{|\vec{A}|}|\vec{A}| = 1;$$

daí, $\dfrac{\vec{A}}{|\vec{A}|}$ é um vetor de comprimento unitário de mesma direção que $\vec{A}$. Um vetor de norma unitária é denominado um vetor unitário e o procedimento de dividir um vetor não-nulo pela sua própria norma a fim de obter um *vetor unitário* na mesma direção é denominado *normalização*.

EXEMPLOS 1 Se $\vec{A} = 3\vec{i} + 4\vec{j}$, ache (a) $|\vec{A}|$ e (b) um vetor unitário de mesma direção que $\vec{A}$.

Solução

(a) $|\vec{A}| = \sqrt{3^2 + 4^2} = \sqrt{25} = 5$ unidades.

(b) Normalizando $\vec{A}$, temos $\dfrac{\vec{A}}{|\vec{A}|} = \dfrac{3\vec{i} + 4\vec{j}}{5} = \dfrac{3}{5}\vec{i} + \dfrac{4}{5}\vec{j}$.

2 Se $\vec{A} = 3\vec{i} - 5\vec{j}$ e $\vec{D} = 4\vec{i} + 3\vec{j}$, ache a componente escalar de $\vec{A}$ sobre $\vec{D}$.

Solução

$$\frac{\vec{A} \cdot \vec{D}}{|\vec{D}|} = \frac{(3)(4) + (-5)(3)}{\sqrt{4^2 + 3^2}} = -\frac{3}{5}.$$

3.3 Aplicações do produto escalar

Se $\vec{A}$ e $\vec{B}$ são vetores não-nulos, então a fórmula $\vec{A} \cdot \vec{B} = |\vec{A}||\vec{B}|\cos\theta$ pode ser representada na forma

$$\cos\theta = \frac{\vec{A} \cdot \vec{B}}{|\vec{A}||\vec{B}|}$$

e usada para achar o co-seno do ângulo θ entre $\vec{A}$ e $\vec{B}$. Observe que $\theta = \pi/2$ se, e somente se, $\vec{A} \cdot \vec{B} = 0$; isto é, $\vec{A}$ e $\vec{B}$ são perpendiculares se, e somente se, $\vec{A} \cdot \vec{B} = 0$. (Alguns autores usam a palavra "*ortogonal*" ao invés da palavra "perpendicular".) Como o vetor nulo tem direção indeterminada, é conveniente dizer, por definição, que $\vec{0}$ é perpendicular a qualquer vetor, mesmo a ele mesmo.

EXEMPLOS 1 Se $|\vec{A}| = 5$, $|\vec{B}| = \sqrt{2}$, e $\vec{A} \cdot \vec{B} = 1$, determine o ângulo θ entre $\vec{A}$ e $\vec{B}$.

Solução

$$\cos\theta = \frac{\vec{A} \cdot \vec{B}}{|\vec{A}||\vec{B}|} = \frac{1}{5\sqrt{2}}; \quad \text{logo, } \theta = \cos^{-1}\frac{1}{5\sqrt{2}} \approx 81,87°.$$

2 Ache o ângulo θ entre $\vec{A} = \langle 2,3 \rangle$ e $\vec{B} = \langle 3, -1 \rangle$.

Solução

$$\cos\theta = \frac{\bar{A}\cdot\bar{B}}{|\bar{A}||\bar{B}|} = \frac{(2)(3)+(3)(-1)}{\sqrt{2^2+3^2}\sqrt{3^2+(-1)^2}} = \frac{3}{\sqrt{13}\sqrt{10}} = \frac{3}{\sqrt{130}};$$

logo, $\theta = \cos^{-1}(3/\sqrt{130}) \approx 74{,}74°$.

3 Ache um valor do escalar t para que $\bar{A} = -6\bar{i} + 3\bar{j}$ e $\bar{B} = 4\bar{i} + t\bar{j}$ sejam perpendiculares.

Solução

$$\bar{A}\cdot\bar{B} = (-6)(4) + 3t = 3t - 24.$$

Como $\bar{A}$ e $\bar{B}$ são perpendiculares se, e somente se, $\bar{A}\cdot\bar{B} = 0$, é necessário que $3t - 24 = 0$; isto é, $t = 8$.

Todas as proposições da geometria euclidiana podem ser provadas algebricamente usando vetores. Os exemplos seguintes ilustram esse fato.

EXEMPLOS 1 Usando métodos vetoriais demonstre o teorema de Pitágoras.

Solução

Considere o triângulo retângulo formado pelos vetores perpendiculares $\bar{A}$ e $\bar{B}$ com hipotenusa $\bar{A} + \bar{B}$ (Fig. 6). Temos:

Fig. 6

$$\begin{aligned}|\bar{A}+\bar{B}|^2 &= (\bar{A}+\bar{B})\cdot(\bar{A}+\bar{B}) = \bar{A}\cdot(\bar{A}+\bar{B}) + \bar{B}\cdot(\bar{A}+\bar{B})\\ &= \bar{A}\cdot\bar{A} + \bar{A}\cdot\bar{B} + \bar{B}\cdot\bar{A} + \bar{B}\cdot\bar{B} = \bar{A}\cdot\bar{A} + 2\bar{A}\cdot\bar{B} + \bar{B}\cdot\bar{B}\\ &= |\bar{A}|^2 + 2A\cdot B + |\bar{B}|^2.\end{aligned}$$

Como $\bar{A}$ e $\bar{B}$ são perpendiculares, $\bar{A}\cdot\bar{B} = 0$; daí $|\bar{A}+\bar{B}|^2 = |\bar{A}|^2 + |\bar{B}|^2$, que é o teorema de Pitágoras.

2 Utilizando métodos vetoriais demonstre a lei dos co-senos.

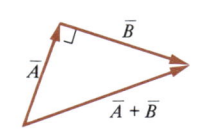

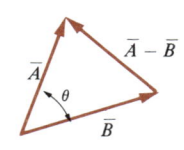

Fig. 7

Solução

Considere o triângulo da Fig. 7. Temos

$$\begin{aligned}|\bar{A}-\bar{B}|^2 &= (\bar{A}-\bar{B})\cdot(\bar{A}-\bar{B}) = \bar{A}\cdot(\bar{A}-\bar{B}) - \bar{B}\cdot(\bar{A}-\bar{B})\\ &= \bar{A}\cdot\bar{A} - \bar{A}\cdot\bar{B} - \bar{B}\cdot\bar{A} + \bar{B}\cdot\bar{B} = |\bar{A}|^2 - 2\bar{A}\cdot\bar{B} + |\bar{B}|^2\\ &= |\bar{A}|^2 + |\bar{B}|^2 - 2|\bar{A}||\bar{B}|\cos\theta,\end{aligned}$$

que é lei dos co-senos.

3 Mostre que os pontos $P = (4,3)$, $Q = (1,2)$, e $R = (4,-7)$ são os vértices de um triângulo retângulo.

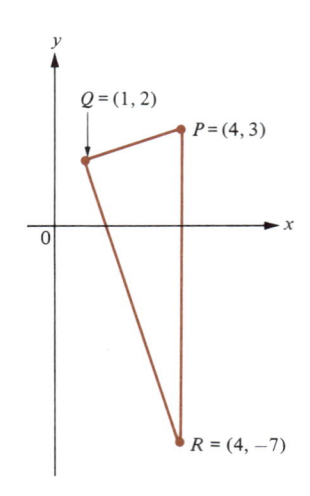

Solução

A Fig. 8 nos leva a suspeitar que o ângulo PQR é reto. Nos propomos a confirmar isto mostrando que $(\overrightarrow{QP})\cdot(\overrightarrow{QR}) = 0$. Nesse caso,

$$\overrightarrow{QP} = (4-1)\bar{i} + (3-2)\bar{j} = 3\bar{i} + \bar{j},$$
$$\overrightarrow{QR} = (4-1)\bar{i} + (-7-2)\bar{j} = 3\bar{i} - 9\bar{j};$$

logo,

$$\begin{aligned}(\overrightarrow{QP})\cdot(\overrightarrow{QR}) &= (3\bar{i}+\bar{j})\cdot(3\bar{i}-9\bar{j})\\ &= (3)(3) + (1)(-9) = 0.\end{aligned}$$

Fig. 8

Os produtos escalares são úteis na mecânica para o cálculo do trabalho realizado por uma força atuando sobre uma partícula em uma direção não coincidente com a do deslocamento. Realmente suponha que uma força

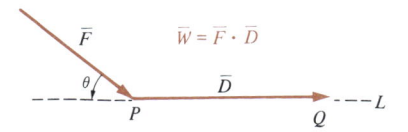

Fig. 9

constante, representada pelo vetor $\bar{F}$, atue sobre uma partícula, partindo do ponto P, e deslocando a mesma segundo uma linha reta até o ponto Q. Então o trabalho W realizado pela força $\bar{F}$ que produz o deslocamento $\bar{D} = \overrightarrow{PQ}$ é definido através do produto da componente escalar de $\bar{F}$ sobre $\bar{D}$ e a amplitude $|\bar{D}|$ do deslocamento (Fig. 9).

Desse modo

$$W = \frac{\bar{F} \cdot \bar{D}}{|\bar{D}|} |\bar{D}| = \bar{F} \cdot \bar{D}.$$

Observe que, quando $\bar{F}$ e $\bar{D}$ têm a mesma direção, $W = \bar{F} \cdot \bar{D} = |\bar{F}| |\bar{D}|$ como é usual (Por quê?).

EXEMPLOS 1 Uma pessoa empurra o cabo de um aparador de grama com uma força de 35 newtons e desloca o mesmo percorrendo uma distância de 100 m. Qual o trabalho realizado se o cabo faz um ângulo de 30° com o chão (Fig. 10)?

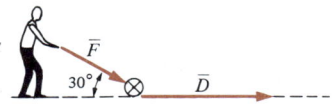

Fig. 10

SOLUÇÃO
Para o vetor força $\bar{F}$ temos $|\bar{F}| = 35$ newtons, enquanto que para o vetor deslocamento $\bar{D}$ temos $|\bar{D}| = 100$ m. Como o ângulo entre $\bar{F}$ e $\bar{D}$ é $\theta = 30°$,

$$W = \bar{F} \cdot \bar{D} = |\bar{F}| |\bar{D}| \cos \theta = (35)(100)\left(\frac{\sqrt{3}}{2}\right) = 1750\sqrt{3} \text{ pés-libras.}$$

2 Ache o trabalho realizado por uma força $\bar{F}$ no plano xy, cuja norma é 10 unidades de força e que estabelece um ângulo de 60° com o eixo positivo dos x. Se $\bar{F}$ desloca um objeto segundo uma reta da origem O para o ponto $Q = (6;4)$ (Fig. 11).

SOLUÇÃO
Da Fig. 11

$$x = |\bar{F}| \cos 60° = (10)(\tfrac{1}{2}) = 5,$$

$$y = |\bar{F}| \operatorname{sen} 60° = (10)\left(\frac{\sqrt{3}}{2}\right) = 5\sqrt{3};$$

daí

$$\bar{F} = x\bar{i} + y\bar{j} = 5\bar{i} + 5\sqrt{3}\,\bar{j}.$$

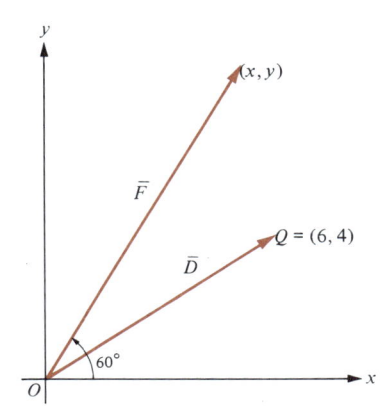

Fig. 11

O vetor deslocamento é $\bar{D} = 6\vec{i} + 4\vec{j}$; daí o trabalho W é

$$W = \bar{F} \cdot \bar{D} = (5i + 5\sqrt{3}\,j) \cdot (6i + 4j)$$
$$= (5)(6) + (5\sqrt{3})(4)$$
$$= 30 + 20\sqrt{3} \text{ unidades de trabalho.}$$

Conjunto de Problemas 3

Nos problemas 1 a 10, a e b são as normas (amplitudes) dos vetores $\bar{A}$ e $\bar{B}$.

1 Se $a = 15$, $b = 2$, e $\theta = 60°$, ache $\bar{A} \cdot \bar{B}$.

2 Se $a = 7$, $b = 4$, e $\theta = 5\pi/6$, ache $\bar{A} \cdot \bar{B}$.

3 Se $a = 1$, $b = 3$, e $\theta = \pi/2$, ache $\bar{A} \cdot \bar{B}$.

4 Se $a = 1$, $b = 2$, e $\bar{A} \cdot \bar{B} = \sqrt{3}$, ache θ.

5 Se $a \neq 0$, $b \neq 0$, e $\bar{A} \cdot \bar{B} = 0$, ache θ.

6 Se $a = 2$, $b = 3$, e $\bar{A} \cdot \bar{B} = -6$, ache θ.

7 Se $\bar{A} \cdot \bar{A} = 25$, ache a.

8 Se $a = 10$, $\theta = \dfrac{\pi}{3}$, e $\bar{A} \cdot \bar{B} = 30$, ache b.

9 Se $a = 3$, $b = 4$, e $\theta = \pi$, ache $\bar{A} \cdot \bar{B}$.

10 Se $a = 2$ e $b = 3$, explique por que $|\bar{A} \cdot \bar{B}| \leq 6$.

Nos problemas de 11 a 16, use as informações para achar a componente escalar (projeção escalar) de $\bar{A}$ sobre $\bar{D}$. Denote o ângulo entre $\bar{A}$ e $\bar{D}$ por θ.

11 $|\bar{A}| = 10$, $\theta = 45°$.

12 $\bar{A} \cdot \bar{D} = 5$, $|\bar{D}| = 2$.

13 $|\bar{A}| = 3$, $\theta = \pi/3$.

14 $\bar{A} \cdot \bar{D} = -7$, $|\bar{D}| = \frac{1}{2}$.

15 $|\bar{A}| = 6$, $\theta = \pi/2$.

16 $|\bar{A}| = \frac{1}{2}$, $\theta = \pi$.

Nos problemas de 17 a 22, $\vec{i}$ e $\vec{j}$ representam a base canônica do plano xy. Ache (a) $\bar{A} \cdot \bar{B}$, (b) $|\bar{A}|$, (c) $|\bar{B}|$, (d) $|\bar{A} - \bar{B}|$, e (e) $\cos\theta$, onde θ é o ângulo entre $\bar{A}$ e $\bar{B}$. (f) Ache um vetor unitário tendo a mesma direção que $\bar{A}$, que $\bar{B}$ e que $\bar{A} - \bar{B}$. (g) Ache a componente escalar (projeção escalar) de $\bar{A}$ sobre $\bar{B}$.

17 $\bar{A} = i + j$ e $\bar{B} = i - j$

18 $\bar{A} = 3i + 2j$ e $\bar{B} = 4i - 5j$

19 $\bar{A} = 4i + j$ e $\bar{B} = i - 2j$

20 $\bar{A} = -\dfrac{i}{2} + \dfrac{j}{3}$, $\bar{B} = \dfrac{4i}{3} + \dfrac{7j}{2}$

21 $\bar{A} = 2i + 4j$, $\bar{B} = -3j$

22 $\bar{A} = \dfrac{i}{3}$, $\bar{B} = \dfrac{j}{5}$

Nos problemas de 23 a 28, seja $\bar{A} = \langle -1,3 \rangle$, $\bar{B} = \langle 5,3 \rangle$, e $\bar{C} = \langle -2, -3 \rangle$. Ache o valor de cada expressão.

23 $\bar{A} \cdot (\bar{B} + \bar{C})$

24 $(2\bar{A}) \cdot (3\bar{B})$

25 $(-\bar{A}) \cdot (4\bar{B} - 2\bar{C})$

26 $\dfrac{\bar{A}}{|\bar{A}|} \cdot \dfrac{\bar{B}}{|\bar{B}|}$

27 $(\bar{A} \cdot \bar{C})\bar{B} - (\bar{A} \cdot \bar{B})\bar{C}$

28 $(i + j) \cdot (\bar{A} - \bar{B} + 2\bar{C})$

29 Seja $\bar{A} = t\vec{i} - 3\vec{j}$ e $\bar{B} = 5\vec{i} + 7\vec{j}$, onde t é um escalar. Ache t de modo que $\bar{A}$ e $\bar{B}$ sejam perpendiculares.

30 Seja $\bar{D}$ um vetor não-nulo.

(a) O *vetor projeção* de $\bar{A}$ sobre $\bar{D}$ é definido pelo vetor $\bar{P} = \dfrac{\bar{A} \cdot \bar{D}}{\bar{D} \cdot \bar{D}}\,\bar{D}$. Ache $|\bar{P}|$ e descreva a direção de $\bar{P}$ em função da direção $\bar{D}$.

(b) Seja $\bar{A} = 3\vec{i} + 5\vec{j}$ e $\bar{D} = -4\vec{i} + 3\vec{j}$. Ache o vetor projeção $\bar{P}$ e $\bar{A}$ sobre $\bar{D}$ e ache $|\bar{P}|$.

31 Explique o significado geométrico das seguintes condições:

(a) $\bar{A} \cdot \bar{B} > 0$

(b) $\bar{A} \cdot \bar{B} = 0$

(c) $\bar{A} \cdot \bar{B} < 0$

32 Se $\bar{A}$ é um vetor no plano xy e se $\bar{i}$ e $\bar{j}$ representam a base canônica, prove que

$$\bar{A} = (\bar{A} \cdot i)i + (\bar{A} \cdot j)j.$$

33 Use as propriedades do produto escalar para confirmar as seguintes identidades.

(a) $(\bar{A} + \bar{B}) \cdot (\bar{A} - \bar{B}) = |\bar{A}|^2 - |\bar{B}|^2$

(b) $|\bar{A} + \bar{B}|^2 = |\bar{A}|^2 + 2\bar{A} \cdot \bar{B} + |\bar{B}|^2$

(c) $|s\bar{A} + t\bar{B}|^2 = s^2|\bar{A}|^2 + 2st(\bar{A} \cdot \bar{B}) + t^2|\bar{B}|^2$

(d) $|\bar{A} + \bar{B}|^2 + |\bar{A} - \bar{B}|^2 = 2|\bar{A}|^2 + 2|\bar{B}|^2$

(e) $\bar{A} \cdot \bar{B} = \frac{1}{2}(|\bar{A} + \bar{B}|^2 - |\bar{A}|^2 - |\bar{B}|^2)$

34 Prove a recíproca do teorema de Pitágoras; isto é, prove que se a equação $|\bar{A}|^2 + |\bar{B}|^2 = |\bar{A} + \bar{B}|^2$ é válida, então $\bar{A}$ e $\bar{B}$ são perpendiculares.

35 Suponha que $\bar{A}$ e $\bar{B}$ sejam vetores perpendiculares. Represente cada uma das seguintes expressões em função de $|\bar{A}|$ e $|\bar{B}|$.

(a) $|\bar{A} + \bar{B}|$

(b) $|2\bar{A} - 3\bar{B}|$

(c) $|\bar{A} - \bar{B}|$

36 Ache um escalar t de forma que os vetores $\bar{A} = \bar{i} + \bar{j}$ e $\bar{B} = t\bar{i} - \bar{j}$ formem um ângulo de $3\pi/4$ radianos.

37 Use o produto escalar para mostrar que o triângulo de vértices $A = (2,1)$, $B = (6,3)$, e $C = (4,7)$ é retângulo.

38 Use produto escalar para provar que as diagonais de um losango são perpendiculares.

39 Use produto escalar para provar que os quatro pontos $P = (1,2)$, $Q = (2,3)$, $R = (1,4)$, e $S = (0,3)$ são vértices de um quadrado.

40 Mostre utilizando métodos vetoriais que as medianas de um triângulo se encontram em um ponto a dois terços da distância de qualquer vértice do mesmo, ao ponto médio do lado oposto.

41 Um bloco pesando 15 quilogramas escorrega 6 metros sobre uma inclinação de 60° com a horizontal. Ache o trabalho realizado pela força da gravidade.

42 Qual o trabalho realizado pela força da gravidade ao se deslocar uma partícula através de um caminho ao redor de um triângulo de vértices P, Q e R, começando e terminando em P? Considere que a massa da partícula seja m de modo que o peso seja mg, g sendo a aceleração da gravidade.

43 Qual o trabalho realizado por um vetor força $\bar{F}$ para deslocar uma partícula primeiro sobre um segmento de reta do ponto P até o ponto Q, e ao longo de outro segmento de reta de Q até R? Qual o trabalho realizado por $\bar{F}$ para mover a partícula diretamente de P a R?

44 Sejam $\bar{A}$ e $\bar{B}$ vetores unitários que têm pontos iniciais na origem e que formam ângulos α e β, respectivamente, com o eixo positivo dos x.

(a) Determine $\bar{A}$ e $\bar{B}$ em função de suas componentes.

(b) Calcule $\bar{A} \cdot \bar{B}$ para deduzir a fórmula para $\cos(\alpha - \beta)$.

4 Equações na Forma Vetorial

Nesta seção usamos a álgebra vetorial desenvolvida nas Seções de 1 a 3 para obter as equações de curvas na *forma vetorial*. Isto é realizado pelo uso da idéia de "vetor-posição" de um ponto.

Começaremos escolhendo e fixando um ponto O no plano chamado a *origem*. Se já tivermos um sistema de coordenadas cartesianas ou polares, nós naturalmente tomamos O para ser a origem ou o pólo do sistema coordenado. Se P é um ponto qualquer, o vetor $\bar{R} = \overrightarrow{OP}$ é denominado o *vetor posição* de P (Fig. 1). Observe que $|\bar{R}| = |\overrightarrow{OP}|$ nos dá a distância entre o ponto P e a origem O.

Evidentemente, o ponto P determina o vetor posição $\bar{R} = \overrightarrow{OP}$ unicamente (já que O é fixada de antemão). Por outro lado, o vetor-posição $\bar{R}$ determina o ponto P unicamente; de fato, se a origem de $\bar{R}$ for colocada na origem, então o vetor $\bar{R}$ apontará para P. Por esta razão nós ordinariamente colocamos todos os vetores posição com suas origens na origem do sistema.

Suponha que $\bar{R}_1 = \overrightarrow{OP_1}$ e $\bar{R}_2 = \overrightarrow{OP_2}$ são vetores posição dos pontos P_1 e P_2, respectivamente. Então $\bar{R}_2 - \bar{R}_1$ e o vetor $\overrightarrow{P_1P_2}$ de P_1 para P_2 (Fig. 2).

Usualmente, vemos a diferença $\bar{R}_2 - \bar{R}_1$ de dois vetores posição como representando um deslocamento de P_1 para P_2. Observe que $|\bar{R}_2 - \bar{R}_1|$, a

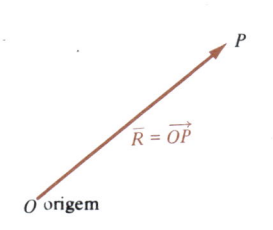

Fig. 1

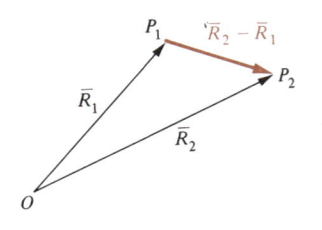

Fig. 2

amplitude deste deslocamento é simplesmente a distância entre os pontos P_1 e P_2.

Se tivéssemos estabelecido um sistema de coordenadas cartesianas ou polares no plano, então o ponto P com coordenadas cartesianas $P = (x; y)$ teria vetor posição

$$\bar{R} = \overrightarrow{OP} = x i + y j \qquad \text{(Fig. 3a)},$$

enquanto que se $P = (r; \theta)$ em coordenadas polares teria

$$\bar{R} = \overrightarrow{OP} = (r \cos \theta) i + (r \, \text{sen} \theta) j \qquad \text{(Fig. 3b)}.$$

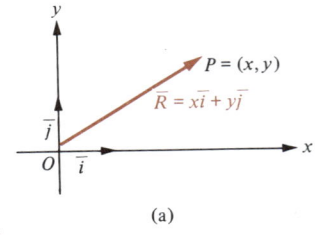

(a)

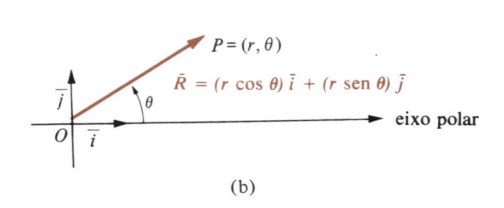

(b)

Fig. 3

EXEMPLOS **1** Ache vetores posição $\bar{R}_1$ e $\bar{R}_2$ dos pontos cartesianos $P_1 = (7,13)$ e $P_2 = (-3, 1)$, respectivamente. Ache também o vetor deslocamento $\bar{R}_2 - \bar{R}_1$ e a distância entre P_1 e P_2.

SOLUÇÃO
Os vetores posição $\bar{R}_1$ e $\bar{R}_2$ são

$$\bar{R}_1 = \overrightarrow{OP_1} = 7i + 13j \qquad \text{e} \qquad \bar{R}_2 = \overrightarrow{OP_2} = -3i + j.$$

Daí o vetor deslocamento $\bar{R}_2 - \bar{R}_1$ ser dado por

$$\bar{R}_2 - \bar{R}_1 = (-3i + j) - (7i + 13j) = -10i - 12j$$

e a distância entre P_1 e P_2 por

$$|\bar{R}_2 - \bar{R}_1| = \sqrt{(-10)^2 + (-12)^2} = \sqrt{244} \approx 15{,}62 \text{ unidades.}$$

2 Ache os vetores posição $\bar{R}_0$ e $\bar{R}_1$ dos pontos em coordenadas polares $P_0 = (2, \pi/3)$ e $P_1 = (-3, \pi/4)$, respectivamente.

SOLUÇÃO
Os vetores posição $\bar{R}_0$ e $\bar{R}_1$ são dados por

$$\bar{R}_0 = \overrightarrow{OP_0} = \left(2 \cos \frac{\pi}{3}\right)i + \left(2 \, \text{sen} \, \frac{\pi}{3}\right)j = i + \sqrt{3} j \qquad \text{e}$$

$$\bar{R}_1 = \overrightarrow{OP_1} = \left(-3 \cos \frac{\pi}{4}\right)i + \left(-3 \, \text{sen} \, \frac{\pi}{4}\right)j = -\frac{3}{2}\sqrt{2} i - \frac{3}{2}\sqrt{2} j.$$

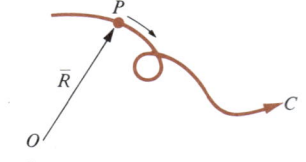

Fig. 4

4.1 Gráficos de equações vetoriais

Um ponto P com movimento contínuo descreve uma curva C (Fig. 4). À proporção que P vai se deslocando seu vetor posição $\bar{R} = \overrightarrow{OP}$ varia, geralmente em comprimento e direção. Se a extremidade (ponto terminal) P de um vetor posição variável $\bar{R}$ descreve uma curva C, então, por comodidade, dizemos que "$\bar{R}$ traça a curva C".

A idéia de um vetor posição $\bar{R}$ variando e assim determinando uma curva leva naturalmente à noção de *equação vetorial* da curva. Por exemplo, se $\bar{R}$ é um vetor posição variável do plano, então, como $\bar{R}$ varia de acordo com a condição $|\bar{R}| = 2$, este determinará um círculo de raio de 2 unidades de comprimento com centro na origem (Fig. 5). Desse modo, dizemos que $|\bar{R}| =$

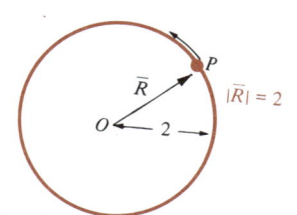

Fig. 5

2 é a *equação vetorial* deste círculo. Observe que o círculo consiste em todos os pontos P e somente aqueles pontos P cujo vetor posição $\bar{R}$ satisfaz a equação $|\bar{R}| = 2$.

Generalizando, estabelecemos a seguinte definição:

DEFINIÇÃO 1 **Gráfico de uma equação vetorial**

O *gráfico* de uma equação em que figure o vetor posição $\bar{R}$ será o conjunto de todos os pontos P, e somente aqueles pontos P cujos vetores posição $\bar{R}$ satisfizerem à equação.

EXEMPLOS 1 Esboce um gráfico da equação vetorial

$$|\bar{R} - \bar{R}_0| = a,$$

onde todos os pontos pertencem ao mesmo plano, a é uma constante positiva e $\bar{R}_0$ um vetor posição constante.

SOLUÇÃO

Seja $\bar{R} = \overrightarrow{OP}$ e $\bar{R}_0 = \overrightarrow{OP_0}$, de modo que $\bar{R} - \bar{R}_0 = \overrightarrow{P_0P}$ pela regra do triângulo para subtração de vetores (Fig. 6a). A condição $|\bar{R} - \bar{R}_0| = a$ significa que a distância entre os pontos P_0 e P é a unidade de comprimento. Desse modo, como $\bar{R}$ varia de acordo com a condição $|\bar{R} - \bar{R}_0| = a$, o ponto P determina um círculo de raio a com centro no ponto P_0 (Fig. 6b).

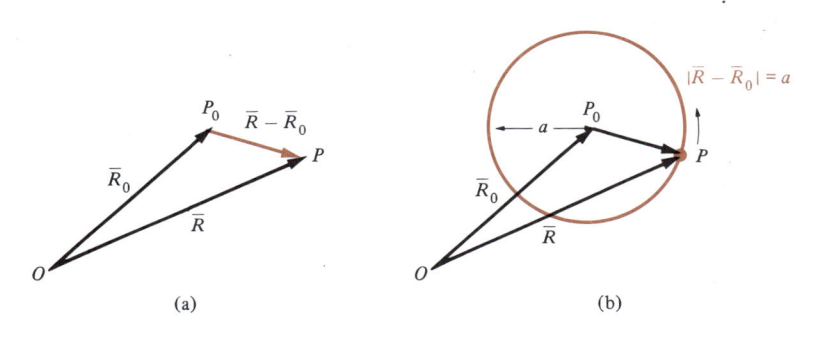

(a)   (b)

Fig. 6

2 Ache a equação vetorial para a elipse cujos focos são os pontos F_1 e F_2 e cujo semi-eixo maior é $a > 0$ (Fig. 7).

SOLUÇÃO

Lembre da Seção 2 do Cap. 4 que um ponto P pertence à elipse dada se, e somente se,

$$|\overrightarrow{F_1P}| + |\overrightarrow{F_2P}| = 2a.$$

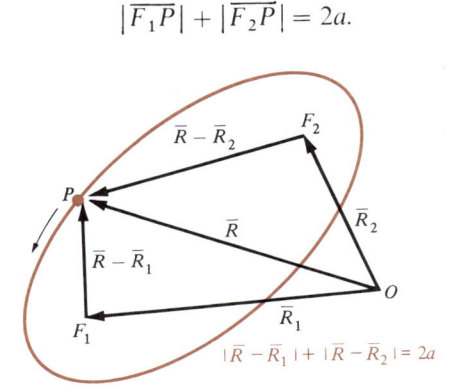

Fig. 7

Desse modo, seja $\bar{R}_1 = \overrightarrow{OF_1}$, $\bar{R}_2 = \overrightarrow{OF_2}$, e $\bar{R} = \overrightarrow{OP}$, tal que

$$\overrightarrow{F_1P} = \overrightarrow{OP} - \overrightarrow{OF_1} = \bar{R} - \bar{R}_1$$

e

$$\overrightarrow{F_2P} = \overrightarrow{OP} - \overrightarrow{OF_2} = \bar{R} - \bar{R}_2.$$

Então a equação da elipse pode ser colocada na forma vetorial como

$$\left| \bar{R} - \bar{R}_1 \right| + \left| \bar{R} - \bar{R}_2 \right| = 2a.$$

Se $\bar{N}$ é um vetor fixado, não-nulo, e $\bar{R}_0 = \overrightarrow{OP_0}$, então a condição $\bar{N} \cdot (\bar{R} - \bar{R}_0) = 0$ significa que os vetores $\bar{N}$ e $\bar{R} - \bar{R}_0$ são perpendiculares (Fig. 8). Como $\bar{R} = \overrightarrow{OP}$ varia de acordo com a condição que $R - \bar{R}_0$ é perpendicular a $\bar{N}$, é geralmente claro que P determina uma linha reta por P_0, perpendicular a $\bar{N}$. Dizemos que o vetor $\bar{N}$ é *normal* a esta reta. Portanto,

$$\overline{N} \cdot (\overline{R} - \overline{R}_0) = 0$$

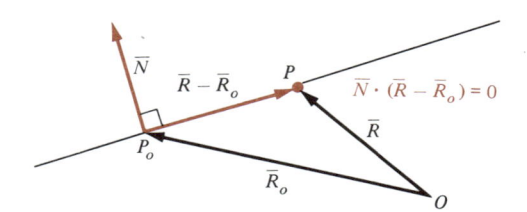

Fig. 8

é a equação vetorial da linha reta que contém o ponto cujo vetor posição é $\bar{R}_0$ e que tem $\bar{N}$ como vetor normal.

A equação $\bar{N} \cdot (\bar{R} - \bar{R}_0) = 0$ pode ser estabelecida também como $\bar{N} \cdot \bar{R} - \bar{N} \cdot \bar{R}_0 = 0$, ou como $\bar{N} \cdot \bar{R} = \bar{N} \cdot \bar{R}_0$. Visto que $\bar{N} \cdot \bar{R}_0$ é uma constante K, a equação pode também ser escrita como $\bar{N} \cdot \bar{R} = K$. Podemos converter a última equação para forma escalar cartesiana simplesmente escrevendo $\bar{R} = x\bar{i} + y\bar{j}$ e $\bar{N} = A\bar{i} + B\bar{j}$, de modo que $\bar{N} \cdot \bar{R} = Ax + By$ e a equação assume a forma $Ax + By = K$. Esta equação pode também ser representada por

$$Ax + By + C = 0,$$

onde temos $C = -K$. Em particular, observe que $\bar{N} = A\bar{i} + B\bar{j}$ corresponde a um vetor normal à reta $Ax + By + C = 0$.

EXEMPLOS 1 Ache um vetor normal à reta $y = 2x - 3$ e escreva a equação desta reta na forma vetorial.

SOLUÇÃO
A equação dada pode ser reescrita na forma $2x + (-1)y - 3 = 0$; daí $\bar{N} = 2\bar{i} + (-1)\bar{j}$ corresponderá a um vetor normal à reta dada. Seja o vetor posição $\bar{R}$ dado por $\bar{R} = x\bar{i} + y\bar{j}$. Então $\bar{N} \cdot \bar{R} = (2\bar{i} - \bar{j}) \cdot (x\bar{i} + y\bar{j}) = 2x - y$, e a equação dada pode ser reescrita na forma vetorial como $\bar{N} \cdot \bar{R} = 3$.

2 Converta a equação vetorial $\bar{N} \cdot (\bar{R} - \bar{R}_0) = 0$ para a forma escalar cartesiana se $\bar{N} = -\bar{i} + 3\bar{j}$ e $\bar{R}_0 = 7\bar{i} - 2\bar{j}$.

SOLUÇÃO
Com $\bar{R} = x\bar{i} + y\bar{i}$, temos

$$\bar{R} - \bar{R}_0 = (x\bar{i} + y\bar{j}) - (7\bar{i} - 2\bar{j}) = (x - 7)\bar{i} + (y + 2)\bar{j};$$

daí,

$$\overline{N} \cdot (\overline{R} - \overline{R}_0) = (-\bar{i} + 3\bar{j}) \cdot [(x - 7)\bar{i} + (y + 2)\bar{j}] = -(x - 7) + 3(y + 2).$$

A condição $\bar{N} \cdot (\bar{R} - \bar{R}_0) = 0$ é portanto equivalente a

$$-(x - 7) + 3(y + 2) = 0 \quad \text{ou} \quad 3y - x + 13 = 0.$$

4.2 Distância de um ponto a uma reta

Usaremos agora a equação vetorial da reta para deduzir a fórmula da distância de um ponto a uma reta.

TEOREMA 1 **Distância de um ponto a uma reta**

Sejam P_1 um ponto do plano e L uma reta do mesmo, sendo a equação vetorial do plano $\bar{N} \cdot \bar{R} = K$. Seja $\bar{R}_1$ o vetor posição de P_1. Assim a distância (perpendicular) d de P_1 a L é dada pela equação

$$d = \frac{|\bar{N} \cdot \bar{R}_1 - K|}{|\bar{N}|}.$$

PROVA

Seja P o ponto do pé da perpendicular de P_1 a L (Fig. 9). Note que a distância desejada é $d = |\overrightarrow{PP_1}| = |\bar{R}_1 - \bar{R}|$. Como $\bar{R}_1 - \bar{R}$ é paralelo a $\bar{N}$, existe um escalar t tal que $\bar{R}_1 - \bar{R} = t\bar{N}$. Portanto

$$d = |\bar{R}_1 - \bar{R}| = |t\bar{N}| = |t| |\bar{N}|.$$

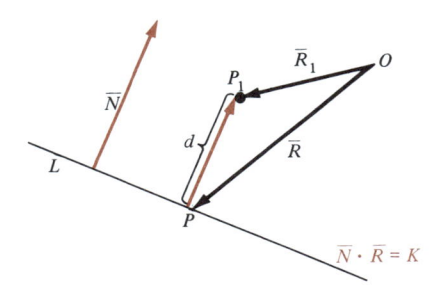

Fig. 9

Efetuando o produto escalar com $\bar{N}$ em ambos os lados da equação $\bar{R}_1 - \bar{R} = t\bar{N}$, e notando que $\bar{N} \cdot \bar{R} = K$, obtemos

$$\bar{N} \cdot \bar{R}_1 - K = \bar{N} \cdot (t\bar{N}) = t\bar{N} \cdot \bar{N} = t|\bar{N}|^2.$$

Resolvendo a última equação para t, achamos que

$$t = \frac{\bar{N} \cdot \bar{R}_1 - K}{|\bar{N}|^2}.$$

Portanto,

$$d = |t| |\bar{N}| = \left| \frac{\bar{N} \cdot \bar{R}_1 - K}{|\bar{N}|^2} \right| |\bar{N}| = \frac{|\bar{N} \cdot \bar{R}_1 - K|}{|\bar{N}|}.$$

Agora adaptemos o Teorema 1 ao caso cartesiano fazendo $P_1 = (x_1, y_1)$, $\bar{N} = A\bar{i} + B\bar{j}$, $\bar{R} = x\bar{i} + y\bar{j}$, $\bar{R}_1 = x_1\bar{i} + y_1\bar{j}$, e $K = -C$. Então $\bar{N} \cdot \bar{R}_1 - K = Ax_1 + By_1 + C$ e $|\bar{N}| = \sqrt{A^2 + B^2}$, de modo que a distância perpendicular d do ponto (x_1, y_1) à reta $Ax + By + C = 0$ é

$$d = \frac{|Ax_1 + By_1 + C|}{\sqrt{A^2 + B^2}}.$$

EXEMPLO Ache a distância perpendicular do ponto $P_1 = (3; 7)$ à reta $y = 2x - 5$.

SOLUÇÃO

Da equação $y = 2x - 5$ obtemos $2x - y - 5 = 0$, na forma $Ax + By + C = 0$ com $A = 2, B = -1$ e $C = -5$. Aqui $P_1 = (x_1, y_1) = (3; 7)$. Assim a distância desejada d é

$$d = \frac{|Ax_1 + By_1 + C|}{\sqrt{A^2 + B^2}} = \frac{|(2)(3) + (-1)(7) + (-5)|}{\sqrt{2^2 + (-1)^2}} = \frac{6}{\sqrt{5}} \approx 2,68 \text{ unidades.}$$

Conjunto de Problemas 4

Nos problemas de 1 a 6, ache o vetor posição $\bar{R}$ de cada ponto P. Expresse $\bar{R}$ em termos de $\bar{i}$ e $\bar{j}$.

1 $P = (5, -3)$ **2** $P = (0, 7)$ **3** $P = O$

4 $P = (5, \pi/3)$ (coordenada polar)   **5** $P = (-2, 3\pi/4)$ (coordenada polar)   **6** $P = (a, a^2)$

Nos problemas de 7 a 10, ache o vetor quando $\bar{R}_2 - \bar{R}_1$ se $\bar{R}_1$ e $\bar{R}_2$ são os vetores posição de P_1 e P_2 respectivamente.

7 $P_1 = (2, -1), P_2 = (7, 2)$ **8** $P_1 = (a, a^2), P_2 = (b, b^2)$

9 $P_1 = (1, \pi/4), P_2 = (5, 5\pi/3)$ (coordenada polar)   **10** $P_1 = (x, f(x)), P_2 = (a, f(a))$

Nos problemas de 11 a 22, esboce um gráfico de cada equação vetorial do plano xy.

11 $|\bar{R}| = 3$ **12** $\bar{R} \cdot \bar{R} = 16$ **13** $|\bar{R} - (2\bar{i} + 3\bar{j})| = 4$

14 $|\bar{R} + i - j| = 3$ **15** $|\bar{R} - i| + |\bar{R} + i| = 6$ **16** $\left||\bar{R} - i| - |\bar{R} + i|\right| = 1$

17 $\bar{R} \cdot j = 0$ **18** $(i + j) \cdot \bar{R} = 0$ **19** $(2i + 3j) \cdot (\bar{R} - i) = 0$

20 $(i - 4j) \cdot \bar{R} = 1$ **21** $(2\bar{i} + 3\bar{j}) \cdot \bar{R} = (2\bar{i} + 3\bar{j}) \cdot j$ **22** $i \cdot \bar{R} = 2 + j \cdot \bar{R}$

Nos problemas de 23 a 28, ache a equação vetorial da curva descrita.

23 Círculo de raio 9 e centro em $(-3; 3)$.

24 Elipse de semi-eixo maior 3 e focos em $(0; 1)$ e $(0; -1)$.

25 Reta que passa por $(-1; -5)$ e é perpendicular ao vetor $\bar{N} = 2\bar{i} - 7\bar{j}$.

26 Hipérbole de eixo transverso 6 e focos em $(7; 7)$ e $(-2; 2)$.

27 Reta cuja equação escalar cartesiana é $12x - 6y = 7$.

28 Parábola cuja diretriz tem equação $\bar{i} \cdot \bar{R} = -2$ e cujo foco está na origem.

Nos problemas de 29 a 32, ache o vetor normal $\bar{N}$ da reta cuja equação cartesiana é dada por

29 $2x - 17y + 2 = 0$ **30** $y = mx + b$ **31** $\dfrac{x}{2} + \dfrac{y}{3} = 17$ **32** $y - y_0 = m(x - x_0)$

Nos problemas de 33 a 37, ache a distância perpendicular do ponto indicado $P_1(x_1; y_1)$ à reta cuja equação é dada.

33 $P_1 = (1, 2); 3x - y = 4$ **34** $P_1 = (-7, 3); y = \frac{1}{2}x + 3$ **35** $P_1 = (1, 2); (i + j) \cdot (\bar{R} - 2i + j) = 0$

36 $P_1 = (0, 0); Ax + By + C = 0$ **37** $P_1 = (4, 0); y = 2x - 5$

38 Ache a fórmula para a distância perpendicular da origem à reta $\bar{N} \cdot \bar{R} = K$.

39 Ache a fórmula da distância de um ponto com vetor posição $\bar{R}_1$ a uma reta $\bar{D} \cdot (\bar{R} - \bar{D}) = 0$, onde $\bar{D}$ é um vetor constante não-nulo.

40 Ache a equação vetorial da parábola cujo foco está na origem e cuja diretriz é a reta $\bar{D} \cdot (\bar{R} - \bar{D}) = 0$; onde $\bar{D}$ é um vetor não-nulo fixado.

41 Sejam $\bar{N} \neq \bar{0}; K \neq 0$ e suponha que L seja a reta cuja equação vetorial é $\bar{N} \cdot \bar{R} = K$. Faça $\bar{D} = (K|N|^2)$. Mostre que L também tem equação vetorial $\bar{D} \cdot (\bar{R} - \bar{D}) = 0$.

5 Equações Paramétricas

Na Seção 4, estudamos equações na forma vetorial. Freqüentemente o vetor posição variável que descreve a curva é controlado por um escalar variável chamado *parâmetro.* As equações nas quais figuram parâmetros de forma explícita são denominadas *equações paramétricas.*

Como ilustração do modo pelo qual os parâmetros são usados, começamos deduzindo uma equação vetorial para a reta L não em termos de um vetor normal $\bar{N}$ como na Seção 4, mas em termos de um *vetor direcional* $\bar{M}$ paralelo à reta. A Fig. 1 mostra uma reta L paralela ao vetor não-nulo $\bar{M}$ e contendo o ponto P_0. Aqui $\bar{R}_0$ é o vetor posição de P_0.

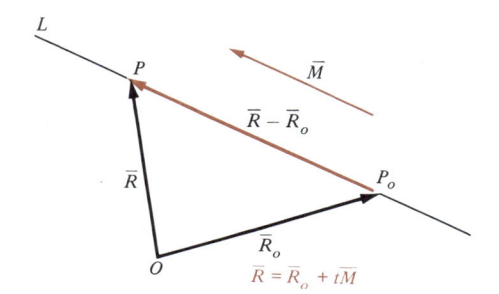

Fig. 1

Evidentemente, o ponto P cujo vetor posição é $\bar{R}$, pertence à reta L se, e somente se, $\overrightarrow{P_0P}$ é paralelo a $\bar{M}$; isto é, se e somente se $\bar{R} - \bar{R}_0$ é paralelo a $\bar{M}$. Pela definição 1 da Seção 2, $\bar{R} - \bar{R}_0$ é paralelo a $\bar{M}$ se e somente se existir um escalar t, tal que $\bar{R} - \bar{R}_0 = t\bar{M}$, isto é $\bar{R} = \bar{R}_0 + t\bar{M}$. Como o escalar t varia sobre os números reais o vetor posição $\bar{R} = \bar{R}_0 + t\bar{M}$ descreve a reta L. Aqui t é um *parâmetro* cujo valor determina o vetor posição $\bar{R}$. A equação é

$$\bar{R} = \bar{R}_0 + t\bar{M}$$

portanto denominada *equação vetorial paramétrica* para L.

EXEMPLO   Seja L a reta do plano xy que contém dois pontos $P_0 = (6; 2)$ e $P_1 = (3; 5)$ (Fig. 2).
(a) Ache um vetor $\bar{M}$ que seja paralelo a L.
(b) Ache a equação vetorial paramétrica para L.

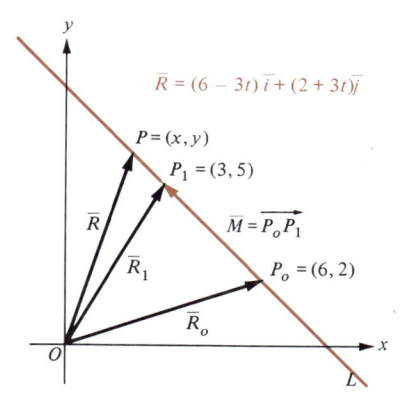

Fig. 2

Solução

Fazendo

$$\bar{R} = \overrightarrow{OP} = x\bar{i} + y\bar{j},$$
$$\bar{R}_0 = \overrightarrow{OP_0} = 6\bar{i} + 2\bar{j},$$
$$\bar{R}_1 = \overrightarrow{OP_1} = 3\bar{i} + 5\bar{j}.$$

(a) $\bar{M} = \overrightarrow{P_0P_1} = \bar{R}_1 - \bar{R}_0 = -3\bar{i} + 3\bar{j}.$
(b) $\bar{R} = \bar{R}_0 + t\bar{M} = (6\bar{i} + 2\bar{j}) + t(-3\bar{i} + 3\bar{j})$
     $= (6 - 3t)\bar{i} + (2 + 3t)\bar{j}.$

Portanto $\bar{R} = (6 - 3t)\bar{i} + (2 + 3t)\bar{j}$ é uma equação vetorial paramétrica para L.

Para obter uma equação vetorial paramétrica para uma curva, é necessário selecionar uma variável t apropriada para ser usada como parâmetro. A variável selecionada t deve determinar a posição de um ponto P na curva, e quando t varia, P deve descrever a curva inteira. Algumas vezes um parâmetro conveniente sugere a si mesmo nos campos algébricos, enquanto que outras vezes quantidades geométricas ou físicas, assim como distâncias, ângulos ou tempo, podem ser usadas.

Quando os ângulos são utilizados como parâmetros do plano xy, é importante manter o seguinte fato em mente. Se $\bar{A}$ é um vetor do plano xy, fazendo um ângulo t com o eixo positivo dos x, e se $a = |\bar{A}|$, então

(Fig. 3). $\bar{A} = (a \cos t)\bar{i} + (a \operatorname{sen} t)\bar{j}$

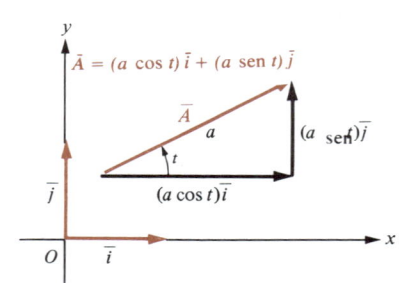

Fig. 3

EXEMPLO   Ache a equação vetorial paramétrica do círculo do plano xy de raio a e com centro P_0. Para parâmetro, use o ângulo t na Fig. 4 entre o raio vetor $\bar{A} = \overrightarrow{P_0P}$ e a reta horizontal que passa por P_0.

Solução
Aqui $a = |\bar{A}|$ de modo que $\bar{A} = (a \cos t)\bar{i} + (a \operatorname{sen} t)\bar{j}$. Colocamos $\bar{R} = \overrightarrow{OP}$, $\bar{R}_0 = \overrightarrow{OP_0}$ como na Fig. 4. Então $\bar{R} = \bar{R}_0 + \bar{A}$, de modo que

$$\bar{R} = \bar{R}_0 + (a \cos t)\bar{i} + (a \operatorname{sen} t)\bar{j}.$$

Como o parâmetro t varia de 0 a 2π, o vetor posição $\bar{R}$ descreve o círculo uma vez. Como caso particular desta equação, observe que a equação vetorial paramétrica do círculo de raio a com centro em O é

$$\bar{R} = (a \cos t)\bar{i} + (a \operatorname{sen} t)\bar{j}.$$

Se tivermos uma equação vetorial paramétrica originando o vetor posição variável $\bar{R} = x\bar{i} + y\bar{j} = \overrightarrow{OP}$ em função de um parâmetro, poderemos sempre achar duas equações que fornecem coordenadas cartesianas x e y de

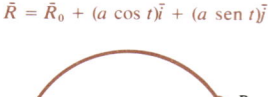

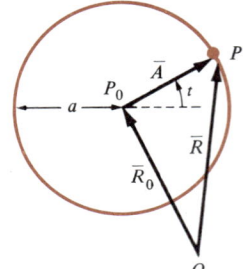

Fig. 4

um ponto $P = (x; y)$ em função do parâmetro. Estas duas equações são denominadas as *equações paramétricas escalares* (cartesianas) da curva em questão. Ilustramos este procedimento nos exemplos seguintes.

EXEMPLOS 1 Ache a equação paramétrica escalar para o círculo de raio $a = 3$ unidades métricas com centro em $P_0 = (-2; 4)$ (Fig. 5).

SOLUÇÃO
Pelo exemplo anterior, a equação vetorial paramétrica do círculo é

$$\bar{R} = \bar{R}_0 + (a \cos t)i + (a \operatorname{sen} t)j$$

ou

$$xi + yj = -2i + 4j + (3 \cos t)i + (3 \operatorname{sen} t)j$$
$$= (3 \cos t - 2)i + (3 \operatorname{sen} t + 4)j.$$

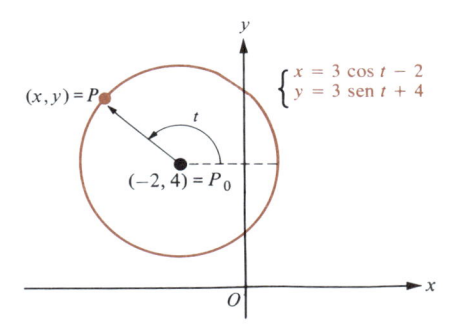

Fig. 5

Como vetores iguais têm componentes iguais, segue-se que

$$\begin{cases} x = 3 \cos t - 2 \\ y = 3 \operatorname{sen} t + 4. \end{cases}$$

As últimas equações são as equações paramétricas escalares para o círculo. Como o parâmetro t varia de 0 a 2π, o ponto $P = (x; y)$ descreve o círculo.

2 Ache as equações paramétricas escalares para as retas.
   (a) Contendo os pontos distintos $P_0 = (x_0, y_0)$ e $P_1 = (x_1, y_1)$.
   (b) Contendo os pontos $P_0 = (-1, 7)$ e $P_1 = (5, 3)$.

SOLUÇÃO
Seja $\bar{R} = \overrightarrow{OP}$ o vetor posição de um ponto da reta e seja $\bar{R}_0 = \overrightarrow{OP_0}$.
   (a) A reta é paralela ao vetor $\bar{M} = \overrightarrow{P_0P_1} = (x_1 - x_0)i + (y_1 - y_0)j$; então a equação vetorial paramétrica é $\bar{R} = \bar{R}_0 + t\bar{M}$, ou

$$xi + yj = x_0 i + y_0 j + t[(x_1 - x_0)i + (y_1 - y_0)j]$$
$$= [x_0 + t(x_1 - x_0)]i + [y_0 + t(y_1 - y_0)]j.$$

As equações paramétricas escalares resultantes são

$$\begin{cases} x = x_0 + t(x_1 - x_0) \\ y = y_0 + t(y_1 - y_0). \end{cases}$$

(b) Fazendo $x_0 = -1, y_0 = 7, x_1 = 5,$ e $y_1 = 3$ no item (a), obtemos

$$\begin{cases} x = -1 + t(5 + 1) \\ y = 7 + t(3 - 7); \end{cases} \text{ isto é, } \begin{cases} x = 6t - 1 \\ y = 7 - 4t. \end{cases}$$

As equações paramétricas podem simplesmente descrever as curvas geradas por movimentos físicos nos casos em que se torna difícil achar as equações cartesianas. Uma curva denominada *ciclóide* é traçada por um ponto P da periferia de uma roda de raio a quando esta gira, sem escorregar sobre uma linha reta — por exemplo o eixo x. A ciclóide consiste em uma seqüência de arcos para cada revolução da roda (Fig. 6).

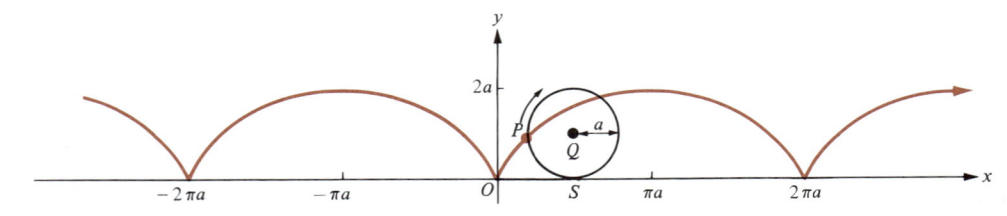

Fig. 6

EXEMPLO   Ache a equação vetorial paramétrica para a ciclóide da Fig. 6.

Solução

Utilizamos o ângulo t da Fig. 7 como parâmetro. Observe que t é justamente o ângulo segundo o qual a roda é girada, começando com P na origem O. Medimos t em radianos de modo que o comprimento do arco da porção de círculo entre P e S é ta unidades. Como esta porção do círculo rolou sobre o segmento de O a S, segue-se que $|\overrightarrow{OS}| = ta$, daí $\overrightarrow{OS} = ta\vec{i}$. Da Fig. 7.

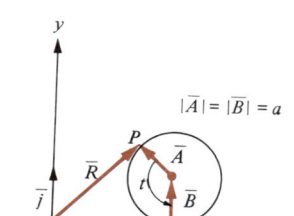

Fig. 7

$$\bar{R} = \overrightarrow{OS} + \bar{B} + \bar{A} = ta\vec{i} + \bar{B} + \bar{A}.$$

Devemos escrever os vetores $\bar{B}$ e $\bar{A}$ em função do parâmetro t. Como $\bar{B}$ tem a mesma direção que $\vec{j}$ e $|\bar{B}| = a$, segue-se que $\bar{B} = a\vec{j}$. Seja θ o ângulo entre $\bar{A}$ e o eixo positivo dos x. Pela Fig. 8 $\theta + t + \dfrac{\pi}{2} = 2\pi$,   de modo que $\theta = (2\pi - t) - \dfrac{\pi}{2}$.   Segue-se que

$$\cos\theta = \operatorname{sen}(2\pi - t) = -\operatorname{sen}t, \quad \operatorname{sen}\theta = -\cos(2\pi - t) = -\cos t,$$

e

$$\bar{A} = (a\cos\theta)\vec{i} + (a\operatorname{sen}\theta)\vec{j}$$
$$= (-a\operatorname{sen}t)\vec{i} + (-a\cos t)\vec{j}.$$

Fig. 8

Uma vez que temos

$$\overrightarrow{OS} = ta\vec{i}, \qquad \bar{B} = a\vec{j}, \qquad e \qquad \bar{A} = (-a\operatorname{sen}t)\vec{i} + (-a\cos t)\vec{j},$$

podemos reescrever $\bar{R} = \overrightarrow{OS} + \bar{B} + \bar{A}$ como

$$\bar{R} = ta\vec{i} + a\vec{j} - (a\operatorname{sen}t)\vec{i} - (a\cos t)\vec{j},$$

ou

$$\bar{R} = a(t - \operatorname{sen}t)\vec{i} + a(1 - \cos t)\vec{j}.$$

5.1 Equações de curvas no plano

A equação de uma curva pode ser expressa sob quaisquer das seguintes formas.

1. *Forma escalar não-paramétrica*. Nesse caso, temos uma única equação onde figurem as coordenadas cartesianas x e y (ou talvez as coordenadas polares r e θ) mas não explicitamente, os vetores. *Exemplo:* $2x - 3g = 8$

2. *Forma vetorial não-paramétrica.* Nesse caso, uma única equação segundo a qual a única variável é o vetor posição $\bar{R}$ do ponto P que descreve a curva. *Exemplo:* $\bar{N} \cdot \bar{R} = 8$, onde $\bar{N} = 2\bar{i} - 3\bar{j}$.

3. *Forma vetorial paramétrica.* Nesse caso, temos uma única equação segundo a qual o vetor posição $\bar{R}$ é expresso em função de uma variável escalar t, denominada parâmetro. Quando t varia, o vetor posição $\bar{R}$ descreve a curva. *Exemplo:* $\bar{R} = (3t + 1)i + (2t - 2)\bar{j}$.

4. *Forma escalar paramétrica.* Nesse caso temos duas equações que fornecem as coordenadas cartesianas x e y (ou as coordenadas polares r e θ) de um ponto P em função de uma terceira variável escalar, t, denominada parâmetro. Quando t varia, o ponto P descreve a curva

$$\text{Exemplo:} \quad \begin{cases} x = 3t + 1 \\ y = 2t - 2. \end{cases}$$

Os exemplos que se seguem ilustram como podemos passar de uma das formas acima à outra.

EXEMPLOS 1 Ache a forma vetorial paramétrica da reta

$$\begin{cases} x = 3t + 1 \\ y = 2t - 2. \end{cases}$$

SOLUÇÃO

$$\bar{R} = (3t + 1)\bar{i} + (2t - 2)\bar{j}.$$

2 Ache a forma vetorial paramétrica da equação da parábola $y = x^2$ usando $t = x$ como parâmetro.

SOLUÇÃO
Na forma escalar paramétrica temos

$$\begin{cases} x = t \\ y = t^2; \end{cases}$$

daí a equação vetorial paramétrica será $\bar{R} = t\bar{i} + t^2\bar{j}$.

3 Ache a forma escalar não-paramétrica da curva $\bar{R} = 3t\bar{i} + t^2\bar{j}$ e esboce o gráfico.

SOLUÇÃO

Com $\bar{R} = x\bar{i} + y\bar{j}$, temos $x\bar{i} + y\bar{j} = 3t\bar{i} + t^2\bar{j}$; daí,

$$\begin{cases} x = 3t \\ y = t^2. \end{cases}$$

Para eliminar o parâmetro t da equação paramétrica escalar, resolvemos a primeira equação para t, obtendo $t = x/3$ e substituímos na segunda equação, de modo que

$$y = \left(\frac{x}{3}\right)^2 \quad \text{ou} \quad y = \frac{x^2}{9} \quad \text{(Figura 9).}$$

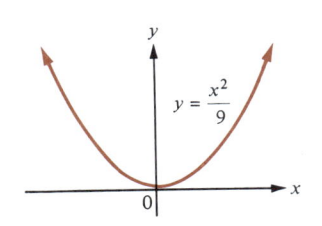

$y = \dfrac{x^2}{9}$

Fig. 9

4 Ache a forma escalar não-paramétrica da curva

$$\begin{cases} x = \dfrac{1}{t-1} \\[2mm] y = 3t+1 \end{cases}$$

e esboce o gráfico.

SOLUÇÃO

Da primeira equação temos $t - 1 = 1/x$, ou $t = 1 + 1/x$. A substituição na segunda equação nos dá

$$y = 3\left(1 + \frac{1}{x}\right) + 1$$

ou

$$y = 4 + \frac{3}{x} \qquad \text{(Figura 10)}.$$

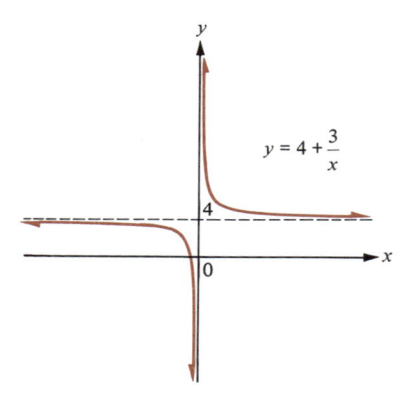

Fig. 10

5 Ache a forma escalar paramétrica para $\bar{R} = (\cosh t)i + (\operatorname{senh} t)j$.

SOLUÇÃO

Na forma paramétrica escalar temos

$$\begin{cases} x = \cosh t \\ y = \operatorname{senh} t. \end{cases}$$

Nesse caso, o parâmetro t é mais fácil de ser eliminado usando a identidade $\cosh^2 t - \operatorname{senh}^2 t = 1$ para obter $x^2 - y^2 = 1$, $x > 0$.

Dada a equação de uma curva na forma escalar paramétrica, pode-se sempre achar a derivada dy/dx por eliminação do parâmetro e procedendo como normalmente; apesar disso, é possível achar dy/dx diretamente das equações paramétricas escalares. Realmente, considerando a existência das derivadas em questão, temos,

$$\frac{dy}{dx} \cdot \frac{dx}{dt} = \frac{dy}{dt}$$

pela regra da cadeia. Daí se $dx/dt \neq 0$, então

$$\frac{dy}{dx} = \frac{dy/dt}{dx/dt}.$$

Analogamente, se fizermos $y' = dy/dx$, poderemos obter a segunda derivada d^2y/dx^2 utilizando a regra da cadeia novamente, daí

$$\frac{d^2y}{dx^2} = \frac{dy'}{dx} = \frac{dy'/dt}{dx/dt}.$$

EXEMPLO Dado

$$\begin{cases} x = t^2 - 6 \\ y = t^3 + 5, \end{cases}$$

Ache dy/dx e d^2y/dx^2.

Solução

$$y' = \frac{dy}{dx} = \frac{dy/dt}{dx/dt} = \frac{3t^2}{2t} = \frac{3}{2}t \quad \text{para } t \neq 0$$

e

$$\frac{d^2y}{dx^2} = \frac{dy'}{dx} = \frac{dy'/dt}{dx/dt} = \frac{\frac{3}{2}}{2t} = \frac{3}{4t} \quad \text{para } t \neq 0.$$

Conjunto de Problemas 5

Nos problemas de 1 a 6 (a) ache um vetor $\bar{M}$ paralelo a reta L contendo os pontos dados P_0 e P_1; (b) escreva a equação vetorial paramétrica para L; (c) escreva as equações paramétricas escalares; (d) elimine o parâmetro das equações do item (c), assim obtendo a equação escalar não-paramétrica de L; (e) ache um vetor normal $\bar{N}$ para L; (f) escreva uma equação vetorial não-paramétrica para L; e (g) esboce um gráfico para L.

1 $P_0 = (1, 2), P_1 = (3, 4)$

2 $P_0 = (0, 0), P_1 = (-1, 3)$

3 $P_0 = \left(-\frac{3}{2}, \frac{5}{2}\right), P_1 = \left(\frac{2}{3}, -\frac{1}{3}\right)$

4 $P_0 = (0, a), P_1 = (b, 0), a \neq 0, b \neq 0$

5 $P_0 = (\pi, e), P_1 = (-\sqrt{2}, \sqrt{3})$

6 $P_0 = (x_0, y_0), P_1 = (x_1, y_1)$

Nos problemas de 7 a 12, ache uma equação vetorial paramétrica para cada curva.

7 Reta que passa pelo ponto cujo vetor posição é $\bar{R}_0 = 7\bar{i} - 2\bar{j}$ e que é paralela ao vetor $\bar{M} = -\bar{i} + 3\bar{j}$.

8 Reta que passa pelo ponto cujo vetor posição é $\bar{R}_0 = -\bar{i}/7 + \bar{j}/3$ e que tem $\bar{N} = 3\bar{i} - 7\bar{j}$ por vetor normal.

9 Círculo com centro no ponto cujo vetor posição é $\bar{R}_0 = 3\bar{i} + 4\bar{j}$ e cujo raio é de 4 unidades métricas.

10 A parábola $y = (x - 1)^2$.

11 A ciclóide gerada por um ponto P na circunferência de um círculo que gira e cujo raio é 5 unidades métricas.

12 A elipse cuja equação polar é $r = \dfrac{4}{3 - \cos\theta}$.

Nos problemas de 13 a 20, (a) transforme a equação vetorial paramétrica em equação escalar paramétrica; (b) elimine o parâmetro t e, desse modo, obtenha uma equação escalar não-paramétrica; e (c) esboce um gráfico.

13 $\bar{R} = (2\cos t)\bar{i} + (2\,\text{sen}\,t)\bar{j}$ para $0 \leq t \leq 2\pi$.

14 $\bar{R} = (3\cos t)\bar{i} + (4\,\text{sen}\,t)\bar{j}$ para $0 \leq t \leq 2\pi$.

15 $\bar{R} = (5 \cos 2t)\bar{i} - (5 \operatorname{sen} 2t)\bar{j}$ para $0 \le t \le \pi/2$.

16 $\bar{R} = t^2\bar{i} + t\bar{j}$ para $-1 \le t \le 1$.

17 $\bar{R} = 4t\bar{i} + (3t + 5)\bar{j}$ para $-\infty < t < \infty$.

18 $\bar{R} = e^t\bar{i} + e^{-t}\bar{j}$ para $-\infty < t < \infty$.

19 $\bar{R} = \dfrac{1}{t-2}\bar{i} + (2t + 1)\bar{j}$ para $0 \le t < 2$.

20 $\bar{R} = (\operatorname{sen} t)\bar{i} + (\operatorname{sen} t)\bar{j}$ para $0 \le t \le \pi/2$.

Nos problemas de 21 a 28, (a) elimine o parâmetro t; (b) determine a equação sob a forma escalar não-paramétrica; e (c) expresse dy/dx e d^2y/dx^2 como funções de t.

21 $\begin{cases} x = 3t + 1 \\ y = 2 - t \end{cases}$

22 $\begin{cases} x = \dfrac{1}{t^2 - 1} \\ y = 3t + 1 \end{cases}$

23 $\begin{cases} x = t^2 - 2 \\ y = 5t \end{cases}$

24 $\begin{cases} x = \dfrac{1}{(t-2)^2} \\ y = -3t + 2 \end{cases}$

25 $\begin{cases} x = 2 - \dfrac{1}{t} \\ y = 2t + \dfrac{1}{t} \end{cases}$

26 $\begin{cases} x = 3 \cos^2 t \\ y = 4 \operatorname{sen}^2 t \end{cases}$

27 $\begin{cases} x = t^2 - 2t \\ y = t^3 - 3t \end{cases}$

28 $\begin{cases} x = 4 \operatorname{sen}^2 t \cos t \\ y = 4 \operatorname{sen} t \cos^2 t \end{cases}$

29 Mostre que o vetor $\bar{M} = -B\bar{i} + A\bar{j}$ é paralelo à reta cuja equação é $Ax + By + C = 0$.

30 Um ponto P está localizado em um raio de uma roda de raio $a > 0$ a uma distância $b > 0$ do centro. Deduza as equações vetorial e escalar paramétricas da curva descrita por P quando a roda gira sem escorregar sobre o eixo dos x. Considere que quando $x = 0$, $P = (0, a - b)$.

31 Determine uma equação vetorial paramétrica para a curva cuja equação cartesiana é $y = f(x)$. Use $t = x$ como parâmetro.

32 Determine uma equação vetorial paramétrica para a curva cuja equação polar é $r = g(\theta)$. Use $t = \theta$ como parâmetro.

6 Funções Vetoriais

As equações vetoriais paramétricas desenvolvidas na Seção 5 podem ser mais bem compreendidas através do conceito de *função vetorial.* Desse modo, uma equação vetorial paramétrica tem a forma

$$\bar{R} = \bar{F}(t),$$

onde a "variável independente" é o parâmetro t, $\bar{F}$ é a função, e a "variável dependente" é o vetor posição $\bar{R}$. A definição que se segue introduz conceito de modo mais preciso.

DEFINIÇÃO 1   **Função Vetorial**

Uma *função vetorial* $\bar{F}$ designa um único vetor $\bar{F}(t)$ para cada número em seu *domínio*. A *imagem* de $\bar{F}$ é o conjunto de todos os vetores da forma $\bar{F}(t)$ quando t percorre o domínio de $\bar{F}$.

EXEMPLO   Seja $\bar{F}$ uma função vertical definida pela equação.

$$\bar{F}(t) = (2 \cos t)\bar{i} + (2 \operatorname{sen} t)\bar{j}, \quad 0 \le t \le 2\pi.$$

(a) Qual o domínio de $\bar{F}$? (b) Qual a imagem de $\bar{F}$?
(c) Ache $\bar{F}(\pi)$.

SOLUÇÃO
(a) O domínio de $\bar{F}$ é o intervalo $(0, 2\pi)$.
(b) Quando t vai de 0 a 2π, $\bar{F}(t) = (2 \cos t)\bar{i} + (2 \operatorname{sen} t)\bar{j}$, considerado como um vetor posição, descreve um círculo do plano xy com raio de 2 unidades e centro na origem. Portanto, a imagem de $\bar{F}$ é o conjunto de todos vetores posição dos pontos deste círculo.

(c) $\bar{F}(\pi) = (2 \cos \pi)\bar{i} + (2 \operatorname{sen}\pi)\bar{j} = -2\bar{i}.$

Uma função vetorial $\bar{F}$ cuja imagem está contida no plano xy pode sempre ser definida pela equação da forma

$$\bar{F}(t) = g(t)\bar{i} + h(t)\bar{j},$$

onde g e h são funções vetoriais quaisquer denominadas as *funções componentes escalares de $\bar{F}$*.

6.1 Limite de uma função

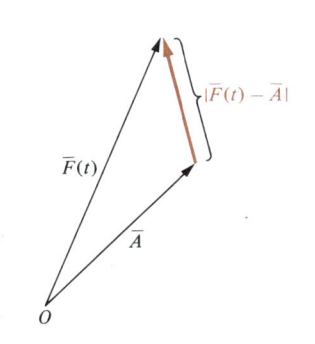

Fig. 1

Seja $\bar{F}$ uma função vetorial e seja $\bar{A}$ um vetor fixado. O escalar $|\bar{F}(t) - \bar{A}|$ representa a distância entre as extremidades (pontos terminais) de $\bar{F}(t)$ e $\bar{A}$ quando suas origens (pontos iniciais) coincidem com a origem (Fig. 1). É evidente que $|\bar{F}(t) - \bar{A}|$ está próximo de zero quando $\bar{F}(t)$ está próximo de $\bar{A}$, tanto em módulo quanto direção. Desse modo, estabelecemos a seguinte definição.

DEFINIÇÃO 2 Limite de uma função vetorial

Suponha que o número c pertença a um intervalo aberto I e que todo número em I, exceto possivelmente c, pertence ao domínio de uma função vetorial $\bar{F}$. Se $\bar{A}$ é um vetor tal que $\lim_{t \to c} |\bar{F}(t) - \bar{A}| = 0$, então dizemos que $\bar{F}(t)$ *se aproxima de $\bar{A}$ (como um limite)* quando t se aproxima de c, e escrevemos $\lim_{t \to c} \bar{F}(t) = \bar{A}$.

Os limites de funções vetoriais podem ser calculados através das componentes, conforme é mostrado pelo seguinte teorema.

TEOREMA 1 Limite de uma função vetorial

Suponha que $\bar{F}(t) = g(t)\bar{i} + h(t)\bar{j}$ e $\bar{A} = a\bar{i} + b\bar{j}$. Então $\lim_{t \to c} \bar{F}(t) = \bar{A}$ se, e somente se, $\lim_{t \to c} g(t) = a$ e $\lim_{t \to c} h(t) = b$.

PROVA

$$|\bar{F}(t) - \bar{A}| = |[g(t) - a]\bar{i} + [h(t) - b]\bar{j}| = \sqrt{[g(t) - a]^2 + [h(t) - b]^2}.$$

Portanto, $|\bar{F}(t) - \bar{A}|$ se aproxima de zero se, e somente se, ambos $g(t) - a$ e $h(t) - b$ se aproximam de zero, isto é, se, e somente se, $g(t)$ se aproxima de a e $h(t)$ se aproxima de b.

EXEMPLO Dado $\bar{F}(t) = (t^2 + 1)\bar{i} + (3t - 2)\bar{j}$, ache $\lim_{t \to 1} \bar{F}(t)$.

SOLUÇÃO
Pelo Teorema 1

$$\lim_{t \to 1} \bar{F}(t) = \left[\lim_{t \to 1} (t^2 + 1)\right]\bar{i} + \left[\lim_{t \to 1} (3t - 2)\right]\bar{j} = 2\bar{i} + \bar{j}.$$

Cada parte do seguinte teorema pode ser confirmada escrevendo uma função vetorial em termos de suas funções componentes escalares e então aplicando o Teorema 1 (problemas 31 a 33).

TEOREMA 2 Propriedades dos limites das funções

Sejam $\bar{F}$ e $\bar{G}$ funções vetoriais e seja f uma função de valores reais.

Suponha que $\lim_{t \to c} \bar{F}(t) = \bar{A}$, $\lim_{t \to c} \bar{G}(t) = \bar{B}$, e $\lim_{t \to c} f(t) = k$. Então:

$(i)\ \lim_{t \to c} [\bar{F}(t) + \bar{G}(t)] = \bar{A} + \bar{B}.$

$(ii)\ \lim_{t \to c} [\bar{F}(t) - \bar{G}(t)] = \bar{A} - \bar{B}.$

$(iii)\ \lim_{t \to c} [f(t)\bar{F}(t)] = k\bar{A}.$

$(iv)\ \lim_{t \to c} [\bar{F}(t) \cdot \bar{G}(t)] = \bar{A} \cdot \bar{B}.$

$(v)\ \lim_{t \to c} |\bar{F}(t)| = |\bar{A}|.$

$(vi)\ \lim_{t \to c} \dfrac{\bar{F}(t)}{f(t)} = \dfrac{\bar{A}}{k} \text{ se } k \neq 0.$

EXEMPLO   Se $\lim_{t \to c} \bar{F}(t) = i$ e $\lim_{t \to c} \bar{G}(t) = j$, ache $\lim_{t \to c} [\bar{F}(t) \cdot \bar{G}(t)]$.

SOLUÇÃO
Pelo item (iv) do Teorema 2 $\lim_{t \to c} [\bar{F}(t) \cdot \bar{G}(t)] = i \cdot j = 0.$

6.2 Continuidade das funções

Por analogia direta com a definição de continuidade para funções reais de valores reais, estabelecemos a seguinte definição para funções.

DEFINIÇÃO 3   **Continuidade das funções vetoriais**

Uma função vetorial $\bar{F}$ é denominada ser *contínua* no ponto c se (i) c pertence ao domínio de $\bar{F}$, (ii) $\lim_{t \to c} \bar{F}(t)$ existe, e (iii) $\lim_{t \to c} \bar{F}(t) = \bar{F}(c)$.

Uma função vetorial é denominada *contínua* desde que seja contínua em todo ponto de seu domínio. Podem-se definir também limites laterais e continuidades laterais para uma função vetorial essencialmente do mesmo modo que o fizemos para as funções de valores reais. Não há novidades, e tudo acontece como esperado (problemas 39 e 44).
Usando Teorema 1, estabelecemos facilmente o seguinte resultado (problema 34).

TEOREMA 3   **Continuidade de funções vetoriais**

Uma função vetorial $\bar{F}$ é contínua em um ponto c se, e somente se, ambas as funções componentes escalares forem contínuas em c.

EXEMPLO   Discuta a continuidade de $\bar{F}(t) = \dfrac{1}{t - 2} i + (5t + 1)j.$

SOLUÇÃO

As funções componentes escalares de $\bar{F}$ são $g(t) = \dfrac{1}{t - 2}$ e $h(t) = 5t + 1$, onde

g é contínua para todo valor de t exceto para $t = 2$ e h é contínua para todo valor de t. O domínio de $\bar{F}$ consiste em todos os reais diferentes de 2 e $\bar{F}$ é contínua para todo número t de seu domínio.

6.3 Derivadas das funções vetoriais

Dada uma função vetorial $\bar{F}$, podemos formar o quociente diferença

$$\frac{\bar{F}(t + \Delta t) - \bar{F}(t)}{\Delta t} = \frac{1}{\Delta t} [\bar{F}(t + \Delta t) - \bar{F}(t)]$$

por analogia direta com o quociente diferença de funções de valores reais. Note, apesar disso, que $(1/\Delta t)[\bar{F}(t + \Delta t) - \bar{F}(t)]$ é o produto de um escalar $1/\Delta t$

e um vetor $\bar{F}(t + \Delta t) - \bar{F}(t)$; portanto é um *vetor*. Mantendo a analogia com a funções de valores reais, estabelecemos a seguinte definição.

DEFINIÇÃO 4 **Derivada de uma função vetorial**

Seja t um número pertencente a um intervalo aberto contido no domínio de uma função vetorial $\bar{F}$. Definimos a *derivada* de $\bar{F}$ em t, simbolicamente $\bar{F}'(t)$, por

$$\bar{F}'(t) = \lim_{\Delta t \to 0} \frac{\bar{F}(t + \Delta t) - \bar{F}(t)}{\Delta t}, \qquad \text{desde que este limite exista.}$$

Usando a Definição 4 e o Teorema 1, é fácil provar o seguinte teorema (problema 40).

TEOREMA 4 **Derivada de funções vetoriais**

Seja $\bar{F}(t) = g(t)\bar{i} + h(t)\bar{j}$ e suponha que t pertença a um intervalo contido do domínio de $\bar{F}$. Então:

(i) $\bar{F}$ é derivável em relação a t se, e somente se, ambas as funções componentes escalares g e h forem deriváveis em relação a t.

(ii) Se $g'(t)$ e $h'(t)$ existem, então $\bar{F}'(t) = g'(t)\bar{i} + h'(t)\bar{j}$.

EXEMPLO Se $\bar{F}(t) = e^{2t}i - (\text{senh}\, t)\bar{j}$, ache $\bar{F}'(t)$.

SOLUÇÃO

$$\bar{F}'(t) = (D_t e^{2t})\bar{i} + [D_t(-\text{senh}\, t)]\bar{j} = 2e^{2t}\bar{i} - (\cosh t)\bar{j}.$$

A notação e terminologia usadas em conexão com as funções vetoriais são análogas àquelas usadas para funções de valores reais. Por exemplo, se $\bar{F}$ é diferenciável para todos os valores de t em algum intervalo aberto, então $\bar{F}'$, a *derivada* da função vetorial, é definida neste intervalo e podemos perguntar se $\bar{F}'$ é derivável. Se o for, denotaremos esta *segunda derivada* por $\bar{F}''$. As derivadas de terceira ordem e as demais ordens de $\bar{F}$ são estudadas analogamente.

EXEMPLO Seja $\bar{F}(t) = (\cos t)\bar{i} + (\text{sen}\, t)\bar{j}$. Ache (a) $\bar{F}'(t)$, (b) $\bar{F}''(t)$,

e (c) $\bar{F}'(t) \cdot \bar{F}''(t)$.

SOLUÇÃO

(a) $\bar{F}'(t) = (-\text{sen}\, t)\bar{i} + (\cos t)\bar{j}$.
(b) $\bar{F}''(t) = (-\cos t)\bar{i} - (\text{sen}\, t)\bar{j}$.
(c) $\bar{F}'(t) \cdot \bar{F}''(t) = \text{sen}\, t \cos t - \text{sen}\, t \cos t = 0$.

A notação diferencial de Leibniz é usada no caso das funções vetoriais de modo bem análogo ao utilizado para funções de valores reais. Por exemplo, se $\bar{F}$ é uma função vetorial diferenciável e o vetor variável $\bar{R}$ é definido por $\bar{R} = \bar{F}(t)$, temos

$$\frac{d\bar{R}}{dt} = \bar{F}'(t) \quad \text{e} \qquad d\bar{R} = F'(t)\, dt.$$

Observe que a derivada $d\bar{R}$ é um *vetor*, pois é um produto do escalar dt e o vetor $\bar{F}'(t)$. Assim, do Teorema 4 segue-se que se $\bar{R} = u\bar{i} + v\bar{j}$, onde os escalares u e v são funções diferenciáveis de t, então

$$\frac{d\bar{R}}{dt} = \frac{d}{dt}(u\bar{i} + v\bar{j}) = \frac{du}{dt}\bar{i} + \frac{dv}{dt}\bar{j} \quad \text{ou} \quad d\bar{R} = du\,\bar{i} + dv\,\bar{j}.$$

EXEMPLO   Se $\bar{R} = t^2\bar{i} + (\tan t)\bar{j}$, ache $\dfrac{d\bar{R}}{dt}$ e $d\bar{R}$.

SOLUÇÃO

$$\frac{d\bar{R}}{dt} = 2t\bar{i} + (\sec^2 t)\bar{j} \quad \text{e} \quad d\bar{R} = (2t\,dt)\bar{i} + (\sec^2 t\,dt)\bar{j}.$$

Utilizando a notação de Leibniz e o Teorema 4, agora estabelecemos as propriedades básicas das derivadas das funções.

TEOREMA 5   **Propriedades das derivadas das funções vetoriais**

Sejam $\bar{R}$ e $\bar{S}$ vetores variáveis que dependem do parâmetro escalar t e seja o escalar w uma função de t. Considere que $\dfrac{d\bar{R}}{dt}$, $\dfrac{d\bar{S}}{dt}$, e $\dfrac{dw}{dt}$ existem. Então

(i) $\dfrac{d}{dt}(\bar{R} + \bar{S}) = \dfrac{d\bar{R}}{dt} + \dfrac{d\bar{S}}{dt}$.

(ii) $\dfrac{d}{dt}(\bar{R} - \bar{S}) = \dfrac{d\bar{R}}{dt} - \dfrac{d\bar{S}}{dt}$.

(iii) $\dfrac{d}{dt}(w\bar{R}) = \dfrac{dw}{dt}\bar{R} + w\dfrac{d\bar{R}}{dt}$.

(iv) $\dfrac{d}{dt}(\bar{R} \cdot \bar{S}) = \dfrac{d\bar{R}}{dt} \cdot \bar{S} + \bar{R} \cdot \dfrac{d\bar{S}}{dt}$.

(v) $\dfrac{d}{dt}|\bar{R}| = \dfrac{\bar{R}}{|\bar{R}|} \cdot \dfrac{d\bar{R}}{dt}$ se $\bar{R} \neq \bar{0}$.

(vi) $\dfrac{d}{dt}\left(\dfrac{\bar{R}}{w}\right) = \dfrac{w(d\bar{R}/dt) - (dw/dt)\bar{R}}{w^2}$ se $w \neq 0$.

PROVA

Os itens de (i) a (iv) podem ser provados representando os vetores através de suas componentes e aplicando o Teorema 4. Deixamos os itens (i), (ii) e (iii) como exercício (problemas 41 e 42) e lidaremos aqui com os itens (iv), (v) e (vi).

(iv) Seja $\bar{R} = x\bar{i} + y\bar{j}$ e seja $\bar{S} = u\bar{i} + v\bar{j}$. Então $\bar{R} \cdot \bar{S} = xu + yv$ e

$$\frac{d}{dt}(\bar{R} \cdot \bar{S}) = \frac{d}{dt}(xu + yv) = \frac{dx}{dt}u + x\frac{du}{dt} + \frac{dy}{dt}v + y\frac{dv}{dt}$$

$$= \left(\frac{dx}{dt}u + \frac{dy}{dt}v\right) + \left(x\frac{du}{dt} + y\frac{dv}{dt}\right)$$

$$= \left(\frac{dx}{dt}\bar{i} + \frac{dy}{dt}\bar{j}\right) \cdot (u\bar{i} + v\bar{j}) + (x\bar{i} + y\bar{j}) \cdot \left(\frac{du}{dt}\bar{i} + \frac{dv}{dt}\bar{j}\right)$$

$$= \frac{d\bar{R}}{dt} \cdot \bar{S} + \bar{R} \cdot \frac{d\bar{S}}{dt}.$$

(v) Considere que $\bar{R} \neq \bar{0}$. Pelo item (iv) temos

$$\frac{d}{dt}\,|\bar{R}| = \frac{d}{dt}\,\sqrt{\bar{R}\cdot\bar{R}} = \frac{1}{2\sqrt{\bar{R}\cdot\bar{R}}}\cdot\frac{d}{dt}\,(\bar{R}\cdot\bar{R}) = \frac{1}{2|\bar{R}|}\left(\frac{d\bar{R}}{dt}\cdot\bar{R} + \bar{R}\cdot\frac{d\bar{R}}{dt}\right)$$

$$= \frac{1}{2|\bar{R}|}\left(2\bar{R}\cdot\frac{d\bar{R}}{dt}\right) = \frac{\bar{R}}{|\bar{R}|}\cdot\frac{d\bar{R}}{dt}.$$

(vi) Considere que $w \neq 0$. Pelo item (iii), temos

$$\frac{d}{dt}\left(\frac{\bar{R}}{w}\right) = \frac{d}{dt}\,(w^{-1}\bar{R}) = \left(\frac{d}{dt}\,w^{-1}\right)\bar{R} + w^{-1}\frac{d\bar{R}}{dt} = -w^{-2}\frac{dw}{dt}\,\bar{R} + w^{-1}\frac{d\bar{R}}{dt}$$

$$= \frac{w(d\bar{R}/dt) - (dw/dt)\bar{R}}{w^2}.$$

EXEMPLOS 1 Seja $\bar{R} = (5\,\text{sen}2t)\bar{i} + (5\cos 2t)\bar{j}$, $\bar{S} = e^{2t}\bar{i} + e^{-2t}\bar{j}$, **e** $w = e^{-5t}$. **Ache:**

(a) $\dfrac{d}{dt}\,|\bar{R}|$ (b) $\dfrac{d}{dt}\,(\bar{R}\cdot\bar{S})$ (c) $\dfrac{d}{dt}\,(w\bar{S})$.

SOLUÇÃO
Pelo Teorema 5, temos

(a) $\dfrac{d}{dt}\,|\bar{R}| = \dfrac{\bar{R}}{|\bar{R}|}\cdot\dfrac{d\bar{R}}{dt} = \dfrac{(5\,\text{sen}2t)\bar{i} + (5\cos 2t)\bar{j}}{\sqrt{(5\,\text{sen}2t)^2 + (5\cos 2t)^2}}\cdot[(10\cos 2t)\bar{i} - (10\,\text{sen}2t)\bar{j}]$

$$= \frac{50\,\text{sen}2t\cos 2t - 50\cos 2t\,\text{sen}2t}{5} = 0.$$

(b) $\dfrac{d}{dt}\,(\bar{R}\cdot\bar{S}) = \dfrac{d\bar{R}}{dt}\cdot\bar{S} + \bar{R}\cdot\dfrac{d\bar{S}}{dt}$

$$= [(10\cos 2t)\bar{i} - (10\,\text{sen}2t)\bar{j}]\cdot[e^{2t}\bar{i} + e^{-2t}\bar{j}]$$

$$+ [(5\,\text{sen}2t)\bar{i} + (5\cos 2t)\bar{j}]\cdot[2e^{2t}\bar{i} - 2e^{-2t}\bar{j}]$$

$$= 10\cos 2t\,e^{2t} - 10\,\text{sen}2t\,e^{-2t} + 10\,\text{sen}2t\,e^{2t} - 10\cos 2t\,e^{-2t}$$

$$= 10(\cos 2t + \text{sen}2t)(e^{2t} - e^{-2t}).$$

(c) $\dfrac{d}{dt}\,(w\bar{S}) = \dfrac{dw}{dt}\,\bar{S} + w\,\dfrac{d\bar{S}}{dt}$

$$= -5e^{-5t}(e^{2t}\bar{i} + e^{-2t}\bar{j}) + e^{-5t}(2e^{2t}\bar{i} - 2e^{-2t}\bar{j})$$

$$= -5e^{-3t}\bar{i} - 5e^{-7t}\bar{j} + 2e^{-3t}\bar{i} - 2e^{-7t}\bar{j} = -3e^{-3t}\bar{i} - 7e^{-7t}\bar{j}.$$

2 Considerando a existência das derivadas, determine a fórmula $d^2(\bar{R}\cdot\bar{S})/dt^2$.

SOLUÇÃO

$$\frac{d^2}{dt^2}\,(\bar{R}\cdot\bar{S}) = \frac{d}{dt}\left[\frac{d}{dt}\,(\bar{R}\cdot\bar{S})\right] = \frac{d}{dt}\left[\frac{d\bar{R}}{dt}\cdot\bar{S} + \bar{R}\cdot\frac{d\bar{S}}{dt}\right]$$

$$= \frac{d}{dt}\left(\frac{d\bar{R}}{dt}\cdot\bar{S}\right) + \frac{d}{dt}\left(\bar{R}\cdot\frac{d\bar{S}}{dt}\right)$$

$$= \frac{d^2\bar{R}}{dt^2}\cdot\bar{S} + \frac{d\bar{R}}{dt}\cdot\frac{d\bar{S}}{dt} + \frac{d\bar{R}}{dt}\cdot\frac{d\bar{S}}{dt} + \bar{R}\cdot\frac{d^2\bar{S}}{dt^2}$$

$$= \frac{d^2\bar{R}}{dt^2}\cdot\bar{S} + 2\frac{d\bar{R}}{dt}\cdot\frac{d\bar{S}}{dt} + \bar{R}\cdot\frac{d^2\bar{S}}{dt^2}.$$

A regra da cadeia também funciona para funções vetoriais, como mostra o seguinte teorema.

TEOREMA 6 **Regra da cadeia para funções vetoriais**

Seja $\bar{R}$ uma função vetorial do escalar t diferenciável e seja t uma função diferenciável do escalar s. Então, encarando $\bar{R}$ como função de s, temos

$$\frac{d\bar{R}}{ds} = \frac{d\bar{R}}{dt} \frac{dt}{ds}.$$

PROVA

Seja $\bar{R} = u\bar{i} + v\bar{j}$, onde as componentes escalares u e v são funções de t. Pela regra da cadeia usual para funções de valores reais,

$$\frac{du}{ds} = \frac{du}{dt} \frac{dt}{ds} \quad \text{e} \quad \frac{dv}{ds} = \frac{dv}{dt} \frac{dt}{ds};$$

portanto, pelo Teorema 4,

$$\frac{d\bar{R}}{ds} = \frac{du}{ds}\bar{i} + \frac{dv}{ds}\bar{j} = \frac{du}{dt}\frac{dt}{ds}\bar{i} + \frac{dv}{dt}\frac{dt}{ds}\bar{j} = \left(\frac{du}{dt}\bar{i} + \frac{dv}{dt}\bar{j}\right)\frac{dt}{ds} = \frac{d\bar{R}}{dt}\frac{dt}{ds}.$$

EXEMPLO Visto que $\bar{R} = \bar{F}(t)$, $\bar{F}'(t) = 2t\bar{i} - e^{-t}\bar{j}$, e $t = \text{sen } \theta$, ache (a) $\dfrac{d\bar{R}}{d\theta}$ e (b) $\dfrac{d^2\bar{R}}{d\theta^2}$.

SOLUÇÃO
Pelo Teorema

(a) $\dfrac{d\bar{R}}{d\theta} = \dfrac{d\bar{R}}{dt}\dfrac{dt}{d\theta} = \bar{F}'(t)\dfrac{d}{d\theta}(\text{sen}\theta) = (2t\bar{i} - e^{-t}\bar{j})\cos\theta$

$\qquad = [(2\,\text{sen}\theta)\bar{i} - e^{-\text{sen }\theta}\bar{j}]\cos\theta$

$\qquad = (2\,\text{sen}\theta\cos\theta)\bar{i} - (e^{-\text{sen }\theta}\cos\theta)\bar{j}$

$\qquad = (\text{sen}2\theta)\bar{i} - (e^{-\text{sen }\theta}\cos\theta)\bar{j}.$

(b) Usando o resultado do item (a), temos

$$\frac{d^2\bar{R}}{d\theta^2} = (2\cos 2\theta)\bar{i} + e^{-\text{sen }\theta}(\text{sen}\theta + \cos^2\theta)\bar{j}.$$

Conjunto de Problemas 6

Nos problemas de 1 a 6, (a) determine o domínio de $\bar{F}$, (b) determine $\bar{F}(t_0)$ se t_0 pertence ao domínio de $\bar{F}$, (c) calcule lim $\bar{F}(t)$, se existir e (d) determine os pontos onde $\bar{F}$ é contínua.

1 $\bar{F}(t) = (3t + 2)\bar{i} + \dfrac{5}{t^2 - 1}\bar{j}$; $t_0 = 2$.

2 $\bar{F}(t) = \sqrt{t - 1}\bar{i} + \sqrt{5 - t}\bar{j}$; $t_0 = 1$.

3 $\bar{F}(t) = \dfrac{t^2 - 5t + 6}{t - 3}\bar{i} + \dfrac{t^2 + 7t - 30}{t - 3}\bar{j}$; $t_0 = 3$.

4 $\bar{F}(t) = \dfrac{t^2 + 2t + 1}{t - 1}\bar{i} + (\text{sen}^{-1} t)\bar{j}$; $t_0 = 1$.

5 $\bar{F}(t) = \dfrac{1}{t}\bar{i} + (\text{sen}3t)\bar{j}$; $t_0 = \dfrac{\pi}{6}$.

6 $\bar{F}(t) = \ln(t + 1)\bar{i} + e^{-2t}\bar{j}$; $t_0 = 0$.

Nos problemas de 7 a 12, determine $\bar{F}'(t)$ e $\bar{F}''(t)$.

7 $\bar{F}(t) = (3t^2 - 1)\bar{i} + (9t^4 + 5)\bar{j}$.

8 $\bar{F}(t) = \ln(3 + t)\bar{i} + (\operatorname{sen} t)\bar{j}$.

9 $\bar{F}(t) = e^{3t}\bar{i} + (\ln 2t)\bar{j}$.

10 $\bar{F}(t) = (3 \sec t)\bar{i} + (4 \tan t)\bar{j}$.

11 $\bar{F}(t) = (5 \cos t)\bar{i} + (3 \operatorname{sen} t)\bar{j}$.

12 $\bar{F}(t) = (\tan^{-1} 2t)\bar{i} + e^{7t}\bar{j}$.

Nos problemas de 13 a 16, determine $d\bar{R}/dt$ e $d^2\bar{R}/dt^2$.

13 $\bar{R} = (\cos t^2)\bar{i} + (\operatorname{sen} t^2)\bar{j}$

14 $\bar{R} = te^{-2t}\bar{i} + te^{2t}\bar{j}$

15 $\bar{R} = \dfrac{1}{t}\bar{i} + \dfrac{1}{t^2}\bar{j}$

16 $\bar{R} = \dfrac{t-2}{t+2}\bar{i} + \dfrac{t-3}{t+3}\bar{j}$

Nos problemas de 17 a 20, determine   (a) $\bar{F}'(t)$, (b) $\bar{F}''(t)$, (c) $\bar{F}'(t) \cdot \bar{F}''(t)$,   e

(d) $\dfrac{d}{dt}|\bar{F}(t)|$.

17 $\bar{F}(t) = (e^t + 3)\bar{i} + (e^t + 7)\bar{j}$

18 $\bar{F}(t) = (3 \cos 2t)\bar{i} + (3 \operatorname{sen} 2t)\bar{j}$

19 $\bar{F}(t) = (4 \operatorname{sen} 3t)\bar{i} - (4 \operatorname{sen} 3t)\bar{j}$

20 $\bar{F}(t) = e^{-5t}\bar{i} + e^{5t}\bar{j}$

Nos problemas de 21 a 24, determine (a) $\dfrac{d}{dt}(\bar{R} \cdot \bar{S})$ e (b) $\dfrac{d}{dt}(w\bar{R})$.

21 $\bar{R} = e^{2t}\bar{i} + e^{-4t}\bar{j}$, $\bar{S} = (\cos 2t)\bar{i} + (\operatorname{sen} 2t)\bar{j}$, $w = e^{-7t}$.

22 $\bar{R} = 5t\bar{i} + t^2\bar{j}$, $\bar{S} = (\sec t)\bar{i} + (3 \operatorname{sen} t)\bar{j}$, $w = \cot t$.

23 $\bar{R} = (\ln t)\bar{i} + \dfrac{1}{t-1}\bar{j}$, $\bar{S} = \dfrac{\bar{i}}{t} + \dfrac{3\bar{i}}{t^2}$, $w = \cos 7t$.

24 $\bar{R} = \dfrac{\bar{i}}{t^2+4} + \dfrac{2\bar{j}}{1-t^2}$, $\bar{S} = (\ln t)\bar{i} + t^2\bar{j}$, $w = 5t^2 + 8$.

25 Seja $\bar{F}(t) = (\operatorname{sen} t)\bar{i} + (\cos t)\bar{j}$, $\bar{G}(t) = e^t\bar{i} + e^{-t}\bar{j}$, e $t = s^3$. Utilize os Teoremas 5 e 6 para achar

(a) $\dfrac{d}{ds}[\bar{F}(t)]$

(b) $\dfrac{d^2}{ds^2}[\bar{G}(t)]$

(c) $\dfrac{d}{dt}[|\bar{F}(t)|^2]$

(d) $\dfrac{d^2}{dt^2}[\bar{F}(t) \cdot \bar{G}(t)]$

26 Mostre que, se dw/dt existe e $\bar{A}$ é um vetor constante, então $\dfrac{d}{dt}(w\bar{A}) = \dfrac{dw}{dt}\bar{A}$.

27 Mostre que, se $d\bar{R}/dt$ existe e c é um escalar constante, então $\dfrac{d}{dt}(c\bar{R}) = c\dfrac{d\bar{R}}{dt}$.

28 Suponha que $d\bar{R}/dt$ existe e que $|\bar{R}|$ é constante. Mostre que $\bar{R}$ e $d\bar{R}/dt$ são perpendiculares.

29 Suponha que $\bar{R}$ é um vetor variável que é sempre paralelo a um vetor fixo não-nulo $\bar{A}$. Se $d\bar{R}/dt$ existe, mostre que $d\bar{R}/dt$ é sempre paralelo ao vetor fixado $\bar{A}$.

30 Se $\bar{R} \neq 0$ e $d\bar{R}/dt$ existe, ache a fórmula para $\dfrac{d}{dt}\left(\dfrac{\bar{R}}{|\bar{R}|}\right)$.

31 Prove os itens (i) e (ii) do Teorema 2.
32 Prove os itens (iii) e (iv) do Teorema 2.
33 Prove os itens (v) e (vi) do Teorema 2.
34 Prove o Teorema 3.
35 Prove que a soma ou a diferença de funções vetoriais contínuas é uma função contínua.
36 Prove que o produto escalar de funções vetoriais contínuas é uma função contínua de valores reais.
37 Se $\bar{F}$ é uma função vetorial contínua, mostre que a função f de valores reais definida por $f(t) = |\bar{F}(t)|$ é também contínua.
38 Se $\bar{F}$ é uma função vetorial contínua e se f é uma função contínua de valores reais, ambas com o mesmo domínio, mostre que a função vetorial $\bar{G}$, definida por $\bar{G}(t) = f(t)\bar{F}(t)$ é contínua.
39 Estabeleça uma definição apropriada aos seguintes limites laterais:

(a) $\lim\limits_{t \to c^+} \bar{F}(t) = \bar{A}$

(b) $\lim\limits_{t \to c^-} \bar{F}(t) = \bar{A}$

40 Prove o Teorema 4.
41 Prove os itens (i) e (ii) do Teorema 5.
42 Prove o item (iii) do Teorema 5.
43 Prove que uma função vetorial diferenciável é contínua.
44 Dê uma definição apropriada ao seguinte: A função vetorial $\bar{F}$ é contínua no intervalo fechado $(a; b)$.

7 Velocidade, Aceleração e Comprimento do Arco

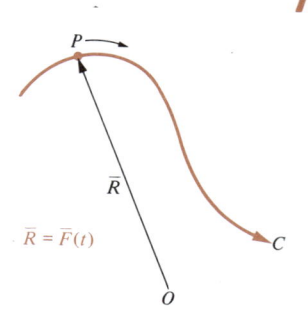

Fig. 1

Uma equação vetorial paramétrica $\bar{R} = \bar{F}(t)$ pode ser encarada como o vetor posição $\bar{R}$ de um ponto móvel P no tempo t (Fig. 1). Quando o tempo t varia, o ponto P descreve a curva C. Ainda que o parâmetro t, realmente, represente alguma outra variável diferente de tempo, pode ser útil imaginá-lo — pelo menos para os propósitos desta seção — como correspondendo ao tempo decorrido desde algum arbitrário (mas fixado) instante inicial. Este ponto de vista nos permite estudar as funções vetoriais $\bar{F}$ sob o aspecto intuitivo do movimento físico.

Para o restante desta seção, consideraremos que o ponto móvel P descreve uma curva C no plano e que o vetor posição variável $\bar{R}$ de P, no tempo t, é dado por $\bar{R} = \bar{F}(t)$. Além disso, consideramos que $\bar{F}$ admite uma derivada primeira $\bar{F}'$ e uma derivada segunda $\bar{F}''$. Imaginemos que o ponto móvel P está equipado com um odômetro para medir a *distância s* que é percorrida sobre o caminho C, começando em P_0, quando $t = t_0$ e que é equipado com um velocímetro para medir sua *velocidade instantânea $v = ds/dt$* em qualquer instante t (Fig. 2). Aqui s é justamente o comprimento do arco da curva C entre P_0 e P, enquanto v é a taxa instantânea de mudança de s em relação ao parâmetro t.

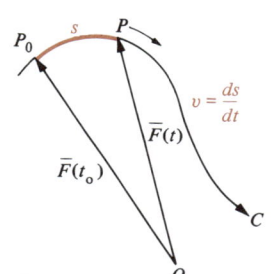

Fig. 2

O *vetor velocidade* do ponto móvel P é definido como sendo o vetor $\bar{V}$ cujo comprimento é a velocidade de P, de modo que

$$v = |\overline{V}|,$$

e cuja direção é paralela à reta tangente à curva C no ponto P (Fig. 3). Aqui compreendemos que $\bar{V}$ aponta na "direção do movimento instantâneo" de P, de modo que, se as forças que fazem com que P siga a curva C forem subitamente removidas, então P deverá "sair na direção da tangente" isto é na direção de V.

Vamos agora, informalmente, explicar por que *o vetor velocidade de um ponto móvel é a derivada em relação ao tempo de seu vetor posição.*

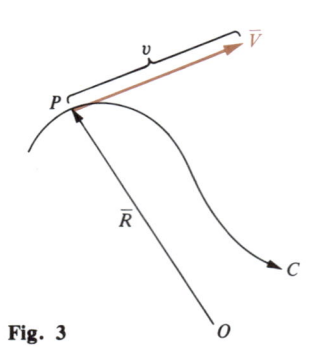

Fig. 3

Para começar a explicação, seja $\Delta t = t_2 - t_1$ um pequeno intervalo positivo de tempo, e façamos

$$\bar{R}_1 = \overrightarrow{OP_1} = \bar{F}(t_1) \quad \text{e} \quad \bar{R}_2 = \overrightarrow{OP_2} = \bar{F}(t_2) = \bar{F}(t_1 + \Delta t)$$

(Fig. 4). Durante o intervalo de tempo Δt de t_1 a t_2, o ponto P se moveu ao longo de uma pequena porção da curva C entre P_1 e P_2. Denote o comprimento de arco desta porção de C por Δs. Pelo movimento de P_1 a P_2, o ponto P sofre o *deslocamento*

$$\Delta \bar{R} = \bar{R}_2 - \bar{R}_1 = \bar{F}(t_1 + \Delta t) - \bar{F}(t_1).$$

Evidentemente

$$\Delta s \approx |\Delta \bar{R}|,$$

com melhor aproximação, quando $\Delta t \to 0^+$. Dividindo por Δt, obtemos

$$\frac{\Delta s}{\Delta t} \approx \frac{1}{\Delta t} |\Delta \bar{R}| = \left| \frac{\Delta \bar{R}}{\Delta t} \right|;$$

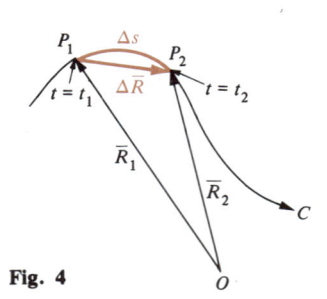

Fig. 4

daí, considerando o limite quando $\Delta t \to 0^+$, temos

$$|\overline{V}| = v = \frac{ds}{dt} = \left| \frac{d\overline{R}}{dt} \right|.$$

Portanto, $d\overline{R}/dt$ possui o mesmo comprimento que o vetor velocidade $\overline{V}$.

Para concluir a explicação, precisamos apenas mostrar que $d\overline{R}/dt$ possui a mesma direção que o vetor velocidade $\overline{V}$. Se o intervalo de tempo Δt é pequeno, então $1/\Delta t$ é grande, daí o quociente diferença

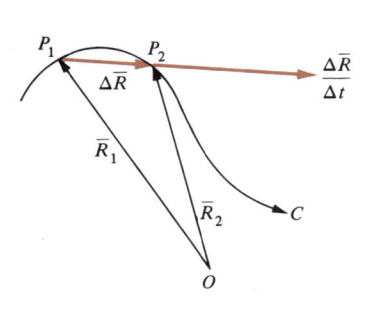

Fig. 5

$$\frac{\Delta\overline{R}}{\Delta t} = \frac{\overline{F}(t_1 + \Delta t) - \overline{F}(t_1)}{\Delta t} = \frac{1}{\Delta t}\,\Delta\overline{R}$$

não somente ter a mesma direção que o vetor deslocamento $\Delta\overline{R}$, mas ser também consideravelmente maior do que $\Delta\overline{R}$ (Fig. 5).

À medida que $\Delta t \to 0^+$, o vetor deslocamento $\Delta\overline{R}$ se torna cada vez menor; apesar disso, o quociente diferença $\Delta\overline{R}/\Delta t$ se aproxima de $d\overline{R}/dt$, que não é necessariamente 0. Ao mesmo tempo, $\Delta\overline{R}/\Delta t$ gira em torno do ponto P_1 e se aproxima da direção da tangente à curva C em P_1 (Fig. 6). Como

$$d\overline{R}/dt = \lim_{\Delta t \to 0} \Delta\overline{R}/\Delta t, \quad \text{segue-se que } d\overline{R}/dt \text{ é paralelo à tangente, então } d\overline{R}/dt$$

tem a mesma *direção* que o vetor velocidade $\overline{V}$. Como $d\overline{R}/dt$ tem o mesmo comprimento e direção que $\overline{V}$, concluímos que

$$\frac{d\overline{R}}{dt} = \overline{V}.$$

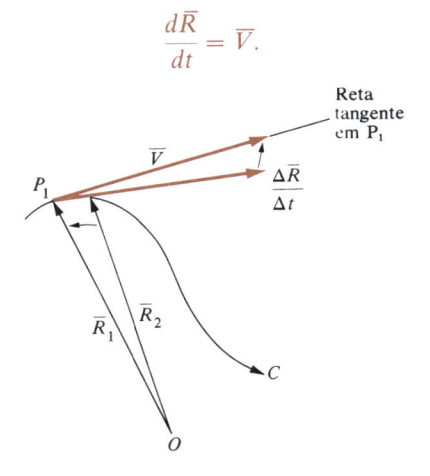

Fig. 6

Quando o ponto P se move sobre a curva C, seu vetor velocidade $\overline{V}$ pode variar em módulo, direção ou em ambos. A taxa instantânea de variação de $\overline{V}$ em relação ao tempo é um valor $d\overline{V}/dt$ denominado *vetor aceleração* do ponto móvel P e denotado por $\overline{A}$. Assim

$$\overline{V} = \frac{d\overline{R}}{dt} = \overline{F}'(t) \quad \text{e} \quad \overline{A} = \frac{d\overline{V}}{dt} = \frac{d^2\overline{R}}{dt^2} = \overline{F}''(t).$$

EXEMPLOS 1 Um ponto está se deslocando segundo uma trajetória elítica de acordo com a equação $\overline{R} = (5\cos 2t)\overline{i} + (3\operatorname{sen} 2t)\overline{j}$. As distâncias são medidas em centímetros e o tempo em segundos. Ache (a) o vetor velocidade $\overline{V}$; (b) o vetor aceleração $\overline{A}$ e (c) a velocidade v no instante t.

SOLUÇÃO

(a) $\overline{V} = \dfrac{d\overline{R}}{dt} = (-10\operatorname{sen} 2t)\overline{i} + (6\cos 2t)\overline{j}.$

(b) $\bar{A} = \dfrac{d\bar{V}}{dt} = (-20 \cos 2t)\,i + (-12 \text{ sen} 2t)\,j.$

(c) $v = |\bar{V}| = \sqrt{100 \text{ sen}^2 2t + 36 \cos^2 2t}$ cm/sec.

2 Uma partícula P tem por vetor posição $\bar{R} = \dfrac{t^2}{2}\,i - t^3 j$ no tempo t. Ache (a) o vetor velocidade $\bar{V}$, (b) o vetor aceleração $\bar{A}$, e (c) a velocidade v da partícula no instante $t = 10$s.

SOLUÇÃO

(a) $\bar{V} = t i - 3t^2 j$; daí quando $t = 10$, $\bar{V} = 10 i - 300 j$.
(b) $\bar{A} = i - 6t j$; daí quando $t = 10$, $\bar{A} = i - 60 j$.
(c) $v = |\bar{V}| = \sqrt{t^2 + 9t^4}$; daí quando $t = 10$, $v = \sqrt{100(1 + 900)}$

$$= 10\sqrt{901}.$$

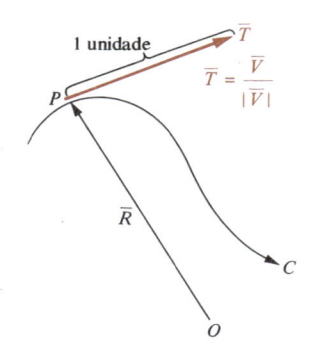

Fig. 7

Se o vetor velocidade $\bar{V}$ não for o vetor nulo, podemos normalizar $\bar{V}$ dividindo-o por seu comprimento $|\bar{V}|$. O vetor resultante $\bar{T}$ tem a mesma direção que o vetor velocidade, mas tem comprimento unitário (Fig. 7). Como $\bar{V}$ é paralelo à tangente a C em P, então é $\bar{T}$ o *vetor tangente unitário* à curva C no ponto P. Evidentemente

$$\bar{T} = \frac{\bar{V}}{|\bar{V}|} = \frac{\bar{V}}{v} = \frac{\dfrac{d\bar{R}}{dt}}{\left|\dfrac{d\bar{R}}{dt}\right|} = \frac{\dfrac{d\bar{R}}{dt}}{\dfrac{ds}{dt}}.$$

EXEMPLO Ache o vetor tangente unitário $\bar{T}$ à curva C cuja equação paramétrica vetorial é $\bar{R} = (t^2 - 4t)\,i + (\tfrac{3}{4}t^4)\,j.$

SOLUÇÃO
Aqui temos

$$\frac{d\bar{R}}{dt} = (2t - 4)\,i + (3t^3)\,j,$$

de modo que

$$\left|\frac{d\bar{R}}{dt}\right| = \sqrt{(2t - 4)^2 + (3t^3)^2} = \sqrt{9t^6 + 4t^2 - 16t + 16},$$

$$\bar{T} = \frac{\dfrac{d\bar{R}}{dt}}{\left|\dfrac{d\bar{R}}{dt}\right|} = \frac{(2t - 4)\,i + (3t^3)\,j}{\sqrt{9t^6 + 4t^2 - 16t + 16}}.$$

Como $ds/dt = v = |d\bar{R}/dt|$, temos a equação vetorial

$$ds = \left|\frac{d\bar{R}}{dt}\right| dt$$

para o comprimento do arco s da curva cuja equação paramétrica é $\bar{R} = \bar{F}(t)$. Integrando, achamos que o comprimento de arco s entre os pontos correspondendo a $t = a$ e $t = b$ é

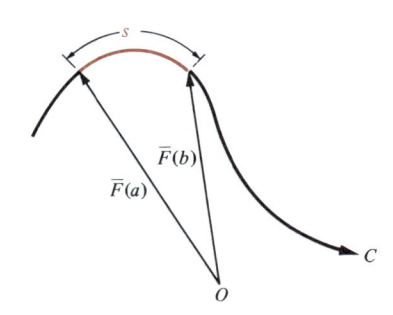

Fig. 8

$$s = \int_a^b \left| \frac{d\bar{R}}{dt} \right| dt \qquad \text{(Figura 8).}$$

Se $\bar{R} = \bar{F}(t) = g(t)\bar{i} + h(t)\bar{j}$, então

$$\left| \frac{d\bar{R}}{dt} \right| = |g'(t)\bar{i} + h'(t)\bar{j}|$$

$$= \sqrt{[g'(t)]^2 + [h'(t)]^2}$$

e

$$s = \int_a^b \sqrt{[g'(t)]^2 + [h'(t)]^2}\, dt.$$

EXEMPLOS Ache o comprimento de arco s da curva dada entre os valores indicados do parâmetro.

1 $\bar{R} = (3t^2)\bar{i} + (t^3 - 3t)\bar{j}$ entre $t = 0$ e $t = 1$.

SOLUÇÃO
Aqui, $d\bar{R}/dt = (6t)\bar{i} + (3t^2 - 3)\bar{j}$ e

$$\left| \frac{d\bar{R}}{dt} \right| = \sqrt{(6t)^2 + (3t^2 - 3)^2} = \sqrt{36t^2 + 9t^4 - 18t^2 + 9}$$

$$= \sqrt{9t^4 + 18t^2 + 9} = \sqrt{(3t^2 + 3)^2} = 3t^2 + 3.$$

Portanto,

$$s = \int_0^1 \left| \frac{d\bar{R}}{dt} \right| dt = \int_0^1 (3t^2 + 3)\, dt = (t^3 + 3t)\Big|_0^1 = 4 \text{ unidades.}$$

2 $\begin{cases} x = e^{-t}\cos t \\ y = e^{-t}\,\text{sen}\,t \end{cases}$ entre $t = 0$ e $t = \pi$.

SOLUÇÃO
As equações paramétricas escalares dadas são equivalentes à equação vetorial paramétrica $\bar{R} = g(t)\bar{i} + h(t)\bar{j}$, onde $g(t) = e^{-t}\cos t$ e $h(t) = e^{-t}\,\text{sen}\,t$. Desse modo, $g'(t) = -e^{-t}(\cos t + \text{sen}\,t)$, $h'(t) = -e^{-t}(\text{sen}\,t - \cos t)$,
e

$$s = \int_0^\pi \sqrt{[g'(t)]^2 + [h'(t)]^2}\, dt$$

$$= \int_0^\pi \sqrt{e^{-2t}(\cos^2 t + 2\cos t\,\text{sen}\,t + \text{sen}^2 t) + e^{-2t}(\text{sen}^2 t - 2\,\text{sen}\,t\cos t + \cos^2 t)}\, dt$$

$$= \int_0^\pi e^{-t}\sqrt{2(\cos^2 t + \text{sen}^2 t)}\, dt = \int_0^\pi \sqrt{2}\, e^{-t}\, dt$$

$$= \left(-\sqrt{2}\, e^{-t}\right)\Big|_0^\pi = \sqrt{2}(1 - e^{-\pi}) \text{ unidades.}$$

3 $y = f(x)$ entre $x = a$ e $x = b$.

SOLUÇÃO
Com x como parâmetro, a equação escalar $y = f(x)$ é equivalente à equação paramétrica vetorial $\bar{R} = x\bar{i} + f(x)\bar{j}$. Nesse caso,

$$\frac{d\bar{R}}{dx} = \bar{i} + f'(x)\bar{j}, \qquad \left| \frac{d\bar{R}}{dx} \right| = \sqrt{1^2 + [f'(x)]^2}, \qquad \text{e} \quad s = \int_a^b \sqrt{1 + [f'(x)]^2}\, dx,$$

que coincide com a fórmula para o comprimento de arco do Cap. 7, Seção 4.1.

Conjunto de Problemas 7

Nos problemas 1 a 10, a equação vetorial do movimento de um ponto P do plano xy é dada. Encontre (a) o vetor velocidade $\vec{V}$, (b) o vetor aceleração $\vec{A}$ e (c) a velocidade v do ponto móvel no instante t.

1 $\vec{R} = (3t^2 - 1)\vec{i} + (2t + 5)\vec{j}$ **2** $\vec{R} = (2\cos t)\vec{i} - (7\,\mathrm{sen}\,t)\vec{j}$

3 $\vec{R} = t^2\vec{i} + (\ln t)\vec{j}$ **4** $\vec{R} = (t^2 + 1)\vec{i} + t^3\vec{j}$

5 $\vec{R} = 2(t - \mathrm{sen}\,t)\vec{i} + 2(1 - \cos t)\vec{j}$ **6** $\vec{R} = (4\cos^3 t)\vec{i} + (4\,\mathrm{sen}^3\,t)\vec{j}$

7 $\vec{R} = (\cos t + \mathrm{sen}\,t)\vec{i} + (\cos t - \mathrm{sen}\,t)\vec{j}$ **8** $\vec{R} = (2\cot t)\vec{i} + (2\,\mathrm{sen}^2\,t)\vec{j}$

9 $\vec{R} = (e^t\cos t)\vec{i} + (e^t\,\mathrm{sen}\,t)\vec{j}$ **10** $\vec{R} = \phi(t)\vec{i} + f(\phi(t))\vec{j}$

Nos problemas 11 a 16 a equação vetorial do movimento de um ponto P do plano xy é dada. Ache (a) o vetor velocidade $\vec{V}$, (b) o vetor aceleração $\vec{A}$ e (c) a velocidade v do ponto móvel em um instante $t = t_1$.

11 $\vec{R} = (7t^2 - t)\vec{i} + (5t - 7)\vec{j};\ t_1 = 2.$ **12** $\vec{R} = (t\,\mathrm{sen}\,t)\vec{i} + (\cos t)\vec{j};\ t_1 = \pi/2.$

13 $\vec{R} = 3(1 + \cos \pi t)\vec{i} + 4(1 + \mathrm{sen}\,\pi t)\vec{j};\ t_1 = \tfrac{5}{4}.$ **14** $\vec{R} = t\vec{i} + e^t\vec{j};\ t_1 = 0.$

15 $\vec{R} = (\ln \mathrm{sen}\,t)\vec{i} + (\ln \cos t)\vec{j};\ t_1 = \pi/6.$ **16** $\vec{R} = (4\cos t^2)\vec{i} + (4\,\mathrm{sen}\,t^2)\vec{j};\ t_1 = \sqrt{\pi}/2.$

Nos problemas de 17 a 24, ache (a) o vetor velocidade $\vec{V}$, (b) a velocidade v no instante t e (c) o vetor unitário tangente $\vec{T}$.

17 $\vec{R} = (12t - 3)\vec{i} - (7t + 9)\vec{j}.$

18 $\vec{R} = (at + b)\vec{i} + (ct + d)\vec{j}$, onde a, b, c e d são constantes e $a^2 + c^2 \neq 0$.

19 $\vec{R} = (2t - 1)\vec{i} + (3t^2 + 7)\vec{j}.$

20 $\vec{R} = \vec{R}_0 + t\vec{M}$, onde $\vec{R}_0$ e $\vec{M}$ são vetores constantes e $|\vec{M}| \neq 0$.
21 $\vec{R} = (-7 + \cos 2t)\vec{i} + (5 + \mathrm{sen}\,2t)\vec{j}.$
22 $\vec{R} = (x_0 + a\cos t)\vec{i} + (y_0 + b\,\mathrm{sen}\,t)\vec{j}$, onde x_0, y_0, a e b são constantes, $a > 0$ e $b > 0$.

23 $\vec{R} = \dfrac{\cos t}{1 + \cos t}\vec{i} + \dfrac{\mathrm{sen}\,t}{1 + \cos t}\vec{j}.$ **24** $\vec{R} = \ln(t^2 + 1)\vec{i} + e^{2t}\vec{j}.$

Nos problemas de 25 a 36, ache o comprimento de arco s de cada curva entre os valores indicados do parâmetro.

25 $\vec{R} = (7t - 9)\vec{i} - (5t + 4)\vec{j};\ t = 0$ **a** $t = 2.$ **26** $\vec{R} = (at + b)\vec{i} + (ct + d)\vec{j};\ t = t_1$ **a** $t = t_2.$

27 $\vec{R} = e^{2t}\vec{i} + (\tfrac{1}{4}e^{4t} - t)\vec{j};\ t = 0$ **a** $t = \tfrac{1}{2}.$ **28** $\vec{R} = t^2\vec{i} + t^3\vec{j};\ t = 0$ **a** $t = 4.$

29 $\vec{R} = (3\cos 2t)\vec{i} + (3\,\mathrm{sen}\,2t)\vec{j};\ t = 0$ **a** $t = \pi.$ **30** $\begin{cases} x = 3\cos t - \cos 3t \\ y = 3\,\mathrm{sen}\,t - \mathrm{sen}\,3t \end{cases};\ t = 0$ **a** $t = \pi.$

31 $\begin{cases} x = e^{-t}\cos t \\ y = e^{-t}\,\mathrm{sen}\,t \end{cases};\ t = 0$ **a** $t = 2\pi.$ **32** $\begin{cases} x = t - \mathrm{sen}\,t \\ y = 1 - \cos t \end{cases};\ t = 0$ **a** $t = 2\pi.$

33 $\vec{R} = (\cos t + t\,\mathrm{sen}\,t)\vec{i} + (\mathrm{sen}\,t - t\cos t)\vec{j};\ t = 0$ **a** $t = \pi/4.$ **34** $\vec{R} = t\vec{i} + t^2\vec{j};\ t = 0$ **a** $t = a.$

35 $\vec{R} = (\ln \sqrt{1 + t^2})\vec{i} + (\tan^{-1} t)\vec{j};\ t = 0$ **a** $t = 1.$ **36** $\vec{R} = \dfrac{t^2}{2}\vec{i} + \left[\dfrac{(6t + 9)^{3/2}}{9}\right]\vec{j};\ t = 0$ **a** $t = 4.$

37   A curva C cuja equação em coordenadas polares é $r = f(\theta)$ pode ser expressa em forma cartesiana paramétrica como:

$$\begin{cases} x = f(\theta)\cos \theta \\ y = f(\theta)\,\mathrm{sen}\,0, \end{cases}$$

usando θ como parâmetro. Usando os métodos desta seção, ache uma fórmula para o comprimento de arco da porção de C entre os pontos onde $\theta = \theta_1$ e $\theta = \theta_2$.

38 Ache a fórmula para o vetor tangente unitário $\bar{T}$ à curva C no problema 37.

39 A curva C cuja equação cartesiana é $y = f(x)$ pode ser expressa na forma vetorial paramétrica como $\bar{R} = x\bar{i} + f(x)\bar{j}$, usando x como o parâmetro. Ache uma fórmula para o vetor tangente unitário $\bar{T}$ a C.

40 Se $\bar{R} = \bar{F}(s)$, onde o parâmetro s é o comprimento de arco, ache uma fórmula para o vetor tangente unitário $\bar{T}$.

8 Vetores Normais e Curvatura

Nesta seção continuamos o estudo iniciado na Seção 7, da curva C descrita por um ponto P do plano de acordo com a equação paramétrica vetorial $\bar{R} = \overline{OP} = \bar{F}(t)$ (Fig. 1). Como na Seção 7, o parâmetro t pode ser considerado como o tempo, de modo que as derivadas vetoriais $\bar{V} = \bar{F}'(t)$ e $\bar{A} = \bar{F}''(t)$, que consideraremos que existam, representem os vetores velocidade e aceleração de $\bar{P}$, respectivamente no instante t. Ainda denotaremos por s o comprimento de arco descrito por P sobre a curva C desde algum arbitrário (mas fixado) instante inicial t_0, de modo que

$$v = \frac{ds}{dt} = |\bar{V}|$$

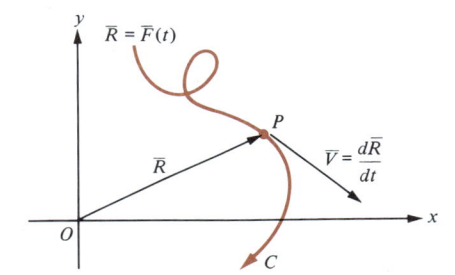

Fig. 1

é a velocidade instantânea do ponto P.

Para o restante desta seção consideraremos que a velocidade instantânea do ponto P nunca será nula, isto é $v \neq 0$, de modo a podermos obter o vetor tangente unitário

$$\bar{T} = \frac{\bar{V}}{v}$$

à curva C no ponto P (Fig. 2).

Usando a regra da cadeia, temos

$$\frac{d\bar{R}}{ds} = \frac{d\bar{R}}{dt}\frac{dt}{ds} = \frac{d\bar{R}/dt}{ds/dt} = \frac{\bar{V}}{v} = \bar{T};$$

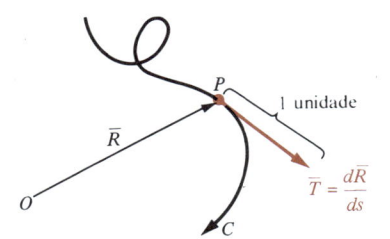

Fig. 2

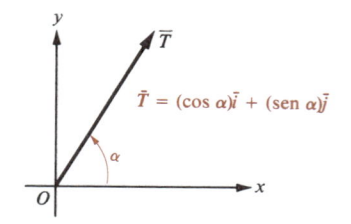

Fig. 3

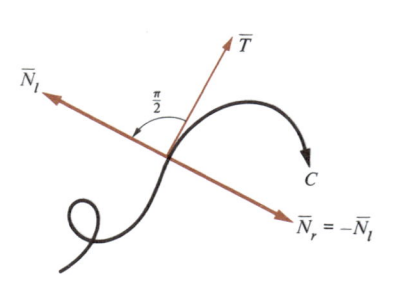

Fig. 4

isto é, o vetor tangente unitário $\bar{T}$ é a derivada $d\bar{R}/dt$ do vetor posição em relação ao *comprimento de arco*.

À medida que P vai descrevendo a curva C, o vetor tangente unitário $\bar{T}$ em P pode mudar sua direção, mas não o seu módulo (que é sempre uma unidade). Para estudar a mudança de direção de $\bar{T}$, denotamos por α o ângulo em radianos do eixo positivo dos x com $\bar{T}$, quando o ponto inicial de $\bar{T}$ é deslocado para a origem (Fig. 3). Desse modo, como $|\bar{T}| = 1$, temos

$$\bar{T} = (\cos \alpha)\bar{i} + (\operatorname{sen} \alpha)\bar{j}$$

(vide Fig. 3, Seção 5.)

Qualquer vetor perpendicular ao vetor unitário tangente $\bar{T}$ no ponto P na curva C é denominado um *vetor normal* a C em P. É claro que um vetor normal cujo comprimento é uma unidade é denominado um *vetor normal unitário*. Um observador situado no ponto móvel P, olhando para o vetor unitário tangente $\bar{T}$, quando P descreve a curva C, observaria que um dos vetores unitários normais, $\bar{N}_l$, está sempre à sua esquerda e o outro vetor unitário normal $\bar{N}_r$ está sempre à sua direita (Fig. 4). Evidentemente

$$\bar{N}_r = -\bar{N}_l.$$

Como $\bar{N}_l$ é obtido girando $\bar{T}$ no sentido *anti-horário* de $\pi/2$ radianos, segue-se que $\bar{N}_l$ faz um ângulo de $\alpha + \pi/2$ radianos com eixo positivo dos x. Portanto como $|\bar{N}_l| = 1$, temos

$$\bar{N}_l = \cos\left(\alpha + \frac{\pi}{2}\right)\bar{i} + \operatorname{sen}\left(\alpha + \frac{\pi}{2}\right)\bar{j}$$

$$= (-\operatorname{sen}\alpha)\bar{i} + (\cos \alpha)\bar{j};$$

daí

$$\bar{N}_r = -\bar{N}_l = (\operatorname{sen}\alpha)\bar{i} - (\cos \alpha)\bar{j}.$$

Se g e h são as funções componentes de $\bar{F}$, de modo que $\bar{R} = \bar{F}(t) = g(t)\bar{i} + h(t)\bar{j}$, então, como vimos na Seção 7,

$$\bar{T} = \frac{d\bar{R}/dt}{|d\bar{R}/dt|} = \frac{g'(t)}{\sqrt{[g'(t)]^2 + [h'(t)]^2}}\bar{i} + \frac{h'(t)}{\sqrt{[g'(t)]^2 + [h'(t)]^2}}\bar{j}.$$

Também $\bar{T} = (\cos \alpha)\bar{i} + (\operatorname{sen} \alpha)\bar{j}$; daí segue-se que

$$\cos \alpha = \frac{g'(t)}{\sqrt{[g'(t)]^2 + [h'(t)]^2}} \quad \text{e} \quad \operatorname{sen} \alpha = \frac{h'(t)}{\sqrt{[g'(t)]^2 + [h'(t)]^2}}.$$

Portanto, como $\bar{N}_l = (-\operatorname{sen} \alpha)\bar{i} + (\cos \alpha)\bar{j}$, temos

$$\bar{N}_l = \frac{-h'(t)}{\sqrt{[g'(t)]^2 + [h'(t)]^2}}\bar{i} + \frac{g'(t)}{\sqrt{[g'(t)]^2 + [h'(t)]^2}}\bar{j}.$$

EXEMPLO Ache o vetor normal unitário $\bar{N}_l$ da curva $\bar{R} = t\bar{i} + t^2\bar{j}$ no ponto P cujo vetor posição é $\bar{R}$.

SOLUÇÃO
Nesse caso as funções componentes são g e h e são dadas por $g(t) = t$ e $h(t) = t^2$. Portanto,

$$g'(t) = 1, \quad h'(t) = 2t, \quad \sqrt{[g'(t)]^2 + [h'(t)]^2} = \sqrt{1 + 4t^2},$$

e

$$\overline{N}_l = \frac{-2t'}{\sqrt{1 + 4t^2}}\,\overline{i} + \frac{1}{\sqrt{1 + 4t^2}}\,\overline{j}.$$

Quando a curva C "enverga" mais sensivelmente, o vetor tangente unitário $\overline{T}$ muda sua direção com uma rapidez mais acentuada, isto é, a taxa de mudança $d\alpha/ds$ do ângulo α (Fig. 3) em relação ao comprimento de arco s é maior em módulo. Conseqüentemente, a taxa instantânea $d\alpha/ds$ com a qual o vetor tangente está girando, em radianos por unidade de comprimento de arco, é denominada *curvatura* de C no ponto P e é tradicionalmente κ ("kappa"). Portanto, por definição

$$\kappa = \frac{d\alpha}{ds}.$$

Observe que $\kappa > 0$ se α está crescendo à medida que P se move descrevendo a curva, isto é $\kappa > 0$ se o vetor tangente unitário gira no sentido *anti-horário* quando s aumenta (Fig. 5a). Analogamente, $\kappa < 0$ se o vetor tangente unitário gira no *sentido horário* quando s aumenta (Fig. 5b).

Fig. 5

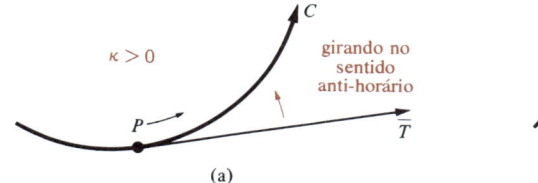 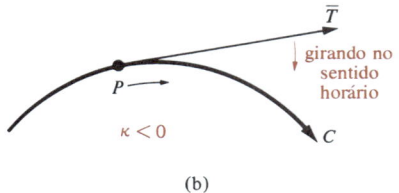

(a) (b)

Se diferenciarmos a equação $\overline{T} = (\cos \alpha)\overline{i} + (\operatorname{sen} \alpha)\overline{j}$ em ambos os lados em relação ao comprimento de arco s, obtemos

$$\frac{d\overline{T}}{ds} = \left(-\operatorname{sen}\alpha\,\frac{d\alpha}{ds}\right)\overline{i} + \left(\cos \alpha\,\frac{d\alpha}{ds}\right)\overline{j} = \frac{d\alpha}{ds}\,[(-\operatorname{sen}\alpha)\overline{i} + (\cos \alpha)\overline{j}];$$

daí,

$$\frac{d\overline{T}}{ds} = \kappa \overline{N}_l.$$

A equação $d\overline{T}/ds = \kappa\overline{N}_1$ é extremamente importante na teoria das curvas do plano. Como $\overline{N}_l$ é normal à curva C e κ é um escalar, isto implica que o vetor $d\overline{T}/ds$ é sempre um vetor normal à curva C no ponto P. Além disso, como $|\overline{N}_l| = 1$, segue-se que

$$\left|\frac{d\overline{T}}{ds}\right| = |\kappa \overline{N}_l| = |\kappa|\,|\overline{N}_l| = |\kappa|.$$

Portanto, o vetor $d\overline{T}/ds$ é comprido onde C é mais acentuadamente curva, e não tão comprido onde C enverga vagarosamente. Finalmente, pode ser mostrado que $d\overline{T}/ds$ sempre aponta na direção da concavidade da curva C (Fig. 6) (veja problema 30).

O vetor $d\overline{T}/ds$ é denominado *vetor curvatura* da curva C no ponto P. Se o vetor curvatura é não-nulo, isto é, se $|\kappa| = |d\overline{T}/ds| \neq 0$, então o vetor $\overline{N}$ definido por

$$\overline{N} = \frac{\dfrac{d\overline{T}}{ds}}{\left|\dfrac{d\overline{T}}{ds}\right|} = \frac{1}{|\kappa|}\,\frac{d\overline{T}}{ds}$$

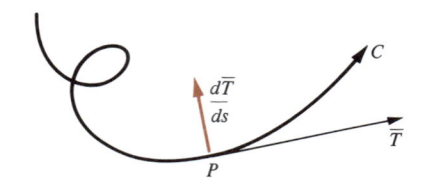

Fig. 6

é denominado de vetor normal principal de C em P (Fig. 7). Observe que $\bar{N}$ é um vetor normal unitário à curva C e aponta na direção da concavidade de C. (Por quê?) Segue-se que

$$\bar{N} = \bar{N}_l \quad \text{se } \kappa > 0, \text{enquanto que} \bar{N} = \bar{N}_r \quad \text{se } \kappa < 0.$$

Evidentemente a equação

$$\frac{d\bar{T}}{ds} = |\kappa|\,\bar{N}$$

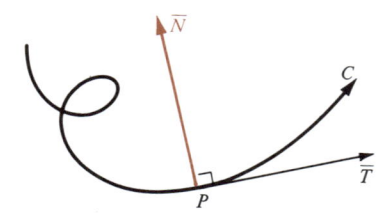

Fig. 7

sempre é válida, desde que $\kappa \neq 0$. Se $\kappa = 0$, o vetor normal principal não é definido.

O teorema seguinte relaciona o vetor aceleração $\bar{A}$, o vetor tangente unitário $\bar{T}$, a velocidade v, o vetor curvatura $d\bar{T}/ds$, o vetor normal principal $\bar{N}$ e a curvatura κ.

TEOREMA 1   **Decomposição do vetor aceleração em componentes tangencial e normal**

     (i) $\bar{A} = \dfrac{dv}{dt}\,\bar{T} + v^2\,\dfrac{d\bar{T}}{ds}.$

     (ii) $\bar{A} = \dfrac{dv}{dt}\,\bar{T} + v^2\,|\kappa|\,\bar{N} \text{ se } \kappa \neq 0.$

PROVA

Como $\bar{T} = \bar{V}/v$, temos que $\bar{V} = v\bar{T}$. Derivando ambos os membros da última equação em relação a t, obtemos

$$\bar{A} = \frac{d\bar{V}}{dt} = \frac{dv}{dt}\,\bar{T} + v\,\frac{d\bar{T}}{dt}.$$

Pela regra da cadeia $\dfrac{d\bar{T}}{dt} = \dfrac{ds}{dt}\dfrac{d\bar{T}}{ds} = v\,\dfrac{d\bar{T}}{ds}$; daí,

$$\bar{A} = \frac{dv}{dt}\,\bar{T} + v\left(v\,\frac{d\bar{T}}{ds}\right) = \frac{dv}{dt}\,\bar{T} + v^2\,\frac{d\bar{T}}{ds},$$

e item (i) está provado. Para obter o item (ii), substituímos $d\bar{T}/ds = |\kappa|\bar{N}|$ no item (i).

O Teorema 1 expressa o vetor aceleração $\bar{A}$ como soma de suas *compo-*

nentes tangencial $(dv/dt)\bar{T}$ e normal $v^2 \dfrac{d\overline{T}}{ds}$ (ou $v^2 |\kappa| \bar{N}$ se $\kappa \neq 0$) e possui aplicações útei à mecânica (veja Seção 9). Ele possui também o seguinte importante corolário.

Teorema 2 **Fórmula para a curvatura**

$$\kappa = \frac{\overline{A} \cdot \overline{N}_l}{v^2}.$$

PROVA
Temos $d\overline{T}/ds = \kappa \overline{N}_l$; daí,

$$\frac{d\overline{T}}{ds} \cdot \overline{N}_l = \kappa \overline{N}_l \cdot \overline{N}_l = \kappa |\overline{N}_l|^2 = \kappa,$$

pois $|\bar{N}_l| = 1$. Portanto, efetuando o produto escalar por $\bar{N}_l$ em ambos os membros da equação no item (i) do Teorema 1, obtemos

$$\overline{A} \cdot \overline{N}_l = \frac{dv}{dt} \overline{T} \cdot \overline{N}_l + v^2 \frac{d\overline{T}}{ds} \cdot \overline{N}_l = \frac{dv}{dt} (0) + v^2 \kappa = v^2 \kappa,$$

pois os vetores $\bar{T}$ e $\bar{N}_l$ são perpendiculares. Resolvendo a última equação para κ, obtemos a fórmula $\kappa = (\bar{A} \cdot \bar{N}_l)/v^2$, como desejada.

A fórmula para curvatura do Teorema 2 pode ser representada em função das componentes g e h de $\bar{R}$ (problema 22). Portanto, se $\bar{R} = g(t)\bar{i} + h(t)\bar{j}$, então

$$\kappa = \frac{g'(t)h''(t) - g''(t)h'(t)}{\{[g'(t)]^2 + [h'(t)]^2\}^{3/2}}.$$

EXEMPLO 1 Ache a curvatura κ de $\bar{R} = t\bar{i} + t^2\bar{j}$.

SOLUÇÃO
Nesse caso as funções componentes g e h são dadas por $g(t) = t$ e $h(t) = t^2$. Usando a fórmula acima e observando que

$$g'(t) = 1, \quad g''(t) = 0, \quad h'(t) = 2t, \quad \text{e} \quad h''(t) = 2,$$

obtemos

$$\kappa = \frac{(1)(2) - (0)(2t)}{[1^2 + (2t)^2]^{3/2}} = \frac{2}{(1 + 4t^2)^{3/2}}.$$

2 Ache a curvatura κ e o vetor normal principal $\bar{N}$ para a elipse

$$\begin{cases} x = 2 \cos t \\ y = 3 \operatorname{sen} t. \end{cases}$$

SOLUÇÃO
Nesse caso as funções componentes são dadas por $g(t) = 2 \cos t$ e $h(t) = 3 \operatorname{sen} t$. Como $g'(t) = -2 \operatorname{sen} t$, $g''(t) = -2 \cos t$, $h'(t) = 3 \cos t$, e $h''(t) = -3 \operatorname{sen} t$, temos

$$\kappa = \frac{g'(t)h''(t) - g''(t)h'(t)}{\{[g'(t)]^2 + [h'(t)]^2\}^{3/2}} = \frac{6 \operatorname{sen}^2 t + 6 \cos^2 t}{(4 \operatorname{sen}^2 t + 9 \cos^2 t)^{3/2}} = \frac{6}{(4 \operatorname{sen}^2 t + 9 \cos^2 t)^{3/2}}.$$

Como $\kappa > 0$,

$$\overline{N} = \overline{N}_l = \frac{-h'(t)\vec{i} + g'(t)\vec{j}}{\sqrt{[g'(t)]^2 + [h'(t)]^2}} = \frac{(-3\cos t)\vec{i} - (2\,\text{sen}\,t)\vec{j}}{\sqrt{4\,\text{sen}^2\,t + 9\cos^2 t}}.$$

3 Ache a fórmula para a curvatura κ do gráfico $y = f(x)$ usando x como parâmetro.

SOLUÇÃO
Escrevendo a equação na forma vetorial paramétrica, temos $\overline{R} = x\vec{i} + f(x)\vec{j}$; Daí as funções componentes g e h são dadas por $g(x) = x$ e $h(x) = f(x)$. Portanto, substituindo-se t por x na fórmula para κ, temos $g'(x) = 1$, $g''(x) = 0$, $h'(x) = f'(x)$, e $h''(x) = f''(x)$; daí,

$$\kappa = \frac{g'(x)h''(x) - g''(x)h'(x)}{\{[g'(x)]^2 + [h'(x)]^2\}^{3/2}} = \frac{f''(x)}{\{1 + [f'(x)]^2\}^{3/2}}.$$

4 Ache a curvatura κ da senóide $y = \text{sen}\,x$ no ponto $(\pi/2, 1)$.

SOLUÇÃO
Usando a fórmula no Exemplo 3 com $f(x) = \text{sen}\,x$, $f'(x) = \cos x$, e $f''(x) = -\text{sen}\,x$, temos

$$\kappa = \frac{-\text{sen}\,x}{(1 + \cos^2 x)^{3/2}}.$$

Assim, quando $x = \dfrac{\pi}{2}$, $\kappa = -\dfrac{1}{1} = -1$.

Por conveniência, gruparemos as fórmulas da curva C no plano xy, descrita pelo vetor posição variável $\overline{R} = g(t)\vec{i} + h(t)\vec{j}$.

1   $\overline{V} = \dfrac{d\overline{R}}{dt} = g'(t)\vec{i} + h'(t)\vec{j}.$

2   $\overline{A} = \dfrac{d^2\overline{R}}{dt^2} = g''(t)\vec{i} + h''(t)\vec{j}.$

3   $v = \dfrac{ds}{dt} = \sqrt{[g'(t)]^2 + [h'(t)]^2}.$

4   $\overline{T} = \dfrac{g'(t)\vec{i} + h'(t)\vec{j}}{\sqrt{[g'(t)]^2 + [h'(t)]^2}}.$

5   $\overline{N}_l = \dfrac{-h'(t)\vec{i} + g'(t)\vec{j}}{\sqrt{[g'(t)]^2 + [h'(t)]^2}}.$

6   $\overline{N}_r = \dfrac{h'(t)\vec{i} - g'(t)\vec{j}}{\sqrt{[g'(t)]^2 + [h'(t)]^2}}.$

7   $\kappa = \dfrac{g'(t)h''(t) - g''(t)h'(t)}{\{[g'(t)]^2 + [h'(t)]^2\}^{3/2}}.$

8   $\overline{N} = \begin{cases} \overline{N}_l & \text{se } \kappa > 0 \\ \overline{N}_r & \text{se } \kappa < 0. \end{cases}$

9   $s = \displaystyle\int_a^b \sqrt{[g'(t)]^2 + [h'(t)]^2}\, dt.$

10 $\dfrac{d\overline{R}}{ds} = \overline{T}.$

11 $\dfrac{d^2\overline{R}}{ds^2} = \dfrac{d\overline{T}}{ds} = \kappa\overline{N}_l = |\kappa|\,\overline{N}.$

12 $\dfrac{d\overline{N}}{ds} = -|\kappa|\,\overline{T}.$

13 $\overline{V} = v\overline{T}.$

14 $\overline{A} = \dfrac{dv}{dt}\,\overline{T} + v^2\,\dfrac{d\overline{T}}{ds}$

$\qquad = \dfrac{dv}{dt}\,\overline{T} + v^2|\kappa|\,\overline{N}$

$\qquad = \dfrac{dv}{dt}\,\overline{T} + v^2\kappa\overline{N}_l.$

15 $v = |\overline{V}|.$

16 $\overline{T} = \dfrac{\overline{V}}{v} = \dfrac{d\overline{R}}{ds}.$

17 $\overline{N}_r = -\overline{N}_l.$

18 $\overline{N} = \dfrac{\dfrac{d\overline{T}}{ds}}{\left|\dfrac{d\overline{T}}{ds}\right|} = \dfrac{\dfrac{d\overline{T}}{ds}}{|\kappa|}.$

19 $\kappa = \dfrac{\overline{A}\cdot\overline{N}_l}{v^2} = \dfrac{d\alpha}{ds}.$

20 $|\kappa| = \dfrac{\overline{A}\cdot\overline{N}}{v^2} = \left|\dfrac{d\overline{T}}{ds}\right| = \dfrac{\left|\dfrac{d\overline{T}}{dt}\right|}{v}.$

Todas as fórmulas acima foram obtidas ou deduzidas facilmente do que foi estabelecido, com possível exceção da fórmula 12 e parte da fórmula 20. As provas das fórmulas 12 e 20 são deixadas como exercício (problemas 32 e 33).

Conjunto de Problemas 8

Nos problemas de 1 a 16, ache (a) o vetor tangente unitário $\overline{T}$, (b) o vetor normal unitário $\overline{N}_l$, (c) a curvatura κ e (d) o vetor normal principal unitário $\overline{N}$ para cada curva.

1 $\overline{R} = (7t - 4)\overline{i} + (9 - 3t)\overline{j}$

2 $\overline{R} = (at + b)\overline{i} + (ct + d)\overline{j}$

3 $\begin{cases} x = 3\cos t \\ y = 3\,\mathrm{sen}\,t \end{cases}$

4 $\overline{R} = (a\cos t)\overline{i} + (a\,\mathrm{sen}\,t)\overline{j}$, onde a é uma constante positiva.

5 $\overline{R} = 3(1 + \cos \pi t)\overline{i} + 5(1 + \mathrm{sen}\,\pi t)\overline{j}$

6 $\begin{cases} x = t^2 - 2t \\ y = 1 - 7t \end{cases}$

7 $\bar{R} = ti + e^t j$

8 $\bar{R} = (2\cos\theta)i + (5\,\text{sen}\theta)j$

9 $\begin{cases} x = 3t^2 - 1 \\ y = 2t^2 + 7 \end{cases}$

10 $\bar{R} = t^2 i + (\ln\sec t)j$

11 $R = \dfrac{1}{t} i + (t^2 + 1)j$

12 $\begin{cases} x = e^t \\ y = e^{-t} \end{cases}$

13 $\bar{R} = (\cos 2\theta)i + (\text{sen}\theta)j$

14 $\bar{R} = (\ln u)i + e^{2u} j$

15 $y = \ln x$, com x como parâmetro.
16 $y = 4x^2$, com x como parâmetro.

Nos problemas de 17 a 21, ache (a) o vetor tangente unitário $\bar{T}$, (b) o vetor normal unitário $\bar{N}_t$, (c) a curvatura κ e (d) vetor normal principal unitário $\bar{N}$ para cada curva no ponto onde o parâmetro tem o valor indicado.

17 $\bar{R} = 3(1 - \cos t)i + 3(1 - \text{sen}t)j$ quando $t = \pi/6$.

18 $\bar{R} = (\text{sen}\,t)i + (\tan t)j$ quando $t = 5\pi/6$.

19 $\begin{cases} x = \ln(t + 3) \\ y = \dfrac{1}{4} t^4 \end{cases}$ quando $t = 1$.

20 $\begin{cases} x = ue^u \\ y = ue^{-u} \end{cases}$ quando $u = 0$.

21 $\bar{R} = \dfrac{u^2 + 1}{u^2 - 1} i + \dfrac{1}{u^2} j$ quando $u = 2$.

22 Usando o Teorema 2, deduza a fórmula para a curvatura κ da curva $\bar{R} = g(t)\bar{i} + h(t)\bar{j}$.

23 Considere a curva C cuja equação em coordenadas polares é $r = f(\theta)$. Com θ como parâmetro, a equação paramétrica vetorial correspondente é $\bar{R} = (f(\theta)\cos\theta)\bar{i} + (f(\theta)\,\text{sen}\,\theta)\bar{j}$ e as funções componentes g e h são dadas por $g(\theta) = f(\theta)\cos\theta$ e $h(\theta) = f(\theta)\,\text{sen}\,\theta$. Ache as fórmulas para (a) $\bar{T}$, (b) $\bar{N}_t$, (c) κ, e (d) $\bar{N}$.

Nos problemas de 24 a 28, use os resultados do problema 23 para achar (a) $\bar{T}$, (b) $\bar{N}_t$, (c) κ, e (d) $\bar{N}$ para a curva C cuja equação é dada em coordenadas polares.

24 $r = 1 - \cos\theta$

25 $r = 1 + 2\cos\theta$

26 $r = \dfrac{ed}{1 + e\,\text{sen}\theta}$, $d > 0$

27 $r = \theta$

28 Mostre que o vetor normal principal para um círculo aponta em direção ao centro do círculo.

29 Mostre que o valor absoluto da curvatura de um círculo é constante igual ao inverso do raio.

30 Explique por que o vetor curvatura $d\bar{T}/ds$ e portanto também o vetor normal principal unitário $\bar{N}$ sempre aponta na direção da concavidade da curva. (*Sugestão*: para s pequeno, $d\bar{T}/ds$ é aproximado para $\Delta\bar{T}/\Delta s$.)

31 Se usarmos x como parâmetro, explique o significado geométrico do sinal algébrico da curvatura κ do gráfico $y = f(x)$.

32 Prove que $\dfrac{d\bar{N}}{ds} = -|\kappa|\bar{T}$. (*Sugestão*: comece notando que $\bar{N} = \dfrac{\kappa}{|\kappa|}\bar{N}_t$, onde $\bar{N}_t = (-\text{sen}\,\alpha)i + (\cos\alpha)j$.]

33 Prove que $|\kappa| = \bar{A} \cdot \bar{N}/v^2$.

34 Considere que $\bar{R} = \bar{F}(t)$ é a equação vetorial paramétrica de uma curva com curvatura constante não-nula κ. Prove que a curva é um círculo (ou um arco de círculo) considerando os seguintes passos.
   (a) Mostre que $\bar{R} + (1/|\kappa|)\bar{N}$ é um vetor constante provando que sua derivada é nula (use problema 32).
   (b) Faça $\bar{R}_0 = \bar{R} + (1/|\kappa|)\bar{N}$.
   (c) Mostre que $\bar{R}$ satisfaz uma equação da forma $|\bar{R} - \bar{R}_0| = $ constante.

35 Considere que $\bar{R} = \bar{F}(t)$ é a equação vetorial paramétrica de uma curva cuja curvatura é igual a zero em todos os pontos. Prove que a curva é uma reta (ou uma porção de reta) (*Sugestão*: use primeiro a relação $|d\bar{T}/ds| = |\kappa|$ para provar que $\bar{T}$ é uma constante. Então selecione um vetor fixo $\bar{N} \neq \bar{0}$ tal que $\bar{N} \cdot \bar{T} = 0$. Escolha e fixe um valor de $\bar{R}$, como por exemplo $\bar{R}_0$. Mostre que $\dfrac{d}{ds}[\bar{N} \cdot (\bar{R} - \bar{R}_0)] = 0$, conclua que $\bar{N} \cdot (\bar{R} - \bar{R}_0)$ é uma constante, e então mostre que $\bar{N} \cdot (\bar{R} - \bar{R}_0) = 0$.)

9 Aplicações à Mecânica

Nesta seção utilizamos os conceitos e técnicas desenvolvidos nas Seções 7 e 8 para estudar o movimento de uma partícula do plano xy. Resumindo, a idéia aqui é considerar uma curva descrita por uma partícula de massa m, e não por um ente geométrico.

Assim, suponha que a partícula P de massa m se mova no plano xy e descreva a curva C (Fig. 1). A curva C é denominada o *percurso*, ou a *trajetória* ou a *órbita* da partícula P. Como antes, podemos localizar a partícula em qualquer instante t pelo vetor posição $\bar{R} = \overrightarrow{OP}$ e temos

$$\bar{R} = \bar{F}(t),$$

onde consideramos que $\bar{F}$ é duas vezes diferenciável. A equação $\bar{R} = \bar{F}(t)$ é denominada *equação do movimento* da partícula P.

Pelas fórmulas 1 e 13 da Seção 8, a velocidade da partícula em qualquer instante é o vetor

$$\bar{V} = \frac{d\bar{R}}{dt} = v\bar{T},$$

onde v é a velocidade instantânea da partícula e $\bar{T}$ é o vetor tangente unitário do percurso da partícula.

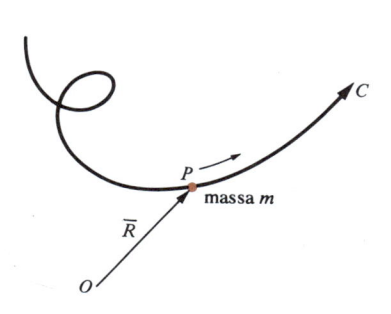

Fig. 1

EXEMPLO Uma partícula se move sobre uma parábola $y^2 = 2x$ da esquerda para a direita se afastando do vértice com uma velocidade de 5 unidades por segundo. Ache o vetor velocidade $\bar{V}$ quando a partícula se desloca para o ponto (2,2).

SOLUÇÃO
Usando y (não t) como parâmetro, podemos estabelecer a equação paramétrica vetorial da parábola como

$$\bar{R} = \frac{y^2}{2}i + yj,$$

pois $x = y^2/2$. Aqui, temos

$$\frac{d\bar{R}}{dy} = yi + j \quad \text{e} \quad \left|\frac{d\bar{R}}{dy}\right| = \sqrt{y^2 + 1};$$

daí,

$$\bar{T} = \frac{\dfrac{d\bar{R}}{dy}}{\left|\dfrac{d\bar{R}}{dy}\right|} = \frac{yi + j}{\sqrt{y^2 + 1}}$$

é o vetor tangente unitário à parábola no ponto $(y^2/2, y)$. Quando $y = 2$, temos

$$\bar{T} = \frac{2i + j}{\sqrt{5}} \quad \text{e}$$

$$\overline{V} = v\overline{T} = (5)\frac{2\overline{i} + \overline{j}}{\sqrt{5}} = \sqrt{5}(2\overline{i} + \overline{j}).$$

No exemplo acima, não estávamos fornecendo a equação de movimento da partícula — estávamos apenas estabelecendo a equação de seu *percurso* e a velocidade da partícula em um certo instante. Assim não estávamos habilitados a calcular $\overline{V}$ diretamente como $d\overline{R}/dt$, e ao invés disso recaímos na fórmula $\overline{V} = v\overline{T}$.

A segunda lei de Newton pode agora ser expressa na forma

$$\overline{f} = m\overline{A},$$

onde o vetor $\overline{f}$ representa a força agindo na partícula e

$$\overline{A} = \frac{d\overline{V}}{dt} = \frac{d^2\overline{R}}{dt^2}$$

é a aceleração da partícula (aqui estamos considerando que a massa m é constante e desprezamos os efeitos relativísticos).

EXEMPLO Suponha que um projétil seja lançado com um ângulo de 60° com a horizontal e velocidade inicial de 800 metros/s. Considerando que a única força atuando no projétil é a gravidade

$$\overline{f} = -mg\overline{j},$$

e que é lançado da origem O no instante $t = 0$, ache (a) o vetor velocidade $\overline{V}$ e (b) o vetor posição $\overline{R}$ no instante t (Fig. 2).

SOLUÇÃO
Seja a equação de movimentos do projétil $\overline{R} = x\overline{i} + y\overline{j}$, onde x e y são funções do tempo t. Então

$$\overline{A} = \frac{d^2\overline{R}}{dt^2} = \frac{d^2x}{dt^2}\,\overline{i} + \frac{d^2y}{dt^2}\,\overline{j}$$

e a equação $\overline{f} = m\overline{A}$ se torna

$$-mg\overline{j} = m\frac{d^2x}{dt^2}\,\overline{i} + m\frac{d^2y}{dt^2}\,\overline{j}.$$

Equacionando as componentes escalares, surgem as duas equações diferenciais

$$\begin{cases} m\dfrac{d^2x}{dt^2} = 0 \\[2mm] m\dfrac{d^2y}{dt^2} = -mg; \end{cases} \quad \text{isto é,} \quad \begin{cases} \dfrac{d^2x}{dt^2} = 0 \\[2mm] \dfrac{d^2y}{dt^2} = -g. \end{cases}$$

Integrando duas vezes, achamos que a solução de $d^2x/dt^2 = 0$ é

$$x = C_1 t + C_2,$$

onde C_1 e C_2 são as constantes de integração. Analogamente, a equação diferencial $d^2y/dt^2 = -g$ tem a solução

$$y = -\tfrac{1}{2}gt^2 + C_3 t + C_4.$$

Portanto, a equação de movimento tem a forma

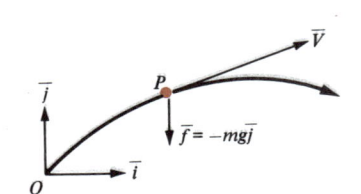

Fig. 2

$$\bar{R} = x\bar{i} + y\bar{j} = (C_1 t + C_2)\bar{i} + \left(-\frac{1}{2}gt^2 + C_3 t + C_4\right)\bar{j},$$

onde as constantes C_1, C_2, C_3, e C_4 devem ainda ser determinadas. Derivando a equação de movimento em relação a t, obtemos

$$\bar{V} = \frac{d\bar{R}}{dt} = C_1\bar{i} + (-gt + C_3)\bar{j}.$$

Quando $t = 0$, temos

$$\bar{V} = \bar{V}_0 = C_1\bar{i} + C_3\bar{j}.$$

Agora, a velocidade inicial $\bar{V}_0$ tem comprimento 800 metros/s e faz um ângulo de 60° com o eixo positivo dos x. Daí

$$\bar{V}_0 = (800 \cos 60°)\bar{i} + (800 \, \text{sen} 60°)\bar{j} = 400\bar{i} + 400\sqrt{3}\,\bar{j}.$$

Portanto,

$$C_1\bar{i} + C_3\bar{j} = 400\bar{i} + 400\sqrt{3}\,\bar{j},$$

de modo que $C_1 = 400$ e $C_3 = 400\sqrt{3}$. Daí

(a) $\bar{V} = 400\bar{i} + (-gt + 400\sqrt{3})\bar{j}.$

A equação de movimento se torna

$$\bar{R} = (400t + C_2)\bar{i} + (-\tfrac{1}{2}gt^2 + 400\sqrt{3}\,t + C_4)\bar{j}.$$

Fazendo $t = 0$ e lembrando que o projétil parte da origem, temos $\bar{0} = C_2\bar{i} + C_4\bar{j}$; daí, $C_2 = 0$ e $C_4 = 0$. Portanto

(b) $\bar{R} = (400t)\bar{i} + (-\tfrac{1}{2}gt^2 + 400\sqrt{3}\,t)\bar{j}.$

9.1 Componentes tangencial e normal da aceleração
Do item (ii) do Teorema 1 da Seção 8, temos

$$\bar{A} = \frac{dv}{dt}\,\bar{T} + |\kappa|v^2\bar{N}, \quad \text{se } \kappa \neq 0.$$

Geometricamente, esta equação estabelece que o vetor aceleração $\bar{A}$ pode ser decomposto na soma de dois vetores perpendiculares $(dv/dt)\,\bar{T}$ e $|\kappa|v^2\bar{N}$, o primeiro do qual é tangente à trajetória e o segundo é normal à mesma (Fig. 3). (Se a curvatura $\kappa = 0$, então a componente normal da aceleração é $\bar{0}$ e temos $\bar{A} = \dfrac{dv}{dt}\,\bar{T}$ neste caso.) O vetor componente normal $|\kappa|\,v^2\,\bar{N}$ da aceleração é chamado também de *aceleração centrípeta*. Ela pode ser vista como a parte da aceleração $\bar{A}$ causada pela mudança na *direção* do vetor velocidade.

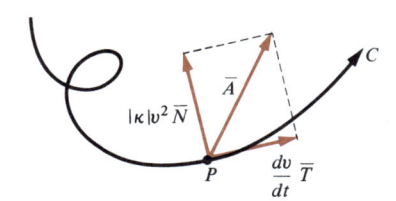

Fig. 3

Se P se move sobre uma reta, então $\kappa = 0$, de modo que a aceleração centrípeta é $\bar{0}$. Portanto outro lado, se a velocidade v da partícula é constante, então $dv/dt = 0$, a componente tangencial da aceleração é $\bar{0}$, e a aceleração é inteiramente centrípeta.

EXEMPLO   Uma partícula P se move com velocidade constante de 10 unidades por segundo no sentido anti-horário em torno da elipse $x^2/4 + y^2/9 = 1$. Ache o vetor aceleração $\bar{A}$ no momento em que a partícula passa pelo vértice $(0; 3)$.

Solução

Achamos $\bar{A}$ usando a fórmula $\bar{A} = \dfrac{dv}{dt}\,\bar{T} + |\kappa|v^2\bar{N}$. Como v é constante, temos $dv/dt = 0$ e $\bar{A} = |\kappa|v^2\bar{N}$. Para achar κ, começamos derivando implicitamente a equação da elipse para obter $\dfrac{2x}{4} + \dfrac{2y}{9}\dfrac{dy}{dx} = 0$, de modo que

$$\frac{dy}{dx} = -\frac{9x}{4y} \quad \text{e} \quad \frac{d^2y}{dx^2} = \frac{-36y + 36x\dfrac{dy}{dx}}{16y^2}.$$

Assim, quando $x = 0$ e $y = 3$, temos

$$\frac{dy}{dx} = 0 \quad \text{e} \quad \frac{d^2y}{dx^2} = \frac{-(36)(3) + 0}{(16)(3)^2} = -\frac{3}{4}.$$

Usando a fórmula obtida no Exemplo 3, Seção 8, temos

$$\kappa = \frac{d^2y/dx^2}{[1 + (dy/dx)^2]^{3/2}} = \frac{-\frac{3}{4}}{(1 + 0)^{3/2}} = -\frac{3}{4}.$$

Quando $(x, y) = (0,3)$, o vetor tangente é horizontal, de modo que o vetor normal principal unitário aponta *para baixo* (na direção da concavidade da elipse neste ponto). Portanto, no ponto $(0;3)$, $\bar{N} = -\bar{j}$ e temos

$$\bar{A} = |\kappa|v^2\bar{N} = \left|-\tfrac{3}{4}\right|(10)^2(-\bar{j}) = -75\bar{j}.$$

9.2 Força centrípeta

Se combinarmos a lei de Newton $\bar{f} = m\bar{A}$ com a equação $\bar{A} = \dfrac{dv}{dt}\,\bar{T} + |\kappa|v^2\bar{N}$, obtemos a equação

$$\bar{f} = m\frac{dv}{dt}\,\bar{T} + |\kappa|mv^2\bar{N};$$

isto é, a força $\bar{f}$ atuante na partícula pode sempre ser decomposta na soma de duas componentes vetoriais perpendiculares: uma componente *tangencial* $m(dv/dt)\,\bar{T}$ de módulo $m\,dv/dt$ e uma *componente normal* $|\kappa|\,mv^2\bar{N}$ de módulo $|\kappa|\,mv^2$. O vetor componente normal $|\kappa|\,mv^2\,\bar{N}$ é denominado *vetor força centrípeta* e seu comprimento $|\kappa|\,mv^2$ é denominado *intensidade da força centrípeta* ou às vezes simplesmente de *força centrípeta*.

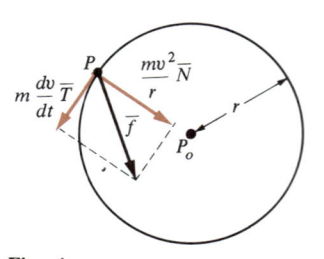

Fig. 4

EXEMPLO   Uma partícula P se desloca sobre um círculo de raio r com centro no ponto P_0. Ache as componentes vetoriais tangencial e normal da força $\bar{f}$ atuante na partícula em função da velocidade instantânea v e de sua derivada dv/dt. Discuta o caso em que a velocidade v da partícula é uma constante (Fig. 4).

Solução
Pelo problema 29 do conjunto de problemas 8, o valor absoluto da curvatura do círculo é dado por $|\kappa| = 1/r$. Desse modo

$$\bar{f} = m\frac{dv}{dt}\,\bar{T} + \frac{mv^2}{r}\,\bar{N},$$

onde o vetor normal principal unitário $\bar{N}$ aponta em direção ao centro do círculo e o vetor tangente unitário $\bar{T}$ aponta na direção do movimento instantâneo da partícula. Se a partícula se move com velocidade constante v, então $dv/dt = 0$ e o vetor força $\bar{f}$ coincide com o vetor força centrípeta $(mv^2/r)\,\bar{N}$. Neste caso a força centrípeta é

$$|\bar{f}| = \left|\frac{mv^2}{r}\,\bar{N}\right| = \frac{mv^2}{r}.$$

O simétrico do vetor força centrípeta no exemplo acima, isto é, o vetor $-(mv^2/r)\,\bar{N}$, aponta no sentido contrário ao do centro do círculo e é denominado *vetor força centrífuga*. Se uma pedra for rodopiada amarrada num bastante, a inércia da pedra faz com que ela seja puxada para fora do centro de rotação, e este puxão é representado pelo vetor força centrífuga — $(mv^2/r)\,\bar{N}$. A amplitude do vetor força centrífuga mv^2/r é freqüentemente denominado *força centrífuga* e se manifesta como uma tensão no barbante. Note que a força centrífuga e a força centrípeta são numericamente iguais, mas os vetores força correspondentes têm sentidos opostos.

A fórmula mv^2/r para as forças centrípeta ou centrífuga dá a força em dinas quando m está em gramas, v está em centímetros por segundo e r está em centímetros. Para converter dina em quilograma-força, divida por 980.000. Se m é expresso em libras, v em pés por segundo e r em pés, mv^2/r será expresso em unidades de força. Para converter uma unidade de força em libra-força, divida por 32.

EXEMPLOS 1 Uma massa de 100 g percorre uma trajetória circular efetuando três voltas cada segundo, presa à extremidade uma corda de 70 cm de comprimento. Ache a tensão na corda em quilograma-força.

Solução
A tensão na corda é igual à intensidade da força centrífuga mv^2/r. Como a massa percorre três vezes o círculo a cada segundo, sua velocidade v é dada por

$$v = (2\pi r)(3) = 6\pi r = (6\pi)(70) = 420\pi \text{ cm/s}$$

Portanto, a tensão é dada por

$$\frac{mv^2}{r} = \frac{(100)(420\pi)^2}{70} = 252.000\pi^2 \ \text{dyn} \ \approx 2.487.140 \ \text{dyn} \ \approx 2{,}54 \text{ kg}.$$

2 Um caminhão de 9 t faz uma curva de 100 metros de raio com uma velocidade de 15 quilômetros por hora. Determine a força centrípeta.

Solução
Aqui $m = 9(2000) = 18.000$ libras, $r = 100$ pés, e $v = 15(5280)/3600 = 22$ pés/s. A força centrípeta é direcionada para o centro de curvatura e tem intensidade

$$\frac{mv^2}{r} = \frac{(18.000)(22)^2}{100} = 87.120 \text{ unidades de força} = 2722{,}5 \text{ libras}$$

Conjunto de Problemas 9

1 Uma partícula se move sobre o ramo superior da hipérbole $y^2/4 - x^2/9 = 1$ da esquerda para a direita, com velocidade constante de 5 unidades de distância por segundo. Ache (a) o vetor velocidade e (b) o vetor aceleração no instante em que a partícula passa pelo vértice (0,2).

2 Uma partícula se move sobre a parábola $y = x^2$ da esquerda para a direita. Quando ela passa pelo ponto (2;4), v tem valor de 3 unidades por segundo e dv/dt tem valor de 7 unidades por segundo. Ache (a) o vetor velocidade e (b) o vetor aceleração neste ponto.

3 Uma partícula se move sobre uma elipse de acordo com as equações
$$\begin{cases} x = \cos 2\pi t \\ y = 3\,\mathrm{sen}\,2\pi t. \end{cases}$$
Calcule v e a taxa de variação dv/dt da partícula no instante t.

4 Uma partícula se move ao longo de uma curva no plano xy de acordo com as equações paramétricas $\begin{cases} x = g(t) \\ y = h(t). \end{cases}$ Deduza as seguintes fórmulas:

(a) $\overline{V} = \dfrac{dx}{dt}\,i + \dfrac{dy}{dt}\,j$

(b) $\dfrac{ds}{dt} = \sqrt{\left(\dfrac{dx}{dt}\right)^2 + \left(\dfrac{dy}{dt}\right)^2}$

(c) $\overline{A} = \dfrac{d^2x}{dt^2}\,i + \dfrac{d^2y}{dt^2}\,j$

(d) $\dfrac{dv}{dt} = \dfrac{\dfrac{dx}{dt}\dfrac{d^2x}{dt^2} + \dfrac{dy}{dt}\dfrac{d^2y}{dt^2}}{\sqrt{\left(\dfrac{dx}{dt}\right)^2 + \left(\dfrac{dy}{dt}\right)^2}}$

(e) $\dfrac{dv}{dt}\,\overline{T} = \dfrac{\dfrac{dx}{dt}\dfrac{d^2x}{dt^2} + \dfrac{dy}{dt}\dfrac{d^2y}{dt^2}}{(dx/dt)^2 + (dy/dt)^2}\left(\dfrac{dx}{dt}\,i + \dfrac{dy}{dt}\,j\right)$

(f) $|\kappa|v^2\overline{N} = \dfrac{1}{(dx/dt)^2 + (dy/dt)^2}\left[\dfrac{dy}{dt}\left(\dfrac{dy}{dt}\dfrac{d^2x}{dt^2} - \dfrac{dx}{dt}\dfrac{d^2y}{dt^2}\right)i + \dfrac{dx}{dt}\left(\dfrac{dx}{dt}\dfrac{d^2y}{dt^2} - \dfrac{dy}{dt}\dfrac{d^2x}{dt^2}\right)j\right]$

5 Um jogador de futebol chuta uma bola sob um ângulo de 30° com o nível do solo e a uma velocidade de 48 metros/segundo. Considerando que a origem O do sistema de coordenadas xy é colocada sobre o ponto de onde a bola foi chutada, e desprezando a resistência do ar, ache:
(a) A equação do movimento da bola.
(b) O vetor velocidade $\overline{V}$ no tempo t.
(c) O tempo total de vôo T da bola.
(d) O vetor velocidade no ponto de impacto.
(e) A distância horizontal entre a origem e o ponto de impacto.

6 Um projétil é lançado do ponto $(a;b)$ no plano xy em uma direção que faz 30° com o eixo positivo dos x a uma velocidade inicial v_0 unidades de distância por segundo. Despreze a resistência do ar.
(a) Deduza a equação vetorial de movimento do projétil.
(b) Mostre que a trajetória do projétil é uma parábola.

7 Uma partícula de massa de 2 quilos gira num círculo horizontal de raio 2 metros. A partícula faz 4 revoluções por segundo. Ache a força centrípeta da partícula.

8 Um centrifugador horizontal gira a 4300 revoluções por minuto e tem 3 centímetros de raio. A força centrípeta desenvolvida por um objeto no centrifugador é quantas vezes a força de gravidade no projeto?

9 Um avião a jato está voando a 600 quilômetros por hora em um círculo horizontal. Ache o raio do círculo em quilômetros se o piloto sente uma aceleração centrífuga de "3 g", isto é, três vezes seu próprio peso.

10 Uma partícula de massa m se move sobre um círculo de raio r com uma velocidade uniforme. Se a partícula faz N revoluções por segundo, mostre que a força centrífuga é dada por $4\,\pi^2\,N^2 mr$.

11 Uma menina rodopia um balde d'água em um círculo vertical sobre sua cabeça. Qual o número mínimo de revoluções por segundo que manterá a água no balde se o raio do círculo é 60 cm?

Conjunto de Problemas de Revisão

1 Se A, B, C, D são pontos do plano xy tais que $\overrightarrow{OB} - \overrightarrow{OA} = \overrightarrow{OC} - \overrightarrow{OD}$, mostre que $ABCD$ é um paralelogramo.

2 Sejam $\vec{A}$ e $\vec{B}$ os vetores posição dos pontos P e Q respectivamente, do plano. Ache o vetor posição do ponto a 4/5 da distância entre P e Q.

3 Se $OABC$ é um paralelogramo do plano xy com A e C como vértices opostos, mostre que

$$\overrightarrow{OA} + \tfrac{1}{2}(\overrightarrow{OC} - \overrightarrow{OA}) = \tfrac{1}{2}\overrightarrow{OB}.$$

4 Explique o significado geométrico da condição $\vec{A} + \vec{B} + \vec{C} = \vec{0}$ onde $\vec{A}$, $\vec{B}$ e $\vec{C}$ são vetores do plano.

5 Se u e v são escalares tais que $u\vec{A} = v\vec{A}$, onde $\vec{A}$ é um vetor, é verdade que $u = v$? Por quê?

6 Suponha que $ABCDEF$ é um hexágono regular com centro na origem O (Fig. 1). Simplifique as seguintes expressões

(a) $(\overrightarrow{AB} + \overrightarrow{OE}) + (\overrightarrow{AF} + \overrightarrow{BC}) + (\overrightarrow{AO} + \overrightarrow{CD}) + (\overrightarrow{ED} + \overrightarrow{AF})$.

(b) $(\overrightarrow{AD} - \overrightarrow{AF}) + (\overrightarrow{FE} - \overrightarrow{BA}) + (\overrightarrow{AO} - \overrightarrow{OF}) + (\overrightarrow{FD} - \overrightarrow{DB})$.

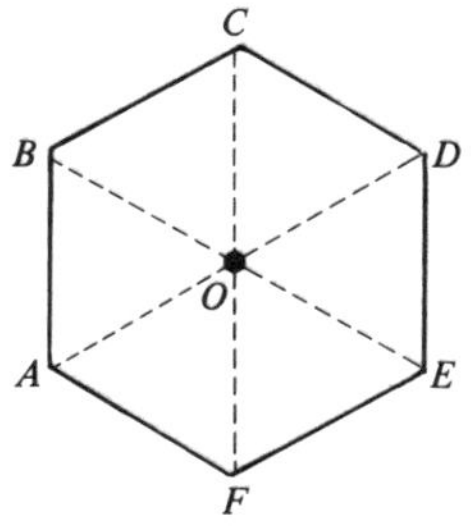

7 Se s é um escalar não-nulo e se $\vec{A}$ e $\vec{B}$ são vetores tais que $s\vec{A} = s\vec{B}$, é verdade que $\vec{A} = \vec{B}$? Por quê?

8 Se $\vec{i}$ e $\vec{j}$ são a base canônica do plano xy, escreva $\vec{A}$ como combinação linear de $\vec{i}$ e $\vec{j}$ e ache $|\vec{A}|$, onde $\vec{A}$ é o vetor cuja origem está em $(2; -1)$ e cuja extremidade está em $(-1; -2)$.

9 Sejam $\vec{A} = 2\vec{i} - 3\vec{j}$ e $\vec{B} = 4\vec{i} + \vec{j}$ os vetores posição do plano xy. Desenhe os vetores $\vec{A}; \vec{B}$ e $\vec{C} = \vec{A} + t\vec{B}$ no mesmo diagrama para (a) $t = \frac{1}{2}$ e (b) $t = -2$.

10 Sejam $\vec{A} = 2\vec{i} + \vec{j}$ e $\vec{B} = \vec{i} + 3\vec{j}$ vetores posição do plano xy. Desenhe os vetores $\vec{A}$, $\vec{B}$, e $\vec{C} = s\vec{A} + t\vec{B}$ no mesmo diagrama para (a) $s = t = \frac{1}{2}$ e (b) $s = -1$ e $t = 2$.

11 Ache o ponto médio do segmento de reta que contém os pontos terminais dos vetores posição $\vec{A} = -\vec{i} + 3\vec{j}$ e $\vec{B} = 2\vec{i} + 7\vec{j}$.

12 Ache as coordenadas do ponto que está a 7/10 de $P = (-5, -9)$ a $Q = (7,7)$.

13 Sejam $\vec{A} = 2\vec{i} - \vec{j}$ e $\vec{B} = 2\vec{i} - 3\vec{j}$. Ache cada uma das seguintes expressões:

(a) $5\vec{A}$ (b) $-4\vec{B}$ (c) $\vec{A} + \vec{B}$ (d) $\vec{A} - \vec{B}$ (e) $2\vec{A} + 3\vec{B}$

(f) $\vec{A} \cdot \vec{B}$ (g) $(2\vec{A} - 3\vec{B}) \cdot (2\vec{A} + 3\vec{B})$ (h) $|\vec{A}|$ (i) $|\vec{A} - \vec{B}|$ (j) $|2\vec{A}| + |3\vec{B}|$

14 Sejam $\vec{A} = \vec{i} + 2\vec{j}$, $\vec{B} = 2\vec{i} - 4\vec{j}$, e $\vec{C} = 3\vec{i} - 5\vec{j}$. Ache os escalares s e t tais que $\vec{C} = s\vec{A} + t\vec{B}$.

15 Use o produto escalar para achar os três vértices do triângulo ABC onde

$A = (-2, -1)$, $B = (-1,6)$, e $C = (2,2)$.

16 Ache dois vetores $\vec{X}$ e $\vec{Y}$ do plano de modo que $\vec{X}$ e $\vec{Y}$ sejam perpendiculares ao vetor

$\vec{A} = 2\vec{i} - 3\vec{j}$ e $|\vec{X}| = |\vec{Y}| = |\vec{A}|$.

17 Ache as componentes escalares em relação à base canônica $\vec{i}, \vec{j}$ do vetor obtido pela rotação do vetor $\vec{A} = x\vec{i} + y\vec{j}$ de 90° no sentido anti-horário.

18 Ache as componentes escalares em relação à base canônica $\vec{i}$, $\vec{j}$ do vetor pela rotação do vetor $\vec{A} = x\vec{i} + y\vec{j}$ de θ radianos no sentido anti-horário.

19 Dado que $|\vec{A} + \vec{B}|^2 - |\vec{A} - \vec{B}|^2 = 0$, mostre que $\vec{A}$ tem que ser perpendicular a $\vec{B}$.

20 Sejam $\vec{A}$ e $\vec{B}$ dois vetores dados do plano tais que $\vec{A} \cdot \vec{B} = 0$, $|\vec{A}| \neq 0$, e $|\vec{B}| \neq 0$. Mostre que $\vec{C}$ é qualquer vetor do plano, então $\vec{C} = \dfrac{\vec{A} \cdot \vec{C}}{\vec{A} \cdot \vec{A}}\, \vec{A} + \dfrac{\vec{B} \cdot \vec{C}}{\vec{B} \cdot \vec{B}}\, \vec{B}$.

21 Ache a projeção escalar de $\vec{A}$ sobre $\vec{B}$ se $\vec{A} = 2\vec{i} + 3\vec{j}$ e $\vec{B} = -3\vec{i} + 4\vec{j}$.

22 Um fabricante vende x sofás a a cruzeiros por sofá e y cadeiras a b cruzeiros cada. O vetor $\vec{D} = \langle x, y \rangle$ é chamado o *vetor demanda*, enquanto que o vetor $\vec{R} = \langle a, b \rangle$ é chamado de *vetor procura*. O *vetor custo* é definido por $\vec{C} = \langle c, d \rangle$ onde c é o custo da fabricação de um sofá e d é o custo da fabricação de uma cadeira. Dê a interpretação econômica de

(a) $\vec{D} \cdot \vec{R}$ (b) $\vec{D} \cdot \vec{C}$ (c) $\vec{D} \cdot (\vec{R} - \vec{C})$

23 Desenhe dois vetores $\vec{A}$ e $\vec{B}$ do plano tais que

(a) $\vec{A} \cdot \vec{B} > 0$ (b) $\vec{A} \cdot \vec{B} = 0$ (c) $\vec{A} \cdot \vec{B} < 0$

24 Esboce o gráfico das equações vetoriais não-paramétricas dadas, onde $\vec{A} = \vec{i} - 3\vec{j}$ e $\vec{B} = 2\vec{i} + \vec{j}$.

Fig. 1

(a) $\bar{A} \cdot (\bar{R} - \bar{B}) = 0$ (b) $(\bar{R} - \bar{B}) \cdot (\bar{R} - \bar{B}) = 9$

(c) $\bar{A} \cdot \bar{R} = 8$ (d) $\bar{R} \cdot (\bar{R} - 2\bar{B}) = 0$

25 Ache a equação da reta que contém o ponto (3,4) e tem coeficiente angular $-2/5$.
   (a) Na forma escalar não-paramétrica
   (b) Na forma vetorial não-paramétrica
   (c) Na forma vetorial paramétrica
   (d) Na forma escalar paramétrica.

26 Estabeleça as equações de (a) a (d), problema 24, sob a forma paramétrica vetorial.

27 Mostre que as equações paramétricas vetoriais abaixo têm o mesmo gráfico:

   (a) $\bar{R} = (3 \text{ sen} t)\vec{i} + (3 \cos t)\vec{j}$ (b) $\bar{R} = (3 \cos 2t)\vec{i} + (3 \text{ sen} 2t)\vec{j}$

28 Seja $\bar{F}(t) = \sqrt{t - 1}\,\vec{i} + \ln(2 - t)\vec{j}$.

   (a) Qual o domínio de $\bar{F}$?

   (b) Ache $\lim_{t \to 1.5} \bar{F}(t)$.

   (c) A $\bar{F}$ é contínua? Por quê?

29 Ache a equação paramétrica vetorial para a hipérbole $x^2 - y^2 = 1$. (*Sugestão:* use funções hiperbólicas).

   Nos problemas de 30 a 34, ache (a) $\bar{F}'(t)$ e (b) $\bar{F}''(t)$.

30 $\bar{F}(t) = (t^2 + 7)\vec{i} + (t + t^3)\vec{j}$ **31** $\bar{F}(t) = (t - 1)^{-1}\vec{i} + 3(t^2 - 2)^{-1}\vec{j}$ **32** $\bar{F}(t) = (2 \cos 5t)\vec{i} + (5 \text{ sen} 5t)\vec{j}$

33 $\bar{F}(t) = e^{5t}\vec{i} + (e^{-3t} + 7)\vec{j}$ **34** $\bar{F}(t) = (\cos t^2)\vec{i} + (\cos^2 t)\vec{j}$

   Nos problemas de 35 a 38, ache (a) $\dfrac{d}{dt}|\bar{F}(t)|$ e (b) $\bar{F}'(t) \cdot \bar{F}''(t)$.

35 $\bar{F}(t) = (t - \text{sen} t)\vec{i} + (t + \cos t)\vec{j}$ **36** $\bar{F}(t) = (e^{-t} \cos t)\vec{i} + (e^{-t} \text{ sen} t)\vec{j}$

37 $\bar{F}(t) = e^{4t}\vec{i} + e^{-4t}\vec{j}$ **38** $\bar{F}(t) = te^{-3t}\vec{i} + te^{3t}\vec{j}$

   Nos problemas de 39 a 44, sejam $\bar{F}(t) = e^t\vec{i} + (t^2 - 1)\vec{j}$, $\bar{G}(t) = (\cos^2 t)\vec{i} + (\text{sen}^2 t)\vec{j}$, e $h(t) = \ln(t + 1)$. Calcule as expressões

39 $\dfrac{d}{dt}[\bar{F}(t) + \bar{G}(t)]$ **40** $\dfrac{d}{dt}[\bar{F}(t) \cdot \bar{G}(t)]$ **41** $\dfrac{d}{dt}|\bar{F}(t)|$

42 $\dfrac{d}{dt}[h(t)\bar{F}(t)]$ **43** $\bar{F}'(t) \cdot \bar{F}''(t)$ **44** $\dfrac{d}{dt}\left[\dfrac{\bar{F}(t)}{|\bar{F}(t)|}\right]$

45 Ache o comprimento de arco da curva cuja equação vetorial é $\bar{R} = 3(\text{sen } t - 1)\vec{i} + 3(\cos t - 1)\vec{j}$ entre os pontos $t = 0$ e $t = 2$.

46 Ache o comprimento de arco da curva $\begin{cases} x = 4 \cos^3 t \\ y = 4 \text{ sen}^3 t \end{cases}$ entre os pontos $t = 0$ e $t = 2\pi$.

47 O vetor posição de uma partícula no instante t é dado por $\bar{R} = t\vec{i} + \left(\dfrac{t^3}{6} + \dfrac{1}{2t}\right)\vec{j}$.

   Ache a distância percorrida pela partícula no intervalo de tempo de $t = 1$ a $t = 4$.

48 Uma bola se move de acordo com as equações $\begin{cases} x = 32t \\ y = -16t^2 \end{cases}$ onde t é o tempo em segundos. Qual a distância percorrida pela bola durante os 3 primeiros segundos?

   Nos problemas de 49 a 52, ache (a) o vetor tangente unitário $\bar{T}$, (b) a curvatura κ da curva dada para um valor dado de t e (c) o vetor normal principal unitário $\bar{N}$.

49 $\bar{R}(t) = (3 \cos t)\vec{i} + (\text{sen} t)\vec{j}$ em $t = 0$ **50** $\bar{R}(t) = (\tan 2t)\vec{i} + (\cot 2t)\vec{j}$ em $t = \dfrac{\pi}{8}$

51 $\begin{cases} x = t^2 \\ y = t^3 \end{cases}$ em $t = 1$

52 $\begin{cases} x = t \\ y = \ln \sec t \end{cases}$ em $t = \dfrac{\pi}{4}$

Nos problemas de 53 a 57, ache (a) o vetor velocidade $\bar{V}$, (b) o vetor aceleração $\bar{A}$, (c) a velocidade v, (d) a taxa de variação de velocidade dv/dt, (e) a componente vetorial tangencial de aceleração e (f) a componente vetorial normal da aceleração para uma partícula no tempo t de acordo com as equações de movimento dadas.

53 $\bar{R}(t) = (t^3 + 6)\vec{i} + (2t^4 - 1)\vec{j}$

54 $\bar{R}(t) = e^{2t}\vec{i} + e^{-3t}\vec{j}$

55 $\bar{R}(t) = (3 \cos 7t)\vec{i} + (3 \, \text{sen} \, 7t)\vec{j}$

56 $\bar{R}(t) = (t \cos t)\vec{i} + (t \, \text{sen} \, t)\vec{j}$

57 $\bar{R}(t) = \left(1 + \dfrac{t^2}{2}\right)\vec{i} + \dfrac{t^3}{3}\vec{j}$

58 Uma partícula se move sobre o ramo da hipérbole $xy = 1$ que está no primeiro quadrante de modo que sua abscissa cresce com o tempo. No instante em que a partícula passa pelo ponto $(1; 1)$, sua velocidade é $v = 2$ unidades por segundo e a taxa de variação da velocidade é dada por $dv/dt = -3$ unidades por segundo. Ache (a) o vetor velocidade $\bar{V}$ e (b) o vetor aceleração $\bar{A}$ nesse instante.

59 Um piloto está saindo de um mergulho vertical seguindo um arco de círculo de raio 1 km. A velocidade de seu avião é constante e igual a 500 quilômetros por hora. Com quantas vezes o seu próprio peso está o piloto sendo pressionado no seu banco no ponto mais baixo do arco de círculo?

60 Seja $\bar{R} = g(t)\vec{i} + h(t)\vec{j}$ a equação de movimento de uma partícula de massa m no plano xy. (a) Se $\alpha(t)$ é a área varrida pelo vetor posição variável $\bar{R}$ como função do tempo t, mostre que

$$\alpha'(t) = \left| \frac{g(t)h'(t) - h(t)g'(t)}{2} \right|.$$

(b) Se a força atuante na partícula é sempre direcionada para a origem, mostre que o vetor posição $\bar{R}$ varre áreas iguais em tempos iguais.

15

SISTEMAS COORDENADOS E VETORES NO ESPAÇO TRIDIMENSIONAL

Neste capítulo estudamos a geometria tridimensional com a ajuda de sistemas coordenados e vetores no espaço tridimensional. Todas as operações definidas para vetores no plano — adição, subtração, multiplicação por escalares, e produto escalar — continuam sendo válidas para os vetores no espaço tridimensional. Além dessas, definimos o "produto vetorial" de vetores no espaço e usamos vetores para obter as equações de retas e planos no espaço. O capítulo também inclui funções vetoriais curvas no espaço, superfícies de revolução e superfícies quádricas.

1 Sistemas de Coordenadas Cartesianas no Espaço Tridimensional

A fim de designar as coordenadas cartesianas de um ponto P no espaço tridimensional, geralmente começamos escolhendo uma origem O. Em seguida, estabelecemos um sistema de coordenadas no plano horizontal, passando por O, com o eixo positivo x apontado para o leitor e o eixo positivo y estendendo-se para nossa direita (Fig. 1). Para achar as coordenadas cartesianas de um ponto P no espaço, baixamos uma perpendicular de P ao plano xy e chamamos o pé desta perpendicular de $Q = (x,y)$. Definimos a *coorde-*

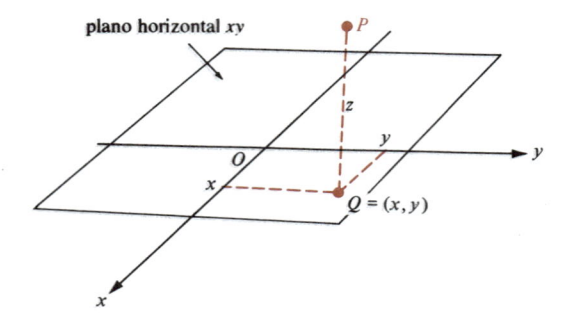

Fig. 1

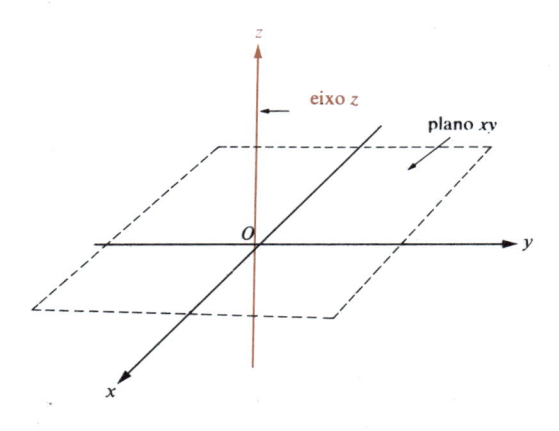

Fig. 2

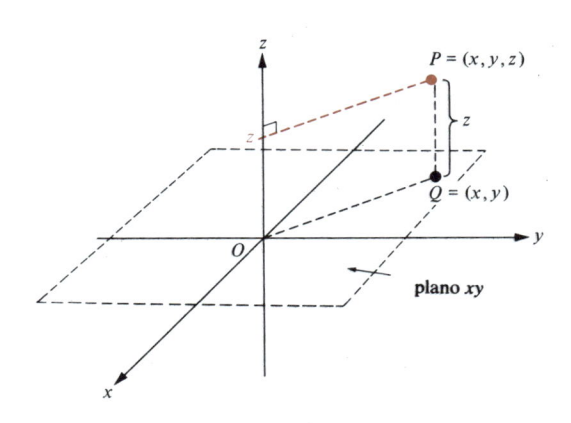

Fig. 3

nada z de P por $z = \pm |\overline{PQ}|$, onde usamos o sinal positivo se P está acima do plano xy e o sinal negativo se P está abaixo do plano xy. É evidente que se P está no plano xy, então $P = Q$ e $z = 0$. Desta forma, z é a *distância orientada* do ponto P ao plano xy. O ponto P é conhecido pelas *três* coordenadas x, y e z, e representamos por $P = (x, y, z)$.

Quando utilizamos o processo de coordenadas cartesianas no espaço

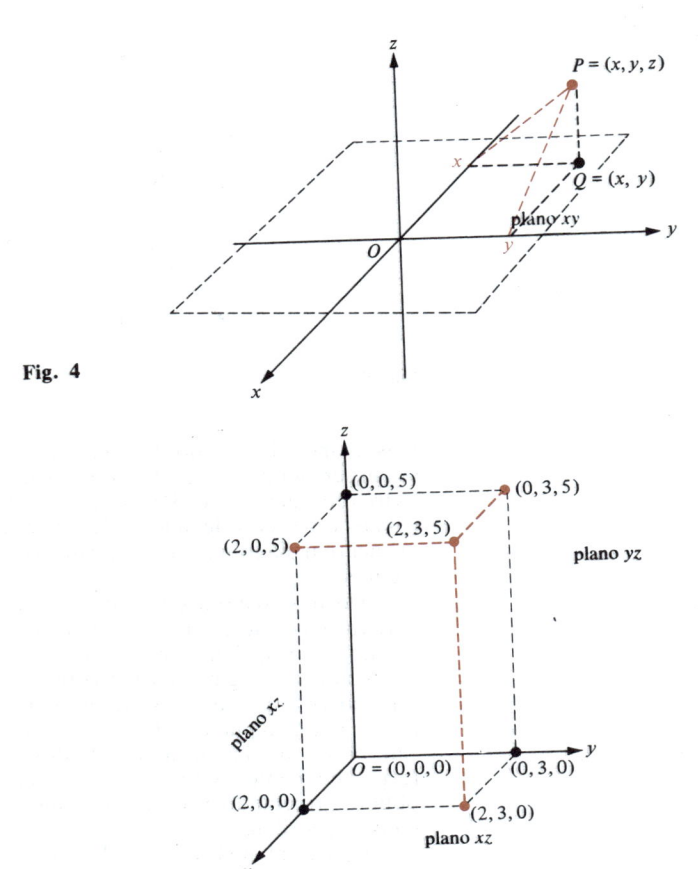

Fig. 4

Fig. 5

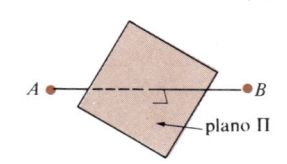

Fig. 6

tridimensional, costuma-se introduzir um terceiro eixo coordenado, chamado de *eixo z,* perpendicular ao plano xy, passando pela origem O e com
sentido para cima (Fig. 2). O eixo z possui a sua própria escala numérica,
assim como os eixos x e y, e a unidade de distância no eixo z é escolhida
geralmente como sendo a mesma dos eixos x e y.

Se P é um ponto qualquer do espaço, não podemos determinar a coordenada de P somente medindo a distância orientada de P ao plano xy, mas
também traçando uma perpendicular de P ao eixo z (Fig. 3). O valor da escala
do pé desta perpendicular é evidentemente a coordenada de P. Por esse

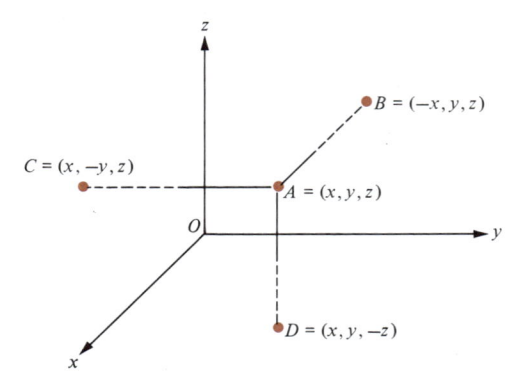

Fig. 7

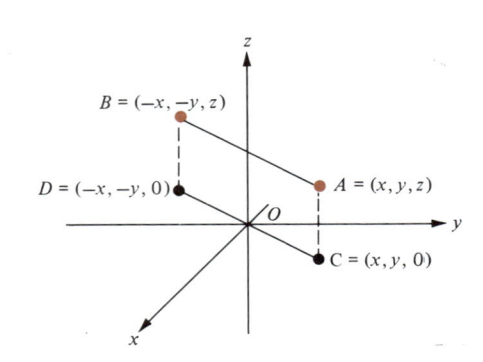

Fig. 8

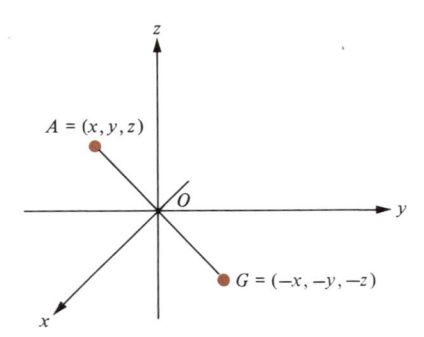

Fig. 9

mesmo método, as coordenadas x e y de P podem ser encontradas traçando-
se perpendiculares aos eixos x e y, respectivamente (Fig. 4). Desde que todas
as três coordenadas de P possam ser determinadas traçando-se perpendiculares aos eixos coordenados, não é necessário desenhar o plano xy quando se
esboçarem diagramas tridimensionais — os três eixos coordenados são sufi-
cientes.

Do mesmo modo que os eixos x e y determinam o plano xy, os outros dois
pares de eixos determinam planos, que são o *plano xz* e o *plano yz.* Os planos
xy, xz e yz são denominados os três *planos coordenados.* Para visualizar
esses planos, imaginemos que a origem seja o canto de uma sala, sendo o chão
o plano xy, a parede à esquerda o plano xz, e a parede com a face voltada
para o leitor, o plano yz (Fig. 5). As coordenadas de um ponto P no espaço
são, então, as distâncias orientadas x, y e z de P aos planos yz, xz e xy,
respectivamente. A Fig. 5 mostra o ponto (2, 3, 5) e todos os outros pontos
obtidos projetando o ponto perpendicularmente sobre os planos coordenados
e eixos coordenados.

Os três planos coordenados dividem o espaço em oito partes chamadas
octantes. O octante em que todas as três coordenadas são positivas — isto é,
acima do plano xy, à direita do plano xz e na frente do plano yz da Fig. 5 — é
chamado de *primeiro octante.*

O sistema de coordenadas aqui descrito é chamado de *sistemas de coordenadas destrógiro, tridimensional* e *cartesiano* (ou *retangular*). Desde que um tal sistema de coordenadas tenha sido escolhido, referimo-nos ao espaço tridimensional como o *espaço xyz.* (Casualmente, um sistema de coordenadas cartesianas ''levógiro'' teria os eixos x e y trocados; no entanto, aqui, e no que se segue, não usaremos o sistema coordenado levógiro.)

Dois pontos A e B no espaço são ditos *simetricamente situados em relação ao plano* Π se Π passa pelo ponto médio do segmento de reta $\overline{AB}$ e é perpendicular a este segmento (Fig. 6). Por exemplo, os pontos $A = (x, y, z)$ e $B = (-x, y, z)$ estão localizados simetricamente em relação ao plano yz (Fig. 7). Da mesma forma que os pontos $A = (x, y, z)$ e $C = (x, -y, z)$ estão localizados simetricamente em relação ao plano xz, enquanto que os pontos $A = (x, y, z)$ e $D = (x, y, -z)$ estão localizados simetricamente em relação ao plano xy.

Observe na Fig. 8 que os pontos $C = (x, y, 0)$ e $D = (-x, -y, 0)$ estão no plano xy e situados simetricamente em relação à origem O. Se C e D são ambos acrescidos de z unidades, teremos os pontos $A = (x, y, z)$ e $B = (-x, -y, z)$, respectivamente. É óbvio que $A = (x, y, z)$ e $B = (-x, -y, z)$ estão situados simetricamente em relação ao eixo z.

Raciocinando assim, podemos ver que os pontos $A = (x, y, z)$ e $E = (-x, y, -z)$ são simétricos em relação ao eixo y, enquanto os pontos $A = (x, y, z)$ e $F = (x, -y, -z)$ são simétricos em relação ao eixo x. Finalmente, observe que os pontos $A = (x, y, z)$ e $G = (-x, -y, -z)$ são simétricos em relação à origem O (Fig. 9).

EXEMPLO   Marque o ponto $P = (3, 4, 5)$ e os seguintes pontos dando suas coordenadas:

(a) O ponto Q, simétrico ao ponto P em relação ao plano xy.
(b) O ponto R, simétrico ao ponto P em relação ao eixo y.
(c) O ponto S, simétrico ao ponto P em relação à origem.
(d) O ponto T que tem 5 unidades abaixo de P.

SOLUÇÃO

$$\text{(a)} \quad Q = (3, 4, -5)$$
$$\text{(b)} \quad R = (-3, 4, -5)$$
$$\text{(c)} \quad S = (-3, -4, -5)$$
$$\text{(d)} \quad T = (3, 4, 0)$$

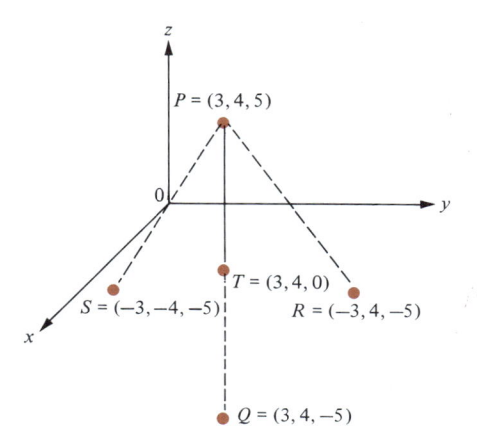

Fig. 10

Estes pontos estão assinalados na Fig. 10.

Pelo *gráfico* de uma equação no espaço xyz (ou um conjunto de equações simultâneas) envolvendo uma ou mais das variáveis x, y ou z, entendemos o conjunto de todos os pontos $P = (x, y, z)$ cujas coordenadas x, y, z satisfazem a equação (ou equações). Por exemplo, o gráfico da equação $z = 0$ é o conjunto de todos os pontos $P = (x, y, 0)$, e portanto consiste em todos os pontos do plano xy. Semelhantemente, o gráfico de $x = 0$ é o plano yz e o gráfico de $y = 0$ é o plano xz.

EXEMPLO   Desenhe o gráfico de $z = 0$ e o gráfico de $y = 1$ no espaço xyz. Explicite a interseção desses dois gráficos.

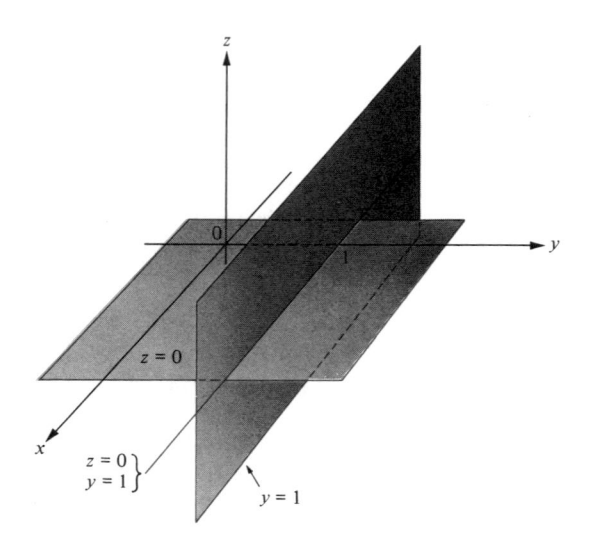

Fig. 11

SOLUÇÃO

O gráfico de $z = 0$ é o plano xy, parte do qual aparece na Fig. 11. O gráfico de $y = 1$ é o conjunto de todos os pontos cuja coordenada y é 1; isto é, todos os pontos uma unidade à direita do plano xz. Assim, o gráfico de $y = 1$ é um plano paralelo ao plano xz e uma unidade à sua direita (Fig. 11). Os dois planos $z = 0$ e $y = 1$ evidentemente se interceptam em uma reta paralela ao eixo x e uma unidade à direita da origem no plano xy.

Dois planos não-paralelos quaisquer, assim como os planos $z = 0$ e $y = 1$ na Fig. 11, interceptam-se em uma reta. Por exemplo, a equação $z = b$, onde b é uma constante, representa um plano perpendicular ao eixo z e o intercepta no ponto $(0, 0, b)$, assim como $y = c$, onde c é uma constante, representa um plano perpendicular ao eixo y e o intercepta no ponto $(0, c, 0)$. (Por quê?) Logo, a interseção do plano $z = b$ e o plano $y = c$ é a reta paralela ao eixo x, possuindo todos os pontos da forma $P = (x, c, b)$, onde x pertence ao conjunto de todos os números reais. Esta reta é o gráfico de duas equações

simultâneas $\begin{cases} z = b \\ y = c. \end{cases}$

EXEMPLOS 1   Escreva um par de duas equações simultâneas cujo gráfico é uma reta perpendicular ao plano xy e contém o ponto $(-3, 2, 1)$ (Fig. 12).

SOLUÇÃO
A reta em questão contém o ponto $(-3, 2, 0)$ no plano xy. Evidentemente, um ponto P está nesta reta se, e somente se, a coordenada x de P for -3 e a coordenada y for 2 — não há nenhuma restrição para a coordenada z de P. Em consequência, as equações simultâneas $\begin{cases} x = -3 \\ y = 2 \end{cases}$ representam a reta dada.

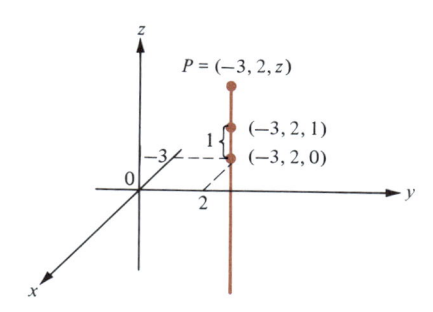

Fig. 12

2 Descreva dois planos cuja interseção é a reta da Fig. 12.

SOLUÇÃO

Evidentemente a reta $\begin{cases} x = -3 \\ y = 2 \end{cases}$ é a interseção do plano $x = -3$ com o plano

$y = 2$. O plano $x = -3$ é perpendicular ao eixo x e contém o ponto $(-3, 0, 0)$. O plano $y = 2$ é perpendicular ao eixo y e contém o ponto $(0, 2, 0)$.

3 Ache a equação do plano contendo o ponto (a, b, c) e o paralelo ao eixo yz.

SOLUÇÃO

No plano em questão, todos os pontos têm a mesma coordenada x, $x = a$. Reciprocamente, nenhum ponto P da forma $P = (a, y, z)$ pertence ao plano. Logo, a equação do plano é $x = a$.

Vamos deduzir agora a fórmula da distância r entre o ponto $P = (x, y, z)$ e a origem O do espaço xyz. Na Fig. 13, seja r_1 a distância, no plano xy, entre o ponto $Q = (x, y, 0)$ e a origem O. Pela fórmula usual da distância entre dois pontos no plano xy, $r_1^2 = x^2 + y^2$. Aplicando o teorema de Pitágoras ao triângulo OQP, temos $r^2 = r_1^2 + |\overline{PQ}|^2 = x^2 + y^2 + z^2$; logo,

$$r = \sqrt{x^2 + y^2 + z^2}.$$

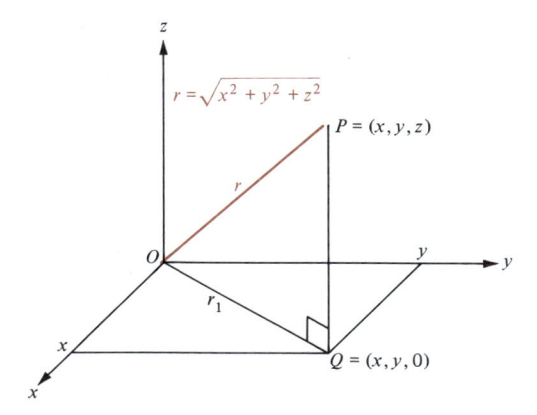

Fig. 13

EXEMPLOS 1 Encontre a distância r entre a origem e o ponto $(2, 3, -1)$.

SOLUÇÃO
Da fórmula acima, temos

$$r = \sqrt{2^2 + 3^2 + (-1)^2} = \sqrt{14} \text{ unidades.}$$

2   Descreva e desenhe o gráfico no espaço xyz da equação

$$x^2 + y^2 + z^2 = 4.$$

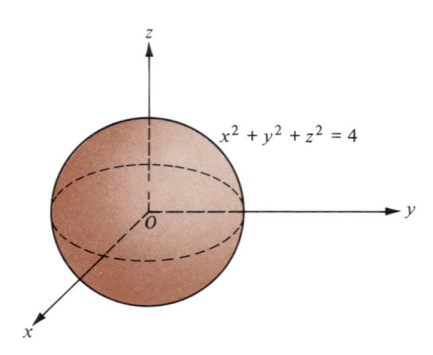

Fig. 14

SOLUÇÃO
O ponto $P = (x, y, z)$ pertence ao gráfico se, e somente se, $\sqrt{x^2 + y^2 + z^2} = 2$; isto é, se e somente se a distância de O a P for igual a 2 unidades. Assim, o gráfico é a superfície de uma esfera de raio de 2 unidades com centro na origem O (Fig. 14).

Conjunto de Problemas 1

1 Os pontos $(3,5,7)$, $(3,0,7)$, $(0,0,7)$ $(0,5,7)$, $(3,5,0)$, $(3,0,0)$, $(0,0,0)$, e $(0,5,0)$ formam os vértices de uma caixa retangular no espaço xyz. Desenhe esta caixa e marque os vértices.

2 Uma perpendicular é traçada do ponto $P = (-1, 2, 5)$ ao plano yz. Encontre as coordenadas do ponto Q no pé desta perpendicular.

Nos problemas 3 a 6, marque o ponto P dado e, em seguida, dê as coordenadas e marque os seguintes pontos.

(a) O ponto Q, simétrico a P em relação ao plano yz.
(b) O ponto R, simétrico a P em relação ao eixo z.
(c) O ponto S, simétrico a P em relação à origem.
(d) O ponto T pertencente à reta que passa por P, paralela ao eixo y, mas que está 2 unidades mais afastado para a direita do que P.

3 $P = (1, 2, 4)$ **4** $P = (3, 5, 0)$ **5** $P = (2, -1, -3)$ **6** $P = (\frac{5}{2}, -1, 0)$

7 Descreva e desenhe o conjunto de pontos $P = (x, y, z)$ no espaço xyz que satisfaça ambas as condições $x = -1$ e $z = 2$.

8 Escreva a equação do plano contendo os três pontos $(-27, 14, 3)$, $(111, -75, 3)$, e $(666, 1720, 3)$.

9 Descreva o conjunto de pontos $P = (x, y, z)$ no espaço xyz satisfazendo a condição $z \geqslant 1$.

10 Dê uma equação ou equações descrevendo o eixo x no espaço xyz.

Nos problemas 11 a 22, desenhe o gráfico no espaço xyz de cada equação ou equações.

11 $y = -2$ **12** $\begin{cases} x = 3 \\ y = 4 \end{cases}$ **13** $\begin{cases} x = -2 \\ y = -5 \end{cases}$ **14** $x + y = 1$

15 $x^2 + y^2 + z^2 = 1$ **16** $x^2 + y^2 = 1$ **17** $\begin{cases} x = 1 \\ y = 2 \\ z = 3 \end{cases}$ **18** $\begin{cases} x^2 + y^2 + z^2 = 4 \\ z = 1 \end{cases}$

19 $\begin{cases} y^2 = z \\ x = 0 \end{cases}$ **20** $\begin{cases} y^2 = z \\ x = 2 \end{cases}$ **21** $\begin{cases} x^2 + y^2 = 9 \\ z = 1 \end{cases}$ **22** $\begin{cases} x = y \\ y = z \end{cases}$

23 Uma perpendicular é traçada no ponto $P = (3, 5, 7)$ ao plano $y = -1$. Ache as coordenadas do ponto Q no pé desta perpendicular.

24 Sabendo-se que os pontos $A = (x, y, z)$ e B estão localizados simetricamente em relação ao plano $z = c$, ache as coordenadas de B.

Nos problemas 25 a 34, escreva uma equação ou equações para os conjuntos de pontos descritos.

25 O conjunto de pontos num plano paralelo ao plano xy situado 4 unidades abaixo do mesmo.

26 O conjunto de pontos no plano perpendicular ao eixo y, passando pelo ponto $(-1, -1, -1)$.

27 O conjunto de pontos no plano perpendicular ao eixo x, contendo o ponto $(27, 1/2, -\pi)$.

28 O conjunto de pontos na reta paralela ao eixo z contendo o ponto $(-2, -7, -15)$.

29 O conjunto de pontos na reta paralela ao eixo y contendo o ponto $(5, 16/3, -7/2)$.

30 O conjunto de pontos na reta contendo os dois pontos $(5, 0, 7)$ e $(5, -1, 7)$.

31 O conjunto de pontos na superfície de uma esfera de raio 5 unidades com seu centro na origem.

32 O conjunto de pontos no plano contendo o eixo z e fazendo 45° com o plano xz e com o plano yz.

33 O conjunto de pontos em um círculo de raio 5 unidades, paralelo ao plano yz, com centro no ponto $(7, 0, 0)$.

34 O conjunto de pontos no cilindro circular reto de raio 5 unidades, cujo eixo central coincide com o eixo z.

35 Ache a distância r entre a origem e o ponto dado P.

(a) $P = (-2, 1, 2)$ (b) $P = (8, 0, -6)$ (c) $P = (-4, -3, 0)$ (d) $P = (1, 4, 5)$

2 Vetores no Espaço Tridimensional

O conceito de vetor e a álgebra de vetores continuam sendo os mesmos, com poucas mudanças, para vetores no espaço tridimensional. Desta forma, o vetor no espaço é definido como sendo um segmento de reta orientado — isto é, uma flecha — e a reta orientada de P a Q é representada por $\overrightarrow{PQ}$. Dois vetores no espaço são considerados iguais se eles tiverem o mesmo comprimento, forem paralelos e apontarem para a mesma direção. As definições de soma e diferença de vetores, o simétrico de um vetor, o produto de um escalar por um vetor e o produto escalar de dois vetores são literalmente os mesmos para vetores no espaço.

As propriedades algébricas básicas de vetores no espaço são exatamente as mesmas dos vetores no plano. O leitor é conduzido a esboçar diagramas para melhor ilustrar-se no que vem a seguir.

Propriedades algébricas básicas de vetores no espaço

Sejam $\bar{A}$, $\bar{B}$ e $\bar{C}$ vetores no espaço tridimensional e sejam s e t escalares. Então:

$$1 \quad \bar{A} + \bar{B} = \bar{B} + \bar{A}$$
$$2 \quad \bar{A} + (\bar{B} + \bar{C}) = (\bar{A} + \bar{B}) + \bar{C}$$
$$3 \quad \bar{A} + \bar{0} = \bar{A}$$
$$4 \quad \bar{A} + (-\bar{A}) = \bar{0}$$
$$5 \quad (st)\bar{A} = s(t\bar{A})$$
$$6 \quad s(\bar{A} + \bar{B}) = s\bar{A} + s\bar{B}$$
$$7 \quad (s + t)\bar{A} = s\bar{A} + t\bar{A}$$
$$8 \quad 1\bar{A} = \bar{A}$$

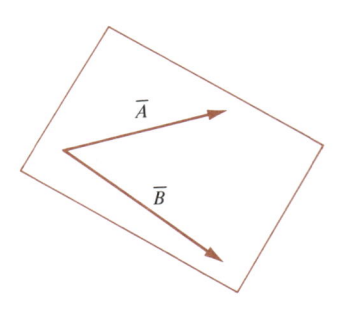

Fig. 1

Se somente dois vetores no espaço, $\bar{A}$ e $\bar{B}$, são envolvidos, eles podem sempre ser colocados de um modo que tenham a mesma extremidade (ponto inicial), e pertençam ao mesmo plano (Fig. 1). Observe que todas as combinações lineares $s\bar{A} + t\bar{B}$ de $\bar{A}$ e $\bar{B}$ pertencem ao mesmo plano. (Por quê?)

Três vetores no espaço, $\bar{A}$, $\bar{B}$ e $\bar{C}$ são ditos *coplanares* (ou *linearmente dependentes*) se, quando possuírem a mesma extremidade, eles estiverem no mesmo plano (Fig. 2). É fácil ver que três vetores no espaço são coplanares se, e somente se, um dos vetores puder ser expresso como uma combinação linear dos outros dois (problema 50).

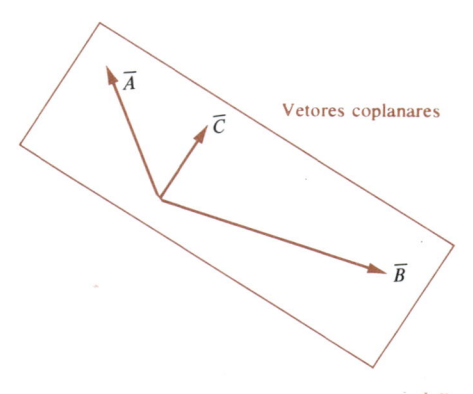

Vetores coplanares

Fig. 2

Três vetores $\bar{A}$, $\bar{B}$ e $\bar{C}$ são ditos *linearmente independentes* se não forem coplanares.

O teorema seguinte estabelece um teste útil para a independência linear de três vetores. (A prova do teorema é proposta no exercício 52.)

TEOREMA 1   **Independência linear de três vetores**

Três vetores $\bar{A}$, $\bar{B}$ e $\bar{C}$ são linearmente independentes se, e somente se, é satisfeita a seguinte condição: Os únicos escalares a, b e c para os quais

$$a\bar{A} + b\bar{B} + c\bar{C} = \bar{0}$$

são $a = 0$, $b = 0$,   e $c = 0$.

Os vetores unitários $\bar{i}$, $\bar{j}$ e $\bar{k}$ com direções ao longo dos eixos x, y e z, respectivamente, são vetores não-coplanares no espaço xyz — logo, linearmente independentes (Fig. 3). Nós chamamos $\bar{i}$, $\bar{j}$ e $\bar{k}$ de *vetores da base canônica* no espaço xyz.

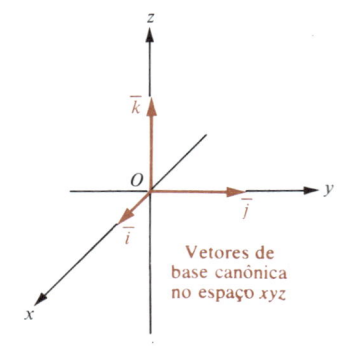

Vetores de base canônica no espaço xyz

Fig. 3

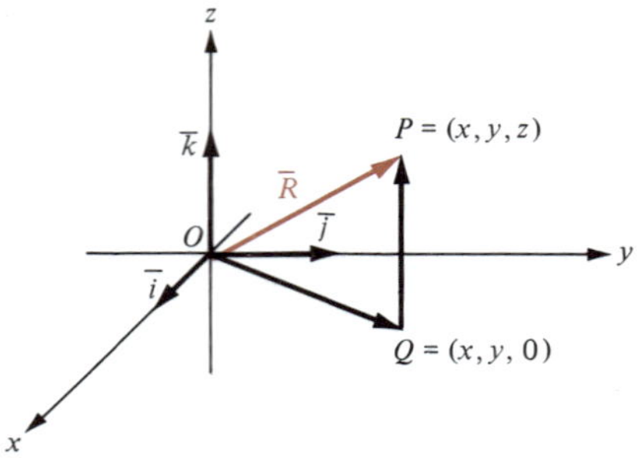

Fig. 4

Assim como todo vetor no plano xy pode ser expresso como uma combinação linear de $\bar{i}$ e $\bar{j}$, todo vetor no espaço xyz pode ser expresso como uma combinação linear de $\bar{i}, \bar{j}$ e $\bar{k}$. De fato, dado um vetor $\bar{R}$ no espaço xyz, podemos mover a extremidade de $\bar{R}$ até a origem O, desta forma $\bar{R} = \overrightarrow{OP}$ é o *vetor posição* do ponto $P = (x, y, z)$ (Fig. 4).

Seja $Q = (x, y, 0)$ o ponto do pé da perpendicular de P ao plano xy. Como $\overrightarrow{OQ}$ é o vetor posição de Q no plano xy, temos que $\overrightarrow{OQ} = x\bar{i} + y\bar{j}$. Como $\overrightarrow{QP}$ é paralelo a $\bar{k}$, é evidente que $\overrightarrow{QP} = z\bar{k}$. Portanto,

$$\bar{R} = \overrightarrow{OQ} + \overrightarrow{QP} = x\bar{i} + y\bar{j} + z\bar{k}.$$

Como anteriormente, x, y e z são chamados de componentes (escalares) de $\bar{R}$ em relação à base canônica $\bar{i}, \bar{j}, \bar{k}$.

A soma $\bar{A} + \bar{B}$, a diferença $\bar{A} - \bar{B}$ e o produto $s\bar{A}$ são calculados "componente por componente" para vetores $\bar{A}$ e $\bar{B}$ no espaço xyz, assim como para vetores no plano. Assim, se

$$\bar{A} = a_1\bar{i} + a_2\bar{j} + a_3\bar{k} \quad \text{e} \quad \bar{B} = b_1\bar{i} + b_2\bar{j} + b_3\bar{k},$$

então

1   $\bar{A} + \bar{B} = (a_1 + b_1)\bar{i} + (a_2 + b_2)\bar{j} + (a_3 + b_3)\bar{k}.$

2   $\bar{A} - \bar{B} = (a_1 - b_1)\bar{i} + (a_2 - b_2)\bar{j} + (a_3 - b_3)\bar{k}.$

3   $s\bar{A} = (sa_1)\bar{i} + (sa_2)\bar{j} + (sa_3)\bar{k}.$

EXEMPLO   Seja $\bar{A} = 2\bar{i} - 3\bar{j} + \bar{k}$ e $\bar{B} = \bar{i} + 2\bar{j} + 5\bar{k}$.

Ache (a) $\bar{A} + \bar{B}$, (b) $\bar{A} - \bar{B}$, (c) $7\bar{A}$, e (d) $7\bar{A} - \bar{B}$.

SOLUÇÃO
(a) $\bar{A} + \bar{B} = (2 + 1)\bar{i} + (-3 + 2)\bar{j} + (1 + 5)\bar{k} = 3\bar{i} - \bar{j} + 6\bar{k}.$
(b) $\bar{A} - \bar{B} = (2 - 1)\bar{i} + (-3 - 2)\bar{j} + (1 - 5)\bar{k} = \bar{i} - 5\bar{j} - 4\bar{k}.$
(c) $7\bar{A} = (7)(2)\bar{i} + (7)(-3)\bar{j} + (7)(1)\bar{k} = 14\bar{i} - 21\bar{j} + 7\bar{k}.$
(d) $7\bar{A} - \bar{B} = (14 - 1)\bar{i} + (-21 - 2)\bar{j} + (7 - 5)\bar{k} = 13\bar{i} - 23\bar{j} + 2\bar{k}.$

Os três componentes escalares de um vetor no espaço xyz são unicamente determinados pelo vetor. Para ver isto, admita que

$$x_1\bar{i} + y_1\bar{j} + z_1\bar{k} = x_2\bar{i} + y_2\bar{j} + z_2\bar{k}.$$

Então,

$$(x_1 - x_2)\bar{i} + (y_1 - y_2)\bar{j} + (z_1 - z_2)\bar{k} = \bar{0};$$

desde que $\bar{i}, \bar{j}$ e $\bar{k}$ sejam linearmente independentes, temos que $x_1 - x_2 = 0$, $y_1 - y_2 = 0$ e $z_1 - z_2 = 0$. Desta forma, $x_1 = x_2$, $y_1 = y_2$ e $z_1 = z_2$.

Já que um vetor $\bar{R} = x\bar{i} + y\bar{j} + z\bar{k}$ ao mesmo tempo determina e é determinado pelos seus três componentes escalares x, y e z, é costume representar $\bar{R}$ pelo termo ordenado $\langle x, y, z\rangle$ e escrever $\bar{R} = \langle x, y, z\rangle$. Usando esta notação, podemos escrever a solução do último exemplo como

(a) $\langle 2, -3, 1\rangle + \langle 1, 2, 5\rangle = \langle 3, -1, 6\rangle.$
(b) $\langle 2, -3, 1\rangle - \langle 1, 2, 5\rangle = \langle 1, -5, -4\rangle.$
(c) $7\langle 2, -3, 1\rangle = \langle 14, -21, 7\rangle.$
(d) $7\langle 2, -3, 1\rangle - \langle 1, 2, 5\rangle = \langle 13, -23, 2\rangle.$

O leitor pode usar a notação do termo ordenado para vetores do espaço xyz quando lhe parecer conveniente.

O ângulo θ entre dois vetores $\bar{A}$ e $\bar{B}$ no espaço tridimensional é medido juntando-se as extremidades dos dois vetores, de modo que eles estejam sobre o mesmo plano (Fig. 1), e depois medindo o ângulo como de costume. O produto escalar de $\bar{A}$ e $\bar{B}$ é definido, assim como para vetores no plano, por $\bar{A} \cdot \bar{B} = |\bar{A}||\bar{B}|\cos\theta$, onde $|\bar{A}|$ e $|\bar{B}|$ significam os comprimentos (magnitudes) de

$\bar{A}$ e $\bar{B}$, respectivamente.

As propriedades básicas do produto escalar no espaço tridimensional são estabelecidas usando-se exatamente os mesmos argumentos dos vetores no plano.

Propriedades básicas do produto escalar no espaço

Se $\bar{A}$, $\bar{B}$ e $\bar{C}$ são vetores no espaço tridimensional e s é um escalar, então

1 $\bar{A} \cdot \bar{B} = \bar{B} \cdot \bar{A}$.

2 $(\bar{A} + \bar{B}) \cdot \bar{C} = \bar{A} \cdot \bar{C} + \bar{B} \cdot \bar{C}$.

3 $(s\bar{A}) \cdot \bar{B} = s(\bar{A} \cdot \bar{B}) = \bar{A} \cdot (s\bar{B})$.

4 $\bar{A} \cdot \bar{A} = |\bar{A}|^2 \geq 0$.

5 Se $\bar{A} \cdot \bar{A} = 0$, então $\bar{A} = \bar{0}$.

6 $\bar{A} \cdot \bar{B} = 0$ se e somente se $\bar{A}$ e $\bar{B}$ forem perpendiculares.

Além disso, no espaço xyz, temos

7 $\vec{i} \cdot \vec{i} = \vec{j} \cdot \vec{j} = \bar{k} \cdot \bar{k} = 1$.

8 $\vec{i} \cdot \vec{j} = \vec{i} \cdot \bar{k} = \vec{j} \cdot \bar{k} = 0$.

As propriedades 7 e 8 decorrem do fato de $\vec{i}, \vec{j}$ e $\bar{k}$ serem vetores unitários e mutuamente perpendiculares.

O teorema seguinte é importante e é o análogo para o espaço xyz do Teorema 1 da Seção 3.2 do Cap. 14.

TEOREMA 2   **Produto escalar de vetores no espaço xyz**

Seja $\bar{A} = a\vec{i} + b\vec{j} + c\bar{k}$ e $\bar{B} = x\vec{i} + y\vec{j} + z\bar{k}$. Então

$$\bar{A} \cdot \bar{B} = ax + by + cz.$$

A prova do Teorema 2 é feita simplesmente expandindo-se o produto escalar $(a\vec{i} + b\vec{j} + c\bar{k}) \cdot (x\vec{i} + y\vec{j} + z\bar{k})$ e usando-se as propriedades 7 e 8 (problema 54). Uma conseqüência imediata do Teorema 2 é que se $\bar{B} = x\vec{i} + y\vec{j} + z\bar{k}$ então $\bar{B} \cdot \bar{B} = x^2 + y^2 + z^2$; como $|\bar{B}| = \sqrt{\bar{B} \cdot \bar{B}}$, pela Propriedade 4, temos a seguinte fórmula para o comprimento de um vetor no espaço xyz:

Se $\bar{B} = x\vec{i} + y\vec{j} + z\bar{k}$, então $|\bar{B}| = \sqrt{x^2 + y^2 + z^2}$.

EXEMPLO   Seja $\bar{A} = 3\vec{i} - 2\vec{j} + \bar{k}$ e $\bar{B} = 2\vec{i} + 5\vec{j} - 2\bar{k}$. Ache (a) $\bar{A} \cdot \bar{B}$, (b) $|\bar{A}|$,

e (c) $|\bar{A} - \bar{B}|$.

SOLUÇÃO

(a) $\bar{A} \cdot \bar{B} = (3)(2) + (-2)(5) + (1)(-2) = -6$.

(b) $|\bar{A}| = \sqrt{3^2 + (-2)^2 + 1^2} = \sqrt{14}$.

(c) $|\bar{A} - \bar{B}| = |\vec{i} - 7\vec{j} + 3\bar{k}| = \sqrt{1^2 + (-7)^2 + 3^2} = \sqrt{59}$.

Suponha que θ é o ângulo entre dois vetores $\bar{A}$ e $\bar{B}$ no espaço tridimensional. Então, desde que $\bar{A} \cdot \bar{B} = |\bar{A}| \, |\bar{B}| \cos \theta$, temos

$$\cos \theta = \frac{\bar{A} \cdot \bar{B}}{|\bar{A}| \, |\bar{B}|}.$$

Esta fórmula nos capacita a achar o co-seno de θ e, em seguida o ângulo θ, em termos do produto escalar.

EXEMPLO Ache o ângulo θ entre $\vec{A} = 2\vec{i} - 3\vec{j} + \vec{k}$ e $\vec{B} = \vec{i} + 2\vec{j} + 5\vec{k}$.

SOLUÇÃO

$$\cos \theta = \frac{\vec{A} \cdot \vec{B}}{|\vec{A}||\vec{B}|} = \frac{(2)(1) + (-3)(2) + (1)(5)}{\sqrt{2^2 + (-3)^2 + 1^2}\sqrt{1^2 + 2^2 + 5^2}} = \frac{1}{2\sqrt{105}};$$

logo,

$$\theta = \cos^{-1} \frac{1}{2\sqrt{105}} \approx \cos^{-1} 0{,}0488 \approx 87{,}2°.$$

2.1 Distância entre pontos no espaço

Podemos usar agora os vetores para deduzir a fórmula da distância entre dois pontos $P = (x, y, z)$ e $Q = (a, b, c)$ no espaço xyz (Fig. 5). No caso,

$$\overrightarrow{OP} = xi + yj + z\vec{k}, \overrightarrow{OQ} = ai + bj + c\vec{k},$$

daí

$$\overrightarrow{PQ} = \overrightarrow{OQ} - \overrightarrow{OP} = (a - x)i + (b - y)j + (c - z)\vec{k}.$$

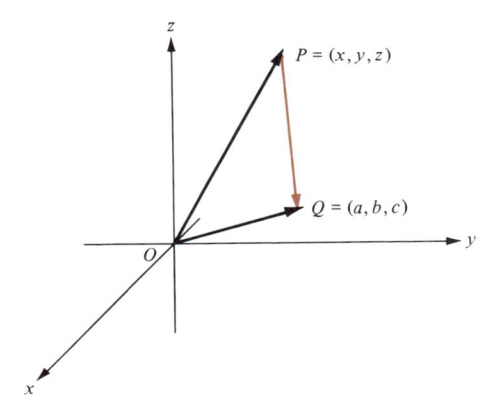

Fig. 5

Assim, os componentes escalares do vetor $\overrightarrow{PQ}$ no espaço xyz são as diferenças das coordenadas de Q e as coordenadas correspondentes de P. Conseqüentemente, a distância entre os pontos P e Q é

$$|\overrightarrow{PQ}| = |\overrightarrow{PQ}| = \sqrt{(a - x)^2 + (b - y)^2 + (c - z)^2}.$$

EXEMPLO Se $P = (2, 3, -2)$ e $Q = (-1, 1, 5)$ ache (a) os componentes escalares de $\overrightarrow{PQ}$ e (b) a distância entre P e Q.

SOLUÇÃO

(a) $\overrightarrow{PQ} = [(-1) - 2]i + [1 - 3]j + [5 - (-2)]\vec{k} = -3i - 2j + 7\vec{k}.$

(b) Usando a fórmula da distância acima, temos

$$|\overrightarrow{PQ}| = \sqrt{[(-1) - 2]^2 + [1 - 3]^2 + [5 - (-2)]^2} = \sqrt{62} \text{ unidades.}$$

2.2 Co-senos diretores de um vetor

Considere um vetor $\bar{A}$, não-nulo no espaço xyz. Mova $\bar{A}$, se necessário, de modo que sua extremidade coincida com a origem O, e sejam α, β e γ os ângulos entre $\bar{A}$ e os eixos positivos x, y e z, respectivamente (Fig. 6). Os ângulos α, β e γ que são os mesmos entre $\bar{A}$ e os vetores unitários $\bar{i}$, $\bar{j}$ e $\bar{k}$, respectivamente, são chamados *ângulos diretores* do vetor $\bar{A}$. Os co-senos dos três ângulos diretores são chamados *co-senos diretores* do vetor $\bar{A}$ e são dados pelas fórmulas

$$\cos \alpha = \frac{\bar{A} \cdot \bar{i}}{|\bar{A}|}, \quad \cos \beta = \frac{\bar{A} \cdot \bar{j}}{|\bar{A}|}, \quad e \quad \cos \gamma = \frac{\bar{A} \cdot \bar{k}}{|\bar{A}|}$$

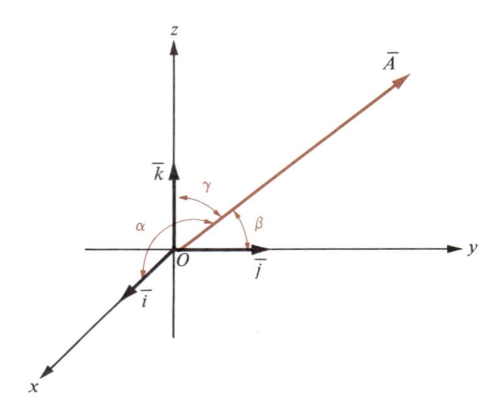

Fig. 6

(problema 30)

Agora, suponha que $\bar{A} = a\bar{i} + b\bar{j} + c\bar{k}$, então

$$\bar{A} \cdot \bar{i} = a, \quad \bar{A} \cdot \bar{j} = b, \quad \bar{A} \cdot \bar{k} = c,$$

e

$$|\bar{A}| = \sqrt{a^2 + b^2 + c^2}.$$

Então,

$$\cos \alpha = \frac{a}{\sqrt{a^2 + b^2 + c^2}}, \quad \cos \beta = \frac{b}{\sqrt{a^2 + b^2 + c^2}},$$

e

$$\cos \gamma = \frac{c}{\sqrt{a^2 + b^2 + c^2}}.$$

Observe que

$$(\cos \alpha)\bar{i} + (\cos \beta)\bar{j} + (\cos \gamma)\bar{k} = \frac{1}{\sqrt{a^2 + b^2 + c^2}} (a\bar{i} + b\bar{j} + c\bar{k}) = \frac{\bar{A}}{|\bar{A}|},$$

logo, os co-senos diretores de um vetor $\bar{A}$ não-nulo são os componentes escalares de vetor unitário $\dfrac{\bar{A}}{|\bar{A}|}$ na mesma direção de $\bar{A}$. Desde que $(\cos \alpha)\bar{i} + (\cos \beta)\bar{j} + (\cos \gamma)\bar{k}$ seja um vetor unitário, segue-se que

$$\cos^2 \alpha + \cos^2 \beta + \cos^2 \gamma = 1;$$

isto é, a soma dos quadrados dos co-senos diretores de um vetor não-nulo é sempre igual a 1 (problema 39).

EXEMPLO 1 Ache os ângulos diretores de $\bar{A} = 2\bar{i} - \bar{j} + 3\bar{k}$.

SOLUÇÃO

$$\cos \alpha = \frac{2}{\sqrt{4 + 1 + 9}} = \frac{2}{\sqrt{14}}, \qquad \cos \beta = \frac{-1}{\sqrt{14}}, \qquad e \qquad \cos \gamma = \frac{3}{\sqrt{14}};$$

logo,

$$\alpha = \cos^{-1} \frac{2}{\sqrt{14}} \approx 57{,}69°, \qquad \beta = \cos^{-1} \frac{-1}{\sqrt{14}} \approx 105{,}50°,$$

e

$$\gamma = \cos^{-1} \frac{3}{\sqrt{14}} \approx 36{,}70°.$$

2 Sejam $P = (-1, 2, 3)$ e $Q = (-3, 3, 5)$. Ache os co-senos diretores do vetor $\bar{A} = \overrightarrow{PQ}$ e verifique que a soma dos quadrados dos seus co-senos diretores é igual a 1.

SOLUÇÃO

$$\bar{A} = \overrightarrow{PQ} = (-3 + 1)\bar{i} + (3 - 2)\bar{j} + (5 - 3)\bar{k} = -2\bar{i} + \bar{j} + 2\bar{k};\ \text{logo,}$$

$$|\bar{A}| = \sqrt{(-2)^2 + 1^2 + 2^2} = \sqrt{9} = 3 \qquad e \qquad \frac{\bar{A}}{|\bar{A}|} = -\frac{2}{3}\bar{i} + \frac{1}{3}\bar{j} + \frac{2}{3}\bar{k}.$$

Logo, os co-senos diretores são $\cos \alpha = -\frac{2}{3}$, $\cos \beta = \frac{1}{3}$, e $\cos \gamma = \frac{2}{3}$,

e $\cos^2 \alpha + \cos^2 \beta + \cos^2 \gamma = (-\frac{2}{3})^2 + (\frac{1}{3})^2 + (\frac{2}{3})^2 = \frac{4}{9} + \frac{1}{9} + \frac{4}{9} = 1$.

Conjunto de Problemas 2

Nos problemas 1 a 25, suponha que $\bar{A} = 3\bar{i} + \bar{j} - 4\bar{k}$, $\bar{B} = 4\bar{i} + \bar{j} - \bar{k}$, $\bar{C} = 2\bar{i} - 5\bar{j} + 4\bar{k}$, $\bar{D} = -2\bar{i} + \bar{j} + 7\bar{k}$, e $\bar{E} = 2\bar{i} + \bar{j} - \bar{k}$ são vetores no espaço. Calcule cada uma das expressões.

1 $\bar{A} + \bar{B}$

2 $3\bar{A} + 2\bar{B}$

3 $3\bar{C} - 2\bar{D}$

4 $\bar{C} - \bar{B} + 2\bar{E}$

5 $4\bar{B} + 5\bar{E} - \bar{D} + 2\bar{A}$

6 $\frac{1}{3}(\bar{A} + \bar{B} - \bar{C} + \bar{D} - \bar{E})$

7 $|\bar{B}|\bar{A} - |\bar{A}|\bar{B}$

8 $\left|\dfrac{\bar{B}}{|\bar{B}|}\right| + 3\left|\dfrac{\bar{A}}{|\bar{A}|}\right|$

9 $|2\bar{A} + 5\bar{C}|$

10 $2|\bar{A}| + 5|\bar{C}|$

11 $\bar{A} \cdot \bar{B}$

12 $\bar{A} \cdot (-\bar{C}) + \bar{A} \cdot \bar{E}$

13 $\bar{A} \cdot (\bar{B} + \bar{C} - \bar{D} + \bar{E})$

14 $(\bar{A} \cdot \bar{B})\bar{C} - (\bar{A} \cdot \bar{C})\bar{B}$

15 $(2\bar{A} + \bar{E}) \cdot (\bar{A} - \bar{C})$

16 $(\bar{A} - \frac{1}{2}\bar{B} + \bar{C}) \cdot (\bar{E} - \frac{1}{3}\bar{D})$

17 $(\bar{C} \cdot \bar{B})\bar{E} - (\bar{C} \cdot \bar{A})\bar{B}$

18 $(\bar{A} - \bar{B}) \cdot (\bar{A} + \bar{B})$

19 O ângulo θ_1 entre $\bar{A}$ e $\bar{B}$
20 O ângulo θ_2 entre $\bar{A}$ e $\bar{B} - \bar{A}$
21 O ângulo θ_3 entre $\bar{A} - \bar{B}$ e $\bar{A} + \bar{B}$
22 Os co-senos diretores de $\bar{A}$
23 Os co-senos diretores de $\bar{B}$
24 Os ângulos diretores de $\bar{A} + \bar{B}$
25 Os ângulos diretores de $\bar{A} - \bar{B}$

26 Ache um ponto $D = (x, y, z)$ tal que $\overrightarrow{AB} = \overrightarrow{CD}$ se:

(a) $A = (1, 2, 3)$, $B = (7, 6, 5)$, $C = (4, 5, 6)$.
(b) $A = (0, -1, 7)$, $B = (16, -3, 5)$, $C = (-8, -1, -2)$

Nos problemas 27 a 29, ache a distância entre os pares de pontos P_1 e P_2.

27 $P_1 = (7, -1, 4)$; $P_2 = (8, 1, 6)$ **28** $P_1 = (1, 1, 5)$; $P_2 = (1, -2, 3)$ **29** $P_1 = (2, 3, -3)$; $P_2 = (2, 1, -2)$

30 Verifique as fórmulas dadas na Seção 2.2 para os co-senos diretores de um vetor não-nulo $\bar{A}$.

Nos problemas 31 a 33, ache os co-senos diretores do vetor $\bar{A} = \overrightarrow{QP}$.

31 $P = (6, -1, -2)$ e $Q = (4, 9, 9)$ **32** $P = (3, 8, 1)$ e $Q = (1, 2, 10)$ **33** $P = (9, 1, -7)$ e $Q = (1, 0, -1)$

34 Nos problemas 31, 32 e 33, escreva o vetor $\overrightarrow{QP}$ na notação de termo ordenado $\langle x, y, z \rangle$.

Nos problemas 35 a 38, determine quando α, β e γ poderiam possivelmente ser os ângulos diretores do vetor $\bar{A}$.

35 $\alpha = 90°$, $\beta = 135°$, $\gamma = 45°$ **36** $\alpha = 2\pi/3$, $\beta = 3\pi/4$, $\gamma = \pi/3$

37 $\alpha = \pi/3$, $\beta = \pi/6$, $\gamma = \pi/4$ **38** $\alpha = 120°$, $\beta = 45°$, $\gamma = 60°$

39 Prove que a soma dos quadrados dos co-senos diretores de um vetor não-nulo é 1.
40 Se $\alpha = \pi/3$ e $\beta = \pi/3$ são dois ângulos diretores de um vetor $\bar{A}$, ache os possíveis valores para o terceiro ângulo diretor γ.
41 Mostre que um vetor não-nulo $\bar{A}$, no espaço, é completamente determinado por seu comprimento l e seus três co-senos diretores: $\cos \alpha$, $\cos \beta$ e $\cos \gamma$. (*Sugestão:*

Mostre que o vetor $\bar{A} = (l \cos \alpha)\bar{i} + (l \cos \beta)\bar{j} + (l \cos \gamma)\bar{k}$.]

42 Mostre que $\bar{A} = 7\bar{i} + 2\bar{j} - 10\bar{k}$, $\bar{B} = 4\bar{i} - 6\bar{j} + 5\bar{k}$, e $\bar{C} = 3\bar{i} - 2\bar{j} - 3\bar{k}$ são vetores posição dos vértices de um triângulo isósceles.
43 Use o produto escalar para determinar quando o triângulo cujos vértices são os pontos $(1, 7, 2)$, $(0, 7, -2)$, e $(-1, 6, 1)$ será um triângulo retângulo.
44 Dê uma interpretação geométrica da "média" $(\bar{A} + \bar{B})/2$ de dois vetores $\bar{A}$ e $\bar{B}$.
45 Seja $\bar{A} = \overrightarrow{PQ}$ onde $P = (-1, 2, -3)$ e $Q = (11, 11, 3)$. Ache um ponto $S = (x, y, z)$ tal que $\overrightarrow{PS} = 2\bar{A}$.
46 (a) Sejam $\bar{A}$ e $\bar{B}$ vetores no espaço tridimensional. Mostre que a *projeção escalar*

de $\bar{B}$ sobre $\bar{A}$ é dada por $\dfrac{\bar{A} \cdot \bar{B}}{|\bar{A}|}$.

(b) Sejam $\bar{A} = 6\bar{i} - 3\bar{j} + 2\bar{k}$ e $\bar{B} = 2\bar{i} - \bar{j} + \bar{k}$. Ache a projeção escalar de $\bar{B}$ sobre $\bar{A}$.
47 Se $\bar{A}$ é um vetor qualquer no espaço, mostre que

$$\bar{A} = (\bar{A} \cdot \bar{i})\bar{i} + (\bar{A} \cdot \bar{j})\bar{j} + (\bar{A} \cdot \bar{k})\bar{k}.$$

(*Sugestão:* comece escrevendo $\bar{A}$ como $\bar{A} = x\bar{i} + y\bar{j} + z\bar{k}$. Faça então o produto escalar em ambos os lados da equação com $\bar{i}$, com $\bar{j}$ e com $\bar{k}$.)
48 Mostre que $\bar{D} = (\bar{B} \cdot \bar{B})\bar{A} - (\bar{A} \cdot \bar{B})\bar{B}$ é perpendicular a $\bar{B}$.
49 Os vetores $\bar{A} = \langle 1, 1, 0 \rangle$, $\bar{B} = \langle 2, -1, 0 \rangle$ e $\bar{C} = \langle 1, 1, 1 \rangle$ são coplanares? Explique.
50 Mostre que três vetores são coplanares se e somente se um deles pode ser expresso como uma combinação linear dos outros dois.
51 Os vetores $\bar{A} = 2\bar{i} - 3\bar{j} + 5\bar{k}$, $\bar{B} = 3\bar{i} + \bar{j} - 2\bar{k}$, e $\bar{C} = \bar{i} - 7\bar{j} + 12\bar{k}$ são linearmente independentes? Explique.
52 Prove o Teorema 1.
53 Suponha que $\bar{A}$, $\bar{B}$ e $\bar{C}$ sejam vetores linearmente independentes e que $x\bar{A} + y\bar{V} + z\bar{C} = a\bar{A} + b\bar{B} + c\bar{C}$. Prove que $x = a$, $y = b$ e $z = c$.
54 Prove o Teorema 2.
55 Se $\bar{A} = \langle x_1, y_1, z_1 \rangle$ e $\bar{B} = \langle x_2, y_2, z_2 \rangle$, ache as fórmulas para (a) $\bar{A} \cdot \bar{B}$, (b) $|\bar{A}|$ e (c) os co-senos diretores de $\bar{A}$.
56 Em que condições $|\bar{A} + \bar{B}| = |\bar{A}| + |\bar{B}|$ é verdadeiro?

3 Produto Vetorial e Produto Misto de Vetores no Espaço

Nesta seção estudamos e definimos um produto que é útil para vetores no espaço tridimensional mas não o é para vetores no plano. Este produto é chamado de *produto vetorial (produto externo* ou *produto transversal)*. Combinando o produto escalar com o produto vetorial, obtemos o *produto misto* (ou *determinante*) de três vetores no espaço.

O produto vetorial de dois vetores no espaço é definido por um *vetor* com um certo comprimento e direção. Para especificar a direção do produto vetorial de dois vetores, precisamos do seguinte conceito: três vetores linearmente independentes $\bar{A}$, $\bar{B}$ e $\bar{C}$ formam uma *trinca destrógira* na ordem $\bar{A}$, $\bar{B}$, $\bar{C}$ se os dedos polegar, indicador e médio da mão direita (mantidos na posição "natural" puderem ser alinhados simultaneamente com $\bar{A}$, $\bar{B}$ e $\bar{C}$, respectivamente (Fig. 1). Por exemplo, os vetores da base canônica na ordem $\bar{i}, \bar{j}$ e $\bar{k}$ formam uma trinca destrógira, mas na ordem $\bar{j}, \bar{i}, \bar{k}$ não o fazem. (Por quê?)

Podemos agora dar a definição de produto vetorial.

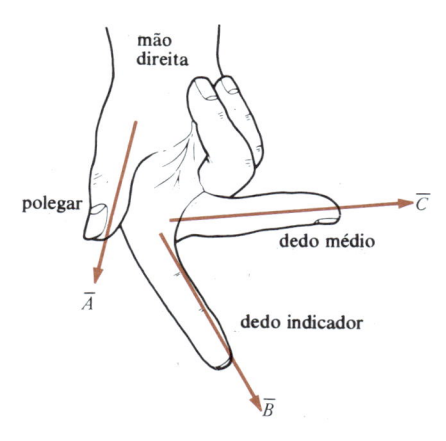

Fig. 1

DEFINIÇÃO 1   **Produto vetorial**

Sejam $\bar{A}$ e $\bar{B}$ dois vetores não-paralelos no espaço tridimensional. Então, o produto vetorial de $\bar{A}$ e $\bar{B}$, representado por $\bar{A} \times \bar{B}$, é o vetor cujo comprimento é numericamente igual à área do paralelogramo gerado por $\bar{A}$ e $\bar{B}$ e cuja direção é perpendicular simultaneamente a $\bar{A}$ e $\bar{B}$ de tal forma que $\bar{A}$, $\bar{B}$ e $\bar{A} \times \bar{B}$ seja uma trinca destrógira (Fig. 2).

Naturalmente, se $\bar{A}$ e $\bar{B}$ são vetores paralelos, definimos $\bar{A} \times \bar{B} = \bar{0}$.

Por exemplo, os dois vetores unitários perpendiculares $\bar{i}$ e $\bar{j}$ geram um quadrado de área unitária: logo, $\bar{i} \times \bar{j}$ é um vetor unitário perpendicular simultaneamente a $\bar{i}$ e a $\bar{j}$; de modo que $\bar{i}, \bar{j}, \bar{i} \times \bar{j}$ seja uma trinca destrógira (Fig. 3). Assim, $\bar{i} \times \bar{j} = \bar{k}$. Da mesma forma que $\bar{j} \times \bar{k} = \bar{i}$ e $\bar{k} \times \bar{i} = \bar{j}$. Como $\bar{i}$ é paralelo a si mesmo, temos que $\bar{i} \times \bar{i} = \bar{0}$. Da mesma forma que $\bar{j} \times \bar{j} = \bar{0}$ e $\bar{k} \times \bar{k} = \bar{0}$.

Para achar $\bar{j} \times \bar{i}$, procedemos exatamente como acima, porém devemos colocar o polegar direito na direção de $\bar{j}$ e o indicador na direção de $\bar{i}$. Em seguida, nosso dedo médio aponta *para baixo*, de modo que $\bar{j} \times \bar{i} = -\bar{k}$. Da mesma forma que $\bar{i} \times \bar{k} = -\bar{j}$ e $\bar{k} \times \bar{j} = -\bar{i}$.

Calculando os produtos vetoriais dos vetores $\bar{i}, \bar{j}, \bar{k}$, utilizamos um

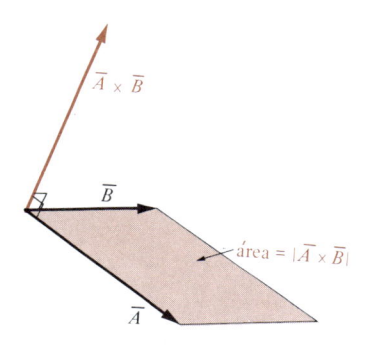

Fig. 2

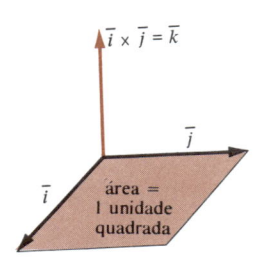

Fig. 3

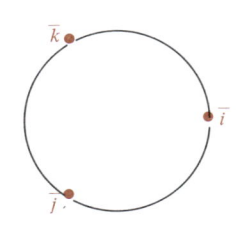

Fig. 4

processo útil que facilita a memorização.

Considere a Fig. 4, onde temos $\bar{i}, \bar{j}$ e $\bar{k}$ como pontos num arco de uma roda. Se, ao escolher dois desses pontos sucessivamente, girarmos no *sentido dos ponteiros do relógio*, o produto vetorial dos dois pontos escolhidos é o ponto restante; se girarmos no *sentido inverso dos ponteiros do relógio*, é o valor negativo do ponto restante. Por exemplo, ao movermos de $\bar{k}$ para $\bar{j}$, giramos no sentido inverso dos ponteiros do relógio; logo, $\bar{k} \times \bar{j} = -\bar{i}$.

A condição que $\bar{A}, \bar{B}, \bar{A} \times \bar{B}$ é uma trinca destrógira, pode ser reformulada de várias maneiras equivalentes. Por exemplo, um parafuso de rosca para direita, que gira no menor ângulo de $\bar{A}$ para $\bar{B}$, avança na direção $\bar{A} \times \bar{B}$. De mesma forma, se o paralelogramo gerado por $\bar{A}$ e $\bar{B}$ é visto de cima de $\bar{A} \times \bar{B}$, temos que o ângulo θ, de $\bar{A}$ para $\bar{B}$, é obtido por uma rotação no sentido inverso dos ponteiros do relógio (Fig. 5). (Veja também o problema 35.)

Observe que o sentido do produto vetorial é invertido quando os dois fatores são permutados; isto é,

$$\bar{B} \times \bar{A} = -(\bar{A} \times \bar{B}).$$

Fig. 5

Logo, *o produto vetorial não é uma operação comutativa*. Conseqüentemente, ao calcular os produtos vetoriais, devemos estar atentos à *ordem* em que os vetores são multiplicados.

Se s for um escalar positivo, então $s\bar{A}$ tem a mesma direção de $\bar{A}$, porém é s vezes maior. Com isso, o paralelogramo gerado por $s\bar{A}$ e $\bar{B}$ tem uma área s vezes maior que a área gerada por $\bar{A}$ e $\bar{B}$; isto é,

$$|(s\bar{A}) \times \bar{B}| = s|\bar{A} \times \bar{B}| \qquad \text{para } s > 0.$$

Obviamente, a direção de $(s\bar{A}) \times \bar{B}$ é a mesma que a direção de $\bar{A} \times \bar{B}$ (por quê?), portanto,

$$(s\bar{A}) \times \bar{B} = s(\bar{A} \times \bar{B}).$$

Deixamos que o leitor dê um argumento geométrico simples mostrando que a última equação ainda é válida quando s não for positivo (problema 37). Considerações semelhantes mostram que

$$\bar{A} \times (t\bar{B}) = t(\bar{A} \times \bar{B}).$$

Colocando s ou t igual a -1 resulta

$$(-\bar{A}) \times B = -(\bar{A} \times \bar{B}) = \bar{A} \times (-\bar{B}).$$

3.1 O produto misto

O produto vetorial $\bar{A} \times \bar{B}$ de vetores $\bar{A}$ e $\bar{B}$ é um vetor e, portanto, é possível se formar o seu produto escalar $(\bar{A} \times \bar{B}) \cdot \bar{C}$ com um terceiro vetor $\bar{C}$. O escalar $(\bar{A} \times \bar{B}) \cdot \bar{C}$ é chamado de *produto misto (triplo produto escalar* ou *determinante)* dos vetores $\bar{A}$, $\bar{B}$ e $\bar{C}$. Suponha que $\bar{A}$, $\bar{B}$, $\bar{C}$ seja uma trinca destrógira. Observe que $\bar{A}$, $\bar{B}$ e $\bar{C}$ formam três arestas adjacentes de uma "caixa", cujas seis faces são um paralelogramo e cujos pares opostos de faces são paralelos e congruentes (Fig. 6). Esta caixa é chamada de *paralelepípedo,* e seu volume V é dado pela área $|\bar{A} \times \bar{B}|$ de sua base vezes a sua altura h. Se θ é o ângulo entre $\bar{C}$ e $\bar{A} \times \bar{B}$, então $h = |\bar{C}| \cos \theta$, e pela definição de produto escalar

$$V = |\bar{A} \times \bar{B}|h = |\bar{A} \times \bar{B}||\bar{C}| \cos \theta = (\bar{A} \times \bar{B}) \cdot \bar{C}.$$

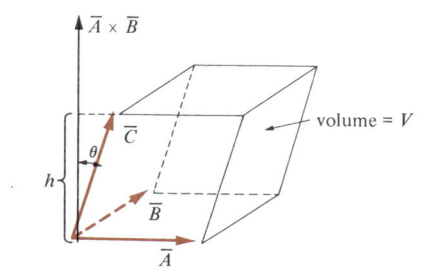

Fig. 6

Logo, o produto misto $(\bar{A} \times \bar{B}) \cdot \bar{C}$ representa o volume da caixa (Fig. 6) gerada por $\bar{A}$, $\bar{B}$ e $\bar{C}$.

Se $\bar{A}$, $\bar{B}$ e $\bar{C}$ são vetores linearmente independentes que não formam uma trinca destrógira $\bar{A}$, $\bar{B}$ e $\bar{C}$ dizemos que eles formam uma *trinca levógira* (destro: direita, levo: esquerda). Se $\bar{A}$, $\bar{B}$ e $\bar{C}$ é uma trinca levógira, é fácil observar que $\bar{B}$, $\bar{A}$, $\bar{C}$ é uma trinca destrógira (problema 7); logo, se V é o volume da caixa gerada por $\bar{B}$, $\bar{A}$ e $\bar{C}$, temos que

$$(\bar{A} \times \bar{B}) \cdot \bar{C} = [-(\bar{B} \times \bar{A})] \cdot \bar{C} = -[(\bar{B} \times \bar{A}) \cdot \bar{C}] = -V.$$

Portanto, concluímos pelas considerações feitas acima que o volume V da caixa (paralelepípedo) gerada pelos três vetores linearmente independentes $\bar{A}$, $\bar{B}$ e $\bar{C}$ é dado por

$$V = \pm (\bar{A} \times \bar{B}) \cdot \bar{C},$$

onde os sinais positivo e negativo são usados de tal forma que a trinca $\bar{A}$, $\bar{B}$, $\bar{C}$ seja destrógira ou levógira, respectivamente.

Se $\bar{A}$, $\bar{B}$, $\bar{C}$ é uma trinca destrógira (como na Fig. 6), então — como pode ser visto facilmente — $\bar{B}$, $\bar{C}$, $\bar{A}$ é também uma trinca destrógira. Assim, como o volume V da caixa gerada pelos três vetores é o mesmo, indiferente à face que for escolhida como base, devemos ter

$$V = -(\bar{B} \times \bar{C}) \cdot \bar{A} = -(\bar{A} \times \bar{B}) \cdot \bar{C}.$$

Igualmente, se $\bar{A}$, $\bar{B}$, $\bar{C}$ é uma trinca levógira, temos

$$V = (\bar{B} \times \bar{C}) \cdot \bar{A} = (\bar{A} \times \bar{B}) \cdot \bar{C}.$$

E em qualquer caso,

$$(\bar{B} \times \bar{C}) \cdot \bar{A} = (\bar{A} \times \bar{B}) \cdot \bar{C}.$$

como $(\bar{B} \times \bar{C}) \cdot \bar{A} = \bar{A} \cdot (\bar{B} \times \bar{C})$, a última equação por ser escrita como

$$\bar{A} \cdot (\bar{B} \times \bar{C}) = (\bar{A} \times \bar{B}) \ \bar{C};$$

isto é, no produto misto o produto escalar e o produto vetorial podem ser trocados, mantendo-se os três vetores na mesma ordem.

3.2 A lei distributiva e a fórmula do produto vetorial

Embora a discussão anterior descreva o produto vetorial $\bar{A} \times \bar{B}$ geometricamente e o relacione com o volume de um paralelepípedo, isso não mostra como $\bar{A} \times \bar{B}$ pode ser achado diretamente por $\bar{A}$ e $\bar{B}$ quando $\bar{A}$ e $\bar{B}$ são dados por seus componentes. Uma "fórmula do produto vetorial" que dê os componentes de $\bar{A} \times \bar{B}$ em termos dos componentes de $\bar{A}$ e $\bar{B}$ pode ser deduzida com base no seguinte teorema:

TEOREMA 1   **Lei distributiva para o produto vetorial**

Para quaisquer três vetores, $\bar{A}$, $\bar{B}$ e $\bar{C}$ no espaço tridimensional,

$$\bar{A} \times (\bar{B} + \bar{C}) = (\bar{A} \times \bar{B}) + (\bar{A} \times \bar{C}).$$

PROVA
Seja $\bar{D} = \bar{A} \times (\bar{B} + \bar{C}) - (\bar{A} \times \bar{B}) - (\bar{A} \times \bar{C})$, e observe que é suficiente provar que $\bar{D} = \bar{0}$. Fazemos isto mostrando que $\bar{D} \cdot \bar{D} = |\bar{D}|^2 = 0$. Assim temos

$$\begin{aligned} \bar{D} \cdot \bar{D} &= \bar{D} \cdot [\bar{A} \times (\bar{B} + \bar{C}) - (\bar{A} \times \bar{B}) - (\bar{A} \times \bar{C})] \\ &= \bar{D} \cdot [\bar{A} \times (\bar{B} + \bar{C})] - \bar{D} \cdot (\bar{A} \times \bar{B}) - \bar{D} \cdot (\bar{A} \times \bar{C}). \end{aligned}$$

Trocando o produto escalar com o produto vetorial nos três produtos mistos, obtemos

$$\begin{aligned} \bar{D} \cdot \bar{D} &= (\bar{D} \times \bar{A}) \cdot (\bar{B} + \bar{C}) - (\bar{D} \times \bar{A}) \cdot \bar{B} - (\bar{D} \times \bar{A}) \cdot \bar{C} \\ &= (\bar{D} \times \bar{A}) \cdot \bar{B} + (\bar{D} \times \bar{A}) \cdot \bar{C} - (\bar{D} \times \bar{A}) \cdot \bar{B} - (\bar{D} \times \bar{A}) \cdot \bar{C} = 0, \end{aligned}$$

e a prova está terminada.

Naturalmente, a lei distributiva para o produto vetorial se estende para três ou mais parcelas; por exemplo

$$\bar{A} \times (\bar{B} + \bar{C} + \bar{D}) = [\bar{A} \times (\bar{B} + \bar{C})] + (\bar{A} \times \bar{D}) = (\bar{A} \times \bar{B}) + (\bar{A} \times \bar{C}) + (\bar{A} \times \bar{D}).$$

A lei distributiva também é válida "para a direita"; por exemplo,

$$\begin{aligned} (\bar{A} + \bar{B}) \times \bar{C} &= -[\bar{C} \times (\bar{A} + \bar{B})] = -[(\bar{C} \times \bar{A}) + (\bar{C} \times \bar{B})] \\ &= -(\bar{C} \times \bar{A}) - (\bar{C} \times \bar{B}) = (\bar{A} \times \bar{C}) + (\bar{B} \times \bar{C}). \end{aligned}$$

TEOREMA 2   **A fórmula do produto vetorial**

Se $\bar{A} = a_1 i + a_2 j + a_3 \bar{k}$ e $\bar{B} = b_1 i + b_2 j + b_3 \bar{k}$, então

$$\bar{A} \times \bar{B} = (a_2 b_3 - a_3 b_2) i - (a_1 b_3 - a_3 b_1) j + (a_1 b_2 - a_2 b_1) \bar{k}.$$

PROVA
Usando a lei distributiva para o produto vetorial, temos

$$\begin{aligned} \bar{A} \times \bar{B} &= \bar{A} \times (b_1 i + b_2 j + b_3 \bar{k}) = [\bar{A} \times (b_1 i)] + [\bar{A} \times (b_2 j)] + [\bar{A} \times (b_3 \bar{k})] \\ &= b_1 (\bar{A} \times i) + b_2 (\bar{A} \times j) + b_3 (\bar{A} \times \bar{k}). \end{aligned}$$

Aqui,

$$\begin{aligned} \bar{A} \times i &= (a_1 i + a_2 j + a_3 \bar{k}) \times i = [(a_1 i) \times i] + [(a_2 j) \times i] + [(a_3 \bar{k}) \times i] \\ &= a_1 (i \times i) + a_2 (j \times i) + a_3 (\bar{k} \times i) = a_1 \bar{0} + a_2 (-\bar{k}) + a_3 j \\ &= a_3 j - a_2 \bar{k}. \end{aligned}$$

Cálculos análogos nos darão

$$\overline{A} \times j = a_1\overline{k} - a_3 i \quad \text{e} \quad \overline{A} \times \overline{k} = a_2 i - a_1 j.$$

Portanto, substituindo na equação original, temos

$$\begin{aligned}
\overline{A} \times \overline{B} &= b_1(a_3 j - a_2\overline{k}) + b_2(a_1\overline{k} - a_3 i) + b_3(a_2 i - a_1 j) \\
&= b_1 a_3 j - b_1 a_2\overline{k} + b_2 a_1\overline{k} - b_2 a_3 i + b_3 a_2 i - b_3 a_1 j \\
&= (a_2 b_3 - a_3 b_2)i - (a_1 b_3 - a_3 b_1)j + (a_1 b_2 - a_2 b_1)\overline{k}.
\end{aligned}$$

A fórmula do Teorema 2 escrita dessa maneira não é de fácil memorização; porém, usando *determinantes*, ela pode ser reescrita numa forma muito mais simples. Um *determinante* de ordem 2 é definido por

$$\begin{vmatrix} a & b \\ c & d \end{vmatrix} = ad - bc,$$

e um *determinante* de ordem 3 é definido por

$$\begin{vmatrix} a & b & c \\ x & y & z \\ u & v & w \end{vmatrix} = a\begin{vmatrix} y & z \\ v & w \end{vmatrix} - b\begin{vmatrix} x & z \\ u & w \end{vmatrix} + c\begin{vmatrix} x & y \\ u & v \end{vmatrix}.$$

No que se segue achamos conveniente usar uma notação simbólica determinante onde a primeira linha contém vetores em vez de escalares, significando que

$$\begin{vmatrix} i & j & \overline{k} \\ x & y & z \\ u & v & w \end{vmatrix} = \begin{vmatrix} y & z \\ v & w \end{vmatrix}i - \begin{vmatrix} x & z \\ u & w \end{vmatrix}j + \begin{vmatrix} x & y \\ u & v \end{vmatrix}\overline{k}$$

$$= (yw - zv)i - (xw - zu)j + (xv - yu)\overline{k}.$$

Usando a notação de determinantes, podemos agora reescrever a fórmula do produto vetorial na seguinte fórmula, facilmente memorizável: Se $\overline{A} = a_1 i + a_2 j + a_3\overline{k}$ e $\overline{B} = b_1 i + b_2 j + b_3 k$, então

$$\overline{A} \times \overline{B} = \begin{vmatrix} i & j & \overline{k} \\ a_1 & a_2 & a_3 \\ b_1 & b_2 & b_3 \end{vmatrix}.$$

EXEMPLOS   **1** Calcule   (a) $\overline{A} \times \overline{B}$ e   (b) $\overline{B} \times \overline{A}$ se $\overline{A} = 2i + 3j - 4\overline{k}$ e $\overline{B} = 5i - 2j - \overline{k}$.

SOLUÇÃO

(a) $\overline{A} \times \overline{B} = \begin{vmatrix} i & j & \overline{k} \\ 2 & 3 & -4 \\ 5 & -2 & -1 \end{vmatrix} = \begin{vmatrix} 3 & -4 \\ -2 & -1 \end{vmatrix}i - \begin{vmatrix} 2 & -4 \\ 5 & -1 \end{vmatrix}j + \begin{vmatrix} 2 & 3 \\ 5 & -2 \end{vmatrix}\overline{k}$

$\qquad = [(3)(-1) - (-4)(-2)]i - [(2)(-1) - (-4)(5)]j$

$\qquad = + [(2)(-2) - (3)(5)]\overline{k}$

$\qquad = -11i - 18j - 19\overline{k}.$

(b) Como $\overline{B} \times \overline{A} = -(\overline{A} \times \overline{B})$, temos

$$\overline{B} \times \overline{A} = -(-11i - 18j - 19\overline{k}) = 11i + 18j + 19\overline{k}.$$

2 Calcule $\bar{B} \times \bar{A}$ se $\bar{A} = \langle 0,0,1 \rangle$ e $\bar{B} = \langle 1,1,0 \rangle$.

SOLUÇÃO

$$\bar{B} \times \bar{A} = \begin{vmatrix} i & j & \bar{k} \\ 1 & 1 & 0 \\ 0 & 0 & 1 \end{vmatrix} = \begin{vmatrix} 1 & 0 \\ 0 & 1 \end{vmatrix} i - \begin{vmatrix} 1 & 0 \\ 0 & 1 \end{vmatrix} j + \begin{vmatrix} 1 & 1 \\ 0 & 0 \end{vmatrix} \bar{k}$$

$$= i - j + (0)\bar{k} = \langle 1, -1, 0 \rangle.$$

Combinando a fórmula do produto vetorial com a fórmula para calcular produtos escalares, obtemos, no seguinte teorema, a fórmula do produto misto. A prova é deixada como exercício (problema 42).

TEOREMA 3   **A fórmula do produto misto**

Se $\bar{A} = a_1 i + a_2 j + a_3 \bar{k}$, $\bar{B} = b_1 i + b_2 j + b_3 \bar{k}$, e $\bar{C} = c_1 i + c_2 j + c_3 \bar{k}$, então

$$(\bar{A} \times \bar{B}) \cdot \bar{C} = \begin{vmatrix} a_1 & a_2 & a_3 \\ b_1 & b_2 & b_3 \\ c_1 & c_2 & c_3 \end{vmatrix}.$$

EXEMPLOS   Calcule $(\bar{A} \times \bar{B}) \cdot \bar{C}$.

1 $\bar{A} = i + j$, $\bar{B} = 2i - 3j + \bar{k}$, e $\bar{C} = j - 4\bar{k}$.

SOLUÇÃO

$$(\bar{A} \times \bar{B}) \cdot \bar{C} = \begin{vmatrix} 1 & 1 & 0 \\ 2 & -3 & 1 \\ 0 & 1 & -4 \end{vmatrix} = 1 \begin{vmatrix} -3 & 1 \\ 1 & -4 \end{vmatrix} - 1 \begin{vmatrix} 2 & 1 \\ 0 & -4 \end{vmatrix} + 0 \begin{vmatrix} 2 & -3 \\ 0 & 1 \end{vmatrix}$$

$$= 11 - (-8) + 0 = 19.$$

2 $\bar{A} = \langle 1,0,-1 \rangle$, $\bar{B} = \langle 2,1,3 \rangle$, e $\bar{C} = \langle 5,-1,0 \rangle$.

SOLUÇÃO

$$(\bar{A} \times \bar{B}) \cdot \bar{C} = \begin{vmatrix} 1 & 0 & -1 \\ 2 & 1 & 3 \\ 5 & -1 & 0 \end{vmatrix} = 1 \begin{vmatrix} 1 & 3 \\ -1 & 0 \end{vmatrix} - 0 \begin{vmatrix} 2 & 3 \\ 5 & 0 \end{vmatrix} + (-1) \begin{vmatrix} 2 & 1 \\ 5 & -1 \end{vmatrix}$$

$$= 3 - 0 + 7 = 10.$$

Conjunto de Problemas 3

Nos problemas 1 a 6, determine quando cada trinca de vetores é destrógira ou levógira.

1 $i, -j, \bar{k}$ **2** $i, -j, -\bar{k}$ **3** $j, \bar{k}, i$

4 $j, -i, -\bar{k}$ **5** $-i, -j, -\bar{k}$ **6** $i + j, j - i, \bar{k}$

Nos problemas 7 a 10, suponha que $\bar{A}, \bar{B}, \bar{C}$ seja uma trinca levógira. Determine quando cada trinca é destrógira ou levógira.

7 $\bar{B}, \bar{A}, \bar{C}$ **8** $-\bar{A}, \bar{B}, -\bar{C}$ **9** $\bar{C}, \bar{A}, \bar{B}$ **10** $\bar{C}, \bar{B}, \bar{A}$

Nos problemas 11 a 16, encontre cada produto vetorial desenhando uma figura apropriada usando somente fatos geométricos (não use o "processo de memorização" da Fig. 4 e nem a fórmula do produto vetorial).

11 $\bar{i} \times \bar{k}$ **12** $(-\bar{i}) \times \bar{j}$ **13** $\bar{k} \times \bar{i}$

14 $(\bar{i} + \bar{j}) \times (\bar{j} - \bar{i})$ **15** $(-\bar{i}) \times (-\bar{j})$ **16** $(\bar{i} + \bar{j}) \times \bar{k}$

17 Usando o "processo de memorização" da Fig. 4, complete a seguinte tabela de multiplicação de produto vetorial para os vetores unitários $\bar{i}$, $\bar{j}$, $\bar{k}$:

$\times$	$\bar{i}$	$\bar{j}$	$\bar{k}$
$\bar{i}$	$\bar{0}$	$\bar{k}$	?
$\bar{j}$	?	?	$\bar{i}$
$\bar{k}$	?	?	?

18 Usando a tabela do problema 17, calcule (a) $(\bar{i} \times \bar{j}) \times \bar{j}$ e (b) $\bar{i} \times (\bar{j} \times \bar{j})$. A lei associativa vale para o produto vetorial?

Nos problemas 19 a 30, calcule cada produto vetorial.

19 $\bar{A} \times \bar{B}$; $\bar{A} = 4\bar{k}$ e $\bar{B} = 6\bar{j}$ **20** $\bar{C} \times \bar{D}$; $\bar{C} = -2\bar{j}$ e $\bar{D} = 5\bar{k}$

21 $\bar{B} \times \bar{A}$; $\bar{A} = \bar{i}/3$ e $\bar{B} = 9\bar{k}$ **22** $\bar{E} \times \bar{F}$; $\bar{E} = \bar{k}/2$ e $\bar{F} = 3\bar{i}/5$

23 $\bar{A} \times \bar{B}$; $\bar{A} = \bar{i} + \bar{k}$ e $\bar{B} = 2\bar{k}$ **24** $\bar{D} \times \bar{E}$; $\bar{D} = \bar{i} - 2\bar{j}$ e $\bar{E} = 2\bar{k}$

25 $\bar{F} \times \bar{E}$; $\bar{E} = 3\bar{k}$ e $\bar{F} = 2\bar{i} + \bar{j}$ **26** $\bar{C} \times \bar{A}$; $\bar{A} = \bar{k} - 3\bar{j}$ e $\bar{C} = \bar{i} - 2\bar{j}$

27 $\bar{B} \times \bar{C}$; $\bar{B} = \bar{i} + \bar{j} + \bar{k}$ e $\bar{C} = 3\bar{i} - 2\bar{j} + \bar{k}$ **28** $\bar{F} \times \bar{G}$; $\bar{F} = 2\bar{i} - \bar{j} - 3\bar{k}$ e $\bar{G} = 5\bar{j} + 3\bar{k}$

29 $\bar{A} \times \bar{B}$; $\bar{A} = \langle 2, -3, 0 \rangle$ e $\bar{B} = \langle 5, -2, 7 \rangle$ **30** $\bar{B} \times \bar{A}$; $\bar{A} = \langle 1, -1, -2 \rangle$ e $\bar{B} = \langle 3, -4, 1 \rangle$

Nos problemas 31 a 34, calcule o produto misto $(\bar{A} \times \bar{B}) \cdot \bar{C}$.

31 $\bar{A} = \bar{i} + 2\bar{j} - 3k$, $\bar{B} = 5\bar{i} + 7\bar{j} + 4\bar{k}$, $\bar{C} = 2\bar{i} - 3\bar{j} - 6\bar{k}$

32 $\bar{A} = 7\bar{i} - 5\bar{j} + \bar{k}$, $\bar{B} = 2\bar{i} - 4\bar{j} + 6\bar{k}$, $\bar{C} = \bar{i} + \bar{k}$

33 $\bar{A} = \langle 1, 1, 1 \rangle$, $\bar{B} = \langle -1, 3, 2 \rangle$, $\bar{C} = \langle 7, -9, 4 \rangle$

34 $\bar{A} = \langle 1, -1, 0 \rangle$, $\bar{B} = \langle 0, -1, 1 \rangle$, $\bar{C} = \langle -1, 0, 1 \rangle$

35 Se segurarmos o vetor $\bar{A} \times \bar{B}$ com a mão direita de modo que os dedos se fechem no sentido do ângulo de $\bar{A}$ para $\bar{B}$ e o dedo polegar situar-se ao longo da direção do vetor $\bar{A} \times \bar{B}$ (apontando para fora de nosso pulso), o polegar irá apontar na mesma direção do vetor $\bar{A} \times \bar{B}$ ou na direção oposta?

36 Se $\bar{A}$ é perpendicular a $\bar{B}$, explique por que $|\bar{A} \times \bar{B}| = |\bar{A}| \, |\bar{B}|$.

37 Mostre que $(s\bar{A}) \times \bar{B} = s(\bar{A} \times \bar{B})$ mesmo que o escalar s não seja positivo (use diretamente a definição de produto vetorial).

38 Prove que $\bar{A} \times (t\bar{B}) = t(\bar{A} \times \bar{B})$.

39 Prove que $(\bar{A} - \bar{B}) \times \bar{C} = (\bar{A} \times \bar{C}) - (\bar{B} \times \bar{C})$. [*sugestão:* $\bar{A} - \bar{B} = \bar{A} + (-1)\bar{B}$.]

40 Prove que $(\bar{A} - \bar{B}) \times (\bar{C} - \bar{D}) = (\bar{A} \times \bar{C}) - (\bar{A} \times \bar{D}) - (\bar{B} \times \bar{C}) + (\bar{B} \times \bar{D})$.

41 Verdadeiro ou falso: $(\bar{A} + \bar{B}) \times (\bar{A} - \bar{B}) = (\bar{A} \times \bar{A}) - (\bar{B} \times \bar{B})$?

42 Prove o Teorema 3.

4 Identidades Algébricas e Aplicações Geométricas para os Produtos Vetorial e Misto

Nesta seção, obtemos algumas identidades algébricas que podem ser usadas com vantagem ao calcular produtos vetoriais e apresentamos algumas aplicações geométricas simples para os produtos vetorial e misto.

4.1 Identidades envolvendo o produto vetorial

Usando o Teorema 2 da Seção 3 podemos estabelecer identidades úteis envolvendo o produto vetorial. Por exemplo, as identidades no seguinte teorema podem ser verificadas expandindo-se ambos os lados em termos dos componentes escalares dos três vetores (problema 51):

TEOREMA 1 **Identidades do duplo produto vetorial**
Para cada 3 vetores $\bar{A}$, $\bar{B}$ e $\bar{C}$ no espaço tridimensional:

(i) $\bar{A} \times (\bar{B} \times \bar{C}) = (\bar{A} \cdot \bar{C})\bar{B} - (\bar{A} \cdot \bar{B})\bar{C}$.

(ii) $(\bar{A} \times \bar{B}) \times \bar{C} = (\bar{A} \cdot \bar{C})\bar{B} - (\bar{B} \cdot \bar{C})\bar{A}$.

Uma imediata — e importante — conseqüência das identidades do duplo produto vetorial é que a propriedade associativa não vale para produtos vetoriais; isto é, em geral,

$$(\bar{A} \times \bar{B}) \times \bar{C} \neq \bar{A} \times (\bar{B} \times \bar{C}).$$

EXEMPLO   Se $\bar{A} = 7i - j + 2\bar{k}$, $\bar{B} = -3i + 2j - \bar{k}$, e $\bar{C} = 5j - 3\bar{k}$,

ache $(\bar{A} \times \bar{B}) \times \bar{C}$ e $\bar{A}; \bar{A} = \langle 1, -1, -2 \rangle$

SOLUÇÃO

$$(\bar{A} \times \bar{B}) \times \bar{C} = (\bar{A} \cdot \bar{C})\bar{B} - (\bar{B} \cdot \bar{C})\bar{A} = (-11)\bar{B} - 13\bar{A} = -58i - 9j - 15\bar{k},$$

$$\bar{A} \times (\bar{B} \times \bar{C}) = (\bar{A} \cdot \bar{C})\bar{B} - (\bar{A} \cdot \bar{B})\bar{C} = (-11)\bar{B} + 25\bar{C} = 33i + 103j - 64\bar{k}.$$

Usando as identidades do duplo produto vetorial e o fato de que os produtos vetorial e escalar podem ser trocados no produto misto, podemos provar o seguinte teorema:

TEOREMA 2 **Identidade de Lagrange**
Para quaisquer vetores $\bar{A}$, $\bar{B}$, $\bar{C}$ e $\bar{D}$ no espaço tridimensional.

$$(\bar{A} \times \bar{B}) \cdot (\bar{C} \times \bar{D}) = \begin{vmatrix} \bar{A} \cdot \bar{C} & \bar{A} \cdot \bar{D} \\ \bar{B} \cdot \bar{C} & \bar{B} \cdot \bar{D} \end{vmatrix}.$$

PROVA

$$(\bar{A} \times \bar{B}) \cdot (\bar{C} \times \bar{D}) = \bar{A} \cdot [\bar{B} \times (\bar{C} \times \bar{D})] = \bar{A} \cdot [(\bar{B} \cdot \bar{D})\bar{C} - (\bar{B} \cdot \bar{C})\bar{D}]$$

$$= (\bar{B} \cdot \bar{D})(\bar{A} \cdot \bar{C}) - (\bar{B} \cdot \bar{C})(\bar{A} \cdot \bar{D}) = \begin{vmatrix} \bar{A} \cdot \bar{C} & \bar{A} \cdot \bar{D} \\ \bar{B} \cdot \bar{C} & \bar{B} \cdot \bar{D} \end{vmatrix}.$$

EXEMPLO Use a identidade de Lagrange para encontrar a fórmula para $|\bar{A} \times \bar{B}|^2$.

SOLUÇÃO

$$|\bar{A} \times \bar{B}|^2 = (\bar{A} \times \bar{B}) \cdot (\bar{A} \times \bar{B}) = \begin{vmatrix} \bar{A} \cdot \bar{A} & \bar{A} \cdot \bar{B} \\ \bar{B} \cdot \bar{A} & \bar{B} \cdot \bar{B} \end{vmatrix} = (\bar{A} \cdot \bar{A})(\bar{B} \cdot \bar{B}) - (\bar{A} \cdot \bar{B})^2$$

$$= |\bar{A}|^2 |\bar{B}|^2 - (\bar{A} \cdot \bar{B})^2.$$

Da identidade obtida no último exemplo, temos a fórmula

$$|\bar{A} \times \bar{B}| = \sqrt{|\bar{A}|^2 |\bar{B}|^2 - (\bar{A} \cdot \bar{B})^2}$$

para o comprimento do produto vetorial de $\bar{A}$ e $\bar{B}$. Se θ é o ângulo entre $\bar{A}$ e $\bar{B}$, então

$$|\bar{A} \times \bar{B}| = \sqrt{|\bar{A}|^2 |\bar{B}|^2 - (\bar{A} \cdot \bar{B})^2} = \sqrt{|\bar{A}|^2 |\bar{B}|^2 - |\bar{A}|^2 |\bar{B}|^2 \cos^2 \theta}$$

$$= |\bar{A}| |\bar{B}| \sqrt{1 - \cos^2 \theta} = |\bar{A}| |\bar{B}| \operatorname{sen} \theta.$$

4.2 Aplicações geométricas dos produtos vetorial e misto

Muitas das aplicações geométricas do produto vetorial seguem diretamente de sua definição.

EXEMPLO Ache a área do paralelogramo gerado pelos vetores $\bar{A} = \bar{i} - 2\bar{j} + 3\bar{k}$ e $\bar{B} = -\bar{i} + \bar{j} + 2\bar{k}$.

SOLUÇÃO
A área desejada é numericamente igual ao comprimento $|\bar{A} \times \bar{B}|$ do produto vetorial $\bar{A} \times \bar{B}$. Usando a fórmula obtida na Seção 4.1, temos

$$|\bar{A} \times \bar{B}| = \sqrt{|\bar{A}|^2 |\bar{B}|^2 - (\bar{A} \cdot \bar{B})^2} = \sqrt{(14)(6) - 3^2} = 5\sqrt{3} \text{ unidades quadradas.}$$

Naturalmente, o produto misto é útil para encontrar o volume V do paralelepípedo gerado pelos vetores $\bar{A}$, $\bar{B}$ e $\bar{C}$; assim,

$$V = |(\bar{A} \times \bar{B}) \cdot \bar{C}|.$$

EXEMPLO Ache o volume V do paralelepípedo gerado pelos vetores $\bar{A} = 3\bar{i} + \bar{j}$, $\bar{B} = \bar{i} + 2\bar{k}$ e $\bar{C} = \bar{i} + 2\bar{j} + 3\bar{k}$.

SOLUÇÃO
Nesse caso

$$(\bar{A} \times \bar{B}) \cdot \bar{C} = \begin{vmatrix} 3 & 1 & 0 \\ 1 & 0 & 2 \\ 1 & 2 & 3 \end{vmatrix} = 3 \begin{vmatrix} 0 & 2 \\ 2 & 3 \end{vmatrix} - 1 \begin{vmatrix} 1 & 2 \\ 1 & 3 \end{vmatrix} + 0 \begin{vmatrix} 1 & 0 \\ 1 & 2 \end{vmatrix}$$

$$= 3(-4) - 1(1) + 0 = -13;$$

logo, $V = |-13| = 13$ unidades cúbicas.

O sinal algébrico do produto misto pode ser usado para determinar quando a trinca de vetores é destrógira ou levógira. Na verdade, $\bar{A}$, $\bar{B}$, $\bar{C}$ é uma trinca destrógira ou levógira de acordo com $(\bar{A} \times \bar{B}) \cdot \bar{C}$ ser positivo ou negativo, respectivamente (problema 60). Também $(\bar{A} \times \bar{B}) \cdot \bar{C} = 0$ se e somente se os vetores $\bar{A}$, $\bar{B}$ e $\bar{C}$ forem coplanares — isto é, linearmente dependentes (problema 59).

EXEMPLOS 1 Determine quando $\bar{A}$, $\bar{B}$, $\bar{C}$ é uma trinca destrógira ou levógira se

$$\bar{A} = -\bar{i} + 7\bar{j} + 2\bar{k}, \ \bar{B} = 2\bar{i} + 3\bar{j} + \bar{k}, \ \text{e} \ \bar{C} = -\bar{i} + 5\bar{j} + 2\bar{k}.$$

SOLUÇÃO

$$(\bar{A} \times \bar{B}) \cdot \bar{C} = \begin{vmatrix} -1 & 7 & 2 \\ 2 & 3 & 1 \\ -1 & 5 & 2 \end{vmatrix} = (-1) \begin{vmatrix} 3 & 1 \\ 5 & 2 \end{vmatrix} - 7 \begin{vmatrix} 2 & 1 \\ -1 & 2 \end{vmatrix} + 2 \begin{vmatrix} 2 & 3 \\ -1 & 5 \end{vmatrix} = -10 < 0;$$

logo, $\bar{A}, \bar{B}, \bar{C}$ é uma trinca levógira.

2 Mostre que os três vetores $\bar{A} = \langle 1, -1, 1 \rangle, \bar{B} = \langle 2, 1, -1 \rangle,$ e $\bar{C} = \langle 0, -1, 1 \rangle$ são coplanares (linearmente dependentes).

SOLUÇÃO

$$(\bar{A} \times \bar{B}) \cdot \bar{C} = \begin{vmatrix} 1 & -1 & 1 \\ 2 & 1 & -1 \\ 0 & -1 & 1 \end{vmatrix} = 1 \begin{vmatrix} 1 & -1 \\ -1 & 1 \end{vmatrix} - (-1) \begin{vmatrix} 2 & -1 \\ 0 & 1 \end{vmatrix} + 1 \begin{vmatrix} 2 & 1 \\ 0 & -1 \end{vmatrix} = 0;$$

logo, $\bar{A}, \bar{B}$ e $\bar{C}$ são coplanares.

Muitos objetos geométricos podem ser construídos a partir de triângulos não-superpostos; logo, o teorema seguinte, que dá a fórmula para a área de um triângulo em termos das coordenadas de seus vértices, pode ser muito útil.

TEOREMA 3   **Área de um triângulo no espaço**

Seja PQR um triângulo no espaço xyz, onde $P = (x_1, y_1, z_1), Q = (x_2, y_2, z_2)$ e $R = (x_3, y_3, z_3)$. Então a área a de PQR é dada pela fórmula

$$a = \frac{1}{2} |\overrightarrow{PQ} \times \overrightarrow{PR}|,$$

$$\overrightarrow{PQ} \times \overrightarrow{PR} = \begin{vmatrix} \bar{i} & \bar{j} & \bar{k} \\ x_2 - x_1 & y_2 - y_1 & z_2 - z_1 \\ x_3 - x_1 & y_3 - y_1 & z_3 - z_1 \end{vmatrix}.$$

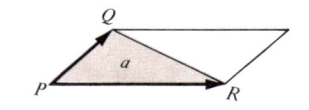

Fig. 1

PROVA

A área do triângulo PQR é a metade da área do paralelogramo gerado pelos vetores $\overrightarrow{PQ}$ e $\overrightarrow{PR}$ (Fig. 1).

Encontre a área a de um triângulo cujos vértices são

$$P = (2, 1, 5), \quad Q = (4, 0, 2), \quad \text{e} \quad R = (-1, 0, -1)$$

SOLUÇÃO

Nesse caso

$$\overrightarrow{PQ} = (4 - 2)\bar{i} + (0 - 1)\bar{j} + (2 - 5)\bar{k} = 2\bar{i} - \bar{j} - 3\bar{k}, \quad \text{e}$$

$$\overrightarrow{PR} = (-1 - 2)\bar{i} + (0 - 1)\bar{j} + (-1 - 5)\bar{k} = -3\bar{i} - \bar{j} - 6\bar{k};$$

logo,

$$\overrightarrow{PQ} \times \overrightarrow{PR} = \begin{vmatrix} \bar{i} & \bar{j} & \bar{k} \\ 2 & -1 & -3 \\ -3 & -1 & -6 \end{vmatrix} = 3\bar{i} + 21\bar{j} - 5\bar{k}.$$

Portanto,

$$a = \frac{1}{2} |\overrightarrow{PQ} \times \overrightarrow{PR}| = \frac{1}{2} \sqrt{3^2 + (21)^2 + (-5)^2} = \frac{\sqrt{475}}{2} = \frac{5}{2} \sqrt{19} \text{ unidades quadradas.}$$

Usando o Teorema 3, podemos deduzir uma fórmula interessante para a área de um triângulo no plano xy.

TEOREMA 4 **Área de um triângulo no plano**

Seja PQR um triângulo no plano xy com $P = (x_1, y_1)$, $Q = (x_2, y_2)$ e $R = (x_3, y_3)$. Então, a área a de PQR é dada por

$$a = \text{valor absoluto de } \frac{1}{2} \begin{vmatrix} x_1 & y_1 & 1 \\ x_2 & y_2 & 1 \\ x_3 & y_3 & 1 \end{vmatrix}.$$

PROVA
Considere o plano xy como sendo o plano coordenado xy no espaço xyz, de modo que

$$P = (x_1, y_1, 0), \quad Q = (x_2, y_2, 0), \quad \text{e} \quad R = (x_3, y_3, 0). \text{ Então,}$$

$$\overrightarrow{PQ} \times \overrightarrow{PR} = \begin{vmatrix} \bar{i} & \bar{j} & \bar{k} \\ x_2 - x_1 & y_2 - y_1 & 0 \\ x_3 - x_1 & y_3 - y_1 & 0 \end{vmatrix} = \begin{vmatrix} x_2 - x_1 & y_2 - y_1 \\ x_3 - x_1 & y_3 - y_1 \end{vmatrix} \bar{k},$$

de modo que

$$a = \frac{1}{2} |\overrightarrow{PQ} \times \overrightarrow{PR}| = \text{valor absoluto de } \frac{1}{2} \begin{vmatrix} x_2 - x_1 & y_2 - y_1 \\ x_3 - x_1 & y_3 - y_1 \end{vmatrix}$$

pelo Teorema 3. O leitor pode verificar que

$$\begin{vmatrix} x_2 - x_1 & y_2 - y_1 \\ x_3 - x_1 & y_3 - y_1 \end{vmatrix} = \begin{vmatrix} x_1 & y_1 & 1 \\ x_2 & y_2 & 1 \\ x_3 & y_3 & 1 \end{vmatrix}$$

simplesmente expandindo ambos os determinantes (problema 53).

EXEMPLO Encontre a área do triângulo no plano xy cujos vértices são

$$P = (1, 2), \quad Q = (4, -3), \quad \text{e} \quad R = (5, 0).$$

SOLUÇÃO
Neste caso,

$$\begin{vmatrix} 1 & 2 & 1 \\ 4 & -3 & 1 \\ 5 & 0 & 1 \end{vmatrix} = \begin{vmatrix} -3 & 1 \\ 0 & 1 \end{vmatrix} - 2 \begin{vmatrix} 4 & 1 \\ 5 & 1 \end{vmatrix} + \begin{vmatrix} 4 & -3 \\ 5 & 0 \end{vmatrix} = 14,$$

de modo que $a = \frac{1}{2}(14) = 7$ unidades quadradas.

Conjunto de Problemas 4

Nos problemas 1 a 30, seja $\bar{A} = 2\bar{i} - 3\bar{j} + 5\bar{k}$, $\bar{B} = 3\bar{i} + \bar{j} - 2\bar{k}$, $\bar{C} = 2\bar{i} - \bar{j}$, $\bar{D} = -\bar{i} + 4\bar{k}$, e $\bar{E} = 5\bar{k} - \bar{j}$. Calcule cada desenvolvimento usando as identidades para os produtos vetorial e misto, quando possível, para facilitar seus cálculos.

1 $(\bar{A} \times \bar{B}) \times \bar{C}$

2 $\bar{D} \times (\bar{C} \times \bar{E})$

3 $|\bar{E} \times \bar{A}|^2 + (\bar{A} \cdot \bar{E})^2$

4 $|\bar{B} \times \bar{D}|^2 - |\bar{B}|^2 |\bar{D}|^2$

5 $(\bar{A} \cdot \bar{C})\bar{B} - (\bar{A} \cdot \bar{B})\bar{C}$

6 $2\bar{B} \times [(-6\bar{D}) \times \bar{D}]$

7 $(3\bar{A}) \times (4\bar{B} + 3\bar{C})$

8 $\bar{A} \times (\bar{B} - \bar{A}) - (\bar{B} - \bar{A}) \times \bar{A}$

9 $\bar{A} \times (\bar{A} + \bar{E} - \bar{B})$

10 $\bar{A} \times (\bar{C} - 3\bar{B})$

11 $(\bar{A} \times \bar{C}) - 3(\bar{A} \times \bar{B})$

12 $\bar{B} \times (\bar{B} - 7\bar{C})$

13 $(\bar{A} \times \bar{B}) \cdot \bar{C}$

14 $\bar{B} \cdot (\bar{C} \times \bar{B})$

15 $\bar{A} \cdot (\bar{B} \times \bar{A})$

16 $\bar{B} \cdot (\bar{C} \times \bar{A})$

17 $(\bar{A} \times \bar{C}) \cdot \bar{B}$

18 $(\bar{A} + \bar{D}) \times (\bar{A} - \bar{D})$

19 $(2\bar{A} + 7\bar{D}) \times (4\bar{A} + 14\bar{D})$

20 $|(\bar{A} \times \bar{D}) - (\bar{D} \times \bar{A})|$

21 $|\bar{A} \times \bar{C}| - |\bar{C} \times \bar{A}|$

22 $|(2\bar{A} + \bar{B}) \times (\bar{A} - 2\bar{B})|$

23 $(\bar{A} \times \bar{C}) \cdot (\bar{C} \times \bar{E})$

24 $(\bar{C} \times \bar{E}) \cdot (\bar{B} \times \bar{D})$

25 $(\bar{A} \times \bar{B}) \cdot (\bar{A} \times \bar{C})$

26 $(\bar{A} \times \bar{B}) \cdot (\bar{A} \times \bar{B})$

27 $\bar{A} \times (\bar{B} \times \bar{A})$

28 $(\bar{A} \times \bar{B}) \times (\bar{B} \times \bar{A})$

29 $[\bar{B} \times (\bar{A} \times \bar{C})] - [(\bar{B} \times \bar{A}) \times \bar{C}]$

30 $(\bar{A} \times \bar{B}) \times (\bar{C} \times \bar{D})$

Nos problemas 31 a 34, ache a área do paralelogramo gerado pelos vetores dados $\bar{A}$ e $\bar{B}$.

31 $\bar{A} = i + j + \bar{k}, \bar{B} = i - j - \bar{k}$

32 $\bar{A} = 5i + 7j, \bar{B} = 3j - \bar{k}$

33 $\bar{A} = 2i + 5j - \bar{k}, \bar{B} = \dfrac{i}{2} - j + \dfrac{\bar{k}}{4}$

34 $\bar{A} = -i + j, \bar{B} = \dfrac{\bar{k}}{3}$

Nos problemas 35 a 38, ache o volume da caixa (paralelepípedo) gerada pelos vetores $\bar{A}, \bar{B}$ e $\bar{C}$.

35 $\bar{A} = i + 2j, \bar{B} = 2i - j, \bar{C} = i + j + \bar{k}$

36 $\bar{A} = i, \bar{B} = j, \bar{C} = xi + yj + z\bar{k}$

37 $\bar{A} = \langle 1, -2, 1 \rangle, \bar{B} = \langle 3, -4, -1 \rangle, \bar{C} = \langle 4, -1, 3 \rangle$

38 $\bar{A} = \langle 1, 2, -1 \rangle, \bar{B} = \langle 0, 1, -1 \rangle, \bar{C} = \langle 3, 0, 1 \rangle$

Nos problemas 39 a 42, (a) determine quando os três vetores $\bar{A}, \bar{B}$ e $\bar{C}$ são coplanares ou linearmente independentes e, (b) se os vetores são linearmente independentes, determine quando a trinca $\bar{A}, \bar{B}, \bar{C}$ é destrógira ou levógira.

39 $\bar{A} = \langle 1, 2, 3 \rangle, \bar{B} = \langle 2, -1, -1 \rangle, \bar{C} = \langle -2, 1, -1 \rangle$

40 $\bar{A} = i + j, \bar{B} = j + \bar{k}, \bar{C} = \bar{k} + i$

41 $\bar{A} = 2i - j + 7\bar{k}, \bar{B} = j + 3\bar{k}, \bar{C} = 2i - 3j + \bar{k}$

42 $\bar{A} = \langle 1, 1, -1 \rangle, \bar{B} = \langle 1, -1, 1 \rangle, \bar{C} = \langle -1, 1, 1 \rangle$

Nos problemas 43 a 44 ache a área do triângulo PQR no espaço xyz.

43 $P = (1, 7, 2), Q = (0, 7, -2),$ e $R = (-1, 6, 1)$

44 $P = (-1, 0, 1), Q = (0, 1, 0),$ e $R = (1, 1, 1)$

Nos problemas 45 e 46, ache a área do triângulo PQR no plano xy.

45 $P = (1, -5), Q = (-3, -4),$ e $R = (6, 2)$

46 $P = (-5, 7), Q = (3, 6),$ e $R = (2, 1)$

47 Ache a fórmula para a área de um triângulo no espaço, no qual dois lados adjacentes são formados pelos vetores $\bar{A}$ e $\bar{B}$ (Fig. 2).

48 Mostre que o triângulo no plano xy, no qual dois lados adjacentes são formados pelos vetores $\bar{A} = x_1 i + y_1 j$ e $\bar{B} = x_2 i + y_2 j$, tem uma área dada pelo valor absoluto de

$$\frac{1}{2} \begin{vmatrix} x_1 & y_1 \\ x_2 & y_2 \end{vmatrix}.$$

49 Dê uma interpretação geométrica para o determinante $\begin{vmatrix} x_1 & y_1 \\ x_2 & y_2 \end{vmatrix}$

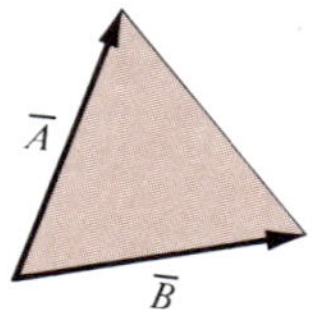

Fig. 2

50 Sejam $P = (x_1, y_1), Q = (x_2, y_2), R = (x_3, y_3)$ e $S = (x_4, y_4)$ quatro vértices de um quadrilátero no plano xy. Suponha que a origem O esteja no interior de $PQRS$ e que os vértices $P, Q, R,$ e S estão dispostos ao longo da diagonal, no sentido inverso dos ponteiros de um relógio. Mostre que a área a do quadrilátero é dada por

$$a = \frac{1}{2} \begin{vmatrix} x_1 & y_1 \\ x_2 & y_2 \end{vmatrix} + \frac{1}{2} \begin{vmatrix} x_2 & y_2 \\ x_3 & y_3 \end{vmatrix} + \frac{1}{2} \begin{vmatrix} x_3 & y_3 \\ x_4 & y_4 \end{vmatrix} + \frac{1}{2} \begin{vmatrix} x_4 & y_4 \\ x_1 & y_1 \end{vmatrix}.$$

51 Prove o Teorema 1. (Para facilitar, escolha o eixo x na direção do vetor $\bar{C}$ e escolha o eixo y de modo que o vetor $\bar{B}$ esteja contido no plano xy).

52 Do item (i) do Teorema 1, temos os três vetores $\bar{B}$, $\bar{C}$ e $\bar{A} \times (\bar{B} \times \bar{C})$ que são sempre coplanares. Explique *geometricamente* como isso poderia acontecer.

53 Complete a prova do Teorema 4.

54 Usando o Teorema 4, explique por que a equação $\begin{vmatrix} x & y & 1 \\ x_1 & y_1 & 1 \\ x_2 & y_2 & 1 \end{vmatrix} = 0$ representa a

Seja reta, no plano xy, que contém os dois pontos (x_1, y_1) e (x_2, y_2).

55 $\bar{A} = \overrightarrow{OP}$, $\bar{B} = \overrightarrow{OQ}$, e $C = \overrightarrow{OR}$. Prove que a área do triângulo PQR é dada por $\frac{1}{2}$

$$|(\bar{A} \times \bar{B}) + (\bar{B} \times \bar{C}) + (\bar{C} \times \bar{A})|.$$

56 Use o produto vetorial para provar a lei dos senos; isto é, para qualquer triângulo

ABC com $a = |\overline{BC}|$, $b = |\overline{AC}|$, e $c = |\overline{AB}|$, $\dfrac{\operatorname{sen} A}{a} = \dfrac{\operatorname{sen} B}{b} = \dfrac{\operatorname{sen} C}{c}$.

57 Prove que $(\bar{A} - \bar{B}) \times (\bar{A} + \bar{B}) = 2(\bar{A} \times \bar{B})$.

58 Prove que $\bar{A} \times (\bar{B} \times \bar{C}) + \bar{B} \times (\bar{C} \times \bar{A}) + \bar{C} \times (\bar{A} \times \bar{B}) = \bar{0}$.

59 Mostre que $\bar{A}$, $\bar{B}$ e $\bar{C}$ são coplanares (linearmente dependentes) se, e somente se,

$$(\bar{A} \times \bar{B}) \cdot \bar{C} = 0.$$

60 Se $\bar{A}$, $\bar{B}$ e $\bar{C}$ são linearmente independentes, mostre que $(\bar{A} \times \bar{B}) \cdot \bar{C}$ é positivo ou negativo de acordo com $\bar{A}$, $\bar{B}$, $\bar{C}$, forme uma trinca destrógira ou levógira, respectivamente.

5 Equações de Retas e Planos no Espaço

Nesta seção fazemos uso da álgebra vetorial, desenvolvida nas Seções 2, 3 e 4, para deduzir as equações vetoriais das retas e planos no espaço. Considerando os componentes escalares dos vetores nestas equações, podemos obter também as equações cartesianas (escalares) para retas e planos no espaço.

Como anteriormente, $\bar{R} = \overrightarrow{OP}$ significa o vetor de posição variável do ponto P, e um gráfico de uma função traçada pelo vetor $\bar{R}$ e o conjunto de todos os pontos P (às vezes, no espaço tridimensional) em que o vetor posição satisfaz sua equação correspondente.

5.1 Planos no espaço

Um dos métodos mais simples de se especificar um plano particular no espaço é dar um ponto P_0 contido no plano e dar um vetor não-nulo $\bar{N}$ que é perpendicular ao plano. A Fig. 1 mostra uma parte de um tal plano. O vetor $\bar{N}$ é chamado de vetor *normal* ao plano. Dois planos com o mesmo vetor normal $\bar{N}$ são paralelos entre si; logo, todos os planos que têm o mesmo vetor normal $\bar{N}$ formam uma "pilha" de planos mutuamente paralelos (Fig. 2). Especificando o ponto P_0, identificamos nesta "pilha" o único plano que contém o ponto P_0.

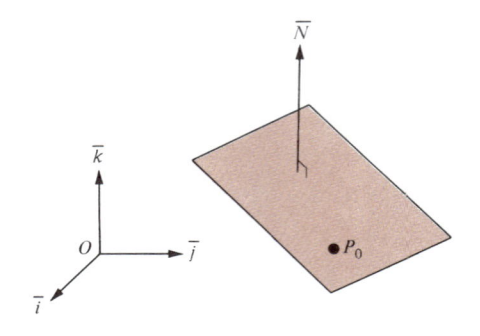

Fig. 1

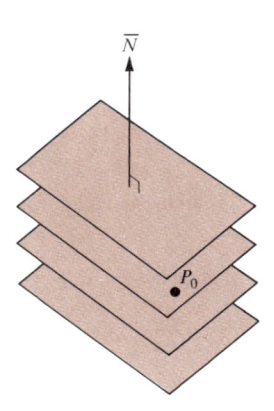

Fig. 2

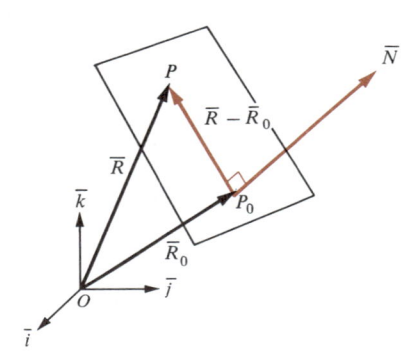

Fig. 3

É geometricamente óbvio que um ponto P pertence ao plano contendo o ponto P_0 e vetor normal $\bar{N}$ se e somente se o vetor $\overrightarrow{P_0P}$ for perpendicular a $\bar{N}$; $(\overrightarrow{P_0P}) \cdot \bar{N} = 0$ (Fig. 3). Se $\bar{R}$ é o vetor posição de P e $\bar{R}_0$ é o vetor posição de P_0, então $\overrightarrow{P_0P} = \bar{R} - \bar{R}_0$; logo a condição de que $\overrightarrow{P_0P}$ é perpendicular a N pode ser escrita

$$\bar{N} \cdot (\bar{R} - \bar{R}_0) = 0.$$

Esta é a equação *vetorial* do plano com vetor normal $\bar{N}$ e contendo o ponto cujo vetor posição é $\bar{R}_0$.

A equação $\bar{N} \cdot (\bar{R} - \bar{R}_0) = 0$ é facilmente convertida na forma cartesiana escrevendo

$$\bar{N} = ai + bj + c\bar{k}, \qquad \bar{R} = xi + yj + z\bar{k}, \quad e \quad \bar{R}_0 = x_0 i + y_0 j + z_0 \bar{k}.$$

Então,

$$\bar{R} - \bar{R}_0 = (x - x_0)i + (y - y_0)j + (z - z_0)\bar{k},$$

$$\bar{N} \cdot (\bar{R} - \bar{R}_0) = a(x - x_0) + b(y - y_0) + c(z - z_0),$$

e a equação reduz-se a

$$a(x - x_0) + b(y - y_0) + c(z - z_0) = 0.$$

EXEMPLO Encontre a equação cartesiana do plano contendo o ponto $P_0 = (-3, 1, 7)$ e tendo $\bar{N} = 2\bar{i} + 3\bar{j} - \bar{k}$ como vetor normal.

SOLUÇÃO
Neste caso temos

$x_0 = -3$, $y_0 = 1$ e $z_0 = 7$. Também, $a = 2$, $b = 3$, e $c = -1$. Portanto

a equação $\quad a(x - x_0) + b(y - y_0) + c(z - z_0) = 0$ transforma-se em

$2(x + 3) + 3(y - 1) + (-1)(z - 7) = 0 \quad$ ou $\quad 2x + 3y - z + 10 = 0$.

Dada a equação cartesiana de um plano no espaço xyz,

$$a(x - x_0) + b(y - y_0) + c(z - z_0) = 0$$

podemos sempre efetuar as multiplicações indicadas e reescrever a equação na forma

$$ax + by + cz - (ax_0 + by_0 + cz_0) = 0 \quad \text{ou} \quad ax + by + cz = D,$$

onde D é uma constante igual a $ax_0 + by_0 + cz_0$. Na equação cartesiana escalar

$$ax + by + cz = D$$

para um plano no espaço xyz, os coeficientes a, b e c — que não podem ser todos nulos — formam os componentes escalares do vetor normal.

$$\bar{N} = a\bar{i} + b\bar{j} + c\bar{k}.$$

Como a constante D assume valores diferentes, obtemos diferentes planos no espaço, todos possuindo o mesmo vetor normal, e portanto são mutuamente paralelos. O valor que D assume determina exatamente o plano de "pilha" de planos mutuamente paralelos.

EXEMPLO Ache a equação cartesiana escalar do plano que contém o ponto $(1, 2, 3)$ e é paralelo ao plano $3x - y - 2z = 14$.

SOLUÇÃO
O plano desejado tem uma equação da forma $3x - y - 2z = D$, onde a constante D tem que ser determinada. Como o ponto $(1, 2, 3)$ pertence ao plano, temos $3(1) - 2 - 2(3) = D$, logo $D = -5$. Portanto a equação é

$$3x - y - 2z = -5 \quad \text{ou} \quad 3x - y - 2z + 5 = 0.$$

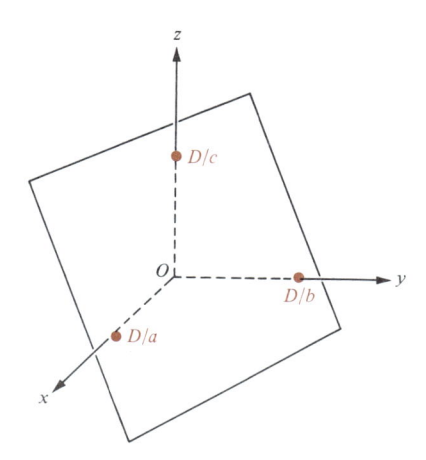

Fig. 4

Um plano $ax + by + cz = D$, que não é paralelo a nenhum dos três eixos coordenados, obviamente tem que interceptar cada um destes três eixos (Fig. 4). As coordenadas x, y e z dos três pontos de interseção são chamadas *interseções x, y e z* do plano, respectivamente. Por exemplo, o ponto $(x, 0, 0)$ onde o plano intercepta o eixo x satisfaz $ax + b\,(0) + c\,(0) = D$ ou $ax = D$. Logo, a interseção x é dada por $x = D/a$. (Observe que $a \neq 0$; se não, o plano é paralelo ao eixo x.) Analogamente as interseções y e z são dadas por $y = D/b$ e $z = D/c$, respectivamente. Como existe somente um plano contendo três pontos não-colineares, as três interseções determinam o plano de forma única.

EXEMPLOS   Considere o plano $-x + 2y + 3z = 6$. Encontre (a) um vetor normal unitário ao plano e (b) as interseções do plano. Depois (c) desenhe parte desse plano.

SOLUÇÃO
(a) Podemos ter como normal $\bar{N} = -\bar{i} + 2\bar{j} + 3\bar{k}$, desse modo $|\bar{N}| = \sqrt{(-1)^2 + 2^2 + 3^2} = \sqrt{14}$. Portanto, um vetor normal unitário ao plano é dado por

$$\frac{\bar{N}}{|\bar{N}|} = \frac{-\bar{i} + 2\bar{j} + 3\bar{k}}{\sqrt{14}}.$$

(b) As interseções x, y e z são dadas por $x = 6/(-1) = -6$, $y = 6/2 = 3$, e $z = 6/3 = 2$, respectivamente.
(c) O triângulo sombreado na Fig. 5 é uma parte do plano.

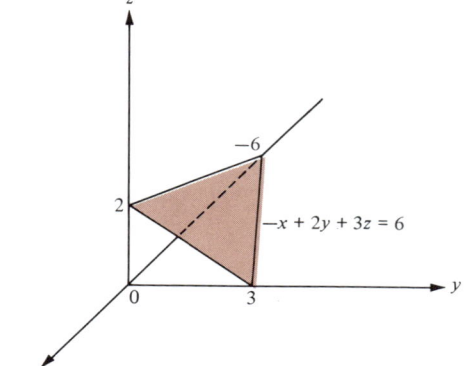

Fig. 5

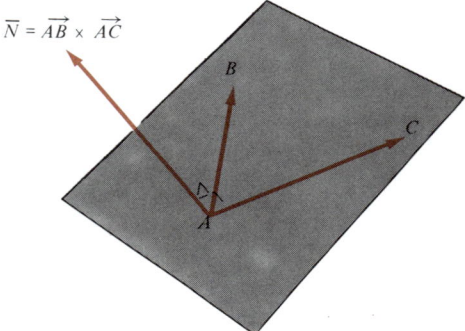

Fig. 6

Em geral, para achar a equação de plano contendo três pontos dados não-colineares $A = (x_0, y_0, z_0)$, $b = (x_1, y_1, z_1)$ e $C = (x_2, y_2, z_2)$, simplesmente observe que os vetores $\overrightarrow{AB}$ e $\overrightarrow{AC}$ são paralelos ao plano; logo,

$$\bar{N} = \overrightarrow{AB} \times \overrightarrow{AC}$$

fornece o vetor normal ao plano (Fig. 6). Como (x_0, y_0, z_0) pertence ao plano, podemos também encontrar a equação vetorial ou a equação cartesiana do plano, como foi feito anteriormente.

EXEMPLO   Encontre a equação, na forma cartesiana, do plano satisfazendo as condições dadas.

1   Contendo os três pontos

$$A = (1, 1, -1), \ B = (3, 3, 2), \ e \ C = (3, -1, -2).$$

SOLUÇÃO
Nesse caso

$$\overrightarrow{AB} = (3 - 1)\bar{i} + (3 - 1)\bar{j} + (2 + 1)\bar{k} = 2\bar{i} + 2\bar{j} + 3\bar{k}, \quad e$$
$$\overrightarrow{AC} = (3 - 1)\bar{i} + (-1 - 1)\bar{j} + (-2 + 1)\bar{k} = 2\bar{i} - 2\bar{j} - \bar{k};$$

logo

$$\vec{N} = \overrightarrow{AB} \times \overrightarrow{AC} = \begin{vmatrix} \bar{i} & \bar{j} & \bar{k} \\ 2 & 2 & 3 \\ 2 & -2 & -1 \end{vmatrix} = 4\bar{i} + 8\bar{j} - 8\bar{k}$$

é um vetor normal ao plano. Como o ponto $(1, 1, -1)$ pertence ao plano, a equação cartesiana (escalar) é

$$4(x - 1) + 8(y - 1) - 8(z + 1) = 0.$$

Esta equação também pode ser escrita na forma

$$4x + 8y - 8z = 20 \quad \text{ou} \quad x + 2y - 2z = 5.$$

2 Contendo os pontos $(3, 2, 1)$ e $(-5, 1, 2)$, mas não interceptando o eixo y.

SOLUÇÃO
Pelo fato de o plano ser paralelo ao eixo y, sua equação tem a forma $ax + cz = D$. (Por quê?) Portanto, como o ponto $(3, 2, 1)$ satisfaz a equação, o ponto $(3, 0, 1)$ também o fará. Sendo $A = (3, 2, 1)$, $B = (-5, 1, 2)$, e $C = (3, 0, 1)$, temos $\overrightarrow{AB} = -8\bar{i} - \bar{j} + \bar{k}$ e $\overrightarrow{AC} = -2\bar{j}$, de modo que um vetor normal $\vec{N}$ no plano é dado por

$$\vec{N} = \overrightarrow{AB} \times \overrightarrow{AC} = \begin{vmatrix} \bar{i} & \bar{j} & \bar{k} \\ -8 & -1 & 1 \\ 0 & -2 & 0 \end{vmatrix} = 2\bar{i} + 16\bar{k}.$$

Portanto, a equação do plano é

$$2(x - 3) + 0(y - 2) + 16(z - 1) = 0 \quad \text{ou} \quad x + 8z = 11.$$

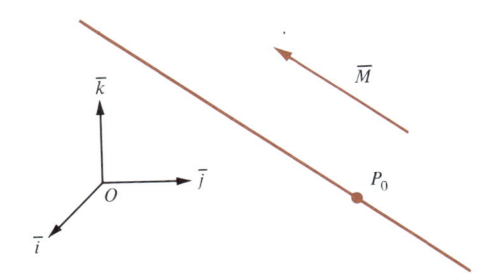

Fig. 7

A equação do plano pode ser posta também na forma paramétrica vetorial ou escalar; como o plano é bidimensional, *dois* parâmetros independentes são necessários. Não abordaremos esse assunto aqui.

5.2 Retas no espaço

A equação de uma reta no espaço pode ser determinada dando-se um vetor não nulo $\bar{M}$ paralelo à reta e um ponto $P_0 = (x_0, y_0, z_0)$ a ela pertencente (Fig. 7). O vetor $\bar{M}$ é chamado de *vetor direção* de reta. Duas retas com o mesmo vetor direção são paralelas entre si; logo, todas as retas que têm o mesmo vetor direção $\bar{M}$ formam um "conjunto" de retas mutuamente paralelas. Especificando o ponto P_0, designamos a única reta do conjunto que contém o ponto P_0 (Fig. 8).

É geometricamente óbvio que um ponto P pertença à reta contendo o ponto P_0 e tendo o vetor direção $\bar{M}$ se e somente se $\overrightarrow{P_0P}$ for paralelo ao vetor direção $\bar{M}$ (Fig. 9); isto é, $\bar{M} \times \overrightarrow{P_0P} = \bar{0}$. (Lembre-se que dois vetores são paralelos se e somente se o seu produto vetorial for um vetor nulo.) Se $\bar{R}$ é o vetor posição de P e $\bar{R}_0$ o vetor posição de P_0, então $\overrightarrow{P_0P} = \bar{R} - \bar{R}_0$; logo, a condição de que $\bar{M}$ é paralelo a $\overrightarrow{P_0P}$ pode ser escrita

$$\overline{M} \times (\bar{R} - \bar{R}_0) = \bar{0}.$$

Esta é a equação *vetorial* (não-paramétrica) da reta com vetor direção $\bar{M}$ e contendo o ponto de vetor posição $\bar{R}_0$.

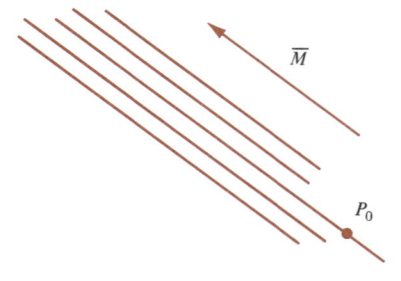

Fig. 8

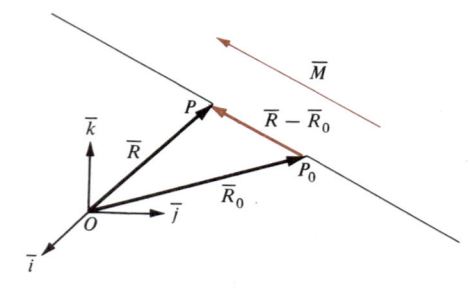

Fig. 9

Para converter a equação vetorial $\bar{M} \times (\bar{R} - \bar{R}_0) = \bar{0}$ para a forma cartesiana, sejam

$$\overline{M} = a\bar{i} + b\bar{j} + c\bar{k}, \qquad \bar{R} = x\bar{i} + y\bar{j} + z\bar{k}, \qquad \text{e} \qquad \bar{R}_0 = x_0\bar{i} + y_0\bar{j} + z_0\bar{k}.$$

Então, $\bar{M} \times (\bar{R} - \bar{R}_0) = \bar{0}$ pode ser reescrito como

$$\begin{vmatrix} \bar{i} & \bar{j} & \bar{k} \\ a & b & c \\ x - x_0 & y - y_0 & z - z_0 \end{vmatrix} = 0\bar{i} + 0\bar{j} + 0\bar{k};$$

isto é,

$$[b(z - z_0) - c(y - y_0)]\bar{i} - [a(z - z_0) - c(x - x_0)]\bar{j}$$
$$+ [a(y - y_0) - b(x - x_0)]\bar{k} = 0\bar{i} + 0\bar{j} + 0\bar{k}.$$

Igualando os três componentes escalares, obtemos simultaneamente três equações escalaras.

$$b(z - z_0) - c(y - y_0) = 0, \qquad a(z - z_0) - c(x - x_0) = 0,$$

$$a(y - y_0) - b(x - x_0) = 0;$$

ou

$$b(z - z_0) = c(y - y_0), \qquad a(z - z_0) = c(x - x_0),$$
$$a(y - y_0) = b(x - x_0).$$

Estas três equações simultâneas fornecem uma forma cartesiana (escalar) não-paramétrica para a reta.

Se os coeficientes a, b e c nas equações acima não são nulos, podemos reescrever as equações na forma.

$$\frac{z - z_0}{c} = \frac{y - y_0}{b}, \qquad \frac{z - z_0}{c} = \frac{x - x_0}{a}, \qquad \frac{y - y_0}{b} = \frac{x - x_0}{a};$$

ou

$$\frac{x - x_0}{a} = \frac{y - y_0}{b} = \frac{z - z_0}{c}.$$

Estas equações simultâneas escalares não-paramétricas são conhecidas como *equações simétricas* da reta. Nesse caso, (x_0, y_0, z_0) é um ponto sobre a reta e os denominadores a, b e c são os componentes escalares de um vetor $\bar{M}$ paralelo à reta. Se alguns dos denominadores nas equações simétricas da reta é zero, entende-se então que o correspondente numerador é também zero (problema 36). Por exemplo, se $a = 0$, mas $b \neq 0$ e $c \neq 0$ as equações simétricas seriam escritas na forma

$$x - x_0 = 0, \qquad \frac{y - y_0}{b} = \frac{z - z_0}{c}.$$

EXEMPLO **1** Ache as equações simétricas da reta contendo o ponto $P_0 = (x_0, y_0, z_0) = (3, 1, -1)$, e paralelo ao vetor $\bar{M} = 5\bar{i} - 7\bar{j} + 9\bar{k}$.

SOLUÇÃO
As equações simétricas da reta são dadas por

$$\frac{x - 3}{5} = \frac{y - 1}{-7} = \frac{z + 1}{9}.$$

2 Escreva a equação da reta do Exemplo 1, na forma vetorial não-paramétrica.

SOLUÇÃO
A equação da reta na forma vetorial não-paramétrica é dada por

$$\bar{M} \times (\bar{R} - \bar{R}_0) = \bar{0}, \text{ onde } \bar{M} = 5\bar{i} - 7\bar{j} + 9\bar{k} \text{ e } \bar{R}_0 = 3\bar{i} + \bar{j} - \bar{k}.$$

Portanto, a equação da reta é

$$(5\bar{i} - 7\bar{j} + 9\bar{k}) \times [(x - 3)\bar{i} + (y - 1)\bar{j} + (z + 1)\bar{k}] = \bar{0}.$$

Se $A = (x_0, y_0, z_0)$ e $B = (x_1, y_1, z_1)$ são dois pontos distintos no espaço tridimensional, existe uma única reta contendo esses pontos. Obviamente

$$\overrightarrow{M} = \overrightarrow{AB} = (x_1 - x_0)\bar{i} + (y_1 - y_0)\bar{j} + (z_1 - z_0)\bar{k}$$

é paralelo à reta; logo, a equação da reta na forma vetorial é

$$\overrightarrow{AB} \times (\bar{R} - \bar{R}_0) = \bar{0},$$

onde $\bar{R}_0 = x_0\bar{i} + y_0\bar{j} + z_0\bar{k}$. Desse modo, as equações da reta na forma simétrica passando por

$$A = (x_0, y_0, z_0) \quad \text{e} \quad B = (x_1, y_1, z_1) \text{ são}$$

$$\frac{x - x_0}{x_1 - x_0} = \frac{y - y_0}{y_1 - y_0} = \frac{z - z_0}{z_1 - z_0}.$$

Vimos que a equação $\bar{M} \times (\bar{R} - \bar{R}_0) = \bar{0}$ mostra a condição de que $\bar{R} - \bar{R}_0$ é paralelo a $\bar{M}$. Esta condição pode ser expressa pela equação:

$$\bar{R} - \bar{R}_0 = t\overline{M},$$

onde t é uma variável escalar. Resolvendo a última equação para o vetor posição $\bar{R}$, obtemos a *equação vetorial paramétrica*

$$\bar{R} = \bar{R}_0 + t\overline{M}$$

da reta paralela ao vetor direção não-nulo $\bar{M}$ e contendo o ponto cujo vetor posição é $\bar{R}_0$. Como o parâmetro t varia, o vetor posição $\bar{R}$ percorre toda a reta.

Sendo $\bar{R} = x\bar{i} + y\bar{j} + z\bar{k}$, $\bar{R}_0 = x_0\bar{i} + y_0\bar{j} + z_0\bar{k}$, e $\bar{M} = a\bar{i} + b\bar{j} + c\bar{k}$ na equação vetorial paramétrica $\bar{R} = \bar{R}_0 + t\bar{M}$, temos

$$x\bar{i} + y\bar{j} + z\bar{k} = (x_0\bar{i} + y_0\bar{j} + z_0\bar{k}) + t(a\bar{i} + b\bar{j} + c\bar{k})$$

ou

$$x\bar{i} + y\bar{j} + z\bar{k} = (x_0 + at)\bar{i} + (y_0 + bt)\bar{j} + (z_0 + ct)\bar{k}.$$

Igualando-se os componentes escalares, obtemos as três *equações escalares paramétricas* da reta.

$$\begin{cases} x = x_0 + at \\ y = y_0 + bt \\ z = z_0 + ct. \end{cases}$$

Como o parâmetro t varia, o ponto (x, y, z) dado por essas equações percorre toda a reta. Observe que o ponto (x_0, y_0, z_0) corresponde ao valor do parâmetro $t = 0$.

EXEMPLOS **1** Sejam $A = (-2, -1, -5)$ e $B = (2, 1, 5)$. Ache (a) a equação na forma vetorial paramétrica e (b) as equações na forma escalar paramétrica para a reta que contém o ponto $P_0 = (2, 3, 5)$ e é paralela à reta contendo A e B.

SOLUÇÃO
O vetor

$$\overline{M} = \overrightarrow{AB} = (2 + 2)\bar{i} + (1 + 1)\bar{j} + (5 + 5)\bar{k} = 4\bar{i} + 2\bar{j} + 10\bar{k}$$

é paralelo à reta desejada e $\bar{R}_0 = 3\bar{i} + 2\bar{j} + 5\bar{k}$ é o vetor posição do ponto P_0 na reta.

(a) $\bar{R} = \bar{R}_0 + t\overline{M} = 3\bar{i} + 2\bar{j} + 5\bar{k} + t(4\bar{i} + 2\bar{j} + 10\bar{k})$
     $= (3 + 4t)\bar{i} + (2 + 2t)\bar{j} + (5 + 10t)\bar{k}.$

(b) $\begin{cases} x = 3 + 4t \\ y = 2 + 2t \\ z = 5 + 10t. \end{cases}$

2 Ache as equações na forma escalar paramétrica da reta contendo o ponto $P_0 = (3, -2, 5)$ e perpendicular do vetor

$$\frac{x-1}{3} = \frac{y+2}{1} = \frac{z-3}{-2} \quad e \quad \frac{x+7}{1} = \frac{y-5}{2} = \frac{z}{1}.$$

SOLUÇÃO
Aqui, os vetores paralelos às retas dadas são

$$\overline{M}_1 = 3\bar{i} + \bar{j} - 2\bar{k} \quad e \quad \overline{M}_2 = \bar{i} + 2\bar{j} + \bar{k},$$

de modo que

$$\overline{M} = \overline{M}_1 \times \overline{M}_2 = \begin{vmatrix} \bar{i} & \bar{j} & \bar{k} \\ 3 & 1 & -2 \\ 1 & 2 & 1 \end{vmatrix} = 5\bar{i} - 5\bar{j} + 5\bar{k}$$

é perpendicular a ambas as retas. Portanto, $\bar{M}$ é paralelo à reta desejada, e as equações escalares paramétricas para a reta são

$$\begin{cases} x = 3 + 5t \\ y = -2 - 5t \\ z = 5 + 5t. \end{cases}$$

Conjunto de Problemas 5

Nos problemas 1 a 4, ache as equações vetoriais e escalares (cartesianas) do plano contendo o ponto P_0 e tendo o vetor normal $\bar{N}$ dado.

1 $P_0 = (1, -1, 2)$ e $\bar{N} = i + 2j - 3\bar{k}$ **2** $P_0 = (1, 3, -1)$ e $\bar{N} = 2i + j - \bar{k}$

3 $P_0 = (0, 0, 0)$ e $\bar{N} = 5i - 2j + 10\bar{k}$ **4** $P_0 = (0, 0, 1)$ e $\bar{N} = j + \bar{k}$

Nos problemas 5 e 6 dê as equações vetoriais e escalares do plano contendo os pontos dados A, B e C.

5 $A = (2, -1, 0)$, $B = (-3, -4, -5)$, e $C = (0, 8, 0)$ **6** $A = (2, 2, -2)$, $B = (4, 6, 4)$, e $C = (8, -1, 2)$

Nos problemas 7 a 12, ache (a) um vetor normal unitário ao plano e (b) as interseções do plano. Depois (c) desenhe uma parte do plano.

7 $2x + 3y + 6z = 12$ **8** $x - 4y + 8z = 8$

9 $\bar{N} \cdot (\bar{R} - \bar{R}_0) = 0$, onde $\bar{N} = 12j - 5\bar{k}$ e $\bar{R}_0 = 5j$.   **10** $\bar{N} \cdot (\bar{R} - \bar{R}_0) = 0$, onde $\bar{N} = \bar{k}$ e $\bar{R}_0 = i + j + 3\bar{k}$.

11 $5x = 3y + 4z$ **12** $3x = 4z + 12$

Nos problemas 13 a 18, ache a equação escalar (cartesiana) do plano satisfazendo as condições dadas:

13 Contendo o ponto $(-1, 3, 5)$ e paralelo ao plano $6x - 3y - 2z + 9 = 0$.

14 Contendo a origem e os pontos $P = (a, b, c)$ e $Q = (p, q, r)$.

15 Contendo os pontos $(1, 2, 3)$ e $(-2, 1, 1)$ mas não interceptando o eixo x. (*Sugestão:* Comece pelo fato de que se o plano $ax + by + cz = D$ for paralelo ao eixo x, então $a = 0$).

16 Contendo o ponto $(4, -2, 1)$ e perpendicular à reta contendo os dois pontos $A = (2, -1, 2)$ e $B = (3, 2, -1)$.

17 Contendo os pontos $(1, 1, 1)$ e perpendicular ao vetor cujos ângulos diretores são $\pi/3$, $\pi/4$, e $\pi/3$.

18 Contendo o ponto $(2, 3, 1)$ e paralelo ao plano contendo a origem e os pontos $P = (2, 0, -2)$ e $Q = (1, 1, 1)$.

Nos problemas 19 a 24, dê uma interpretação geométrica da condição imposta ao plano, cuja equação é $ax + by + cz = D$, pela equação ou equações dadas

19 $D = 0$ **20** $a = 0$ **21** $a = 0$ e $b = 0$

22 $2a + 3b - 4c = 0$ **23** $b = 0$ **24** $b = 0$ e $c = 0$

Nos problemas 25 a 34, ache a equação da reta satisfazendo as condições dadas nas formas (a) vetorial não-paramétrica, (b) escalar simétrica, (c) vetorial paramétrica e (d) escalar paramétrica.

25 Contendo os pontos $(1, 3, -2)$ e $(2, 2, 0)$.

26 Contendo os pontos $(-1, 3, 4)$ e $(4, 3, 9)$

27 Contendo o ponto $(3, 1, -4)$ e paralela ao vetor $\bar{M} = 4\bar{i} - 2\bar{j} + 5\bar{k}$.

28 Contendo o ponto $(1, 3, -2)$ e perpendicular ao plano $x - y + 2z = 5$.

29 Contendo o ponto $(0, 0, 1)$ e paralela ao vetor cujos ângulos diretores são $2\pi/3$, $\pi/3$ e $\pi/4$.

30 Contendo a origem e perpendicular à reta $\dfrac{x - 2}{1} = \dfrac{y - 3}{2} = \dfrac{z}{7}$ na interseção das duas.

31 Contendo o ponto $(0, 4, 5)$ e paralela à reta passando pelos pontos $(1, 5, -2)$ e $(7, 7, 1)$.

32 Contendo a origem e perpendicular aos vetores $-3i + 2j + \bar{k}$ e $6i - 5j + 2\bar{k}$.

33 Contendo o ponto $(7, 1, -4)$ e paralela ao eixo x.

34 Contendo a origem e perpendicular às retas

$$\frac{x}{6} = \frac{y-3}{5} = \frac{z-4}{4} \quad \text{e} \quad x+3 = \frac{y-2}{4} = \frac{z-5}{-2}.$$

35 Mostre que os pontos $(2, 0, 0)$, $(-2, -22, -10)$, e $(4, 11, 5)$ pertencem a uma mesma reta e ache a equação desta reta na forma simétrica.

36 Supondo que a, b e c não são nulos, encontre a forma simétrica eliminando o parâmetro t das equações escalares paramétricas.

$$\begin{cases} x = x_0 + at \\ y = y_0 + bt \\ z = z_0 + ct. \end{cases}$$

O que acontece exatamente se, digamos, $a = 0$, mas b e c são diferentes de zero? Nos problemas 37 a 42, dê uma interpretação geométrica da condição imposta à reta
$$\begin{cases} x = x_0 + at \\ y = y_0 + bt \\ z = z_0 + ct \end{cases}$$ pela equação ou equações dadas

37 $x_0 = y_0 = z_0 = 0$ **38** $a = 0$ **39** $a = 0$ e $b = 0$

40 $5a - 3b + 7c = 0$ **41** $b = 0$ **42** $b = 0$ e $c = 0$

6 Geometria das Retas e Planos no Espaço

Na Seção 5, desenvolvemos equações para as retas no espaço tridimensional em ambas as formas: vetorial e escalar. Nesta seção obtemos fórmulas para a distância de um ponto a um plano, distância entre duas retas, ângulo entre dois planos, ângulo entre duas retas e assim por diante.

6.1 Distância de um ponto a um plano
Começamos provando o seguinte teorema:

TEOREMA 1   **Distância de um ponto a um plano**

A distância d do ponto P_1 no espaço cujo vetor posição é $\bar{R}_1 = \overrightarrow{OP}_1$ ao plano cuja equação vetorial é $\bar{N} \cdot (\bar{R} - \bar{R}_0) = 0$ é dada por

$$d = \frac{|\bar{N} \cdot (\bar{R}_1 - \bar{R}_0)|}{|\bar{N}|}.$$

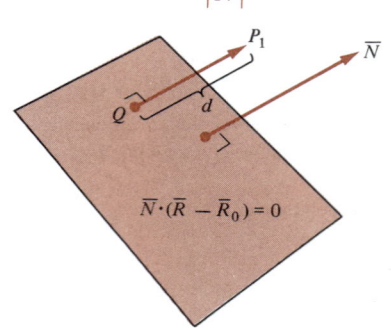

Fig. 1

PROVA

Seja Q o ponto no pé da perpendicular traçada de P_1 ao plano, temos então $d = |\overrightarrow{QP_1}|$ (Fig. 1). Como $\overrightarrow{QP_1}$ é paralelo ao vetor normal $\bar{N}$, existe um escalar u tal que

$$\overrightarrow{QP_1} = u\bar{N}.$$

Seja $\bar{R} = \overrightarrow{OQ}$ o vetor posição de Q, observando que

$$\bar{N} \cdot (\bar{R} - \bar{R}_0) = 0$$

é válida, desde que o ponto Q esteja sobre o plano. Também

$$\overrightarrow{OQ} + \overrightarrow{QP_1} = \overrightarrow{OP_1}; \quad \text{isto é,} \quad \bar{R} + u\bar{N} = \bar{R}_1.$$

Portanto, subtraindo-se $\bar{R}_0$ de ambos os lados, temos

$$\bar{R} - \bar{R}_0 + u\bar{N} = \bar{R}_1 - \bar{R}_0.$$

Fazendo agora o produto escalar em ambos os lados com $\bar{N}$ e usando o fato de que $\bar{N} \cdot (\bar{R} - \bar{R}_0) = 0$, obtemos

$$\bar{N} \cdot (u\bar{N}) = \bar{N} \cdot (\bar{R}_1 - \bar{R}_0) \quad \text{ou} \quad u(\bar{N} \cdot \bar{N}) = \bar{N} \cdot (\bar{R}_1 - \bar{R}_0);$$

isto é,

$$u|\bar{N}|^2 = \bar{N} \cdot (\bar{R}_1 - \bar{R}_0).$$

Considerando os valores absolutos em ambos os lados, temos

$$|u|\,|\bar{N}|^2 = |\bar{N} \cdot (\bar{R}_1 - \bar{R}_0)| \quad \text{ou} \quad |u|\,|\bar{N}| = \frac{|\bar{N} \cdot (\bar{R}_1 - \bar{R}_0)|}{|\bar{N}|}.$$

Como $d = |\overrightarrow{QP_1}| = |u\bar{N}| = |u|\,|\bar{N}|$, segue-se que

$$d = \frac{|\bar{N} \cdot (\bar{R}_1 - \bar{R}_0)|}{|\bar{N}|},$$

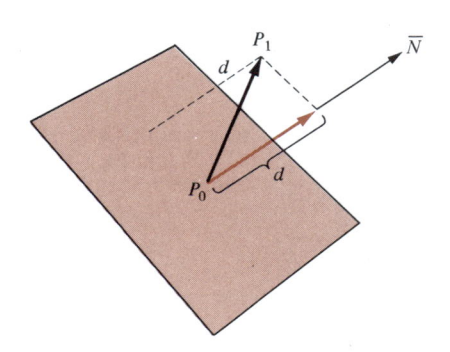

Fig. 2

e a prova está terminada.

Geometricamente, o Teorema 1 diz que a distância d de P_1 ao plano é o valor absoluto da projeção escalar e $\bar{R}_1 - \bar{R}_0 = \overrightarrow{P_0P_1}$ na direção do vetor normal $\bar{N}$ (Fig. 2).

A fórmula da distância no Teorema 1 é fácil de converter para a forma escalar (cartesiana). Suponha então que a equação cartesiana do plano seja $ax + by + cz = D$. Assim,

$$\overline{N} = a\vec{i} + b\vec{j} + c\overline{k}, \qquad \overline{R} = x\vec{i} + y\vec{j} + z\overline{k}, \qquad \text{e} \qquad \overline{N} \cdot \overline{R}_0 = D.$$

Se $P_1 = (x_1, y_1, z_1)$, de modo que $\overline{R}_1 = x_1\vec{i} + y_1\vec{j} + z_1\overline{k}$, então

$$\overline{N} \cdot (\overline{R}_1 - \overline{R}_0) = \overline{N} \cdot \overline{R}_1 - \overline{N} \cdot \overline{R}_0 = ax_1 + by_1 + cz_1 - D$$

e

$$|\overline{N}| = \sqrt{a^2 + b^2 + c^2}.$$

Portanto, substituindo na fórmula do Teorema 1, vemos que

$$d = \frac{|ax_1 + by_1 + cz_1 - D|}{\sqrt{a^2 + b^2 + c^2}}$$

fornece a distância do ponto $P_1 = (x_1, y_1, z_1)$ ao plano $ax + by + cz = D$.

EXEMPLO 1 Ache a distância d do ponto $P_1 = (1, 3, -4)$ ao plano $2x + 2y - z = 6$.

SOLUÇÃO
Neste caso $a = 2, b = 2, c = -1, D = 6, x_1 = 1, y_1 = 3, z_1 = -4$, e a distância dada por

$$d = \frac{|ax_1 + by_1 + cz_1 - D|}{\sqrt{a^2 + b^2 + c^2}} = \frac{|(2)(1) + (2)(3) + (-1)(-4) - 6|}{\sqrt{2^2 + 2^2 + (-1)^2}}$$

$$= \frac{6}{\sqrt{9}} = 2 \text{ unidades.}$$

2 Ache a distância (perpendicular) entre os planos paralelos $2x - y + 2z = -11$ e $2x - y + 2z + 2 = 0$.

A distância pedida é a distância de qualquer ponto do plano $2x - y + 2z = -11$ ao plano $2x - y + 2z + 2 = 0$. Por exemplo, o ponto $(-6, -1, 0)$ pertence ao plano $2x - y + 2z = -11$ e sua distância ao plano $2x - y + 2z + 2 = 0$ é dada por

$$d = \frac{|(2)(-6) + (-1)(-1) + (2)(0) + 2|}{\sqrt{2^2 + (-1)^2 + 2^2}} = \frac{|-9|}{3} = 3 \text{ unidades.}$$

6.2 Ângulo entre dois planos

Sejam $\overline{N}_0 \cdot (\overline{R} - \overline{R}_0) = 0$ e $\overline{N}_1 \cdot (\overline{R} - \overline{R}_1) = 0$ as equações de dois planos, com vetores normais $\overline{N}_0$ e $\overline{N}_1$ respectivamente. Definimos *o ângulo* α *entre dois planos* como o menor dos dois ângulos θ e $\pi - \theta$ onde θ é o ângulo entre $\overline{N}_0$ e $\overline{N}_1$ (Fig. 3). Como

$$\cos \theta = \frac{\overline{N}_0 \cdot \overline{N}_1}{|\overline{N}_0||\overline{N}_1|},$$

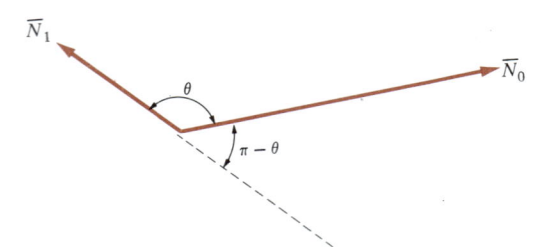

Fig. 3

é fácil perceber que o menor dos ângulos θ e $\pi - \theta$ é dado por

$$\alpha = \cos^{-1} \frac{|\bar{N}_0 \cdot \bar{N}_1|}{|\bar{N}_0||\bar{N}_1|} \qquad \text{(Exercício 45)}.$$

EXEMPLO 1 Naturalmente, os dois planos são ditos *perpendiculares* se $\alpha = \pi/2$ e *paralelos* se $\alpha = 0$.

Ache o ângulo entre os planos $3x - 2y + z = 5$ e $x + 2y - z = 17$.

SOLUÇÃO
Os vetores normais $\bar{N}_0$ e $\bar{N}_1$ aos dois planos são $\bar{N}_0 = 3\bar{i} - 2\bar{j} + \bar{k}$ e $\bar{N}_1 = \bar{i} + 2\bar{j} - \bar{k}$. Portanto,

$$\alpha = \cos^{-1} \frac{|\bar{N}_0 \cdot \bar{N}_1|}{|\bar{N}_0||\bar{N}_1|} = \cos^{-1} \frac{|-2|}{\sqrt{14}\sqrt{6}} = \cos^{-1} \frac{1}{\sqrt{21}} \approx 77{,}4°.$$

2 Ache a equação do plano que contém os pontos $P_0 = (1, 0, 3)$ e $P_1 = (0, 1, -2)$ e perpendicular ao plano $2x + 3y + z + 4 = 0$.

SOLUÇÃO
O ponto $P_0 = (1, 0, 3)$ pertence ao plano em questão, então a equação desejada tem a forma

$$\bar{N} \cdot (\bar{R} - \bar{R}_0) = 0,$$

onde $\bar{R}_0 = \overrightarrow{OP}_0 = \bar{i} + 3\bar{k}$ e o vetor normal $\bar{N}$ ainda precisa ser determinado. Como P_0 e P_1 pertencem ao plano, $\overrightarrow{P_0P}_1$ é perpendicular a $\bar{N}$. O plano $2x + 3y + z + 4 = 0$ tem vetor normal $\bar{N}_1 = 2\bar{i} + 3\bar{j} + \bar{k}$; logo $\bar{N}$ é perpendicular a $\bar{N}_1$, e os dois planos são perpendiculares. Assim, $\bar{N}$ será perpendicular a ambos os vetores $\overrightarrow{P_0P}_1$ e $\bar{N}_1$ contanto que tenhamos

$$\bar{N} = \overrightarrow{P_0P}_1 \times \bar{N}_1$$

$$= (-\bar{i} + \bar{j} - 5\bar{k}) \times (2\bar{i} + 3\bar{j} + \bar{k}) = \begin{vmatrix} \bar{i} & \bar{j} & \bar{k} \\ -1 & 1 & -5 \\ 2 & 3 & 1 \end{vmatrix} = 16\bar{i} - 9\bar{j} - 5\bar{k}.$$

A equação desejada é portanto

$$(16\bar{i} - 9\bar{j} - 5\bar{k}) \cdot [\bar{R} - (\bar{i} + 3\bar{k})] = 0 \quad \text{ou} \quad 16x - 9y - 5z - 1 = 0.$$

6.3 Distância entre um ponto e uma reta

O teorema seguinte estabelece uma fórmula útil para a distância de um ponto a uma reta no espaço.

TEOREMA 2 Distância de um ponto de uma reta

A distância d do ponto P_1, cujo vetor posição é $\bar{R}_1 = \overrightarrow{OP}_1$, a reta cuja equação vetorial é $\bar{M} \times (\bar{R} - \bar{R}_0) = \bar{0}$ é dada por

$$d = \frac{|\bar{M} \times (\bar{R}_1 - \bar{R}_0)|}{|\bar{M}|}.$$

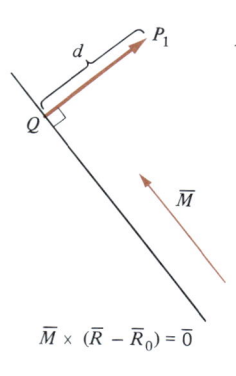

PROVA
Seja Q o ponto no pé da perpendicular traçada de P_1 à reta, de modo que $d = |\overrightarrow{QP}_1|$ (Fig. 4). Como $\overrightarrow{QP}_1$ é perpendicular a $\bar{M}$,

$$|\bar{M} \times \overrightarrow{QP}_1| = |\bar{M}||\overrightarrow{QP}_1| \operatorname{sen} 90° = |\bar{M}|d = d|\bar{M}|.$$

Se $\bar{R} = \overrightarrow{OQ}$ o vetor posição de Q, observando que

$$\bar{M} \times (\bar{R} - \bar{R}_0) = \bar{0}$$

Fig. 4

é válida desde que o ponto Q pertença à reta. Também,

$$\overrightarrow{OQ} + \overrightarrow{QP_1} = \overrightarrow{OP_1}; \quad \text{isto é}, \quad \bar{R} + \overrightarrow{QP_1} = \bar{R}_1.$$

Portanto, subtraindo $\bar{R}_0$ de ambos os lados, temos

$$\bar{R} - \bar{R}_0 + \overrightarrow{QP_1} = \bar{R}_1 - \bar{R}_0.$$

Fazendo agora o produto vetorial com $\bar{M}$ em ambos os lados e usando o fato de que $\bar{M} \times (\bar{R} - \bar{R}_0) = \bar{0}$, obtemos

$$\overline{M} \times \overrightarrow{QP_1} = \overline{M} \times (\bar{R}_1 - \bar{R}_0).$$

Logo,

$$|\overline{M} \times \overrightarrow{QP_1}| = |\overline{M} \times (\bar{R}_1 - \bar{R}_0)|; \quad \text{isto é}, \quad d|\overline{M}| = |\overline{M} \times (\bar{R}_1 - \bar{R}_0)|.$$

Dividindo a última equação por $|\bar{M}|$, obtemos a fórmula desejada para d.

EXEMPLO   Ache a distância d do ponto $P_1 = (1, 7, -3)$ à reta

$$\frac{x - 5}{2} = \frac{y + 4}{-1} = \frac{z + 6}{2}.$$

SOLUÇÃO

O vetor direção $\bar{M}$ da reta é dado por $\bar{M} = 2\bar{i} - \bar{j} + 2\bar{k}$ e $\bar{R}_0 = 5\bar{i} - 4\bar{j} - 6\bar{k}$ é o vetor posição de um ponto da reta. Assim $\bar{M} \times (\bar{R} - \bar{R}_0) = \bar{0}$ é a equação vetorial da reta. Fazendo $\bar{R}_1 = \overrightarrow{OP_1}$, temos $\bar{R}_1 = \bar{i} + 7\bar{j} - 3\bar{k}$, e então $\bar{R}_1 - \bar{R}_0 = -4\bar{i} + 11\bar{j} + 3\bar{k}$.

$$\overline{M} \times (\bar{R}_1 - \bar{R}_0) = \begin{vmatrix} i & j & \bar{k} \\ 2 & -1 & 2 \\ -4 & 11 & 3 \end{vmatrix} = -25i - 14j + 18\bar{k},$$

$$|\overline{M} \times (\bar{R}_1 - \bar{R}_0)| = \sqrt{(-25)^2 + (-14)^2 + (18)^2} = \sqrt{1145}, \text{ e}$$

$$d = \frac{|\overline{M} \times (\bar{R}_1 - \bar{R}_0)|}{|\overline{M}|} = \frac{\sqrt{1145}}{\sqrt{2^2 + (-1)^2 + 2^2}} = \frac{1}{3}\sqrt{1145} \text{ unidades.}$$

6.4 Distância entre duas retas no espaço

A distância entre duas retas *paralelas* no espaço é fácil de achar usando a fórmula do Teorema 2. Na verdade, só é necessário selecionar um ponto (qualquer ponto serve!) em uma reta e então encontrar a distância do ponto à outra reta. A distância entre duas retas não-paralelas no espaço pode ser achada usando o teorema seguinte, cuja prova é semelhante às provas dos Teoremas 1 e 2, e é deixado como exercício (problema 46).

TEOREMA 3   **Distância entre duas retas não paralelas no espaço**

Sejam

$$\overline{M}_0 \times (\bar{R} - \bar{R}_0) = \bar{0} \quad \text{e} \quad \overline{M}_1 \times (\bar{R} - \bar{R}_1) = \bar{0}$$

as equações vetoriais de duas retas no espaço e suponha que $M_0 \times \bar{M}_1 \neq \bar{O}$, isto é, as duas retas não são paralelas. Então a distância d entre as duas retas é dada por

$$d = \frac{|(\overline{M}_0 \times \overline{M}_1) \cdot (\bar{R}_1 - \bar{R}_0)|}{|\overline{M}_0 \times \overline{M}_1|}.$$

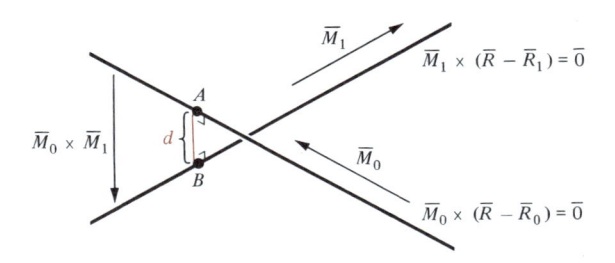

Fig. 5

Observe que a distância d do Teorema 3 é o comprimento do segmento de reta $\overline{AB}$ *mais curto* entre um ponto A na primeira reta e um ponto B na segunda reta (Fig. 5). Evidentemente, o segmento de reta $\overline{AB}$ é perpendicular a ambas as retas. (Por quê?)

Como duas retas se interceptam se e somente se a distância entre elas é zero, o Teorema 3 tem a seguinte conseqüência: As retas não-paralelas

$$\overline{M}_0 \times (\overline{R} - \overline{R}_0) = \overline{0} \quad \text{e} \quad \overline{M}_1 \times (\overline{R} - \overline{R}_1) = \overline{0}$$

se interceptam no espaço se e somente se $(\bar{M}_0 \times \bar{M}_1) \cdot (\bar{R}_1 - \bar{R}_0) = 0$.

EXEMPLOS 1   Ache a distância entre a reta $\dfrac{x+2}{3} = y - 1 = \dfrac{z+1}{-2}$ e a reta $\dfrac{x-3}{-1} = \dfrac{y-1}{4} = z$.

Solução

Aqui $\overline{M}_0 = 3i + j - 2\overline{k}, \overline{R}_0 = -2i + j - \overline{k}, \overline{M}_1 = -i + 4j + \overline{k},$

e $\overline{R}_1 = 3i + j + 0\overline{k};$

logo,

$$\overline{M}_0 \times \overline{M}_1 = \begin{vmatrix} \overline{i} & \overline{j} & \overline{k} \\ 3 & 1 & -2 \\ -1 & 4 & 1 \end{vmatrix} = 9i - j + 13\overline{k}, \qquad \overline{R}_1 - \overline{R}_0 = 5\overline{i} + 0\overline{j} + \overline{k}, \quad \text{e}$$

$$(\overline{M}_0 \times \overline{M}_1) \cdot (\overline{R}_1 - \overline{R}_0) = (9\overline{i} - \overline{j} + 13\overline{k}) \cdot (5\overline{i} + 0\overline{j} + \overline{k}) = 58.$$

Logo,

$$d = \frac{|(\overline{M}_0 \times \overline{M}_1) \cdot (\overline{R}_1 - \overline{R}_0)|}{|\overline{M}_0 \times \overline{M}_1|} = \frac{|58|}{\sqrt{9^2 + (-1)^2 + 13^2}} = \frac{58}{\sqrt{251}} \text{ unidades.}$$

2 (a) Mostre que as duas retas

$$\frac{x+9}{5} = \frac{y+11}{7} = -z \quad \text{e} \quad x - 2 = \frac{y-5}{2} = \frac{z-1}{3}$$

se encontram no espaço.
(b) Ache as coordenadas do ponto de interseção.

Solução
(a) Os vetores direção $\bar{M}_0$ e $\bar{M}_1$ e os vetores posição $\bar{R}_0$ e $\bar{R}_1$ de pontos nas duas retas, respectivamente, são dados por

$$\overline{M}_0 = 5\overline{i} + 7\overline{j} - \overline{k}, \qquad \overline{R}_0 = -9\overline{i} - 11\overline{j},$$
$$\overline{M}_1 = \overline{i} + 2\overline{j} + 3\overline{k}, \qquad \overline{R}_1 = 2\overline{i} + 5\overline{j} + \overline{k}.$$

Temos então

$$\overline{M}_0 \times \overline{M}_1 = \begin{vmatrix} \bar{i} & \bar{j} & \bar{k} \\ 5 & 7 & -1 \\ 1 & 2 & 3 \end{vmatrix} = 23\bar{i} - 16\bar{j} + 3\bar{k},$$

de modo que

$$(\overline{M}_0 \times \overline{M}_1) \cdot (\overline{R}_1 - \overline{R}_0) = (23\bar{i} - 16\bar{j} + 3\bar{k}) \cdot (11\bar{i} + 16\bar{j} + \bar{k})$$
$$= 253 - 256 + 3 = 0;$$

logo, as duas retas encontram-se no espaço.

(b) Seja (x_0, y_0, z_0) o ponto de interseção. E fazendo o valor comum de

$$\frac{x_0 + 9}{5}, \frac{y_0 + 11}{7}, \text{ e } - z_0 \text{ igual a } t_0, \text{ temos}$$

$$\frac{x_0 + 9}{5} = \frac{y_0 + 11}{7} = -z_0 = t_0.$$

Resolvendo estas equações para x_0, y_0 e z_0, obtemos

$$x_0 = -9 + 5t_0, \qquad y_0 = -11 + 7t_0, \qquad \text{e} \qquad z_0 = -t_0.$$

Igualmente, fazendo o valor comum de $x_0 - 2$, $\dfrac{y_0 - 5}{2}$, e $\dfrac{z_0 - 1}{3}$

igual a u_0, temos

$$x_0 - 2 = \frac{y_0 - 5}{2} = \frac{z_0 - 1}{3} = u_0,$$

de modo que

$$x_0 = 2 + u_0, \qquad y_0 = 5 + 2u_0, \qquad \text{e} \qquad z_0 = 1 + 3u_0.$$

Das equações $\qquad x_0 = -9 + 5t_0 \quad$ e $\quad x_0 = 2 + u_0$, temos

$$-9 + 5t_0 = 2 + u_0.$$

Das equações $\qquad y_0 = -11 + 7t_0 \quad$ e $\quad y_0 = 5 + 2u_0$, temos

$$-11 + 7t_0 = 5 + 2u_0.$$

Das equações $\qquad z_0 = -t_0 \quad$ e $\quad z_0 = 1 + 3u_0$, temos

$$-t_0 = 1 + 3u_0.$$

Assim, temos três equações e duas incógnitas, t_0 e u_0:

$$\begin{cases} -9 + 5t_0 = 2 + u_0 \\ -11 + 7t_0 = 5 + 2u_0 \\ -t_0 = 1 + 3u_0. \end{cases}$$

Resolvendo, digamos as duas últimas equações, obtemos:

$$u_0 = -1 \qquad \text{e} \qquad t_0 = 2,$$

que também satisfaz à primeira equação. Portanto

$$x_0 = 2 + u_0 = 2 + (-1) = 1,$$
$$y_0 = 5 + 2u_0 = 5 - 2 = 3, \quad \text{e}$$
$$z_0 \doteq 1 + 3u_0 = 1 - 3 = -2.$$

O ponto $(1, 3, -2)$ é o ponto de interseção desejado.

6.5 Ângulo entre duas retas

Considere as duas retas $\bar{M}_0 \times (\bar{R} - \bar{R}_0) = \bar{0}$ e $\bar{M}_1 \times (\bar{R} - \bar{R}_1) = \bar{0}$, com vetores direção $\bar{M}_0$ e $\bar{M}_1$, respectivamente. Se θ é o ângulo entre $\bar{M}_0$ e $\bar{M}_1$, definimos *o ângulo α entre duas retas* como o menor dos ângulos θ e $\pi - \theta$. Exatamente como na Seção 6.2, temos

$$\alpha = \cos^{-1} \frac{|\bar{M}_0 \cdot \bar{M}_1|}{|\bar{M}_0||\bar{M}_1|}.$$

Observe que, pela definição, falamos do ângulo α entre duas retas mesmo que essas retas não se encontrem no espaço. Em particular, as duas retas são ditas *perpendiculares* se $\alpha = \pi/2$ e são *paralelas* se $\alpha = 0$.

EXEMPLO Ache o ângulo entre as duas retas:

$$\frac{x - 5}{-7} = y + 3, \qquad z = 2, \qquad \text{e} \qquad \frac{x - 3}{5} = \frac{y - 5}{3} = \frac{z - 7}{-2}.$$

SOLUÇÃO

Aqui $\bar{M}_0 = -7\bar{i} + \bar{j} + 0\bar{k}$ e $\bar{M}_1 = 5\bar{i} + 3\bar{j} - 2\bar{k}$; então,

$$\alpha = \cos^{-1} \frac{|\bar{M}_0 \cdot \bar{M}_1|}{|\bar{M}_0||\bar{M}_1|} = \cos^{-1} \frac{|-32|}{\sqrt{50}\sqrt{38}} = \cos^{-1} \frac{16}{5\sqrt{19}} \approx 42{,}77°.$$

6.6 Interseção de planos

Dois planos não-paralelos $a_0 x + b_0 y + c_0 z = D_0$ e $a_1 x + b_1 y + c_1 z = D_1$ interceptam-se em uma reta l (Fig. 6). Os vetores normais dos dois planos são dados por

$$\bar{N}_0 = a_0\bar{i} + b_0\bar{j} + c_0\bar{k} \qquad \text{e} \qquad \bar{N}_1 = a_1\bar{i} + b_1\bar{j} + c_1\bar{k},$$

respectivamente. Como l está contida em ambos os planos, ela é perpendicular a ambos os vetores normais $\bar{N}_0$ e $\bar{N}_1$; logo, l é paralela ao vetor $\bar{M} = \bar{N}_0 \times \bar{N}_1$. A equação de l, na forma vetorial, é, portanto,

$$\bar{M} \times (\bar{R} - \bar{R}_0) = \bar{0},$$

onde $\bar{R}_0$ é o vetor posição de qualquer ponto particular P_0 em l. Para achar tal ponto P_0, achemos qualquer solução (x_0, y_0, z_0) para as duas equações algébricas

$$\begin{cases} a_0 x + b_0 y + c_0 z = D_0 \\ a_1 x + b_1 y + c_1 z = D_1. \end{cases}$$

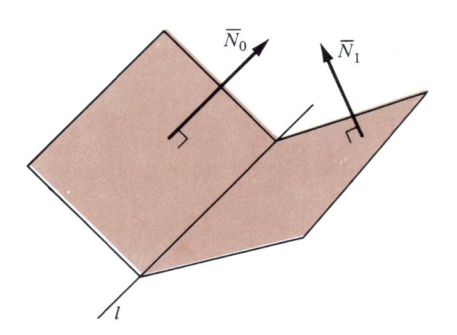

Fig. 6

Isto pode ser resolvido com facilidade, igualando a zero uma das três variáveis x, y ou z e resolvendo o par de equações para duas variáveis.

EXEMPLO   Ache as equações na forma simétrica da reta interseção dos planos

$$3x + 2y + z = 4 \quad \text{e} \quad x - 3y + 5z = 7.$$

SOLUÇÃO

Os vetores normais aos dois planos são dados por $\bar{N}_0 = 3\bar{i} + 2\bar{j} + \bar{k}$ e $\bar{N}_1 = \bar{i} - 3\bar{j} + 5\bar{k}$; logo, um vetor direção $\bar{M}$ para a reta de interseção é dado por

$$\overline{M} = \overline{N}_0 \times \overline{N}_1 = \begin{vmatrix} \bar{i} & \bar{j} & \bar{k} \\ 3 & 2 & 1 \\ 1 & -3 & 5 \end{vmatrix} = 13\bar{i} - 14\bar{j} - 11\bar{k}.$$

Para achar um ponto (x_0, y_0, z_0) comum a ambos os planos, fazemos $y = y_0 = 0$ em ambas equações,

$$\begin{cases} 3x + 2y + z = 4 \\ x - 3y + 5z = 7, \end{cases}$$

e resolvemos as equações

$$\begin{cases} 3x + z = 4 \\ x + 5z = 7 \end{cases}$$

para obter $x = x_0 = {}^{13}/_{14}$ e $z = z_0 = {}^{17}/_{14}$. O ponto $(x_0, y_0, z_0) = ({}^{13}/_{14}, 0, {}^{17}/_{14})$ pertence a ambos os planos; logo, ele pertence à reta em que eles se interceptam. As equações para a reta na forma simétrica são

$$\frac{x - \frac{13}{14}}{13} = \frac{y - 0}{-14} = \frac{z - \frac{17}{14}}{-11}.$$

Conjunto de Problemas 6

Nos problemas 1 a 6, ache a distância do ponto dado ao plano indicado.

1 $(3, 2, -1)$; $7x - 6y + 6z = 8$

2 $(0, 0, 0)$; $2x + y - 2z + 7 = 0$

3 $(-2, 8, -3)$; $9x - y - 4z = 0$

4 $(-1, 2, -1)$; $x + y = 6$

5 $(0, -3, 0)$; $2x - 7y + z - 1 = 0$

6 $(4, -4, 1)$; $2x + y - z = 3$

Nos problemas 7 e 8, ache a distância (perpendicular) entre os dois planos paralelos dados

7 $8x + y - 4z + 6 = 0$; $8x + y - 4z = 24$

8 $2x + y - z = 12$; $8x + 4y - 4z = 7$

Nos problemas 9 a 12, ache o ângulo α entre os dois planos dados

9 $x - 2y + 3z = 4$; $-2x + 2y - z = 3$

10 $3x - z = 7$; $2y + 4z = 5$

11 $4x - 4y + 7z = 31$; $3x - 2y - 6z = 11$

12 $2x + 3y + 5z = 17$; $x = 4$

13   Ache um número c de modo que o plano $(c + 1)x - y + (2 - c)z = 5$ seja perpendicular ao plano $2x + 6y - z + 3 = 0$.

14 Ache a equação do plano paralelo aos dois planos $8x - y + 3z = 12$ e $8x - y + 3z - 17 = 0$, e que esteja à mesma distância dos dois planos.

Nos problemas 15 a 17, ache a equação na forma cartesiana (escalar) do plano que satisfaz as condições dadas.

15 Contendo os pontos $(-1, 3, 2)$ e $(-2, 0, 1)$ e perpendicular ao plano $3x - 2y + z = 15$.

16 Contendo a origem, perpendicular do plano $14x + 2y + 11 = 0$, e com vetor normal fazendo $45°$ com o vetor $\bar{k}$.

17 Contendo o ponto $(2, 0, 1)$ e perpendicular aos dois planos $2x - 4y - z = 7$ e $x - y + z = 1$.

18 Mostre que a distância d entre os dois planos paralelos $ax + by + cz = D_1$ e $ax + by + cz = D_2$ é dada por

$$d = \frac{|D_1 - D_2|}{\sqrt{a^2 + b^2 + c^2}}.$$

19 Ache a fórmula para a distância entre a origem e o plano $ax + by + cz = D$.

20 Mostre que, se o ponto P_1, com vetor posição $\bar{R}_1$, está do mesmo lado do plano $\bar{N} \cdot (\bar{R} - \bar{R}_0) = 0$ como o vetor normal $\bar{N}$ (quando a extremidade de $\bar{N}$ estiver sobre o plano) então $\dfrac{\bar{N} \cdot (\bar{R}_1 - \bar{R}_0)}{|\bar{N}|}$ é positivo.

Nos problemas 21 a 24, ache a distância d do ponto à reta indicada.

21 $(1, 2, 3)$; $\dfrac{x + 1}{2} = \dfrac{y - 3}{-1} = \dfrac{z - 4}{3}$

22 $(0, 0, 0)$; $x = \dfrac{y - 1}{2}$ e $z = 4$

23 $(-1, -1, -1)$; $x - 2 = \dfrac{y - 2}{3} = \dfrac{z - 2}{-3}$

24 $(0, 0, 0)$; $\dfrac{x - x_0}{a} = \dfrac{y - y_0}{b} = \dfrac{z - z_0}{c}$

Nos problemas 25 a 28, ache a distância d entre as duas retas dadas

25 $\dfrac{x - 1}{2} = \dfrac{y - 3}{-2} = \dfrac{z + 4}{-1}$ e $\dfrac{x}{2} = \dfrac{y + 1}{3} = \dfrac{z + 2}{6}$

26 $\dfrac{x - x_0}{a} = \dfrac{y - y_0}{b} = \dfrac{z - z_0}{c}$ e o eixo de x

27 $\dfrac{x + 2}{4} = \dfrac{y - 2}{-4} = \dfrac{z}{7}$ e o eixo de y

28 $\begin{cases} x = 4 - 4t \\ y = -4 + 4t \\ z = 7 - 7t \end{cases}$ e $\begin{cases} x = 2t \\ y = 2t \\ z = t \end{cases}$

Nos problemas 29 e 30, determine quando as duas retas encontram-se ou não no espaço. Se elas se encontram, ache o ponto de interseção.

29 $\dfrac{x - 5}{2} = \dfrac{y - 3}{-1} = \dfrac{z - 1}{-3}$ e $\dfrac{x - 11}{7} = \dfrac{y}{8} = \dfrac{z + 8}{-2}$

30 $\dfrac{x - 3}{5} = \dfrac{y - 5}{3} = z$ e $\dfrac{x - 7}{6} = \dfrac{y + 6}{-7} = \dfrac{z - 2}{3}$

Nos problemas 31 e 32, ache o ângulo α entre as duas retas dadas.

31 $\dfrac{x}{2} = \dfrac{y}{2} = \dfrac{z}{1}$ e $\dfrac{x - 3}{5} = \dfrac{y - 2}{4} = \dfrac{z + 1}{-3}$

32 $\dfrac{x - 1}{6} = \dfrac{y - 2}{1} = \dfrac{z - 3}{10}$ e $\dfrac{x}{-2} = \dfrac{y + 1}{3} = \dfrac{z}{-6}$

33 Considere as duas retas $\dfrac{x}{1} = \dfrac{y + 3}{2} = \dfrac{z + 1}{3}$ e $\dfrac{x - 3}{2} = \dfrac{y}{1} = \dfrac{z - 1}{-1}$.

    (a) Ache o ângulo α entre elas.
    (b) Mostre que elas se interceptam no espaço.
    (c) Ache o ponto de interseção das duas retas.

34 Dê uma condição necessária e suficiente para a reta $\begin{cases} x = x_0 + at \\ y = y_0 + bt \\ z = z_0 + ct \end{cases}$ interceptar o eixo x.

35 Um certo plano contém os dois pontos $(1, 0, 1)$ e $(1, 1, 0)$ mas não contém nenhum

ponto da reta $\dfrac{x}{1} = \dfrac{y}{1} = \dfrac{z-1}{1}$. Ache a equação cartesiana deste plano.

Nos problemas 36 a 38, determine quando os dois planos dados são paralelos ou não. Se eles não forem paralelos, ache as equações da reta de interseção na forma escalar simétrica.

36 $\begin{cases} 2x - 3y + 4z = 5 \\ 6x - 9y + 8z = 1 \end{cases}$ 　 **37** $\begin{cases} 3x + y - 2z = 7 \\ 6x - 5y - 4z = 7 \end{cases}$ 　 **38** $\begin{cases} x + 2y + 3z = 1 \\ -3x - 6y - 9z = 2 \end{cases}$

39 Ache a equação do plano que contém os pontos $P_1 = (1, 0, -1)$ e $P_2 = (-1, 2, 1)$ e é paralelo à reta de interseção dos planos $3x + y - 2z = 6$ e $4x - y + 3z = 0$

40 Mostre que as duas retas

$$\begin{cases} x = -1 + 2t \\ y = 1 + t \\ z = -1 - 2t \end{cases} \quad \text{e} \quad \begin{cases} x = -7 + 3t \\ y = -3 + 2t \\ z = 1 - t \end{cases}$$

se encontram no espaço e ache a equação na forma cartesiana do plano que as contém.

41 Ache a equação do plano que contém a reta $\dfrac{x-2}{3} = \dfrac{y}{-1} = \dfrac{z+3}{2}$ mas não intercepta a reta

$$\begin{cases} x = 4t - 1 \\ y = 2t + 2 \\ z = 3t. \end{cases}$$

42 Seja l_1 a reta de interseção dos dois planos $\begin{cases} x + y - 3z = 0 \\ 2x + 3y - 8z = 1 \end{cases}$ e seja l_2 a reta de

interseção dos dois planos $\begin{cases} 3x - y - z = 3 \\ x + y - 3z = 5. \end{cases}$

(a) Mostre que l_1 e l_2 são retas paralelas.
(b) Ache a equação cartesiana do plano contendo l_1 e l_2.

43 Ache um ponto na reta $x = y = z$ que é eqüidistante dos pontos $(3, 0, 5)$ e $(1, -1, 4)$.

44 (a) Dê uma definição razoável do ângulo α entre a reta $\bar{M}_0 \times (\bar{R} - \bar{R}_0) = \bar{0}$ e o plano

$$\bar{N}_1 \cdot (\bar{R} - \bar{R}_1) = 0.$$

(b) Mostre que o ângulo α do item (a) é dado por

$$\alpha = \operatorname{sen}^{-1} \dfrac{|\bar{M}_0 \cdot \bar{N}_1|}{|\bar{M}_0||\bar{N}_1|}.$$

(c) Ache o ângulo entre a reta $\dfrac{x}{2} = \dfrac{y-1}{-2} = \dfrac{z-3}{2}$ e o plano $2x + 2y - z = 6$.

(d) Ache o ângulo entre a reta $\dfrac{x-1}{3} = \dfrac{y}{1}$, $z = 0$, e o plano $x + 2y = 7$.

45 Se θ é o ângulo entre os vetores não-nulos $\bar{N}_0$ e $\bar{N}_1$, mostre que

$\alpha = \cos^{-1} \dfrac{|\bar{N}_0 \cdot \bar{N}_1|}{|\bar{N}_0||\bar{N}_1|}$ sempre fornece o menor dos dois ângulos θ e $\pi - \theta$.

46 Prove o Teorema 3.

47 Um*tetraedro* é uma pirâmide com quatro vértices P_0, P_1, P_2 e P_3 e quatro faces triangulares (Fig. 7). Seu volume V é um terço da distância de P_0 à base $P_1 P_2 P_3$ vezes a área da base. Ache uma fórmula para o volume V em termos das coordenadas dos vértices

$$P_0 = (x_0, y_0, z_0),\ P_1 = (x_1, y_1, z_1),\ P_2 = (x_2, y_2, z_2),\ \text{e}\ P_3 = (x_3, y_3, z_3).$$

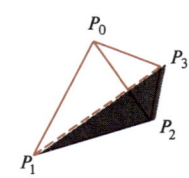

Fig. 7

7 Funções Vetoriais e Curvas no Espaço

O conceito de uma função vetorial e os resultados obtidos nas Seções de 6 a 9 do Cap. 14 podem ser estendidos para vetores no espaço tridimensional. Na verdade, todas as definições nestas seções foram formuladas de modo a serem aplicáveis não somente a vetores no plano xy, mas também a vetores no espaço. Além disso, todos os resultados sobre continuidade e diferenciabilidade de funções vetoriais continuam válidos para o espaço xyz, contanto que os vetores estejam escritos em termos de seus três componentes escalares. Por exemplo, se $\bar{F}$ é uma função vetorial do escalar t, então

$$\bar{F}(t) = u(t)\bar{i} + v(t)\bar{j} + w(t)\bar{k},$$

onde u, v e w são os *três* componentes escalares, funções de $\bar{F}$; ademais, $\bar{F}$ é diferenciável se e somente se u, v e w forem diferenciáveis. Se u, v e w são diferenciáveis, então

$$\bar{F}'(t) = u'(t)\bar{i} + v'(t)\bar{j} + w'(t)\bar{k},$$

e assim por diante.

Os resultados referentes ao produto vetorial de duas funções vetoriais é exatamente como se poderia supor. Realmente, se $\bar{F}$ e $\bar{G}$ são duas funções vetoriais, então:

1 Se $\lim\limits_{t \to c} \bar{F}(t)$ e $\lim\limits_{t \to c} \bar{G}(t)$ existem, temos que $\lim\limits_{t \to c} [\bar{F}(t) \times \bar{G}(t)]$ existe e

$$\lim_{t \to c} [\bar{F}(t) \times \bar{G}(t)] = \left[\lim_{t \to c} \bar{F}(t) \right] \times \left[\lim_{t \to c} \bar{G}(t) \right].$$

2 Se $\bar{F}$ e $\bar{G}$ são contínuas, também será a função $\bar{H}$ definida por

$$\bar{H}(t) = \bar{F}(t) \times \bar{G}(t).$$

3 Se $\bar{F}$ e $\bar{G}$ são diferenciáveis e $\bar{H}$ é definida por $\bar{H}(t) = \bar{F}(t) \times \bar{G}(t)$, então $\bar{H}$ é diferenciável e

$$\bar{H}'(t) = \bar{F}'(t) \times \bar{G}(t) + \bar{F}(t) \times \bar{G}'(t).$$

Estes fatos são fáceis de verificar se considerarmos os componentes escalares, funções de $\bar{F}$ e $\bar{G}$ (exercícios 34, 35 e 36). Usando a notação de Leibniz, podemos reescrever a equação da derivada do produto vetorial como

$$\frac{d}{dt} (\bar{F} \times \bar{G}) = \frac{d\bar{F}}{dt} \times \bar{G} + \bar{F} \times \frac{d\bar{G}}{dt}.$$

EXEMPLO Considerando que $\bar{F}$, $\bar{G}$ e $\bar{H}$ são funções vetoriais de t, encontre uma fórmula para a derivada do produto misto $(\bar{F} \times \bar{G}) \cdot \bar{H}$.

SOLUÇÃO

$$\frac{d}{dt} [(\bar{F} \times \bar{G}) \cdot \bar{H}] = \left[\frac{d}{dt} (\bar{F} \times \bar{G}) \right] \cdot \bar{H} + (\bar{F} \times \bar{G}) \cdot \frac{d\bar{H}}{dt}$$

$$= \left[\frac{d\bar{F}}{dt} \times \bar{G} + \bar{F} \times \frac{d\bar{G}}{dt} \right] \cdot \bar{H} + (\bar{F} \times \bar{G}) \cdot \frac{d\bar{H}}{dt}$$

$$= \left(\frac{d\bar{F}}{dt} \times \bar{G} \right) \cdot \bar{H} + \left(\bar{F} \times \frac{d\bar{G}}{dt} \right) \cdot \bar{H} + (\bar{F} \times \bar{G}) \cdot \frac{d\bar{H}}{dt}.$$

7.1 Curvas e movimento no espaço

Se $\bar{F}$ é uma função vetorial tridimensional, então uma equação vetorial da forma $\bar{R} = \bar{F}(t)$ pode ser vista como especificando um vetor posição $\bar{R}$ variável com respeito ao parâmetro t. À medida que t varia, $\bar{R}$ percorre a curva no espaço (Fig. 1). Por exemplo, se $\bar{M}$ é um vetor constante não-nulo, então o vetor posição $\bar{R}$ dado por

$$\bar{R} = \bar{R}_0 + t\bar{M}$$

percorre uma reta no espaço, como foi visto na Seção 5.

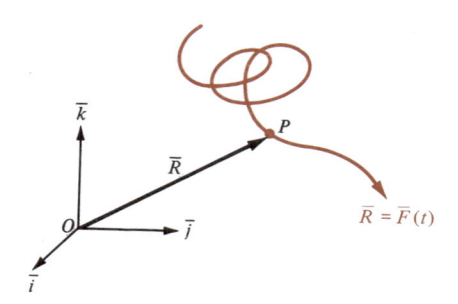

Fig. 1

Podemos sempre considerar $\bar{R} = \bar{F}(t)$ fornecendo o vetor posição de uma partícula P em movimento em relação ao tempo t. Pelas mesmas considerações feitas na Seção 7 do Cap. 14, uma partícula P movimentando-se no espaço de acordo com a *equação de movimento*

$$\bar{R} = \bar{F}(t) = x\bar{i} + y\bar{j} + z\bar{k},$$

onde x, y e z são funções do tempo t, tem um *vetor velocidade* $\bar{V}$ dado por

$$\bar{V} = \frac{d\bar{R}}{dt} = \frac{dx}{dt}\,i + \frac{dy}{dt}\,j + \frac{dz}{dt}\,\bar{k} = \bar{F}'(t)$$

e um *vetor aceleração* $\bar{A}$ dado por

$$\bar{A} = \frac{d\bar{V}}{dt} = \frac{d^2\bar{R}}{dt^2} = \frac{d^2x}{dt^2}\,i + \frac{d^2y}{dt^2}\,j + \frac{d^2z}{dt^2}\,\bar{k} = \bar{F}''(t).$$

Raciocinando exatamente como em duas dimensões, concluímos que o vetor velocidade $\bar{V}$ é sempre tangente ao percurso feito por P. Também, o comprimento $|\bar{V}|$ do vetor velocidade fornece sempre a *velocidade* instantânea v de P; isto é

$$v = \frac{ds}{dt} = |\bar{V}| = \left|\frac{d\bar{R}}{dt}\right| = \sqrt{\left(\frac{dx}{dt}\right)^2 + \left(\frac{dy}{dt}\right)^2 + \left(\frac{dz}{dt}\right)^2},$$

onde s é o comprimento do arco medido ao longo do trajeto de P (Fig. 2).

EXEMPLO   Uma partícula P está se movendo no espaço de acordo com a equação de movimento $\bar{R} = (4\cos t)\bar{i} + (4\,\text{sen}\,t)\bar{j} + t^2\bar{k}$. No instante em que $t = \pi/2$ encontre (a) o vetor velocidade $\bar{V}$, (b) a velocidade de v e (c) o vetor aceleração $\bar{A}$.

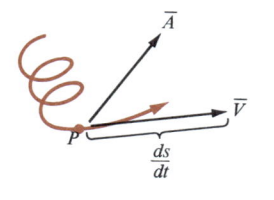

Fig. 2

SOLUÇÃO
Em qualquer tempo t temos $\bar{V} = d\bar{R}/dt = (-4\,\text{sen}\,t)\bar{i} + (4\cos t)\bar{j} + 2t\bar{k}$, e $\bar{A} = d\bar{V}/dt = -(4\cos t)\bar{i} - (4\,\text{sen}\,t)\bar{j} + 2\bar{k}$. Portanto, no instante $t = \pi/2$,

(a) $\bar{V} = \left(-4\,\text{sen}\,\dfrac{\pi}{2}\right)\bar{i} + \left(4\cos\dfrac{\pi}{2}\right)\bar{j} + 2\,\dfrac{\pi}{2}\,\bar{k} = -4\bar{i} + \pi\bar{k}$.

(b) $v = |\bar{V}| = \sqrt{16 + \pi^2}$.

(c) $\bar{A} = \left(-4\cos\dfrac{\pi}{2}\right)\bar{i} - 4\left(\text{sen}\,\dfrac{\pi}{2}\right)\bar{j} + 2\bar{k} = -4\bar{j} + 2\bar{k}$.

7.2 Vetor tangente e comprimento de arco

Seja $\bar{R} = \bar{F}(t)$ a equação vetorial paramétrica de uma curva no espaço. Então, contanto que $|d\bar{R}/dt| \neq 0$, um vetor tangente unitário à curva é dado por

$$\bar{T} = \frac{d\bar{R}/dt}{|d\bar{R}/dt|} = \frac{d\bar{R}/dt}{ds/dt} = \frac{\bar{V}}{v}.$$

Observe que

$$\bar{V} = \frac{ds}{dt}\,\bar{T} = v\bar{T},$$

de modo que o vetor velocidade é obtido multiplicando o vetor unitário tangente pela velocidade. Daqui por diante, consideremos $|d\bar{R}/dt| \neq 0$, de modo que $\bar{T}$ é definido como acima.

Como $\dfrac{ds}{dt} = \left|\dfrac{d\bar{R}}{dt}\right| = \sqrt{\left(\dfrac{dx}{dt}\right)^2 + \left(\dfrac{dy}{dt}\right)^2 + \left(\dfrac{dz}{dt}\right)^2}$, o comprimento do

arco da parte da curva $\bar{R} = \bar{F}(t)$ entre os pontos correspondentes a $t = a$ e $t = b$, respectivamente, é dado por

$$s = \int_a^b \left|\frac{d\bar{R}}{dt}\right| dt = \int_a^b \sqrt{\left(\frac{dx}{dt}\right)^2 + \left(\frac{dy}{dt}\right)^2 + \left(\frac{dz}{dt}\right)^2}\, dt.$$

EXEMPLO   Seja C a curva cuja equação vetorial paramétrica é $\bar{R} = \sqrt{6}t^2\bar{i} + 3t\bar{j} + \tfrac{4}{3}t^3\bar{k}$. Ache (a) o vetor tangente unitário $\bar{T}$ a C quando $t = 1$ e (b) o comprimento do arco s de c entre os pontos onde $t = 0$ e onde $t = 1$.

SOLUÇÃO
Aqui $d\bar{R}/dt = 2\sqrt{6}\,t\bar{i} + 3\bar{j} + 4t^2\bar{k}$, de modo que

$$\left|\frac{d\bar{R}}{dt}\right| = \sqrt{24t^2 + 9 + 16t^4} = \sqrt{(4t^2 + 3)^2} = 4t^2 + 3,\ \ \text{e}$$

$$\bar{T} = \frac{d\bar{R}/dt}{|d\bar{R}/dt|} = \frac{2\sqrt{6}\,t\bar{i} + 3\bar{j} + 4t^2\bar{k}}{4t^2 + 3}\ \ \text{e}\ \ \text{para qualquer valor de t.}$$

(a) Para $t = 1$, temos $\bar{T} = \dfrac{2\sqrt{6}\,\bar{i} + 3\bar{j} + 4\bar{k}}{7}$.

(b) $s = \displaystyle\int_0^1 \left|\frac{d\bar{R}}{dt}\right| dt = \int_0^1 (4t^2 + 3)\, dt = \frac{13}{3}$ unidades.

7.3 Vetor normal e curvatura

Chamaremos a seguir de s, o comprimento do arco medido ao longo da curva C entre o ponto fixo inicial P_0 e o ponto P cujo vetor posição é $\bar{R} = \bar{F}(t)$ (Fig. 3). Então, pela regra da cadeia,

$$\frac{d\bar{R}}{ds} = \frac{d\bar{R}}{dt}\frac{dt}{ds} = \frac{d\bar{R}/dt}{ds/dt} = \bar{T}.$$

O vetor $d\bar{T}/ds$ é ainda chamado de *vetor curvatura*, assim como era em duas dimensões. No espaço tridimensional, não nos preocupamos em dar um sinal algébrico à *curvatura k* e simplesmente definimos $\kappa = \left| \dfrac{d\bar{T}}{ds} \right|$, de modo que $\kappa \geq 0$.

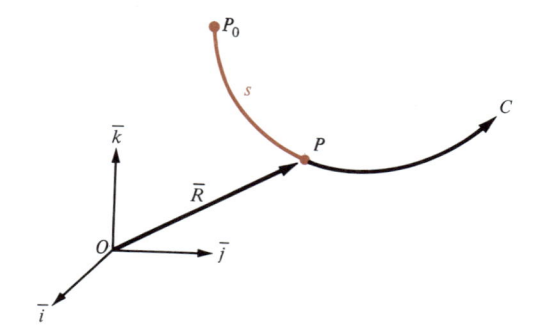

Fig. 3

Como $\bar{T}$ é um vetor unitário $\bar{T} \cdot \bar{T} = 1$. Diferenciando em relação a s, obtemos

$$\frac{d}{ds}(\bar{T} \cdot \bar{T}) = \frac{d\bar{T}}{ds} \cdot \bar{T} + \bar{T} \cdot \frac{d\bar{T}}{ds} = 2\bar{T} \cdot \frac{d\bar{T}}{ds} = 0; \quad \text{isto é,}$$

$$\bar{T} \cdot \frac{d\bar{T}}{ds} = 0.$$

Portanto, o vetor de curvatura $d\bar{T}/ds$ é sempre perpendicular ao vetor tangente $\bar{T}$. Se $\kappa \neq 0$, então o vetor $\bar{N}$ definido

$$\bar{N} = \frac{d\bar{T}/ds}{|d\bar{T}/ds|} = \frac{d\bar{T}/ds}{\kappa}$$

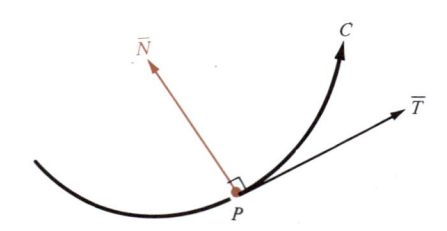

Fig. 4

é conseqüentemente um vetor unitário perpendicular ao vetor tangente $\bar{T}$. Assim como em duas dimensões, referimo-nos ao vetor $\bar{N}$ como *vetor normal unitário principal* à curva C (Fig. 4). Observe que

$$\frac{d\bar{T}}{ds} = \kappa\bar{N}.$$

Se diferenciarmos ambos os lados da equação $\bar{V} = v\bar{T}$ em relação a t, obteremos

$$\bar{A} = \frac{d\bar{V}}{dt} = \frac{dv}{dt}\bar{T} + v\frac{d\bar{T}}{dt} = \frac{dv}{dt}\bar{T} + v\frac{ds}{dt}\frac{d\bar{T}}{ds} \quad \text{ou} \quad \bar{A} = \frac{dv}{dt}\bar{T} + v^2\kappa\bar{N};$$

logo, mesmo no espaço tridimensional, o vetor aceleração $\bar{A}$ decompõe-se em uma *componente vetorial tangencial* $\dfrac{dv}{dt}\bar{T}$ e *uma componente vetorial normal* $v^2\kappa\bar{N}$.

Fazendo o produto vetorial com $\bar{V}$ em ambos os lados da equação $\bar{A} = \dfrac{dv}{dt}\bar{T} + v^2\kappa\bar{N}$, e usando o fato de que $\bar{V} = v\bar{T}$, obtemos

$$\bar{V} \times \bar{A} = \frac{dv}{dt}(\bar{V} \times \bar{T}) + v^2\kappa(\bar{V} \times \bar{N}) = \frac{dv}{dt}v(\bar{T} \times \bar{T}) + v^2\kappa v(\bar{T} \times \bar{N})$$

$$= \bar{0} + v^3\kappa(\bar{T} \times \bar{N}) = v^3\kappa(\bar{T} \times \bar{N}).$$

Faremos a seguir um uso extenso da equação

$$\bar{V} \times \bar{A} = v^3\kappa(\bar{T} \times \bar{N}).$$

Como $\bar{T}$ e $\bar{N}$ são vetores unitários perpendiculares, temos que $|\bar{T} \times \bar{N}| = |\bar{T}||\bar{N}| = 1$; logo, pela equação acima

$$|\bar{V} \times \bar{A}| = |v^3\kappa(\bar{T} \times \bar{N})| = v^3\kappa|\bar{T} \times \bar{N}| = v^3\kappa.$$

Resolvendo para κ, obtemos

$$\kappa = \frac{|\bar{V} \times \bar{A}|}{v^3}.$$

Como $v\bar{T} = \bar{V}$, a equação $\bar{V} \times \bar{A} = v^3\kappa(\bar{T} \times \bar{N})$ pode ser reescrita como $\bar{V} \times \bar{A} = v^2\kappa(\bar{V} \times \bar{N})$. Fazendo o produto vetorial com $\bar{V}$, obtemos

$$(\bar{V} \times \bar{A}) \times \bar{V} = v^2\kappa(\bar{V} \times \bar{N}) \times \bar{V} = v^2\kappa[(\bar{V} \cdot \bar{V})\bar{N} - (\bar{N} \cdot \bar{V})\bar{V}],$$

onde fizemos uso da identidade do produto vetorial triplo (Teorema 1 na Seção 4.1) para expandir $(\bar{V} \times \bar{N}) \times \bar{V}$. Como $\bar{V} \cdot \bar{V} = |\bar{V}|^2 = v^2$ e $\bar{N} \cdot \bar{V} = \bar{N} \cdot (v\bar{T}) = v\bar{N} \cdot \bar{T} = v(0) = 0$, a equação acima pode ser reescrita como

$$(\bar{V} \times \bar{A}) \times \bar{V} = v^2\kappa(v^2\bar{N} - 0\bar{V}) = v^4\kappa\bar{N}.$$

Assim,

$$\bar{N} = \frac{(\bar{V} \times \bar{A}) \times \bar{V}}{v^4\kappa}.$$

As equações $\kappa = \dfrac{|\overline{V} \times \overline{A}|}{v^3}$ e $\overline{N} = \dfrac{(\overline{V} \times \overline{A}) \times \overline{V}}{v^4 k}$ nos capacitam a achar a curvatura e o vetor normal unitário principal em termos do parâmetro original t.

EXEMPLO Ache $\overline{T}$, $\overline{N}$ e κ se $\overline{R} = (2t^2 + 1)i + (t^2 - 2t)j + (t^2 - 1)\overline{k}$.

SOLUÇÃO

Nesse caso, $\overline{V} = \dfrac{d\overline{R}}{dt} = 4ti + (2t - 2)j + 2t\overline{k}$, de modo que

$$v = |\overline{V}| = \sqrt{16t^2 + (2t - 2)^2 + 4t^2} = 2\sqrt{6t^2 - 2t + 1}, \quad \text{e}$$

$$\overline{A} = \dfrac{d\overline{V}}{dt} = 4\bar{i} + 2\bar{j} + 2\overline{k}.$$

Assim,

$$\overline{T} = \dfrac{\overline{V}}{v} = \dfrac{2ti + (t - 1)j + t\overline{k}}{\sqrt{6t^2 - 2t + 1}},$$

$$\overline{V} \times \overline{A} = \begin{vmatrix} i & j & \overline{k} \\ 4t & 2t - 2 & 2t \\ 4 & 2 & 2 \end{vmatrix} = -4i + 0j + 8\overline{k} = -4(i - 2\overline{k}),$$

$$(\overline{V} \times \overline{A}) \times \overline{V} = \begin{vmatrix} i & j & \overline{k} \\ -4 & 0 & 8 \\ 4t & 2t - 2 & 2t \end{vmatrix} = (-16t + 16)i + 40tj + (-8t + 8)\overline{k},$$

$$\kappa = \dfrac{|\overline{V} \times \overline{A}|}{v^3} = \dfrac{4|i - 2\overline{k}|}{8(6t^2 - 2t + 1)^{3/2}} = \dfrac{\sqrt{5}}{2(6t^2 - 2t + 1)^{3/2}},$$

$$\overline{N} = \dfrac{(\overline{V} \times \overline{A}) \times \overline{V}}{v^4 \kappa} = \dfrac{(2 - 2t)i + 5tj + (1 - t)\overline{k}}{\sqrt{5}\sqrt{6t^2 - 2t + 1}}.$$

7.4 Vetor binormal e torção

O vetor $\overline{T} \times \overline{N}$ que aparece na equação

$$\overline{V} \times \overline{A} = v^3 \kappa (\overline{T} \times \overline{N})$$

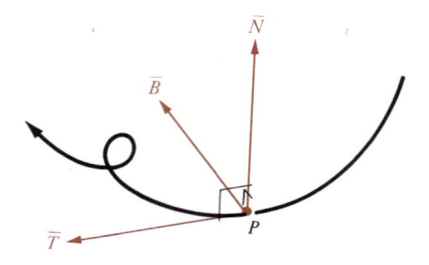

Fig. 5

é chamado *vetor binormal unitário* à curva considerada na Seção 7.3 e é simbolizado por $\bar{B}$. Portanto, por definição

$$\bar{B} = \bar{T} \times \bar{N};$$

isto é,

$$\bar{B} = \frac{\bar{V} \times \bar{A}}{v^3 \kappa} = \frac{\bar{V} \times \bar{A}}{|\bar{V} \times \bar{A}|}.$$

Observe que $\bar{B}$ é um vetor unitário e é perpendicular a $\bar{T}$ e $\bar{N}$; ademais, $\bar{T}, \bar{N}, \bar{B}$ é uma trinca destrógira, assim como $\bar{i}, \bar{j}, \bar{k}$ o são. No entanto $\bar{T}, \bar{N}$ e $\bar{B}$ são vetores variáveis, movendo-se com o vetor $\bar{P}$ à medida que este percorre a curva (Fig. 5).

Assim como $\bar{i}, \bar{j}, \bar{k}$ forma uma base, qualquer trinca particular $\bar{T}, \bar{N}, \bar{B}$ o fará; logo, qualquer vetor $\bar{X}$ pode ser expresso como uma combinação linear de $\bar{T}, \bar{N}$ e $\bar{B}$ como vemos a seguir

$$\bar{X} = (\bar{X} \cdot \bar{T})\bar{T} + (\bar{X} \cdot \bar{N})\bar{N} + (\bar{X} \cdot \bar{B})\bar{B}$$

(ver problema 47 na Seção 2). Em particular,

$$\frac{d\bar{N}}{ds} = \left(\frac{d\bar{N}}{ds} \cdot \bar{T}\right)\bar{T} + \left(\frac{d\bar{N}}{ds} \cdot \bar{N}\right)\bar{N} + \left(\frac{d\bar{N}}{ds} \cdot \bar{B}\right)\bar{B}.$$

Diferenciando em ambos os lados da equação $\bar{N} \cdot \bar{T} = 0$ em relação a s, temos $(d\bar{N}/ds) \cdot \bar{T} + \bar{N} \cdot (d\bar{T}/ds) = 0$, de modo que

$$\frac{d\bar{N}}{ds} \cdot \bar{T} = -\bar{N} \cdot \frac{d\bar{T}}{ds} = -\bar{N} \cdot (\kappa\bar{N}) = -\kappa\bar{N} \cdot \bar{N} = -\kappa(1) = -\kappa.$$

Igualmente, diferenciando em ambos os lados da equação $\bar{N} \cdot \bar{N} = 1$ temos $2\dfrac{d\bar{N}}{ds} \cdot \bar{N} = 0$, de modo que $\dfrac{d\bar{N}}{ds} \cdot \bar{N} = 0$. Portanto, substituindo na equação acima para $\dfrac{d\bar{N}}{ds}$, obtemos

$$\frac{d\bar{N}}{ds} = -\kappa\bar{T} + \left(\frac{d\bar{N}}{ds} \cdot \bar{B}\right)\bar{B}.$$

O escalar $(d\bar{N}/ds) \cdot \bar{B}$ na última equação é chamado de *torção* da curva e tradicionalmente representado pela letra grega τ (lê-se "tau"). Assim, por definição

$$\tau = \frac{d\bar{N}}{ds} \cdot \bar{B},$$

a equação $d\bar{N}/ds = -\kappa\bar{T} + (d\bar{N}/ds \cdot \bar{B})\bar{B}$ pode ser escrita

$$\frac{d\bar{N}}{ds} = -\kappa\bar{T} + \tau\bar{B}.$$

A torsão τ é uma medida da rapidez com a qual a curva está se "torcendo" no espaço. As três equações

$$\frac{d\bar{T}}{ds} = \kappa\bar{N}, \quad \frac{d\bar{N}}{ds} = -\kappa\bar{T} + \tau\bar{B}, \quad e \quad \frac{d\bar{B}}{ds} = -\tau\bar{N}$$

são chamadas *fórmulas de Frenet* (para a prova da terceira equação, veja problema 40).

Se diferenciarmos em ambos os lados da identidade $\overline{A} = \dfrac{dv}{dt}\,\overline{T} + v^2\kappa\overline{N}$ em relação ao comprimento de arco s e usar as identidades $d\overline{T}/ds = \kappa\overline{N}$ e $d\overline{N}/ds = -\kappa\overline{T} + \tau\overline{B}$, obtemos

$$\frac{d\overline{A}}{ds} = \frac{d(dv/dt)}{ds}\,\overline{T} + \frac{dv}{dt}\frac{d\overline{T}}{ds} + \frac{d(v^2\kappa)}{ds}\,\overline{N} + v^2\kappa\frac{d\overline{N}}{ds}$$

$$= \frac{d(dv/dt)}{ds}\,\overline{T} + \frac{dv}{dt}\,\kappa\overline{N} + \frac{d(v^2\kappa)}{ds}\,\overline{N} + v^2\kappa(-\kappa\overline{T}) + v^2\kappa(\tau\overline{B}).$$

Fazendo o produto escalar com $\overline{B}$ em ambos os lados da última equação e usando os fatos de que $\overline{T}\cdot\overline{B} = \overline{N}\cdot\overline{B} = 0$ e $\overline{B}\cdot\overline{B} = 1$, obtemos $\dfrac{d\overline{A}}{ds}\cdot\overline{B} = v^2\kappa\tau$.

Já que $v\,\dfrac{d\overline{A}}{ds} = \dfrac{ds}{dt}\dfrac{d\overline{A}}{ds} = \dfrac{d\overline{A}}{dt}$,   podemos multiplicar a equação acima por v para obter

$$\left(v\,\frac{d\overline{A}}{ds}\right)\cdot\overline{B} = v^3\kappa\tau   \text{ou}   \frac{d\overline{A}}{dt}\cdot\overline{B} = v^3\kappa\tau.$$

Como $\overline{B} = \dfrac{\overline{V}\times\overline{A}}{v^3\kappa}$, obtemos $\dfrac{d\overline{A}}{dt}\cdot\left[\dfrac{\overline{V}\times\overline{A}}{v^3\kappa}\right] = v^3\kappa\tau$, ou

$$\tau = \frac{(d\overline{A}/dt)\cdot(\overline{V}\times\overline{A})}{v^6\kappa^2}.$$

Esta fórmula dá a torção τ em termos de quantidades que podem ser encontradas em termos do parâmetro t.

O exemplo seguinte envolve uma curva da forma $\overline{R} = (a\cos t)\overline{i} + (a \operatorname{sen} t)\overline{j} + bt\overline{k}$, onde a e b são constantes e $a > 0$. Na forma escalar paramétrica $x =$

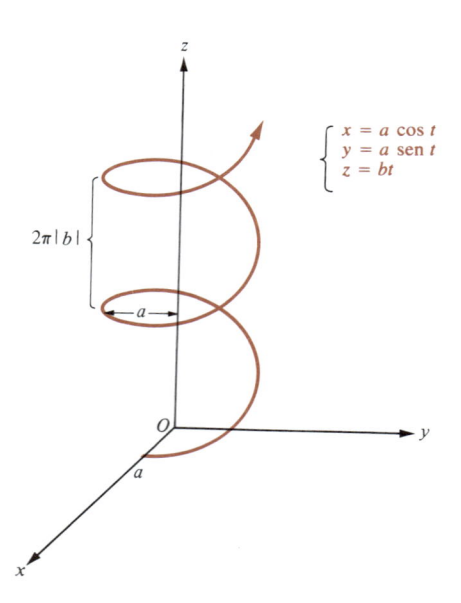

Fig. 6

$a \cos t$, $y = a \operatorname{sen} t$, e $z = bt$. Como o parâmetro t cresce, o ponto $(x, y, 0) = (a \cos t, a \operatorname{sen} t, 0)$ no plano xy percorre um círculo de raio a. Entrementes, a coordenada z, $z = bt$, varia uniformemente, de modo que o ponto (x, y, z) percorre uma *espiral circular* ou *hélice* (Fig. 6). Quando t aumenta de 2π, x e y retornam ao seu valor inicial enquanto z aumenta de $2\pi b$. Dizemos que a espiral tem raio a e passo $2\pi|b|$.

EXEMPLO Se $\overline{R} = (2 \cos t)\overline{i} + (2 \operatorname{sen} t)\overline{j} + 3t\overline{k}$, ache

$$\overline{V}, \ v, \ \overline{A}, \ \overline{T}, \ \overline{V} \times \overline{A}, \ \kappa, \ \overline{N}, \ \overline{B}, \ d\overline{A}/dt, \ \text{e} \ \tau.$$

SOLUÇÃO

$$\overline{V} = \frac{d\overline{R}}{dt} = (-2 \operatorname{sen} t)\overline{i} + (2 \cos t)\overline{j} + 3\overline{k},$$

$$v = |\overline{V}| = \sqrt{4 \operatorname{sen}^2 t + 4 \cos^2 t + 9} = \sqrt{13},$$

$$\overline{A} = \frac{d\overline{V}}{dt} = (-2 \cos t)\overline{i} - (2 \operatorname{sen} t)\overline{j},$$

de modo que

$$\overline{T} = \frac{1}{v}\overline{V} = \frac{1}{\sqrt{13}}((-2 \operatorname{sen} t)\overline{i} + (2 \cos t)\overline{j} + 3\overline{k}),$$

$$\overline{V} \times \overline{A} = \begin{vmatrix} \overline{i} & \overline{j} & \overline{k} \\ -2 \operatorname{sen} t & 2 \cos t & 3 \\ -2 \cos t & -2 \operatorname{sen} t & 0 \end{vmatrix} = (6 \operatorname{sen} t)\overline{i} - (6 \cos t)\overline{j} + 4\overline{k}.$$

Assim,

$$\kappa = \frac{|\overline{V} \times \overline{A}|}{v^3} = \frac{\sqrt{36 \operatorname{sen}^2 t + 36 \cos^2 t + 16}}{(13)^{3/2}} = \frac{\sqrt{52}}{13\sqrt{13}} = \frac{2}{13},$$

$$\overline{N} = \frac{(\overline{V} \times \overline{A}) \times \overline{V}}{v^4 \kappa} = \frac{1}{(13)^2 \cdot \frac{2}{13}} \begin{vmatrix} \overline{i} & \overline{j} & \overline{k} \\ 6 \operatorname{sen} t & -6 \cos t & 4 \\ -2 \operatorname{sen} t & 2 \cos t & 3 \end{vmatrix}$$

$$= (-\cos t)\overline{i} - (\operatorname{sen} t)\overline{j},$$

e

$$\overline{B} = \frac{\overline{V} \times \overline{A}}{|\overline{V} \times \overline{A}|} = \frac{(6 \operatorname{sen} t)\overline{i} - (6 \cos t)\overline{j} + 4k}{\sqrt{36 \operatorname{sen}^2 t + 36 \cos^2 t + 16}}$$

$$= \frac{(3 \operatorname{sen} t)\overline{i} - (3 \cos t)\overline{j} + 2\overline{k}}{\sqrt{13}}.$$

Também,

$$\frac{d\overline{A}}{dt} = (2 \operatorname{sen} t)\overline{i} - (2 \cos t)\overline{j},$$

de modo que

$$\tau = \frac{1}{v^6 \kappa^2} \frac{d\overline{A}}{dt} \cdot (\overline{V} \times \overline{A})$$

$$= \frac{1}{52}((2 \operatorname{sen} t)\overline{i} - (2 \cos t)\overline{j}) \cdot ((6 \operatorname{sen} t)\overline{i} - (6 \cos t)\overline{j} + 4\overline{k}) = \tfrac{12}{52} = \tfrac{3}{13}.$$

7.5 Sumário de fórmulas

Apresentamos agora um sumário de fórmulas básicas relacionadas a uma partícula P movendo-se de acordo com a lei de movimento

$$\bar{R} = \bar{F}(t)$$

no espaço tridimensional. Nesse caso $\bar{R} = \overrightarrow{OP}$, os denominadores são supostos diferentes de zero, e as funções possuem tantos derivados sucessivos quantos forem necessários.

1   $\bar{V} = \dfrac{d\bar{R}}{dt}$

2   $v = |\bar{V}| = \dfrac{ds}{dt}$

3   $s = \displaystyle\int_a^b v\, dt$

4   $\bar{V} = v\bar{T}$

5   $\bar{A} = \dfrac{d\bar{V}}{dt} = \dfrac{d^2\bar{R}}{dt^2}$

6   $\bar{A} = \dfrac{dv}{dt}\bar{T} + \kappa v^2 \bar{N}$

7   $\kappa = \dfrac{|\bar{V} \times \bar{A}|}{v^3}$

8   $\bar{N} = \dfrac{(\bar{V} \times \bar{A}) \times \bar{V}}{v^4 \kappa}$

9   $\bar{B} = \dfrac{\bar{V} \times \bar{A}}{v^3 \kappa} = \dfrac{\bar{V} \times \bar{A}}{|\bar{V} \times \bar{A}|}$

10   $\tau = \dfrac{1}{v^6 \kappa^2} \dfrac{d\bar{A}}{dt} \cdot (\bar{V} \times \bar{A})$

11   $\bar{T} = \dfrac{d\bar{R}}{ds}$

12   $\kappa = \left| \dfrac{d\bar{T}}{ds} \right|$

13   $\bar{N} = \dfrac{1}{\kappa} \dfrac{d\bar{T}}{ds}$

14   $\bar{B} = \bar{T} \times \bar{N}$

15   $\tau = \dfrac{d\bar{N}}{ds} \cdot \bar{B}$

16   $\tau = \dfrac{1}{\kappa^2} \left(\dfrac{d\bar{R}}{ds} \times \dfrac{d^2\bar{R}}{ds^2} \right) \cdot \dfrac{d^3\bar{R}}{ds^3}$

17   $\dfrac{d\bar{T}}{ds} = \kappa\bar{N}$

18   $\dfrac{d\bar{N}}{ds} = -\kappa\bar{T} + \tau\bar{B}$ $\left.\begin{array}{c} \\ \\ \\ \end{array}\right\}$ Fórmulas de Frenet

19   $\dfrac{d\bar{B}}{ds} = -\tau\bar{N}$

Todas essas fórmulas foram provadas, com exceção da 16 e 19, que são deixadas como exercício (problemas 39 e 40).

Conjunto de Problemas 7

Nos problemas 1 a 6, (a) ache $\lim\limits_{t \to t_0} \bar{F}(t)$, (b) determine onde $\bar{F}$ é contínua e (c) ache $\bar{F}'(t_0)$, e (d) ache $\bar{F}''(t_0)$.

1 $\bar{F}(t) = 5t^2 i + (3t + 1)\bar{j} + (3 - t^2)\bar{k}, t_0 = 1$

2 $\bar{F}(t) = \sqrt{t}\,\bar{i} + e^{-3t}\bar{j} + t\bar{k}, t_0 = 4$

3 $\bar{F}(t) = (1 + t)^2\bar{i} + (\cos t)\bar{j} + \ln(1 - t)\bar{k}, t_0 = 0$

4 $\bar{F}(t) = (2 + \operatorname{sen} t)\bar{i} + (\cos t)\bar{j} + t\bar{k}, t_0 = \dfrac{\pi}{2}$

5 $\bar{F}(t) = (\cos 2t)\bar{i} + (\operatorname{sen}2t)\bar{j} + t^3\bar{k}, t_0 = \dfrac{\pi}{4}$

6 $\bar{F}(t) = e^{-3t}\bar{i} + e^{3t}\bar{j} + t\bar{k}, t_0 = 0$

Nos problemas 7 a 14, seja $\bar{F}(t) = 5t\bar{i} + (t^2 - 2)\bar{j} + t^3\bar{k}$, $\bar{G}(t) = t\bar{i} + (1/t)\bar{j} + t^2\bar{k}$, e $h(t) = 3t$.

7 Calcule $h(t)\bar{F}(t)$, e depois ache $\dfrac{d}{dt}[h(t)\bar{F}(t)]$.

8 Ache $\dfrac{d}{dt}[h(t)\bar{F}(t)]$ usando a fórmula

$$\frac{d}{dt}[h(t)\bar{F}(t)] = \frac{dh(t)}{dt}\bar{F}(t) + h(t)\frac{d}{dt}[\bar{F}(t)].$$

9 Calcule $\bar{F}(t) \cdot \bar{G}(t)$, e depois ache $\dfrac{d}{dt}[\bar{F}(t) \cdot \bar{G}(t)]$.

10 Ache $\dfrac{d}{dt}[\bar{F}(t) \cdot \bar{G}(t)]$ usando a fórmula

$$\frac{d}{dt}[\bar{F}(t) \cdot \bar{G}(t)] = \left[\frac{d}{dt}\bar{F}(t)\right] \cdot \bar{G}(t) + \bar{F}(t) \cdot \left[\frac{d}{dt}\bar{G}(t)\right].$$

11 Calcule $\bar{F}(t) \times \bar{G}(t)$, e depois ache $\dfrac{d}{dt}[\bar{F}(t) \times \bar{G}(t)]$.

12 Ache $\dfrac{d}{dt}[\bar{F}(t) \times \bar{G}(t)]$ usando a fórmula

$$\frac{d}{dt}[\bar{F}(t) \times \bar{G}(t)] = \left[\frac{d}{dt}\bar{F}(t)\right] \times \bar{G}(t) + \bar{F}(t) \times \left[\frac{d}{dt}\bar{G}(t)\right].$$

13 Ache $\dfrac{d}{dt}|\bar{F}(t)|$.　　　**14** Ache $\dfrac{d}{dt}\bar{F}(t^3)$.

Nos problemas 15 a 20, ache (a) o vetor velocidade $\bar{V}$, (b) a velocidade v e (c) o vetor aceleração $\bar{A}$ no tempo t da partícula cuja equação de movimento é dada.

15 $\bar{R} = (2\cos 2t)\bar{i} + (3\operatorname{sen} 2t)\bar{j} + t\bar{k}$

16 $\bar{R} = (2 + t)\bar{i} + 3t\bar{j} + (5 - 3t)\bar{k}$

17 $\bar{R} = e^{-t}\bar{i} + 2e^t\bar{j} + t^3\bar{k}$

18 $\bar{R} = (\ln\cos t)\bar{i} + (\operatorname{sen}t)\bar{j} + (\cos t)\bar{k}$

19 $\bar{R} = (t\operatorname{sen} t)\bar{i} + (t\cos t)\bar{j} + t^2\bar{k}$

20 $\bar{R} = (e^{-t}\cos t)\bar{i} + (e^{-t}\operatorname{sen}t)\bar{j} + e^{-t}\bar{k}$

Nos problemas 21 a 26, ache o comprimento do arco de parte da curva dada entre o ponto onde $t = a$ e $t = b$.

21 $\bar{R} = (3\cos t)\bar{i} + (4\cos t)\bar{j} + (5\operatorname{sen}t)\bar{k}; a = 0, b = 2$

22 $\bar{R} = (\cos 3t)\bar{i} + (\operatorname{sen}3t)\bar{j} + 5t\bar{k}; a = 0, b = 2\pi$

23 $\bar{R} = (e^{-t}\cos t)\bar{i} + (e^{-t}\operatorname{sen}t)\bar{j} + e^{-t}\bar{k}; a = 0, b = \pi$

24 $\bar{R} = (\cos t)\bar{i} + (\ln\cos t)\bar{j} + (\operatorname{sen}t)\bar{k}; a = 0, b = \pi/4$

25 $\bar{R} = (t^3/3 - 1/t)\bar{i} + (t^3/3 - 7/t)\bar{j} + 2t\bar{k}; a = 1, b = 4$

26 $\bar{R} = (2t^2 + 3)\bar{i} + (3 - 2t^2)\bar{j} + 4t\bar{k}; a = 0, b = 2$

Nos problemas 27 a 32, ache (a) $\bar{V}$, (b) v, (c) $\bar{A}$, (d) $\bar{T}$, (e) $\bar{V} \times \bar{A}$, (f) κ, (g) $\bar{N}$, (h) $\bar{B}$, (i) $d\bar{A}/dt$, e (j) τ para cada curva no espaço.

27 $\bar{R} = (2 \cos t)\bar{i} + (3 \operatorname{sen} t)\bar{j} + t\bar{k}$

28 $\bar{R} = (t^2 - 3)\bar{i} + (t^2 + 7)\bar{j} + (t^2 + t)\bar{k}$

29 $\bar{R} = (e^{2t} + e^{-2t})\bar{i} + (e^{2t} - e^{-2t})\bar{j} + 5t\bar{k}$

30 $\bar{R} = e^t\bar{i} + 2te^t\bar{j} + 3e^t\bar{k}$

31 $\bar{R} = t\bar{i} + \dfrac{1}{\sqrt{2}} t^2\bar{j} + \dfrac{1}{3} t^3\bar{k}$

32 $\bar{R} = \dfrac{\cos t}{4}\bar{i} + \dfrac{\ln \cos t}{4}\bar{j} + \dfrac{\operatorname{sen} t}{4}\bar{k}$

33 Ache $\bar{T}$, $\bar{N}$, $\bar{B}$, κ e τ para a espiral circular $\begin{cases} x = a \cos t \\ y = a \operatorname{sen} t \\ z = bt. \end{cases}$

34 Prove que se $\lim\limits_{t \to c} \bar{F}(t)$ e $\lim\limits_{t \to c} \bar{G}(t)$ ambos existem, então $\lim\limits_{t \to c} [\bar{F}(t) \times \bar{G}(t)]$ existe e é

igual a $\left[\lim\limits_{t \to c} \bar{F}(t) \right] \times \left[\lim\limits_{t \to c} \bar{G}(t) \right]$.

35 Se $\bar{F}$ e $\bar{G}$ são funções vetoriais contínuas, mostre que $\bar{F} \times \bar{G}$ também é contínua.

36 Suponha que $\bar{F}$ e $\bar{G}$ sejam funções vetoriais contínuas e que $\bar{H}$ é definida por $\bar{H}(t) = \bar{F}(t) \times \bar{G}(t)$. Prove que $\bar{H}$ é diferenciável e que

$$\frac{d\bar{H}(t)}{dt} = \left[\frac{d\bar{F}(t)}{dt} \right] \times \bar{G}(t) + \bar{F}(t) \times \left[\frac{d\bar{G}(t)}{dt} \right].$$

37 Calcule $\dfrac{d^2(\bar{F} \times \bar{G})}{dt^2}$.

38 Suponha que a curva $\bar{R} = \bar{F}(t)$ no espaço tenha curvatura $\kappa = 0$ em todos os pontos.
(a) Mostre que $\bar{T}$ é um vetor constante.
(b) Mostre que $\bar{T} \times \bar{R}$ é um vetor constante.
(c) Mostre que a curva é uma parte de uma reta.

39 Prove a fórmula 16 da Seção 7.5. (*Sugestão:* Use a fórmula 10 e faça $t = s$.)

40 Prove a fórmula 19 da Seção 7.5.

$$\left[Sugestão: \frac{d\bar{B}}{ds} = \left(\frac{d\bar{B}}{ds} \cdot \bar{T} \right) \bar{T} + \left(\frac{d\bar{B}}{ds} \cdot \bar{N} \right) \bar{N} + \left(\frac{d\bar{B}}{ds} \cdot \bar{B} \right) \bar{B}. \right]$$

41 Suponha que a curva $\bar{R} = \bar{F}(t)$ no espaço pertença ao plano $\bar{N}_0 \cdot (\bar{R} - \bar{R}_0) = 0$. Prove que a torsão $\bar{T}$ da curva é identicamente nula. (*Cuidado:* Nesse caso, $\bar{N}_0$ é o vetor normal *constante no plano* — não confunda com $\bar{N}$, vetor normal principal variável *à curva*).

42 Suponha que a curva $\bar{R} = \bar{F}(t)$ no espaço tenha torsão $t = 0$ em todos os pontos. Prove que a curva pertence a um plano.

43 Prove que $\tau = \pm \left| \dfrac{d\bar{B}}{ds} \right|$.

8 Esferas, Cilindros e Superfícies de Revolução

Na Seção 5 vimos que um plano no espaço xyz possui a equação cartesiana $ax + by + cz = D$. Em geral, uma equação envolvendo x, y e z tem uma superfície bidimensional do espaço xyz como gráfico (os planos considerados na Seção 5 são superfícies especiais). Nesta seção e na próxima considera-mos alguns outros tipos de superfícies e suas equações.

8.1 Esferas

Se $P = (x, y, z)$ e $P_0 = (x_0, y_0, z_0)$, então, como vimos na Seção 2.1, a distância entre P e P_0 é dada por

$$|\overline{PP_0}| = \sqrt{(x - x_0)^2 + (y - y_0)^2 + (z - z_0)^2}.$$

Portanto, a equação

$$(x - x_0)^2 + (y - y_0)^2 + (z - z_0)^2 = r^2,$$

onde r é uma constante positiva, mostra que a distância P e P_0 é r unidades; logo, esta equação representa a superfície de uma esfera de raio r com centro no ponto $P = (x_0, y_0, z_0)$ (Fig. 1). Em particular, se $P_0 = (0, 0, 0)$, então a equação da esfera resume-se a

$$x^2 + y^2 + z^2 = r^2.$$

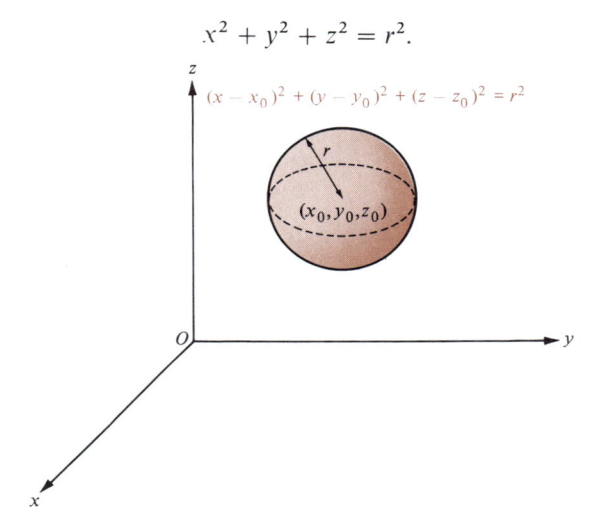

Fig. 1

EXEMPLOS **1** Ache a equação da esfera com raio de 5 unidades e centro em $(-1, 2, 4)$.

SOLUÇÃO
A equação da esfera é

$$(x + 1)^2 + (y - 2)^2 + (z - 4)^2 = 25.$$

2 Ache o raio e o centro da esfera cuja equação é

$$x^2 + y^2 + z^2 - 6x + 2y + 4z - 11 = 0.$$

SOLUÇÃO
Reagrupando os termos e completando os quadrados obtemos

$$(x^2 - 6x + 9) + (y^2 + 2y + 1) + (z^2 + 4z + 4) = 9 + 1 + 4 + 11$$

ou

$$(x - 3)^2 + (y + 1)^2 + (z + 2)^2 = 25,$$

que representa uma esfera de raio 5 com centro $(3, -1, -2)$.

8.2 Cilindros

Uma reta L no espaço, movendo-se de modo a permanecer paralela à uma reta fixa L_0 interceptando uma curva fixa C gera uma *superfície cilíndrica* ou somente um *cilindro* (Fig. 2). Qualquer posição particular da reta L é chamada de *geratriz* do cilindro e a curva C é chamada de *diretriz*. Se a diretriz C é um círculo e todas as geratrizes são perpendiculares ao plano do círculo, a superfície é então chamada de *cilindro circular reto*. Um cilindro cuja diretriz é uma elipse, parábola ou hipérbole é chamado de cilindro *elíptico, parabólico* ou *hiperbólico*, respectivamente.

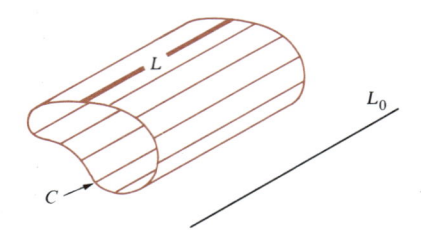

Fig. 2

Consideraremos somente cilindros cujas geratrizes são paralelas a um dos eixos coordenados e cuja diretriz pertença ao plano coordenado perpendicular àquele eixo. Por exemplo, o cilindro da Fig. 3 possui geratrizes paralelas ao eixo z; logo, se o ponto $Q = (x_0, y_0, 0)$ está na diretriz, então todos os pontos da forma $P = (x_0, y_0, z)$ também pertencem ao cilindro. Concluímos, então, que a equação do cilindro não pode ter nenhuma restrição para qualquer que seja z — isto é, ou z não está presente na equação ou está, porém pode ser removido da equação por uma manipulação algébrica.

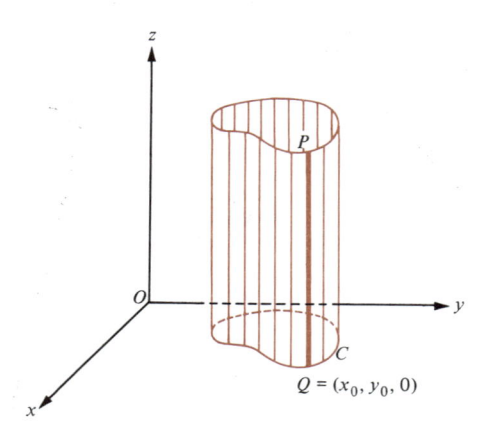

Fig. 3

Para desenhar o gráfico de uma superfície cilíndrica cuja equação não possui uma das variáveis x, y ou z, simplesmente desenhamos o gráfico da equação no plano coordenado envolvendo as variáveis presentes, obtendo assim a diretriz C. A superfície é então varrida por uma reta perpendicular a este plano coordenado e interceptando a diretriz.

EXEMPLOS O gráfico da equação dada é um cilindro.
(a) Identifique o eixo coordenado que é paralelo às geratrizes.
(b) Especifique o plano coordenado que contém a diretriz.
(c) Descreva a diretriz.
(d) Desenhe o cilindro.

1 $y = e^z$

SOLUÇÃO
(a) A variável x está faltando; logo as geratrizes são paralelas ao eixo x.
(b) A diretriz está contida no plano yz.
(c) A diretriz é uma curva exponencial.
(d) O gráfico aparece na Fig. 4.

2 $z = \operatorname{sen} x$

SOLUÇÃO
(a) A variável y está faltando; logo as geratrizes são paralelas ao eixo y.
(b) A diretriz está condita no plano xz.
(c) A diretriz é uma senóide.
(d) O gráfico aparece na Fig. 5.

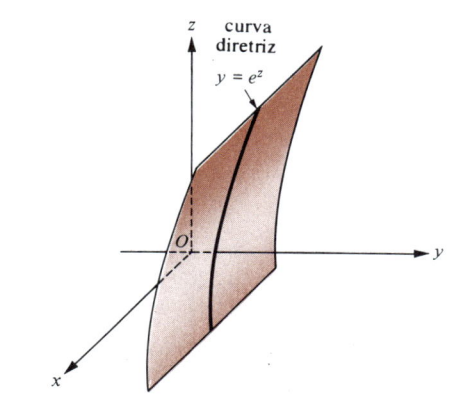

Fig. 4

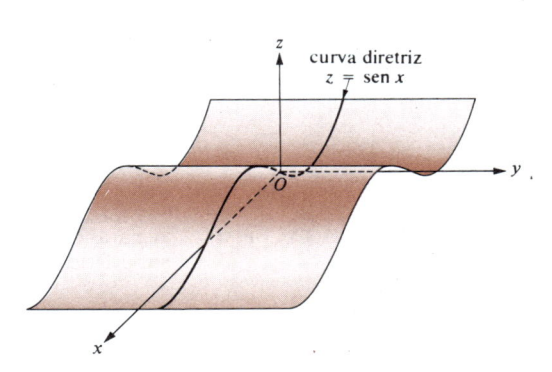

Fig. 5

8.3 Superfícies de revolução

Uma *superfície de revolução* é definida como uma superfície obtida pela rotação de uma curva plana C em torno de uma reta L que pertence ao mesmo plano da curva. A reta L é chamada de *eixo de revolução*. Por exemplo, uma esfera é a superfície de revolução gerada pela rotação de um círculo C em torno de um eixo L passando pelo seu centro. Observe que uma superfície de revolução corta um plano perpendicular ao eixo de revolução segundo um círculo ou um ponto, contanto que ela seja secante ao plano.

A Fig. 6 mostra uma parte de uma superfície de revolução obtida pela rotação da curva C do plano yz em torno do eixo z. Para achar a equação desta

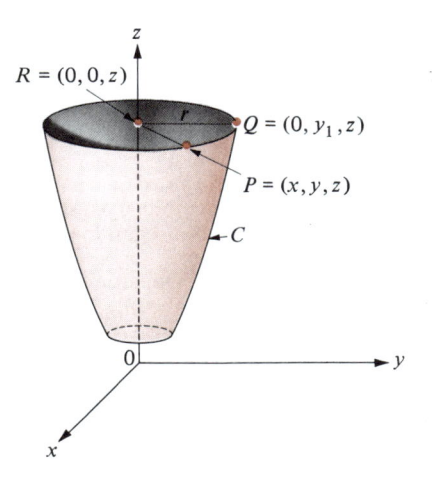

Fig. 6

superfície, considere um ponto genérico $P = (x, y, z)$ na superfície observando que P é obtido pela rotação de algum ponto Q da curva original C em torno do eixo z, como na Fig. 6. Perpendiculares traçadas de P e Q ao eixo z encontram o eixo z no mesmo ponto $R = (0, 0, z)$. Observe que P, Q e R têm a mesma coordenada z. Seja $r = |\overline{PR}| = |\overline{QR}|$. Como Q está no plano yz, sua coordenada x é zero. Seja $Q = (0, y_1, z)$, observando que $|y_1| = r$.

Então,

$$y_1^2 = r^2 = |\overline{PR}|^2 = (x - 0)^2 + (y - 0)^2 + (z - z)^2$$
$$= x^2 + y^2;$$

logo, $y_1 = \pm \sqrt{x^2 + y^2}$. Concluímos que, se $P = (x, y, z)$ pertence à superfície de revolução, então ou $Q = (0, \sqrt{x^2 + y^2}, z)$ ou $Q = (0, -\sqrt{x^2 + y^2}, z)$ pertence à geratriz. Reciprocamente, se $Q = (0, y_1, z)$ é um ponto dado na curva geratriz C, então qualquer ponto $P = (x, y, z)$, de modo que $\sqrt{x^2 + y^2} = |y_1|$, pertence a um círculo horizontal de raio $r = |y_1|$ com centro em $R = (0, 0, z)$; logo este ponto P pertence à superfície de revolução. Concluímos que $P = (x, y, z)$ pertence à superfície de revolução se e somente se $Q = (0, \pm \sqrt{x^2 + y^2}, z)$ pertence à curva geratriz. Em outras palavras, a equação da superfície gerada pela rotação da curva C no plano yz em torno do eixo z é obtida substituindo a variável y na equação de C pela expressão

$$\pm \sqrt{x^2 + y^2}.$$

EXEMPLO A parábola $z = y^2$ no plano yz é girada em torno do eixo z para formar uma superfície de revolução. Ache a equação desta superfície (Fig. 7).

SOLUÇÃO
Substituindo y na equação $z = y^2$ por $\pm \sqrt{x^2 + y^2}$, obtemos

$$z = (\pm \sqrt{x^2 + y^2})^2 \quad \text{ou} \quad z = x^2 + y^2.$$

A superfície da Fig. 7 é chamada de *parabolóide de revolução*. Da mesma forma uma superfície de revolução obtida pela rotação de uma hipérbole ou uma elipse em torno de um de seus eixos de simetria é chamada de *hiperbolóide de revolução* ou *elipsóide de revolução*, respectivamente.

As considerações anteriores aplicam-se a curvas em quaisquer dos planos coordenados, e temos a seguinte regra geral para achar a equação de uma superfície de revolução:

1 Ordene as três variáveis em tal ordem que a primeira variável representa o eixo em torno do qual a curva geratriz C roda e as outras duas variáveis representam o plano em que C está.
2 Na equação de C, substitua a segunda variável ordenada por mais ou menos a raiz quadrada da soma dos quadrados da segunda e da terceira variável ordenada.

EXEMPLO Ache a equação da superfície de revolução gerada pela rotação da curva $y^2 = 3x$ no plano coordenado xy em torno do eixo x. Desenhe um gráfico da superfície.

SOLUÇÃO
Seguindo o passo 1 da regra acima, ordenamos as três variáveis na ordem x, y, z. No segundo passo substituímos y na equação $y^2 = 3x$ por $\pm \sqrt{y^2 + z^2}$ para obter $(\pm \sqrt{y^2 + z^2})^2 = 3x$, ou $y^2 + z^2 = 3x$ (Fig. 8).

Observe que uma equação representa uma superfície de revolução em torno de um eixo coordenado se ela contém as variáveis correspondentes aos outros eixos coordenados combinadas somente em termos da soma de seus quadrados. Por exemplo, a equação $y^2 = 4(z^2 + x^2)$ contém as duas variáveis x e z somente combinadas como $z^2 + x^2$ de modo que representa uma superfície de revolução obtida pela rotação da curva em torno do eixo y.

Se sabemos que uma superfície é uma superfície de revolução em torno de um dos eixos coordenados, uma curva geratriz C pode ser achada interceptando-se a curva com os planos coordenados que contém o eixo coordenado. É claro, para achar a equação da interseção de uma superfície com os planos

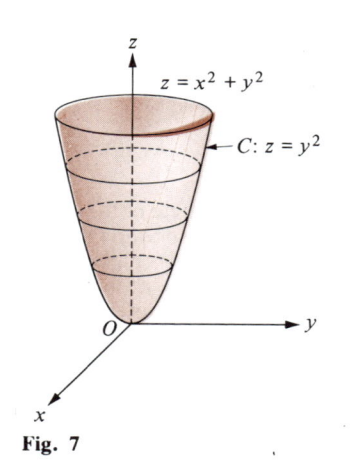

$z = x^2 + y^2$
$C: z = y^2$

Fig. 7

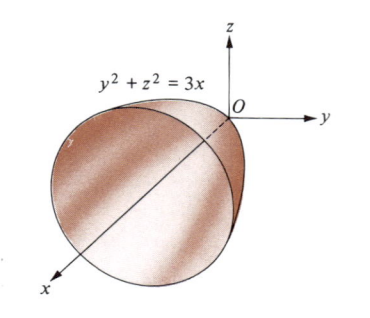

$y^2 + z^2 = 3x$

Fig. 8

coordenados xy, xz ou yz, simplesmente fazemos z, y ou x igual a 0 na equação da superfície, respectivamente.

EXEMPLOS Para a superfície de revolução $x^2 - y^2 + z^2 = 1$:
(a) Ache o eixo de revolução
(b) Ache a curva geratriz nos planos coordenados que contêm o eixo de revolução.
(c) Desenhe o gráfico.

SOLUÇÃO

(a) A equação pode ser reescrita como $(x^2 + z^2) - y^2 = 1$, de modo a conter as variáveis x e z somente na combinação $x^2 + z^2$. É portanto uma superfície de revolução em torno do eixo y.
(b) Podemos achar uma geratriz interceptando a curva ou com o plano xy ou com o plano yz. A interseção com o plano yz é encontrada fazendo $x = 0$ na equação $x^2 - y^2 + z^2 = 1$ obtendo assim $z^2 - y^2 = 1$, a equação de uma hipérbole.
(c) A superfície que está desenhada na Fig. 9, é gerada pela rotação da hipérbole $z^2 - y^2 = 1$ em torno do eixo y, logo é um hiperbolóide de revolução.

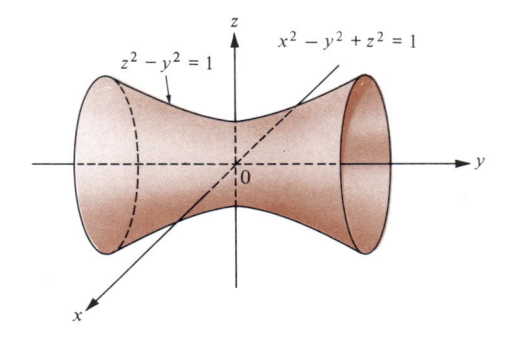

Fig. 9

Conjunto de Problemas 8

Nos problemas 1 a 4, ache uma equação da esfera satisfazendo as condições dadas.
1 Centro em $(2, -1, 3)$ e raio de 4 unidades.
2 O seu diâmetro é o segmento de reta ligando os pontos $(8, -1, 7)$ e $(-2, -5, 5)$.
3 Centro em $(4, 1, 3)$ e contendo o ponto $(2, -1, 2)$.
4 Contendo os pontos $(3, 0, 4)$, $(3, 4, 0)$, $(9, 0, \sqrt{7})$, e $(-3, 0, 4)$.

Nos problemas 5 a 9 ache o centro e o raio de esfera.

5 $x^2 + y^2 + z^2 - 2x + 4z - 4 = 0$

6 $x^2 + y^2 + z^2 + 2x + 14y - 10z + 74 = 0$

7 $2x^2 + 2y^2 + 2z^2 + 4x - 4y - 14 = 0$

8 $x^2 + y^2 + z^2 - 8x + 4y + 10z + 9 = 0$

9 $x^2 + y^2 + z^2 - 6x + 2y - 4z - 19 = 0$

10 Ache o conjunto de pontos que são eqüidistantes dos pontos $(1, 3, -1)$ e $(2, -1, 2)$.

Nos problemas 11 a 22 (a) Identifique a que eixo coordenado as geratrizes do cilindro são paralelas, (b) Especifique o plano coordenado que contém a diretriz, (c) descreva a diretriz e (d) desenhe o cilindro

11 $y = z^2$ **12** $xy = 3$ **13** $yz = 1$ **14** $y^2 + z^2 = 4$

15 $|x| = z$

16 $x^2 + y^2 = 4x$

17 $y = e^x$

18 $3x + 2y = 6$

19 $y^2 = 4z$

20 $z = \text{sen}\, 2x$

21 $x^2 = z^2$

22 $|y| + |z| = 1$

Nos problemas 23 a 30, ache a equação da superfície gerada quando o plano do gráfico da equação dada é girado em torno dos eixos indicados. Desenhe a superfície.

23 $y = x$ no plano xy em torno do eixo x.

24 $y = 3x + 2$ no plano xy em torno do eixo y.

25 $y = \ln x$ no plano xy em torno do eixo x.

26 $4x^2 - 9z^2 = 5$ no plano xz em torno do eixo z.

27 $z = x^2$ no plano xz em torno do eixo z.

28 $\dfrac{y^2}{9} + \dfrac{z^2}{4} = 1$ no plano xy em torno do eixo z.

29 $6y^2 + 6z^2 = 7$ no plano yz em torno do eixo y.

30 $x^2 - 4z^2 = 4$ no plano xz em torno do eixo x.

Nos problemas 31 a 36, cada equação representa uma superfície de revolução em torno de um dos eixos coordenados. Identifique esses eixos, ache a equação da curva geratriz no plano coordenado indicado e desenhe o gráfico

31 $x^2 + y^2 + z = 3$; plano xz

32 $9z^2 = x^2 + y^2$; plano xz

33 $x^2 - 9y^2 - 9z^2 = 18$; plano xy

34 $4 - y = 3(x^2 + z^2)$; plano yz

35 $x^2 + y^2 = \text{sen}^2\, z$; plano xz

36 $9x^2 + 9y^2 + 4z^2 = 36$; plano yz

37 Se $A^2 + B^2 + C^2 > 4D$, mostre que a equação $x^2 + y^2 + z^2 + Ax + By + Cz + D = 0$ pode ser reescrita na forma $(x - x_0)^2 + (y - y_0)^2 + (z - z_0)^2 = r^2$. (*Sugestão:* Complete os quadrados).

9 Superfícies Quádricas

No Cap. 11 mostramos que, exceto em certos casos particulares, o gráfico no plano xy de uma equação do segundo grau

$$Ax^2 + Bxy + Cy^2 + Dx + Ey + F = 0$$

é um círculo, uma elipse, uma parábola ou uma hipérbole; em qualquer caso, é uma seção côniea. Uma equação do segundo grau a *três* variáveis x, y, e z tem a forma

$$Ax^2 + By^2 + Cz^2 + Dxy + Exz + Fyz + Gx + Hy + Iz + K = 0,$$

e o gráfico de tal equação no espaço xyz é chamado de *superfície quádrica.* Pela rotação e translação do sistema coordenado no espaço tridimensional, é possível transformar a equação do segundo grau em certas formas padroniza-das e então classificar as superfícies quádricas.

Nesta seção não nos preocupamos em estudar detalhadamente e classi-ficar as superfícies quádricas. Ao contrário, nossa intenção é simplesmente familiarizar o leitor com os modelos gerais e com as equações padrão de superfícies quádricas comuns.

9.1 Técnicas para o estudo das superfícies

Começamos mencionando, muito sucintamente, algumas técnicas bá-sicas para visualizar e traçar os gráficos de superfícies no espaço. Eles envolvem (1) *seções transversais*, (2) *traços* e *interseções* e (3) *simetrias*.

Seções transversais

A mais simples (porém em muitos casos a mais efetiva) para visualizar, reconhecer ou traçar gráficos de superfícies no espaço é achar as *seções*

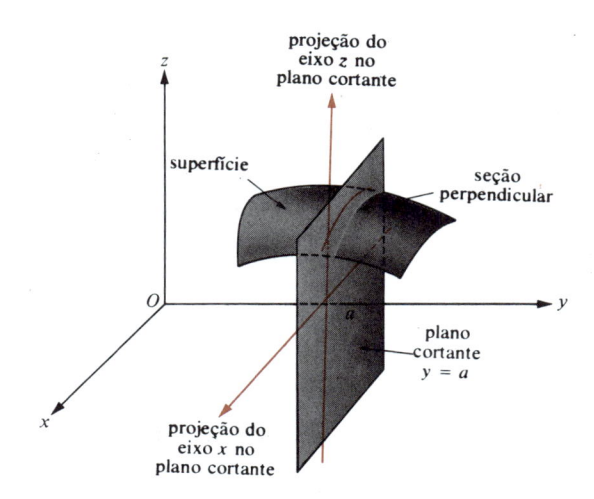

Fig. 1

transversais das superfícies, formadas pela interseção da superfície com planos — especialmente por planos perpendiculares aos eixos coordenados ou perpendiculares aos eixos de simetria da superfície. Por exemplo, a Fig. 1 mostra o corte de uma seção transversal em uma superfície por um plano $y = a$, perpendicular ao eixo y. A equação da seção transversal *no plano cortante* $y = a$ pode ser achada simplesmente substituindo $y = a$ na equação da superfície. A equação resultante, que irá envolver somente x e z, é a equação da seção transversal relativa às reproduções dos eixos x e z no plano cortante, como na Fig. 1. Exatamente a mesma idéia aplica-se aos cortes das seções transversais por planos perpendiculares aos outros eixos.

Traços e interseções
Os cortes das seções transversais de superfícies por planos coordenados são chamados de *traços* da superfície. Por exemplo, o *traço yz* da superfície (isto é, o corte da seção transversal da superfície pelo plano yz) é obtido fazendo $x = 0$ na equação da superfície. O *traço xy* e *traço xz* são definidos de maneira semelhante.

As *interseções* x, y e z da superfície são definidas como os pontos em que os eixos x, y e z, respectivamente, interceptam a superfície. Por exemplo, para achar a interseção x, fazemos $y = 0$ e $z = 0$ na equação da superfície.

Simetrias
As superfícies geralmente apresentam simetrias em relação a pontos, retas ou planos. Naturalmente, a superfície é dita *simétrica* em relação a um ponto, reta ou plano, contanto que, sempre que um ponto P pertence à superfície, o mesmo acontece para um ponto Q, que está localizado simetricamente em relação ao ponto, reta ou plano. Por exemplo, se uma equação equivalente à equação original da superfície é obtida quando y é substituído por $-y$, então a superfície é simétrica em relação ao plano xz. A simetria em relação ao eixo z pode ser testada substituindo x e y por $-x$ e $-y$, respectivamente, e verificando se a equação resultante é equivalente à equação original. Testes semelhantes são feitos para simetrias em relação aos outros planos coordenados ou eixos coordenados, assim como para simetria em relação à origem (problemas 25 a 27).

9.2 Superfícies quádricas centrais
O gráfico no espaço xyz de uma equação da forma

$$\pm \frac{x^2}{a^2} \pm \frac{y^2}{b^2} \pm \frac{z^2}{c^2} = 1,$$

onde a, b e c são constantes positivas com sinais algébricos simultaneamente não-negativos, é chamado de superfície quádrica central. Já que só aparecem os quadrados das variáveis, uma superfície quádrica central é simétrica em relação aos três eixos coordenados, aos três planos coordenados e à origem. A superfície quádrica central é classificada da seguinte maneira:

1 Se todos os três sinais são positivos, a superfície é chamada de um *elipsóide.*
2 Se dois sinais algébricos são positivos e um é negativo, a superfície é chamada de *hiperbolóide de uma folha.*
3 Se um sinal algébrico é positivo e os outros dois são negativos, a superfície é chamada de *hiperbolóide de duas folhas.*

O elipsóide

As interseções x, y e z do elipsóide $\dfrac{x^2}{a^2} + \dfrac{y^2}{b^2} + \dfrac{z^2}{c^2} = 1$ são $(\pm a, 0, 0)$, $(0, \pm b,$ 0), e $(0, 0 \pm c)$, respectivamente, e os traços nos planos coordenados são as elipses (ou círculos) $x^2/a^2 + y^2/b^2 = 1$, $x^2/a^2 + z^2/c^2 = 1$, e $y^2/b^2 + z^2/c^2 = 1$. De fato, todos os cortes das seções transversais por planos perpendiculares aos eixos coordenados são elipses (ou círculos) (problema 29). O gráfico está desenhado na Fig. 7.

Hiperbolóide de uma folha

Suponha que precisamente o termo envolvendo z^2 possua o sinal negativo, de modo que a equação tem a forma $\dfrac{x^2}{a^2} + \dfrac{y^2}{b^2} - \dfrac{z^2}{c^2} = 1$. As interseções x e y são $(\pm a, 0, 0)$ e $(0, \pm b, 0)$, mas não existe interseção z, pois a equação $-z^2/c^2 = 1$ não pode ser satisfeita para nenhum número real z. Os traços nos planos coordenados são os seguintes:

1 O traço xy é a elipse (ou círculo)

$$x^2/a^2 + y^2/b^2 = 1.$$

2 O traço xz é a hipérbole

$$x^2/a^2 - z^2/c^2 = 1.$$

3 O traço yz é a hipérbole

$$y^2/b^2 - z^2/c^2 = 1.$$

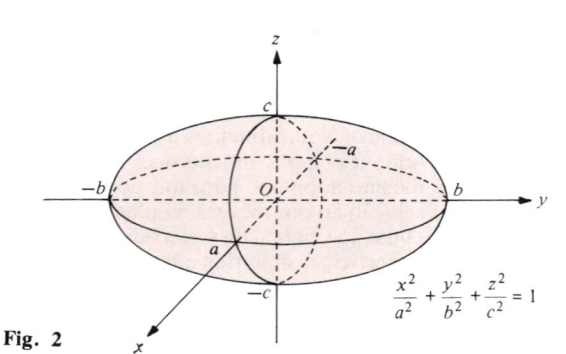

Fig. 2

De fato, todos os cortes de seções transversais por planos perpendiculares aos eixos x ou y são hipérboles ou pares de retas, enquanto todos os cortes de seções transversais por planos horizontais são elipses (problema 30). Parte da superfície está desenhada na Fig. 3.

Hiperbolóide de duas folhas

Suponha que precisamente os termos envolvendo y^2 e z^2 possuem sinais negativos, de modo que a equação tem a forma $\dfrac{x^2}{a^2} - \dfrac{y^2}{b^2} - \dfrac{z^2}{c^2} = 1$. As

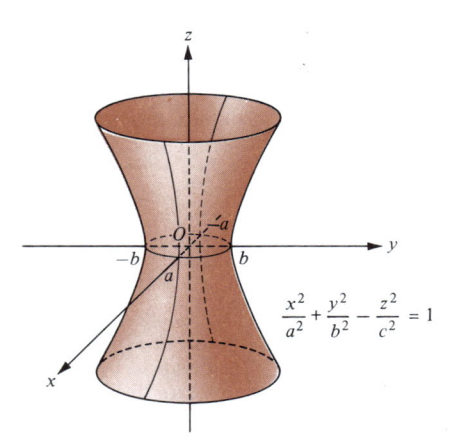

$$\frac{x^2}{a^2} + \frac{y^2}{b^2} - \frac{z^2}{c^2} = 1$$

Fig. 3

interseções x são $(\pm a, 0, 0)$, porém não existem as interseções y e z. (Por quê?) Os traços nos planos coordenados são:

1 O traço xy é a hipérbole $x^2/a^2 - y^2/b^2 = 1$.

2 O traço xz é a hipérbole $x^2/a^2 - z^2/c^2 = 1$.

3 Não existe traço yz.

Embora o hiperbolóide de duas folhas não tenha traço no plano yz, ele possui cortes de seções transversais feitos por planos $x = k$, paralelos ao plano yz. Dessa maneira, o corte da seção transversal pelo plano $x = k$ tem a equação

$$\frac{k^2}{a^2} - \frac{y^2}{b^2} - \frac{z^2}{c^2} = 1 \quad \text{ou} \quad \frac{y^2}{b^2} + \frac{z^2}{c^2} = \frac{k^2}{a^2} - 1,$$

contanto que $|k| > a$. A última equação pode ser reescrita como

$$\frac{y^2}{b^2(k^2/a^2 - 1)} + \frac{z^2}{c^2(k^2/a^2 - 1)} = 1;$$

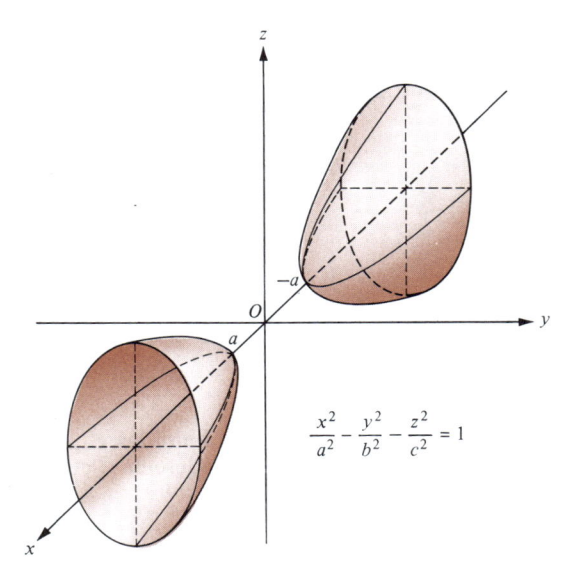

$$\frac{x^2}{a^2} - \frac{y^2}{b^2} - \frac{z^2}{c^2} = 1$$

Fig. 4

portanto, os cortes das seções transversais por planos perpendiculares ao eixo x e que distam, no mínimo, de a unidades da origem são elipses. Uma parte da superfície, que consiste em duas "partes" ou "folhas" separadas, é mostrada na Fig. 4.

9.3 Cones elípticos

O gráfico no espaço xyz de uma equação da forma

$$\pm \frac{x^2}{a^2} \pm \frac{y^2}{b^2} \pm \frac{z^2}{c^2} = 0,$$

onde a, b e c são constantes positivas e nem todos os três sinais algébricos são os mesmos, é chamado de *cone elíptico*. Multiplicando por -1 se necessário, podemos fazer com que dois sinais sejam positivos e um negativo.

Suponha por definição que a equação tenha a forma $\frac{x^2}{a^2} + \frac{y^2}{b^2} - \frac{z^2}{c^2} = 0$.

Novamente, mesmo como só aparecem os quadrados das variáveis, o cone elíptico é simétrico em relação a todos os planos coordenados, a todos os eixos coordenados e à origem. Se duas das variáveis são igualadas a zero na equação, então a terceira variável tem que ser zero; logo, a única interseção x, y ou z do cone elíptico é a origem.

Os traços nos planos coordenados são:

1 O traço xy é $x^2/a^2 + y^2/b^2 = 0$, ou $(x, y) = (0, 0)$, somente um ponto na origem.
2 O traço xz e $x^2/a^2 - z^2/c^2 = 0$, ou $z = \pm (c/a)x$, um par de retas concorrentes.
3 O traço yz é $y^2/b^2 - z^2/c^2 = 0$, ou $z = + (c/b)x$, um par de retas concorrentes.

Cortes de seções transversais por planos perpendiculares ao eixo x ou y que não passam pela origem são hipérboles, enquanto cortes de seções transversais por planos horizontais que não passam pela origem são elipses (ou círculos) (problema 31). Uma parte do cone elíptico é mostrada na Fig. 5. Observe que, se $a = b$, o cone elíptico transforma-se num cone circular reto.

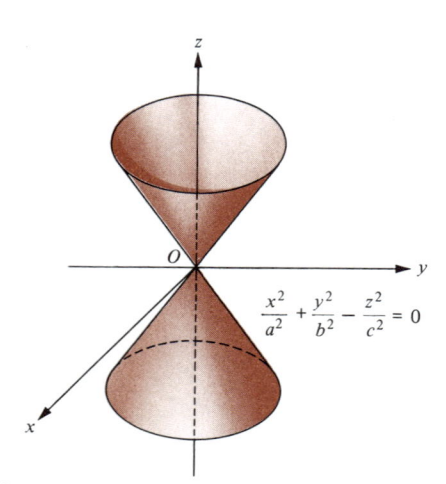

$$\frac{x^2}{a^2} + \frac{y^2}{b^2} - \frac{z^2}{c^2} = 0$$

Fig. 5

9.4 Parabolóides elípticos e hiperbólicos

Consideremos agora o gráfico de uma equação no espaço xyz possuindo uma das formas

$$\pm \frac{x^2}{a^2} \pm \frac{y^2}{b^2} = z \quad \text{ou} \quad \pm \frac{y^2}{b^2} \pm \frac{z^2}{c^2} = x \quad \text{ou} \quad \pm \frac{z^2}{c^2} \pm \frac{x^2}{a^2} = y,$$

onde a, b e c são constantes positivas. Se ambos os termos à esquerda possuem o mesmo sinal algébrico, o gráfico de qualquer uma dessas equações é chamado *parabolóide elíptico*. Por outro lado, se os termos à esquerda possuem sinais opostos, o gráfico de qualquer uma dessas equações é chamado de *parabolóide hiperbólico*. Discutimos esses dois casos resumidamente, considerando somente a primeira equação $\pm\, x^2/a^2 \pm y^2/b^2 = z$. As outras equações são tratadas de modo semelhante.

Parabolóide elíptico

Suponhamos por definição que os coeficientes de x^2 e y^2 sejam positivos, de modo que a equação para ser escrita na forma

$$\frac{x^2}{a^2} + \frac{y^2}{b^2} = z,$$

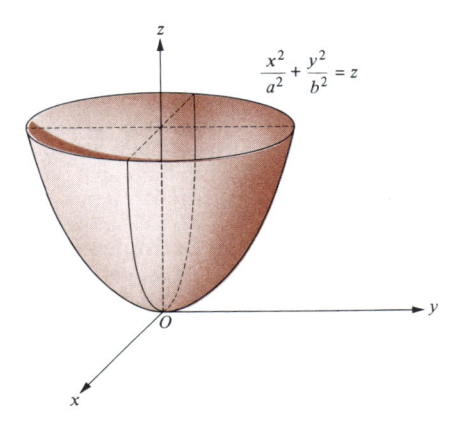

Fig. 6

onde a, $b > 0$. Evidentemente, esta superfície intercepta o plano xy somente na origem e se encontra acima do plano xy. É simétrica em relação ao plano xz, ao plano yz, ao eixo z, pois somente os quadrados de x e y aparecem. Os traços nos planos xz e yz são parábolas $z = x^2/a^2$ e $z = y^2/b^2$, respectivamente. Os cortes das seções transversais por planos horizontais acima da origem são elipses (ou círculos) (problema 32). Um desenho de uma parte do parabolóide elíptico aparece na Fig. 6. Observe que, no caso especial em que $a = b$, o parabolóide elíptico transforma-se em um parabolóide de revolução (em torno do eixo z).

Parabolóide hiperbólico

Suponhamos que exatamente o coeficiente de y^2 seja positivo enquanto o coeficiente de x^2 seja negativo, de modo que a equação possa ser escrita na forma

$$\frac{y^2}{b^2} - \frac{x^2}{a^2} = z,$$

onde a, $b > 0$. Os eixos coordenados interceptam esta superfície somente na origem e a superfície é simétrica em relação ao plano xz, ao plano yz e ao eixo z. Os traços são:

    1 O traço $y^2/b^2 - x^2/a^2 = 0$, ou $y = \pm\, (b/a)x$, é um par de retas concorrentes.

    2 O traço xz $-x^2/a^2 = z$, é uma parábola com concavidade para baixo.

    3 O traço yz $y^2/b^2 = z$, é uma parábola com concavidade para cima.

    Além disso, cortes de seções transversais por planos horizontais acima da origem são hipérboles com eixos transversais paralelos ao eixo y, enquanto que cortes de seções transversais por planos horizontais abaixo da origem são hipérboles com eixos transversais paralelos ao eixo x (problema

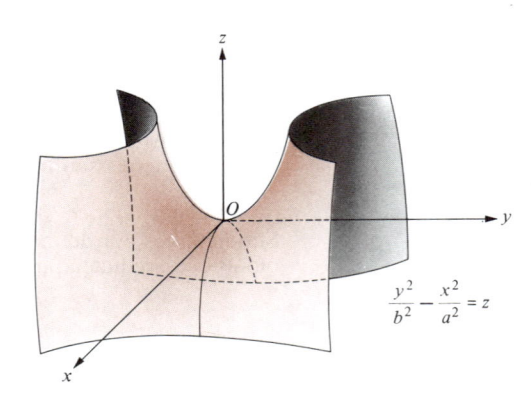

$$\frac{y^2}{b^2} - \frac{x^2}{a^2} = z$$

Fig. 7

33). Todos os cortes de seções transversais por planos perpendiculares ao eixo x ou ao eixo y são parábolas com abertura para cima ou para baixo, respectivamente (problema 34). Um esboço de uma parte do parabolóide hiperbólico aparece na Fig. 7. Nas proximidades da origem, o parabolóide hiperbólico tem o formato de uma sela.

9.5 Exemplos de superfícies quádricas

As superfícies discutidas nas Seções 9.2 a 9.4, juntamente com os cilindros cujas diretrizes são seções cônicas, esgotam todas as possibilidades para superfícies quádricas com exceção de certos casos degenerados que não consideraremos aqui. Nos exemplos seguintes ilustramos a técnica de identificar e traçar gráficos de quádricas cujas equações estão na forma convencional.

EXEMPLOS Para as superfícies quádricas dadas (a) ache as interseções, (b) discuta a simetria, (c) ache as seções perpendiculares aos eixos coordenados, (d) ache os traços (e) identifique a superfície e (f) esboce o gráfico.

1
$$x^2 - 9y^2 + z^2 = 81$$

Solução
Dividindo por 81, vemos que a equação tem a forma $x^2/a^2 - y^2/b^2 + z^2/c^2 = 1$, onde $a = 9$, $b = 3$ e $c = 9$.
(a) As interseções com x são ($\pm$ 9, 0, 0). Não há interseção com y. As interseções com z são (0, 0, $\pm$ 9).
(b) Todas as variáveis estão elevadas ao quadrado; logo, a superfície é simétrica em relação a todos os três planos coordenados, todos os eixos coordenados e à origem.
(c) A interseção com o plano $x = k$ é a curva $z^2 - 9y^2 = 81 - k^2$, que é uma hipérbole exceto quando $k = \pm 9$. Quando $k = \pm 9$, a interseção com o plano $x = k$ é o par de retas concorrentes $z = \pm 3y$. A interseção com o

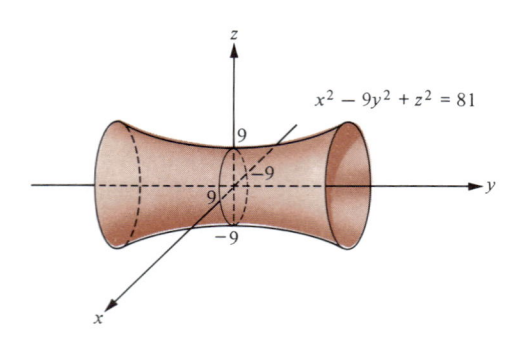

$$x^2 - 9y^2 + z^2 = 81$$

Fig. 8

plano $y = k$ é o círculo $x^2 + z^2 = 81 + 9k^2$ de raio $\sqrt{81 + 9k^2}$. A interseção com o plano $z = k$ é a curva $x^2 - 9y^2 = 81 - k^2$, que é uma hipérbole exceto quando $k = \pm 9$, que é o caso de duas retas concorrentes $x = \pm 3y$.
(d) Os traços são achados fazendo $k = 0$ em (c). O traço yz é a hipérbole $z^2 - 9y^2 = 81$. O traço xz é o círculo $x^2 + z^2 = 81$. O traço xy é a hipérbole $x^2 - 9y^2 = 81$.
(e) A superfície é um hiperbolóide de uma folha — na verdade um hiperbolóide de revolução em torno do eixo y.
(f) O gráfico está representado na Fig. 8.

2
$$-9x^2 - 16y^2 + z^2 = 144$$

SOLUÇÃO
A equação tem a forma $-x^2/a^2 - y^2/b^2 + z^2/c^2 = 1$ com $a = 4$, $b = 3$, e $c = 12$.
(a) Não há interseções x. Não há interseções y. As interseções z são $(0, 0, \pm 12)$.
(b) Todas as variáveis estão elevadas ao quadrado, de modo que a superfície é simétrica em relação aos três planos coordenados, os três eixos coordenados e a origem.
(c) A interseção com o plano $x = k$ é a hipérbole $z^2 - 16y^2 = 144 + 9k^2$. A interseção com o plano $y = k$ é a hipérbole $z^2 - 9x^2 = 144 + 16k^2$. Para $|k| > 12$, a interseção com o plano $z = k$ é a elipse $9x^2 + 16y^2 = k^2 - 144$.
(d) Fazendo $k = 0$ em (c) descobrimos que os traços yz e xz são as hipérboles $z^2 - 16y^2 = 144$ e $z^2 - 9x^2 = 144$, respectivamente, enquanto não existe nenhum traço xy.
(e) A superfície é uma hiperbolóide de duas folhas.
(f) O gráfico está representado na Fig. 9.

3
$$\frac{x^2}{16} - \frac{y^2}{9} + \frac{z^2}{4} = 0$$

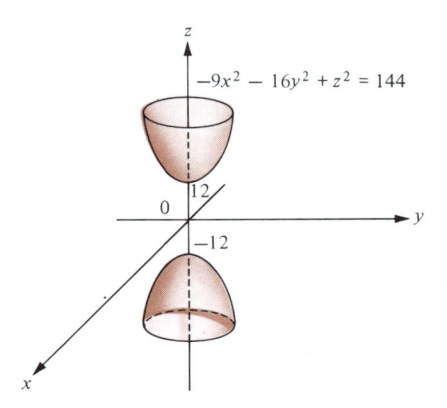

$$-9x^2 - 16y^2 + z^2 = 144$$

Fig. 9

SOLUÇÃO
(a) A única interseção ao longo dos eixos coordenados é a origem $(0, 0, 0)$.
(b) A superfície é simétrica em relação a todos os três planos coordenados, aos três eixos coordenados e à origem.
(c) Para $k \neq 0$, a interseção com o plano $x = k$ é a hipérbole $y^2/9 - z^2/4 = k^2/16$. Para $k \neq 0$, a interseção com o plano $y = k$ é a elipse $x^2/16 + z^2/4 = k^2/9$. Para $k \neq 0$, a interseção com o plano $z = k$ é a hipérbole $y^2/9 - x^2/16 = k^2/4$.
(d) O traço yz consiste em duas retas concorrentes, $y = \pm {}^3/_2 z$. O traço xz é a origem $(0, 0, 0)$. O traço xy fornece duas retas concorrentes $y = \pm {}^3/_4 x$.
(e) A superfície é um cone elíptico.
(f) O gráfico está representado na Fig. 10.

4
$$9y^2 - 25z^2 = x$$

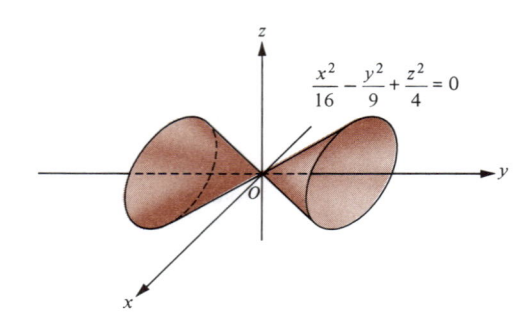

Fig. 10

SOLUÇÃO

A equação tem a forma $y^2/b^2 - z^2/c^2 = x$, onde $b = \frac{1}{3}$ e $c = \frac{1}{5}$.

(a) A única interseção ao longo dos eixos coordenados é a origem $(0, 0, 0)$.

(b) As variáveis elevadas ao quadrado são y e z, de modo que a superfície é simétrica em relação ao plano xy, ao plano xz e ao eixo x.

(c) Para $k < 0$, a interseção com o plano $x = k$ é a hipérbole $25z^2 - 9y^2 = -k$ cujo eixo transversal é paralelo ao eixo z. Para $k > 0$, a interseção com o plano $x = k$ é a hipérbole $9y^2 - 25z^2 = k$ cujo eixo transversal é paralelo ao eixo y. A interseção com o plano $y = k$ é a parábola $x = 9k^2 - 25z^2$, com concavidade no sentido do eixo negativo de x. A interseção com o plano $z = k$ é a parábola $x = 9y^2 - 25k^2$, em concavidade no sentido do eixo positivo de x.

(d) O traço yz é o par de retas concorrentes $y = \pm \frac{5}{3} z$. O traço xz é a parábola $x = -25 z^2$. O traço xy é a parábola $x = 9 y^2$.

(e) A superfície é um parabolóide hiperbólico.

(f) O gráfico aparece na Fig. 11.

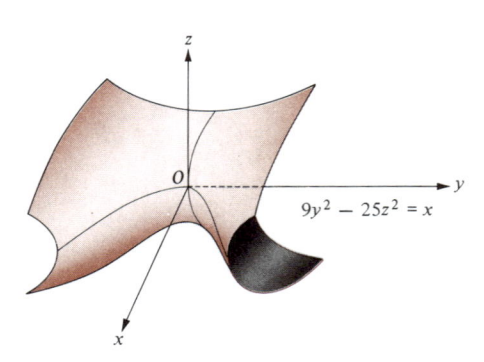

Fig. 11

Conjunto de Problemas 9

Nos problemas 1 a 8, identifique a interseção de cada superfície quádrica com o plano indicado

1 $2x^2 + 3y^2 + z^2 = 6$; $x = 1$

2 $\dfrac{x^2}{9} - \dfrac{y^2}{4} + \dfrac{z^2}{25} = 1$; $z = 4$

3 $z^2 - \dfrac{y^2}{9} - \dfrac{x^2}{16} = 1$; $y = 2$

4 $3x^2 + 4y^2 = z$; $x = 2$

5 $25x^2 + 4y^2 - 100z^2 = 0$; $z = -1$

6 $3x^2 - 4z^2 + 5y - z - 2 = 0$; $z = 4$

7 $4x^2 - 16y^2 = z$; $x = \dfrac{3}{2}$

8 $\dfrac{x^2}{4} - \dfrac{y^2}{9} + \dfrac{z^2}{25} - x + y + xy = 4$; $x = 5$

Nos problemas 9 a 24, (a) ache as interseções, (b) discuta a simetria, (c) ache as seções transversais perpendiculares aos eixos coordenados, (d) ache os traços, (e) identifique a superfície quádrica e (f) desenhe o gráfico.

9 $x^2 + 3y^2 + 2z^2 = 6$

10 $144x^2 + 9y^2 + 16z^2 = 144$

11 $4x^2 - 9y^2 + 9z^2 = 36$

12 $x^2 + 2xy + y^2 = 1$

13 $x^2 - 4y^2 - 4z^2 = 4$

14 $z^2 = 1 - 2y + y^2$

15 $y^2 - 9x^2 - 9z^2 = 9$

16 $x^2 + y^2 + z^2 - 2y + 2z = 0$

17 $x^2 + 5y^2 - 8z^2 = 0$

18 $-x^2 - 25y^2 - 25z^2 = 25$

19 $3z = x^2 + y^2$

20 $4y = \dfrac{x^2}{9} + y^2$

21 $\dfrac{x^2}{16} - \dfrac{y^2}{9} = 3z$

22 $4y^2 - 9z^2 - 18x = 0$

23 $x^2 = y + z^2$

24 $\dfrac{x^2}{16} - \dfrac{y^2}{9} = 1$

25 Mostre que o gráfico de uma equação é simétrico em relação ao plano xy se ao substituirmos z por $-z$ na equação, uma equação equivalente é obtida.

26 Ache as condições para a simetria de um gráfico em relação (a) ao plano yz, (b) ao eixo x e (c) ao eixo y.

27 Ache a condição para a simetria de um gráfico em relação à origem.

28 Discuta a simetria do gráfico de equação $2xy + 3xz - 4yz = 24$.

29 Ache todos os cortes de seções transversais perpendiculares do elipsóide $x^2/a^2 + y^2/b^2 + z^2/c^2 = 1$ (a) pelos planos $x = k$, (b) pelos planos $y = k$ e (c) pelos planos $z = k$.

30 Ache todos os cortes de seções transversais perpendiculares do hiperbolóide de uma folha $x^2/a^2 + y^2/b^2 - z^2/c^2 = 1$ pelos planos perpendiculares aos eixos coordenados.

31 Ache todos os cortes de seções transversais perpendiculares do cone elíptico $x^2/a^2 + y^2/b^2 - z^2/c^2 = 0$ pelos planos perpendiculares aos eixos coordenados.

32 Ache todos os cortes de seções transversais perpendiculares do parabolóide elíptico $x^2/a^2 + y^2/b^2 = z$ pelos planos perpendiculares aos eixos coordenados.

33 Ache todos os cortes de seções transversais pelos planos $z = k$ do parabolóide hiperbólico $y^2/b^2 - x^2/a^2 = z$. Discuta os casos em que $k < 0$, $k = 0$ e $k > 0$, separadamente.

34 Ache todos os cortes de seções transversais por planos perpendiculares aos eixos x e y do parabolóide hiperbólico $y^2/b^2 - x^2/a^2 = z$.

35 Escreva a equação de uma superfície de pontos $P = (x, y, z)$ de modo que a distância do ponto P ao ponto $(0, 0, -1)$ seja a mesma distância do ponto P ao plano $z = 1$. Identifique esta superfície.

36 Prove que se (x_0, y_0, z_0) é um ponto qualquer de um hiperbolóide de uma folha, **existem duas retas do espaço passando por (x_0, y_0, z_0), ambas pertencendo ao** hiperbolóide.

37 Ache a equação de uma superfície de pontos $P = (x, y, z)$ cuja distância ao eixo y é **²/₃ da distância de P ao plano xz**.

38 Prove que se (x_0, y_0, z_0) é um ponto qualquer de uma parabolóide hiperbólica, existem duas retas do espaço, passando por (x_0, y_0, z_0) ambas pertencendo ao parabolóide hiperbólico.

39 Uma superfície quádrica central $Ax^2 + By^2 + Cz^2 + K = 0$ contém os pontos $(3, -2, -1)$, $(0, 1, -3)$ e $(3, 0, 2)$. Ache a equação da superfície e identifique a superfície.

40 Uma superfície quádrica $Ax^2 + By^2 + Cz = 0$ contém os pontos $(1, 0, 1)$ e $(0, 2, 1)$. Ache a equação da superfície e identifique a superfície.

10 Coordenadas Cilíndricas e Esféricas

No Cap. 11, vimos que alguns exercícios no plano eram mais fáceis de se formular e de se resolver quando usávamos coordenadas polares em vez de coordenadas cartesianas. De forma semelhante, existem situações em que problemas no espaço tridimensional tornam-se mais acessíveis se introduzirmos sistemas coordenados não-cartesianos. Dois dos mais importantes sistemas coordenados não-carteanos no espaço, o *cilíndrico* e o *esférico*, são discutidos nesta Seção.

10.1 Coordenadas cilíndricas

Na Seção 1 obtivemos as coordenadas cartesianas de um ponto P no espaço tridimensional traçando uma perpendicular $\overline{PQ}$ ao plano horizontal que passa pela origem O e usando as coordenadas cartesianas de Q neste plano juntamente com a distância orientada $z = \pm |\overline{PQ}|$. O *sistema cilíndrico* é muito semelhante, exceto que usamos coordenadas polares para o ponto Q no plano horizontal (Fig. 1). Assim, as *coordenadas cilíndricas* do ponto P na Fig. 1 são (r, θ, z).

A Fig. 2 mostra o ponto P em relação ao sistema cartesiano e em relação ao sistema cilíndrico. Se as coordenadas polares de Q (com o eixo x como eixo polar) são (r, θ), então as coordenadas cartesianas de Q são $x = r \cos \theta$ e $y = r \operatorname{sen} \theta$; logo, as coordenadas cartesianas de P são dadas pelas equações

$$\begin{cases} x = r \cos \theta \\ y = r \operatorname{sen} \theta \\ z = z. \end{cases}$$

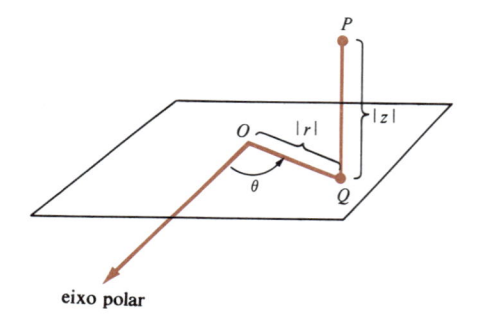

eixo polar

Fig. 1

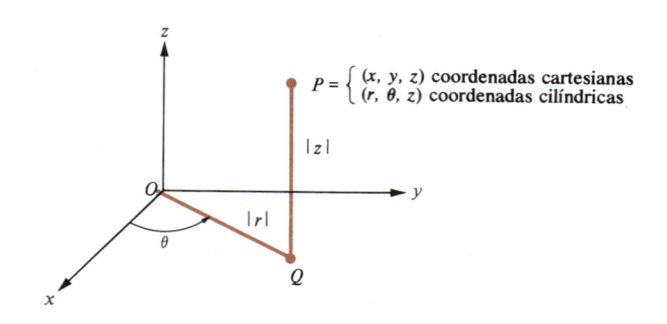

$P = \begin{cases} (x, y, z) \text{ coordenadas cartesianas} \\ (r, \theta, z) \text{ coordenadas cilíndricas} \end{cases}$

Fig. 2

Como o ponto Q, no pé da perpendicular do ponto P ao plano xy, tem um número ilimitado de diferentes representações no sistema polar, temos que P tem um número ilimitado de diferentes representações no sistema cilíndrico. Por exemplo, se $P = (r, \theta, z)$, P também será $P = (-r, \theta + \pi, z)$. Para qualquer caso, se $P = (x, y, z)$ em coordenadas cartesianas, então as coordenadas cilíndricas de P (r, θ, z) devem satisfazer

$$r = \pm \sqrt{x^2 + y^2}$$

e, contanto que $x \neq 0$,

$$\tan \theta = \frac{y}{x}.$$

Se $x = 0$, então $\theta = \pi/2$ quando $y > 0$, e $\theta = 3\pi/2$ quando $y < 0$.

EXEMPLOS **1** Ache as coordenadas cartesianas do ponto P cujas coordenadas cilíndricas são $(5, -\pi/3, 3)$ e marque o ponto P, mostrando os dois sistemas coordenados.

SOLUÇÃO
Nesse caso,

$$x = r \cos \theta = 5 \cos \left(-\frac{\pi}{3} \right) = \frac{5}{2},$$

$$y = 5 \operatorname{sen} \left(-\frac{\pi}{3} \right) = -\frac{5\sqrt{3}}{2}, \quad e$$

$$z = 3,$$

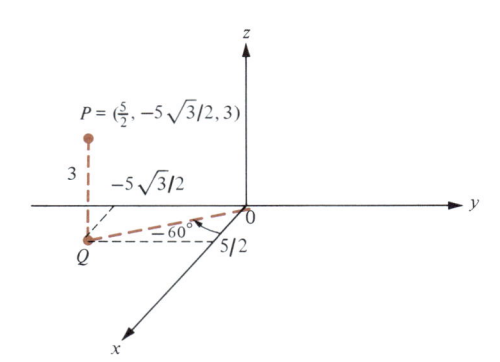

Fig. 3

Logo, o ponto P tem coordenadas cartesianas

$$\left(\tfrac{5}{2}, -5\sqrt{3}/2, 3 \right)$$

(Fig. 3)

2 Ache as coordenadas cilíndricas do **ponto** P cujas coordenadas cartesianas são $(-2, 2\sqrt{3}, 4)$ e marque o ponto mostrando os dois sistemas coordenados.

SOLUÇÃO
Nesse caso, $r = \pm \sqrt{(-2)^2 + (2\sqrt{3})^2} = \pm \sqrt{16} = \pm 4$, e pegamos $r = 4$. Como $x = -2 < 0$ e $y = 2\sqrt{3} > 0$, temos que θ é um ângulo do segundo quadrante com $\tan \theta = \dfrac{y}{x} = -\dfrac{2\sqrt{3}}{2} = -\sqrt{3}$; ficamos, então, com $\theta = 120° = 2\pi/3$ radianos. Assim as coordenadas cilíndricas de P são $(4, 2\pi/3, 4)$ (Fig. 4).

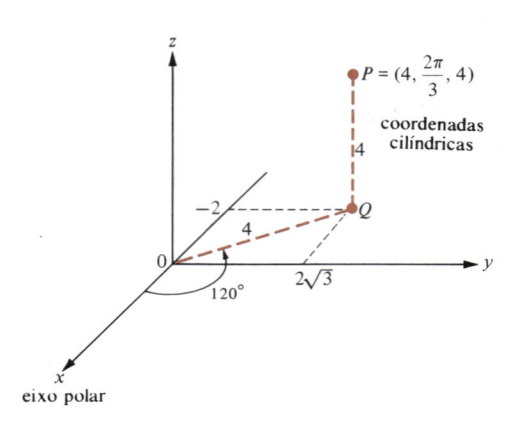

Fig. 4

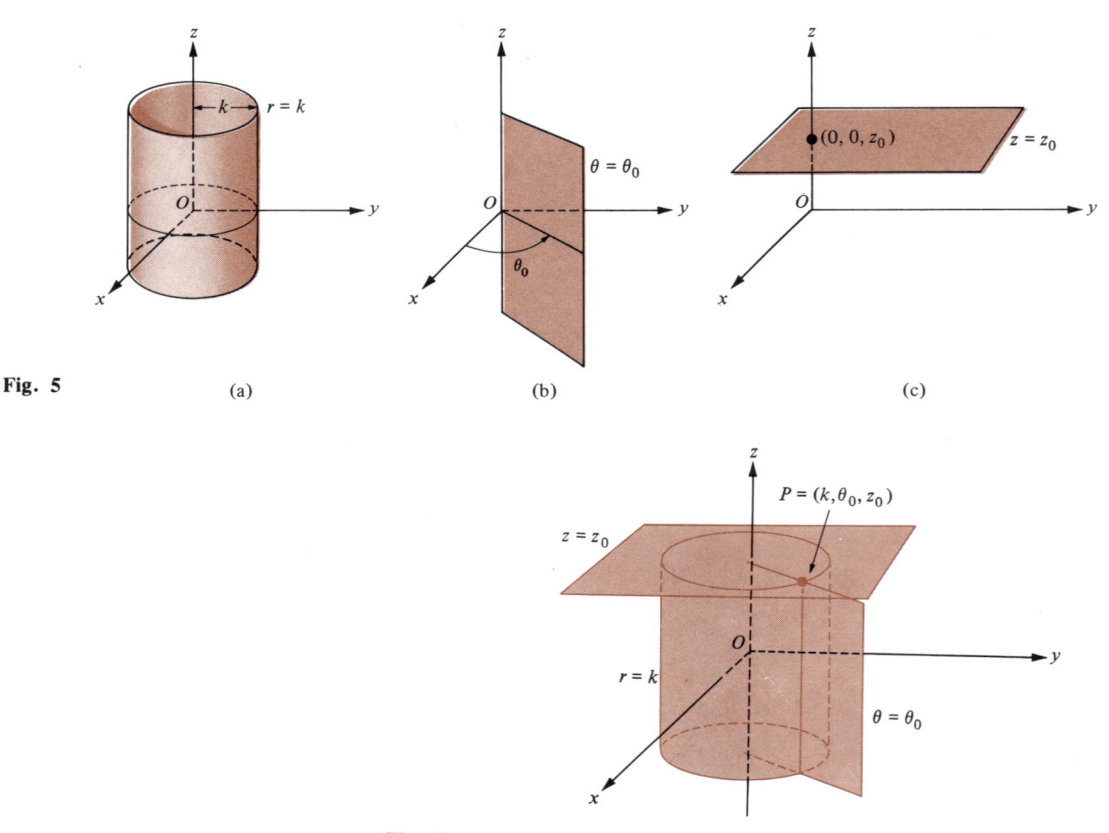

Fig. 5   (a)   (b)   (c)

Fig. 6

O gráfico de uma equação em coordenadas cilíndricas $r = k$ é um cilindro circular de raio $|k|$ com o eixo z como eixo central (Fig. 5a). Da mesma forma, a condição $\theta = \theta_0$ representa um plano passando pelo eixo z, fazendo θ_0 com eixo positivo x (Fig. 5b), enquanto a equação $z = z_0$ representa um plano horizontal interceptando o eixo z no ponto $(0, 0, z_0)$ (Fig. 5c). O ponto P de coordenadas cilíndricas $P = (k, \theta_0, z_0)$ é um ponto em que o cilindro circular $r = k$, o plano $\theta = \theta_0$ e o plano $z = z_0$ se interceptam (Fig. 6).

Como a equação de um cilindro circular é muito simples em coordenadas cilíndricas, tais coordenadas são naturalmente adaptadas às soluções de problemas envolvendo tais cilindros. Generalizando, a equação de uma superfície de revolução em torno do eixo z é geralmente mais simples em coordenadas cilíndricas do que em coordenadas cartesianas.

EXEMPLOS **1** Escreva a equação em coordenadas cilíndricas do cilindro circular reto de raio 17, com o eixo z como eixo central.

SOLUÇÃO
A equação do cilindro circular reto é $r = 17$.

2 Ache a equação em coordenadas cilíndricas do paraboloide de revolução cuja equação cartesiana é

$$x^2 + y^2 = z.$$

SOLUÇÃO
Como $r^2 = x^2 + y^2$, a equação desejada é $r^2 = z$.

3 Ache a equação em coordenadas cartesianas da superfície cuja equação em coordenadas cilíndricas é $z = 3r$, identifique a superfície e esboce o gráfico.

SOLUÇÃO
Elevando ao quadrado ambos os lados da equação, obtemos $z^2 = 9r^2$, ou $z^2 = 9(x^2 + y^2)$. A última equação pode ser reescrita como $x^2 + y^2 - (z^2/9) = 0$, que representa um cone elíptico. Na verdade, como os coeficientes de x^2 e y^2 são os mesmos, o gráfico é um cone circular (Fig. 7).

Uma curva no espaço geralmente pode ser expressa parametricamente dando-se as coordenadas cilíndricas (r, θ, z) de um ponto P da curva em termos de um parâmetro t. Assim, se

$$\begin{cases} r = f(t) \\ \theta = g(t) \\ z = h(t), \end{cases}$$

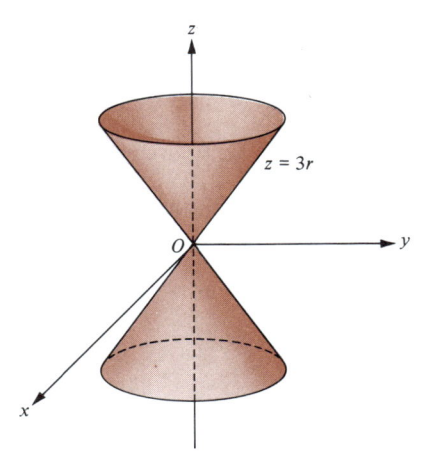

Fig. 7

onde f, g e h são funções contínuas, então o ponto $P = (r, \theta, z)$ percorre a curva à medida que t varia. Se f', g' e h' existem e são contínuas então das equações

$$x = r \cos \theta, \qquad y = r \operatorname{sen} \theta, \qquad \text{e} \qquad z = z,$$

obtemos

$$\frac{dx}{dt} = \frac{dr}{dt}\cos\theta - r\,\text{sen}\,\theta\,\frac{d\theta}{dt} \qquad \text{e} \qquad \frac{dy}{dt} = \frac{dr}{dt}\,\text{sen}\,\theta + r\cos\theta\,\frac{d\theta}{dt}.$$

Assim,

$$\left(\frac{ds}{dt}\right)^2 = \left(\frac{dx}{dt}\right)^2 + \left(\frac{dy}{dt}\right)^2 + \left(\frac{dz}{dt}\right)^2$$

$$= \left(\frac{dr}{dt}\cos\theta - r\,\text{sen}\,\theta\,\frac{d\theta}{dt}\right)^2 + \left(\frac{dr}{dt}\,\text{sen}\,\theta + r\cos\theta\,\frac{d\theta}{dt}\right)^2 + \left(\frac{dz}{dt}\right)^2$$

$$= \left(\frac{dr}{dt}\right)^2\cos^2\theta - 2r\frac{dr}{dt}\frac{d\theta}{dt}\cos\theta\,\text{sen}\,\theta + r^2\,\text{sen}^2\,\theta\left(\frac{d\theta}{dt}\right)^2 + \left(\frac{dr}{dt}\right)^2\text{sen}^2\,\theta$$

$$\qquad\qquad + 2r\frac{dr}{dt}\frac{d\theta}{dt}\cos\theta\,\text{sen}\,\theta + r^2\cos^2\theta\left(\frac{d\theta}{dt}\right)^2 + \left(\frac{dz}{dt}\right)^2$$

$$= \left(\frac{dr}{dt}\right)^2(\cos^2\theta + \text{sen}^2\,\theta) + r^2\left(\frac{d\theta}{dt}\right)^2(\cos^2\theta + \text{sen}^2\,\theta) + \left(\frac{dz}{dt}\right)^2$$

$$= \left(\frac{dr}{dt}\right)^2 + r^2\left(\frac{d\theta}{dt}\right)^2 + \left(\frac{dz}{dt}\right)^2.$$

Temos que o comprimento de arco da curva entre o ponto onde o parâmetro tem o valor $t = a$ e o ponto onde $t = b$ é dado por

$$s = \int_a^b \sqrt{\left(\frac{dr}{dt}\right)^2 + r^2\left(\frac{d\theta}{dt}\right)^2 + \left(\frac{dz}{dt}\right)^2}\, dt.$$

EXEMPLO Ache o comprimento de arco da curva

$$\begin{cases} r = 5 \\ \theta = 2\pi t \\ z = 3t \end{cases}$$

entre o ponto onde $t = 0$ e o ponto onde $t = 1$.

SOLUÇÃO

Neste caso $dr/dt = 0$, $d\theta/dt = 2\pi$, $dz/dt = 3$, **e**

$$s = \int_0^1 \sqrt{0^2 + 5^2(2\pi)^2 + 3^2}\, dt = \int_0^1 \sqrt{100\pi^2 + 9}\, dt$$

$$= \sqrt{100\pi^2 + 9}\int_0^1 dt = \sqrt{100\pi^2 + 9} \approx 31,56 \text{ unidades.}$$

10.2 Coordenadas esféricas

No *sistema de coordenadas esféricas*, o ângulo θ representa exatamente o mesmo ângulo do sistema cilíndrico coordenado. Assim, θ localiza um ponto P em um plano contendo o eixo z e fazendo um ângulo θ com o eixo positivo x (Fig. 8). A distância entre P e a origem O é representada pela letra grega ρ (lê-se: "rô"); assim $\rho = |\overline{OP}|$. Finalmente, o ângulo do eixo positivo z ao segmento de reta $\overline{OP}$ é representado pela letra grega ϕ (lê-se: "fi"). As coordenadas esféricas do ponto P são por costume escritas na ordem (ρ, θ, ϕ) e são geralmente escolhidas de modo que

$$\rho \geq 0, \qquad 0 \leq \theta < 2\pi, \qquad e \qquad 0 \leq \phi \leq \pi.$$

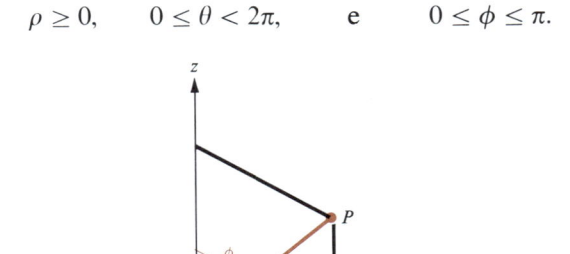

Fig. 8

Um ponto P com coordenadas esféricas $(\rho_0, \theta_0, \phi_0)$ dista ρ_0 unidades da origem; está localizado então em uma esfera de raio ρ_0 com centro em O (Fig. 9). O eixo z intercepta esta esfera nos "pólos norte e sul", e o plano xy a intercepta no "equador". Semicírculos cortados por semiplanos passando pelos pólos norte e sul são chamados *meridianos* e o meridiano que intercepta o lado positivo do eixo x é chamado de *meridiano principal*. Os ângulos θ_0 e ϕ_0 localizam P_0 na superfície da esfera mostrada na Fig. 9. A coordenada esférica θ_0, que é chamada de *longitude* de P_0, mede o ângulo entre o meridiano principal e o meridiano passando por P_0. (Na superfície da Terra, o meridiano passando por Greenwich, Inglaterra, é designado como meridiano principal.)

Círculos cortados na superfície $\rho = \rho_0$ por planos perpendiculares ao eixo z (logo são paralelos ao plano equatorial) são chamados *paralelos* e o ângulo medido do equador a um paralelo é chamado de *latitude* do paralelo (ou de qualquer ponto no paralelo) (Fig. 10). Observe que o ponto P_0 com coordenadas esféricas $(\rho_0, \theta_0, \phi_0)$ tem latitude $(\pi/2) - \phi_0$; em outras palavras o ângulo ϕ_0 é o complemento da latitude de P_0. Por esta razão ϕ_0 é chamado de *colatitude* de P_0. Por exemplo, a latitude de Boston, Massachusetts, é aproximadamente 42,4°, então sua colatitude é aproximadamente 47,6°.

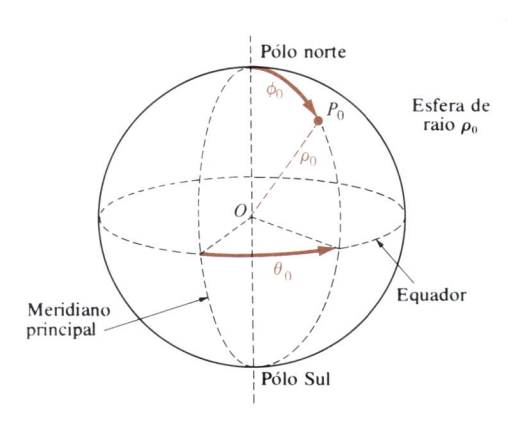

Fig. 9

Na Fig. 11, suponha que o ponto P tenha coordenadas cartesianas (x, y, z) e coordenadas esféricas (ρ, θ, ϕ). O segmento de reta $\overline{PQ}$ é paralelo ao eixo z, de modo que o ângulo OPQ é igual a ϕ. Como OQP é um triângulo retângulo,

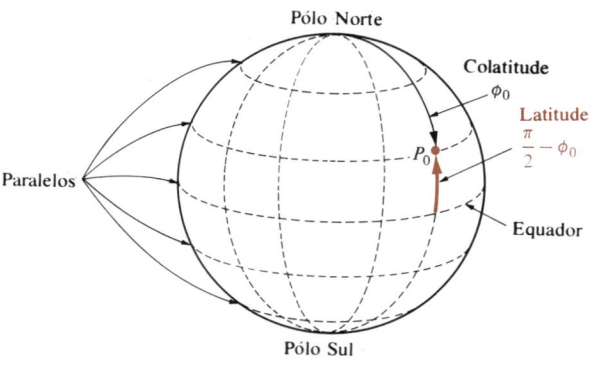

Fig. 10

Fig. 11

$$\operatorname{sen} \phi = \frac{|\overline{OQ}|}{|\overline{OP}|} = \frac{r}{\rho}; \quad \text{logo,} \quad r = \rho \operatorname{sen} \phi.$$

Portanto, podemos reescrever as equações

$$x = r \cos \theta \quad \text{e} \quad y = r \operatorname{sen} \theta$$

como

$$x = \rho \operatorname{sen} \phi \cos \theta \quad \text{e} \quad y = \rho \operatorname{sen} \phi \operatorname{sen} \theta.$$

O triângulo ORP na Fig. 11 é um triângulo retângulo, de modo que

$$\cos \phi = \frac{|\overline{OR}|}{|\overline{OP}|} = \frac{z}{\rho}; \quad \text{logo,} \quad z = \rho \cos \phi.$$

As equações que acabamos de deduzir

$$\begin{cases} x = \rho \operatorname{sen} \phi \cos \theta \\ y = \rho \operatorname{sen} \phi \operatorname{sen} \theta \\ z = \rho \cos \phi, \end{cases}$$

fornecem as coordenadas cartesianas de um ponto P cujas coordenadas cartesianas esféricas são (ρ, θ, ϕ). O argumento dado acima é aplicado se P está acima do plano xy (exercício 38) e as mesmas equações são válidas mesmo quando P está abaixo do plano xy. Em algumas aplicações de coordenadas esféricas, as condições $\rho \geq 0, 0 \leq \theta \leq 2\pi, 0 \leq \phi \leq \pi$ são abandonadas e (ρ, θ, ϕ) é subentendido localizar P em coordenadas esféricas se x, y e z são dadas pelas equações acima.

Como ρ é a distância entre $P = (x, y, z)$ e a origem O,

$$\rho^2 = x^2 + y^2 + z^2.$$

Também, se $x \neq 0$, temos

$$\frac{y}{x} = \frac{\operatorname{sen} \theta}{\cos \theta} = \tan \theta.$$

Finalmente, se $\rho \neq 0$, então

$$\frac{z}{\rho} = \cos \phi.$$

Portanto, se escolhermos as coordenadas esféricas (ρ, θ, ϕ) de modo que $\rho \geq 0$, $0 \leq \theta < 2\pi$, e $0 \leq \phi \leq \pi$, temos as fórmulas

$$\rho = \sqrt{x^2 + y^2 + z^2}, \qquad \tan \theta = \frac{y}{x} \quad \text{para } x \neq 0,$$

e

$$\phi = \cos^{-1}\frac{z}{\rho} = \cos^{-1}\frac{z}{\sqrt{x^2 + y^2 + z^2}} \quad \text{para } \rho \neq 0.$$

EXEMPLOS **1** Ache as coordenadas cartesianas do ponto P cujas coordenadas esféricas são $(2, \pi/3, 2\pi/3)$ e marque o ponto P mostrando os dois sistemas coordenados.

SOLUÇÃO
Nesse caso temos $\rho = 2$, $\theta = \pi/3$, e $\phi = 2\pi/3$, de modo que

$$x = \rho \operatorname{sen} \phi \cos \theta = 2 \operatorname{sen} \frac{2\pi}{3} \cos \frac{\pi}{3}$$

$$= 2\left(\frac{\sqrt{3}}{2}\right)\left(\frac{1}{2}\right) = \frac{\sqrt{3}}{2},$$

$$y = \rho \operatorname{sen} \phi \operatorname{sen} \theta = 2 \operatorname{sen} \frac{2\pi}{3} \operatorname{sen}\frac{\pi}{3}$$

$$= 2\left(\frac{\sqrt{3}}{2}\right)\left(\frac{\sqrt{3}}{2}\right) = \frac{3}{2}, \quad \text{e}$$

$$z = \rho \cos \phi = 2 \cos \frac{2\pi}{3} = 2\left(-\frac{1}{2}\right) = -1.$$

Assim as coordenadas cartesianas de P são $(\sqrt{3}/2, {}^3/_2, -1)$ (Fig. 12).

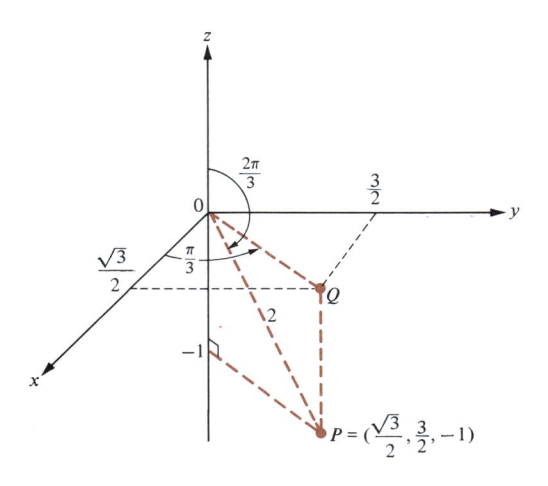

Fig. 12

2 Ache as coordenadas esféricas do ponto P cujas coordenadas cartesianas são $(\sqrt{3}, -1, 2)$ e marque o ponto P mostrando os dois sistemas coordenados.

SOLUÇÃO

Como $\tan \theta = y/x$, temos

$$\theta = \tan^{-1} \frac{-1}{\sqrt{3}} = -\frac{\pi}{6} = -30°.$$

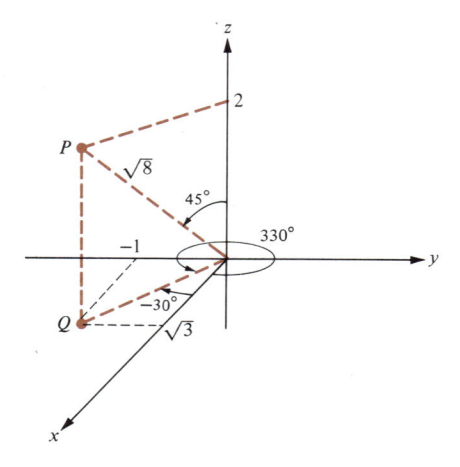

Fig. 13

Se fizermos $0 \leqslant \theta < 2\pi$, pegamos

$$\theta = 2\pi + (-\pi/6) = 11\pi/6 = 330°.$$

Nesse caso,

$$\rho = \sqrt{(\sqrt{3})^2 + (-1)^2 + 2^2} = \sqrt{8} = 2\sqrt{2},$$

e

$$\phi = \cos^{-1} \frac{z}{\rho} = \cos^{-1} \frac{2}{2\sqrt{2}} = \cos^{-1} \frac{\sqrt{2}}{2} = \frac{\pi}{4} = 45°.$$

Portanto, as coordenadas esféricas de P são $(\sqrt{8}, 11\pi/6, \pi/4)$ (Fig. 13).

3 Converta a equação $\phi = \pi/4$ de coordenadas esféricas para (a) coordenadas cartesianas e (b) coordenadas cilíndricas.

SOLUÇÃO

$$(a) \quad x = \rho \operatorname{sen} \phi \cos \theta = \left(\operatorname{sen} \frac{\pi}{4}\right) \rho \cos \theta = \frac{\sqrt{2}}{2} \rho \cos \theta,$$

$$y = \rho \operatorname{sen} \phi \operatorname{sen} \theta = \left(\operatorname{sen} \frac{\pi}{4}\right) \rho \operatorname{sen} \theta = \frac{\sqrt{2}}{2} \rho \operatorname{sen} \theta, \quad e$$

$$z = \rho \cos \phi = \rho \cos \frac{\pi}{4} = \frac{\sqrt{2}}{2} \rho.$$

Como $z = (\sqrt{2}/2)\rho$, podemos reescrever as duas primeiras equações como $x = z \cos \theta$ e $y = z$ sen θ. Das duas últimas equações temos

$$x^2 + y^2 = z^2 \cos^2 \theta + z^2 \operatorname{sen}^2 \theta = z^2(\cos^2 \theta + \operatorname{sen}^2 \theta) = z^2.$$

Assim, a equação em coordenadas cartesianas é $x^2 + y^2 = z^2$; temos então que o gráfico da equação é um cone circular reto.

(b) Em coordenadas cilíndricas $r^2 = x^2 + y^2$; assim, a equação obtida no item (a) pode ser escrita como $r^2 = z^2$.

4 Reescreva a equação do parabolóide $x^2 + y^2 = z$ em coordenadas esféricas.

SOLUÇÃO
Nesse caso temos

$$x^2 + y^2 = (\rho \operatorname{sen} \phi \cos \theta)^2 + (\rho \operatorname{sen} \phi \operatorname{sen} \theta)^2$$
$$= \rho^2 \operatorname{sen}^2 \phi(\cos^2 \theta + \operatorname{sen}^2 \theta) = \rho^2 \operatorname{sen}^2 \phi.$$

Assim, como $z = \rho \cos \phi$, a equação $x^2 + y^2 = z$ transforma-se em

$$\rho^2 \operatorname{sen}^2 \phi = \rho \cos \phi.$$

Não perdemos nenhum ponto do gráfico cancelando ρ, obtendo ρ sen$^2 \phi$ = $\cos \phi$, pois a última equação é satisfeita para $\rho = 0$ e $\phi = \pi/2$. Portanto, em coordenadas esféricas, o parabolóide tem a equação

$$\rho \operatorname{sen}^2 \phi = \cos \phi.$$

Conjunto de Problemas 10

Nos problemas 1 a 4, ache as coordenadas cartesianas do ponto cujas coordenadas cilíndricas são dadas e marque esse ponto

1 $(4, \pi/3, 1)$ **2** $(3, \pi/2, 4)$ **3** $(5, \pi/6, -2)$ **4** $(2, 2, 2)$

Nos problemas 5 a 8, ache as coordenadas cilíndricas (r, θ, z) com $r \geq 0$ e $0 \leq \theta < 2\pi$ para o ponto cujas coordenadas cartesianas são dadas e marque esse ponto

5 $(4, 0, 1)$ **6** $(-2\sqrt{3}, -6, 0)$ **7** $(-3\sqrt{3}, 3, 6)$ **8** $(1, 1, -1)$

Nos problemas 9 a 12, ache as coordenadas cartesianas do ponto cujas coordenadas esféricas são dadas e marque esse ponto

9 $(2, \pi/6, \pi/3)$ **10** $(7, \pi/2, \pi)$ **11** $(12, 5\pi/6, 2\pi/3)$ **12** (π, π, π)

Nos problemas de 13 a 16, ache as coordenadas esféricas (ρ, θ, ϕ) com $\rho \geq 0$, $0 \leq \theta < 2\pi$ e $0 \leq \phi \leq \pi$ para os pontos cujas coordenadas cartesianas são dadas e marque esse ponto

13 $(0, -1, 0)$ **14** $(0, 0, 5)$ **15** $(1, 2, -3)$ **16** $(0, 0, 0)$

Nos problemas 17 a 26, converta cada equaçao em uma equaçao equivalente (a) em coordenadas cilíndricas e (b) em coordenadas esféricas. Desenhe o gráfico da superfície

17 $z = 2(x^2 + y^2)$ **18** $x^2 + y^2 - 4x = 0$ **19** $x = 2$ **20** $y = \sqrt{3} x$

21 $x^2 + y^2 = 5z^2$ **22** $x^2 + y^2 + (z-1)^2 = 1$ **23** $x^2 + y^2 = 25$

24 $x + 2y = 0$ **25** $x^2 + y^2 - z^2 = 1$ **26** $x^2 + y^2 + z^2 - 6z = 0$

Nos problemas 27 a 32, cada equação está escrita em coordenadas cilíndricas. Converta cada equação equivalente (a) em coordenadas cartesianas e (b) em coordenadas esféricas. Desenhe um gráfico da superfície

27 $z = r^2$ **28** $\theta = \dfrac{3\pi}{4}$ **29** $\dfrac{r^2}{9} + \dfrac{z^2}{4} = 1$

30 $z = \frac{1}{2}r^2 \,\text{sen}\, 2\theta$ **31** $r = 4 \cos \theta$ **32** $r \cos \theta + 3r \,\text{sen}\, \theta + 2z = 6$

Nos problemas 33 a 37 cada equação está escrita em coordenadas esféricas. Expresse cada equação em uma equação equivalente (a) em coordenadas cartesianas e (b) em coordenadas cilíndricas. Desenhe o gráfico da superfície.

33 $\rho = 2$ **34** $\theta = \pi/3$ **35** $\rho \,\text{sen}\, \phi = 3$

36 $\rho = 2 \cos \phi$ **37** $\phi = \pi/3$

38 Mostre que as equações dadas na Seção 10.2 para conversão de coordenadas esféricas em cartesianas estão corretas mesmo que o ponto P esteja abaixo do plano xy.

39 Converta $\rho = \text{sen}\, 2\phi$ para coordenadas cilíndricas.

40 Considere a curva no espaço cuja equação é dada parametricamente em coordenadas esféricas por

$$\begin{cases} \rho = f(t) \\ \theta = g(t) \\ \phi = h(t), \end{cases}$$

onde f', g' e h' existem e são contínuas.

(a) Prove que $\left(\dfrac{dx}{dt}\right)^2 + \left(\dfrac{dy}{dt}\right)^2 + \left(\dfrac{dz}{dt}\right)^2 = \left(\dfrac{d\rho}{dt}\right)^2 + \rho^2 \,\text{sen}^2\, \phi \left(\dfrac{d\theta}{dt}\right)^2 + \rho^2$

$\left(\dfrac{d\phi}{dt}\right)^2.$

(b) Mostre que o comprimento de arco da curva entre o ponto onde $t = a$ e o ponto onde $t = b$ é dado por

$$s = \int_a^b \sqrt{\left(\dfrac{d\rho}{dt}\right)^2 + \rho^2 \,\text{sen}^2\, \phi \left(\dfrac{d\theta}{dt}\right)^2 + \rho^2 \left(\dfrac{d\phi}{dt}\right)^2}\; dt.$$

41 Ache o comprimento de arco da curva cuja equação é dada parametricamente em coordenadas cilíndricas por

$$\begin{cases} r = \dfrac{\sqrt{2}}{2}\, t \\[2mm] \theta = \sqrt{2}\, t \\[2mm] z = \dfrac{\sqrt{2}}{2}\, t \end{cases}$$

entre $t = 0$ e $t = \sqrt{2}\pi$.

42 Um sistema de coordenadas cartesianas é estabelecido com a origem no centro da Terra, o lado positivo do eixo x passa pelo ponto onde o equador intercepta o meridiano e o eixo z passa pelo Pólo Norte. Considerando o raio da Terra como 3,959 quilômetros, ache:
(a) As coordenadas cartesianas de Nova York se sua latitude é 40,7° ao norte do equador e a longitude é 74,02° a oeste do meridiano principal.
(b) As coordenadas cartesianas de São Francisco se sua latitude é 37,81° ao norte do equador e a longitude é 122,4° a oeste do meridiano principal.
(c) O ângulo entre o vetor posição de Nova York e o vetor de posição de São Francisco.
(d) A distância medida na superfície da Terra entre Nova York e São Francisco.

Conjunto de Problemas de Revisão

Nos problemas 1 a 6, para o ponto dado P ache outro ponto Q que é simétrico ao ponto P em relação ao plano ou eixo dado

1 $P = (2, -1, -3)$; plano yz **2** $P = (5, 6, 3)$; eixo x **3** $P = (-3, 2, -1)$; plano xy

4 $P = (-1, -2, 3)$; eixo z **5** $P = (3, -1, -5)$; eixo y **6** $P = (1, 2, 5)$; plano xz

7 Ache a distância do ponto $P = (3, -1, 6)$ (a) à origem, (b) ao eixo x, (c) ao plano xy, (d) ao ponto $(2, -3, 7)$ e (e) ao ponto Q que é simétrico em relação à origem ao ponto P.

8 Use a fórmula da distância para mostrar que o triângulo de vértices $P = (1, 3, 3)$, $Q = (2, 2, 1)$ e $R = (3, 4, 2)$ é eqüilátero. Ache também as coordenadas do ponto onde as medianas do triângulo se interceptam.

9 Use vetores para determinar se os pontos $P = (-5, -10, 9)$, $Q = (-1, -5, 5)$ e $R = (11, 10, -9)$ são colineares (isto é, pertencem à mesma reta).

10 Use vetores para determinar se o quadrilátero com vértices $P = (3, 2, 5)$, $Q = (1, 1, 1)$, $R = (4, 0, 3)$ e $S = (6, 1, 7)$ é um paralelogramo.

11 Um vetor $\bar{R}$ faz um ângulo θ com o eixo x, um ângulo $\pi/4$ com o eixo y e um ângulo $\pi/3$ com o eixo z. Ache θ.

12 Se $P = (1, 2, 3)$ e $Q = (2, 5, 7)$ ache: (a) as componentes escalares do vetor $A = \overrightarrow{PQ}$ e (b) os co-senos diretores de $\bar{A}$.

Nos problemas 13 a 30, calcule o valor de cada expressão usando

$$\bar{A} = i - 2\bar{j} + 3\bar{k}, \qquad \bar{B} = 3i + 2\bar{j} + \bar{k}, \qquad \bar{C} = 2i + 3\bar{j},$$
$$\bar{D} = -3i - 5\bar{j} + 6\bar{k}, \qquad \bar{E} = i + 3\bar{j} - 2\bar{k}, \qquad \bar{F} = 3i + 5\bar{j} + 6\bar{k}.$$

13 $\bar{A} - 3\bar{B} + \bar{C}$ **14** $|2\bar{C} - \bar{F}|$ **15** $|\bar{A} - 3\bar{B} + \bar{C}|$

16 $(\bar{E} \cdot \bar{F})\bar{C} - (\bar{C} \cdot \bar{F})\bar{A}$ **17** $(3\bar{A}) \cdot (\bar{F} + \bar{E})$ **18** $\bar{A} \times \bar{D}$

19 $\bar{E} \cdot (\bar{D} \times \bar{E})$ **20** $\bar{B} \cdot (\bar{C} \times \bar{E})$ **21** $\bar{A} \times \bar{B}$

22 $\bar{A} \times (\bar{B} \times \bar{D})$ **23** $(\bar{A} + \bar{B}) \times (\bar{A} - \bar{B})$ **24** $(\bar{A} \times \bar{B}) \times \bar{D}$

25 $\bar{A} \cdot (\bar{B} \times \bar{C})$ **26** $(3\bar{A} - \bar{D}) \times (\bar{E} - 2\bar{C})$

27 O ângulo entre $\bar{C}$ e $\bar{D}$.

28 A componente escalar de $\bar{C}$ na direção de $\bar{F}$.

29 O volume do paralelepípedo cujas arestas são os vetores $\bar{A}$, $\bar{B}$ e $\bar{C}$.

30 $(\bar{A} \times \bar{B}) \cdot (\bar{C} \times \bar{D})$

31 Os vetores $\bar{A} = i - 2\bar{j} + 3\bar{k}$, $\bar{B} = 3\bar{i} + 2\bar{j} + \bar{k}$, e $\bar{C} = 2\bar{i} + 3\bar{j}$ formam uma trinca destrógira? Por quê?

32 Ache a área do triângulo cujos vértices são $A = (2, 0, -1)$, $B = (5, 3, 3)$, e $C = (-1, 1, 2)$

Nos problemas 33 a 40, ache a equação na forma escalar do plano satisfazendo as condições dadas.

33 Contendo o ponto $P = (1, 2, 3)$ e perpendicular ao raio vetor $\overrightarrow{OP}$ no ponto P.

34 Contendo os três pontos $(1, 7, 2)$ $(3, 5, 1)$ e $(6, 3, -1)$.

35 Contendo o ponto $P = (2, 0, -1)$ e perpendicular à reta que passa pelos pontos $Q = (3, 4, 4)$ e $R = (-1, 2, 1)$.

36 A uma distância de 4 unidades da origem e perpendicular à reta que passa pelos pontos $P = (-2, 3, 1)$ e $Q = (-5, 1, -5)$.

37 Contendo o ponto $(4, 3, 1)$ e paralelo ao plano $x + 3z = 8$.

38 Contendo os pontos $(1, 3, 1)$ e $(4, 6, -2)$ e perpendicular ao plano $x + y - z = 3$.

39 Contendo o ponto $(2, -1, 3)$ e perpendicular à reta $x = 3t + 5$, $y = 8t - 4$, $z = -7t + 16$.

40 Contendo o ponto $(1, 2, 10)$ e a reta $\dfrac{x - 1}{5} = \dfrac{y - 1}{2} = \dfrac{z - 6}{-7}$.

Nos problemas 41 a 48, ache as equações da reta (a) na forma escalar paramétrica e (b) na forma simétrica para a qual valem as condições dadas.

41 Contendo os pontos $(5, 6, -4)$ e $(2, -1, 1)$.

42 Contendo o ponto $(-1, 2, 3)$ e perpendicular ao plano $-2x + 3y - z = -1$.

43 Contendo o ponto $(2, -3, -2)$ e paralelo à reta $\dfrac{x - 1}{3} = \dfrac{y + 7}{-2} = \dfrac{z}{7}$.

44 Contendo a origem, perpendicular à reta de interseção dos dois planos $x = y - 5$ e $z = 2y - 3$, e cortando a reta de interseção dos dois planos $y = 2x + 1$ e $z = x + 2$.

45 Formada pela interseção dos dois planos $2x + y - z = 1$ e $x - y + 3z = 10$.

46 Contendo o ponto $(3, 6, 4)$ paralelo ao plano $x - 3y + 5z - 6 = 0$, e interceptando o eixo z.

47 Contendo o ponto $(2, 1, 4)$ e perpendicular ao eixo x e ao eixo y.

48 Contendo o ponto $(2, -1, 4)$ e perpendicular às retas $x = 5t + 1$, $y = -3t$, $z = t - 2$ e $x = 2t - 1$, $y = t + 1$, $z = -t$.

49 Ache a distância do ponto $(2, -3, 4)$ ao plano $2x - 2y + z = 5$.

50 Ache a distância entre os dois planos paralelos $x - 2y + 2z = 5$ e $x - 2y + 2z = 17$.

51 Mostre que as retas $\dfrac{x - 100}{99} = \dfrac{y + 94}{-97} = \dfrac{z - 51}{50}$ e $\dfrac{x - 102}{-101} = \dfrac{y + 96}{99} = \dfrac{z - 52}{-51}$

interceptam-se e ache a equação do plano contendo as duas retas.

52 Dada a equação $\dfrac{x - x_0}{a} = \dfrac{y - y_0}{b} = \dfrac{z - z_0}{c}$ de uma reta, como você faria para achar diversos pontos desta reta?

53 Ache a distância entre as duas retas $x = y + 3 = \dfrac{z - 2}{2}$ e $\dfrac{x - 3}{-1} = \dfrac{y + 1}{2} = z - 1$.

54 Seja P um ponto variável de uma primeira reta no espaço e seja Q um ponto variável de uma segunda reta no espaço. Se $\bar{M}_1$ e $\bar{M}_2$ são vetores direção para a primeira e segunda reta, respectivamente, mostre que a quantidade $(\bar{M}_1 \times \bar{M}_2) \cdot \overrightarrow{PQ}$ permanece constante à medida que P e Q variam.

55 Mostre que as retas $\dfrac{x - x_0}{a_0} = \dfrac{y - y_0}{b_0} = \dfrac{z - z_0}{c_0}$ e $\dfrac{x - x_1}{a_1} = \dfrac{y - y_1}{b_1} = \dfrac{z - z_1}{c_1}$

encontram-se no espaço se e somente se

$$\begin{vmatrix} a_0 & b_0 & c_0 \\ a_1 & b_1 & c_1 \\ x_1 - x_0 & y_1 - y_0 & z_1 - z_0 \end{vmatrix} = 0.$$

56 Seja $\bar{R}_1$ o vetor posição para um ponto P_1 no espaço.

(a) Mostre que $\bar{R}_1 - \dfrac{\bar{N} \cdot (\bar{R}_1 - \bar{R}_0)}{|\bar{N}|^2} \bar{N}$ é o vetor posição do ponto no plano $\bar{N} \cdot (\bar{R} - \bar{R}_0) = 0$ que contém P_1.

(b) Mostre que $\bar{R}_0 + \dfrac{\bar{M} \cdot (\bar{R}_1 - \bar{R}_0)}{|\bar{M}|^2} \bar{M}$ é o vetor posição do ponto da reta $\bar{M} \times (\bar{R} - \bar{R}_0) = \bar{0}$ que contém P_1.

57 Suponha que $\bar{A}$ é um vetor dado não-nulo, que $\bar{X}$ é um vetor desconhecido mas o escalar $a = \bar{A} \cdot \bar{X}$ e o vetor $\bar{B} = \bar{A} \times \bar{X}$ são ambos conhecidos. Mostre que $\bar{X}$ é determinado pela equação

$$\bar{X} = \frac{a}{|\bar{A}|^2} \bar{A} - \frac{\bar{A} \times \bar{B}}{|\bar{A}|^2}.$$

(*Sugestão:* Comece desenvolvendo $\bar{A} \times \bar{B}$).

58 Se $\bar{A}$ é um vetor não-nulo e $\bar{A} \times \bar{X} = \bar{A} \times \bar{Y}$, podemos "cancelar" e concluir que $\bar{X} = \bar{y}$? Explique.

Nos exercícios 59 e 60, ache $\bar{F}'(t)$, $\bar{F}''(t)$, e $\dfrac{d}{dt} |\bar{F}(t)|$.

59 $\bar{F}(t) = e^{2t^2}\bar{i} - e^{-2t^2}\bar{j} + t\bar{k}$

60 $\bar{F}(t) = \tan\left(t + \dfrac{\pi}{2}\right)\bar{i} + (\tan t)\bar{j} + \tan\left(t - \dfrac{\pi}{2}\right)\bar{k}$

Nos problemas 61 e 62, considere uma partícula P movendo-se com a equação de movimento dada. Ache (a) o vetor velocidade V, (b) o vetor aceleração A, (c) a velocidade v, (d) o vetor tangente unitário $\bar{T}$, (e) o vetor normal $\bar{N}$, (f) o vetor binormal $\bar{B}$ e (g) a distância percorrida pela partícula ao longo de seu trajeto entre o instante $t = 0$ e $t = 1$.

61 $\bar{R} = (3 \cos 2\pi t)\bar{i} + (3 \operatorname{sen} 2\pi t)\bar{j} + 2t\bar{k}$ **62** $\bar{R} = (e^{4t} \cos t)\bar{i} + (e^{4t} \operatorname{sen} t)\bar{j} + e^{4t}\bar{k}$

Nos problemas 63 a 66 ache (a) $\bar{V}$, (b) v, (c) $\bar{A}$, (d) $\bar{T}$, (e) $\bar{V} \times \bar{A}$, (f) κ, (g) $\bar{N}$, (h) $\bar{B}$, (i) $d\bar{A}/dt$ e (j) τ para cada curva no espaço xyz.

63 $\bar{R} = t\bar{i} + t^2\bar{j} + t^3\bar{k}$

64 $\bar{R} = at\bar{i} + bt^2\bar{j} + ct^3\bar{k}$, onde a, b e c são constantes.

65 $\bar{R} = (\operatorname{sen} t \cos t)\bar{i} + (\operatorname{sen}^2 t)\bar{j} + (\cos t)\bar{k}$

66 $\bar{R} = (t \operatorname{sen} t)\bar{i} + t(\cos t)\bar{j} + t\bar{k}$

67 Uma partícula move-se de acordo com a equação de movimento $\bar{R} = \bar{F}(t)$. Desenvolva e simplifique as seguintes expressões:

(a) $\dfrac{d}{dt} (\bar{R} \cdot \bar{V})$　　　　(b) $\dfrac{d}{dt} (\bar{R} \times \bar{V})$　　　　(c) $\dfrac{d}{dt} (\bar{V} \cdot \bar{A})$

(d) $\dfrac{d}{dt} (\bar{V} \times \bar{A})$　　　　(e) $\dfrac{d\bar{T}}{ds} \cdot \dfrac{d\bar{B}}{ds}$　　　　(f) $\left(\dfrac{d\bar{R}}{ds} \times \dfrac{d^2\bar{R}}{ds^2}\right) \cdot \dfrac{d^3\bar{R}}{ds^3}$

68 (a) Desenhe a curva $z = \cos(\pi y)$ no plano yz.
(b) Desenhe o cilindro com geratrizes paralelas ao eixo x, e com diretriz igual à curva do item (a).
(c) Escreva a equação do cilindro do item (b).

69 Ache a equação da superfície de revolução gerada pela rotação da curva $z = 2(x - 3)^2$ em torno do eixo x. A curva está no plano xz.

70 Ache a equação do *toro* (superfície com a forma de uma câmara de pneu) que é gerado quando o círculo $y^2 + (x - a)^2 = r^2$ $(a > r > 0)$ no plano xy é girado em torno do eixo y. Desenhe a superfície.

71 Ache a curva geratriz no plano xz e o eixo de rotação da superfície de revolução $y^2 + z^2 = e^{-2x}$. Desenhe a superfície.

72 Ache a equação da superfície de revolução gerada pela rotação da cardióide $r = 1 - \cos \theta$ no plano xy em torno do eixo x.

Nos problemas 73 a 78, identifique e desenhe um gráfico para cada superfície quádrica.

73 $x^2 + 4y^2 + 4z^2 = 16$　　　**74** $x^2 + 4y^2 + 4z^2 = 16x$　　　**75** $x^2 + z^2 = 4 + y$

76 $9x^2 + z^2 = y$　　　**77** $y^2 - z^2 + 9x^2 = 1$　　　**78** $y^2 - z^2 + 9x^2 = 0$

79 Uma superfície quádrica tem uma equação da forma $Ax^2 + By^2 + Cz = 0$. Identifique a curva se ela contém os pontos $(3, 5, 8)$ e $(4, -2, -6)$.

80 Uma superfície quádrica tem uma equação da forma $Ax^2 + By^2 + Cz^2 = 1$ e contém os pontos $(2, -1, 1)$ e $(-3, 0, 0)$ e $(1, -1, -2)$. Identifique a superfície.

81 Descreva e desenhe a superfície cuja equação em coordenadas cilíndricas é (a) $r = 2$; (b) $\theta = \pi/6$; (c) $r = \text{sen } \theta$.

82 Descreva e desenhe a superfície cuja equação em coordenadas esféricas é $\rho = 5 \cos \phi$.

83 Ache a equação em coordenadas cilíndricas da superfície obtida pela rotação da curva $z = f(x)$ no plano xz em torno do eixo z.

84 Ache o comprimento de arco da curva cujas equações paramétricas em coordenadas esféricas são $\rho = t^2$, $\theta = \pi/6$, $\phi = t$ à medida que t varia no intervalo $(0, \sqrt{5})$.

85 Converta a equação $\rho^2 \text{ sen } 2\phi = 4$, em coordenadas esféricas, em coordenadas cartesianas e desenhe o gráfico da superfície.

86 Ache a distância medida na superfície da terra entre Honolulu, com latitude 21, 31°N, longitude 157,87°W e Chicago, com latitude 41,83° N, longitude 87,62°W. Suponha que o raio da Terra seja 3.959 quilômetros.

16 FUNÇÕES A VÁRIAS VARIÁVEIS E DERIVADAS PARCIAIS

Nos capítulos anteriores trabalhamos exclusivamente com funções de uma única variável real; contudo, há situações práticas nas quais a função depende de *diversas* variáveis. Por exemplo, a freqüência de um circuito sintonizador depende da sua capacitância, da sua indutância e da sua resistência; a pressão de um gás depende de sua temperatura e de seu volume; a demanda de uma mercadoria pode depender não apenas de seu preço, mas também dos preços dos artigos similares, da renda média e do momento; o poder aquisitivo de uma pessoa depende não só de seu salário mas também de diversas deduções especificadas e do número de dependentes; e assim por diante.

Neste capítulo estudaremos funções de mais de uma variável, veremos que os conceitos de limite e continuidade são aplicáveis para tais funções e investigaremos suas derivadas "parciais". Regras da cadeia serão também desenvolvidas para funções a várias variáveis. Neste capítulo também está incluído um estudo das derivadas direcionais, planos tangentes e retas normais a superfícies, e máximos e mínimos de funções a várias variáveis.

1 Funções a Várias Variáveis

Um cilindro circular reto, fechado nas extremidades, com base de raio r e altura h, tem a área da superfície total S dada por

$$S = 2\pi rh + 2\pi r^2.$$

Dizemos então que a variável (dependente) S é uma função a duas variáveis (independentes) r e h, e escrevemos

$$S = f(r, h).$$

Por exemplo, se $r = 11$ cm e $h = 5$ cm, então

$$S = f(11, 5) = 2\pi(11)(5) + 2\pi(11)^2 = 352\pi \text{ cm}^2.$$

Procedendo com um certo formalismo, temos a seguinte definição.

DEFINIÇÃO 1 **Função a duas variáveis**

Uma *função real f a duas variáveis reais* é uma relação que transforma em um único número real z cada par ordenado (x,y) de números reais de um certo conjunto D, chamado de domínio da função. Se a relação f transforma no número real z o par ordenado (x,y) em D, então escrevemos $z = f(x,y)$.

Na equação $z = f(x,y)$, chamamos z de variável *dependente* e nos referimos a x e a y como variáveis *independentes*. O conjunto de todos os

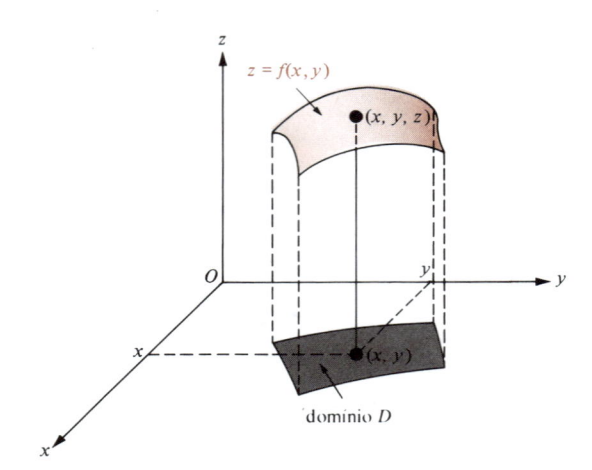

Fig. 1

valores possíveis de z, que pode ser obtido aplicando a relação f aos pares ordenados (x,y) em D, é denominado *imagem* da função f.

Definimos o *gráfico* de uma função f a duas variáveis como sendo o conjunto de todos os pontos (x,y,z) no espaço cartesiano tridimensional, tal que (x,y) pertence ao domínio D e de f e $z = f(x,y)$. O domínio D pode ser representado através de um conjunto de pontos no plano xy e o gráfico de f como uma superfície cuja projeção perpendicular ao plano xy é D (Fig. 1). Na Fig. 1, o ponto indicado como (x,y) é na verdade $(x,y,0)$; contudo, a terceira coordenada foi propositalmente omitida. Observe que quando o ponto (x,y) varia em D, o ponto correspondente $(x,y,z) = (x,y, f(x,y))$ varia sobre a superfície.

EXEMPLOS Esboce o gráfico das funções a duas variáveis dadas abaixo.

1 A função f cujo domínio D é o disco circular consistindo em todos os pontos (x,y) tais que $x^2 + y^2 \leq 1$ e que está definida pela equação

$$f(x, y) = \sqrt{1 - x^2 - y^2}.$$

Solução
Um ponto (x,y,z) pertence ao gráfico de f se, e somente se, $z = f(x,y)$; isto é, $z = \sqrt{1 - x^2 - y^2}$. A condição $z = \sqrt{1 - x^2 - y^2}$ é equivalente às duas condições $z \geq 0$ e $x^2 + y^2 + z^2 = 1$. Deste modo, o gráfico consiste na posição da esfera $x^2 + y^2 + z^2 = 1$ sobre o plano xy (Fig. 2).

2 A função f cujo domínio D é o plano xy e que está definida pela equação $f(x,y) = 1 - x - (y/2)$.

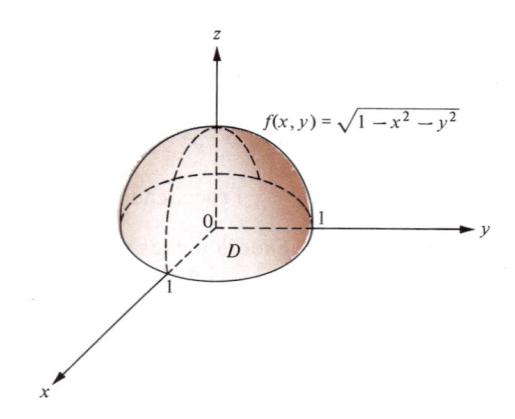

Fig. 2

SOLUÇÃO

O ponto (x,y,z) pertence ao gráfico de f se, e somente se, $z = 1 - x - (y/2)$; isto é, $2x + y + 2z = 2$. Portanto o gráfico de f consiste num plano que intercepta os eixos nos pontos $(1,0,0)$, $(0,2,0)$ e $(0,0,1)$. Uma porção deste plano, mostrando as interseções com os planos xy, xz e yz, está apresentada na Fig. 3.

Embora o esboço de gráficos de funções a duas variáveis exijam maior cuidado do que o esboço de gráficos de funções a uma variável, a idéia básica é a mesma e a técnica estudada na Seção 9 do Cap. 15 — seções de corte, interseções, traços, simetrias e assim por diante — pode ser muito útil.

As funções a três ou mais variáveis são definidas por uma extensão óbvia da Definição 1 como se segue.

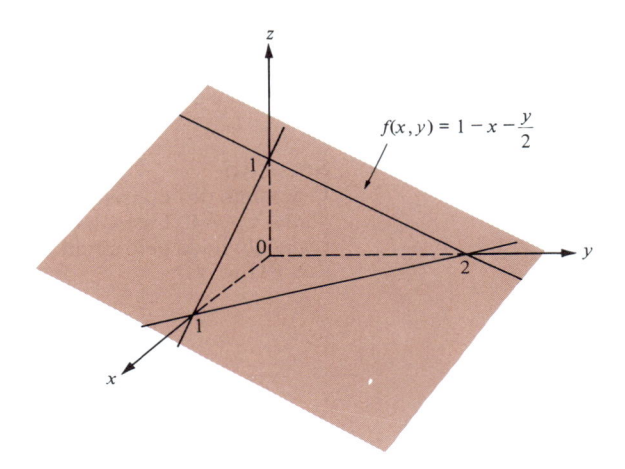

Fig. 3

DEFINIÇÃO 2 **Função a várias variáveis**

Uma *função real f a n variáveis reais* é uma relação que transforma em um único número real w cada n-upla ordenada $(x_1, x_2, x_3, \ldots, x_n)$ de números reais de um certo conjunto D, chamado de domínio da função f. Se a relação f transforma no número w a n-upla ordenada $(x_1, x_2, x_3, \ldots, x_n)$ então escrevemos $w = f(x_1, x_2, x_3, \ldots, x_n)$.

Na equação $w = f(x_1, x_2, x_3, \ldots, x_n)$ chamamos w de variável *dependente* e nos referimos a $x_1, x_2, x_3, \ldots, x_n$ como variáveis *independentes*. O conjunto de todos os valores possíveis de w, que pode ser obtido aplicando a relação f às n-uplas ordenadas $(x_1, x_2, x_3, \ldots, x_n)$ em D, é denominado *imagem* da função f. No caso $n = 2$, $w = f(x_1, x_2)$ é geralmente representada na forma $z = f(x,y)$ como na Definição 1. No caso de $n = 3$, $w = f(x_1, x_2, x_3)$ é representada por $w = f(x,y,z)$.

EXEMPLOS **1** Se f está definida por $f(x,y) = 3x + 2y$ para todos os valores de x e y, encontre (a) $f(1,2)$ e (b) $f(\operatorname{sen} t, \cos t)$.

SOLUÇÃO

(a) $f(1,2) = (3)(1) + (2)(2) = 7$.

(b) $f(\operatorname{sen} t, \cos t) = 3 \operatorname{sen} t + 2 \cos t$.

2 Se $g(x,y,z) = \dfrac{xy}{x^2 + y^2 - z}$ para todos os valores de x, y e z exceto aqueles que anulam o denominador, encontre (a) $g(2,3,7)$ e (b) $g(\operatorname{sen} t, \cos t, 0)$.

SOLUÇÃO

(a) $g(2,3,7) = \dfrac{(2)(3)}{2^2 + 3^2 - 7} = 1$.

(b) $g(\operatorname{sen} t, \cos t, 0) = \dfrac{\operatorname{sen} t \cos t}{\operatorname{sen}^2 t + \cos^2 t - 0} = \operatorname{sen} t \cos t$.

3 Se $f(x_1, x_2, x_3, \ldots, x_n) = x_1^2 + x_2^2 + x_3^2 + \cdots + x_n^2$ para todo valor inteiro de $x_1, x_2, x_3, \ldots, x_n$, encontre $f(1,2,3,\ldots,n)$.

SOLUÇÃO
Usando a fórmula para a soma dos quadrados sucessivos (Cap. 6, Seção 1), temos

$$f(1, 2, 3, \ldots, n) = 1^2 + 2^2 + 3^2 + \cdots + n^2 = \sum_{k=1}^{n} k^2 = \frac{n(n+1)(2n+1)}{6}.$$

Se uma função f a várias variáveis está definida por uma equação ou uma fórmula, então (a não ser que esteja estipulado o contrário) entende-se por domínio de f o conjunto de todas as n-uplas de variáveis independentes para as quais a equação ou fórmula admitem resposta.

EXEMPLOS 1 Encontre e esboce o domínio de $f(x, y) = \dfrac{\sqrt{4 - x^2 - y^2}}{y}$.

SOLUÇÃO
O domínio de f consiste em todos os pares ordenados (x,y) para os quais $x^2 + y^2 \leq 4$ e $y \neq 0$. Este é o conjunto de todos os pontos que estão no interior da região limitada pelo círculo $x^2 + y^2 = 4$, exceto aqueles que estão sobre o eixo dos x (Fig. 4).

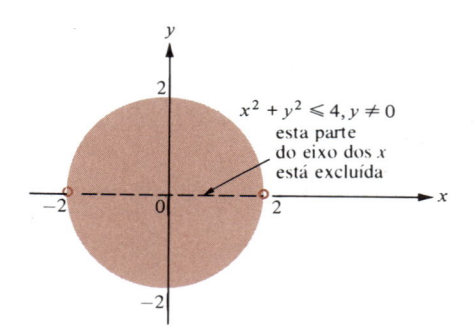

Fig. 4

2 Determine o domínio de $f(x, y, z) = \dfrac{\operatorname{sen}^{-1} z}{x + y}$.

SOLUÇÃO
Visto que $\operatorname{sen}^{-1} z$ está definido somente quando $|z| \leq 1$, o domínio de f consiste em todos os ternos ordenados (x,y,z) tais que $x + y \neq 0$ e $|z| \leq 1$.

1.1 Campos escalares

Vimos que uma função f a duas variáveis independentes pode ser considerada através do seu gráfico, que é uma superfície no espaço xyz. Há uma segunda maneira de representar tal função, que, para alguns fins, é mais sugestiva que usar seu gráfico; a saber, a função f é considerada um *campo escalar* num domínio bidimensional D como se segue: O domínio D é visualizado como um conjunto de pontos (x,y) em uma certa região do plano xy e a cada ponto (x,y), nesta região, está associado um escalar correspondente $f(x,y)$ pela função f (Fig. 5). O valor do escalar $f(x,y)$ correspondente ao ponto (x,y) do domínio D está apresentado pela Fig. 5 como uma "bandeira" fincada no ponto. Como o ponto (x,y) move-se no interior da região D, a "bandeira" desloca-se com ele e o número $f(x,y)$ nela indicado varia.

O escalar $f(x,y)$ associado ao ponto (x,y) pode representar, por exemplo, a temperatura em (x,y), ou a pressão atmosférica em (x,y), a velocidade do vento em (x,y), a intensidade do campo magnético em (x,y) e assim por diante.

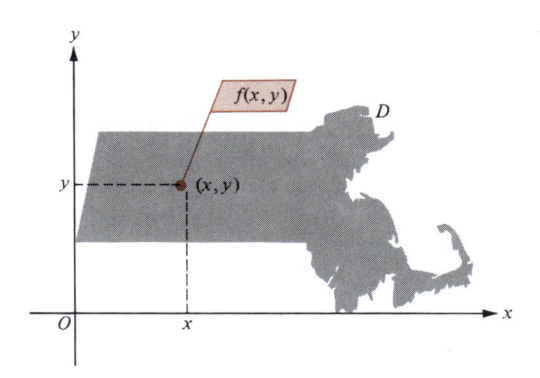

Fig. 5

EXEMPLO Na Fig. 6, suponha que $f(x,y)$ dê a temperatura em graus F no ponto com coordenadas cartesianas (x,y), onde x e y estão medidos em milhas. Seja $f(x,y)$ $= 80 - (x/20) - (y/25)$.

(a) Encontre a temperatura no ponto $(60,75)$.

(b) Encontre a equação da curva ao longo da qual a temperatura tem um valor constante e igual a $70°F$.

(c) Esboce a curva do item (b).

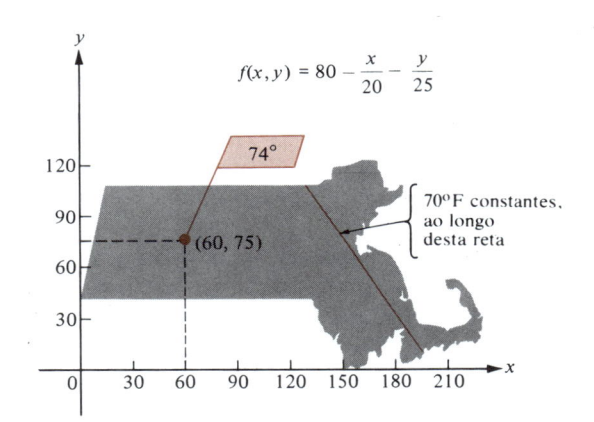

Fig. 6

SOLUÇÃO

(a) $f(60,75) = 80 - \dfrac{60}{20} - \dfrac{75}{25} = 74°F.$

(b) A equação é $f(x,y) = 70$; isto é,

$$80 - \frac{x}{20} - \frac{y}{25} = 70,$$

ou $5x + 4y = 1000$.

(c) A curva $5x + 4y = 1000$ é uma linha reta (Fig. 6).

Uma curva ao longo da qual o campo escalar tem valor constante (tal como a curva ao longo da qual a temperatura do exemplo anterior manteve-se com o valor constante de $70°F$) é denominada *curva de nível* do campo ou da função f que define o campo. A equação da curva de nível ao longo da qual a função f assume valor constante k é

$$f(x,y) = k.$$

As curvas de nível para vários campos escalares recebem geralmente denominação especial dependendo da natureza do campo — *isotermas* para as curvas de nível de um campo de temperatura, *linhas eqüipotenciais* para curvas de nível de campo de potencial elétrico, e assim por diante.

Suponha que por uma função f se estabeleça a altura $z = f(x,y)$ de uma certa superfície S do plano xy no ponto (x,y). (S é então o gráfico da função f.) A interseção da superfície S com o plano horizontal $z = k$ produz a curva C constituída por todos os pontos da superfície que estejam a k unidades acima do plano xy (Fig. 7). A projeção perpendicular da curva C sobre o plano xy resulta na curva de nível da função f. Tal curva de nível, cuja equação no plano xy é

$$f(x, y) = k,$$

é denominada *linha de contorno* da superfície S. Desenhando um certo número de diferentes linhas de contorno, cada qual identificada pelo próprio valor de k a ela associado, obtemos um *mapa de contorno* da superfície S (Fig. 8). Tal mapa de contorno facilita-nos a visualização da superfície como

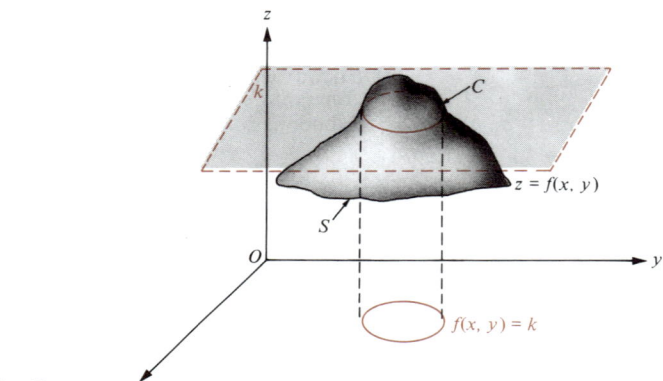

Fig. 7

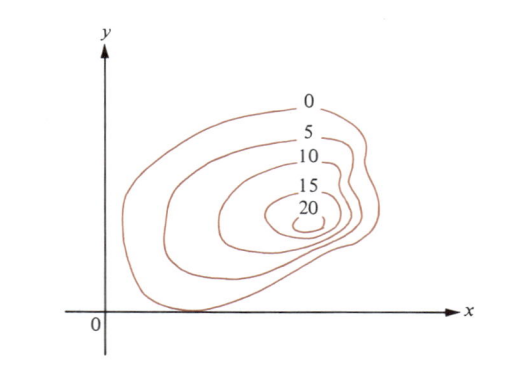

Fig. 8

se estivéssemos sobre ela, observando suas interseções com planos horizontais de alturas variadas. Se essas alturas são consideradas de modo a diferir por iguais quantidades, então uma grande quantidade de linhas de contorno sucessivas indica uma parte relativamente íngreme da superfície.

EXEMPLO Seja a superfície S dada por $z = x^2 - y^2 + 20$ para $x \geq 0$. Desenhe as linhas de contorno para esta superfície correspondentes a $z = 0, z = 10, z = 20, z = 30$ e $z = 40$.

SOLUÇÃO
Para $z = 0$, obtemos $0 = x^2 - y^2 + 20$, ou $y^2 - x^2 = 20$, que é a equação de uma hipérbole com eixo transverso vertical. Desde que $x \geq 0$, obtemos somente as partes desta hipérbole situadas no primeiro e quarto quadrantes como as

linhas de contorno para $z = 0$. Para $z = 10$, obtemos $10 = x^2 - y^2 + 20$, ou $y^2 - x^2 = 10$, outra hipérbole. Para $z = 20$, a equação é $20 = x^2 - y^2 + 20$, ou $x = \pm y$, duas retas passando pela origem. Prosseguindo deste modo, encontramos o mapa de contorno desejado (Fig. 9).

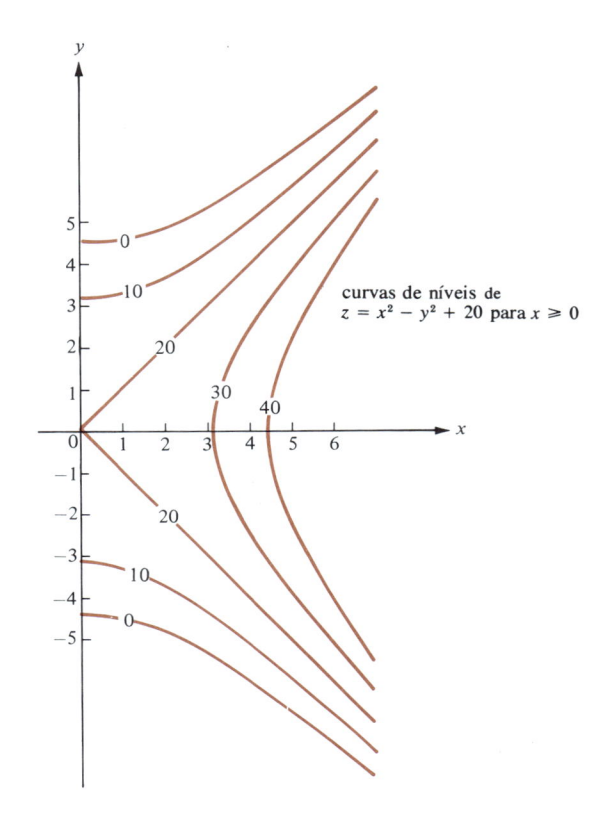

curvas de níveis de $z = x^2 - y^2 + 20$ para $x \geq 0$

Fig. 9

Conjunto de Problemas 1

Nos problemas de 1 a 6, determine o domínio de cada função a duas variáveis e esboce o gráfico da função.

1 $f(x, y) = x + y$ **2** $f(x, y) = 2x - 3y + 6$ **3** $f(x, y) = \sqrt{4 - x^2 - y^2}$

4 $f(x, y) = x^2 + y^2$ **5** $f(x, y) = 3 + \sqrt{9 - x^2 - y^2}$ **6** $f(x, y) = \sqrt{1 + x^2 + y^2}$

Nos problemas de 7 até 20, calcule cada expressão, usando as funções f, g e h definidas por

$$f(x, y) = 5x^2 + 7xy, \quad g(x, y) = \sqrt{xy}, \quad \text{e} \quad h(x, y, z) = \frac{2xy + z}{x^2 + y^2 - z^2}.$$

7 $f(3, -4)$ **8** $f(2, 0)g(2, 0)$ **9** $g(k, k)$ **10** $g(a^2, b^2)$

11 $h(1, 2, 3)$ **12** $h(x, z, y)$ **13** $f(\sqrt{a}, b)$ **14** $g(\operatorname{sen}\theta, 2\cos\theta)$

15 $h(\operatorname{sen} t, \cos t, 0)$ **16** $\dfrac{f(x, y)}{[g(x, y)]^2}$ **17** $f(x, y) + g(x, y)$

18 $f(x + h, y) - f(x, y)$ **19** $h(x, y, 0)$ **20** $\dfrac{g(x, y + k) - g(x, y)}{k}$

Nos problemas de 21 a 24, (a) especifique o domínio da função e (b) calcule $f(x,y)$ para os valores dados de x e y.

21 $f(x,y) = \sqrt{x + y - 4}$; $x = -4$, $y = 16$.

22 $f(x,y) = x\sqrt{1 - x^2 - y^2}$; $x = y = \frac{1}{4}$.

23 $f(x,y) = \dfrac{4x^2 - y^2}{2x - y}$; $x = 4$, $y = -1$.

24 $f(x,y) = \text{sen}^{-1}(2x + y)$; $x = 1$, $y = -1$.

25 Se $f(x_1, x_2, x_3, \ldots, x_n) = x_1 + x_2 + x_3 + \cdots + x_n$, calcule e simplifique $f(1, 2, 3, \ldots, n)$.

26 Encontre a função f tal que $f(x,y)$ represente a área da superfície de um cone circular reto com base fechada se x é o raio da base e y a altura do cone.

Nos problemas 27 até 32, desenhe o mapa de contorno do gráfico de $z = f(x,y)$ mostrando as linhas de contorno correspondentes aos valores de z dados.

27 $f(x,y) = 3x + 2y - 1$; $z = -1$, $z = 0$, $z = 1$, $z = 2$.

28 $f(x,y) = \sqrt{9 - x^2 - y^2}$; $z = 0$, $z = 1$, $z = 2$, $z = 3$.

29 $f(x,y) = \sqrt{1 - (x^2/4) - (y^2/9)}$; $z = 0$, $z = 1$, $z = \frac{1}{2}$.

30 $f(x,y) = xy$; $z = 0$, $z = 1$, $z = 2$, $z = 3$.

31 $f(x,y) = x + y^2$; $z = -1$, $z = 0$, $z = 1$, $z = 2$.

32 $f(x,y) = \dfrac{2x}{x^2 + y^2}$; $z = 0$, $z = 1$, $z = 2$, $z = 3$.

33 O que significa quando as isotermas de um campo de temperatura tenderem a se aproximar umas das outras na vizinhança de um certo ponto $P_0 = (x_0, y_0)$?

34 Uma pessoa está dirigindo a 50 quilômetros por hora da esquerda para a direita ao longo da reta $y = 75$, na Fig. 6. Qual a velocidade de variação de temperatura, em graus F, sentida pela pessoa se a temperatura no ponto (x,y) é dada por $f(x,y) = 80 - (x/20) - (y/25)$?

35 Dado um mapa mostrando as isotermas de um campo de temperatura, explique como podemos obter o caminho, começando num ponto P_0, ao longo do qual a temperatura aumenta mais rapidamente.

36 Procure as seguintes palavras no dicionário e explique como cada um dos termos se refere a curvas de nível de certos tipos de campos escalares:
(a) linha isobárica
(b) linha isoquímera
(c) linha isóclina
(d) linha isodinâmica

2 Limites e Continuidade

O conceito de limite estende-se facilmente para funções de duas ou mais variáveis. Por exemplo, afirmar que $f(x,y)$ tende ao limite L quando (x,y) tende a (x_0, y_0) significa que o número $f(x,y)$ pode estar tão perto do número L quanto se deseja pela escolha do ponto (x,y) suficientemente próximo do ponto (x_0, y_0), contanto que $(x,y) \neq (x_0, y_0)$. A notação é

$$\lim_{(x,y) \to (x_0, y_0)} f(x,y) = L \quad \text{ou} \quad \lim_{\substack{x \to x_0 \\ y \to y_0}} f(x,y) = L.$$

Como um exemplo específico, observe que

$$\lim_{(x,y) \to (0,0)} \frac{1}{\sqrt{4 - x^2 - y^2}} = \frac{1}{\sqrt{4}} = \frac{1}{2},$$

visto que $1/\sqrt{4 - x^2 - y^2}$ aproxima-se de $\frac{1}{2}$ quando o ponto (x,y) aproxima-se de $(0,0)$. Na Seção 2.1 apresentaremos uma definição formal para o limite de uma função de duas variáveis; contudo, por enquanto, preferimos proceder informalmente.

Através de argumentos semelhantes aos utilizados na Seção 7 do Cap. 1, podemos mostrar que todas as propriedades de limites de funções de uma variável estendem-se às funções a várias variáveis; por exemplo, o limite da soma, diferença, produto ou quociente é a soma, diferença, produto ou quociente dos limites, respectivamente, contanto que esses limites existam e que os denominadores não se anulem. Temos, além disso,

$$\lim_{\substack{x \to x_0 \\ y \to y_0}} f(x) = \lim_{x \to x_0} f(x) \quad \text{e} \quad \lim_{\substack{x \to x_0 \\ y \to y_0}} g(y) = \lim_{y \to y_0} g(y),$$

contanto que $\lim_{x \to x_0} f(x)$ e $\lim_{y \to y_0} g(y)$ existam.

EXEMPLOS   Calcule os limites.

1 $\displaystyle \lim_{\substack{x \to -1 \\ y \to 2}} \left(5x^2 y + 2xy - \frac{3y^2}{x + y} \right)$

SOLUÇÃO
Aplicando as propriedades dos limites para a soma e para o produto, temos

$$\lim_{\substack{x \to -1 \\ y \to 2}} \left(5x^2 y + 2xy - \frac{3y^2}{x + y} \right)$$

$$= \lim_{\substack{x \to -1 \\ y \to 2}} 5x^2 y + \lim_{\substack{x \to -1 \\ y \to 2}} 2xy - \lim_{\substack{x \to -1 \\ y \to 2}} \frac{3y^2}{x + y}$$

$$= 5 \lim_{\substack{x \to -1 \\ y \to 2}} x^2 \lim_{\substack{x \to -1 \\ y \to 2}} y + 2 \lim_{\substack{x \to -1 \\ y \to 2}} x \lim_{\substack{x \to -1 \\ y \to 2}} y - \frac{3 \lim_{\substack{x \to -1 \\ y \to 2}} y^2}{\lim_{\substack{x \to -1 \\ y \to 2}} x + \lim_{\substack{x \to -1 \\ y \to 2}} y}$$

$$= 5(-1)^2(2) + 2(-1)(2) - \frac{3(2)^2}{-1 + 2} = -6.$$

2 $\displaystyle \lim_{(x,y) \to (0,0)} \left[e^{\operatorname{sen}(5x^2 + y)} + \cos(3xy) \right]$

SOLUÇÃO

$$\lim_{(x,y) \to (0,0)} \left[e^{\operatorname{sen}(5x^2 + y)} + \cos(3xy) \right] = e^{\operatorname{sen}[5(0)^2 + 0]} + \cos[3(0)(0)]$$

$$= e^0 + \cos 0 = 2.$$

No Cap. 1 observamos que o $\lim_{x \to a} f(x)$ existe se, e somente se, os limites laterais, $\lim_{x \to a^+} f(x)$ e $\lim_{x \to a^-} f(x)$, existem e são iguais. Tratando com limite de uma função f a duas variáveis, isto é $\lim_{(x,y) \to (a,b)} f(x,y)$, devemos supor que o ponto (x,y) se aproxime do ponto (a,b) não apenas pela direita ou pela esquerda, mas também por qualquer outra direção (Fig. 1a). Podemos ainda supor que (x,y) se aproxime de (a,b) ao longo de uma curva (Fig. 1b). Dizer que $\lim_{(x,y) \to (a,b)} f(x,y) = L$ significa que quando (x,y) tende a (a,b) por qualquer direção, $f(x,y)$ tende ao mesmo limite L. Portanto, um meio conveniente de mostrar que um particular limite $\lim_{(x,y) \to (a,b)} f(x,y)$ *não existe* é mostrar que $f(x,y)$ tende a dois limites diferentes quando (x,y) tende a (a,b) por duas direções diferentes.

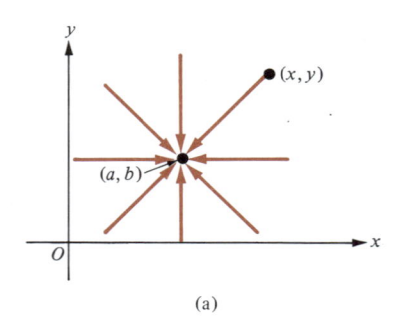

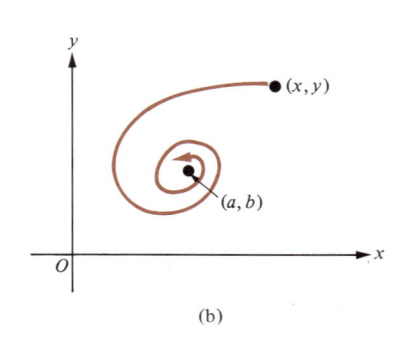

(a)   (b)

Fig. 1

EXEMPLOS 1 Seja f a função definida por $f(x, y) = \dfrac{2x^2 y}{3x^2 + 3y^2}$.

(a) Calcule o limite de $f(x,y)$ quando (x,y) tende a $(0,0)$ ao longo de cada um dos seguintes caminhos: (i) eixo dos x, (ii) eixo dos y, (iii) a reta $y = x$, (iv) a parábola $y = x^2$.

(b) O limite $\lim\limits_{(x,y)\to(0,0)} f(x,y)$ existe? Em caso afirmativo qual o seu valor?

SOLUÇÃO

(a) (i) Sobre o eixo dos x, $y = 0$ e $f(x,y) = f(x,0) = \dfrac{2x^2(0)}{3x^2 + 0} = 0$ para $x \neq 0$.

Portanto, $\lim\limits_{x\to 0} f(x,0) = \lim\limits_{x\to 0} 0 = 0$.

(ii) Sobre o eixo dos y, $x = 0$ e $f(x,y) = f(0,y) = \dfrac{2(0)^2 y}{0 + 3y^2} = 0$ para $y \neq 0$.

Portanto, $\lim\limits_{y\to 0} f(0,y) = \lim\limits_{y\to 0} 0 = 0$.

(iii) Sobre a reta $y = x$, $f(x,y) = f(x,x) = \dfrac{2x^2 x}{3x^2 + 3x^2} = \dfrac{2x^3}{6x^2} = \dfrac{x}{3}$ para

$x \neq 0$. Portanto, $\lim\limits_{x\to 0} f(x,x) = \lim\limits_{x\to 0} \dfrac{x}{3} = 0$.

(iv) Sobre a parábola $y = x^2$, $f(x,y) = f(x,x^2) = \dfrac{2x^2 x^2}{3x^2 + 3x^4} = \dfrac{2x^2}{3 + 3x^2}$

para $x \neq 0$. Portanto, $\lim\limits_{x\to 0} f(x,x^2) = \lim\limits_{x\to 0} \dfrac{2x^2}{3 + 3x^2} = 0$.

(b) Ao longo de todos os caminhos do item (a), o limite é o mesmo, zero. Embora para algum *outro caminho* o limite possa não ser zero, a evidência leva-nos a suspeitar de que o limite é zero. Nossa suspeita é confirmada a seguir: Para $x^2 + y^2 \neq 0$,

$x^2 \leq x^2 + y^2$, assim $x^2|y| \leq (x^2 + y^2)|y|$; daí, $\dfrac{x^2|y|}{x^2 + y^2} \leq |y|$. Segue que

$$|f(x,y)| = \left| \frac{2x^2 y}{3x^2 + 3y^2} \right| = \left(\frac{2}{3}\right) \frac{x^2|y|}{x^2 + y^2} \leq \frac{2}{3}|y|.$$

Portanto, quando (x,y) aproxima-se de $(0,0)$, $f(x,y)$ pode aproximar-se de 0, visto que $|f(x,y)|$ não é maior do que $^2/_3\,|y|$, que se aproxima de 0. Segue-se que

$$\lim\limits_{(x,y)\to(0,0)} \frac{2x^2 y}{3x^2 + 3y^2} = 0.$$

2 Utilizando os mesmos dados do Exemplo 1, calcule o limite de $f(x,y)$ quando

$$f(x, y) = \frac{x^2 - y^2}{x^2 + y^2}.$$

Solução

(a) (i) Sobre o eixo x, $y = 0$ e f $(x, y) = f(x, 0) = \dfrac{x^2 - 0}{x^2 + 0} = 1$ para

$x \neq 0$. Portanto, $\lim\limits_{x \to 0} f(x, 0) = \lim\limits_{x \to 0} 1 = 1.$

(ii) Sobre o eixo dos y, $x = 0$ e $f(x,y) = f(0,y) = \dfrac{0 - y^2}{0 + y^2} = -1$ para $y \neq 0$.

Portanto, $\lim\limits_{y \to 0} f(0, y) = \lim\limits_{y \to 0} (-1) = -1.$

(iii) Sobre a reta $y = x$, $f(x,y) = f(x,x) = \dfrac{x^2 - x^2}{x^2 + x^2} = 0$ para $x \neq 0$.

Portanto, $\lim\limits_{x \to 0} f(x, x) = \lim\limits_{x \to 0} 0 = 0.$

(iv) Sobre a parábola $y = x^2$, $f(x,y) = f(x,x^2) = \dfrac{x^2 - x^4}{x^2 + x^4} = \dfrac{1 - x^2}{1 + x^2}$ para

$x \neq 0$. Portanto, $\lim\limits_{x \to 0} f(x, x^2) = \lim\limits_{x \to 0} \dfrac{1 - x^2}{1 + x^2} = 1.$

(b) Visto que os limites (i) e (ii) são diferentes, o limite $\lim\limits_{(x,y)\to(0,0)} f(x,y)$ não existe.

O exemplo seguinte mostra que $f(x,y)$ pode aproximar-se do mesmo limite quando (x,y) aproxima-se de (a,b) ao longo de qualquer reta passando por (a,b) e ainda $\lim\limits_{(x,y)\to(a,b)} f(x,y)$ pode não existir.

EXEMPLO   Seja f a função definida por

$$f(x, y) = \begin{cases} \left(x + \dfrac{1}{x}\right)y^2 & \text{se } x \neq 0 \\ 0 & \text{se } x = 0. \end{cases}$$

(a) Calcule o limite de $f(x,y)$ quando (x,y) tende a $(0,0)$ ao longo da reta $y = mx$.

(b) Calcule o limite de $f(x,y)$ quando (x,y) tende a $(0,0)$ ao longo da parábola $x = y^2$.

(c) Existe $\lim\limits_{(x,y)\to(0,0)} f(x,y)$?

Solução

(a) Sobre a reta $y = mx$, $f(x,y) = f(x,mx) = \left(x + \dfrac{1}{x}\right)(mx)^2$ para $x \neq 0$, ou

seja $\lim\limits_{x \to 0} f(x, mx) = \lim\limits_{x \to 0} (x + 1/x)(mx)^2 = \lim\limits_{x \to 0} (m^2 x^3 + m^2 x) = 0.$

(b) Ao longo da parábola $x = y^2$, $f(x,y) = f(y^2, y) = \left(y^2 + \dfrac{1}{y^2} \right) y^2$ para $y \neq 0$,

assim $\lim\limits_{y \to 0} f(y^2, y) = \lim\limits_{y \to 0} \left(y^2 + \dfrac{1}{y^2} \right) y^2 = \lim\limits_{y \to 0} (y^4 + 1) = 1$.

(c) Visto que os limites nos itens (a) e (b) são diferentes, $\lim\limits_{(x,y) \to (0,0)} f(x,y)$ não

existe.

As definições e propriedades dos limites são facilmente generalizadas para as funções a três ou mais variáveis. Por exemplo, se o número $f(x,y,z)$ aproxima-se do número L tanto quanto desejarmos pela escolha de um ponto suficientemente próximo de (x_0, y_0, z_0), mas diferente do mesmo, escrevemos então

$$\lim_{(x,y,z) \to (x_0,y_0,z_0)} f(x,y,z) = L \quad \text{ou} \quad \lim_{\substack{x \to x_0 \\ y \to y_0 \\ z \to z_0}} f(x,y,z) = L.$$

2.1 Definição formal de limite para funções a duas variáveis

A definição formal de limite para funções a duas variáveis segue o modelo da definição de limite de funções a uma variável vista na Seção 1.1 do Cap. 1.

DEFINIÇÃO 1   **Limite de uma função a duas variáveis**

Seja f uma função a duas variáveis e seja o ponto (x_0, y_0) no plano xy. Suponha que existe um disco circular e com raio positivo, de modo que qualquer ponto do interior do círculo, exceto possivelmente o centro (x_0, y_0), pertença ao domínio de f. Dizemos então que *o limite quando* (x,y) *tende a* (x_0, y_0) *é o número* L, e escrevemos

$$\lim_{(x,y) \to (x_0,y_0)} f(x,y) = L \quad \left(\text{ou } \lim_{\substack{x \to x_0 \\ y \to y_0}} f(x,y) = L \right),$$

contanto que, para cada número positivo ε, exista um número positivo δ tal que $|f(x,y) - L| < \varepsilon$ para qualquer $(x,y) \neq (x_0, y_0)$ e a distância entre (x,y) e (x_0, y_0) seja menor que δ.

A condição dada nesta definição pode ser apresentada da seguinte forma: Para cada $\varepsilon > 0$, existe $\delta > 0$ tal que

$$0 < (x - x_0)^2 + (y - y_0)^2 < \delta^2 \quad \text{implica} \quad |f(x,y) - L| < \varepsilon.$$

EXEMPLO   Mostre que $\lim\limits_{\substack{x \to 1 \\ y \to 2}} (3x + 2y) = 7$ por aplicação direta da Definição 1.

SOLUÇÃO
Seja $\varepsilon > 0$ dado. Precisamos encontrar $\delta > 0$ tal que $|3x + 2y - 7| < \varepsilon$ sempre que $0 < (x - 1)^2 + (y - 2)^2 < \delta^2$. Agora,

$$|3x + 2y - 7| = |3x - 3 + 2y - 4| \leq |3x - 3| + |2y - 4|$$

$$\leq |3(x - 1)| + |2(y - 2)| \leq 3|x - 1| + 2|y - 2|;$$

daí, se $3|x - 1| < \varepsilon/2$ e $2|y - 2| < \varepsilon/2$, então

$$|3x + 2y - 7| \leq 3|x - 1| + 2|y - 2| < \frac{\varepsilon}{2} + \frac{\varepsilon}{2} = \varepsilon.$$

A condição $3|x - 1| < \varepsilon/2$ é equivalente a $9(x - 1)^2 < \varepsilon^2/4$, ou a $(x - 1)^2 < \varepsilon^2/36$, enquanto a condição $2|y - 2| < \varepsilon/2$ é equivalente a $4(y - 2)^2 < \varepsilon^2/4$, ou a $(y - 2)^2 < \varepsilon^2/16$. Portanto, se $(x - 1)^2 < \varepsilon^2/36$ e $(y - 2)^2 < \varepsilon^2/16$, teremos $|3x + 2y - 7| < \varepsilon$. Assim, escolhemos $\delta = \varepsilon/6$ e note que se

$$0 < (x - 1)^2 + (y - 2)^2 < \delta^2 = \varepsilon^2/36,$$

então

$$(x - 1)^2 \leq (x - 1)^2 + (y - 2)^2 < \frac{\varepsilon^2}{36} \quad \text{e} \quad (y - 2)^2 \leq (x - 1)^2 + (y - 2)^2 < \frac{\varepsilon^2}{36} < \frac{\varepsilon^2}{16};$$

daí, $(x - 1)^2 < \varepsilon^2/36$ e $(y - 2)^2 < \varepsilon^2/16$, ou seja $|3x + 2y - 7| < \varepsilon$.

2.2 Continuidade

A definição de continuidade para funções a uma variável pode ser facilmente generalizada para funções a várias variáveis. Por exemplo, para funções a duas variáveis temos a seguinte definição.

DEFINIÇÃO 2 **Continuidade de uma função a duas variáveis**

Suponha que f seja uma função a duas variáveis e que o ponto (x_0, y_0) seja o centro de um disco circular de raio positivo contido no domínio de f. Dizemos que f é contínua em (x_0, y_0) se

(i) $\displaystyle\lim_{(x, y) \to (x_0, y_0)} f(x, y)$ existe

(ii) $\displaystyle\lim_{(x, y) \to (x_0, y_0)} f(x, y) = f(x_0, y_0)$.

EXEMPLOS Verifique se as funções dadas são contínuas nos pontos indicados.

1 $f(x, y) = 3x^2 + 2xy$ em $(-1, 3)$.

SOLUÇÃO
Das propriedades de limites,

$$\lim_{(x, y) \to (-1, 3)} (3x^2 + 2xy) = 3(-1)^2 + 2(-1)(3) = -3 = f(-1, 3),$$

logo f é contínua em $(-1, 3)$.

2 $f(x, y) = \begin{cases} \dfrac{4xy}{x^2 + y^2} & \text{se } (x, y) \neq (0, 0) \\ 0 & \text{se } (x, y) = (0, 0) \end{cases}$ em $(0, 0)$.

SOLUÇÃO
Ao longo do eixo x se temos,

$$f(x, y) = f(x, 0) = \begin{cases} 0 & \text{se } x \neq 0 \\ 0 & \text{se } x = 0, \end{cases} \qquad \text{ou seja } \lim_{x \to 0} f(x, 0) = 0.$$

Ao longo da reta $y = x$, temos

$$f(x, y) = f(x, x) = \begin{cases} 2 & \text{se } x \neq 0 \\ 0 & \text{se } x = 0, \end{cases} \qquad \text{ou seja } \lim_{x \to 0} f(x, x) = 2.$$

Desse modo, $\displaystyle\lim_{(x, y) \to (0, 0)} f(x)$ não existe e, por conseguinte, f não é contínua em $(0, 0)$.

Seja D um conjunto de pontos no plano xy. Um ponto (x_0, y_0) será denominado *ponto interior* a D se existir um disco circular de raio positivo e centro, em (x_0, y_0), contido em D (Fig. 2). Por outro lado, um ponto (a, b) será denominado *ponto-fronteira* de D se qualquer disco circular de raio positivo com centro (a, b) contiver, pelo menos, um ponto pertencente a D e pelo menos um não pertencente (Fig. 2). Não se exige que um ponto de fronteira (a, b) pertença ao conjunto D. Um conjunto D é *aberto* se ele não contém nenhum de seus próprios pontos-fronteira, enquanto que o mesmo conjunto D é dito *fechado* se ele contém todos os seus pontos-fronteira. (Esta terminologia é sugerida pelo conceito de intervalos abertos e fechados.)

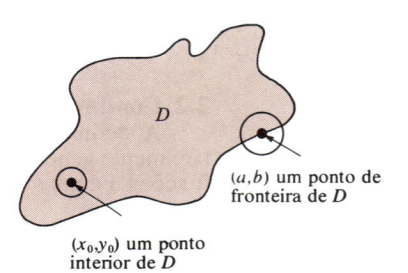

(a, b) um ponto de fronteira de D

(x_0, y_0) um ponto interior de D

Fig. 2

Note que a Definição 2 aplica-se apenas à continuidade de uma função em um ponto interior de seu domínio. Uma definição modificada de continuidade, que não será fornecida aqui, é necessária para a continuidade de uma função em um ponto na fronteira de seu domínio. Naturalmente, uma função é denominada *contínua* se ela é contínua para qualquer ponto de seu domínio.

Para demonstrar que um conjunto D de pontos em um plano é aberto, é necessário mostrar que qualquer ponto em D é ponto interior (problema 38).

EXEMPLO   Mostre que o domínio da função $f(x, y) = \dfrac{xy}{x - y}$ é um conjunto aberto.

Esboce o domínio de f e prove que ela é contínua.

SOLUÇÃO

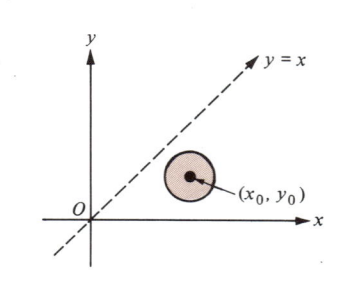

Fig. 3

O domínio de f consiste em todos os pontos do plano xy exceto os que pertencem à reta $y = x$ (Fig. 3). Suponha que (x_0, y_0) seja um ponto no domínio D de f, ou seja (x_0, y_0) não pertence à reta $y = x$. Se d é a distância de (x_0, y_0) à reta $y = x$, então qualquer disco circular de raio r com $0 < r < d$ está contido em D; daí (x_0, y_0) está no interior de D. Segue pois que o domínio D é aberto, já que, para $x_0 \neq y_0$,

$$\lim_{(x, y) \to (x_0, y_0)} \frac{xy}{x - y} = \frac{x_0 y_0}{x_0 - y_0} = f(x_0, y_0),$$

conclui-se que f é contínua em qualquer ponto (x_0, y_0) de seu domínio. Portanto f é uma função contínua.

As funções a duas variáveis têm muitas propriedades, relacionadas com a continuidade, análogas às das funções de uma só variável.

Propriedades da continuidade para funções a duas variáveis

Suponha que (x_0, y_0) seja um ponto interior aos domínios das funções f e g a duas variáveis e suponha ainda f e g contínuas em (x_0, y_0). Então:

1 $h(x, y) = f(x, y) + g(x, y)$ é contínua em (x_0, y_0).

2 $k(x, y) = f(x, y) - g(x, y)$ é contínua em (x_0, y_0).

3 $p(x, y) = f(x, y)g(x, y)$ é contínua em (x_0, y_0).

4 Se $g(x_0, y_0) \neq 0$, então $q(x, y) = \dfrac{f(x, y)}{g(x, y)}$ é contínua em (x_0, y_0).

5 Se w é uma função a uma variável que é contínua e está definida no ponto $f(x_0, y_0)$ e se (x_0, y_0) é ponto interior ao domínio de $v(x, y) = w[f(x, y)]$, então v é contínua em (x_0, y_0).

EXEMPLO Quais os pontos interiores ao domínio da função u definida por $u(x, y) = \sqrt{1 - x^2 - y^2}\, \ln(x + y)$? u é contínua em tais pontos? Esboce o domínio de u.

SOLUÇÃO
A expressão $\sqrt{1 - x^2 - y^2}$ é definida apenas para $1 - x^2 - y^2 \geq 0$, isto é, para $x^2 + y^2 \leq 1$. A condição $x^2 + y^2 \leq 1$ é verdadeira quando (x, y) está sobre ou no interior do círculo $x^2 + y^2 = 1$ de raio 1 e centro em $(0,0)$. A expressão $\ln(x + y)$ é definida apenas para $x + y > 0$, ou seja, apenas quando o ponto (x, y) está acima da reta cuja equação é $x + y = 0$. O domínio de u é portanto a região sombreada na Fig. 4, dentro ou sobre o círculo $x^2 + y^2 = 1$, mas acima da reta $x + y = 0$. Os pontos interiores deste domínio são aqueles que não estão sobre o círculo (nem aqueles sobre a reta $x + y = 0$). Visto que a função raiz quadrada é contínua, a função f definida por $f(x, y) = \sqrt{1 - x^2 - y^2}$ é contínua no interior do círculo $x^2 + y^2 = 1$, pela Propriedade 5. Analogamente, a função g definida por $g(x, y) = \ln(x + y)$ é contínua acima da reta $x + y = 0$.

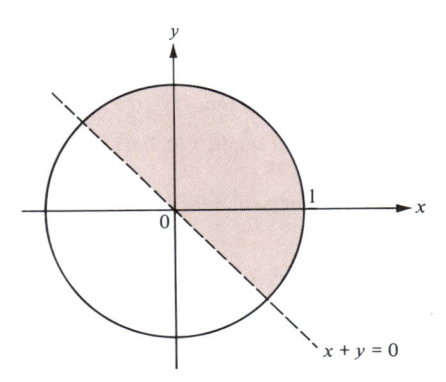

Fig. 4

Pela Propriedade 3, a função $u(x, y) = f(x, y)\, g(x, y)$ é contínua para todos os pontos interiores a seu domínio.

As definições e propriedades das funções contínuas são facilmente generalizadas para funções a três ou mais variáveis. Naturalmente, toda função polinomial a várias variáveis é contínua. Além disso, a razão entre tais funções polinomiais — isto é, uma função racional a diversas variáveis — tem domínio aberto e é contínua para todo ponto de seu domínio. Por exemplo, a função f definida por

$$f(x, y, z) = \frac{5x^{17}y^{12}z^7 - 7xy^5z + x^2y^2z - x + 12y + 1984}{25x^3y^3z^2 - 37x + 15y - z + 33}$$

é contínua em todo ponto (x, y, z) para o qual o denominador é não-nulo. Grosseiramente falando, qualquer função construída de um "modo razoável" a partir de funções contínuas é contínua em todo ponto interior ao seu domínio.

Conjunto de Problemas 2

Nos problemas de 1 a 8, calcule o limite.

1 $\lim\limits_{(x,y)\to(1,-2)} (5x^2 + 3xy)$

2 $\lim\limits_{\substack{x\to\pi/4 \\ y\to\pi}} (\operatorname{sen} 2x + \operatorname{sen} 2y)$

3 $\lim\limits_{(x,y)\to(0,0)} \left(e^{\cos(3x+y)} + \sec 5xy\right)$

4 $\lim\limits_{(x,y)\to(0,0)} \dfrac{5}{\ln(x + 3y + e)}$

5 $\lim\limits_{\substack{x\to0 \\ y\to0}} \dfrac{\cos x + \cos y}{e^{-x} + 3e^y}$

6 $\lim\limits_{(x,y)\to(-1,2)} [\![7x + \tfrac{1}{3}y^3]\!]$

7 $\lim\limits_{\substack{x\to-1 \\ y\to2 \\ z\to0}} \dfrac{xyz - x + y - z}{x^2 + y^2 + z^2 - 4}$

8 $\lim\limits_{(x,y,z)\to(0,0,0)} z \operatorname{sen}\left(\dfrac{1}{\sqrt{x^2 + y^2 + z^2}}\right)$

Nos problemas de 9 a 14, (a) calcule o limite de $f(x,y)$ quando (x,y) tende a $(0,0)$ ao longo de cada um dos caminhos indicados em (i), (ii), (iii) e (iv), e (b) determine $\lim\limits_{(x,y)\to(0,0)} f(x,y)$, se existir.

9 $f(x,y) = \dfrac{5xy^2}{x^2 + y^2}$ quando (x,y) tende a $(0,0)$ (i) ao longo do eixo dos x, (ii) ao longo do eixo dos y, (iii) ao longo da reta $y = 5x$, (iv) ao longo da parábola $y = x^2$.

10 $f(x,y) = \dfrac{\operatorname{sen}(x^3 + y^3)}{x^3 + y^3}$ quando (x,y) tende a $(0,0)$ (i) ao longo do eixo dos x, (ii) ao longo do eixo dos y, (iii) ao longo da reta $y = 10\,x$, (iv) ao longo da curva $y = x^4$.

11 $f(x,y) = \dfrac{xy}{x^2 + y^2}$ quando (x,y) tende a $(0,0)$ (i) ao longo do eixo dos x, (ii) ao longo do eixo dos y, (iii) ao longo da reta $y = x$, (iv) ao longo da reta $y = mx$.

12 $f(x,y) = \dfrac{3x^4 y^4}{(x^4 + y^2)^3}$ quando (x,y) tende a $(0,0)$ (i) ao longo do eixo dos x, (ii) ao longo do eixo dos y, (iii) ao longo da reta $y = x$, (iv) ao longo da curva $y = -x^4$.

13 $f(x,y) = \begin{cases} (x + y)\operatorname{sen}\dfrac{1}{y} & \text{se } y \neq 0 \\ 0 & \text{se } y = 0 \end{cases}$ quando (x,y) tende a $(0,0)$ (i) ao longo do eixo dos x, (ii) ao longo dos y, (iii) ao longo da reta $y = x^3$, (iv) ao longo da curva $y = -x^5$.

14 $f(x,y) = \begin{cases} \dfrac{1}{y}\operatorname{sen}(xy) & \text{se } y \neq 0 \\ x & \text{se } y = 0 \end{cases}$ quando (x,y) tende a $(0,0)$ (i) ao longo do eixo dos x, (ii) ao longo da reta $y = 2x$, (iii) ao longo da parábola $y = x^2$, (iv) ao longo da curva $y = 5x^3$.

Nos problemas 15 a 16, prove cada afirmação pelo emprego direto da definição de limite, isto é, mostre que, para cada $\varepsilon > 0$ dado, existe um $\delta > 0$, de modo que as condições da definição se mantenham.

15 $\lim\limits_{(x,y)\to(2,1)} (5x + 3y) = 13$

16 $\lim\limits_{\substack{x\to-4 \\ y\to2}} (-x + 2y) = 8$

Nos problemas 17 a 24, verifique se a função é contínua no ponto indicado. Justifique sua resposta.

17 $f(x, y) = \sqrt{25 - x^2 - y^2}$ em $(-3, 4)$.

18 $f(x, y) = e^{-xy} \ln (x^2 - 2y + 7)$ em $(0, 0)$.

19 $g(x, y) = \begin{cases} \dfrac{xy}{y - 2x} & \text{se } y \neq 2x \\ 1 & \text{se } y = 2x \end{cases}$ em $(1, 2)$.

20 $f(x, y, z) = \dfrac{1}{x^2 + y^2 + z^2}$ em $(0, 0, 1)$.

21 $g(x, y) = \dfrac{\operatorname{sen} x}{\operatorname{sen} y}$ em $\left(\pi, \dfrac{\pi}{2} \right)$.

22 $h(x, y) = \dfrac{xy}{1 + e^x}$ em $(0, 0)$.

23 $f(x, y) = \begin{cases} (x + y) \operatorname{sen} \dfrac{1}{x} & \text{se } x \neq 0 \\ 0 & \text{se } x = 0 \end{cases}$ em $(0, 0)$.

24 $f(x, y) = \begin{cases} \dfrac{7x^2 y}{x^2 + y^2} & \text{se} (x, y) \neq (0, 0) \\ 0 & \text{se} (x, y) = (0, 0) \end{cases}$ em $(0, 0)$.

Nos problemas de 25 a 35, (a) esboce um diagrama representando o domínio de cada função no plano xy, (b) especifique que pontos do domínio são pontos interiores e (c) determine em quais pontos interiores ao domínio a função é descontínua.

25 $f(x, y) = \sqrt{xy}$

26 $g(x, y) = \operatorname{sen}^{-1} (2x + y)$

27 $h(x, y) = \dfrac{4x^2 - y^2}{2x - y}$

28 $F(x, y) = \ln (xy - 2)$

29 $f(x, y) = \dfrac{x}{y^2 - 1}$

30 $H(x, y) = \ln (x^2 + y^2)$

31 $f(x, y) = \dfrac{xy}{\sqrt{9 - x^2 - y^2}}$

32 $G(x, y) = \operatorname{sen}^{-1} \left(\dfrac{y}{x} \right)$

33 $g(x, y) = \begin{cases} \dfrac{x - y}{x + y} & \text{se} (x, y) \neq (0, 0) \\ 0 & \text{se} (x, y) = (0, 0) \end{cases}$

34 $h(x, y) = \begin{cases} 4x^2 + 9y^2 & \text{se } 4x^2 + 9y^2 \leq 1 \\ \dfrac{1}{4x^2 + 9y^2} & \text{se } 4x^2 + 9y^2 > 1 \end{cases}$

35 $F(x, y) = \begin{cases} x^2 + y^2 & \text{se } x^2 + y^2 \geq 4 \\ 0 & \text{se } x^2 + y^2 < 4 \end{cases}$

36 Prove que o limite da soma é a soma dos limites para funções a duas variáveis. Use a definição formal de limite em função de ε e δ e estabeleça claramente que suposições são necessárias.

37 Defina formalmente uma definição em função de ε e δ, para a expressão

$$\lim_{(x, y, z) \to (x_0, y_0, z_0)} f(x, y, z) = L.$$

38 Prove que um conjunto de pontos D no plano xy é um conjunto aberto se e somente se todo ponto em D é um ponto interior de D.

3 Derivadas Parciais

As técnicas, regras e fórmulas desenvolvidas no Cap. 2 para diferenciar funções a uma variável podem ser generalizadas para funções a duas ou mais variáveis, considerando-se que uma das variáveis deve ser mantida constante e as outras diferenciadas em relação à variável remanescente.

Por exemplo, considere a função f a duas variáveis dada por

$$f(x, y) = x^2 + 3xy - 4y^2.$$

Consideremos, temporariamente, a segunda variável y como constante e diferenciemos em relação à primeira variável x. Por conseguinte, visto que y é constante

$$\frac{d}{dx}(3xy) = 3y\frac{d}{dx}(x) = 3y \quad \text{e} \quad \frac{d}{dx}(-4y^2) = 0;$$

daí,

$$\frac{d}{dx}f(x,y) = \frac{d}{dx}(x^2) + \frac{d}{dx}(3xy) + \frac{d}{dx}(-4y^2) = 2x + 3y + 0 = 2x + 3y.$$

A fim de enfatizar que apenas x pode variar, ou seja, que y deve ser mantido constante quando a derivada é calculada, é usual substituir-se o símbolo d/dx por $\partial/\partial x$. (O símbolo ∂ é chamada de ''*d round*''.) Portanto, da equação acima, teremos

$$\frac{\partial}{\partial x}f(x,y) = \frac{\partial}{\partial x}(x^2 + 3xy - 4y^2) = 2x + 3y.$$

A derivada calculada em relação a x enquanto y é mantido temporariamente constante é denominada *derivada parcial em relação a x,* e $\partial/\partial x$ é chamado de *operador derivada parcial* em relação a x. Analogamente, se desejarmos manter a variável x fixa e diferenciarmos em relação a y, usamos o símbolo $\partial/\partial y$. Desse modo, para a função f definida por $f(x,y) = x^2 + 3xy - 4y^2$, temos

$$\frac{\partial}{\partial y}f(x,y) = \frac{\partial}{\partial y}(x^2 + 3xy - 4y^2) = \frac{\partial}{\partial y}(x^2) + \frac{\partial}{\partial y}(3xy) + \frac{\partial}{\partial y}(-4y^2)$$

$$= 0 + 3x - 8y = 3x - 8y.$$

Formalmente, teremos a seguinte definição.

DEFINIÇÃO 1   **Derivadas parciais de funções a duas variáveis**

Se f é uma função a duas variáveis e (x,y) é um ponto no domínio de f, então as derivadas parciais $\dfrac{\partial f(x,y)}{\partial x}$ e $\dfrac{\partial f(x,y)}{\partial y}$ de f em (x,y) em relação à primeira e à segunda variável são definidas por

$$\frac{\partial f(x,y)}{\partial x} = \lim_{\Delta x \to 0}\frac{f(x + \Delta x, y) - f(x,y)}{\Delta x}$$

e

$$\frac{\partial f(x,y)}{\partial y} = \lim_{\Delta y \to 0}\frac{f(x, y + \Delta y) - f(x,y)}{\Delta y},$$

contanto que os limites existam. O procedimento para encontrar as derivadas parciais é denominado *diferenciação parcial*.

É conveniente se ter uma notação para derivadas parciais que seja análoga à notação $f'(x)$ para funções de uma variável. Assim, se $z = f(x,y)$, freqüentemente se escreve $f_1(x,y)$ ou $f_x(x,y)$ ao invés de $\partial z/\partial x$ ou $\partial/\partial x f(x,y)$ para a derivada parcial de f em relação a x. O índice 1 (respectivamente, o índice x) denota a diferenciação parcial em relação à primeira variável (ou, em relação a x). A notação do operador Df para derivadas ordinárias pode ser adaptada para derivadas parciais, e teremos

$$\frac{\partial z}{\partial x} = \frac{\partial}{\partial x}f(x,y) = f_1(x,y) = f_x(x,y) = D_1 f(x,y) = D_x f(x,y).$$

Analogamente, para a derivada parcial em relação a y teremos

$$\frac{\partial z}{\partial y} = \frac{\partial}{\partial y} f(x, y) = f_2(x, y) = f_y(x, y) = D_2 f(x, y) = D_y f(x, y).$$

EXEMPLO   Use a Definição 1 para encontrar $\partial z/\partial x$ e $\partial z/\partial y$ se $z = f(x,y) = 5x^2 - 7xy + 2y^2$.

SOLUÇÃO

$$\frac{\partial z}{\partial x} = \lim_{\Delta x \to 0} \frac{f(x + \Delta x, y) - f(x, y)}{\Delta x}$$

$$= \lim_{\Delta x \to 0} \frac{[5(x + \Delta x)^2 - 7(x + \Delta x)y + 2y^2] - (5x^2 - 7xy + 2y^2)}{\Delta x}$$

$$= \lim_{\Delta x \to 0} \frac{5[x^2 + 2x\,\Delta x + (\Delta x)^2] - 7xy - 7y\,\Delta x + 2y^2 - 5x^2 + 7xy - 2y^2}{\Delta x}$$

$$= \lim_{\Delta x \to 0} \frac{10x\,\Delta x + 5(\Delta x)^2 - 7y\,\Delta x}{\Delta x} = \lim_{\Delta x \to 0} (10x - 7y + 5\,\Delta x)$$

$$= 10x - 7y.$$

$$\frac{\partial z}{\partial y} = \lim_{\Delta y \to 0} \frac{f(x, y + \Delta y) - f(x, y)}{\Delta y}$$

$$= \lim_{\Delta y \to 0} \frac{[5x^2 - 7x(y + \Delta y) + 2(y + \Delta y)^2] - (5x^2 - 7xy + 2y^2)}{\Delta y}$$

$$= \lim_{\Delta y \to 0} \frac{5x^2 - 7xy - 7x\,\Delta y + 2[y^2 + 2y\,\Delta y + (\Delta y)^2] - 5x^2 + 7xy - 2y^2}{\Delta y}$$

$$= \lim_{\Delta y \to 0} \frac{-7x\,\Delta y + 4y\,\Delta y + 2(\Delta y)^2}{\Delta y} = \lim_{\Delta y \to 0} (-7x + 4y + 2\,\Delta y)$$

$$= -7x + 4y.$$

Derivadas parciais de funções a mais de duas variáveis são definidas pela generalização imediata da Definição 1.

DEFINIÇÃO 2   **Derivadas parciais de funções a n variáveis**
Seja f uma função a n variáveis e suponha que $(x_1, x_2, \ldots, x_k, \ldots, x_n)$ pertença ao domínio de f. Se $1 \le k \le n$. então a derivada parcial de f em relação à k-ésima variável x_k é denotada por f_k e definida por

$$f_k(x_1, x_2, \ldots, x_k, \ldots, x_n)$$

$$= \lim_{\Delta x_k \to 0} \frac{f(x_1, x_2, \ldots, x_k + \Delta x_k, \ldots, x_n) - f(x_1, x_2, \ldots, x_k, \ldots, x_n)}{\Delta x_k},$$

contanto que o limite exista.

Se $w = f(x_1, x_2, \ldots, x_k, \ldots, x_n)$, então usamos também as seguintes notações para derivada parcial de f em relação à k-ésima variável x_k:

$$\frac{\partial w}{\partial x_k} = \frac{\partial}{\partial x_k} f(x_1, x_2, \ldots, x_k, \ldots, x_n) = f_{x_k}(x_1, x_2, \ldots, x_k, \ldots, x_n)$$

$$= D_k f(x_1, x_2, \ldots, x_k, \ldots, x_n) = D_{x_k} f(x_1, x_2, \ldots, x_k, \ldots, x_n).$$

Utilizamos o termo "derivada parcial" quando nos referimos à função f_k e ao valor $f_k(x_1, x_2, \ldots, x_k, \ldots, x_n)$ desta função — o que pode sempre ser feito nesse contexto.

No caso onde $n = 3$, as variáveis x_1, x_2 e x_3 da Definição 2 são substituídas por x, y e z, respectivamente, e temos

$$f_1(x, y, z) = f_x(x, y, z) = \lim_{\Delta x \to 0} \frac{f(x + \Delta x, y, z) - f(x, y, z)}{\Delta x},$$

$$f_2(x, y, z) = f_y(x, y, z) = \lim_{\Delta y \to 0} \frac{f(x, y + \Delta y, z) - f(x, y, z)}{\Delta y},$$

$$f_3(x, y, z) = f_z(x, y, z) = \lim_{\Delta z \to 0} \frac{f(x, y, z + \Delta z) - f(x, y, z)}{\Delta z}.$$

3.1 Técnicas para o cálculo de derivadas parciais

As derivadas parciais podem ser calculadas pelo uso das mesmas técnicas que eram válidas para funções ordinárias, exceto que *todas as variáveis independentes, que não aquela em relação a qual efetuamos a derivação parcial, são tomadas temporariamente como constantes.*

EXEMPLOS **1** Se $w = xy^2z^3$, encontre $\partial w/\partial y$.

SOLUÇÃO
Considerando x e z constantes e diferenciando em relação a y obtemos

$$\frac{\partial w}{\partial y} = \frac{\partial}{\partial y}(xy^2z^3) = xz^3 \frac{\partial}{\partial y}(y^2) = xz^3(2y) = 2xyz^3.$$

2 Se $f(x, y) = \dfrac{x + y}{x^2 + y^2}$, ache $f_1(x, y)$ e $f_2(x, y)$.

SOLUÇÃO
Usando a regra do quociente, considerando y constante e diferenciando em relação a x, temos

$$f_1(x, y) = \frac{\partial}{\partial x}\left(\frac{x + y}{x^2 + y^2}\right) = \frac{(x^2 + y^2)\dfrac{\partial}{\partial x}(x + y) - (x + y)\dfrac{\partial}{\partial x}(x^2 + y^2)}{(x^2 + y^2)^2}$$

$$= \frac{(x^2 + y^2)(1 + 0) - (x + y)(2x + 0)}{(x^2 + y^2)^2} = \frac{y^2 - 2xy - x^2}{(x^2 + y^2)^2}.$$

Similarmente,

$$f_2(x, y) = \frac{\partial}{\partial y}\left(\frac{x + y}{x^2 + y^2}\right) = \frac{(x^2 + y^2)\dfrac{\partial}{\partial y}(x + y) - (x + y)\dfrac{\partial}{\partial y}(x^2 + y^2)}{(x^2 + y^2)^2}$$

$$= \frac{(x^2 + y^2)(0 + 1) - (x + y)(0 + 2y)}{(x^2 + y^2)^2} = \frac{x^2 - 2xy - y^2}{(x^2 + y^2)^2}.$$

3 Se $f(x, y, z) = e^{xy^2}z^3$, ache $f_z(x, y, z)$.

SOLUÇÃO

Considerando x e y constantes e diferenciando em relação a z, temos

$$f_z(x, y, z) = \frac{\partial}{\partial z} (e^{xy^2}z^3) = e^{xy^2} \frac{\partial}{\partial z}(z^3) = 3e^{xy^2}z^2.$$

Há muitas versões da *regra da cadeia* aplicadas às derivadas parciais, a mais simples delas é virtualmente uma transcrição direta da regra da cadeia para funções a uma variável. Por conseguinte, seja g uma função a mais de uma variável — a duas variáveis, por facilidade de compreensão. Se $w = f(v)$ e $v = g(x,y)$, ou seja $w = f[g(x,y)]$, então mantendo y constante e utilizando a regra da cadeia conhecida, temos

$$\frac{\partial w}{\partial x} = f'[g(x, y)]g_x(x, y) = f'(v) \frac{\partial v}{\partial x};$$

isto é,

$$\frac{\partial w}{\partial x} = \frac{dw}{dv} \frac{\partial v}{\partial x},$$

contanto que as derivadas dw/dv e $\partial v/\partial x$ existam. Analogamente, mantendo-se x constante e utilizando a regra da cadeia conhecida, temos

$$\frac{\partial w}{\partial y} = f'[g(x, y)]g_y(x, y) = f'(v) \frac{\partial v}{\partial y};$$

isto é,

$$\frac{\partial w}{\partial y} = \frac{dw}{dv} \frac{\partial v}{\partial y},$$

contanto que as derivadas dw/dv e $\partial v/\partial y$ existam.

EXEMPLO   Se $w = \sqrt{1 - x^2 - y^2}$, encontre $\partial w/\partial x$ e $\partial w/\partial y$.

SOLUÇÃO

Faça $v = 1 - x^2 - y^2$, ou seja $w = \sqrt{v}$. Pela regra da cadeia,

$$\frac{\partial w}{\partial x} = \frac{dw}{dv} \frac{\partial v}{\partial x} = \frac{1}{2\sqrt{v}} \frac{\partial}{\partial x} (1 - x^2 - y^2) = \frac{1}{2\sqrt{v}} (-2x) = \frac{-x}{\sqrt{1 - x^2 - y^2}},$$

$$\frac{\partial w}{\partial y} = \frac{dw}{dv} \frac{\partial v}{\partial y} = \frac{1}{2\sqrt{v}} \frac{\partial}{\partial y} (1 - x^2 - y^2) = \frac{1}{2\sqrt{v}} (-2y) = \frac{-y}{\sqrt{1 - x^2 - y^2}}.$$

Usando a versão acima da regra da cadeia, procede-se do mesmo modo que na Seção 4 do Cap. 2, exceto que multiplica-se a derivada ordinária da "função externa" pela derivada parcial apropriada da "função interna". Por exemplo, se $f(x,y) = \tan (x^2 - y^2)$, então a "função externa" é a função tangente, enquanto que a "função interna" é a função g de duas variáveis dada por $g(x,y) = x^2 - y^2$. Portanto,

$$f_x(x, y) = \sec^2 (x^2 - y^2) \frac{\partial}{\partial x}(x^2 - y^2) = [\sec^2 (x^2 - y^2)](2x)$$

$$= 2x \sec^2 (x^2 - y^2) \quad \text{e}$$

$$f_y(x, y) = \sec^2 (x^2 - y^2) \frac{\partial}{\partial y}(x^2 - y^2) = [\sec^2 (x^2 - y^2)](-2y)$$

$$= -2y \sec^2 (x^2 - y^2).$$

EXEMPLOS   Encontre $\partial w/\partial x$ e $\partial w/\partial y$.

1 $w = e^{x/y}$

SOLUÇÃO

$$\frac{\partial w}{\partial x} = e^{x/y} \frac{\partial}{\partial x}\left(\frac{x}{y}\right) = e^{x/y}\left(\frac{1}{y}\right) = \frac{e^{x/y}}{y},$$

$$\frac{\partial w}{\partial y} = e^{x/y} \frac{\partial}{\partial y}\left(\frac{x}{y}\right) = e^{x/y}\left(-\frac{x}{y^2}\right) = \frac{-xe^{x/y}}{y^2}.$$

2 $w = \displaystyle\int_{1}^{3x^2-5y^3} e^{t^2}\, dt$

SOLUÇÃO

Fazendo $u = 3x^2 - 5y^3$, ou seja $w = \displaystyle\int_{1}^{u} e^{t^2}\, dt$. Pelo teorema fundamental do cálculo, $dw/du = e^{u^2}$; daí, pela regra da cadeia

$$\frac{\partial w}{\partial x} = \frac{dw}{du}\frac{\partial u}{\partial x} = e^{u^2}\frac{\partial}{\partial x}\left(3x^2 - 5y^3\right) = e^{u^2}(6x) = 6xe^{(3x^2-5y^3)^2},$$

$$\frac{\partial w}{\partial y} = \frac{dw}{du}\frac{\partial u}{\partial y} = e^{u^2}\frac{\partial}{\partial y}\left(3x^2 - 5y^3\right) = e^{u^2}(-15y^2) = -15y^2 e^{(3x^2-5y^3)^2}.$$

Conjunto de Problemas 3

Nos problemas de 1 a 6, encontre cada derivada parcial pela aplicação direta da definição formal.

1 $f_x(x, y)$, onde $f(x, y) = 8x - 2y + 13$.

2 $\dfrac{\partial}{\partial x} f(x, y)$, onde $f(x, y) = 3x^2 + 5xy + 7y^3$.

3 $f_1(-1, 2)$, onde $f(x, y) = -7x^2 + 8xy^2$.

4 $\dfrac{\partial}{\partial z} f(x, y, z)$, onde $f(x, y, z) = 2xy^2 - 7xz + 3xyz^2$.

5 $f_2(1, -1)$, onde $f(x, y) = 5xy^3 + 6x^2 + 11$.

6 $\dfrac{\partial z}{\partial y}$ no ponto $(3, -5)$, onde $z = -7x^3y + xy + 3$.

Nos problemas 7 a 20, encontre cada derivada parcial tratando, com exceção de uma, as variáveis independentes como constantes e aplicando as regras de diferenciação ordinária.

7 $\dfrac{\partial}{\partial x} f(x, y)$, onde $f(x, y) = 7x^2 + 5x^2y + 2$.

8 $\dfrac{\partial}{\partial x}(x^2 \operatorname{sen} y)$.

9 $h_x(x, y)$, onde $h(x, y) = \operatorname{sen} x \cos 7y$.

10 $f_2(x, y)$, onde $f(x, y) = e^{-2x} \tan y$.

11 $\dfrac{\partial w}{\partial x}$, onde $w = \dfrac{x^2 + y^2}{y^2 - x^2}$.

12 $D_x(x \operatorname{sen} y - y \ln x)$.

13 $f_1(r, \theta)$, onde $f(r, \theta) = r^2 \cos 7\theta$.

14 $g_2(\theta, \phi)$, onde $g(\theta, \phi) = \operatorname{sen} 2\theta \cos \phi$.

15 $f_1(x, y)$, onde $f(x, y) = \displaystyle\int_{y}^{x} e^{-t^3}\, dt$.

16 $g_2(x, y)$, onde $g(x, y) = \displaystyle\int_{y}^{x} e^{-t^2}\, dt$.

17 $f_z(x, y, z)$, **onde** $f(x, y, z) = 6xyz + 3x^2y + 7z$.

18 $\dfrac{\partial}{\partial y}\, g(x, y, z)$, **onde** $g(x, y, z) = 3x^2y^3z^4 - 4xyz^3$.

19 $\dfrac{\partial w}{\partial x}$, **onde** $w = xy^2 + yz^2 + x^2y$.

20 $\dfrac{\partial w}{\partial z}$, **onde** $w = x \cos z + y \operatorname{sen} x + xe^z$.

Do problema 21 até o 34, encontre cada derivada parcial usando a regra da cadeia da Seção 3.1.

21 $\dfrac{\partial w}{\partial x}$, **onde** $w = \sqrt{u}$ **e** $u = 3x^2 + y^2$.

22 $\dfrac{\partial}{\partial x}\, g(x, y)$, **onde** $g(x, y) = \operatorname{sen}\,(xy)^2$.

23 $\dfrac{\partial w}{\partial x}$, **onde** $w = \ln u$ **e** $u = 7x^2 + 4y^3$.

24 $\dfrac{\partial}{\partial y}\, \ln\,(x^2/y)$.

25 $h_1(x, y)$. **onde** $h(x, y) = \tan^{-1}\,(xy)$.

26 $D_1 f(x, y)$, **onde** $f(x, y) = e^{x^2 + y^2}$.

27 $\dfrac{\partial w}{\partial y}$, **onde** $w = \displaystyle\int_1^u e^{\operatorname{sen} t}\, dt$ **e** $u = x^2 - 5y$.

28 $\dfrac{\partial}{\partial y}\displaystyle\int_2^{\operatorname{sen}(x + y)} e^{t^3}\, dt$.

29 $f_1(x, y)$, **onde** $f(x, y) = \displaystyle\int_{x^2 - y^2}^{\pi} e^{-t^2}\, dt$.

30 $f_z(x, y, z)$, **onde** $f(x, y, z) = x^2/\sqrt{y^2 + z^2}$.

31 $g_3(x, y, z)$, **onde** $g(x, y, z) = xz^2e^{xy} \cos\,(yz)$.

32 $\dfrac{\partial}{\partial y}[z \operatorname{sen}\,(xz) \cos\,(xy)]$.

33 $\dfrac{\partial w}{\partial x}$, **onde** $w = (x^2 + y^2 + z^2)^{-3/2}$.

34 $\dfrac{\partial w}{\partial s}$, **onde** $w = e^{-t} \operatorname{sen}\,(s + u)$.

35 Dado que $w = x^3y^2 - 2xy^4 + 3x^2y^3$, verifique que $x\dfrac{\partial w}{\partial x} + y\dfrac{\partial w}{\partial y} = 5w$.

36 Dado que $w = (ax + by + cz)^n$, onde a, b e c são constantes, verifique que $x\dfrac{\partial w}{\partial x} + y\dfrac{\partial w}{\partial y} + z\dfrac{\partial w}{\partial z} = nw$.

37 Dado que $w = t^2 + \tan\,(te^{1/s})$, verifique que $s^2\dfrac{\partial w}{\partial s} + t\dfrac{\partial w}{\partial t} = 2t^2$.

38 Seja f uma função diferenciável e seja $w = f(^5/_2s^2 - ^7/_2t^2)$. Verifique que $7t\dfrac{\partial w}{\partial s}$

$+ 5s\dfrac{\partial w}{\partial t} = 0$.

39 Dado que $w = x^2 \operatorname{sen}\dfrac{y}{z} + y^2 \ln\dfrac{z}{x} + z^2e^{x/y}$, verifique que $\dfrac{\partial w}{\partial x} + y\dfrac{\partial w}{\partial y} + z\dfrac{\partial w}{\partial z} = 2w$.

40 Dado que $w = e^{x/y} + e^{y/z} + e^{z/x}$, verifique que $\dfrac{\partial w}{\partial x} + y\dfrac{\partial w}{\partial y} + z\dfrac{\partial w}{\partial z} = 0$.

41 Dado que $w = \ln\,(x^3 + 5x^2y + 6xy^2 + 7y^3)$, verifique que $\dfrac{\partial w}{\partial x} + y\dfrac{\partial w}{\partial y} = 3$.

4 Aplicações Elementares das Derivadas Parciais

Se bem que a maioria das aplicações das derivadas parciais dependa das propriedades ainda não desenvolvidas (tais como as regras da cadeia da Seção 6), algumas delas são adaptações das técnicas já familiares para derivadas ordinárias. Vamos considerar algumas dessas aplicações elementares nesta seção.

4.1 Interpretação geométrica das derivadas parciais

Suponha que f seja uma função a duas variáveis e que f tenha derivadas parciais f_1 e f_2. O gráfico de f é uma superfície com equação $z = f(x,y)$ (Fig. 1). Seja $z_0 = f(x_0, y_0)$, tal que $P = (x_0, y_0, z_0)$ seja um ponto desta superfície. O

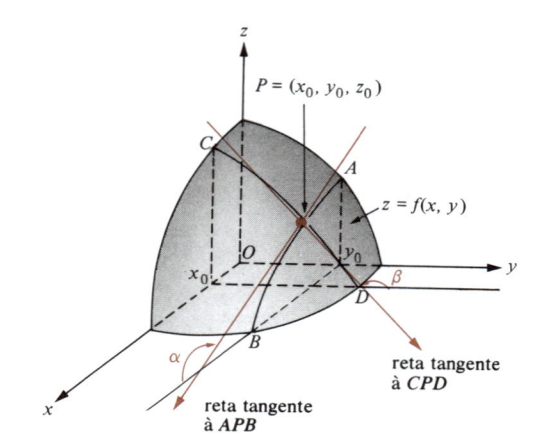

Fig. 1

plano $y = y_0$ intercepta a superfície na seção APB, enquanto que o plano $x = x_0$ intercepta a mesma superfície na seção CPD. Quando um ponto se move ao longo da curva APB, suas coordenadas x e y variam de acordo com a equação $z = f(x, y_0)$, enquanto sua coordenada y permanece constante com $y = y_0$. A inclinação da reta tangente à ABP em um ponto qualquer é a taxa de variação da coordenada z em relação à coordenada x; daí a inclinação é dada por $\partial z / \partial x = f_1(x, y_0)$. Em particular, $f_1(x_0, y_0)$ representa o coeficiente angular da reta tangente à APB no ponto P. Analogamente, $f_2(x_0, y_0)$ representa o coeficiente da reta tangente à CPD no ponto P. Portanto, pela Fig. 1, temos

$$\tan \alpha = f_1(x_0, y_0) = f_x(x_0, y_0) = \frac{\partial z}{\partial x} \text{ calculado em} (x_0, y_0)$$

e

$$\tan \beta = f_2(x_0, y_0) = f_y(x_0, y_0) = \frac{\partial z}{\partial y} \text{ calculado em } (x_0, y_0).$$

EXEMPLO Encontre o coeficiente angular da reta tangente à curva de interseção da superfície $z = 4x^2 y - xy^3$ com o plano $y = 2$ no ponto $P = (3, 2, 48)$.

SOLUÇÃO
Basta manter y constante e encontrar $\partial z / \partial x$. Temos,

$$\frac{\partial z}{\partial x} = \frac{\partial}{\partial x}(4x^2 y) - \frac{\partial}{\partial x}(xy^3) = 8xy - y^3,$$

ou seja, quando $x = 3$ e $y = 2$,

$$\frac{\partial z}{\partial x} = 8(3)(2) - 2^3 = 40.$$

4.2 Taxa de variação

Suponha que uma variável, representada por w, dependa de certo número de outras variáveis, $x_1, x_2, \ldots, x_n$. Se, à exceção de uma, as demais variáveis são mantidas constantes, então w depende apenas desta e a taxa instantânea de variação de w em relação a essa variável é dada, como de costume, por uma derivada — no caso, a derivada parcial de w em relação à variável em questão.

EXEMPLO O volume V de um cone circular é dado por

$$V = \frac{\pi}{24} y^2 \sqrt{4s^2 - y^2},$$

onde s é o comprimento da geratriz e y o diâmetro da base.

(a) Encontre a taxa instantânea de variação do volume em relação à geratriz se o diâmetro é mantido constante com o valor de $y = 16$ centímetros, enquanto a geratriz s varia. Calcule essa taxa de variação no instante em que $s = 10$ centímetros.

(b) Suponha que o comprimento da geratriz permaneça constante com o valor de $s = 10$ centímetros. Considerando que o valor do diâmetro varia, encontre a taxa de variação do volume em relação ao diâmetro quando $y = 16$ centímetros.

SOLUÇÃO

(a) $\dfrac{\partial V}{\partial s} = \dfrac{\partial}{\partial s}\left(\dfrac{\pi}{24} y^2 \sqrt{4s^2 - y^2}\right) = \dfrac{\pi}{24} y^2 \dfrac{\partial}{\partial s} \sqrt{4s^2 - y^2}$

$= \dfrac{\pi}{24} y^2 \dfrac{\dfrac{\partial}{\partial s}(4s^2 - y^2)}{2\sqrt{4s^2 - y^2}} = \dfrac{\pi}{24} y^2 \dfrac{8s}{2\sqrt{4s^2 - y^2}} = \dfrac{\pi y^2 s}{6\sqrt{4s^2 - y^2}}.$

Quando $s = 10$ e $y = 16$,

$\dfrac{\partial V}{\partial s} = \dfrac{\pi(16)^2(10)}{6\sqrt{4(10)^2 - 16^2}} = \dfrac{320\pi}{9} \approx 111{,}70$ centímetros cúbicos por

centímetro.

(b) $\dfrac{\partial V}{\partial y} = \dfrac{\partial}{\partial y}\left(\dfrac{\pi}{24} y^2 \sqrt{4s^2 - y^2}\right)$

$= \dfrac{\pi}{24}\left[\dfrac{\partial}{\partial y}(y^2)\right]\sqrt{4s^2 - y^2} + \dfrac{\pi}{24} y^2 \dfrac{\partial}{\partial y}\sqrt{4s^2 - y^2}$

$= \dfrac{\pi}{24}(2y)\sqrt{4s^2 - y^2} + \dfrac{\pi}{24} y^2 \dfrac{\dfrac{\partial}{\partial y}(4s^2 - y^2)}{2\sqrt{4s^2 - y^2}}$

$= \dfrac{\pi y \sqrt{4s^2 - y^2}}{12} + \dfrac{\pi}{24} y^2 \dfrac{-2y}{2\sqrt{4s^2 - y^2}}$

$= \dfrac{\pi y \sqrt{4s^2 - y^2}}{12} - \dfrac{\pi y^3}{24\sqrt{4s^2 - y^2}}.$

Quando $s = 10$ e $y = 16$,

$\dfrac{\partial V}{\partial y} = \dfrac{\pi(16)\sqrt{4(10)^2 - 16^2}}{12} - \dfrac{\pi(16)^3}{24\sqrt{4(10)^2 - 16^2}}$

$= 16\pi - \dfrac{128\pi}{9} = \dfrac{16\pi}{9} \approx 5{,}59$ centímetros cúbicos por centímetro.

Conjunto de Problemas 4

Nos problemas de 1 a 8, encontre o coeficiente angular da reta tangente à curva de interseção entre a superfície e o plano nos pontos dados.

1 A superfície $z = 3x - 5y + 7$ e o plano $y = 2$ no ponto $(1, 2, 0)$.

2 A superfície $z = \sqrt{4 - x^2 - y^2}$ e o plano $x = 1$ no ponto $(1, 1, \sqrt{2})$.

3 A superfície $z = \sqrt{31 - 2x^2 - 3y^2}$ e o plano $y = 2$ no ponto $(3, 2, 1)$.

4 A superfície $x^2 + y^2 + z^2 = 14$ e o plano $x = 1$ no ponto $(1, 3, 2)$.

5 A superfície $z = e^{-x^2} \operatorname{sen} 3y$ e o plano $x = 1$ no ponto $(1, 0, 0)$.

6 A superfície $6x^2 + 9y^2 + 4z^2 = 61$ e o plano $y = -1$ no ponto $(1, -1, 2)$.

7 A superfície $z = \dfrac{2xy}{x^2 + y^2}$ e o plano $y = 4$ no ponto $(3, 4, \frac{24}{25})$.

8 A superfície $z = e^{x/y} - e^{y/x}$ e o plano $y = 2$ no ponto $(2, 2, 0)$.

9 A área A da superfície lateral de um cone circular reto de abertura h e raio da base r é dada por $A = \pi r \sqrt{h^2 + r^2}$.
   (a) Se r é mantido fixo em 3 centímetros, enquanto h varia, encontre a taxa de variação de A em relação a h no instante em que $h = 7$ centímetros.
   (b) Se h é mantido fixo em 7 centímetros, enquanto r varia, encontre a taxa de variação de A em relação a r no instante em que $r = 3$ centímetros.

10 Se dois lados x e y de um triângulo são mantidos fixos enquanto o ângulo θ entre eles varia, encontre a taxa de variação do terceiro lado z, em relação a θ. (Use a lei dos co-senos.)

11 A fórmula de Clairaut para o peso W em dinas de 1 grama-massa em uma latitude de L graus e a uma altura de h centímetros acima do nível do mar é

$$W = 980{,}6056 - 2{,}5028 \cos \frac{\pi L}{90} - \frac{h}{3.000.000}.$$

   (a) Se L é mantido constante em 40°N enquanto h sofre variação, encontre a taxa de variação de W em relação a h no instante em que a massa está a 6 quilômetros acima do nível do mar.
   (b) Se a massa permanece a uma altura constante de 6 quilômetros acima do nível do mar, enquanto sua latitude L varia, encontre a taxa de variação de W por grau de latitude no instante em que $L = 40°$N.

12 Uma colina circular tem sua seção transversal central na forma da curva cuja equação é $z = 10 - (x^2/160)$, onde as unidades estão em metros. O topo está sendo cortado em camadas horizontais a uma velocidade constante de 100 metros cúbicos por dia. Qual a velocidade de aumento da área da seção de corte quando o topo tiver sido cortado em uma distância vertical de 4 metros?

13 A resistência R ohms de um circuito elétrico é dada pela fórmula $R = E/I$, onde I é a corrente em ampères e E a força eletromotriz em volts. Calcule $\partial R/\partial I$ e $\partial R/\partial E$ quando $I = 15$ ampères e $E = 110$ volts e dê uma interpretação para essas duas derivadas parciais utilizando o conceito de taxa de variação.

14 Uma companhia hipotecária calcula o valor máximo a ser dado para a hipoteca de uma casa pelo uso da fórmula

$$M = 3x + 0{,}025y^2.$$

onde x é o pagamento mínimo em dólares e y é o salário mensal também em dólares. Encontre $\partial M/\partial x$ e $\partial M/\partial y$ e interprete o resultado utilizando o conceito de taxa de variação.

5 Aproximação Linear e Funções Diferenciáveis

Na Seção 4 vimos que as derivadas parciais $f_1(x_0,y_0)$ e $f_2(x_0,y_0)$ se relacionam apenas com as seções obtidas numa superfície $z = f(x,y)$ por dois planos perpendiculares, $y = y_0$ e $x = x_0$; daí, em geral, essas duas derivadas parciais pouco dizem quanto ao aspecto da superfície além dessas duas seções. Por esta razão, não é apropriado chamar uma função a duas (ou mais) variáveis de "diferenciável" apenas pela existência de suas derivadas parciais. A chave para a definição própria de "diferenciabilidade" para funções a mais de uma variável está no importante conceito de *aproximação linear.*

5.1 Aproximação linear

Começaremos formulando o procedimento para a aproximação linear de uma função f a duas variáveis. Suponha que (x_0,y_0) seja um ponto interior do domínio de f e que as duas derivadas parciais $f_1(x_0,y_0)$ e $f_2(x_0,y_0)$ existam. Então, por analogia com o procedimento feito na Seção 7 do Cap. 2 para funções de uma variável, temos o seguinte.

Procedimento para a aproximação linear

Se o ponto (x,y) está próximo do ponto (x_0,y_0), então

$$f(x, y) \approx f(x_0, y_0) + f_1(x_0, y_0)(x - x_0) + f_2(x_0, y_0)(y - y_0).$$

Naturalmente, o *erro* resultante dessa aproximação linear é dado por

$$E(x, y) = f(x, y) - f(x_0, y_0) - f_1(x_0, y_0)(x - x_0) - f_2(x_0, y_0)(y - y_0).$$

Para a maioria das funções encontradas nas aplicações práticas do cálculo, a aproximação linear oferece uma boa precisão — isto é, o valor absoluto do erro, $|E(x,y)|$, é pequeno — quando o ponto (x,y) está próximo de (x_0,y_0).

Definindo-se $\Delta x = x - x_0$ e $\Delta y = y - y_0$, a aproximação linear pode ser representada através da relação

$$f(x_0 + \Delta x, y_0 + \Delta y) \approx f(x_0, y_0) + f_1(x_0, y_0) \Delta x + f_2(x_0, y_0) \Delta y.$$

A condição de que o ponto (x,y) esteja próximo ao ponto (x_0,y_0) é, evidentemente, equivalente à condição de que $|\Delta x|$ e $|\Delta y|$ sejam pequenos.

EXEMPLO Se $f(x,y) = \sqrt{x^2 + y^2 + 2}$, use o procedimento da aproximação linear para estimar $f(3,01, 4,96)$.

SOLUÇÃO
Da aproximação linear

$$f(x_0 + \Delta x, y_0 + \Delta y) \approx f(x_0, y_0) + f_1(x_0, y_0) \Delta x + f_2(x_0, y_0) \Delta y,$$

fazendo $x_0 = 3$, $y_0 = 5$, $\Delta x = 0,01$, e $\Delta y = -0,04$, obtemos

$$f(3,01, 4,96) \approx \sqrt{3^2 + 5^2 + 2} + f_1(3, 5)(0,01) + f_2(3, 5)(-0,04).$$

Ainda,

$$f_1(x, y) = \frac{\partial}{\partial x} \sqrt{x^2 + y^2 + 2} = \frac{x}{\sqrt{x^2 + y^2 + 2}},$$

$$f_2(x, y) = \frac{\partial}{\partial y} \sqrt{x^2 + y^2 + 2} = \frac{y}{\sqrt{x^2 + y^2 + 2}},$$

ou seja

$$f_1(3,5) = \frac{3}{\sqrt{36}} = \frac{1}{2} \quad \text{e} \quad f_2(3,5) = \frac{5}{\sqrt{36}} = \frac{5}{6}.$$

Assim, f $(3,01,4,96) \approx \sqrt{36} + \frac{1}{2}(0,01) + \frac{5}{6}(-0,04)$; isto é, f $(3,01,4,96) \approx 5,97166$ [O valor de f $(3,01,4,96)$, com precisão de cinco casas decimais, é de 5,97174.].

5.2 Funções diferenciáveis a duas variáveis

Grosseiramente falando, uma função a duas variáveis é *diferenciável* se o erro resultante da aproximação linear é pequeno em valor absoluto. Formalmente, suponha que (x_0, y_0) seja um ponto interior ao domínio de f e que as duas derivadas parciais $f_1(x_0, y_0)$ e $f_2(x_0, y_0)$ existam. Então podemos dar a seguinte definição.

DEFINIÇÃO 1 **Função diferenciável a duas variáveis**

Dizemos que f é diferenciável no ponto (x_0, y_0) se o erro resultante da aproximação linear tem a forma

$$E(x, y) = (x - x_0)\varepsilon_1(x, y) + (y - y_0)\varepsilon_2(x, y),$$

onde

$$\lim_{\substack{x \to x_0 \\ y \to y_0}} \varepsilon_1(x, y) = \varepsilon_1(x_0, y_0) = 0 \quad \text{e} \quad \lim_{\substack{x \to x_0 \\ y \to y_0}} \varepsilon_2(x, y) = \varepsilon_2(x_0, y_0) = 0.$$

Se o domínio de f é um conjunto aberto, então f é denominada função *diferenciável*, ressaltando-se que é diferenciável em todo ponto de seu domínio.

Fazendo $\Delta x = x - x_0$ e $\Delta y = y - y_0$ na Definição 1, e abreviando $E(x,y)$, $\varepsilon_1(x,y)$, $\varepsilon_2(x,y)$ por E, ε_1, e ε_2, respectivamente, temos

$$E = \Delta x \varepsilon_1 + \Delta y \varepsilon_2, \quad \text{onde} \lim_{\substack{\Delta x \to 0 \\ \Delta y \to 0}} \varepsilon_1 = 0 \quad \text{e} \quad \lim_{\substack{\Delta x \to 0 \\ \Delta y \to 0}} \varepsilon_2 = 0.$$

Portanto, para uma função diferenciável, o erro E resultante de uma aproximação linear tende a zero rapidamente quando Δx e Δy tendem a zero. Isto é análogo à condição de erro da aproximação linear de uma função a uma única variável vista no Teorema 1, Seção 7 do Cap. 2.

Infelizmente, a mera existência das derivadas parciais $f_1(x_0, y_0)$ e $f_2(x_0, y_0)$ não garante que f seja diferenciável em (x_0, y_0) (vide problema 34). Uma condição que assegura a diferenciabilidade de f é dada pela seguinte definição.

DEFINIÇÃO 2 **Diferenciabilidade contínua**

Seja f uma função a duas variáveis e seja U um conjunto aberto de pontos contido no domínio de f. Dizemos que f é *continuamente diferenciável em U* se as derivadas parciais $f_1(x,y)$ e $f_2(x,y)$ existem para todo ponto (x,y) de U e as funções f_1 e f_2 são contínuas em U.

Se o domínio de f é um conjunto aberto e se f é continuamente diferenciável em D, então dizemos simplesmente que f é *continuamente diferenciável*.

Na Seção 5.5 provaremos as seguintes propriedades:

1 Se f é diferenciável em (x_0, y_0), então f é contínua em (x_0, y_0).
2 Se f é continuamente diferenciável em um conjunto aberto U, então f é diferenciável em cada ponto (x_0, y_0) em U.

Por enquanto, aceitaremos esses dois fatos.

EXEMPLOS 1 A função $f(x,y) = e^{3x+4y}$ é diferenciável?

SOLUÇÃO
O domínio de f é o plano xy, ou seja, é um conjunto aberto. (Por quê?) Nesse caso,

$$f_1(x, y) = \frac{\partial}{\partial x} (e^{3x+4y}) = e^{3x+4y} \frac{\partial}{\partial x} (3x + 4y) = 3e^{3x+4y},$$

$$f_2(x, y) = \frac{\partial}{\partial y} (e^{3x+4y}) = e^{3x+4y} \frac{\partial}{\partial y} (3x + 4y) = 4e^{3x+4y},$$

portanto f_1 e f_2 são contínuas em todo plano xy; isto é, f é continuamente diferenciável. Segue-se que f é diferenciável em cada ponto de seu domínio; daí, f é diferenciável.

2 A função $f(x,y) = |xy|$ é diferenciável: (a) em $(1,1)$, (b) em $(0,1)$?

SOLUÇÃO
(a) Dentro de um disco circular de raio, digamos, $1/2$ com centro em $(1,1)$, x e y são positivos, ou seja $f(x,y) = |xy| = xy$. Portanto, nessa vizinhança, $f_1(x,y) = \partial/\partial x \ (xy) = y$ e $f_2(x,y) = \partial/\partial y \ (xy) = x$; daí, f é continuamente diferenciável. Segue que f é diferenciável em cada ponto da vizinhança. Em particular é diferenciável no centro $(1,1)$ do disco circular.
(b) Visto que $f(x,1) = |x|$ e que a função valor absoluto (a uma variável) não é diferenciável em 0, segue-se que a derivada parcial $f_1(0,1)$ não existe. Contudo, por definição, uma função diferenciável precisa ter suas duas derivadas parciais. Conseqüentemente, f não é diferenciável em $(0,1)$.

Pode ser provado que a soma, a diferença, o produto e o quociente de funções continuamente diferenciáveis são continuamente diferenciáveis; daí, são diferenciáveis em cada ponto de seu domínio. Em particular, toda função polinomial a duas variáveis é continuamente diferenciável, também o será toda função racional a duas variáveis.

As idéias e os fatos apresentados acima podem ser resumidos *sem formalismos* como: Uma função com derivadas parciais contínuas é continuamente diferenciável. Uma função continuamente diferenciável é diferenciável. Uma função diferenciável é contínua. Finalmente, a aproximação linear aplicada à uma função diferenciável dá margem a um pequeno erro.

5.3 Diferencial total

Suponha que f seja uma função a duas variáveis e seja

$$z = f(x, y).$$

Se x e y sofrem pequenas variaçoes Δx e Δy, respectivamente, então z varia de uma quantidade de Δz, dada por

$$\Delta z = f(x + \Delta x, y + \Delta y) - f(x, y).$$

Considerando que f seja diferenciável em (x,y), conhecemos que o erro resultante da aproximação linear

$$f(x + \Delta x, y + \Delta y) \approx f(x, y) + f_1(x, y) \Delta x + f_2(x, y) \Delta y$$

será pequeno, e segue-se que podemos aproximar Δz como

$$\Delta z \approx f_1(x, y) \Delta x + f_2(x, y) \Delta y.$$

Usando a notação alternativa $\partial z/\partial x$ e $\partial z/\partial y$ para as derivadas parciais $f_1(x,y)$ e $f_2(x,y)$ podemos escrever a aproximação como

$$\Delta z \approx \frac{\partial z}{\partial x} \Delta x + \frac{\partial z}{\partial y} \Delta y.$$

Por analogia com a notação usada para funções a uma variável na Seção 1 do Cap. 5, a variação Δx e Δy das duas variáveis x e y são às vezes chamadas de *diferenciais* destas variáveis e escritas como dx e dy, respectivamente. Desse modo, se dx e dy são pequenos, então a variação Δz do valor de z causada pela mudança de x para $x + dx$ e de y para $y + dy$ é aproximada por

$$\Delta z \approx \frac{\partial z}{\partial x} dx + \frac{\partial z}{\partial y} dy.$$

Fazendo a analogia com funções a uma variável, definimos a *diferencial total* dz da variável dependente z por

$$dz = \frac{\partial z}{\partial x} dx + \frac{\partial z}{\partial y} dy.$$

Portanto, se dx e dy são pequenos, então $\Delta z \approx dz$. Visto que $z = f(x,y)$, escrevemos também dz como df, ou seja

$$df = f_1(x, y) \, dx + f_2(x, y) \, dy.$$

EXEMPLOS 1 Se $f(x,y) = 3x^3y^2 - 2xy^3 + xy - 1$, encontre a diferencial total df.

SOLUÇÃO

Aqui,

$$f_1(x, y) = 9x^2y^2 - 2y^3 + y \quad \text{e} \quad f_2(x, y) = 6x^3y - 6xy^2 + x;$$

daí,

$$df = (9x^2y^2 - 2y^3 + y) \, dx + (6x^3y - 6xy^2 + x) \, dy.$$

2 Se $z = \dfrac{x - y}{x + y}$, encontre a diferencial total dz.

SOLUÇÃO
Usando a regra do quociente, temos

$$\frac{\partial z}{\partial x} = \frac{2y}{(x + y)^2} \quad \text{e} \quad \frac{\partial z}{\partial y} = \frac{-2x}{(x + y)^2};$$

daí,

$$dz = \frac{\partial z}{\partial x} dx + \frac{\partial z}{\partial y} dy = \frac{2y \, dx}{(x + y)^2} + \frac{-2x \, dy}{(x + y)^2} = \frac{2y \, dx - 2x \, dy}{(x + y)^2}.$$

3 O volume V de um cone circular reto de altura h e raio da base r é dado por $V = \frac{1}{3}\pi r^2 h$. Se a altura é aumentada de 5 cm para 5,01 cm, enquanto o raio da base é diminuído de 4 cm para 3,98 cm, encontre uma aproximação da variação ΔV no volume.

SOLUÇÃO
Usamos a diferencial total dV para aproximar ΔV. Portanto,

$$dV = \frac{\partial V}{\partial h} dh + \frac{\partial V}{\partial r} dr = \frac{\partial}{\partial h} \left(\frac{1}{3} \pi r^2 h \right) dh + \frac{\partial}{\partial r} \left(\frac{1}{3} \pi r^2 h \right) dr$$

$$= \frac{1}{3} \pi r^2 \, dh + \frac{2}{3} \pi r h \, dr.$$

Quando $h = 5$, $dh = 0,01$, $r = 4$, e $dr = -0,02$, temos

$$\Delta V \approx dV = \frac{1}{3}\pi(4)^2(0,01) + \frac{2}{3}\pi(4)(5)(-0,02);$$

isto é,

$$\Delta V \approx -0,6702 \text{ cm}^3.$$

(O valor correto de ΔV com cinco casas decimais é de $-0,66978$.)

5.4 Funções a três ou mais variáveis

As noções de diferenciabilidade, diferenciabilidade contínua e diferencial total generalizou-se de uma maneira óbvia para as funções a três ou mais variáveis. Por exemplo se f é uma função a três variáveis, então o ponto (x_0, y_0, z_0) é denominado *ponto interior* ao domínio D de f se há um número positivo r tal que todos os pontos (x, y, z) dentro da esfera de raio r com centro em (x_0, y_0, z_0) pertençam ao domínio D; isto é, se $(x - x_0)^2 + (y - y_0)^2 + (z - z_0)^2 < r^2$, então (x, y, z) pertence a D. Analogamente, um ponto (a, b, c) é denominado de *ponto-fronteira* de D se toda esfera com raio positivo r e centro (a, b, c) contém um ponto que pertence a D e outro que não pertence. Dizemos que D é *aberto*, se ele não contém nenhum ponto de sua própria fronteira; isto é, consiste exclusivamente em pontos interiores. Analogamente, D é denominado *fechado* se ele contém todos seus pontos fronteira.

Considere agora que (x_0, y_0, z_0) seja um ponto interior do domínio D de f e que as três derivadas parciais

$$A = f_1(x_0, y_0, z_0), \qquad B = f_2(x_0, y_0, z_0), \qquad C = f_3(x_0, y_0, z_0)$$

existam. Seja $E(x, y, z)$ o erro resultante da aproximação linear

$$f(x, y, z) \approx f(x_0, y_0, z_0) + A(x - x_0) + B(y - y_0) + C(z - z_0).$$

Então dizemos que f é *diferenciável* em (x_0, y_0, z_0) se existem três funções ε_1, ε_2 e ε_3 tais que

$$\varepsilon_1(x_0, y_0, z_0) = \varepsilon_2(x_0, y_0, z_0) = \varepsilon_3(x_0, y_0, z_0) = 0,$$

$$\lim_{\substack{x \to x_0 \\ y \to y_0 \\ z \to z_0}} \varepsilon_1(x, y, z) = \lim_{\substack{x \to x_0 \\ y \to y_0 \\ z \to z_0}} \varepsilon_2(x, y, z) = \lim_{\substack{x \to x_0 \\ y \to y_0 \\ z \to z_0}} \varepsilon_3(x, y, z) = 0, \quad \text{e}$$

$$E(x, y, z) = (x - x_0)\varepsilon_1(x, y, z) + (y - y_0)\varepsilon_2(x, y, z) + (z - z_0)\varepsilon_3(x, y, z).$$

Se o domínio D de f é aberto, dizemos que f é *continuamente diferenciável* se as derivadas parciais f_1, f_2 e f_3 são definidas e contínuas em D. Por argumentos similares àqueles que serão dados na Seção 5.5 para funções a duas variáveis, pode ser mostrado que uma função continuamente diferenciável a três variáveis é diferenciável em cada ponto de seu domínio e que uma função diferenciável a três variáveis é automaticamente contínua. Novamente, somas, produtos, diferenças e quocientes de funções continuamente diferenciáveis a três variáveis é continuamente diferenciável. Qualquer função polinomial a três variáveis é continuamente diferenciável bem como qualquer função racional a três variáveis.

Se $w = f(x, y, z)$, onde f é diferenciável em um ponto interior (x, y, z) de seu domínio, definimos a *diferencial total dw*, ou *df*, em (x, y, z) por

$$dw = df = \frac{\partial w}{\partial x}\,dx + \frac{\partial w}{\partial y}\,dy + \frac{\partial w}{\partial z}\,dz = f_1(x, y, z)\,dx + f_2(x, y, z)\,dy + f_3(x, y, z)\,dz,$$

onde *dx, dy* e *dz*, as *diferenciais* de suas variáveis independentes, podem ter valores arbitrários. A diferencial total *dw* fornece uma aproximação da variação Δw da variação dependente w causada pelo incremento de x, y e z das quantidades *dx, dy* e *dz*, respectivamente.

EXEMPLOS **1** Se $w = x^2 y^3 z^4$, encontre a diferencial total dw.

SOLUÇÃO

$$dw = \frac{\partial w}{\partial x}\,dx + \frac{\partial w}{\partial y}\,dy + \frac{\partial w}{\partial z}\,dz = 2xy^3z^4\,dx + 3x^2y^2z^4\,dy + 4x^2y^3z^3\,dz.$$

2 Três resistências, de x ohms, y ohms e z ohms, são conectadas em paralelo para dar uma resistência equivalente w dada por $w = \dfrac{xyz}{xy + xz + yz}$.
Cada resistência é de 300 ohms, mas está sujeita a 1 por cento de erro. Qual é o erro máximo aproximado e a porcentagem máxima de erro aproximada no valor de w?

SOLUÇÃO
Temos

$$\Delta w \approx dw = \frac{\partial w}{\partial x}dx + \frac{\partial w}{\partial y}dy + \frac{\partial w}{\partial z}dz,$$

onde dx, dy e dz representam os erros nos valores das três resistências. Nesse caso $|dx|$, $|dy|$ e $|dz|$ não excedem 3 ohms (1 por cento de 300 ohms). Temos

$$\frac{\partial w}{\partial x} = \frac{(xy + xz + yz)\dfrac{\partial}{\partial x}(xyz) - xyz\dfrac{\partial}{\partial x}(xy + xz + yz)}{(xy + xz + yz)^2}$$

$$= \frac{xy^2z + xyz^2 + y^2z^2 - xy^2z - xyz^2}{(xy + xz + yz)^2} = \frac{y^2z^2}{(xy + xz + yz)^2},$$

ou seja, quando $x = y = z = 300$, $\partial w/\partial x = \frac{1}{9}$. Cálculos análogos fornecem $\partial w/\partial y = \frac{1}{9}$ e $\partial w/\partial z = \frac{1}{9}$, quando $x = y = z = 300$. Desse modo

$$dw = \frac{1}{9}dx + \frac{1}{9}dy + \frac{1}{9}dz$$

$$|dw| = \frac{1}{9}|dx + dy + dz| \le \frac{1}{9}(|dx| + |dy| + |dz|).$$

Visto que $|dx|$, $|dy|$ e $|dz|$ não excedem a 3 ohms, segue-se que

$$|dx| + |dy| + |dz| \le 3 + 3 + 3 = 9;$$

daí,

$$|dw| \le \frac{1}{9}(9) = 1 \text{ ohm.}$$

O maior erro possível aproximado é de 1 ohm. Visto que $w = 100$ ohms quando $x = y = z = 300$ ohms, a porcentagem de erro máximo aproximada é de $\frac{1}{100} \times 100$ por cento = 1 por cento.

5.5 Teoremas sobre funções diferenciáveis a duas variáveis

Aqui, como prometido, provaremos os dois fatos sobre funções diferenciáveis citadas na Seção 5.2.

TEOREMA 1   **Continuidade de uma função diferenciável**

Seja f uma função a duas variáveis e seja (x_0, y_0) um ponto de domínio de f. Então, se f é diferenciável em (x_0, y_0), segue-se que f é contínua em (x_0, y_0).

PROVA
Temos

$$f(x, y) = f(x_0, y_0) + a(x - x_0) + b(y - y_0) + E(x, y),$$

onde $a = f_1(x_0, y_0)$, $b = f_2(x_0, y_0)$,   e

$$E(x, y) = (x - x_0)\varepsilon_1(x, y) + (y - y_0)\varepsilon_2(x, y)$$

com

$$\lim_{\substack{x \to x_0 \\ y \to y_0}} E(x, y) = \lim_{\substack{x \to x_0 \\ y \to y_0}} (x - x_0) \lim_{\substack{x \to x_0 \\ y \to y_0}} \varepsilon_1(x, y) + \lim_{\substack{x \to x_0 \\ y \to y_0}} (y - y_0) \lim_{\substack{x \to x_0 \\ y \to y_0}} \varepsilon_2(x, y)$$

$$= (0)(0) + (0)(0) = 0;$$

daí,

$$\lim_{\substack{x \to x_0 \\ y \to y_0}} f(x, y) = f(x_0, y_0) + a \lim_{\substack{x \to x_0 \\ y \to y_0}} (x - x_0) + b \lim_{\substack{x \to x_0 \\ y \to y_0}} (y - y_0) + \lim_{\substack{x \to x_0 \\ y \to y_0}} E(x, y)$$

$$= f(x_0, y_0) + a(0) + b(0) + 0 = f(x_0, y_0).$$

Portanto, f é contínua em (x_0, y_0).

TEOREMA 2   **Uma função continuamente diferenciável é diferenciável**

Seja U um conjunto aberto contido no domínio da função f a duas variáveis. Se f é continuamente diferenciável em U, então f é diferenciável em cada ponto (x_0, y_0) de U.

PROVA
Seja (x_0, y_0) um ponto de U. Visto que U é aberto, há um disco circular de raio positivo r com centro em (x_0, y_0) tal que todos os pontos (x, y) dessa vizinhança estão contidos em U. A partir de agora trataremos apenas com esses pontos (x, y).
Definimos:

$$1 \quad \varepsilon_1(x, y) = \begin{cases} \dfrac{f(x, y_0) - f(x_0, y_0)}{x - x_0} - f_1(x_0, y_0) & \text{se } x \neq x_0 \\ 0 & \text{se } x = x_0. \end{cases}$$

$$2 \quad \varepsilon_2(x, y) = \begin{cases} \dfrac{f(x, y) - f(x, y_0)}{y - y_0} - f_2(x_0, y_0) & \text{se } y \neq y_0 \\ 0 & \text{se } y = y_0. \end{cases}$$

Desde que $\lim\limits_{x \to x_0} \dfrac{f(x, y_0) - f(x_0, y_0)}{x - x_0} = f_1(x_0, y_0)$, **segue que**

$$3 \quad \lim_{\substack{x \to x_0 \\ y \to y_0}} \varepsilon_1(x, y) = 0.$$

Escolhamos e, temporariamente, fixemos um ponto (x, y) com $y \neq y_0$ e definamos uma função ϕ a uma única variável por $\phi(t) = f(x, t)$. Pelo teorema do valor médio (Teorema 2, Seção 1.2, Cap. 3), existe um número c entre y e y_0 tal que $\phi'(c) = \dfrac{\phi(y) - \phi(y_0)}{y - y_0}$, isto é, $f_2(x, c) = \dfrac{f(x, y) - f(x, y_0)}{y - y_0}$.

Observe que o valor de c pode depender de nossa escolha inicial do ponto (x,y); contudo, visto que c está entre y e y_0, c tende a y_0, quando y tende a y_0. Da equação 2 temos

$$4 \quad \varepsilon_2(x, y) = f_2(x, c) - f_2(x_0, y_0) \text{ para } y \neq y_0.$$

Já que f_2 é contínua e $c \to y_0$ quando $y \to y_0$, segue que

$$5 \quad \lim_{\substack{x \to x_0 \\ y \to y_0}} \varepsilon_2(x, y) = 0.$$

Seja $E(x,y)$ o erro resultante da aproximação linear

$$f(x, y) \approx f(x_0, y_0) + f_1(x_0, y_0)(x - x_0) + f_2(x_0, y_0)(y - y_0),$$

ou seja

$$6 \quad E(x, y) = f(x, y) - f(x_0, y_0) - f_1(x_0, y_0)(x - x_0) \\ - f_2(x_0, y_0)(y - y_0).$$

Pelas equações 1 e 2 temos

$$7 \quad E(x, y) = (x - x_0)\varepsilon_1(x, y) + (y - y_0)\varepsilon_2(x, y).$$

$$8 \quad \varepsilon_1(x_0, y_0) = \varepsilon_2(x_0, y_0) = 0.$$

Pelas equações 3, 5, 7, 8 e pela Definição 1, f é diferenciável em (x_0, y_0).

Conjunto de Problemas 5

Nos problemas de 1 a 5, use a aproximação linear para estimar $f(x_0 + \Delta x, y_0 + \Delta y)$ para cada função f e para os valores indicados de x_0, y_0, Δx e Δy.

1 $f(x, y) = x^3 - 5x^2 + 6xy$; $x_0 = 1$, $y_0 = -2$, $\Delta x = 0{,}07$, $\Delta y = 0{,}02$.

2 $f(x, y) = x^3 - 2xy + 3y^3$; $x_0 = 2$, $y_0 = 1$, $\Delta x = 0{,}03$, $\Delta y = -0{,}01$.

3 $f(x, y) = x \ln y - y \ln x$; $x_0 = 1$, $y_0 = 1$, $\Delta x = 0{,}01$, $\Delta y = 0{,}02$.

4 $f(x, y) = x\sqrt{x - y}$; $x_0 = 6$, $y_0 = 2$, $\Delta x = 0{,}25$, $\Delta y = 0{,}25$.

5 $f(x, y) = y \tan^{-1}(xy)$; $x_0 = 2$, $y_0 = \frac{1}{2}$, $\Delta x = -\frac{1}{15}$, $\Delta y = -\frac{1}{10}$.

6 Encontre (a) o valor real de $f(x_0 + \Delta x, y_0 + \Delta y)$ e (b) o erro resultante da aproximação linear nos problemas 1, 3 e 5.

Nos problemas de 7 a 12, verifique se cada função é diferenciável no ponto indicado. Justifique sua resposta.

7 $f(x, y) = xe^{-y}$ em (x, y).

8 $f(x, y) = |xy^2|$ em $(0, 1)$.

9 $f(x, y) = \dfrac{3xy}{x^3 + y^3}$ em $(1, 2)$.

10 $f(x, y) = \begin{cases} 1/(xy) \text{ se } x \neq 0 \text{ e } y \neq 0 \\ 1 \qquad \text{ se } x = 0 \text{ ou } y = 0 \end{cases}$ em $(0, 0)$.

11 $f(x, y) = \dfrac{xy^2}{x + y} \cos e^{x^2 + y^2}$ em $(1, 1)$.

12 $f(x, y, z) = |xyz|$ em $(1, 1, 1)$.

Do problema 13 ao 18, encontre cada diferencial total.

13 df se $f(x, y) = 5x^3 + 4x^2 y - 2y^3$.

14 dz se $z = \sqrt{x^2 + y^2}$.

15 dT se $T = PV/R$, onde R é constante e P e V são variáveis.

16 df se $f(u, v) = \text{sen}^{-1}(u/v)$.

17 df se $f(x, y, z) = xy^2 - 2zx^2 + 3xyz^2$.

18 dw se $w = xe^{yz} + ye^{zx}$.

Nos problemas de 19 a 26 use a diferencial total a fim de obter a aproximação pedida.

19 A potência P consumida por uma resistência elétrica é dada por $P = E^2/R$ watts, onde E é a força eletromotriz em volts e R é a resistência em ohms. Se, em um dado instante, $E = 100$ volts e $R = 5$ ohms, aproximadamente de quanto irá variar a potência se E decrescer de 2 volts e R decrescer de 0,3 ohms.

20 Encontre a área aproximada de um triângulo retângulo tal que o comprimento do cateto maior é de 14,9 centímetros e da hipotenusa é de 17,1 centímetros.

21 O comprimento L e o período T de um pêndulo simples estão relacionados pela equação $T = 2\pi\sqrt{l/g}$. Se l é calculado para $T = 1$ segundo e $g = 32$ pés por segundo ao quadrado, determine o erro de l se T é na verdade 1,02 segundos e g é 32,01 pés por segundo ao quadrado. Encontre também a porcentagem aproximada de erro.

22 A altura e o diâmetro de um cilindro circular reto são 10 e 6 centímetros, respectivamente. Se a medição do diâmetro produz uma figura 4 por cento mais larga, aproximadamente qual a porcentagem de erro na medição da altura que impedirá um erro no volume calculado?

23 As dimensões de uma caixa retangular são 5, 6 e 8 polegadas. Se cada dimensão aumenta em 0,01 polegada, qual é aproximadamente o volume resultante?

24 A aceleração da gravidade determinada pela máquina de Atwood é dada pela fórmula $g = 82\, s/t^2$. Suponha que os valores reais de s e t são $s = 48$ cm e $t = 2$ segundos. Calcule o erro máximo possível no cálculo de g se as medições de s e t estão sujeitas a um erro de no máximo 1 por cento.

25 Duas resistências elétricas r_1 e r_2 estão conectadas em paralelo, ou seja, a resistência equivalente R é dada pela equação $1/R = 1/r_1 + 1/r_2$. Suponha que $r_1 = 30$ ohms e $r_2 = 50$ ohms originalmente, mas r_1 aumenta de 0,03 ohms enquanto r_2 diminui de 0,05 ohms. Calcule a variação resultante de R.

26 Uma fábrica faz dois tipos de brinquedo, x do primeiro tipo e y do segundo, ambos dados em milhares de unidades, que são vendidos por $80 - 2x$ e $60 - 2y$ cruzeiros por brinquedo, respectivamente. O lucro em milhares de cruzeiros é dado por $f(x,y) = 80x - 2x^2 + 60y - 2y^2$. Ambos são vendidos a 20 cruzeiros. Calcule a alteração no lucro se o preço do primeiro brinquedo aumenta em 50 centavos e do segundo em 70 centavos.

27 Suponha que (x_0,y_0) seja um ponto interior ao domínio de f e que existam duas constantes a e b tais que

$$f(x, y) \approx f(x_0, y_0) + a(x - x_0) + b(y - y_0)$$

com um erro $E(x,y) = f(x,y) - f(x_0,y_0) - a(x - x_0) - b(y - y_0)$ que satisfaça às condições da Definição 1. Prove que $a = f_1(x_0,y_0)$ e $b = f_2(x_0,y_0)$ e, em seguida, conclua que f é diferenciável em (x_0,y_0).

28 Suponha que ϕ seja uma função a duas variáveis e que (x_0,y_0) seja um ponto interior ao domínio de ϕ tal que

$$\lim_{(x,\, y)\to(x_0,\, y_0)} \phi(x, y) = \phi(x_0, y_0) = 0.$$

Defina duas funções ε_1 e ε_2 com o mesmo domínio de ϕ dadas por

$$\varepsilon_1(x, y) = \begin{cases} \dfrac{|x - x_0|}{x - x_0} \cdot \dfrac{\sqrt{(x - x_0)^2 + (y - y_0)^2}}{|x - x_0| + |y - y_0|}\, \phi(x, y) & \text{se } x \neq x_0 \\[4mm] 0 & \text{se } x = x_0 \end{cases}$$

e

$$\varepsilon_2(x, y) = \begin{cases} \dfrac{|y - y_0|}{y - y_0} \cdot \dfrac{\sqrt{(x - x_0)^2 + (y - y_0)^2}}{|x - x_0| + |y - y_0|}\, \phi(x, y) & \text{se } y \neq y_0 \\[4mm] 0 & \text{se } y = y_0. \end{cases}$$

Prove:

(a) $\sqrt{(x - x_0)^2 + (y - y_0)^2}\, \phi(x,y) = (x - x_0)\, \varepsilon_1(x,y) + (y - y_0)\, \varepsilon_2(x,y)$ para todos os pontos (x,y) no domínio de ϕ.

(b) $\displaystyle\lim_{(x,y)\to(x_0,y_0)} \varepsilon_1(x, y) = \varepsilon_1(x_0, y_0) = 0.$

(c) $\displaystyle\lim_{(x,y)\to(x_0,y_0)} \varepsilon_2(x, y) = \varepsilon_2(x_0, y_0) = 0.$

29 Seja f definida por

$$f(x, y) = \begin{cases} \dfrac{x^2 y^2}{x^2 + y^2} & \text{se } (x, y) \neq (0,0) \\ \\ 0 & \text{se } (x, y) = (0,0). \end{cases}$$

(a) Encontre $f_1(x,y)$ e $f_2(x,y)$ para $(x,y) \neq (0,0)$.
(b) Encontre $f_1(0,0)$ e $f_2(0,0)$ pelo cálculo direto usando as definições de f_1 e f_2.
(c) Mostre que f é continuamente diferenciável.
(d) Explique por que f é diferenciável em $(0,0)$.

30 Seja (x_0,y_0) um ponto interior do domínio de f e suponha que existam constantes a e b, e uma função ϕ com o mesmo domínio de f tais que

$$f(x, y) = f(x_0, y_0) + a(x - x_0) + b(y - y_0) + \sqrt{(x - x_0)^2 + (y - y_0)^2}\, \phi(x, y)$$

válido para todo (x,y) do domínio de f, onde $\lim\limits_{\substack{x \to x_0 \\ y \to y_0}} \phi(x, y) = \phi(x_0, y_0) = 0$. Use os

resultados dos problemas 27 e 28 para provar que f é diferenciável em (x_0,y_0).

31 Defina ε_1 e ε_2 por

$$\varepsilon_1(x, y) = \begin{cases} \dfrac{x|y|}{|x| + |y|} & \text{se } (x, y) \neq (0,0) \\ \\ 0 & \text{se } (x, y) = (0,0) \end{cases}$$

$$\varepsilon_2(x, y) = \begin{cases} \dfrac{y|x|}{|x| + |y|} & \text{se } (x, y) \neq (0,0) \\ \\ 0 & \text{se } (x, y) = (0,0). \end{cases}$$

(a) Prove que $\lim\limits_{\substack{x \to 0 \\ y \to 0}} \varepsilon_1(x, y) = \varepsilon_1(0,0) = 0$.

(b) Prove que $\lim\limits_{\substack{x \to 0 \\ y \to 0}} \varepsilon_2(x, y) = \varepsilon_2(0,0) = 0$.

(c) Prove que $|xy| = x\varepsilon_1(x, y) + y\varepsilon_2(x, y)$.

(d) Use (a), (b) e (c) para mostrar que a função f definida por $f(x,y) = |xy|$ é diferenciável em $(0,0)$.

32 Suponha que (x_0,y_0) seja um ponto interior ao domínio de f. Prove que f é diferenciável em (x_0,y_0) se e somente se existir uma função ϕ que satisfaça as condições do problema 30.

33 Prove que $f(x,y) = \sqrt{x^2 + y^2}$ não é diferenciável em $(0,0)$.

34 Seja

$$f(x, y) = \begin{cases} \dfrac{xy}{x^2 + y^2} & \text{se } (x, y) \neq (0,0) \\ \\ 0 & \text{se } (x, y) = (0,0). \end{cases}$$

Prove que ambas as derivadas parciais $f_1(0,0)$ e $f_2(0,0)$ existem mas f não é diferenciável em $(0,0)$. [*Sugestão:* Mostre que f não é contínua em $(0,0)$ e use o Teorema 1.]

6 As Regras da Cadeia

Na Seção 3.1 demos uma versão da regra da cadeia para as derivadas parciais como uma extensão imediata da regra da cadeia para funções de uma variável. Nesta seção discutiremos outras versões da regra da cadeia para as derivadas parciais que não serão apenas repetições da antiga regra da cadeia.

A mais simples das regras da cadeia é sugerida pela notação de diferencial total introduzida na Seção 5.3. Suponha que z seja uma função a duas variáveis x e y, de modo que $z = f(x,y)$, enquanto que x e y sejam funções a uma outra variável t, ou seja $x = g(t)$ e $y = h(t)$. Então z torna-se uma função a uma única variável t; isto é $z = f(g(t),h(t))$. Desde que

$$dz = \frac{\partial z}{\partial x} dx + \frac{\partial z}{\partial y} dy,$$

podemos esperar que

$$\frac{dz}{dt} = \frac{\partial z}{\partial x} \frac{dx}{dt} + \frac{\partial z}{\partial y} \frac{dy}{dt}.$$

Esta versão da regra da cadeia está, de fato, correta a partir do momento que f, g e h sejam funções diferenciáveis. Seja pois Δt uma variação pequena em t e sejam Δx, Δy e Δz as variações resultantes nas variáveis x, y e z respectivamente. Visto que f é diferenciável, temos

$$\Delta z = \frac{\partial z}{\partial x} \Delta x + \frac{\partial z}{\partial y} \Delta y + \varepsilon_1 \Delta x + \varepsilon_2 \Delta y,$$

onde $\varepsilon_1 \Delta x + \varepsilon_2 \Delta y$ é o erro resultante da aproximação linear

$$\Delta z \approx \frac{\partial z}{\partial x} \Delta x + \frac{\partial z}{\partial y} \Delta y \quad \text{e}$$

$$\lim_{\substack{\Delta x \to 0 \\ \Delta y \to 0}} \varepsilon_1 = \lim_{\substack{\Delta x \to 0 \\ \Delta y \to 0}} \varepsilon_2 = 0.$$

Dividindo por Δt, temos

$$\frac{\Delta z}{\Delta t} = \frac{\partial z}{\partial x} \frac{\Delta x}{\Delta t} + \frac{\partial z}{\partial y} \frac{\Delta y}{\Delta t} + \varepsilon_1 \frac{\Delta x}{\Delta t} + \varepsilon_2 \frac{\Delta y}{\Delta t}.$$

Tomando o limite em ambos os lados quando $\Delta t \to 0$ e notando que $\Delta x \to 0$ e $\Delta y \to 0$, ou seja, $\varepsilon_1 \to 0$ e $\varepsilon_2 \to 0$ quando $\Delta t \to 0$, obtemos

$$\frac{dz}{dt} = \frac{\partial z}{\partial x} \frac{dx}{dt} + \frac{\partial z}{\partial y} \frac{dy}{dt} + (0) \frac{dx}{dt} + (0) \frac{dy}{dt} = \frac{\partial z}{\partial x} \frac{dx}{dt} + \frac{\partial z}{\partial y} \frac{dy}{dt},$$

como era esperado.

Com um maior formalismo, temos o seguinte teorema.

TEOREMA 1   **Primeira regra da cadeia**

Seja f uma função a duas variáveis e sejam g e h funções a uma única variável. Considere que (x_0,y_0) seja um ponto interior ao domínio de f e que f seja diferenciável em (x_0,y_0). Suponha que $x_0 = g(t_0)$ e que $y_0 = h(t_0)$ e que ambas, g e h, sejam diferenciáveis em t_0. Defina a função $F(t) = f(g(t),h(t))$. Então F é diferenciável em t_0 e

$$F'(t_0) = f_1(x_0, y_0)g'(t_0) + f_2(x_0, y_0)h'(t_0).$$

EXEMPLOS 1   Se $z = \sqrt{x^2 + y^2}$, $x = 2t + 1$, e $y = t^3$, use a primeira regra da cadeia para obter dz/dt.

SOLUÇÃO

$$\frac{dz}{dt} = \frac{\partial z}{\partial x} \frac{dx}{dt} + \frac{\partial z}{\partial y} \frac{dy}{dt} = \frac{x}{\sqrt{x^2 + y^2}} (2) + \frac{y}{\sqrt{x^2 + y^2}} (3t^2)$$

$$= \frac{2x + 3t^2 y}{\sqrt{x^2 + y^2}} = \frac{2(2t + 1) + 3t^2(t^3)}{\sqrt{(2t + 1)^2 + (t^3)^2}} = \frac{3t^5 + 4t + 2}{\sqrt{t^6 + 4t^2 + 4t + 1}}.$$

2 Se $F(t) = f(g(t), h(t))$, onde $f(x,y) = e^{xy}$, $g(t) = \cos t$, e $h(t) = \operatorname{sen} t$, encontre $F'(t)$.

SOLUÇÃO
Pelo Teorema 1

$$F'(t) = f_1(g(t), h(t)) g'(t) + f_2(g(t), h(t)) h'(t).$$

Ainda, $f_1(x,y) = ye^{xy}$, $f_2(x,y) = xe^{xy}$, $g'(t) = -\operatorname{sen} t$, e $h'(t) = \cos t$. Portanto,

$$F'(t) = \operatorname{sen} t \, e^{\cos t \operatorname{sen} t}(-\operatorname{sen} t) + \cos t \, e^{\cos t \operatorname{sen} t}(\cos t)$$
$$= (\cos^2 t - \operatorname{sen}^2 t)e^{\cos t \operatorname{sen} t} = \cos 2t \, e^{\cos t \operatorname{sen} t}.$$

3 A resistência R, em ohms, de um circuito é dada por $R = E/I$, onde I é a corrente em ampères e E é a força eletromotriz em volts. Num certo instante, quando $E = 120$ volts e $I = 15$ ampères, E aumenta numa velocidade de $0,1$ volt por segundo e I diminui à velocidade de $0,05$ ampère por segundo. Encontre a taxa instantânea de variação de R.

SOLUÇÃO
Denotando o tempo, em segundos, pela variável t, temos

$$\frac{dR}{dt} = \frac{\partial R}{\partial E}\frac{dE}{dt} + \frac{\partial R}{\partial I}\frac{dI}{dt},$$

pela primeira regra da cadeia. Ainda,

$$\frac{\partial R}{\partial E} = \frac{\partial}{\partial E}\left(\frac{E}{I}\right) = \frac{1}{I} \quad \text{e} \quad \frac{\partial R}{\partial I} = \frac{\partial}{\partial I}\left(\frac{E}{I}\right) = \frac{-E}{I^2}.$$

Portanto,

$$\frac{dR}{dt} = \frac{1}{I}\frac{dE}{dt} - \frac{E}{I^2}\frac{dI}{dt}.$$

Quando $E = 120$, $I = 15$, $dE/dt = \frac{1}{10}$, e $dI/dt = -\frac{1}{20}$, temos

$$\frac{dR}{dt} = \left(\frac{1}{15}\right)\left(\frac{1}{10}\right) - \left(\frac{120}{225}\right)\left(-\frac{1}{20}\right) = \frac{1}{30} \text{ ohm por segundo.}$$

A primeira regra da cadeia (Teorema 1) pode ser generalizada de uma maneira óbvia, para funções a mais de duas variáveis. De fato, se w é uma função de n variáveis $x_1, x_2, \ldots, x_n$ e cada uma dessas n variáveis é, por sua vez, função de uma variável t, então

$$\frac{dw}{dt} = \frac{\partial w}{\partial x_1}\frac{dx_1}{dt} + \frac{\partial w}{\partial x_2}\frac{dx_2}{dt} + \cdots + \frac{\partial w}{\partial x_n}\frac{dx_n}{dt},$$

ressaltando-se que a função w dada em termos de $x_1, x_2, \ldots, x_n$ seja diferenciável e que as derivadas $\dfrac{dx_1}{dt}, \dfrac{dx_2}{dt}, \ldots, \dfrac{dx_n}{dt}$ existam.

EXEMPLO Seja $w = \ln \dfrac{x^2 y^2}{4z^3}$, $x = e^t$, $y = \sec t$, e $z = \cot t$. Use a primeira regra da cadeia para encontrar $\dfrac{dw}{dt}$.

SOLUÇÃO
Aqui, $w = 2 \ln x + 2 \ln y - 3 \ln z - \ln 4$, ou seja

$$\frac{\partial w}{\partial x} = \frac{2}{x} = \frac{2}{e^t}, \qquad \frac{\partial w}{\partial y} = \frac{2}{y} = \frac{2}{\sec t}, \qquad \frac{\partial w}{\partial z} = -\frac{3}{z} = \frac{-3}{\cot t}.$$

Portanto,

$$\frac{dw}{dt} = \frac{\partial w}{\partial x}\frac{dx}{dt} + \frac{\partial w}{\partial y}\frac{dy}{dt} + \frac{\partial w}{\partial z}\frac{dz}{dt}$$

$$= \frac{2}{e^t}e^t + \frac{2}{\sec t}\sec t \tan t + \frac{-3}{\cot t}(-\csc^2 t) = 2 + 2\tan t + 3\sec t \csc t.$$

Agora considere o caso em que a variável dependente z seja função de duas variáveis x e y, de modo que

$$z = f(x, y),$$

enquanto x e y sejam funções de duas variáveis u e v, ou seja

$$x = g(u, v), \qquad y = h(u, v).$$

Então z torna-se uma função de u e v, a saber

$$z = f(g(u, v), h(u, v)).$$

Suponha que temporariamente se mantenha a variável v constante. A derivada (parcial) de z em relação a u é, pelo Teorema 1,

$$\frac{\partial z}{\partial u} = \frac{\partial z}{\partial x}\frac{\partial x}{\partial u} + \frac{\partial z}{\partial y}\frac{\partial y}{\partial u},$$

observando que f é diferenciável e que as derivadas parciais $\partial x/\partial u$ e $\partial y/\partial u$ existem. Analogamente, se f é diferenciável e as derivadas parciais $\partial x/\partial v$ e $\partial y/\partial v$ existem, então

$$\frac{\partial z}{\partial v} = \frac{\partial z}{\partial x}\frac{\partial x}{\partial v} + \frac{\partial z}{\partial y}\frac{\partial y}{\partial v}.$$

O teorema a seguir expressa os fatos precedentes com maior precisão usando notação subscrita para as derivadas parciais.

TEOREMA 2 **Segunda regra da cadeia**

Sejam f, g e h funções a duas variáveis, seja (x_0, y_0) um ponto interior ao domínio de f e suponha f diferenciável em (x_0, y_0). Seja $x_0 = g(u_0, v_0)$, $y_0 = h(u_0, v_0)$, e suponha que as derivadas parciais $g_1(u_0, v_0)$, $g_2(u_0, v_0)$, $h_1(u_0, v_0)$ e $h_2(u_0, v_0)$ existam. Define-se a função F por

$$F(u, v) = f(g(u, v), h(u, v)).$$

Então F tem derivadas parciais $F_1(u_0, v_0)$ e $F_2(u_0, v_0)$ e

$$F_1(u_0, v_0) = f_1(x_0, y_0)g_1(u_0, v_0) + f_2(x_0, y_0)h_1(u_0, v_0),$$

$$F_2(u_0, v_0) = f_1(x_0, y_0)g_2(u_0, v_0) + f_2(x_0, y_0)h_2(u_0, v_0).$$

Se (u_0, v_0) é um ponto do domínio de g e h e se ambas, g e h, são diferenciáveis em (u_0, v_0), então pode ser mostrado que a função F do Teorema 2 é diferenciável em (u_0, v_0).

EXEMPLOS Use o Teorema 2 para resolver os seguintes problemas.

1 Dado que $z = x^2 - y^2$, $x = u \cos v$, e $y = v \,\text{sen}\, u$, encontre $\partial z/\partial u$ e $\partial z/\partial u$.

Solução

$$\frac{\partial z}{\partial x} = 2x, \qquad \frac{\partial z}{\partial y} = -2y, \qquad \frac{\partial x}{\partial u} = \cos v, \qquad \frac{\partial x}{\partial v} = -u \operatorname{sen} v,$$

$$\frac{\partial y}{\partial u} = v \cos u, \qquad \frac{\partial y}{\partial v} = \operatorname{sen} u.$$

Aplicando a segunda regra da cadeia obtemos

$$\frac{\partial z}{\partial u} = \frac{\partial z}{\partial x}\frac{\partial x}{\partial u} + \frac{\partial z}{\partial y}\frac{\partial y}{\partial u} = 2x \cos v - 2yv \cos u$$

$$= 2(u \cos v) \cos v - 2(v \operatorname{sen} u)v \cos u = 2u \cos^2 v - v^2 \operatorname{sen} 2u,$$

$$\frac{\partial z}{\partial v} = \frac{\partial z}{\partial x}\frac{\partial x}{\partial v} + \frac{\partial z}{\partial y}\frac{\partial y}{\partial v} = 2x(-u \operatorname{sen} v) - 2y \operatorname{sen} u$$

$$= 2(u \cos v)(-u \operatorname{sen} v) - 2(v \operatorname{sen} u) \operatorname{sen} u = -u^2 \operatorname{sen} 2v - 2v \operatorname{sen}^2 u.$$

2 Seja f diferenciável em $(3,1)$ e suponha que $f_1(3,1) = 2$ e $f_2(3,1) = -5$. Se $V = f(2x + 3y, e^x)$, encontre $\partial V/\partial x$ e $\partial V/\partial y$ quando $x = 0$ e $y = 1$.

Solução
Seja $s = 2x + 3y$ e $t = e^x$, ou seja $V = f(s,t)$ e

$$\frac{\partial V}{\partial x} = \frac{\partial V}{\partial s}\frac{\partial s}{\partial x} + \frac{\partial V}{\partial t}\frac{\partial t}{\partial x} = \frac{\partial V}{\partial s}(2) + \frac{\partial V}{\partial t}e^x = 2f_1(s,t) + e^x f_2(s,t).$$

Quando $x = 0$ e $y = 1$, temos $s = 3$, $t = 1$, e

$$\frac{\partial V}{\partial x} = 2f_1(3,1) + e^0 f_2(3,1) = (2)(2) + (1)(-5) = -1.$$

Analogamente,

$$\frac{\partial V}{\partial y} = \frac{\partial V}{\partial s}\frac{\partial s}{\partial y} + \frac{\partial V}{\partial t}\frac{\partial t}{\partial y} = \frac{\partial V}{\partial s}(3) + \frac{\partial V}{\partial t}(0) = 3f_1(s,t).$$

Assim, quando $x = 0$ e $y = 1$, temos $s = 3$, $t = 1$, e

$$\frac{\partial V}{\partial y} = 3f_1(3,1) = (3)(2) = 6.$$

A segunda regra da cadeia apresentada no Teorema 2 admite uma generalização natural para funções a mais de duas variáveis. De fato, se w é uma função a m variáveis $y_1, y_2, \ldots, y_m$ e se cada uma dessas variáveis é por sua vez uma função a n variáveis $x_1, x_2, \ldots, x_n$, então

$$\frac{\partial w}{\partial x_j} = \frac{\partial w}{\partial y_1}\frac{\partial y_1}{\partial x_j} + \frac{\partial w}{\partial y_2}\frac{\partial y_2}{\partial x_j} + \cdots + \frac{\partial w}{\partial y_m}\frac{\partial y_m}{\partial x_j}$$

é válido para cada $j = 1, 2, \ldots, n$, alertando que as derivadas parciais $\dfrac{\partial y_1}{\partial x_j}, \dfrac{\partial y_2}{\partial x_j}, \ldots, \dfrac{\partial y_m}{\partial x_j}$ existam. A equação acima pode ser escrita mais compacta, ou seja, na forma

$$\frac{\partial w}{\partial x_j} = \sum_{k=1}^{m} \frac{\partial w}{\partial y_k} \frac{\partial y_k}{\partial x_j}, \quad \text{para } j = 1, 2, \ldots, n.$$

Por exemplo, se $w = f(x,y,z)$, $x = g(s,t,u)$, $y = h(s,t,u)$, e $z = p(s,t,u)$, e se f é diferenciável, então

$$\frac{\partial w}{\partial s} = \frac{\partial w}{\partial x}\frac{\partial x}{\partial s} + \frac{\partial w}{\partial y}\frac{\partial y}{\partial s} + \frac{\partial w}{\partial z}\frac{\partial z}{\partial s},$$

$$\frac{\partial w}{\partial t} = \frac{\partial w}{\partial x}\frac{\partial x}{\partial t} + \frac{\partial w}{\partial y}\frac{\partial y}{\partial t} + \frac{\partial w}{\partial z}\frac{\partial z}{\partial t},$$

$$\frac{\partial w}{\partial u} = \frac{\partial w}{\partial x}\frac{\partial x}{\partial u} + \frac{\partial w}{\partial y}\frac{\partial y}{\partial u} + \frac{\partial w}{\partial z}\frac{\partial z}{\partial u},$$

desde que, todas as derivadas parciais de x, y e z em relação a s, t e u existam.

EXEMPLOS 1 Sejam $w = xy^2 + yz^2 + zx^2$, $x = r \cos\theta \operatorname{sen}\phi$, $y = r \operatorname{sen}\theta \operatorname{sen}\phi$, e $z = r \cos\phi$. Encontre $\partial w/\partial r$, $\partial w/\partial\theta$, e $\partial w/\partial\phi$.

SOLUÇÃO
Usando a regra da cadeia, temos

$$\frac{\partial w}{\partial r} = \frac{\partial w}{\partial x}\frac{\partial x}{\partial r} + \frac{\partial w}{\partial y}\frac{\partial y}{\partial r} + \frac{\partial w}{\partial z}\frac{\partial z}{\partial r}$$

$$= (y^2 + 2xz)\cos\theta \operatorname{sen}\phi + (2xy + z^2)\operatorname{sen}\theta \operatorname{sen}\phi + (2yz + x^2)\cos\phi,$$

$$\frac{\partial w}{\partial\theta} = \frac{\partial w}{\partial x}\frac{\partial x}{\partial\theta} + \frac{\partial w}{\partial y}\frac{\partial y}{\partial\theta} + \frac{\partial w}{\partial z}\frac{\partial z}{\partial\theta}$$

$$= (y^2 + 2xz)(-r\operatorname{sen}\theta \operatorname{sen}\phi) + (2xy + z^2)(r\cos\theta \operatorname{sen}\phi) + (2yz + x^2)(0)$$

$$= -(y^2 + 2xz)r\operatorname{sen}\theta \operatorname{sen}\phi + (2xy + z^2)r\cos\theta \operatorname{sen}\phi, \quad \text{e}$$

$$\frac{\partial w}{\partial\phi} = \frac{\partial w}{\partial x}\frac{\partial x}{\partial\phi} + \frac{\partial w}{\partial y}\frac{\partial y}{\partial\phi} + \frac{\partial w}{\partial z}\frac{\partial z}{\partial\phi}$$

$$= (y^2 + 2xz)r\cos\theta \cos\phi + (2xy + z^2)r\operatorname{sen}\theta \cos\phi + (2yz + x^2)(-r\operatorname{sen}\phi).$$

2 Suponha que f seja uma função diferenciável em $(0,0,0)$ e que $f_1(0,0,0) = 3$, $f_2(0,0,0) = 7$ e $f_3(0,0,0) = -2$. Se a função g está definida pela equação $g(x,y) = f(x^2 - y^2, 4x - 4y, 5x - 5)$, encontre $g_1(1,1)$ e $g_2(1,1)$.

SOLUÇÃO
Seja $u = x^2 - y^2$, $v = 4x - 4y$, e $w = 5x - 5$, e faça $z = f(u,v,w)$. Então $z = f(x^2 - y^2, 4x - 4y, 5x - 5) = g(x,y)$, assim

$$g_1(x, y) = \frac{\partial z}{\partial x} = \frac{\partial z}{\partial u}\frac{\partial u}{\partial x} + \frac{\partial z}{\partial v}\frac{\partial v}{\partial x} + \frac{\partial z}{\partial w}\frac{\partial w}{\partial x}$$

$$= f_1(u, v, w)(2x) + f_2(u, v, w)(4) + f_3(u, v, w)(5).$$

Quando $x = 1$ e $y = 1$, temos $u = 0$, $v = 0$, $w = 0$ e

$$g_1(1, 1) = 2f_1(0,0,0) + 4f_2(0,0,0) + 5f_3(0,0,0)$$

$$= 2(3) + 4(7) + 5(-2) = 24.$$

Do mesmo modo,

$$g_2(x,y) = \frac{\partial z}{\partial y} = \frac{\partial z}{\partial u}\frac{\partial u}{\partial y} + \frac{\partial z}{\partial v}\frac{\partial v}{\partial y} + \frac{\partial z}{\partial w}\frac{\partial w}{\partial y}$$

$$= f_1(u,v,w)(-2y) + f_2(u,v,w)(-4) + f_3(u,v,w)(0)$$

$$= -2yf_1(u,v,w) - 4f_2(u,v,w),$$

e assim

$$g_2(1,1) = -2f_1(0,0,0) - 4f_2(0,0,0) = -2(3) - 4(7) = -34.$$

6.1 Diferenciação implícita

O procedimento da diferenciação implícita, inicialmente discutida na Seção 8 do Cap. 3, pode ser formulado com maior rigor e pode ser generalizado pelo uso das derivadas parciais.

Por exemplo, dada uma equação na qual figurem as variáveis x e y, podemos transpor os termos para a esquerda do sinal de igualdade e a equação toma a forma

$$f(x,y) = 0,$$

onde f é uma função a duas variáveis. Esta equação define y *implicitamente* como uma função g de x se

$$f(x,g(x)) = 0$$

é válida para todo valor de x no domínio de g. Considerando que f e g sejam diferenciáveis, então pelo Teorema 1 podemos diferenciar ambos os lados da equação $f(x,g(x)) = 0$ em relação a x e obter

$$f_1(x,g(x))\frac{dx}{dx} + f_2(x,g(x))\frac{d}{dx}g(x) = 0$$

ou

$$f_1(x,y) + f_2(x,y)\frac{dy}{dx} = 0,$$

onde $y = g(x)$. Se $f_2(x,y) \neq 0$, podemos resolver a última equação em dy/dx, obtendo portanto

$$\frac{dy}{dx} = -\frac{f_1(x,y)}{f_2(x,y)}.$$

EXEMPLO Suponha que y seja uma função implícita de x dada pela equação $x^3y^2 + 3xy^2 + 5x^4 = 2y + 7$. Encontre o valor de dy/dx quando $x = 1$ e $y = 1$.

SOLUÇÃO
Transpondo os termos da esquerda e colocando a equação na forma $f(x,y) = 0$, onde $f(x,y) = x^3y^2 + 3xy^2 + 5x^4 - 2y - 7$. Aqui,

$$f_1(x,y) = 3x^2y^2 + 3y^2 + 20x^3 \quad \text{e} \quad f_2(x,y) = 2x^3y + 6xy - 2;$$

daí,

$$\frac{dy}{dx} = -\frac{f_1(x,y)}{f_2(x,y)} = -\frac{3x^2y^2 + 3y^2 + 20x^3}{2x^3y + 6xy - 2}.$$

Portanto, quando $x = 1$ e $y = 1$,

$$\frac{dy}{dx} = -\frac{3 + 3 + 20}{2 + 6 - 2} = -\frac{13}{3}.$$

Em geral, dada uma equação na forma

$$f(x, y, z) = 0$$

onde figurem três variáveis, ela pode ser resolvida para uma das variáveis, digamos y, em termos das outras duas variáveis x e y. Esta solução tem a forma

$$y = g(x, z),$$

então

$$f(x, g(x, z), z) = 0$$

válida para todos os pontos (x,z) do domínio da função g. Além disso, dizemos que a equação $f(x,y,z) = 0$ define y *implicitamente* como uma função g de x e z. Assumindo que as funções f e g sejam diferenciáveis, podemos tomar as derivadas parciais em relação a x e também em relação a z em ambos os lados da equação $f(x,y,z) = 0$ para obter

$$f_1(x, y, z)\frac{\partial x}{\partial x} + f_2(x, y, z)\frac{\partial y}{\partial x} + f_3(x, y, z)\frac{\partial z}{\partial x} = 0 \quad e$$

$$f_1(x, y, z)\frac{\partial x}{\partial z} + f_2(x, y, z)\frac{\partial y}{\partial z} + f_3(x, y, z)\frac{\partial z}{\partial z} = 0.$$

Visto que x e z são variáveis independentes, temos $\partial z/\partial x = 0$, $\partial x/\partial z = 0$, $\partial x/\partial x = 1$ e $\partial z/\partial z = 1$. Portanto, podemos representar a equação precedente sob a forma

$$f_2(x, y, z)\frac{\partial y}{\partial x} = -f_1(x, y, z) \quad e \quad f_2(x, y, z)\frac{\partial y}{\partial z} = -f_3(x, y, z).$$

Daí, se $f_2(x,y,z) \neq 0$, podemos resolver $\partial y/\partial x$ e $\partial y/\partial z$, obtendo

$$\frac{\partial y}{\partial x} = -\frac{f_1(x, y, z)}{f_2(x, y, z)} \quad e \quad \frac{\partial y}{\partial z} = -\frac{f_3(x, y, z)}{f_2(x, y, z)}.$$

EXEMPLOS Suponha que y seja uma função de x e z dada implicitamente pela equação $7x^3y - 4xyz^3 + x^2y^3z^2 - z - 14 = 0$. Encontre $\partial y/\partial x$ e $\partial y/\partial z$ quando $x = 1$, $z = 0$ e $y = 2$.

SOLUÇÃO
A equação tem a forma $f(x,y,z) = 0$, onde

$$f(x, y, z) = 7x^3y - 4xyz^3 + x^2y^3z^2 - z - 14.$$

Ainda

$$f_1(x, y, z) = 21x^2y - 4yz^3 + 2xy^3z^2,$$
$$f_2(x, y, z) = 7x^3 - 4xz^3 + 3x^2y^2z^2,$$
$$f_3(x, y, z) = -12xyz^2 + 2x^2y^3z - 1.$$

Assim,

$$\frac{\partial y}{\partial x} = -\frac{21x^2y - 4yz^3 + 2xy^3z^2}{7x^3 - 4xz^3 + 3x^2y^2z^2} \quad e \quad \frac{\partial y}{\partial z} = -\frac{-12xyz^2 + 2x^2y^3z - 1}{7x^3 - 4xz^3 + 3x^2y^2z^2}.$$

Fazendo $x = 1$, $z = 0$, e $y = 2$, obtemos

$$\frac{\partial y}{\partial x} = -\frac{42}{7} = -6 \quad \text{e} \quad \frac{\partial y}{\partial z} = -\frac{-1}{7} = \frac{1}{7}.$$

As considerações acima podem ser generalizadas de uma maneira óbvia para equações com mais de três variáveis (problema 36). Podem mesmo ser generalizadas para sistemas simultâneos de tais equações (problema 42).

Conjunto de Problemas 6

Nos problemas de 1 a 10 use a versão da regra da cadeia dada pelo Teorema 1 (ou generalizações da mesma) para encontrar cada derivada.

1 $\dfrac{dz}{dt}$, onde $z = x^3 y^2 - 3xy + y^2$, $x = 2t$, e $y = 6t^2$.

2 $\dfrac{dw}{dt}$, onde $w = e^{x^2 y}$, $x = \operatorname{sen} t$, e $y = \cos t$.

3 $\dfrac{dw}{dx}$, onde $w = u \operatorname{sen} v + \cos (u - v)$, $u = x^2$, e $v = x^3$.

4 $\dfrac{dw}{d\theta}$, onde $w = \sqrt{u^2 - v^2}$, $u = \operatorname{sen} \theta$, e $v = \cos \theta$.

5 $F'(t)$, onde $F(t) = f(g(t), h(t))$, $f(x, y) = \operatorname{sen}(x + y) + \operatorname{sen}(x - y)$, $g(t) = 3t$, e $h(t) = t^3$.

6 $G'(t)$, onde $G(t) = g(f(t), h(t))$, $g(u, v) = \ln(u^3 + v^3)$, $f(t) = e^{3t}$, e $h(t) = e^{-7t}$.

7 $F'(t)$, onde $F(t) = f(g(t), h(t))$, $f(u, v) = \frac{1}{2}(e^{u/v} - e^{-u/v})$, $g(t) = \operatorname{senh} t$, e $h(t) = t$.

8 $H'(u)$, onde $H(u) = q(f(u), g(u), h(u))$, $q(x, y, z) = x^2 y + xz^2 - yz^2 + xyz$, $f(u) = e^u$, $g(u) = e^{-u}$, e $h(u) = \cosh u$.

9 $\dfrac{dw}{dt}$, onde $w = \ln \dfrac{x^3 y^2}{5z}$, $x = 7t$, $y = \sec t$, e $z = \cot t$.

10 $F'(t)$, onde $F(t) = f(g(t), h(t), p(t))$, $f(x, y, z) = \tan^{-1}(xyz)$, $g(t) = t^2$, $h(t) = t^3$, e $p(t) = t^4$.

Do problema 11 ao 24 use a versão da regra da cadeia dada pelo Teorema 2 (ou generalizações da mesma) para cada derivada parcial.

11 $\dfrac{\partial z}{\partial u}$ e $\dfrac{\partial z}{\partial v}$, onde $z = 3x^2 - 4y^2$, $x = uv$, e $y = \cos u + \operatorname{sen} v$.

12 $\dfrac{\partial w}{\partial r}$ e $\dfrac{\partial w}{\partial s}$, onde $w = 4x^2 + 5xy - 2y^3$, $x = 3r + 5s$, e $y = 7r^2 s$.

13 $\dfrac{\partial z}{\partial u}$ e $\dfrac{\partial z}{\partial v}$, onde $z = 4x^3 - 3x^2 y^2$, $x = u \cos v$, e $y = v \operatorname{sen} u$.

14 $\dfrac{\partial w}{\partial x}$ e $\dfrac{\partial w}{\partial y}$, onde $w = u^2 - uv + 5v^2$, $u = x \cos 2y$, e $v = x \operatorname{sen} 2y$.

15 $\dfrac{\partial w}{\partial x}$ e $\dfrac{\partial w}{\partial y}$, onde $w = \ln(u^2 + v^2)$, $u = x^2 + y^2$, e $v = 2x^2 + 3xy$.

16 $\dfrac{\partial z}{\partial x}$ e $\dfrac{\partial z}{\partial y}$,   onde $z = e^{s/t}$, $s = xy^2$,   e $t = 5x + 2y^3$.

17 $\dfrac{\partial u}{\partial r}$ e $\dfrac{\partial u}{\partial s}$,   onde $u = \cosh(3x + 7y)$, $x = r^2 e^{-s}$,   e $y = re^{3s}$.

18 $F_1(r,s)$ e $F_2(r,s)$,   onde $F(r,s) = f(g(r,s), h(r,s))$, $f(x,y) = \tan^{-1}(y/x)$, $g(r,s) = 2r + s$,   e   d $h(r,s) = r^2 s$.

19 $F_1(u,v)$ e $F_2(u,v)$,   onde $F(u,v) = f(g(u,v), h(u,v))$, $f(x,y) = e^{xy^2}$, $g(u,v) = u^2 v$,   e $h(u,v) = uv^2$.

20 $\dfrac{\partial w}{\partial r}$ e $\dfrac{\partial w}{\partial s}$,   onde $w = 6xyz^2$, $x = rs$, $y = 2r + s$,   e $z = 3r^2 - s$.

21 $\dfrac{\partial w}{\partial u}$ e $\dfrac{\partial w}{\partial v}$,   onde $w = 2x^2 + 3y^2 + z^2$, $x = u\cos v$, $y = u\,\mathrm{sen}\,v$,   e $z = uv$.

22 $F_1(r,s)$ e $F_2(r,s)$,   onde $F(r,s) = q(f(r,s), g(r,s), h(r,s))$, $q(x,y,z) = xy^2 + yz^2$, $f(r,s) = r\cosh s$, $g(r,s) = r\,\mathrm{senh}\,s$,   e $h(r,s) = re^s$.

23 $\dfrac{\partial w}{\partial \rho}$, $\dfrac{\partial w}{\partial \theta}$,   e $\dfrac{\partial w}{\partial \phi}$,   onde $w = x^2 + y^2 - z^2$, $x = \rho\,\mathrm{sen}\,\phi\cos\theta$, $y = \rho\,\mathrm{sen}\,\phi\,\mathrm{sen}\,\theta$,   e $z = \rho\cos\phi$.

24 $\dfrac{\partial w}{\partial r}$ e $\dfrac{\partial w}{\partial s}$,   onde $w = \displaystyle\int_x^y e^{t^2}\,dt$, $x = rs^4$,   e $y = r^4 s$.

25   Dada uma função f a três variáveis diferenciável tal que $f_1(0,0,0) = 4$, $f_2(0,0,0) = 3$, e $f_3(0,0,0) = 5$, seja $g(r,s) = f(r - s, r^2 - 1{,}3s - 3)$, encontre $g_1(1,1)$ e $g_2(1,1)$.

26   Sejam g e h funções diferenciáveis a duas variáveis e define-se ainda $f(r,s) = [g(r,s)]^{h(r,s)}$. Assuma que $g(1,2) = 2$, $h(1,2) = -2$, $g_1(1,2) = -1$, $g_2(1,2) = 3$, $h_1(1,2) = 5$ e $h_2(1,2) = 0$. Encontre

    (a) $f(1,2)$ (b) $f_1(1,2)$ (c) $f_2(1,2)$

    Nos problemas de 27 a 30, considere que y seja dada implicitamente como uma função diferenciável g de x pela equação dada $f(x,y) = 0$.

(a)   Use o resultado $\dfrac{dy}{dx} = -\dfrac{f_1(x,y)}{f_2(x,y)}$ para encontrar dy/dx.

(b)   Determine o coeficiente angular da reta tangente ao gráfico de $y = g(x)$ no ponto (x,y) dado.

27 $6x^2 - 12xy + 4y^2 + 2 = 0$; $(1,1)$.   **28** $(x^2 - y^2)^2 - x^2 y^2 - 55 = 0$; $(3,1)$.

29 $\mathrm{sen}(x - y) + \cos(x + y) = 0$; $(\pi/4, \pi/4)$.   **30** $\tan^{-1}(y/x) + 3e^{2x - 2y} - 3 = \pi/4$; $(1,1)$.

    Nos problemas 31 e 32, considere que y seja dada implicitamente como uma função diferenciável das demais variáveis das equações. Encontre o valor das derivadas parciais indicadas quando as variáveis têm os valores dados.

31   Se $xy^2 z - 3x^2 yz + \dfrac{2xz}{y} - z^2 = 0$, ache $\dfrac{\partial y}{\partial x}$ e $\dfrac{\partial y}{\partial z}$ quando $x = 1$, $z = -1$,   e $y = 2$.

32   Se $\dfrac{\mathrm{sen}(y - x)}{z^2} = \dfrac{\cos(x + y)}{w^2 - 3}$, ache $\dfrac{\partial y}{\partial x}$, $\dfrac{\partial y}{\partial z}$,   e $\dfrac{\partial y}{\partial w}$ quando $x = \dfrac{\pi}{4}$, $y = \dfrac{\pi}{4}$, $z = 1$,   e $w = -2$.

33 Se f é uma função diferenciável a duas variáveis e $w = f(ay - x, x - ay)$, onde a é uma constante, prove que

$$a \frac{\partial w}{\partial x} + \frac{\partial w}{\partial y} = 0.$$

34 Se f é uma função diferenciável a duas variáveis e a e b são constantes, mostre que $w = f(x + az, y + bz)$ é uma solução da equação diferencial parcial.

$$\frac{\partial w}{\partial z} = a \frac{\partial w}{\partial x} + b \frac{\partial w}{\partial y}.$$

35 Seja $w = f(x, y)$, onde f é uma função diferenciável. Se $x = r \cos \theta$ e $y = r \,\text{sen}\, \theta$, mostre que

$$\left(\frac{\partial w}{\partial x}\right)^2 + \left(\frac{\partial w}{\partial y}\right)^2 = \left(\frac{\partial w}{\partial r}\right)^2 + \frac{1}{r^2}\left(\frac{\partial w}{\partial \theta}\right)^2.$$

36 Suponha que f seja uma função a n variáveis e que seja possível resolver a equação $f(x_1, x_2, \ldots, x_k, \ldots, x_n) = 0$ para a k-ésima variável como uma função diferenciável das demais variáveis. Prove que $\dfrac{\partial x_k}{\partial x_i} = -\dfrac{f_i(x_1, x_2, \ldots, x_k, \ldots, x_n)}{f_k(x_1, x_2, \ldots, x_k, \ldots, x_n)}$, para $1 \le i \le n$, $i \ne k$ e $f_k(x_1, x_2, \ldots, x_k, \ldots, x_n) \ne 0$.

37 Seja f uma função diferenciável a três variáveis e seja $w = f(x - y, y - z, z - x)$.

Mostre que w satisfaz a equação diferencial parcial $\dfrac{\partial w}{\partial x} + \dfrac{\partial w}{\partial y} + \dfrac{\partial w}{\partial z} = 0$.

38 O volume V de um cone circular reto é dado por $V = (\pi r^2/3)\sqrt{s^2 - r^2}$, onde r é o raio da base e s o comprimento da geratriz. Num dado instante quando $r = 4$ centímetros e $s = 10$ centímetros, r diminui com a velocidade de 2 centímetros por minuto e s aumenta em 3 centímetros por minuto. Encontre a taxa de variação de V neste instante.

39 Em um certo instante, os catetos de um triângulo retângulo medem 2 e 4 metros e aumentam numa velocidade de 1 a 2 metros por minuto, respectivamente. (a) Com que velocidade varia a área do triângulo? (b) Com que velocidade varia o perímetro?

40 Um motociclista parte de um ponto A em direção a B a 25 quilômetros por hora. O motociclista percorre em linha reta os 56 quilômetros que separam os dois pontos. No mesmo instante um segundo motociclista parte de B seguindo uma direção que forma $60°$ com $\overline{AB}$ e com velocidade de 30 quilômetros por hora. Qual a taxa de variação da distância entre os dois motociclistas no fim de uma hora?

41 A equação de um gás perfeito é $PV = kT$, onde T é a temperatura, P é a pressão, V é o volume e k uma constante. (A temperatura é dada em graus Kelvin, onde $0°K$ é equivalente a $-273°C$). Num certo instante, uma amostra do gás está sob uma pressão de 2×10^6 kg/cm², seu volume é de 5000 cm³ e sua temperatura de $300°K$. Se a pressão é aumentada em $1,5 \times 10^5$ kg/cm² por minuto e o volume é diminuído em 750 cm³ por minuto, encontre a velocidade de variação da temperatura.

42 Suponha g e f funções diferenciáveis a três variáveis e que as equações simultâneas
$$\begin{cases} f(x, y, z) = 0 \\ g(x, y, z) = 0 \end{cases}$$
possam ser resolvidas para x e y em termos de z. Considerando que x e y sejam funções diferenciáveis de z e que o determinante $\begin{vmatrix} f_1 & f_2 \\ g_1 & g_2 \end{vmatrix}$ não é nulo, mostre que

$$\frac{dx}{dz} = -\frac{\begin{vmatrix} f_3 & f_2 \\ g_3 & g_2 \end{vmatrix}}{\begin{vmatrix} f_1 & f_2 \\ g_1 & g_2 \end{vmatrix}} \quad e \quad \frac{dy}{dz} = -\frac{\begin{vmatrix} f_1 & f_3 \\ g_1 & g_3 \end{vmatrix}}{\begin{vmatrix} f_1 & f_2 \\ g_1 & g_2 \end{vmatrix}}.$$

7 Derivadas Direcionais, Gradientes, Retas Normais e Planos Tangentes

Nesta seção estudaremos a *derivada direcional* e o conceito de *gradiente* de um campo escalar. Nesta seção também está incluída uma discussão sobre *reta normal* e *plano tangente* a uma superfície no espaço.

7.1 Derivada direcional e gradiente no plano

Considere um campo escalar no plano xy descrito por uma função diferenciável a duas variáveis. Desse modo, se $z = f(x,y)$, então z é o valor do campo escalar no ponto $P = (x,y)$. Seja L uma reta no plano xy. Quando P se move ao longo de L, z pode variar e faz sentido perguntar pela taxa de variação dz/ds de z em relação à distância s medida ao longo de L (Fig. 1).

A fim de encontrar dz/ds, introduziremos um vetor unitário $\bar{u} = a\bar{i} + b\bar{j}$ paralelo a L e na direção do movimento de P ao longo de L (Fig. 2). Se $P = (x,y)$ está a s unidades de um ponto fixado $P_0 = (x_0,y_0)$ em L, então $\overline{P_0P} = s\bar{u}$; isto é,

$$(x - x_0)\bar{i} + (y - y_0)\bar{j} = as\bar{i} + bs\bar{j}.$$

Igualando os componentes temos $x - x_0 = as$ e $y - y_0 = bs$; isto é, $x = x_0 + as$ e $y = y_0 + bs$. Portanto,

$$\frac{dx}{ds} = a \qquad e \qquad \frac{dy}{ds} = b,$$

e segue-se da regra da cadeia

$$\frac{dz}{ds} = \frac{\partial z}{\partial x}\frac{dx}{ds} + \frac{\partial z}{\partial y}\frac{dy}{ds} = \frac{\partial z}{\partial x}a + \frac{\partial z}{\partial y}b.$$

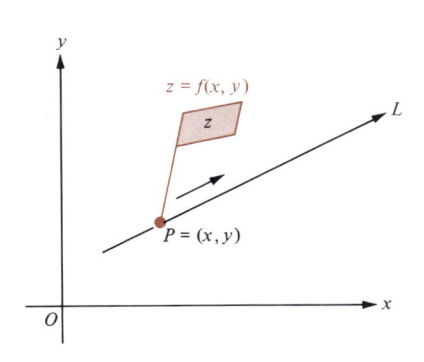

Fig. 1

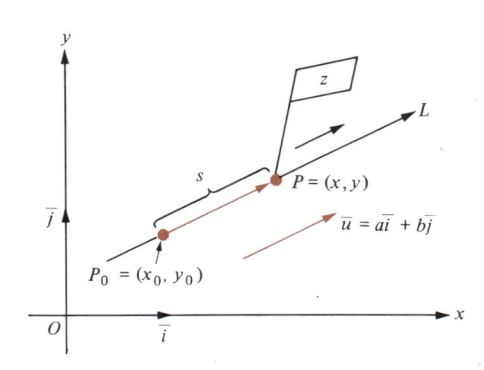

Fig. 2

A derivada dz/ds, que é a taxa de variação do campo escalar z em relação à distância medida na direção do vetor unitário $\bar{u}$, é denominada *derivada direcional* de z (ou *derivada direcional* da função f) *na direção de $\bar{u}$* e é escrita como $D_{\bar{u}}z$ (ou $D_{\bar{u}}f$). Assim, temos

$$D_{\bar{u}}z = \frac{\partial z}{\partial x}a + \frac{\partial z}{\partial y}b \quad ou \quad D_{\bar{u}}f(x, y) = f_1(x, \bar{y})a + f_2(x, y)b,$$

onde

$$\bar{u} = a\hat{i} + b\hat{j}.$$

Em particular, se $\bar{u}$ é o vetor unitário que faz um ângulo θ com o eixo positivo de x, então $\bar{u} = (\cos \theta)\bar{i} + (\operatorname{sen} \theta)\bar{j}$ e

$$D_{\bar{u}}z = \frac{\partial z}{\partial x}\cos \theta + \frac{\partial z}{\partial y}\operatorname{sen} \theta \quad \text{ou} \quad D_{\bar{u}}f(x, y) = f_1(x, y)\cos \theta + f_2(x, y)\operatorname{sen} \theta.$$

EXEMPLO Um campo temperatura no plano xy é dado por

$$z = 60 + \left(\frac{x}{20}\right)^2 + \left(\frac{y}{25}\right)^2,$$

onde z é a temperatura em graus F no ponto (x,y) e onde as distâncias são medidas em quilômetros. Com que velocidade varia a temperatura em graus F por quilômetro quando nos movemos da esquerda para direita pelo ponto $(60,75)$ ao longo da reta L que faz um ângulo de $30°$ com o eixo positivo dos x?

SOLUÇÃO
Um vetor unitário $\bar{u}$ paralelo a L e na direção do movimento ao longo de L é dado por $\bar{u} = (\cos 30°)\bar{i} + (\operatorname{sen} 30°)\bar{j} = (\sqrt{3}/2)\bar{i} + (1/2)\bar{j}$. Daí,

$$D_{\bar{u}}z = \frac{\partial z}{\partial x}\left(\frac{\sqrt{3}}{2}\right) + \frac{\partial z}{\partial y}\left(\frac{1}{2}\right) = \left[2\left(\frac{x}{20}\right)\right]\left(\frac{\sqrt{3}}{2}\right) + \left[2\left(\frac{y}{25}\right)\right]\left(\frac{1}{2}\right) = \frac{\sqrt{3}\,x}{20} + \frac{y}{25}.$$

Fazendo $x = 60$ e $y = 75$, encontramos que a taxa de variação de z quando nos movemos através do ponto $(60,75)$ na direção de $\bar{u}$ é

$$\frac{\sqrt{3}(60)}{20} + \frac{75}{25} = 3\sqrt{3} + 3 \approx 8{,}2 \text{ graus } F \text{ por quilômetro.}$$

O vetor $\bar{i}$ faz um ângulo $\theta = 0$ com o eixo positivo dos x; daí,

$$D_{\bar{i}}z = \frac{\partial z}{\partial x}\cos 0 + \frac{\partial z}{\partial y}\operatorname{sen} 0 = \frac{\partial z}{\partial x}.$$

Analogamente, o vetor $\bar{j}$ faz um ângulo $\theta = \pi/2$, daí,

$$D_{\bar{j}}z = \frac{\partial z}{\partial x}\cos \frac{\pi}{2} + \frac{\partial z}{\partial y}\operatorname{sen} \frac{\pi}{2} = \frac{\partial z}{\partial y}.$$

Portanto, as derivadas direcionais de z nas direções dos eixos positivos de x e y são as derivadas parciais de z com respeito a x e y, respectivamente.
A derivada direcional $D_{\bar{u}}z$ pode ser expressa na forma de produto escalar.

$$D_{\bar{u}}z = \frac{\partial z}{\partial x}a + \frac{\partial z}{\partial y}b = a\frac{\partial z}{\partial x} + b\frac{\partial z}{\partial y} = (a\hat{i} + b\hat{j}) \cdot \left(\frac{\partial z}{\partial x}\hat{i} + \frac{\partial z}{\partial y}\hat{j}\right) = \bar{u} \cdot \left(\frac{\partial z}{\partial x}\bar{i} + \frac{\partial z}{\partial y}\hat{j}\right).$$

O vetor $\dfrac{\partial z}{\partial x}\hat{i} + \dfrac{\partial z}{\partial y}\hat{j}$ cujos componentes escalares são as derivadas parciais de z com respeito a x e a y é denominado *gradiente* do campo escalar z (ou da função f) e é escrito como ∇z (ou como ∇f). O símbolo ∇, um delta grego invertido, é chamado de "nabla". Assim temos

$$\nabla z = \frac{\partial z}{\partial x}\,i + \frac{\partial z}{\partial y}\,j \quad \text{ou} \quad \nabla f(x, y) = f_1(x, y)i + f_2(x, y)j,$$

e podemos escrever a derivada direcional como

$$D_{\bar{u}}z = \bar{u} \cdot \nabla z \quad \text{ou} \quad D_{\bar{u}}f(x, y) = \bar{u} \cdot \nabla f(x, y).$$

Em palavras, a derivada direcional de um campo escalar numa dada direção é o produto escalar desta direção pelo gradiente do campo escalar.

EXEMPLOS 1 Se $z = 4x^2 - 5xy^2$, encontre (a) ∇z, (b) o valor de ∇z no ponto $(2,-3)$, e (c) a derivada direcional $D_{\bar{u}}z$ no ponto $(2,-3)$ e na direção do vetor unitário $\bar{u} = (\cos \pi/3)i + (\operatorname{sen} \pi/3)j$.

SOLUÇÃO

(a) $\nabla z = \dfrac{\partial z}{\partial x}\,i + \dfrac{\partial z}{\partial y}\,j = (8x - 5y^2)i + (-10xy)j.$

(b) No ponto $(2,-3)$,

$$\nabla z = [8(2) - 5(-3)^2]i + [-10(2)(-3)]j = -29i + 60j.$$

(c) No ponto $(2,-3)$,

$$D_{\bar{u}}z = \bar{u} \cdot \nabla z = \left[\left(\cos\frac{\pi}{3}\right)i + \left(\operatorname{sen}\frac{\pi}{3}\right)j\right] \cdot (-29i + 60j)$$

$$= -29\cos\frac{\pi}{3} + 60\operatorname{sen}\frac{\pi}{3} = (-29)\left(\frac{1}{2}\right) + (60)\left(\frac{\sqrt{3}}{2}\right) = \frac{60\sqrt{3} - 29}{2}.$$

2 Se $f(x,y) = 4x^2 + xy + 9y^2$, encontre (a) $\nabla f(1,2)$ e (b) $D_{\bar{u}}f(1,2)$, onde $\bar{u}$ é o vetor unitário na direção de $\bar{v} = 4i - 3j$.

SOLUÇÃO
Obtemos $\bar{u}$ normalizando $\bar{v}$, assim,

$$\bar{u} = \frac{\bar{v}}{|\bar{v}|} = \frac{4i - 3j}{\sqrt{4^2 + (-3)^2}} = \frac{4i - 3j}{\sqrt{25}} = \frac{4}{5}\,i - \frac{3}{5}\,j.$$

(a) Aqui, $f_1(x, y) = 8x + y$ e $f_2(x, y) = x + 18y$, ou seja

$$\nabla f(1, 2) = f_1(1, 2)i + f_2(1, 2)j = 10i + 37j.$$

(b) $D_{\bar{u}}f(1, 2) = \bar{u} \cdot \nabla f(1, 2) = \left(\frac{4}{5}\,i - \frac{3}{5}\,j\right) \cdot (10i + 37j) =$

$$= \frac{40}{5} - \frac{111}{5} = -\frac{71}{5}.$$

Observe que se fixarmos um ponto (x_0, y_0) no plano xy então a derivada direcional

$$D_{\bar{u}}f(x_0, y_0) = \bar{u} \cdot \nabla f(x_0, y_0)$$

depende apenas da escolha do vetor unitário $\bar{u}$, visto que o vetor gradiente $\nabla f(x_0, y_0)$ está fixado. Se α é o ângulo entre $\bar{u}$ e $\nabla f(x_0, y_0)$ (Fig. 3), então pela definição de produto escalar,

$$\bar{u} \cdot \nabla f(x_0, y_0) = |\bar{u}|\,|\nabla f(x_0, y_0)|\cos \alpha.$$

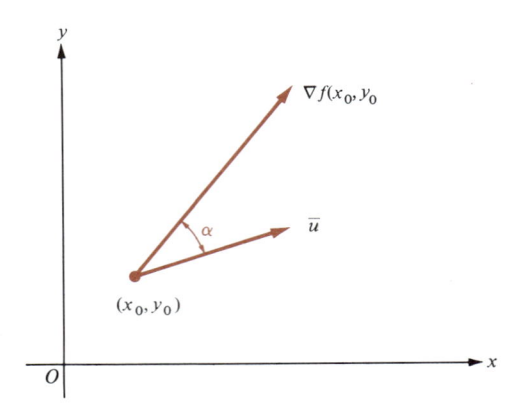

Fig. 3

Já que $|\bar{u}| = 1$, segue que

$$D_{\bar{u}}f(x_0, y_0) = |\nabla f(x_0, y_0)| \cos \alpha.$$

Quando variamos o ângulo α na última fórmula, obtemos o valor da derivada direcional, em várias direções, no ponto (x_0,y_0). Tomando $\alpha = \pi/2$, temos cos $\alpha = 0$, ou seja $D_{\bar{u}}f(x_0,y_0) = 0$. Portanto, temos o seguinte fato:

   1 A derivada direcional é nula quando tomamos a direção perpendicular ao gradiente.

Desde que cos α assume seu valor máximo, a saber 1, quando $\alpha = 0$, também obtemos o seguinte fato:

   2 A derivada direcional assume seu valor máximo quando tomamos a direção do gradiente e esse máximo valor é $|\nabla f(x_0,y_0)|$.

Em outras palavras, o gradiente de um campo escalar, calculado num ponto P, é um vetor cuja direção indica a direção na qual o campo escalar aumenta mais rapidamente, enquanto o módulo do vetor gradiente é numericamente igual à taxa instantânea de aumento do campo por unidade de distância nesta direção quando no ponto P.

Por exemplo, se estamos num dado ponto de um campo de temperatura e desejamos seguir para onde a temperatura aumenta mais rapidamente, basta tomar a direção do gradiente neste ponto. Por outro lado, se nos movimentarmos perpendicularmente ao vetor gradiente, a taxa instantânea de variação é nula e estaremos seguindo sobre a isoterma que passa por esse ponto. Movendo-se na direção oposta ao gradiente (isto é, na direção do gradiente negativo) a temperatura diminuirá mais rapidamente.

EXEMPLOS 1 Encontre (a) o valor máximo da derivada direcional e (b) o vetor unitário $\bar{u}$ da direção para a qual esse valor máximo é obtido para $f(x,y) = 2x^2y + xe^{y2}$ no ponto $(1,0)$.

SOLUÇÃO
Nesse caso,

$$\nabla f(x, y) = f_1(x, y)\bar{i} + f_2(x, y)\bar{j} = (4xy + e^{y^2})\bar{i} + (2x^2 + 2xye^{y^2})\bar{j},$$

ou seja

$$\nabla f(1, 0) = \bar{i} + 2\bar{j}.$$

Portanto:
(a) A derivada direcional máxima em $(1,0)$ é

$$|\nabla f(1, 0)| = |\bar{i} + 2\bar{j}| = \sqrt{1^2 + 2^2} = \sqrt{5}.$$

(b) A derivada direcional máxima em $(1,0)$ é obtida na direção de $\nabla f(1,0) = \bar{i} + 2\bar{j}$. Um vetor unitário $\bar{u}$ na mesma direção é

$$\bar{u} = \frac{\nabla f(1, 0)}{|\nabla f(1, 0)|} = \frac{\bar{i} + 2\bar{j}}{\sqrt{5}}.$$

2 A temperatura T em graus C em um ponto (x,y) de uma placa de metal aquecida é dada por $T = \dfrac{300}{x^2 + y^2 + 3}$, onde x e y são medidos em centímetros.

(a) Que direção tomar a partir do ponto $(-4,3)$ a fim de que T aumente mais rapidamente?

(b) Qual a velocidade de aumento de T quando alguém se move a partir do ponto $(-4,3)$ na direção encontrada no item (a)?

SOLUÇÃO

(a) $\nabla T = \dfrac{\partial T}{\partial x} i + \dfrac{\partial T}{\partial y} j = \dfrac{-600x}{(x^2 + y^2 + 3)^2} i + \dfrac{-600y}{(x^2 + y^2 + 3)^2} j;$

daí quando $x = -4$ e $y = 3$, temos

$$\nabla T = \frac{2400}{784} i - \frac{1800}{784} j \quad \text{e}$$

$$|\nabla T| = \sqrt{\left(\frac{2400}{784}\right)^2 + \left(-\frac{1800}{784}\right)^2} = \frac{3000}{784} = \frac{375}{98}.$$

Portanto, a fim de maximizar $D_{\bar{u}}T$ em $(-4,3)$, escolhemos um vetor unitário $\bar{u}$ na direção de ∇T, isto é,

$$\bar{u} = \frac{\nabla T}{|\nabla T|} = \frac{4}{5} i - \frac{3}{5} j.$$

(b) Quando nos movemos através de $(-4,3)$ na direção de $\bar{u}$, a taxa instantânea de variação de T em relação à distância é dada por

$$D_{\bar{u}}T = |\nabla T| = \frac{375}{98} \approx 3{,}83 \text{ graus C por centímetro.}$$

7.2 Vetores normais e curvas de nível no plano

Considere um campo escalar no plano dado por $z = f(x,y)$, onde f é uma função diferenciável. Relembrando da Seção 1.1 que a curva no plano ao longo da qual z tem valor constante, digamos k, tem a equação

$$f(x, y) = k$$

e é chamada curva de nível do campo (Fig. 4). Considere que a curva de nível $f(x,y) = k$ tenha um vetor tangente unitário

$$\overline{T} = \frac{dx}{ds} i + \frac{dy}{ds} j,$$

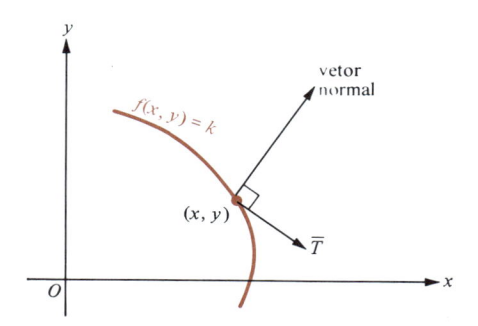

Fig. 4

onde s é o comprimento do arco, medido ao longo da curva. Diferenciando ambos os lados da equação $f(x,y) = k$ em relação a s pelo uso da regra da cadeia, obtemos

$$f_1(x, y)\frac{dx}{ds} + f_2(x, y)\frac{dy}{ds} = 0;$$

isto é,

$$(\nabla f) \cdot \overline{T} = 0.$$

Segue que o vetor gradiente em um ponto P de um campo escalar é normal à curva de nível do campo passando por P — se houver, naturalmente, tal curva de nível em P.

Já que $\nabla f(x_0;y_0) = f_1(x_0,y_0)\overline{i} + f_2(x_0,y_0)\overline{j}$ é normal à reta tangente à curva de nível do campo escalar $z = f(x,y)$ no ponto (x_0,y_0), segue que a equação da reta tangente é

$$f_1(x_0, y_0)(x - x_0) + f_2(x_0, y_0)(y - y_0) = 0.$$

EXEMPLO   Encontre um vetor normal e a equação da reta tangente à curva $2x^2 - 4xy^3 + y^5 = 1$ no ponto $(2,1)$.

SOLUÇÃO

A curva pode ser considerada como a curva de nível $f(x,y) = 1$ do campo escalar $z = f(x,y)$, onde $f(x,y) = 2x^2 - 4xy^3 + y^5$. Nesse caso,

$$f_1(x, y) = 4x - 4y^3, \qquad f_2(x, y) = -12xy^2 + 5y^4,$$

e o gradiente de f no ponto $(2,1)$ é dado por

$$\nabla f(2, 1) = f_1(2, 1)\overline{i} + f_2(2, 1)\overline{j} = 4\overline{i} - 19\overline{j}.$$

Portanto, $4\overline{i} - 19\overline{j}$ é normal à curva em $(2,1)$. Também, a equação da reta tangente à curva em $(2,1)$ é

$$4(x - 2) - 19(y - 1) = 0 \quad \text{ou} \quad 4x - 19y + 11 = 0.$$

7.3 Derivada direcional e gradiente no espaço

Assim como uma função a duas variáveis pode ser considerada como um campo escalar no plano, uma função f a três variáveis pode ser descrita como um *campo escalar no espaço xyz*; isto é, podemos pensar em f relacionando-a com o escalar w, dado por

$$w = f(x, y, z),$$

para cada ponto (x,y,z) de seu domínio (Fig. 5).

Como exemplos temos os campos de temperatura, pressão, densidade, potencial elétrico e assim por diante.

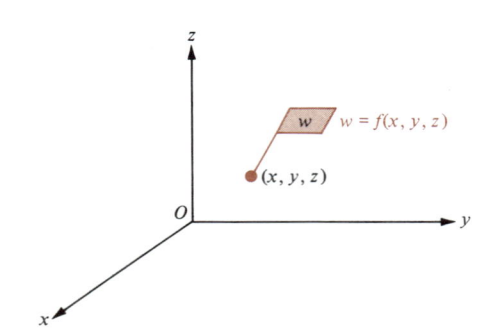

Fig. 5

Todas as idéias e técnicas introduzidas para campos escalares no plano xy estendem-se naturalmente para campos escalares no espaço xyz. Por exemplo, se $w = f(x,y,z)$, onde f é uma função diferencial, definimos o *gradiente* de w (ou de f) por

$$\nabla w = \frac{\partial w}{\partial x}\,\vec{i} + \frac{\partial w}{\partial y}\,\vec{j} + \frac{\partial w}{\partial z}\,\vec{k}$$

ou

$$\nabla f(x, y, z) = f_1(x, y, z)\vec{i} + f_2(x, y, z)\vec{j} + f_3(x, y, z)\vec{k}.$$

Se $\bar{u}$ é um vetor unitário no espaço xyz, é fácil mostrar (problema 42) que a taxa de variação do campo escalar w em relação à distância medida na direção de $\bar{u}$ é dada pela *derivada direcional*

$$D_{\bar{u}}w = \bar{u} \cdot \nabla w \qquad D_{\bar{u}}f(x, y, z) = \bar{u} \cdot \nabla f(x, y, z).$$

EXEMPLOS 1 Se $f(x,y,z) = 3x^2 + 8y^2 - 5z^2$, encontre a derivada direcional de f em $(1,-1,2)$ na direção do vetor $\bar{v} = 2\vec{i} - 6\vec{j} + 3\vec{k}$.

SOLUÇÃO
Nesse caso, $\bar{v}$ não é um vetor unitário, contudo, um vetor unitário na direção de $\bar{v}$ é dado por $\bar{u} = \bar{v}/|\bar{v}| = {}^2\!/_7\vec{i} - {}^6\!/_7\vec{j} + {}^3\!/_7\vec{k}$. Temos

$$\nabla f(x, y, z) = f_1(x, y, z)\vec{i} + f_2(x, y, z)\vec{j} + f_3(x, y, z)\vec{k}$$
$$= 6x\vec{i} + 16y\vec{j} - 10z\vec{k},$$

ou seja

$$\nabla f(1, -1, 2) = 6(1)\vec{i} + 16(-1)\vec{j} - 10(2)\vec{k} = 6\vec{i} - 16\vec{j} - 20\vec{k} \qquad \text{e}$$

$$D_{\bar{u}}f(1, -1, 2) = \bar{u} \cdot \nabla f(1, -1, 2) = \frac{2}{7}(6) - \frac{6}{7}(-16) + \frac{3}{7}(-20) = \frac{48}{7}.$$

2 O potencial elétrico V em volts no ponto $P = (x,y,z)$ no espaço xyz é dado por $V = 100(x^2 + y^2 + z^2)^{-1/2}$, onde x, y e z são dados em centímetros. Qual a taxa de variação de V no instante que passamos por $P_0 = (2,1,-2)$ na direção de $P_1 = (4,3,0)$?

SOLUÇÃO
A taxa de variação de V, em volts por centímetro, é dada por $D_{\bar{u}}V$, calculado em $P_0 = (2,1,-2)$ na direção do vetor unitário

$$\bar{u} = \frac{\overrightarrow{P_0 P_1}}{|\overrightarrow{P_0 P_1}|} = \frac{1}{\sqrt{3}}(\vec{i} + \vec{j} + \vec{k}).$$

Aqui,

$$\frac{\partial V}{\partial x} = -100x(x^2 + y^2 + z^2)^{-3/2}, \qquad \frac{\partial V}{\partial y} = -100y(x^2 + y^2 + z^2)^{-3/2},$$

$$\text{e} \qquad \frac{\partial V}{\partial z} = -100z(x^2 + y^2 + z^2)^{-3/2};$$

daí,

$$\nabla V = \frac{\partial V}{\partial x}\,\vec{i} + \frac{\partial V}{\partial y}\,\vec{j} + \frac{\partial V}{\partial z}\,\vec{k} = -100(x^2 + y^2 + z^2)^{-3/2}(x\vec{i} + y\vec{j} + z\vec{k}).$$

Fazendo $x = 2$, $y = 1$ e $z = -2$, encontramos que o gradiente em $P_0 = (2,1,-2)$ é

$$\nabla V = -\frac{100}{27}\,(2\bar{i} + \bar{j} - 2\bar{k});$$

daí, a derivada direcional em P_0 na direção $\bar{u}$ é

$$D_{\bar{u}}V = \bar{u} \cdot \nabla V = \left(\frac{1}{\sqrt{3}}\right)\left(-\frac{100}{27}\right)(\bar{i} + \bar{j} + \bar{k}) \cdot (2\bar{i} + \bar{j} - 2\bar{k})$$

$$= \frac{-100}{27\sqrt{3}}\,(2 + 1 - 2) = \frac{-100}{27\sqrt{3}} \approx -2{,}14 \text{ volts por centímetro.}$$

Assim como para campos escalares no plano xy, o gradiente de um campo escalar no espaço xyz indica a direção para a qual a derivada direcional atinge seu máximo e o seu módulo é numericamente igual a essa derivada direcional máxima (problema 44).

EXEMPLO Seja $f(x,y,z) = xy + xz + yz + xyz$. Encontre (a) o valor máximo da derivada direcional de f em $(8,-1,4)$ e (b) o vetor unitário da direção para a qual essa derivada direcional máxima ocorre.

SOLUÇÃO
Nesse caso,

$$\nabla f(x,y,z) = f_1(x,y,z)\bar{i} + f_2(x,y,z)\bar{j} + f_3(x,y,z)\bar{k}$$
$$= (y + z + yz)\bar{i} + (x + z + xz)\bar{j} + (x + y + xy)\bar{k}.$$

(a) O valor máximo da derivada direcional em $(8,-1,4)$ é

$$|\nabla f(8,-1,4)| = |-\bar{i} + 44\bar{j} - \bar{k}| = \sqrt{(-1)^2 + 44^2 + (-1)^2} = \sqrt{1938}.$$

(b) O vetor desejado, um vetor unitário na direção de $\nabla f(8,-1,4)$, é dado por

$$\frac{\nabla f(8,-1,4)}{|\nabla f(8,-1,4)|} = \frac{-\bar{i} + 44\bar{j} - \bar{k}}{\sqrt{1938}}.$$

7.4 Superfícies de nível, retas normais e planos tangentes

Seja f uma função diferenciável a três variáveis. Se k é uma constante pertencente à imagem de f, então o gráfico no espaço xyz da equação

$$f(x,y,z) = k$$

é denominado uma *superfície de nível* para f [ou para o campo escalar $w = f(x,y,z)$ determinado por f]. Suponha que (x_0,y_0,z_0) seja um ponto sobre essa superfície de nível, ou seja $f(x_0,y_0,z_0) = k$, e considere que $\nabla f(x_0,y_0,z_0) \neq \bar{0}$. Então, por analogia com as considerações da Seção 7.2, definimos a *reta normal* à superfície de nível, no ponto (x_0,y_0,z_0), como sendo a reta contendo o ponto (x_0,y_0,z_0) e paralela ao vetor gradiente $\nabla f(x_0,y_0,z_0)$ (Fig. 6). Assim, na forma escalar simétrica, a equação da reta normal à superfície de nível $f(x,y,z) = k$ no ponto (x_0,y_0,z_0) é

$$\frac{x - x_0}{f_1(x_0,y_0,z_0)} = \frac{y - y_0}{f_2(x_0,y_0,z_0)} = \frac{z - z_0}{f_3(x_0,y_0,z_0)}. \qquad \text{(Por quê?)}$$

O plano contendo o ponto (x_0,y_0,z_0) e perpendicular ao vetor gradiente $\nabla f(x_0,y_0,z_0)$ é denominado *plano tangente* à superfície de nível $f(x,y,z) = k$ no ponto (x_0,y_0,z_0) (Fig. 7). Na forma escalar, a equação do plano tangente à

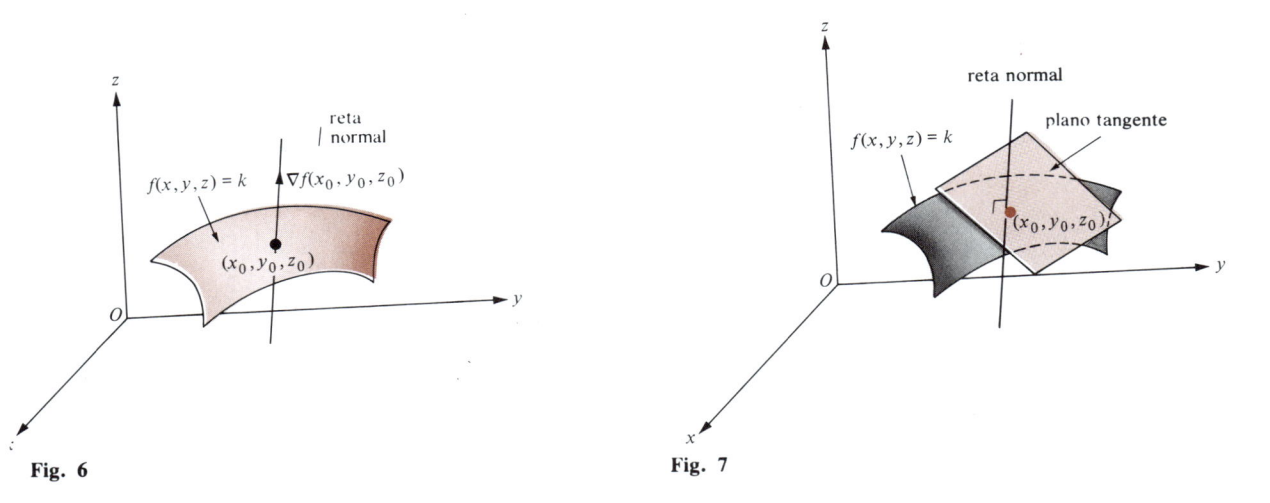

Fig. 6

Fig. 7

superfície $f(x,y,z) = k$ no ponto (x_0,y_0,z_0) é

$$f_1(x_0, y_0, z_0)(x - x_0) + f_2(x_0, y_0, z_0)(y - y_0) + f_3(x_0, y_0, z_0)(z - z_0) = 0.$$

(Por quê?)

Agora, seja C uma curva sobre a superfície $f(x,y,z) = k$, ou seja, as coordenadas x, y e z de qualquer ponto $P = (x,y,z)$ de C satisfazem a equação

$$f(x, y, z) = k.$$

Usando a regra da cadeia, diferenciamos ambos os lados da última equação em relação ao comprimento de arco s medido ao longo de C para obter

$$\frac{\partial f}{\partial x}\frac{dx}{ds} + \frac{\partial f}{\partial y}\frac{dy}{ds} + \frac{\partial f}{\partial z}\frac{dz}{ds} = 0;$$

isto é, $\nabla f \cdot \overline{T} = 0$, onde

$$\overline{T} = \frac{dx}{ds}\,\overline{i} + \frac{dy}{ds}\,\overline{j} + \frac{dz}{ds}\,\overline{k}.$$

Portanto, o vetor unitário tangente $\overline{T}$ à curva C sobre a superfície $f(x,y,z) = k$ é perpendicular ao vetor gradiente ∇f (Fig. 8). Segue que o plano tangente à superfície $f(x,y,z) = k$ no ponto P contém o vetor tangente a P para toda curva sobre a superfície que passa por P.

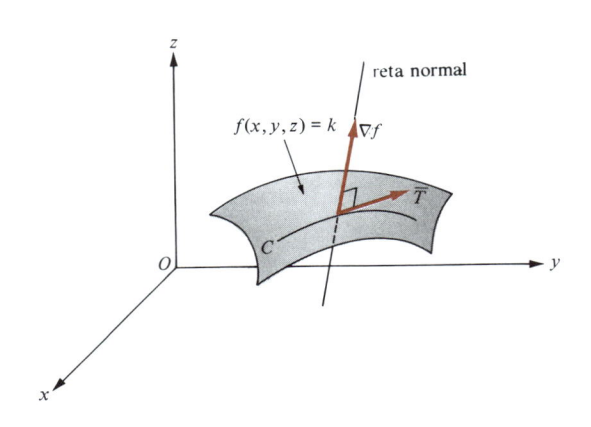

Fig. 8

EXEMPLOS   Encontre as equações (a) do plano tangente e (b) da reta normal para a superfície dada no ponto indicado.

1 A esfera $x^2 + y^2 + z^2 = 14$ no ponto $(-1,3,2)$.

SOLUÇÃO
Nesse caso, fazemos $f(x,y,z) = x^2 + y^2 + z^2$ tal que a equação da esfera é $f(x,y,z) = 14$. Temos

$$f_1(x,y,z) = 2x, \quad f_2(x,y,z) = 2y, \quad e \quad f_3(x,y,z) = 2z;$$

daí,

$$f_1(-1,3,2) = -2, \quad f_2(-1,3,2) = 6, \quad e \quad f_3(-1,3,2) = 4.$$

(a) A equação do plano tangente em $(-1,3,2)$ é

$$f_1(-1,3,2)(x+1) + f_2(-1,3,2)(y-3) + f_3(-1,3,2)(z-2) = 0;$$

isto é,

$$-2(x+1) + 6(y-3) + 4(z-2) = 0 \quad ou \quad -2x + 6y + 4z = 28.$$

(b) A equação da reta normal em $(-1,3,2)$ é

$$\frac{x+1}{f_1(-1,3,2)} = \frac{y-3}{f_2(-1,3,2)} = \frac{z-2}{f_3(-1,3,2)};$$

isto é,

$$\frac{x+1}{-2} = \frac{y-3}{6} = \frac{z-2}{4} \quad ou \quad \frac{x+1}{-1} = \frac{y-3}{3} = \frac{z-2}{2}.$$

2 O gráfico de $z = g(x,y)$ no ponto $(x_0,y_0,g(x_0,y_0))$, onde g é uma função diferenciável a duas variáveis.

SOLUÇÃO
Nesse caso fazemos $f(x,y,z) = g(x,y) - z$, tal que o gráfico de $z = g(x,y)$ é a superfície de nível $f(x,y,z) = 0$ de f. Temos

$$f_1(x,y,z) = \frac{\partial}{\partial x}[g(x,y) - z] = \frac{\partial}{\partial x}g(x,y) = g_1(x,y),$$

$$f_2(x,y,z) = \frac{\partial}{\partial y}[g(x,y) - z] = \frac{\partial}{\partial y}g(x,y) = g_2(x,y),$$

$$f_3(x,y,z) = \frac{\partial}{\partial z}[g(x,y) - z] = \frac{\partial}{\partial z}(-z) = -1.$$

Portanto,

$$f_1(x_0,y_0,g(x_0,y_0)) = g_1(x_0,y_0), \quad f_2(x_0,y_0,g(x_0,y_0)) = g_2(x_0,y_0),$$
$$f_3(x_0,y_0,g(x_0,y_0)) = -1.$$

(a) A equação do plano tangente em $(x_0,y_0,g(x_0,y_0))$ é

$$g_1(x_0,y_0)(x - x_0) + g_2(x_0,y_0)(y - y_0) + (-1)(z - g(x_0,y_0)) = 0,$$

ou

$$z = g(x_0,y_0) + g_1(x_0,y_0)(x - x_0) + g_2(x_0,y_0)(y - y_0).$$

(b) A equação da reta normal em $(x_0, y_0, g(x_0, y_0))$ é

$$\frac{x - x_0}{g_1(x_0, y_0)} = \frac{y - y_0}{g_2(x_0, y_0)} = \frac{z - z_0}{-1}.$$

3 O gráfico de $g(x,y) = 3x^4 y - 7x^3 y - x^2 + y + 1$ no ponto $(1, 2, -6)$

SOLUÇÃO
Usamos o resultado do Exemplo 2. Aqui temos

$$g_1(x, y) = 12x^3 y - 21x^2 y - 2x \quad \text{e} \quad g_2(x, y) = 3x^4 - 7x^3 + 1;$$

daí,

$$g_1(1, 2) = -20 \quad \text{e} \quad g_2(1, 2) = -3.$$

(a) O plano tangente tem equação

$$z = g(1, 2) + g_1(1, 2)(x - 1) + g_2(1, 2)(y - 2) = -6 - 20(x - 1) - 3(y - 2)$$

ou

$$z = 20 - 20x - 3y.$$

(b) A reta normal tem equação

$$\frac{x - 1}{g_1(1, 2)} = \frac{y - 2}{g_2(1, 2)} = \frac{z - g(1, 2)}{-1} \quad \text{ou} \quad \frac{x - 1}{-20} = \frac{y - 2}{-3} = \frac{z + 6}{-1}.$$

Conjunto de Problemas 7

Nos problemas de 1 a 4, encontre (a) o gradiente ∇z de cada campo escalar, (b) o valor de ∇z no ponto (x_0, y_0), e (c) a derivada direcional $D_{\bar{u}} z$ em (x_0, y_0) na direção do vetor unitário $\bar{u}$.

1 $z = 7x - 3y + 4$, $(x_0, y_0) = (1, 1)$, $\bar{u} = \dfrac{\sqrt{3}}{2} i + \dfrac{1}{2} j$.

2 $z = xy$, $(x_0, y_0) = (2, -1)$, $\bar{u} = \dfrac{\sqrt{2}}{2} i + \dfrac{\sqrt{2}}{2} j$.

3 $z = 2x^2 + 3y^2 - 1$, $(x_0, y_0) = (0, 0)$, $\bar{u} = (\cos \theta)i + (\text{sen } \theta)j$, $\theta = \pi/3$.

4 $z = e^{xy}$, $(x_0, y_0) = (1, 1)$, $\bar{u} = (\cos \theta)i + (\text{sen } \theta)j$, $\theta = -\pi/4$.

Nos problemas de 5 a 8, encontre (a) $\nabla f(x_0, y_0)$ e (b) o valor da derivada direcional de f em (x_0, y_0) na direção indicada.

5 $f(x, y) = x^2 y + 2xy^2$, $(x_0, y_0) = (1, 2)$, na direção do vetor unitário $\bar{u} = \dfrac{1}{2} i + \dfrac{\sqrt{3}}{2} j$.

6 $f(x, y) = \tan^{-1}(y/x)$, $(x_0, y_0) = (-2, 1)$,   na direção de $(-2, 1)$ para $(-6, -2)$.

7 $f(x, y) = \dfrac{1}{x^2 + y^2}$, $(x_0, y_0) = (3, 2)$, na direção do vetor unitário $\bar{u} = \dfrac{5}{13} i + \dfrac{12}{13} j$.

8 $f(x, y) = \ln \sqrt{x^2 + y^2}$, $(x_0, y_0) = (3, -1)$,   na direção do vetor $\bar{v} = 4i + 3j$.
(**Atenção:** $\bar{v}$ não é vetor unitário).

Nos problemas 9 e 10, um campo escalar $z = f(x, y)$ é dado no plano xy. Encontre a taxa de variação desse campo escalar quando nos movemos da direita para esquerda a partir do ponto (x_0, y_0) dado ao longo da reta que faz o ângulo θ indicado com o eixo positivo dos x.

9 $z = 3x^2 - xy + 3y$, $(x_0, y_0) = (3, 1)$, $\theta = \pi/4$.

10 $z = e^{-y^2} \cos x$, $(x_0, y_0) = (\pi, 1)$, $\theta = \pi/6$.

Nos problemas de 11 a 14, determine (a) o valor máximo da derivada direcional e (b) um vetor unitário $\bar{u}$ na direção da derivada direcional máxima para cada função no ponto indicado.

11 $f(x, y) = x^2 - 7xy + 4y^2$ em $(1, -1)$.

12 $g(x, y) = (x + y - 2)^2 + (3x - y - 6)^2$ em $(1, 1)$.

13 $h(x, y) = x^2 - y^2 - \operatorname{sen} y$ em $(1, \pi/2)$.

14 $F(x, y) = e^{-5x} \operatorname{sen} 5y$ em $(0, \pi/20)$.

15 A temperatura T no ponto (x, y) de uma placa de metal circular aquecida com centro na origem é dada por $\quad T = \dfrac{400}{2 + x^2 + y^2}$, onde T é medido em graus C e x e y em centímetros. (a) Que direção se deve tomar a partir de $(1, 1)$ a fim de que T aumente o mais rápido possível? (b) Qual a velocidade do aumento de T quando passamos por $(1, 1)$ na direção escolhida no item (a)?

16 Seja f uma função diferenciável a duas variáveis tal que $f_1(-1, 2) = 2$ e $f_2(-1, 2) = -3$. Encontre derivada direcional $D_{\bar{u}} f(-1, 2)$ se $\bar{u} = \dfrac{\sqrt{2}}{2} i - \dfrac{\sqrt{2}}{2} j$.

Nos problemas 17 e 18, ache (a) um vetor normal e (b) a equação da reta tangente a cada curva no ponto indicado.

17 $x^2 + y^2 = 2$ em $(1, 1)$.   **18** $2x^2 + y^2 - 9 = 0$ em $(2, 1)$.

Nos problemas de 19 a 22, encontre (a) $\nabla f(x_0, y_0, z_0)$ e (b) a derivada direcional $D_{\bar{u}} f(x_0, y_0, z_0)$ para a função f dada, para o ponto (x_0, y_0, z_0) e para o vetor unitário $\bar{u}$ indicados.

19 $f(x, y, z) = x^2 y + 3yz^2$, $(x_0, y_0, z_0) = (1, -1, 1)$, $\bar{u} = \dfrac{1}{3} i - \dfrac{2}{3} j + \dfrac{2}{3} \bar{k}$.

20 $f(x, y, z) = \ln (x^2 + y^2 + z^2)$, $(x_0, y_0, z_0) = (1, 1, 1)$, $\bar{u} = -\dfrac{2}{3} i + \dfrac{1}{3} j + \dfrac{2}{3} \bar{k}$.

21 $f(x, y, z) = z - e^x \operatorname{sen} y$, $(x_0, y_0, z_0) = \left(\ln 3, \dfrac{3\pi}{2}, -3\right)$, $\bar{u} = \dfrac{2}{7} i + \dfrac{3}{7} j + \dfrac{6}{7} \bar{k}$.

22 $f(x, y, z) = e^{-y} \operatorname{sen} x + \dfrac{1}{3} e^{-3y} \operatorname{sen} 3x + z^2$, $(x_0, y_0, z_0) = \left(\dfrac{\pi}{3}, 0, 1\right)$,

$\bar{u} = \left(\cos \dfrac{2\pi}{3}\right) \bar{i} + \left(\cos \dfrac{\pi}{4}\right) \bar{j} + \left(\cos \dfrac{\pi}{3}\right) \bar{k}$.

Do problema 23 ao 26, encontre (a) o valor máximo da derivada direcional e (b) um vetor unitário $\bar{u}$ na direção em que a derivada direcional máxima for obtida, para cada função no ponto indicado.

23 $f(x, y, z) = (x^2 + y^2 + z^2)^{-1}$ em $(1, 2, -3)$.

24 $h(x, y, z) = (x + y)^2 + (y + z)^2 + (x + z)^2$ em $(2, -1, 2)$.

25 $g(x, y, z) = e^x \cos (yz)$ em $(1, 0, \pi)$.

26 $f(x, y, z) = \dfrac{x}{x^2 + y^2} + \dfrac{y}{x^2 + z^2}$ em $(3, 1, 1)$.

Nos problemas de 27 a 36 encontre as equações (a) do plano tangente e (b) da reta normal para cada superfície no ponto dado.

27 $x^2 + 2y^2 + 3z^2 = 6$ em $(1, 1, 1)$.

28 $x^2 - 2y^2 + z^2 = 11$ em $(2, 1, 3)$.

29 $xyz = 6$ em $(1, 2, 3)$.

30 $8x - y^2 = 0$ em $(2, 4, 7)$.

31 $x^3 + y^3 - 6xy + z = 0$ em $(2, 2, 8)$.

32 sen $(xz) = e^{xy}$ em $(1, 0, \pi/2)$.

33 $\cos(xy) + \text{sen}(yz) = 0$ em $(1, \pi/6, -2)$.

34 $\ln(xy) + \text{sen}(yz) = 2$ em $(e, 1, \pi/2)$.

35 $\sqrt{x} + \sqrt{y} + \sqrt{z} = 6$ em $(9, 4, 1)$.

36 $\tan^{-1}(y/x) - \ln(xyz) = \pi/4$ em $(1, 1, 1)$.

Nos problemas de 37 a 40, encontre (a) a equação do plano tangente e (b) a equação da reta normal para o gráfico de cada função g de duas variáveis, no ponto indicado

37 $g(x, y) = \sqrt{9 - x^2 - y^2}$ em $(-1, 2, 2)$.

38 $g(x, y) = x \, \text{sen}(\pi y/2)$ em $(0, 0, 0)$.

39 $g(x, y) = x^y$ em $(1, 1, 1)$.

40 $g(x, y) = \ln \cos \sqrt{x^2 + y^2}$ em $(0, 0, 0)$.

41 Considerando que f e g sejam funções diferenciáveis a três variáveis e que a e b sejam constantes, mostre que $\nabla(af + bg) = a \nabla f + b \nabla g$.

42 Considerando que f seja uma função diferenciável a três variáveis, prove que a taxa de variação do campo escalar $w = f(x,y,z)$ em relação à distância medida na direção do vetor unitário é dada por $\bar{u} \cdot \nabla f$.

43 Suponha que f seja uma função diferenciável de uma variável e que $r = \sqrt{x^2 + y^2 + z^2}$. Verifique a fórmula

$$\nabla f(r) = f'(r) \frac{x\bar{i} + y\bar{j} + z\bar{k}}{r}.$$

44 Prove que o gradiente de um campo escalar no espaço xyz indica a direção para a qual a derivada direcional atinge seu máximo e que seu módulo é numericamente igual a essa derivada direcional máxima.

45 Considere que f seja uma função a duas variáveis diferenciável em (x_0, y_0). Dar uma interpretação geométrica para a diferencial df em termos de dx, dy e do plano tangente ao gráfico de f em $(x_0, y_0, f(x_0, y_0))$.

46 Suponha que um ponto P esteja se movendo ao longo da curva C em um campo escalar w. Assumindo que a função que gera o campo escalar seja diferenciável, que $\bar{T}$ seja o vetor tangente a C e que P esteja se movendo com velocidade ds/dt, prove que a taxa instantânea de variação de w em relação ao tempo quando medido num ponto P é dada por

$$\frac{ds}{dt} \bar{T} \cdot \nabla w = \frac{ds}{dt} D_{\bar{T}} w.$$

Nos problemas de 47 a 50, use o resultado do problema 46.

47 A temperatura T em qualquer ponto (x,y) de uma placa retangular no plano xy é $T = x \, \text{sen} \, 2y$. O ponto $P = (x,y)$ move-se, no sentido horário, ao longo da circunferência de raio 1 unidade com centro na origem, a uma velocidade constante de 2 unidades de comprimento do arco por segundo. Qual a velocidade de variação da temperatura no ponto P no instante $(x, y) = \left(\frac{1}{2}, \frac{\sqrt{3}}{2}\right)$?

48 Suponha que a superfície $z = \dfrac{x^3 - 2y^2}{5280}$ represente um terreno irregular e que um grupo de turistas esteja situado na origem. Aqui, x, y e z são medidos em quilômetros. Um turista muçulmano parte para Meca, indo diretamente para o leste, ao longo da direção positiva do eixo x. Se ele viaja a uma velocidade constante de 3 quilômetros por hora, qual sua velocidade de descida, em metros por minuto, ao fim de uma hora?

49 A pressão P, em quilos por centímetro quadrado, de um certo gás no ponto (x,y,z) no espaço é dado por $P = 10.000 e^{-(x^2+y^2+z^2)}$, onde x, y e z são medidos em centímetros. Um ponto variável $Q = (x,y,z)$ move-se ao longo de uma certa curva C no espaço. No instante em que $Q = (1, -2, 1)$, sua velocidade é dada por $ds/dt = 50$

cm/s. Se o vetor unitário tangente $\bar{T}$ a C em $(1,-2,1)$ é dado por $\bar{T} = \left(\cos\dfrac{2\pi}{3}\right)\bar{i}$ $+ \left(\cos\dfrac{\pi}{4}\right)\bar{j} + \left(\cos\dfrac{\pi}{3}\right)\bar{k}$, encontre a taxa instantânea de variação da pressão em

Q quando o ponto passa por $(1,-2,1)$.

50 O potencial elétrico V em volts num ponto (x,y,z) do espaço causado pela presença de uma carga q na origem é dado por $V = q/r$, onde $r = \sqrt{x^2 + y^2 + z^2}$. (Considere que as medidas estejam em centímetros.) Seja C uma curva no espaço tendo um vetor unitário $\bar{T}$ no ponto P. Se P caminha ao longo de C na direção de $\bar{T}$ com uma velocidade constante de v cm/s, escreva uma expressão para a taxa instantânea de variação do potencial elétrico em P.

51 Suponha que duas superfícies no espaço xyz, por exemplo $f(x,y,z) = k_1$ e $g(x,y,z) = k_2$, interceptem-se numa curva C (Fig. 9). Considerando que f e g sejam diferenciáveis e que (x_0,y_0,z_0) seja um ponto de C, mostre que

$$\nabla f(x_0, y_0, z_0) \times \nabla g(x_0, y_0, z_0)$$

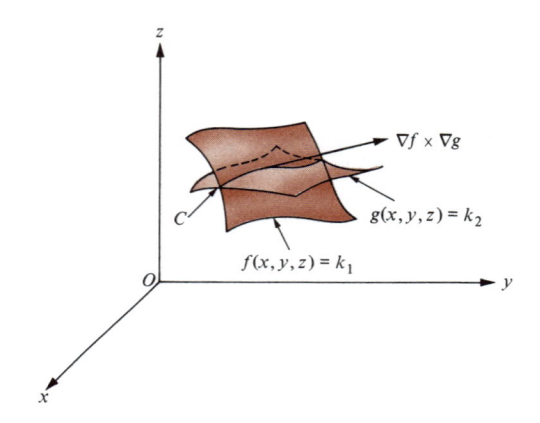

Fig. 9

é tangente à curva C no ponto (x_0,y_0,z_0).

Nos problemas 52 até 55 use o resultado do problema 51 para encontrar o vetor tangente no ponto dado da curva C que é interseção das duas superfícies.

52 $x^2 - y^2 - z^2 + 12 = 0$ e $3x^2 + y^2 + z = 4$ em $(1,2,-3)$.

53 $xz + 2x + 4z = 5$ e $4xy + 3y + 6z = 56$ em $\left(2,5,\frac{1}{6}\right)$.

54 $x^2 + \dfrac{y^2}{4} - \dfrac{z^2}{9} = 1$ e $x^2 + y^2 + z^2 = 14$ em $(-1,2,3)$.

55 $x^2 - 2xz + y^2z = 1$ e $3xy + 2yz = -6$ em $(1,-2,0)$.

8 Derivadas Parciais de Ordem Superior

Estudando funções de uma variável, vimos que era útil considerar não apenas a primeira derivada, mas também as derivadas de ordem superior. Analogamente, no estudo de funções a várias variáveis é útil considerar as *derivadas parciais de ordem superior*.

Assim, considere a função f de duas variáveis tendo derivadas parciais f_1 e f_2, ou seja

$$f_1(x, y) = f_x(x, y) = \frac{\partial}{\partial x} f(x, y) \quad \text{e} \quad f_2(x, y) = f_y(x, y) = \frac{\partial}{\partial y} f(x, y).$$

As funções f_1 e f_2 são funções a duas variáveis e podem então ter derivadas parciais. Por exemplo, se $f(x,y) = 3x^2y^3 + 6xy^2$, então

$$f_1(x, y) = f_x(x, y) = \frac{\partial}{\partial x} (3x^2y^3 + 6xy^2) = 6xy^3 + 6y^2,$$

$$f_2(x, y) = f_y(x, y) = \frac{\partial}{\partial y} (3x^2y^3 + 6xy^2) = 9x^2y^2 + 12xy.$$

Portanto,

$$\frac{\partial}{\partial x} f_1(x, y) = \frac{\partial}{\partial x} \left[\frac{\partial}{\partial x} f(x, y) \right] = \frac{\partial}{\partial x} (6xy^3 + 6y^2) = 6y^3,$$

$$\frac{\partial}{\partial y} f_1(x, y) = \frac{\partial}{\partial y} \left[\frac{\partial}{\partial x} f(x, y) \right] = \frac{\partial}{\partial y} (6xy^3 + 6y^2) = 18xy^2 + 12y,$$

$$\frac{\partial}{\partial x} f_2(x, y) = \frac{\partial}{\partial x} \left[\frac{\partial}{\partial y} f(x, y) \right] = \frac{\partial}{\partial x} (9x^2y^2 + 12xy) = 18xy^2 + 12y,$$

$$\frac{\partial}{\partial y} f_2(x, y) = \frac{\partial}{\partial y} \left[\frac{\partial}{\partial y} f(x, y) \right] = \frac{\partial}{\partial y} (9x^2y^2 + 12xy) = 18x^2y + 12x.$$

As quatro derivadas parciais das derivadas parciais encontradas acima são chamadas de *derivadas parciais de segunda ordem* da função original f. Naturalmente, podemos expressar as derivadas parciais da função f_1 em relação à primeira e à segunda variável como $(f_1)_1$ e $(f_1)_2$, respectivamente, contudo, por simplicidade, omitimos os parênteses e representamos essa derivada parcial de segunda ordem por f_{11} f_{12}, respectivamente. Da mesma forma, denotamos f_{xx} f_{xy}, ao invés de $(f_x)_x$ e $(f_x)_y$, respectivamente. Por exemplo,

$$f_{12} = f_{xy} = \frac{\partial}{\partial y} \left(\frac{\partial f}{\partial x} \right).$$

O simbolismo $\frac{\partial}{\partial y} \left(\frac{\partial f}{\partial x} \right)$ é também abreviado para $\frac{\partial^2 f}{\partial y\, \partial x}$, do mesmo modo que $\frac{d^2 y}{dx^2}$ é usada como uma abreviação para a derivada segunda ordinária. Analogamente, escrevemos $\frac{\partial^2 f}{\partial x^2}$ para a derivada parcial de segunda ordem $\frac{\partial}{\partial x} \left(\frac{\partial f}{\partial x} \right)$, e assim por diante.

Resumindo, as quatro derivadas parciais de segunda ordem de f pode ser representadas como se segue

$$f_{11} = f_{xx} = \frac{\partial^2 f}{\partial x^2} = \frac{\partial}{\partial x}\left(\frac{\partial f}{\partial x}\right),$$

$$f_{12} = f_{xy} = \frac{\partial^2 f}{\partial y\, \partial x} = \frac{\partial}{\partial y}\left(\frac{\partial f}{\partial x}\right),$$

$$f_{21} = f_{yx} = \frac{\partial^2 f}{\partial x\, \partial y} = \frac{\partial}{\partial x}\left(\frac{\partial f}{\partial y}\right),$$

$$f_{22} = f_{yy} = \frac{\partial^2 f}{\partial y^2} = \frac{\partial}{\partial y}\left(\frac{\partial f}{\partial y}\right).$$

Na notação subscrita, $f_{12} = f_{xy}$ indica uma diferenciação parcial em relação à primeira variável x seguida por uma diferenciação parcial em relação à segunda variável y. Por conseguinte, o simbolismo $\frac{\partial^2 f}{\partial x\, \partial y} = \frac{\partial}{\partial x}\left(\frac{\partial f}{\partial y}\right)$ indica uma diferenciação parcial inicial em relação a y seguida de uma diferenciação parcial em relação a x. Na notação indicial a ordem dos índices da *esquerda para a direita* indica a ordem da diferenciação parcial, enquanto que na notação $\frac{\partial^2 f}{\partial x\, \partial y}$, a ordem está indicada da *direita para a esquerda*.

EXEMPLOS 1 Se $f(x,y) = 7x^2 - 13xy + 18y^2$, encontre $f_1, f_2, f_{11}, f_{12}, f_{21}$ e f_{22}.

Solução
Neste caso,

$$f_1(x, y) = \frac{\partial}{\partial x}\left(7x^2 - 13xy + 18y^2\right) = 14x - 13y,$$

$$f_2(x, y) = \frac{\partial}{\partial y}\left(7x^2 - 13xy + 18y^2\right) = -13x + 36y.$$

Daí,

$$f_{11}(x, y) = \frac{\partial}{\partial x}\left(f_1(x, y)\right) = \frac{\partial}{\partial x}\left(14x - 13y\right) = 14,$$

$$f_{12}(x, y) = \frac{\partial}{\partial y}\left(f_1(x, y)\right) = \frac{\partial}{\partial y}\left(14x - 13y\right) = -13,$$

$$f_{21}(x, y) = \frac{\partial}{\partial x}\left(f_2(x, y)\right) = \frac{\partial}{\partial x}\left(-13x + 36y\right) = -13,$$

$$f_{22}(x, y) = \frac{\partial}{\partial y}\left(f_2(x, y)\right) = \frac{\partial}{\partial y}\left(-13x + 36y\right) = 36.$$

2 Se $f(x,y) = 2e^{2x}\cos y$, encontre $f_x, f_y, f_{xx}, f_{xy}, f_{yx}$ e f_{yy}.

SOLUÇÃO
Nesse caso,

$$f_x(x, y) = \frac{\partial}{\partial x} (2e^{2x} \cos y) = 4e^{2x} \cos y,$$

$$f_y(x, y) = \frac{\partial}{\partial y} (2e^{2x} \cos y) = -2e^{2x} \operatorname{sen} y.$$

Daí,

$$f_{xx}(x, y) = \frac{\partial}{\partial x} (f_x(x, y)) = \frac{\partial}{\partial x} (4e^{2x} \cos y) = 8e^{2x} \cos y,$$

$$f_{xy}(x, y) = \frac{\partial}{\partial y} (f_x(x, y)) = \frac{\partial}{\partial y} (4e^{2x} \cos y) = -4e^{2x} \operatorname{sen} y,$$

$$f_{yx}(x, y) = \frac{\partial}{\partial x} (f_y(x, y)) = \frac{\partial}{\partial x} (-2e^{2x} \operatorname{sen} y) = -4e^{2x} \operatorname{sen} y,$$

$$f_{yy}(x, y) = \frac{\partial}{\partial y} (f_y(x, y)) = \frac{\partial}{\partial y} (-2e^{2x} \operatorname{sen} y) = -2e^{2x} \cos y.$$

3 Sejam n, m e k constantes e suponha que $f(x,y) = kx^n y^m$. Encontre $\dfrac{\partial f}{\partial x}$, $\dfrac{\partial f}{\partial y}$, $\dfrac{\partial^2 f}{\partial x^2}$, $\dfrac{\partial^2 f}{\partial y\, \partial x}$, $\dfrac{\partial^2 f}{\partial x\, \partial y}$, e $\dfrac{\partial^2 f}{\partial y^2}$.

SOLUÇÃO
Nesse caso,

$$\frac{\partial f}{\partial x} = \frac{\partial}{\partial x} (kx^n y^m) = knx^{n-1} y^m \quad \text{e} \quad \frac{\partial f}{\partial y} = \frac{\partial}{\partial y} (kx^n y^m) = kmx^n y^{m-1}.$$

Daí,

$$\frac{\partial^2 f}{\partial x^2} = \frac{\partial}{\partial x} \left(\frac{\partial f}{\partial x} \right) = \frac{\partial}{\partial x} (knx^{n-1} y^m) = kn(n-1)x^{n-2} y^m,$$

$$\frac{\partial^2 f}{\partial y\, \partial x} = \frac{\partial}{\partial y} \left(\frac{\partial f}{\partial x} \right) = \frac{\partial}{\partial y} (knx^{n-1} y^m) = knmx^{n-1} y^{m-1},$$

$$\frac{\partial^2 f}{\partial x\, \partial y} = \frac{\partial}{\partial x} \left(\frac{\partial f}{\partial y} \right) = \frac{\partial}{\partial x} (kmx^n y^{m-1}) = kmnx^{n-1} y^{m-1},$$

$$\frac{\partial^2 f}{\partial y^2} = \frac{\partial}{\partial y} \left(\frac{\partial f}{\partial y} \right) = \frac{\partial}{\partial y} (kmx^n y^{m-1}) = km(m-1)x^n y^{m-2}.$$

As derivadas parciais de segunda ordem $\dfrac{\partial^2 f}{\partial y\, \partial x}$ e $\dfrac{\partial^2 f}{\partial x\, \partial y}$ são denominadas derivadas parciais *mistas* de segunda ordem de f. Nos três exemplos acima observe que as derivadas parciais mistas são as mesmas. Do Exemplo 3, as derivadas parciais mistas de qualquer termo numa função polinomial a duas variáveis são as mesmas, daí, $\dfrac{\partial^2 f}{\partial y\, \partial x} = \dfrac{\partial^2 f}{\partial x\, \partial y}$ é válida para qualquer função polinomial a duas variáveis. **Resulta deste fato o seguinte teorema.**

TEOREMA 1 **Igualdade das derivadas parciais mistas de segunda ordem**

Seja f uma função a duas variáveis e suponha U um conjunto aberto de pontos contido no domínio de f. Então, se ambas as derivadas parciais mistas f_{12} e f_{21} existem e são contínuas em U, segue que $f_{12}(x,y) = f_{21}(x,y)$ para todos os pontos (x,y) em U.

A prova deste teorema, que depende do teorema do valor médio para funções a uma variável, está fora do propósito deste livro e será, por conseguinte, omitida.

A notação usada para derivadas parciais de ordem superior a 2 é quase auto-suficiente. Desse modo,

$$\frac{\partial^3 f}{\partial x\, \partial y^2} = \frac{\partial}{\partial x}\left(\frac{\partial^2 f}{\partial y^2}\right) = f_{221} = f_{yyx},$$

$$\frac{\partial^5 f}{\partial y^2\, \partial x\, \partial y^2} = \frac{\partial^2}{\partial y^2}\left(\frac{\partial^3 f}{\partial x\, \partial y^2}\right) = f_{22122} = f_{yyxyy},$$

e assim por diante. O Teorema 1, sobre a igualdade das derivadas parciais mistas, generaliza-se para os casos de ordem superior. Por exemplo,

$$\frac{\partial^3 f}{\partial x\, \partial y^2} = \frac{\partial^3 f}{\partial y\, \partial x\, \partial y} = \frac{\partial^3 f}{\partial y^2\, \partial x}$$

é válida para um conjunto como o U do teorema, ressaltando-se que as três derivadas parciais mistas existam e sejam contínuas em U. Em termos gerais, a ordem na qual sucessivas derivadas parciais são tomadas quando formam derivadas parciais de ordem superior é irrelevante, observando que todas as derivadas parciais em questão existem e são contínuas.

EXEMPLO Seja $f(x,y) = e^{xy} + \text{sen}\,(x + y)$. Encontre (a) f_{xxy}, (b) f_{yyx}, e (c) f_{xxyxx}.

SOLUÇÃO

(a) $f_x(x, y) = ye^{xy} + \cos(x + y)$, e

$$f_{xx}(x, y) = \frac{\partial}{\partial x}\left[ye^{xy} + \cos(x + y)\right] = y^2 e^{xy} - \text{sen}\,(x + y),$$

ou.seja

$$f_{xxy}(x, y) = \frac{\partial}{\partial y}\left[y^2 e^{xy} - \text{sen}\,(x + y)\right] = 2ye^{xy} + xy^2 e^{xy} - \cos(x + y).$$

(b) $f_y(x, y) = xe^{xy} + \cos(x + y)$, e

$$f_{yy}(x, y) = \frac{\partial}{\partial y}\left[xe^{xy} + \cos(x + y)\right] = x^2 e^{xy} - \text{sen}\,(x + y),$$

de modo que

$$f_{yyx}(x, y) = \frac{\partial}{\partial x}\left[x^2 e^{xy} - \text{sen}\,(x + y)\right] = 2xe^{xy} + yx^2 e^{xy} - \cos(x + y).$$

(c) Desde que $f_{xxy}(x, y) = 2ye^{xy} + xy^2 e^{xy} - \cos(x + y)$, temos

$$f_{xxyx}(x, y) = \frac{\partial}{\partial x}\left[2ye^{xy} + xy^2 e^{xy} - \cos(x + y)\right]$$

$$= 2y^2 e^{xy} + y^2 e^{xy} + xy^3 e^{xy} + \text{sen}\,(x + y)$$

$$= 3y^2 e^{xy} + xy^3 e^{xy} + \text{sen}\,(x + y),$$

de modo que

$$f_{xxyxx}(x, y) = \frac{\partial}{\partial x}\left[3y^2 e^{xy} + xy^3 e^{xy} + \text{sen}\,(x + y)\right]$$

$$= 3y^3 e^{xy} + y^3 e^{xy} + xy^4 e^{xy} + \cos\,(x + y)$$

$$= 4y^3 e^{xy} + xy^4 e^{xy} + \cos\,(x + y).$$

Naturalmente o conceito de derivadas parciais de ordem superior generaliza-se imediatamente para as funções a mais de duas variáveis. A notação é novamente auto-suficiente. Por exemplo, se $w = f(x,y,z)$, então

$$\frac{\partial^3 w}{\partial x\,\partial y\,\partial z} = \frac{\partial}{\partial x}\left[\frac{\partial}{\partial y}\left(\frac{\partial w}{\partial z}\right)\right] = f_{zyx} = f_{321},$$

$$\frac{\partial^4 w}{\partial x\,\partial z^2\,\partial y} = \frac{\partial}{\partial x}\left[\frac{\partial^2}{\partial z^2}\left(\frac{\partial w}{\partial y}\right)\right] = f_{yzzx} = f_{2331},$$

e assim por diante. As condições para a igualdade de derivadas parciais mistas permanecem inalteradas.

EXEMPLO   Seja $w = x^4 y^2 z + \text{sen}\,xy$. Verifique por cálculo direto que

$$\frac{\partial^3 w}{\partial x\,\partial y\,\partial z} = \frac{\partial^3 w}{\partial z\,\partial y\,\partial x}.$$

SOLUÇÃO
Nesse caso,

$$\frac{\partial w}{\partial z} = x^4 y^2 \quad \text{e} \quad \frac{\partial^2 w}{\partial y\,\partial z} = 2x^4 y,$$

de modo que $\dfrac{\partial^3 w}{\partial x\,\partial y\,\partial z} = 8x^3 y.$ Por outro lado,

$$\frac{\partial w}{\partial x} = 4x^3 y^2 z + y \cos xy \quad \text{e} \quad \frac{\partial^2 w}{\partial y\,\partial x} = 8x^3 yz + \cos xy - xy\,\text{sen}\,xy,$$

de modo que $\dfrac{\partial^3 w}{\partial z\,\partial y\,\partial x} = 8x^3 y.$ Portanto,

$$\frac{\partial^3 w}{\partial x\,\partial y\,\partial z} = 8x^3 y = \frac{\partial^3 w}{\partial z\,\partial y\,\partial x}.$$

As derivadas parciais de ordem superior são geralmente calculadas por diferenciações sucessivas, como no exemplo acima. Em cada estágio de tal cálculo, as regras de diferenciação, incluindo as regras da cadeia, são válidas. O uso da regra da cadeia nesta conexão está ilustrado nos exemplos abaixo.

EXEMPLOS 1   Seja $w = u^2 v^3$, onde $u = x^2 + 3y^2$ e $v = 2x^2 - y^2$. Encontre $\dfrac{\partial^2 w}{\partial x\,\partial y}.$

SOLUÇÃO
Pela regra da cadeia

$$\frac{\partial w}{\partial y} = \frac{\partial w}{\partial u}\frac{\partial u}{\partial y} + \frac{\partial w}{\partial v}\frac{\partial v}{\partial y} = (2uv^3)(6y) + (3u^2 v^2)(-2y) = (12uv^3 - 6u^2 v^2)y.$$

Portanto,

$$\frac{\partial^2 w}{\partial x\,\partial y} = \frac{\partial}{\partial x}[(12uv^3 - 6u^2v^2)]y = \left[12\frac{\partial}{\partial x}(uv^3) - 6\frac{\partial}{\partial x}(u^2v^2)\right]y$$

$$= \left[12\left(\frac{\partial u}{\partial x}v^3 + 3uv^2\frac{\partial v}{\partial x}\right) - 6\left(2u\frac{\partial u}{\partial x}v^2 + 2u^2v\frac{\partial v}{\partial x}\right)y\right]$$

$$= [12(2xv^3 + 12uv^2x) - 6(4uxv^2 + 8u^2vx)]y$$

$$= 24(v^3 + 5uv^2 - 2u^2v)xy.$$

2 Suponha z uma função de x e y, e que ambas as variáveis, x e y, sejam funções de t. Considerando a existência e a continuidade das derivadas, encontre $\dfrac{d^2z}{dt^2}$.

SOLUÇÃO
Pela regra da cadeia

$$\frac{dz}{dt} = \frac{\partial z}{\partial x}\frac{dx}{dt} + \frac{\partial z}{\partial y}\frac{dy}{dt}.$$

Diferenciando novamente em relação a t, temos

$$\frac{d^2z}{dt^2} = \left[\frac{d}{dt}\left(\frac{\partial z}{\partial x}\right)\right]\frac{dx}{dt} + \frac{\partial z}{\partial x}\left[\frac{d}{dt}\left(\frac{dx}{dt}\right)\right] + \left[\frac{d}{dt}\left(\frac{\partial z}{\partial y}\right)\right]\frac{dy}{dt} + \frac{\partial z}{\partial y}\left[\frac{d}{dt}\left(\frac{dy}{dt}\right)\right]$$

$$= \left[\frac{d}{dt}\left(\frac{\partial z}{\partial x}\right)\right]\frac{dx}{dt} + \frac{\partial z}{\partial x}\frac{d^2x}{dt^2} + \left[\frac{d}{dt}\left(\frac{\partial z}{\partial y}\right)\right]\frac{dy}{dt} + \frac{\partial z}{\partial y}\frac{d^2y}{dt^2}.$$

As parcelas entre colchetes podem ser encontradas pelas aplicações adicionais da regra da cadeia. Assim

$$\frac{d}{dt}\left(\frac{\partial z}{\partial x}\right) = \left[\frac{\partial}{\partial x}\left(\frac{\partial z}{\partial x}\right)\right]\frac{dx}{dt} + \left[\frac{\partial}{\partial y}\left(\frac{\partial z}{\partial x}\right)\right]\frac{dy}{dt} = \frac{\partial^2 z}{\partial x^2}\frac{dx}{dt} + \frac{\partial^2 z}{\partial y\,\partial x}\frac{dy}{dt},$$

$$\frac{d}{dt}\left(\frac{\partial z}{\partial y}\right) = \left[\frac{\partial}{\partial x}\left(\frac{\partial z}{\partial y}\right)\right]\frac{dx}{dt} + \left[\frac{\partial}{\partial y}\left(\frac{\partial z}{\partial y}\right)\right]\frac{dy}{dt} = \frac{\partial^2 z}{\partial x\,\partial y}\frac{dx}{dt} + \frac{\partial^2 z}{\partial y^2}\frac{dy}{dt}.$$

Substituindo esses resultados e usando o fato de que

$$\frac{\partial^2 z}{\partial y\,\partial x} = \frac{\partial^2 z}{\partial x\,\partial y}, \text{ temos}$$

$$\frac{d^2z}{dt^2} = \left[\frac{\partial^2 z}{\partial x^2}\frac{dx}{dt} + \frac{\partial^2 z}{\partial x\,\partial y}\frac{dy}{dt}\right]\frac{dx}{dt} + \frac{\partial z}{\partial x}\frac{d^2x}{dt^2} + \left[\frac{\partial^2 z}{\partial x\,\partial y}\frac{dx}{dt} + \frac{\partial^2 z}{\partial y^2}\frac{dy}{dt}\right]\frac{dy}{dt} + \frac{\partial z}{\partial y}\frac{d^2y}{dt^2};$$

isto é,

$$\frac{d^2z}{dt^2} = \frac{\partial^2 z}{\partial x^2}\left(\frac{dx}{dt}\right)^2 + 2\frac{\partial^2 z}{\partial x\,\partial y}\frac{dx}{dt}\frac{dy}{dt} + \frac{\partial^2 z}{\partial y^2}\left(\frac{dy}{dt}\right)^2 + \frac{\partial z}{\partial x}\frac{d^2x}{dt^2} + \frac{\partial z}{\partial y}\frac{d^2y}{dt^2}.$$

Conjunto de Problemas 8

Nos problemas de 1 a 12 (a) calcule $\dfrac{\partial^2 f}{\partial x^2}$, (b) calcule $\dfrac{\partial^2 f}{\partial y^2}$, (c) calcule $\dfrac{\partial^2 f}{\partial y\,\partial x}$, (d) calcule $\dfrac{\partial^2 f}{\partial x\,\partial y}$, e (e) verifique que $\dfrac{\partial^2 f}{\partial y\,\partial x} = \dfrac{\partial^2 f}{\partial x\,\partial y}$.

1 $f(x,y) = 6x^2 + 7xy + 5y^2$

2 $f(x,y) = 4x^2 y^3 - x^4 y + x$

3 $f(x,y) = x\cos y - y^2$

4 $f(x,y) = \tan^{-1}\left(\dfrac{y}{x}\right)$

5 $f(x,y) = (x^2 + y^2)^{3/2}$

6 $f(x,y) = \dfrac{x+y}{x-y}$

7 $f(x,y) = y\cos x - xe^{2y}$

8 $f(x,y) = e^{\sqrt{x^2+y^2}}$

9 $f(x,y) = \operatorname{sen}(x + 2y)$

10 $f(x,y) = e^{3x^2} - 2y^3$

11 $f(x,y) = 5x\cosh 2y$

12 $f(x,y) = \ln\operatorname{sen}\sqrt{x^2 + y^2}$

Nos problemas de 13 a 20, encontre cada derivada parcial.

13 $f(x,y,z) = xy^2 z + 3x^2 e^y$; (a) $f_{xy}(x,y,z)$, (b) $f_{yz}(x,y,z)$. **14** $g(x,y,z) = \cos(xyz^2)$; (a) $g_{xz}(x,y,z)$, (b) $g_{yz}(x,y,z)$.

15 $h(x,y,z) = xe^y + ze^x + e^{-3z}$; (a) $h_{112}(x,y,z)$, (b) $h_{213}(x,y,z)$.

16 $f(x,y,z) = x^2 e^{-2y}\operatorname{sen} z$; (a) $f_{113}(1,-1,\pi/4)$, (b) $f_{2231}(1,-1,\pi/4)$.

17 $f(x,y,z) = e^{xyz}$; (a) $f_{xyzx}(1,2,3)$, (b) $f_{xxyz}(1,2,3)$.

18 $f(s,r,t) = \ln(5r + 8s - 6t^2)$; (a) $f_{21}(r,s,t)$, (b) $f_{312}(r,s,t)$.

19 $h(x,y,z) = \operatorname{sen} x^2 y - z^2$; (a) $\dfrac{\partial^3 h}{\partial x\,\partial y\,\partial z}$, (b) $\dfrac{\partial^4 h}{\partial x\,\partial y\,\partial z^2}$. **20** $f(x,y,z) = y\ln(x - \csc z)$, (a) $\dfrac{\partial^2 f}{\partial y\,\partial z}$, (b) $\dfrac{\partial^2 f}{\partial x\,\partial z}$.

21 Se $w = (Ax^2 + By^2)^3$, onde A e B são constantes, verifique que $\dfrac{\partial^3 w}{\partial x^2\,\partial y} = \dfrac{\partial^3 w}{\partial y\,\partial x^2}$ por cálculo direto.

22 Se $w = \ln(x - y) + \tan(x + y)$, mostre que $\dfrac{\partial^2 w}{\partial x^2} = \dfrac{\partial^2 w}{\partial y^2}$.

Nos problemas de 23 a 26, mostre que cada função f satisfaz a *equação diferencial parcial de Laplace em duas dimensões*, a saber, $\dfrac{\partial^2 f}{\partial x^2} + \dfrac{\partial^2 f}{\partial y^2} = 0$.

23 $f(x,y) = e^x\operatorname{sen} y + e^y\operatorname{sen} x$

24 $f(x,y) = e^{2x}(\cos^2 y - \operatorname{sen}^2 y)$

25 $f(x,y) = \ln(x^2 + y^2)$

26 $f(x,y) = \tan^{-1}\left(\dfrac{y}{x}\right)$

Nos problemas 27 e 28, mostre que cada função f satisfaz a *equação diferencial parcial de Laplace em três dimensões*, a saber, $\dfrac{\partial^2 f}{\partial x^2} + \dfrac{\partial^2 f}{\partial y^2} + \dfrac{\partial^2 f}{\partial z^2} = 0$.

27 $f(x,y,z) = 3x^2 - 2y^2 + 5xy + 8xz - z^2$

28 $f(x,y,z) = (x^2 + y^2 + z^2)^{-1/2}$

29 Mostre que $w = e^{-y^2}\cos x$ satisfaz a equação diferencial parcial

$$\frac{\partial^2 w}{\partial y^2} - 2\frac{\partial^2 w}{\partial x^2} = 4y^2 w.$$

30 Considerando que as funções f e g sejam três vezes diferenciáveis, mostre que se

$$w = f(x + y) + g(x - y), \quad \text{então} \quad \frac{\partial^2 w}{\partial x^2} = \frac{\partial^2 w}{\partial y^2}.$$

31 Se $w = Ax^2 + Bxy + Cy^2 + Dx + Ey + F$, determine as condições para as constantes A, B, C, D, E e F tais que w satisfaça a equação diferencial parcial de Laplace em duas dimensões, a saber, $\dfrac{\partial^2 w}{\partial x^2} + \dfrac{\partial^2 w}{\partial y^2} = 0$.

32 Uma função f a duas variáveis é dita *homogênea de grau n* se $f(tx,ty) = t^n f(x,y)$ é válido para todos os valores de x, y e t.
(a) Dar um exemplo de uma função homogênea de grau 1.
(b) Dar um exemplo de uma função homogênea de grau 2.
(c) Suponha que f seja diferenciável e homogênea de grau n. Prove que

$$xf_1(x,y) + yf_2(x,y) = nf(x,y).$$

33 Seja $w = f(u,v)$, onde $u = x + y + z$ e $v = 2x + y - z$. Considerando a existência e a continuidade das derivadas parciais de f, encontre uma fórmula para $\dfrac{\partial^2 w}{\partial x^2} + \dfrac{\partial^2 w}{\partial y^2} + \dfrac{\partial^2 w}{\partial z^2}$.

34 Se f é uma função três vezes diferenciável e c é uma constante, mostre que $w = f(x - ct)$ é uma solução da *equação da onda* $\dfrac{\partial^2 w}{\partial t^2} = c^2 \dfrac{\partial^2 w}{\partial x^2}$. Mostre também que $w = f(x + ct)$ é uma solução desta equação.

35 Se a, b, c e k são constantes, mostre que $w = (a\cos cx + b\,\text{sen}\,cx)e^{-kc^2t}$ é uma solução da *equação de calor* $\dfrac{\partial w}{\partial t} = k\dfrac{\partial^2 w}{\partial x^2}$.

36 Suponha que $w = f(x,y,z)$ e seja $x = \rho\,\text{sen}\,\phi\cos\theta$, $y = \rho\,\text{sen}\,\phi\,\text{sen}\,\theta$, e $z = \rho\cos\phi$. Desse modo, se $(\rho,\theta,\phi) = (4,\pi/3,\pi/6)$, então $(x,y,z) = (1,\sqrt{3},2\sqrt{3})$. Suponha que f tenha derivadas parciais contínuas e que

$$f_x(1,\sqrt{3},2\sqrt{3}) = \sqrt{3}, \qquad f_y(1,\sqrt{3},2\sqrt{3}) = 2, \qquad f_z(1,\sqrt{3},2\sqrt{3}) = 1,$$
$$f_{xx}(1,\sqrt{3},2\sqrt{3}) = 4, \qquad f_{xy}(1,\sqrt{3},2\sqrt{3}) = -1, \qquad f_{xz}(1,\sqrt{3},2\sqrt{3}) = 2,$$
$$f_{yy}(1,\sqrt{3},2\sqrt{3}) = 4, \qquad f_{yz}(1,\sqrt{3},2\sqrt{3}) = -\sqrt{3}, \qquad f_{zz}(1,\sqrt{3},2\sqrt{3}) = -1.$$

Ache

(a) $\dfrac{\partial w}{\partial\phi}$ em $(4,\pi/3,\pi/6)$.   (b) $\dfrac{\partial^2 w}{\partial\rho\,\partial\phi}$ em $(4,\pi/3,\pi/6)$.

37 Seja $w = f(u)$ onde $u = g(x,y)$. Considerando que as derivadas existam e sejam contínuas, expresse $\dfrac{\partial^2 w}{\partial x^2} + \dfrac{\partial^2 w}{\partial y^2}$ em termos de f', f'' e das derivadas parciais de g.

38 Suponha que z seja uma função de u e v e que ambas, u e v, sejam funções de x e y. Considerando a existência e a continuidade das derivadas parciais, encontre uma fórmula para

(a) $\dfrac{\partial^2 z}{\partial x^2}$ (b) $\dfrac{\partial^2 z}{\partial x\,\partial y}$

39 Seja $w = f(r)$, onde $r = \sqrt{x^2 + y^2}$. Mostre que

$$\frac{\partial^2 w}{\partial x^2} + \frac{\partial^2 w}{\partial y^2} = \frac{d^2 w}{dr^2} + \frac{1}{r}\frac{dw}{dr}.$$

40 Suponha que $f(x,y) = 0$ defina y implicitamente como uma função de f. Considerando a existência e a continuidade das derivadas e que $\partial f/\partial y \neq 0$, mostre que

$$\frac{d^2y}{dx^2} = -\frac{\dfrac{\partial^2 f}{\partial x^2}\left(\dfrac{\partial f}{\partial y}\right)^2 - 2\dfrac{\partial f}{\partial x}\cdot\dfrac{\partial f}{\partial y}\cdot\dfrac{\partial^2 f}{\partial x\,\partial y} + \dfrac{\partial^2 f}{\partial y^2}\left(\dfrac{\partial f}{\partial x}\right)^2}{\left(\dfrac{\partial f}{\partial y}\right)^3}.$$

41 Se u e v são funções de x e y, e se u e v satisfazem as *equações de Cauchy-Riemann,*

a saber, $\dfrac{\partial u}{\partial x} = \dfrac{\partial v}{\partial y}$ e $\dfrac{\partial u}{\partial y} = -\dfrac{\partial v}{\partial x}$, mostre que $\dfrac{\partial^2 u}{\partial x^2} + \dfrac{\partial^2 u}{\partial y^2} = 0$ e que

$\dfrac{\partial^2 v}{\partial x^2} + \dfrac{\partial^2 v}{\partial y^2} = 0$. Considere a existência e a continuidade das derivadas parciais.

9 Extremos Para Funções de Mais de Uma Variável

No Cap. 3 vimos que a derivada é u, a ferramenta indispensável à resolução de problemas onde figurem extremos de funções de uma variável. Nesta seção estudaremos o problema de determinação de valores máximos e mínimos de funções a mais de uma variável e veremos que as derivadas parciais são especialmente úteis para este fim.

Os conceitos básicos, tais como extremo relativo, extremo absoluto, pontos críticos, e assim por diante, para funções de diversas variáveis têm natural correspondência com os conceitos análogos para funções de uma variável. Por simplicidade, formularemos estes conceitos para funções a duas variáveis; é óbvia a extensão para funções de mais de duas variáveis.

DEFINIÇÃO 1   **Extremo relativo**

(i) Uma função f a duas variáveis tem um *valor máximo relativo* $f(a,b)$ no ponto (a,b) se há um disco circular de raio positivo com centro em (a,b) tal que se (x,y) é um ponto no interior dessa vizinhança, então (x,y) está no domínio de f e $f(x,y) \leq f(a,b)$.

(ii) Uma função f a duas variáveis tem um valor mínimo relativo $f(a,b)$ no ponto (a,b) se há um disco circular de raio positivo com centro em (a,b) tal que se (x,y) é um ponto no interior dessa vizinhança, então (x,y) está no domínio de f e $f(x,y) \geq f(a,b)$.

(iii) Um valor máximo ou mínimo relativo de uma função é chamado de *valor extremo relativo* ou *extremo relativo* da função.

Considere, por exemplo, a superfície da Fig. 1 como o gráfico de uma função f a duas variáveis. O ponto P no cume da "colina" representa um valor

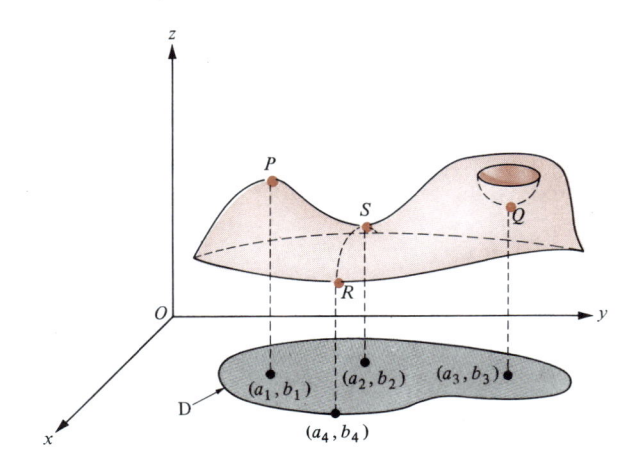

Fig. 1

máximo relativo de f, já que $f(a_1,b_1)$ — a altura de P acima do plano xy — é maior que todos os valores *próximos* de $f(x,y)$. Analogamente, o ponto Q no fundo da "depressão" corresponde a um mínimo relativo, $f(a_3,b_3)$.

O ponto S no "desfiladeiro" não é nem um máximo relativo, nem um mínimo relativo, já que aumentamos a altura sobre o plano xy quando nos movemos de S em direção a P, na colina, enquanto que diminuímos essa altura quando nos movemos de S para o ponto R, na "borda" da superfície. Casualmente, R não representa um extremo relativo de f, pois não há um disco circular com raio positivo e com centro em (a_4,b_4) que esteja contido no domínio D de f. Note que, por definição, um extremo relativo de uma função f pode ocorrer apenas em pontos interiores do domínio D de f — nunca em um ponto fronteira de D.

Algumas vezes é possível localizar o extremo relativo de uma função f de mais de uma variável através de simples considerações algébricas ou pelo esboço do gráfico de f. Isto é ilustrado pelo seguinte exemplo.

EXEMPLO   Seja a função f definida por $f(x,y) = 1 - x^2 - y^2$. Encontre todos os extremos relativos de f.

SOLUÇÃO
Aqui, $f(x,y) = 1 - (x^2 + y^2)$ e $x^2 + y^2 \geq 0$, ou seja, $f(x,y) \leq 1$ para todos os valores de x e y. Desde que $f(0,0) = 1$, f atinge um extremo relativo 1 em $(0,0)$. O gráfico de f, um parabolóide de revolução em torno do eixo dos z, mostra claramente que f não tem extremo relativo (Fig. 2).

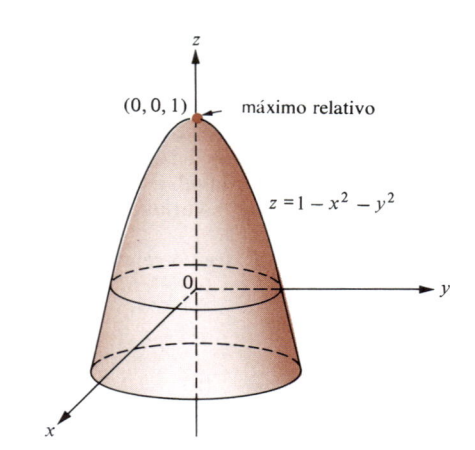

Fig. 2

Suponha que f seja uma função a duas variáveis tendo um máximo relativo $c = f(a,b)$ no ponto (a,b) (Fig. 3). Seja C a seção transversal de corte do gráfico de f pelo plano $y = b$, e observe que a curva C atinge um máximo relativo no ponto (a,b). Portanto se C é uma curva suave, ela terá uma tangente horizontal no ponto (a,b,c), pelo Teorema 1 da Seção 4 do Cap. 3. Desde que o coeficiente angular da reta tangente a C em (a,b,c) é dado pela derivada parcial $f_1(a,b)$, então $f_1(a,b) = 0$.

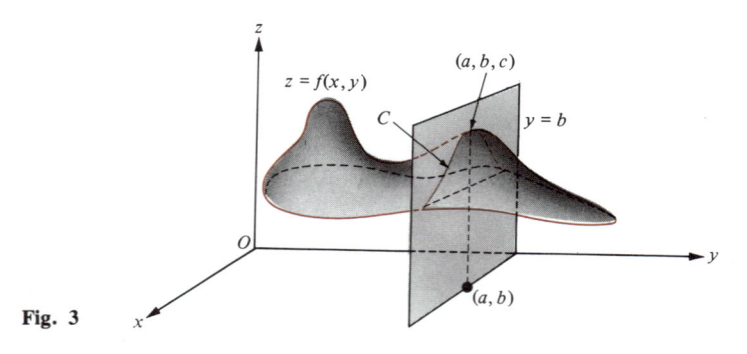

Fig. 3

Seccionando a superfície da Fig. 3 com um plano $x = a$ e com raciocínio análogo, concluímos que, se $f_2(a,b)$ existe, então $f_2(a,b) = 0$. Do mesmo modo, se f tem um mínimo relativo e $f_1(a,b)$ e $f_2(a,b)$ existem, então $f_1(a,b) = 0$ e $f_2(a,b) = 0$. Assim, temos o seguinte teorema.

TEOREMA 1   **Condição necessária para extremo relativo**

Seja (a,b) um ponto interior do domínio de uma função f e suponha que as duas derivadas parciais $f_1(a,b)$ e $f_2(a,b)$ existam. Então, se f tem extremo relativo em (a,b) é necessário que $f_1(a,b) = 0$ e $f_2(a,b) = 0$.

Observe que a condição $f_1(a,b) = f_2(a,b) = 0$ no Teorema 1 pode também ser expressa como $\nabla f(a,b) = \bar{0}$, já que $\nabla f(a,b) = f_1(a,b)\bar{i} + f_2(a,b)\bar{j}$. Portanto, no ponto onde uma função possui um extremo relativo seu gradiente ou não existe ou é o vetor nulo. Assim, temos a seguinte definição.

DEFINIÇÃO 2   **Ponto crítico**

Seja f uma função a duas variáveis. Um ponto (a,b) no domínio de f tal que ou $\nabla f(a,b)$ não exista, ou $\nabla f(a,b) = \bar{0}$, é denominado *ponto crítico de f*. Um ponto crítico de f que está no interior do domínio de f é denominado *ponto crítico interior* do domínio de f.

Agora, o Teorema 1 pode ser reapresentado assim: Se uma função f tem um extremo relativo em (a,b), então (a,b) precisa ser um ponto crítico interior do domínio de f.

Portanto, para localizar todos os extremos relativos de f, começamos por encontrar todos os pontos críticos interiores a seu domínio. Alguns desses pontos críticos podem corresponder a extremos relativos; contudo, alguns deles podem ocorrer em "pontos de sela", isto é, pontos críticos onde a função não tem nem máximo nem mínimo relativo. O ponto S, na superfície da Fig. 1, corresponde a um ponto de sela, assim o ponto crítico interior $(\bar{a}_2, b_2)$, na Fig. 1, não é um extremo relativo para a função. (Note que o gráfico da função tem a forma de uma sela próximo ao ponto S, na Fig. 1).

A fim de encontrar os pontos críticos interiores da função e determinar quais deles correspondem a máximos relativos, mínimos relativos ou pontos de sela, o seguinte teorema (cuja prova é deixada para um curso de cálculo avançado) pode ser muito útil.

TEOREMA 2   **Teste da segunda derivada**

Seja (a,b) um ponto interior ao domínio da função f e suponha que as primeiras e as segundas derivadas parciais de f existam e sejam contínuas em algum disco circular com centro em (a,b) contido no domínio de f. Assuma que (a,b) seja um ponto crítico de f, ou seja $f_1(a,b) = f_2(a,b) = 0$. Seja ainda

$$\Delta = \begin{vmatrix} f_{11}(a,b) & f_{12}(a,b) \\ f_{12}(a,b) & f_{22}(a,b) \end{vmatrix} = f_{11}(a,b)f_{22}(a,b) - [f_{12}(a,b)]^2.$$

Então:

(i)   Se $\Delta > 0$ e $f_{11}(a,b) + f_{22}(a,b) < 0$, então f tem máximo relativo em (a,b).

(ii)   Se $\Delta > 0$ e $f_{11}(a,b) + f_{22}(a,b) > 0$, então f tem mínimo relativo em (a,b).

(iii)   Se $\Delta < 0$, então f tem um ponto sela em (a,b).

(iv)   Se $\Delta = 0$, então o teste é inconclusivo e outros métodos precisam ser usados.

EXEMPLOS   Encontre todos os pontos críticos do domínio das funções dadas, então aplique o teste da segunda derivada para decidir (se possível) quais desses pontos de máximos relativos, mínimos relativos ou pontos de sela ocorrem.

1 $f(x,y) = x^2 + y^2 - 2x + 4y + 2$

SOLUÇÃO
Aqui,

$$f_1(x,y) = 2x - 2, \qquad f_2(x,y) = 2y + 4,$$
$$f_{11}(x,y) = 2, \qquad f_{12}(x,y) = f_{21}(x,y) = 0, \qquad f_{22}(x,y) = 2.$$

Para encontrar todos os pontos críticos, precisamos resolver o sistema de equações

$$\begin{cases} f_1(x,y) = 0 \\ f_2(x,y) = 0; \end{cases} \quad \text{isto é,} \quad \begin{cases} 2x - 2 = 0 \\ 2y + 4 = 0. \end{cases}$$

Neste caso, a única solução é $x = 1$, $y = -2$; daí, $(1,-2)$ é o único ponto crítico de f. Calculando o valor de Δ do Teorema 2 no ponto crítico $(1,-2)$, obtemos

$$\Delta = \begin{vmatrix} f_{11}(1,-2) & f_{12}(1,-2) \\ f_{12}(1,-2) & f_{22}(1,-2) \end{vmatrix} = \begin{vmatrix} 2 & 0 \\ 0 & 2 \end{vmatrix} = 4 - 0 = 4 > 0.$$

Também, $f_{11}(1,-2) + f_{22}(1,-2) = 2 + 2 = 4 > 0$. Portanto, pelo Teorema 2, f tem um mínimo relativo em $(1,-2)$.

2 $f(x,y) = 12xy - 4x^2y - 3xy^2$

SOLUÇÃO
Nesse caso,

$$\begin{aligned} f_1(x,y) &= 12y - 8xy - 3y^2 = (12 - 8x - 3y)y, \\ f_2(x,y) &= 12x - 4x^2 - 6xy = (12 - 4x - 6y)x, \\ f_{11}(x,y) &= -8y, \\ f_{12}(x,y) &= f_{21}(x,y) = 12 - 8x - 6y, \quad \text{e} \\ f_{22}(x,y) &= -6x. \end{aligned}$$

Para encontrarmos todos os pontos críticos (x,y), precisamos resolver o sistema de equações

$$\begin{cases} (12 - 8x - 3y)y = 0 \\ (12 - 4x - 6y)x = 0. \end{cases}$$

Obviamente, $x = 0$ e $y = 0$ é uma solução, ou seja $(0,0)$ é um ponto crítico. Se $x \neq 0$ e $y = 0$, as equações tornam-se

$$\begin{cases} 0 = 0 \\ 12 - 4x = 0, \end{cases}$$

ou seja, $x = 3$ e $y = 0$ é uma solução e $(3,0)$ é um ponto crítico. Se $x = 0$ e $y \neq 0$, as equações tornam-se

$$\begin{cases} 12 - 3y = 0 \\ 0 = 0, \end{cases}$$

dando o ponto crítico $(0,4)$. Finalmente, se $x \neq 0$ e $y \neq 0$, o sistema de equações torna-se

$$\begin{cases} 12 - 8x - 3y = 0 \\ 12 - 4x - 6y = 0. \end{cases}$$

Resolvendo as últimas equações como de costume (digamos, por eliminação de variáveis) obtemos $x = 1$, $y = {}^4\!/_3$; daí, $(1, {}^4\!/_3)$ é também um ponto crítico.

Os pontos críticos de f são portanto $(0,0)$, $(3,0)$, $(0,4)$ e $(1, {}^4\!/_3)$. Calculando o valor de Δ para cada um destes pontos críticos, temos:

1 Em $(0,0)$, $\Delta = f_{11}(0,0)f_{22}(0,0) - [f_{12}(0,0)]^2 = 0 - (12)^2 = -144$.
2 Em $(3,0)$, $\Delta = f_{11}(3,0)f_{22}(3,0) - [f_{12}(3,0)]^2 = 0 - (-12)^2 = -144$.
3 Em $(0,4)$, $\Delta = f_{11}(0,4)f_{22}(0,4) - [f_{12}(0,4)]^2 = 0 - (-12)^2 = -144$.
4 Em $(1,\frac{4}{3})$, $\Delta = f_{11}(1,\frac{4}{3})f_{22}(1,\frac{4}{3}) - [f_{12}(1,\frac{4}{3})]^2 = 64 - (-4)^2 = 48$.

Desde que $\Delta < 0$ para os três primeiros pontos críticos (0,0), (3,0) e (0,4), estes são pontos de sela. Em $(1,{}^4/_3)$, temos $\Delta > 0$ e $f_{11}(1,{}^4/_3) + f_{22}(1,{}^4/_3) = -{}^{32}/_3 - 6 < 0$; daí, a função tem máximo relativo em $(1,{}^4/_3)$.

3 $f(x,y) = x^4 + y^4$

SOLUÇÃO
Nesse caso,

$$f_1(x,y) = 4x^3, \qquad f_2(x,y) = 4y^3,$$
$$f_{11}(x,y) = 12x^2, \qquad f_{12}(x,y) = f_{21}(x,y) = 0, \qquad f_{22}(x,y) = 12y^2.$$

A única solução para o sistema de equações

$$\begin{cases} 4x^3 = 0 \\ 4y^3 = 0 \end{cases}$$

é $x = 0$ e $y = 0$; daí, $(0,0)$ é o único ponto crítico de f. Assim,

$$\Delta = f_{11}(0,0)f_{22}(0,0) - [f_{12}(0,0)]^2 = 0,$$

e portanto o teste da derivada segunda não permite conclusão alguma em $(0,0)$. Contudo, já que $f(0,0) = 0$ e $f(x,y) = x^4 + y^4 > 0$ quando $(x,y) \neq (0,0)$, está claro que f tem um mínimo relativo em $(0,0)$.

9.1 Extremos absolutos

Contrapondo-se com a noção de extremo relativo, dada na Definição 1, introduziremos agora a idéia de extremo absoluto.

DEFINIÇÃO 3   **Extremo absoluto**

Uma função f a duas variáveis tem um *valor máximo absoluto* $f(a,b)$ no ponto (a,b) de seu domínio D se $f(x,y) \leq f(a,b)$ para todo ponto (x,y) em D. Analogamente, f tem *valor mínimo absoluto* $f(c,d)$ no ponto (c,d) de seu domínio D se $f(x,y) \geq f(c,b)$ para todo ponto (x,y) em D. Um valor máximo ou mínimo absoluto de f é denominado *extremo absoluto* de f.

Na Fig. 2, a função f dada por $f(x,y) = 1 - x^2 - y^2$ na verdade não tem apenas um máximo relativo, mas um máximo absoluto em $(0,0)$. Contudo, na Fig. 1, o ponto P não representa um máximo absoluto, já que a superfície atinge alturas superiores à de P quando nos movemos para a direita a partir do ponto de sela S.

É intuitivamente claro que uma superfície contínua e limitada precisa ter um ponto mais alto e outro mais baixo (ressaltando-se que a "casca" da superfície é considerada parte da superfície). Por exemplo, o ponto R na superfície da Fig. 1 parece ser o ponto mais baixo, enquanto o ponto mais alto encontrar-se-ia ao longo da parte que se eleva ao redor de Q. O seguinte teorema confirma nossa intuição a respeito desses fatos; contudo, sua prova será deixada para cursos de cálculo avançado de análise.

TEOREMA 3   **Existência do extremo absoluto**

Seja f uma função a duas variáveis cujo domínio D não apenas seja limitado, mas também contenha todos os pontos de sua própria fronteira. Então f tem um valor máximo absoluto e um valor mínimo absoluto.

Note que um extremo absoluto que ocorra em um ponto interior do domínio D de uma função f é automaticamente um extremo relativo de f. (Por quê?) Conseqüentemente, um extremo absoluto de f que não é um extremo relativo precisa ocorrer em um ponto da fronteira de D (isto é, em um ponto de D que não é ponto interior). Daí, a fim de localizarmos o extremo absoluto de f, primeiro encontramos todos os extremos relativos e então comparamos o maior e o menor desses valores com os valores de f ao longo da fronteira de D. A técnica é análoga àquela usada no Cap. 3 para encontrar extremos absolutos de funções de uma variável e está ilustrada pelo seguinte exemplo.

EXEMPLO   Uma placa metálica circular com 1 metro de raio está colocada com seu centro na origem de um plano xy e é aquecida de modo que a temperatura no ponto (x,y) é dada por $T = 64 (3x^2 - 2xy + 3y^2 + 2y + 3)$ graus C, onde x e y estão em metros. Encontre a maior e a menor temperatura na placa.

SOLUÇÃO
Desde que

$$\frac{\partial T}{\partial x} = 64(6x - 2y) \quad \text{e} \quad \frac{\partial T}{\partial y} = 64(-2x + 6y + 2),$$

os pontos críticos dentro do disco circular são encontrados resolvendo o sistema de equações

$$\begin{cases} 64(6x - 2y) = 0 \\ 64(-2x + 6y + 2) = 0. \end{cases}$$

A única solução $x = -1/8$, $y = -3/8$ fornece exatamente um ponto crítico sobre a placa, a saber $(-1/8, -3/8)$. Para o teste da derivada segunda em $(-1/8, -3/8)$, precisamos dos valores

$$\frac{\partial^2 T}{\partial x^2} = (64)(6), \quad \frac{\partial^2 T}{\partial x\,\partial y} = (64)(-2), \quad \text{e} \quad \frac{\partial^2 T}{\partial y^2} = (64)(6).$$

Desse modo, no ponto crítico

$$\Delta = \frac{\partial^2 T}{\partial x^2}\frac{\partial^2 T}{\partial y^2} - \left(\frac{\partial^2 T}{\partial x\,\partial y}\right)^2 = (384)(384) - (-128)^2 = 131.072 > 0,$$

e $\dfrac{\partial^2 T}{\partial x^2} + \dfrac{\partial^2 T}{\partial y^2} = 384 + 384 = 768 > 0;$ daí, há uma temperatura mínima relativa de

$$64[3(-\tfrac{1}{8})^2 - 2(-\tfrac{1}{8})(-\tfrac{3}{8}) + 3(-\tfrac{3}{8})^2 + 2(-\tfrac{3}{8}) + 5] = 296 \text{ graus C}$$

no ponto $(-1/8, -3/8)$.

Nesse caso, precisamos examinar os valores de T ao longo da fronteira $x^2 + y^2 = 1$ da placa circular. Se fizermos

$$\begin{cases} x = \cos \theta \\ y = \operatorname{sen} \theta, \end{cases}$$

então, como θ varia de 0 a 2π, o ponto (x,y) percorre a fronteira da placa. A temperatura no ponto correspondente a θ é dada por

$$\begin{aligned} T &= 64(3 \cos^2 \theta - 2 \cos \theta \operatorname{sen} \theta + 3 \operatorname{sen}^2 \theta + 2 \operatorname{sen} \theta + 5) \\ &= 64(3 - 2 \cos \theta \operatorname{sen} \theta + 2 \operatorname{sen} \theta + 5) \\ &= 64(8 - 2 \cos \theta \operatorname{sen} \theta + 2 \operatorname{sen} \theta) \\ &= 128(4 - \cos \theta \operatorname{sen} \theta + \operatorname{sen} \theta). \end{aligned}$$

Desse modo, sobre a fronteira da placa,

$$\frac{dT}{d\theta} = 128(\text{sen}^2\,\theta - \cos^2\theta + \cos\theta) = 128(1 - 2\cos^2\theta + \cos\theta).$$

Os valores críticos de θ sobre a fronteira são as soluções de

$$1 - 2\cos^2\theta + \cos\theta = 0 \quad \text{ou} \quad 2\cos^2\theta - \cos\theta - 1 = 0;$$

isto é,

$$(2\cos\theta + 1)(\cos\theta - 1) = 0.$$

Assim $\cos\theta = -\frac{1}{2}$ ou $\cos\theta = 1$, logo os valores críticos de θ são

$$\theta = \frac{2\pi}{3}, \qquad \theta = \frac{4\pi}{3}, \qquad \theta = 0.$$

Quando $\theta = 2\pi/3$, temos

$$T = 128\left(4 - \cos\frac{2\pi}{3}\,\text{sen}\,\frac{2\pi}{3} + \text{sen}\,\frac{2\pi}{3}\right) = 32(16 + 3\sqrt{3}) \approx 678,28 \quad \text{graus C}.$$

Quando $\theta = 4\pi/3$, temos

$$T = 128\left(4 - \cos\frac{4\pi}{3}\,\text{sen}\,\frac{4\pi}{3} + \text{sen}\,\frac{4\pi}{3}\right) = 32(16 - 3\sqrt{3}) \approx 345,72 \quad \text{graus C}.$$

Quando $\theta = 0$, temos

$$T = 128(4 - \cos 0\,\text{sen}\,0 + \text{sen}\,0) = 512 \text{ graus C}.$$

Sobre a fronteira da placa, a máxima temperatura é portanto $32(16 + 3\sqrt{3}) \approx 678,28$ graus C e a temperatura mínima é $32(16 - 3\sqrt{3}) \approx 345,72$ graus C. A temperatura mínima relativa de 296 graus C no interior da placa é menor do que a mínima da fronteira; daí, ela é temperatura mínima absoluta sobre a placa. Portanto, a temperatura mínima absoluta sobre a placa é de 296 graus C e a temperatura máxima absoluta é de $32(16 + 3\sqrt{3}) \approx 678,28$ graus C.

Em problemas aplicados é comum os extremos absolutos procurados requererem um tratamento rigoroso e uma análise exaustiva, como no exemplo anterior. Contudo, em muitos casos, podemos confiar em nossa intuição física ou geométrica desenvolvendo uma análise informal envolvendo apenas um exame dos pontos críticos interiores. Tal procedimento informal está ilustrado no seguinte exemplo.

EXEMPLO   De uma folha de flandres com 12 centímetros de largura deseja-se obter uma calha dobrando-se as bordas da folha de iguais quantidades de modo que as abas façam o mesmo ângulo com a horizontal. Qual a largura das abas e qual o ângulo que devem fazer a fim de ter uma capacidade máxima?

SOLUÇÃO
A Fig. 4 mostra uma seção transversal da calha. Aqui x representa a largura das abas e θ o ângulo que as mesmas fazem com a horizontal. Precisamos maximizar a área z da seção transversal. Desde que os triângulos ABF e ECD têm $\frac{1}{2}(x\cos\theta)(x\,\text{sen}\,\theta)$ centímetros quadrados de área cada um e o retângulo $BCEF$ tem área de $x\,\text{sen}\,\theta(12 - 2x)$ centímetros quadrados, segue que

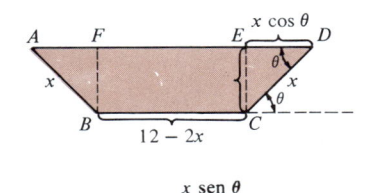

Fig. 4

$$z = x^2 \cos\theta\,\text{sen}\,\theta + x\,\text{sen}\,\theta\,(12 - 2x) \text{ centímetros quadrados}.$$

Aqui,

$$\frac{\partial z}{\partial x} = \text{sen } \theta \, [x(2 \cos \theta - 4) + 12],$$

$$\frac{\partial z}{\partial \theta} = x[x(2 \cos^2 \theta - 2 \cos \theta - 1) + 12 \cos \theta].$$

Daí, os pontos críticos corresponderão às soluções do sistema de equações

$$\begin{cases} x(2 \cos \theta - 4) + 12 = 0 \\ x(2 \cos^2 \theta - 2 \cos \theta - 1) + 12 \cos \theta = 0. \end{cases}$$

Resolvendo a primeira equação para cos θ, obtemos

$$\cos \theta = 2 - \frac{6}{x}.$$

Substituindo este valor de cos θ na segunda equação, temos

$$x \left[2\left(4 - \frac{24}{x} + \frac{36}{x^2}\right) - \left(4 - \frac{12}{x}\right) - 1 \right] + 24 - \frac{72}{x} = 0 \quad \text{ou} \quad 3x - 12 = 0.$$

Daí, $x = 4$ e cos $\theta = 2 - {}^6\!/_2 = {}^1\!/_2$. O ponto crítico, e portanto (assumimos) a solução desejada, é dado por

$$x = 4 \text{ polegadas e } \quad \theta = 60°.$$

A solução $x = 4$ polegadas, $\theta = 60°$, no problema acima parece tão razoável, geometricamente falando, que nem utilizamos o teste da derivada segunda para um máximo *relativo*. (O leitor cético é convidado a fazê-lo.) Naturalmente, se grande importância fosse associada a esse problema — por exemplo, no caso de comercialização da calha — não testaríamos apenas o máximo relativo, mas iríamos conferir se nossa solução corresponde a um máximo *absoluto*.

Com relação às funções de três ou mais variáveis, as considerações são análogas às feitas para funções de duas variáveis, exceto que o teste da segunda derivada torna-se mais complicado quando o número de variáveis independentes aumenta. Novamente, estes problemas serão deixados para o cálculo avançado.

Conjunto de Problemas 9

Nos problemas de 1 a 18, encontre todos os pontos críticos de cada função, e então teste cada ponto crítico para verificar se ele corresponde a um máximo relativo, mínimo relativo ou ponto de sela.

1 $f(x, y) = x^2 + (y - 1)^2$

2 $f(x, y) = x^2 + 4xy - y^2 - 8x - 6y$

3 $f(x, y) = (x - y + 1)^2$

4 $g(x, y) = x^3 - 3xy^2 + y^3$

5 $f(x, y) = x^2 + y^2 + \frac{2}{xy}$

6 $f(x, y) = x \, \text{sen } y$

7 $g(x, y) = xy - x - y$

8 $h(x, y) = e^x + e^y - e^{x+y}$

9 $f(x,y) = x^4 + y^4 + 4x + 4y$

10 $f(x,y) = xy^2 + x^2 + y$

11 $F(x,y) = x^3y + 3x + y$

12 $G(x,y) = \text{sen } x + \text{sen } y + \cos(x+y)$

13 $H(x,y) = x^3 + y^3 - 3x$

14 $f(x,y) = xy(12 - 4x - 3y)$

15 $F(x,y) = x^2 + y^2 + (3x + 4y - 26)^2$

16 $f(x,y,z) = e^{-(x^2+y^2+z^2)}$

17 $f(x,y) = x^4 + y^4 + 32x - 4y + 52$

18 $f(x,y,z) = xy + xz$

Nos problemas de 19 a 22, encontre o máximo e o mínimo absoluto de cada função (se existir).

19 $f(x,y) = \sqrt{1 - x^2 - y^2}$ para $x^2 + y^2 \leq 1$.

20 $f(x,y) = 3x^2 + 2xy + 4y^2 + 2x - 3y + 1$ para $0 \leq x \leq 1$ e $0 \leq y \leq 1$.

21 $f(x,y) = xy + 12(x+y) - (x+y)^2$ para $0 \leq x \leq 12$ e $0 \leq y \leq 12$.

22 $f(x,y) = 5x - 2y + 7$ para (x,y) sobre ou no interior da elipse

$$\begin{cases} x = 3\cos\theta \\ y = 4\,\text{sen}\,\theta, \end{cases} \quad 0 \leq \theta \leq 2\pi.$$

23 Uma caixa retangular tem um volume de 20 metros cúbicos. O material usado nos lados custa 1 cruzeiro por metro quadrado, o material usado no fundo custa 2 cruzeiros por metro quadrado e o usado na parte superior custa 3 cruzeiros por metro quadrado. Quais as dimensões da caixa mais barata?

24 Um fabricante produz dois tipos de liga nas quantidades de x e y toneladas, respectivamente. Se o custo total da produção é expresso pela função $C(x,y) = x^2 + 100x + y^2 - xy$ e a renda total é dada pela função $R(x,y) = 100x - x^2 + 2000y + xy$, encontre o nível de produção que maximiza o lucro.

25 O custo de inspeção de uma linha de operação depende do número de inspeções x e y de cada lado da linha, e é dado de acordo com a função $C(x,y) = x^2 + y^2 + xy - 20x - 25y + 1500$. Quantas inspeções devem ser feitas de cada lado a fim de minimizar o custo?

26 O telhado de uma casa consiste em painéis solares na forma de um retângulo encimado por um triângulo isósceles e tem um perímetro de P metros, onde P é uma constante dada. Se a casa está para ser construída de modo a coletar uma quantidade máxima de energia solar, mostre que a inclinação do telhado deve ser $1/\sqrt{3}$.

27 A temperatura T em graus centígrados em cada ponto da região $x^2 + y^2 \leq 1$ é dada por $T = 16x^2 + 24x + 40y^2$. Encontre a temperatura nos pontos mais quentes e mais frios da região.

28 Suponha que uma função f seja contínua e que seu domínio D seja limitado e contenha todos os pontos de sua própria fronteira. Suponha também que f nunca tome valores negativos e que $f(x,y) = 0$ sempre que (x,y) seja ponto da fronteira de D. Se f tem exatamente um ponto crítico no interior de D, mostre que f tem seu máximo absoluto neste ponto.

29 Encontre três números não-negativos x, y e z tais que $x + y + z = 2001$ e o produto xyz é o maior possível. Mostre que sua resposta corresponde a um máximo absoluto.

30 O potencial elétrico V num ponto (x,y) na região $0 \leq x \leq 1$ e $0 \leq y \leq 1$ é dado por $V = 48xy - 32x^3 - 24y^2$. Encontre os potenciais máximo e mínimo nesta região.

31 Explique por que um extremo absoluto que ocorre num ponto interior do domínio D de uma função f é um extremo relativo de f.

32 Um certo estado planeja suplementar seu ganho vendendo semanalmente talões de loteria. Uma pesquisa de opinião mostra que um potencial de 1.000.000 de talões serão adquiridos por semana a 1 cruzeiro cada, mas que 130.000 talões serão adquiridos por semana com 25 centavos acrescentados no preço de cada talão. Fixados os custos tais como impressão e distribuição dos talões, pagamento dos funcionários e publicidade, é esperado um total por volta de Cr$ 140.000,00 por semana. Sem referência ao preço por talão, é estimado que cada cruzeiro adicional (sobre a distribuição básica considerando-se os custos fixos) gasto em publicidade resulta na venda de um talão adicional por semana. O estado, por lei, precisa separar semanalmente um terço de seu ganho destinando-o como prêmio aos apostadores. Quanto deve o estado cobrar por um talão lotérico a fim de maximizar seus lucros, e qual o lucro máximo esperado semanalmente?

10 Multiplicadores de Lagrange

Na Seção 9 apresentamos um método para localização de extremos de funções com mais de uma variável. Nesta seção estudaremos o método dos *multiplicadores de Lagrange* para resolver problemas de extremos sujeitos a *vínculos*.

Um típico *problema de extremos vinculados* requer que encontremos os extremos de uma função f de diversas variáveis quando estas não são independentes mas, sim, satisfazem uma ou mais condições dadas, chamadas *vínculos*. Os vínculos são especificados normalmente por equações, chamadas de *equações de vínculo,* envolvendo as variáveis em questão. Por exemplo, considere o seguinte exemplo.

EXEMPLO   Maximize o valor da função f dada por

$$f(x, y, z) = xyz$$

sujeita à condição

$$g(x, y, z) = 42,$$

onde g é a função definida por $g(x,y,z) = x + y + z$.

SOLUÇÃO
Aqui, a equação de vínculo $g(x,y,z) = 42$ ou $x + y + z = 42$ pode ser resolvida para z em função de x e y, obtendo

$$z = 42 - x - y.$$

Portanto a quantidade a ser maximizada torna-se

$$f(x, y, z) = f(x, y, 42 - x - y) = xy(42 - x - y).$$

Se fizermos F uma função de x e y definida por

$$F(x, y) = xy(42 - x - y),$$

então nosso problema é simplesmente maximizar $F(x,y)$, e procedemos como na Seção 9. Nesse caso,

$$\frac{\partial F}{\partial x} = y(42 - x - y) + xy(-1) = y(42 - 2x - y) \quad \text{e}$$

$$\frac{\partial F}{\partial y} = x(42 - x - y) + xy(-1) = x(42 - x - 2y),$$

ou seja, os pontos críticos de F são dados pelas soluções do sistema de equações

$$\begin{cases} y(42 - 2x - y) = 0 \\ x(42 - x - 2y) = 0. \end{cases}$$

Resolvendo essas equações obtemos os pontos críticos $(0,0)$, $(0,42)$, $(42,0)$ e $(14,14)$. O teste da segunda derivada mostra um máximo relativo apenas em $(14,14)$. Na verdade, $x = 14$, $y = 14$ dá um valor máximo absoluto de

$$F(14, 14) = (14)(14)(42 - 14 - 14) = (14)^3.$$

A técnica usada para resolver problemas de extremos vinculados pode ser generalizada como se segue: Suponha que desejemos os extremos de

$$f(x, y, z)$$

sujeita à condição

$$g(x, y, z) = k,$$

onde k é uma constante e as funções f e g são diferenciáveis. Assuma que a equação de vínculo $g(x,y,z) = k$ possa ser resolvida para (digamos) z como uma função de x e y, ou seja

$$z = h(x, y), \qquad \text{onde} \quad g(x, y, h(x, y)) = k.$$

A função $f(x,y,z)$ cujos extremos são procurados pode agora ser escrita como

$$f(x, y, z) = f(x, y, h(x, y)).$$

Se definirmos a função F de duas variáveis por

$$F(x, y) = f(x, y, h(x, y)),$$

então nosso problema é simplesmente encontrar os extremos de F, e procedemos como se segue.

Considerando que a função h tenha derivadas parciais, pode-se aplicar a regra da cadeia à equação $F(x,y) = f(x,y,h(x,y))$ para obter

$$\frac{\partial F}{\partial x} = \frac{\partial f}{\partial x}\frac{\partial x}{\partial x} + \frac{\partial f}{\partial y}\frac{\partial y}{\partial x} + \frac{\partial f}{\partial z}\frac{\partial h}{\partial x} = \frac{\partial f}{\partial x} + \frac{\partial f}{\partial z}\frac{\partial h}{\partial x} \quad \text{e}$$

$$\frac{\partial F}{\partial y} = \frac{\partial f}{\partial x}\frac{\partial x}{\partial y} + \frac{\partial f}{\partial y}\frac{\partial y}{\partial y} + \frac{\partial f}{\partial z}\frac{\partial h}{\partial y} = \frac{\partial f}{\partial y} + \frac{\partial f}{\partial z}\frac{\partial h}{\partial y}.$$

Desse modo, os pontos críticos de F são soluções do sistema de equações

$$\begin{cases} \dfrac{\partial f}{\partial x} + \dfrac{\partial f}{\partial z}\dfrac{\partial h}{\partial x} = 0 \\[3mm] \dfrac{\partial f}{\partial y} + \dfrac{\partial f}{\partial z}\dfrac{\partial h}{\partial y} = 0. \end{cases}$$

Diferenciando ambos os lados da equação $g(x,y,h(x,y)) = k$ em relação a x e a y, usando a regra da cadeia, obtemos um segundo sistema de equações

$$\begin{cases} \dfrac{\partial g}{\partial x}\dfrac{\partial x}{\partial x} + \dfrac{\partial g}{\partial y}\dfrac{\partial y}{\partial x} + \dfrac{\partial g}{\partial z}\dfrac{\partial h}{\partial x} = 0 \\[3mm] \dfrac{\partial g}{\partial x}\dfrac{\partial x}{\partial y} + \dfrac{\partial g}{\partial y}\dfrac{\partial y}{\partial y} + \dfrac{\partial g}{\partial z}\dfrac{\partial h}{\partial y} = 0 \end{cases} \quad \text{ou} \quad \begin{cases} \dfrac{\partial g}{\partial x} + \dfrac{\partial g}{\partial z}\dfrac{\partial h}{\partial x} = 0 \\[3mm] \dfrac{\partial g}{\partial y} + \dfrac{\partial g}{\partial z}\dfrac{\partial h}{\partial y} = 0. \end{cases}$$

Os pontos críticos de F são portanto as soluções do sistema de quatro equações

$$\begin{cases} \dfrac{\partial f}{\partial x} + \dfrac{\partial f}{\partial z}\dfrac{\partial h}{\partial x} = 0 \\[3mm] \dfrac{\partial f}{\partial y} + \dfrac{\partial f}{\partial z}\dfrac{\partial h}{\partial y} = 0 \\[3mm] \dfrac{\partial g}{\partial x} + \dfrac{\partial g}{\partial z}\dfrac{\partial h}{\partial x} = 0 \\[3mm] \dfrac{\partial g}{\partial y} + \dfrac{\partial g}{\partial z}\dfrac{\partial h}{\partial y} = 0. \end{cases}$$

Agora, considere que $\partial g/\partial z \neq 0$ e defina λ como a razão

$$\lambda = -\frac{\partial f/\partial z}{\partial g/\partial z}$$

(λ é a letra grega "lambda"). Resolvendo a terceira equação em função de $\partial h/\partial x$, obtemos

$$\frac{\partial h}{\partial x} = -\frac{\partial g/\partial x}{\partial g/\partial z};$$

daí, substituindo este valor de $\partial h/\partial x$ na primeira equação do sistema, temos

$$\frac{\partial f}{\partial x} + \frac{\partial f}{\partial z}\left(-\frac{\partial g/\partial x}{\partial g/\partial z}\right) = 0 \quad \text{ou uma vez que } \lambda = -\frac{\partial f/\partial z}{\partial g/\partial z},$$

$$\frac{\partial f}{\partial x} + \lambda\frac{\partial g}{\partial x} = 0.$$

Do mesmo modo, resolvendo a quarta equação em função de $\partial h/\partial y$, e substituindo na segunda equação, temos

$$\frac{\partial f}{\partial y} + \lambda\frac{\partial g}{\partial y} = 0.$$

Desses cálculos, concluímos que os pontos críticos de F são soluções do sistema de equações

$$\begin{cases} \dfrac{\partial f}{\partial x} + \lambda\dfrac{\partial g}{\partial x} = 0 \\[2mm] \dfrac{\partial f}{\partial y} + \lambda\dfrac{\partial g}{\partial y} = 0 \\[2mm] \dfrac{\partial f}{\partial z} + \lambda\dfrac{\partial g}{\partial z} = 0. \end{cases}$$

(A terceira equação vem diretamente da definição de λ.) Note que essas três equações podem ser escritas na forma da equação vetorial

$$\nabla f + \lambda\nabla g = \bar{0} \quad \text{ou} \quad \nabla f = -\lambda\nabla g.$$

O argumento acima mostra que no ponto onde $f(x,y,z)$ atinge um extremo relativo, sujeito à restrição $g(x,y,z) = k$, o gradiente de f precisa ser paralelo ao gradiente de g.

Podemos formular agora o principal teorema desta seção.

TEOREMA 1   **Método dos multiplicadores de Lagrange**

Suponha que f e g sejam funções definidas e tenham derivadas parciais contínuas num subconjunto D do espaço xyz, onde D consiste inteiramente em pontos interiores. Suponha que, em cada ponto (x,y,z) em D, pelo menos uma das três derivadas parciais $g_1(x,y,z)$, $g_2(x,y,z)$ e $g_3(x,y,z)$ seja diferente de zero. Então os pontos (x,y,z) em D nos quais f tem extremos relativos, sujeitos à restrição

$$g(x, y, z) = k,$$

onde k é uma constante, podem ser encontrados como se segue:

Da função u definida por

$$u(x, y, z) = f(x, y, z) + \lambda g(x, y, z)$$

para (x,y,z) em D, onde λ (que é chamado de *multiplicador de Lagrange*) representa uma constante a ser determinada. Então resolvendo o sistema de equações

$$\begin{cases} \dfrac{\partial u}{\partial x} = 0 \\[2mm] \dfrac{\partial u}{\partial y} = 0 \\[2mm] \dfrac{\partial u}{\partial z} = 0 \\[2mm] g(x,y,z) = k \end{cases}$$

para x, y, z e λ. Diversas soluções podem ser obtidas, mas os pontos (x,y,z) desejados, onde f tem seus extremos sujeitos ao vínculo, estão entre essas soluções.

INDICAÇÃO DE PROVA
Uma prova rigorosa requer técnicas além do alcance deste livro; contudo, podemos dar uma indicação da validade desse teorema. Se $u(x,y,z) = f(x,y,z) + \lambda g(x,y,z)$, então

$$\nabla u = \nabla f + \lambda \, \nabla g;$$

daí, as equações $\partial u/\partial x = 0$, $\partial u/\partial y = 0$ e $\partial u/\partial z = 0$ são equivalentes a $\nabla u = \bar{0}$, isto é, a

$$\nabla f = -\lambda \, \nabla g.$$

Contudo, a última equação significa que ∇f é paralelo a ∇g, uma condição que precisa ser satisfeita no ponto (x,y,z) onde $f(x,y,z)$ tem um extremo relativo sujeito à restrição $g(x,y,z) = k$.

EXEMPLOS Use o método dos multiplicadores de Lagrange nos problemas de extremos vinculados.

1 Encontre os extremos da função f dada por $f(x,y,z) = x^2 + y^2 + z^2$ sujeita à condição $x^2 + 2y^2 - z^2 = 1$.

SOLUÇÃO
Seja g a função definida por $g(x,y,z) = x^2 + 2y^2 - z^2$ e seja ainda

$$u = f(x,y,z) + \lambda g(x,y,z);$$

isto é,

$$u = x^2 + y^2 + z^2 + \lambda(x^2 + 2y^2 - z^2)$$

como no Teorema 1. Aqui,

$$\frac{\partial u}{\partial x} = 2x + 2\lambda x = 2(1 + \lambda)x,$$

$$\frac{\partial u}{\partial y} = 2y + 4\lambda y = 2(1 + 2\lambda)y, \quad \text{e}$$

$$\frac{\partial u}{\partial z} = 2z - 2\lambda z = 2(1 - \lambda)z.$$

Depois de dividir por 2, podemos escrever as equações $\partial u/\partial x = 0$, $\partial u/\partial y = 0$, e $\partial u/\partial z = 0$ quando $(1 + \lambda)x = 0$, $(1 + 2\lambda)y = 0$, e $(1 - \lambda)z = 0$. Anexando a equação da constante, temos

$$\begin{cases} (1 + \lambda)x = 0 \\ (1 + 2\lambda)y = 0 \\ (1 - \lambda)z = 0 \\ x^2 + 2y^2 - z^2 = 1. \end{cases}$$

Observe que $x = y = z = 0$ não é solução do sistema; daí, pelo menos uma das variáveis precisa ser não-nula, e segue que $1 + \lambda = 0$, ou $1 + 2\lambda = 0$ ou $1 - \lambda = 0$, isto é, $\lambda = -1$, ou $\lambda = -1/2$, ou $\lambda = 1$. Para $\lambda = -1$, a equação torna-se

$$\begin{cases} 0 \quad = 0 \\ -y = 0 \\ 2z \quad = 0 \\ x^2 + 2y^2 - z^2 = 1, \end{cases}$$

ou seja $y = 0$, $z = 0$ e $x^2 = 1$. Desse modo, quando $\lambda = -1$, obtemos as soluções $(1,0,0)$ e $(-1,0,0)$.

Analogamente, quando $\lambda = -1/2$, obtemos $x = 0$, $z = 0$ e $2y^2 = 1$; isto é, obtemos as soluções $(0,\sqrt{2}/2,0)$, e $(0,-\sqrt{2}/2,0)$. Finalmente, quando $\lambda = 1$, obtemos $x = 0$, $y = 0$ e $-z^2 = 1$. Visto que não há número real para o qual $-z^2 = 1$, não há soluções correspondendo a $\lambda = 1$. Assim os pontos críticos são $(\pm 1,0,0)$ e $(0,\pm\sqrt{2}/2,0)$. Em $(\pm 1,0,0)$, temos

$$f(\pm 1,0,0) = (\pm 1)^2 + 0^2 + 0^2 = 1,$$

e em $(0,\pm\sqrt{2}/2,0)$ temos

$$f(0, \pm\sqrt{2}/2,0) = 0^2 + (\pm\sqrt{2}/2)^2 + 0^2 = \tfrac{1}{2}.$$

Já que não foi apresentado um "teste da derivada segunda" para problemas de extremos vinculados, precisamos usar meios algébricos ou geométricos para decidir se os pontos críticos obtidos acima correspondem a máximos relativos, mínimos relativos ou pontos de sela.

Na verdade, $x^2 + 2y^2 - z^2 = 1$ é a equação de um hiperbolóide de uma folha (Fig. 1), e $f(x,y,z) = x^2 + y^2 + z^2$ é o quadrado da distância da origem ao ponto (x,y,z); daí, é geometricamente claro que $(0,\pm\sqrt{2}/2,0)$ são pontos onde $f(x,y,z)$ assume valor mínimo absoluto, a saber $f(0,\pm\sqrt{2}/2,0) = 1/2$. Evidentemente, f não possui máximo absoluto e $(\pm 1,0,0)$ são pontos de sela.

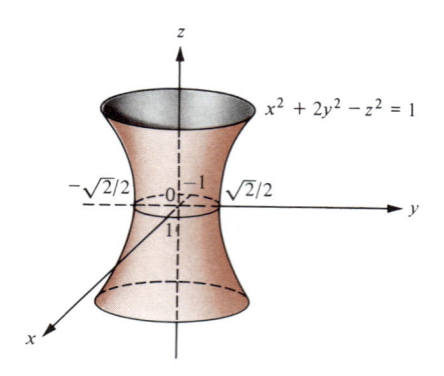

Fig. 1

2 Encontre as dimensões de uma caixa retangular de maior volume possível que possa ser inscrita no elipsóide $(x^2/9) + (y^2/4) + z^2 = 1$, considerando que as arestas da caixa sejam paralelas aos eixos coordenados.

SOLUÇÃO
Seja (x,y,z) o canto da caixa no primeiro octante, ou seja, as dimensões da caixa são $2x$, $2y$ e $2z$, e seu volume é dado por

$$V = (2x)(2y)(2z) = 8xyz.$$

Assim precisamos maximizar V, sujeito à condição

$$\frac{x^2}{9} + \frac{y^2}{4} + z^2 = 1.$$

Formamos a quantidade

$$u = 8xyz + \lambda\left(\frac{x^2}{9} + \frac{y^2}{4} + z^2\right),$$

notando que

$$\frac{\partial u}{\partial x} = 8yz + \frac{2\lambda x}{9},$$

$$\frac{\partial u}{\partial y} = 8xz + \frac{2\lambda y}{4},$$

$$\frac{\partial u}{\partial z} = 8xy + 2\lambda z.$$

Fazendo as derivadas parciais iguais a zero e anexando a equação de vínculo, temos

$$\begin{cases} 8yz + \dfrac{2}{9}\lambda x = 0 \\[2mm] 8xz + \dfrac{2}{4}\lambda y = 0 \\[2mm] 8xy + 2\lambda z = 0 \\[2mm] \dfrac{x^2}{9} + \dfrac{y^2}{4} + z^2 = 1. \end{cases}$$

Multiplicando as três primeiras equações por $x/2$, $y/2$ e $z/2$, respectivamente, temos

$$4xyz + \lambda\frac{x^2}{9} = 0,$$

$$4xyz + \lambda\frac{y^2}{4} = 0,$$

$$4xyz + \lambda z^2 = 0.$$

Adicionando essas três equações e usando o fato de que $(x^2/9) + (y^2/4) + z^2 = 1$, obtemos

$$12xyz + \lambda = 0; \quad \text{isto é}, \quad \lambda = -12xyz.$$

Substituindo este valor de λ na primeira equação do sistema original e simplificando,

$$\begin{cases} yz(3 - x^2) = 0 \\ xz(4 - 3y^2) = 0 \\ xy(1 - 3z^2) = 0. \end{cases}$$

Para um volume máximo é claro que x, y e z precisam ser positivos; daí, cancelando os fatores yz, xz e xy nas equações acima, obtemos

$$3 - x^2 = 0, \quad 4 - 3y^2 = 0, \quad e \quad 1 - 3z^2 = 0.$$

Portanto,

$$x = \sqrt{3}, \quad y = \frac{2}{\sqrt{3}}, \quad e \quad z = \frac{1}{\sqrt{3}}.$$

3 Encontre todos os pontos críticos da função f dada por $f(x,y) = 3x^2 - 2xy + 5y^2$ sujeita à restrição $x^2 + 2y^2 = 6$.

SOLUÇÃO
Aqui, f é uma função de apenas duas variáveis, mas o método ainda é o mesmo (problema 18). Formamos a quantidade

$$u = 3x^2 - 2xy + 5y^2 + \lambda(x^2 + 2y^2),$$

ou seja

$$\frac{\partial u}{\partial x} = 6x - 2y + 2\lambda x = 2[(3 + \lambda)x - y], \quad e$$

$$\frac{\partial u}{\partial y} = -2x + 10y + 4\lambda y = 2[-x + (5 + 2\lambda)y].$$

Desse modo os pontos críticos desejados são encontrados resolvendo o sistema

$$\begin{cases} (3 + \lambda)x - y = 0 \\ -x + (5 + 2\lambda)y = 0 \\ x^2 + 2y^2 = 6. \end{cases}$$

Multiplicando a segunda equação por $3 + \lambda$ e adicionando-a à primeira, cancelamos o termo em x e obtemos

$$(2\lambda^2 + 11\lambda + 14)y = 0.$$

Analogamente, multiplicando a primeira equação por $5 + 2\lambda$ e adicionando-a à segunda e cancelando o termo em y, obtemos

$$(2\lambda^2 + 11\lambda + 14)x = 0.$$

Já que a equação de vínculo $x^2 + 2y^2 = 6$ é válida, não podemos ter x e y iguais a zero; portanto, o coeficiente $(2\lambda^2 + 11\lambda + 14)$ nas equações precisa anular-se e temos

$$2\lambda^2 + 11\lambda + 14 = 0; \quad \text{isto é}, \quad (2\lambda + 7)(\lambda + 2) = 0.$$

Segue que

$$\lambda = -\frac{7}{2} \quad \text{ou} \quad \lambda = -2.$$

Fazendo $\lambda = -7/2$ na primeira equação do sistema, $(3 + \lambda)x - y = 0$, encontramos que

$$y = -\frac{x}{2} \quad \text{quando} \quad \lambda = -\frac{7}{2}.$$

Substituindo $y = -x/2$ na equação de vínculo $x^2 + 2y^2 = 6$, obtemos

$$x^2 + \frac{x^2}{2} = 6, \quad \text{ou seja} \quad x = \pm 2.$$

Quando $x = 2$, $y = -2/2 = -1$, quando $x = -2$, $y = -(-2/2) = 1$.
Analogamente, fazendo $\lambda = -2$, na equação $(3 + \lambda)x - y = 0$, encontramos que

$$y = x \quad \text{quando} \quad \lambda = -2.$$

Substituindo $y = x$ na equação de vínculo $x^2 + 2y^2 = 6$, obtemos

$$x^2 + 2x^2 = 6, \quad \text{ou seja} \quad x = \pm\sqrt{2}.$$

Quando $x = \sqrt{2}$, $y = \sqrt{2}$; quando $x = -\sqrt{2}$, $y = -\sqrt{2}$. Portanto os pontos críticos procurados são $(2, -1)$, $(-2, 1)$, $(\sqrt{2}, \sqrt{2})$, e $(-\sqrt{2}, -\sqrt{2})$.

O método dos multiplicadores de Lagrange é útil quando há mais de uma restrição; contudo, mais de um multiplicador pode ser usado então. Embora demos uma indicação desta técnica no problema 20, os detalhes serão deixados para um curso avançado.

Conjunto de Problemas 10

Nos problemas de 1 a 9 use o método dos multiplicadores de Lagrange para encontrar todos os pontos críticos de cada função f sujeita ao vínculo indicado.

1 $f(x, y) = x^2 - y^2 - y$ com a restrição $x^2 + y^2 = 1$.

2 $f(x, y) = 3x^2 + 2\sqrt{2}\,xy + 4y^2$ com a restrição $x^2 + y^2 = 9$.

3 $f(x, y) = x^2 + y^2$ com a restrição $5x^2 + 6xy + 5y^2 = 8$.

4 $f(x, y) = x^2 + y^2$ com a restrição $2x^2 + y^2 = 1$.

5 $f(x, y) = x + y^2$ com a restrição $2x^2 + y^2 = 1$.

6 $f(x, y, z) = x^2 + y^2 + z^2$ com a restrição $x^2 + \frac{y^2}{4} + \frac{z^2}{9} = 1$.

7 $f(x, y, z) = xyz$ com a restrição $x^2 + \frac{y^2}{12} + \frac{z^2}{3} = 1$.

8 $f(x, y, z) = x^2 + y^2 + z^2$ com a restrição $x + 3y - 2z = 4$.

9 $f(x, y, z) = 3x^2 + 2y^2 + 4z^2$ com a restrição $2x + 4y - 6z = -5$.

10 Use o método dos multiplicadores de Lagrange para encontrar o ponto do plano $3x - 4y + z = 2$ mais próximo da origem.

11 O custo do exame de taxas de uma certa organização depende do número de exames x e y em cada uma das centrais de acordo com a fórmula $C(x,y) = 2x^2 + xy + y^2 + 100$. Quantos exames devem ser feitos em cada central a fim de minimizar os custos, se o número total de exames precisa ser 16?

12 De uma lâmina metálica deseja-se um cilindro circular reto tendo nas extremidades dois cones circulares retos. Mostre que, para um volume fixo, a área total da superfície é a menor possível quando o comprimento do cilindro é o mesmo que a altura de cada cone e o diâmetro do cilindro é $\sqrt{5}$ vezes seu comprimento.

13 O Serviço Postal especifica que a soma dos comprimentos e o perímetro de uma seção de corte de uma caixa retangular aceita para encomenda postal não podem ultrapassar a 100 centímetros. Quais as dimensões de tal caixa, de modo a ser possível enviar o máximo por meio postal?

14 Um fabricante quer fazer uma caixa retangular para conter um volume fixo de V unidades cúbicas de um produto. O material usado nos lados custa a cruzeiros por unidade quadrada, o usado no fundo custa b cruzeiros por unidade quadrada, e o usado na parte superior custa c cruzeiros por unidade quadrada. Quais as dimensões da caixa mais barata?

15 A base de uma caixa retangular, aberta na parte superior, tem o metro quadrado custando metade do que custa o pé quadrado dos lados. Encontre as dimensões da caixa de maior volume para um custo fixo se a altura da caixa deve ser 2 unidades.

16 Mostre que os valores máximo e mínimo de $Lx^2 + 2Mxy + Ny^2$, sujeito à restrição $Ex^2 + 2Fxy + Gy^2 = 1$, onde L, M, N, E, F e G são constantes e $EG - F^2 > 0$, são as raízes da equação quadrática

$$(EG - F^2)t^2 - (LG - 2MF + NE)t + (LN - M^2) = 0.$$

17 Suponha que se deseje encontrar os valores críticos da função f de duas variáveis sujeitas ao vínculo $g(x,y) = k$. Considerando que f e g tenham derivadas parciais contínuas, que $g_2(x,y) \neq 0$, e que a equação $g(x,y) = k$ possa ser resolvida para y em função de x, mostre que ∇f e ∇g são paralelos no ponto crítico.

18 Usando o resultado do problema 17, estabeleça criteriosamente um ''teorema para método dos multiplicadores de Lagrange'' para funções de duas variáveis.

19 Na Fig. 2, considere que a curva $g(x,y) = k$ pertença a um campo escalar dado por $w = f(x,y)$. No ponto (a,b) sobre a curva o vetor normal é $\nabla g(a,b)$. Suponha que $\nabla f(a,b)$ não seja paralelo a $\nabla g(a,b)$. Em qual direção deve-se mover através de (a,b) ao longo da curva a fim de (a) aumentar o valor de w, (b) diminuir o valor de w? Explique geometricamente por que, num extremo de f sujeito ao vínculo $g(x,y) = k$, ∇f é paralelo a ∇g.

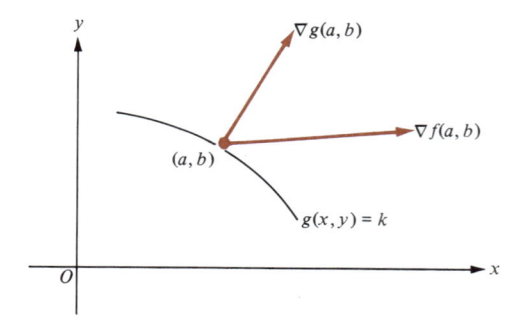

Fig. 2

20 Suponha que desejemos encontrar o extremo de $f(x,y,z)$ sujeito a *dois* vínculos, a saber $g(x,y,z) = k$ e $G(x,y,z) = K$. Mostre que, em tal extremo, existem duas constante λ e μ (os multiplicadores de Lagrange!) tais que

$$\nabla f + \lambda \nabla g + \mu \nabla G = \bar{0}.$$

Considere que f e g tenham derivadas parciais contínuas e que o sistema de equações de vínculo possa ser resolvido para duas das variáveis x, y e z em termos de uma terceira.

Conjunto de Problemas de Revisão

Nos problemas de 1 a 4, encontre o domínio de cada função, esboce o domínio e identifique os pontos interiores do domínio.

1 $f(x,y) = \sqrt{64 - x^2 - y^2}$

2 $g(x,y) = \ln(x^2 + y^2 - 4)$

3 $g(x,y) = \dfrac{x^2 y - x + 1}{1 - 2x - y}$

4 $f(x,y) = \dfrac{\sqrt{9 - x^2 - y^2}}{3y}$

5 Seja f uma função de quatro variáveis definida por $f(x,y,z,w) = 3xyzw^2$. Encontre

(a) $f(1, -1, 2, 1)$
(c) $f(a, b^2, c, d^3)$

(b) $f(3, 2, -1, 2)$
(d) o domínio de f

Nos problemas de 6 a 8, calcule o limite, se existir.

6 $\lim\limits_{(x,y) \to (0,0)} \dfrac{x^2 - y^2}{1 + x^2 + y^2}$

7 $\lim\limits_{(x,y) \to (0,0)} \dfrac{6xy}{x^2 + y^2}$

8 $\lim\limits_{(x,y) \to (0,0)} \dfrac{(1 + y^2)\operatorname{sen} x}{x}$

Nos problemas 9 e 10, mostre que cada função é descontínua em (0,0).

9 $f(x,y) = \begin{cases} \dfrac{x}{x - y} & \text{para } x \neq y \\ 0 & \text{para } x = y \end{cases}$

10 $f(x,y) = \begin{cases} \ln(x^2 + y^2) & \text{para } (x,y) \neq (0,0) \\ 0 & \text{para } (x,y) = (0,0) \end{cases}$

Nos problemas de 11 a 24, encontre as primeiras derivadas parciais de cada função.

11 $f(x,y) = x^3 + 7xy^2 - 8y^3$

12 $g(x,y) = \dfrac{y^2}{y - x}$

13 $f(x,y) = y^3 e^x + x^3 e^y$

14 $f(x,y) = x^4 y - \operatorname{sen}(xy^4)$

15 $g(x,y) = \ln(x^3 - y^3)$

16 $h(x,y) = \displaystyle\int_x^y e^{-7t^2} dt$

17 $g(x,y) = \ln(x + \sqrt[3]{x^3 + y^3})$

18 $f(x,y) = \operatorname{sen}^{-1}\sqrt{1 - x^2 y^2}$

19 $g(x,y) = e^{-7x} \tan(x + y)$

20 $f(r, \theta, z) = zr^2 \operatorname{sen}\theta$

21 $g(x,y,z) = x^3 + y^3 + z^3 - 13x^2 y^2 z^2$

22 $h(x,y,z) = \tan\left(\dfrac{x}{y} + \dfrac{y}{z} + \dfrac{z}{x}\right)$

23 $f(x,y,z) = z \coth(xy)$

24 $g(x,y,z) = (\ln y)^x + \cos z$

25 Seja $w = \dfrac{e^{x+y}}{e^x + e^y}$. Mostre que $\dfrac{\partial w}{\partial x} + \dfrac{\partial w}{\partial y} = w$.

26 Se $w = x^2 y + y^2 z + xz^2$, mostre que $\dfrac{\partial w}{\partial x} + \dfrac{\partial w}{\partial y} + \dfrac{\partial w}{\partial z} = (x + y + z)^2$.

27 Suponha que $w = \cos(5x - 8y + 7z)$ e seja $\bar{A} = \dfrac{\partial w}{\partial x}\,\bar{i} + \dfrac{\partial w}{\partial y}\,\bar{j} + \dfrac{\partial w}{\partial z}\,\bar{k}$. Mostre que $\bar{A}$ é perpendicular ao vetor $\bar{B} = 10\bar{i} + \bar{j} - 6\bar{k}$.

28 Encontre $(2x\bar{i} + y\bar{j} + 2z\bar{k}) \cdot \nabla f$ se $f(x,y,z) = x\operatorname{sen}\dfrac{y^2}{z} - y^2 \tan\dfrac{z}{y^2}$.

29 Seja $f(x,y,z) = \tan(y^2 e^{1/x})$. Verifique que $(x^2\bar{i} + \tfrac{1}{2}y\bar{j}) \cdot \nabla f = 0$.

30 No ponto $(2, \sqrt{5}, 4)$ sobre a esfera $x^2 + y^2 + z^2 = 25$ uma reta tangente é paralela ao plano xz. Encontre o ângulo entre esta reta tangente e o plano xy.

31 Encontre a equação (a) da reta normal e (b) do plano tangente à superfície $xyz = 8$ no ponto $(2, 2, 2)$.

32 Dois lados de um triângulo e o ângulo entre eles são x, y e θ, respectivamente.

Encontre a taxa de variação da área com respeito a cada uma dessas quantidades quando as outras duas são mantidas constantes.

33 Seja $f(x,y) = x^2 y$. (a) Encontre df. (b) Use o resultado do item (a) para encontrar uma aproximação para $(5,04)^2(2,98)$.

34 Encontre uma aproximação linear para a função f definida por $f(x,y) = \dfrac{xy-1}{xy+1}$

próximo ao ponto $(x_0, y_0) = (1/2, 1/4)$.

35 Um cilindro metálico com raio 4,02 centímetros e altura 8,03 centímetros é transformado em um com raio 4 centímetros e 8 centímetros de altura por torneamento. Aproximadamente quanto material é removido?

36 Um muro de 4 metros de altura corre paralelo à parede de um edifício e a 3 metros deste. Uma pessoa na janela do edifício olha diretamente sobre o muro para um ponto P no chão. Os olhos dessa pessoa estão a 8 metros acima do chão. Se o muro fosse 3 centímetros mais alto e 4 centímetros mais distante do edifício, aproximadamente quão mais distante estaria o novo ponto P (a) do edifício e (b) dos olhos da pessoa?

37 Se $r = \sqrt{x^2 + y^2 + z^2}$ e $\bar{R} = x\bar{i} + y\bar{j} + z\bar{k}$, mostre que (a) $\bar{R} \cdot \nabla r = r$ e $\bar{R} \cdot \nabla(r^2) = 2r^2$.

38 Suponha que $y = r \operatorname{sen} \theta$. Se valores errados são usados para r e θ, explique por que o erro aproximado no valor resultante de y não excede a $|r \cos \theta| |\Delta \theta| + |\operatorname{sen} \theta| |\Delta r|$, onde $\Delta \theta$ e Δr são os erros de θ e r, respectivamente, sendo estes pequenos.

39 Calcule $d\rho$ se $\rho = e^{\theta/2} \operatorname{sen}(\theta - \phi)$, $\theta = 0$, $\phi = \pi/2$, $d\theta = 0,2$, e $d\phi = -0,2$.

Nos problemas de 40 a 46, use a regra da cadeia para encontrar a derivada indicada.

40 $w = x^3 + 5xy - y^3$, $x = r^2 + s$, $y = r - s^2$; $\dfrac{\partial w}{\partial r}$ e $\dfrac{\partial w}{\partial s}$.

41 $w = 2x^4 - 3x^2 y^2 + y^4$, $x = 3u + v$, $y = u - 2v$; $\dfrac{\partial w}{\partial u}$ e $\dfrac{\partial w}{\partial v}$.

42 $f(u,v) = \cos(u+v)$, $g(x,y) = x^2 + y^2$, $h(x,y) = x^2 - y^2$, $F(x,y) = f(g(x,y), h(x,y))$; F_1 e F_2

43 $w = \displaystyle\int_x^y e^{t^4}\, dt$, $x = 2r + s$, $y = r - 3s$; $\dfrac{\partial w}{\partial r}$ e $\dfrac{\partial w}{\partial s}$.

44 $u = f(x - y, x + y)$; $\dfrac{\partial u}{\partial x}$ e $\dfrac{\partial u}{\partial y}$.

45 $f(u,v) = \cos(uv)$, $g(x) = \sqrt[3]{x}$, $h(x) = \sqrt[4]{x}$, $F(x) = f(g(x), h(x))$; F'.

46 $w = \tan^{-1}(uv)$, $u = e^x$, $v = e^{-5x}$; $\dfrac{dw}{dx}$.

47 Seja f uma função definida por $f(x,y) = e^{-xy}$, e sejam g e h funções tais que $g(3) = 5$, $g'(3) = -2$, $h(3) = 4$, e $h'(3) = 7$. Se $K(t) = f(g(t), h(t))$, encontre $K'(3)$.

48 Se f é uma função diferenciável e $w = f\left(\dfrac{y-x}{xy}, \dfrac{z-x}{xy}\right)$, encontre a diferencial total dw.

49 Suponha que $w = f(x,y)$, $x = r \cos \theta$, e $y = r \operatorname{sen} \theta$. Se $f_x(0,1) = 2$ e $f_y(0,1) = -3$, encontre

(a) $\dfrac{\partial w}{\partial r}$ quando $(r, \theta) = \left(1, \dfrac{\pi}{2}\right)$.   (b) $\dfrac{\partial w}{\partial \theta}$ quando $(r, \theta) = \left(1, \dfrac{\pi}{2}\right)$.

50 Se f é uma função diferenciável a duas variáveis tais que $f(1,1) = 1$, $f_1(1,1) = a$ e $f_2(1,1) = b$ e se $g(x) = f(x, f(x, f(x,x)))$, encontre (a) $g(1)$ e (b) $g'(1)$.

51 Se f é uma função definida por $f(x,y) = x \operatorname{sen} y$, encontre (a) $f_1(x,y)$ e (b) $f_2(x,y)$.

52 Se $w = 4x^3 + 3x^2 y - 3zy^2$, encontre a derivada direcional de w na direção do vetor

$\bar{u} = \dfrac{\sqrt{3}}{2\sqrt{2}}\, i + \dfrac{1}{2\sqrt{2}}\, j - \dfrac{1}{\sqrt{2}}\, \bar{k}$ no ponto $(1, -1, 3)$.

53 (a) Encontre a derivada direcional de $x = x^2 y$ no ponto $(1, -3)$ na direção do vetor

unitário $\bar{u} = \cos \dfrac{5\pi}{6}\, i + \operatorname{sen} \dfrac{5\pi}{6}\, j$.

(b) Qual o valor máximo da derivada direcional de $w = x^2y$ em $(1,-3)$ e em qual direção é obtida?

54 Encontre o ângulo θ tal que a derivada direcional $w = x^2 + \frac{1}{4}y^2$ no ponto $(1,2)$ é máxima na direção do vetor $\bar{u} = (\cos\theta)\bar{i} + (\operatorname{sen}\theta)\bar{j}$ e encontre esse valor máximo.

55 Encontre dy/dx se $y \operatorname{sen} x - x \cos y = 0$.

56 Se f é uma função diferenciável e $f(x,y) = 0$, encontre o valor de dy/dx quando $x = 3$ e $y = -7$ se $f_1(3,-7) = 2$ e $f_2(3,-7) = 5$.

57 Areia é derramada num monte cônico na velocidade de 4 metros cúbicos por minuto. Num dado instante, o monte tem 6 metros de diâmetro e 5 de altura. Qual a taxa de aumento da altura nesse instante se o diâmetro aumenta na velocidade de 2 centímetros por minuto?

58 Um pedaço de cobre na forma retangular tem dimensões de 2, 4 e 8 centímetros. Devido a aquecimento, as arestas aumentam em 0,001 centímetros por minuto. Qual a taxa de variação do volume?

Nos problemas de 59 a 62, encontre a equação do plano tangente e a reta normal a cada superfície no ponto indicado.

59 $z^3 + y^3 + x^3 - 3xyz = 8$; $(3,3,2)$.

60 $\dfrac{x^2}{16} + z = \dfrac{y^2}{9}$; $(15, \frac{75}{4}, 25)$.

61 $z^3 + 3xz - 2y = 0$; $(1,7,2)$.

62 $5x^2 + 4y^2 + 2z^2 = 17$; $(-1,1,2)$.

63 Seja $w = e^{xy}$, $x = s^2 + 2st$, e $y = 2st + t^2$. Ache (a) $\dfrac{\partial^2 w}{\partial s^2}$ e (b) $\dfrac{\partial^2 w}{\partial t^2}$.

64 Seja $w = f(u,v)$, $u = g(x,y)$, e $v = h(x,y)$. Assuma que f, g e h tenham segundas derivadas parciais e que $\dfrac{\partial u}{\partial x} = \dfrac{\partial v}{\partial y}$ e $\dfrac{\partial u}{\partial y} = -\dfrac{\partial v}{\partial x}$. Mostre que

$$\frac{\partial^2 w}{\partial x^2} + \frac{\partial^2 w}{\partial y^2} = \left[\left(\frac{\partial u}{\partial x}\right)^2 + \left(\frac{\partial v}{\partial x}\right)^2\right] \cdot \left(\frac{\partial^2 w}{\partial u^2} + \frac{\partial^2 w}{\partial v^2}\right).$$

Nos problemas de 65 a 68, encontre os máximos e mínimos relativos de cada função

65 $f(x, y) = x^2 - y^2 + 2x - 4y + 3$

66 $g(x, y) = x^3 - 4y^2$

67 $h(x, y) = xy(3 - x - y)$

68 $F(x, y) = 3x^2 + 2y^2 + 3xy - 66x - 58y + 1600$

Nos problemas de 69 a 71, use o método dos multiplicadores de Lagrange para encontrar os pontos críticos de cada função sujeita ao vínculo indicado. Em cada caso indicar se o ponto crítico corresponde ao máximo ou mínimo relativo (ou absoluto) ou se é um ponto de sela

69 $f(x, y) = x^2 + y^2$ com a restrição $x + y - 1 = 0$.

70 $f(x, y, z) = x^2 + y^2 + z^2$ com a restrição $ax + by + cz + d = 0$.

71 $f(x, y) = x + y$ com a restrição $x^2 + y^2 = 1$.

72 Um tanque retangular de metal é aberto na parte superior e enchido com 9 metros cúbicos de um líquido. Encontre as dimensões do tanque tal que a superfície do metal em contato com o líquido seja mínima.

73 Mostre que uma caixa retangular (sem a parte superior) feita com S unidades quadradas de um material tem volume máximo quando é um cubo.

74 Haverá N talões de loteria para serem vendidos a p cruzeiros por talão, sendo que A cruzeiros serão gastos em publicidade. Cada x cruzeiro acrescentado no preço do talão resultará em Bx talões vendidos. Fora os custos de publicidade, um investimento fixo de K cruzeiros é necessário para operar a loteria. O prêmio total, em dinheiro, distribuído entre os vencedores será de $100k$ por cento do ganho com a venda dos talões. É estimado que cada cruzeiro adicional gasto em publicidade resultará em C talões adicionais vendidos, sem referência ao preço do mesmo. Encontre (a) o preço do talão e (b) o investimento em publicidade que maximizará o lucro com a loteria. Também encontre (c) o número de talões vendidos quando o lucro máximo é obtido e (d) o lucro máximo. (Suas respostas ficarão em termos das constantes p, A, B, K, k e C.).

75 Um fabricante produz navalhas e lâminas de navalha a um custo de Cr$ 0,60 por navalha e Cr$ 0,30 por dúzia de lâminas. Se ele cobra x centavos por navalha e y centavos por dúzia de lâminas, ele venderá $\dfrac{6 \times 10^8}{x^2 y}$ navalhas e $\dfrac{48 \times 10^7}{x y^2}$ dúzias de lâminas por dia. Qual o preço a cobrar pelas navalhas e pelas lâminas de modo a maximizar seu lucro?

17 INTEGRAÇÃO MÚLTIPLA

No Cap. 6, introduzimos e estudamos a integral definida (Riemann) para uma função de uma só variável. Neste capítulo, estendemos a noção de uma integral definida para funções de duas ou mais variáveis de um modo natural e usual para obter *integrais múltiplas*. Sabemos que muitas das integrais múltiplas encontradas em aplicações elementares da geometria e das ciências físicas podem ser calculadas em termos de *integrais repetidas* — isto é, integrais repetidas definidas — no sistema de coordenadas cartesiana, polar, cilíndrica ou esférica. O capítulo também inclui *integrais de linha, integrais de superfície, teorema de Green, teorema de Stokes e o teorema da divergência de Gauss*.

1 Integrais Repetidas

Na Seção 3 do Cap. 16 calculamos derivadas parciais de funções de várias variáveis, considerando uma das variáveis independentes como sendo constante e diferenciando em relação às variáveis restantes. Do mesmo modo, é possível considerar uma *integral* indefinida como uma função em relação a uma dessas variáveis, enquanto consideramos temporariamente as variáveis restantes como sendo constantes. Por exemplo,

$$\int x^2 y^3 \, dx = y^3 \int x^2 \, dx = y^3 \frac{x^3}{3} + C$$

e

$$\int x^2 y^3 \, dy = x^2 \int y^3 \, dy = x^2 \frac{y^4}{4} + K.$$

Observe que a variável de integração é claramente indicada pela diferencial dx ou dy sob o traço da integral.

No cálculo acima $\int x^2 y^3 \, dx$, tomamos temporariamente y constante; contudo, valores fixos diferentes de y poderiam requerer diferentes calores da constante da integração C. A possível dependência de C por y pode ser indicada escrevendo-se $C(y)$ ao invés de C; isto é, podemos considerar a constante de integração como uma função de y e escrever

$$\int x^2 y^3 \, dx = \frac{x^3 y^3}{3} + C(y).$$

Igualmente, integrando em relação a y, escreveríamos

$$\int x^2 y^3 \, dy = \frac{x^2 y^4}{4} + K(x).$$

As integrais acima são justamente os análogos para a integração indefinida das derivadas parciais por diferenciação, e elas poderiam ser chamadas "integrais parciais". Contudo preferimos chamá-las integrais *em relação a x* ou *a y*.

EXEMPLO   Se $f(x, y) = x \cos y$, ache $\int f(x, y)\, dx$ e $\int f(x, y)\, dy$.

SOLUÇÃO

$$\int f(x, y)\, dx = \int x \cos y\, dx = \cos y \int x\, dx = \frac{x^2}{2} \cos y + C(y),$$

$$\int f(x, y)\, dy = \int x \cos y\, dy = x \int \cos y\, dy = x \operatorname{sen} y + K(x).$$

Agora suponha que f é uma função de duas variáveis tais que, para cada valor fixo de y, $f(x,y)$ é uma função integrável de x. Logo, para cada valor fixo de y, podemos formar a integral definida

$$\int_a^b f(x, y)\, dx.$$

Além disso, para diferentes valores fixos de y, podemos usar diferentes limites de integração a e b; isto é, a e b podem depender de y. Tal dependência pode ser indicada pela notação usual de função, e a integral torna-se

$$\int_{a(y)}^{b(y)} f(x, y)\, dx.$$

EXEMPLO   Calcule $\int_{\ln y}^{y^2} y e^{xy}\, dx$.

SOLUÇÃO
Tomando y temporariamente constante e integrando em relação a x, obtemos

$$\int y e^{xy}\, dx = \frac{y e^{xy}}{y} + C(y) = e^{xy} + C(y).$$

Portanto,

$$\int_{\ln y}^{y^2} y e^{xy}\, dx = \left[e^{xy} + C(y) \right] \Big|_{\ln y}^{y^2} = \left[e^{y^2 y} + C(y) \right] - \left[e^{(\ln y)y} + C(y) \right]$$

$$= e^{y^3} - e^{y \ln y} + C(y) - C(y) = e^{y^3} - y^y.$$

No exemplo precedente, note que a "constante" de integração $C(y)$ cancela-se normalmente durante a integração definida. Portanto quando lidamos com integrais *definidas*, não há necessidade de escrever a "constante" de integração.
Observe também que a integração no exemplo anterior se dá *em relação a x;* logo, os limites de integração devem ser *substituídos por x* depois de realizada a integral indefinida. Para enfatizar isto, pode-se escrever

$$\int_{x=a(y)}^{x=b(y)} f(x, y)\, dx = \left[\int f(x, y)\, dx \right] \Bigg|_{x=a(y)}^{x=b(y)} \quad e \quad \int_{y=g(x)}^{y=h(x)} f(x, y)\, dy = \left[\int f(x, y)\, dy \right] \Bigg|_{y=g(x)}^{y=h(x)}.$$

Note que a quantidade $\int_{y=g(x)}^{y=h(x)} f(x, y)\, dy$ depende somente de x, enquanto a quantidade $\int_{x=a(y)}^{x=b(y)} f(x, y)\, dx$ depende somente de y. Conseqüentemente, podemos definir funções F e G das únicas variáveis x e y, respectivamente pelas equações.

$$F(x) = \int_{y=g(x)}^{y=h(x)} f(x, y)\, dy \quad \text{e} \quad G(y) = \int_{x=a(y)}^{x=b(y)} f(x, y)\, dx.$$

Em muitos casos, as funções F e G são por si próprias integráveis, e podemos escrever

$$\int_{x=c}^{x=d} F(x)\, dx = \int_{x=c}^{x=d} \left[\int_{y=g(x)}^{y=h(x)} f(x, y)\, dy \right] dx, \quad \text{e}$$

$$\int_{y=c}^{y=d} G(y)\, dy = \int_{y=c}^{y=d} \left[\int_{x=a(y)}^{x=b(y)} f(x, y)\, dx \right] dy.$$

As integrais acima são chamadas integrais *repetidas*, e são comumente escritas sem os colchetes e com a mais simples notação para os limites de integração, logo:

$$\int_{c}^{d} \int_{g(x)}^{h(x)} f(x, y)\, dy\, dx = \int_{x=c}^{x=d} \left[\int_{y=g(x)}^{y=h(x)} f(x, y)\, dy \right] dx, \quad \text{e}$$

$$\int_{c}^{d} \int_{a(y)}^{b(y)} f(x, y)\, dx\, dy = \int_{y=c}^{y=d} \left[\int_{x=a(y)}^{x=b(y)} f(x, y)\, dx \right] dy.$$

Note que, a fim de calcular

$$\int_{c}^{d} \int_{g(x)}^{h(x)} f(x, y)\, dy\, dx,$$

primeiro integramos $f(x,y)$ em relação a y mantendo x fixo. Os limites de integração $g(x)$ e $h(x)$ dependem deste valor fixo de x, e assim resulta a quantidade,

$$\int_{g(x)}^{h(x)} f(x, y)\, dy.$$

Então integramos a quantidade posterior em relação a x (agora, considerando x como uma variável) entre os limites constantes de integração c e d.

Por outro lado, a integral repetida

$$\int_{c}^{d} \int_{a(y)}^{b(y)} f(x, y)\, dx\, dy$$

envolve uma primeira integração de $f(x,y)$ em relação a x, mantendo y fixo, entre os limites de integração $a(y)$ e $b(y)$ seguido por uma integração da quantidade resultante em relação a y entre os limites constantes de integração c e d. As duas sucessivas integrações requeridas para calcular uma integral repetida são executadas na ordem em que as diferenciais (dx e dy nas integrais acima) aparecem, *lendo da esquerda para a direita*. Contudo, os correspondentes limites de integração são associados com os traços de integrais lendo o "avesso", isto é, *da direita para a esquerda*.

EXEMPLOS　　Calcule as integrais repetidas dadas.

1 $\displaystyle\int_{-1}^{2}\int_{0}^{2} x^2 y^3 \, dy \, dx$

SOLUÇÃO

$$\int_{-1}^{2}\int_{0}^{2} x^2 y^3 \, dy \, dx = \int_{x=-1}^{x=2}\left[\int_{y=0}^{y=2} x^2 y^3 \, dy\right] dx = \int_{x=-1}^{x=2}\left[\frac{x^2 y^4}{4}\Big|_{y=0}^{y=2}\right] dx$$

$$= \int_{x=-1}^{x=2}\left[\frac{16x^2}{4} - 0\right] dx = \frac{4}{3}x^3\Big|_{-1}^{2} = \left(\frac{32}{3}\right) - \left(-\frac{4}{3}\right) = 12.$$

2 $\displaystyle\int_{0}^{4}\int_{0}^{3x/2} \sqrt{16 - x^2} \, dy \, dx$

SOLUÇÃO

$$\int_{0}^{4}\int_{0}^{3x/2} \sqrt{16 - x^2} \, dy \, dx = \int_{x=0}^{x=4}\left[\int_{y=0}^{y=3x/2} \sqrt{16 - x^2} \, dy\right] dx$$

$$= \int_{x=0}^{x=4}\left[\sqrt{16 - x^2}\int_{y=0}^{y=3x/2} dy\right] dx$$

$$= \int_{x=0}^{x=4} \sqrt{16 - x^2}\left[y\Big|_{y=0}^{y=3x/2}\right] dx$$

$$= \int_{0}^{4} \sqrt{16 - x^2}\left(\frac{3x}{2}\right) dx.$$

A integral posterior pode ser calculada usando a substituição $u = 16 - x^2$, seguindo-se que $du = -2x \, dx$, $x \, dx = -\frac{1}{2} du$ e $(3x/2)dx = -\frac{3}{4} du$. Visto que $u = 16$ quando $x = 0$ e $u = 0$ quando $x = 4$, temos

$$\int_{0}^{4} \sqrt{16 - x^2}\left(\frac{3x}{2}\right) dx = \int_{16}^{0} \sqrt{u}\left(-\frac{3}{4}\right) du = \frac{3}{4}\int_{0}^{16} \sqrt{u} \, du = \frac{3}{4}\left[\frac{2}{3}u^{3/2}\Big|_{0}^{16}\right] = 32.$$

3 $\displaystyle\int_{0}^{\pi}\int_{0}^{y^2} \operatorname{sen}\frac{x}{y} \, dx \, dy$

SOLUÇÃO

$$\int_{0}^{\pi}\int_{0}^{y^2} \operatorname{sen}\frac{x}{y} \, dx \, dy = \int_{0}^{\pi}\left[\int_{0}^{y^2} \operatorname{sen}\frac{x}{y} \, dx\right] dy = \int_{0}^{\pi}\left[-y\cos\frac{x}{y}\Big|_{0}^{y^2}\right] dy$$

$$= \int_{0}^{\pi}\left(-y\cos\frac{y^2}{y} + y\cos\frac{0}{y}\right) dy = \int_{0}^{\pi}(y - y\cos y) \, dy$$

$$= \int_{0}^{\pi} y \, dy - \int_{0}^{\pi} y\cos y \, dy = \frac{y^2}{2}\Big|_{0}^{\pi} - (y\operatorname{sen} y + \cos y)\Big|_{0}^{\pi}$$

$$= \frac{\pi^2}{2} - (\pi\operatorname{sen}\pi + \cos\pi) + (0\operatorname{sen} 0 + \cos 0) = \frac{\pi^2}{2} + 2.$$

(A integral $\displaystyle\int_{0}^{\pi} y\cos y \, dy$ foi calculada usando integrações por partes.)

Conjunto de Problemas 1

Nos problemas 1 a 4, execute cada integração, considerando-se todas as variáveis, ao invés da variável de integração, temporariamente constante. Escreva corretamente a "constante" de integração como uma função das variáveis que foram fixadas durante a integração.

1 $\displaystyle\int \text{sen}\,(xy)\,dx$

2 $\displaystyle\int \frac{dy}{x^2 + y^2}$

3 $\displaystyle\int \left(x\sqrt{y} - \frac{y}{x} + \frac{1}{x\sqrt{y}} \right) dy$

4 $\displaystyle\int \sqrt{y^2 - x^2}\,dx$

Nos problemas 5 e 6, calcule cada integral

5 $\displaystyle\int_{x=\pi/2}^{x=y^3} y^2\,\text{sen}\,x\,dx$

6 $\displaystyle\int_{y=2}^{y=\ln x} ye^{xy}\,dy$

Nos problemas 7 a 28, calcule cada integral repetida.

7 $\displaystyle\int_0^1 \int_0^2 x^4 y^2\,dy\,dx$

8 $\displaystyle\int_0^2 \int_0^3 y^3\,dy\,dx$

9 $\displaystyle\int_0^3 \int_0^1 xe^{xy}\,dy\,dx$

10 $\displaystyle\int_0^4 \int_0^1 ye^{xy}\,dx\,dy$

11 $\displaystyle\int_0^{\pi/2} \int_0^1 xy\cos(xy^2)\,dy\,dx$

12 $\displaystyle\int_0^\pi \int_0^{\pi/2} \text{sen}\,x\cos y\,dx\,dy$

13 $\displaystyle\int_{-3}^5 \int_0^1 \frac{y^2}{1+x^2}\,dx\,dy$

14 $\displaystyle\int_0^1 \int_1^2 ue^v\,dv\,du$

15 $\displaystyle\int_0^2 \int_0^{\sqrt{y}} x^3\,dx\,dy$

16 $\displaystyle\int_0^1 \int_0^{x^4} \text{sen}\,(\pi x^5)\,dy\,dx$

17 $\displaystyle\int_1^5 \int_{\sqrt[3]{x}}^x \frac{1}{x}\,dy\,dx$

18 $\displaystyle\int_1^4 \int_{x/3}^{x/27} \sqrt[3]{\frac{x}{3y}}\,dy\,dx$

19 $\displaystyle\int_0^{\pi/3} \int_0^{\text{sen}\,x} \frac{dy\,dx}{\sqrt{1-y^2}}$

20 $\displaystyle\int_1^4 \int_0^t s^2 \ln t^4\,ds\,dt$

21 $\displaystyle\int_0^1 \int_{4u}^{6u} e^{u+v}\,dv\,du$

22 $\displaystyle\int_0^{\sqrt{\ln 2}} \int_0^y xy^5 e^{x^2 y^2}\,dx\,dy$

23 $\displaystyle\int_0^{\pi/2} \int_0^{2\cos\theta} \phi\cos\theta\,d\phi\,d\theta$

24 $\displaystyle\int_0^{\pi/6} \int_0^{\sec y\tan y} x^3 \cos^4 y\,dx\,dy$

25 $\displaystyle\int_1^2 \int_0^{x^2} e^{y/x}\,dy\,dx$

26 $\displaystyle\int_0^\pi \int_0^{3\cos\phi} \theta\,\text{sen}\,\phi\,d\theta\,d\phi$

27 $\displaystyle\int_0^{\pi/4} \int_0^{\text{sen}\,x} 4e^{-y}\cos x\,dy\,dx$

28 $\displaystyle\int_0^{\pi/2} \int_4^{4+3\cos t} s\,ds\,dt$

29 Sejam a, b, c e d constantes e sejam f, F e ϕ funções de duas variáveis tais que

$$\frac{\partial}{\partial x} F(x,y) = f(x,y) \quad \text{e} \quad \frac{\partial}{\partial y}\phi(x,y) = F(x,y). \quad \text{Mostre que}$$

$$\int_a^b \int_c^d f(x,y)\,dx\,dy = \phi(d,b) - \phi(d,a) - \phi(c,b) + \phi(c,a).$$

30 Com a notação do problema 29, e fazendo as necessárias suposições sobre a existência e continuidade das requeridas derivadas parciais, mostre que

$$\int_a^b \int_c^d f(x, y)\, dx\, dy = \int_c^d \int_a^b f(x, y)\, dy\, dx.$$

2   A Integral Dupla

Na Seção 2 do Cap. 6 definimos a integral definida (Riemann) de uma função f sobre um intervalo fechado $[a, b]$ como um limite da soma de Riemann. Essa definição foi sugerida pelo problema do cálculo da área sob o gráfico de f entre $x = a$ e $x = b$. Agora, se f é uma função de duas variáveis e R é uma região no plano xy, que está contida no domínio de f, podemos formular um problema análogo no espaço tridimensional, pela consideração do volume V mostrado na Fig. 1.

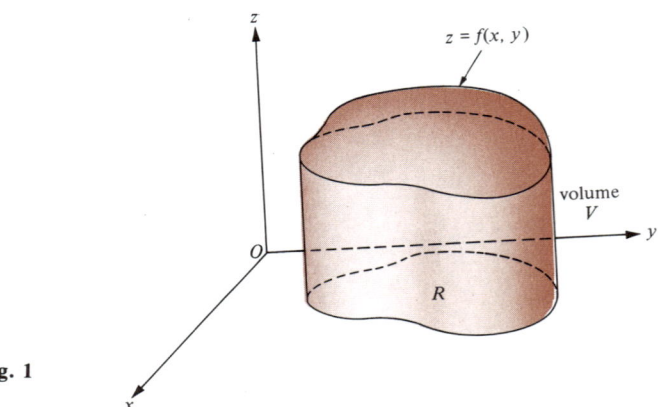

Fig. 1

Assim, se $f(x, y) \geq 0$ para (x, y) em R, perguntamos pelo volume do sólido que é limitado acima pelo gráfico de f, abaixo pela região R, e lateralmente pelo cilindro sobre o limite de R cujas geratrizes são paralelas ao eixo z. Falamos deste sólido como "o sólido abaixo do gráfico de f e acima da região R".

Nesta seção consideramos os problemas de cálculo do volume V da mesma forma que os dois problemas bidimensionais, análogos, no Cap. 6; obtendo cada vez melhores e melhores aproximações para V (chamadas *somas de Riemann*), e obtendo V como um limite de tais aproximações. Este limite é chamado de *integral dupla de f sobre a região R* e é escrito como

$$\iint_R f(x, y)\, dx\, dy.$$

O problema da definição da integral dupla, em sua generalidade, é mais apropriado para cursos mais avançados. Para nossos propósitos consideramos R como uma região admissível bidimensional (Cap. 6, Seção 6.1) onde R contém todos os seus pontos limites, e que f é uma função contínua em R. Separamos R em pequenos retângulos da mesma forma que separamos o intervalo de integração em pequeno subintervalo no Cap. 6; contudo, consideramos somente partições "regulares", nas quais todos os pequenos retângulos são congruentes.

Visto que R é uma região admissível, é limitada, e pode, portanto, ser incluída em um retângulo $a \leq x \leq b$, $c \leq y \leq d$ no plano xy (Fig. 2).

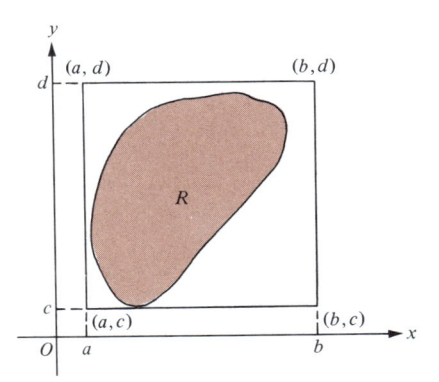

Fig. 2

Dado um inteiro n, repartimos este retângulo em n^2 sub-retângulos congruentes, como se segue:

1 Divida o intervalo $[a,b]$ em n subintervalos de igual comprimento $\Delta x = \dfrac{b-a}{n}$ pela consideração dos pontos

$$x_0 = a,\ x_1 = x_0 + \Delta x,\ x_2 = x_1 + \Delta x,\ \ldots,\ x_n = x_{n-1} + \Delta x = b.$$

2 Divida o intervalo $[c,d]$ em n subintervalos de igual comprimento $\Delta y = \dfrac{d-c}{n}$ pela consideração dos pontos

$$y_0 = c,\ y_1 = y_0 + \Delta y,\ y_2 = y_1 + \Delta y,\ \ldots,\ y_n = y_{n-1} + \Delta y = d.$$

3 O interior do retângulo $a \le x \le b,\ c \le y \le d$, forma uma rede consistindo de segmentos de retas verticais $x = x_0, x = x_1, x = x_2, \ldots, x = x_n$ e segmentos de retas verticais $y = y_0, y = y_1, y = y_2, \ldots, y = y_n$ (Fig. 3). Esta rede divide o retângulo em n^2 sub-retângulos convergentes, cada qual tendo área $\Delta x \cdot \Delta y$. Um destes sub-retângulos é mostrado na região hachurada da Fig. 3.

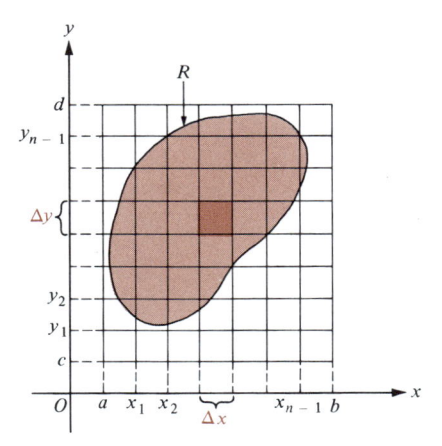

Fig. 3

Chamamos a esta decomposição do retângulo $a \le x \le b, c \le y \le d$ em n^2 sub-retângulos congruentes de *partição regular* e nos referimos a cada um dos n^2 sub-retângulos como uma *célula* da partição. Algumas destas células podem estar contidas na região R, algumas delas podem estar situadas fora, e algumas delas podem interceptar a fronteira de R. Agora, desprezamos todas as células que não tocam a região R e numeramos as células restantes (que tocam R) de uma maneira conveniente, chamando-as de $\Delta R_1, \Delta R_2, \Delta R_3, \ldots,$ ΔR_m. Com certeza cada uma destas células tem uma área $\Delta x \cdot \Delta y$ e, juntas, elas contêm a região R e aproximam-se de sua forma e sua área (Fig. 4).

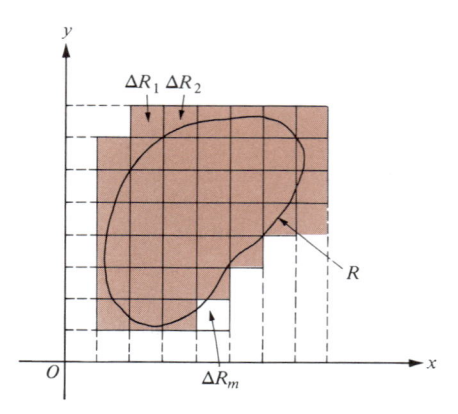

Fig. 4

Quando n cresce, a rede torna-se mais fina e a aproximação é melhorada.

Por analogia com a noção de uma partição estendida, considerada no Cap. 6, escolhemos um ponto dentro de cada uma das células $\Delta R_1, \Delta R_2, \ldots,$ ΔR_m, tendo a certeza de que cada ponto escolhido pertence à região R. Para exatidão, referira-se ao ponto escolhendo a k-ésima célula ΔR_k por (x_k^*, y_k^*) para $k = 1, 2, \ldots, m$.

Agora considere o sólido abaixo do gráfico de f e acima de célula ΔR_k (Fig. 5). Note que este sólido é aproximadamente um paralelepípedo retângulo, com base ΔR_k, de área $\Delta x . \Delta y$, e com altura $f(x_k^*, y_k^*)$. Seu volume é aproximadamente

$$f(x_k^*, y_k^*)\, \Delta x\, \Delta y.$$

Somando os volumes aproximados correspondentes a cada célula $\Delta R_1,$ $\Delta R_2, \ldots, \Delta R_m$, nós obtemos a aproximação

$$V \approx \sum_{k=1}^{m} f(x_k^*, y_k^*)\, \Delta x\, \Delta y$$

para o volume total abaixo do gráfico de f e acima da região R. Por analogia com a terminologia introduzida no Cap. 6, a soma

$$\sum_{k=1}^{m} f(x_k^*, y_k^*)\, \Delta x\, \Delta y$$

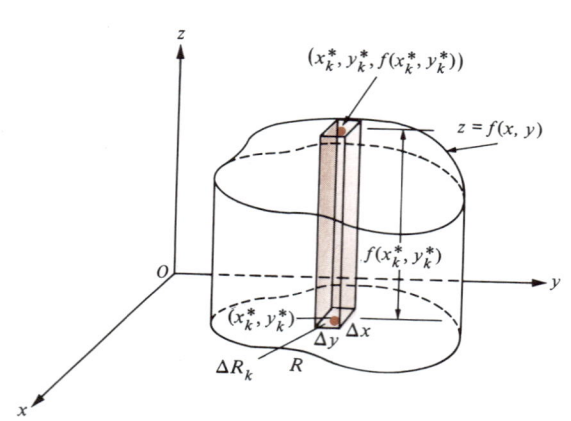

Fig. 5

é chamada uma *soma de Riemann*, correspondendo a dada partição estendida. O limite de tais somas de Riemann, quando a partição torna-se mais e mais fina (no presente caso, quando n tende a $+\infty$), é chamada de integral dupla de f sobre R, e escrita como $\iint\limits_{R} f(x, y)\, dx\, dy$. Logo, pela definição,

$$V = \iint\limits_{R} f(x, y)\, dx\, dy = \lim_{n \to +\infty} \sum_{k=1}^{m} f(x_k^*, y_k^*)\, \Delta x\, \Delta y,$$

desde que o limite exista.

EXEMPLO Aproxime a integral dupla $\iint\limits_{R} x^2 y^4\, dx\, dy$, onde R é a região interior ao círculo $x^2 + y^2 = 1$. Use a partição regular do retângulo $-1 \le x \le 1, -1 \le y \le 1$ em quatro células congruentes e use os pontos médios das células para ampliar a partição (Fig. 6).

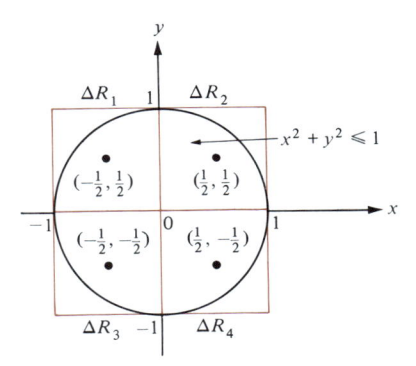

Fig. 6

Solução
Cada uma das quatro células tem dimensão $\Delta x = 1$ e $\Delta y = 1$. Aqui $f(x,y) = x^2 y^4$,

$$(x_1^*, y_1^*) = \left(-\frac{1}{2}, \frac{1}{2}\right), \qquad (x_2^*, y_2^*) = \left(\frac{1}{2}, \frac{1}{2}\right),$$

$$(x_3^*, y_3^*) = \left(-\frac{1}{2}, -\frac{1}{2}\right), \qquad (x_4^*, y_4^*) = \left(\frac{1}{2}, -\frac{1}{2}\right),$$

e a soma de Riemann

$$\sum_{k=1}^{4} f(x_k^*, y_k^*)\, \Delta x\, \Delta y = \sum_{k=1}^{4} (x_k^*)^2 (y_k^*)^4 (1)(1)$$

é dada por

$$\left(-\frac{1}{2}\right)^2\left(\frac{1}{2}\right)^4 + \left(\frac{1}{2}\right)^2\left(\frac{1}{2}\right)^4 + \left(-\frac{1}{2}\right)^2\left(-\frac{1}{2}\right)^4 + \left(\frac{1}{2}\right)^2\left(-\frac{1}{2}\right)^4 = \frac{1}{16}.$$

Portanto,

$$\iint\limits_{R} x^2 y^4\, dx\, dy \approx \sum_{k=1}^{4} (x_k^*)^2 (y_k^*)^4 = \frac{1}{16}.$$

Agora considere uma região R no plano xy e seja f uma função constante definida para $f(x,y) = 1$ para todos valores de x e y. O gráfico de f é o plano horizontal $z = 1$. Neste caso, escrevemos a integral dupla $\iint\limits_R f(x, y)\, dx\, dy$ simplesmente como $\iint\limits_R dx\, dy$. Neste caso, $\iint\limits_R dx\, dy$ representa o volume do cilindro de altura $h = 1$ com base R (Fig. 7). Se A é a área da região R, então o cilindro tem volume $V = hA = 1 \cdot A = 2A$, de modo que

$$V = A = \iint\limits_R dx\, dy.$$

Portanto, $\iint\limits_R dx\, dy$ é numericamente igual à área da região R.

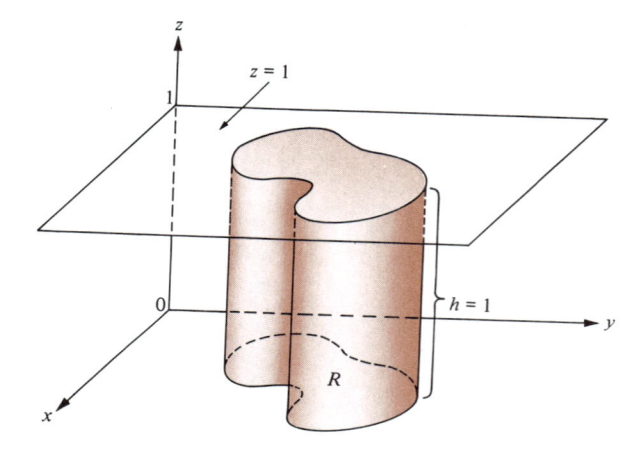

Fig. 7

EXEMPLO Seja R o interior do triângulo no plano cujos vértices são $A = (0,0)$, $B = (1,2)$ e $C = (5,14)$. Calcule $\iint\limits_R dx\, dy$.

SOLUÇÃO
Pelo Teorema 4 na Seção 4.2 do Cap. 15, a área do triângulo ABC é o valor absoluto de

$$\frac{1}{2}\begin{vmatrix} 0 & 0 & 1 \\ 1 & 2 & 1 \\ 5 & 14 & 1 \end{vmatrix} = \frac{1}{2}\begin{vmatrix} 1 & 2 \\ 5 & 14 \end{vmatrix} = \frac{1}{2}(14 - 10) = 2.$$

Portanto, $\iint\limits_R dx\, dy = 2$.

Se uma função f tem valores não-negativos sobre a região R, então $\iint\limits_R f(x, y)\, dx\, dy$ pode ser interpretada como o volume V do sólido abaixo do gráfico de f e acima da região R. Freqüentemente V pode ser encontrado pelos métodos apresentados no Cap. 7 (fatias, discos circulares, figuras cilíndricas e assim por diante), e desta forma $\iint\limits_R f(x, y)\, dx\, dy$ pode ser calculado.

EXEMPLOS **1** Seja R a região interior ao círculo $x^2 + y^2 \leq 4$ e seja f definida $f(x,y) = \sqrt{4 - x^2 - y^2}$. Calcule $\iint\limits_R f(x, y)\, dx\, dy$.

SOLUÇÃO
O gráfico de f é um hemisfério de raio $r = 2$ unidades e a região R forma a base deste hemisfério. O sólido acima de R e abaixo do gráfico de f é, portanto, um sólido hemisférico de raio $r = 2$ unidades (Fig. 8); logo, seu volume vale

$$\frac{1}{2}\left(\frac{4}{3}\pi r^3\right) = \frac{16\pi}{3} \text{ u.v}$$

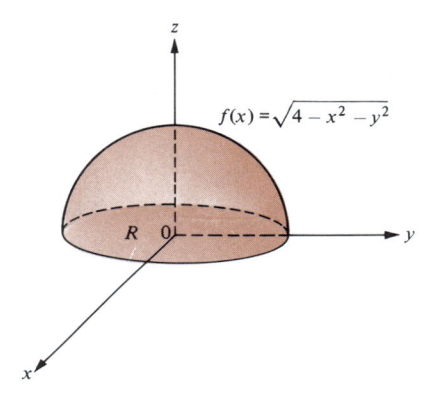

$$f(x) = \sqrt{4 - x^2 - y^2}$$

Fig. 8

Portanto,

$$\iint\limits_R \sqrt{4 - x^2 - y^2}\, dx\, dy = \frac{16\pi}{3}.$$

2 Seja R a região retangular constituída por todos os pontos (x,y) tais que $0 \leq x \leq 1$ e $0 \leq y \leq 2$. Defina a função f por $f(x,y) = 2 + y - x$. Calcule $\iint\limits_R f(x, y)\, dx\, dy$.

SOLUÇÃO

O gráfico de f é um plano $z = 2 + y - x$ e $\iint\limits_R f(x,y)\, dx\, dy$ é o volume do sólido abaixo deste plano e acima do retângulo R (Fig. 9). Determinamos este volume pelo método do corte, usando o eixo x como eixo de referência e tomando-se seções perpendiculares ao eixo de referência como na Fig. 9. A seção, a x unidades da origem, é um trapezóide com vértices $(x,0,0)$, $(x,2,0)$, $(x,2,4 - x)$ e $(x,0,2 - x)$. As duas bases paralelas destes trapezóides têm comprimentos $2 - x$ unidades e $4 - x$ unidades e a distância entre estas bases vale 2 unidades; logo, a área do trapezóide é

$$A(x) = 2\frac{(2 - x) + (4 - x)}{2} = 6 - 2x \text{ u.a}$$

O volume V do sólido é, portanto, dado por

$$V = \int_0^1 A(x)\, dx = \int_0^1 (6 - 2x)\, dx = \left(6x - x^2\right)\Big|_0^1 = 5 \text{ u.v.}$$

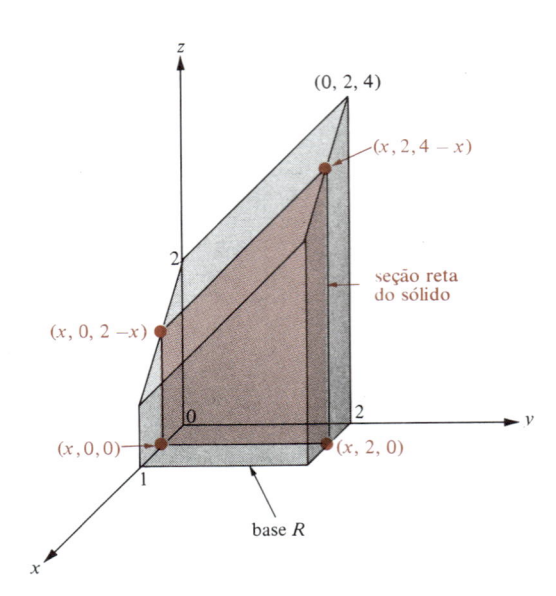

Fig. 9

Conseqüentemente,

$$\iint_R (2 + y - x)\, dx\, dy = 5.$$

2.1 Propriedades básicas da integral dupla

Na discussão acima, consideramos somente integrais duplas $\iint_R f(x,y)$ $dx\, dy$ nas quais $f(x,y) \geq 0$ vale R para todos pontos (x,y) em R. Se a condição posterior não acontece, podemos ainda formar somas de Riemann correspondentes à partição regular estendida e podemos ainda perguntar pelo limite de tais somas de Riemann quando as partições tornam-se mais e mais finas. Logo, definimos a *integral dupla*,

$$\iint_R f(x, y)\, dx\, dy = \lim_{n \to +\infty} \sum_{k=1}^{m} f(x_k^*, y_k^*)\, \Delta x\, \Delta y,$$

como anteriormente, para qualquer função f contínua definida sobre uma região admissível R, sabendo-se que o limite existe.

Se a condição $f(x,y) \geq 0$ não é satisfeita para alguns pontos (x,y) na região R, então parte do gráfico de f fica abaixo do plano xy. Neste caso, a região R pode ser decomposta em duas sub-regiões R_1 e R_2, de modo que $f(x,y) \geq 0$ para (x,y) em R_1 e $f(x,y) \leq 0$ para (x,y) em R_2. A integral dupla $\iint_R f(x,y)\, dx\, dy$ pode então ser interpretada como a diferença $V_1 - V_2$ entre o volume V_1 do sólido abaixo do gráfico de f e acima R_1 e o volume V_2 do sólido acima do gráfico de f e abaixo de R_2 (isto é, o análogo para a interpretação da integral de Riemann $\int_a^b f(x)\, dx$ como uma diferença de duas áreas).

Em cálculo avançado, uma definição geral é dada da integral dupla $\iint_R$ $f(x,y)\, dx\, dy$, semelhante a nossa definição, mas permitindo partições nas quais as células não são todas congruentes (isto é, células irregulares). Embora deseje-se que a região R tenha usualmente uma forma razoavelmente boa (por exemplo, para ser admissível em nosso sentido), a função f não é necessariamente contínua. A questão para as quais as somas de Riemann têm um limite quando as partições tornam-se mais e mais finas tem que ser resolvida com bastante sutileza. Se tal limite existe, então diz-se que f é uma *função integrável (Riemann) de duas variáveis sobre a região R*. As seguintes propriedades básicas da integral dupla são estabelecidas em cálculo avançado.

Propriedades básicas da integral dupla

1 *(Existência)*. Se f é contínua sobre a região admissível R, então f é Riemann-integrável sobre R, isto é, $\iint_R f(x, y)\, dx\, dy$ existe.

2 *(Interpretação como uma área)*. Se c é uma constante e R é uma região admissível de área A, então $\iint_R c\, dx\, dy = cA$. Em particular, $\iint_R dx\, dy = A$.

3 *(Propriedade homogênea)*. Se f é uma função Riemann-integrável sobre a região admissível R e K é uma constante, então K_f é também Riemann-integrável sobre R e $\iint_R Kf(x,y)\, dx\, dy = K \iint_R f(x,y)\, dx\, dy$.

4 *(Propriedade aditiva)*. Se f e g são funções Riemann-integráveis sobre a região admissível R, então $f + g$ é também Riemann-integrável sobre R e

$$\iint_R [f(x, y) + g(x, y)]\, dx\, dy = \iint_R f(x, y)\, dx\, dy + \iint_R g(x, y)\, dx\, dy.$$

5 *(Propriedade linear)*. Se f e g são funções Riemann-integráveis sobre a região admissível R e se A e B são constantes, então $Af \pm Bg$ é também Riemann-integrável sobre R e

$$\iint_R [Af(x, y) \pm Bg(x, y)]\, dx\, dy = A \iint_R f(x, y)\, dx\, dy \pm B \iint_R g(x, y)\, dx\, dy.$$

6 *(Positividade)*. Se f é Riemann-integrável sobre a região admissível R e se $f(x,y) \geq 0$ para todos pontos (x,y) em R, então $\iint_R f(x,y)\, dx\, dy \geq 0$.

7 *(Comparação)*. Se f e g são funções Riemann-integráveis sobre a região admissível R e se $f(x,y) \leq g(x,y)$ valem para todos os pontos (x,y) em R, então $\iint_R f(x, y)\, dx\, dy \leq \iint_R g(x, y)\, dx\, dy$.

8 *(Aditividade em relação à região de integração)*. Seja R uma região admissível e suponha que R possa ser decomposta em duas regiões admissíveis não-superpostas R_1 e R_2. (*Nota*: As regiões podem dividir pontos comuns de limites.) Se f é Riemann-integrável sobre as regiões R_1 e R_2, então f é Riemann-integrável sobre R e

$$\iint_R f(x, y)\, dx\, dy = \iint_{R_1} f(x, y)\, dx\, dy + \iint_{R_2} f(x, y)\, dx\, dy.$$

EXEMPLO Seja R o retângulo $0 \leq x \leq 1$, $0 \leq y \leq 1$, seja R_1 a parte de R acima, isto é, sobre a diagonal $y = x$, e seja R_2 a parte de R abaixo, sob a diagonal $y = x$. Suponha que

$$\iint\limits_{R_1} f(x, y)\, dx\, dy = 3, \qquad \iint\limits_{R_1} g(x, y)\, dx\, dy = -2,$$

$$\iint\limits_{R_2} f(x, y)\, dx\, dy = 5, \qquad \iint\limits_{R_2} g(x, y)\, dx\, dy = 1.$$

Ache (a) $\iint\limits_{R} f(x, y)\, dx\, dy$, (b) $\iint\limits_{R} g(x, y)\, dx\, dy$, e (c) $\iint\limits_{R} [4 f(x, y) - 3g(x, y)]\, dx\, dy$.

SOLUÇÃO

(a) Pela propriedade 8,

$$\iint\limits_{R} f(x, y)\, dx\, dy = \iint\limits_{R_1} f(x, y)\, dx\, dy + \iint\limits_{R_2} f(x, y)\, dx\, dy = 3 + 5 = 8.$$

(b) Pela propriedade 8,

$$\iint\limits_{R} g(x, y)\, dx\, dy = \iint\limits_{R_1} g(x, y)\, dx\, dy + \iint\limits_{R_2} g(x, y)\, dx\, dy = -2 + 1 = -1.$$

(c) Usando partes (a) e (b) e Propriedade 5, temos

$$\iint\limits_{R} [4 f(x, y) - 3g(x, y)]\, dx\, dy = 4 \iint\limits_{R} f(x, y)\, dx\, dy - 3 \iint\limits_{R} g(x, y)\, dx\, dy$$

$$= (4)(8) - (3)(-1) = 35.$$

Conjunto de Problemas 2

Nos problemas 1 a 4, aproxime cada integral dupla sobre a região indicada retangular R. Use a partição regular de R em n^2 células para o dado valor de n e use os pontos médios das células para ampliar a partição.

1 $\iint\limits_{R} xy\, dx\, dy$; $R: 0 \le x \le 2$ e $0 \le y \le 4$; $n = 2$

2 $\iint\limits_{R} (|x| + |y|)\, dx\, dy$; $R: -6 \le x \le 0$ e $-1 \le y \le 2$; $n = 3$

3 $\iint\limits_{R} (3x + 7y)\, dx\, dy$; $R: 0 \le x \le 3$ e $2 \le y \le 5$; $n = 3$

4 $\iint\limits_{R} (x - y^2)\, dx\, dy$; $R: -2 \le x \le 1$ e $0 \le y \le 2$; $n = 2$

5 Aproxime a integral dupla $\iint\limits_{R} 4xy\, dx\, dy$, onde R é a região interior ao círculo $x^2 + y^2$

$= 1$. Use a partição regular do retângulo $-1 \le x \le 1$, $-1 \le y \le 1$ em quatro células para ampliar a partição.

6 Aproxime a integral dupla $\iint\limits_R 5x^2\, y\, dx\, dy$ onde R é a região no primeiro quadrante interior ao círculo $x^2 + y^2 = 1$. Use a partição regular do retângulo $0 \leq x \leq 1, 0 \leq y \leq 1$ em nove células congruentes e use o ponto em cada célula que está mais próximo da origem, para ampliar a partição.

7 Aproxime a integral dupla $\iint\limits_R x^3 y^2\, dx\, dy$, onde R é a região $0 \leq x \leq 3, 0 \leq y \leq 9 - x^2$. Use a partição regular do retângulo $0 \leq x \leq 3, 0 \leq y \leq 9$ em nove células congruentes. Amplie a partição pela escolha, *para cada célula não desprezada,* do canto inferior esquerdo.

8 Aproxime a integral dupla $\iint\limits_R (3x^2 - 2y)\, dx\, dy$, onde R é a região $-1 \leq x \leq 1, 0 \leq y \leq 1 - x^2$. Use a partição regular do retângulo $-1 \leq x \leq 1, 0 \leq y \leq 1$ em nove células congruentes. Amplie a partição pela escolha, para cada partícula não desprezada, do ponto mais próximo da origem.

Nos problemas 9 a 20, interprete cada integral dupla como um volume ou como uma área. Calcule este volume ou área, e então a integral, por qualquer método que pareça aproximado.

9 $\iint\limits_R \sqrt{25 - x^2 - y^2}\, dx\, dy; \ R: x^2 + y^2 \leq 25$

10 $\iint\limits_R \sqrt{9 - x^2 - y^2}\, dx\, dy; \ R: x^2 + y^2 \leq 9, x \geq 0, y \geq 0$

11 $\iint\limits_R (4 + \sqrt{2 - x^2 - y^2})\, dx\, dy; \ R: x^2 + y^2 \leq 2$

12 $\iint\limits_R (x - y + 1)\, dx\, dy; \ R: 0 \leq x \leq 1, 0 \leq y \leq 1$

13 $\iint\limits_R (5 + 2x + 3y)\, dx\, dy; \ R: 0 \leq x \leq 1, 0 \leq y \leq 2$

14 $\iint\limits_R (1 - x - y)\, dx\, dy; \ R: 0 \leq y \leq 1 - x, x \geq 0$

15 $\iint\limits_R dx\, dy; \ R: x^2 + y^2 \leq r^2$

16 $\iint\limits_R dx\, dy; \ R: 0 \leq y \leq 1 - x, x \geq 0$

17 $\iint\limits_R dx\, dy; \ R:$ o interior do triângulo com vértices $(x_1, y_1), (x_2, y_2), (x_3, y_3)$.

18 $\iint\limits_R (1 - x^2 - y^2)\, dx\, dy; \ R: x^2 + y^2 \leq 1$

19 $\iint\limits_R (1 - \sqrt{x^2 + y^2})\, dx\, dy; \ R: x^2 + y^2 \leq 1$

20 $\iint\limits_R (5 - \sqrt{x^2 + y^2})\, dx\, dy; \ R: x^2 + y^2 \leq 1$

Nos problemas 21 a 28, seja R o disco circular $x^2 + y^2 \leq 1$, seja R_1 a metade superior de R, e seja R_2 a metade inferior de R. Suponha que $\iint\limits_{R_1} f(x, y)\, dx\, dy = 7, \ \iint\limits_{R_2} f(x, y)\, dx\, dy = -5, \ \iint\limits_{R_1} g(x, y)\, dx\, dy = -2,$ e $\iint\limits_{R_2} g(x, y)\, dx\, dy = 4.$ Calcule a integral dupla dada usando as propriedades 1 a 8 da Seção 2.1.

21 $\iint\limits_R f(x, y)\, dx\, dy$

22 $\iint\limits_{R_1} [g(x, y) - f(x, y)]\, dx\, dy$

23 $\iint\limits_R g(x, y)\, dx\, dy$

24 $\iint\limits_{R_2} [1 - f(x, y) + g(x, y)]\, dx\, dy$

25 $\iint\limits_R [4g(x, y) - 6f(x, y)]\, dx\, dy$

26 $\iint\limits_R [3f(x, y) - 5g(x, y) + 9]\, dx\, dy$

27 $\iint\limits_{R} 8\,dx\,dy$ **28** $\iint\limits_{R} [f(x,y) - \sqrt{1 - x^2 - y^2}]\,dx\,dy$

29 Dê uma explicação geométrica da propriedade 6 da Seção 2.1.

30 Prove a propriedade 7 da Seção 2.1 usando as propriedades 5 e 6.

31 Dê uma explicação geométrica da propriedade 8 da Seção 2.1, supondo que o integrando não é negativo.

32 Suponha que M é o valor máximo da função contínua f e que m é o valor mínimo de f sobre a região admissível R. Usando as propriedades das integrais duplas dadas na Seção 2.1, prove:

(a) $\left| \iint\limits_{R} f(x,y)\,dx\,dy \right| \leq \iint\limits_{R} |f(x,y)|\,dx\,dy.$

(b) $m \leq \dfrac{\iint\limits_{R} f(x,y)\,dx\,dy}{\iint\limits_{R} dx\,dy} \leq M$, se $\iint\limits_{R} dx\,dy \neq 0.$

33 Suponha que f é uma função contínua sobre a região admissível R e que (a,b) é um ponto em R. Seja R_1 uma sub-região admissível de R, tal que o ponto (a,b) pertença ao interior de R_1. Chame de A_1 a área de R_1 e de δ_1 o diâmetro de R_1 (isto é, a distância máxima entre quaisquer dois pontos em R_1). Dê argumentos informais para mostrar que:

(a) $\iint\limits_{R_1} f(x,y)\,dx\,dy \approx f(a,b)A_1$ se δ_1 é pequeno.

(b) $\lim\limits_{\delta_1 \to 0} \dfrac{\iint\limits_{R_1} f(x,y)\,dx\,dy}{A_1} = f(a,b).$

3   Cálculo de Integrais Duplas por Iteração

Na seção 1 consideramos a integral iterada $\displaystyle\int_a^b \int_{g(y)}^{h(y)} f(x,y)\,dx\,dy$ de uma função f de duas variáveis, enquanto na Seção 2 introduzimos a integral dupla $\iint\limits_{R} f(x,y)\,dx\,dy$ de f sobre uma região R no plano xy. Estes dois tipos de integrais são definidos em caminhos completamente diferentes e é importante não confundi-los. Entretanto, como vimos nesta seção, é algumas vezes possível converter uma integral dupla em uma integral iterada equivalente e vice-versa.

Considere, por exemplo, a integral dupla

$$\iint\limits_{R} f(x,y)\,dx\,dy,$$

onde R é a região assinalada f é contínua em R, e $f(x,y) \geq 0$ para (x,y) em R. Note que R é limitada abaixo pela reta $y = a$, acima pela reta $y = b$, à esquerda pelo gráfico da equação $x = g(y)$ e à direita pelo gráfico da equação $x = h(y)$. Supomos que g e h são funções contínuas definidas sobre (a,b) e que $g(y) \leq h(y)$ para $a \leq y \leq b$.

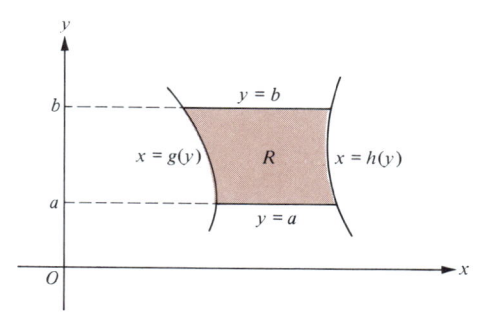

Fig. 1

Como $f(x,y) \geq 0$ para (x,y) em R, a integral dupla $\iint\limits_{R} f(x,y)\, dx\, dy$ pode ser interpretada como o volume V do sólido sob o gráfico de f e acima da região R (Fig. 2). Iremos determinar o volume V pelo método de divisão em fatias usando o eixo y como nosso eixo de referência. A Fig. 2 mostra a seção

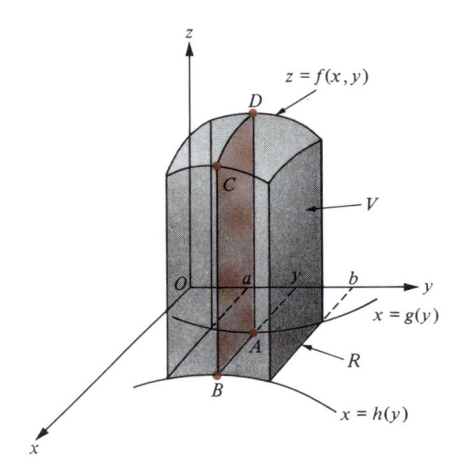

Fig. 2

$ABCD$ cortada do sólido, pelo plano perpendicular ao eixo y e a y unidades da origem. Se denotamos a área de $ABCD$ pela $F(y)$ então, pelo método da divisão em fatias

$$\iint\limits_{R} f(x, y)\, dx\, dy = V = \int_{a}^{b} F(y)\, dy.$$

Vamos agora achar uma fórmula para a área seccionada $F(y)$. Para este fim, fixamos temporariamente um valor de y entre a e b e estabelecemos "cópias" paralelas dos eixos x e z no mesmo plano de seção cortada $ABCD$ (Fig. 3). A equação da curva DC é $z = f(x,y)$. Na Fig. 2, os pontos A e B estão nas curvas $x = g(y)$ e $x = h(y)$ respectivamente; logo, na Fig. 3, os pontos A e B têm abscissas $g(y)$ e $h(y)$, respectivamente.

A Fig. 4 é obtida da Fig. 3 pela rotação do plano xz em torno do eixo z, de modo que o eixo x estende-se a nossa direita, como usualmente. Da Fig. 4, é claro que a área desejada $F(y)$ é justamente a área sob a curva $z = f(x,y)$ entre $x = g(y)$ e $x = h(y)$ (estando y fixado). Logo,

$$F(y) = \int_{g(y)}^{h(y)} f(x, y)\, dx.$$

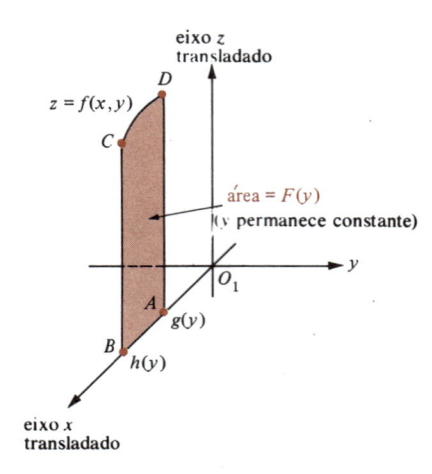

Fig. 3

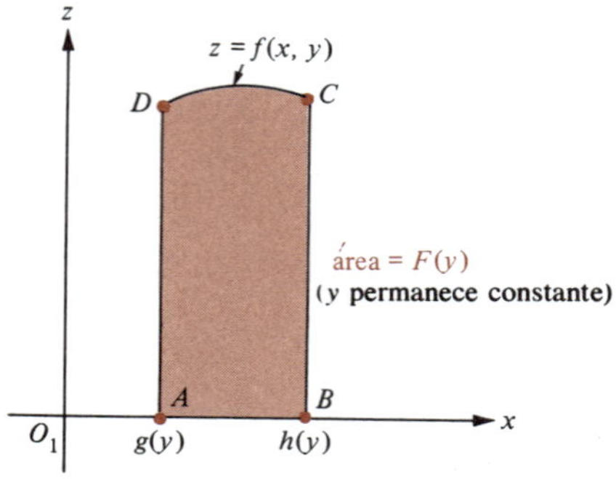

Fig. 4

Segue-se que

$$\iint\limits_{R} f(x, y)\, dx\, dy = \int_{a}^{b} F(y)\, dy$$

$$= \int_{a}^{b} \left[\int_{g(y)}^{h(y)} f(x, y)\, dx \right] dy;$$

isto é,

$$\iint\limits_{R} f(x, y)\, dx\, dy = \int_{a}^{b} \int_{g(y)}^{h(y)} f(x, y)\, dx\, dy.$$

O exemplo seguinte ilustra o uso da última equação para o cálculo de integrais duplas.

EXEMPLO Seja R a região interior do trapezóide cujos vértices são (2,2), (4,2), (5,4) e (1,4) (Fig. 5). Calcule $\iint\limits_{R} 8xy\, dx\, dy$ pela conversão para integral.

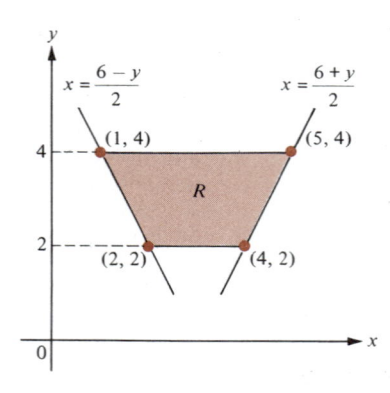

Fig. 5

SOLUÇÃO

A equação da reta pelos pontos (2,2) e (1,4) é $y = 6 - 2x$, ou $x = \dfrac{6 - y}{2}$.

Igualmente, a equação da reta pelos pontos (4,2) e (5,4) é $y = 2x - 6$, ou $x = \dfrac{6 + y}{2}$. Usando o resultado obtido acima, temos

$$\iint\limits_{R} 8xy \, dx \, dy = \int_{2}^{4} \int_{(6-y)/2}^{(6+y)/2} 8xy \, dx \, dy$$

$$= \int_{2}^{4} \left[8y \frac{x^2}{2} \Big|_{(6-y)/2}^{(6+y)/2} \right] dy$$

$$= \int_{2}^{4} 4y \left[\left(\frac{6+y}{2} \right)^2 - \left(\frac{6-y}{2} \right)^2 \right] dy$$

$$= \int_{2}^{4} 24y^2 \, dy = \frac{24y^3}{3} \Big|_{2}^{4} = 448.$$

Em nossa obtenção da equação para converter uma integral dupla em uma integral iterada, usamos o método da divisão em fatias considerando as seções perpendiculares ao eixo y. Podemos também usar o método de divisão em fatias com seções perpendiculares ao eixo x, contanto que a região R tenha a seguinte forma: R é limitada à esquerda pela linha vertical $x = a$; à direita pela linha vertical $x = b$; acima pelo gráfico de uma equação $y = h(x)$, e abaixo pelo gráfico de uma equação $y = g(x)$, onde g e h são contínuas em $[a,b]$ e $g(x) \leq h(x)$ para $a \leq x \leq b$ (Fig. 6).

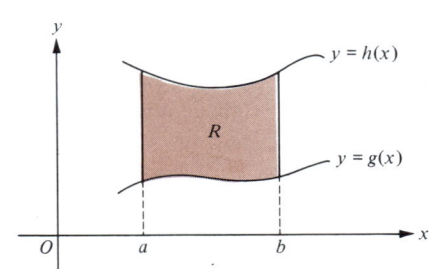

Fig. 6

Uma região R, limitada abaixo e acima pelas curvas contínuas $y = g(x)$ e $y = h(x)$, respectivamente, e limitada à esquerda e à direita pelas retas verticais $x = a$ e $x = b$, respectivamente, é chamada de *região do tipo I* (Fig. 6). Por outro lado, uma região R, limitada à esquerda e à direita pelas curvas contínuas $x = g(y)$ e $x = h(y)$, respectivamente, e limitada abaixo e acima pelas linhas horizontais $y = a$ e $y = b$, respectivamente, é chamada de *região tipo II* (Fig. 1). Estas considerações indicam que *uma integral dupla de uma função f contínua sobre uma região R do tipo I ou do tipo II pode ser convertida em uma integral iterada.* Em cursos mais avançados, isto é provado rigorosamente, mesmo para o caso no qual a função f toma valores negativos.

Logo, temos o seguinte método, chamado de *método da iteração*, para o cálculo das integrais duplas sobre regiões especiais.

O método da iteração

Suponha que R é uma das regiões do tipo I ou do tipo II no plano e que a função f é contínua sobre R. A fim de calcular a integral dupla $\iint\limits_{R} f(x,y) \, dx \, dy$ pelo método da iteração procede-se da seguinte forma:

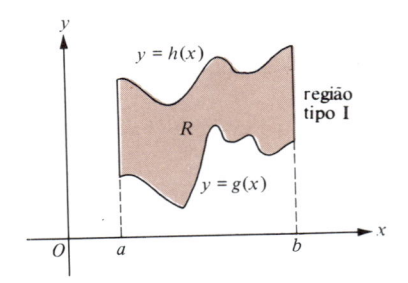

Fig. 7

Caso 1 Se a região *R* é do tipo I, ache as equações das curvas contínuas $y = g(x)$ e $y = h(x)$ limitando *R* abaixo e acima, respectivamente. Calcule também as constantes *a* e *b* para as quais as linhas verticais $x = a$ e $x = b$ limitam *R* à esquerda e à direita, respectivamente (Fig. 7). Então

$$\iint\limits_R f(x, y)\, dx\, dy = \int_{x=a}^{x=b} \left[\int_{y=g(x)}^{y=h(x)} f(x, y)\, dy \right] dx$$

$$= \int_a^b \int_{g(x)}^{h(x)} f(x, y)\, dy\, dx.$$

Caso 2 Se a região *R* é do tipo II, ache as equações das curvas contínuas $x = g(y)$ e $x = h(y)$ limitando *R* à esquerda e à direita, respectivamente. Calcule também constantes *a* e *b* para as quais as linhas horizontais $y = a$ e $y = b$ limitam *R* abaixo e acima, respectivamente (Fig. 8). Então

$$\iint\limits_R f(x, y)\, dx\, dy = \int_{y=a}^{y=b} \left[\int_{x=g(y)}^{x=h(y)} f(x, y)\, dx \right] dy = \int_a^b \int_{g(y)}^{h(y)} f(x, y)\, dx\, dy.$$

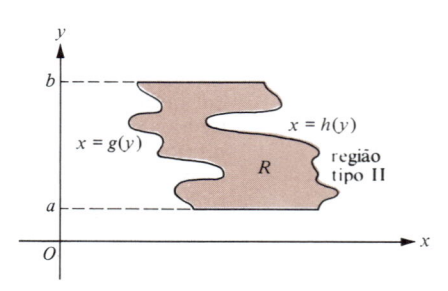

Fig. 8

EXEMPLOS   Calcule a integral dupla dada pelo método da iteração.

1 $\displaystyle\iint\limits_R x \cos xy\, dx\, dy;\quad R: 1 \leq x \leq 2 \quad$ e $\quad \pi/2 \leq y \leq 2\pi/x.$

Solução
A região é evidentemente do tipo I (Fig. 9); logo,

$$\iint\limits_R x \cos xy\, dx\, dy = \int_{x=1}^{x=2} \left(\int_{y=\pi/2}^{y=2\pi/x} x \cos xy\, dy \right) dx$$

$$= \int_{x=1}^{x=2} \left(\operatorname{sen} xy \Big|_{y=\pi/2}^{y=2\pi/x} \right) dx$$

$$= \int_1^2 \left(\operatorname{sen} 2\pi - \operatorname{sen} \frac{\pi}{2} x \right) dx$$

$$= \int_1^2 \left(-\operatorname{sen} \frac{\pi x}{2} \right) dx = \frac{2}{\pi} \cos \frac{\pi x}{2} \Big|_1^2$$

$$= \frac{2}{\pi} \cos \pi - \frac{2}{\pi} \cos \frac{\pi}{2} = -\frac{2}{\pi}.$$

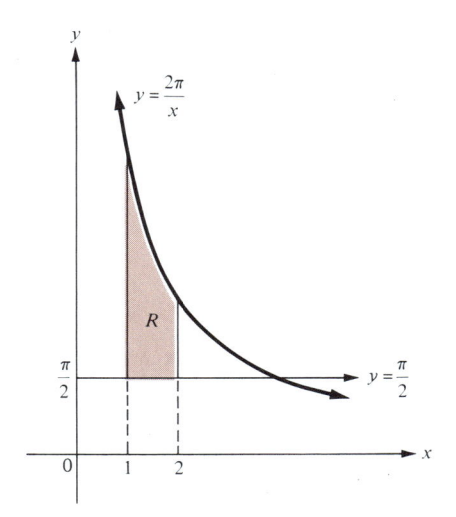

Fig. 9

2 $\displaystyle\iint_R (x + y)\, dx\, dy$, onde R é a região no primeiro quadrante acima da curva $y = x^2$ e abaixo da curva $y = \sqrt{x}$.

SOLUÇÃO
Neste caso, a região R é simultaneamente do tipo I e do tipo II (Fig. 10). Considerando R como uma região tipo II, é limitada à esquerda pela curva $x = y^2$; à direita pela curva $x = \sqrt{y}$; abaixo pela linha $y = 0$; e acima pela linha $y = 1$. Portanto,

$$
\iint_R (x + y)\, dx\, dy = \int_{y=0}^{y=1} \left[\int_{x=y^2}^{x=\sqrt{y}} (x + y)\, dx \right] dy
$$

$$
= \int_{y=0}^{y=1} \left[\left(\frac{x^2}{2} + yx \right) \Big|_{x=y^2}^{x=\sqrt{y}} \right] dy
$$

$$
= \int_0^1 \left(\frac{y}{2} + y\sqrt{y} - \frac{y^4}{2} - y^3 \right) dy
$$

$$
= \left(\frac{y^2}{4} + \frac{2}{5} y^{5/2} - \frac{y^5}{10} - \frac{y^4}{4} \right) \Big|_0^1 = \frac{3}{10}.
$$

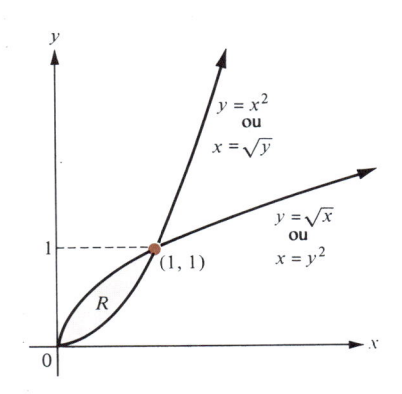

Fig. 10

O segundo exemplo acima ilustra dois fatos importantes sobre o método da iteração. Primeiro, as linhas retas horizontais que limitam uma região do tipo II abaixo e acima (e, da mesma forma, as retas verticais limitam uma região tipo I à esquerda e à direita) tocam a região R em pontos isolados, ao invés de segmentos de reta. Em segundo, existem regiões que são ambas do tipo I e tipo II.

Visto que a região R na Fig. 10 é do tipo I, podemos também iterar a integral do Exemplo 2 como se segue:

$$\iint_R (x + y)\, dx\, dy = \int_{x=0}^{x=1} \left[\int_{y=x^2}^{y=\sqrt{x}} (x + y)\, dy \right] dx = \frac{3}{10}.$$

Exemplos adicionais das regiões que são ambas do tipo I e tipo II aparecem na Fig. 11. Uma integral dupla sobre qualquer região pode ser iterada de dois modos diferentes, resultando em duas integrais iteradas com ordens de integrações opostas, mas com valores iguais. Estas duas integrais iteradas são ditas obtidas uma da outra pela *reversão da ordem de integração.* Uma reversão da ordem de integração freqüentemente converte uma integral iterada complicada em uma mais simples.

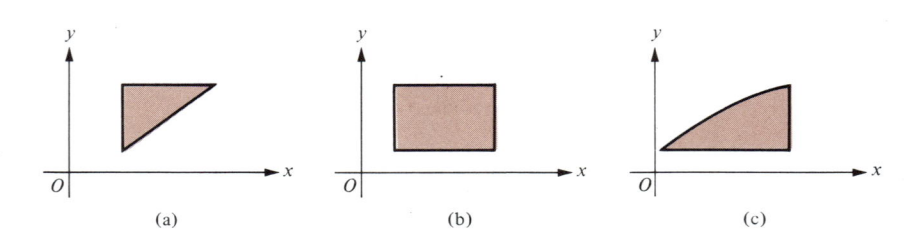

Fig. 11   (a)   (b)   (c)

EXEMPLOS   Reverta a ordem de integração e calcule a integral resultante.

1 $\displaystyle \int_0^1 \int_x^1 x \operatorname{sen} y^3 \, dy \, dx$

SOLUÇÃO
A integral iterada dada é equivalente à integral dupla

$$\iint_R x \operatorname{sen} y^3 \, dx \, dy$$

sobre a região R tipo I determinada pelas inequações $0 \le x \le 1$ e $x \le y \le 1$ (Fig. 12). Como R é também do tipo II, temos

$$\int_0^1 \int_x^1 x \operatorname{sen} y^3 \, dy \, dx = \iint_R x \operatorname{sen} y^3 \, dx \, dy$$

$$= \int_{y=0}^{y=1} \left(\int_{x=0}^{x=y} x \operatorname{sen} y^3 \, dx \right) dy$$

$$= \int_{y=0}^{y=1} \left(\frac{x^2 \operatorname{sen} y^3}{2} \bigg|_{x=0}^{x=y} \right) dy = \frac{1}{2} \int_0^1 y^2 \operatorname{sen} y^3 \, dy$$

$$= \left(-\frac{\cos y^3}{6} \right) \bigg|_0^1 = -\frac{1}{6} (\cos 1 - \cos 0)$$

$$\approx -\frac{1}{6} (0{,}5403 - 1) \approx 0{,}077.$$

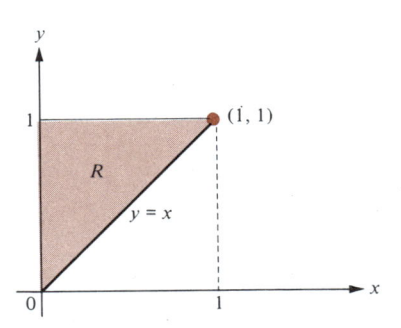

Fig. 12

2 $\displaystyle\int_0^3 \int_{y^2}^9 ye^{-x^2}\,dx\,dy$

Solução

A integração iterada fornecida é equivalente à integral dupla $\displaystyle\iint_R ye^{-x^2}\,dx\,dy$

sobre a região R do tipo II, determinada pelas inequações, $0 \le y \le 3$ e $y^2 \le x \le 9$ (Fig. 13). Visto que R é também do tipo I, temos

$$\int_0^3 \int_{y^2}^9 ye^{-x^2}\,dx\,dy = \iint_R ye^{-x^2}\,dx\,dy$$

$$= \int_{x=0}^{x=9} \left(\int_{y=0}^{y=\sqrt{x}} ye^{-x^2}\,dy \right) dx$$

$$= \int_{x=0}^{x=9} \left(\frac{y^2 e^{-x^2}}{2} \bigg|_{y=0}^{y=\sqrt{x}} \right) dx = \int_0^9 \frac{xe^{-x^2}}{2}\,dx$$

$$= \left(-\frac{e^{-x^2}}{4} \right) \bigg|_0^9 = -\frac{e^{-81}}{4} + \frac{1}{4} = \frac{1}{4}\left(1 - e^{-81}\right).$$

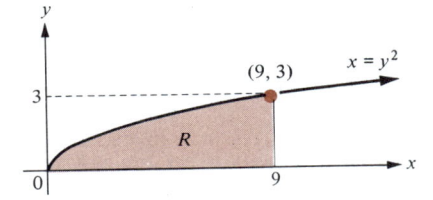

Fig. 13

Embora existam regiões que não são nem do tipo I nem do tipo II, é possível cortar tal região em sub-regiões não-superpostas, cada uma do tipo I ou do tipo II. A integral dupla de uma função sobre uma região grande pode então ser calculada pela integração da função sobre cada sub-região somando-se os valores resultantes.

EXEMPLO   Calcule $\displaystyle\iint_R (2x - y)\,dx\,dy$ sobre a região R da Fig. 14.

Solução
Embora R não seja do tipo I nem do tipo II, podemos decompô-la em duas regiões distintas R_1: $2 \le x \le 4$, $1 \le y \le 2$ e R_2: $1 \le x \le 4$, $2 \le y \le 3$ (Fig. 15).

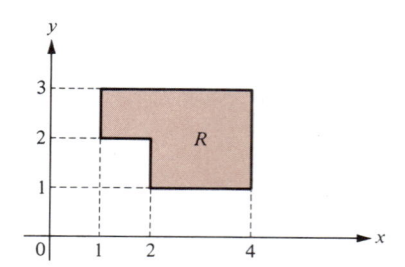

Fig. 14

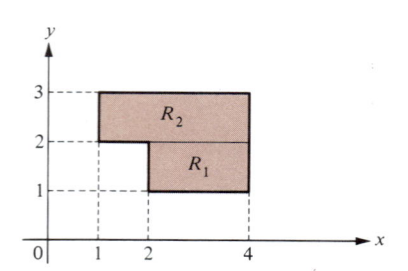

Fig. 15

Logo,

$$\iint\limits_{R_1} (2x - y)\, dx\, dy = \int_2^4 \int_1^2 (2x - y)\, dy\, dx = \int_2^4 \left[\left(2xy - \frac{y^2}{2}\right) \Big|_{y=1}^{y=2} \right] dx$$

$$= \int_2^4 \left(2x - \frac{3}{2}\right) dx = \left(x^2 - \frac{3}{2}x\right) \Big|_2^4 = 9 \qquad \text{e}$$

$$\iint\limits_{R_2} (2x - y)\, dx\, dy = \int_1^4 \int_2^3 (2x - y)\, dy\, dx = \int_1^4 \left[\left(2xy - \frac{y^2}{2}\right) \Big|_{y=2}^{y=3} \right] dx$$

$$= \int_1^4 \left(2x - \frac{5}{2}\right) dx = \left(x^2 - \frac{5}{2}x\right) \Big|_1^4 = \frac{15}{2}.$$

Portanto,

$$\iint\limits_{R} (2x - y)\, dx\, dy = \iint\limits_{R_1} (2x - y)\, dx\, dy + \iint\limits_{R_2} (2x - y)\, dx\, dy$$

$$= 9 + \frac{15}{2} = \frac{33}{2}.$$

Conjunto de Problemas 3

Nos problemas 1 a 14, (a) desenhe a região R; (b) decida se R é do tipo I ou do tipo II (ou de ambos os tipos); e (c) calcule cada integral dupla usando o método de iteração.

1 $\displaystyle\iint\limits_{R} x\,\text{sen}\,(xy)\, dx\, dy$; $R: 0 \le x \le \pi,\ 0 \le y \le 1$

2 $\displaystyle\iint\limits_{R} \frac{xe^{x/y}}{y^2}\, dx\, dy$; $R: 0 \le x \le 1,\ 1 \le y \le 2$

3 $\displaystyle\iint\limits_{R} x\,\text{sen}\,y\, dx\, dy$; $R: 0 \le x \le \pi,\ 0 \le y \le x$

4 $\displaystyle\iint\limits_{R} (x + y + 2)\, dx\, dy$; $R: 0 \le x \le 2,\ -\sqrt{x} \le y \le \sqrt{x}$

5 $\displaystyle\iint\limits_{R} (2x - 3y)\, dx\, dy$; $R: x^2 + y^2 \le 1$

6 $\displaystyle\iint\limits_{R} e^{x+y}\, dx\, dy$; $R: |x| + |y| \le 1$

7 $\displaystyle\iint\limits_{R} y\, dx\, dy$; $R: 0 \le x \le \pi,\ 0 \le y \le \text{sen}\,x$

8 $\displaystyle\iint\limits_{R} y\,\text{sen}^{-1}\,x\, dx\, dy$; $R: 0 \le x \le \frac{1}{2},\ -1 \le y \le 1$

9 $\displaystyle\iint\limits_{R} x\, dx\, dy$; R: a região do primeiro quadrante limitada por $x = y - 2,\ y = x^2,$ e $x = 0.$

10 $\iint\limits_{R} (6x + 5y)\, dx\, dy$; R: a região entre as curvas $y = 2\sqrt{x}$ e $y = 2x^3$.

11 $\iint\limits_{R} (7xy - 2y^2)\, dx\, dy$; R: a região do primeiro quadrante limitada por $y = x$, $y = x/3$, x

　　$= 3$.

12 $\iint\limits_{R} \sqrt{1 + x^2}\, dx\, dy$; R: a área do triângulo cujos vértices são $(0,0)$, $(0,1)$, e $(1,1)$.

13 $\iint\limits_{R} \dfrac{1}{1 + y^2}\, dx\, dy$; R: a região do primeiro quadrante limitada por $y = x$, $y = 0$, e

　　$x = 1$.

14 $\iint\limits_{R} x\, dx\, dy$; R: a menor região formada a partir do círculo $x^2 + y^2 \le 9$ pela reta

　　$x + y = 3$.

Nos problemas 15 a 23, calcule cada integral iterada pela reversão da ordem de integração. Em cada caso, desenhe uma região apropriada no plano xy sobre a qual a integral dupla, correspondente à integral iterada dada, é calculada.

15 $\displaystyle\int_{0}^{1}\int_{y}^{1} e^{-3x^2}\, dx\, dy$

16 $\displaystyle\int_{1}^{e}\int_{0}^{\ln x} y\, dy\, dx$

17 $\displaystyle\int_{0}^{2}\int_{3y}^{6} \operatorname{sen} \dfrac{\pi x^2}{6}\, dx\, dy$

18 $\displaystyle\int_{0}^{\sqrt{2}/2}\int_{0}^{\operatorname{sen}^{-1} x} x\, dy\, dx$

19 $\displaystyle\int_{0}^{1}\int_{y}^{\sqrt{y}} \dfrac{\operatorname{sen} x}{x}\, dx\, dy$

20 $\displaystyle\int_{0}^{1}\int_{\sqrt{y}}^{1} \sqrt{1 - x^3}\, dx\, dy$

21 $\displaystyle\int_{0}^{2}\int_{x^3}^{8} e^{x/\sqrt[3]{y}}\, dy\, dx$

22 $\displaystyle\int_{0}^{1}\int_{-1}^{-\sqrt{y}} \sqrt[5]{x^3 + 1}\, dx\, dy$

23 $\displaystyle\int_{0}^{4}\int_{\sqrt{y}}^{2} \dfrac{y\, dx\, dy}{\sqrt{1 + x^5}}$

24 Calcule $\iint\limits_{R} (2x - 3y^2)\, dx\, dy$ sobre a região R interior ao triângulo com vértice $(0,$

　　$0)$, $(2,0)$ e $(-1,-1)$.

25 Calcule $\iint\limits_{R} (1 - x + y)\, dx\, dy$ sobre a região R mostrada na Fig. 16.

26 Suponha que R é a região limitada pelas retas $y = 1$, $y = x + 6$, e a parábola $y = x^2$

　　(Fig. 17). Calcule $\iint\limits_{R} xy\, dx\, dy$ sobre a região R por:

　　(a) Dividindo R em regiões tipo II.
　　(b) Dividindo R em regiões tipo I.

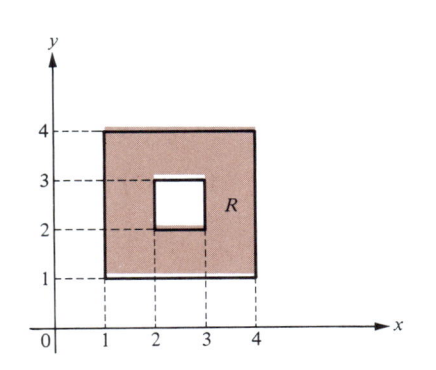

Fig. 16

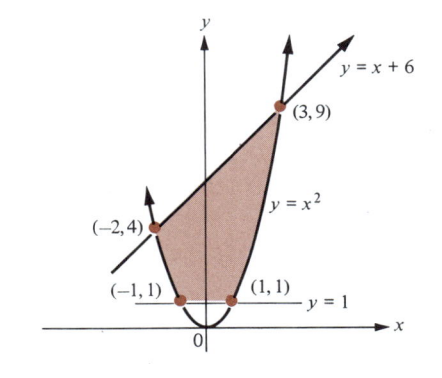

Fig. 17

4 Aplicações Elementares das Integrais Duplas

A integral dupla, como definida na Seção 2, foi mostrada pelo problema de cálculo do volume sob uma superfície; logo, não deveria ser surpreendente que integrais duplas tenham aplicações numerosas em situações onde volumes precisam ser calculados.

Nesta seção consideramos não somente aplicações de integrais duplas para o cálculo de volumes e áreas, mas também para problemas envolvendo *densidade, centro da massa, centróides* e *momentos*.

4.1 Volumes pela integração dupla

Usando a integral dupla, podemos expressar o volume V sob o gráfico de uma função f não-negativa, contínua sobre uma região R dada (como fizemos na Seção 2), por $V = \iint_R f(x,y)\, dx\, dy$. Pelo método da iteração (Seção 3), podemos calcular a integral dupla, e logo o volume V.

EXEMPLO Seja R a região no plano xy limitada acima pela parábola $y = 4 - x^2$ e limitada abaixo pelo eixo x (Fig. 1). Ache o volume V sob o gráfico de $f(x,y) = x + 2y + 3$ e acima da região R.

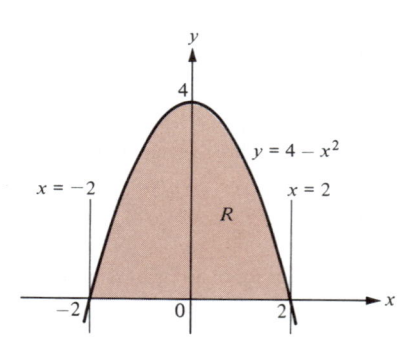

Fig. 1

SOLUÇÃO

A região R é do tipo I, é limitada à esquerda pela reta vertical $x = -2$, à direita pela reta vertical $x = 2$, acima pela parábola $y = 4 - x^2$, e abaixo pela reta $y = 0$. Portanto, pelo método da iteração,

$$V = \iint_R (x + 2y + 3)\, dx\, dy = \int_{-2}^{2} \left[\int_{0}^{4-x^2} (x + 2y + 3)\, dy \right] dx$$

$$= \int_{-2}^{2} \left[(xy + y^2 + 3y) \Big|_{0}^{4-x^2} \right] dx = \int_{-2}^{2} [x(4 - x^2) + (4 - x^2)^2 + 3(4 - x^2)]\, dx$$

$$= \int_{-2}^{2} (x^4 - x^3 - 11x^2 + 4x + 28)\, dx = \left(\frac{x^5}{5} - \frac{x^4}{4} - \frac{11x^3}{3} + 2x^2 + 28x \right) \Big|_{-2}^{2}$$

$$= \frac{992}{15} \text{ u.v.}$$

4.2 Áreas pela integração dupla

Como notamos na Seção 2, a área de uma região R no plano xy é dada por

$$A = \iint_R dx\, dy.$$

EXEMPLO Ache a área A da região R limitada pelas curvas $y = x^2$ e $y = x$.

SOLUÇÃO
A região (Fig. 2) é do tipo I; logo, a área é dada por

$$A = \iint_R dx\, dy = \int_{x=0}^{x=1} \left[\int_{y=x^2}^{y=x} dy \right] dx$$

$$= \int_{x=0}^{x=1} \left[y \Big|_{x^2}^{x} \right] dx = \int_0^1 (x - x^2)\, dx$$

$$= \left(\frac{x^2}{2} - \frac{x^3}{3} \right) \Big|_0^1 = \frac{1}{6} \text{ u.a.}$$

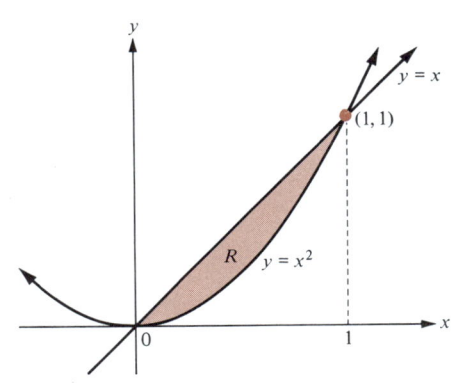

Fig. 2

4.3 Densidade e integrais duplas

Considere uma quantidade tal como massa ou carga elétrica distribuída de um modo contínuo, uniforme ou não, sobre uma porção do plano xy. Representamos esta função σ de duas variáveis (σ é a pequena letra grega "sigma") como uma *função de densidade* para estas duas distribuições dimensionais se, para toda região admissível R no plano xy, $\iint_R \sigma(x,y)\, dx\, dy$

dá a soma da quantidade contida em R.

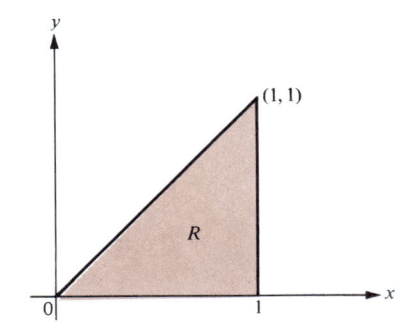

Fig. 3

EXEMPLO   A carga elétrica é distribuída sobre a região R triangular da Fig. 3, visto que a densidade de carga em qualquer ponto (x,y) em R é dada por

$$\sigma(x,y) = (x - x^2)(y - y^2) \text{ Coulomb/cm}^2.$$

Ache a soma total de carga elétrica na região R.

SOLUÇÃO

A carga total na superfície R é dada por

$$\iint_R \sigma(x, y)\, dx\, dy = \int_0^1 \int_0^x (x - x^2)(y - y^2)\, dy\, dx$$

$$= \int_0^1 (x - x^2)\left(\frac{y^2}{2} - \frac{y^3}{3}\right) \bigg|_0^x dx$$

$$= \int_0^1 \left(\frac{x^3}{2} - \frac{5x^4}{6} + \frac{x^5}{3}\right) dx$$

$$= \left(\frac{x^4}{8} - \frac{x^5}{6} + \frac{x^6}{18}\right) \bigg|_0^1 = \frac{1}{72} \text{ coulomb.}$$

Agora, suponha que uma quantidade é distribuída sobre uma região R no plano xy e que σ é a sua função de densidade. Escolha um ponto (a,b) na região R e considere a pequena região retangular ΔR na Fig. 4 como o centro

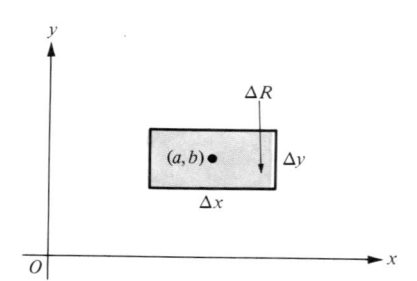

Fig. 4

em (a,b) com dimensões Δx e Δy, e com área $\Delta A = \Delta x \cdot \Delta y$. Se Δq representa a soma da quantidade contida na região ΔR, então

$$\Delta q = \iint_{\Delta R} \sigma(x, y)\, dx\, dy.$$

Se σ é contínua e Δx e Δy são muito pequenos, então o valor de $\sigma(x,y)$ é próximo do valor de $\sigma(a,b)$ para todos os pontos (x,b) dentro do retângulo ΔR; isto é,

$$\sigma(x, y) \approx \sigma(a, b) \quad \text{para todos os pontos } (x, y) \text{ em } \Delta R.$$

Portanto, parece razoável que

$$\Delta q = \iint_{\Delta R} \sigma(x, y)\, dx\, dy \approx \iint_{\Delta R} \sigma(a, b)\, dx\, dy = \sigma(a, b) \iint_{\Delta R} dx\, dy,$$

já que $\sigma(a,b)$ é uma constante. Note que $\iint\limits_{\Delta R} dx\, dy = \Delta A = \Delta x\, .\Delta y$; logo,

$$\Delta q \approx \sigma(a,b)\, \Delta A = \sigma(a,b)\, \Delta x\, \Delta y.$$

Portanto,

$$\sigma(a,b) \approx \frac{\Delta q}{\Delta A},$$

presumivelmente com uma aproximação muito melhor à medida que Δx e Δy tornam-se muito menores. Conseqüentemente, a densidade $\sigma(a,b)$ nos pontos (a,b) pode ser interpretada como o valor limite da soma de quantidade por unidade de área em uma pequena região ΔR em volta do ponto (a,b) quando ΔR "tende a zero". Em outras palavras,

$$\sigma(a,b) = \frac{dq}{dA} \quad \text{ou} \quad dq = \sigma(a,b)\, dx\, dy.$$

Podemos interpretar a última fórmula como dando a quantidade "infinitesimal" dq de matéria contida em um retângulo "infinitesimal" de dimensões dx e dy, com centro no ponto (a,b).

4.4 Momentos e centro de massa

Suponha que uma partícula P de massa m é situada no ponto (x,y) no plano xy (Fig. 5). Então, o produto mx, a massa m da partícula multiplicada pela respectiva distância x do eixo y, é chamado de *momento de P em relação ao eixo y*. Igualmente, o produto my é chamado o *momento de P em relação ao eixo x*.

Agora, suponha que uma massa total m é continuamente distribuída sobre uma região plana admissível R, sob a forma de uma película delgada de material. Tal película delgada é chamada de lâmina (Fig. 6). Seja σ a função de densidade para esta distribuição de massa.

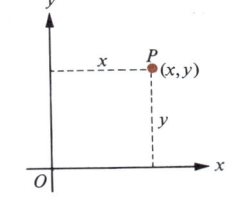

Fig. 5

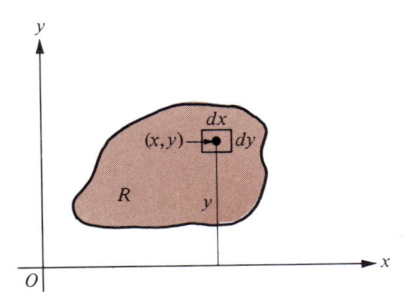

Fig. 6

Se (x,y) é uma ponto em R, considere o retângulo infinitesimal de dimensões dx e dy como centro em (x,y). A massa contida neste retângulo "infinitesimal" é dada por $dm = \sigma(x,y)\, dx\, dy$ e sua distância ao eixo x vale y unidades; logo, seu momento em relação ao eixo x é dado por $(dm)y = \sigma(x,y)y\, dx\, dy$. O momento total de toda a massa na lâmina é obtido pela soma; isto é, pela integração de todos os momentos "infinitesimais". Conseqüentemente, o momento M_x da lâmina em relação ao eixo x é dado por

$$M_x = \iint\limits_{R} \sigma(x,y)y\, dx\, dy.$$

Igualmente, o momento M_y da lâmina em relação ao eixo y é dado por

$$M_y = \iint_R \sigma(x, y)x \, dx \, dy.$$

E a massa total m da lâmina é dada por

$$m = \iint_R \sigma(x, y) \, dx \, dy.$$

Por definição, as coordenadas $\bar{x}$ e $\bar{y}$ do centro da massa da lâmina são dadas pelas equações

$$\bar{x} = \frac{M_y}{m} = \frac{\displaystyle\iint_R \sigma(x, y)x \, dx \, dy}{\displaystyle\iint_R \sigma(x, y) \, dx \, dy} \qquad \text{e} \qquad \bar{y} = \frac{M_x}{m} = \frac{\displaystyle\iint_R \sigma(x, y)y \, dx \, dy}{\displaystyle\iint_R \sigma(x, y) \, dx \, dy}.$$

Evidentemente, $m\bar{x} = M_y$ e $m\bar{y} = M_x$; isto é, se toda massa m da lâmina estivesse concentrada em uma partícula P no centro da massa, então os momentos de P em relação aos eixos x e y seriam iguais aos momentos da lâmina completa em relação aos eixos x e y, respectivamente. Na física, é mostrado que uma lâmina horizontal equilibra-se perfeitamente em um ponto localizado em seu centro de massa.

EXEMPLO   Uma lâmina R é limitada acima pelo gráfico de $y = \sqrt[3]{x}$, abaixo pelo eixo x, e à direita pela reta vertical $x = 8$. A densidade de massa da lâmina no ponto (x, y) é dada por $\sigma(x, y) = kx$, onde k é uma constante positiva. Ache:

(a) A massa total m da lâmina.
(b) Os momentos M_x e M_y.
(c) O centro de massa $(\bar{x}, \bar{y})$.

SOLUÇÃO
A região R ocupada pela lâmina é tanto do tipo I como do tipo II (Fig. 7). Consideramos como do tipo II, na iteração de nossas integrais duplas.

(a) $m = \displaystyle\iint_R \sigma(x, y) \, dx \, dy = \int_0^2 \int_{y^3}^8 kx \, dx \, dy = \int_0^2 \left[\frac{kx^2}{2} \Big|_{y^3}^8 \right] dy$

$\qquad = k \int_0^2 \left(32 - \frac{y^6}{2} \right) dy = k \left(32y - \frac{y^7}{14} \right) \Big|_0^2 = \dfrac{384k}{7}$ u.m.

(b) $M_x = \displaystyle\iint_R \sigma(x, y)y \, dx \, dy = \int_0^2 \int_{y^3}^8 kxy \, dx \, dy = k \int_0^2 \left[\frac{yx^2}{2} \Big|_{y^3}^8 \right] dy$

$\qquad = k \int_0^2 \left(32y - \frac{y^7}{2} \right) dy = k \left(16y^2 - \frac{y^8}{16} \right) \Big|_0^2 = 48k \qquad$ e

$\qquad M_y = \displaystyle\iint_R \sigma(x, y)x \, dx \, dy = \int_0^2 \int_{y^3}^8 kx^2 \, dx \, dy = k \int_0^2 \left[\frac{x^3}{3} \Big|_{y^3}^8 \right] dy$

$\qquad = k \int_0^2 \left(\frac{512}{3} - \frac{y^9}{3} \right) dy = k \left(\frac{512}{3} y - \frac{y^{10}}{30} \right) \Big|_0^2 = \dfrac{1536k}{5}.$

(c) $\bar{x} = \dfrac{M_y}{m} = \dfrac{1536k}{5} \cdot \dfrac{7}{384k} = \dfrac{28}{5} \qquad$ e $\qquad \bar{y} = \dfrac{M_x}{m} = 48k \cdot \dfrac{7}{384k} = \dfrac{7}{8}.$

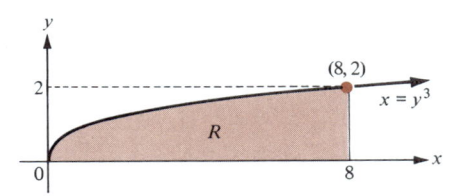

Fig. 7

Logo, o centro de massa é dado por $(\bar{x},\bar{y}) = (^{28}/_5,^{7}/_8)$.

4.5 Centróides

Uma distribuição de massa (ou qualquer outra quantidade) cuja função de densidade σ é constante em uma região R é dita *uniforme* ou *homogênea* em R. Se uma quantidade é distribuída uniformemente em R, então a quantidade desta matéria em qualquer sub-região R_1 de R é proporcional à área de R_1 (problema 31).

O *centróide* de uma região plana R é definido como sendo o centro de massa de uma distribuição de massa *uniforme* em R. Se a densidade de tal distribuição uniforme é dada por $\sigma(x,y) = k$ para todo (x,y) em R, onde k é uma constante, então as coordenadas $(\bar{x},\bar{y})$ do centróide de R são dadas por

$$\bar{x} = \frac{\displaystyle\iint_R \sigma(x,y)x\,dx\,dy}{\displaystyle\iint_R \sigma(x,y)\,dx\,dy} = \frac{k\displaystyle\iint_R x\,dx\,dy}{k\displaystyle\iint_R dx\,dy} = \frac{\displaystyle\iint_R x\,dx\,dy}{\displaystyle\iint_R dx\,dy},$$

$$\bar{y} = \frac{\displaystyle\iint_R \sigma(x,y)y\,dx\,dy}{\displaystyle\iint_R \sigma(x,y)\,dx\,dy} = \frac{k\displaystyle\iint_R y\,dx\,dy}{k\displaystyle\iint_R dx\,dy} = \frac{\displaystyle\iint_R y\,dx\,dy}{\displaystyle\iint_R dx\,dy}.$$

Visto que $A = \displaystyle\iint_R dx\,dy$ é a área da região R, podemos também escrever

$$\bar{x} = \frac{1}{A}\iint_R x\,dx\,dy \quad \text{e} \quad \bar{y} = \frac{1}{A}\iint_R y\,dx\,dy.$$

EXEMPLO   Ache o centróide da região R limitada por $y = x + 2$ e $y = x^2$.

SOLUÇÃO
A região R é do tipo I (Fig. 8), e temos

$$A = \int_{-1}^{2}\int_{x^2}^{x+2} dy\,dx = \int_{-1}^{2}(x + 2 - x^2)\,dx$$

$$= \left(\frac{x^2}{2} + 2x - \frac{x^3}{3}\right)\Bigg|_{-1}^{2} = \frac{9}{2}\ \text{u.a.}$$

Portanto,

$$\bar{x} = \frac{1}{A}\iint_R x\,dx\,dy = \frac{2}{9}\int_{-1}^{2}\int_{x^2}^{x+2} x\,dy\,dx$$

$$= \frac{2}{9}\int_{-1}^{2}[x(x + 2) - x^3]\,dx = \frac{2}{9}\left[\frac{x^3}{3} + x^2 - \frac{x^4}{4}\right]\Bigg|_{-1}^{2} = \frac{2}{9}\left(\frac{8}{3} - \frac{5}{12}\right) = \frac{1}{2}\quad \text{e}$$

$$\bar{y} = \frac{1}{A} \iint_R y \, dx \, dy = \frac{2}{9} \int_{-1}^{2} \int_{x^2}^{x+2} y \, dy \, dx = \frac{2}{9} \int_{-1}^{2} \frac{1}{2} \left[(x+2)^2 - x^4 \right] dx$$

$$= \frac{1}{9} \left[\frac{x^3}{3} + 2x^2 + 4x - \frac{x^5}{5} \right] \Big|_{-1}^{2} = \frac{1}{9} \left[\frac{184}{15} - \left(-\frac{32}{15} \right) \right] = \frac{8}{5}.$$

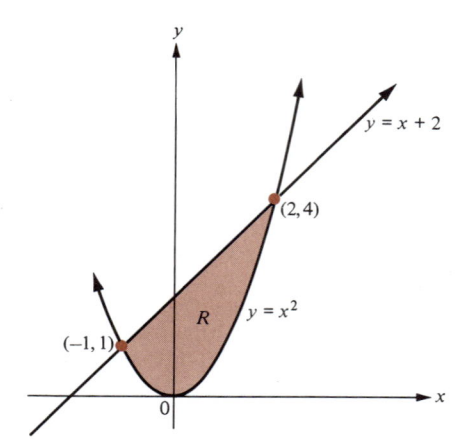

Fig. 8

Conseqüentemente, o centróide de R é $(\bar{x}, \bar{y}) = (^1/_2, ^8/_5)$.

O centróide de uma região planar é uma noção puramente geométrica e é independente da concepção física de massa. De fato, se $(\bar{x}, \bar{y})$ é o centróide de uma região plana R, então $\bar{x}$ deveria ser visto como a coordenada "média" x dos pontos em R e $\bar{y}$ deveria ser visto como a coordenada "média" y dos pontos em R. Entretanto, como podemos demonstrar experimentalmente, se uma lâmina delgada de metal de densidade uniforme é cortada na forma de R, esta se equilibrará perfeitamente em um ponto localizado no centróide de R (Fig. 9). Logo, se uma região plana R tem um eixo de simetria, então o centróide de R deve estar situado neste eixo. Também, a posição do centróide de uma região é independente da escolha do sistema coordenado; portanto, calculando o centróide de uma região plana, os eixos coordenados podem ser escolhidos de acordo com a conveniência de cálculo.

O seguinte teorema estabelece uma ligação interessante entre centróides e volumes de sólidos de revolução.

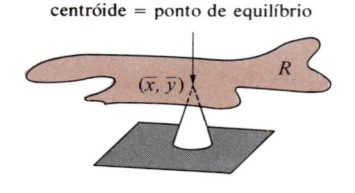

Fig. 9

TEOREMA 1   **Teorema de Pappus para volumes de sólidos de revolução**

Seja R uma região plana admissível situada no mesmo plano de uma reta L e totalmente contida em um dos lados determinada por L. Seja r a distância do centróide de R a reta L, e seja A a área de R. Então, o volume V do sólido de revolução, gerado pela rotação de R ao redor de linha L, é dado através de $V = 2\pi r A$.

Para induzir uma demonstração do Teorema de Pappus considere o caso no qual R é uma região de tipo I no primeiro quadrante (Fig. 10) e L é o eixo y.

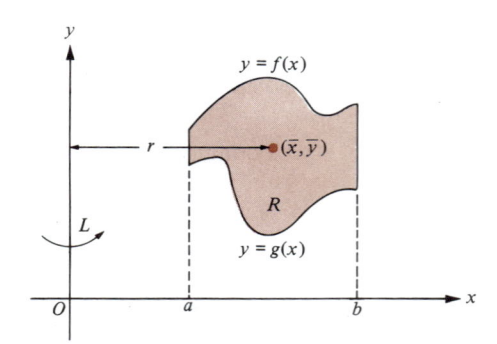

Fig. 10

Note que $r = \bar{x}$, então devemos provar que $V = 2\pi\bar{x}A$. Pela definição de $\bar{x}$, temos

$$\bar{x}A = \iint_R x\,dx\,dy = \int_a^b \int_{g(x)}^{f(x)} x\,dy\,dx$$

$$= \int_a^b x[f(x) - g(x)]\,dx.$$

Portanto, usando o método de cascas cilíndricas (Seção 2 do Cap. 7), obtemos

$$V = 2\pi \int_a^b x[f(x) - g(x)]\,dx = 2\pi\bar{x}A, \qquad \text{como desejado.}$$

EXEMPLO Um disco circular R de raio igual a a é girado em torno de um eixo L, que está no mesmo plano de R e a r unidades do centro de R, $r > a$. Ache o volume V do sólido da forma de um toro.

SOLUÇÃO
Por simetria, o centróide de R está no seu centro. Visto que a área de R é dada por $A = \pi a^2$, o teorema de Pappus dá $V = 2\pi rA = 2\pi^2 ra^2$.

4.6 Momentos de inércia

Considere uma força $\bar{F}$ atuando num ponto P em um corpo rígido e seja $\overline{AB}$ um eixo não-paralelo a $\bar{F}$ e não passando pelo ponto de aplicação P. Seja O o ponto situado no pé da perpendicular traçada de P ao eixo $\overline{AB}$ (Fig. 11). A força $\bar{F}$ tende a causar uma rotação do corpo em torno do eixo $\overline{AB}$; de fato, isto produz uma aceleração angular α radianos por segundos ao quadrado, em torno desse eixo. Se denotamos por F_p o valor absoluto da componente (escalar) de $\bar{F}$ na direção perpendicular ao plano contendo $\overline{AB}$ e $\overline{OP}$, então a quantidade L definida por $L = F_p|\overline{OP}|$ é chamada de módulo do *torque* em torno do eixo $\overline{AB}$, causado pela aplicação da força $\bar{F}$ no ponto P.

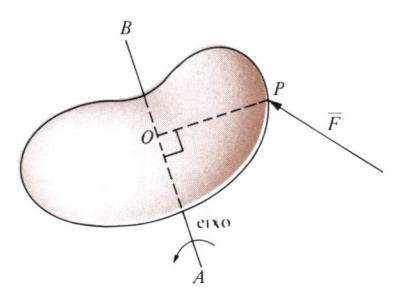

Fig. 11

É mostrado em mecânica elementar que o módulo do torque é proporcional à aceleração angular α; isto é $L = I_{\overline{AB}}\alpha$, onde a constante de proporcionalidade $I_{\overline{AB}}$, que é chamada de *momento de inércia do corpo em relação ao eixo $\overline{AB}$*, depende somente do eixo $\overline{AB}$ e da distribuição de massa no corpo.

Na Fig. 12, uma partícula P de massa m é ligada à origem O por uma barra de pouca massa rígida, de comprimento $r = |\overline{OP}|$ e colocada em movimento em um círculo no plano yz por uma força $\bar{F}$ situada no plano yz e perpendicular a $\overline{OP}$. Se θ denota o ângulo em radianos entre o eixo y e $\overline{OP}$, então, por definição, $\alpha = d^2\theta/dt^2$ dá a aceleração angular de P ao redor do eixo x. É fácil mostrar que $|\bar{F}| = mr\dfrac{d^2\theta}{dt^2}$ (problema 48); logo, multiplicando por r

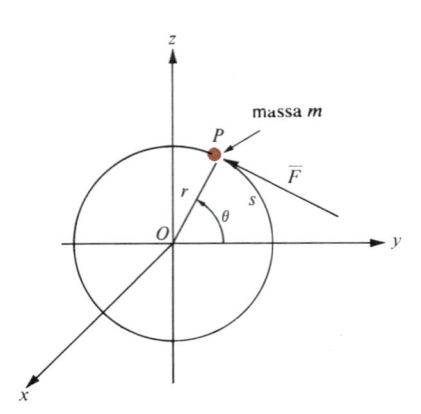

Fig. 12

e notando que $L = F_p|\overline{OP}| = |\bar{F}|r$ e $\alpha = d^2\theta/dt^2$ obtemos

$$L = mr^2\alpha.$$

Logo, o momento de inércia de uma partícula P em relação a um eixo (neste caso, o eixo x) é dado por

$$I = mr^2,$$

onde m é a massa da partícula e r é a sua distância do eixo.

Usando o resultado acima podemos agora enfrentar o problema do cálculo do momento de inércia de uma lâmina ocupando uma região R no plano em relação a um eixo situado neste plano — dito eixo x por definição. Suponha que a lâmina tenha densidade $\sigma(x,y)$ no ponto (x,y) e considere o retângulo infinitesimal de dimensões dx e dy com centro em (x,y) (Fig. 13).

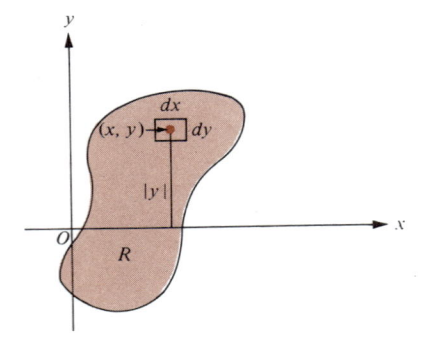

Fig. 13

A massa neste retângulo "infinitesimal" é

$$dm = \sigma(x, y)\, dx\, dy$$

e sua distância ao eixo x vale $|y|$ unidades; logo, seu momento de inércia em relação ao eixo x é

$$dI_x = |y|^2\, dm = \sigma(x, y)y^2\, dx\, dy.$$

O momento total de inércia I_x da lâmina, em relação ao eixo x, é obtido pela soma, isto é, pela *integração* de todas as quantidades "infinitesimais" $\sigma(x,y)y^2\, dx\, dy$. Logo,

$$I_x = \iint\limits_{R} \sigma(x, y)y^2\, dx\, dy.$$

Raciocinando de um modo semelhante, achamos que o momento de inércia I_y da lâmina em relação ao eixo y é dado por

$$I_y = \iint_R \sigma(x,y)x^2 \, dx \, dy.$$

Em termos mais gerais, o momento de inércia I_l em relação à reta cuja equação é $l : ax + by + c = 0$ é dado por

$$I_l = \iint_R \sigma(x,y) \frac{(ax + by + c)^2}{a^2 + b^2} \, dx \, dy$$

(problema 46).

Podemos também perguntar pelo momento de inércia da lâmina em relação a um eixo perpendicular ao plano da lâmina. Se este eixo passa pela origem, o resultado, chamado de *momento de inércia polar I_0*, é dado por

$$I_o = \iint_R \sigma(x,y)(x^2 + y^2) \, dx \, dy = I_x + I_y$$

(problema 50).

EXEMPLOS 1 Calcule os momentos de inércias I_x, I_y, e I_0 de uma lâmina quadrada cujos lados medem 2 centímetros de comprimento, são paralelos aos eixos x e y e cujo centro está na origem. Suponha que a lâmina é homogênea (isto é, sua massa é distribuída uniformemente) e que sua massa total é de 8 gramas.

SOLUÇÃO
A área de lâmina vale 4 centímetros quadrados. Visto que ela é homogênea, sua densidade de massa é uma constante, $8/4$ gramas por centímetro quadrado. Logo, $\sigma(x,y) = 2$ para todos os pontos (x,y) dentro da lâmina. Logo,

$$I_x = \iint_R \sigma(x,y)y^2 \, dx \, dy = 2 \iint_R y^2 \, dx \, dy = 2 \int_{-1}^{1} \int_{-1}^{1} y^2 \, dx \, dy$$

$$= 2 \int_{-1}^{1} 2y^2 \, dy = \left(\frac{4y^3}{3}\right)\Big|_{-1}^{1} = \frac{8}{3} \text{ g.cm}^2$$

$$I_y = \iint_R \sigma(x,y)x^2 \, dx \, dy = 2 \iint_R x^2 \, dx \, dy = 2 \int_{-1}^{1} \int_{-1}^{1} x^2 \, dx \, dy$$

$$= \frac{2}{3} \int_{-1}^{1} \left[x^3 \Big|_{-1}^{1} \right] dy = \frac{2}{3} \int_{-1}^{1} 2 \, dy = \frac{8}{3} \text{ g.cm}^2, \text{ e}$$

$$I_o = \iint_R \sigma(x,y)(x^2 + y^2) \, dx \, dy = I_x + I_y = \frac{16}{3} \text{ g.cm}^2.$$

2 Calcule o momento de inércia I_x de uma lâmina ocupando a região $R: 0 \le x \le 1, 0 \le y \le \sqrt{1 - x^2}$ se a densidade de massa no ponto (x,y) é dada por $\sigma(x,y) = 3y^3$ gramas por centímetro quadrado.

SOLUÇÃO

$$I_x = \iint_R \sigma(x,y)y^2 \, dx \, dy = \int_0^1 \int_0^{\sqrt{1-x^2}} (3y^3)y^2 \, dy \, dx = \int_0^1 \left[\frac{y^6}{2} \Big|_0^{\sqrt{1-x^2}} \right] dx$$

$$= \frac{1}{2} \int_0^1 (1 - x^2)^3 \, dx = \frac{1}{2} \int_0^1 (1 - 3x^2 + 3x^4 - x^6) \, dx = \frac{1}{2} \left(x - x^3 + \frac{3x^5}{5} - \frac{x^7}{7} \right)\Big|_0^1 = \frac{8}{35} \text{ g.cm}^2.$$

Conjunto de Problemas 4

Nos problemas 1 a 8, use integração dupla para calcular a área da região R no plano xy limitada pelas curvas dadas.

1 $y = x^2$ e $y = 5x$.

2 $xy = 3$ e $x + y = 4$.

3 $y = x$ e $y = 3x - x^2$.

4 $y = \text{sen}\, x$, $y = \cos x$, $x = 0$, e $x = \pi/4$.

5 $y = \sqrt[3]{x}$, $y = 0$, e $x = -8$.

6 $y = xe^{-x}$, $y = x$, e $x = 2$.

7 $y = \cos x$, $y = 0$, $x = -\pi/2$, e $x = \pi/2$.

8 $y = \cosh x$, $y = \text{senh}\, x$, $x = -1$, e $x = 1$.

Nos problemas 9 a 12, use integração dupla para calcular o volume sob o gráfico de cada função f e acima da região indicada R.

9 $f(x, y) = 12 + y + x^2$; $R: 0 \le x \le 1$ e $x^2 \le y \le \sqrt{x}$

10 $f(x, y) = Ax + By + C$; $R: a \le x \le b$ e $c \le y \le d$; $Ax + By + C \ge 0$ em R

11 $f(x, y) = xy$; $R: x^2 + y^2 \le 4$, $x \ge 0$, $y \ge 0$

12 $f(x,y) = x^2 + 9y^2$; R: a região interior ao triângulo cujos vértices são: $(0,0,0)$, $(0,1,0)$, e $(1,1,0)$.

Nos problemas 13 a 18, use integração dupla para calcular o volume de cada sólido.
13 O sólido abaixo do parabolóide $z = 4 - x^2 - y^2$, acima do plano $z = 0$, e limitado lateralmente pelos planos $x = 0$, $y = 0$, $x = 1$ e $y = 1$.
14 O sólido limitado acima pelo plano $z + y = 2$, abaixo pelo plano $z = 0$, e lateralmente pelo cilindro circular reto $x^2 + y^2 = 4$.
15 O sólido no primeiro octante sob o plano $x + y + z = 6$ e interior ao cilindro parabólico $y = 4 - x^2$.
16 O sólido no primeiro octante limitado pelos gráficos de $z = e^{e+y}$, $y = \ln x$, $x = 2$, $y = 0$ e $z = 0$.
17 O sólido no primeiro octante, limitado pelo cilindro $x^2 + z = 1$, o plano $x + y = 1$, e os planos coordenados.
18 O sólido limitado acima pelo plano $z = x + 2y + z$, abaixo pela superfície $z = -\sqrt{2x - x^2 - y^2}$, e lateralmente pelo cilindro $x^2 + y^2 = 2x$.
Nos problemas 19 a 22, a massa está distribuída sobre a região R dada na maneira indicada. Ache a massa total m na região R.
19 $R: 0 \le y \le 4$ e $y^2 - 2y \le x \le 2y$, com uma densidade constante de 6 gramas por centímetro quadrado.
20 $R: 0 \le y \le 2$ e $\sqrt{3 - y} \le x \le 3 - y$, com uma função de densidade σ dada por $\sigma(x,y) = 2x$, quilogramas por metro quadrado.
21 R: o triângulo com vértices $(0,0)$, $(4,0)$ e $(4,4)$, com uma função de densidade σ dada por $\sigma(x,y) = y^2$ quilogramas por metro quadrado.
22 R: a região limitada pelas curvas $y = x - 1$ e $y = 1 - x^2$, com uma função de densidade dada por $\sigma(x,y) = x^2 + y^2$ quilogramas por metro quadrado.
23 A carga elétrica está distribuída sobre a região R limitada pelas parábolas $y^2 = x$ e $x^2 = y$ com uma carga de densidade σ dada por $\sigma(x,y) = x^2 + 4y^2$ coulombs por centímetro quadrado. Ache a carga elétrica total na região R.
24 Um coulomb de carga elétrica está distribuído uniformemente sobre a região R limitada pela parábola $y = x^2$ e a reta $y = x + 2$. Ache o valor (constante) da densidade de carga, se as distâncias são medidas em centímetros.
Nos problemas 25 a 30, suponha que uma lâmina com função de densidade de massa σ ocupa a região R no plano xy. Ache a massa total m e as coordenadas $(\bar{x}, \bar{y})$ do centro de massa da distribuição. Suponha que a massa é medida em gramas e as distâncias em centímetros.

25 $R: 0 \le x \le 3$, $0 \le y \le 3 - x$; $\sigma(x, y) = x^2 + y^2$.

26 $R: 2 \le x \le 3$, $2 \le y \le 5$; $\sigma(x, y) = xy$.

27 R: o triângulo de vértices $(0,0)$, $(3,0)$, e $(3,5)$; $\sigma(x,y) = x$.

28 $R: -3 \le x \le 3$, $-3 \le y \le \sqrt{9 - x^2}$; $\sigma(x, y) = y + 3$.

29 R: a região no primeiro quadrante, limitada pelas curvas $y = x + x^2$, $y = 0$, $x = 0$, e $x = 2$; $\sigma(x, y) = \dfrac{y}{1 + x}$.

30 R: a região no primeiro quadrante limitada pelas curvas $y = e^x$, $x = 0$, $y = 0$ e $x = 2$; $\sigma(x,y)$ é proporcional à distância do ponto (x,y) ao eixo x e $\sigma(0,1) = 1$.

31 Suponha que a massa está distribuída uniformemente numa região plana R. Mostre que as massas numa sub-região admissível R_1 de R é proporcional à área de R_1.

Nos problemas 32 a 36, ache a centróide $(\bar{x}, \bar{y})$ da região R limitada pelas curvas dadas.

32 $y = \sqrt{25 - x^2}$ e $xy = 12$

33 $y = x^2$ e $y = 4x - x^2$

34 $y = \operatorname{sen} x$, $y = x$, e $x = \dfrac{\pi}{2}$

35 $y = \dfrac{x^2}{4}$, $xy = 2$, e $3y = 2x + 4$, $x \geq 1$, $y \geq 1$

36 $y^2 = x^3$, $x + y = 2$, e $x = 4$

Nos problemas 37 a 40, use o teorema de Pappus para achar o volume do sólido gerado pela rotação da região limitada pelas curvas dadas ao redor do eixo indicado.

37 $y = x^2$ e $y = 2x + 3$ sobre o eixo x.

38 $y = x^3$, $x + y = 2$, e $y = 0$ sobre a reta $y = -2$.

39 $2x + y = 2$, $x = 0$, e $y = 0$ sobre o eixo y.

40 $x = \sqrt{4 - y}$, $x = 0$, e $y = 0$ sobre a reta $x = -2$.

Nos problemas 41 a 44, ache o momento de inércia I_x e o momento de inércia I_y em relação aos eixos x e y, respectivamente, de uma lâmina homogênea de massa total 1 grama, ocupando cada região R. Suponha que todas as distâncias são medidas em centímetros.

41 $R: 0 \leq x \leq 1$, $x^4 \leq y \leq x^2$.

42 R: a região limitada por $y = x^3/4$ e $y = |x|$.

43 R: a região limitada por $xy = 4$ e $2x + y = 6$.

44 R: a região limitada por $y = e^x$, $y = e$, e $x = 0$.

45 Ache os momentos de inércia I_x, I_y e I_0 para uma lâmina ocupando a região $R: 0 \leq x \leq 2$, $0 \leq y \leq 2 - x$, se a função de densidade de massa σ é dada por $\sigma(x,y) = x + 2y$ gramas por centímetro quadrado.

46 Uma lâmina ocupa a região admissível R e tem função de densidade de massa σ. Mostre que o momento de inércia da lâmina em relação à reta l: $ax + by + c = 0$ é dado por

$$I_l = \iint\limits_{R} \sigma(x, y) \frac{(ax + by + c)^2}{a^2 + b^2}\, dx\, dy.$$

47 Uma lâmina ocupa a região $R: -\pi/2 \leq x \leq \pi/2$, $0 \leq y \leq \cos x$ e tem função de densidade de massa σ dada por $\sigma(x,y) = y$ gramas por centímetro quadrado. Ache seu momento de inércia I_x em relação ao eixo x.

48 Na Fig. 12, seja $\bar{R}$ o vetor posição variável de P, visto que $\bar{R} = (r \cos\theta)\bar{j} + (r \operatorname{sen}\theta)\bar{k}$. Aqui, $s = r\theta$. Mostre que:
  (a) A componente tangencial do vetor aceleração é dada por $r\alpha\bar{T}$, onde $\alpha = d^2\theta/dt^2$.
  (b) A componente normal do vetor aceleração é dada por $-(d\theta/dt)^2\bar{R}$.
  (c) Visto que $\bar{F}$ é a força tangencial atuando em P, use o item (a) para obter o resultado $|\bar{F}| = mr\alpha$.
  (d) Calcule a força normal atuando em P e explique o que causa esta força.

49 Ache o momento polar de inércia I_0 de uma lâmina na forma de anel, ocupando uma região $1/4 \leq x^2 + y^2 \leq 1$ se a função densidade de massa σ é dada por $\sigma(x,y) = (x^2 + y^2)^{-1}$ gramas por centímetro quadrado.

50 Deduza a fórmula do momento de inércia de uma lâmina que ocupa uma região admissível R no plano xy em relação a um eixo perpendicular ao plano da lâmina e passando através do ponto com coordenadas (a,b) no plano xy. Suponha que σ é a função de densidade de massa para a lâmina. Em particular, mostre que $I_0 = I_x + I_y$.

5 Integrais Duplas em Coordenadas Polares

Freqüentemente a região R sobre a qual uma integral dupla está sendo calculada é mais facilmente descrita por coordenadas polares que por coordenadas cartesianas. Por exemplo, a região R na Fig. 1 é facilmente descrita em coordenadas polares pelas condições $r_0 \le r \le r_1$ e $\theta_0 \le \theta \le \theta_1$; entretanto, sua descrição em coordenadas cartesianas é consideravelmente mais complicada. Nesta seção apresentamos um método para converter uma integral dupla em coordenadas cartesianas para uma integral iterada equivalente, expressa em coordenadas polares. A técnica é análoga à da mudança de variável para a integral definida ordinária.

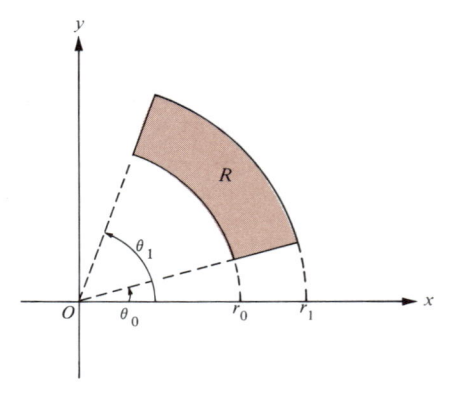

Fig. 1

A indicação para o método apropriado para mudar de cartesianas para polares, as coordenadas, pode ser calculada na Fig. 2, que nos mostra uma porção "infinitesimal" dA da área da região R na Fig. 1, correspondendo a trocas "infinitesimais" de dr em r e $d\theta$ em θ. Evidentemente, dA é virtualmente a área de um retângulo de dimensões $rd\theta$ e dr, de modo que

$$dA = (r\, d\theta)\, dr = r\, dr\, d\theta.$$

Logo, visto que em coordenadas cartesianas a área de um retângulo "infinitesimal" de dimensões dx e dy é dada através de $dA = dx\, dy$, a área "infinitesimal" análoga em coordenadas polares é dada através de $dA = r\, dr\, d\theta$.

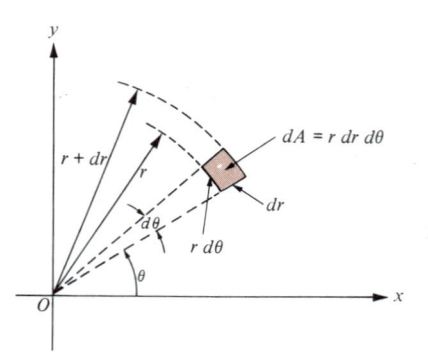

Fig. 2

À vista do argumento acima, parece razoável que a integral

$$\iint_R f(x, y)\, dx\, dy = \iint_R f(x, y)\, dA$$

pode ser convertida em uma integral equivalente em coordenadas polares colocando-se $x = r \cos \theta$, $y = r \,\text{sen}\, \theta$ e $dA = r\, dr\, d\theta$. O teorema seguinte mostra exatamente como tal conversão para coordenadas polares é aconselhável.

TEOREMA 1   **Mudança para coordenadas polares em uma integral dupla**

Suponha que a função f é contínua na região R do plano xy, constituída por todos os pontos da forma $(x,y) = (r \cos \theta, r\, \text{sen}\, \theta)$, onde $0 \le r_0 \le r \le r_1$ e $\theta_0 \le \theta \le \theta_1$ com $0 < \theta_1 - \theta_0 \le 2\pi$ (Fig. 1). Então

$$\iint_R f(x, y)\, dx\, dy = \int_{\theta=\theta_0}^{\theta=\theta_1} \left[\int_{r=r_0}^{r=r_1} f(r \cos \theta, r\, \text{sen}\, \theta) r\, dr \right] d\theta$$

$$= \int_{\theta_0}^{\theta_1} \int_{r_0}^{r_1} f(r \cos \theta, r\, \text{sen}\, \theta)\, r\, dr\, d\theta.$$

EXEMPLO   Mudando para coordenadas polares, conforme o teorema 1, calcule $\iint_R e^{x^2 + y^2}$ $dx\, dy$, onde R é a região no primeiro quadrante interior ao círculo $x^2 + y^2 = 4$ e exterior ao círculo $x^2 + y^2 = 1$ (Fig. 3).

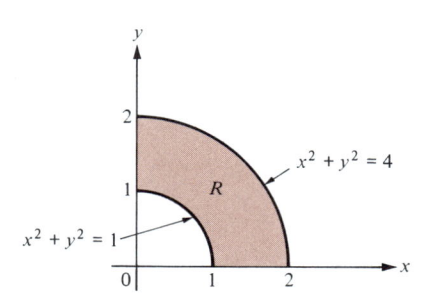

Fig. 3

SOLUÇÃO
A região R é descrita em coordenadas polares através de $1 \le r \le 2$ e $0 \le \theta \le \pi/2$; logo, pelo Teorema 1,

$$\iint_R e^{x^2 + y^2}\, dx\, dy = \int_{\theta=0}^{\theta=\pi/2} \left[\int_{r=1}^{r=2} e^{r^2} r\, dr \right] d\theta$$

$$= \int_{\theta=0}^{\theta=\pi/2} \left[\frac{1}{2} e^{r^2} \Big|_{r=1}^{r=2} \right] d\theta$$

$$= \int_0^{\pi/2} \left(\frac{1}{2} e^4 - \frac{1}{2} e \right) d\theta$$

$$= \left(\frac{1}{2} e^4 - \frac{1}{2} e \right) \left(\theta \Big|_0^{\pi/2} \right) = \frac{\pi e}{4} (e^3 - 1).$$

Algumas vezes, é útil reescrever uma integral iterada dada como uma integral dupla equivalente, e então calcular a integral dupla mudando para coordenadas polares. O exemplo seguinte ilustra a técnica.

EXEMPLO Calcule a integral iterada $\displaystyle\int_{-3}^{3}\int_{0}^{\sqrt{9-x^2}}(2x+y)\,dy\,dx$ pela mudança para coordenadas polares.

SOLUÇÃO

A integral iterada $\displaystyle\int_{-3}^{3}\int_{0}^{\sqrt{9-x^2}}(2x+y)\,dy\,dx$ é equivalente à integral dupla

$\displaystyle\iint_{R}(2x+y)\,dx\,dy$ sobre a região $R: -3 \le x \le 3, 0 \le y \le \sqrt{9-x^2}$ (Fig. 4). Esta

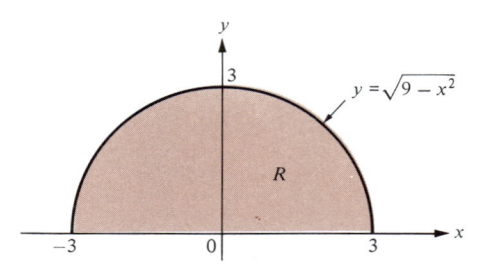

Fig. 4

região pode também ser descrita em coordenadas polares por $0 \le r \le 3$ e $0 \le \theta \le \pi$. Usando o Teorema 1, temos,

$$\int_{-3}^{3}\int_{0}^{\sqrt{9-x^2}}(2x+y)\,dy\,dx = \iint_{R}(2x+y)\,dx\,dy = \int_{0}^{\pi}\int_{0}^{3}(2r\cos\theta + r\,\text{sen}\,\theta)r\,dr\,d\theta$$

$$= \int_{0}^{\pi}\left[\int_{0}^{3}(2\cos\theta + \text{sen}\,\theta)r^2\,dr\right]d\theta$$

$$= \int_{0}^{\pi}\left[(2\cos\theta + \text{sen}\,\theta)\frac{r^3}{3}\Big|_{0}^{3}\right]d\theta$$

$$= 9\int_{0}^{\pi}(2\cos\theta + \text{sen}\,\theta)\,d\theta$$

$$= 9[2\,\text{sen}\,\theta - \cos\theta]\Big|_{0}^{\pi} = 18.$$

O Teorema 1 pode ser generalizado em inúmeras formas úteis. Por exemplo, considere a região R no plano xy constituída por todos pontos cujas coordenadas polares satisfazem as condições.

$$\theta_0 \le \theta \le \theta_1 \quad \text{e} \quad g(\theta) \le r \le h(\theta),$$

onde $0 < \theta_1 - \theta_0 \le 2\pi$ e g e h são funções contínuas definidas no intervalo fechado $[\theta_0, \theta_1]$ tal que $0 \le g(\theta) \le h(\theta)$ vale para todos valores de θ em $[\theta_0, \theta_1]$ (Fig. 5). Então, se f é uma função contínua de duas variáveis definidas da região R, temos

$$\iint_{R}f(x,y)\,dx\,dy = \int_{\theta=\theta_0}^{\theta=\theta_1}\left[\int_{r=g(\theta)}^{r=h(\theta)}f(r\cos\theta, r\,\text{sen}\,\theta)r\,dr\right]d\theta$$

$$= \int_{\theta_0}^{\theta_1}\int_{g(\theta)}^{h(\theta)}f(r\cos\theta, r\,\text{sen}\,\theta)r\,dr\,d\theta.$$

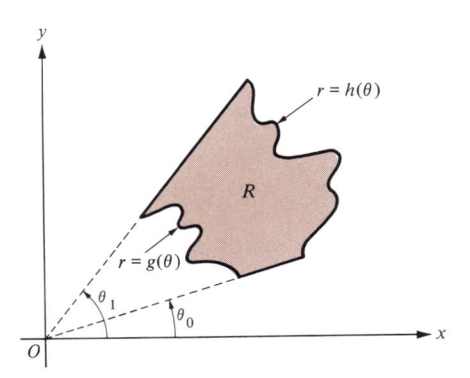

Fig. 5

EXEMPLOS Use a fórmula anterior para calcular o que se pede:

1 Calcule $\iint\limits_R x\,dx\,dy$ sobre a região R constituída por todos os pontos cujas coordenadas polares satisfazem as condições $0 \leq \theta \leq \pi/4$ e $2\cos\theta \leq r \leq 2$ (Fig. 6).

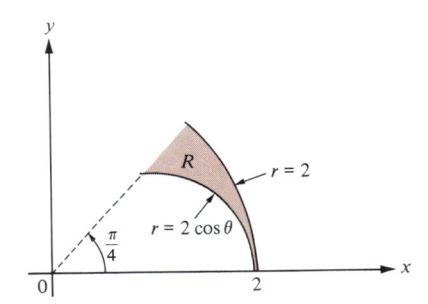

Fig. 6

SOLUÇÃO

$$\iint\limits_R x\,dx\,dy = \int_{\theta=0}^{\theta=\pi/4}\left[\int_{r=2\cos\theta}^{r=2} r\cos\theta\, r\,dr\right]d\theta = \int_0^{\pi/4}\cos\theta\left[\frac{r^3}{3}\bigg|_{2\cos\theta}^{2}\right]d\theta$$

$$= \int_0^{\pi/4}\left(\frac{8}{3}\cos\theta - \frac{8\cos^4\theta}{3}\right)d\theta = \frac{8}{3}\int_0^{\pi/4}\cos\theta\,d\theta - \frac{8}{3}\int_0^{\pi/4}\cos^4\theta\,d\theta$$

$$= \frac{8}{3}\int_0^{\pi/4}\cos\theta\,d\theta - \frac{1}{3}\int_0^{\pi/4}(3 + 4\cos 2\theta + \cos 4\theta)\,d\theta$$

$$= \frac{8}{3}\,\text{sen}\,\theta\,\bigg|_0^{\pi/4} - \frac{1}{3}\left(3\theta + 2\,\text{sen}\,2\theta + \frac{1}{4}\,\text{sen}\,4\theta\right)\bigg|_0^{\pi/4}$$

$$= \frac{16\sqrt{2} - 3\pi - 8}{12}.$$

2 Ache a área contida pela porção da cardióide $r = 2(1 + \cos\theta)$ situada no quarto e primeiro quadrantes (Fig. 7).

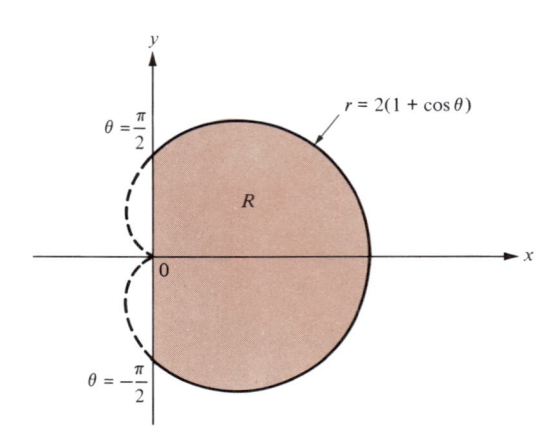

$\theta = \dfrac{\pi}{2}$

$r = 2(1 + \cos\theta)$

R

$\theta = -\dfrac{\pi}{2}$

Fig. 7

SOLUÇÃO

A região R cuja área é procurada pode ser descrita em coordenadas polares pelas condições $-\pi/2 \le \theta \le \pi/2$ e $0 \le r \le 2(1 + \cos\theta)$. Portanto, a área A de R é dada por

$$A = \iint\limits_{R} dx\,dy = \int_{\theta = -\pi/2}^{\theta = \pi/2} \left[\int_{r=0}^{r = 2(1 + \cos\theta)} r\,dr \right] d\theta = \int_{-\pi/2}^{\pi/2} \left[\frac{r^2}{2} \Big|_{0}^{2(1 + \cos\theta)} \right] d\theta$$

$$= \int_{-\pi/2}^{\pi/2} 2(1 + \cos\theta)^2\,d\theta = \int_{-\pi/2}^{\pi/2} 2(1 + 2\cos\theta + \cos^2\theta)\,d\theta$$

$$= 2\left(\theta + 2\,\mathrm{sen}\,\theta + \frac{\theta}{2} + \frac{\mathrm{sen}\,2\theta}{4} \right) \Bigg|_{-\pi/2}^{\pi/2} = 3\pi + 8 \text{ u.a.}$$

3 Ache o volume do sólido no primeiro octante limitado pelo cone $z = r$ e o cilindro $r = 4\,\mathrm{sen}\,\theta$.

SOLUÇÃO

O cone $z = r$ tem a equação cartesiana $z = \sqrt{x^2 + y^2}$; logo, o volume desejado V é dado por $V = \iint\limits_{R} \sqrt{x^2 + y^2}\,dx\,dy$, onde R é a região constituída por todos os pontos cujas coordenadas polares satisfazem $0 \le \theta \le \pi/2$ e $0 \le r \le 4\,\mathrm{sen}\,\theta$ (Fig. 8). Logo,

$$V = \iint\limits_{R} \sqrt{x^2 + y^2}\,dx\,dy = \int_{0}^{\pi/2} \int_{0}^{4\,\mathrm{sen}\,\theta} r \cdot r\,dr\,d\theta = \int_{0}^{\pi/2} \left[\frac{r^3}{3} \Big|_{0}^{4\,\mathrm{sen}\,\theta} \right] d\theta$$

$$= \int_{0}^{\pi/2} \frac{64}{3}\,\mathrm{sen}^3\,\theta\,d\theta = \frac{64}{3} \int_{0}^{\pi/2} \mathrm{sen}\,\theta(1 - \cos^2\theta)\,d\theta.$$

Logo, fazendo a troca de variável $u = \cos\theta$, obtemos

$$V = \frac{64}{3} \int_{1}^{0} (1 - u^2)(-du) = \frac{64}{3} \int_{0}^{1} (1 - u^2)\,du$$

$$= \frac{64}{3} \left(u - \frac{u^3}{3} \right) \Bigg|_{0}^{1} = \frac{128}{9} \text{ u.v.}$$

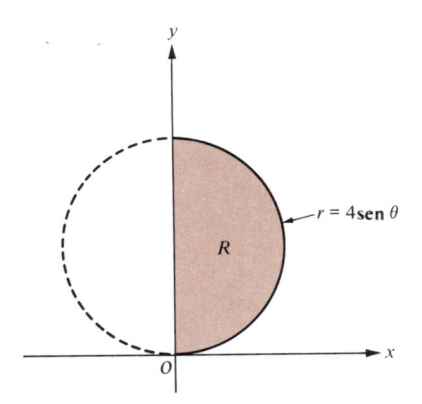

Fig. 8

4 Ache o centróide da região R interior ao círculo $r = 4$ sen θ e exterior ao círculo $r = 2$ (Fig. 9).

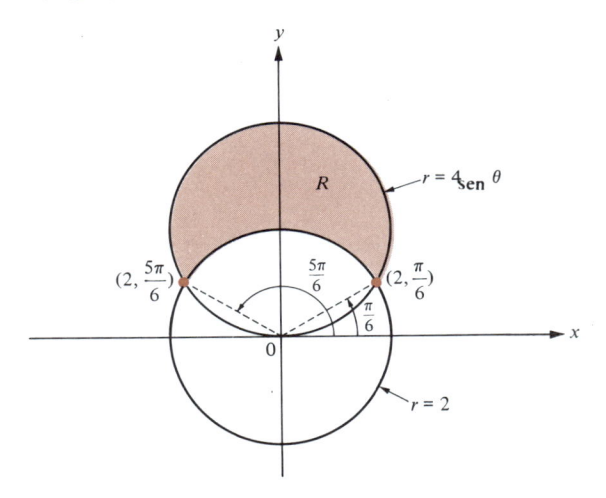

Fig. 9

SOLUÇÃO
Determinando os pontos de interseção dos círculos, obtemos $(2, \pi/6)$ e $(2, 5\pi/6)$ (em coordenadas polares). Logo, a região R pode ser descrita em coordenadas polares pelas condições $\pi/6 \leq \theta \leq 5\pi/6$ e $2 \leq r \leq 4$ sen θ. Por simetria, o centróide de R está situado no eixo y, logo, $\bar{x} = 0$ e é somente necessário achar $\bar{y}$. A área A de R é dada por

$$A = \iint_R dx\,dy = \int_{\pi/6}^{5\pi/6} \int_2^{4\,\text{sen}\,\theta} r\,dr\,d\theta = \frac{1}{2} \int_{\pi/6}^{5\pi/6} \left[r^2 \Big|_2^{4\,\text{sen}\,\theta} \right] d\theta$$

$$= \int_{\pi/6}^{5\pi/6} (8\,\text{sen}^2\,\theta - 2)\,d\theta = \int_{\pi/6}^{5\pi/6} \left[8\left(\frac{1 - \cos 2\theta}{2}\right) - 2 \right] d\theta$$

$$= \int_{\pi/6}^{5\pi/6} (2 - 4\cos 2\theta)\,d\theta$$

$$= (2\theta - 2\,\text{sen}\,2\theta) \Big|_{\pi/6}^{5\pi/6}$$

$$= \frac{4\pi}{3} + 2\sqrt{3} \text{ u.a.}$$

Portanto,

$$\bar{y} = \frac{1}{A} \iint_R y \, dx \, dy = \frac{1}{A} \int_{\pi/6}^{5\pi/6} \int_2^{4\,\text{sen}\,\theta} r \,\text{sen}\,\theta \, r \, dr \, d\theta = \frac{1}{A} \int_{\pi/6}^{5\pi/6} \left[\text{sen}\,\theta \left(\frac{r^3}{3} \right) \Big|_2^{4\,\text{sen}\,\theta} \right] d\theta$$

$$= \frac{1}{A} \int_{\pi/6}^{5\pi/6} \frac{1}{3} (64 \,\text{sen}^4\,\theta - 8 \,\text{sen}\,\theta) \, d\theta$$

$$= \frac{1}{3A} \int_{\pi/6}^{5\pi/6} \left[64 \left(\frac{3 - 4 \cos 2\theta + \cos 4\theta}{8} \right) - 8 \,\text{sen}\,\theta \right] d\theta$$

$$= \frac{8}{3A} \int_{\pi/6}^{5\pi/6} (3 - 4 \cos 2\theta + \cos 4\theta - \text{sen}\,\theta) \, d\theta$$

$$= \frac{8}{3A} \left(3\theta - 2 \,\text{sen}\, 2\theta + \frac{\text{sen}\, 4\theta}{4} + \cos\theta \right) \Big|_{\pi/6}^{5\pi/6}$$

$$= \frac{8}{3A} \left[\left(\frac{5\pi}{2} + \frac{3\sqrt{3}}{8} \right) - \left(\frac{\pi}{2} - \frac{3\sqrt{3}}{8} \right) \right] = \frac{1}{3A} (16\pi + 6\sqrt{3})$$

$$= \frac{16\pi + 6\sqrt{3}}{4\pi + 6\sqrt{3}} = \frac{8\pi + 3\sqrt{3}}{2\pi + 3\sqrt{3}}.$$

Logo, o centróide de R é $(\bar{x}, \bar{y}) = \left(0, \dfrac{8\pi + 3\sqrt{3}}{2\pi + 3\sqrt{3}} \right)$.

Conjunto de Problemas 5

Nos problemas 1 a 8, use coordenadas polares para calcular cada integral dupla sobre a região indicada.

1 $\displaystyle\iint_R \sqrt{4 - x^2 - y^2} \, dx \, dy; \, R: x^2 + y^2 \leq 4, x \geq 0 \ \text{e} \ y \geq 0.$

2 $\displaystyle\iint_R \frac{1}{(x^2 + y^2)^3} \, dx \, dy; \, R: 4 \leq x^2 + y^2 \leq 9.$

3 $\displaystyle\iint_R \sqrt{x^2 + y^2} \, dx \, dy; \, R: 1 \leq x^2 + y^2 \leq 2, 0 \leq y \leq \sqrt{3}\,x.$

4 $\displaystyle\iint_R \frac{dx \, dy}{1 + x^2 + y^2}; \, R: x^2 + y^2 \leq 1.$

5 $\displaystyle\iint_R (x - y) \, dx \, dy; \, R: x^2 + y^2 \leq 9, x \geq 0, y \geq 0.$

6 $\displaystyle\iint_R 2x \, dx \, dy; \, R: 0 \leq \theta \leq \pi/4, 0 \leq r \leq 2 \,\text{sen}\,\theta.$

7 $\displaystyle\iint_R 3xy \, dx \, dy; \, R: 0 \leq \theta \leq \pi/2, 0 \leq r \leq 2.$

8 $\displaystyle\iint_R dx \, dy; \, R: -\pi/2 \leq \theta \leq \pi/2, 3 \leq r \leq 3(1 + \cos\theta).$

Nos problemas 9 a 16, calcule cada integral iterada pela mudança para coordenadas polares.

9 $\displaystyle\int_{-3}^3 \int_{-\sqrt{9-x^2}}^{\sqrt{9-x^2}} e^{-x^2-y^2} \, dy \, dx$

10 $\displaystyle\int_0^2 \int_0^{\sqrt{4-x^2}} \sqrt{x^2 + y^2} \, dy \, dx$

11 $\displaystyle\int_0^a \int_0^{\sqrt{a^2-y^2}} (x^2 + y^2)^{3/2} \, dx \, dy$

12 $\displaystyle\int_0^2 \int_0^{\sqrt{4-x^2}} \frac{dy \, dx}{4 + \sqrt{x^2 + y^2}}$

13 $\displaystyle\int_0^{3/\sqrt{2}} \int_y^{\sqrt{9-y^2}} x \, dx \, dy$

14 $\displaystyle\int_0^{a/\sqrt{2}} \int_{-\sqrt{a^2-x^2}}^{-x} y \, dy \, dx$

15 $\displaystyle\int_{-2}^{0}\int_{-\sqrt{4-y^2}}^{\sqrt{4-y^2}} x^2\,dx\,dy$

16 $\displaystyle\int_{0}^{1}\int_{y}^{\sqrt{y}} \sqrt{x^2+y^2}\,dx\,dy$

Nos problemas 17 a 22, ache a área de cada região R, estabelecendo e calculando uma integral dupla adequada.

17 $R: 0 \le \theta \le \pi,\ 0 \le r \le 4(1-\cos\theta)$.

18 $R: 0 \le \theta \le \pi/4,\ 0 \le r \le 3\cos 2\theta$.

19 $R: 0 \le \theta \le \pi,\ 1 \le r \le 1 + \operatorname{sen}\theta$.

20 R: a região contida na lemniscata $r^2 = 2a^2\cos 2\theta$.

21 R: a região interior ao círculo $r = 2\sqrt{3}\,\operatorname{sen}\theta$ e exterior ao círculo $r = 3$.

22 R: a região interior ao círculo $r = 1$ e exterior ao cardióide $r = 1 - \cos\theta$.

23 Ache o volume do sólido no primeiro octante, limitado pelo parabolóide $z = 1 - r^2$ e o cilindro $r = 1$.

24 Ache o volume do sólido limitado acima e abaixo pela esfera $r^2 + z^2 = 4$ e limitado lateralmente pelo cilindro $r = 1$.

25 Ache o volume do sólido no primeiro octante limitado acima pelo plano $z = r\operatorname{sen}\theta$ e limitado lateralmente pelos planos coordenados e pelo cilindro $r = 2\operatorname{sen}\theta$.

26 Ache o volume do sólido no primeiro octante limitado pelo parabolóide $z = \frac{1}{4}r^2$ e pelos planos $r = 2\sec\theta$, $\theta = 0$, $\theta = \pi/4$, e $z = 0$.

Nos problemas 27 a 30, ache o centróide de cada região R.

27 R: a região interior ao círculo $r = 2a\cos\theta$ e exterior ao círculo $r = a$, onde a é uma constante positiva.

28 R: a região no primeiro quadrante que está situada dentro da curva $r = 2\operatorname{sen}2\theta$ e fora da curva $r = \sqrt{3}$.

29 R: o setor circular $-\theta_0 \le \theta \le \theta_0$, $0 \le r \le r_0$.

30 $R: -\pi/4 \le \theta \le \pi/4$, $0 \le r \le \cos 2\theta$.

31 Ache a massa e o centro da massa de uma lâmina contida na região $R: x^2 + y^2 \le 1$, $x \ge 0$, $y \ge 0$ se a função de densidade σ é dada por $\sigma(x,y) = \sqrt{x^2 + y^2}$. Suponha que a massa é medida em quilogramas e a distância em metros.

32 Ache o momento de inércia em relação ao eixo x, I_x, em relação ao eixo y, I_y e em relação à origem, I_0, de uma lâmina homogênea na forma de uma folha da rosácea de quatro folhas $r = a\cos 2\theta$. Use a folha que corta o eixo positivo x e suponha que a massa total da lâmina vale m gramas.

33 Ache o momento de inércia em relação ao eixo y, I_y de uma lâmina homogênea de massa total m gramas na forma de uma lemniscata $r^2 = 2a^2\cos 2\theta$. Suponha que as distâncias são medidas em centímetros.

34 Uma lâmina circular de raio r está centrada na origem. Sua massa total vale m gramas e sua densidade em um ponto a r unidades da origem é proporcional a r^n, onde n é uma constante. Ache seu momento de inércia I_x em relação ao eixo x. Suponha que as distâncias são medidas em centímetros.

35 Seja R a região constituída por todos os pontos cujas coordenadas polares satisfazem $\theta_0 \le \theta \le \theta_1$ e $r_0 \le r \le r_1$. Suponha que F e G são funções contínuas definidas nos intervalos $[\theta_0,\theta_1]$ e $[r_0,r_1]$ respectivamente. Se (x,y) é um ponto em R cujas coordenadas polares são r e θ, defina por $f(x,y) = F(\theta)\cdot G(r)$. Prove que

$$\iint\limits_{R} f(x,y)\,dx\,dy = \left[\int_{\theta_0}^{\theta_1} F(\theta)\,d\theta\right]\cdot\left[\int_{r_0}^{r_1} G(r)r\,dr\right].$$

36 A integral imprópria $\displaystyle\int_{-\infty}^{\infty} e^{-x^2}\,dx$ é importante na teoria das probabilidades. Seu valor exato pode ser encontrado usando coordenadas polares e é uma passagem hábil. Escreva $A = \displaystyle\int_{-\infty}^{\infty} e^{-x^2}\,dx$, visto que

$$A^2 = \left[\int_{-\infty}^{\infty} e^{-x^2}\,dx\right]\cdot\left[\int_{-\infty}^{\infty} e^{-y^2}\,dy\right].$$

(a) Mostre que $A^2 = \displaystyle\iint\limits_{R} e^{-(x^2+y^2)}\,dx\,dy$, onde R é o plano xy inteiro.

(b) Converta a integral dupla (imprópria) na parte (a) em uma integral equivalente em coordenadas polares.

(c) Conclua que $\displaystyle\int_{-\infty}^{\infty} e^{-x^2}\,dx = \sqrt{\pi}$.

6 Integrais Triplas

As integrais triplas, aplicadas sobre sólidos no espaço xyz, são definidas segundo uma analogia com a definição de integrais duplas aplicadas em regiões de plano xy. Os pormenores da definição são muito adiantados para o cálculo avançado, por isso nós simplesmente esboçaremos as idéias principais.

Dada uma região sólida S no espaço tridimensional, como um paralelepípedo, um cubo, uma pirâmide, uma esfera, um elipsóide, e assim por diante, e dada uma função f de três variáveis, definida em cada ponto (x,y,z) em S, definimos a *integral tripla* (se existir) como sendo

$$\iiint\limits_{S} f(x, y, z)\, dx\, dy\, dz$$

Primeiramente, inscrevemos o sólido S em um paralelepípedo B, com as arestas paralelas aos eixos coordenados (Fig. 1). O paralelepípedo é agora dividido em inúmeros pequenos paralelepípedos, pela sua interseção com planos paralelos aos planos coordenados (Fig. 2). Esses pequenos paralelepípedos são chamados de *células* da partição. Todas as células da partição que não tocam a região S são desprezadas. As células restantes, as quais tomadas juntamente contêm o sólido S e aproximam-se de sua forma, são numeradas de um modo conveniente e chamadas de ΔS_1, ΔS_2, ..., ΔS_m. O valor da máxima diagonal de todas essas células é chamado de *norma* da partição e é conhecido por η (letra grega, "eta").

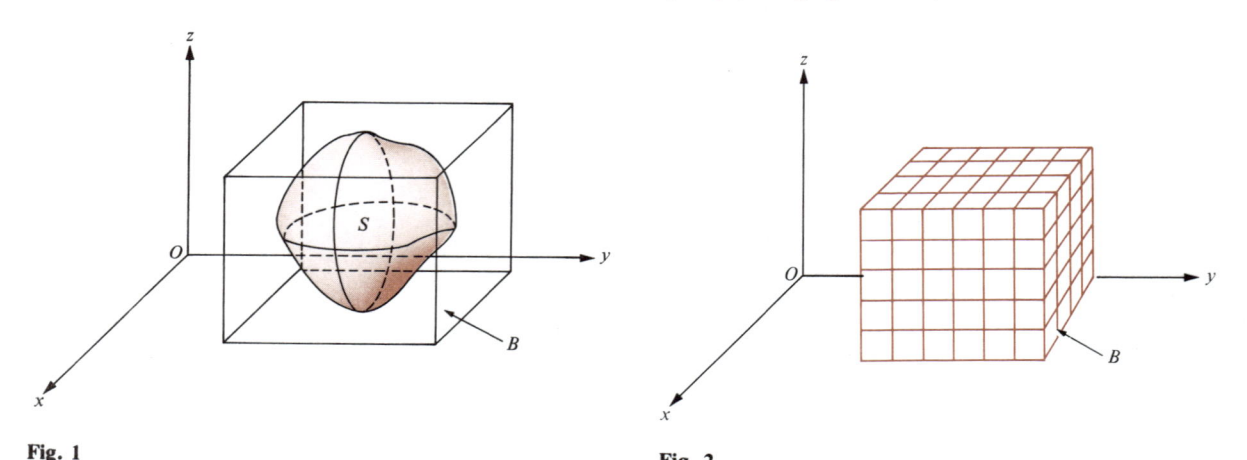

Fig. 1　　　　　　　　　　　　　　　　Fig. 2

São escolhidos pontos, um de cada célula ΔS_1, ΔS_2, ..., ΔS_m, de modo que cada ponto escolhido pertença a S, onde o ponto escolhido da k-ésima célula é denotado por $(x_k^{*}, y_k^{*}, z_k^{*})$, $k = 1, 2, ..., m$. A partição, juntamente com os pontos escolhidos, é chamada de *partição estendida*.

Correspondendo a cada partição estendida podemos formar uma *soma de Riemann*

$$\sum_{k=1}^{m} f(x_k^{*}, y_k^{*}, z_k^{*})\, \Delta V_k,$$

onde ΔV_k é o volume da k-ésima célula ΔS_k. Podemos agora definir a integral tripla como sendo o limite (se existir) de cada soma de Riemann, quando o número de células cresce indefinidamente e, conseqüentemente, a norma η

tende para zero; simbolicamente,

$$\iiint\limits_{S} f(x,y,z)\, dx\, dy\, dz = \lim_{\eta \to 0} \sum_{k=1}^{m} f(x_k^*, y_k^*, z_k^*)\, \Delta V_k.$$

Se a integral tripla $\iiint\limits_{S} f(x,y,z)\, dx\, dy\, dz$ existe (isto é, se o limite superior existe), então a função f é dita *Riemann-integrável* no sólido S. Em cálculo avançado é mostrado que se S é uma certa região tridimensional (Cap. 7, Seção 1) contendo todos os seus limites individuais, e se f é contínua em S, então f é Riemann-integrável em S. Assim, as integrais triplas satisfazem o análogo da propriedade 1 (a Propriedade de Existência) para integrais duplas, vista anteriormente na Seção 2.1.

Como de fato, os análogos das propriedades 1 a 8 das integrais duplas dadas na Seção 2.1, aplicar-se-ão às integrais triplas (problema 24). Por exemplo, o análogo da Propriedade 2 é o seguinte: Se c é uma constante e S uma certa região tridimensional de volume V, então $\iiint\limits_{S} c\, dx\, dy\, dz = cV$. Em particular, $V = \iiint\limits_{S} dx\, dy\, dz$.

Pode ser demonstrado que uma integral tripla de uma função contínua aplicada em um sólido de forma apropriada pode ser reduzida a uma integral iterada equivalente — aqui, contudo, a integral iterada envolve uma integral dupla. De fato, temos o que se segue.

Procedimento para cálculo de integrais triplas por iteração

Seja R uma dada região no plano xy, o qual contém todos os seus limites individuais (próprios), e suponha que g e h são funções contínuas definidas em R satisfazendo $g(x,y) \leq h(x,y)$ para todos os pontos (x,y) em R. Seja S o sólido constituído por todos os pontos (x,y,z) satisfazendo as condições tais que (x,y) pertence a R e

$$g(x,y) \leq z \leq h(x,y)$$

(Fig. 3). Logo, se f é uma função contínua definida em S,

$$\iiint\limits_{S} f(x,y,z)\, dx\, dy\, dz = \iint\limits_{R} \left[\int_{z=g(x,y)}^{z=h(x,y)} f(x,y,z)\, dz \right] dx\, dy.$$

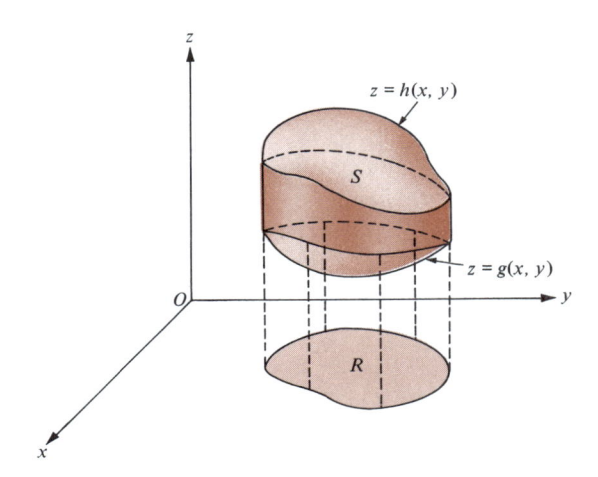

Fig. 3

O sólido S no processo de iteração acima é evidentemente limitado superiormente pela superfície $z = h(x,y)$, abaixo pela superfície $z = g(x,y)$, e lateralmente pelo cilindro limitado por R, formado pela geratriz paralela ao eixo z. A integral "interior"

$$\int_{z=g(x,y)}^{z=h(x,y)} f(x,y,z)\,dz$$

é, obviamente, calculada enquanto tomarmos x e y, temporariamente, como constantes. Após isto estar calculado, a integral dupla exterior pode ser calculada usando os métodos dados nas Seções 2, 3 e 5.

EXEMPLOS 1 Calcule $\iiint_S (x + y + z)\,dx\,dy\,dz$, onde S é o sólido limitado superiormente

pelo plano $z = 2 - x - y$, inferiormente pelo plano $z = 0$, e lateralmente pelo cilindro limitado pela região triangular R: $0 \le x \le 1$, $0 \le y \le 1 - x$ (Fig. 4).

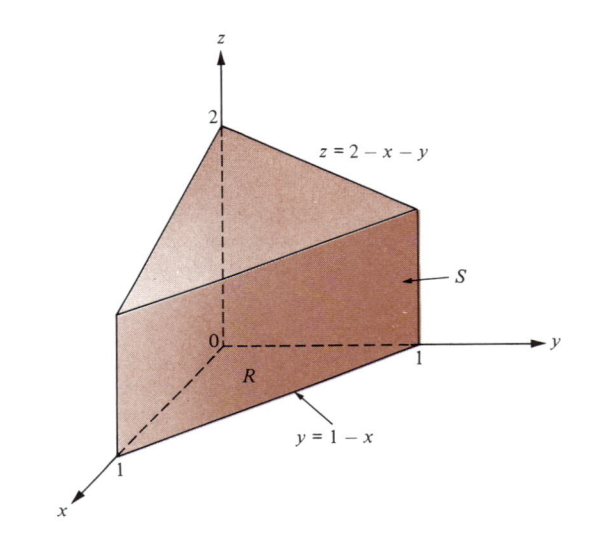

Fig. 4

SOLUÇÃO
Usamos o processo de iteração com $g(x,y) = 0$, $h(x,y) = 2 - x - y$ e R como descrito. Logo,

$$\iiint_S (x + y + z)\,dx\,dy\,dz = \iint_R \left[\int_{z=0}^{z=2-x-y} (x + y + z)\,dz\right] dx\,dy = \iint_R \left[\left(xz + yz + \frac{z^2}{2}\right)\Big|_0^{2-x-y}\right] dx\,dy$$

$$= \iint_R \left[x(2 - x - y) + y(2 - x - y) + \frac{(2 - x - y)^2}{2}\right] dx\,dy$$

$$= \int_{x=0}^{x=1} \left[\int_{y=0}^{y=1-x} \left(2 - \frac{x^2}{2} - xy - \frac{y^2}{2}\right) dy\right] dx = \iint_R \left(2 - \frac{x^2}{2} - xy - \frac{y^2}{2}\right) dx\,dy$$

$$= \int_{x=0}^{x=1} \left[\left(2y - \frac{x^2 y}{2} - \frac{xy^2}{2} - \frac{y^3}{6}\right)\Big|_{y=0}^{y=1-x}\right] dx$$

$$= \int_0^1 \left(\frac{11}{6} - 2x + \frac{x^3}{6}\right) dx$$

$$= \left(\frac{11}{6}x - x^2 + \frac{x^4}{24}\right)\Big|_0^1 = \frac{7}{8}.$$

2 Calcule o volume do sólido S limitado por $z + x^2 = 9$, $y + z = 4$, $y = 0$ e $y = 4$.

SOLUÇÃO
A superfície $z + x^2 = 9$ é um cilindro parabólico, aberto inferiormente, com geratrizes paralelas ao eixo y; logo, é preciso definir a superfície que delimita S inferiormente. A superfície $y + z = 4$ é um plano que corta o plano $z = 0$ na reta $y = 4$, e define a superfície que delimita S inferiormente (Fig. 5). O volume V desejado é dado por

$$V = \iiint\limits_{S} dx\, dy\, dz.$$

Para calcular a integral tripla por iteração precisamos determinar a região R, obtida projetando-se o sólido S perpendicularmente sobre o plano xy.

Obviamente, as retas $y = 0$ e $y = 4$ fornecem dois dos limites de R. A fim de determinar o limite restante de R, vemos que as superfícies delimitadas de S, superior e inferior, encontram-se no espaço numa curva constituída por todos os pontos (x, y, z) que satisfazem as equações simultâneas.

$$\begin{cases} z + x^2 = 9 \\ y + z = 4. \end{cases}$$

O limite restante de R é obtido projetando-se esta curva perpendicularmente sobre o plano xy, e isto pode ser completado algebricamente, eliminando-se a variável z das duas equações simultâneas. Logo, $y + 9 - x^2 = 4$ ou $y = x^2 - 5$, de modo que $x = \pm\sqrt{y + 5}$.

A região R é obviamente do tipo II e é descrita pelas inequações $0 \le y \le 4$ e $-\sqrt{y + 5} \le x \le \sqrt{y + 5}$ (Fig. 6). Logo,

$$V = \iiint\limits_{S} dx\, dy\, dz = \iint\limits_{R} \left[\int_{z = 4 - y}^{z = 9 - x^2} dz \right] dx\, dy = \iint\limits_{R} (5 - x^2 + y)\, dx\, dy$$

$$= \int_{y=0}^{y=4} \left[\int_{x = -\sqrt{y+5}}^{x = \sqrt{y+5}} (5 - x^2 + y)\, dx \right] dy = \int_{y=0}^{y=4} \left[\left(5x - \frac{x^3}{3} + xy \right) \Big|_{x = -\sqrt{y+5}}^{x = \sqrt{y+5}} \right] dy$$

$$= \int_0^4 \left[10\sqrt{y+5} - \frac{2}{3}(y+5)^{3/2} + 2y\sqrt{y+5} \right] dy$$

$$= \left[\frac{20}{3}(y+5)^{3/2} - \frac{4}{15}(y+5)^{5/2} + \frac{4}{5}(y+5)^{5/2} - \frac{20}{3}(y+5)^{3/2} \right] \Big|_0^4$$

$$= \left[\frac{8}{15}(y+5)^{5/2} \right] \Big|_0^4 = \frac{8}{15}(243 - 25\sqrt{5}) \approx 99{,}79 \text{ u.v.}$$

(A integral $\int 2y\sqrt{y+5}\, dy$ foi encontrada fazendo-se a substituição $u = y + 5$, logo $y = u - 5$ e $dy = du$).

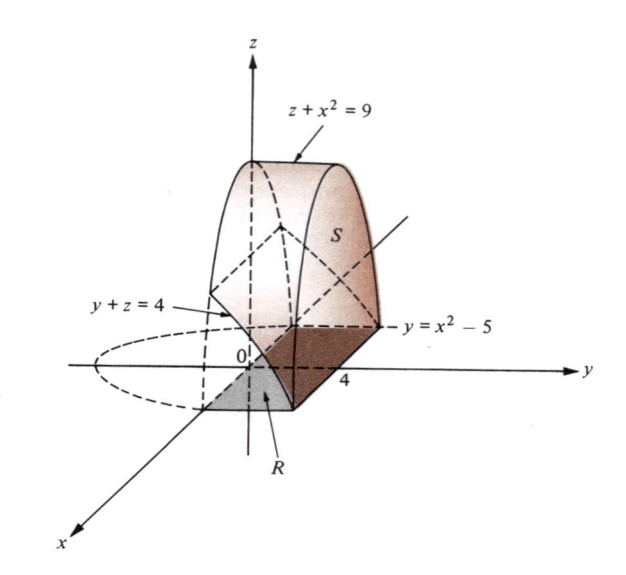

Fig. 5

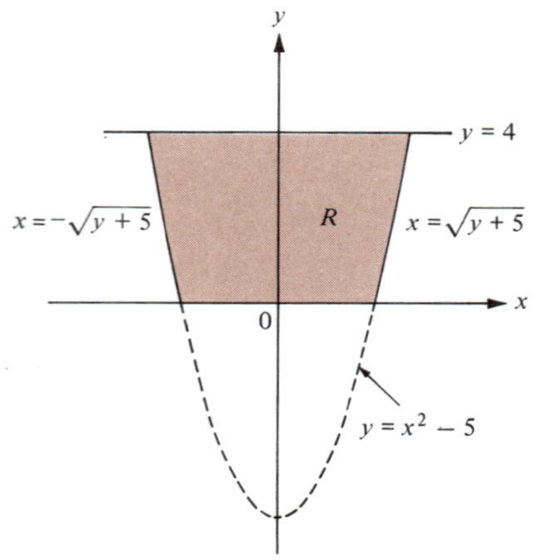

Fig. 6

3 Calcule o volume do sólido S, limitado pelos parabolóides elípticos $z = 18 - x^2 - y^2$ e $z = x^2 + 5y^2$.

SOLUÇÃO

A superfície $z = 18 - x^2 - y^2$ é um parabolóide de revolução (em torno do eixo z) aberto inferiormente; logo, ela define a superfície que delimita o sólido S superiormente. O parabolóide elíptico $z = x^2 + 5y^2$ é coberto superiormente (Fig. 7). Eliminando z das equações simultâneas

$$\begin{cases} z = 18 - x^2 - y^2 \\ z = x^2 + 5y^2, \end{cases}$$

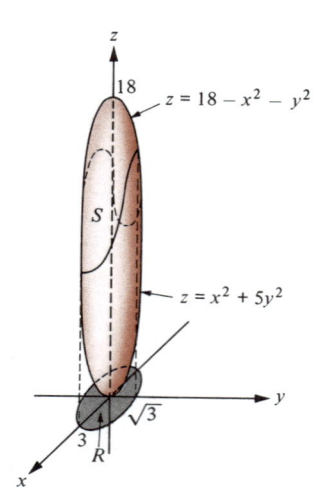

Fig. 7

obtemos

$$x^2 + 5y^2 = 18 - x^2 - y^2 \quad \text{ou} \quad \frac{x^2}{9} + \frac{y^2}{3} = 1,$$

a equação do contorno da região R no plano xy.

Tratando R como uma região tipo II descrita pelas inequações

$$R: -\sqrt{3} \le y \le \sqrt{3}, \quad -\sqrt{9 - 3y^2} \le x \le \sqrt{9 - 3y^2},$$

e repetindo a integral tripla para o volume V de S, obtemos

$$V = \iiint\limits_{S} dx\, dy\, dz = \iint\limits_{R} \left[\int_{x^2 + 5y^2}^{18 - x^2 - y^2} dz \right] dx\, dy$$

$$= \iint\limits_{R} (18 - 2x^2 - 6y^2)\, dx\, dy = \int_{-\sqrt{3}}^{\sqrt{3}} \int_{-\sqrt{9 - 3y^2}}^{\sqrt{9 - 3y^2}} [(18 - 6y^2) - 2x^2]\, dx\, dy$$

$$= \int_{-\sqrt{3}}^{\sqrt{3}} \left[2(18 - 6y^2)(9 - 3y^2)^{1/2} - \frac{4}{3}(9 - 3y^2)^{3/2} \right] dy$$

$$= \int_{-\sqrt{3}}^{\sqrt{3}} \left[4(9 - 3y^2)^{3/2} - \frac{4}{3}(9 - 3y^2)^{3/2} \right] dy$$

$$= \frac{8}{3} \int_{-\sqrt{3}}^{\sqrt{3}} (9 - 3y^2)^{3/2}\, dy = \frac{16}{3} \int_{0}^{\sqrt{3}} (9 - 3y^2)^{3/2}\, dy.$$

Fazendo-se a troca da variável $y = \sqrt{3}$ sen θ, $0 \le \theta \le \pi/2$, portanto, temos

$$V = 144\sqrt{3} \int_{0}^{\pi/2} \cos^4 \theta\, d\theta = 144\sqrt{3} \left(\frac{3\theta}{8} + \frac{\text{sen}\, 2\theta}{4} + \frac{\text{sen}\, 4\theta}{32} \right) \Big|_{0}^{\pi/2}$$

$$= 27\pi\sqrt{3} \text{ u.v.}$$

No processo de repetição para integrais triplas, podemos trocar os papéis das variáveis x, y e z. Por exemplo, na Fig. 8, temos um sólido S limitado à esquerda e à direita pelas superfícies $y = g(x,z)$ e $y = h(x,z)$, respectivamente, e limitado lateralmente pelo cilindro que limita a região R, com geratriz paralela ao eixo y. Aqui, a região R considerada está contida no plano xz, e temos

$$\iiint\limits_{S} f(x, y, z)\, dx\, dy\, dz = \iint\limits_{R} \left[\int_{y = g(x,z)}^{y = h(x,z)} f(x, y, z)\, dy \right] dx\, dz,$$

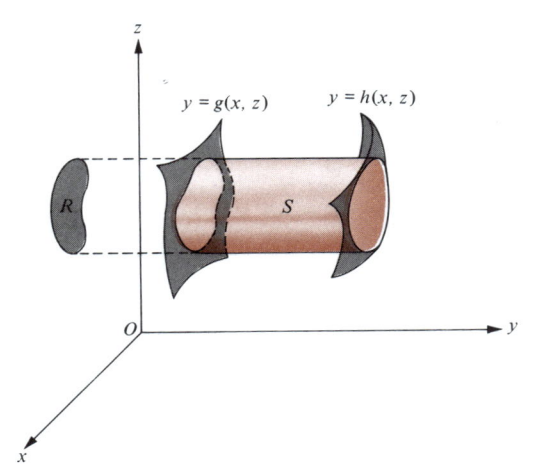

Fig. 8

Sendo f uma função contínua em S. Um resultado semelhante obtém-se se S é limitada anteriormente por $x = g(y,z)$ posteriormente por $x = h(y,z)$ e lateralmente por um cilindro com geratrizes paralelas ao eixo x.

Resumindo, então, há realmente três casos do teorema de iteração para integrais triplas de funções contínuas sobre regiões sólidas, dependendo da forma de sólido:

Caso 1: R é uma dada região do plano xy e o sólido S é constituído por todos os pontos (x,y,z) tais que (x,y) pertence a R e $g(x,y) \le z \le h(x,y)$. Logo,

$$\iiint_S f(x,y,z)\,dx\,dy\,dz = \iint_R \left[\int_{z=g(x,y)}^{z=h(x,y)} f(x,y,z)\,dz \right] dx\,dy.$$

Caso 2 R é uma dada região do plano xz e o sólido S é constituído por todos os pontos (x,y,z) tais que (x,z) pertence a R e $g(x,z) \le y \le h(x,z)$. Logo,

$$\iiint_S f(x,y,z)\,dx\,dy\,dz = \iint_R \left[\int_{y=g(x,z)}^{y=h(x,z)} f(x,y,z)\,dy \right] dx\,dz.$$

Caso 3 R é uma região admissível do plano yz e o sólido S é constituído por todos os pontos (x,y,z) tais que (y,z) pertence a R e $g(y,z) \le x \le h(y,z)$. Logo,

$$\iiint_S f(x,y,z)\,dx\,dy\,dz = \iint_R \left[\int_{x=g(y,z)}^{x=h(y,z)} f(x,y,z)\,dx \right] dy\,dz.$$

EXEMPLO Calcule $\iiint_S 3z\,dx\,dy\,dz$ onde S é sólido limitado por $x = 0, y = 0, z = 1$ e $x + y + z = 2$.

SOLUÇÃO
A superfície $x + y + z = 2$ é um plano que intercepta os eixos no ponto 2, e define a superfície que delimita S frontalmente. As restantes superfícies delimitadoras são os planos coordenados e o plano $z = 1$ (Fig. 9). Tratamos S como no caso 3, com a região R no plano yz definida por

$$R: 0 \le z \le 1, \quad 0 \le y \le 2 - z$$

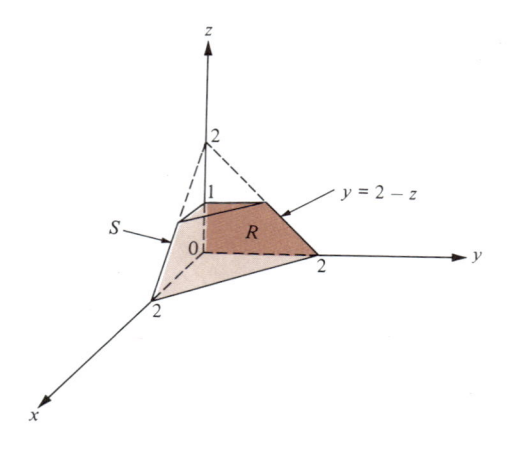

Fig. 9

e o sólido S definido por

$$S: (y, z) \,\text{em}\, R \quad e \quad 0 \le x \le 2 - y - z.$$

Logo,

$$\iiint_S 3z \, dx \, dy \, dz = \iint_R \left[\int_{x=0}^{x=2-y-z} 3z \, dx \right] dy \, dz = \iint_R 3z(2 - y - z) \, dy \, dz$$

$$= \int_{z=0}^{z=1} \left[\int_{y=0}^{y=2-z} 3z(2 - y - z) \, dy \right] dz$$

$$= \int_{z=0}^{z=1} \left[\left(6yz - \frac{3}{2} y^2 z - 3yz^2 \right) \Big|_{y=0}^{y=2-z} \right] dz$$

$$= \int_0^1 \left(\frac{3}{2} z^3 - 6z^2 + 6z \right) dz = \left(\frac{3z^4}{8} - 2z^3 + 3z^2 \right) \Big|_0^1 = \frac{11}{8}.$$

6.1 Integrais triplas iteradas

A integral do exemplo anterior pode ser escrita como

$$\iint_R \left[\int_{x=0}^{x=2-y-z} 3z \, dx \right] dy \, dz = \int_{z=0}^{z=1} \left\{ \int_{y=0}^{y=2-z} \left[\int_{x=0}^{x=2-y-z} 3z \, dx \right] dy \right\} dz,$$

e, na última forma, é chamada de *integral tripla iterada*. A menos que haja confusão, os colchetes e a informação detalhada sobre os limites de integração são usualmente omitidos, e a integral tripla iterada é escrita simplesmente como

$$\int_0^1 \int_0^{2-z} \int_0^{2-y-z} 3z \, dx \, dy \, dz.$$

A ordem de integração é determinada pela ordem das diferenciais, lidas da esquerda para a direita, como nas integrais duplamente iteradas consideradas na Seção 1.

EXEMPLO Calcule a integral tripla repetida $\displaystyle\int_0^{\pi/2} \int_0^1 \int_0^{x^2} x \cos y \, dz \, dx \, dy$.

SOLUÇÃO

$$\int_0^{\pi/2} \int_0^1 \int_0^{x^2} x \cos y \, dz \, dx \, dy = \int_0^{\pi/2} \left\{ \int_0^1 \left[\int_0^{x^2} x \cos y \, dz \right] dx \right\} dy$$

$$= \int_0^{\pi/2} \left\{ \int_0^1 \left[(x \cos y)z \Big|_0^{x^2} \right] dx \right\} dy$$

$$= \int_0^{\pi/2} \left\{ \int_0^1 x^3 \cos y \, dx \right\} dy = \int_0^{\pi/2} \left\{ \frac{x^4}{4} \cos y \Big|_0^1 \right\} dy$$

$$= \int_0^{\pi/2} \frac{\cos y}{4} \, dy = \frac{\text{sen } y}{4} \Big|_0^{\pi/2} = \frac{1}{4}.$$

O cálculo da integral tripla por iteração sempre conduz a uma integral iterada da forma

$$\iint_R \left[\int_{w=g(u,v)}^{w=h(u,v)} f(u, v, w) \, dw \right] du \, dv,$$

onde u, v e w representam as variáveis x, y e z em qualquer ordem, e onde R é uma região admissível no plano uv. Se a região plana R é do tipo I ou do tipo II a última integral pode ser reescrita como uma integral tripla iterada tendo tanto a forma

$$\int_{u=a}^{u=b} \int_{v=G(u)}^{v=H(u)} \int_{w=g(u,v)}^{w=h(u,v)} f(u,v,w) \, dw \, dv \, du,$$

quanto a forma

$$\int_{v=a}^{v=b} \int_{u=G(v)}^{u=H(v)} \int_{w=g(u,v)}^{w=h(u,v)} f(u,v,w) \, dw \, du \, dv.$$

Conjunto de Problemas 6

Nos problemas 1 a 6, calcule cada integral tripla iterada.

1 $\displaystyle\int_0^1 \int_0^{3x} \int_0^{2x+y} y \, dz \, dy \, dx$

2 $\displaystyle\int_0^2 \int_0^{2y} \int_1^{y+3z} 5x \, dx \, dz \, dy$

3 $\displaystyle\int_0^1 \int_0^x \int_0^z (x+z) \, dy \, dz \, dx$

4 $\displaystyle\int_0^2 \int_0^{\sqrt{4-y^2}} \int_0^y xz \, dz \, dx \, dy$

5 $\displaystyle\int_0^{2\pi} \int_0^{\pi} \int_1^2 z^4 \operatorname{sen} y \, dz \, dy \, dx$

6 $\displaystyle\int_0^{\pi/2} \int_0^{2 \operatorname{sen} y} \int_0^{2-(z^2/2)} z \, dx \, dz \, dy$

Nos problemas 7 e 8 (a) calcule cada integral tripla iterada, (b) reescreva a integral como uma integral iterada da forma $\displaystyle\iint_R \left[\int_{g(u,v)}^{h(u,v)} f(u,v,w) \, dw \right] du \, dv$, onde u, v e w são as variáveis x, y e z em qualquer ordem, e (c) reescreva a integral como uma integral tripla.

7 $\displaystyle\int_0^1 \int_0^{\sqrt{1-z^2}} \int_0^{\sqrt{1-z^2}} xyz \, dy \, dx \, dz$

8 $\displaystyle\int_0^{\pi} \int_0^y \int_z^{z+y} \operatorname{sen}(x+y) \, dx \, dz \, dy$

Nos problemas 9 a 16, esboce o sólido S e calcule cada integral tripla.

9 $\displaystyle\iiint_S (3x+2y) \, dx \, dy \, dz$, onde S é o sólido limitado superiormente pelo plano $z = 4$, inferiormente pelo plano $z = 0$ e lateralmente pelo cilindro com geratrizes paralelas ao eixo z, sobre a região quadrada R: $-1 \le x \le 1$; $-1 \le y \le 3$.

10 $\displaystyle\iiint_S 3xy \, dx \, dy \, dz$, onde S é o sólido no primeiro octante, limitado pelos planos coordenados e o plano $x + y + z = 6$.

11 $\displaystyle\iiint_S \sqrt{x^2+y^2} \, dx \, dy \, dz$, onde S é o sólido determinado pelas condições $x^2 + y^2 \le 1$ e $0 \le z \le \sqrt{x^2+y^2}$.

12 $\displaystyle\iiint_S xy^2z^3 \, dx \, dy \, dz$, onde S é o sólido determinado pelas condições $0 \le x \le 1$; $0 \le y \le x$ e $0 \le z \le xy$.

13 $\displaystyle\iiint_S x^2 \, dx \, dy \, dz$, onde S: $x^2 + y^2 \le 4$ e $0 \le z \le 5$.

14 $\iiint\limits_{S} z \operatorname{sen}(x+y)\, dx\, dy\, dz$, onde S é o sólido limitado pelos planos $z = x - y$; $z = x + y$; $y = x$ e $x = 1$.

15 $\iiint\limits_{S} x^2 y^2\, dx\, dy\, dz$, onde S é o sólido limitado pelos planos $z = 0$, $z = 1$, $x + y = 0$; $x + y = 1$, $x - y = 0$ e $x - y = 1$.

16 $\iiint\limits_{S} x\, dx\, dy\, dz$, onde S: $x^2 + y^2 \leq 1$; $0 \leq z \leq x^2 + y^2$.

Nos problemas 17 a 21, use integração tripla para calcular o volume de cada sólido S.

17 S é o sólido limitado superiormente por $z = y$, inferiormente por $z = 0$ e lateralmente pelo cilindro $y = 1 - x^2$.

18 S é o sólido no primeiro octante limitado pelo cilindro $y = 4 - x^2$ e os planos $z = x$; $y = 0$ e $z = 0$.

19 S é limitado pelas superfícies $z = 8 - x^2 - y^2$ e $z = x^2 + 3y^2$.

20 S é o sólido no primeiro octante limitado pelos planos coordenados e os planos $\dfrac{x}{a} + \dfrac{y}{b} + \dfrac{z}{c} = 1$ e $z = k$, onde a, b, c e k são constantes positivas e $k \leq c$.

21 S é o sólido limitado pelos planos $x + z = 1$. $y = x$, $y = 0$ e $z = 0$.

22 Expresse a integral tripla $\iiint\limits_{S} f(x,y,z)\, dx\, dy\, dz$ como uma integral tripla iterada em seis diferentes modos (isto é, com seis diferentes ordens de integração, se o sólido S é dado por:

(a) S é limitado por $x + y + z = 1$ e os planos coordenados.

(b) S é limitado por $z = 1 - x^2 - y^2$ e $z = 0$.

23 Descreva o sólido S, cujo volume é dado por

$$\int_{0}^{1} \int_{0}^{1-z} \int_{0}^{y} dx\, dy\, dz.$$

24 Determine os análogos, para integrais triplas, das propriedades de 3 a 8 para integrais duplas na Seção 2.1.

25 Descreva o sólido S, cujo volume é dado por $\int_{0}^{2} \int_{x^2}^{4} \int_{3}^{6} dz\, dy\, dx$.

26 Suponha que f é uma função contínua definida em todo espaço xyz e que

$$\iiint\limits_{S} f(x, y, z)\, dx\, dy\, dz = 0$$

para qualquer sólido S. Prove que $f(x,y,z) = 0$ para todos os pontos (x,y,z).

7 A Integral Tripla em Coordenadas Cilíndricas e Esféricas

Na Seção 5 nós concluímos que a conversão para coordenadas polares pode resultar em certas integrais duplas mais fáceis de serem calculadas. Analogamente, como mostraremos nesta seção, a conversão para coordenadas cilíndricas ou esféricas pode ser vantajosa no cálculo de integrais triplas.

7.1 Conversão para coordenadas cilíndricas

Uma integral tripla pode ser convertida para coordenadas cilíndricas mediante o seguinte processo.

Processo para conversão de integral tripla em coordenadas cilíndricas

Sejam θ_0 e θ_1 constantes tais que $0 < \theta_1 - \theta_0 \leq 2\pi$ e suponha que G e H são funções contínuas tais que $0 \leq G(\theta) \leq H(\theta)$ seja verdade para todos os valores de θ no intervalo $[\theta_0, \theta_1]$. Seja g e h funções contínuas tais que $g(r,\theta) \leq h(r,\theta)$ seja verdade para todos os valores de r e θ com $\theta_0 \leq \theta \leq \theta_1$ e $G(\theta) \leq r \leq H(\theta)$. Chame de S o sólido constituído por todos os pontos cujas coordenadas cilíndricas (r,θ,z) satisfaçam as condições

$$\theta_0 \leq \theta \leq \theta_1, \quad G(\theta) \leq r \leq H(\theta), \quad g(r,\theta) \leq z \leq h(r,\theta)$$

(Fig. 1). Logo, se f é uma função contínua definida para todos os pontos (x,y,z) do sólido S,

$$\iiint_S f(x,y,z)\, dx\, dy\, dz$$

$$= \int_{\theta_0}^{\theta_1} \int_{G(\theta)}^{H(\theta)} \int_{g(r,\theta)}^{h(r,\theta)} f(r\cos\theta,\, r\,\text{sen}\,\theta,\, z)r\, dz\, dr\, d\theta.$$

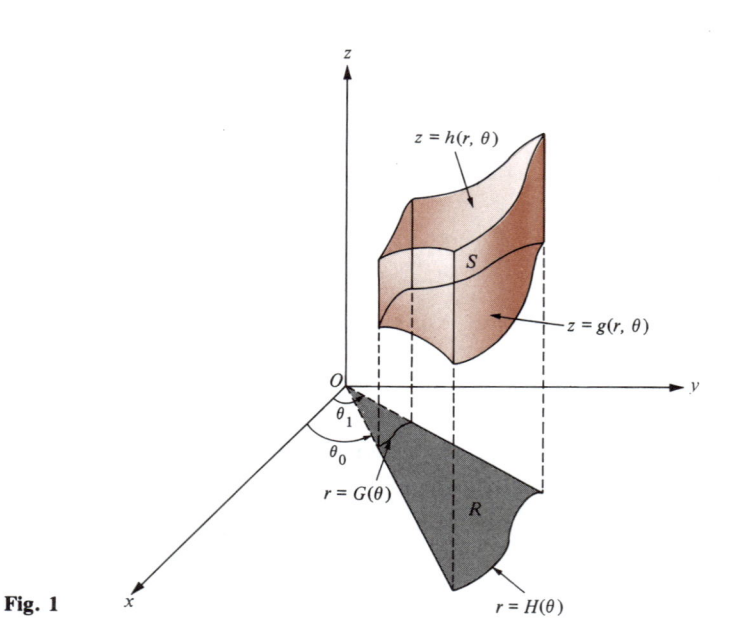

Fig. 1

A fim de ver como este processo funciona chame de R a região xy constituída por todos os pontos cujas coordenadas polares (r,θ) satisfaçam $\theta_0 \leq \theta \leq \theta_1$ e $G(\theta) \leq r \leq H(\theta)$. Igualmente, sejam $z = a(x,y)$ e $z = b(x,y)$ as equações das superfícies delimitadoras de S, superior e inferior, escritas em coordenadas cartesianas. Logo, pelo processo de iteração da Seção 6,

$$\iiint_S f(x,y,z)\, dx\, dy\, dz = \iint_R \left[\int_{z=a(x,y)}^{z=b(x,y)} f(x,y,z)\, dz \right] dx\, dy.$$

Agora, se a integral dupla sobre a região R na equação anterior é convertida para coordenadas polares, como na Seção 5 o resultado é a fórmula mostrada no processo acima (problema 28).

EXEMPLOS 1 Expresse a integral $\displaystyle\int_0^2 \int_0^{\sqrt{4-x^2}} \int_0^6 \sqrt{x^2 + y^2}\, dz\, dy\, dx$ como uma integral tripla iterada em coordenadas cilíndricas, e calcule a integral obtida.

SOLUÇÃO

A integral tripla iterada é equivalente à integral tripla $\displaystyle\iiint_S \sqrt{x^2 + y^2}\, dx\, dy\, dz$ onde $S: 0 \le x \le 2, 0 \le y \le \sqrt{4-x^2}, 0 \le z \le 6$ (Fig. 2). A região

$$R: 0 \le x \le 2, \quad 0 \le y \le \sqrt{4-x^2}$$

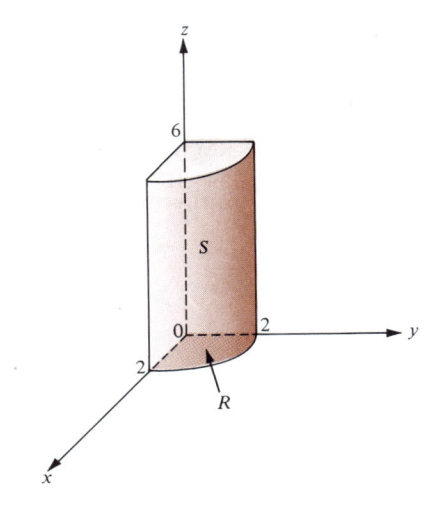

Fig. 2

é a porção do disco circular $x^2 + y^2 \le 4$ no primeiro quadrante; logo, na notação em coordenadas polares é

$$R: 0 \le \theta \le \frac{\pi}{2}, \qquad 0 \le r \le 2.$$

Portanto, usando o processo para a conversão de uma integral tripla em coordenadas cilíndricas, temos

$$\iiint_S \sqrt{x^2 + y^2}\, dz\, dy\, dx = \int_0^{\pi/2} \int_0^2 \int_0^6 \sqrt{(r\cos\theta)^2 + (r\,\text{sen}\,\theta)^2}\; r\, dz\, dr\, d\theta$$

$$= \int_0^{\pi/2} \int_0^2 \int_0^6 \sqrt{r^2}\; r\, dz\, dr\, d\theta = \int_0^{\pi/2} \int_0^2 \left(r^2 z \,\Big|_0^6\right) dr\, d\theta$$

$$= \int_0^{\pi/2} \int_0^2 6r^2\, dr\, d\theta = \int_0^{\pi/2} \left(2r^3 \,\Big|_0^2\right) d\theta$$

$$= \int_0^{\pi/2} 16\, d\theta = 16\theta \,\Big|_0^{\pi/2} = 8\pi.$$

2 Use coordenadas cilíndricas para calcular o volume de um cone circular reto cujo raio da base é a e cuja altura é h (Fig. 3).

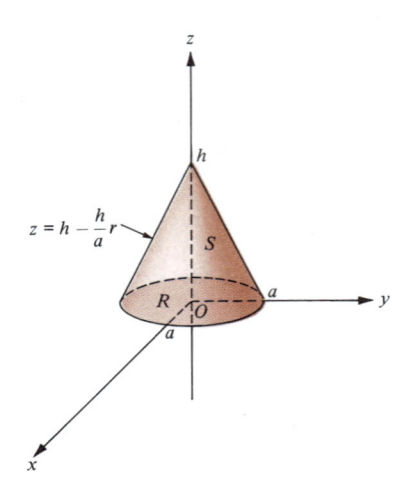

Fig. 3

SOLUÇÃO

Se chamarmos o cone de sólido S e colocarmos uma base R no plano xy e seu vértice no eixo z no ponto $(0,0,h)$, então seu volume será dado por

$$V = \iiint\limits_{S} dx \, dy \, dz.$$

A superfície que delimita superiormente S é formada pela rotação da reta do plano yz, cuja equação é $(y/a) + (z/h) = 1$ em torno do eixo z; logo, a equação, em coordenadas cartesianas, da superfície limite superior é

$$\frac{\pm\sqrt{x^2 + y^2}}{a} + \frac{z}{h} = 1 \quad \text{ou} \quad z = h \mp \frac{h}{a}\sqrt{x^2 + y^2}$$

(Cap. 15, Seção 8.3). Visto que $z \leq h$ é a porção da superfície que delimita S, precisamos usar o sinal negativo na equação acima; logo,

$$z = h - \frac{h}{a}\sqrt{x^2 + y^2}.$$

Convertendo esta equação para coordenadas cilíndricas, usando $r = \sqrt{x^2 + y^2}$, obtemos

$$z = h - \frac{h}{a}r$$

para a equação da superfície limite superior de S.

Como a base R do cone sólido S pode ser descrita em coordenadas polares por $R: 0 \leq \theta \leq 2\pi$, $0 \leq r \leq a$, segue-se que

$$V = \iiint\limits_{S} dx \, dy \, dz = \int_{0}^{2\pi} \int_{0}^{a} \int_{0}^{h-(h/a)r} r \, dz \, dr \, d\theta = \int_{0}^{2\pi} \int_{0}^{a} \left(h - \frac{h}{a}r\right) r \, dr \, d\theta$$

$$= \int_{0}^{2\pi} \left(\frac{ha^2}{2} - \frac{ha^3}{3a}\right) d\theta = 2\pi\left(\frac{ha^2}{2} - \frac{ha^2}{3}\right) = \frac{h}{3}\pi a^2 \text{ u.v.}$$

3 Calcule o volume do sólido S limitado pelo parabolóide $z = 1 - (x^2 + y^2)$ e o plano $z = 0$ (Fig. 4).

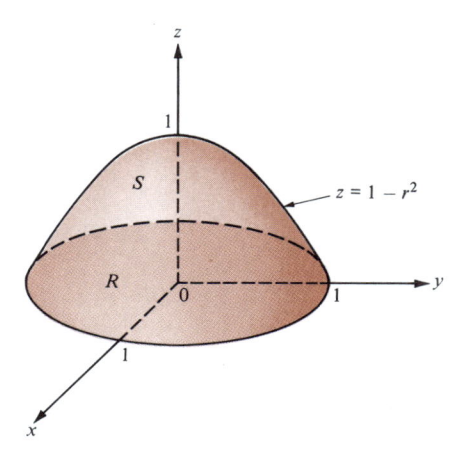

Fig. 4

SOLUÇÃO
Em coordenadas cilíndricas, a equação da superfície limite superior de S é $z = 1 - r^2$. Este parabolóide intercepta o plano $z = 0$ num círculo de raio 1, no interior do qual se encontra a base R de S. Logo, o volume desejado é dado por

$$V = \iiint_S dx\, dy\, dz = \int_0^{2\pi} \int_0^1 \int_0^{1-r^2} r\, dz\, dr\, d\theta$$

$$= \int_0^{2\pi} \int_0^1 r(1 - r^2)\, dr\, d\theta$$

$$= \int_0^{2\pi} \left[\left(\frac{r^2}{2} - \frac{r^4}{4} \right) \Big|_0^1 \right] d\theta$$

$$= 2\pi \left(\frac{1}{2} - \frac{1}{4} \right) = \frac{\pi}{2} \text{ u.v.}$$

Como nos exemplos mostrados acima, a conversão para coordenadas cilíndricas é usada especialmente quando o sólido S é simétrico em relação ao eixo z.

7.2 Conversão para coordenadas esféricas
A integral tripla pode ser convertida para coordenadas esféricas, de acordo com o seguinte processo:

Processo para conversão de integral tripla para coordenadas esféricas
Sejam $\theta_0, \theta_1, \phi_0, \phi_1, \rho_0,$ e ρ_1 constantes tais que $0 < \theta_1 - \theta_0 \leq 2\pi$ e $0 \leq \rho_0 < \rho_1$. Suponha que o sólido S seja constituído por todos os pontos cujas coordenadas esféricas (ρ, θ, ϕ) satisfazem as condições

$$\rho_0 \leq \rho \leq \rho_1, \qquad \theta_0 \leq \theta \leq \theta_1, \qquad \phi_0 \leq \phi \leq \phi_1$$

(Fig. 5). Logo, se f é uma função contínua definida por todos os pontos (x, y, z) do sólido S,

$$\iiint_S f(x, y, z)\, dx\, dy\, dz$$

$$= \int_{\phi_0}^{\phi_1} \int_{\theta_0}^{\theta_1} \int_{\rho_0}^{\rho_1} f(\rho \operatorname{sen} \phi \cos \theta, \rho \operatorname{sen} \phi \operatorname{sen} \theta, \rho \cos \phi)\, \rho^2 \operatorname{sen} \phi\, d\rho\, d\theta\, d\phi.$$

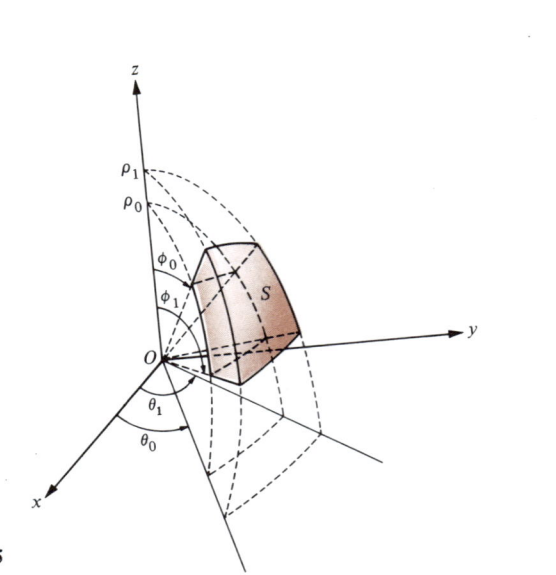

Fig. 5

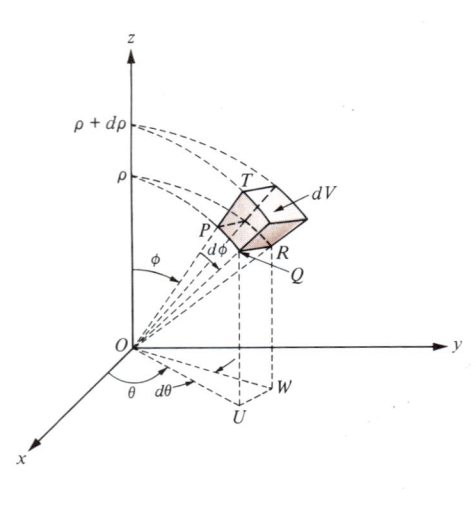

Fig. 6

A fim de ver como é feito o processo, considere a Fig. 6, que mostra uma porção infinitesimal dV do volume V do sólido S da Fig. 5, correspondendo a trocas infinitesimais de ρ, θ e ϕ para $d\rho$, $d\theta$ e $d\phi$, respectivamente.

Logo, em coordenadas esféricas,

$$P = (\rho, \theta, \phi),$$
$$Q = (\rho, \theta, \phi + d\phi),$$
$$R = (\rho, \theta + d\theta, \phi + d\phi),$$
$$T = (\rho + d\rho, \theta, \phi).$$

Evidentemente, dV é virtualmente o volume de um paralelepípedo "infinitesimal" com dimensões $|\overline{PQ}|$, $|\overline{QR}|$ e $|\overline{PT}|$. Obviamente,

$$|\overline{PT}| = d\rho.$$

Visto que P e Q estão no círculo de raio $|\overline{OP}| = |\overline{OQ}| = \rho$, e visto que o arco PQ subtende o ângulo $d\phi$, temos

$$|\overline{PQ}| \approx \rho \, d\phi.$$

Por $d\phi$ ser infinitesimal o ângulo UOQ é virtualmente o mesmo que $(\pi/2) - \phi$; logo, considerando o triângulo retângulo OUQ, temos

$$|\overline{OU}| \approx |\overline{OQ}| \cos\left(\frac{\pi}{2} - \phi\right) = \rho \, \text{sen} \, \phi.$$

Note que $|\overline{QR}| = |\overline{UW}|$ e que U e W pertencem ao círculo de raio $|\overline{OU}| \approx \rho \, \text{sen} \, \theta$. Logo, visto que o arco $|\overline{UW}|$ subtende o ângulo $d\theta$, temos

$$|\overline{QR}| = |\overline{UW}| \approx |\overline{OU}| \, d\theta \approx \rho \, \text{sen} \, \phi \, d\theta;$$

logo,

$$dV = |\overline{PQ}| \, |\overline{QR}| \, |\overline{PT}| = (\rho \, d\phi)(\rho \, \text{sen} \, \phi \, d\theta)(d\rho) = \rho^2 \, \text{sen} \, \phi \, d\rho \, d\theta \, d\phi.$$

Logo, como em coordenadas cartesianas o volume de um paralelepípedo infinitesimal de dimensões dx, dy e dz é dado por $dV = dx\,dy\,dz$, os infinitésimos correspondentes de volume, em coordenadas esféricas, são dados por $dV = \rho^2\,\text{sen}\,\phi\,d\rho\,d\theta\,d\phi$. Essas considerações podem fazer a fórmula de conversão para coordenadas esféricas parecer plausível.

EXEMPLOS 1 Expresse a integral tripla iterada $\displaystyle\int_0^3 \int_0^{\sqrt{9-x^2}} \int_0^{\sqrt{9-x^2-y^2}} (x^2+y^2+z^2)^3\,dz\,dy$ dx, como uma integral tripla iterada equivalente em coordenadas esféricas e calcule a integral obtida.

SOLUÇÃO
A integral tripla iterada dada é equivalente à integral tripla

$$\iiint_S (x^2+y^2+z^2)^3\,dx\,dy\,dz,$$

onde S é limitado pela porção da esfera $x^2+y^2+z^2=9$ pertencente ao primeiro octante e pelos três planos coordenados (Fig. 7). Passando para coordenadas esféricas, e vendo que S é descrito pelas condições

$$S: 0 \le \phi \le \frac{\pi}{2}, \quad 0 \le \theta \le \frac{\pi}{2}, \quad 0 \le \rho \le 3,$$

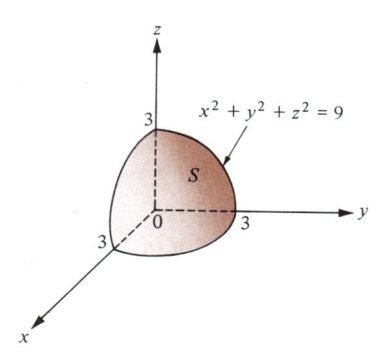

Fig. 7

temos

$$\iiint_S (x^2+y^2+z^2)^3\,dx\,dy\,dz = \int_0^{\pi/2} \int_0^{\pi/2} \int_0^3 (\rho^2)^3 \rho^2\,\text{sen}\,\phi\,d\rho\,d\theta\,d\phi$$

$$= \int_0^{\pi/2} \int_0^{\pi/2} \frac{\rho^9}{9}\left(\text{sen}\,\phi\,\Big|_0^3\right) d\theta\,d\phi$$

$$= 2187 \int_0^{\pi/2} \left(\theta\,\text{sen}\,\phi\,\Big|_0^{\pi/2}\right) d\phi = \frac{2187\pi}{2} \int_0^{\pi/2} \text{sen}\,\phi\,d\phi$$

$$= \frac{2187\pi}{2}\left(-\cos\phi\,\Big|_0^{\pi/2}\right) = \frac{2187\pi}{2}.$$

2 Use coordenadas esféricas para calcular o volume V da esfera de raio a.

SOLUÇÃO
A esfera S de raio a com centro na origem é descrita em coordenadas esféricas pelas condições

$$S: 0 \le \phi \le \pi, \quad 0 \le \theta \le 2\pi, \quad 0 \le \rho \le a.$$

Logo,

$$V = \iiint_S dx\,dy\,dz = \int_0^\pi \int_0^{2\pi} \int_0^a \rho^2 \operatorname{sen} \phi \, d\rho \, d\theta \, d\phi$$

$$= \int_0^\pi \int_0^{2\pi} \left(\frac{\rho^3 \operatorname{sen} \phi}{3} \bigg|_0^a \right) d\theta \, d\phi = \int_0^\pi \int_0^{2\pi} \frac{a^3 \operatorname{sen} \phi}{3} \, d\theta \, d\phi$$

$$= \int_0^\pi \frac{2\pi a^3 \operatorname{sen} \phi}{3} d\phi = \frac{-2\pi a^3 \cos \phi}{3} \bigg|_0^\pi$$

$$= \frac{-2\pi a^3(-1)}{3} - \frac{-2\pi a^3(1)}{3} = \frac{4}{3} \pi a^3 \text{ u.v.}$$

3   Calcule o volume V do sólido S, no primeiro octante, limitado pela esfera $\rho = 4$, pelos planos coordenados, o cone $\phi = \pi/6$ e o cone $\phi = \pi/3$ (Fig. 8).

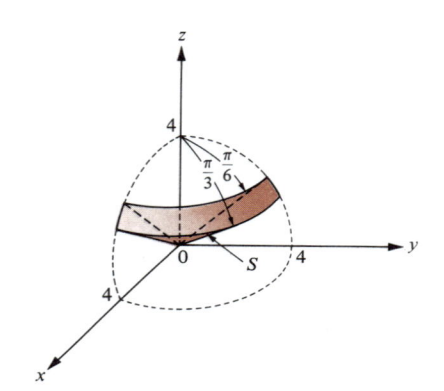

Fig. 8

SOLUÇÃO

$$V = \iiint_S dx\,dy\,dz = \int_{\pi/6}^{\pi/3} \int_0^{\pi/2} \int_0^4 \rho^2 \operatorname{sen} \phi \, d\rho \, d\theta \, d\phi$$

$$= \int_{\pi/6}^{\pi/3} \int_0^{\pi/2} \frac{4^3}{3} \operatorname{sen} \phi \, d\theta \, d\phi = \int_{\pi/6}^{\pi/3} \frac{64}{3} (\operatorname{sen} \phi)\left(\frac{\pi}{2}\right) d\phi$$

$$= \frac{32\pi}{3} (-\cos \phi) \bigg|_{\pi/6}^{\pi/3} = \frac{-32\pi}{3} \left(\frac{\cos \pi}{3} - \frac{\cos \pi}{6} \right)$$

$$= \frac{16\pi}{3} (\sqrt{3} - 1) \text{ u.v.}$$

Conjunto de Problemas 7

Nos problemas 1 a 4, calcule cada integral tripla repetida.

1 $\displaystyle \int_0^\pi \int_0^{3\cos\theta} \int_0^3 r \operatorname{sen} \theta \, dz \, dr \, d\theta$

2 $\displaystyle \int_0^{\pi/2} \int_0^{\operatorname{sen}\theta} \int_0^{r^2} r \cos \theta \, dz \, dr \, d\theta$

3 $\displaystyle\int_0^{\pi/6}\int_0^{2\pi}\int_0^4 \rho^2 \,\mathrm{sen}\,\phi\,d\rho\,d\theta\,d\phi$

4 $\displaystyle\int_0^{\pi/2}\int_{\pi/4}^{\phi}\int_0^{2\csc\theta} \rho^3\,\mathrm{sen}^2\,\theta\,\mathrm{sen}\,\phi\,d\rho\,d\theta\,d\phi$

Nos problemas 5 e 6 (a) reescreva cada integral tripla iterada em coordenadas cartesianas como uma integral tripla equivalente sobre um sólido S apropriado e esboce o sólido, (b) reescreva a integral tripla obtida em (a) como uma integral tripla iterada em coordenadas cilíndricas e (c) calcule a integral obtida na parte (b).

5 $\displaystyle\int_0^5\int_0^{\sqrt{25-x^2}}\int_0^6 \frac{dz\,dy\,dx}{\sqrt{x^2+y^2}}$

6 $\displaystyle\int_0^2\int_0^{\sqrt{4-x^2}}\int_0^{\frac{x^2+y^2}{2}} \frac{z\,dz\,dy\,dx}{\sqrt{x^2+y^2}}$

Nos problemas 7 e 8 (a) reescreva cada integral tripla iterada em coordenadas cartesianas como uma integral tripla equivalente sobre um sólido S apropriado e esboce o sólido, (b) reescreva a integral tripla obtida em (a) como uma integral tripla iterada equivalente em coordenadas esféricas e (c) calcule a integral obtida em (b).

7 $\displaystyle\int_0^1\int_0^{\sqrt{1-x^2}}\int_0^{\sqrt{1-x^2-y^2}} \frac{dz\,dy\,dx}{1+x^2+y^2+z^2}$

8 $\displaystyle\int_0^3\int_0^{\sqrt{9-x^2}}\int_0^{\sqrt{9-x^2-y^2}} xz\,dz\,dy\,dx$

Nos problemas 9 a 12, converta para coordenadas cilíndricas e calcule a integral.

9 $\displaystyle\iiint_S \sqrt{x^2+y^2}\,dx\,dy\,dz$, onde S é o sólido no primeiro octante limitado pelos planos coordenados, pelo plano $z=4$ e pelo cilindro $x^2+y^2=25$.

10 $\displaystyle\iiint_S (x^2+y^2)^{3/2}\,dx\,dy\,dz$, onde S é o sólido limitado superiormente pelo parabolóide de revolução $z=\frac{1}{2}(x^2+y^2)$, inferiormente pelo plano xy, lateralmente pelo cilindro $x^2+y^2=4$.

11 $\displaystyle\iiint_S \frac{dx\,dy\,dz}{\sqrt{x^2+y^2}}$, onde S é o sólido limitado superiormente pelo plano $z=4$, inferiormente pelo plano $z=1$ e lateralmente pelo cilindro $x^2+y^2=16$.

12 $\displaystyle\iiint_S dx\,dy\,dz$, onde S é a superfície cilíndrica de altura $h>0$, com a base no plano xy, entre os cilindros $x^2+y^2=a^2$ e $x^2+y^2=b^2$, onde $b>a>0$.

Nos problemas 13 a 16, converta para coordenadas esféricas e calcule a integral.

13 $\displaystyle\iiint_S \sqrt{x^2+y^2+z^2}\,dx\,dy\,dz$, onde S é a região limitada pela esfera de raio 3, com centro na origem.

14 $\displaystyle\iiint_S dx\,dy\,dz$, onde S é a superfície esférica determinada pela condição $0<a\le x^2+y^2+z^2\le b$.

15 $\displaystyle\iiint_S (x^2+y^2+z^2)^{3/2}\,dx\,dy\,dz$, onde S é o sólido no primeiro octante limitado pela esfera $x^2+y^2+z^2=25$, pelo cone $z=\sqrt{x^2+y^2}$ e pelo cone $z=2\sqrt{x^2+y^2}$.

16 $\displaystyle\iiint_S \mathrm{sen}\sqrt{x^2+y^2}+z^2\,dx\,dy\,dz$, onde S é o sólido limitado superiormente pela esfera $x^2+y^2+z^2=49$ e inferiormente pelo cone $z=\sqrt{x^2+y^2}$.

Nos problemas 17 a 22, use uma integração apropriada em coordenadas cilíndricas para calcular o volume V de cada sólido S.

17 S é o sólido no primeiro octante limitado pelo cilindro $x^2+y^2=9$, pelo plano $z=y$ e pelos planos coordenados.

18 S é o sólido limitado pelo plano $z=x$ e pelo parabolóide de revolução $z=x^2+y^2$.

19 S é o sólido no primeiro octante limitado pelos planos coordenados e pelas superfícies $x^2+y^2=z$ e $x^2+y^2=2y$.

20 S é o sólido limitado superiormente pelo cone $z^2 = x^2 + y^2$, inferiormente pelo plano $z = 0$ e lateralmente pelo cilindro $x^2 + y^2 = 4x$.

21 S é o sólido limitado superiormente pela esfera $x^2 + y^2 + z^2 = 8$, e inferiormente pelo parabolóide $x^2 + y^2 = 2z$.

22 S é o sólido limitado superiormente pela esfera $x^2 + y^2 + (z - \frac{1}{2})^2 = \frac{1}{4}$ e inferiormente pelo cone $z = \sqrt{x^2 + y^2}$.

Nos problemas 23 a 26, use uma integração apropriada em coordenadas esféricas para calcular o volume V de cada sólido S.

23 S: $0 \leq \phi \leq \pi/4$, $\pi/6 \leq \theta \leq \pi/3$, $2 \leq \rho \leq 4$.

24 S é limitado lateralmente pela esfera $x^2 + y^2 + z^2 = a^2$ e está contido entre a região abaixo da superfície lateral e a parte superior (lado do vértice) do cone circular reto $z^2 = b^2(x^2 + y^2)$, onde a e b são constantes positivas.

25 S é limitado superiormente pela esfera $x^2 + y^2 + z^2 = 9$ e inferiormente pelo cone $z = 2\sqrt{x^2 + y^2}$.

26 S é o sólido constituído por todos os pontos cujas coordenadas esféricas satisfazem $0 \leq \theta \leq 2\pi$, $0 \leq \phi \leq \rho$, $0 \leq \rho \leq 2(1 - \cos \phi)$.

27 Calcule o volume de cada uma das duas partes da esfera de raio $a > 0$, cortada por um plano passando k unidades do seu centro, onde $0 < k < a$.

28 Complete o argumento fazendo o processo de conversão de uma integral tripla para coordenadas cilíndricas plausível pela iteração da integral dupla

$$\iint_R \left[\int_{z = a(x,y)}^{z = b(x,y)} f(x, y, z)\, dz \right] dx\, dy$$

em coordenadas polares, como sugerido no texto. Quais suposições você precisa fazer?

29 Use o método do Exemplo 3 na Seção 7.2 para transformar o problema 20 no problema 3 do Cap. 7.

30 Suponha que S é um sólido constituído por todos os pontos cujas coordenadas satisfazem as condições $\theta_0 \leq \theta \leq \theta_1$, $G(\theta) \leq \phi \leq H(\theta)$ e $g(\theta,\phi) \leq \rho \leq h(\theta,\phi)$, onde G, H, g e h são funções contínuas. Se f é uma função contínua definida em S, encontre uma integral tripla repetida em coordenadas esféricas equivalente a $\iiint_S f(x, y, z)\, dx\, dy\, dz$.

31 O "hipervolume" de uma "hiperesfera tetradimensional" de raio a é dado por

$2 \iiint_S \sqrt{a^2 - x^2 - y^2 - z^2}\, dx\, dy\, dz$, onde S é a esfera sólida de raio a no espaço xyz.

Calcule este "hipervolume".

8 Aplicações Elementares de Integrais Triplas

Na Seção 4 nós usamos a integral dupla para a solução de problemas envolvendo densidade, momentos, centros de massa, centróides e momentos de inércia. Nesta seção, apresentamos aplicações semelhantes das integrais triplas.

8.1 Densidade e integrais triplas

Considere uma porção de volume, tal como massa ou carga elétrica, distribuída continuamente, mas não necessariamente uniforme, sobre uma região do espaço tridimensional xyz. Por analogia com o exemplo bidimensional considerado na Seção 4.3, uma função σ de três variáveis é chamada de *função densidade* para essa distribuição tridimensional se, para qualquer região sólida S tridimensional, a integral tripla

$$\iiint_S \sigma(x, y, z)\, dx\, dy\, dz$$

existe e dá o total de volume contido na região S.

EXEMPLO Tem-se uma massa distribuída através do interior de uma esfera de raio 1 m, de tal modo que a densidade em um ponto P é inversamente proporcional à distância de P ao centro, e na superfície esférica a densidade é de 1 g/cm³. Calcule a massa total em kg contida na esfera.

SOLUÇÃO
Seja S a esfera de raio 100 cm, com centro na origem. A densidade no ponto (x,y,z) é dada por

$$\sigma(x, y, z) = \frac{k}{\sqrt{x^2 + y^2 + z^2}} \text{ g/cm}^3,$$

onde k é a constante de proporcionalidade. Na superfície da esfera, $\sigma(x,y,z) = 1$ g/cm³ e $\sqrt{x^2 + y^2 + z^2} = 100$; logo, $k = 100$ e

$$\sigma(x, y, z) = \frac{100}{\sqrt{x^2 + y^2 + z^2}}.$$

A massa total em S é dada por

$$m = \iiint_S \sigma(x, y, z)\, dx\, dy\, dz = \iiint_S \frac{100\, dx\, dy\, dz}{\sqrt{x^2 + y^2 + z^2}}.$$

Usando coordenadas esféricas, temos

$$m = \int_0^\pi \int_0^{2\pi} \int_0^{100} \frac{100}{\rho} \rho^2 \operatorname{sen} \phi\, d\rho\, d\theta\, d\phi = \int_0^\pi \int_0^{2\pi} \int_0^{100} 100\, \rho \operatorname{sen} \phi\, d\rho\, d\theta\, d\phi$$

$$= \int_0^\pi \int_0^{2\pi} \left(\frac{100\rho^2}{2} \operatorname{sen} \phi \Big|_0^{100} \right) d\theta\, d\phi = \frac{(100)^3}{2} \int_0^\pi \int_0^{2\pi} \operatorname{sen} \phi\, d\theta\, d\phi$$

$$= 2\pi \frac{(100)^3}{2} \int_0^\pi \operatorname{sen} \phi\, d\phi = (100)^3 \pi \left(-\cos \phi \Big|_0^\pi \right) = 2\pi (100)^3 \text{ g}$$

$$= \frac{2\pi (100)^3}{1000} \text{ kg} = 2000\pi \text{ kg}.$$

O valor da densidade $\sigma(a,b,c)$ de uma distribuição tridimensional, no ponto (a,b,c), pode ser interpretado como o valor limite do total de massa por unidade de volume em uma pequena região tridimensional ΔS em torno do ponto (a,b,c) com ΔS tendendo a zero, no sentido de que a máxima distância entre dois pontos quaisquer de ΔS tende a zero (problema 29). Segue-se que o total infinitesimal dq de massa, contida numa região de volume infinitesimal tridimensional dV, em torno do ponto (x,y,z) é dado por

$$dq = \sigma(x, y, z)\, dV.$$

8.2 Momentos e centros de massa

Considere uma distribuição contínua de massa em um sólido S, com função de densidade de massa σ. A massa total de S é dada por

$$m = \iiint_S \sigma(x, y, z)\, dx\, dy\, dz.$$

Por analogia com as definições dadas para distribuições bidimensionais na Seção 4.4, definimos os *momentos* de uma distribuição *no plano xy, plano xz e plano yz* por

$$M_{xy} = \iiint_S z\sigma(x, y, z)\, dx\, dy\, dz,$$

$$M_{xz} = \iiint_S y\sigma(x, y, z)\, dx\, dy\, dz, \quad \text{e}$$

$$M_{yz} = \iiint_S x\sigma(x, y, z)\, dx\, dy\, dz,$$

respectivamente. Analogamente, o ponto

$$(\bar{x}, \bar{y}, \bar{z}) = \left(\frac{M_{yz}}{m}, \frac{M_{xz}}{m}, \frac{M_{xy}}{m} \right)$$

é chamado de *centro de massa* da distribuição.

EXEMPLO

Calcule a massa m e o centro de massa $(\bar{x}, \bar{y}, \bar{z})$ de um sólido S no primeiro octante, limitado pelos planos coordenados, o plano $z = 2$ e o cilindro $x^2 + y^2 = 9$, se sua densidade em um ponto P é proporcional à distância de P ao eixo z.

SOLUÇÃO
A densidade em um ponto (x, y, z) é dada por $\sigma(x, y, z) = k\sqrt{x^2 + y^2}$ onde k é a constante de proporcionalidade. Temos

$$m = \iiint_S \sigma(x, y, z)\, dx\, dy\, dz = \iiint_S k\sqrt{x^2 + y^2}\, dx\, dy\, dz.$$

Usando coordenadas cilíndricas, temos

$$m = \int_0^{\pi/2} \int_0^3 \int_0^2 (kr) r\, dz\, dr\, d\theta = \int_0^{\pi/2} \int_0^3 2kr^2\, dr\, d\theta$$

$$= \int_0^{\pi/2} \left(\frac{2kr^3}{3} \Big|_0^3 \right) d\theta = 18k \int_0^{\pi/2} d\theta = 9\pi k \text{ u.m.}$$

Aqui,

$$M_{xy} = \iiint_S z\sigma(x, y, z)\, dx\, dy\, dz = \iiint_S zk\sqrt{x^2 + y^2}\, dx\, dy\, dz$$

$$= \int_0^{\pi/2} \int_0^3 \int_0^2 (zkr) r\, dz\, dr\, d\theta = \int_0^{\pi/2} \int_0^3 \left(\frac{z^2 kr^2}{2} \Big|_0^2 \right) dr\, d\theta$$

$$= \int_0^{\pi/2} \int_0^3 2kr^2\, dr\, d\theta = 9\pi k, \text{ como visto acima.}$$

Igualmente,

$$M_{xz} = \iiint_S y\sigma(x, y, z)\, dx\, dy\, dz = \iiint_S yk\sqrt{x^2 + y^2}\, dx\, dy\, dz$$

$$= \int_0^{\pi/2} \int_0^3 \int_0^2 [(r \operatorname{sen} \theta)kr] r\, dz\, dr\, d\theta = \int_0^{\pi/2} \int_0^3 2kr^3 \operatorname{sen} \theta\, dr\, d\theta$$

$$= \int_0^{\pi/2} \left(\frac{kr^4 \operatorname{sen} \theta}{2} \Big|_0^3 \right) d\theta = \frac{81k}{2} \int_0^{\pi/2} \operatorname{sen} \theta\, d\theta = \frac{81k}{2} (-\cos \theta) \Big|_0^{\pi/2} = \frac{81k}{2}.$$

Igualmente,

$$M_{yz} = \iiint_S x\sigma(x,y,z)\, dx\, dy\, dz = \iiint_S xk\sqrt{x^2+y^2}\, dx\, dy\, dz$$

$$= \int_0^{\pi/2} \int_0^3 \int_0^2 [(r\cos\theta)kr]r\, dz\, dr\, d\theta = \frac{81k}{2}.$$

Portanto,

$$\bar{x} = \frac{M_{yz}}{m} = \frac{81k/2}{9\pi k} = \frac{9}{2\pi},$$

$$\bar{y} = \frac{M_{xz}}{m} = \frac{81k/2}{9\pi k} = \frac{9}{2\pi}, \qquad e$$

$$\bar{z} = \frac{M_{xy}}{m} = \frac{9\pi k}{9\pi k} = 1.$$

Logo, o centro de massa da distribuição é

$$(\bar{x},\bar{y},\bar{z}) = \left(\frac{9}{2\pi}, \frac{9}{2\pi}, 1\right).$$

8.3 Centróides

O centro de massa de uma distribuição uniforme (isto é, uma distribuição com densidade de massa constante) sobre um sólido S é chamado de *centróide* de S. Visto que o volume de S é dado por

$$V = \iiint_S dx\, dy\, dz,$$

é fácil deduzirem-se as seguintes fórmulas para o centróide $(\bar{x},\bar{y},\bar{z})$ de S (problema 31):

$$\bar{x} = \frac{1}{V} \iiint_S x\, dx\, dy\, dz, \qquad \bar{y} = \frac{1}{V} \iiint_S y\, dx\, dy\, dz, \qquad \bar{z} = \frac{1}{V} \iiint_S z\, dx\, dy\, dz.$$

EXEMPLO Calcule o centróide $(\bar{x},\bar{y},\bar{z})$ do sólido S no primeiro octante, limitado pelos planos coordenados e pelo plano $\dfrac{x}{a} + \dfrac{y}{b} + \dfrac{z}{c} = 1$, onde a, b e c são constantes positivas.

Solução
Aqui,

$$V = \iiint_S dx\, dy\, dz = \int_0^a \int_0^{b-(b/a)x} \int_0^{c-(c/a)x-(c/b)y} dz\, dy\, dx$$

$$= \int_0^a \int_0^{b-(b/a)x} \left(c - \frac{c}{a}x - \frac{c}{b}y\right) dy\, dx = \int_0^a \int_0^{b-(b/a)x} \left[\left(c - \frac{c}{a}x\right) - \frac{c}{b}y\right] dy\, dx$$

$$= \int_0^a \left[\left(c - \frac{c}{a}x\right)\left(b - \frac{b}{a}x\right) - \frac{c}{2b}\left(b - \frac{b}{a}x\right)^2\right] dx = \int_0^a \left(\frac{bc}{2} - \frac{bc}{a}x + \frac{bc}{2a^2}x^2\right) dx$$

$$= \left(\frac{bc}{2}x - \frac{bc}{2a}x^2 + \frac{bc}{6a^2}x^3\right)\Bigg|_0^a = \frac{abc}{6}.$$

Portanto,

$$\bar{x} = \frac{1}{V} \iiint_S x\, dx\, dy\, dz = \frac{6}{abc} \int_0^a \int_0^{b-(b/a)x} \int_0^{c-(c/a)x-(c/b)y} x\, dz\, dy\, dx$$

$$= \frac{6}{abc} \int_0^a \int_0^{b-(b/a)x} \left(cx - \frac{c}{a}x^2 - \frac{c}{b}xy\right) dy\, dx = \frac{6}{abc} \int_0^a \left(\frac{bc}{2}x - \frac{bc}{a}x^2 + \frac{bc}{2a^2}x^3\right) dx$$

$$= \frac{6}{abc} \left(\frac{bcx^2}{4} - \frac{bcx^3}{3a} + \frac{bcx^4}{8a^2}\right)\Bigg|_0^a = \frac{a}{4}.$$

Analogamente,

$$\bar{y} = \frac{1}{V} \iiint_S y\, dx\, dy\, dz = \frac{6}{abc} \int_0^a \int_0^{b-(b/a)x} \int_0^{c-(c/a)x-(c/b)y} y\, dz\, dy\, dx = \frac{b}{4} \quad \text{e}$$

$$\bar{z} = \frac{1}{V} \iiint_S z\, dx\, dy\, dz = \frac{6}{abc} \int_0^a \int_0^{b-(b/a)x} \int_0^{c-(c/a)x-(c/b)y} z\, dz\, dy\, dx = \frac{c}{4}.$$

Logo, o centróide é $(\bar{x}, \bar{y}, \bar{z}) = \left(\dfrac{a}{4}, \dfrac{b}{4}, \dfrac{c}{4}\right).$

8.4 Momento de inércia

Consideremos, de novo, uma distribuição contínua de massa sobre um sólido S, com função de densidade de massa σ. Seja A uma reta fixa no espaço e considere-se uma porção infinitesimal dm de massa m, de S no paralelepípedo elementar de dimensões dx, dy e dz sobre o ponto (x,y,z) (Fig. 1). Temos,

$$dm = \sigma(x, y, z)\, dx\, dy\, dz$$

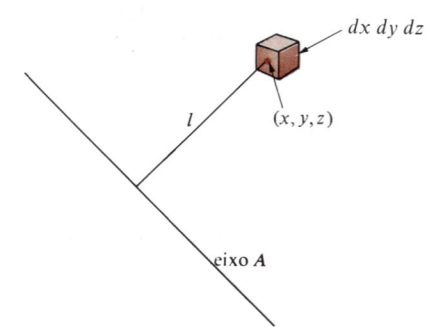

Fig. 1

e o momento de inércia dI_A de dm em relação ao eixo A é dado por

$$dI_A = l^2\, dm = l^2 \sigma(x, y, z)\, dx\, dy\, dz,$$

onde l é a distância de (x,y,z) ao eixo A. Integrando sobre o sólido S, obtemos a fórmula

$$I_A = \iiint_S l^2 \sigma(x, y, z)\, dx\, dy\, dz$$

para o momento de inércia S em relação ao eixo A. Em particular, os momentos de inércia I_x, I_y e I_z de S em relação aos eixos x, y e z são dados por

$$I_x = \iiint\limits_S (y^2 + z^2)\sigma(x, y, z)\, dx\, dy\, dz,$$

$$I_y = \iiint\limits_S (x^2 + z^2)\sigma(x, y, z)\, dx\, dy\, dz, \quad \text{e}$$

$$I_z = \iiint\limits_S (x^2 + y^2)\sigma(x, y, z)\, dx\, dy\, dz.$$

EXEMPLOS 1 Calcule o momento de inércia em relação ao eixo central de um sólido cilíndrico reto S, homogêneo, de raio a, altura h e massa total m.

SOLUÇÃO
Posicionamos S com seu eixo central ao longo do eixo z positivo e sua base inferior no plano xy. O volume de S é dado por

$$V = \iiint\limits_S dx\, dy\, dz = \pi a^2 h.$$

Portanto, visto que a massa total m é distribuída uniformemente,

$$\sigma(x, y, z) = \frac{m}{\pi a^2 h} \quad \text{u.m. por u.v.}$$

para todo ponto (x, y, z) em S. Segue-se que

$$I_z = \iiint\limits_S (x^2 + y^2)\frac{m}{\pi a^2 h}\, dx\, dy\, dz = \frac{m}{\pi a^2 h}\iiint\limits_S (x^2 + y^2)\, dx\, dy\, dz.$$

Passando para coordenadas cilíndricas, temos

$$I_z = \frac{m}{\pi a^2 h}\int_0^{2\pi}\int_0^a\int_0^h (r^2)r\, dz\, dr\, d\theta$$

$$= \frac{m}{\pi a^2 h}\int_0^{2\pi}\int_0^a hr^3\, dr\, d\theta = \frac{m}{\pi a^2}\int_0^{2\pi}\frac{a^4}{4}\, d\theta$$

$$= \frac{m}{\pi a^2}\frac{2\pi a^4}{4} = \frac{ma^2}{2}.$$

2 Calcule o momento de inércia I_z da superfície esférica S: $10 \le \sqrt{x^2 + y^2 + z^2} \le 11$ se sua densidade de massa num ponto P é inversamente proporcional ao quadrado da distância de P à origem.

SOLUÇÃO
Temos $\sigma(x, y, z) = \dfrac{k}{x^2 + y^2 + z^2}$, onde k é a constante de proporcionalidade; logo,

$$I_z = \iiint\limits_S (x^2 + y^2)\frac{k}{x^2 + y^2 + z^2}\, dx\, dy\, dz.$$

Passando para coordenadas cilíndricas, temos

$$I_z = \int_0^\pi \int_0^{2\pi} \int_{10}^{11} \left(\rho^2 \operatorname{sen}^2 \phi \, \frac{k}{\rho^2}\right)\rho^2 \operatorname{sen} \phi \, d\rho \, d\theta \, d\phi$$

$$= \int_0^\pi \int_0^{2\pi} \left(k \frac{\rho^3 \operatorname{sen}^3 \phi}{3} \bigg|_{10}^{11}\right) d\theta \, d\phi = \frac{331k}{3} \int_0^\pi \int_0^{2\pi} \operatorname{sen}^3 \phi \, d\theta \, d\phi$$

$$= \frac{662\pi k}{3} \int_0^\pi \operatorname{sen}^3 \phi \, d\phi = \frac{662\pi k}{3} \int_0^\pi \operatorname{sen} \phi(1 - \cos^2 \phi) \, d\phi$$

$$= \frac{662\pi k}{3} \left(-\cos \phi + \frac{1}{3} \cos^3 \phi\right)\bigg|_0^\pi = \frac{2648\pi k}{9}.$$

3 A superfície esférica S do exemplo 2 tem uma massa total de 18 g. Sabendo-se que as distâncias são medidas em cm, calcule seu momento de inércia I_z.

SOLUÇÃO·
A massa total $m = 18$ g é dada por

$$18 = m = \iiint_S \sigma(x, y, z) \, dx \, dy \, dz = \iiint_S \frac{k}{x^2 + y^2 + z^2} \, dx \, dy \, dz$$

$$= k \int_0^\pi \int_0^{2\pi} \int_{10}^{11} \frac{1}{\rho^2} \rho^2 \operatorname{sen} \phi \, d\rho \, d\theta \, d\phi$$

$$= k \int_0^\pi \int_0^{2\pi} \operatorname{sen} \phi \, d\theta \, d\phi = 2\pi k \int_0^\pi \operatorname{sen} \phi \, d\phi$$

$$= 2\pi k(-\cos \phi)\bigg|_0^\pi = 4\pi k.$$

Portanto, $k = 18/(4\pi) = 9/(2\pi)$. Logo, pelo resultado do exemplo 2,

$$I_z = \frac{2648\pi k}{9} = \frac{2648\pi}{9} \cdot \frac{9}{2\pi} = 1324 \text{ g/cm}^2.$$

Conjunto de Problemas 8

Nos problemas 1 a 4, calcule a massa m do sólido S dado, com a referida função de densidade de massa σ.

1 $S: x^2 + y^2 \leq 16, 0 \leq z \leq 10; \sigma(x, y, z) = \dfrac{\sqrt{x^2 + y^2}}{40}$

2 $S: 0 \leq x \leq 1, 0 \leq y \leq 1 - x^2, 0 \leq z \leq x^2 + y^2; \sigma(x, y, z) = x + 1$

3 $S: x^2 + y^2 \leq 9, 0 \leq z \leq 9 - x^2 - y^2; \sigma(x, y, z) = z$

4 $S: x^2 + y^2 \leq a^2, 0 \leq z \leq h - \dfrac{h}{a}\sqrt{x^2 + y^2}; h > 0, a > 0; \sigma(x, y, z) = \sqrt{x^2 + y^2}$

5 1 kg de massa é distribuído através de uma esfera de tal modo que a densidade em um ponto é proporcional à distância do ponto à superfície esférica. Se a esfera tem 10 cm de diâmetro, calcule a densidade em g/cm^3 no centro da esfera.

6 1 coulomb de carga elétrica é distribuído através de um cone circular reto de 10 cm de altura e base de diâmetro igual a 4 cm, de tal modo que a densidade de carga é proporcional ao quadrado da distância ao vértice do cone. Calcule a densidade de carga no centro de base do cone.

Nos problemas 7 a 10, calcule as coordenadas $(\bar{x}, \bar{y}, \bar{z})$ do centro de massa do sólido $\mathcal{S}$ dado, com a referida função de densidade de massa.

7 $S: 0 \leq x \leq 1, 0 \leq y \leq 1, 0 \leq z \leq 1; \sigma(x, y, z) = 3 - x - y - z$

8 $S: x^2 + y^2 \leq a^2, \dfrac{h}{a}\sqrt{x^2 + y^2} \leq z \leq h; h > 0, a > 0; \sigma(x, y, z) = x^2 + y^2 + z^2$

9 $S: x^2 + y^2 + z^2 \leq 100, \sigma(x, y, z) = (x^2 + y^2 + z^2)^n; n$ a é uma constante positiva.

10 $S: x^2 + y^2 + z^2 \leq a^2, x \geq 0, y \geq 0, z \geq 0; a > 0. \sigma(x, y, z) = (x^2 + y^2 + z^2)^n; n$ é uma constante positiva.

Nos problemas 11 a 14, calcule as coordenadas do centróide de cada sólido S.

11 $S: x^2 + y^2 \leq 1, x \geq 0, y \geq 0, 0 \leq z \leq xy$ **12** $S: x \geq 0, y \geq 0, 0 \leq z \leq 5 - x - y$

13 $S: a^2 \leq x^2 + y^2 + z^2 \leq b^2, z \geq 0;$ onde a e b são constantes e $0 < a < b$.

14 $S: x^2 + y^2 \leq a^2, \dfrac{h}{a}\sqrt{x^2 + y^2} \leq z \leq h;$ onde h e a são constantes positivas.

Nos problemas 15 a 18, calcule o momento pedido, para o sólido S dado, com a referida função de densidade σ.

15 $M_{xy}, S: 0 \leq x \leq 1, 0 \leq y \leq 1 - x, 0 \leq z \leq 1; \sigma(x, y, z) = 3xy$

16 $M_{xz}; S: 0 \leq x \leq 1, 0 \leq y \leq 1, 0 \leq z \leq xy; \sigma(x, y, z) = 2(x + y)$

17 $M_{yz}; S: 0 \leq y \leq 4, 0 \leq x \leq \dfrac{y}{2}, 0 \leq z \leq \sqrt{8x}; \sigma(x, y, z) = 2$

18 $M_{xz}; S$ é o sólido no 1.º octante, limitado por $x + z = 1, x = y, x = 0, y = 0,$ e $z = 0;$ $\sigma(x,y,z) = 5y.$

Nos problemas 19 a 22, calcule o momento de inércia pedido, para o sólido S dado, com a referida função de densidade σ.

19 $I_z; S: 0 \leq x \leq 1, 0 \leq y \leq 1 - x, 0 \leq z \leq 5; \sigma(x, y, z) = 3.$

20 $I_z; S$ é o sólido no primeiro octante, limitado por $x + z = 1, y + z = 1$ e os planos coordenados; $\sigma(x,y,z) = z.$

21 $I_x; S: 0 \leq x \leq 1, 0 \leq y \leq 1, 0 \leq z \leq 1; \sigma(x, y, z) = 8z$

22 $I_y; S$ é o sólido no 1.º octante, limitado por $x^2 + z^2 = 1, y = x, y = 0, z = 0; \sigma(x,y,z) = 2z.$

23 Calcule o momento de inércia em relação ao eixo central, de uma superfície cilíndrica reta, homogênea com massa total m, raio interno a, raio externo b e altura h.

24 Calcule o momento de inércia de um cilindro reto, homogêneo, em relação a um eixo perpendicular ao eixo central e passando pelo centro de gravidade do cilindro. Suponha que a altura do cilindro seja h, o raio seja a e sua massa m.

25 Calcule o momento de inércia de uma esfera homogênea de raio a em relação a um eixo que passe pelo seu centro. Considere m a massa total da esfera.

26 Calcule o momento de inércia de um paralelepípedo homogêneo de lados a, b e c em relação a um eixo passando pelo centro de gravidade e paralelo ao lado de comprimento c. Considere m a massa total do paralelepípedo.

27 Calcule o momento de inércia de uma superfície esférica homogênea de raio interno a e externo b, em relação a um eixo passando pelo seu centro. Considere m a massa total da superfície esférica.

28 Seja A um eixo passando pelo centro de gravidade de um sólido homogêneo S, de massa total m e seja B um eixo paralelo a A. Se h é a distância entre A e B, prove que

$$I_B = I_A + mh^2.$$

Esse resultado é conhecido como *teorema dos eixos paralelos*.

29 Dê um argumento informal, semelhante ao dado da Seção 4.3 para distribuições bidimensionais, para mostrar que a densidade de uma distribuição em um ponto é o limite da soma de quantidade de massa (ou carga) por unidade de volume, numa pequena região em torno do ponto, quando esta região tende a zero.

30 Combine os resultados dos problemas 24 a 28 para determinar o momento de inércia de um cilindro reto, homogêneo, em relação a um eixo passando pelo centro de uma das bases e perpendicular ao eixo central.

31 Deduza as fórmulas dadas na Seção 8.3 para o centróide de um sólido S.

32 A temperatura no interior de uma superfície esférica, de raios interno a e externo b, é inversamente proporcional à distância ao centro e tem um valor $T_0 > 0$ na superfície interna. A quantidade de calor necessária para elevar a temperatura de uma porção da superfície, de uma temperatura uniforme para outra, é proporcional ao volume desta porção e à elevação da temperatura. Suponha que são necessárias C unidades de calor para elevar a temperatura, de 1 unidade de volume, de 1 grau. Qual a quantidade de calor cedida pela superfície, se ela for resfriada a uma temperatura uniforme de 0°C?

9 Integrais de Linha e Teorema de Green

Na Seção 2, introduzimos integrais duplas para regiões bidimensionais R, enquanto que na Seção 6 introduzimos integrais triplas para sólidos tridimensionais S. Na presente seção, completamos o quadro considerando integrais sobre curvas unidimensionais. É costume referir-se a uma curva, sobre a qual uma integral é aplicada, como uma *linha* (não necessariamente uma linha reta!) , e chamar essa integral aplicada à curva de *integral de linha*. Posteriormente, nesta seção, apresentaremos um importante teorema, chamado *Teorema de Green*, que refere-se a integrais de linha no plano e integrais duplas.

9.1 Integrais de linha

Em cursos mais avançados, as integrais de linha são definidas em termos de limites de somas de Riemann, de um modo semelhante à definição de integral definida. Para nossos objetivos, é mais simples adotar a seguinte definição, que é equivalente à definição oficial, tanto para as espécies de curvas como para as funções que considerarmos.

DEFINIÇÃO 1 **Integral de linha no plano**

Seja C uma curva no plano xy com as equações paramétricas

$$C: \begin{cases} x = f(t) \\ y = g(t), \end{cases} \qquad a \le t \le b,$$

onde f e g têm primeira derivada contínua. Suponha que P e Q são funções contínuas de duas variáveis, cujos domínios contêm a curva C. Então a *integral de linha*

$\int_C P(x, y)\, dx + Q(x, y)\, dy$ é definida por

$$\int_C P(x, y)\, dx + Q(x, y)\, dy = \int_a^b [P(f(t), g(t))f'(t)\, dt + Q(f(t), g(t))g'(t)\, dt].$$

Logo, para calcular a integral de linha $\int_C P(x, y)\, dx + Q(x, y)\, dy,$ nós simplesmente fazemos as substituições $x = f(t)$, $dx = f'(t)\, dt$, $y = g(t)$ e $dy = g'(t)\, dt$, e então integramos de $t = a$ até $t = b$.

EXEMPLO Calcule a integral de linha $\int_C (x^2 + 3y)\,dx + (y^2 + 2x)\,dy$ se

$$C: \begin{cases} x = t \\ y = t^2 + 1, \end{cases} \qquad 0 \le t \le 1.$$

SOLUÇÃO
Fazendo as substituições $x = t$, $dx = dt$, $y = t^2 + 1$, e $dy = 2t\,dt$, temos

$$\int_C (x^2 + 3y)\,dx + (y^2 + 2x)\,dy = \int_0^1 [t^2 + 3(t^2 + 1)]\,dt + [(t^2 + 1)^2 + 2t]2t\,dt$$

$$= \int_0^1 [(4t^2 + 3) + (t^4 + 2t^2 + 2t + 1)(2t)]\,dt$$

$$= \int_0^1 (2t^5 + 4t^3 + 8t^2 + 2t + 3)\,dt$$

$$= \left(\frac{t^6}{3} + t^4 + \frac{8}{3}t^3 + t^2 + 3t \right)\Big|_0^1 = 8.$$

Embora na Definição 1 pareça que a integral de linha $\int_C P\,dx + Q\,dy$ depende da escolha do parâmetro t, pode ser demonstrado que tal valor não é afetado pela escolha do parâmetro, contanto que a direção ao longo da curva geométrica C, correspondente a valores incrementados do parâmetro, seja mantida constante. Logo, as integrais de linha são atualmente aplicadas sobre curvas *direcionadas* ou *orientadas;* isto é, sobre curvas para as quais um dos pontos-limite é conhecido como ponto inicial, enquanto o outro ponto-limite é o ponto terminal. Em se lidando com integrais de linha, a curva obtida de um dado percurso C, pela troca de sua direção, é usualmente denotada por $-C$ (Fig. 1).

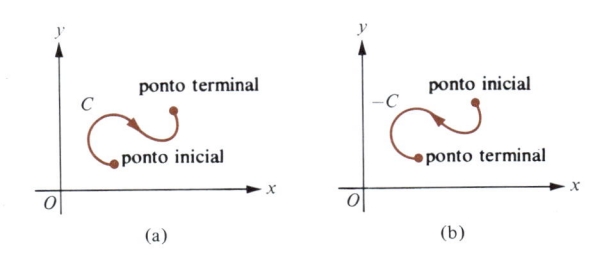

Fig. 1

EXEMPLOS Calcule a integral de linha dada.

1 $\int_C (x + y)\,dx + (y - x)\,dy$ se C é o segmento de reta de $(1,1)$ a $(4,2)$.

SOLUÇÃO
Usando os métodos de Seção 5 do Cap. 14, obtemos as equações paramétricas escalares

$$C: \begin{cases} x = 1 + 3t \\ y = 1 + t, \end{cases} \qquad 0 \le t \le 1$$

para o segmento de reta de $(1,1)$ a $(4,2)$. Note que $(x,y) = (1,1)$ quando $t = 0$ e $(x,y) = (4,2)$ quando $t = 1$; portanto $(1,1)$ é o ponto inicial e $(4,2)$ é o ponto terminal de C. Fazendo as substituições $x = 1 + 3t$, $dx = 3\,dt$, $y = 1 + t$ e $dy = dt$, temos

$$\int_C (x + y)\,dx + (y - x)\,dy = \int_0^1 [(1 + 3t) + (1 + t)]3\,dt + [(1 + t) - (1 + 3t)]\,dt$$

$$= \int_0^1 (10t + 6)\,dt = (5t^2 + 6t)\Big|_0^1 = 11.$$

2 $\displaystyle\int_C (x + 2y)\,dy$ se C é o arco de parábola $x = y^2$ de $(1,-1)$ a $(9,-3)$.

Solução

Aqui, a integral de linha tem a forma $\displaystyle\int_C P(x, y)\,dx + Q(x, y)\,dy$ com $P(x,y) = 0$ e $Q(x,y) = x + 2y$. O arco de parábola é descrito parametricamente por

$$C: \begin{cases} x = t^2 \\ y = -t, \end{cases} \qquad 1 \le t \le 3$$

de tal modo que, como t varia de 1 a 3, (x,y) varia de $(1,-1)$ a $(9,-3)$. Fazendo as substituições $x = t^2$, $y = -t$ e $dy = -dt$, temos

$$\int_C (x + 2y)\,dy = \int_1^3 (t^2 - 2t)(-dt) = \int_1^3 (2t - t^2)\,dt = \left(t^2 - \frac{t^3}{3}\right)\Big|_1^3 = -\frac{2}{3}.$$

A Definição 1 se estende de uma maneira óbvia a integrais de linha sobre curvas no espaço tridimensional. De fato, suponha que C é a tal curva, definida pelas equações paramétricas escalares

$$C: \begin{cases} x = f(t) \\ y = g(t), \\ z = h(t) \end{cases} \qquad a \le t \le b,$$

onde f, g e h têm primeira derivada contínua. Logo, se M, N e P são funções contínuas de três variáveis, cujos domínios contêm a curva C, a integral de linha

$$\int_C M(x, y, z)\,dx + N(x, y, z)\,dy + P(x, y, z)\,dz$$

é calculada fazendo-se as substituições $x = f(t)$, $dx = f'(t)\,dt$, $y = g(t)$, $dy = g'(t)\,dt$, $z = h(t)$ e $dz = h'(t)\,dt$, e então integrando de a a b.

EXEMPLOS Calcule $\displaystyle\int_C yz\,dx + xz\,dy + xy\,dz$ se

$$C: \begin{cases} x = t \\ y = t^2 \\ z = t^3, \end{cases} \qquad -1 \le t \le 1.$$

Solução

Fazendo as substituições $x = t$, $dx = dt$, $y = t^2$, $dy = 2t\,dt$, $z = t^3$, e $dz = 3t^2\,dt$, temos

$$\int_C yz\,dx + xz\,dy + xy\,dz = \int_{-1}^{1} t^2 t^3\,dt + tt^3(2t\,dt) + tt^2(3t^2\,dt)$$

$$= \int_{-1}^{1} (t^5 + 2t^5 + 3t^5)\,dt = \int_{-1}^{1} 6t^5\,dt = t^6 \Big|_{-1}^{1} = 0.$$

9.2 Notação vetorial e trabalho

Considere a integral de linha $\displaystyle\int_C P(x,y)\,dx + Q(x,y)\,dy$, onde a curva C é dada pelas equações paramétricas

$$C: \begin{cases} x = f(t) \\ y = g(t), \end{cases} \qquad a \le t \le b.$$

Se definimos o vetor

$$\bar{R} = x\bar{i} + y\bar{j} = f(t)\bar{i} + g(t)\bar{j}, \qquad a \le t \le b,$$

como sendo o vetor posição variável de um ponto (x,y) em C, então

$$\frac{d\bar{R}}{dt} = \frac{dx}{dt}\bar{i} + \frac{dy}{dt}\bar{j}, \quad \text{ou na forma diferencial } d\bar{R} = dx\,\bar{i} + dy\,\bar{j}.$$

Agora, tomando-se

$$\bar{F} = P(x,y)\bar{i} + Q(x,y)\bar{j},$$

temos

$$\bar{F} \cdot d\bar{R} = P(x,y)\,dx + Q(x,y)\,dy,$$

logo

$$\int_C P(x,y)\,dx + Q(x,y)\,dy = \int_C \bar{F} \cdot d\bar{R}.$$

Analogamente, se C é uma curva no espaço tridimensional determinada por um vetor posição variável $\bar{R}$, então

$$\int_C M(x,y,z)\,dx + N(x,y,z)\,dy + P(x,y,z)\,dz = \int_C \bar{F} \cdot d\bar{R},$$

onde

$$\bar{F} = M(x,y,z)\bar{i} + N(x,y,z)\bar{j} + P(x,y,z)\bar{k} \quad \text{e} \quad d\bar{R} = dx\,\bar{i} + dy\,\bar{j} + dz\,\bar{k}.$$

O vetor notação $\displaystyle\int_C \bar{F} \cdot d\bar{R}$ para a integral de linha não somente tem a vantagem da rigidez, mas também sugere uma importante integração física da integral de linha. Suponha que $\bar{F}$ representa uma força variável agindo numa partícula P que se move ao longo da curva C. Se $\bar{R}$ é o vetor posição variável de P, então podemos interpretar $d\bar{R}$ como representando um deslocamento infinitesimal da partícula. Logo, $\bar{F} \cdot d\bar{R}$ representa o trabalho realizado na partícula pela força $\bar{F}$ durante seu deslocamento (Fig. 2). Somando-se, isto é,

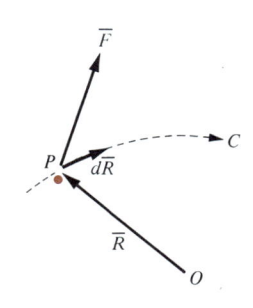

Fig. 2

integrando-se todos esses trabalhos infinitesimais, obtemos $\int_C \bar{F} \cdot d\bar{R}$.

Logo, a integral de linha $\int_C \bar{F} \cdot d\bar{R}$ representa o trabalho útil realizado pela força $\bar{F}$ no movimento de uma partícula ao longo da curva C, desde seu ponto inicial até seu ponto terminal.

EXEMPLO A força variável $\bar{F} = (3x - 4y)\bar{i} + (4x + 2y)\bar{j}$ move uma partícula ao longo da curva

$$C: \begin{cases} x = 4t + 1 \\ y = 3t^2, \end{cases} \qquad 0 \le t \le 2, \qquad \text{de } (1,0) \text{ a } (9,12).$$

Calcule o trabalho realizado se as distâncias são medidas em cm e a força é medida em dinas.

SOLUÇÃO

O trabalho é dado pela integral de linha $\int_C \bar{F} \cdot d\bar{R}$, onde $\bar{R} = x\bar{i} + y\bar{j}$, logo $d\bar{R} = dx\bar{i} + dy\bar{j}$. Logo,

$$\int_C \bar{F} \cdot d\bar{R} = \int_C (3x - 4y)\, dx + (4x + 2y)\, dy.$$

Fazendo-se as substituições $x = 4t + 1$, $dx = 4\, dt$, $y = 3t^2$, e $dy = 6t\, dt$, temos

$$\int_C \bar{F} \cdot d\bar{R} = \int_0^2 [3(4t + 1) - 4(3t^2)](4\, dt) + [4(4t + 1) + 2(3t^2)](6t\, dt)$$

$$= \int_0^2 (36t^3 + 48t^2 + 72t + 12)\, dt = (9t^4 + 16t^3 + 36t^2 + 12t)\Big|_0^2$$

$$= 440 \text{ ergs.}$$

9.3 Propriedades das integrais de linha

Se C é uma curva formada pela união de curvas sucessivas $C_1, C_2, \ldots, C_n$, temos

$$C = C_1 + C_2 + \cdots + C_n.$$

A Fig. 3 ilustra o caso em que $n = 5$. Se o vetor variável $\bar{F}$ é contínuo em cada uma das curvas $C_1, C_2, \ldots, C_n$ e $C = C_1 + C_2 + \ldots + C_n$, pode ser demonstrado que

$$\int_C \bar{F} \cdot d\bar{R} = \int_{C_1} \bar{F} \cdot d\bar{R} + \int_{C_2} \bar{F} \cdot d\bar{R} + \cdots + \int_{C_n} \bar{F} \cdot d\bar{R}.$$

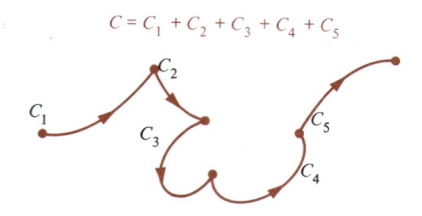

$$C = C_1 + C_2 + C_3 + C_4 + C_5$$

Fig. 3

EXEMPLO Seja $A = (1,0)$, $B = (1,1)$. Calcule

$$\int_C (x^2 - y)\,dx + (x + y^2)\,dy$$

se $C = \overline{OA} + \overline{AB} + \overline{BO}$; isto é, C é o perímetro do triângulo OAB tomado na direção anti-horário (Fig. 4).

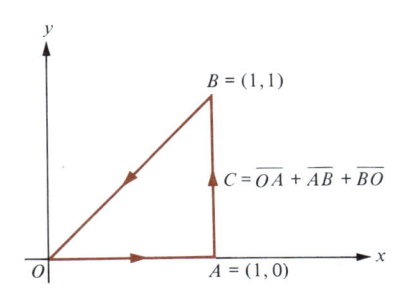

Fig. 4

SOLUÇÃO
Os segmentos $\overline{OA}$, $\overline{AB}$ e $\overline{BO}$ são dados parametricamente por

$$\overline{OA}:\begin{cases}x = t \\ y = 0,\end{cases} \qquad \overline{AB}:\begin{cases}x = 1 \\ y = t,\end{cases} \qquad \overline{BO}:\begin{cases}x = 1 - t \\ y = 1 - t,\end{cases}$$

onde $0 \le t \le 1$ em cada caso. Logo,

$$\int_{\overline{OA}} (x^2 - y)\,dx + (x + y^2)\,dy = \int_0^1 (t^2 - 0)\,dt + (t + 0)(0)\,dt = \int_0^1 t^2\,dt = \frac{t^3}{3}\Big|_0^1 = \frac{1}{3},$$

$$\int_{\overline{AB}} (x^2 - y)\,dx + (x + y^2)\,dy = \int_0^1 (1 - t)(0)\,dt + (1 + t^2)\,dt = \int_0^1 (1 + t^2)\,dt$$

$$= \left(t + \frac{t^3}{3}\right)\Big|_0^1 = \frac{4}{3}, \quad \text{e}$$

$$\int_{\overline{BO}} (x^2 - y)\,dx + (x + y^2)\,dy = \int_0^1 [(1 - t)^2 - (1 - t)](-dt) + [(1 - t) + (1 - t)^2](-dt)$$

$$= \int_0^1 (-2t^2 + 4t - 2)\,dt$$

$$= \left(-2\,\frac{t^3}{3} + 2t^2 - 2t\right)\Big|_0^1 = -\frac{2}{3}.$$

Logo,

$$\int_C (x^2 - y)\,dx + (x + y^2)\,dy = \frac{1}{3} + \frac{4}{3} - \frac{2}{3} = 1.$$

Uma troca na direção da curva sobre a qual a integral de linha é aplicada resulta em uma troca no sinal algébrico da integral; isto é,

$$\int_{-C} \overline{F} \cdot d\overline{R} = -\int_C \overline{F} \cdot d\overline{R}.$$

(Para uma indicação de demonstração, veja o problema 24.) Por exemplo, no caso precedente, encontramos

$$\int_{\overline{OA}} (x^2 - y)\, dx + (x + y^2)\, dy = \frac{1}{3},$$

e, desde que $-(\overline{OA}) = \overline{AO}$, segue-se que

$$\int_{\overline{AO}} (x^2 - y)\, dx + (x + y^2)\, dy = -\frac{1}{3}.$$

É claro que as integrais de linha, como integrais ordinárias, são aditivas e homogêneas com respeito à integral; logo,

$$\int_C (\overline{F} + \overline{G}) \cdot d\overline{R} = \int_C \overline{F} \cdot d\overline{R} + \int_C \overline{G} \cdot d\overline{R}, \qquad \int_C (\overline{F} - \overline{G}) \cdot d\overline{R} = \int_C \overline{F} \cdot d\overline{R} - \int_C \overline{G} \cdot d\overline{R},$$

e

$$\int_C (a\overline{F}) \cdot d\overline{R} = a \int_C \overline{F} \cdot d\overline{R}$$

para quaisquer funções contínuas vetoriais $\overline{F}$ e $\overline{G}$ e quaisquer escalares a. Em particular, se M, N e P são contínuas em x, y, e z, temos

$$\int_C M\, dx + N\, dy + P\, dz = \int_C M\, dx + \int_C N\, dy + \int_C P\, dz.$$

9.4 Teorema de Green

Um teorema singular que relaciona uma integral de linha sobre uma curva fechada num plano com uma integral dupla sobre a região compreendida no interior dessa curva é tradicionalmente associado com o matemático inglês George Green (1793-1841), embora o resultado tivesse sido obtido anteriormente pelo matemático alemão Karl Friedrich Gauss (1777-1855). Aqui, daremos um enunciado um tanto informal do teorema. Posteriormente, na Seção 9.5, daremos um argumento que torne plausível o resultado.

Definimos como uma *curva fechada* aquela em que seu ponto inicial coincide com seu ponto terminal. Uma curva fechada *simples* é aquela que não é interceptada por si própria, exceto nos pontos inicial e terminal.

TEOREMA 1   **Teorema de Green**

Seja C uma linha uniforme, simples, definindo uma curva fechada no plano xy e suponha que C determina o limite de uma região bidimensional R. Considere que C é orientado, sobre R, no sentido anti-horário (**Fig. 5**).

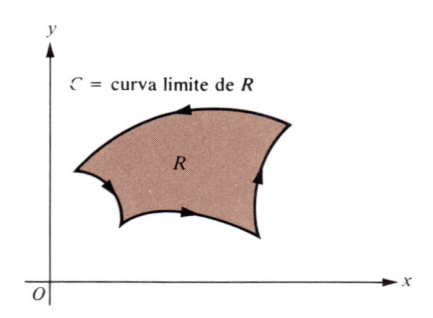

Fig. 5

Suponha que P e Q são funções contínuas de duas variáveis, tendo derivadas parciais contínuas $\partial Q/\partial x$ e $\partial P/\partial y$ em R e C. Então,

$$\int_C P(x, y)\, dx + Q(x, y)\, dy = \iint_R \left(\frac{\partial Q}{\partial x} - \frac{\partial P}{\partial y} \right) dx\, dy.$$

EXEMPLOS Use o teorema de Green para calcular a integral de linha sobre a curva fechada simples C.

1 $\displaystyle\int_C (x^2 - y)\, dx + (x + y^2)\, dy,$ onde C é a linha perimetral do triângulo OAB, tomada no sentido anti-horário, com $A = (1,0)$ e $B = (1,1)$ (Fig. 4).

SOLUÇÃO
Aqui, $P(x,y) = x^2 - y$, $Q(x,y) = x + y^2$, e R é a região triangular limitada por OAB. Logo,

$$\frac{\partial Q}{\partial x} = \frac{\partial}{\partial x}(x + y^2) = 1 \quad \text{e} \quad \frac{\partial P}{\partial y} = \frac{\partial}{\partial y}(x^2 - y) = -1.$$

Logo, pelo teorema de Green

$$\int_C (x^2 - y)\, dx + (x + y^2)\, dy = \iint_R \left(\frac{\partial Q}{\partial x} - \frac{\partial P}{\partial y} \right) dx\, dy = \iint_R [1 - (-1)]\, dx\, dy$$

$$= \iint_R 2\, dx\, dy = 2 \iint_R dx\, dy = 2\left(\frac{1}{2}\right) = 1,$$

visto que a área da região triangular R é $1/2$ u.a. (Esse resultado é consistente com a nossa solução prévia no exemplo da Seção 9.3).

2 $\displaystyle\int_C (y + 3x)\, dx + (2y - x)\, dy,$ onde C é o círculo $x^2 + y^2 = 9$, com orientação anti-horária.

SOLUÇÃO

Aqui, a região R interior a C é um disco circular de raio 3 e área $\displaystyle\iint_R dx\, dy = \pi 3^2 = 9\pi$ u.a. Logo,

$$\int_C (y + 3x)\, dx + (2y - x)\, dy = \iint_R \left[\frac{\partial}{\partial x}(2y - x) - \frac{\partial}{\partial y}(y + 3x) \right] dx\, dy$$

$$= \iint_R [(-1) - 1]\, dx\, dy = -2 \iint_R dx\, dy$$

$$= -2(9\pi) = -18\pi.$$

3 Seja R a região limitada pelas três curvas, cujas equações polares são $\theta = \pi/4$, $r = 2$ e $\theta = 3\pi/4$ (Fig. 6), e seja C a linha delimitadora de R, tomada no sentido anti-horário. Calcule

$$\int_C xy\, dx + x^2\, dy.$$

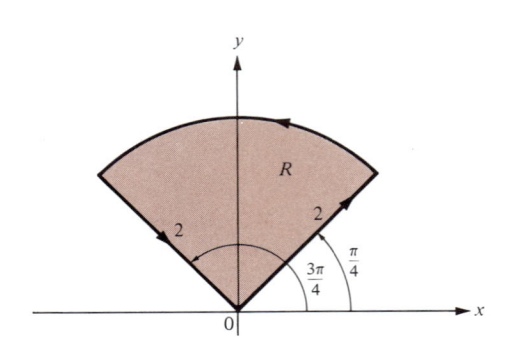

Fig. 6

SOLUÇÃO

Usando o teorema de Green em coordenadas polares para calcular a integral dupla resultante, temos

$$\int_C xy\, dx + x^2\, dy = \iint_R \left[\frac{\partial}{\partial x}(x^2) - \frac{\partial}{\partial y}(xy) \right] dx\, dy = \iint_R (2x - x)\, dx\, dy$$

$$= \iint_R x\, dx\, dy = \int_{\pi/4}^{3\pi/4} \int_0^2 (r\cos\theta) r\, dr\, d\theta$$

$$= \int_{\pi/4}^{3\pi/4} \left[\frac{r^3}{3} \cos\theta \, \Big|_0^2 \right] d\theta = \int_{\pi/4}^{3\pi/4} \frac{8}{3} \cos\theta\, d\theta$$

$$= \frac{8}{3}\, \text{sen}\,\theta \, \Big|_{\pi/4}^{3\pi/4} = \frac{8}{3}\left(\text{sen}\,\frac{3\pi}{4} - \text{sen}\,\frac{\pi}{4} \right) = 0.$$

4 $\displaystyle\int_C \bar{F} \cdot d\bar{R}$, onde $\bar{F} = (2xy - x^2)\bar{i} + (x + y^2)\bar{j}$, e C é a linha delimitadora, tomada em sentido anti-horário, da região R limitada pela parábola $y = x^2$ e pela reta $y = x$.

SOLUÇÃO

$$\int_C \bar{F} \cdot d\bar{R} = \iint_R \left[\frac{\partial}{\partial x}(x + y^2) - \frac{\partial}{\partial y}(2xy - x^2) \right] dx\, dy = \iint_R (1 - 2x)\, dx\, dy$$

$$= \int_0^1 \int_{x^2}^x (1 - 2x)\, dy\, dx = \int_0^1 \left[(1 - 2x)y \, \Big|_{x^2}^x \right] dx$$

$$= \int_0^1 (1 - 2x)(x - x^2)\, dx = \int_0^1 (2x^3 - 3x^2 + x)\, dx = \left(\frac{x^4}{2} - x^3 + \frac{x^2}{2} \right)\Big|_0^1 = 0.$$

9.5 Demonstração informal do teorema de Green

Daremos, agora, uma demonstração informal do teorema de Green para o caso especial em que a região R, delimitada pela curva fechada simples C, é tanto do tipo I como do tipo II.

O resultado para regiões mais gerais que podem ser decompostas em sub-regiões não-superpostas de ambos os tipos é facilmente obtido deste caso particular.

Na Fig. 7, a curva fechada simples C limita a região R e é orientada no sentido anti-horário. Aqui, C é a soma dos arcos orientados ATB e BSA e é também a soma dos arcos orientados SAT e TBS; isto é,

$$C = ATB + BSA \quad \text{e} \quad C = SAT + TBS.$$

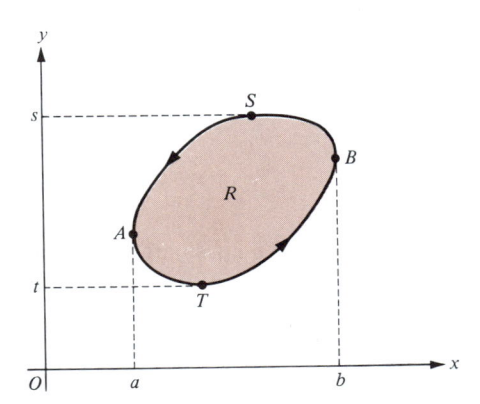

Fig. 7

Suponha que os arcos orientados *ATB*, −*(BSA)*, −*(SAT)* e *TBS* são descritos como a seguir:

$$ATB: \quad y = g(x), \qquad a \le x \le b,$$
$$-(BSA): \quad y = h(x), \qquad a \le x \le b,$$
$$-(SAT): \quad x = G(y), \qquad t \le y \le s,$$
$$TBS: \quad x = H(y), \qquad t \le y \le s.$$

Agora, considere que *P* e *Q* são funções contínuas e que $\partial Q/\partial x$ e $\partial P/\partial y$ são definidas e contínuas na região *R* e na linha delimitadora *C*.
Temos,

$$\iint\limits_{R} \frac{\partial Q}{\partial x}\, dx\, dy = \int_{t}^{s} \left[\int_{G(y)}^{H(y)} \frac{\partial Q}{\partial x}\, dx \right] dy = \int_{t}^{s} \left[Q(x,y) \Big|_{G(y)}^{H(y)} \right] dy$$

$$= \int_{t}^{s} [Q(H(y),y) - Q(G(y),y)]\, dy = \int_{t}^{s} Q(H(y),y)\, dy - \int_{t}^{s} Q(G(y),y)\, dy$$

$$= \int_{TBS} Q(x,y)\, dy - \int_{-(SAT)} Q(x,y)\, dy$$

$$= \int_{TBS} Q(x,y)\, dy + \int_{SAT} Q(x,y)\, dy = \int_{TBS+SAT} Q(x,y)\, dy$$

$$= \int_{C} Q(x,y)\, dy.$$

Igualmente,

$$-\iint\limits_{R} \frac{\partial P}{\partial y}\, dx\, dy = -\int_{a}^{b} \left[\int_{g(x)}^{h(x)} \frac{\partial P}{\partial y}\, dy \right] dx = -\int_{a}^{b} \left[P(x,y) \Big|_{g(x)}^{h(x)} \right] dx = -\int_{a}^{b} [P(x,h(x)) - P(x,g(x))]\, dx$$

$$= \int_{a}^{b} P(x,g(x))\, dx - \int_{a}^{b} P(x,h(x))\, dx = \int_{ATB} P(x,y)\, dx - \int_{-(BSA)} P(x,y)\, dx$$

$$= \int_{ATB} P(x,y)\, dx + \int_{BSA} P(x,y)\, dx = \int_{ATB+BSA} P(x,y)\, dx = \int_{C} P(x,y)\, dx.$$

Combinando os dois resultados, obtemos

$$\int_C P(x, y)\, dx + Q(x, y)\, dy = \int_C P(x, y)\, dx + \int_C Q(x, y)\, dy$$

$$= -\iint_R \frac{\partial P}{\partial y}\, dx\, dy + \iint_R \frac{\partial Q}{\partial x}\, dx\, dy = \iint_R \left(\frac{\partial Q}{\partial x} - \frac{\partial P}{\partial y}\right) dx\, dy,$$

e nosso argumento está completo.

Conjunto de Problemas 9

Nos problemas 1 a 10, calcule cada integral de linha usando a Definição 1.

1 $\displaystyle\int_C (3x^2 - 6y)\, dx + (3x + 2y)\, dy,$ onde $C: \begin{cases} x = t \\ y = t^2, \end{cases} \ 0 \le t \le 1.$

2 $\displaystyle\int_C y^2\, dx + x^2\, dy,$ onde $C: \begin{cases} x = t^2 \\ y = t + 1, \end{cases} \ 0 \le t \le 1.$

3 $\displaystyle\int_C x\, dy - y\, dx,$ onde $C: \begin{cases} x = 2 + \cos t \\ y = \text{sen}\, t, \end{cases} \ 0 \le t \le 2\pi.$

4 $\displaystyle\int_C 2xy^3\, dx + 3x^2y^2\, dy,$ onde C é a porção da parábola $y = x^2$, de $(0,0)$ até $(1,1)$.

5 $\displaystyle\int_C \bar{F} \cdot d\bar{R},$ onde $\bar{F} = (x^2 + y^2)\bar{i} + 2xy\bar{j}$ e C é a porção da parábola $y = x^2$, de $(0,0)$ até $(1,1)$.

6 $\displaystyle\int_C \bar{F} \cdot d\bar{R},$ onde $\bar{F} = (\cos y)\bar{i} + (\text{sen}\, x)\bar{j}$ e C é o triângulo de vértices $(1,0)$, $(1,1)$ e $(0,0)$ tomado no sentido anti-horário.

7 $\displaystyle\int_C \bar{F} \cdot d\bar{R},$ onde $\bar{F} = xy\bar{i} + x^2\bar{j}$ e C é o círculo de raio 2 e centro na origem, tomado no sentido anti-horário.

8 $\displaystyle\int_C (\nabla f) \cdot d\bar{R},$ onde $f(x,y) = x^2 - 2xy$, e C é o caminho de $(0,0)$ até $(2,1)$ de $(2,1)$ até $(2,3)$ e de $(2,3)$ até $(1,3)$.

9 $\displaystyle\int_C (y + z)\, dx + (2xz)\, dy + (x + z)\, dz,$ onde $C: \begin{cases} x = 2t + 1 \\ y = 3t - 1 \\ z = -t + 2, \end{cases} \ 0 \le t \le 2.$

10 $\displaystyle\int_C \bar{F} \cdot d\bar{R},$ onde $\bar{F} = 2zy\bar{i} + x^2\bar{j} + (x + y)\bar{k},$ $C = \overline{OA} + \overline{AB} + \overline{BO},$ $A = (1, 2, 3),$ e $B = (2, 0, -1).$

Nos problemas 11 a 18, use o teorema de Green para calcular cada integral de linha. Em cada caso, suponha que a curva fechada C é tomada no sentido anti-horário.

11 $\displaystyle\int_C (x^2 - xy^3)\, dx + (y^2 - 2xy)\, dy,$ onde C é o quadrado de vértices $(0,0)$, $(3,0)$, $(3,3)$ e $(0,3)$.

12 $\displaystyle\int_C (x^2 + 3y^2)\, dx,$ onde C é o quadrado de vértices $(-2,-2)$, $(2,-2)$, $(2,2)$ e $(-2,2)$.

13 $\displaystyle\int_C y\,dx + x^3\sqrt{4-y^2}\,dy$, onde C é o círculo $x^2 + y^2 = 4$.

14 $\displaystyle\int_C x \cos y\,dx - y \operatorname{sen} x\,dy$, onde C é o quadrado de vértices $(0,0), (1,0) (1,1)$ e $(0,1)$.

15 $\displaystyle\int_C \bar{F} \cdot d\bar{R}$, onde $\bar{F} = (x^2 + y^2)\bar{i} + 3xy^2\bar{j}$ e C é o círculo $x^2 + y^2 = 9$.

16 $\displaystyle\int_C \bar{F} \cdot d\bar{R}$, onde $\bar{F} = (3x^2 - 8y^2)\bar{i} + (4y - 6xy)\bar{j}$ e C compreende a região $R: x \geq 0$, $y \geq 0$, $x + y \leq 2$.

17 $\displaystyle\int_C e^y\,dx + xe^y\,dy$, onde C compreende a região $R: 0 \leq x \leq 1$, $\operatorname{sen}^{-1} x \leq y \leq \pi/2$.

18 $\displaystyle\int_C (x^3 - x^2 y)\,dx + xy^2\,dy$, onde C compreende a região R limitada por $y = x^2$ e $x = y^2$.

19 Calcule o trabalho gasto no movimento de uma partícula sob a ação de uma força $\bar{F} = 3x^2\bar{i} + (2xy - y^2)\bar{j}$ dinas ao longo do segmento de reta de $(0,0)$ até $(2,5)$. Suponha que as distâncias são medidas em centímetros.

20 A força gravitacional $\bar{F}$, agindo em uma partícula de massa m, perto da superfície da Terra, é dada aproximadamente por $\bar{F} = -mg\bar{j}$, onde $\bar{j}$ é um vetor unitário voltado para cima e g é a aceleração da gravidade. Mostre que o trabalho realizado por $\bar{F}$ sobre a partícula, se ela se move num plano vertical, de uma altura h_1 para a altura h_2, *ao longo de qualquer caminho*, depende somente de h_1 e h_2.

21 Calcule o trabalho realizado num movimento de uma partícula sob a ação de uma força $\bar{F} = (2x + 3y)\bar{i} + xy\bar{j}$ dinas de $(0,0)$ até $(1,1)$:
(a) ao longo do segmento de reta, de $(0,0)$ até $(1,1)$.
(b) ao longo da parábola $y = x^2$.
(c) ao longo do arco do círculo $x^2 + (y - 1)^2 = 1$, de $(0,0)$ até $(1,1)$.
Suponha que as distâncias são medidas em centímetros.

22 Suponha que f é uma função com primeiras derivadas parciais contínuas numa região R e que C é uma curva uniforme em R, dirigida do ponto inicial (x_0, y_0) ao ponto terminal (x_1, y_1): Prove que $\displaystyle\int_C (\nabla f) \cdot d\bar{R} = f(x_1, y_1) - f(x_0, y_0)$.

23 A integral de linha $\displaystyle\int_C \bar{F} \cdot d\bar{R}$ é algumas vezes escrita como $\displaystyle\int_C (\bar{F} \cdot \bar{T})\,ds$, onde $\bar{T}$ significa o vetor tangente unitário e C e s é o comprimento de arco medido ao longo de C. Explique por que esta notação é razoável.

24 Seja C a curva de equações paramétricas $C: \begin{cases} x = f(t) \\ y = g(t), \end{cases} a \leq t \leq b$, onde f e g têm primeiras derivadas contínuas. Suponha que P e Q são funções contínuas de duas variáveis, cujos domínios contêm a curva C. Defina funções F e G em $[a,b]$ por $F(t) = f(a + b - t)$ e $G(t) = g(a + b - t)$.

(a) Mostre que $\begin{cases} x = F(t) \\ y = G(t), \end{cases} a \leq t \leq b$ são equações paramétricas para $-C$.

(b) Use o resultado de (a) para demonstrar que

$$\int_{-C} P(x, y)\,dx + Q(x, y)\,dy = -\int_C P(x, y)\,dx + Q(x, y)\,dy.$$

25 Se $\bar{F} = \frac{1}{2}(-y\bar{i} + x\bar{j})$ mostre que $\displaystyle\int_C \bar{F} \cdot d\bar{R}$ dá a área da região R compreendida pela curva fechada simples C. (Use o Teorema de Green.)

26 Seja $\bar{T}$ o vetor unitário tangente à curva orientada C e seja $\bar{N}_r$ o vetor normal a C, obtido pela rotação de $\bar{T}$ de $90°$ (Cap. 14, Seção 8). Se $\bar{V} = f(x,y)\bar{i} + g(x,y)\bar{j}$, então o *fluxo* de $\bar{V}$ através de C, na direção de $\bar{N}_r$, é definido por $\int_C (\bar{V} \cdot \bar{N}_r) \, ds$. O campo escalar $\dfrac{\partial f}{\partial x} + \dfrac{\partial g}{\partial y}$ é chamado de *divergente* de $\bar{V}$. Prove o seguinte teorema, chamado de *teorema da divergência* (em duas dimensões): O fluxo de saída de $\bar{V}$ através de uma curva fechada simples C é a integral do divergente de $\bar{V}$ sobre a região R compreendida por C (tenha cuidado com as suposições sobre continuidade, e assim por diante, quando precisar).

27 Suponha que C é uma curva fechada simples compreendendo uma região R e que f é uma função de duas variáveis, definida em R e seu limite C, tendo segundas derivadas parciais contínuas. Use o teorema de Green para mostrar que $\int_C (\nabla f) \, d\bar{R} = 0$.

28 Suponha que um fluido move-se por uma lâmina delgada sobre o plano xy e que a velocidade de uma partícula desse fluido no ponto (x,y) é dada por $\bar{V} = f(x,y)\bar{i} + g(x,y)\bar{j}$. Suponha que a densidade do fluido no ponto (x,y) é dada por $\sigma(x,y)$ unidades de massa por unidade de área. Mostre que o fluxo de $\sigma(x,y)\bar{V}$ através de uma curva C, na direção da normal $\bar{N}_r$ (problema 26) dá a massa de fluido, por unidade de tempo, movendo-se através de C na direção de $\bar{N}_r$.

29 Critique o seguinte argumento: seja $P(x,y) = -\dfrac{y}{x^2 + y^2}$ e seja $Q(x,y) = \dfrac{x}{x^2 + y^2}$. Então $\dfrac{\partial Q}{\partial x} - \dfrac{\partial P}{\partial y} = 0$, logo

$$\int_C \frac{-y}{x^2 + y^2} \, dx + \frac{x}{x^2 + y^2} \, dy = \iint_R \left(\frac{\partial Q}{\partial x} - \frac{\partial P}{\partial y} \right) dx \, dy = 0,$$

onde C é o círculo $C: \begin{cases} x = \cos t \\ y = \operatorname{sen} t, \end{cases} \quad 0 \le t \le 2\pi$ e R é o disco limitado por C.

(*Nota:* Alguma coisa precisa estar errada, porque o cálculo direto da integral de linha dá 2π, e não 0.)

10 Área de Superfície e Integrais de Superfície

Na Seção 9 consideramos integrais de linha, isto é, integrais sobre curvas. Nesta seção, estudaremos a noção análoga de *integrais de superfície,* isto é, integrais sobre superfícies. Um caso especial da integral de superfície fornece uma técnica para calcular a área de uma superfície. A seção também inclui uma discussão do *fluxo* de um campo vetorial através de uma superfície.

10.1 Área de uma superfície, descrita por equações paramétricas vetoriais

Como usamos previamente a letra S para denotar sólidos na Seção 6, usaremos a letra grega Σ para denotar superfícies na presente seção. Uma superfície Σ no espaço xyz pode ser descrita por um vetor posição variável $\bar{R}$ cujo ponto final P desloca-se ao longo da superfície (Fig. 1a). Se desejarmos expressar $\bar{R}$ parametricamente, é necessário usar *dois* parâmetros independentes, visto que Σ é bidimensional. Logo, se os dois parâmetros são denotados por u e v, a equação paramétrica vetorial de Σ pode ser expressa por

$$\bar{R} = f(u,v)\bar{i} + g(u,v)\bar{j} + h(u,v)\bar{k}.$$

Suponhamos que as funções f, g e h são continuamente diferenciáveis e definidas em uma região admissível D no plano uv (Fig. 1b). Como o ponto

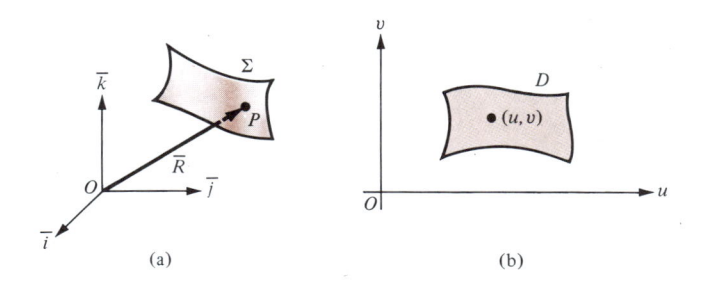

Fig. 1

(u,v) move-se através da região D, o vetor posição $\bar{R}$ desloca-se ao longo da superfície Σ.

Não é necessário representar os parâmetros da superfície por u e v; eles podem mais facilmente ser denotados por θ e ϕ ou por x e y, ou por s e t, e assim por diante. Por exemplo, a equação paramétrica vetorial de uma esfera de raio a pode ser escrita em termos de uma longitude θ e uma colatitude ϕ como

$$\bar{R} = (a \operatorname{sen} \phi \cos \theta)\bar{i} + (a \operatorname{sen} \phi \operatorname{sen} \theta)\bar{j} + (a \cos \phi)\bar{k},$$

onde (θ,ϕ) desloca-se sobre a região retangular

$$D: 0 \le \theta \le 2\pi, \quad 0 \le \phi \le \pi$$

no plano $\theta\phi$.

Agora, seja Σ uma superfície descrita paramétrica e vetorialmente por

$$\bar{R} = f(u,v)\bar{i} + g(u,v)\bar{j} + h(u,v)\bar{k},$$

onde (u,v) desloca-se sobre a região D no plano uv. Considere o retângulo infinitesimal de dimensões du e dv com vértices (u,v), $(u + du,v)$, $(u + du,v + dv)$ e $(u,v + dv)$ dentro da região D (Fig. 2). Sejam os quatro vértices, na

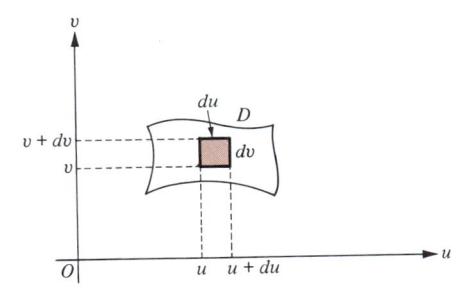

Fig. 2

ordem dada, correspondentes ao quatro pontos P, Q, V e W, respectivamente, da superfície Σ (Fig. 3), de maneira que

$$P = (f(u,v), g(u,v), h(u,v)),$$
$$Q = (f(u + du,v), g(u + du,v), h(u + du,v)),$$
$$V = (f(u + du, v + dv), g(u + du, v + dv), h(u + du, v + dv)), \quad e$$
$$W = (f(u,v + dv), g(u,v + dv), h(u,v + dv)).$$

A região infinitesimal $PQVW$ na superfície Σ tem área dA que é virtualmente a mesma área do paralelogramo definido pelos vetores $\overrightarrow{PQ}$ e $\overrightarrow{PW}$, de maneira que

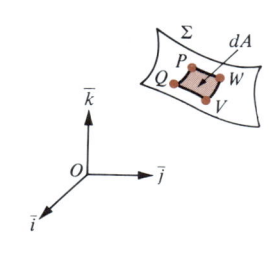

Fig. 3

$$dA = |\overrightarrow{PQ} \times \overrightarrow{PW}|.$$

Visto que du representa uma troca infinitesimal em u,

$$f(u + du, v) - f(u,v) = f_1(u,v)\, du$$
$$g(u + du, v) - g(u,v) = g_1(u,v)\, du, \qquad \text{e}$$
$$h(u + du, v) - h(u,v) = h_1(u,v)\, du.$$

Logo,

$$\overrightarrow{PQ} = [f(u + du, v) - f(u,v)]\bar{i} + [g(u + du, v) - g(u,v)]\bar{j} + [h(u + du, v) - h(u,v)]\bar{k}$$

$$= [f_1(u,v)\, du]\bar{i} + [g_1(u,v)\, du]\bar{j} + [h_1(u,v)\, du]\bar{k}$$

$$= \left(\frac{\partial f}{\partial u}\, du\right)\bar{i} + \left(\frac{\partial g}{\partial u}\, du\right)\bar{j} + \left(\frac{\partial h}{\partial u}\, du\right)\bar{k} = \left(\frac{\partial f}{\partial u}\, \bar{i} + \frac{\partial g}{\partial u}\, \bar{j} + \frac{\partial h}{\partial u}\, \bar{k}\right)\, du$$

$$= \frac{\partial \bar{R}}{\partial u}\, du,$$

onde usamos o símbolo óbvio $\partial\bar{R}/\partial u$ para o vetor obtido pela diferenciação parcial de $\bar{R}$, componente por componente, em relação a u. Analogamente, temos

$$\overrightarrow{PW} = [f(u, v + dv) - f(u,v)]\bar{i} + [g(u, v + dv) - g(u,v)]\bar{j} + [h(u, v + dv) - h(u,v)]\bar{k}$$

$$= [f_2(u,v)\, dv]\bar{i} + [g_2(u,v)\, dv]\bar{j} + [h_2(u,v)\, dv]\bar{k}$$

$$= \left(\frac{\partial f}{\partial v}\, dv\right)\bar{i} + \left(\frac{\partial g}{\partial v}\, dv\right)\bar{j} + \left(\frac{\partial h}{\partial v}\, dv\right)\bar{k} = \frac{\partial \bar{R}}{\partial v}\, dv.$$

Se substituímos as expressões obtidas acima para $\overrightarrow{PQ}$ e $\overrightarrow{PW}$ na equação $dA = |\overrightarrow{PQ} \times \overrightarrow{PW}|$, obtemos

$$dA = \left|\frac{\partial \bar{R}}{\partial u}\, du \times \frac{\partial \bar{R}}{\partial v}\, dv\right| \quad \text{ou} \quad dA = \left|\frac{\partial \bar{R}}{\partial u} \times \frac{\partial \bar{R}}{\partial v}\right|\, du\, dv.$$

Usando a identidade $|\bar{A} \times \bar{B}| = \sqrt{|\bar{A}|^2|\bar{B}|^2 - (\bar{A} \cdot \bar{B})^2}$ obtida na Seção 4.1 do Cap. 15, podemos reescrever a fórmula para dA como

$$dA = \sqrt{\left|\frac{\partial \bar{R}}{\partial u}\right|^2 \left|\frac{\partial \bar{R}}{\partial v}\right|^2 - \left(\frac{\partial \bar{R}}{\partial u} \cdot \frac{\partial \bar{R}}{\partial v}\right)^2}\, du\, dv.$$

Naturalmente, a área total A da superfície Σ pode ser obtida integrando-se dA; logo,

$$A = \iint_D dA = \iint_D \left|\frac{\partial \bar{R}}{\partial u} \times \frac{\partial \bar{R}}{\partial v}\right|\, du\, dv = \iint_D \sqrt{\left|\frac{\partial \bar{R}}{\partial u}\right|^2 \left|\frac{\partial \bar{R}}{\partial v}\right|^2 - \left(\frac{\partial \bar{R}}{\partial u} \cdot \frac{\partial \bar{R}}{\partial v}\right)^2}\, du\, dv.$$

EXEMPLOS 1 Use a fórmula acima para calcular a área de uma esfera do raio a.

SOLUÇÃO
A esfera é representada pela equação paramétrica vetorial

$$\bar{R} = (a \operatorname{sen} \phi \cos \theta)\bar{i} + (a \operatorname{sen} \phi \operatorname{sen} \theta)\bar{j} + (a \cos \phi)\bar{k},$$

onde (θ, ϕ) desloca-se pela região retangular

$$D : 0 \leq \theta \leq 2\pi, \quad 0 \leq \phi \leq \pi$$

no plano $\theta\phi$. Aqui,

$$\frac{\partial \bar{R}}{\partial \theta} = (-a \operatorname{sen} \phi \operatorname{sen} \theta)\bar{i} + (a \operatorname{sen} \phi \cos \theta)\bar{j} + 0\bar{k},$$

$$\frac{\partial \bar{R}}{\partial \phi} = (a \cos \phi \cos \theta)\bar{i} + (a \cos \phi \operatorname{sen} \theta)\bar{j} - (a \operatorname{sen} \phi)\bar{k};$$

por isso,

$$\left|\frac{\partial \bar{R}}{\partial \theta}\right|^2 = a^2 \operatorname{sen}^2 \phi \operatorname{sen}^2 \theta + a^2 \operatorname{sen}^2 \phi \cos^2 \theta = a^2 \operatorname{sen}^2 \phi(\operatorname{sen}^2 \theta + \cos^2 \theta)$$

$$= a^2 \operatorname{sen}^2 \phi,$$

$$\left|\frac{\partial \bar{R}}{\partial \phi}\right|^2 = a^2 \cos^2 \phi \cos^2 \theta + a^2 \cos^2 \phi \operatorname{sen}^2 \theta + a^2 \operatorname{sen}^2 \phi$$

$$= a^2 \cos^2 \phi(\cos^2 \theta + \operatorname{sen}^2 \theta) + a^2 \operatorname{sen}^2 \phi = a^2 \cos^2 \phi + a^2 \operatorname{sen}^2 \phi$$

$$= a^2(\cos^2 \phi + \operatorname{sen}^2 \phi) = a^2, \quad \text{e}$$

$$\frac{\partial \bar{R}}{\partial \theta} \cdot \frac{\partial \bar{R}}{\partial \phi} = -a^2 \operatorname{sen} \phi \cos \phi \operatorname{sen} \theta \cos \theta + a^2 \operatorname{sen} \phi \cos \phi \operatorname{sen} \theta \cos \theta + 0 = 0.$$

Logo,

$$\sqrt{\left|\frac{\partial \bar{R}}{\partial \theta}\right|^2 \left|\frac{\partial \bar{R}}{\partial \phi}\right|^2 - \left(\frac{\partial \bar{R}}{\partial \theta} \cdot \frac{\partial \bar{R}}{\partial \phi}\right)^2} = \sqrt{(a^2 \operatorname{sen}^2 \phi)a^2 - 0} = a^2 \operatorname{sen} \phi;$$

e segue-se que, para a esfera de raio a com longitude e colatitude como parâmetros,

$$dA = a^2 \operatorname{sen} \phi \, d\theta \, d\phi.$$

Conseqüentemente, a área da superfície esférica é dada por

$$A = \iint_D dA = \iint_D a^2 \operatorname{sen} \phi \, d\theta \, d\phi = a^2 \iint_D \operatorname{sen} \phi \, d\theta \, d\phi = a^2 \int_0^\pi \int_0^{2\pi} \operatorname{sen} \phi \, d\theta \, d\phi$$

$$= a^2 \int_0^\pi \left[\operatorname{sen} \phi \int_0^{2\pi} d\theta\right] d\phi = a^2 \int_0^\pi \left[\operatorname{sen} \phi \left(\theta \Big|_0^{2\pi}\right)\right] d\phi = a^2 \int_0^\pi 2\pi \operatorname{sen} \phi \, d\phi$$

$$= 2\pi a^2(-\cos \phi) \Big|_0^\pi = -2\pi a^2[-1 - 1] = 4\pi a^2.$$

2 Use a integral para a área de superfície para obter de novo a fórmula para a área de uma superfície de revolução originariamente obtida na Seção 4.2 do Cap. 7.

SOLUÇÃO

Seja a superfície Σ gerada pela rotação do gráfico de $y = f(x)$, $a \le x \le b$; sobre o eixo x, onde f tem uma primeira derivada contínua e $f(x) \ge 0$ para $a \le x \le b$ (Fig. 4). Um ponto P na superfície Σ pode ser localizado especificando-se sua coordenada x e o ângulo α através do qual P girou em relação à sua posição original Q na curva $y = f(x)$. Logo, tomamos x e α como nossos parâmetros. Na Fig. 4, note que

$$|\overline{CP}| = |\overline{CQ}| = f(x).$$

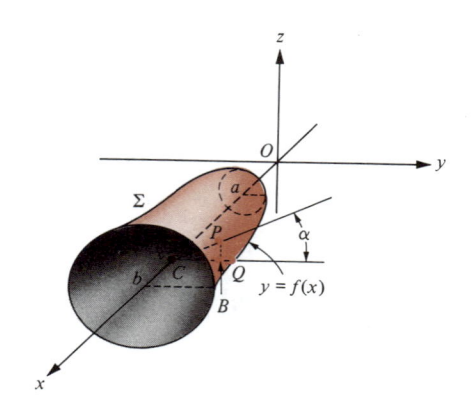

Fig. 4

A consideração do triângulo retângulo CBP mostra que as coordenadas y e z de P são dadas por

$$y = |\overline{CP}| \cos \alpha = f(x) \cos \alpha$$

$$z = |\overline{CP}| \operatorname{sen} \alpha = f(x) \operatorname{sen} \alpha.$$

Logo, o vetor posição $\bar{R}$ de P é dado por

$$\bar{R} = x\bar{i} + y\bar{j} + z\bar{k} = x\bar{i} + f(x)(\cos \alpha)\bar{j} + f(x)(\operatorname{sen} \alpha)\bar{k},$$

e como (x,α) desloca-se sobre a região retangular

$$D: a \leq x \leq b, 0 \leq \alpha \leq 2\pi$$

no plano $x\alpha$, o vetor $\bar{R}$ desloca-se sobre a superfície Σ. Aqui,

$$\frac{\partial \bar{R}}{\partial x} = \bar{i} + f'(x)(\cos \alpha)\bar{j} + f'(x)(\operatorname{sen} \alpha)\bar{k},$$

$$\frac{\partial \bar{R}}{\partial \alpha} = 0\bar{i} - f(x)(\operatorname{sen} \alpha)\bar{j} + f(x)(\cos \alpha)\bar{k}.$$

Logo,

$$\left| \frac{\partial \bar{R}}{\partial x} \right|^2 = 1^2 + [f'(x)]^2 \cos^2 \alpha + [f'(x)]^2 \operatorname{sen}^2 \alpha = 1 + [f'(x)]^2,$$

$$\left| \frac{\partial \bar{R}}{\partial \alpha} \right|^2 = 0^2 + [f(x)]^2 \operatorname{sen}^2 \alpha + [f(x)]^2 \cos^2 \alpha = [f(x)]^2, \quad \text{e}$$

$$\frac{\partial \bar{R}}{\partial x} \cdot \frac{\partial \bar{R}}{\partial \alpha} = 0 - f'(x)f(x) \cos \alpha \operatorname{sen} \alpha + f'(x)f(x) \cos \alpha \operatorname{sen} \alpha = 0.$$

Logo,

$$dA = \sqrt{\left| \frac{\partial \bar{R}}{\partial x} \right|^2 \left| \frac{\partial \bar{R}}{\partial \alpha} \right|^2 - \left(\frac{\partial \bar{R}}{\partial x} \cdot \frac{\partial \bar{R}}{\partial \alpha} \right)^2} \, dx \, d\alpha = \sqrt{\{1 + [f'(x)]^2\}[f(x)]^2 - 0} \, dx \, d\alpha$$

$$= f(x)\sqrt{1 + [f'(x)]^2} \, dx \, d\alpha.$$

Segue-se que

$$A = \iint_D dA = \iint_D f(x)\sqrt{1 + [f'(x)]^2}\, dx\, d\alpha = \int_a^b \int_0^{2\pi} f(x)\sqrt{1 + [f'(x)]^2}\, d\alpha\, dx$$

$$= \int_a^b \left[f(x)\sqrt{1 + [f'(x)]^2}\,\alpha \Big|_0^{2\pi} \right] dx = 2\pi \int_a^b f(x)\sqrt{1 + [f'(x)]^2}\, dx.$$

10.2 Área do gráfico de uma função de duas variáveis

Seja f uma função continuamente diferenciável, de duas variáveis, definida sobre uma região admissível D no plano xy, e chame o gráfico de f de Σ (Fig. 5). Usando x e y como parâmetros, encontramos que a equação paramétrica vetorial de Σ é

$$\bar{R} = x\bar{i} + y\bar{j} + f(x,y)\bar{k},$$

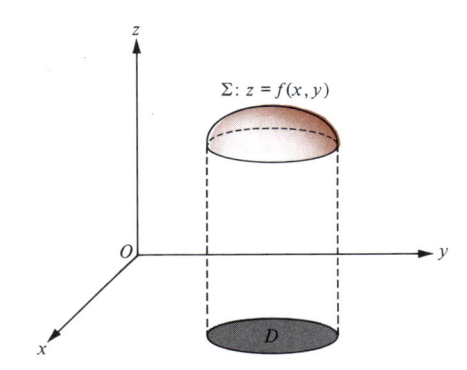

Fig. 5

onde (x,y) desloca-se sobre a região D. Aqui,

$$\frac{\partial \bar{R}}{\partial x} = \bar{i} + 0\bar{j} + f_1(x,y)\bar{k} \quad \text{e} \quad \frac{\partial \bar{R}}{\partial y} = 0\bar{i} + \bar{j} + f_2(x,y)\bar{k};$$

logo,

$$\left| \frac{\partial \bar{R}}{\partial x} \right|^2 = 1^2 + 0^2 + [f_1(x,y)]^2,$$

$$\left| \frac{\partial \bar{R}}{\partial y} \right|^2 = 0^2 + 1^2 + [f_2(x,y)]^2, \quad \text{e}$$

$$\frac{\partial \bar{R}}{\partial x} \cdot \frac{\partial \bar{R}}{\partial y} = 0 + 0 + f_1(x,y)f_2(x,y).$$

Segue-se que

$$dA = \sqrt{\left| \frac{\partial \bar{R}}{\partial x} \right|^2 \left| \frac{\partial \bar{R}}{\partial y} \right|^2 - \left(\frac{\partial \bar{R}}{\partial x} \cdot \frac{\partial \bar{R}}{\partial y} \right)^2}\, dx\, dy$$

$$= \sqrt{\{1 + [f_1(x,y)]^2\}\{1 + [f_2(x,y)]^2\} - [f_1(x,y)f_2(x,y)]^2}\, dx\, dy$$

$$= \sqrt{1 + [f_1(x,y)]^2 + [f_2(x,y)]^2}\, dx\, dy.$$

Logo, a área A da porção do gráfico de $z = f(x,y)$ compreendida acima da região D no plano xy, é dada por

$$A = \iint_D \sqrt{1 + [f_1(x, y)]^2 + [f_2(x, y)]^2}\, dx\, dy = \iint_D \sqrt{1 + \left(\frac{\partial z}{\partial x}\right)^2 + \left(\frac{\partial z}{\partial y}\right)^2}\, dx\, dy.$$

EXEMPLOS 1 Calcule a área da porção da superfície $z = x^2 + y^2$ que está compreendida sobre a região D: $x^2 + y^2 \le 1$.

SOLUÇÃO

$$A = \iint_D \sqrt{1 + \left(\frac{\partial z}{\partial x}\right)^2 + \left(\frac{\partial z}{\partial y}\right)^2}\, dx\, dy = \iint_D \sqrt{1 + (2x)^2 + (2y)^2}\, dx\, dy$$

$$= \iint_D \sqrt{4x^2 + 4y^2 + 1}\, dx\, dy.$$

Convertendo a última integral dupla para coordenadas polares, obtemos

$$A = \int_0^{2\pi} \int_0^1 \sqrt{4r^2 \cos^2 \theta + 4r^2 \,\text{sen}^2\, \theta + 1}\; r\, dr\, d\theta = \int_0^{2\pi} \int_0^1 \sqrt{4r^2 + 1}\; r\, dr\, d\theta.$$

Fazendo a troca de variável $u = 4r^2 + 1$ na integral "interna," temos

$$A = \int_0^{2\pi} \left[\int_1^5 \sqrt{u}\,\frac{du}{8}\right] d\theta = \int_0^{2\pi} \left[\frac{u^{3/2}}{12}\Big|_1^5\right] d\theta = \int_0^{2\pi} \frac{\sqrt{125} - 1}{12}\, d\theta$$

$$= 2\pi \frac{5\sqrt{5} - 1}{12} \approx 5{,}33 \text{ u.a.}$$

2 Calcule a área da porção do plano $2x + 3y + z = 6$ que é cortada pelos três planos coordenados.

SOLUÇÃO

A equação do plano pode ser escrita na forma $z = 6 - 2x - 3y$, de modo que

$$\frac{\partial z}{\partial x} = -2 \quad \text{e} \quad \frac{\partial z}{\partial y} = -3.$$

O plano $z = 6 - 2x - 3y$ intercepta o plano $z = 0$ na reta $2x + 3y = 6$; logo, a porção do plano cortado pelos três planos coordenados está compreendida acima da região triangular D no plano xy, limitado pelos eixos x, y e pela reta $2x + 3y = 6$ (Fig. 6). A área de D é dada por

$$\iint_D dx\, dy = \frac{1}{2}(2)(3) = 3 \text{ u.a.}$$

Logo, a área A da porção do plano $z = 6 - 2x - 3y$, compreendida acima de D, é dada por

$$A = \iint_D \sqrt{1 + \left(\frac{\partial z}{\partial x}\right)^2 + \left(\frac{\partial z}{\partial y}\right)^2}\, dx\, dy = \iint_D \sqrt{1 + (-2)^2 + (-3)^2}\, dx\, dy$$

$$= \sqrt{14} \iint_D dx\, dy = \sqrt{14}(3) = 3\sqrt{14} \approx 11{,}22 \text{ u.a.}$$

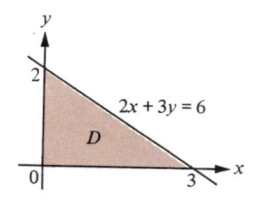

Fig. 6

10.3 A integral de superfície

Suponha que Σ é a superfície descrita parametricamente e vetorialmente por

$$\Sigma: \overline{R} = f(u,v)\overline{i} + g(u,v)\overline{j} + h(u,v)\overline{k}$$

para (u,v) numa região admissível D no plano uv. Supomos, como na Seção 10.1, que as funções componentes escalares f, g e h são continuamente diferenciáveis, de modo que o diferencial dA da área de superfície é dado por

$$dA = \left| \frac{\partial \overline{R}}{\partial u} \times \frac{\partial \overline{R}}{\partial v} \right| du\, dv = \sqrt{\left| \frac{\partial \overline{R}}{\partial u} \right|^2 \left| \frac{\partial \overline{R}}{\partial v} \right|^2 - \left(\frac{\partial \overline{R}}{\partial u} \cdot \frac{\partial \overline{R}}{\partial v} \right)^2}\, du\, dv.$$

Se F é uma função de três variáveis, definida e contínua num subconjunto do espaço xyz que contém a superfície Σ, então a *integral de superfície* de F sobre Σ, denotada simbolicamente por $\displaystyle\iint_{\Sigma} F\, dA$, é definida por

$$\iint_{\Sigma} F\, dA = \iint_{D} F(f(u,v), g(u,v), h(u,v)) \sqrt{\left| \frac{\partial \overline{R}}{\partial u} \right|^2 \left| \frac{\partial \overline{R}}{\partial v} \right|^2 - \left(\frac{\partial \overline{R}}{\partial u} \cdot \frac{\partial \overline{R}}{\partial v} \right)^2}\, du\, dv.$$

EXEMPLO Defina-se por Σ a superfície de uma esfera de raio a no espaço xyz com centro na origem. Calcule a integral da superfície

$$\iint_{\Sigma} (x^2 + z)\, dA.$$

SOLUÇÃO
Usando a longitude θ e colatitude ϕ como parâmetros, podemos escrever a equação paramétrica vetorial da esfera como

$$\overline{R} = (a\, \text{sen}\, \phi \cos \theta)\overline{i} + (a\, \text{sen}\, \phi\, \text{sen}\, \theta)\overline{j} + (a \cos \phi)\overline{k},$$

onde (θ,ϕ) desloca-se sobre a região retangular

$$D: 0 \leq \theta \leq 2\pi, \quad 0 \leq \phi \leq \pi$$

no plano $\theta\phi$. No exemplo 1 da Seção 10.1, encontramos que

$$dA = a^2\, \text{sen}\, \phi\, d\theta\, d\phi.$$

Logo,

$$\iint_{\Sigma} (x^2 + z)\, dA = \iint_{D} [(a\, \text{sen}\, \phi \cos \theta)^2 + (a \cos \phi)] a^2\, \text{sen}\, \phi\, d\theta\, d\phi$$

$$= \iint_{D} (a^4 \text{sen}^3\, \phi \cos^2 \theta + a^3\, \text{sen}\, \phi \cos \phi)\, d\theta\, d\phi = \int_0^\pi \left[\int_0^{2\pi} \left(a^4 \text{sen}^3\, \phi \frac{1 + \cos 2\theta}{2} + a^3\, \text{sen}\, \phi \cos \phi \right) d\theta \right] d\phi$$

$$= \int_0^\pi \left[a^4 \text{sen}^3\, \phi \left(\frac{\theta}{2} + \frac{\text{sen}\, 2\theta}{4} \right) + (a^3\, \text{sen}\, \phi \cos \phi)\theta \Big|_0^{2\pi} \right] d\phi = \int_0^\pi (a^4 \pi\, \text{sen}^3\, \phi + 2a^3 \pi\, \text{sen}\, \phi \cos \phi)\, d\phi$$

$$= a^4 \pi \int_0^\pi \text{sen}^3\, \phi\, d\phi + 2a^3 \pi \int_0^\pi \text{sen}\, \phi \cos \phi\, d\phi = a^4 \pi \int_0^\pi (1 - \cos^2 \phi)\, \text{sen}\, \phi\, d\phi + 2a^3 \pi \left(\frac{\text{sen}^2\, \phi}{2} \Big|_0^\pi \right)$$

$$= a^4 \pi \int_0^\pi \text{sen}\, \phi\, d\phi + a^4 \pi \int_0^\pi \cos^2 \phi(-\text{sen}\, \phi)\, d\phi + 0 = a^4 \pi \left(-\cos \phi \Big|_0^\pi \right) + a^4 \pi \left(\frac{\cos^3 \phi}{3} \Big|_0^\pi \right)$$

$$= 2a^4 \pi - \frac{2}{3} a^4 \pi = \frac{4}{3} a^4 \pi.$$

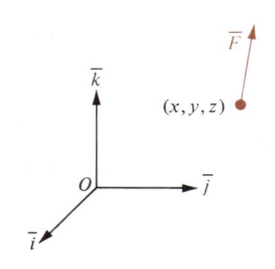

Fig. 7

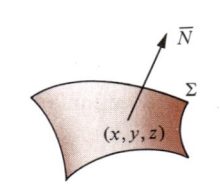

Fig. 8

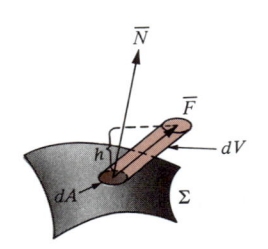

Fig. 9

10.4 O fluxo de um campo vetorial através de uma superfície

Analogamente a um campo escalar, que determina um escalar para cada ponto em uma região tridimensional S, um *campo vetorial* associa um vetor

$$\vec{F} = M(x, y, z)\vec{i} + N(x, y, z)\vec{j} + P(x, y, z)\vec{k}$$

para cada ponto (x,y,z) em S (Fig. 7). Como o ponto (x,y,z) desloca-se sobre S, o vetor correspondente $\vec{F}$ pode variar, tanto em módulo quanto em direção. Por exemplo, se um fluido move-se através de uma região tridimensional S, o vetor $\vec{F}$ pode representar a velocidade de uma partícula do fluido no ponto (x,y,z). No que se segue, habitualmente supomos que as funções componentes escalares M, N e P do campo vertical $\vec{F}$ são continuamente diferenciáveis.

Agora, suponha que Σ é uma superfície no espaço xyz e que $\vec{N}$ denota um vetor unitário normal a Σ no ponto (x,y,z) (Fig. 8). Supomos que, como o ponto (x,y,z) desloca-se sobre a superfície Σ, o vetor unitário normal $\vec{N}$ varia de modo contínuo. Suponha que Σ está contida numa região tridimensional S, na qual o campo vetorial $\vec{F}$ está definido. Para uma melhor precisão, visualizamos $\vec{F}$ como o campo velocidade de um fluido que se move. Considere uma região infinitesimal de área dA em um ponto sobre a superfície Σ e seja $\vec{N}$ o vetor unitário normal à superfície neste ponto (Fig. 9). Após uma unidade de tempo, o fluido que passou através de dA forma um sólido cilíndrico infinitesimal de altura $h = \vec{F} \cdot \vec{N}$ e com volume

$$dV = h \, dA = \vec{F} \cdot \vec{N} \, dA.$$

O volume infinitesimal dV de fluido deslocado através da região infinitesimal dA em unidades de tempo é chamado de *fluxo* através de dA. Integrando dV sobre a superfície total Σ obtemos o volume total de fluido deslocado através de Σ na unidade de tempo; logo, definimos o *fluxo do campo vetorial $\vec{F}$ através da superfície Σ* como sendo a integral de superfície.

$$\iint_{\Sigma} dV = \iint_{\Sigma} \vec{F} \cdot \vec{N} \, dA.$$

EXEMPLO   Seja Σ a porção do plano $z = x + 2y + 1$ que está compreendida acima da região D: $0 \leq x \leq 1$, $0 \leq y \leq 2$ no plano xy. Calcule o fluxo do campo vetorial $\vec{F} = x^3\vec{i} + xy\vec{j} + z\vec{k}$ através da superfície Σ na direção da normal $\vec{N}$, que faz um ângulo agudo com o eixo z.

SOLUÇÃO
Escrevendo a equação do plano na forma

$$x + 2y - z + 1 = 0,$$

encontramos que o vetor $\vec{N}_1 = \vec{i} + 2\vec{j} - \vec{k}$ é normal ao plano. Logo, o vetor $\vec{N}_2 = -\vec{N}_1 = -\vec{i} - 2\vec{j} + \vec{k}$. Visto que $\vec{N}_2$ tem um componente $\vec{k}$ positivo, segue-se que $\vec{N}_2$ faz um ângulo agudo com o eixo z positivo. (Por quê?). Normalizando N_2, obtemos o vetor unitário normal desejado

$$\vec{N} = \frac{\vec{N}_2}{|\vec{N}_2|} = \frac{-\vec{i} - 2\vec{j} + \vec{k}}{\sqrt{(-1)^2 + (-2)^2 + 1^2}} = \frac{-\vec{i} - 2\vec{j} + \vec{k}}{\sqrt{6}}.$$

Logo, $\vec{F} \cdot \vec{N} = \dfrac{-x^3 - 2xy + z}{\sqrt{6}}$; logo, o fluxo através de Σ é dado por

$$\iint_\Sigma \overline{F} \cdot \overline{N}\, dA = \iint_\Sigma \frac{-x^3 - 2xy + z}{\sqrt{6}}\, dA = \iint_D \frac{-x^3 - 2xy + z}{\sqrt{6}} \sqrt{1 + \left(\frac{\partial z}{\partial x}\right)^2 + \left(\frac{\partial z}{\partial y}\right)^2}\, dx\, dy$$

$$= \iint_D \frac{-x^3 - 2xy + x + 2y + 1}{\sqrt{6}} \sqrt{1 + (1)^2 + (2)^2}\, dx\, dy$$

$$= \int_0^2 \int_0^1 (-x^3 - 2xy + x + 2y + 1)\, dx\, dy$$

$$= \int_0^2 \left[\left(\frac{-x^4}{4} - x^2 y + \frac{x^2}{2} + 2xy + x \right) \Big|_0^1 \right] dy = \int_0^2 \left(y + \frac{5}{4} \right) dy$$

$$= \left(\frac{y^2}{2} + \frac{5}{4}\, y \right) \Big|_0^2 = \frac{9}{2}.$$

Conjunto de Problemas 10

Nos problemas 1 a 10, calcule a área A de cada superfície Σ.

1 Σ é a porção do plano $x + y + z = 5$ compreendida acima da região circular $D: x^2 + y^2 \leq 9$.

2 Σ é a porção do cilindro $y^2 + z^2 = 16$ compreendida acima da região triangular $D: 0 \leq x \leq 2$, $0 \leq y \leq 2 - x$.

3 Σ é a porção do plano $3x + 2y + z = 7$ que é cortada pelos três planos coordenados.

4 Σ é a porção do cilindro parabólico $z^2 = 8x$ compreendida acima da região $D: 0 \leq x \leq 1$, $0 \leq y \leq \frac{1}{4}x^2$.

5 Σ é a porção do cilindro $x^2 + z^2 = 9$ compreendida acima da região retangular D com vértices $(0,0)$, $(1,0)$, $(1,2)$ e $(0,2)$.

6 Σ é a porção da esfera $x^2 + y^2 + z^2 = 36$ compreendida acima da região circular $D: x^2 + y^2 \leq 9$.

7 Σ é a porção do cilindro $y^2 + z^2 = 4$ interior ao cilindro $x^2 = 2y + 4$ e acima do plano $z = 0$.

8 Σ é a porção do cone $z = \sqrt{x^2 + y^2}$ interior ao cilindro $x^2 + y^2 = 6y$.

9 Σ é gerada pela revolução do arco de $y^2 = 4x$, de $(0,0)$ até $(3, 2\sqrt{3})$, em torno do eixo x.

10 Σ é gerada pela revolução do arco de $x = e^y$, de $(1,0)$ até $(e,1)$ em torno do eixo y.

11 Seja D uma região admissível de área A_0 no plano xy e seja Σ a porção do plano $ax + by + cz + d = 0$ constituída por todos os pontos (x,y,z) no plano para o qual (x,y) está na região D. Supondo que $c > 0$, mostre que a área A de Σ é dada por

$$A = \frac{A_0}{C} \sqrt{a^2 + b^2 + c^2}.$$

12 Sejam a e b constantes positivas com $a > b$ e suponha que a superfície Σ é descrita paramétrica e vetorialmente por

$$\overline{R} = (a + b \operatorname{sen} u)(\cos v)\overline{i} + (a + b \operatorname{sen} u)(\operatorname{sen} v)\overline{j} + (b \cos u)\overline{k}$$

para (u,v) na região retangular $D: 0 \leq u \leq 2\pi$, $0 \leq v \leq 2\pi$ no plano uv. Calcule a área A da superfície Σ.

13 No problema 11, mostre que $A_0 = a \cos \alpha$, onde α é o ângulo entre o plano contendo D e o plano contendo Σ.

14 Seja $\overline{w}$ um vetor fixo de módulo unitário no espaço xyz tal que $\overline{w} \cdot \overline{k} \neq 0$ e seja C uma curva com arco de medida total L no plano xy, tendo as equações paramétricas escalares

$$C: \begin{cases} x = f(s) \\ y = g(s), \end{cases} \qquad 0 \leq s \leq L,$$

onde o parâmetro s é medida de arco. Seja Σ a superfície descrita pela equação paramétrica vetorial

$$\bar{R} = f(s)\bar{i} + g(s)\bar{j} + t\bar{w},$$

onde os parâmetros s e t satisfazem $0 \leq s \leq L$ e $a \leq t \leq b$. Mostre que a área Σ é dada por $A = L(b - a)$.

15 Se c é uma constante, qual é o valor da integral de superfície $\iint\limits_{\Sigma} c\, dA$?

16 Seja Σ a porção do cilindro circular reto $x^2 + y^2 = 1$ compreendida entre o plano $z = 0$ e o plano $z = 1$. Calcule a integral de superfície $\iint\limits_{\Sigma} (x + y + z)dA$. (*Sugestão:* Use coordenadas cilíndricas.)

17 Calcule $\iint\limits_{\Sigma} (y + z^2)\, dA$, onde Σ é a esfera de raio 1 com centro na origem.

18 Seja Σ o cone circular reto (com base aberta) cujo vértice está na origem e cuja base é um círculo de raio b paralelo ao plano xy e de altura h. Calcule $\iint\limits_{\Sigma} xyz\, dA$.

19 Seja Σ a porção do plano $z = x + 4y + 5$ compreendida acima da região D: $0 \leq x \leq 1$, $0 \leq y \leq 1$ no plano xy. Calcule $\iint\limits_{\Sigma} (2xy - z)\, dA$.

20 Suponha que a superfície Σ é uma região admissível no plano xy e que F é uma função de três variáveis, definida e contínua num subconjunto do espaço xyz que contém Σ.

Mostre que, neste caso, a integral de superfície $\iint\limits_{\Sigma} F\, dA$ é a mesma que a integral dupla $\iint\limits_{\Sigma} F(x, y, 0)\, dx\, dy$.

Nos problemas 21 a 25, calcule o fluxo de cada campo vetorial $\bar{F}$ através da superfície indicada Σ na direção do vetor unitário normal $\bar{N}$ dado.

21 $\bar{F} = yz\bar{i} + xz\bar{j} + xy\bar{k}$, Σ é a porção do plano $z = x + y + 1$ compreendida acima da região D: $0 \leq x \leq 1$, $0 \leq y \leq 1$ no plano xy, $\bar{N}$ é unitário normal a Σ e faz um ângulo agudo com o eixo z positivo.

22 $\bar{F} = x\bar{i} + y\bar{j} + z\bar{k}$, Σ é a esfera de raio 1 com centro na origem, $\bar{N}$ é o unitário normal a Σ cujos pontos estão fora do centro.

23 $\bar{F} = x^2\bar{i} + xy\bar{j} + z\bar{K}$, Σ é o triângulo de vértices $(1,0,0)$, $(0,2,0)$ e $(0,0,3)$, $\bar{N}$ é o unitário normal a Σ que faz um ângulo agudo com o eixo x positivo.

24 $\bar{F} = x^2\bar{i} + y^2\bar{j} + z^2\bar{k}$, Σ é a superfície total do tetraedro com vértices $(1,0,0)$, $(0,1,0)$, $(0,0,1)$ e $(0,0,0)$, $\bar{N}$ é o vetor unitário normal cujos pontos estão fora do tetraedro (*Sugestão:* Integre sobre cada uma das quatro faces triangulares e some os resultados).

25 $\bar{F} = \dfrac{1}{x}\bar{i} + \dfrac{1}{y}\bar{j} + \dfrac{1}{z}\bar{k}$, Σ é a porção do cilindro circular reto $x^2 + y^2 = 3$ compreendida entre os planos $z = 1$ e $z = 2$, $\bar{N}$ é o unitário normal a Σ cujos pontos estão fora do eixo z.

26 Se $\bar{R}$ é um vetor posição variável varrendo a superfície Σ e se u e v são os parâmetros, mostre que o vetor $\dfrac{\partial \bar{R}}{\partial u} \times \dfrac{\partial \bar{R}}{\partial v}$ é normal a Σ e mostre que o fluxo de um campo vetorial $\bar{F}$ através de Σ, na direção da sua normal, é dado por $\iint\limits_{\Sigma} \bar{F} \cdot \left(\dfrac{\partial \bar{R}}{\partial u} \times \dfrac{\partial \bar{R}}{\partial v}\right) du\, dv$.

11 O Teorema da Divergência e o Teorema de Stokes

O *teorema da divergência* e o *teorema de Stokes* são generalizações do teorema de Green, no plano, para o espaço tridimensional (Seção 9.4). Antes de apresentarmos esses teoremas, introduzimos as idéias de *divergência* e de *rotacional* de um campo vetorial.

11.1 Divergente e rotacional

Nas relações com campos vetoriais e escalares, é usual introduzir o "vetor simbólico" ∇ definido por

$$\nabla = i\,\frac{\partial}{\partial x} + j\,\frac{\partial}{\partial y} + \bar{k}\,\frac{\partial}{\partial z}.$$

Logicamente, ∇ não é realmente um vetor completo, mas somente um símbolo incompleto que não faz sentido, a menos que seja "aplicado" por um campo escalar ou vetorial. Por exemplo, se $w = f(x,y,z)$ é um campo escalar, então

$$\nabla w = i\,\frac{\partial w}{\partial x} + j\,\frac{\partial w}{\partial y} + \bar{k}\,\frac{\partial w}{\partial z} = \frac{\partial w}{\partial x}\,i + \frac{\partial w}{\partial y}\,j + \frac{\partial w}{\partial z}\,\bar{k} = \text{o gradiente de } w,$$

que explica por que a notação ∇w é usada para o gradiente de w.

Se $\bar{F} = M(x,y,z)\bar{i} + N(x,y,z)\bar{j} + P(x,y,z)\bar{k}$ é um campo vetorial, então podemos formar tanto o "produto escalar" $\nabla \cdot \bar{F}$ como o "produto vetorial" $\nabla \times \bar{F}$ do "vetor simbólico" ∇ com $\bar{F}$. O "produto escalar" $\nabla \cdot \bar{F}$ é chamado de *divergente* de $\bar{F}$, abreviado div $\bar{F}$, enquanto o "produto vetorial" $\nabla \times \bar{F}$ é chamado de *rotacional* de $\bar{F}$, abreviado rot $\bar{F}$. Logo, temos

$$\text{div } \bar{F} = \nabla \cdot \bar{F} = \left(i\,\frac{\partial}{\partial x} + j\,\frac{\partial}{\partial y} + \bar{k}\,\frac{\partial}{\partial z} \right) \cdot (M\bar{i} + N\bar{j} + P\bar{k}) = \frac{\partial M}{\partial x} + \frac{\partial N}{\partial y} + \frac{\partial P}{\partial z}$$

e

$$\text{rot } \bar{F} = \nabla \times \bar{F} = \begin{vmatrix} i & j & \bar{k} \\ \dfrac{\partial}{\partial x} & \dfrac{\partial}{\partial y} & \dfrac{\partial}{\partial z} \\ M & N & P \end{vmatrix}$$

$$= \left(\frac{\partial P}{\partial y} - \frac{\partial N}{\partial z} \right) i + \left(\frac{\partial M}{\partial z} - \frac{\partial P}{\partial x} \right) j + \left(\frac{\partial N}{\partial x} - \frac{\partial M}{\partial y} \right) \bar{k}.$$

Se o campo vetorial $\bar{F}$ refere-se a um campo de velocidade de um fluido em escoamento, então $\nabla \cdot \bar{F}$ e $\nabla \times \bar{F}$ têm interpretações físicas interessantes. O escalar $\nabla \cdot \bar{F}$ é uma medida da tendência dos vetores velocidades para divergir para um outro. Por exemplo, se o fluido escoa com velocidade constante (Fig. 1a), então os vetores velocidade são paralelos entre si, e o divergente é nulo; contudo, perto de uma "fonte" de fluido (Fig. 1b) o divergente seria maior. Por outro lado, se a extremidade do vetor $\nabla \times \bar{F}$ for equipada com pequenos cataventos (Fig. 2), então o escoamento do fluido causa a rotação dos cataventos com velocidade angular proporcional a $|\nabla \times \bar{F}|$.

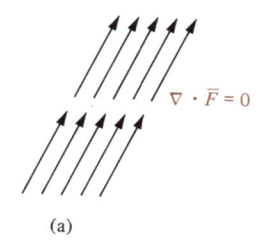

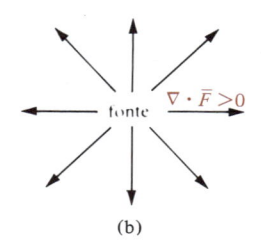

(a)

(b)

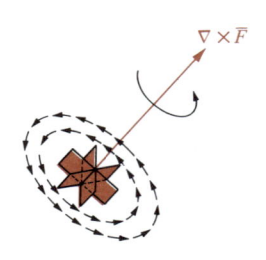

Fig. 1   **Fig. 2**

EXEMPLOS **1** Seja $\bar{F} = 2xy\bar{i} + 4yz\bar{j} - xz\bar{k}$. Calcule (a) $\nabla \cdot \bar{F}$ e (b) $\nabla \times \bar{F}$.

SOLUÇÃO

(a) $\nabla \cdot \bar{F} = \dfrac{\partial}{\partial x}(2xy) + \dfrac{\partial}{\partial y}(4yz) + \dfrac{\partial}{\partial z}(-xz) = 2y + 4z - x.$

(b) $\nabla \times \bar{F} = \begin{vmatrix} \bar{i} & \bar{j} & \bar{k} \\ \dfrac{\partial}{\partial x} & \dfrac{\partial}{\partial y} & \dfrac{\partial}{\partial z} \\ 2xy & 4yz & -xz \end{vmatrix}$

$$= \left[\frac{\partial}{\partial y}(-xz) - \frac{\partial}{\partial z}(4yz)\right]\bar{i} + \left[\frac{\partial}{\partial z}(2xy) - \frac{\partial}{\partial x}(-xz)\right]\bar{j}$$

$$+ \left[\frac{\partial}{\partial x}(4yz) - \frac{\partial}{\partial y}(2xy)\right]\bar{k}$$

$$= (-4y)\bar{i} + [-(-z)]\bar{j} + (-2x)\bar{k} = -4y\bar{i} + z\bar{j} - 2x\bar{k}.$$

2 Se $\bar{A}$ é um vetor constante e $\bar{R} = x\bar{i} + y\bar{j} + z\bar{k}$, calcule (a) div $\bar{R}$ e (b) rot $(\bar{A} \times \bar{R})$.

SOLUÇÃO

(a) div $\bar{R} = \dfrac{\partial}{\partial x}x + \dfrac{\partial}{\partial y}y + \dfrac{\partial}{\partial z}z = 1 + 1 + 1 = 3.$

(b) Seja $\bar{A} = a\bar{i} + b\bar{j} + c\bar{k}$. Logo,

$$\bar{A} \times \bar{R} = \begin{vmatrix} \bar{i} & \bar{j} & \bar{k} \\ a & b & c \\ x & y & z \end{vmatrix} = (bz - cy)\bar{i} + (cx - az)\bar{j} + (ay - bx)\bar{k};$$

logo,

$$\text{rot } (\bar{A} \times \bar{R}) = \begin{vmatrix} \bar{i} & \bar{j} & \bar{k} \\ \dfrac{\partial}{\partial x} & \dfrac{\partial}{\partial y} & \dfrac{\partial}{\partial z} \\ bz - cy & cx - az & ay - bx \end{vmatrix} = 2a\bar{i} + 2b\bar{j} + 2c\bar{k} = 2\bar{A}.$$

11.2 O teorema de divergência

O *teorema da divergência,* também chamado de *teorema de Gauss* em homenagem ao renomado matemático alemão Karl Friedrich Gauss (1777-1855), efetua uma profunda conexão entre o divergente e o fluxo de um campo vetorial e representa uma generalização para o espaço tridimensional do teorema de Green no plano (veja problema 26 no Conjunto de Problemas 9). O que se segue é um enunciado um tanto informal do teorema.

TEOREMA 1 **O teorema da divergência de Gauss**

Seja S uma região fechada e limitada no espaço xyz, cujo limite é uma superfície uniforme Σ. Suponha que $\bar{F}$ é um campo vetorial definido em um conjunto aberto U contendo S, e suponha que as funções componentes escalares de $\bar{F}$ são continuamente diferenciáveis em U. Seja $\bar{N}$ o vetor unitário externo, normal à superfície Σ. Então

$$\iiint\limits_S \nabla \cdot \bar{F}\, dx\, dy\, dz = \iint\limits_\Sigma \bar{F} \cdot \bar{N}\, dA.$$

Em palavras, a integral sobre um sólido S do divergente de um campo vetorial é o fluxo do campo através do limite do sólido. Em particular, se o integrando de uma integral tripla pode ser expresso como o divergente de um campo vetorial, então o valor da integral depende somente dos vetores na superfície que compreende o volume! Infelizmente a demonstração do teorema da divergência está fora do objetivo deste livro.

EXEMPLOS 1 Seja $\bar{F} = (2x - z)\bar{i} + x^2 y \bar{j} + xz^2 \bar{k}$ e suponha que S é o cubo limitado pelos planos $x = 0, x = 1, y = 0, y = 1, z = 0$ e $z = 1$ (Fig. 3). Se Σ representa a superfície de S, use o teorema da divergência para calcular $\iint\limits_\Sigma \bar{F} \cdot \bar{N}\, dA$, onde $\bar{N}$ é o vetor unitário externo, normal a Σ.

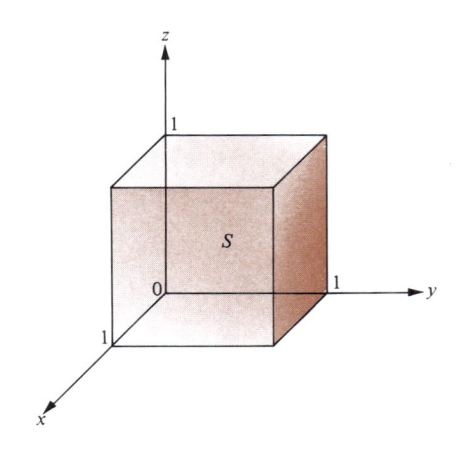

Fig. 3

SOLUÇÃO
Pelo teorema da divergência,

$$\iint\limits_\Sigma \bar{F} \cdot \bar{N}\, dA = \iiint\limits_S \nabla \cdot F\, dx\, dy\, dz = \iiint\limits_S \left[\frac{\partial}{\partial x}(2x - z) + \frac{\partial}{\partial y}(x^2 y) + \frac{\partial}{\partial z}(xz^2) \right] dx\, dy\, dz$$

$$= \iiint\limits_S (2 + x^2 + 2xz)\, dx\, dy\, dz = \int_0^1 \int_0^1 \int_0^1 (2 + x^2 + 2xz)\, dx\, dy\, dz$$

$$= \int_0^1 \int_0^1 \left[\left(2x + \frac{x^3}{3} + x^2 z \right) \Big|_0^1 \right] dy\, dz = \int_0^1 \int_0^1 \left(\frac{7}{3} + z \right) dy\, dz$$

$$= \int_0^1 \left[\left(\frac{7}{3} + z \right) y \Big|_0^1 \right] dz = \int_0^1 \left(\frac{7}{3} + z \right) dz = \left(\frac{7}{3} z + \frac{z^2}{2} \right) \Big|_0^1 = \frac{17}{6}.$$

2 Use o teorema da divergência para provar o princípio de Arquimedes: a força atuante em um sólido S imerso em um fluido de densidade constante é igual ao peso de fluido deslocado.

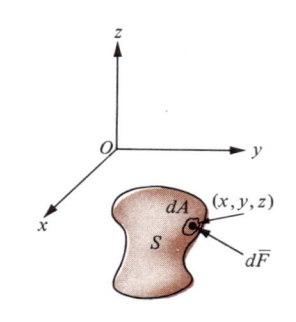

Fig. 4

SOLUÇÃO

Seja o sistema coordenado xyz colocado de tal maneira que o sólido S está localizado abaixo do plano xy e o eixo z apontado para cima, como usualmente (Fig. 4). Visto que a pressão P do fluido varia linearmente com a profundidade, a pressão no ponto (x,y,z) da superfície Σ de S é dada por

$$P = a - \delta z,$$

onde a é uma constante e δ é o peso de uma unidade de volume do fluido. A força infinitesimal $d\bar{F}$ causada por esta pressão em uma área infinitesimal dA tem módulo

$$|d\bar{F}| = \text{Pressão} \times \text{área} = (a - \delta z)\, dA$$

e é dirigida *para dentro*, ao longo da normal à superfície. Logo, se $\bar{N}$ é o unitário dirigido para fora, normal a Σ, então

$$d\bar{F} = |d\bar{F}|(-\bar{N}) = -(a - \delta z)\bar{N}\, dA = (\delta z - a)\bar{N}\, dA.$$

A componente vertical $d\bar{F}$ representa o módulo da força atuante dF_b agindo em dA; logo,

$$dF_b = \bar{k} \cdot d\bar{F} = \bar{k} \cdot [(\delta z - a)\bar{N}\, dA] = (\delta z - a)\bar{k} \cdot \bar{N}\, dA.$$

O módulo da força atuante na superfície total Σ é obtido pela soma — isto é, integrando — dF_b sobre Σ; logo,

$$F_b = \iint_{\Sigma} (\delta z - a)\bar{k} \cdot \bar{N}\, dA.$$

Aqui, temos

$$\nabla \cdot (\delta z - a)\bar{k} = \frac{\partial}{\partial z}(\delta z - a) = \delta.$$

Logo, pelo teorema da divergência,

$$F_b = \iint_{\Sigma} (\delta z - a)\bar{k} \cdot \bar{N}\, dA = \iiint_{S} \nabla \cdot (\delta z - a)\bar{k}\, dx\, dy\, dz = \iiint_{S} \delta\, dx\, dy\, dz$$

$$= \delta \iiint_{S} dx\, dy\, dz = \delta V,$$

onde V é o volume de S. Visto que δ é o peso de uma unidade de volume do fluido, segue-se que δV é o peso do fluido deslocado.

3 Seja D uma região fechada admissível no plano xy e suponha que g e h são funções contínuas definidas em D e satisfazendo $g(x,y) \le h(x,y)$ para todos os pontos (x,y) em D. Seja S o sólido constituído por todos os pontos (x,y,z) satisfazendo as condições tais que (x,y) pertence a D e $g(x,y) \le z \le h(x,y)$ (Fig. 5). Suponha que f é uma função de três variáveis continuamente diferenciável em algum conjunto aberto U contendo S e seja $\bar{F}$ o campo vetorial definido por $\bar{F} = f(x,y,z)\bar{h}$. Verifique o teorema da divergência para o campo vetorial $\bar{F}$ e o sólido S.

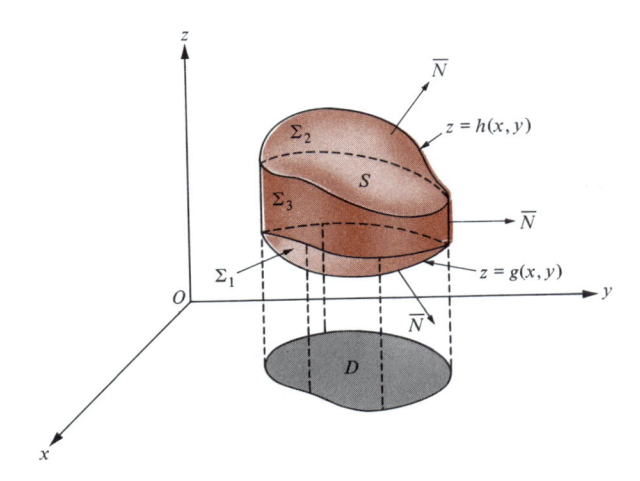

Fig. 5

Solução
A superfície Σ de S é constituída de três partes
Σ_1: o gráfico de $z = g(x,y)$ para (x,y) em D,
Σ_2: o gráfico de $z = h(x,y)$ para (x,y) em D,
Σ_3: a porção do cilindro sobre o limite de D, com geratrizes verticais, cortadas
    por Σ_1 e Σ_2.
    Seja $\bar{N}$ o vetor unitário radial, normal à superfície Σ. O vetor

$$g_1(x,y)\bar{i} + g_2(x,y)\bar{j} - \bar{k}$$

é normal a Σ_1 (Seção 7.4, Cap. 16), aponta radialmente ao sólido S, visto que
sua componente $\bar{k}$ é negativa; logo, em Σ_1, temos

$$\bar{N} = \frac{g_1(x,y)\bar{i} + g_2(x,y)\bar{j} - \bar{k}}{\sqrt{[g_1(x,y)]^2 + [g_2(x,y)]^2 + 1}}.$$

Também, em Σ_1, a diferencial da área de superfície é dada por

$$dA = \sqrt{[g_1(x,y)]^2 + [g_2(x,y)]^2 + 1}\, dx\, dy$$

(Seção 10.2). Logo em Σ_1,

$$\bar{N}\, dA = [g_1(x,y)\bar{i} + g_2(x,y)\bar{j} - \bar{k}]\, dx\, dy \quad \text{e}$$
$$\bar{F} \cdot \bar{N}\, dA = f(x,y,z)\bar{k} \cdot [g_1(x,y)\bar{i} + g_2(x,y)\bar{j} - \bar{k}]\, dx\, dy = -f(x,y,z)\, dx\, dy$$
$$= -f(x,y,g(x,y))\, dx\, dy.$$

Conseqüentemente,

$$\iint_{\Sigma_1} \bar{F} \cdot \bar{N}\, dA = -\iint_{D} f(x,y,g(x,y))\, dx\, dy.$$

Raciocinando de um modo semelhante, mas notando que a componente
$\bar{k}$ de $\bar{N}$ em Σ_2 é positiva, encontramos

$$\iint_{\Sigma_2} \bar{F} \cdot \bar{N}\, dA = \iint_{D} f(x,y,h(x,y))\, dx\, dy.$$

Visto que $\bar{N}$ é paralelo ao plano xy no cilindro Σ_3, segue-se que

$$\bar{F} \cdot \bar{N} = f(x, y, z)\bar{k} \cdot \bar{N} = f(x, y, z)(0) = 0 \text{ em } \Sigma_3;$$

logo,

$$\iint\limits_{\Sigma_3} \bar{F} \cdot \bar{N}\, dA = 0.$$

Portanto,

$$\iint\limits_{\Sigma} \bar{F} \cdot \bar{N}\, dA = \iint\limits_{\Sigma_1} \bar{F} \cdot \bar{N}\, dA + \iint\limits_{\Sigma_2} \bar{F} \cdot \bar{N}\, dA + \iint\limits_{\Sigma_3} \bar{F} \cdot \bar{N}\, dA$$

$$= -\iint\limits_{D} f(x, y, g(x, y))\, dx\, dy + \iint\limits_{D} f(x, y, h(x, y))\, dx\, dy + 0$$

$$= \iint\limits_{D} [f(x, y, h(x, y)) - f(x, y, g(x, y))]\, dx\, dy$$

$$= \iint\limits_{D} \left[f(x, y, z)\Big|_{z=g(x,y)}^{z=h(x,y)} \right] dx\, dy = \iint\limits_{D} \left[\int_{g(x,y)}^{h(x,y)} \frac{\partial f}{\partial z}\, dz \right] dx\, dy$$

$$= \iiint\limits_{S} \frac{\partial f}{\partial z}\, dx\, dy\, dz = \iiint\limits_{S} \nabla \cdot \bar{F}\, dx\, dy\, dz,$$

em conformidade com o teorema da divergência.

11.3 Teorema de Stokes

Nós agora estudaremos uma outra generalização do teorema de Green, a qual é atribuída ao físico matemático irlandês Sir George G. Stokes (1819-1903). Intuitivamente falando, o teorema de Stokes diz que o fluxo do rotacional de um campo vetorial $\bar{F}$ através de uma superfície Σ é igual à integral de linha da componente tangencial de $\bar{F}$ aplicada no limite de Σ.

Para sermos mais precisos, suponha que Σ é uma superfície e que $\bar{N}$ é um vetor unitário normal a Σ que varia continuamente como no movimento ao redor da superfície (Fig. 6). Ademais, supomos que o limite de Σ é constituído de uma curva singular fechada C no espaço xyz. Imagine-se em pé com a cabeça vôltada na direção do vetor normal $\bar{N}$ e com a superfície Σ à sua esquerda. Agora, se você caminhar ao longo de C, estará por definição se movendo na direção *positiva* ao redor do contorno. Se desejamos descrever C, ou uma parte de C, parametricamente, nós escolhemos sempre o parâmetro t tal que, quando t aumenta, nos movemos ao longo de C na direção positiva. Com este entendimento, podemos agora dar um relato informal do teorema de Stokes:

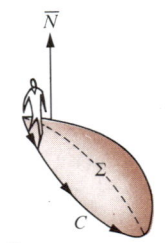

direção positiva ao redor do contorno Σ

Fig. 6

TEOREMA 2   **Teorema de Stokes**

Seja $\bar{F}$ um campo vetorial cujas funções componentes são continuamente diferenciáveis em um conjunto aberto U contendo a superfície Σ e sua curva de contorno C. Logo,

$$\int\limits_{C} \bar{F} \cdot d\bar{R} = \iint\limits_{\Sigma} (\nabla \times \bar{F}) \cdot \bar{N}\, dA.$$

A integral de linha $\displaystyle\int_{C} \bar{F} \cdot d\bar{R}$ sobre a curva *fechada* C é chamada de *circulação* do campo vetorial $\bar{F}$ ao redor de C. Em particular, se $\bar{F}$ representa um campo de força, então a circulação de $\bar{F}$ ao redor de C é o trabalho total realizado pela força $\bar{F}$ no transporte de uma partícula ao redor da curva fechada C. Logo, o teorema de Stokes diz que a circulação de um campo vetorial ao redor do contorno de uma superfície no espaço xyz é igual ao fluxo do rotacional do campo através da superfície. Infelizmente, a demonstração do teorema de Stokes está fora do objetivo deste livro.

EXEMPLO Seja Σ a porção do parabolóide de revolução

$$z = \frac{1}{2}(x^2 + y^2)$$

cortada pelo plano $z = 2$ e compreendida abaixo deste plano, e seja $\bar{N}$ o vetor unitário normal a Σ que faz um ângulo agudo com o eixo z positivo. Se C é a curva limite de Σ e $\bar{F}$ é o campo vetorial

$$\bar{F} = 3y\bar{i} - xz\bar{j} + yz^2\bar{k},$$

verifique o teorema de Stokes para $\bar{F}$ e Σ.

SOLUÇÃO
Procedendo como no Exemplo 3 na Seção 11.2, encontramos que

$$\bar{N}\,dA = -\left(\frac{\partial z}{\partial x}\bar{i} + \frac{\partial z}{\partial y}\bar{j} - \bar{k}\right)dx\,dy = \left(-x\bar{i} - y\bar{j} + \bar{k}\right)dx\,dy.$$

Aqui,

$$\nabla \times \bar{F} = \begin{vmatrix} \bar{i} & \bar{j} & \bar{k} \\ \dfrac{\partial}{\partial x} & \dfrac{\partial}{\partial y} & \dfrac{\partial}{\partial z} \\ 3y & -xz & yz^2 \end{vmatrix} = (z^2 + x)\bar{i} + 0\bar{j} + (-z - 3)\bar{k};$$

logo,

$$\begin{aligned}(\nabla \times \bar{F}) \cdot \bar{N}\,dA &= [(z^2 + x)(-x) + 0(-y) + (-z - 3)(1)]\,dx\,dy \\ &= (-z^2x - x^2 - z - 3)\,dx\,dy.\end{aligned}$$

Note que a superfície Σ está compreendida acima da região circular

$$D: x^2 + y^2 \le 4$$

no plano xy. Logo,

$$\begin{aligned}\iint_{\Sigma} (\nabla \times \bar{F}) \cdot \bar{N}\,dA &= \iint_{\Sigma} (-z^2x - x^2 - z - 3)\,dx\,dy \\ &= \iint_{D} \left[-\frac{1}{4}(x^2 + y^2)^2x - x^2 - \frac{1}{2}(x^2 + y^2) - 3\right]dx\,dy.\end{aligned}$$

Passando para coordenadas polares, encontramos que o fluxo através de Σ do rotacional de $\bar{F}$ é dado por

$$\begin{aligned}\iint_{\Sigma} (\nabla \times \bar{F}) \cdot \bar{N}\,dA &= \int_0^{2\pi} \int_0^2 \left(-\frac{1}{4}r^4 r\cos\theta - r^2\cos^2\theta - \frac{1}{2}r^2 - 3\right)r\,dr\,d\theta \\ &= \int_0^{2\pi} \int_0^2 \left(-\frac{r^6}{4}\cos\theta - r^3\cos^2\theta - \frac{r^3}{2} - 3r\right)dr\,d\theta\end{aligned}$$

$$= \int_0^{2\pi} \left[\left(-\frac{r^7}{28}\cos\theta - \frac{r^4}{4}\cos^2\theta - \frac{r^4}{8} - \frac{3r^2}{2} \right) \Big|_0^2 \right] d\theta$$

$$= \int_0^{2\pi} \left(-\frac{32}{7}\cos\theta - 4\cos^2\theta - 8 \right) d\theta$$

$$= \int_0^{2\pi} \left[-\frac{32}{7}\cos\theta - 2(1 + \cos 2\theta) - 8 \right] d\theta$$

$$= \int_0^{2\pi} \left(-\frac{32}{7}\cos\theta - 2\cos 2\theta - 10 \right) d\theta$$

$$= \left(-\frac{32}{7}\,\text{sen}\,\theta - \text{sen}\,2\theta - 10\theta \right) \Big|_0^{2\pi} = -20\pi.$$

Agora calculamos a circulação $\int_C \bar{F} \cdot d\bar{R}$.   Note que C é descrito paramétrica e vetorialmente por

$$\bar{R} = (2\cos t)\bar{i} + (2\,\text{sen}\,t)\bar{j} + 2\bar{k}, \qquad 0 \le t \le 2\pi,$$

logo,

$$d\bar{R} = \left[(-2\,\text{sen}\,t)\bar{i} + (2\cos t)\bar{j} \right] dt$$

e

$$\bar{F} \cdot d\bar{R} = \left[(3y)(-2\,\text{sen}\,t) + (-xz)(2\cos t) \right] dt$$
$$= \left[3(2\,\text{sen}\,t)(-2\,\text{sen}\,t) + (-2\cos t)(2)(2\cos t) \right] dt$$
$$= (-12\,\text{sen}^2\,t - 8\cos^2 t)\,dt.$$

Logo,

$$\int_C \bar{F} \cdot d\bar{R} = \int_0^{2\pi} (-12\,\text{sen}^2\,t - 8\cos^2 t)\,dt = -\int_0^{2\pi} (4\,\text{sen}^2\,t + 8\,\text{sen}^2\,t + 8\cos^2 t)\,dt$$

$$= -\int_0^{2\pi} (4\,\text{sen}^2\,t + 8)\,dt = -\int_0^{2\pi} [2(1 - \cos 2t) + 8]\,dt$$

$$= -\int_0^{2\pi} (10 - 2\cos 2t)\,dt = -(10t - \text{sen}\,2t)\Big|_0^{2\pi} = -20\pi,$$

em conformidade com o teorema de Stokes.

Conjunto de Problemas 11

Nos problemas 1 a 4, calcule (a) $\nabla \cdot \bar{F}$, (b) $\nabla \times \bar{F}$.

1 $\bar{F} = xy^2\bar{i} - x^2\bar{j} + (x + y)\bar{k}$

2 $\bar{F} = (z^2 - x)\bar{i} - xy\bar{j} + 3z\bar{k}$

3 $\bar{F} = 3xyz^2\bar{i} + (5x^2y + z)\bar{j} + 2y^2z^3\bar{k}$

4 $\bar{F} = x(\cos y)\bar{i} + 3x^2(\text{sen}\,y)\bar{j} + xz^2\bar{k}$

Nos problemas 5 a 8, use o teorema da divergência para calcular o fluxo $\iint_\Sigma \bar{F} \cdot \bar{N}\,dA$

através do contorno de Σ do sólido indicado S do campo vetorial $\bar{F}$ dado. Aqui, $\bar{N}$ é o vetor unitário radial, normal a Σ.

5 $\bar{F} = (2xy + z)\bar{i} + y^2\bar{j} - (x + 3y)\bar{k}$; S é o sólido limitado pelos planos $2x + 2y + z = 6$, $x = 0$, $y = 0$, e $z = 0$.

6 $\bar{F} = x^2\bar{i} + y^2\bar{j} + z^2\bar{k}$; S é o cubo limitado pelos planos $x = 0$, $x = 1$, $y = 0$, $y = 1$, $z = 0$ e $z = 1$.

7 $\bar{F} = yz\bar{i} + xz\bar{j} + xy\bar{k}$; S é a esfera $x^2 + y^2 + z^2 \leq 1$.

8 $\bar{F} = (z^2 - x)\bar{i} - xy\bar{j} + 3z\bar{k}$; S é o sólido limitado pelo cilindro parabólico $z = 9 - y^2$, anteriormente pelo plano $x = 0$, posteriormente pelo plano $x = 4$ e abaixo pelo plano xy.

Nos problemas 9 a 12, use o teorema de Stokes para calcular o fluxo

$$\iint_{\Sigma} (\nabla \times \bar{F}) \cdot \bar{N} \, dA$$ do rotacional de cada campo vetorial $\bar{F}$ através da superfície

indicada Σ na direção do vetor unitário normal $\bar{N}$.

9 $\bar{F} = y^2\bar{i} + xy\bar{j} + xz\bar{k}$; Σ é o hemisfério $x^2 + y^2 + z^2 = 9$, $z \geq 0$; $\bar{N}$ tem uma componente não-negativa $\bar{k}$.

10 $\bar{F} = y\bar{i} + z\bar{j} + x\bar{k}$; Σ é a porção do parabolóide de revolução $z = 1 - x^2 - y^2$, no qual $z \geq 0$; $\bar{N}$ tem uma componente não-negativa $\bar{k}$.

11 $\bar{F} = (z + y)\bar{i} + (z + x)\bar{j} + (x + y)\bar{k}$; Σ é o triângulo de vértices $(1,0,0)$, $(0,1,0)$ e $(0,0,1)$ $\bar{N}$ é o vetor unitário normal cujas componentes são todas positivas.

12 $\bar{F} = \bar{R}/r^3$, $\bar{R} = x\bar{i} + y\bar{j} + z\bar{k}$, $r = |\bar{R}|$; Σ é a porção do elipsóide $\dfrac{x^2}{4} + \dfrac{y^2}{4} + \dfrac{z^2}{9} = 1$ no qual $z \leq 0$; $\bar{N}$ é o vetor unitário normal cuja componente $\bar{k}$ é não-negativa.

Nos problemas 13 a 14 verifique o teorema da divergência pelo cálculo direto do campo vetorial dado $\bar{F}$ e o indicado sólido S.

13 $\bar{F} = x\bar{i} + y\bar{j} + z\bar{k}$; S é o cubo limitado pelos planos $x = 0$, $x = 1$, $y = 0$, $y = 1$, $z = 0$, e $z = 1$.

14 $\bar{F} = g(x,y,z)\bar{j}$, onde g é uma função continuamente diferenciável definida em um conjunto aberto U contendo a esfera $x^2 + y^2 + z^2 \leq 1$.

Nos problemas 15 a 16, verifique o teorema de Stokes para o campo vetorial dado $\bar{F}$, a superfície indicada Σ e o vetor unitário normal $\bar{N}$, para Σ.

15 $\bar{F} = (2y + z)\bar{i} + (x - z)\bar{j} + (y - x)\bar{k}$; Σ é o triângulo formado a partir do plano $x + y + z = 1$ pelos planos coordenados; $\bar{N}$ é um vetor unitário normal cujos componentes são todos positivos.

16 $\bar{F} = 2y\bar{i} - x\bar{j} + z\bar{k}$; Σ é o hemisfério $x^2 + y^2 + z^2 = 4$, $z \geq 0$; $\bar{N}$ é o vetor unitário normal cuja componente $\bar{k}$ é não-negativo.

17 Prove o teorema da divergência para o caso especial no qual S é o cubo limitado pelos planos $x = 0$, $x = 1$, $y = 0$, $y = 1$, $z = 0$, e $z = 1$.

18 Seja $F = f(x,y,z)i + g(x,y,z)\bar{k}$. Explique por que a integral da superfície

$$\iint_{\Sigma} \bar{F} \cdot \bar{N} \, dA$$ é algumas vezes escrita como

$$\iint_{\Sigma} f(x, y, z) \, dy \, dz + g(x, y, z) \, dz \, dx + h(x, y, z) \, dx \, dy.$$

19 Suponha a existência e continuidade das derivadas parciais solicitadas, prove que (a) o rotacional do gradiente de um campo escalar é nulo e (b) o divergente do rotacional de um campo vetorial é nulo.

20 Mostre que o fluxo do rotacional de um campo vetorial através da superfície Σ de um sólido S é nulo. Seja cuidadoso com as hipóteses que você fizer.

21 Suponha que Σ é uma região admissível no plano xy cujo limite C forma uma curva simples fechada uniforme. Mostre que o teorema de Stokes para Σ é justamente o teorema de Green no plano.

22 Mostre que um sólido S imerso em um fluido de densidade constante não sofre força horizontal por causa da pressão do fluido.

Conjunto de Problemas de Revisão

Nos problemas 1 a 8, calcule cada integral iterada.

1 $\displaystyle\int_0^1 \int_0^y xy^2 \, dx \, dy$

2 $\displaystyle\int_0^4 \int_0^{\sqrt{x}} y\sqrt{x + y^2} \, dy \, dx$

3 $\displaystyle\int_1^2 \int_y^{y^2} (x + 2y) \, dx \, dy$

4 $\displaystyle\int_0^2 \int_0^{\sqrt{4-x^2}} (x+y)\, dy\, dx$

5 $\displaystyle\int_1^2 \int_1^{x^2} x^3 y e^{y^2}\, dy\, dx$

6 $\displaystyle\int_3^5 \int_1^y \frac{y}{x \ln y}\, dx\, dy$

7 $\displaystyle\int_3^5 \int_{\pi/6}^{\pi/3} r^2 \operatorname{sen}\theta\, d\theta\, dr$

8 $\displaystyle\int_0^\pi \int_0^{2\cos\theta} r \operatorname{sen}\theta\, dr\, d\theta$

Nos problemas 9 a 12, substitua cada integral iterada por uma integral equivalente com a ordem de integração inversa e então calcule a integral obtida. Esboce a região apropriada.

9 $\displaystyle\int_0^4 \int_{(4-x)/2}^{\sqrt{4-x}} y\, dy\, dx$

10 $\displaystyle\int_0^3 \int_x^{4x-x^2} dy\, dx$

11 $\displaystyle\int_0^6 \int_{(2/3)(6-y)}^{(1/9)(36-y^2)} y^2 x\, dx\, dy$

12 $\displaystyle\int_0^6 \int_{y^3/18}^{2y} xy^2\, dx\, dy$

Nos problemas 13 a 16, calcule cada integral dupla sobre a região indicada.

13 $\displaystyle\iint_R (\sqrt{y} + x - 3xy^2)\, dx\, dy$; $R: 0 \le x \le 1, 1 \le y \le 3$

14 $\displaystyle\iint_R \operatorname{sen}(x+y)\, dx\, dy$; $R: 0 \le x \le \pi/2, 0 \le y \le \pi/2$

15 $\displaystyle\iint_R e^{x^2}\, dx\, dy$; $R: 0 \le x \le 2, 0 \le y \le x$

16 $\displaystyle\iint_R \frac{ds\, dt}{4-s}$; $R: 2 \le s \le 3, 0 \le t \le s$

Nos problemas 17 a 20, use a integração dupla para calcular a área da região R limitada pelos pares de curvas dadas

17 $y = 4x - x^2$ e $y = x$.

18 $y^2 = 4x$ e $2x - y = 4$.

19 $4y^2 = x^3$ e $x = y$.

20 $y^2 = 4x$ e $x = 12 + 2y - y^2$.

Nos problemas 21 a 26, expresse cada integral iterada como uma integral iterada equivalente em coordenadas polares e então calcule a integral.

21 $\displaystyle\int_0^{10} \int_0^{\sqrt{100-x^2}} \sqrt{x^2+y^2}\, dy\, dx$

22 $\displaystyle\int_0^4 \int_0^x (x^2+y^2)^{3/2}\, dy\, dx$

23 $\displaystyle\int_0^2 \int_0^{\sqrt{4-y^2}} (1-x^2-y^2)^2\, dx\, dy$

24 $\displaystyle\int_0^2 \int_0^{\sqrt{24-y^2}} \sqrt{x^2+y^2}\, dx\, dy$

25 $\displaystyle\int_{-1}^1 \int_{-\sqrt{1-x^2}}^{\sqrt{1-x^2}} xy\, dy\, dx$

26 $\displaystyle\int_{-3}^3 \int_0^{\sqrt{9-y^2}} \frac{y}{\sqrt{x^2+y^2}}\, dx\, dy$

Nos problemas 27 a 30, calcule o volume V do sólido abaixo do gráfico da função dada f e acima da região R no plano xy.

27 $f(x,y) = 4 - x^2$; $R: 0 \le y \le 2, y^2/2 \le x \le 2$

28 $f(x,y) = 2 - x$; $R: x^2 + y^2 \le 4$

29 $f(x,y) = 8 - x - y$; R: a região triangular limitada por $x + y = 8$, $x + 2y = 8$, e $x = 0$.

30 $f(x,y) = x^2 + y^2$; R: a região limitada pelo cardióide cuja equação polar é $r = 1 - \operatorname{sen}\theta$.

31 O volume V abaixo do parabolóide hiperbólico $z = xy$ e acima de uma região R no plano xy é dado por

$$V = \int_0^1 \int_0^y xy\, dx\, dy + \int_1^2 \int_0^{2-y} xy\, dx\, dy.$$

Esboce a região R no plano xy, expresse V como uma integral dupla na qual a ordem de integração é reversa e calcule V.

32 Se $b > a > 0$, mostre que $\displaystyle\int_0^\infty \frac{e^{-ax} - e^{-bx}}{x}\, dx = \ln\frac{b}{a}$ usando o fato de que $\displaystyle\int_a^b e^{-xy}\, dy = \frac{e^{-ax} - e^{-bx}}{x}$, formando uma integral dupla adequada e revertendo a ordem de integração.

Nos problemas 33 a 36, use a integração dupla para calcular o centróide da região R.

33 $R: 0 \leq x \leq \pi/4, 0 \leq y \leq \sec^2 x$ **34** $R: 0 \leq y \leq \ln 4, e^y \leq x \leq 4$ **35** $R: 0 \leq \theta \leq \pi/3, 0 \leq r \leq \operatorname{sen} 2\theta$

36 R: A região triangular de vértices $(0,0)$, $(b,0)$ e (c,h) onde b, c e h são constantes positivas.

37 Calcule os momentos de inércia I_x, I_y e I_0 de uma lâmina homogênea de massa m ocupando a região triangular R do problema 36.

38 Uma lâmina tem a forma de um disco circular $x^2 + y^2 \leq a^2$ e sua densidade no ponto (x,y) é dada por $\sigma(x,y) = k(x^2 + y^2)^{3/2}$. Aqui, a e k são constantes positivas. Calcule I_x, I_y e I_0.

Nos problemas 39 a 43, calcule cada integral tripla repetida.

39 $\displaystyle\int_0^1 \int_0^{x^2} \int_0^{xy^2} xy^2 z^3 \, dz \, dy \, dx$ **40** $\displaystyle\int_0^1 \int_{-x}^{x} \int_0^{x+z} e^{x+y+z} \, dy \, dz \, dx$

41 $\displaystyle\int_0^1 \int_0^{1+x^2} \int_{3x^2+y}^{4-x^2} dz \, dy \, dx$ **42** $\displaystyle\int_0^1 \int_0^{\sqrt{3}z} \int_0^{\sqrt{3(z^2+y^2)}} xyz\sqrt{x^2 + y^2 + z^2} \, dx \, dy \, dz$

43 $\displaystyle\int_0^\pi \int_0^{\pi/2} \int_0^{2a \cos \phi} \rho^2 \operatorname{sen} \phi \, d\rho \, d\phi \, d\theta$

44 Reescreva a integral tripla iterada $\displaystyle\int_0^1 \int_0^{2\sqrt{1-z}} \int_0^{\sqrt{1-z}} f(x,y,z) \, dy \, dx \, dz$ como uma integral tripla iterada sobre um sólido S e esboce S. Então, reescreva a integral como uma integral tripla iterada equivalente, com tantas diferentes ordens de integração quanto possível.

Nos problemas 45 a 46, esboce o sólido S e calcule a integral tripla por iteração.

45 $\displaystyle\iiint_S y \, dx \, dy \, dz$, onde S é o sólido limitado superiormente pelo plano $3x + 2y + z = 6$, inferiormente pelo plano $z = 0$ e lateralmente pelo cilindro com geratrizes paralelas ao eixo z, sobre o limite da região $R: 0 \leq x \leq 1, 0 \leq y \leq 2 - 2x$.

46 $\displaystyle\iiint_S xz \, dx \, dy \, dz$, onde S é sólido limitado pelos planos $x = 0$, $y = 0$, $z = 0$, $z = 1$, $x = 2 - 2z$, e $y = 3 - 3z$.

Nos problemas 47 e 48, use integração tripla para calcular o volume de cada sólido S.

47 S é o sólido limitado acima pelo cilindro parabólico $x^2 + z = 4$, abaixo pelo plano $x + z = 2$, na esquerda pelo plano $y = 0$, e na direita pelo plano $y = 3$.

48 S é o sólido no primeiro octante, limitado pelo cilindro circular $x^2 + z^2 = 9$ e pelos planos $y = 2x$, $y = 0$ e $z = 0$.

Nos problemas 49 a 50, expresse cada integral tripla iterada como uma integral tripla iterada equivalente em coordenadas esféricas e então calcule-as.

49 $\displaystyle\int_0^1 \int_0^{\sqrt{1-x^2}} \int_0^{\sqrt{1-x^2-y^2}} z^2 \, dz \, dy \, dx$ **50** $\displaystyle\int_0^2 \int_0^{\sqrt{2x-x^2}} \int_0^{9-x^2-y^2} \sqrt{x^2 + y^2} \, dz \, dy \, dx$

Nos problemas 51 a 52, expresse cada integral tripla repetida como uma integral tripla repetida equivalente em coordenadas esféricas e então calcule-as.

51 $\displaystyle\int_0^1 \int_0^{\sqrt{1-y^2}} \int_{\sqrt{3(x^2+y^2)}}^{\sqrt{4-x^2-y^2}} \sqrt{x^2 + y^2 + z^2} \, dz \, dx \, dy$ **52** $\displaystyle\int_0^{\sqrt{2}/2} \int_y^{\sqrt{1-y^2}} \int_{-\sqrt{8(x^2+y^2)}}^{\sqrt{9-x^2-y^2}} f'[(x^2 + y^2 + z^2)^{3/2}] \, dz \, dx \, dy$

53 Use coordenadas cilíndricas para calcular $\displaystyle\iiint_S z\sqrt{x^2 + y^2} \, dx \, dy \, dz$, onde S é a metade do cone circular reto de vértice $(0,0,h)$ e base $x^2 + y^2 \leq a^2$ compreendido no lado direito do plano $y = 0$.

54 Use coordenadas cilíndricas para calcular o volume de sólido limitado acima pelo plano $z = ax + by + c$, abaixo pelo plano xy, e lateralmente pelo cilindro $r = k \cos \theta$. (Suponha que $k > 0$ e que $ax + by + c \geq 0$ para (x,y) interior ao círculo cuja equação polar é $r = k \cos \theta$.)

Nos problemas 55 a 58, calcule as coordenadas $(\bar{x}, \bar{y}, \bar{z})$ do centróide de cada sólido S.

55 S é limitado acima pelo plano $z = 4$ e abaixo pelo parabolóide de revolução $3z = r^2$.

56 S é limitado acima pela esfera $x^2 + y^2 + z^2 = a^2$; abaixo pelo plano xy, e lateralmente pelo cilindro $\left(x - \dfrac{a}{2}\right)^2 + y^2 = \left(\dfrac{a}{2}\right)^2$

57 $S: 0 \leq y \leq 1, 0 \leq x \leq \sqrt{1 - y^2}, \sqrt{3(x^2 + y^2)} \leq z \leq \sqrt{4 - x^2 - y^2}$

58 S é limitado acima pelo paraboloide de revolução $x = 5 - y^2 - z^2$, abaixo pelo plano xy, atrás pelo plano yz, na esquerda pelo plano xz, e na direita pelo plano $y = 1$.

Nos problemas 59 a 62, calcule o momento de inércia I_z em torno do eixo z de um sólido homogêneo S com total de massa m como descrito.

59 S é um cone circular reto de altura h com vértice na origem, eixo central ao longo do eixo z positivo e raio de base a.

60 S é limitado pelos planos coordenados, pelos planos $x = 3$ e $z = 1$ e pelo paraboloide $y = 10 - x^2 - z^2$.

61 $S: (x - a)^2 + y^2 + z^2 \leq a^2$ **62** $S: r \leq 2 \cos \theta, 0 \leq \theta \leq \pi, 0 \leq z \leq \sqrt{4 - r^2}$

Nos problemas 63 a 66, calcule a integral de linha diretamente.

63 $\displaystyle\int_C (x + y)\, dx + (x + y^2)\, dy; C: \begin{cases} x = t + 1 \\ y = t^2, \end{cases} \quad 0 \leq t \leq 1$

64 $\displaystyle\int_C \bar{F} \cdot d\bar{R}; \bar{F} = ye^{xy}\bar{i} + xe^{xy}\bar{j}; C: \begin{cases} x = t^3 \\ y = 1 - t^6, \end{cases} \quad -1 \leq t \leq 1$

65 $\displaystyle\int_C x^2\, dx; C: \begin{cases} x = t \\ y = t^2, \end{cases} \quad 0 \leq t \leq 1.$

66 $\displaystyle\int_C (ax + by)\, dx + (cx + ky)\, dy; C$ é o segmento de reta de (x_0, y_0) e (x_1, y_1).

Nos problemas 67 a 70, use o teorema de Green para calcular cada integral de linha.

67 $\displaystyle\int_C x^2 y\, dx + y^3\, dy; C$ é o contorno, tomado em sentido anti-horário, de região R limitada pelas curvas $y^3 = x^2$ e $y = x$.

68 $\displaystyle\int_C (x^2 + y)\, dx + (x - y^2)\, dy; C$ é o contorno no sentido anti-horário da região R limitada pelas curvas $y = 2x^2$ e $y = 4x$.

69 $\displaystyle\int_C y\, dx - x\, dy; C$ é o contorno no sentido anti-horário do triângulo de vértices $(0,0)$, $(b,0)$ e (c,h) onde b, c e h são constantes positivas.

70 $\displaystyle\int_C \bar{F} \cdot d\bar{R}; \bar{F}(x, y) = f(x)\bar{i} + g(y)\bar{j}; C$ é uma curva simples fechada qualquer; f e g são funções contínuas.

71 Calcule a área de uma porção da superfície esférica $x^2 + y^2 + z^2 = 25$ compreendida do lado externo do paraboloide $z^2 + y^2 = 2x + 10$.

72 Estabeleça uma integral que dê a área da porção da superfície $f(x, y, z) = k$ compreendida acima da região R no plano xy. Faça as suposições de que você precisar sobre continuidade, diferenciabilidade e assim por diante.

73 Dois cilindros congruentes são tangentes um ao outro externamente ao longo do diâmetro de uma esfera cujo raio é o dobro dos dois cilindros. Calcule a área da porção da superfície da esfera interior aos cilindros.

74 Suponha que a região R no plano xy é limitada por uma curva simples fechada C. Escreva fórmula para as coordenadas do centróide $(\bar{x}, \bar{y})$ de R que envolve somente integrais de linha sobre C.

75 Calcule $\displaystyle\iint_\Sigma (x^2 + y^2)\, dA$, onde Σ é a porção da superfície do cone $z^2 = x^2 + y^2$ entre $z = 0$ e $z = 1$.

76 Uma lâmina delgada homogênea de massa m tem a forma do hemisfério $x^2 + y^2 + z^2 = a^2$. Estabeleça uma integral de superfície que dá o momento de inércia I_y desta lâmina em torno do eixo y, e calcule esta integral.

Nos problemas 77 e 78, calcule (a) $\nabla \cdot \bar{F}$ e (b) $\nabla \times \bar{F}$ para cada campo vetorial $\bar{F}$.

77 $\bar{F} = (x^2 + yz)\bar{i} + (y^2 + xz)\bar{j} + (z^2 + xy)\bar{k}$
78 $\bar{F} = (y \cos z)\bar{i} + (z \cos x)\bar{j} + (x \cos y)\bar{k}$

Nos problemas 79 e 80, use o teorema de divergência para calcular o fluxo

$$\iint_{\Sigma} \bar{F} \cdot \bar{N}\ dA$$ do campo vetorial dado $\bar{F}$ através da superfície Σ do sólido S indicado,

na direção do vetor unitário normal, radial, $\bar{N}$.

79 $\bar{F} = x\bar{i} + y\bar{j} - z\bar{k}$; S é o cilindro reto circular limitado acima por $z = 2$, abaixo por $z = 1$, e lateralmente por $x^2 + y^2 = 1$.

80 $\bar{F} = x^2\bar{i} + 2y^2\bar{j} + 3z^2\bar{k}$; S é a esfera $x^2 + y^2 + z^2 \le 1$.

Nos problemas 81 a 82, use o teorema de Stokes para calcular o fluxo

$$\iint_{\Sigma} (\nabla \times \bar{F}) \cdot \bar{N}\ dA$$ do rotacional do campo vetorial dado $\bar{F}$ através da superfície

indicada Σ, na direção do vetor unitário normal $\bar{N}$.

81 $\bar{F} = y\bar{i} + z\bar{j} + x\bar{k}$; Σ é o hemisfério $x^2 + y^2 + z^2 = 1$, $z \ge 0$; $\bar{N}$ é o vetor unitário cuja componente k é não-negativa.

82 $\bar{F} = (y + 3x)\bar{i} + (2y - x)\bar{j} + (xy^2 + z^3)\bar{k}$; Σ é a porção do parabolóide de revolução $z = 1 - x^2 - y^2$, no qual $z \ge 0$; $\bar{N}$ é o vetor unitário normal cuja componente $\bar{k}$ é não-negativa.

83 Seja $\bar{R} = x\bar{i} + y\bar{j} + z\bar{k}$. Mostre que o fluxo de $\bar{R}$ através da superfície Σ de um sólido qualquer S é o triplo do volume de S.

84 Seja $\bar{R} = x\bar{i} + y\bar{j} + z\bar{k}$ e seja $r = |\bar{R}|$. Se $\bar{F} = r^2\bar{R}$, verifique o teorema de divergência para a esfera S de raio 1, com centro na origem.

APÊNDICE TABELAS

TABELA I   Funções trigonométricas

Em graus	Em radianos	Sen	Tan	Cot	Cos		
0	0	0	0	—	1,000	1,5708	90
1	0,0175	0,0175	0,0175	57,290	0,9998	1,5533	89
2	0,0349	0,0349	0,0349	28,636	0,9994	1,5359	88
3	0,0524	0,0523	0,0523	19,081	0,9986	1,5184	87
4	0,0698	0,0698	0,0699	14,301	0,9976	1,5010	86
5	0,0873	0,0872	0,0875	11,430	0,9962	1,4835	85
6	0,1047	0,1045	0,1051	9,5144	0,9945	1,4661	84
7	0,1222	0,1219	0,1228	8,1443	0,9925	1,4486	83
8	0,1396	0,1392	0,1405	7,1154	0,9903	1,4312	82
9	0,1571	0,1564	0,1584	6,3138	0,9877	1,4137	81
10	0,1745	0,1736	0,1763	5,6713	0,9848	1,3963	80
11	0,1920	0,1908	0,1944	5,1446	0,9816	1,3788	79
12	0,2094	0,2079	0,2126	4,7046	0,9781	1,3614	78
13	0,2269	0,2250	0,2309	4,3315	0,9744	1,3439	77
14	0,2443	0,2419	0,2493	4,0108	0,9703	1,3265	76
15	0,2618	0,2588	0,2679	3,7321	0,9659	1,3090	75
16	0,2793	0,2756	0,2867	3,4874	0,9613	1,2915	74
17	0,2967	0,2924	0,3057	3,2709	0,9563	1,2741	73
18	0,3142	0,3090	0,3249	3,0777	0,9511	1,2566	72
19	0,3316	0,3256	0,3443	2,9042	0,9455	1,2392	71
20	0,3491	0,3420	0,3640	2,7475	0,9397	1,2217	70
21	0,3665	0,3584	0,3839	2,6051	0,9336	1,2043	69
22	0,3840	0,3746	0,4040	2,4751	0,9272	1,1868	68
23	0,4014	0,3907	0,4245	2,3559	0,9205	1,1694	67
24	0,4189	0,4067	0,4452	2,2460	0,9135	1,1519	66
25	0,4363	0,4226	0,4663	2,1445	0,9063	1,1345	65
26	0,4538	0,4384	0,4877	2,0503	0,8988	1,1170	64
27	0,4712	0,4540	0,5095	1,9626	0,8910	1,0996	63
28	0,4887	0,4695	0,5317	1,8807	0,8829	1,0821	62
29	0,5061	0,4848	0,5543	1,8040	0,8746	1,0647	61
30	0,5236	0,5000	0,5774	1,7321	0,8660	1,0472	60
31	0,5411	0,5150	0,6009	1,6643	0,8572	1,0297	59
32	0,5585	0,5299	0,6249	1,6003	0,8480	1,0123	58
33	0,5760	0,5446	0,6494	1,5399	0,8387	0,9948	57
34	0,5934	0,5592	0,6745	1,4826	0,8290	0,9774	56
		Cos	Cot	Tan	Sen	Em radianos	Em graus

TABELA I Funções trigonométricas *(continuação)*

Em graus	Em radianos	Sen	Tan	Cot	Cos	
35	0,6109	0,5736	0,7002	1,4281	0,8192	0,9599	55
36	0,6283	0,5878	0,7265	1,3764	0,8090	0,9425	54
37	0,6458	0,6018	0,7536	1,3270	0,7986	0,9250	53
38	0,6632	0,6157	0,7813	1,2799	0,7880	0,9076	52
39	0,6807	0,6293	0,8098	1,2349	0,7771	0,8901	51
40	0,6981	0,6428	0,8391	1,1918	0,7660	0,8727	50
41	0,7156	0,6561	0,8693	1,1504	0,7547	0,8552	49
42	0,7330	0,6691	0,9004	1,1106	0,7431	0,8378	48
43	0,7505	0,6820	0,9325	1,0724	0,7314	0,8203	47
44	0,7679	0,6947	0,9657	1,0355	0,7193	0,8029	46
45	0,7854	0,7071	1,0000	1,0000	0,7071	0,7854	45
		Cos	Cot	Tan	Sen	Em radianos	Em graus

TABELA II Logaritmos naturais, ln *t*

t	0,00	0,01	0,02	0,03	0,04	0,05	0,06	0,07	0,08	0,09
1,0	0,0000	0,0100	0,0198	0,0296	0,0392	0,0488	0,0583	0,0677	0,0770	0,0862
1,1	0,0953	0,1044	0,1133	0,1222	0,1310	0,1398	0,1484	0,1570	0,1655	0,1740
1,2	0,1823	0,1906	0,1989	0,2070	0,2151	0,2231	0,2311	0,2390	0,2469	0,2546
1,3	0,2624	0,2700	0,2776	0,2852	0,2927	0,3001	0,3075	0,3148	0,3221	0,3293
1,4	0,3365	0,3436	0,3507	0,3577	0,3646	0,3716	0,3784	0,3853	0,3920	0,3988
1,5	0,4055	0,4121	0,4187	0,4253	0,4318	0,4383	0,4447	0,4511	0,4574	0,4637
1,6	0,4700	0,4762	0,4824	0,4886	0,4947	0,5008	0,5068	0,5128	0,5188	0,5247
1,7	0,5306	0,5365	0,5423	0,5481	0,5539	0,5596	0,5653	0,5710	0,5766	0,5822
1,8	0,5878	0,5933	0,5988	0,6043	0,6098	0,6152	0,6206	0,6259	0,6313	0,6366
1,9	0,6419	0,6471	0,6523	0,6575	0,6627	0,6678	0,6729	0,6780	0,6831	0,6881
2,0	0,6931	0,6981	0,7031	0,7080	0,7130	0,7178	0,7227	0,7275	0,7324	0,7372
2,1	0,7419	0,7467	0,7514	0,7561	0,7608	0,7655	0,7701	0,7747	0,7793	0,7839
2,2	0,7885	0,7930	0,7975	0,8020	0,8065	0,8109	0,8154	0,8198	0,8242	0,8286
2,3	0,8329	0,8372	0,8416	0,8459	0,8502	0,8544	0,8587	0,8629	0,8671	0,8713
2,4	0,8755	0,8796	0,8838	0,8879	0,8920	0,8961	0,9002	0,9042	0,9083	0,9123
2,5	0,9163	0,9203	0,9243	0,9282	0,9322	0,9361	0,9400	0,9439	0,9478	0,9517
2,6	0,9555	0,9594	0,9632	0,9670	0,9708	0,9746	0,9783	0,9821	0,9858	0,9895
2,7	0,9933	0,9969	1,0006	1,0043	1,0080	1,0116	1,0152	0,0188	1,0225	1,0260
2,8	1,0296	1,0332	1,0367	1,0403	1,0438	1,0473	1,0508	1,0543	1,0578	1,0613
2,9	1,0647	1,0682	1,0716	1,0750	1,0784	1,0818	1,0852	1,0886	1,0919	1,0953
3,0	1,0986	1,1019	1,1053	1,1086	1,1119	1,1151	1,1184	1,1217	1,1249	1,1282
3,1	1,1314	1,1346	1,1378	1,1410	1,1442	1,1474	1,1506	1,1537	1,1569	1,1600
3,2	1,1632	1,1663	1,1694	1,1725	1,1756	1,1787	1,1817	1,1848	1,1878	1,1909
3,3	1,1939	1,1970	1,2000	1,2030	1,2060	1,2090	1,2119	1,2149	1,2179	1,2208
3,4	1,2238	1,2267	1,2296	1,2326	1,2355	1,2384	1,2413	1,2442	1,2470	1,2499
3,5	1,2528	1,2556	1,2585	1,2613	1,2641	1,2669	1,2698	1,2726	1,2754	1,2782
3,6	1,2809	1,2837	1,2865	1,2892	1,2920	1,2947	1,2975	1,3002	1,3029	1,3056
3,7	1,3083	1,3110	1,3137	1,3164	1,3191	1,3218	1,3244	1,3271	1,3297	1,3324
3,8	1,3350	1,3376	1,3403	1,3429	1,3455	1,3481	1,3507	1,3533	1,3558	1,3584
3,9	1,3610	1,3635	1,3661	1,3686	1,3712	1,3737	1,3762	1,3788	1,3813	1,3838
4,0	1,3863	1,3888	1,3913	1,3938	1,3962	1,3987	1,4012	1,4036	1,4061	1,4085
4,1	1,4110	1,4134	1,4159	1,4183	1,4207	1,4231	1,4255	1,4279	1,4303	1,4327
4,2	1,4351	1,4375	1,4398	1,4422	1,4446	1,4469	1,4493	1,4516	1,4540	1,4563
4,3	1,4586	1,4609	1,4633	1,4656	1,4679	1,4702	1,4725	1,4748	1,4770	1,4793
4,4	1,4816	1,4839	1,4861	1,4884	1,4907	1,4929	1,4952	1,4974	1,4996	1,5019

TABELA II   Logaritmos naturais, ln *t* (*continuação*)

t	0,00	0,01	0,02	0,03	0,04	0,05	0,06	0,07	0,08	0,09
4,5	1,5041	1,5063	1,5085	1,5107	1,5129	1,5151	1,5173	1,5195	1,5217	1,5239
4,6	1,5261	1,5282	1,5304	1,5326	1,5347	1,5369	1,5390	1,5412	1,5433	1,5454
4,7	1,5476	1,5497	1,5518	1,5539	1,5560	1,5581	1,5602	1,5623	1,5644	1,5665
4,8	1,5686	1,5707	1,5728	1,5748	1,5769	1,5790	1,5810	1,5831	1,5851	1,5872
4,9	1,5892	1,5913	1,5933	1,5953	1,5974	1,5994	1,6014	1,6034	1,6054	1,6074
5,0	1,6094	1,6114	1,6134	1,6154	1,6174	1,6194	1,6214	1,6233	1,6253	1,6273
5,1	1,6292	1,6312	1,6332	1,6351	1,6371	1,6390	1,6409	1,6429	1,6448	1,6467
5,2	1,6487	1,6506	1,6525	1,6544	1,6563	1,6582	1,6601	1,6620	1,6639	1,6658
5,3	1,6677	1,6696	1,6715	1,6734	1,6752	1,6771	1,6790	1,6808	1,6827	1,6845
5,4	1,6864	1,6882	1,6901	1,6919	1,6938	1,6956	1,6974	1,6993	1,7011	1,7029
5,5	1,7047	1,7066	1,7084	1,7102	1,7120	1,7138	1,7156	1,7174	1,7192	1,7210
5,6	1,7228	1,7246	1,7263	1,7281	1,7299	1,7317	1,7334	1,7352	1,7370	1,7387
5,7	1,7405	1,7422	1,7440	1,7457	1,7475	1,7492	1,7509	1,7527	1,7544	1,7561
5,8	1,7579	1,7596	1,7613	1,7630	1,7647	1,7664	1,7682	1,7699	1,7716	1,7733
5,9	1,7750	1,7766	1,7783	1,7800	1,7817	1,7834	1,7851	1,7867	1,7884	1,7901
6,0	1,7918	1,7934	1,7951	1,7967	1,7984	1,8001	1,8017	1,8034	1,8050	1,8066
6,1	1,8083	1,8099	1,8116	1,8132	1,8148	1,8165	1,8181	1,8197	1,8213	1,8229
6,2	1,8245	1,8262	1,8278	1,8294	1,8310	1,8326	1,8342	1,8358	1,8374	1,8390
6,3	1,8406	1,8421	1,8437	1,8453	1,8469	1,8485	1,8500	1,8516	1,8532	1,8547
6,4	1,8563	1,8579	1,8594	1,8610	1,8625	1,8641	1,8656	1,8672	1,8687	1,8703
6,5	1,8718	1,8733	1,8749	1,8764	1,8779	1,8795	1,8810	1,8825	1,8840	1,8856
6,6	1,8871	1,8886	1,8901	1,8916	1,8931	1,8946	1,8961	1,8976	1,8991	1,9006
6,7	1,9021	1,9036	1,9051	1,9066	1,9081	1,9095	1,9110	1,9125	1,9140	1,9155
6,8	1,9169	1,9184	1,9199	1,9213	1,9228	1,9242	1,9257	1,9272	1,9286	1,9301
6,9	1,9315	1,9330	1,9344	1,9359	1,9373	1,9387	1,9402	1,9416	1,9430	1,9445
7,0	1,9459	1,9473	1,9488	1,9502	1,9516	1,9530	1,9544	1,9559	1,9573	1,9587
7,1	1,9601	1,9615	1,9629	1,9643	1,9657	1,9671	1,9685	1,9699	1,9713	1,9727
7,2	1,9741	1,9755	1,9769	1,9782	1,9796	1,9810	1,9824	1,9838	1,9851	1,9865
7,3	1,9879	1,9892	1,9906	1,9920	1,9933	1,9947	1,9961	1,9974	1,9988	2,0001
7,4	2,0015	2,0028	2,0042	2,0055	2,0069	2,0082	2,0096	2,0109	2,0122	2,0136
7,5	2,0149	2,0162	2,0176	2,0189	2,0202	2,0215	2,0229	2,0242	2,0255	2,0268
7,6	2,0282	2,0295	2,0308	2,0321	2,0334	2,0347	2,0360	2,0373	2,0386	2,0399
7,7	2,0412	2,0425	2,0438	2,0451	2,0464	2,0477	2,0490	2,0503	2,0516	2,0528
7,8	2,0541	2,0554	2,0567	2,0580	2,0592	2,0605	2,0618	2,0631	2,0643	2,0665
7,9	2,0669	2,0681	2,0694	2,0707	2,0719	2,0732	2,0744	2,0757	2,0769	2,0782
8,0	2,0794	2,0807	2,0819	2,0832	2,0844	2,0857	2,0869	2,0882	2,0894	2,0906
8,1	2,0919	2,0931	2,0943	2,0956	2,0968	2,0980	2,0992	2,1005	2,1017	2,1029
8,2	2,1041	2,1054	2,1066	2,1078	2,1090	2,1102	2,1114	2,1126	2,1138	2,1150
8,3	2,1163	2,1175	2,1187	2,1199	2,1211	2,1223	2,1235	2,1247	2,1258	2,1270
8,4	2,1282	2,1294	2,1306	2,1318	2,1330	2,1342	2,1353	2,1365	2,1377	2,1389
8,5	2,1401	2,1412	2,1424	2,1436	2,1448	2,1459	2,1471	2,1483	2,1494	2,1506
8,6	2,1518	2,1529	2,1541	2,1552	2,1564	2,1576	2,1587	2,1599	2,1610	2,1622
8,7	2,1633	2,1645	2,1656	2,1668	2,1679	2,1691	2,1702	2,1713	2,1725	2,1736
8,8	2,1748	2,1759	2,1770	2,1782	2,1793	2,1804	2,1815	2,1827	2,1838	2,1849
8,9	2,1861	2,1872	2,1883	2,1894	2,1905	2,1917	2,1928	2,1939	2,1950	2,1961
9,0	2,1972	2,1983	2,1994	2,2006	2,2017	2,2028	2,2039	2,2050	2,2061	2,2072
9,1	2,2083	2,2094	2,2105	2,2116	2,2127	2,2138	2,2148	2,2159	2,2170	2,2181
9,2	2,2192	2,2203	2,2214	2,2225	2,2235	2,2246	2,2257	2,2268	2,2279	2,2289
9,3	2,2300	2,2311	2,2322	2,2332	2,2343	2,2354	2,2364	2,2375	2,2386	2,2396
9,4	2,2407	2,2418	2,2428	2,2439	2,2450	2,2460	2,2471	2,2481	2,2492	2,2502
9,5	2,2513	2,2523	2,2534	2,2544	2,2555	2,2565	2,2576	2,2586	2,2597	2,2607
9,6	2,2618	2,2628	2,2638	2,2649	2,2659	2,2670	2,2680	2,2690	2,2701	2,2711
9,7	2,2721	2,2732	2,2742	2,2752	2,2762	2,2773	2,2783	2,2793	2,2803	2,2814
9,8	2,2824	2,2834	2,2844	2,2854	2,2865	2,2875	2,2885	2,2895	2,2905	2,2915
9,9	2,2925	2,2935	2,2946	2,2956	2,2966	2,2976	2,2986	2,2996	2,3006	2,3016

TABELA III Função exponencial

x	e^x	e^{-x}		x	e^x	e^{-x}
0,00	1,0000	1,0000		3,0	20,086	0,0498
0,05	1,0513	0,9512		3,1	22,198	0,0450
0,10	1,1052	0,9048		3,2	24,533	0,0408
0,15	1,1618	0,8607		3,3	27,113	0,0369
0,20	1,2214	0,8187		3,4	29,964	0,0334
0,25	1,2840	0,7788		3,5	33,115	0,0302
0,30	1,3499	0,7408		3,6	36,598	0,0273
0,35	1,4191	0,7047		3,7	40,447	0,0247
0,40	1,4918	0,6703		3,8	44,701	0,0224
0,45	1,5683	0,6376		3,9	49,402	0,0202
0,50	1,6487	0,6065		4,0	54,598	0,0183
0,55	1,7333	0,5769		4,1	60,340	0,0166
0,60	1,8221	0,5488		4,2	66,686	0,0150
0,65	1,9155	0,5220		4,3	73,700	0,0136
0,70	2,0138	0,4966		4,4	81,451	0,0123
0,75	2,1170	0,4724		4,5	90,017	0,0111
0,80	2,2255	0,4493		4,6	99,484	0,0101
0,85	2,3396	0,4274		4,7	109,95	0,0091
0,90	2,4596	0,4066		4,8	121,51	0,0082
0,95	2,5857	0,3867		4,9	134,29	0,0074
1,0	2,7183	0,3679		5,0	148,41	0,0067
1,1	3,0042	0,3329		5,1	164,02	0,0061
1,2	3,3201	0,3012		5,2	181,27	0,0055
1,3	3,6693	0,2725		5,3	200,34	0,0050
1,4	4,0552	0,2466		5,4	221,41	0,0045
1,5	4,4817	0,2231		5,5	244,69	0,0041
1,6	4,9530	0,2019		5,6	270,43	0,0037
1,7	5,4739	0,1827		5,7	298,87	0,0033
1,8	6,0496	0,1653		5,8	330,30	0,0030
1,9	6,6859	0,1496		5,9	365,04	0,0027
2,0	7,3891	0,1353		6,0	403,43	0,0025
2,1	8,1662	0,1225		6,5	665,14	0,0015
2,2	9,0250	0,1108		7,0	1096,6	0,0009
2,3	9,9742	0,1003		7,5	1808,0	0,0006
2,4	11,023	0,0907		8,0	2981,0	0,0003
2,5	12,182	0,0821		8,5	4914,8	0,0002
2,6	13,464	0,0743		9,0	8103,1	0,0001
2,7	14,880	0,0672		9,5	13.360	0,00007
2,8	16,445	0,0608		10,0	22.026	0,00004
2,9	18,174	0,0550				

TABELA IV   **Funções hiperbólicas**

x	senh x	cosh x	tanh x	x	senh x	cosh x	tanh x
0,0	0,00000	1,0000	0,00000	3,0	10,018	10,068	0,99505
0,1	0,10017	1,0050	0,09967	3,1	11,076	11,122	0,99595
0,2	0,20134	1,0201	0,19738	3,2	12,246	12,287	0,99668
0,3	0,30452	1,0453	0,29131	3,3	13,538	13,575	0,99728
0,4	0,41075	1,0811	0,37995	3,4	14,965	14,999	0,99777
0,5	0,52110	1,1276	0,46212	3,5	16,543	16,573	0,99818
0,6	0,63665	1,1855	0,53705	3,6	18,285	18,313	0,99851
0,7	0,75858	1,2552	0,60437	3,7	20,211	20,236	0,99878
0,8	0,88811	1,3374	0,66404	3,8	22,339	22,362	0,99900
0,9	1,0265	1,4331	0,71630	3,9	24,691	24,711	0,99918
1,0	1,1752	1,5431	0,76159	4,0	27,290	27,308	0,99933
1,1	1,3356	1,6685	0,80050	4,1	30,162	30,178	0,99945
1,2	1,5095	1,8107	0,83365	4,2	33,336	33,351	0,99955
1,3	1,6984	1,9709	0,86172	4,3	36,843	36,857	0,99963
1,4	1,9043	2,1509	0,88535	4,4	40,719	40,732	0,99970
1,5	2,1293	2,3524	0,90515	4,5	45,003	45,014	0,99975
1,6	2,3756	2,5775	0,92167	4,6	49,737	49,747	0,99980
1,7	2,6456	2,8283	0,93541	4,7	54,969	54,978	0,99983
1,8	2,9422	3,1075	0,94681	4,8	60,751	60,759	0,99986
1,9	3,2682	3,4177	0,95624	4,9	67,141	67,149	0,99989
2,0	3,6269	3,7622	0,96403	5,0	74,203	74,210	0,99991
2,1	4,0219	4,1443	0,97045	5,1	82,008	82,014	0,99993
2,2	4,4571	4,5679	0,97574	5,2	90,633	90,639	0,99994
2,3	4,9370	5,0372	0,98010	5,3	100,17	100,17	0,99995
2,4	5,4662	5,5569	0,98367	5,4	110,70	110,71	0,99996
2,5	6,0502	6,1323	0,98661	5,5	122,34	122,35	0,99997
2,6	6,6947	6,7690	0,98903	5,6	135,21	135,22	0,99997
2,7	7,4063	7,4735	0,99101	5,7	149,43	149,44	0,99998
2,8	8,1919	8,2527	0,99263	5,8	165,15	165,15	0,99998
2,9	9,0596	9,1146	0,99396	5,9	182,52	182,52	0,99998

TABELA V Logaritmos comuns, $\log_{10} x$

x	0,00	0,01	0,02	0,03	0,04	0,05	0,06	0,07	0,08	0,09
1,0	0,0000	0,0043	0,0086	0,0128	0,0170	0,0212	0,0253	0,0294	0,0334	0,0374
1,1	0,0414	0,0453	0,0492	0,0531	0,0569	0,0607	0,0645	0,0682	0,0719	0,0755
1,2	0,0792	0,0828	0,0864	0,0899	0,0934	0,0969	0,1004	0,1038	0,1072	0,1106
1,3	0,1139	0,1173	0,1206	0,1239	0,1271	0,1303	0,1335	0,1367	0,1399	0,1430
1,4	0,1461	0,1492	0,1523	0,1553	0,1584	0,1614	0,1644	0,1673	0,1703	0,1732
1,5	0,1761	0,1790	0,1818	0,1847	0,1875	0,1903	0,1931	0,1959	0,1987	0,2014
1,6	0,2041	0,2068	0,2095	0,2122	0,2148	0,2175	0,2201	0,2227	0,2253	0,2279
1,7	0,2304	0,2330	0,2355	0,2380	0,2405	0,2430	0,2455	0,2480	0,2504	0,2529
1,8	0,2553	0,2577	0,2601	0,2625	0,2648	0,2672	0,2695	0,2718	0,2742	0,2765
1,9	0,2788	0,2810	0,2833	0,2856	0,2878	0,2900	0,2923	0,2945	0,2967	0,2989
2,0	0,3010	0,3032	0,3054	0,3075	0,3096	0,3118	0,3139	0,3160	0,3181	0,3201
2,1	0,3222	0,3243	0,3263	0,3284	0,3304	0,3324	0,3345	0,3365	0,3385	0,3404
2,2	0,3424	0,3444	0,3464	0,3483	0,3502	0,3522	0,3541	0,3560	0,3579	0,3598
2,3	0,3617	0,3636	0,3655	0,3674	0,3692	0,3711	0,3729	0,3747	0,3766	0,3784
2,4	0,3802	0,3820	0,3838	0,3856	0,3874	0,3892	0,3909	0,3927	0,3945	0,3962
2,5	0,3979	0,3997	0,4014	0,4031	0,4048	0,4065	0,4082	0,4099	0,4116	0,4133
2,6	0,4150	0,4166	0,4183	0,4200	0,4216	0,4232	0,4249	0,4265	0,4281	0,4298
2,7	0,4314	0,4330	0,4346	0,4362	0,4378	0,4393	0,4409	0,4425	0,4440	0,4456
2,8	0,4472	0,4487	0,4502	0,4518	0,4533	0,4548	0,4564	0,4579	0,4594	0,4609
2,9	0,4624	0,4639	0,4654	0,4669	0,4683	0,4698	0,4713	0,4728	0,4742	0,4757
3,0	0,4771	0,4786	0,4800	0,4814	0,4829	0,4843	0,4857	0,4871	0,4886	0,4900
3,1	0,4914	0,4928	0,4942	0,4955	0,4969	0,4983	0,4997	0,5011	0,5024	0,5038
3,2	0,5051	0,5065	0,5079	0,5092	0,5105	0,5119	0,5132	0,5145	0,5159	0,5172
3,3	0,5185	0,5198	0,5211	0,5224	0,5237	0,5250	0,5263	0,5276	0,5289	0,5302
3,4	0,5315	0,5328	0,5340	0,5353	0,5366	0,5378	0,5391	0,5403	0,5416	0,5428
3,5	0,5441	0,5453	0,5465	0,5478	0,5490	0,5502	0,5514	0,5527	0,5539	0,5551
3,6	0,5563	0,5575	0,5587	0,5599	0,5611	0,5623	0,5635	0,5647	0,5658	0,5670
3,7	0,5682	0,5694	0,5705	0,5717	0,5729	0,5740	0,5752	0,5763	0,5775	0,5786
3,8	0,5798	0,5809	0,5821	0,5832	0,5843	0,5855	0,5866	0,5877	0,5888	0,5899
3,9	0,5911	0,5922	0,5933	0,5944	0,5955	0,5966	0,5977	0,5988	0,5999	0,6010
4,0	0,6021	0,6031	0,6042	0,6053	0,6064	0,6075	0,6085	0,6096	0,6107	0,6117
4,1	0,6128	0,6138	0,6149	0,6160	0,6170	0,6180	0,6191	0,6201	0,6212	0,6222
4,2	0,6232	0,6243	0,6253	0,6263	0,6274	0,6284	0,6294	0,6304	0,6314	0,6325
4,3	0,6335	0,6345	0,6355	0,6365	0,6375	0,6385	0,6395	0,6405	0,6415	0,6425
4,4	0,6435	0,6444	0,6454	0,6464	0,6474	0,6484	0,6493	0,6503	0,6513	0,6522
4,5	0,6532	0,6542	0,6551	0,6561	0,6571	0,6580	0,6590	0,6599	0,6609	0,6618
4,6	0,6628	0,6637	0,6646	0,6656	0,6665	0,6675	0,6684	0,6693	0,6702	0,6712
4,7	0,6721	0,6730	0,6739	0,6749	0,6758	0,6767	0,6776	0,6785	0,6794	0,6803
4,8	0,6812	0,6821	0,6830	0,6839	0,6848	0,6857	0,6866	0,6875	0,6884	0,6893
4,9	0,6902	0,6911	0,6920	0,6928	0,6937	0,6946	0,6955	0,6964	0,6972	0,6981
5,0	0,6990	0,6998	0,7007	0,7016	0,7024	0,7033	0,7042	0,7050	0,7059	0,7067
5,1	0,7076	0,7084	0,7093	0,7101	0,7110	0,7118	0,7126	0,7135	0,7143	0,7152
5,2	0,7160	0,7168	0,7177	0,7185	0,7193	0,7202	0,7210	0,7218	0,7226	0,7235
5,3	0,7243	0,7251	0,7259	0,7267	0,7275	0,7284	0,7292	0,7300	0,7308	0,7316
5,4	0,7324	0,7332	0,7340	0,7348	0,7356	0,7364	0,7372	0,7380	0,7388	0,7396
5,5	0,7404	0,7412	0,7419	0,7427	0,7435	0,7443	0,7451	0,7459	0,7466	0,7474
5,6	0,7482	0,7490	0,7497	0,7505	0,7513	0,7520	0,7528	0,7536	0,7543	0,7551
5,7	0,7559	0,7566	0,7574	0,7582	0,7589	0,7597	0,7604	0,7612	0,7619	0,7627
5,8	0,7634	0,7642	0,7649	0,7657	0,7664	0,7672	0,7679	0,7686	0,7694	0,7701
5,9	0,7709	0,7716	0,7723	0,7731	0,7738	0,7745	0,7752	0,7760	0,7767	0,7774
6,0	0,7782	0,7789	0,7796	0,7803	0,7810	0,7818	0,7825	0,7832	0,7839	0,7846
6,1	0,7853	0,786^	0,7868	0,7875	0,7882	0,7889	0,7896	0,7903	0,7910	0,7917
6,2	0,7924	0,7931	0,7938	0,7945	0,7952	0,7959	0,7966	0,7973	0,7980	0,7987
6,3	0,7993	0,8000	0,8007	0,8014	0,8021	0,8028	0,8035	0,8041	0,8048	0,8055
6,4	0,8062	0,8069	0,8075	0,8082	0,8089	0,8096	0,8102	0,8109	0,8116	0,8122

TABELA V **Logaritmos comuns, $\log_{10} x$** *(continuação)*

x	0,00	0,01	0,02	0,03	0,04	0,05	0,06	0,07	0,08	0,09
6,5	0,8129	0,8136	0,8142	0,8149	0,8156	0,8162	0,8169	0,8176	0,8182	0,8189
6,6	0,8195	0,8202	0,8209	0,8215	0,8222	0,8228	0,8235	0,8241	0,8248	0,8254
6,7	0,8261	0,8267	0,8274	0,8280	0,8287	0,8293	0,8299	0,8306	0,8312	0,8319
6,8	0,8325	0,8331	0,8338	0,8344	0,8351	0,8357	0,8363	0,8370	0,8376	0,8382
6,9	0,8388	0,8395	0,8401	0,8407	0,8414	0,8420	0,8426	0,8432	0,8439	0,8445
7,0	0,8451	0,8457	0,8463	0,8470	0,8476	0,8482	0,8488	0,8494	0,8500	0,8506
7,1	0,8513	0,8519	0,8525	0,8531	0,8537	0,8543	0,8549	0,8555	0,8561	0,8567
7,2	0,8573	0,8579	0,8585	0,8591	0,8597	0,8603	0,8609	0,8615	0,8621	0,8627
7,3	0,8633	0,8639	0,8645	0,8651	0,8657	0,8663	0,8669	0,8675	0,8681	0,8686
7,4	0,8692	0,8698	0,8704	0,8710	0,8716	0,8722	0,8727	0,8733	0,8739	0,8745
7,5	0,8751	0,8756	0,8762	0,8768	0,8774	0,8779	0,8785	0,8791	0,8797	0,8802
7,6	0,8808	0,8814	0,8820	0,8825	0,8831	0,8837	0,8842	0,8848	0,8854	0,8859
7,7	0,8865	0,8871	0,8876	0,8882	0,8887	0,8893	0,8899	0,8904	0,8910	0,8915
7,8	0,8921	0,8927	0,8932	0,8938	0,8943	0,8949	0,8954	0,8960	0,8965	0,8971
7,9	0,8976	0,8982	0,8987	0,8993	0,8998	0,9004	0,9009	0,9015	0,9020	0,9025
8,0	0,9031	0,9036	0,9042	0,9047	0,9053	0,9058	0,9063	0,9069	0,9074	0,9079
8,1	0,9085	0,9090	0,9096	0,9101	0,9106	0,9112	0,9117	0,9122	0,9128	0,9133
8,2	0,9138	0,9143	0,9149	0,9154	0,9159	0,9165	0,9170	0,9175	0,9180	0,9186
8,3	0,9191	0,9196	0,9201	0,9206	0,9212	0,9217	0,9222	0,9227	0,9232	0,9238
8,4	0,9243	0,9248	0,9253	0,9258	0,9263	0,9269	0,9274	0,9279	0,9284	0,9289
8,5	0,9294	0,9299	0,9304	0,9309	0,9315	0,9320	0,9325	0,9330	0,9335	0,9340
8,6	0,9345	0,9350	0,9355	0,9360	0,9365	0,9370	0,9375	0,9380	0,9385	0,9390
8,7	0,9395	0,9400	0,9405	0,9410	0,9415	0,9420	0,9425	0,9430	0,9435	0,9440
8,8	0,9445	0,9450	0,9455	0,9460	0,9465	0,9469	0,9474	0,9479	0,9484	0,9489
8,9	0,9494	0,9499	0,9504	0,9509	0,9513	0,9518	0,9523	0,9528	0,9533	0,9538
9,0	0,9542	0,9547	0,9552	0,9557	0,9562	0,9566	0,9571	0,9567	0,9581	0,9586
9,1	0,9590	0,9595	0,9600	0,9605	0,9609	0,9614	0,9619	0,9624	0,9628	0,9633
9,2	0,9638	0,9643	0,9647	0,9652	0,9657	0,9661	0,9666	0,9671	0,9675	0,9680
9,3	0,9685	0,9689	0,9694	0,9699	0,9703	0,9708	0,9713	0,9717	0,9722	0,9727
9,4	0,9731	0,9736	0,9741	0,9745	0,9750	0,9754	0,9759	0,9763	0,9768	0,9773
9,5	0,9777	0,9782	0,9786	0,9791	0,9795	0,9800	0,9805	0,9809	0,9814	0,9818
9,6	0,9823	0,9827	0,9832	0,9836	0,9841	0,9845	0,9850	0,9854	0,9859	0,9863
9,7	0,9868	0,9872	0,9877	0,9881	0,9886	0,9890	0,9894	0,9899	0,9903	0,9908
9,8	0,9912	0,9917	0,9921	0,9926	0,9930	0,9934	0,9939	0,9943	0,9948	0,9952
9,9	0,9956	0,9961	0,9965	0,9969	0,9974	0,9978	0,9983	0,9987	0,9991	0,9996

TABELA VI   Potências e raízes

Número	Quadrado	Raiz quadrada	Cubo	Raiz cúbica	Número	Quadrado	Raiz quadrada	Cubo	Raiz cúbica
1	1	1,000	1	1,000	51	2.601	7,141	132.651	3,708
2	4	1,414	8	1,260	52	2.704	7,211	140.608	3,733
3	9	1,732	27	1,442	53	2.809	7,280	148.877	3,756
4	16	2,000	64	1,587	54	2.916	7,348	157.464	3,780
5	25	2,236	125	1,710	55	3.025	7,416	166.375	3,803
6	36	2,449	216	1,817	56	3.136	7,483	175.616	3,826
7	49	2,646	343	1,913	57	3.249	7,550	185.193	3,849
8	64	2,828	512	2,000	58	3.364	7,616	195.112	3,871
9	81	3,000	729	2,080	59	3.481	7,681	205.379	3,893
10	100	3,162	1.000	2,154	60	3.600	7,746	216.000	3,915
11	121	3,317	1 331	2,224	61	3.721	7,810	226.981	3,936
12	144	3,464	1.728	2,289	62	3.844	7,874	238.328	3,958
13	169	3,606	2.197	2,351	63	3.969	7,937	250.047	3,979
14	196	3,742	2.744	2,410	64	4.096	8,000	262.144	4,000
15	225	3,873	3.375	2,466	65	4.225	8,062	274.625	4,021
16	256	4,000	4.096	2,520	66	4.356	8,124	287.496	4,041
17	289	4,123	4.913	2,571	67	4.489	8,185	300.763	4,062
18	324	4,243	5.832	2,621	68	4.624	8,246	314.432	4,082
19	361	4,359	6.859	2,668	69	4.761	8,307	328.509	4,102
20	400	4,472	8.000	2,714	70	4.900	8,367	343.000	4,121
21	441	4,583	9.261	2,759	71	5.041	8,426	357.9i1	4,141
22	484	4,690	10.648	2,802	72	5.184	8,485	373.248	4,160
23	529	4,796	12.167	2,844	73	5.329	8,544	389.017	4,179
24	576	4,899	13.824	2,884	74	5.476	8,602	405.224	4,198
25	625	5,000	15.625	2,924	75	5.625	8,660	421.875	4,217
26	676	5,099	17.576	2,962	76	5.776	8,718	438.976	4,236
27	729	5,196	19.683	3,000	77	5.929	8,775	456.533	4,254
28	784	5,292	21.952	3,037	78	6.084	8,832	474.552	4,273
29	841	5,385	24.389	3,072	79	6.241	8,888	493.039	4,291
30	900	5,477	27.000	3,107	80	6.400	8,944	512.000	4,309
31	961	5,568	29.791	3,141	81	6.561	9,000	531.441	4,327
32	1.024	5,657	32.768	3,175	82	6.724	9,055	551.368	4,344
33	1.089	5,745	35.937	3,208	83	6.889	9,110	571.787	4,362
34	1.156	5,831	39.304	3,240	84	7.056	9,165	592.704	4,380
35	1.225	5,916	42.875	3,271	85	7.225	9,220	614.125	4,397
36	1.296	6,000	46.656	3,302	86	7.396	9,274	636.056	4,414
37	1.369	6,083	50.653	3,332	87	7.569	9,327	658.503	4,431
38	1.444	6,164	54.872	3,362	88	7.744	9,381	681.472	4,448
39	1.521	6,245	59.319	3,391	89	7.921	9,434	704.969	4,465
40	1.600	6,325	64.000	3,420	90	8.100	9,487	729.000	4,481
41	1.681	6,403	68.921	3,448	91	8.281	9,539	753.571	4,498
42	1.764	6,481	74.088	3,476	92	8.464	9,592	778.688	4,514
43	1.849	6,557	79.507	3,503	93	8.649	9,644	804.357	4,531
44	1.936	6,633	85.184	3,530	94	8.836	9,695	830.584	4,547
45	2.025	6,708	91.125	3,557	95	9.025	9,747	857.375	4,563
46	2.116	6,782	97.336	3,583	96	9.216	9,798	884.736	4,579
47	2.209	6,856	103.823	3,609	97	9.409	9,849	912.673	4,595
48	2.304	6,928	110.592	3,634	98	9.604	9,899	941.192	4,610
49	2.401	7,000	117.649	3,659	99	9.801	9,950	970.299	4,626
50	2.500	7,071	125.000	3,684	100	10.000	10,000	1.000.000	4,642

RESPOSTAS DOS PROBLEMAS SELECIONADOS

Capítulo 13

Conjunto de problemas 1 pág. 615

1 $2, 5, 10, 17, 26, 37; 10.001$ **3** $\dfrac{1}{6}, \dfrac{2}{9}, \dfrac{3}{14}, \dfrac{4}{21}, \dfrac{5}{30}, \dfrac{6}{41}; \dfrac{100}{10.005}$ **5** $\dfrac{n+1}{2}$ **7** $\dfrac{1}{n+1}$

9 0 **11** $\dfrac{1}{7}$ **13** Diverge   **15** π **17** 0 **19** -1 **21** Diverge   **23** 1

25 e **27** Crescente, limitada, convergente

29 Crescente, limitada inferiormente mas não superiormente, divergente

31 Não-monótona, limitada, divergente

33 Não-monótona, limitada, divergente

35 Decrescente, limitada superiormente mas não inferiormente, divergente

37 Não-monótona, limitada, convergente

39 $a_n = n, b_n = -n$

41 (a) Diverge (b) diverge; (c) converge; (d) converge; (e) diverge

45 (a) $1, 3, 2, \dfrac{5}{2}, \dfrac{9}{4}, \dfrac{19}{8}, \dfrac{37}{16}, \dfrac{75}{32};$ (c) $\dfrac{7}{3}$ **47** $\left\{\dfrac{1}{2} + \dfrac{(-1)^{n+1}}{2}\right\}$ **49** $\dfrac{A}{1-B}$

Conjunto de problemas 2 pág. 624

1 $\dfrac{1}{3} + \dfrac{1}{15} + \dfrac{1}{35} + \dfrac{1}{63} + \dfrac{1}{99} + \cdots; \dfrac{1}{3}, \dfrac{2}{5}, \dfrac{3}{7}, \dfrac{4}{9}, \dfrac{5}{11}, \ldots; s_n = \dfrac{n}{2n+1};$ converge para $\dfrac{1}{2}$

3 $2 + 6 + 12 + 20 + 30 + \cdots; 2, 8, 20, 40, 70, \ldots; s_n = \dfrac{n(n+1)(n+2)}{3};$ diverge

5 $\dfrac{3}{4} + \dfrac{5}{36} + \dfrac{7}{144} + \dfrac{9}{400} + \dfrac{11}{900} + \cdots; \dfrac{3}{4}, \dfrac{8}{9}, \dfrac{15}{16}, \dfrac{24}{25}, \dfrac{35}{36}, \ldots; s_n = 1 - \dfrac{1}{(n+1)^2};$ converge para 1

7 $\displaystyle\sum_{k=1}^{\infty} \dfrac{1}{k(k+1)} = 1$ **9** $\displaystyle\sum_{k=1}^{\infty} \dfrac{2(3k^2 + 7k - 5)}{(3k+2)(3k+5)},$ diverge   **11** $\displaystyle\sum_{k=1}^{\infty} 2(-1)^{k+1},$ diverge

13 $a = 1, r = \dfrac{2}{7},$ converge para $\dfrac{7}{5}$ **15** $a = \dfrac{7}{6}, r = \dfrac{7}{6},$ diverge   **17** $a = 1, r = -1,$

diverge   **19** $a = \dfrac{1}{16}, r = \dfrac{3}{4},$ converge para $\dfrac{1}{4}$ **21** $a = \dfrac{1}{5}, r = \dfrac{1}{5},$ converge para $\dfrac{1}{4}$ **23** $\dfrac{1}{3}$

25 $\dfrac{467}{99}$ **27** Sim, se convergir   **29** $\dfrac{244}{495}$ **31** 8 metros

Conjunto de problemas 3 pág. 631

9 $\dfrac{5}{6}$ **11** -3 **13** $\dfrac{31}{21}$ **15** No   **17** $-2 \ln 2$ **21** $\displaystyle\sum_{j=1}^{\infty} \dfrac{1}{j(j+1)}$

23 $\displaystyle\sum_{j=M}^{\infty} a_{j-M+1}$ **25** $\dfrac{1}{M+1}$ **27** $e - 1$

Conjunto de problemas 4 pág. 641

1 Converge **3** Diverge **5** Converge **7** Diverge **9** Converge
11 Diverge **13** Converge **15** Converge **17** Converge por comparação com

$\sum_{k=1}^{\infty} \dfrac{1}{k^2}$ **19** Converge por comparação com $\sum_{k=1}^{\infty} \dfrac{1}{5^k}$ **21** Converge por comparação com

$\sum_{j=1}^{\infty} \dfrac{1}{7^j}$ **23** Diverge por comparação com $\sum_{k=1}^{\infty} \dfrac{1}{k^{1/3}}$ **25** Diverge por comparação com

$\sum_{j=1}^{\infty} \dfrac{1}{5j}$ **27** Diverge por comparação com $\sum_{q=1}^{\infty} \dfrac{1}{3q^{1/2}}$ **29** Converge por comparação com

$\sum_{k=1}^{\infty} \dfrac{10}{2^k}$ **31** Diverge $\left(\text{use } \sum_{k=1}^{\infty} \dfrac{1}{k^{2/3}} \right)$ **33** Converge $\left(\text{use } \sum_{k=1}^{\infty} \dfrac{1}{k^2} \right)$ **35** Diverge

$\left(\text{use } \sum_{k=1}^{\infty} \dfrac{1}{k} \right)$ **37** Converge $\left(\text{use } \sum_{k=1}^{\infty} \dfrac{1}{7^k} \right)$ **39** Converge $\left(\text{use } \sum_{k=1}^{\infty} \dfrac{1}{k^{3/2}} \right)$ **45** Seja

$a_k = \dfrac{1}{k^2}$.

Conjunto de problemas 5 pág. 652

1 Converge **3** Converge **5** Converge **7** Converge **9** Diverge

11 Converge **13** Converge **15** $\dfrac{1249}{3080}$ estimado por cima com erro $< \dfrac{1}{17}$

17 $\dfrac{115}{144}$ estimado por baixo com erro $< \dfrac{1}{25}$ **19** $-\dfrac{137}{750}$ estimado por baixo com erro $< \dfrac{1}{2500}$

21 0,406 **23** Diverge **25** Converge absolutamente **27** Converge absolutamente
29 Converge absolutamente **31** Converge **33** Converge absolutamente
35 Converge condicionalmente **37** Converge condicionalmente **39** Converge
absolutamente **41** Diverge **45** Verdade

Conjunto de problemas 6 pág. 658

1 $a = 0, R = \dfrac{1}{7}, I = \left(-\dfrac{1}{7}, \dfrac{1}{7} \right)$ **3** $a = 0, R = +\infty, I = (-\infty, \infty)$ **5** $a = 0, R = +\infty,$

$I = (-\infty, \infty)$ **7** $a = -2, R = 1, I = [-3, -1]$ **9** $a = -5, R = 1, I = [-6, -4]$

11 $a = 0, R = \dfrac{1}{2}, I = \left[-\dfrac{1}{2}, \dfrac{1}{2} \right]$ **13** $a = 1, R = +\infty, I = (-\infty, \infty)$ **15** $a = 1, R = 3,$

$I = (-2, 4]$ **17** $a = 4, R = 4, I = [0, 8)$ **19** $a = 3, R = 1, I = (2, 4]$ **21** $a = -1,$

$R = \dfrac{1}{\sqrt[3]{5}}, I = \left(-1 - \dfrac{1}{\sqrt[3]{5}}, -1 + \dfrac{1}{\sqrt[3]{5}} \right)$ **23** $a = 1, R = 1, I = (0, 2)$ **25** $a = 8, R = 0,$

$I = \{8\}$ **27** R **29** $R = b; I = (-b, b)$ **31** $R = a; I = (-a, a)$

Conjunto de problemas 7 pág. 667

1 $\sum_{k=0}^{\infty} x^{4k}, |x| < 1$ **3** $\sum_{k=0}^{\infty} (4x)^k, |x| < \dfrac{1}{4}$ **5** $\sum_{k=0}^{\infty} x^{2k+1}, |x| < 1$

7 $\sum_{k=0}^{\infty} \dfrac{(-1)^k x^k}{2^{k+1}}, |x| < 2$ **9** $-\sum_{k=0}^{\infty} \dfrac{x^{k+1}}{k+1}, |x| < 1$ **11** $-\sum_{k=0}^{\infty} \dfrac{x^{k+2}}{(k+1)(k+2)}, |x| < 1$

13 $\sum_{k=0}^{\infty} \dfrac{x^{2k+2}}{(2k+1)(2k+2)}, |x| < 1$ **15** $\sum_{k=0}^{\infty} \dfrac{[(-1)^k 2^{k+1} + 3^{k+1}]}{5(k+1)6^{k+1}} x^{k+1}, |x| < 2$

17 (a) $1 - \dfrac{x^2}{2!} + \dfrac{x^4}{4!} - \dfrac{x^6}{6!} + \cdots$; (b) $-x + \dfrac{x^3}{3!} - \dfrac{x^5}{5!} + \dfrac{x^7}{7!} - \dfrac{x^9}{9!} + \cdots$ **19** $\sum_{k=1}^{\infty} k^3 x^{k-1}, R = 1$

21 $\sum_{k=0}^{\infty} \dfrac{x^k}{k!}, R = +\infty$ **23** $\sum_{k=1}^{\infty} k \cdot 2^{(k+2)/2}(x+1)^{2k-1}, R = 2^{-1/4}$

25 $\displaystyle\sum_{k=0}^{\infty} \frac{(-1)^k x^{2k+1}}{(2k+1)!}, R = +\infty$ **27** $\displaystyle\sum_{k=0}^{\infty} \frac{x^{2k+2}}{(2k+2)!}, R = +\infty$ **29** (a) 1; (b) 0;

(c) -1; (d) 0

Conjunto de problemas 8 pág. 674

1 $\dfrac{1}{2} + \dfrac{\sqrt{3}}{2}\left(x - \dfrac{\pi}{6}\right) - \dfrac{1}{2(2!)}\left(x - \dfrac{\pi}{6}\right)^2 - \dfrac{\sqrt{3}}{2(3!)}\left(x - \dfrac{\pi}{6}\right)^3 + \dfrac{1}{2(4!)}\left(x - \dfrac{\pi}{6}\right)^4 + \cdots$

3 $\displaystyle\sum_{k=0}^{\infty} (-1)^k \frac{(x-2)^k}{2^{k+1}}$ **5** $\displaystyle\sum_{k=0}^{\infty} \frac{e^4 (x-4)^k}{k!}$

7 $1 + \dfrac{1}{2}(x-2) - \dfrac{1}{8}(x-2)^2 + \displaystyle\sum_{k=3}^{\infty} \frac{(-1)^{k+1} 1 \cdot 3 \cdots (2k-3)}{k! \, 2^k}(x-2)^k$

9 $\displaystyle\sum_{k=0}^{\infty} \frac{x^{2k+1}}{(2k+1)!}$ **11** $\displaystyle\sum_{k=0}^{\infty} (-1)^k \frac{x^{2k}}{k!}$ **13** $\displaystyle\sum_{k=0}^{\infty} \frac{(-1)^k x^{2k}}{(2k+1)!}$ **15** $\displaystyle\sum_{k=0}^{\infty} \frac{(-1)^k x^{2k}}{2k+1}$

17 $\displaystyle\sum_{k=1}^{\infty} \frac{(-1)^{k+1} 2^{2k-1} x^{2k}}{(2k)!}$ **19** 0,9802   **21** $f^{(n)}(0) = 0$ se n é par; $f^{(n)}(0) =$

$(-1)^{(n+3)/2}(n-1)$ se n é ímpar   **23** $\displaystyle\sum_{k=0}^{\infty} \frac{(-1)^k x^k}{k!}$ para todo x **25** $\displaystyle\sum_{k=0}^{\infty} \frac{x^k}{4^{k+1}}, |x| < 4$

27 $\displaystyle\sum_{k=0}^{\infty} \frac{(\ln 2)^k x^k}{k!}$ para todo x **29** 0   **31** $\dfrac{16!}{8!}$ **33** $(-2)19!$

Conjunto de problemas 9 pág. 681

1 $1 + \displaystyle\sum_{k=1}^{\infty} \frac{(-1)^k [1 \cdot 4 \cdot 7 \cdots (3k-2)]}{3^k k!} x^k$ para $|x| < 1$

3 $1 + \displaystyle\sum_{k=1}^{\infty} \frac{1 \cdot 4 \cdot 7 \cdots (3k-2)}{3^k k!} x^{2k}$ para $|x| < 1$ **5** $1 + \displaystyle\sum_{k=1}^{\infty} \frac{(-1)^k 1 \cdot 3 \cdot 5 \cdots (2k-1)}{2^k k!} x^{3k}$ para

$|x| < 1$ **7** $\displaystyle\sum_{k=1}^{\infty} (-1)^k 2^{k-1} k x^k$ para $|x| < \dfrac{1}{2}$ **9** 1,0148875, $|$ erro $| \leq 1,7 \times 10^{-6}$

11 2,030518, $|$ erro $| \leq 2,7 \times 10^{-5}$ **13** 10,050   **15** 0,690   **19** São iguais.
23 A série torna-se uma soma finita, correta para todo valor de x.

Conjunto de problemas de revisão pág. 682

1 Converge; limite $\dfrac{1}{3}$ **3** Converge; limite $\sqrt{\dfrac{1}{3}}$ **5** Converge; limite 0

7 Converge; limite 0   **9** Diverge   **11** Converge; limite 1   **13** Crescente
15 Não monótona   **17** Não; crescente depois decrescente.   **19** Limitada;

não monótona; convergente; limite $\dfrac{4}{5}$ **23** 1   **25** sen 1   **27** $\displaystyle\sum_{k=1}^{\infty} \frac{15}{(2k+3)(2k+5)}$;

converge; soma é $\dfrac{3}{2}$ **29** $\dfrac{1}{3}$ **31** $\dfrac{23}{6}$ **33** $\displaystyle\lim_{n \to +\infty} a_n = 0$ não garante que $\displaystyle\sum_{k=1}^{\infty} a_k$ é

convergente. **35** Converge   **37** Converge   **39** Converge   **41** Diverge
43 Condicionalmente convergente   **45** Absolutamente convergente   **47** Diverge
49 Absolutamente convergente   **51** Absolutamente convergente **53** (a) 0,4058; (b) 0,0332
55 $a = 1$; $R = \sqrt{5}$; $I = [1 - \sqrt{5}, 1 + \sqrt{5}]$ **57** $a = -2$; $R = 1$; $I = (-3, -1)$
59 $a = 10$; $R = 0$; $I = \{10\}$ **61** $a = -\pi$; $R = +\infty$; $I = (-\infty, \infty)$ **63** $a = 3$;

$R = \dfrac{1}{2}$; $I = \left[\dfrac{5}{2}, \dfrac{7}{2}\right]$ **65** $\displaystyle\sum_{k=1}^{\infty} (-1)^{k+1} \frac{(x-1)^k}{k}$ para $0 < x < 2$

67 $\dfrac{1}{e} + \dfrac{1}{e}(x+1) + \dfrac{1}{2!e}(x+1)^2 + \dfrac{1}{3!e}(x+1)^3$

69 $1 + \dfrac{1}{2}(x-1) - \dfrac{1}{2! \, 2^2}(x-1)^2 + \dfrac{3}{3! \, 2^3}(x-1)^3$ **71** $1 + 0 - \dfrac{4}{2!}\left(x - \dfrac{\pi}{4}\right)^2 + 0$

77 $1 + \sum_{k=1}^{\infty} \dfrac{(-1)^k 1 \cdot 3 \cdot 5 \cdot 7 \cdots (2k-1)}{2^k k!} x^{2k}$ para $|x| < 1$

79 $1 - \dfrac{4x}{3} - \sum_{k=1}^{\infty} \dfrac{2^{k+2} 1 \cdot 4 \cdot 7 \cdots (3k-2)}{3^{k+1}(k+1)!} x^{k+1}$ para $|x| < \dfrac{1}{2}$

81 $x + \dfrac{x^4}{12} + \sum_{k=2}^{\infty} \dfrac{(-1)^{k+1} 2 \cdot 5 \cdot 8 \cdots (3k-4)}{(3k+1)3^k k!} x^{3k+1}$ para $|x| < 1$; **83** $1,974375$

85 (a) $1 + x - \dfrac{x^2}{2!} - \dfrac{x^3}{3!} + \dfrac{x^4}{4!} + \dfrac{x^5}{5!} - \dfrac{x^6}{6!} - \dfrac{x^7}{7!} + \cdots$ para todo x;

(b) $1 - 2x^2 + \dfrac{4^2 x^4}{4!} - \dfrac{4^3 x^6}{6!} + \dfrac{4^4 x^8}{8!} - \dfrac{4^5 x^{10}}{10!} + \cdots$ para todo x;

(c) $x^3 - \dfrac{x^9}{3} + \dfrac{x^{15}}{5} - \dfrac{x^{21}}{7} + \dfrac{x^{27}}{9} - \dfrac{x^{33}}{11} + \cdots$ para $|x| < 1$;

(d) $1 + (\ln 10)x + \dfrac{(\ln 10)^2}{2!} x^2 + \dfrac{(\ln 10)^3}{3!} x^3 + \cdots$ para todo x

87 $\operatorname{sen} x$ **89** $x - 1 + \dfrac{\operatorname{sen} x}{x}$ **91** 2^x

Capítulo 14

Conjunto de problemas 1 pág. 689
15 $\bar{X} = \bar{A} + \bar{B} + \bar{C} - \bar{D}$ **17** $\bar{X} = -(\bar{A} + \bar{B})$ **21** $PRSQ; PRQS; PQRS; RSPQ;$
$RPSQ; RPQS; QSRP; SQRP; SRQP; QPSR; QSPR; RPQS$
23 (a) $\bar{A} - \bar{B}$ é um vetor, 5 é um escalar; (b) não podemos somar um vetor $\bar{A}$ e
um escalar 3; (c) $\bar{A} + \bar{B}$ é um vetor e 0 é um escalar.

Conjunto de problemas 2 pag. 695
7 $\dfrac{5}{8} \bar{A} + \dfrac{3}{8} \bar{B}$ **9** (a) $i + 6j$; (b) $7i - 2j$ **11** (a) $\langle -25,34 \rangle$; (b) $\langle -7,9 \rangle$

13 (a) $3i + j$; (b) $i + 13j$; (c) $\dfrac{7}{2}(i - j)$; (d) $(2s + t - 5u)i + (7s - 6t + 10u)j$

15 $s = -\dfrac{20}{19}$ e $t = -\dfrac{55}{19}$ **17** $x = \dfrac{8}{3}$ e $y = 1$ **19** $x = -\dfrac{2}{5}$ e $y = \dfrac{3}{5}$
21 (a) $3i + 6j$; (b) $-i + 3j$; (c) $-4i - 3j$; (d) $4i + 3j$; (e) $-10i - 7j$; (f) $10i - 5j$;
(g) $6i - 8j$; (h) $-18i - 72j$ **25** R move-se pela reta através de P e Q.

Conjunto de problemas 3 pág. 704

1 15 **3** 0 **5** $\dfrac{\pi}{2}$ **7** 5 **9** -12 **11** $5\sqrt{2}$ **13** $\dfrac{3}{2}$ **15** 0 **17** (a) 0;

(b) $\sqrt{2}$; (c) $\sqrt{2}$; (d) 2; (e) 0; (f) $\dfrac{i+j}{\sqrt{2}}, \dfrac{i-j}{\sqrt{2}}, j$; (g) 0 **19** (a) 2; (b) $\sqrt{17}$; (c) $\sqrt{5}$;

(d) $3\sqrt{2}$; (e) $\dfrac{2}{\sqrt{85}}$; (f) $\dfrac{4i+j}{\sqrt{17}}, \dfrac{i-2j}{\sqrt{5}}, \dfrac{i+j}{\sqrt{2}}$; (g) $\dfrac{2}{\sqrt{5}}$ **21** (a) -12; (b) $2\sqrt{5}$; (c) 3;

(d) $\sqrt{53}$; (e) $\dfrac{-2}{\sqrt{5}}$; (f) $\dfrac{i+2j}{\sqrt{5}}, -j, \dfrac{2i+7j}{\sqrt{53}}$; (g) -4 **23** -3 **25** -30

27 $\langle -27, -9 \rangle$ **29** $\dfrac{21}{5}$ **31** (a) $\bar{A}$ e $\bar{B}$ fazem ângulo agudo; (b) $\bar{A}$ e $\bar{B}$ são
perpendiculares; (c) $\bar{A}$ e $\bar{B}$ fazem ângulo obtuso.   **35** (a) $\sqrt{|\bar{A}|^2 + |\bar{B}|^2}$;
(b) $\sqrt{4|\bar{A}|^2 + 9|\bar{B}|^2}$; (c) $\sqrt{|\bar{A}|^2 + |\bar{B}|^2}$ **37** $\overrightarrow{AB} \cdot \overrightarrow{BC} = 0$ **41** $45\sqrt{3}$ m $\times$ kg
43 $\bar{F} \cdot \overrightarrow{PR}$; trabalho realizado é o mesmo

Conjunto de problemas 4 pág. 710
1 $5i - 3j$ **3** $0i + 0j$ **5** $\sqrt{2}i - \sqrt{2}j$ **7** $5i + 3j$

9 $\left(\dfrac{5-\sqrt{2}}{2}\right)i + \left(\dfrac{-5\sqrt{3}-\sqrt{2}}{2}\right)j$ **11** Círculo, $x^2 + y^2 = 9$ **13** Círculo,

$(x-2)^2 + (y-3)^2 = 16$ **15** Elipse, focos em $(1,0)$ e $(-1,0)$, Semieixo maior 3
17 O eixo x **19** Reta, $2x + 3y = 2$ **21** Reta, $2x + 3y = 3$
23 $|\bar{R} - (-3i + 3j)| = 9$ **25** $(2i - 7j)\cdot(\bar{R} + i + 5j) = 0$ **27** $(12i - 6j)\cdot\bar{R} = 7$

29 $2i - 17j$ **31** $\dfrac{i}{2} + \dfrac{j}{3}$ **33** $\dfrac{3}{\sqrt{10}}$ **35** $\sqrt{2}$ **37** $\dfrac{3}{\sqrt{5}}$ **39** $\dfrac{|\bar{D}\cdot(\bar{R}_1 - \bar{D})|}{|\bar{D}|}$

Conjunto de problemas 5 pág. 717

1 (a) $\bar{M} = 2i + 2j$; (b) $\bar{R} = (1 + 2t)i + (2 + 2t)j$; (c) $x = 1 + 2t$, $y = 2 + 2t$;

(d) $x - y + 1 = 0$; (e) $\bar{N} = i - j$; (f) $(i - j)\cdot\bar{R} = -1$ **3** (a) $\bar{M} = \left(\dfrac{13}{6}\right)i - \left(\dfrac{17}{6}\right)j$;

(b) $\bar{R} = \left(-\dfrac{3}{2} + \dfrac{13}{6}t\right)i + \left(\dfrac{5}{2} - \dfrac{17}{6}t\right)j$; (c) $x = -\dfrac{3}{2} + \dfrac{13}{6}t$, $y = \dfrac{5}{2} - \dfrac{17}{6}t$; (d) $17x + 13y = 7$:

(e) $\bar{N} = 17i + 13j$; (f) $(17i + 13j)\cdot\bar{R} = 7$ **5** (a) $\bar{M} = (-\sqrt{2} - \pi)i + (\sqrt{3} - e)j$;

(b) $\bar{R} = [\pi + t(-\sqrt{2} - \pi)]i + [e + t(\sqrt{3} - e)]j$; (c) $x = \pi - (\sqrt{2} + \pi)t$, $y = e + (\sqrt{3} - e)t$:

(d) $(\sqrt{3} - e)x + (\sqrt{2} + \pi)y = \sqrt{3}\pi + \sqrt{2}e$; (e) $\bar{N} = (\sqrt{3} - e)i + (\sqrt{2} + \pi)j$;

(f) $[(\sqrt{3} - e)i + (\sqrt{2} + \pi)j]\cdot\bar{R} = \sqrt{3}\pi + \sqrt{2}e$ **7** $\bar{R} = (7 - t)i + (3t - 2)j$

9 $\bar{R} = (3 + 4\cos t)i + (4 + 4\operatorname{sen}t)j$ **11** $\bar{R} = 5(t - \operatorname{sen}t)i + 5(1 - \cos t)j$
13 (a) $x = 2\cos t$, $y = 2\operatorname{sen}t$; (b) $x^2 + y^2 = 4$ **15** (a) $x = 5\cos 2t$, $y = -5\operatorname{sen}2t$;

(b) $x^2 + y^2 = 25$ **17** (a) $x = 4t$, $y = 3t + 5$; (b) $y = \dfrac{3}{4}x + 5$ **19** (a) $x = (t - 2)^{-1}$,

$y = 2t + 1$; (b) $y = \dfrac{2}{x} + 5$, $x \le -\dfrac{1}{2}$ **21** (b) $x + 3y = 7$; (c) $\dfrac{dy}{dx} = -\dfrac{1}{3}$, $\dfrac{d^2y}{dx^2} = 0$

23 (b) $y^2 = 25(x + 2)$; (c) $\dfrac{dy}{dx} = \dfrac{5}{2t}$, $\dfrac{d^2y}{dx^2} = \dfrac{-5}{4t^3}$ **25** (b) $y = \dfrac{x^2 - 4x + 6}{2 - x}$;

(c) $\dfrac{dy}{dx} = 2t^2 - 1$, $\dfrac{d^2y}{dx^2} = 4t^3$ **27** (b) $y = 3x + 1 \pm (1 + x)^{3/2}$; (c) $\dfrac{dy}{dx} = \dfrac{3}{2}(t + 1)$,

$\dfrac{d^2y}{dx^2} = \dfrac{3}{4(t - 1)}$ **31** $\bar{R} = ti + f(t)j$

Conjunto de problemas 6 pág. 724

1 (a) Reais exceto -1 e 1; (b) $8i + \dfrac{5}{3}j$; (c) $8i \dfrac{5}{3}j$; (d) Reais exceto -1 e 1   **3** (a) Reais

exceto 3; (b) indefinido; (c) $i + 13j$; (d) reais exceto 3   **5** (a) Reais exceto 0; (b) $\dfrac{6}{\pi}i + j$;

(c) $\dfrac{6}{\pi}i + j$; (d) reais exceto 3   **7** $6ti + 36t^3j$; $6i + 108t^2j$ **9** $3e^{3t}i + \dfrac{1}{t}j$; $9e^{3t}i - \dfrac{1}{t^2}j$

11 $(-5\operatorname{sen}t)i + (3\cos t)j$; $(-5\cos t)i - (3\operatorname{sen}t)j$ **13** $(-2t\operatorname{sen}t^2)i + (2t\cos t^2)j$;

$(-2\operatorname{sen}t^2 - 4t^2\cos t^2)i + (2\cos t^2 - 4t^2\operatorname{sen}t^2)j$ **15** $-\dfrac{1}{t^2}i - \dfrac{2}{t^3}j$; $\dfrac{2}{t^3}i + \dfrac{6}{t^4}j$

17 (a) $e^t i + e^t j$; (b) $e^t i + e^t j$; (c) $2e^{2t}$; (d) $\dfrac{2e^{2t} + 10e^t}{\sqrt{(e^t + 3)^2 + (e^t + 7)^2}}$

19 (a) $(12\cos 3t)i - (12\cos 3t)j$; (b) $(-36\operatorname{sen}3t)i + (36\operatorname{sen}3t)j$; (c) $-432\operatorname{sen}6t$;

(d) $(12\sqrt{2}\cos 3t)\dfrac{\operatorname{sen}3t}{|\operatorname{sen}3t|}$ **21** (a) $2e^{2t}(\cos 2t - \operatorname{sen}2t) + 2e^{-4t}(\cos 2t - 2\operatorname{sen}2t)$;

(b) $-5e^{-5t}i - 11e^{-11t}j$ **23** (a) $\dfrac{1}{t^2} - \dfrac{3}{t^2(t - 1)^2} - \dfrac{\ln t}{t^2} - \dfrac{6}{t^3(t - 1)}$;

(b) $\left(\dfrac{\cos 7t}{t} - 7\operatorname{sen} 7t \ln t\right)i - \left[\dfrac{7\operatorname{sen} 7t}{t-1} + \dfrac{\cos 7t}{(t-1)^2}\right]j$ **25** (a) $(3s^2 \cos t)i - (3s^2 \operatorname{sen} t)j$;

(b) $(6s + 9s^4)e^t i + (9s^4 - 6s)e^{-t}j$;   (c) 0;   (d) $2e^t \cos t + 2e^{-t} \operatorname{sen} t$ **39** (a) $\lim\limits_{t \to c^+} \bar{F}(t) = \bar{A}$ se

e somente se $\lim\limits_{t \to c^+} |\bar{F}(t) - \bar{A}| = 0$;   (b) $\lim\limits_{t \to c^-} \bar{F}(t) = \bar{A}$ se e somente se $\lim\limits_{t \to c^-} |\bar{F}(t) - \bar{A}| = 0$

Conjunto de problemas 7 pág. 730

1 (a) $6ti + 2j$; (b) $6i$; (c) $2\sqrt{9t^2 + 1}$ **3** (a) $2ti + \dfrac{1}{t}j$; (b) $2i - \dfrac{1}{t^2}j$; (c) $\dfrac{1}{|t|}\sqrt{4t^4 + 1}$

5 (a) $2(1 - \cos t)i + (2\operatorname{sen} t)j$; (b) $(2\operatorname{sen} t)i + (2\cos t)j$; (c) $2\sqrt{2(1 - \cos t)}$
7 (a) $(-\operatorname{sen} t + \cos t)i + (-\operatorname{sen} t - \cos t)j$; (b) $(-\cos t - \operatorname{sen} t)i + (-\cos t + \operatorname{sen} t)j$;
(c) $\sqrt{2}$ **9** (a) $e^t(\cos t - \operatorname{sen} t)i + e^t(\cos t + \operatorname{sen} t)j$; (b) $(-2e^t \operatorname{sen} t)i + (2e^t \cos t)j$; (c) $\sqrt{2}\,e^t$

11 (a) $27i + 5j$; (b) $14i$; (c) $\sqrt{754}$ **13** (a) $\dfrac{3\pi\sqrt{2}}{2}i - 2\pi\sqrt{2}j$; (b) $\dfrac{3\pi^2\sqrt{2}}{2}i + 2\pi^2\sqrt{2}j$;

(c) $\dfrac{5\pi\sqrt{2}}{2}$ **15** (a) $\sqrt{3}\,i - \dfrac{\sqrt{3}}{3}j$; (b) $-4i - \dfrac{4}{3}j$; (c) $\sqrt{\dfrac{10}{3}}$ **17** (a) $12i - 7j$; (b) $\sqrt{193}$;

(c) $\dfrac{12i - 7j}{\sqrt{193}}$ **19** (a) $2i + 6tj$; (b) $2\sqrt{1 + 9t^2}$; (c) $\dfrac{i + 3tj}{\sqrt{1 + 9t^2}}$

21 (a) $(-2\operatorname{sen} 2t)i + (2\cos 2t)j$; (b) 2; (c) $(-\operatorname{sen} 2t)i + (\cos 2t)j$

23 (a) $\dfrac{-\operatorname{sen} t}{(1 + \cos t)^2}i + \dfrac{1}{1 + \cos t}j$; (b) $\sqrt{2}(1 + \cos t)^{-3/2}$;

(c) $\dfrac{-\operatorname{sen} t}{\sqrt{2}(1 + \cos t)^{1/2}}i + \dfrac{1}{\sqrt{2}(1 + \cos t)^{-1/2}}j$ **25** $2\sqrt{74}$ **27** $\dfrac{1}{4}(e^2 + 1)$ **29** 6π

31 $\sqrt{2} - \sqrt{2}\,e^{-2\pi}$ **33** $\dfrac{\pi^2}{32}$ **35** $\ln(\sqrt{2} + 1)$ **37** $\displaystyle\int_{\theta_1}^{\theta_2} \sqrt{\left(\dfrac{dr}{d\theta}\right)^2 + r^2}\, d\theta$

39 $\dfrac{i + f'(x)j}{\sqrt{1 + [f'(x)]^2}}$

Conjunto de problemas 8 pág. 737

1 (a) $\dfrac{7i - 3j}{\sqrt{58}}$; (b) $\dfrac{3i + 7j}{\sqrt{58}}$; (c) 0; (d) indefinido   **3** (a) $(-\operatorname{sen} t)i + (\cos t)j$;

(b) $(-\cos t)i - (\operatorname{sen} t)j$; (c) $\dfrac{1}{3}$; (d) $(-\cos t)i - (\operatorname{sen} t)j$ **5** (a) $\dfrac{(-3\operatorname{sen} \pi t)i + (5\cos \pi t)j}{\sqrt{9\operatorname{sen}^2 \pi t + 25\cos^2 \pi t}}$;

(b) $\dfrac{(-5\cos \pi t)i - (3\operatorname{sen} \pi t)j}{\sqrt{9\operatorname{sen}^2 \pi t + 25\cos^2 \pi t}}$; (c) $\dfrac{15}{(9\operatorname{sen}^2 \pi t + 25\cos^2 \pi t)^{3/2}}$; (d) $\bar{N} = \bar{N}_l$

7 (a) $\dfrac{i + e^t j}{\sqrt{1 + e^{2t}}}$; (b) $\dfrac{-e^t i + j}{\sqrt{1 + e^{2t}}}$; (c) $\dfrac{e^t}{(1 + e^{2t})^{3/2}}$; (d) $\bar{N} = \bar{N}_l$ **9** (a) $\dfrac{t}{|t|}\left(\dfrac{3i + 2j}{\sqrt{13}}\right)$;

(b) $\dfrac{t}{|t|}\left(\dfrac{-2i + 3j}{\sqrt{13}}\right)$; (c) $\kappa = 0$; (d) indefinido   **11** (a) $\dfrac{-i + 2t^3 j}{\sqrt{1 + 4t^6}}$; (b) $\dfrac{-2t^3 i - j}{\sqrt{1 + 4t^6}}$;

(c) $\dfrac{-6t^4}{(1 + 4t^6)^{3/2}}$; (d) $\bar{N} = -\bar{N}_l$ **13** (a) $\dfrac{(-2\operatorname{sen} 2\theta)i + (\cos \theta)j}{\sqrt{4\operatorname{sen}^2 2\theta + \cos^2 \theta}}$;

(b) $\dfrac{(-\cos \theta)i - (2\operatorname{sen} 2\theta)j}{\sqrt{4\operatorname{sen}^2 2\theta + \cos^2 \theta}}$; (c) $4(16\operatorname{sen}^2 \theta + 1)^{-3/2}$; (d) $\bar{N} = \bar{N}_l$ **15** (a) $\dfrac{xi + j}{\sqrt{x^2 + 1}}$;

(b) $\dfrac{-i + xj}{\sqrt{x^2 + 1}}$; (c) $-x(x^2 + 1)^{-3/2}$; (d) $\bar{N} = -\bar{N}_l$ **17** (a) $\dfrac{i - \sqrt{3}j}{2}$; (b) $\dfrac{\sqrt{3}i + j}{2}$; (c) $\dfrac{1}{3}$;

(d) $\bar{N} = \bar{N}_t$ **19** (a) $\dfrac{\bar{i} + 4\bar{j}}{\sqrt{17}}$; (b) $\dfrac{-4\bar{i} + \bar{j}}{\sqrt{17}}$; (c) $\dfrac{52}{17^{3/2}}$; (d) $\bar{N} = \bar{N}_t$ **21** (a) $\dfrac{-32\bar{i} - 9\bar{j}}{\sqrt{1105}}$;

(b) $\dfrac{9\bar{i} - 32\bar{j}}{\sqrt{1105}}$; (c) $\dfrac{6912}{1105^{3/2}}$; (d) $\bar{N} = \bar{N}_t$

23 (a) $\bar{T} = \dfrac{\left(\dfrac{dr}{d\theta}\cos\theta - r\,\mathrm{sen}\,\theta\right)\bar{i} + \left(\dfrac{dr}{d\theta}\mathrm{sen}\,\theta + r\cos\theta\right)\bar{j}}{\sqrt{\left(\dfrac{dr}{d\theta}\right)^2 + r^2}}$;

(b) $N_t = \dfrac{-\left(\dfrac{dr}{d\theta}\,\mathrm{sen}\,\theta + r\,\mathrm{sen}\,\theta\right)\bar{i} + \left(\dfrac{dr}{d\theta}\cos\theta - r\cos\theta\right)\bar{j}}{\sqrt{\left(\dfrac{dr}{d\theta}\right)^2 + r^2}}$; (c) $\kappa = \dfrac{r^2 + 2\left(\dfrac{dr}{d\theta}\right)^2 - r\dfrac{d^2r}{d\theta^2}}{\sqrt{\left(\dfrac{dr}{d\theta}\right)^2 + r^2}}$;

(d) $\bar{N}_t = \begin{cases} \bar{N} & \text{se } \kappa > 0 \\ -\bar{N} & \text{se } \kappa < 0 \end{cases}$ **25** (a) $\dfrac{(-2\,\mathrm{sen}\,2\theta - \mathrm{sen}\,\theta)\bar{i} + (2\cos 2\theta + \cos\theta)\bar{j}}{\sqrt{5 + 4\cos\theta}}$;

(b) $-\dfrac{(2\cos 2\theta + \cos\theta)\bar{i} + (2\,\mathrm{sen}\,2\theta + \mathrm{sen}\,\theta)\bar{j}}{\sqrt{5 + 4\cos\theta}}$; (c) $\dfrac{9 + 6\cos\theta}{(5 + 4\cos\theta)^{3/2}}$; (d) $\bar{N} = \bar{N}_t$

27 (a) $\dfrac{(\cos\theta - \theta\,\mathrm{sen}\,\theta)\bar{i} + (\mathrm{sen}\,\theta + \theta\cos\theta)\bar{j}}{\sqrt{1 + \theta^2}}$; (b) $\dfrac{(-\mathrm{sen}\,\theta - \theta\cos\theta)\bar{i} + (\cos\theta - \theta\,\mathrm{sen}\,\theta)\bar{j}}{\sqrt{1 + \theta^2}}$;

(c) $\dfrac{\theta^2 + 2}{(\theta^2 + 1)^{3/2}}$; (d) $\bar{N} = \bar{N}_t$ **31** Se $\kappa > 0$ (respectivamente, $\kappa < 0$), curva tem concavidade para cima (respectivamente, para baixo)

Conjunto de problemas 9 pág. 744

1 (a) $\bar{V} = 5\bar{i}$; (b) $\bar{A} = \dfrac{50}{9}\bar{j}$ **3** $v = 2\pi\sqrt{\mathrm{sen}^2\,2\pi t + 9\cos^2\,2\pi t}$ **5** (a) $\bar{R} =$

$24\sqrt{3}\,t\bar{i} + (24t - 16t^2)\bar{j}$; (b) $\bar{V} = 24\sqrt{3}\,\bar{i} + (24 - 32t)\bar{j}$; (c) $\dfrac{3}{2}$ sec; (d) $24\sqrt{3}\,\bar{i} - 24\bar{j}$;

(e) $36\sqrt{3}$ ft   **7** $8\pi^2$ lb   **9** $\dfrac{55}{36}$ km   **11** $\dfrac{7}{\pi\sqrt{12}}$ rev/s

Conjunto de problemas de revisão pág. 744

5 Sim   **7** Sim   **11** $\dfrac{\bar{i}}{2} + 5\bar{j}$ **13** (a) $10\bar{i} - 5\bar{j}$; (b) $-8\bar{i} + 12\bar{j}$; (c) $4\bar{i} - 4\bar{j}$; (d) $2\bar{j}$;

(e) $10\bar{i} - 11\bar{j}$; (f) 7; (g) -97; (h) $\sqrt{5}$; (i) 2; (j) $2\sqrt{5} + 3\sqrt{13}$ **15** $\dfrac{\pi}{4}, \dfrac{\pi}{4}, \dfrac{\pi}{2}$

17 $-y\bar{i} + x\bar{j}$ **21** $\dfrac{6}{5}$ **25** (a) $2x + 5y = 26$; (b) $(2\bar{i} + 5\bar{j}) \cdot (\bar{R} - 3\bar{i} - 4\bar{j}) = 0$;

(c) $\bar{R} = (3 + 5t)\bar{i} + (4 - 2t)\bar{j}$; (d) $x = 3 + 5t,\ y = 4 - 2t$ **29** $\bar{R} = (\cosh t)\bar{i} + (\mathrm{senh}\ t)\bar{j}$

31 (a) $-(t - 1)^{-2}\bar{i} - 6t(t^2 - 2)^{-2}\bar{j}$; (b) $2(t - 1)^{-3}\bar{i} + [-6(t^2 - 2)^{-2} + 24t^2(t^2 - 2)^{-3}]\bar{j}$

33 (a) $5e^{5t}\bar{i} - 3e^{-3t}\bar{j}$; (b) $25e^{5t}\bar{i} + 9e^{-3t}\bar{j}$

35 (a) $\dfrac{2t - \mathrm{sen}\,t + \cos t - t\cos t - t\,\mathrm{sen}\,t}{\sqrt{2t^2 - 2t\,\mathrm{sen}\,t + 2t\cos t + 1}}$; (b) $\mathrm{sen}\,t - \cos t$ **37** (a) $\dfrac{4(e^{8t} - e^{-8t})}{\sqrt{e^{8t} + e^{-8t}}}$;

(b) $64(e^{8t} - e^{-8t})$ **39** $(e^t - \mathrm{sen}\,2t)\bar{i} + (2t + \mathrm{sen}\,2t)\bar{j}$ **41** $\dfrac{e^{2t} + 2t^3 - 2t}{\sqrt{e^{2t} + (t^2 - 1)^2}}$

43 $e^{2t} + 4t$ **45** 6   **47** $\dfrac{87}{8}$ **49** (a) $\bar{j}$; (b) 3; (c) $-\bar{i}$ **51** (a) $\dfrac{2\bar{i} + 3\bar{j}}{\sqrt{13}}$; (b) $\dfrac{6}{13^{3/2}}$;

(c) $\dfrac{-3\bar{i} + 2\bar{j}}{\sqrt{13}}$ **53** (a) $3t^2\bar{i} + 8t^3\bar{j}$; (b) $6t\bar{i} + 24t^2\bar{j}$; (c) $t^2\sqrt{9 + 64t^2}$; (d) $\dfrac{t(18 + 192t^3)}{\sqrt{9 + 64t^2}}$;

(e) $\dfrac{(54t + 576t^3)\vec{i} + (144t^2 + 1536t^4)\vec{j}}{9 + 64t^2}$; (f) $\dfrac{-192t^3\vec{i} + 72t^2\vec{j}}{9 + 64t^2}$

55 (a) $(-21\,\text{sen}\,7t)\vec{i} + (21\cos 7t)\vec{j}$; (b) $(-147\cos 7t)\vec{i} + (-147\,\text{sen}\,7t)\vec{j}$; (c) 21; (d) 0;
(e) 0; (f) $(-147\cos 7t)\vec{i} + (-147\,\text{sen}\,7t)\vec{j}$ **57** (a) $t\vec{i} + t^2\vec{j}$; (b) $\vec{i} + 2t\vec{j}$; (c) $\sqrt{t^2 + t^4}$;

(d) $\dfrac{t + 2t^3}{\sqrt{t^2 + t^4}}$; (e) $\dfrac{(1 + 2t^2)\vec{i} + (t + 2t^3)\vec{j}}{1 + t^2}$; (f) $\dfrac{-t^2\vec{i} + t\vec{j}}{1 + t^2}$ **59** $\dfrac{1807}{432}$

Capítulo 15

Conjunto de problemas 1 pág. 754
3 (a) $(-1, 2, 4)$; (b) $(-1, -2, 4)$; (c) $(-1, -2, -4)$; (d) $(1, 4, 4)$ **5** (a) $(-2, -1, -3)$;
(b) $(-2, 1, -3)$; (c) $(-2, 1, 3)$; (d) $(2, 1, -3)$ **7** Uma reta paralela ao eixo y e
contendo $(-1, 0, 2)$ **9** Todos os pontos em ou acima do plano horizontal $z = 1$

23 $(3, -1, 7)$ **25** $z = -4$ **27** $x = 27$ **29** $x = 5, z = -\dfrac{7}{2}$

31 $x^2 + y^2 + z^2 = 25$ **33** $x = 7, y^2 + z^2 = 25$ **35** (a) 3; (b) 10; (c) 5; (d) $\sqrt{42}$

Conjunto de problemas 2 pág. 761
1 $7\vec{i} + 2\vec{j} - 5\overline{k}$ **3** $10\vec{i} - 17\vec{j} - 2\overline{k}$ **5** $34\vec{i} + 10\vec{j} - 24\overline{k}$
7 $(3\sqrt{18} - 4\sqrt{26})\vec{i} + (\sqrt{18} - \sqrt{26})\vec{j} + (\sqrt{26} - 4\sqrt{18})\overline{k}$ **9** $\sqrt{929}$ **11** 17 **13** 46

15 98 **17** $58\vec{i} + 14\vec{j} - 14\overline{k}$ **19** $\cos^{-1}\left(\dfrac{17}{6\sqrt{13}}\right)$ **21** $\cos^{-1}\left(\dfrac{4}{\sqrt{195}}\right)$ **23** $\dfrac{4}{\sqrt{18}}$,

$\dfrac{1}{\sqrt{18}}, -\dfrac{1}{\sqrt{18}}$ **25** $\cos^{-1}\left(\dfrac{-1}{\sqrt{10}}\right), 90°, \cos^{-1}\left(\dfrac{-3}{\sqrt{10}}\right)$ **27** 3 **29** $\sqrt{5}$ **31** $\dfrac{2}{15}, -\dfrac{2}{3}, -\dfrac{11}{15}$

33 $\dfrac{8}{\sqrt{101}}, \dfrac{1}{\sqrt{101}}, \dfrac{-6}{\sqrt{101}}$ **35** Sim   **37** Não   **43** Sim   **45** $(23, 20, 9)$ **49** Não

51 Não   **55** (a) $x_1 x_2 + y_1 y_2 + z_1 z_2$; (b) $\sqrt{(x_1)^2 + (y_1)^2 + (z_1)^2}$;

(c) $\dfrac{x_1}{\sqrt{(x_1)^2 + (y_1)^2 + (z_1)^2}}, \dfrac{y_1}{\sqrt{(x_1)^2 + (y_1)^2 + (z_1)^2}}, \dfrac{z_1}{\sqrt{(x_1)^2 + (y_1)^2 + (z_1)^2}}$

Conjunto de problemas 3 pág. 768
1 Esquerda **3** Direita **5** Esquerda **7** Direita **9** Esquerda **11** $-\vec{j}$ **13** $\vec{j}$ **15** $\overline{k}$
17 $\vec{i} \times \overline{k} = -\vec{j}, \vec{j} \times \vec{i} = -\overline{k}, \vec{j} \times \vec{j} = \vec{0}, \overline{k} \times \vec{i} = \vec{j}, \overline{k} \times \vec{j} = -\vec{i}, \overline{k} \times \overline{k} = \vec{0}$ **19** $-24\vec{i}$
21 $3\vec{j}$ **23** $-2\vec{j}$ **25** $3\vec{i} - 6\vec{j}$ **27** $3\vec{i} + 2\vec{j} - 5\overline{k}$ **29** $-21\vec{i} - 14\vec{j} + 11\overline{k}$
31 133 **33** 36 **35** Mesma direção   **41** Falso

Conjunto de problemas 4 pág. 773
1 $11\vec{i} + 22\vec{j} - 39\overline{k}$ **3** 988 **5** $35\vec{i} - 14\overline{k}$ **7** $57\vec{i} + 318\vec{j} + 168\overline{k}$
9 $-11\vec{i} - 29\vec{j} - 13\overline{k}$ **11.** $2\vec{i} - 47\vec{j} - 29\overline{k}$ **13** -17 **15** 0 **17** 17 **19** 0
21 0 **23** -133 **25** 239 **27** $128\vec{i} + 17\vec{j} - 41\overline{k}$ **29** $35\vec{i} - 14\overline{k}$ **31** $2\sqrt{2}$

33 $\dfrac{\sqrt{341}}{4}$ **35** 5 **37** 26 **39** (a) linearmente independente; (b) lado direito

41 Coplanar   **43** $\dfrac{1}{2}\sqrt{66}$ **45** $\dfrac{33}{2}$ **47** $\dfrac{1}{2}|\overline{A} \times \overline{B}|$

Conjunto de problemas 5 pág. 783
1 $(\vec{i} + 2\vec{j} - 3\overline{k}) \cdot [(x - 1)\vec{i} + (y + 1)\vec{j} + (z - 2)\overline{k}] = 0, x + 2y - 3z + 7 = 0$
3 $(5\vec{i} - 2\vec{j} + 10\overline{k}) \cdot (x\vec{i} + y\vec{j} + z\overline{k}) = 0, 5x - 2y + 10z = 0$
5 $(45\vec{i} + 10\vec{j} - 51\overline{k}) \cdot [x\vec{i} + (y - 8)\vec{j} + z\overline{k}] = 0, 45x + 10y - 51z = 80$

7 (a) $\dfrac{2\vec{i}}{7} + \dfrac{3\vec{j}}{7} + \dfrac{6\overline{k}}{7}$; (b) $6, 4, 2$ **9** (a) $\dfrac{12}{13}\vec{j} - \dfrac{5}{13}\overline{k}$; (b) Nenhum, $5, -12$

11 (a) $\dfrac{\vec{i}}{\sqrt{2}} - \dfrac{3\vec{j}}{5\sqrt{2}} - \dfrac{4\overline{k}}{5\sqrt{2}}$; (b) $0, 0, 0$ **13** $6x - 3y - 2z + 25 = 0$ **15** $2y - z = 1$

17 $x + \sqrt{2}\,y + z = 2 + \sqrt{2}$ **19** $(0,0,0)$ está no plano

21 Paralelo ao plano xy **23** Paralelo ao eixo y

25 (a) $(\bar{i} - \bar{j} + 2\bar{k}) \times [(x-1)\bar{i} + (y-3)\bar{j} + (z+2)\bar{k}] = \bar{0}$; (b) $\dfrac{x-1}{1} = \dfrac{y-3}{-1} = \dfrac{z+2}{2}$;

(c) $\bar{R} = (1+t)\bar{i} + (3-t)\bar{j} + (-2+2t)\bar{k}$; (d) $x = 1+t$, $y = 3-t$, $z = -2+2t$

27 (a) $\overline{M} \times (\bar{R} - \bar{R}_0) = \bar{0}, \overline{M} = 4\bar{i} - 2\bar{j} + 5\bar{k}, \bar{R}_0 = 3\bar{i} + \bar{j} - 4\bar{k}$; (b) $\dfrac{x-3}{4} = \dfrac{y-1}{-2} = \dfrac{z+4}{5}$;

(c) $\bar{R} = \bar{R}_0 + t\overline{M}$; (d) $x = 3 + 4t$, $y = 1 - 2t$, $z = -4 + 5t$ **29** (a) $\overline{M} \times (\bar{R} - \bar{R}_0) = \bar{0}$,

$\overline{M} = -\dfrac{1}{2}\bar{i} + \dfrac{1}{2}\bar{j} + \dfrac{\sqrt{2}}{2}\bar{k}, \bar{R}_0 = \bar{k}$; (b) $\dfrac{x}{-1} = \dfrac{y}{1} = \dfrac{z-1}{\sqrt{2}}$; (c) $\bar{R} = \bar{R}_0 + t\overline{M}$; (d) $x = -t$,

$y = t$, $z = 1 + \sqrt{2}\,t$ **31** (a) $\overline{M} \times (\bar{R} - \bar{R}_0) = 0, M = 6\bar{i} + 2\bar{j} + 3\bar{k}, \bar{R}_0 = 4\bar{j} + 5\bar{k}$;

(b) $\dfrac{x}{6} = \dfrac{y-4}{2} = \dfrac{z-5}{3}$; (c) $\bar{R} = \bar{R}_0 + t\overline{M}$; (d) $x = 6t$, $y = 4 + 2t$, $z = 5 + 3t$

33 (a) $\bar{M} \times (\bar{R} - \bar{R}_0) = \bar{0}, \bar{M} = \bar{i}, \bar{R}_0 = 7\bar{i} + \bar{j} - 4\bar{k}$; (b) $y - 1 = 0$, $z + 4 = 0$, sem restrição em x; (c) $\bar{R} = \bar{R}_0 + t\bar{M}$; (d) $x = 7 + t$, $y = 1$, $z = -4$

35 $\dfrac{x-2}{2} = \dfrac{y}{11} = \dfrac{z}{5}$

37 Contém $(0,0,0)$ **39** Paralelo ao eixo z **41** Paralelo ao plano xz

Conjunto de problemas 6 pág. 792

1 $\dfrac{5}{11}$ **3** $\sqrt{2}$ **5** $\dfrac{10\sqrt{6}}{9}$ **7** $\dfrac{10}{3}$ **9** $\cos^{-1}\left(\dfrac{3}{\sqrt{14}}\right)$ **11** $\cos^{-1}\dfrac{22}{63}$ **13** 2

15 $5x + 2y - 11z + 21 = 0$ **17** $5x + 3y - 2z = 8$ **19** $\dfrac{|D|}{\sqrt{a^2 + b^2 + c^2}}$ **21** $\dfrac{2\sqrt{70}}{7}$

23 $\dfrac{6\sqrt{14}}{\sqrt{19}}$ **25** $\dfrac{85}{\sqrt{377}}$ **27** $\dfrac{14}{\sqrt{65}}$ **29** Encontra em $(11, 0, -8)$ **31** $45°$

33 (a) $\cos^{-1}\left(\dfrac{1}{2\sqrt{21}}\right)$; (c) $(1, -1, 2)$ **35** $2x - y - z = 1$ **37** linha de interseção:

$\dfrac{x}{2} = \dfrac{z+3}{3}, y = 1$ **39** $5x - 3y + 8z + 3 = 0$ **41** $7x + y - 10z = 44$ **43** $(2, 2, 2)$

47 Valor absoluto de $\dfrac{1}{6}\begin{vmatrix} x_1 - x_2 & y_1 - y_2 & z_1 - z_2 \\ x_3 - x_2 & y_3 - y_2 & z_3 - z_2 \\ x_0 - x_1 & y_0 - y_1 & z_0 - z_1 \end{vmatrix}$

Conjunto de problemas 7 pág. 805

1 (a) $5\bar{i} + 4\bar{j} + 2\bar{k}$; (b) Reais; (c) $10\bar{i} + 3\bar{j} - 2\bar{k}$; (d) $10\bar{i} - 2\bar{k}$ **3** (a) $\bar{i} + \bar{j}$;

(b) $(-\infty, 1)$; (c) $2\bar{i} - \bar{k}$; (d) $2\bar{i} - \bar{j} - \bar{k}$ **5** (a) $\bar{j} + \dfrac{\pi^3}{64}\bar{k}$; (b) Reais;

(c) $-2\bar{i} + \dfrac{3\pi^2}{16}\bar{k}$; (d) $-4\bar{j} + \dfrac{3\pi}{2}\bar{k}$ **7** $30t\bar{i} + (9t^2 - 6)\bar{j} + 12t^3\bar{k}$

9 $5t^4 + 10t + 1 + \dfrac{2}{t^2}$ **11** $(4t^3 - 2t)\bar{i} + (4t^3 - 15t^2)\bar{j} + (2 - 3t^2)\bar{k}$

13 $\dfrac{25t + 2t(t^2 - 2) + 3t^5}{\sqrt{25t^2 + (t^2 - 2)^2 + t^6}}$ **15** (a) $(-4\,\text{sen}\,2t)\bar{i} + (6\cos 2t)\bar{j} + \bar{k}$;

(b) $\sqrt{16\,\text{sen}^2\,2t + 36\cos^2 2t + 1}$; (c) $(-8\cos 2t)\bar{i} - (12\,\text{sen}\,2t)\bar{j}$

17 (a) $-e^{-t}\bar{i} + 2e^t\bar{j} + 3t^2\bar{k}$; (b) $\sqrt{e^{-2t} + 4e^{2t} + 9t^4}$; (c) $e^{-t}\bar{i} + 2e^t\bar{j} + 6t\bar{k}$

19 (a) $(\text{sen}\,t + t\cos t)\bar{i} + (\cos t - t\,\text{sen}\,t)\bar{j} + 2t\bar{k}$; (b) $\sqrt{5t^2 + 1}$;

(c) $(2\cos t - t\,\text{sen}\,t)\bar{i} + (-2\,\text{sen}\,t - t\cos t)\bar{j} + 2k$ **21** 10 **23** $\sqrt{3}(1 - e^{-\pi})$

25 $\dfrac{99\sqrt{2}}{4}$ **27** (a) $(-2\,\text{sen}\,t)\bar{i} + (3\cos t)\bar{j} + \bar{k}$; (b) $\sqrt{4\,\text{sen}^2\,t + 9\cos^2 t + 1}$;

(c) $(-2\cos t)i - (3\,\text{sen}\,t)j$; (d) $\dfrac{-2\,\text{sen}\,ti + 3\cos tj + \bar{k}}{\sqrt{4\,\text{sen}^2\,t + 9\cos^2\,t + 1}}$; (e) $(3\,\text{sen}\,t)i - (2\cos t)j + 6\bar{k}$;

(f) $\dfrac{\sqrt{9\,\text{sen}^2\,t + 4\cos^2\,t + 36}}{(4\,\text{sen}^2\,t + 9\cos^2\,t + 1)^{3/2}}$; (g) $\dfrac{(-4\cos t)i - (3\,\text{sen}\,t)j + (\text{sen}\,t\cos t)\bar{k}}{\sqrt{16\cos^2\,t + 9\,\text{sen}^2\,t + \text{sen}^2\,t\cos^2}}$;

(h) $\dfrac{(3\,\text{sen}\,t)i - (2\cos t)j + 6\bar{k}}{\sqrt{9\,\text{sen}^2\,t + 4\cos^2\,t + 36}}$; (i) $(2\,\text{sen}\,t)i - (3\cos t)j$; (j) $\dfrac{6}{9\,\text{sen}^2\,t + 4\cos^2\,t + 36}$

29 (a) $(2e^{2t} - 2e^{-2t})i + (2e^{2t} + 2e^{-2t})j + 5\bar{k}$; (b) $\sqrt{8e^{4t} + 8e^{-4t} + 25}$;

(c) $(4e^{2t} + 4e^{-2t})i + (4e^{2t} - 4e^{-2t})j$; (d) $\dfrac{(2e^{2t} - 2e^{-2t})i + (2e^{2t} + 2e^{-2t})j + 5\bar{k}}{\sqrt{8e^{4t} + 8e^{-4t} + 25}}$;

(e) $20(e^{-2t} - e^{2t})i + 20(e^{2t} + e^{-2t})j - 32\bar{k}$; (f) $\kappa = \dfrac{4\sqrt{50(e^{4t} + e^{-4t}) + 64}}{[8(e^{4t} + e^{-4t}) + 25]^{3/2}}$;

(g) $\dfrac{41(e^{2t} + e^{-2t})i + 9(e^{2t} - e^{-2t})j - 20(e^{4t} - e^{-4t})\bar{k}}{\sqrt{[50(e^{4t} + e^{-4t}) + 64](8e^{4t} + 8e^{-4t} + 25)}}$;

(h) $\dfrac{5(e^{-2t} - e^{2t})i + 5(e^{2t} + e^{-2t})j - 8\bar{k}}{\sqrt{50(e^{4t} + e^{-4t}) + 64}}$; (i) $8(e^{2t} - e^{-2t})i + 8(e^{2t} + e^{-2t})j$;

(j) $\dfrac{20}{25(e^{4t} + e^{-4t}) + 32}$ **31** (a) $i + 2tj + t^2\bar{k}$; (b) $t^2 + 1$; (c) $\sqrt{2}j + 2t\bar{k}$;

(d) $\dfrac{i + \sqrt{2}\,tj + t^2\bar{k}}{t^2 + 1}$; (e) $\sqrt{2}\,t^2i - 2tj + \sqrt{2}\,\bar{k}$; (f) $\dfrac{\sqrt{2}}{(t^2 + 1)^2}$; (g) $\dfrac{-\sqrt{2}\,ti - (t^2 - 1)j + \sqrt{2}\,t\bar{k}}{t^2 + 1}$;

(h) $\dfrac{t^2i - \sqrt{2}\,tj + \bar{k}}{t^2 + 1}$; (i) $2\bar{k}$; (j) $\dfrac{\sqrt{2}}{(t^2 + 1)}$ **33** $\overline{T} = \dfrac{(-a\,\text{sen}\,t)i + (a\cos t)j + b\bar{k}}{\sqrt{a^2 + b^2}}$,

$\overline{N} = (-\cos t)i - (\text{sen}\,t)j$, $\overline{B} = \dfrac{(b\,\text{sen}\,t)i - (b\cos t)j + a\bar{k}}{\sqrt{a^2 + b^2}}$, $\kappa = \dfrac{a}{a^2 + b^2}$, $\tau = \dfrac{b}{a^2 + b^2}$

37 $\dfrac{d^2\overline{F}}{dt^2} \times \overline{G} + 2\dfrac{d\overline{F}}{dt} \times \dfrac{d\overline{G}}{dt} + \overline{F} \times \dfrac{d^2\overline{G}}{dt^2}$

Conjunto de problemas 8 pág. 811

1 $(x - 2)^2 + (y + 1)^2 + (z - 3)^2 = 16$ **3** $(x - 4)^2 + (y - 1)^2 + (z - 3)^2 = 9$
5 $(1, 0, -2)$, $R = 3$ **7** $(-1, 1, 0)$, $R = 3$ **9** $(3, -1, 2)$, $R = \sqrt{33}$
11 (a) eixo x; (b) plano yz; (c) parábola   **13** (a) eixo x; (b) plano yz; (c) hipérbole
15 (a) eixo y; (b) plano xz; (c) duas semi-retas encontrando-se em O
17 (a) eixo z; (b) plano xy; (c) curva exponencial
19 (a) eixo x; (b) plano xz; (c) parábola
21 (a) eixo y; (b) plano xz; (c) duas retas encontrando-se em O **23** $y^2 + z^2 = x^2$
25 $y^2 + z^2 = (\ln x)^2$ **27** $z = x^2 + y^2$ **29** $6x^2 + 6y^2 + 6z^2 = 7$
31 eixo z, $x^2 + z = 3$ **33** eixo x, $x^2 - 9y^2 = 18$ **35** eixo z, $x^2 = \text{sen}^2\,z$

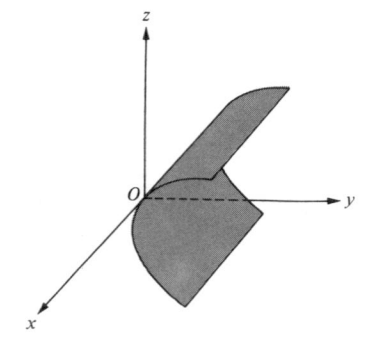

Figura, problema 11

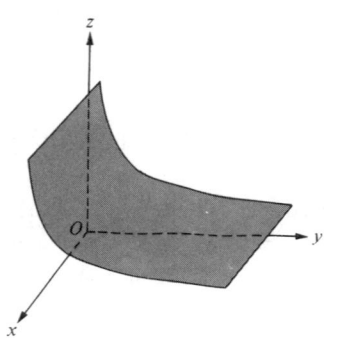

Figura, problema 13

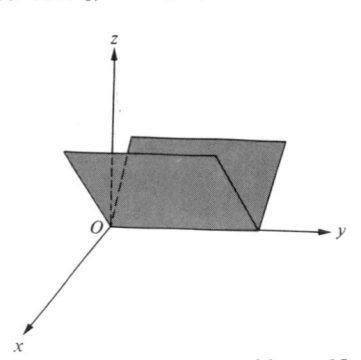

Figura, problema 15

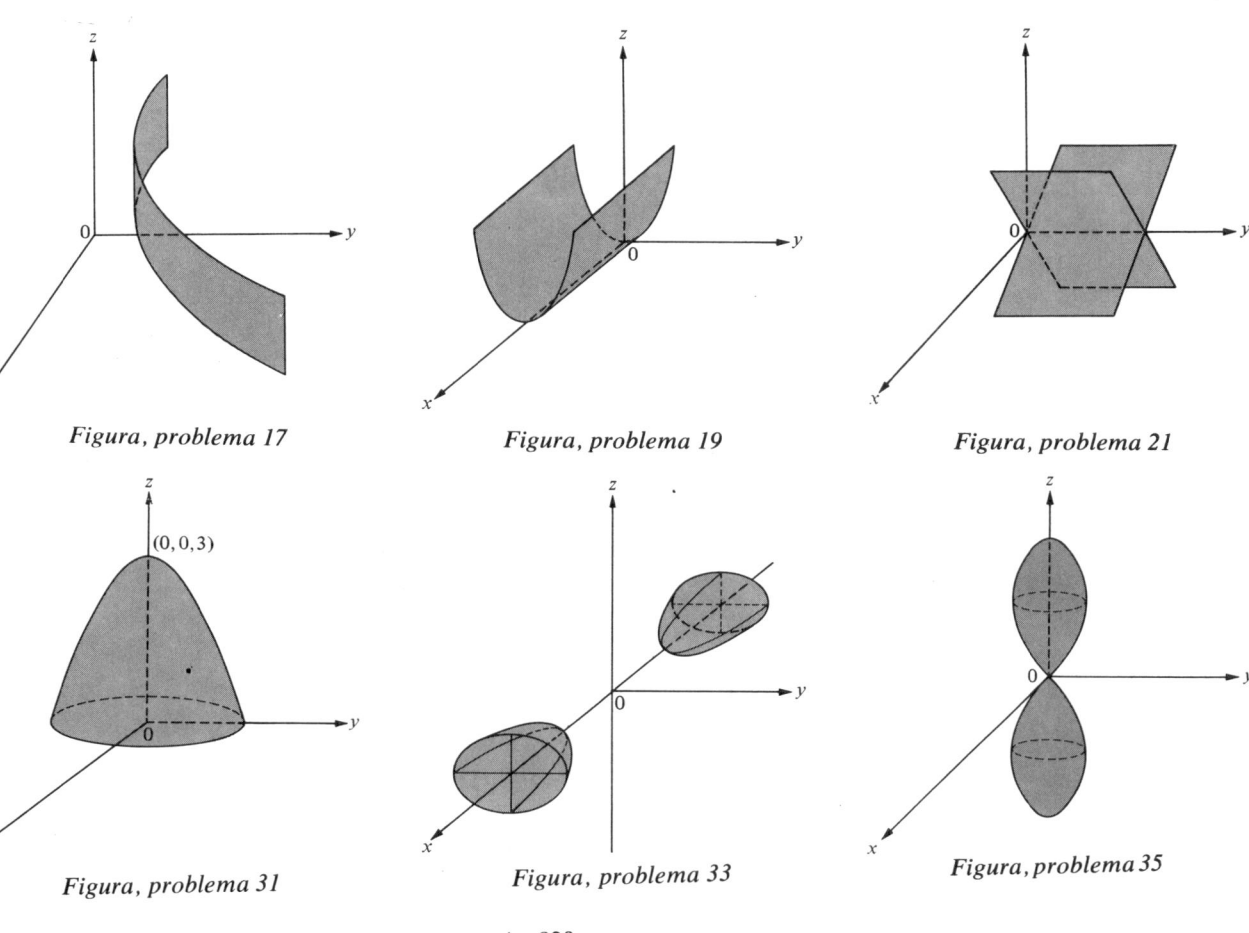

Figura, problema 17

Figura, problema 19

Figura, problema 21

Figura, problema 31

Figura, problema 33

Figura, problema 35

Conjunto de problemas 9 pág. 820

1 $3y^2 + z^2 = 4$, elipse   **3** $z^2 - \dfrac{x^2}{16} = \dfrac{13}{9}$, hipérbole   **5** $25x^2 + 4y^2 = 100$, elipse

7 $9 - 16y^2 = z$, parábola   **9** (a) $(\pm\sqrt{6}, 0, 0)$, $(0, \pm\sqrt{2}, 0)$, $(0, 0, \pm\sqrt{3})$; (b) todas as simetrias;   (c) as elipses $3y^2 + 2z^2 = 6 - k^2$, $x^2 + 2z^2 = 6 - 3k^2$, $x^2 + 3y^2 = 6 - 2k^2$; (d) as elipses $3y^2 + 2z^2 = 6$, $x^2 + 2z^2 = 6$; $x^2 + 3y^2 = 6$; (e) Elipsóide

11 (a) $(\pm 3, 0, 0)$, não intercepta o eixo y, $(0, 0, \pm 2)$; (b) todas as simetrias; (c) a hipérbole $9y^2 - 9z^2 = 4k^2 - 36$ (par de retas para $k = \pm 3$), a elipse $4x^2 + 9z^2 = 36 + 9k^2$, a hipérbole $4x^2 - 9y^2 = 36 = 9k^2$ (par de retas para $k = \pm 2$); (d) hipérbole $9z^2 - 9y^2 = 36$, elipse $4x^2 + 9z^2 = 36$, hipérbole $4x^2 - 9y^2 = 36$; (e) hiperbolóide de uma folha.

13 (a) $(\pm 2, 0, 0)$, sem interseções com os eixos y ou z. (b) Todas as simetrias; (c) elipse $4y^2 + 4z^2 = k^2 - 4$, hipérbole $x^2 - 4z^2 = 4 + 4k^2$, hipérbole $x^2 - 4y^2 = 4 + 4k^2$; (d) hipérbole $x^2 - 4z^2 = 4$, hipérbole $x^2 - 4y^2 = 4$, não traça o plano yz; (e) hiperbolóide de 2 folhas.

15 (a) Não intercepta o eixo x, $(0, \pm 3, 0)$ não intercepta o eixo z; (b) todas as simetrias; (c) hipérbole $y^2 - 9z^2 = 9 + 9k^2$, elipse $9x^2 + 9z^2 = k^2 - 9$, hipérbole $y^2 - 9x^2 = 9 + 9k^2$; (d) hipérbole $y^2 - 9z^2 = 9$, hipérbole $y^2 - 9x^2 = 9$, não traça o plano xz; (e) hiperbolóide de 2 folhas.

17 (a) $(0, 0, 0)$; (b) todas as simetrias; (c) hipérbole $8z^2 - 5y^2 = k^2$, hipérbole

$8z^2 - x^2 = 5k^2$, elipse $x^2 + 5y^2 = 8k^2$; (d) duas linhas $z = \pm\sqrt{\dfrac{5}{8}}\, y$, duas

linhas $z = \pm\sqrt{\dfrac{1}{8}}\, x$, ponto $(0, 0)$; (e) cone elíptico.

19 (a) $(0, 0, 0)$; (b) simetria com respeito ao plano xz, plano yz e eixo z; (c) parábola $3z - k^2 = y^2$, parábola $3z - k^2 = x^2$, círculo $3k = x^2 + y^2$; (d) parábola $3z = y^2$, parábola $3z = x^2$, ponto $(0, 0)$; (e) parábola elíptica (parabolóide de revolução).

21 (a) $(0, 0, 0)$; (b) simetria com respeito ao plano xz, plano yz, e eixo z; (c)

parábola $\dfrac{k^2}{16} - 3z = \dfrac{y^2}{9}$, parábola $\dfrac{x^2}{16} = 3z + \dfrac{k^2}{9}$, hipérbole $\dfrac{x^2}{16} - \dfrac{y^2}{9} = 3k$;

(d) parábola $-3z = \dfrac{y^2}{9}$, parábola $\dfrac{x^2}{16} = 3z$, duas linhas $y = \pm\dfrac{3}{4}x$;

(e) parabolóide hiperbólico.

23 (a) $(0, 0, 0)$; (b) simetria em relação ao plano xy, plano yz e eixo y; (c) parábola $k^2 = y + z^2$, hipérbole $x^2 - z^2 = k$, parábola $x^2 = y + k^2$; (d) parábola $y = -z^2$, duas linhas $x = \pm z$, parábola $x^2 = y$; (e) parabolóide hiperbólico.

27 Uma equação equivalente é obtida quando x, y e z são substituídos por $-x$, $-y$ e $-z$ respectivamente.

29 (a) Elipse $\dfrac{y^2}{b^2} + \dfrac{z^2}{c^2} = 1 - \dfrac{k^2}{a^2}$ para $k < a$, pontos $(\pm a, 0, 0)$ para $k = \pm a$;

(b) elipse $\dfrac{x^2}{a^2} + \dfrac{z^2}{c^2} = 1 - \dfrac{k^2}{b^2}$ para $|k| < b$, pontos $(0, \pm b, 0)$ para $k = \pm b$;

(c) elipse $\dfrac{x^2}{a^2} + \dfrac{y^2}{b^2} = 1 - \dfrac{k^2}{c^2}$ para $|k| < c$, pontos $(0, 0, \pm c)$ para $k = \pm c$.

31 Com $x = k \neq 0$, a hipérbole $\dfrac{z^2}{c^2} - \dfrac{y^2}{b^2} = \dfrac{k^2}{a^2}$; com $x = 0$, o par de linhas

concorrentes $z = \pm\dfrac{c}{b}y$; com $y = k \neq 0$, a hipérbole $\dfrac{z^2}{c^2} - \dfrac{x^2}{a^2} = \dfrac{k^2}{b^2}$;

com $y = 0$, o par de linhas concorrentes $z = \pm\dfrac{c}{a}x$; com $z = k \neq 0$, a

elipse $\dfrac{x^2}{a^2} + \dfrac{y^2}{b^2} = \dfrac{k^2}{c^2}$; com $z = 0$, o ponto $(0, 0, 0)$.

33 Com $z = k$, $k < 0$, a hipérbole $\dfrac{x^2}{a^2} - \dfrac{y^2}{b^2} = -k$; com $z = 0$ o par de linhas

concorrentes $y = \pm\dfrac{b}{a}x$; com $z = k$, $k > 0$ a hipérbole $\dfrac{y^2}{b^2} - \dfrac{x^2}{a^2} = k$

35 $x^2 + y^2 = -4z$, parabolóide de revolução em torno do eixo z (negativo)
37 $9x^2 + 9z^2 = 4y^2$, cone circular
39 $23x^2 + 27y^2 + 36z^2 = 351$, elipsóide

Conjunto de problemas 10 pág. 831

1 $(2, 2\sqrt{3}, 1)$ **3** $\left(\dfrac{5\sqrt{3}}{2}, \dfrac{5}{2}, -2\right)$ **5** $(4, 0, 1)$ **7** $\left(6, \dfrac{5\pi}{6}, 6\right)$ **9** $\left(\dfrac{3}{2}, \dfrac{\sqrt{3}}{2}, 1\right)$

11 $(-9, 3\sqrt{3}, -6)$ **13** $\left(1, \dfrac{3\pi}{2}, \dfrac{\pi}{2}\right)$ **15** $\left(\sqrt{14}, \tan^{-1}2, \cos^{-1}\left(\dfrac{-3}{\sqrt{14}}\right)\right)$

17 (a) $z = 2r^2$; (b) $2\rho\operatorname{sen}^2\phi = \cos\phi$ **19** (a) $r\cos\theta = 2$; (b) $\rho\operatorname{sen}\phi\cos\theta = 2$
21 (a) $r^2 = 5z^2$; (b) $\tan\phi = \sqrt{5}$ **23** (a) $r = 5$; (b) $\rho\operatorname{sen}\phi = 5$
25 (a) $r^2 - z^2 = 1$; (b) $\rho^2\cos2\phi = -1$ **27** (a) $z = x^2 + y^2$; (b) $\cos\phi = \rho\operatorname{sen}^2\phi$

29 (a) $\dfrac{x^2}{9} + \dfrac{y^2}{9} + \dfrac{z^2}{4} = 1$; (b) $\rho^2(4\operatorname{sen}^2\phi + 9\cos^2\phi) = 36$ **31** (a) $x^2 + y^2 = 4x$;

(b) $\rho\operatorname{sen}\phi = 4\cos\theta$ **33** (a) $x^2 + y^2 + z^2 = 4$; (b) $r^2 + z^2 = 4$ **35** (a) $x^2 + y^2 = 9$;
(b) $r = 3$ **37** (a) $3z^2 = x^2 + y^2$; (b) $3z^2 = r^2$ **39** $(r^2 + z^2)^{3/2} = 2rz$

41 $\dfrac{1}{2}\sqrt{2}\,\pi\sqrt{1 + 2\pi^2} + \dfrac{1}{2}\ln\left(\sqrt{1 + 2\pi^2} + \sqrt{2}\,\pi\right)$

Conjunto de problemas de revisão pág. 833

1 $(-2, -1, -3)$ **3** $(-3, 2, 1)$ **5** $(-3, -1, 5)$ **7** (a) $\sqrt{46}$; (b) $\sqrt{37}$; (c) 6;

(d) $\sqrt{6}$; (e) $2\sqrt{46}$ **9** Não colinear **11** $\dfrac{\pi}{3}$ **13** $-6i - 5j$ **15** $\sqrt{61}$ **17** 0

19 0 **21** $-8i + 8j + 8\overline{k}$ **23** $16i - 16j + 16\overline{k}$ **25** 8 **27** $\cos^{-1}\left(\dfrac{-21}{\sqrt{910}}\right)$ **29** 8

31 Sim **33** $x + 2y + 3z = 14$ **35** $4x + 2y + 3z = 5$ **37** $x + 3z = 7$

39 $3x + 8y - 7z + 23 = 0$ **41** (a) $x = 5 + 3t, y = 6 + 7t, z = -4 - 5t$; (b) $\dfrac{x - 5}{3} =$

$\dfrac{y - 6}{7} = \dfrac{z + 4}{-5}$ **43** (a) $x = 2 + 3t, y = -3 - 2t, z = -2 + 7t$; (b) $\dfrac{x - 2}{3} = \dfrac{y + 3}{-2} = \dfrac{z + 2}{7}$

45 (a) $x = 3 + 2t, y = -4 - 7t, z = 1 - 3t$; (b) $\dfrac{x - 3}{2} = \dfrac{y + 4}{-7} = \dfrac{z - 1}{-3}$ **47** (a) $x = 2$,

$y = 1, z = 4 + t$; (b) $x = 2, y = 1, z$ arbitrário **49** 3 **51** $3x + y - 4z = 2$ **53** $\dfrac{6}{\sqrt{3}}$

59 $4t(e^{2t^2}i + e^{-2t^2}j) + \overline{k}, 4e^{2t^2}(1 + 4t^2)i + 4e^{-2t^2}(1 - 4t^2)j, \dfrac{4te^{4t^2} - 4te^{-4t^2} + t}{\sqrt{e^{4t^2} + e^{-4t^2} + t^2}}$

61 (a) $(-6\pi\,\text{sen}\,2\pi t)i + (6\pi\cos 2\pi t)j + 2\overline{k}$; (b) $(-12\pi^2\cos 2\pi t)i - (12\pi^2\,\text{sen}\,2\pi t)j$;

(c) $2\sqrt{9\pi^2 + 1}$; (d) $\overline{T} = \dfrac{(-3\pi\,\text{sen}\,2\pi t)i + (3\pi\cos 2\pi t)j + \overline{k}}{\sqrt{9\pi^2 + 1}}$; (e) $(-\cos 2\pi t)i - (\text{sen}\,2\pi t)j$;

(f) $\dfrac{(\text{sen}\,2\pi t)i - (\cos 2\pi t)j + 3\pi\overline{k}}{\sqrt{9\pi^2 + 1}}$; (g) $2\sqrt{9\pi^2 + 1}$ **63** (a) $i + 2tj + 3t^2\overline{k}$; (b) $\sqrt{1 + 4t^2 + 9t^4}$;

(c) $2j + 6t\overline{k}$; (d) $\dfrac{i + 2tj + 3t^2\overline{k}}{\sqrt{1 + 4t^2 + 9t^4}}$; (e) $6t^2i - 6tj + 2\overline{k}$; (f) $\dfrac{\sqrt{36t^4 + 36t^2 + 4}}{(1 + 4t^2 + 9t^4)^{3/2}}$;

(g) $\dfrac{(-18t^3 - 4t)i + (2 - 18t^4)j + (12t^3 + 6t)\overline{k}}{\sqrt{1 + 4t^2 + 9t^4}\sqrt{36t^4 + 36t^2 + 4}}$; (h) $\dfrac{6t^2i - 6tj + 2\overline{k}}{\sqrt{36t^4 + 36t^2 + 4}}$; (i) $6\overline{k}$;

(j) $\dfrac{3}{9t^4 + 9t^2 + 1}$ **65** (a) $(\cos^2 t - \text{sen}^2 t)i + (2\,\text{sen}\,t\cos t)j - (\text{sen}\,t)\overline{k}$; (b) $\sqrt{1 + \text{sen}^2 t}$;

(c) $(-4\,\text{sen}\,t\cos t)i + 2(\cos^2 t - \text{sen}^2 t)j - (\cos t)\overline{k}$;

(d) $\dfrac{(\cos^2 t - \text{sen}^2 t)i + (2\,\text{sen}\,t\cos t)j - (\text{sen}\,t)\overline{k}}{\sqrt{1 + \text{sen}^2 t}}$;

(e) $(-2\,\text{sen}^3 t)i + (\cos^3 t + 3\,\text{sen}^2 t\cos t)j + 2\overline{k}$; (f) $\dfrac{\sqrt{5 + 3\,\text{sen}^2 t}}{(1 + \text{sen}^2 t)^{3/2}}$;

(g) $\dfrac{-\text{sen}\,t\cos t(5 + 2\,\text{sen}^2 t)i + [4 - 2(1 + \text{sen}^2 t)^2]j - (\cos t)\overline{k}}{\sqrt{1 + \text{sen}^2 t}\sqrt{5 + 3\,\text{sen}^2 t}}$;

(h) $\dfrac{(-2\,\text{sen}^3 t)i + (\cos^3 t + 3\,\text{sen}^2 t\cos t)j + 2\overline{k}}{\sqrt{5 + 3\,\text{sen}^2 t}}$;

(i) $4(\text{sen}^2 t - \cos^2 t)i - (8\,\text{sen}\,t\cos t)j + (\text{sen}\,t)\overline{k}$;

(j) $\dfrac{-6\,\text{sen}\,t}{5 + 3\,\text{sen}^2 t}$ **67** (a) $\overline{R} \cdot \overline{A} + v^2$; (b) $\overline{R} \times \overline{A}$; (c) $|\overline{A}|^2 + \overline{V} \cdot \dfrac{d\overline{A}}{dt}$; (d) $\overline{V} \times \dfrac{d\overline{A}}{dt}$;

(e) $-\kappa\tau$; (f) $\kappa^2\tau$ **69** $z^2 + y^2 = 4(x - 3)^4$ **71** eixo x, $z^2 = e^{-2x}$ **73** Elipsóide

75 Parabolóide de revolução **77** Hiperbolóide de uma folha

79 Parabolóide hiperbólico

81 (a) Cilindro circular reto de raio 2; (b) plano fazendo ângulo de $\pi/6$ com o

plano xz; (c) cilindro circular reto de raio $\dfrac{1}{2}$ cujo eixo central é paralelo ao eixo z e contém $\left(0,\dfrac{1}{2},0\right)$ **83** $z = f(\pm r)$ **85** $z = \dfrac{\pm 2}{\sqrt{x^2 + y^2}}$

Capítulo 16

Conjunto de problemas 1 pág. 843

1 O plano xy completo

3 Todos os pares ordenados (x,y) tais que $x^2 + y^2 \leq 4$

5 Todos os pares ordenados (x,y) tais que $x^2 + y^2 \leq 9$

7 -39 **9** $|k|$ **11** $-\dfrac{7}{4}$

13 $5a + 7\sqrt{ab}$ **15** sen $2t$ **17** $5x^2 + 7xy + \sqrt{xy}$ **19** $\dfrac{2xy}{x^2 + y^2}$

21 (a) Todos os pares ordenados (x, y) tais que $x + y \geq 4$; (b) $2\sqrt{2}$

23 (a) Todos os pares ordenados (x, y) tais que $y \neq 2x$; (b) 7   **25** $\dfrac{n(n + 1)}{2}$

33 Temperatura troca rapidamente perto de P

Conjunto de problemas 2 pág. 852

1 -1 **3** $e + 1$ **5** $\dfrac{1}{2}$ **7** 3   **9** (a) (i) 0, (ii) 0, (iii) 0, (iv) 0; (b) 0

11 (a) (i) 0, (ii) 0, (iii) $\dfrac{1}{2}$, (iv) $\dfrac{m}{1 + m^2}$; (b) não existe   **13** (a) (i) 0, (ii) 0, (iii) 0, (iv) 0;

(b) 0   **15** $\delta \leq \dfrac{\varepsilon}{10}$ **17** Contínuo   **19** Descontínuo   **21** Contínuo

23 Contínua

25 Todos os pontos (x,y) tais que $x \geq 0, y \geq 0$ ou $x \leq 0, y \leq 0$; (b) $x > 0, y > 0$ ou $x < 0, y < 0$ (c) nenhum

27 (a) Todos os pontos (x,y) tais que $y \neq 2x$; (b) todos os pontos do domínio; (c) nenhum.

29 (a) Todos os pontos (x,y) tais que $y \neq \pm 1$; (b) todos os pontos do domínio; (c) nenhum

31 (a) Todos os pontos (x,y) tais que $x^2 + y^2 < 9$; (b) todos os pontos do domínio; (c) nenhum

33 (a) Todos os pontos $(x,y) \neq (0, 0)$ tais que $y \neq -x$ e o ponto $(0, 0)$; (b) todos os pontos do domínio exceto $(0, 0)$; (c) nenhum

35 (a) O plano completo; (b) todos os pontos; (c) descontinuidades em $x^2 + y^2 = 4$.

Conjunto de problemas 3 pág. 858

1 8   **3** 46   **5** 15   **7** $14x + 10xy$ **9** $\cos 7y \cos x$ **11** $\dfrac{4xy^2}{(y^2 - x^2)^2}$

13 $2r \cos 7\theta$ **15** e^{-x^3} **17** $6xy + 7$ **19** $2xy + y^2$ **21** $3x(3x^2 + y^2)^{-1/2}$

23 $\dfrac{14x}{7x^2 + 4y^3}$ **25** $\dfrac{y}{1 + x^2y^2}$ **27** $-5e^{\text{sen}(x^2 - 5y)}$ **29** $-2xe^{-(x^2 - y^2)^2}$

31 $xze^{xy}(-yz \,\text{sen}\, yz + 2 \cos yz)$ **33** $-3x(x^2 + y^2 + z^2)^{-5/2}$

Conjunto de problemas 4 pág. 862

1 3   **3** -6 **5** $\dfrac{3}{e}$ **7** $\dfrac{56}{625}$ **9** (a) $\dfrac{21\pi}{\sqrt{58}}$; (b) $\dfrac{67\pi}{\sqrt{58}}$ **11** (a) $-\dfrac{1}{3.000.000}$;

(b) $\dfrac{2,5028\pi}{90} \text{sen} \dfrac{4\pi}{9}$ **13** $\dfrac{-22}{45}, \dfrac{1}{15}$

Conjunto de problemas 5 pág. 870

1 $-17,21$ **3** $0,01$ **5** $\dfrac{12\pi - 7}{120}$ **7** Diferencial   **9** Diferencial

11 Diferencial   **13** $(15x^2 + 8xy)\,dx + (4x^2 - 6y^2)\,dy$ **15** $\dfrac{V}{R}\,dP + \dfrac{P}{R}\,dV$

17 $(y^2 - 4xz + 3yz^2)\,dx + (2xy + 3xz^2)\,dy + (6xyz - 2x^2)\,dz$ **19** 40 watts

21 $\dfrac{1{,}29}{4\pi^2}, 4\%$ **23** 1,18   **25** $\dfrac{3}{640} \approx 0{,}0047$ **29** (a) $\dfrac{2xy^4}{(x^2 + y^2)^2}, \dfrac{2x^4 y}{(x^2 + y^2)^2}$;   (b) 0, 0

Conjunto de problemas 6 pág. 880

1 $2(3x^2 y^2 - 3y) + 12t(2x^3 y - 3x + 2y)$

3 $2x[\operatorname{sen} v - \operatorname{sen}(u - v)] + 3x^2[u \cos v + \operatorname{sen}(u - v)]$

5 $3[\cos(x + y) + \cos(x - y)] + 3t^2[\cos(x + y) - \cos(x - y)]$

7 $\dfrac{1}{2v}\left(e^{u/v} + e^{-u/v}\right)\cosh t - \dfrac{u}{2v^2}\left(e^{u/v} + e^{-u/v}\right)$ **9** $\dfrac{21}{x} + \dfrac{2 \sec t \tan t}{y} + \dfrac{\csc^2 t}{z}$

11 $6xv + 8y\operatorname{sen} u;\ 6xu - 8y\cos v$ **13** $(12x^2 - 6xy^2)\cos v - 6x^2 yv \cos u;$

$(12x^2 - 6xy^2)(-u\operatorname{sen} v) - 6x^2 y \operatorname{sen} u$ **15** $\dfrac{4ux + 8vx + 6vy}{u^2 + v^2}; \dfrac{4uy + 6vx}{u^2 + v^2}$

17 $6re^{-s}\operatorname{senh}(3x + 7y) + 7e^{3s}\operatorname{senh}(3x + 7y);$

$-3r^2 e^{-s}\operatorname{senh}(3x + 7y) + 21re^{3s}\operatorname{senh}(3x + 7y)$

19 $2uvy^2 e^{xy^2} + 2v^2 xye^{xy^2};\ u^2 y^2 e^{xy^2} + 4uvxye^{xy^2}$ **21** $4x\cos v + 6y\operatorname{sen} v + 2zv;$

$-4xu\operatorname{sen} v + 6yu\cos v + 2zu$ **23** $2x\operatorname{sen}\phi\cos\theta + 2y\operatorname{sen}\phi\operatorname{sen}\theta - 2z\cos\phi;$

$-2x\rho\operatorname{sen}\phi\operatorname{sen}\theta + 2y\rho\operatorname{sen}\phi\cos\theta = 0;\ 2x\rho\cos\phi\cos\theta + 2y\rho\cos\phi\operatorname{sen}\theta + 2z\rho\operatorname{sen}\phi$

25 10, 11   **27** (a) $\dfrac{3y - 3x}{2y - 3x}$; (b) 0   **29** (a) $\dfrac{\cos(x - y) - \operatorname{sen}(x + y)}{\cos(x - y) + \operatorname{sen}(x + y)}$; (b) 0

31 14, 2   **39** (a) 4 m²/min; (b) $(3 + \sqrt{5})$ m/min   **41** $-22{,}5°$K/min

Conjunto de problemas 7 pág. 893

1 (a) $7i - 3j$; (b) $7i - 3j$; (c) $\dfrac{7\sqrt{3} - 3}{2}$ **3** (a) $4xi + 6yj$; (b) $0i + 0j$; (c) 0

5 (a) $12i + 9j$; (b) $\dfrac{12 + 9\sqrt{3}}{2}$ **7** (a) $-\dfrac{6}{169}i - \dfrac{4}{169}j$; (b) $-\dfrac{6}{169}$ **9** $\dfrac{17\sqrt{2}}{2}$

11 (a) $\sqrt{306}$; (b) $\dfrac{3\sqrt{34}}{34}i - \dfrac{5\sqrt{34}}{34}j$ **13** (a) $\sqrt{4 + \pi^2}$; (b) $\dfrac{2}{\sqrt{4 + \pi^2}}i - \dfrac{\pi}{\sqrt{4 + \pi^2}}j$

15 (a) $-\dfrac{\sqrt{2}}{2}i - \dfrac{\sqrt{2}}{2}j$; (b) $50\sqrt{2}\,°$C/cm   **17** (a) $2i + 2j$; (b) $x + y - 2 = 0$

19 (a) $-2i + 4j - 6\bar{k}$; (b) $-\dfrac{22}{3}$ **21** (a) $3i + \bar{k}$; (b) $\dfrac{12}{7}$ **23** (a) $\dfrac{\sqrt{14}}{98}$;

(b) $-\dfrac{\sqrt{14}}{14}i - \dfrac{\sqrt{14}}{7}j + \dfrac{3\sqrt{14}}{14}\bar{k}$ **25** (a) e; (b) i **27** (a) $x + 2y + 3z = 6$;

(b) $\dfrac{x - 1}{2} = \dfrac{y - 1}{4} = \dfrac{z - 1}{6}$ **29** (a) $6x + 3y + 2z = 18$; (b) $\dfrac{x - 1}{6} = \dfrac{y - 2}{3} = \dfrac{z - 3}{2}$

31 (a) $z = 8$; (b) $x = 2, y = 2, z = t$ **33** (a) $-\dfrac{\pi}{12}x - \dfrac{3}{2}y + \dfrac{\pi}{12}z = -\dfrac{\pi}{2}$;

(b) $\dfrac{x - 1}{-\dfrac{\pi}{12}} = \dfrac{y - \dfrac{\pi}{6}}{-\dfrac{3}{2}} = \dfrac{z + 2}{\dfrac{\pi}{12}}$ **35** (a) $2x + 3y + 6z = 36$; (b) $\dfrac{x - 9}{2} = \dfrac{y - 4}{3} = \dfrac{z - 1}{6}$

37 (a) $x - 2y - 2z = -9$; (b) $\dfrac{x + 1}{1} = \dfrac{y - 2}{-2} = \dfrac{z - 2}{-2}$ **39** (a) $z = x$; (b) $\dfrac{x - 1}{1} = \dfrac{z - 1}{-1}$,

$y = 0$ **47** $-\cos\sqrt{3} + \sqrt{3}\operatorname{sen}\sqrt{3}$ **49** $1.000.000\sqrt{2}\,e^{-6}$ **53** $-66i + 107j + \dfrac{143}{6}k$

55 $-6i - 4j + 6\bar{k}$

P-16

Conjunto de problemas 8 pág. 903

1 (a) 12; (b) 10; (c) 7; (d) 7 **3** (a) 0; (b) $-x \cos y - 2$; (c) $-\operatorname{sen} y$; (d) $-\operatorname{sen} y$
5 (a) $(6x^2 + 3y^2)(x^2 + y^2)^{-1/2}$; (b) $(3x^2 + 6y^2)(x^2 + y^2)^{-1/2}$; (c) $3xy(x^2 + y^2)^{-1/2}$;
(d) $3xy(x^2 + y^2)^{-1/2}$ **7** (a) $-y \cos x$; (b) $-4xe^{2y}$; (c) $-\operatorname{sen} x - 2e^{2y}$;
(d) $-\operatorname{sen} x - 2e^{2y}$ **9** (a) $-\operatorname{sen}(x + 2y)$; (b) $-4\operatorname{sen}(x + 2y)$; (c) $-2\operatorname{sen}(x + 2y)$;
(d) $-2\operatorname{sen}(x + 2y)$ **11** (a) 0; (b) $20x \cosh 2y$; (c) $10 \operatorname{senh} 2y$; (d) $10 \operatorname{senh} 2y$
13 (a) $2yz + 6xe^y$; (b) $2xy$ **15** (a) 0; (b) 0 **17** (a) $420e^6$; (b) $420e^6$ **19** (a) 0;

(b) 0 **31** $A = -C$ **33** $3\dfrac{\partial^2 f}{\partial u^2} + 4\dfrac{\partial^2 f}{\partial v\, \partial u} + 6\dfrac{\partial^2 f}{\partial v^2}$

37 $f''(u)\left[\left(\dfrac{\partial g}{\partial x}\right)^2 + \left(\dfrac{\partial g}{\partial y}\right)^2\right] + f'(u)\left(\dfrac{\partial^2 g}{\partial x^2} + \dfrac{\partial^2 g}{\partial y^2}\right)$

Conjunto de problemas 9 pág. 912

1 Mínimo relativo em $(0, 1)$
3 Mínimo relativo em (x,y) tais que $y = x + 1$
5 Mínimo relativo em $(1,1)$ e $(-1, -1)$
7 Ponto de sela em $(1,1)$
9 Mínimo relativo em $(-1, -1)$
11 Ponto de sela em $(-1, -1)$
13 Pontos críticos $(1, 0)$ e $(-1, 0)$; mínimo relativo em $(1, 0)$ e máximo relativo em $(-1, 0)$
15 Mínimo relativo em $(3, 4)$
17 Mínimo relativo em $(-2, 1)$
19 Máximo absoluto em $(0, 0)$ é 1; mínimo absoluto na ponteira de $x^2 + y^2 = 1$ é 0.
21 Máximo absoluto em $(4, 4)$ é 48; mínimo absoluto em $(12, 12)$ é -144.
23 2, 2, 5
25 $x = 5, y = 10$ **27** $-9°$ em $\left(-\dfrac{3}{4},0\right)$, $46°$ em $\left(\dfrac{1}{2}, \pm\dfrac{\sqrt{3}}{2}\right)$ **29** 667 cada.

Conjunto de problemas 10 pág. 921

1 $(0, -1)$, $(0, 1)$, $\left(-\dfrac{\sqrt{15}}{4}, -\dfrac{1}{4}\right)$, $\left(\dfrac{\sqrt{15}}{4}, \dfrac{1}{4}\right)$ **3** $\left(\dfrac{\sqrt{2}}{2}, \dfrac{\sqrt{2}}{2}\right)$, $\left(-\dfrac{\sqrt{2}}{2}, -\dfrac{\sqrt{2}}{2}\right)$, $(-\sqrt{2}, \sqrt{2})$,

$(\sqrt{2}, -\sqrt{2})$ **5** $\left(-\dfrac{\sqrt{2}}{2}, 0\right)$, $\left(\dfrac{\sqrt{2}}{2}, 0\right)$, $\left(\dfrac{1}{4}, -\dfrac{\sqrt{14}}{4}\right)$, $\left(\dfrac{1}{4}, \dfrac{\sqrt{14}}{4}\right)$ **7** $(\pm 1, 0, 0)$,

$(0, \pm 2\sqrt{3}, 0)$, $(0, 0, \pm\sqrt{3})$, $\left(\pm\dfrac{\sqrt{3}}{3}, \pm 2, \pm 1\right)$ **9** $\left(-\dfrac{2}{11}, -\dfrac{6}{11}, \dfrac{9}{22}\right)$ **11** $x = 4, y = 12$

13 $\dfrac{100}{3}$ cm, $\dfrac{50}{3}$ cm, $\dfrac{50}{3}$ cm, **15** Comprimento = largura

19 (a) Na direção tal que a tangente a uma curva faz um ângulo agudo com $\nabla g(a,b)$; (b) Na direção oposta àquela da letra (a).

Conjunto de problemas de revisão pág. 923

1 Domínio: todos os pontos (x,y) tais que $x^2 + y^2 \leq 64$; pontos interiores são todos aqueles (x,y) tais que $x^2 + y^2 < 64$.
3 Domínio: todos os pontos (x,y) tais que $2x + y \neq 1$; pontos interiores são todos aqueles do domínio.
5 (a) -6; (b) -72; (c) $3ab^2\, cd^6$; (d) o espaço $xyzw$ completo

7 Não existe **11** $\dfrac{\partial f}{\partial x} = 3x^2 + 7y^2$, $\dfrac{\partial f}{\partial y} = 14xy - 24y^2$ **13** $\dfrac{\partial f}{\partial x} = y^3 e^x + 3x^2 e^y$,

$\dfrac{\partial f}{\partial y} = 3y^2 e^x + x^3 e^y$ **15** $\dfrac{\partial g}{\partial x} = \dfrac{3x^2}{x^3 - y^3}$; $\dfrac{\partial g}{\partial y} = \dfrac{-3y^2}{x^3 - y^3}$

17 $\dfrac{\partial g}{\partial x} = \dfrac{(x^3 + y^3)^{2/3} + x^2}{x(x^3 + y^3)^{2/3} + (x^3 + y^3)}$, $\dfrac{\partial g}{\partial y} = \dfrac{y^2}{x(x^3 + y^3)^{2/3} + (x^3 + y^3)}$

19 $\dfrac{\partial g}{\partial x} = e^{-7x}[\sec^2(x+y) - 7\tan(x+y)]$; $\dfrac{\partial g}{\partial y} = e^{-7x}\sec^2(x+y)$ **21** $\dfrac{\partial g}{\partial x} = 3x^2 - 26xy^2z^2$;

$\dfrac{\partial g}{\partial y} = 3y^2 - 26x^2yz^2$; $\dfrac{\partial g}{\partial z} = 3z^2 - 26x^2y^2z$ **23** $\dfrac{\partial f}{\partial x} = -yz\operatorname{csch}^2(xy)$; $\dfrac{\partial f}{\partial y} = -xz\operatorname{csch}^2(xy)$;

$\dfrac{\partial f}{\partial z} = \coth(xy)$ **31** (a) $\dfrac{x-2}{1} = \dfrac{y-2}{1} = \dfrac{z-2}{1}$; (b) $x + y + z = 6$

33 (a) $2xy\,dx + x^2\,dy$; (b) $75{,}70$ **35** $1{,}76\pi$ cm^3 **39** $-0{,}1$

41 $24x^3 - 18xy^2 - 6x^2y + 4y^3$; $8x^3 - 6xy^2 + 12x^2y - 8y^3$ **43** $-2e^{x^4} + e^{y^4}$;

$-e^{x^4} - 3e^{y^4}$ **45** $-\dfrac{1}{3}vx^{-2/3}\operatorname{sen}(uv) - \dfrac{1}{4}ux^{-3/4}\operatorname{sen}(uv)$ **47** $-27e^{-20}$ **49** (a) -3;

(b) -2 **51** (a) $\operatorname{sen}x$; (b) $y\cos x$ **53** (a) $\dfrac{6\sqrt{3}+1}{2}$; (b) $\sqrt{37}$; $\dfrac{-6\sqrt{37}}{37}i + \dfrac{\sqrt{37}}{37}j$

55 $\dfrac{\cos y - y\cos x}{\operatorname{sen}x + x\operatorname{sen}y}$ **57** $\dfrac{48 - 10\pi}{3\pi}$ cm/min **59** $3x + 3y - 5z = 8$;

$\dfrac{x-3}{3} = \dfrac{y-3}{3} = \dfrac{z-2}{-5}$ **61** $6x - 2y + 15z = 22$; $\dfrac{x-1}{6} = \dfrac{y-7}{-2} = \dfrac{z-2}{15}$

63 (a) $e^{xy}[12st + 10t^2 + (6s^2t + 10st^2 + 2t^3)^2]$; (b) $e^{xy}[10s^2 + 12st + (2s^3 + 10s^2t + 6st^2)^2]$

65 Sem pontos extremos relativos, ponto de sela em $(-1, -2)$

67 Máximo relativo em $(1, 1)$; ponto de sela em $(0, 0)$, $(0, 3)$ e $(3, 0)$.

69 Mínimo relativo em $\left(\dfrac{1}{2}, \dfrac{1}{2}\right)$ **71** Máximo em $\left(\dfrac{\sqrt{2}}{2}, \dfrac{\sqrt{2}}{2}\right)$; mínimo em $\left(\dfrac{-\sqrt{2}}{2}, \dfrac{-\sqrt{2}}{2}\right)$

75 Aparelho Cr\$ 1,00; lâminas Cr\$ 0,40.

Capítulo 17

Conjunto de problemas 1 pág. 931

1 $-\dfrac{1}{y}\cos xy + C(y)$ **3** $\dfrac{2}{3}xy^{2/3} - \dfrac{y^2}{2x} + \dfrac{2\sqrt{y}}{x} + K(x)$ **5** $-y^2\cos y^3$ **7** $\dfrac{8}{15}$

9 $e^3 - 4$ **11** $\dfrac{1}{2}$ **13** $\dfrac{38\pi}{3}$ **15** $\dfrac{2}{3}$ **17** $7 - 3\sqrt[3]{5}$ **19** $\dfrac{\pi^2}{18}$ **21** $\dfrac{e^7}{7} - \dfrac{e^5}{5} + \dfrac{2}{35}$

23 $\dfrac{4}{3}$ **25** $\dfrac{2e^2 - 3}{2}$ **27** $4e^{-\sqrt{2}/2} + 2\sqrt{2} - 4$

Conjunto de problemas 2 pág. 940

1 16 **3** 261 **5** 0 **7** 351 **9** $\dfrac{250\pi}{3}$ **11** $\dfrac{24\pi + 4\sqrt{2}\,\pi}{3}$ **13** 18 **15** πr^2

17 $\dfrac{1}{2}|x_1y_2 - x_1y_3 - x_2y_1 + x_2y_3 + x_3y_1 - x_3y_2|$ **19** $\dfrac{\pi}{3}$ **21** 2 **23** 2 **25** -4

27 8π

Conjunto de problemas 3 pág. 950

1 π **3** $\dfrac{\pi^2 + 4}{2}$ **5** 0 **7** $\dfrac{\pi}{4}$ **9** $\dfrac{8}{3}$ **11** 50 **13** $\dfrac{\pi}{4} - \ln\sqrt{2}$

15 $\dfrac{1}{6}(1 - e^{-3})$ **17** 0 **19** $1 - \operatorname{sen}1$ **21** $12(e - 1)$ **23** $\dfrac{1}{5}(\sqrt{33} - 1)$ **25** 8

Conjunto de problemas 4 pág. 962

1 $\dfrac{125}{6}$ unidades quadradas **3** $\dfrac{4}{3}$ unidades quadradas **5** 12 unidades quadradas

7 2 unidades quadradas **9** $\dfrac{593}{140}$ unidades cúbicas **11** 2 unidades cúbicas

13 $\dfrac{10}{3}$ unidades cúbicas **15** $\dfrac{292}{15}$ unidades cúbicas **17** $\dfrac{5}{12}$ unidades cúbicas

19 64 gm **21** $\dfrac{64}{3}$ kg **23** $\dfrac{3}{7}$ coulomb **25** $\dfrac{27}{2}$ gm; $\left(\dfrac{6}{5},\dfrac{6}{5}\right)$ **27** 15 gm; $\left(\dfrac{9}{4},\dfrac{15}{8}\right)$

29 $\dfrac{10}{3}$ gm; $\left(\dfrac{39}{25},\dfrac{206}{75}\right)$ **33** $(1,2)$ **35** $\left(\dfrac{21}{13-6\ln 2},\dfrac{102}{65-30\ln 2}\right)$ **37** $\dfrac{1088\pi}{15}$ unidades cúbicas

39 $\dfrac{2\pi}{3}$ unidades cúbicas **41** $\dfrac{15}{91}$ gm-cm², $\dfrac{3}{7}$ gm-cm² **43** $\dfrac{1}{3-4\ln 2}$ gm-cm²; $\dfrac{1}{6-8\ln 2}$ gm-cm²

45 $\dfrac{56}{15}$ gm-cm²; $\dfrac{8}{3}$ gm-cm²; $\dfrac{32}{5}$ gm-cm² **47** $\dfrac{3}{32}\pi$ gm-cm² **49** $\dfrac{3\pi}{4}$ gm-cm²

Conjunto de problemas 5 pág. 970

1 $\dfrac{4\pi}{3}$ **3** $\dfrac{\pi}{9}(2\sqrt{2}-1)$ **5** 0 **7** 6 **9** $\pi(1-e^{-9})$ **11** $\dfrac{\pi a^5}{10}$ **13** $\dfrac{9\sqrt{2}}{2}$

15 2π **17** 12π unidades quadradas **19** $\dfrac{\pi+8}{4}$ unidades quadradas

21 $\dfrac{3\sqrt{3}-\pi}{2}$ unidades quadradas **23** $\dfrac{\pi}{8}$ unidades cúbicas **25** $\dfrac{\pi}{2}$ unidades cúbicas

27 $\left(\dfrac{(8\pi+3\sqrt{3})a}{4\pi+6\sqrt{3}},0\right)$ **29** $\left(\dfrac{2r_0\,\text{sen}\,\theta_0}{3\theta_0},0\right)$ **31** $\left(\dfrac{3}{2\pi},\dfrac{3}{2\pi}\right)$ **33** $\dfrac{a^2m(3\pi+8)}{24}$ gm-cm²

Conjunto de problemas 6 pág. 980

1 $\dfrac{9}{2}$ **3** $\dfrac{5}{24}$ **5** $\dfrac{124\pi}{5}$ **7** $\dfrac{1}{24}$ **9** 64 **11** $\dfrac{\pi}{2}$ **13** 20π **15** $\dfrac{1}{180}$

17 $\dfrac{8}{15}$ unidades cúbicas **19** $8\pi\sqrt{2}$ unidades cúbicas **21** $\dfrac{1}{6}$ unidades cúbicas

23

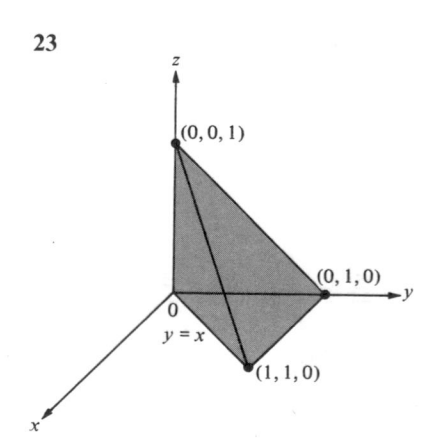

25

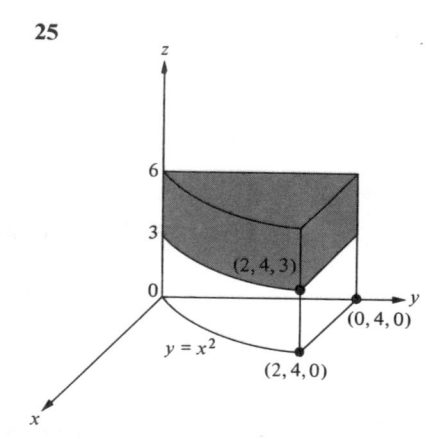

Conjunto de problemas 7 pág. 988

1 9 **3** $\dfrac{64\pi(2-\sqrt{3})}{3}$ **5** 15π **7** $\dfrac{4\pi-\pi^2}{8}$ **9** $\dfrac{250\pi}{3}$ **11** 24π **13** 81π

15 $\dfrac{3125\pi(4\sqrt{5}-5\sqrt{2})}{24}$ **17** 9 unidades cúbicas **19** $\dfrac{3\pi}{2}$ unidades cúbicas

21 $\dfrac{4\pi}{3}(8\sqrt{2}-7)$ unidades cúbicas **23** $\dfrac{14\pi}{9}(2-\sqrt{2})$ unidades cúbicas

25 $\dfrac{18\sqrt{5}\,\pi(\sqrt{5}-2)}{5}$ unidades cúbicas **27** Parte superior: $\dfrac{\pi}{3}(2a^3-3a^3k+k^3)$ unidades

cúbicas; Parte inferior: $\dfrac{\pi}{3}(2a^3+3a^2k-k^3)$ unidades cúbicas **29** $\dfrac{2\pi r^2 h_1}{3}$ unidades cúbicas

31 $\dfrac{a^4\pi^2}{2}$ (unidades)^4

Conjunto de problemas 8 pág. 996

1 $\dfrac{32\pi}{3}$ **3** $\dfrac{243\pi}{2}$ **5** $\dfrac{3}{\pi}$ gm/cm^2 **7** $\left(\dfrac{4}{9},\dfrac{4}{9},\dfrac{4}{9}\right)$ **9** $(0,0,0)$ **11** $\left(\dfrac{8}{15},\dfrac{8}{15},\dfrac{\pi}{24}\right)$

13 $\left(0,0,\dfrac{3(b^4-a^4)}{8(b^3-a^3)}\right)$ **15** $\dfrac{1}{16}$ **17** $\dfrac{512}{35}$ **19** $\dfrac{5}{2}$ **21** $\dfrac{10}{3}$ **23** $\dfrac{m(a^2+b^2)}{2}$

25 $\dfrac{2ma^2}{5}$ **27** $\dfrac{2m(b^5-a^5)}{5(b^3-a^3)}$

Conjunto de problemas 9 pág. 1008

1 2   **3** 2π **5** $\dfrac{4}{3}$ **7** 0   **9** 32   **11** $\dfrac{189}{2}$ **13** $\dfrac{1024-60\pi}{15}$ **15** $\dfrac{243\pi}{4}$

17 0   **19** $-\dfrac{1}{3}$ erg   **21** (a) $\dfrac{17}{6}$ ergs   (b) $\dfrac{12}{5}$ ergs   (c) $\dfrac{22-3\pi}{6}$ ergs

29 P e Q são descontínuas em $(0,0)$.

Conjunto de problemas 10 pág. 1019

1 $9\sqrt{3}\,\pi$ unidades quadradas   **3** $\dfrac{49\sqrt{14}}{12}$ unidades quadradas

5 $6\,\text{sen}^{-1}\left(\dfrac{1}{3}\right)$ unidades quadradas   **7** $16\sqrt{2}$ **9** $\dfrac{56\pi}{3}$ unidades quadradas   **17** $\dfrac{4\pi}{3}$

19 $-21\sqrt{2}$ **21** $-\dfrac{23}{12}$ **23** $\dfrac{7}{4}$ **25** $\dfrac{4\pi}{3}$

Conjunto de problemas 11 pág. 1028

1 (a) y^2;   (b) $i-j-2(x+xy)\bar{k}$ **3** (a) $3yz^2+5x^2+6y^2z^2$;
(b) $(4yz^3-1)i+6xyzj+(10xy-3xz^2)\bar{k}$ **5** 27   **7** 0   **9** 0   **11** 0

13 3 nos dois casos   **15** $\dfrac{3}{2}$ nos dois casos

Conjunto de problemas de revisão pág. 1029

1 $\dfrac{1}{10}$ **3** $\dfrac{143}{30}$ **5** $\dfrac{e^{16}}{8}-2e$ **7** $\dfrac{49}{3}(\sqrt{3}-1)$ **9** $\dfrac{4}{3}$ **11** $\dfrac{2592}{35}$ **13** $\dfrac{6\sqrt{3}-38}{3}$

15 $\dfrac{1}{2}(e^4-1)$ **17** $\dfrac{9}{2}$ unidades quadradas   **19** $\dfrac{8}{5}$ unidades quadradas   **21** $\dfrac{500\pi}{3}$ **23** $\dfrac{7\pi}{3}$ **25** 0

27 $\dfrac{128}{21}$ unidades cúbicas   **29** $\dfrac{64}{3}$ unidades cúbicas   **31** $\dfrac{1}{3}$ unidade cúbica   **33** $\left(\dfrac{\pi}{4}+\ln\dfrac{\sqrt{2}}{2},\dfrac{2}{3}\right)$

35 $\left(\dfrac{466}{35(8\pi+3\sqrt{3})},\dfrac{234\sqrt{3}}{35(8\pi+3\sqrt{3})}\right)$ **37** $\dfrac{mh^2}{6};\dfrac{m}{6}(c^2+cb+b^2);\dfrac{m}{6}(h^2+c^2+cb+b^2)$

39 $\dfrac{1}{1232}$ **41** $\dfrac{34}{15}$ **43** $\dfrac{2a^3\pi}{3}$ **45** $\dfrac{13}{6}$ **47** $\dfrac{27}{2}$ unidades cúbicas   **49** $\dfrac{\pi}{30}$ **51** $\pi(2-\sqrt{3})$

53 $\dfrac{\pi a^3 h^2}{60}$ **55** $\left(0,0,\dfrac{8}{3}\right)$ **57** $\left(\dfrac{2\pi-3\sqrt{3}}{4\pi(2-\sqrt{3})},\dfrac{2\pi-3\sqrt{3}}{4\pi(2-\sqrt{3})},\dfrac{3}{8(2-\sqrt{3})}\right)$ **59** $\dfrac{3ma^2}{10}$ **61** $\dfrac{7a^2m}{5}$

63 $\dfrac{23}{6}$ **65** $\dfrac{1}{3}$ **67** $-\dfrac{1}{44}$ **69** $-bh$ **71** 80π **73** $4a^2(\pi-2)$, $a=$ raio   **75** $\dfrac{\sqrt{2}\,\pi}{2}$

77 (a) $2x+2y+2z$;   (b) 0   **79** π **81** $-\pi$

ÍNDICE ALFABÉTICO

Pré-impressão, impressão e acabamento

GRÁFICA
SANTUÁRIO

grafica@editorasantuario.com.br
www.editorasantuario.com.br

Aparecida-SP

Cálculo

K) Formas racionais envolvendo $a + bu$

1 $\displaystyle\int \frac{du}{a + bu} = \frac{1}{b} \ln |a + bu| + C$

2 $\displaystyle\int \frac{u\, du}{a + bu} = \frac{1}{b^2} [a + bu - a \ln |a + bu|] + C$

3 $\displaystyle\int \frac{u^2\, du}{a + bu} = \frac{1}{b^3} \left[\frac{1}{2}(a + bu)^2 - 2a(a + bu) + a^2 \ln |a + bu| \right] + C$

4 $\displaystyle\int \frac{u\, du}{(a + bu)^2} = \frac{1}{b^2} \left[\frac{a}{a + bu} + \ln |a + bu| \right] + C$

5 $\displaystyle\int \frac{u^2\, du}{(a + bu)^2} = \frac{1}{b^3} \left[a + bu - \frac{a^2}{a + bu} - 2a \ln |a + bu| \right] + C$

6 $\displaystyle\int \frac{u\, du}{(a + bu)^3} = -\frac{1}{b^2} \left[\frac{1}{a + bu} - \frac{a}{2(a + bu)^2} \right] + C$

7 $\displaystyle\int \frac{du}{u(a + bu)} = -\frac{1}{a} \ln \left| \frac{a + bu}{u} \right| + C$

8 $\displaystyle\int \frac{du}{u^2(a + bu)} = -\frac{1}{au} + \frac{b}{a^2} \ln \left| \frac{a + bu}{u} \right| + C$

9 $\displaystyle\int \frac{du}{u(a + bu)^2} = \frac{1}{a(a + bu)} - \frac{1}{a} \ln \left| \frac{a + bu}{u} \right| + C$

L) Formas envolvendo $\sqrt{a + bu}$

1 $\displaystyle\int u\sqrt{a + bu}\, du = -\frac{2(2a - 3bu)(a + bu)^{3/2}}{15b^2} + C$

2 $\displaystyle\int u^2\sqrt{a + bu}\, du = \frac{2(8a^2 - 12abu + 15b^2u^2)(a + bu)^{3/2}}{105b^3} + C$

3 $\displaystyle\int u^n\sqrt{a + bu}\, du = \frac{2u^n(a + bu)^{3/2}}{b(2n + 3)} - \frac{2an}{b(2n + 3)} \cdot \int u^{n-1}\sqrt{a + bu}\, du$

4 $\displaystyle\int \frac{u\, du}{\sqrt{a + bu}} = -\frac{2(2a - bu)\sqrt{a + bu}}{3b^2} + C$

5 $\displaystyle\int \frac{u^2\, du}{\sqrt{a + bu}} = \frac{2(8a^2 - 4abu + 3b^2u^2)\sqrt{a + bu}}{15b^3} + C$

6 $\displaystyle\int \frac{u^n\, du}{\sqrt{a + bu}} = \frac{2u^n\sqrt{a + bu}}{b(2n + 1)} - \frac{2an}{b(2n + 1)} \int \frac{u^{n-1}\, du}{\sqrt{a + bu}}$

7 $\displaystyle\int \frac{du}{u\sqrt{a + bu}} = \frac{1}{\sqrt{a}} \ln \left| \frac{\sqrt{a + bu} - \sqrt{a}}{\sqrt{a + bu} + \sqrt{a}} \right| + C \quad (a > 0)$

8 $\displaystyle\int \frac{\sqrt{a + bu}}{u}\, du = 2\sqrt{a + bu} + a \int \frac{du}{u\sqrt{a + bu}}$

9 $\displaystyle\int \frac{\sqrt{a + bu}}{u^n}\, du = -\frac{(a + bu)^{3/2}}{a(n-1)u^{n-1}} - \frac{b(2n - 5)}{2a(n-1)} \int \frac{\sqrt{a + bu}}{u^{n-1}}\, du \quad (n \neq 1)$

M) Formas envolvendo $\sqrt{a^2 + u^2}$

1 $\displaystyle\int \sqrt{a^2 + u^2}\, du = \frac{u}{2}\sqrt{a^2 + u^2} + \frac{a^2}{2} \ln \left| u + \sqrt{a^2 + u^2} \right| + C$

2 $\displaystyle\int u^2\sqrt{a^2 + u^2}\, du = \frac{u}{8}(a^2 + 2u^2)\sqrt{a^2 + u^2} - \frac{a^4}{8} \ln \left| u + \sqrt{a^2 + u^2} \right| + C$

3 $\displaystyle\int \frac{\sqrt{a^2 + u^2}}{u}\, du = \sqrt{a^2 + u^2} - a \ln \left| \frac{a + \sqrt{a^2 + u^2}}{u} \right| + C$

4 $\displaystyle\int \frac{du}{\sqrt{a^2 + u^2}} = \ln \left| u + \sqrt{a^2 + u^2} \right| + C$

5 $\displaystyle\int \frac{du}{(a^2 + u^2)^{3/2}} = \frac{u}{a^2\sqrt{a^2 + u^2}} + C$

6 $\displaystyle\int \frac{\sqrt{a^2 + u^2}}{u^2}\, du = -\frac{\sqrt{a^2 + u^2}}{u} + \ln \left| u + \sqrt{a^2 + u^2} \right| +$

7 $\displaystyle\int \frac{du}{u^2\sqrt{a^2 + u^2}} = -\frac{\sqrt{a^2 + u^2}}{a^2 u} + C$